Fertigungstechnisches Kolloquium Stuttgart 1997

Stuttgart Impulse
Innovation durch Technik und Organisation

Springer

Berlin
Heidelberg
New York
Barcelona
Budapest
Hongkong
London
Mailand
Paris
Santa Clara
Singapur
Tokio

Gesellschaft für Fertigungstechnik in Stuttgart in Verbindung mit den Fertigungstechnischen Instituten der Universität Stuttgart, der Wissenschaftlichen Gesellschaft für Produktionstechnik (WGP), der VDI-Gesellschaft Produktionstechnik (ADB) und dem Verband Deutscher Maschinen- und Anlagenbauer (VDMA)

FTK'97
Fertigungstechnisches Kolloquium

Schriftliche Fassung der Vorträge
zum Fertigungstechnischen Kolloquium
am 11./12. November 1997 in Stuttgart

Springer

Gesellschafter
Prof. Dr.-Ing. habil. Prof. e.h. Dr. h.c. H.-J. Bullinger
Prof. Dr.-Ing. Dr. h.c. U. Heisel
Prof. Dr.-Ing. Dr. h.c. G. Pritschow
Prof. Dr.-Ing. Dr. h.c. E. Westkämper

ISBN-13: 978-3-540-63552-9 e-ISBN-13: 978-3-642-60909-1

DOI: 10.1007/978-3-642-60909-1

Die Deutsche Bibliothek - CIP Einheitsaufnahme

Stuttgarter Impulse : Innovation durch Technik und Organisation / FTK '97. Hrsg.: Gesellschaft für Fertigungstechnik. – Berlin ; Heidelberg ; New York ; Barcelona ; Budapest ; Hongkong ; London ; Mailand ; Paris ; Santa Clara ; Singapur ; Tokio : Springer, 1997
ISBN 978-3-540-63552-9

Satz: Datenkonvertierung durch Satztechnik Neuruppin
Umschlaggestaltung: de'blik, Berlin

SPIN: 106 34 665 7/3020 - 5 4 3 2 1 0 - Gedruckt auf säurefreiem Papier

Veranstalter

Gesellschaft für Fertigungstechnik in Stuttgart in Verbindung mit den Fertigungstechnischen Instituten der Universität Stuttgart, der Wissenschaftlichen Gesellschaft für Produktionstechnik (WGP), der VDI-Gesellschaft Produktionstechnik (ADB) und dem Verband Deutscher Maschinen- und Anlagenbauer (VDMA)

Institut für Arbeitswissenschaft und Technologiemanagement (IAT)
Fraunhofer-Institut für Arbeitswirtschaft und Organisation (IAO)

Prof. Dr.-Ing. habil. Prof. e. h. Dr. h. c. *H.-J. Bullinger*

- *Produzierende Unternehmen:* Führungskonzepte, Kooperative Formen der Arbeitsorganisation, Arbeitszeit- und Entlohnungsmodelle
- *Dienstleistungsunternehmen:* Organisationsgestaltung, Elektronische Dienstleistungen, Geschäftsprozeßmanagement
- *Softwareproduktion:* Software Engineering, Software-Werkzeuge, Mensch-Computer-Interaktion
- *Medienwirtschaft:* Elektronisches Publizieren, Organisationskonzepte, Multimedia-Technologien
- *Fertigungsinformationssysteme:* Prozeßorientierte IuK-Systeme, Systemintegration, Intranetanwendungen in Produktion und Service
- *Netze und Dienste:* Internet und Online-Dienste, Electronic Business, Corporate Networking
- *Produktgestaltung:* Ergonomic Engineering, Rapid Product Design, Mensch-Maschine-Interfaces
- *Büro Engineering:* Technik- und Organisationsgestaltung, Gebäude- und Raumplanung, Büroeinrichtungen und Arbeitsplätze
- *Global Engineering Network:* Information Highway, Elektronische Produkt- und Dienstleistungskataloge, Kooperatives Engineering
- *Interaktive Produkte:* Consumer Products, Multimediadienste und -produkte, Usability Engineering
- *Component-Ware:* Plattformen, Design und Realisierung, Standardsoftware

- *Variantenmanagement:* Logistikgerechte Produkt- und Prozeßgestaltung, Plattform für Modelle und Tools, Produkt- und Systemvisualisierung
- *Kundenmanagement:* Vertriebs- und Serviceorganisation, Industrielle Dienstleistungen, Marketing
- *Logistikinformationssysteme:* Planungs- und Steuerungssoftware, Produktions- und Umweltlogistik, Beschaffungs- und Distributionslogistik
- *Dienstleistungsportfolien:* Dienstleistung der Zukunft, Redesign von Prozessen, Bedarfsportfolien
- *Lernkonzepte:* Lernende Organisation, Lerntechnologien, Lernaufgabensysteme
- *Informationsmanagement:* Führungsinformationssysteme, Geschäftsprozeßmanagement, Controlling
- *FuE-Management:* Prozeßorganisation, Datenmanagement
- *Produktionsmanagement:* Reorganisation, Personalintensive Produktion, Logistik
- *Arbeitsgestaltung:* Arbeitssystem- und Arbeitsplatzgestaltung, Gesundheitsschutz-Management, Mobile Arbeitssysteme
- *Personalmanagement:* Lernförderliche Arbeitsgestaltung, Personalorientiertes Qualitätsmanagement, Arbeitsorientierte Systemgestaltung
- *Software-Management:* IT-Strategien, Projektmanagement, und -controlling, Dokumenten- und Workflowmanagement
- *Softwaretechnik:* Prozeßmanagement, Informations- und Softwarearchitekturen, Client-Server Computing
- *Informationssysteme:* Anwendungssysteme, Informationslogistik, Technisch-organisatorische Lösungen
- *Telematik:* Enterprise Networking, Unternehmensvirtualisierung, Multimediakommunikation
- *Virtuelle Realität:* Visualisierung und Virtual Prototyping, Edutainment und Marketing, Systementwicklung und Integration
- *Rapid Product Development:* Produktentwicklung, Entwicklungskooperation, Prototypenmanagement
- *Wissenstransfer:* Technologiemanagement, Management-Training, Forschungsstrategien

Institut für Industrielle Fertigung und Fabrikbetrieb (IFF)
Fraunhofer Institut für Produktionstechnik und Automatisierung (IPA)

Prof. Dr.-Ing. Dr. h. c. *E. Westkämper*
Prof. Dr.-Ing. Dr. h. c. *R. D. Schraft*

- *Organisations- und Informationsmanagement:* Organisationsentwicklung, Navigationssysteme zur Unternehmenssteuerung, Produktionsplanung und -steuerung, Prozeßmanagement und -controlling

- *Unternehmensentwicklung und Logistik:* Strategische Planung, Produktion der Zukunft, Fabrikplanung – Fraktale Fabrik, Logistikplanung – Materialflußsysteme für die ganzheitliche Erfüllung logistischer Aufgaben, Integrierte Informations- und Planungssysteme, Simulationsunterstützung der Produktionssteuerung und Terminierung
- *Produktionssysteme:* Unternehmensassessment und -strukturplanung, Produkt- und Technologiemanagement, Produktion, Logistik und Informationssysteme, Umweltmanagement, Recycling
- *Produktionsmanagement und Informationssysteme:* Unternehmensstrukturierung, Auftragslogistik, Planung und Steuerung der Produktion, Produktionsorganisation, Personalnavigation, Produktionssicherung/Instandhaltung, After Sales Service/Kundendienst
- *Industrieroboter- und Montagesysteme:* Montageautomatisierung, Rechnerunterstützte Systemplanung, Montage- und Demontagesystemkomponenten, Cooperative Engineering, Füge- und Trennverfahren, Elektronikmontage – Verdrahtungstechnik, Hochflexible Handhabungssysteme, Entwicklung flexibler Handhabungssysteme
- *Handhabungs- und Industrierobotersysteme:* Kostensenkung in der Produktion, Planung automatisierter Produktionssysteme, Zuführtechnik, Arbeitsschutz und Arbeitsgestaltung bei automatisierten Fertigungsanlagen und Dienstleistungssystemen, Demonstrationszentrum Virtual Reality (VR), STEP-Datenaustausch für CAD-Systeme, Transputertechnologie, Neue Märkte, Technologietransfer
- *Fertigungstechnik im Reinraum:* Fertigung im Reinraum, Informationsverarbeitung, Prüfzentrum für Fertigungsgeräte im Reinraum, Medienver- und entsorgung, Fertigungstechnik im Reinraum für neue Technologien
- *Robotersysteme und Sensortechnik:* Bearbeiten, Schneiden und Schweißen mit Industrierobotern, Innovationsmanagement, mobile und autonome Roboter, Sensortechnik
- *Quality Management:* Operatives Qualitätsmanagement, Strategisches Qualitätsmanagement, Quality Engineering, Prozeß-Management, Rechnerunterstützte QS
- *Muster- und Informationsverarbeitung:* Automatisierung visueller Prüfvorgänge, Bildverarbeitung, Industrielle Meß- und Prüfeinrichtungen, Musterverarbeitung, Signalverarbeitung, Geräuschanalyse, Koordinatenmeßtechnik, Generative Fertigung, Informationskette, QS und Produktion
- *Meß- und Prüfverfahren:* Fertigungstechnik, Untersuchung von Meß- und Prüfgeräten, Prüfung von geometrischen Normalen und Präzisionswerkstücken, Prüfmittelüberwachung
- *Schichttechnik:* Galvanotechnik, Plasmaschichttechnik, Schicht- und Prozeßentwicklung, Systementwicklung und Anlagentechnik, Prozeß-Management in der Schichttechnik, Integrierte Umwelttechnik, Begleittechnologien

- *Lackiertechnik:* Verfahrens- und Simulationstechnik, ganzheitliche Lackiersysteme, Spritz-und Sprühsysteme für Lacke und Pulvermaterialien, Prüftechnik, Techniken für Entwicklungen unter realen Fertigungsbedingungen

Institut für Steuerungstechnik der Werkzeugmaschinen und Fertigungseinrichtungen (ISW)

Prof. Dr.-Ing. Dr. h.c. *G. Pritschow*
Prof. Dr.-Ing. *A. Storr*

- *Numerische Steuerungstechnik:* Modulares und offenes Steuerungssystem für numerisch gesteuerte Werkzeugmaschinen, Industrieroboter und andere Fertigungseinrichtungen mit umfangreichem Funktionskatalog
- *NC-Programmiersysteme:* NC-Programmiersystem für die Bearbeitungsaufgaben Drehen, 5achsiges Fräsen und Schleifen sowie für roboterbestückte Fertigungs- und Montagezellen, CAD/NC-Programmiersystem-Kopplung
- *Kommunikationstechnik:* Vernetzungs- und Kommunikationstechnik mit unterschiedlichen LAN's von SERCOS bis MAP
- *Flexible Fertigungstechnik:* Adaptierbare Leitsysteme für Fertigungs- und Montagesysteme, Rechnerunterstütztes Werkzeugwesen, Simulation zur Planung von Fertigungssystemen, Prozeßüberwachung
- *Softwareerstellung:* Entwicklungswerkzeuge und Methoden zur ingenieurmäßigen Erstellung von Steuerungssoftware (SPS, NC), Diagnosetechnik für die SPS-Programmierung, expertensystemgestützte Diagnose für Fertigungseinrichtungen
- *Maschinen- und Regelungstechnik:* Komponenten für ein Roboter-Baukastensystem, Antriebs- und Strahlführungskomponenten für Laserbearbeitungsmaschinen, Parallelstabkinematik für Werkzeug- und für Laserbearbeitungsmaschinen
- *Robotertechnik:* Systemtechnische Entwicklungen, Integration von Steuerungs- und Sensorsystemen, mobiler Mauerroboter mit elektrohydraulischen Servoantrieben
- *Antriebs- und Regelungstechnik:* Elektrohydraulische und elektromechanische Antriebssysteme, elektrische Direktantriebe, automatisierte Inbetriebnahme, hochgenaue Erfassung von Zustandsgrößen für die Regelung von Maschinenachsen
- *Sensortechnik:* Schnelle Konturverfolgungssysteme auf Basis von Lichtschnittsensoren, hochauflösende Wegerfassung für Linearmotoren, Beschleunigungsmessung auf der Basis des Ferrarisprinzips

Institut für Umformtechnik (IFU)

Prof. Dr.-Ing. *K. Siegert*

- *Maschinen der Umformtechnik:* Maschinenverhalten der Umformmaschinen, Antriebssysteme, Zusatzeinrichtungen (steuerbare hydraulische Ziehkissen), Mechanisierungs- und Automatisierungseinrichtungen für automatisierten Pressenbetrieb
- *Werkzeugentwicklung und -fertigung:* Entwicklung, Konstruktion und Herstellung von Werkzeugen, Vorrichtungen und Prüfeinrichtungen für die Blech- und Massivumformung, Erprobung mit Erfassung der Prozeßparameter, Automatisierte Generierung von Stadienplänen
- *Blechumformung:* Verfahrensentwicklung in der Blechumformung, Superplastische Blechumformung, CAD/CAM-Blechumformung, Qualitätssicherung in der Blechumformung
- *Massivumformung:* Schmieden, Fließpressen, Verjüngen, Schneiden, Draht- und Rohrziehen ohne und mit Schwingungsüberlagerung, Thixoforming, Temperaturkontrollierte Prozeßführung, CAD/CAM-Massivumformung
- *Tribologie und Werkstoffprüfung:* Auswirkung von Reibung und Schmierung auf Umformvorgänge, Prüfung des Reibungs-, Schmierungs- und Verschleißverhaltens, Ermittlung von Werkstoffkennwerten
- *CA-Technik und Prozeßsimulation:* Rechnerunterstützte Ermittlung von Zustandsgrößen beim Umformen, Simulation des Umformprozesses mit der Finite-Elemente-Methode, CAD/CAM-Systeme, DNC-Kopplung mit Werkzeugmaschinen, Expertensysteme, Meßdatenrückführung

Institut für Werkzeugmaschinen (IfW)

Prof. Dr.-Ing. Dr. h. c. *U. Heisel*

- *Automatisierungstechnik:* Strategien zum automatisierten Fügen von Verzahnungen, Systematische Konstruktion von flexiblen Greif- und Montagewerkzeugen, Automatisiertes Wechseln von Wendeschneidplatten an Zerspanungswerkzeugen, Thermisches Verhalten von Industrierobotern, Standardisierte Roboter-Boden-Schnittstelle, Mechanische Schnitt- und Trennstellen
- *Maschinenkonstruktion:* Entwicklung neuer Maschinenkonzepte, Maschinenauslegung hochdynamischer Bearbeitungsmaschinen, Blechleichtbau, Lineardirektantriebe, FEM-unterstützte Strukturoptimierung, Maschinenabnahme, Oberflächenverfahren zur Schwingungsidentifikation beim Umfangsfräsen, Untersuchungen zum statischen, dynamischen und thermischen Verhalten von Werkzeugmaschinen
- *Maschinendynamik:* Modalanalyse, Betriebsschwingungsanalyse, Körperschallanalyse, Oberflächenanalyse beim Drehen, Untersuchung des statischen und dynamischen Verhaltens von Baugruppen und Schnittstellen,

Schallintensitätsanalysen, Lärmminderung an Hydraulikpumpen, FEM-unterstützte Optimierung von Hydraulikaggregaten, Geräuschanalyse beim Schruppschleifen

- *Zerspanungstechnologie:* Einlippenbohren mit kleinsten Durchmessern (Werkzeugoptimierung, Prozeßanalyse und Werkzeugüberwachung), Optimierung und Auslegung von schnellaufenden Bohrwerkzeugen mit asymmetrischer Hartmetall-Wendeschneidplatten-Anordnung, Ermittlung von Verfahrensgrundlagen bei der Bohrbearbeitung mit Fräsbohrwerkzeugen, umweltgerechte Zerspanung, Reduzierung des Kühlschmierstoffeinsatzes durch Minimalmengenkühlschmierung, Honen mit Ultraschall-Schwingungsüberlagerung, Zwei-Scheiben-Planparallel-Läppen, Untersuchung der Prozeßmechanismen beim Läppen
- *Holzbearbeitung:* Präzisionsbohren in Holz und Holzwerkstoffen, Erhöhung der Bearbeitungsqualität durch Stirnplanfräsen, Herstellung dünner Schneidspäne zur Substitution von Holzfaserstoff, Formatbearbeitung mit Kegelstirnplanfräsern, Späneentsorgung an Holzbearbeitungsmaschinen, Feuchtholzbearbeitung, Einsatz von Diamantschneidstoff zur Holzbearbeitung, Optimierung Fußbodenpaneelbearbeitung, Bestimmung von Schnitt- und Zerspankräften, Thermografie der Holzzerspanung, Erhöhung der Arbeitssicherheit von Produktionsprozessen, Rollspanherstellung für Verpackungszwecke, Entwicklung neuer Holzbearbeitungsverfahren

Institut für Strahlwerkzeuge (IFSW)

Prof. Dr.-Ing. habil. *H. Hügel*

- *Materialbearbeitung mit Lasern:* Abtragen und Bohren mit Nd:YAG- und Excimer-Laser, Trennen metallischer Werkstoffe mit Nd:YAG- und CO_2-Lasern, Schweißen mit cw- und gepulsten Nd:YAG- und CO_2-Lasern unter besonderer Berücksichtigung von Aluminiumwerkstoffen, Zweistrahltechnik mit Nd:YAG- und CO_2-Lasern zur Qualitäts- und Flexibilitätssteigerung beim Schweißen, 3D-Schweißen und Schneiden mit Industrierobotern, Härten mit flexibler Strahlumformung, Umschmelzen, Legieren und Beschichten in Ein- und Zweistrahltechnik, Rapid-Prototyping-Verfahren mit metallischen Werkstoffen, Laserintegrierte Komplettbearbeitung, Mikrobearbeitung mit Excimer- und Festkörperlasern (auch frequenzvervielfacht), Theoretische Modelle zur Wechselwirkung Laserstrahl/Werkstück und Simulationsrechnungen zum Laserstrahlhärten, -schweißen und -bohren
- *Fluiddynamische Komponenten für die Lasertechnik:* Düsen zum Trennen, Abtragen und Schweißen, Aerodynamische Fenster für Hochleistungslaser, Konzeption und Optimierung von Gaskreisläufen
- *Laserentwicklung:* Entwicklung von diodengepumpten Festkörperlasern („Scheibenlaser") und Diodenlasern, Resonatorkonzepte für Hochlei-

stungslaser, Diagnostikverfahren zur Bestimmung der Laserstrahleigenschaften, Entladungstechniken für CO_2-Laser

- *Laseroptik:* Konzepte und Komponenten zur Strahlführung und -formung (Spiegel, Teleskope, adaptive Bearbeitungsoptiken), Charakterisierung optischer Elemente und Komponenten unter praxisrelevanten Bedingungen

Vorwort

Das Fertigungstechnische Kolloquium in Stuttgart findet in dreijährigem Turnus statt, in diesem Jahr zum 10. Male. Es führt die Tradition des von Prof. Dolezalek 1959 ins Leben gerufenen Automatisierungs-Kolloquiums fort. Veranstalter sind die Fertigungstechnischen Institute der Universität Stuttgart sowie die Fraunhofer-Institute für Produktionstechnik und Automatisierung (IPA) und für Arbeitswissenschaft und Organisation (IAO) sowie das Zentrum Fertigungstechnik Stuttgart (ZFS).

Diese Einrichtungen befassen sich mit allen Fragen der Produktionstechnik, wie der Technologie spanender und umformender Verfahren sowie der Lasertechnik, wie der Planung und Organisation von Produktionsstätten und Fertigungsanlagen, wie der Konstruktion und Steuerung von Werkzeugmaschinen und Fertigungseinrichtungen. In diesen Instituten sind mehr als 400 Mitarbeiter im Bereich der Forschung und Entwicklung tätig, deren jüngste Arbeiten beim Kolloquium vorgestellt werden.

Das Fertigungstechnische Kolloquium '97 steht unter dem Motto „Stuttgarter Impulse – Innovation durch Technik und Organisation". Aus Forschung und Praxis werden erfolgreiche Beispiele für innovative Maßnahmen und für rasche Umsetzungen von der Idee zum Produkt zeigt. Durch derartige Wandlungs- und Anpassungsprozesse kann der Standort Deutschland gesichert und die wirtschaftliche Situation in breitem Rahmen verbessert werden.

Der vorliegende Band enthält die schriftlichen Fassungen der Beiträge. Die Veranstalter danken allen, die engagiert an der Erstellung dieses Tagungsbandes mitgewirkt haben.

Stuttgart, im September 1997

Beraterkreis

Dr. A. de Paoli, Robert Bosch GmbH, Stuttgart
Dr.- Ing. D. Binder, Robert Bosch GmbH, Erbach
H. Drodofsky, CAP debis SPS, Leinfelden
Dr.-Ing. Eggert, Hermann Pfauter GmbH & Co., Ludwigsburg
Dr.-Ing. F. R. Götz, Baumüller GmbH, Nürnberg
Dr. H.-J. Haepp, Daimler-Benz AG, Stuttgart
Dipl.-Ing. B. Heller, Gebr. Heller Maschinenfabrik, Nürtingen
Dr.- Spieß, Daimler-Benz AG, Sindelfingen
Dipl.-Ing. R. Kellenbenz, Schuler GmbH, Göppingen
Dr.-Ing. E. h. Dipl.-Ing. H. Klingel, Trumpf GmbH & Co. Maschinenfabrik, Ditzingen
Dipl.-Ing. R. Kluth, Daimler Benz AG, Stuttgart
Dr.-Ing. A. Köhler, Daimler-Benz Aerospace AG Military Aircraft, Augsburg
Dr.-Ing. Leitermann, Audi AG, Neckarsulm
Dr. E. Merz, Freudenberg Dichtungs- und Schwingungstechnik KG, Weinheim
Dipl.-Ing. H. U. Jaissle, Hüller Hille, Ludwigsburg
Dr.-Ing. H. Rudloff, Ex-Cell-O Holding AG, Eislingen
Dr.-Ing. G. Werntze, Verband für Arbeitsgestaltung, Betriebsorganisation und Unternehmensentwicklung e. V. (REFA), Darmstadt
Prof. W. Pollmann, Daimler-Benz AG, Stuttgart
Dr.-Ing. R. Viefhaus, Siemens AG, Erlangen
Dipl.-Ing. E. Jungmann, Siemens AG, München

Arbeitskreise zu den Themen

Stuttgarter Impulse –
Innovation durch Technik und Organisation

Wettbewerbsfähigkeit am Standort Deutschland durch innovatives Gesamtkonzept
Dr. Th. Weber, Stuttgart; Prof. Dr.-Ing. A. Storr, Stuttgart; Dr.-Ing. F. Krauß, Stuttgart

Wettbewerbsfähigkeit durch dynamische Reaktionen auf Veränderungen der Märkte
Prof. Dr.-Ing. W. Kuhnert, München; Dr.-Ing. S. König, Stuttgart

Aluminium im Karosseriebau – Halbzeuge und Fertigungsverfahren
Dipl.-Ing. K.-H. von Zengen, Neckarsulm; Prof. Dr.-Ing. E. Haas, Heilbronn; Dipl.-Ing. A. Jambor, Sindelfingen; Dipl.-Ing. Kaiser, Rüsselsheim

Karosseriegestaltung unter Berücksichtigung moderner Strahlwerkstoffe und neuer Fertigungsverfahren
Dr.-Ing. F. Welsch, Wolfsburg; Dr. E.-J.Drewes, Dortmund; Dr.-Ing. S. Wagner, Stuttgart

Rechnerunterstützung der Prozeßkette in der Blechumformung
Dipl.-Ing. O. Lindner, Neckarsulm; Dr. Koglin, Neckarsulm; Dr. P. Dick, Neckarsulm; Dr. J. Lauscher; Dipl.-Ing. D. Pfister, Stuttgart;

Stand und Trends des Hydroumformens von Blechen
Dr.-Ing. P. Hornberger, Hamburg; Dr.-Ing. D. Bobbert, Hamburg; Prof. Dr. K. Roll, Sindelfingen; Dr. D. Hoffmann, Heilbronn; Dr. V. Thoms, Sindelfingen; Dr.-Ing. H. Flegel, Sindelfingen; Prof. Dr.-Ing. M. Geiger, Erlangen; Priv.-Doz. Dr.-Ing. F. Vollertsen, Erlangen; Dipl.-Ing. W. Mindrup, Friedberg; Prof. Dr.-Ing. K. Siegert, Stuttgart; Dipl.-Ing. B. Lösch, Stuttgart;

Stand und Trends des Hydroumformens von Rohren und Strangpreßprofilen
Dipl.-Ing. Th. Kautz, München; Hr. Schmidt, München

Verkürzung der Prozeßkette bei der Herstellung von Blechbauteilen durch integrierte Verfahrenskombination
Prof. Dr.-Ing. K. Siegert, Stuttgart; Dr.-Ing. Leuschen, Sindelfingen; Dipl.-Ing. S. Huber, Stuttgart

Unternehmensdaten nach Maß – REFA-Methoden und Werkzeuge
Dr.-Ing. G. Werntze, Darmstadt; Dipl.-Ing. M. Hüser

Gestaltung wandlungsfähiger Fabrikstrukturen: Strategien, Planungsmethoden, Beispiele
Prof. Dr.-Ing. Dr.-Ing. E. h. H.-P. Wiendahl, Hannover; Dipl.-Kfm. R. von Briel, Stuttgart

Dezentralisierung und Vernetzung der Produktionsplanung und -steuerung
Dr.-Ing. A. Köhler, Augsburg; Dipl.-Ing. C. Lämmle, Stuttgart; Dipl.-Ing. H.-H. Wiendahl, Stuttgart

Automatisierung und kundennahe Montage
Dipl.-Ing. J. Junker, Neckarsulm; Dr.-Ing. Dipl.-Wirtsch.-Ing. E. Vollmer, Stuttgart

Neue Maschinenkinematiken
Dipl.-Ing. H.-U. Jaissle, Ludwigsburg; Dr.-Ing. K.-H. Wurst, Stuttgart

Offene Steuerungssysteme – eine Zwischenbilanz
Dipl.-Ing. K. Frey, Schopfloch; Dipl.-Ing P. Lutz, Stuttgart; Dipl.-Ing. W. Sperling, Stuttgart

Direktantriebe – Auslegung und Vergleich
Dr.-Ing. H. Rudloff, Eislingen; Dipl.-Ing. M. Gringel, Stuttgart

Hohe Produktivität durch werkergerechtes, situationsorientiertes Informationsmanagement
Dipl.-Ing. R. Kluth, Stuttgart; Dipl.-Ing E. Bühler, Stuttgart; Prof. Dr.-Ing. A. Storr, Stuttgart; Dipl.-Inform. J. Driller, Stuttgart

Inhalt

Wandlungsfähige Produktion

Innovationen im Maschinenbau

Chancen für den Produktionsbetrieb im Dienstleistungsbereich

Institutsprogramme

Autoren

Prof. Dr.-Ing. Dr. h.c. Günter Pritschow
Rektor und Direktor, Institut für Steuerungstechnik der Werkzeugmaschinen und Fertigungseinrichtungen, Universität Stuttgart

Prof. Dr. H. Sabel
Direktor, Institut für Gesellschafts- und Wirtschaftswissenschaften
Rheinische Friedrich-Wilhelms-Universität Bonn
Betriebswirtschaftliche Abteilung III

Dr.-Ing. Thomas Weber
Leiter Produktion V-Motoren, Motorenwerk Bad Cannstatt
Daimler-Benz Aktiengesellschaft, Stuttgart

Prof. Dr.-Ing. Walter Kunerth
Mitglied des Zentralvorstandes der Siemens AG, München

Dr.-Ing. E.h. Dipl.-Ing. Hans Klingel
Stellvertretender Vorsitzender der Geschäftsleitung, Geschäftsführer Forschung und Entwicklung, Trumpf GmbH + Co., Maschinenfabrik, Ditzingen

Dipl.-Ing. Karl-Heinz von Zengen
Leiter Fertigungstechnik Aluminium, Audi AG, Neckarsulm

Dr.-Ing. Frank Welsch
Projektleiter Forschung und Entwicklung, Volkswagen AG, Wolfsburg

Otto Lindner
Werkleiter, Audi AG, Neckarsulm

Dr.-Ing. Peter Hornberger
Leiter Entwicklung, Vertrieb und Einkauf im Werk Hamburg,
Daimler-Benz Aktiengesellschaft, Hamburg

Dipl.-Ing. Thomas Kautz
Gruppe Werkstoff und Umformtechnik, BMW AG, München

Prof. Dr.-Ing. Klaus Siegert
Direktor, Institut für Umformtechnik, Universität Stuttgart

Dr.-Ing. Georg Werntze
Hauptgeschäftsführer REFA-Verband für Arbeitsgestaltung, Betriebsorganisation und Unternehmensentwicklung e.V., Darmstadt

Prof. Dr.-Ing. Dr.-Ing. E.h. Hans-Peter Wiendahl
Institutsleiter, Institut für Fabrikanlagen der Universität Hannover

Dr.-Ing. Albrecht Köhler
Vice President Programme-Management,
Daimler-Benz Aerospace AG, Augsburg

Dipl.-Ing. Josef Junker
Leiter Fertigungsplanung Rohbau Stahl, Audi AG, Neckarsulm

Prof. Dr.-Ing. Dr. h.c. Engelbert Westkämper
Institutsleiter, Institut für Industrielle Fertigung und Fabrikbetrieb, Universität Stuttgart;
Fraunhofer-Institut für Produktionstechnik und Automatisierung

Dipl.-Ing. Hans-Ulrich Jaissle
Geschäftsführer, Hüller Hille GmbH, Ludwigsburg

Dipl.-Ing. Karl Frey
Konstruktions- und Entwicklungsleiter für Elektrotechnik und Elektronik, Homag Maschinenbau AG, Schopfloch

Dr.-Ing. Hilmar Rudloff
Vertriebsleiter, Ex-Cell-O GmbH, Eislingen

Dipl.-Ing. Reiner Kluth
Leiter der Verfahrensentwicklung (VE),
Daimler-Benz Aktiengesellschaft, Stuttgart

Prof. Dr.-Ing. habil. Prof. E.h. Dr.h.c. Hans-Jörg Bullinger
Institutsleiter, Institut für Arbeitswissenschaft und Technologiemanagement, Universität Stuttgart;
Fraunhofer-Institut für Arbeitswirtschaft und Organisation

Jürgen Gießmann
Geschäftsführer, Meissner+Wurst GmbH & Co., Stuttgart

Klaus-Dieter Laidig
Geschäftsführer, Hewlett Packard GmbH, Böblingen

Dipl.-Ing. Armin Rau
Hauptabteilungsleiter Steuerungsentwicklung,
Trumpf GmbH & Co., Maschinenfabrik, Ditzingen

Dipl.-Ing. Ute Mussbach-Winter
am Fraunhofer-Institut für Produktionstechnik und Automatisierung, Stuttgart

Dipl.-Ing. F. Gehr
am Fraunhofer-Institut für Produktionstechnik und Automatisierung, Stuttgart

Dipl.-Ing J. Bischoff,
am Fraunhofer-Institut für Produktionstechnik und Automatisierung, Stuttgart

Dipl.-Ing. D. von der Osten-Sacken
am Fraunhofer-Institut für Produktionstechnik und Automatisierung, Stuttgart

Dipl.-Ing. R. Schuth, Dr.-Ing. W. Schweizer
am Fraunhofer-Institut für Arbeitswirtschaft und Organisation, Stuttgart

Dipl.-Ing. F. Kempf
am Fraunhofer-Institut für Arbeitswirtschaft und Organisation, Stuttgart

Dipl.-Ing. Th. Linsenmaier, Dipl.-Inform. E. Schuster, Dipl.-Ing. S. Wilhelm
am Fraunhofer-Institut für Arbeitswirtschaft und Organisation, Stuttgart

Dipl.-Ing. W. Bauer, Dipl.-Ing. A. Rössler
am Fraunhofer-Institut für Arbeitswirtschaft und Organisation, Stuttgart

Dipl.-Ing. A. Raiber, Dipl.-Ing. T. Abeln
am Institut für Strahlwerkzeuge, Universität Stuttgart

Dipl.-Ing. C. Schinzel, Dipl.-Ing. B. Hohenberger
am Institut für Strahlwerkzeuge, Universität Stuttgart

Dipl.-Ing. Brandner, Dipl.-Ing. J. Sigel
am Institut für Strahlwerkzeuge, Universität Stuttgart

Dipl.-Ing. M. Müller
am Institut für Strahlwerkzeuge, Universität Stuttgart

Dipl.-Ing. T. Brandl, Dipl.-Inform. J. Driller, Dipl.-Ing. J. Uhl
am Institut für Steuerungstechnik der Werkzeugmaschinen und Fertigungseinrichtungen, Universität Stuttgart

Dipl.-Ing. A. Schweiker
am Institut für Steuerungstechnik der Werkzeugmaschinen und Fertigungseinrichtungen, Universität Stuttgart

Dipl.-Ing. M. Seyfahrt, Dipl.-Ing. R. Lutz
am Institut für Steuerungstechnik der Werkzeugmaschinen und Fertigungseinrichtungen, Universität Stuttgart

Dipl.-Ing. J. Bretschneider
am Institut für Steuerungstechnik der Werkzeugmaschinen und Fertigungseinrichtungen, Universität Stuttgart

Dr.-Ing. K.-H. Wurst, Dipl.-Ing. P. Magsaam
am Institut für Steuerungstechnik der Werkzeugmaschinen und Fertigungseinrichtungen, Universität Stuttgart

Dipl.-Ing. V. Maier
am Institut für Werkzeugmaschinen, Universität Stuttgart

Dipl.-Ing. U. Eggert
am Institut für Werkzeugmaschinen, Universität Stuttgart

Dipl.-Ing. Ch. Wernz
am Institut für Werkzeugmaschinen, Universität Stuttgart

Dipl.-Ing. Th. Frankenfeld
am Institut für Werkzeugmaschinen, Universität Stuttgart

Dipl.-Ing. K. Bamberger, Dipl.-Ing. S. Müller
am Institut für Werkzeugmachinen, Universität Stuttgart

Dr.-Ing. S. Wagner
am Institut für Umformtechnik, Universität Stuttgart

Dipl.-Ing. M. Ziegler
am Institut für Umformtechnik, Universität Stuttgart

Dipl.-Ing. D. Ringhand
am Institut für Umformtechnik, Universität Stuttgart

Dipl.-Ing. R. Leiber
am Institut für Umformtechnik, Universität Stuttgart

Dipl.-Ing. Th. Kempf
am Zentrum Fertigungtechnik, Stuttgart

Dipl.-Ing. M. Haag
am Zentrum Fertigungtechnik, Stuttgart

Dipl.-Ing. A. Hess
am Zentrum Fertigungtechnik, Stuttgart

Dipl.-Ing. J. Berkemer
am Zentrum Fertigungtechnik, Stuttgart

Marketing und Produktentwicklung

H. Sabel

„Product or market driven?" ist eine oft gestellte Frage. Kommt die Produktentwicklung durch technologische Anstöße oder als Ableitung von Marktbedarfen?

So spannend diese Frage für die Beteiligten in den Unternehmen und deren Ansehen auch sein mag, so müßig ist sie, wenn man bedenkt, daß jede Produktentwicklung, woher sie auch immer kommt, nur dann zum Markterfolg führt, wenn das entwickelte Produkt den Nachfragern einen Nutzen stiftet, der wertvoller für sie ist als der Preis, den sie dafür zahlen müssen.

Insofern ist Marketing der Prüfstein, von dem her die Produktentwicklung betrachtet werden muß, wenn Marketing Kundenorientierung in dem Sinne bedeutet, daß alle Betrachtungen aus der Sicht des Kunden anzustellen sind: „Think in the head, feel in the heart and dream in the soul of the customer again and again."

Schließlich gibt es doch einen bedeutsamen Unterschied in dem Sinne, daß entscheidend ist, wer den zu erreichenden Nutzen und die ihn schaffenden Kernkompetenzen im einzelnen festlegt: die Entwicklungsabteilung allein, Marketing allein oder ein Abstimmungsprozeß zwischen beiden. Insofern ist die Abstimmung zwischen Marketing und Produktentwicklung nicht nur eine Sprach-, sondern auch eine Organisations- und eine Steuerungsfrage.

Relativ einfach läßt sich die Sprachfrage von der Marketingseite her beantworten. In dreierlei Weise kann eine Produktentwicklung erfolgreich sein. Entweder ist sie für die anvisierte Zielgruppe bzw. potentiellen Zielgruppen zur Zeit besser als die Angebote der jetzigen oder potentiellen Konkurrenten oder als Innovation neuer als die jener. Sie kann auch für die jetzige oder potentiellen Zielgruppen billiger sein und wird über Ausnutzen von Erfahrungskurvenvorteilen weiterhin billiger. Oder sie ist schließlich derart dominant überlegen, daß sie beides ist, sowohl besser als auch billiger und beides immer mehr wird.

Wie dieses „besser und billiger" in Entwicklung von Produkt und Prozeß zu übersetzen ist, ist eine schwierige Aufgabe, die nicht dadurch erleichtert wird, daß das Anforderungsheft in ein Lastenheft übersetzt und dann als solches dann auch ausgeführt wird.

Problembeladener als die Sprachprobleme, die sich zu Paradigmenkonflikten steigern können, etwa über TQC versus PQD, sind die Organisationsaspekte, die in der einfachen Frage münden, wer den Entwicklungsauftrag in Inhalt und Umfang definiert. Zwei Grenzfälle sind denkbar, die nicht nur für die Qualität des Ergebnisses, sondern auch dessen Kosten Relevanz haben, weil, bei allem Streiten im einzelnen sowohl zwischen 70–90% der Fehler als auch der Kosten des späteren Produkts durch die Produktentwicklungsdefinition festgelegt sind.

Ein Vergleich der Entwicklung der alten S-Klasse von Mercedes und des Lexus von Toyota kann erhellend sein. Die S-Klasse wurde entwickelt nach der Melodie des deutschen Volksliedes: „Alles neu macht der Mai!", der Lexus nach der Devise: „Hauch einer Lotosblüte", beides sind Parallelen.

Das deutsche Volkslied steht für die Tatsache, daß die S-Klasse deshalb ein völlig neues Auto wurde, weil für jedes Teil ein oder mehrere besondere Entwickler verantwortlich waren. Diese Verantwortlichen entwickelten auch etwas Neues, mit der Folge, daß die Kosten stiegen, die Fehler sich mehrten und doch eine Reihe kundenrelevanter Details außer acht gelassen wurden, was zu süffisanten Kommentierungen in der Presse führte und die Kommunikation unter den Käufern belastete.

Der Hauch einer Lotosblüte in der technischen Übersetzung in dezibelminimales Innenraumgeräusch führte nicht nur zu einem viel engeren Entwicklungsauftrag, sondern auch zu einem viel prägnanter kommunizierbaren Nutzen und in der Schalltechnik auch zu Innovationen, insbesondere aber zu viel niedrigeren Kosten. Daß auch eine gemeinsame Entwicklung von Fahrwerk, Motor und Getriebe der Schallentwicklung dienlicher ist als eine getrennte, hat man mit dem Bau des Forschungs-Ingenieurzentrums von BMW und dem Konzept des Simultaneous Engineering zu beantworten versucht. Wenn man dann allerdings Einzelleistungen mit Preisen versieht, handelt man kontraproduktiv.

Richtige Entwicklungen leitet man ein, wenn man alle Bedarfe ernst nimmt, z.B. im Medizinbereich von Siemens nicht nur die Meßgenauigkeit der Magnetresonanztechnik, sondern auch die Vermeidung von klaustrophobischen Problemen bei den zu Diagnostizierenden durch die Schaffung eines Open-Systems oder einer weitgehenden Öffnung der bisherigen Tunnelröhrensysteme.

Dieser Prozeß wurde durch Nutzergruppendiskussion eingeleitet, bei der die Entwickler Zuhörer waren und dabei erst verstanden, welches technologische Vorgehen anzustreben ist, wenn man Vorteile für Ärzte *und* Patienten schaffen will.

Wettbewerbsfähigkeit am Standort Deutschland durch ein innovatives Gesamtkonzept

Th. Weber

Inhalt: Standortentscheidung und Rahmenbedingungen – Innovatives und fertigungsgerechtes Produkt- und Produktionskonzept – Zukunftsorientierte Gebäude- und Fabrikgestaltung – Effizienz durch integrierte Produktions-, Informations- und Logistikstrukturen – Der Mensch im Mittelpunkt einer modernen Fabrik- und Arbeitsorganisation

1 Standortentscheidung und Rahmenbedingungen

1.1 Der Standort Untertürkheim

Das Motorenwerk Bad Cannstatt ist integraler Bestandteil des Daimler-Benz-Traditionsstandortes Stuttgart-Untertürkheim, an dem außer Pkw-Motoren auch alle Pkw-Achsen und Pkw-Getriebe gebaut werden (Bild 1). Auch die komplette Aggregate-Entwicklung ist am Standort Untertürkheim konzentriert. Neben dem neuen V-Motorenwerk in Bad Cannstatt entstehen zur Zeit auf dem etwa 1 km entfernten Werksgelände in Stuttgart-Untertürkheim neue Produktionshallen für Reihenmotoren sowie die Produktionseinrichtungen für die Motoren der A-Klasse. Damit bleibt Stuttgart zentraler Standort der Motorenproduktion für Mercedes-Benz-Pkw.

Das neue Motorenwerk in Bad Cannstatt ist trotz anspruchsvoller Kostenvorgaben in Rekordzeit realisiert worden: Der erste Spatenstich fand Ende April 1994 statt; die Bauzeit betrug nur knapp 18 Monate. Im November 1995

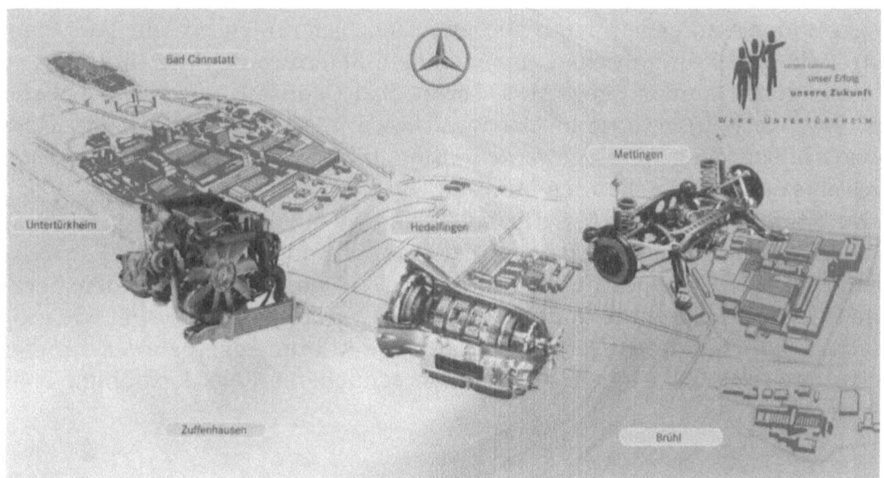

Bild 1. Standort Stuttgart-Untertürkheim mit Produktbeispielen

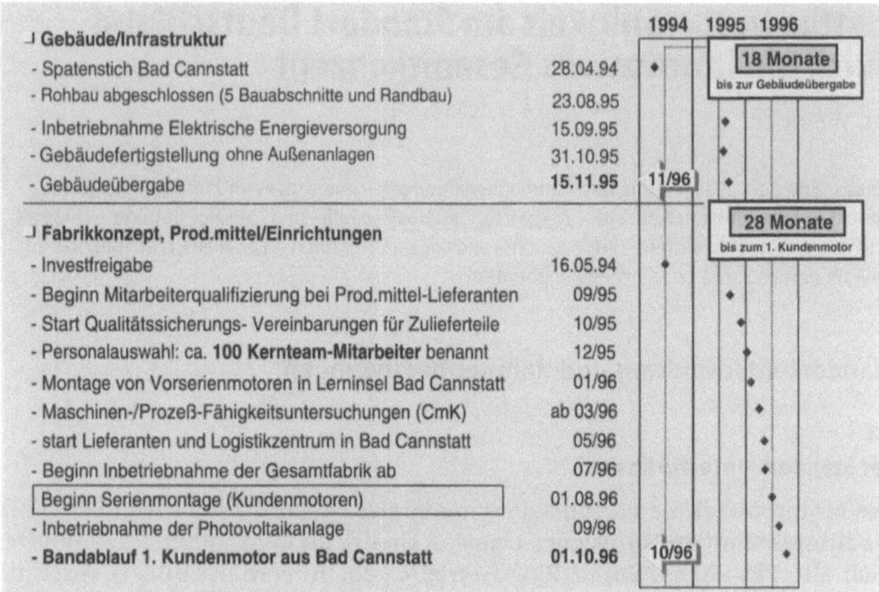

Bild 2. Meilensteine beim Bau des Motorenwerks Bad Cannstatt

wurden die ersten Maschinen in der Halle aufgestellt; ein knappes Jahr später erfolgte schon die Auslieferung der ersten Kundenmotoren an die Fahrzeugwerke (Bild 2).

1.2 Daimler-Benz-Produktionsverbund

Das neue Motorenwerk ist eng in den Daimler-Benz-Produktionsverbund eingebunden. Außer von rund 200 externen Lieferanten bezieht Bad Cannstatt Teile und Komponenten auch aus dem Stammwerk Untertürkheim sowie aus dem Daimler-Benz-Werk Berlin. Bad Cannstatt wiederum beliefert das neue Werk Tuscaloosa in Alabama/USA mit V-Motoren für die M-Klasse sowie die Fahrzeug-Montagewerke in Sindelfingen, Bremen und Graz/Österreich mit den entsprechenden Motoren (Bild 3).

Im Sinne einer möglichst effizienten und schlanken Produktion wird der in Bad Cannstatt gebaute und geprüfte Standardmotor erst in den Fahrzeugwerken mit den entsprechenden Anbauaggregaten und dem kundenspezifischen Getriebe versehen. Dadurch entstehen Varianten erst so spät wie möglich in der Prozeßkette. Der logistische Aufwand im Aggregatewerk und im Fahrzeugwerk wird kleiner bei deutlich schnellerer Reaktionsfähigkeit auf Kundenwünsche.

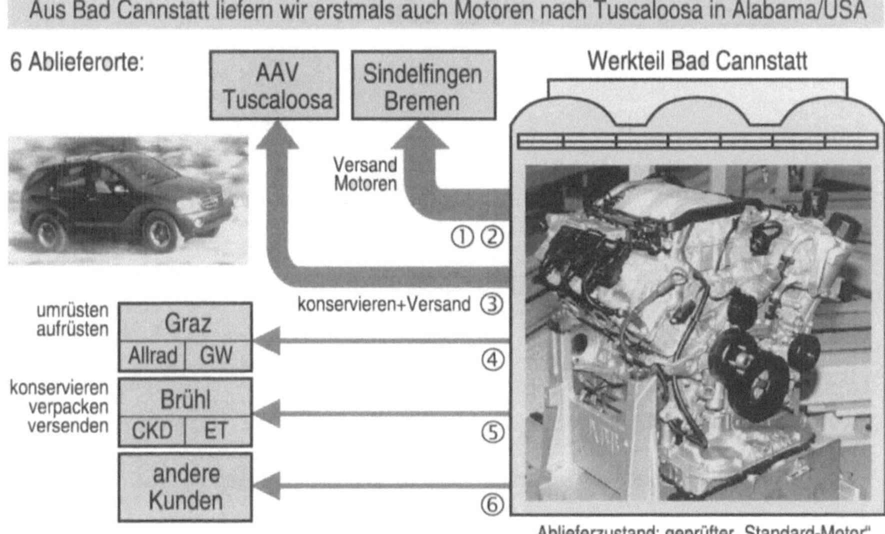

Bild 3. Motorenwerk Bad Cannstatt im internationalen Produktionsverbund

1.3 Rahmenbedingungen zur Standortentscheidung

Die Entscheidung für den Standort Bad Cannstatt fiel nach intensiven Diskussionen über Kosten- und Standortunterschiede im internationalen Vergleich. Benchmarking-Untersuchungen haben gezeigt, daß zu Projektbeginn ein relativ großer Kostengap gegenüber den internationalen Wettbewerbern geschlossen werden mußte. Nicht zuletzt erst durch eine neue Betriebsvereinbarung haben Werkleitung und Betriebsrat des Werkes Untertürkheim bereits 1993 die Voraussetzungen für diese „Fabrik der Zukunft" am Standort Deutschland geschaffen. Kernelemente dieser Betriebsvereinbarung, deren Gültigkeit inzwischen auf den gesamten Standort Untertürkheim ausgeweitet wurde, sind:

- flexible Arbeitszeiten mit Schichten von sieben bis neun Stunden und 16 Schichten pro Woche,
- flächendeckende Gruppenarbeit mit klaren Zielvereinbarungen über Produktivität und Qualität,
- ein neues erfolgsorientiertes Entlohnungssystem, mit der Zielsetzung, die individuelle Leistung stärker als bisher zu berücksichtigen.

Für die weltweite Wettbewerbsfähigkeit der neuen V-Motoren am Standort Deutschland waren neben dieser Betriebsvereinbarung ein völlig neues Produkt- sowie Fabrik- und Produktionskonzept entscheidend. Nur das Zusammenwirken aller Faktoren ermöglichte die Entscheidung für den Bau einer neuen Fabrik am Standort Deutschland.

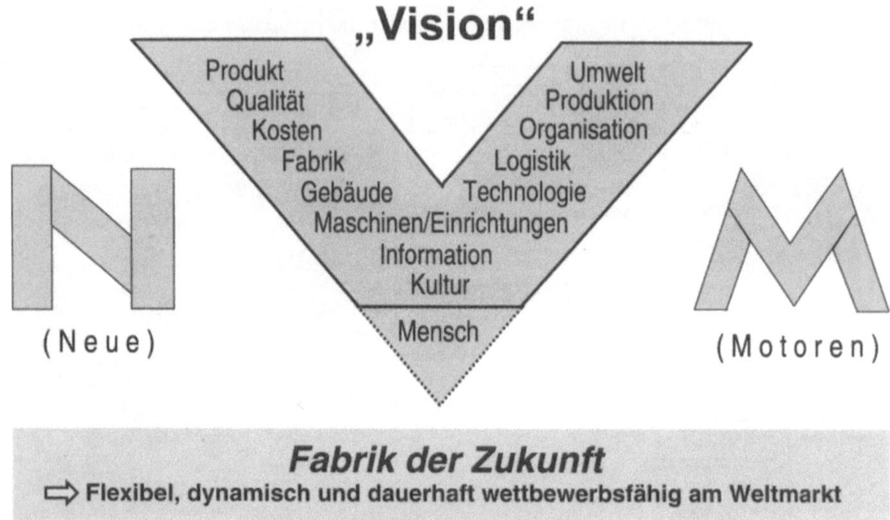

Bild 4. Vision des Projektteams „Neue V-Motoren" (NVM)

Dies drückt sich auch in der Vision des Projektteams „Neue V-Motoren" aus, in der alle Facetten einer „Fabrik der Zukunft" beschrieben sind. Insbesondere wird in dieser Vision der Anspruch der langfristigen Wettbewerbsfähigkeit des neuen Werkes und der Rolle des Mitarbeiters in diesem Prozeß deutlich (Bild 4).

2 Innovatives und fertigungsgerechtes Produkt- und Produktionskonzept

Unsere Kunden haben traditionell hohe Erwartungen an Mercedes-Benz-Fahrzeuge bezüglich Sicherheit, Zuverlässigkeit, Langlebigkeit und Gebrauchsnutzen. Gleichzeitig erfordern ein weltweit wachsendes Umweltbewußtsein und die Notwendigkeit der Ressourcenschonung neue Konzepte, um die individuelle Mobilität auch langfristig zu sichern. Solche Überlegungen waren u.a. Grundlage für die Entscheidung zur Entwicklung einer völlig neuen V-Motorengeneration, die mit ihrem technischen und wirtschaftlichen Potential die entsprechenden Zukunftsperspektiven eröffnet.

2.1 Entwicklungsschwerpunkte der neuen V-Motoren

Hohes Drehmoment schon bei niedriger Drehzahl in Verbindung mit einer deutlich verbesserten Abgasqualität und günstigerem Verbrauch waren Schwerpunkte bei der Entwicklung der neuen V-Motoren. Konsequenter Leichtbau, geringe Geräuschentwicklung, hohe Laufruhe sowie kompakte Bauweise und deutliche Gewichtsvorteile zeichnen die Motoren zusätzlich

- Hubraumkonzept ähnlich Vorgängermotoren
- Kompakte Bauweise
- Signifikante Gewichtsreduktion
- Erfüllung anspruchsvoller Verbrauchs- und Emissionsziele
- Betont drehmomentorientierte Motorcharakteristik
- 3-Ventiltechnik mit Doppelzündung bei gleicher Literleistung wie 4-Ventiltechnik
- Angenehmes Geräuschverhalten
- Aktives Service-System ASSYST
- Sicherung weltweiter Wettbewerbsfähigkeit

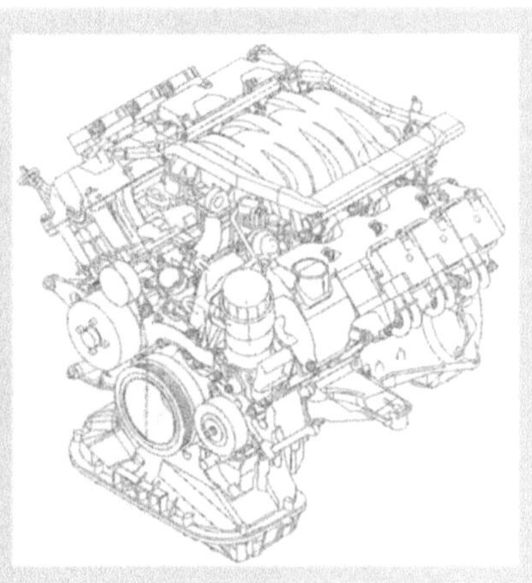

Bild 5. Entwicklungsschwerpunkte der neuen V-Motorengeneration

aus. Die Einführung eines bedarfsgerechten Wartungskonzepts und recyclingfreundlicher Motorkomponenten runden die Liste der kundenrelevanten Vorteile ab (Bild 5).

2.2 Fertigungsverbund durch neuartiges Produktkonzept

Durch den einheitlichen V-Winkel von 90 Grad ist es möglich, die neuen Sechs- und Achtzylinder-Motoren in einem Fertigungsverbund herzustellen. Damit können Hauptbauteile der Motoren wie Kurbelgehäuse, Zylinderkopf, Nockenwelle, Pleuel, Ölwanne und Steuergehäusedeckel auf den gleichen Fertigungsanlagen in wirtschaftlich hohen Stückzahlen bearbeitet werden (Bild 6). Als einziges Alleinteil bleibt die Kurbelwelle für die V6- und V8-Motoren – ein großer Fortschritt gegenüber den alten Triebwerken, bei denen mit Ausnahme der Pleuel keine Gleichteile nutzbar waren.

Ein weiteres wichtiges Projektziel war die deutliche Reduzierung der Motorvarianten von rund 2000 Möglichkeiten bei den Vorgänger-Reihensechszylinder- und V8-Motoren auf ca. 100 Varianten für alle neuen V6- und V8-Motoren. Dies gelang durch ein einheitliches Konstruktionsprinzip und durch den konsequenten Verzicht auf Varianten mit geringer Stückzahl sowie durch ein intensives Variantenmanagement während der gesamten Projektlaufzeit mit allen beteiligten Verantwortungsbereichen.

Dank dieser Konzeption sowie des Einsatzes der neuen Motoren in fast allen Fahrzeugtypen wird ein Stückzahloptimum von über 300 000 Motoren im Jahr im Verbund von V6- und V8-Triebwerken erreicht und damit erstmals auch im oberen Marktsegment ein technisch und logistisch optimales Fertigungskonzept realisierbar.

Ermöglicht wurden diese Fortschritte durch konsequentes Projektmanagement, prozeßkettenorientierte interdisziplinäre Zusammenarbeit im Team

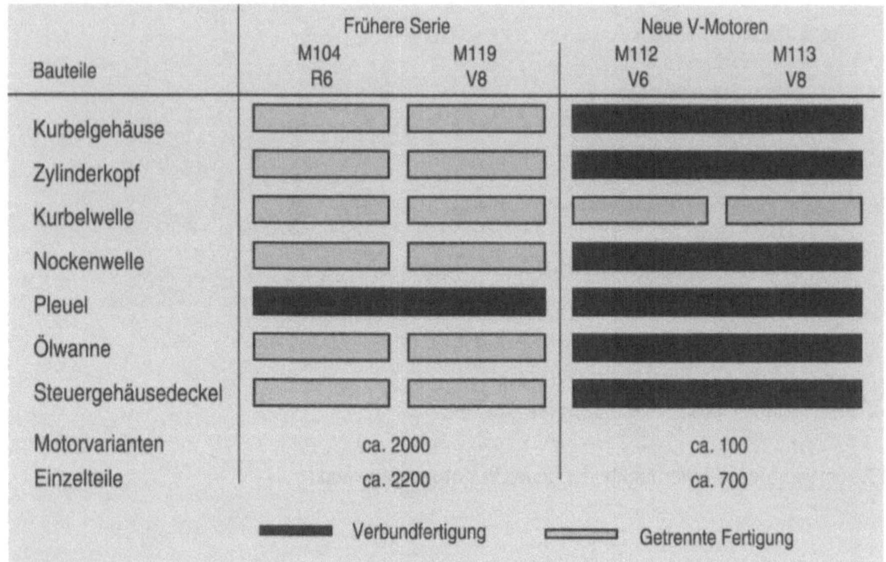

Bild 6. Fertigungsverbund der neuen V-Motoren im Vergleich zu den Vorgängermotoren

und durchgängiges Simultaneous Engineering mit allen internen und externen Partnern.

Bereits vor 4 Jahren wurde dazu ein strategisches Projektteam gebildet, das sich aus Ingenieuren, Produktionsfachleuten, Service- und Vertriebsexperten zusammensetzte. Durch diese Projektorganisation wurden alle Aufgaben bei der Konzeption, Entwicklung und Erprobung der neuen Motorengeneration effizient und schnell stets unter ganzheitlichen Gesichtspunkten gelöst (Bild 7).

2.3 Simultaneous Engineering bei der Maschinenbeschaffung

Mit dem Start des Projekts „Neue V-Motoren“ bestand im Rahmen des anspruchsvollen Produktkostenziels die Forderung, Investitionen deutlich zu senken. Ermöglicht wurde dies durch intensive und frühzeitige Einbindung aller am Produktentstehungsprozeß beteiligten Partner.

In einem ersten Schritt wurden dazu aus dem Kreis potentieller Maschinenlieferanten sog. Simultaneous Engineering (SE)-Partner ausgewählt. Die Auswahl erfolgte dabei im Team unter Federführung des Einkaufs nach fünf Hauptkriterien: Kompetenz, Erfahrungspotential, offene Denkweise, Flexibilität und Kapazität der entsprechenden Lieferanten.

Anhand eines präzise umrissenen Auftrags wurden bauteilbezogene Lastenhefte erstellt. Dabei saßen bereits in der Konstruktionsphase die SE-Partner und damit die Maschinenexperten sowie die internen Produktions- und Verfahrensingenieure mit in den Besprechungen der jeweiligen Funktionsgruppen. Der Konstrukteur konnte somit detailliert erkennen, welche

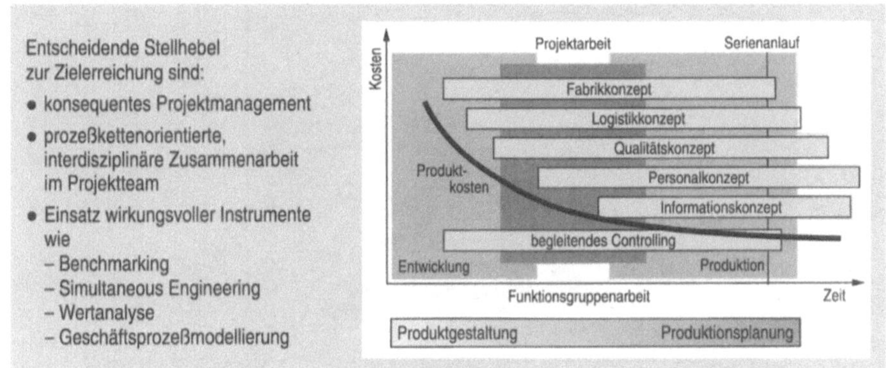

Bild 7. Projektorganisation, Stellhebel und Projektabwicklung

Kosten das Produkt verursacht und wie diese Kosten beeinflußt werden können. Mit Hilfe der SE-Partner konnten somit auch sehr schnell die kostenträchtigen Elemente an einem Bauteil bestimmt und entsprechend beeinflußt werden.

Nach Erstellung des Lastenhefts wurde ein breiter Anbieterkreis angefragt. Der SE-Partner stand damit nach der Bezahlung seiner SE-Leistung wieder im Wettbewerb. Die Beschaffung der Produktionsmittel erfolgte schließlich auf Basis einer umfassenden gesamtwirtschaftlichen Betrachtung.

2.4 Produktpartnerschaften

Eine Produktpartnerschaft ist der Zusammenschluß von Kunde, Lieferanten und deren Unterlieferanten (Bild 8).

Ziele der Produkt-Partnerschaft im neuen Motorenwerk waren:

- Reduzierung der Variantenvielfalt bzgl. der eingesetzten Bauteile und Komponenten in Bearbeitungsmaschinen und Einrichtungen des neuen Werkes und damit auch der entsprechenden Ersatzteile,
- erweiterte Gewährleistung der Elektrolieferanten (24 Monate ab Hauptserienanlauf),
- einheitliches Steuerungs- und Antriebskonzept in der gesamten Fabrik.

Erreicht wurden diese Ziele dadurch, daß beispielsweise für die Schwerpunkt-Baugruppen der Elektrik bereits vor der Ausschreibung von Fertigungsmaschinen und -einrichtungen die technische und kaufmännische Entscheidung für einen Lieferanten getroffen wurde, der exklusiv alle Maschinenhersteller für das neue Werk beliefert. Dadurch wurde die Basis geschaffen, auch die Produktpartner in die Gesamtverantwortung und in die Gewährleistung enger einzubinden. Dieses Gesamtkonzept mit SE- und Produktpartnern hat sich im Hinblick auf einen reibungslosen Anlauf der neuen Fabrik bewährt und wird in dieser Form auch auf die nachfolgenden Motorprojekte übertragen und angewandt.

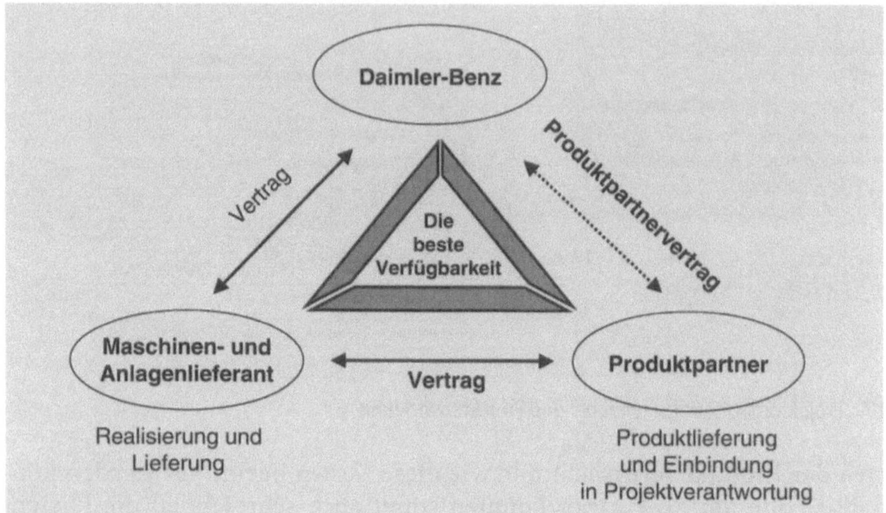

Bild 8. Produktpartnerschaften als Erfolgsfaktor im Motorenwerk Bad Cannstatt

3 Zukunftorientierte Gebäude- und Fabrikgestaltung

3.1 Wirtschaftliche und menschengerechte Architektur

Ziel der Fabrikplanung war es, eine moderne, effiziente und menschengerechte Fabrik zu gestalten (Bild 9). Als Ergebnis entstand ein Hallenbau ohne Unterkellerung mit nur einem Geschoß, in dem die einzelnen Fertigungs- und Montagebereiche entsprechend dem Fertigungsfluß optimal angeordnet sind. Die Fabrik wurde dabei erstmals durchgängig am Rechner mit CAD geplant. Nur so ließen sich alle Änderungen, die während des Planungsprozesses erforderlich wurden, qualitativ hochwertig und schnell, ohne zeitliche Verzögerungen für das Gesamtprojekt, in die entsprechenden Ausführungszeichnungen und technischen Realisierungen umsetzen.

Bei allen technischen und organisatorischen Innovationen steht der Mensch im Mittelpunkt der neuen Fabrik. Auch die Architektur des Motorenwerkes spiegelt dies wider. Viel Glas, helle freundliche Farben, Offenheit und Transparenz prägen den Neubau. Die in die Fertigung integrierten Team- und Kommunikationszonen unterstützten den hierarchieübergreifenden Informationsfluß in der neuen Fabrik.

3.2 Das Umweltschutzkonzept

Beim Bau des Motorenwerkes Bad Cannstatt wurde integrierter und vorbeugender Umweltschutz schon in der Planung berücksichtigt (Bild 10). Bereits mit der Entscheidung für einen industriellen Altstandort auf einem ehemali-

Bild 9. Ansicht und Luftbild Motorenwerk Bad Cannstatt

gen Bundesbahn-Ausbesserungsgelände wurden zusätzliche Einschnitte in die Natur vermieden.

In der neuen Fabrik hat die Minimierung des Energiebedarfs sowie eine konsequente Energierückgewinnung hohe Priorität. Dadurch müssen beispielsweise nur noch ca. 40% des Wärmebedarfs der Fabrik von außen zugeführt werden. Durch den Anschluß an die öffentliche Fernwärmeversorgung wird die Emissionsbelastung am Standort Stuttgart weiter minimiert.

3.3 Nutzung von Solarenergie

Auf dem Dach des neuen Motorenwerkes ist die derzeit größte gebäudeintegrierte Photovoltaik-Anlage der Welt mit einem Investitionsvolumen von knapp 8 Mio. DM installiert. 5000 m^2 Solarzellen speisen bei voller Sonneneinstrahlung eine Spitzenleistung von 435 kW direkt in das Werksnetz ein. Die Anlage erzeugt jährlich eine Energiemenge von ca. 350 000 kWh. Dies entspricht einem Stromverbrauch von rund 123 Haushalten (Bild 11).

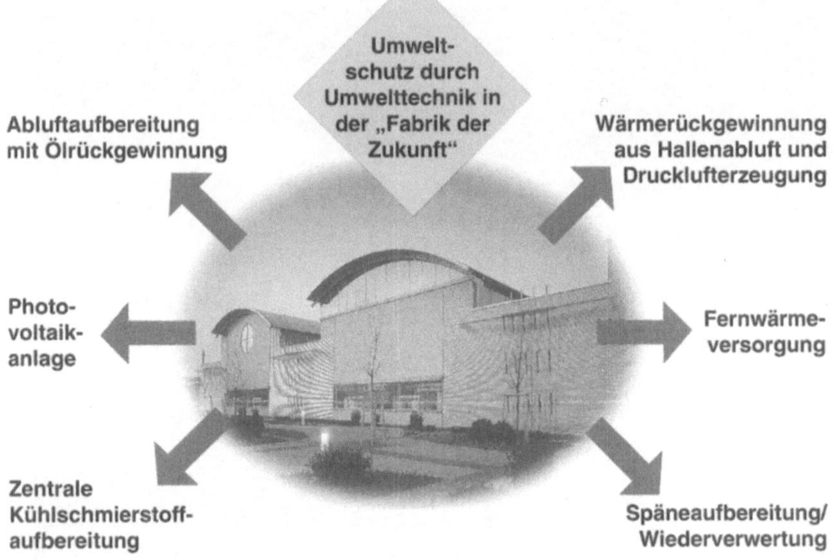

Bild 10. Realisierte Umweltschutzprojekte im Motorenwerk Bad Cannstatt

Die Gesamtanlage gliedert sich in 5 Teilsysteme mit unterschiedlichen Photovoltaik-Technologien. Dadurch wurde erreicht, daß unter gleichen Einstrahlungs- und Betriebsbedingungen unterschiedliche technische Lösungen erprobt und miteinander verglichen werden können. Zusätzlich wurde für die Anlage ein Datenerfassungssystem installiert, mit dem die Meßwerte aller Teilsysteme und Teileinheiten zyklisch von den Datenschnittstellen der Wechselrichter abgefragt werden. Mit den zusätzlichen Meßdaten einer lokalen Wetterstation wird daraus jeweils die aktuelle Leistungsbilanz des Gesamtgenerators ermittelt und der Betriebszustand jeder einzelnen Teileinheit kontrolliert.

Während einer zweijährigen Beobachtungsphase sollen die Betriebsergebnisse der Photovoltaik-Anlage nach einem standardisierten Verfahren des Bundesministeriums für Bildung, Wissenschaft, Forschung und Technologie ausgewertet werden. Obwohl die Anlage auf dem Dach des neuen Motorenwerkes die Dimension und den Charakter einer Großanlage hat, wird diese Anlage durch ihren modularen Aufbau auch wertvolle Erfahrungen für die Weiterentwicklung von dezentralen Photovoltaik-Systemen bieten.

Mit dieser Solaranlage sollen die Möglichkeiten und Grenzen des industriellen Einsatzes der Photovoltaik-Technik gezeigt werden. Nicht die Wirtschaftlichkeit der Anlage steht dabei im Vordergrund, denn Sonnenenergie ist heute immer noch wesentlich teurer als der „Strom aus der Steckdose“. Der Einsatz dieser neuen Technik soll vielmehr Impulse im Sinne einer Marktöffnung vermitteln, um die wirtschaftliche Weiterentwicklung dieser zukunftsorientierten und umweltschonenden Technologie voranzutreiben.

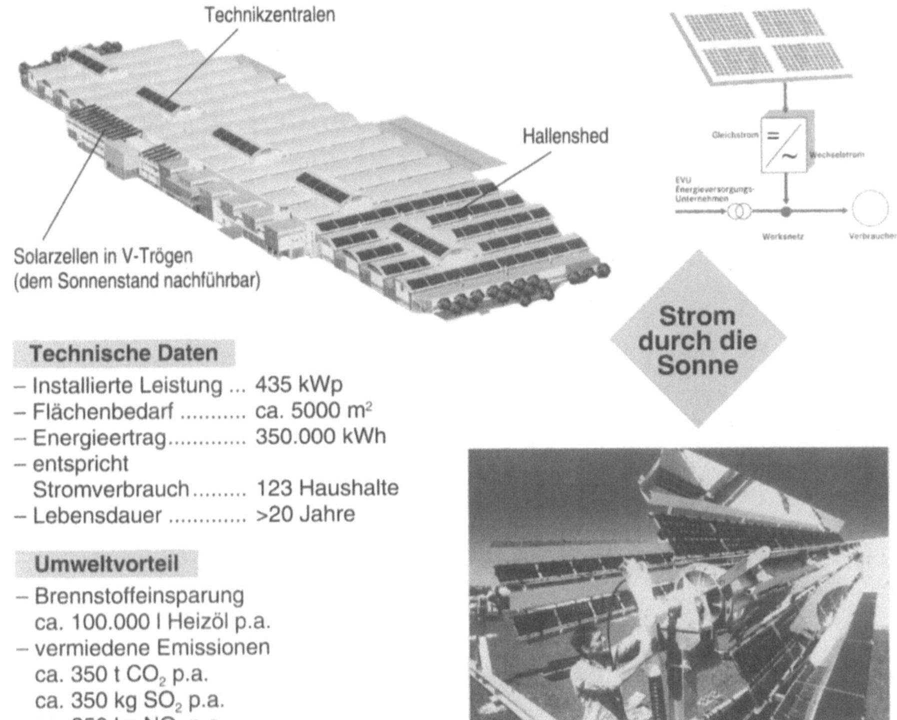

Bild 11. Photovoltaikanlage auf dem Dach des Motorenwerkes Bad Cannstatt

3.4 Prozeßkreisläufe im Motorenwerk Bad Cannstatt

Weltweit wird erstmals flächendeckend in der gesamten Fabrik Öl als Kühlschmierstoff für die mechanische Bearbeitung der Motorhauptteile eingesetzt. Der Kreislaufführung aller Prozeßflüssigkeiten gilt dabei ein besonderes Augenmerk (Bild 12).

Fünf Zentralanlagen im neuen Werk bereiten stündlich ca. 3000 m³ Kühlschmierstoff und 300 m³ Waschwasser so effektiv auf, daß eine hohe Lebensdauer der Medien erreicht wird. Dies schont Ressourcen und senkt Kosten.

Auch bei der Abluftbehandlung wird im Motorenwerk Bad Cannstatt großer Wert auf geschlossene Prozeßkreisläufe gelegt. Fünf modular aufgebaute Abluftbehandlunszentren reinigen stündlich insgesamt 260 000 m³ Luft – und dies abwasser- und abfallfrei. 98% des in der Abluft enthaltenen Öls werden zurückgewonnen, so daß die erzielten Reingaswerte die gesetzlichen Grenzwerte weit unterschreiten. Darüber hinaus sorgen gekapselte Maschinen, hochleistungsfähige Absaugsysteme sowie neue Entwicklungen zur Versorgung und Steuerung des Lufthaushalts in der gesamten Produktionshalle für optimale Luftverhältnisse und Bedingungen am Arbeitsplatz.

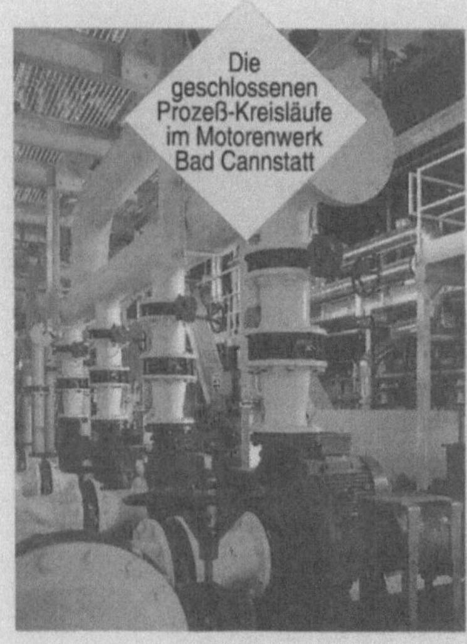

Bild 12. Zentrale Kühlschmierstoff-Aufbereitung im Motorenwerk Bad Cannstatt

4 Effizienz durch integrierte Produktions-, Informations- und Logistikstrukturen

4.1 Die logistikorientierte Fabrik

Einfache und klare Abläufe prägen die Produktion im neuen Daimler-Benz-Motorenwerk Bad Cannstatt. Die gesamte Fabrik- und Produktionsplanung ist konsequent nach logistischen Gesichtspunkten gestaltet. Dies betrifft sowohl die innerbetriebliche Logistik als auch die Anliefer- und Abliefer-logistik.

Die Fertigungslinien der im neuen Werk hergestellten Kernkomponenten Kurbelgehäuse, Kurbelwelle, Pleuel und Zylinderkopf enden daher jeweils genau an der Stelle des Montagebandes, an der das entsprechende Teil eingebaut wird. Alle übrigen Teile werden von externen Lieferanten direkt über ein Lieferanten-Logistik-Zentrum (LLZ) zugeliefert. Überflüssiger Doppelaufwand wird durch diese einstufige Lagerhaltung in der Fabrik konsequent vermieden.

Die Produktionshalle unterteilt sich in drei Bereiche (Bild 13): Im Mittelpunkt der Fabrik steht der Kernprozeß Motorenmontage, an den sich auf der einen Seite die Komponenten-Fertigungslinien und auf der anderen Seite das Lieferanten-Logistik-Zentrum anschließen.

In dieses Logistik-Zentrum gehen täglich ca. 700 Ladungsträger ein. Aus dem Regal-Bereich, der sich über die gesamte Länge der Motorenmontage erstreckt, gelangen alle externen Zulieferteile direkt und auf kürzestem Wege –

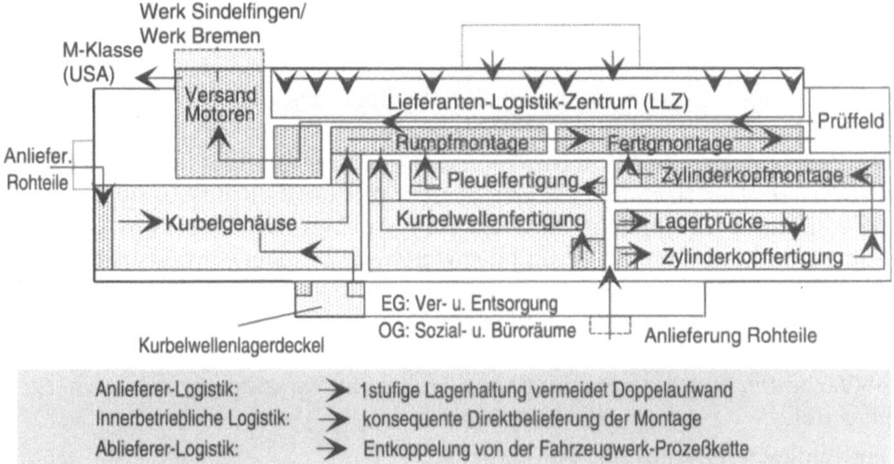

Bild 13. Logistikorientierte Fabrik- und Layoutgestaltung im neuen Motorenwerk

vergleichbar der Form von Fischgräten - an ihren Einbauort am Montageband. Die Materialbereitstellung bis ans Band wurde dabei einem externen Dienstleister übertragen.

Durch diese Gesamtkonzeption wurde der Schritt von einer teileorientierten, konventionellen Verbundfertigung zu einer effizienten, logistikorientierten Fabrik vollzogen (Bild 14).

4.2
Mechanische Fertigung

Fertigungsverbund ist das Schlüsselelement für die mechanische Bearbeitung der Hauptbauteile des neuen V-Motors. Jeweils auf denselben Fertigungsanlagen werden die Kurbelgehäuse für alle V6- und V8-Motoren mit einheitlichem 90-Grad-V-Winkel gefertigt sowie alle Zylinderköpfe, Pleuel und Kurbelwellen.

- Integriertes Lieferanten-Logistik-Zentrum stellt Teileversorgung der Montage sicher
- von 200 Lieferanten erhalten wir täglich ca. 700 Ladungsträger
- 3.000 Regal-Stellplätze im LLZ ermöglicht einstufige Lagerhaltung mit den Lieferanten
- Kurze Wege bei der Materialversorgung durch logistikorientierte Layoutgestaltung

Bild 14. Materialversorgung mit Hilfe des integrierten Lieferanten-Logistik-Zentrums (LLZ)

4.2.1
Zylinderkopf

Bereits bei der Produktgestaltung aller Bauteile des neuen Motors wurden viele bearbeitungsspezifische Anforderungen berücksichtigt. Dadurch konnte die Bearbeitung eines Zylinderkopfs bei höchster Qualität deutlich vereinfacht werden. Der flächendeckende Einsatz von Öl als Kühlschmierstoff bei der Zerspanung ermöglicht darüber hinaus neben dem positiven Umweltaspekt eine signifikante Erhöhung der Werkzeugstandzeit und Bearbeitungsqualität (Bild 15).

Für die Bearbeitung der Zylinderköpfe mit Lagerbrücke wird eine Transferlinie eingesetzt. Die benötigte Flexibilität zur Herstellung der 8 Zylinderkopf-Varianten für die verschiedenen Hubraum-Varianten wurde sichergestellt durch:

- ein Baukastensystem der Werkstücke,
- gleiche Spannstellen und
- gleiche Justage der Gußteile bei allen Varianten.

Die gesamte Anlage wurde von einem SE-Team konzipiert, bestehend aus Entwicklung, Produktionsplanung, Produktion und Maschinenlieferant. Bei einer Analyse der Störungen an bestehenden Transferstraßen ähnlicher Komplexität wurde festgestellt, daß im wesentlichen zwei Störungsarten auftreten: Kurzzeit- und Langzeitstörungen. Ziel der Anlagenauslegung war es daher, die Kurzzeitstörungen einzelner Maschinenabschnitte durch kleine Puffer zu überbrücken. Mit Hilfe einer Simulation wurde die notwendige Größe der Entkopplungspuffer bestimmt und in Abstimmung mit dem Maschinenlieferanten in die Gesamtkonzeption der Transferstraße eingeplant, um den angestrebten hohen Nutzungsgrad der Gesamtanlage im 3-Schichtbetrieb zu sichern.

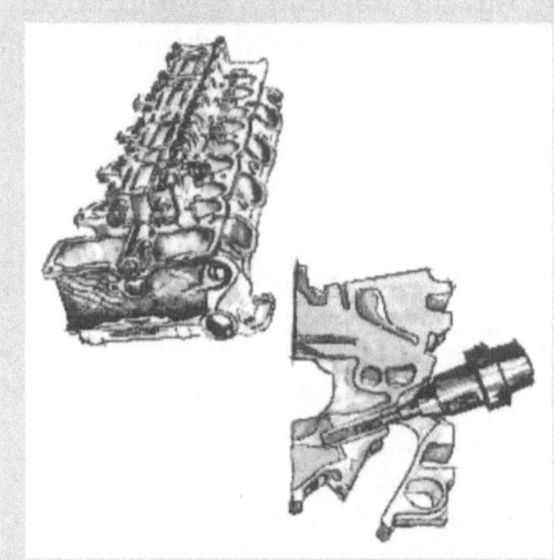

Bild 15. Verbundfertigung von V6/V8-Zylinderköpfen mit modernster Produktionstechnik

- Vollautomatische Montagelinie mit hochflexiblen Knickarmrobotern
- Freie Zugänglichkeit der Roboterzellen durch Modulbauweise
- V6- und V8-Zylinderköpfe in kleinsten Losgrößen montierbar

Zylinderkopftechnik:

- Geringste Emissionen durch 2 Zündkerzen und 3-Ventiltechnik
- Rollenkipphebel mit minimierter Reibleistung und hydraul. Ventilspielausgleich
- Nur eine Nockenwelle je Zylinderkopf

Bild 16. Vollautomatische Zylinderkopfmontage als flexible Montagelinie für hohe Stückzahlen

Bestehende Anlagen wurden im Vorfeld auch dazu genutzt, neue Bearbeitungsverfahren oder Werkzeuge auf Prozeßsicherheit und Einhaltung der geforderten Qualität zu überprüfen. Damit konnte beispielsweise bereits in der Planungsphase eine Aussage darüber getroffen werden, ob die Vorbearbeitung einzelner Bauteile entfallen kann oder nicht.

Logistisch und auch organisatorisch direkt an die mechanische Fertigung der Zylinderköpfe angebunden ist im Sinne einer ganzheitlichen Produktverantwortung die vollautomatische Zylinderkopfmontage (Bild 16). Alle 30 sec ein komplett montierter Zylinderkopf – das war die Herausforderung bei der Konzeption der Anlage. Die automatische Montagelinie ist mit flexiblen Knickarmrobotern ausgestattet und beherrscht damit flexibel und prozeßsicher sämtliche Zylinderkopfausführungen im Modellmix entsprechend der Produktionsreihenfolge der direkt angebundenen Motorenmontage.

4.2.2 *Kurbelgehäuse*

Innovationen gibt es auch beim Kurbelgehäuse. Durch den Einsatz eines Aluminium-Druckguß-Kurbelgehäuses konnten viele Bearbeitungsoperationen und Vorbearbeitungsschritte entfallen. Der Einsatz einer neuen Zylinderlaufbahn-Technologie mit eingegossenen Aluminium-Silizium-Laufbuchsen definiert aufgrund der homogenen Oberflächenstruktur neue Maßstäbe bei Emission und Ölverbrauch.

Höchste Präzision bei der mechanischen Bearbeitung der einteiligen 6- und 8-Zylinderkurbelgehäuse auf derselben Transferstraße ermöglicht es,

Bild 17. Kurbelgehäuse-Technologie für neue Maßstäbe bei Emission und Ölverbrauch

mit nur einer Kolbenklasse auszukommen. Dies ist ein enormer Sprung nach vorne (Bild 17). Gleichzeitig konnte das Gewicht des Kurbelgehäuses gegenüber dem Grauguß-Vorgänger mehr als halbiert werden. Statt 55 kg wiegt das neue Aluminium-Kurbelgehäuse nunmehr nur noch 26 kg.

Im Vorfeld wurde auch die Kurbelgehäuselinie in einem SE-Team konzipiert. Ergebnisse dieser Untersuchungen sind beispielsweise:

- Integration von 3-Achs-CNC-Maschinen zur Flexibilisierung der Gesamtanlage an ausgesuchten Bearbeitungsflächen,
- Einsatz möglichst einfacher Maschinen (z.B. keine Bohrkopfwechsler) zur Erhöhung der technischen Verfügbarkeit und Prozeßsicherheit,
- Installation von Entkopplungsmodulen in der Transferstraße, z.B. vor Maschinen mit hohem Umrüstaufwand.

4.2.3 *Kurbelwelle*

Modernste Fertigungsverfahren wie das CNC-gesteuerte Pendelhubschleifen ermöglichen eine hochflexible Fertigung und höchste Produktivität bei der Bearbeitung geschmiedeter V6- und V8-Stahlkurbelwellen. Statt herkömmlicher Transferstraßenlösungen kommen erstmals entkoppelte, flexible Fertigungszellen mit vollautomatischer Be- und Entladung zum Einsatz (Bild 18).

Untersuchungen im Vorfeld hatten ergeben, daß bei einer starren Verkettung der hier eingesetzten komplexen Maschinen ein Nutzungsgrad von >60% nicht möglich gewesen wäre. Deshalb arbeiten die Kurbelwellen-Bearbeitungsmaschinen im neuen Motorenwerk erstmalig voll entkoppelt. Die Teile werden in stapelbaren Transportpaletten durch die Maschinenbediener von

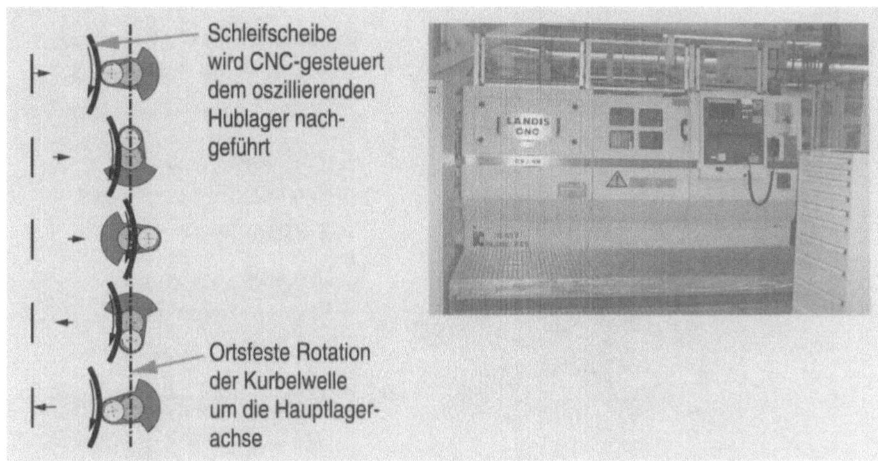

Bild 18. Kurbelwellenfertigung mit CNC-Pendelhubschleifen

Fertigungszelle zu Fertigungszelle gebracht, dort automatisch entnommen, bearbeitet und automatisch wieder in die Paletten abgelegt. Anschließend wird der Palettenstapel durch den Mitarbeiter zur nächsten Maschine gebracht. Diese Lösung sichert einen hohen Nutzungsgrad der gesamten Kurbelwellenfertigung.

Weitere Vorteile der Kurbelwellenbearbeitung in flexiblen Fertigungszellen sind:

- Stückzahl-Flexibilität durch problemlose Integration weiterer Maschinen,
- Verwendung seriennaher und damit kostengünstiger Maschinen.

Bei der Planung der Kurbelwellenfertigung hat man sich für mehrere, unterschiedliche Maschinenlieferanten entschieden, um die Kernkompetenzen unterschiedlicher Hersteller für deren spezielles Bearbeitungsverfahren wie Tieflochbohren oder CNC-Pendelhubschleifen zu nutzen.

Der höhere Aufwand in der Koordination des Gesamtprojekts durch interne Arbeitspaketleiter und Produktionsingenieure wird durch die erreichbaren Vorteile für das Gesamtsystem mehr als wettgemacht.

4.2.4
Pleuel

Durch Integration des Bearbeitungsverfahrens Bruchtrennen – auch Cracken genannt – konnte der Fertigungsaufwand für ein geschmiedetes Stahlpleuel „auf einen Schlag" um über 30% reduziert werden (Bild 19).

Bei konventioneller Fertigung werden die Pleuel nach dem Schmieden auseinandergesägt und geschliffen, um danach eine präzise Montage zu ermöglichen. Beim Bruchtrennen werden die Pleuel an einer definierten Stelle gezielt auseinandergebrochen. Dadurch entsteht eine ungleichmäßige, sehr feine Bruchoberfläche, die sicherstellt, daß die beiden Teile des Pleuels bei der

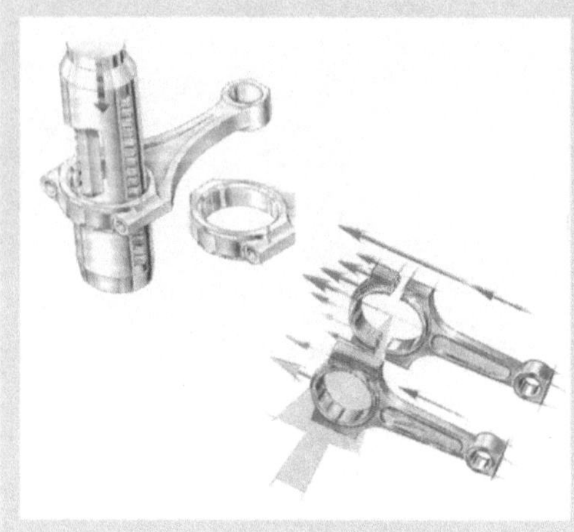

Bild 19. Bruchtrennen in der Pleuelfertigung

vollautomatischen Montage mit Robotern wieder exakt zusammenpassen. Die Bruchkante ist dabei so fein, daß sie nach dem Feinbearbeiten der Bohrung für die Kurbelwelle mit dem bloßen Auge nicht mehr zu erkennen ist.

4.3 Motorenmontage und Motorenprüfung

Ein wesentliches Merkmal des neuen Montagekonzepts Bad Cannstatt - beginnend vom Aufsetzen des Kurbelgehäuses bis zum erfolgreichen Absolvieren des Prüflaufes - ist das integrierte Qualitätssicherungskonzept, sowohl im teilautomatisierten als auch im manuellen Bereich. Kurze Qualitätsregelkreise im Montageprozeß, z.B. in Form von integrierten, automatisierten Dichtheitsprüfstationen, sowie ein innovatives Motorenprüffeld stellen Topqualität der neuen Motorenbaureihe für den Kunden sicher (Bild 20).

4.3.1 Rumpfmontage

Die Montage des Rumpfmotors erfolgt durch ein flexibles, teilautomatisiertes Montagesystem mit 30 Robotern. Zielsetzung und damit ausschlaggebend für diese Konzeptentscheidung war neben der Wirtschaftlichkeit vor allem die Sicherstellung einer exzellenten Produktqualität. Beispielhaft hierfür ist die Übernahme des reproduzierbaren, hochgenauen Silikonauftrags als Flüssigdichtung durch Industrieroboter (Bild 21). Erstmals werden auch die Kolben und Pleuel der V-Motoren vollautomatisch in Roboterstationen montiert.

Durch die Übernahme körperlich anstrengender Arbeitsschritte durch Automatikstationen, z.B. das Einsetzen der Stahlkurbelwelle in das Kurbelgehäuse, konnten die Arbeitsbedingungen für die Mitarbeiter an entkoppelten Arbeitsplätzen ergonomisch optimal gestaltet werden.

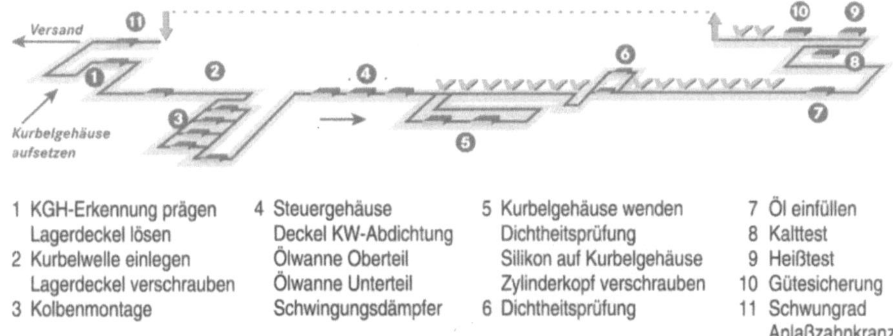

Bild 20. Montagesystem mit integriertem Motorenprüffeld

Im Sinne der internen Kunden-/Lieferantenbeziehungen sind die Produktionssysteme der Fertigung logistisch direkt an den jeweiligen Verbraucherort in der Montage angebunden. Dies schafft klare, effiziente Abläufe und reduziert Kosten.

4.3.2 Fertigmontage

Das Montagesystem der Fertigmontage im Anschluß an die Rumpfmontage ist als taktentkoppeltes Konzept mit V-Arbeitsplätzen gestaltet (Bild 22). Diese Entkopplung bietet den Mitarbeitern die Chance, sich durch Erweiterung von Tätigkeitsinhalten neben der eigentlichen Montagetätigkeit am stehenden Motor auch um Themen wie Qualitätssicherung, vorbeugende Instandhaltung und Logistik zu kümmern.

Für den einzelnen Mitarbeiter erhöht sich dadurch die Attraktivität des Arbeitsplatzes. Gemäß den Bad Cannstatter Produktionsgrundsätzen sowie der neuen Betriebsvereinbarung stellt flächendeckende Gruppenarbeit auch

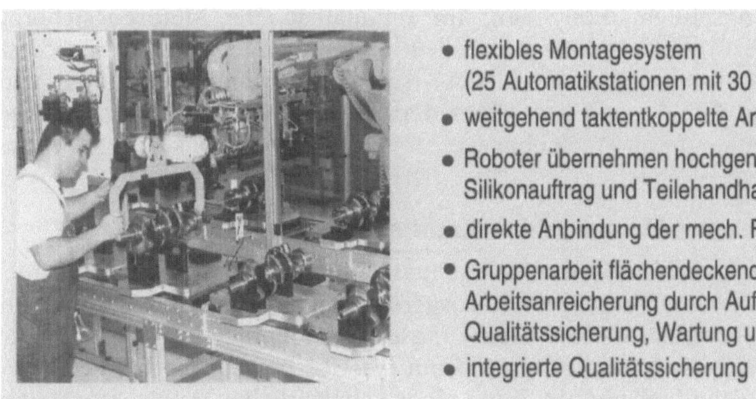

Bild 21. Rumpfmontage: Teilautomatisierte Montageprozesse stellen Produktivität und Qualität sicher

- Montagesystem mit taktentkoppelten V-Arbeitsplätzen
- hohe Stückzahl-Flexibilität
- Logistikkonzept der „kurzen Wege“
- Gruppenarbeit flächendeckend mit Arbeitsanreicherung durch Aufgaben wie Qualitätssicherung, Wartung und Logistik
- integrierte Qualitätssicherung z.B. Dichtheits- und Funktionsprüfungen

Bild22. Fertigmontage: Der Mensch steht im Mittelpunkt des Montageprozesses

im Montagebereich die tragende Säule der Zusammenarbeit dar. Höchstes Augenmerk liegt dabei auf dem Prinzip der kontinuierlichen Verbesserung. Der Mitarbeiter kann und soll sein Kreativitätspotential zur Optimierung der Prozesse und der eigenen Arbeitsbedingungen voll einbringen.

4.3.3 Motorenprüffeld

Qualität – das ist die Maxime, der sich das Prüffeld-Team verschrieben hat. Schlüsselelemente des hochmodernen Motoren-Prüffeldes sind Kalttest-Prüfstände, die eine umfassende Motorfunktionsprüfung wirtschaftlich sicherstellen. In jeweils nur 60 Sekunden werden Mechanik, Zündung, Einspritzung und sämtliche Sensoren und Aktoren bei allen Motoren fundiert geprüft (Bild 23).

Zusätzlich werden Motoren noch in reduzierter Stückzahl Heißtests bzw. Gütesicherungsläufen unterzogen, um Topqualität aller Motoren sicherzustellen. Erste Ergebnisse belegen eindeutig, daß in der Kombination dieser neuen Prüfmethoden und -verfahren – sowohl im Montageprozeß als auch im Motorenprüffeld – ein gegenüber dem klassischen Ablauf nochmals erhöhtes Qualitätsniveau erreichbar ist.

4.4 Integrierte Anlagenbetreuung sichert höchste Nutzung

Der gesamte Maschinen- und Anlagenpark im Wert von mehreren hundert Mio. DM im neuen Motorenwerk, ausgerüstet mit modernster Technik und neuen bedienerfreundlichen Steuerungsgenerationen, wird vom Instandhaltungsbereich Bad Cannstatt rund um die Uhr betreut. Vorbeugende, gemeinsame Instandhaltung im Sinne einer ganzheitlichen Anlagenbetreuung durch Maschinenbediener und Instandhaltungsspezialisten garantiert höch-

Bild 23. Motorenprüffeld: Wirtschaftliche und ganzheitliche Motor-Funktionsprüfung

ste Verfügbarkeit aller Anlagen und damit wirtschaftliche Fertigung und Montage der V-Motoren. Per Leittechnik werden alle Maschinenzustände permanent erfaßt und in bezug auf Schwachstellen ausgewertet. Dies garantiert Prozeßüberwachung und höchste Prozeßsicherheit im gesamten Werk.

5 Der Mensch im Mittelpunkt einer modernen Fabrik- und Arbeitsorganisation

5.1 Informations- und Kommunikationskonzept

Das Informations- und Kommunikationskonzept des neuen Motorenwerkes basiert auf einer Verbindung von Information und Kultur in der neuen Fabrik als Basis für eine „**I**ntegrierte **F**abrikinformation, **O**ptimierung und **S**teuerung", kurz „*InFOS*" genannt.

Das Informationskonzept *InFOS* enthält Produktionsdatenerfassung, Leittechnik, Montage- und Fertigungssteuerung, alle Logistiksysteme sowie Führungsinstrumente für die neue Fabrik. *InFOS* ermöglicht damit durch übergreifende Informationen und Controllingfunktionen nicht nur eine operative Prozeßunterstützung, die Integration aller Geschäftsprozesse sowie eine kontinuierliche Analyse und Optimierung der Prozesse, sondern ist auch Basis für ein neues, umfassendes Mitarbeiter-Informations-Konzept (Bild 24).

Sämtliche fertigungs- und prozeßrelevanten Daten stehen *allen* Mitarbeitern durchgängig zur Verfügung – hierarchieübergreifend auf allen Ebenen (Bild 25). Dies wird sichergestellt durch:

- Standardisierung der elektrischen Ausrüstung aller Maschinen und Einrichtungen in der Fabrik,

Unsere Leitphilosophie vereinigt Information und Kultur als Basis für eine „Integrierte Fabrik-Optimierung und Steuerung"
Informations-Kultur
Kommunikation
Kooperation
Konvention
Kontinuität
Koordination
Konsequenz
IV-Bebauungsplan
InFOS
Integrierte Fabrik-Optimierung und -Steuerung
Schwerpunktthemen ...
• Produktionsdatenerfassung
• Leittechnik
• Montage- und Fertigungssteuerung
• Anliefer-/Innerbetriebl./Abliefer- Logistik
• Führungsinstrumente
Integration der Geschäftsprozesse
Rahmenbedingungen zur Systemgestaltung
Prüfung Standard-Anwendungssoftware
Integration neue/bestehende Funktionen, Systeme Schnittstellen
Fabrik-Umfeld
Information und Controlling
Operative Prozessunter-stützung
Analyse und Optimierung
Planung
Steuerung
Erfassung Regelung
Fabrik-Geschäftsprozesse

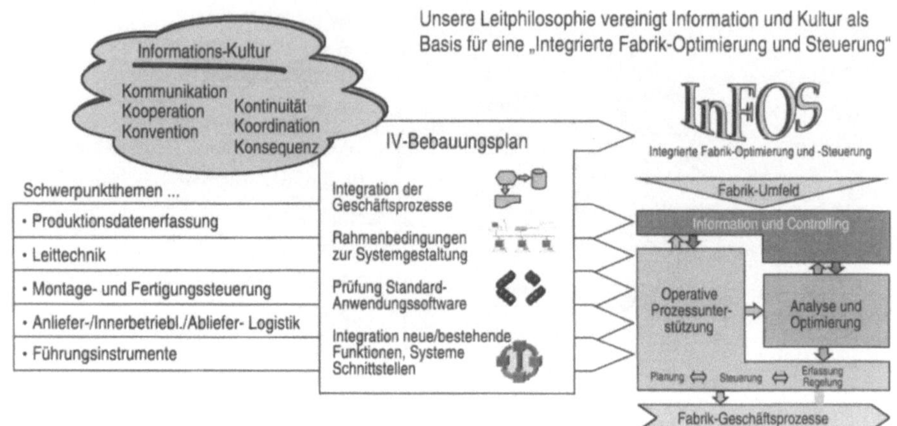

Bild 24. Das Informationskonzept des Motorenwerks Bad Cannstatt

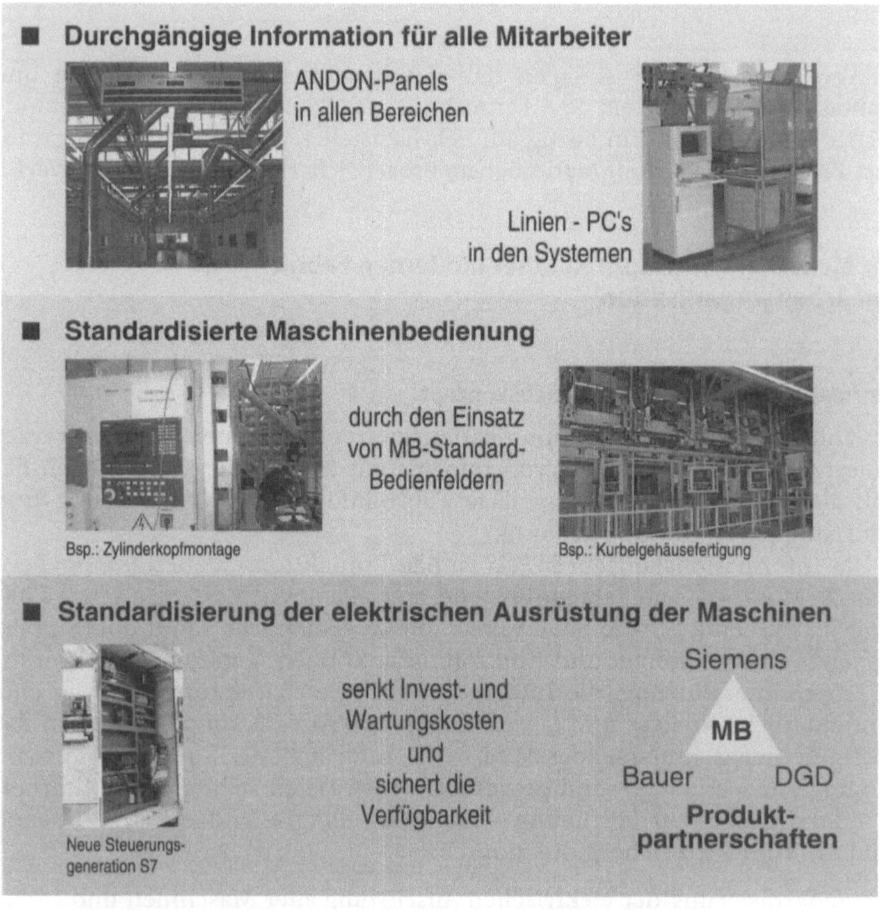
Durchgängige Information für alle Mitarbeiter
ANDON-Panels in allen Bereichen
Linien - PC's in den Systemen
Standardisierte Maschinenbedienung
durch den Einsatz von MB-Standard-Bedienfeldern
Bsp.: Zylinderkopfmontage
Bsp.: Kurbelgehäusefertigung
Standardisierung der elektrischen Ausrüstung der Maschinen
senkt Invest- und Wartungskosten und sichert die Verfügbarkeit
Siemens
MB
Bauer
DGD
Produkt-partnerschaften
Neue Steuerungs-generation S7

Bild 25. Durchgängige und hierarchieübergreifende Information auf allen Ebenen

- einheitliche Bedienfelder und
- durchgängige Information aller Produktionsmitarbeiter.

Die Information der Mitarbeiter in der Produktion wird durch Anzeigetafeln in allen Bereichen - sogennante ANDON-Panels - gewährleistet. Ausbringung, Trendverläufe und Störungen werden kontinuierlich angezeigt. Zusätzlich sind in den Produktionslinien Linien-PCs installiert, über die jeder Mitarbeiter zusätzliche Daten und Informationen jederzeit abrufen kann, die er für seine Arbeit benötigt.

Alle Anlagen im neuen Motorenwerk haben einheitliche, standardisierte Bedienfelder - unabhängig von Einsatzzweck und Hersteller. Dies erleichtert die Maschinenbedienung erheblich und ist eine ganz wesentliche Voraussetzung zur schnellen Qualifizierung neuer Mitarbeiter sowie zur Umsetzung einer flächendeckenden Gruppenarbeit mit der Möglichkeit von Arbeitsplatzwechseln innerhalb der gesamten Fabrik.

Ein weiteres Novum ist die Standardisierung der elektrischen Ausrüstung der Maschinen sowie eine neue Steuerungsgeneration, die flächendeckend Anwendung findet. Dies senkt Investitions- und Wartungskosten und sichert die Leistungsfähigkeit der neuesten Steuerungstechnologie für eine effiziente Motorenproduktion.

5.2 Teamentwicklung und Gruppenarbeit

Fast schon selbstverständlich ist, daß Gruppenarbeit - projektbezogen und hierachieübergreifend - in Bad Cannstatt flächendeckend realisiert ist. „Teamarbeit über Hierarchiegrenzen hinweg", „Führen über Ziele" sowie „Information und Kommunikation" lauten die griffigen Formeln der Zusammenarbeit für die im Endausbau mehr als 1200 Mitarbeiter im neuen Motorenwerk. Alle Mitarbeiter werden noch stärker als bisher in die Abläufe und Prozesse der neuen Fabrik einbezogen (Bild 26). Unternehmerisches Denken und Handeln ist mehr als nur erwünscht - alle Mitarbeiter sind aufgefordert, aktiv teilzuhaben und ihre Ideen einzubringen.

Teamzone in der Produktion des Motorenwerkes Bad Cannstatt

- Flache Hierarchie und kurze Entscheidungswege
- Integration von Servicebereichen
- Prozeßorientierte Arbeitsorganisation
- Gruppenarbeit flächendeckend
- Erfolgsorientierte Entlohnung
- Integriertes Informations- und Kommunikationskonzept
- Umfassende, bedarfsorientierte Qualifizierung
- Flexible Arbeitszeit-/Betriebszeitgestaltung
- Vereinbarte Grundsätze zur Zusammenarbeit

Bild 26. Teamarbeit im Motorenwerk Bad Cannstatt: Ganzheitliches Personalkonzept mit zukunftsorientierten Arbeitsstrukturen

„Wir entwickeln ein Team" – unter diesem Slogan hat eine Projektgruppe ein umfassendes Gesamtkonzept gemäß Projektzielsetzung sowie der neuen Betriebsvereinbarung entwickelt, das den Menschen in den Mittelpunkt der neuen Fabrik stellt. Gruppenarbeit und neue Arbeitszeitmodelle in der „Fabrik der Zukunft" regen zum Mitdenken an.

Produktionsbereiche und erstmals auch alle Servicebereiche wie Instandhaltung und Qualitätssicherung sind flächendeckend in Gruppenarbeit organisiert. Neben den direkten Produktionsaufgaben oder Servicefunktionen übernimmt die Gruppe eigenverantwortlich auch:

- Arbeitseinteilung/Rotation,
- Planung der Anwesenheit,
- Mitarbeiterqualifizierung.

Das Mercedes-Benz-Leitbild beschreibt die Grundhaltungen, mit denen alle Führungskräfte und Mitarbeiter gemeinsam die Zukunft gestalten. Um dieses Leitbild im neuen Motorenwerk erfolgreich und nachhaltig zu verankern, entwickelten die „Cannstatter" ein standortspezifisches Wertekonzept für eine erfolgreiche Zusammenarbeit im Team mit folgenden Grundwerten (Bild 27):

- Verantwortung,
- Klarheit,
- Vertrauen,
- Wertschätzung,
- Verbesserung,
- Erfolg.

Dieses Wertekonzept wurde intensiv im Führungsteam mit allen Führungskräften diskutiert und erarbeitet sowie mit den Mitarbeitern besprochen.

◆ Vertrauen
- Wir gehen offen und ehrlich miteinander um.
- Auf die Kompetenz jedes Einzelnen bauen wir!

◆ Erfolg
- Erfolg tut gut - wir wollen erfolgreich sein!
- Unser Erfolg ist der des Unternehmens.

◆ Wertschätzung
- Wir respektieren uns gegenseitig.
- Wir gehen fair miteinander um.
- Wir halten Termine und Vereinbarungen diszipliniert ein.

◆ Verbesserung
- Wir haben Spaß daran, mit kreativen Ideen unsere Arbeitsergebnisse ständig zu verbessern.
- Im Motorenwerk Bad Cannstatt stellen wir uns gerne dieser Herausforderung!

◆ Verantwortung
- Wir handeln zielorientiert und stellen den Mensch in den Mittelpunkt.
- Ich kenne und trage diszipliniert die Verantwortung für meine eigene Arbeit.
- Wir verwirklichen uns, indem wir Verantwortung übernehmen.

◆ Klarheit
- Wir wissen, wohin wir wollen!
- Diesen Weg gehen wir diszipliniert gemeinsam.
- Dies stellen wir im Motorenwerk Bad Cannstatt durch klare, eindeutige Ziele sowie nachvollziehbare Handlungen und Entscheidungen sicher.

Bild 27. Wertekonzept im Motorenwerk Bad Cannstatt

Gemäß diesem Wertekonzept erfolgt derzeit die umfassende Qualifizierung und Integration der neuen Mitarbeiter des Standorts Untertürkheim zur Sicherstellung eines optimalen Serienanlaufs des neuen Werkes.

Diese gemeinsam getragenen Grundwerte bilden die Basis für „Leistung in Teamarbeit“ und „Qualität aus Tradition“ und helfen damit, das neue Motorenwerk zu einem wettbewerbsfähigen „Standort mit Zukunft“ zu entwickeln.

6 Zusammenfassung

Mit der Entwicklung der neuen V6- und V8-Motorengeneration setzt sich Daimler-Benz zum Ziel, technologisch führende Motoren mit hohem Kundennutzen, z.B. hohem Drehmoment, niedrigem Kraftstoffverbrauch und deutlich verringerten Emissionswerten, wettbewerbsfähig herzustellen.

Dieses anspruchsvolle Ziel wird durch ein innovatives Produktkonzept, eine effiziente, logistikorientierte Produktion sowie ein integriertes Personalkonzept erreicht.

Dazu wurde in Bad Cannstatt ein neues Motorenwerk nach Benchmarking-Gesichtspunkten gebaut. Mit diesem neuen Werk tritt Daimler-Benz den Beweis an, daß wirtschaftliche Produktion am Standort Deutschland möglich ist und mit ökologischer Vernunft und attraktiven Arbeitsplätzen einhergehen kann.

Wandlungsfähige Produktion

W. Kunerth

Inhalt: Wachstum durch neue Märkte – Innovation als Prozeß – Neue Produktionskonzepte – Zusammenfassung und Ausblick

1
Wachstum durch neue Märkte

Die Sättigung traditioneller Märkte, die Globalisierung des Wettbewerbs, verändertes Kundenverhalten und neue Wettbewerber fordern Systemhersteller heraus, permanent ihre Geschäftsfelder anzupassen (Bild 1). Hinzu kommt, daß sich die weltweiten, für die Wirtschaft relevanten Bedingungen kontinuierlich ändern. Liberalisierung, vermehrte Konkurrenz aus Südostasien, die Öffnung von Zentral- und Ost-Europa sowie vermehrte Wechselkursturbulenzen sind Beispiele dafür (Bild 2). Für die Siemens AG ist die Mikroelektronik als Schrittmacher des technischen Fortschritts für heutige und künftige Geschäftsfelder von besonderer Bedeutung (Bild 3). Am Beginn der Mikroelektronik stand die Idee, viele unterschiedliche Bauelemente und die damit dargestellten Funktionen mit gleicher Technologie auf einem gemeinsamen Träger herzustellen – dem integrierten Schaltkreis. Motive waren Funktions- und Anwendungssicherheit, Funktionsbreite, Schaltgeschwindigkeit und Preisdegression. Diese Motive treiben die Entwicklung noch heute, 30

Bild 1. Veränderte Rahmenbedingungen eröffnen neue Geschäftsfelder

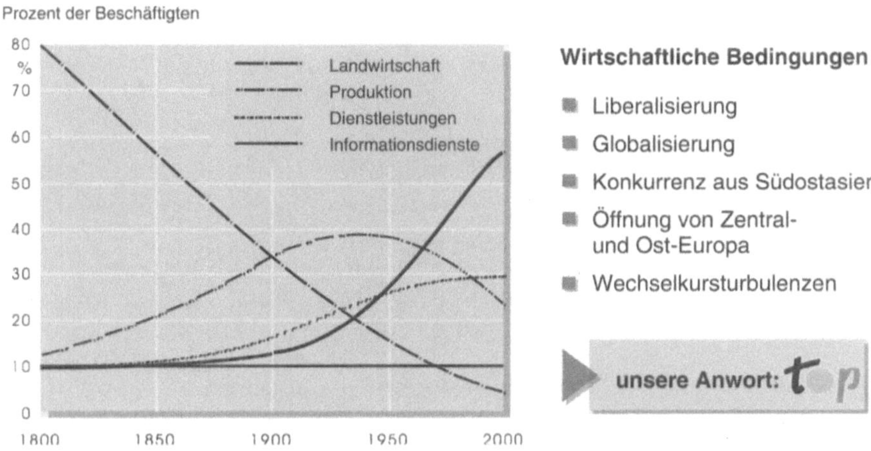

Bild 2. Strukturwandel in der Welt

Jahre nach dem Start und nach einer in der Technik beispiellosen Erfolgsserie (Maßstab des Fortschritts ist die Zehnerpotenz). Parallel zu dieser Leistungsentwicklung der Produkteigenschaften verläuft die Reichweite der Anwendungen. Schlichte alpha-numerische Texte markieren den Anfang; heute ist Speicherung, Verarbeitung und weltweiter Zugriff auf komplexe Bilder Stand der Technik. Eine besondere Anforderung dabei spielt der anhaltende und zum Teil gravierenden Preisverfall der Informations- und Kommunikationstechnologien (Bild 4). In der Mikroelektronik lassen sich aktuell die in Bild 5 aufgeführten Trends bestimmen.

Chipsatz für zukünftige 10-GBit-Übertragungssysteme: Bild des 1:16-Demultiplexerchip

Trends für Speicherkapazität und Kommunikationszeiten			
Typ	Größe	Schmalband 64 KBit/s	Breitband 2 GBit/s
Textseite	2 KB	0,3 s	~ 0 s
Chip Layout	10 MB	24 min	0,05 s
Zeitungsseite	30 MB	1,2 h	0,15 s
Farb-Satellitenbild	5 GB	220 h	26 s

Bild 3. Mikroelektronik als Schrittmacher des technischen Fortschritts

• Nachrichtenkabel (Kupfer)	- 4% p.a.
• Private Kommunikationssysteme	- 5% p.a.
• Halbleiterchips (Durchschnitt)	- 7% p.a.
• EDV-Hardware (Durchschnitt)	- 8% p.a.
• Übertragungstechnik	- 10% p.a.
• Öffentliche Vermittlungstechnik	- 13% p.a.
• Nachrichtenkabel (Lichtwellenleiter)	- 15% p.a.
• Telefone	- 20% p.a.
• PC	- 20% p.a.

Bild 4. Preisverfall IuK-Technik 1988–1993

Den Unternehmen, die diese Probleme erkennen und überwinden, bieten sich weiterhin außerordentliche Marktchancen, wie die Entwicklung des Marktvolumens zeigt (Bild 6). Die dargestellte Vorschau umfaßt ca. 15 Jahre. Interessant ist, daß Amerikas relativer Anteil sinken wird, auch wenn von einem realen Wachstum von 6–8% in diesem Zeitraum ausgegangen wird. Interessant ist auch, daß sich die Relationen der Elektromärkte Südamerikas, Afrikas und Australiens kaum verändern werden. Eklatant jedoch ist das Wachstum Südost-Asiens. Deshalb muß global gedacht und gehandelt werden, in Großunternehmen genauso wie im Mittelstand und ebenso in Wirtschaftsverbänden und Normungs-Organisationen. Die Siemens-Strategie setzt daher auf globale Präsenz und lokale Partnerschaft bzw. Wertschöpfung. Heute gehört die Siemens AG in ihrem traditionellen Arbeitsgebiet – der Elektrotechnik und Elektronik – zu den größten Unternehmen der Welt nach Mitarbeiterzahl und nach Umsatz. Mehr als 60% des Geschäfts werden mit Kunden aus dem Ausland getätigt. Von weltweit 193 Staaten ist Siemens in 189 Ländern mit eigenen Vertriebs- und Fertigungsstätten präsent (Bild 7).

- Integration von immer mehr Funktionen auf immer kleinerem Raum
- Zunehmende Komplexität von Systemen, steigender Softwareanteil
- Zunehmende FuE-Aufwendungen
- Kürzere Innovationszyklen und Lebenszeiten von Produkten und Systemen
- Globaler Wettbewerb mit Kosten, Qualität und Zeit als entscheidenden Kriterien

Bild 5. Mikroelektronik und Software bestimmen die Elektrotechnik

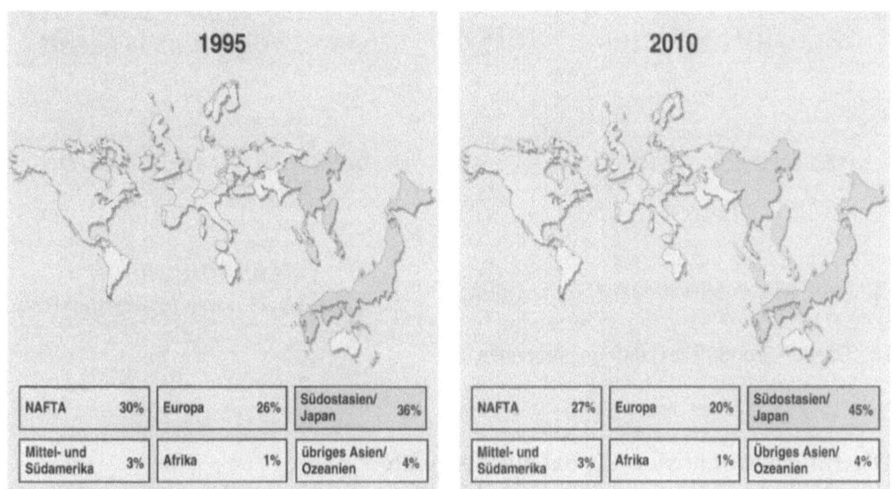

Marktvolumen 3210 Mrd. DM **reales Wachstum 6,8% p.a.** **Marktvolumen 8400 Mrd. DM**

Größe der Länder Proportional zum Marktvolumen
Stand 1995 (Hochrechnung)

Bild 6. Weltelektromarkt 1995 und 2010 nach Regionen

Für ein Unternehmen bestehen grundsätzlich vier Möglichkeiten, die Beschäftigung, d.h. in letzter Konsequenz die Existenz zu sichern (Bild 8):

- Entwicklung neuer Produkte auf der Basis „design to cost",
- Prozeßinnovationen einschließich prozeßorientierter Organisationsstrukturen,
- Eindringen in neue Märkte,
- Produktion in den jeweiligen Märkten.

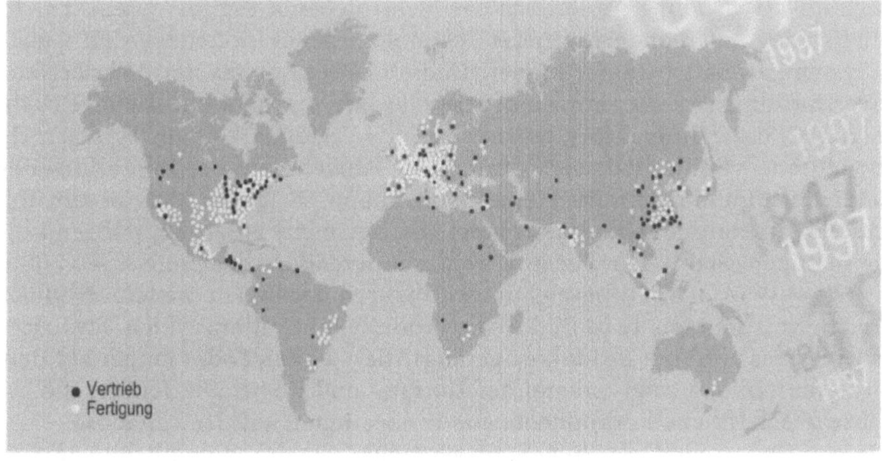

Bild 7. Globale Präsenz bedeutet lokale Partnerschaft und Wertschöpfung

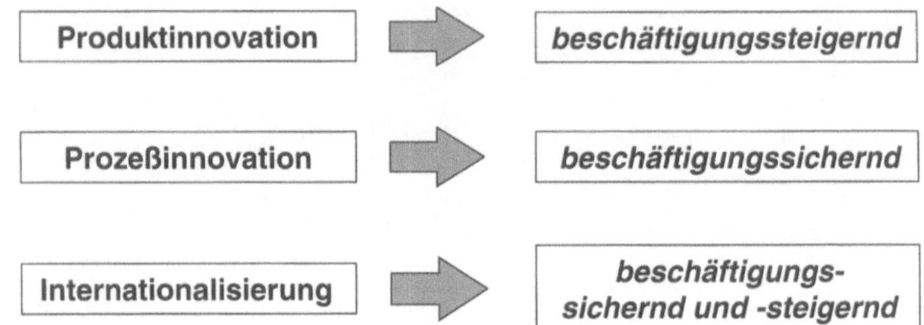

Bild 8. Die drei Grundpfeiler künftiger Strategien

- Die Internationalisierung hat zwei Aspekte:
  Wichtig ist zum einen zusätzliche Märkte zu gewinnen, local content zu bieten und zum anderen eine Verbesserung der Kostenposition (gewerbliche Kosten, aber z.B. auch Lohnkosten: Software-Ingenieur in Deutschland ca. DM 130, Singapur DM 60, Indien DM 30).

Siemens verfolgt alle drei Ansätze gleichermaßen. Im Hinblick auf die Beschäftigungslage deuten die aktuellen Tendenzen jedoch eher auf einen Stellenaufbau im Ausland hin, der eine Stellenstagnation im Inland gegenübersteht.

Im folgenden werden Innovationen als zu beherrschender Prozeß näher aufgeschlüsselt.

2 Innovation als Prozeß

Das Innovationstempo im Bereich der Elektrotechnik nimmt laufend zu, die Zeitabstände aufeinanderfolgender Technologiegenerationen werden – auch im Systemgeschäft – immer kürzer (Bild 9). Dies zeigt das Beispiel der Telefonvermittlungstechnik sehr eindrucksvoll: Der mechanische Hebdrehwähler (HDW) hatte einen Marktlebenszyklus (= Verfügbarkeit am Markt, nicht die viel längere Einsatzdauer) von über 4 Jahrzehnten, der darauffolgende Edelmetall-Motor-Drehwähler einen von knapp 20 Jahren, der diesem folgende Edelmetallschnellkontakt (ESK) von nur mehr 15 Jahren, während die den heutigen Stand der Technik repräsentierenden elektronischen Wählsysteme (EWSA, EWSD) bereits unter 10 Jahren liegen. Für weitere Produktbereiche von Siemens zeigt Bild 10 die Produkt-Innovationszyklen. Etwa 70% des Umsatzes wird mit Produkten getätigt, die 5 Jahre alt oder jünger auf dem Markt sind. Bild 11 zeigt anhand der Umsatz- und Kostenüberleitung die betriebswirtschaftliche Komponente von Innovationen auf der Zeitachse.

Innovationen sind als Prozeß zu verstehen, der im wesentlichen in drei Phasen abläuft (Bild 12):

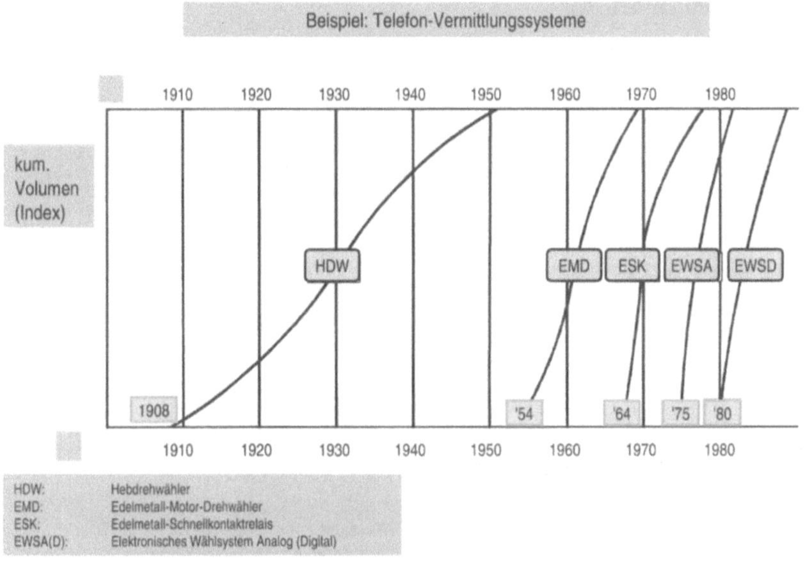

Bild 9. Kürzere Produkt- und Technologie-Lebenszyklen

- der sog. Inventionsphase, d.h. der Ideenfindung,
- der Phase der Implementierung, d.h. der Umsetzung im Unternehmen, und
- der Phase der Durchsetzung am Markt.

Auch wenn Innovation meistens im Zusammenhang mit neuen Produkten und neuen Geschäften verstanden wird, ist der Begriff doch viel weiter zu sehen: Innovation kann genauso bei Fertigungsprozessen, bei Dienstleistungen, im Marketing, im Finanzbereich, im Management selbst sowie ganz all-

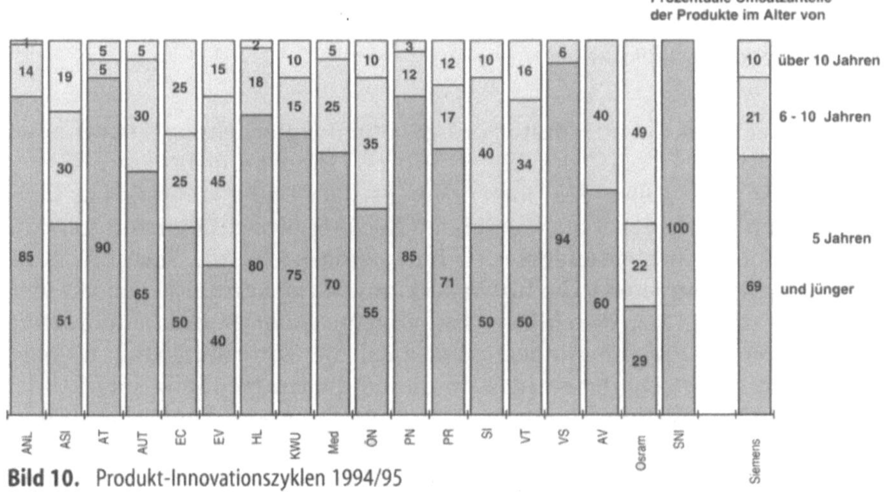

	ANL	ASI	AT	AUT	EC	EV	HL	KWU	Med	ÖN	PN	PR	SI	VT	VS	AV	Osram	SNI	Siemens
über 10 Jahren	1	19	5	5	25	15	2	10	5	10	3	12	10	16	6		49		10
6 - 10 Jahren	14	30	5	30	25	45	18	15	25	35	12	17	40	34		40	22		21
5 Jahren und jünger	85	51	90	65	50	40	80	75	70	55	85	71	50	50	94	60	29	100	69

Bild 10. Produkt-Innovationszyklen 1994/95

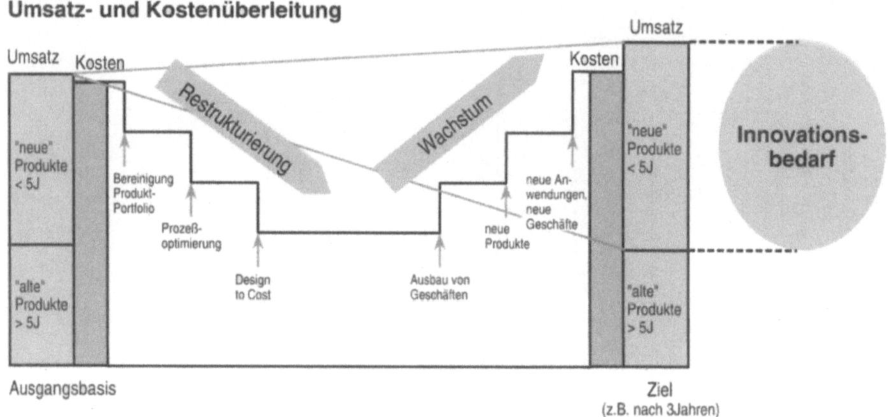

Bild 11. Innovation aus Umsatz- und Kostensicht

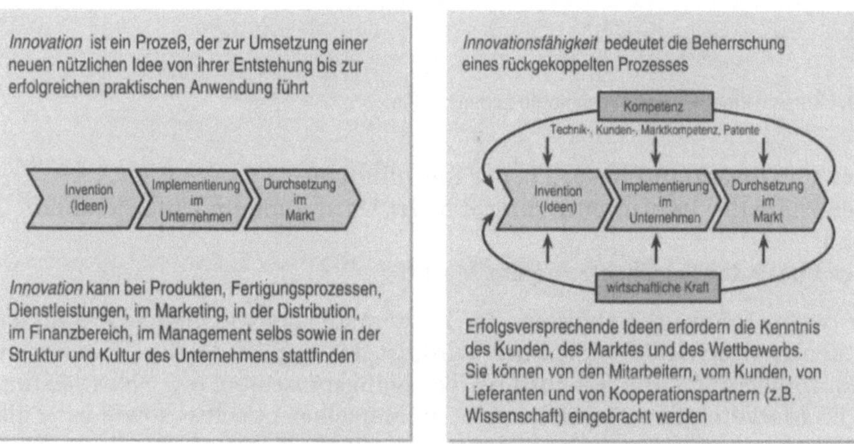

Bild 12. Die drei Phasen der Innovation

gemein in der Struktur und Kultur des gesamten Unternehmens stattfinden. Innovation ist aber kein einmaliger Prozeß. Innovationsprozesse finden gleichzeitig in allen Teilen des Unternehmens statt. Dabei kommt es zu einer in der rechten Hälfte des Blattes gezeigten Rückkopplung: Einerseits gewinnt man aus erfolgreich abgeschlossenen Innovationsprozessen Technik-, Kunden- und Marktkompetenz, die für weitere Innovationsprozesse genutzt werden kann – unterstützt durch eine konsequente Patentpolitik, andererseits müssen über erfolgreiche Innovationen auch die Vorleistungen für Folgeinnovationen erwirtschaftet werden. In diesem Zusammenhang spricht man auch von der Innovationsfähigkeit eines Unternehmens. Innovationsfähigkeit erfordert das routinemäßige Beherrschen dieses rückgekoppelten Prozesses. Dabei ist das übergeordnete Erfolgskriterium, daß jeder Innovations-

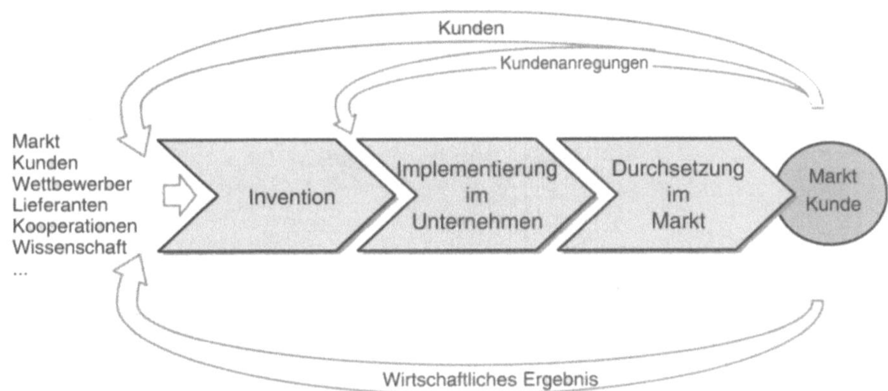

Bild 13. Kontinuierliche Innovationsfähigkeit

prozeß nicht nur beim Kunden endet, sondern auch beginnt. Denn erfolgversprechende Ideen erfordern die Kenntnis des Kunden und natürlich darüber hinaus des Marktes und des Wettbewerbs. Unabhängig davon können neue Ideen auf die Mitarbeiter des Unternehmens, den Kunden selber, auf Lieferanten oder auf externe Kooperationspartner zurückgehen (Bild 13).

Um langfristige Trends frühzeitig zu erkennen oder sogar zu antizipieren, hat Siemens schon seit einigen Jahren in der Zentralabteilung Technik Innovationsfelder für die Gebiete Energie, Industrie und Umwelt, Verkehr, Information und Kommunikation sowie Gesundheit eingerichtet (Bild 14). Diese betreiben eine systematische Industrievorausschau. Hier arbeiten kleine interdisziplinäre Teams in enger Abstimmung mit den Geschäftsbereichen und Technikabteilungen der Forschung an Zukunftsszenarien, Marktperspektiven und technischen Konzepten unter Benutzung eines ganzheitlichen Betrachtungsansatzes, um frühzeitig aus den Erkenntnissen Handlungsoptionen für das ganze Unternehmen zu entwickeln und daraus neue Projekte zu initiieren und neue Geschäftsmöglichkeiten zu eröffnen.

Die Tatsache, daß Konkurrenzprodukte oftmals zu 50% geringeren Kosten hergestellt werden können, erfordert einen ganzheitlichen Ansatz zur Kostenreduktion (Bild 15). Eine wesentliche Rolle werden dabei durchgängige Produkt- und Prozeßmodelle spielen (Bild 16). Produkte bilden eine Gesamtheit, sind jedoch in einer ingenieurmäßigen Betrachtung in der Regel nur in ihren getrennten Aspekten

- räumliche Gestalt,
- funktionaler Aufbau (in mechanischer, elektrischer und elektronischer Sicht) und
- Software

zugänglich. Sowohl am Beginn – in der Konzeptphase – als auch am Ende der Produktion ist die Gesamtsicht unabdingbar. Jede Ingenieurdisziplin hat unterschiedliche Darstellungen und Methoden entwickelt. Übergänge zwischen

Bild 14. Antizipieren von Innovationsfeldern

diesen Darstellungen sind sowohl bei der sicheren Beherrschung des gesamten Produktionsprozesses als auch im zeitlichen Ablauf heute noch eine Schwachstelle. Die heutigen Anforderungen der Funktionsträger innerhalb der produzierenden Unternehmen und im Verbund mit Zulieferern erfordern Standards zur Beschreibung von Produktdaten über alle Disziplinen hinweg; die Produktdatentechnologie ISO/IEC 10303 ist ein großer Schritt dazu. In Zukunft wird die ganzheitliche Darstellung und Nutzung von Prozeßmodellen den gleichen Stellenwert wie bei Produktmodellen haben. Eine Gruppe deutscher Unternehmen, durch Siemens koordiniert, hat sich

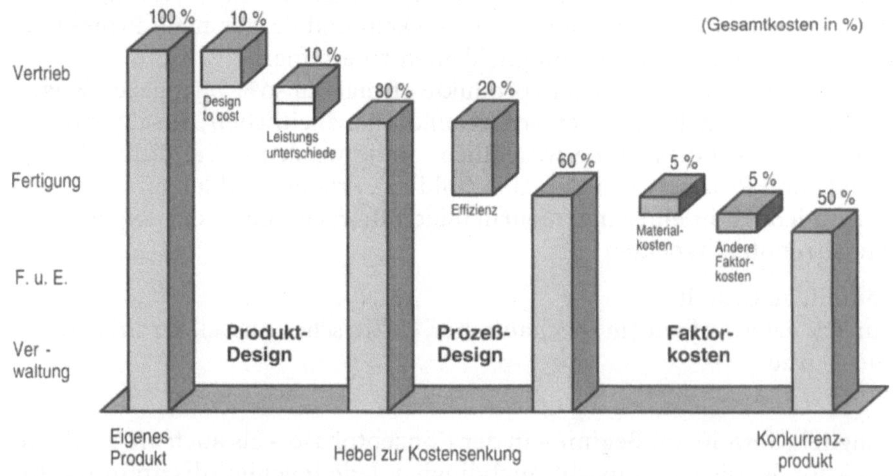

Bild 15. Ganzheitliche Kostenoptimierung

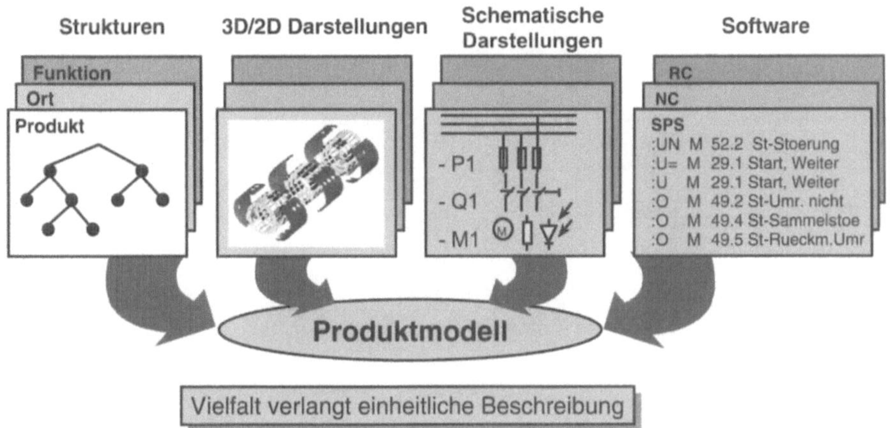

Bild 16. Durchgängige Produkt- und Prozeßmodelle

die Vernetzung von Prozeß- und Produktmodellen zu Aufgabe gemacht und das Projekt GiPP Geschäftsprozeßgestaltung mit integierten Produkt- und Prozeßmodellen) im Rahmen des Förderprogramms Produktion 2000 initiiert.

3 Neue Produktionskonzepte

Die Produktion hat ihre Zielsetzungen in den letzten 15 Jahren z.T. radikal geändert. Das Morgen wird bestimmt sein von der Kompetenz zum prozeßorientierten Handeln in global vernetzten Systemen mit Kooperationen und Allianzen (Bild 17). Die Informationstechnologie wird in zukünftigen Produktionsstrukturen eine Schlüsselfunktion haben. Bemerkenswert sind die Anforderungen an die zunehmende Dynamik der Wandlungsfähigkeit (Bild 18). Bezogen auf Immobilien, Mobilien, Informationsverarbeitung und Personal ist die Wandlungsfähigkeit heute eher mittel- bis langfristig, d.h., nennenswerte Anpassungen haben einen Zeitbedarf von etwa 3–7 Jahren. Kurzfristige Anpassungen innerhalb eines Jahres und darunter müssen als gemeinsam von Industrie und Forschung zu bewältigende Herausforderung angesehen werden.

Geänderte Paradigmen haben zu einer neuen, umfassenden Sicht der Produktion geführt (Bild 19). Früher war „Produktion" nur die Fabrik, die Fertigung der Teile und ihre Montage, bestenfalls schloß sie die Entwicklung mit ein. Heute, infolge der intensiven Zuwendung der Unternehmen zum Kunden, sind es sämtliche Schritte, die zur Erstellung des Produkts, zur Unterstützung seiner Nutzung und zu seiner Entsorgung am Ende des Produktlebenszyklus gehören:

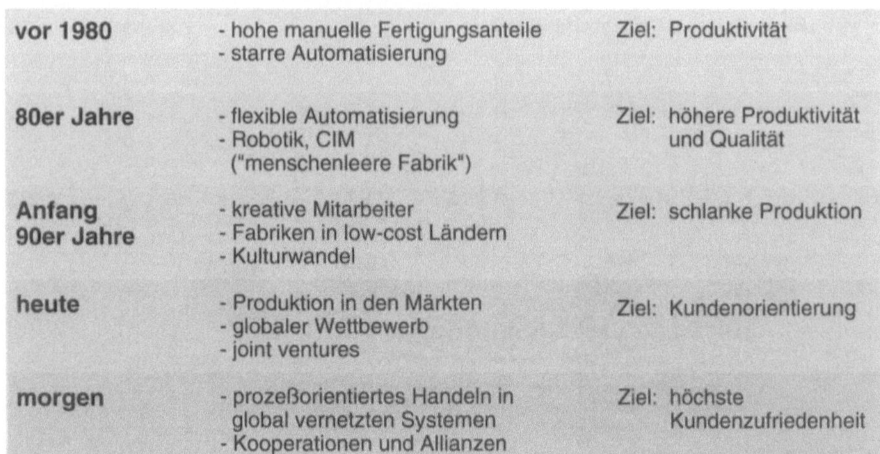

Bild 17. Produktion heute und morgen

- Produktdefinition (Target Costing, Quality Function Deployment),
- Entwicklung, Projektierung, Angebotserstellung,
- Fertigung (umfaßt Teile- oder Vorfertigung, Montage, innerbetrieblichen Transport, Prüfung) einschl. Arbeitsvorbereitung und Materialbeschaffung,
- Qualitätssicherung,
- Service (Einsatzunterstützung, Wartung, Updates beim Kunden) und
- Recycling, Demontage, Wiederverwertung, Entsorgung.

Zur Produktion gehören demnach alle Glieder der Wertschöpfungskette (Bild 20). Produzieren in den Märkten ermöglicht, das richtige Produkt früh-

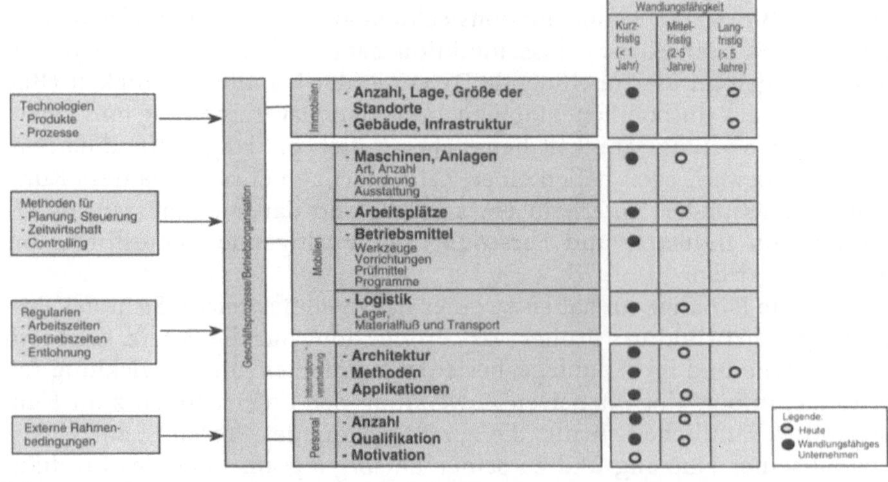

Bild 18. Wandlungsfähigkeit als zentrale Herausforderung

Definition:

Unter „Produktion" sind alle Wertschöpfungsstufen im Unternehmen zu verstehen, die der Erstellung der vom Kunden geforderten Produkteigenschaften dienen.

Gegenüber dem früheren Produktionsbegriff (Produktion = Fertigung) ist nach heutigem Verständnis bei der Gestaltung der Produktion die gesamte Prozeßkette von der Produktdefinition (Funktionsbewertung aus Kundensicht) über die Entwicklung, Vorfertigung, Montage bis zum Service und dem Recyling zu betrachten.

Bild 19. Aktuelles Begriffsverständnis von „Produktion"

zeitig beim Kunden zu haben; Kostenvorteile in Billigländern sind wahrzunehmen, allerdings nicht, ohne die Auswirkungen auf die gesamte Kette zu berücksichtigen (Logistikkosten, Qualitätsprobleme ...). Strategische Allianzen gewinnen zunehmend an Bedeutung, um kostenintensive Hochtechnologie-Produkte mit kurzen wirtschaftlichen Produktlebenszyklen bei hohen Investitionskosten schnell auf den Markt bringen zu können.

Ein Beispiel für die ganzheitliche Gestaltung von Abläufen in der Produktion sind die sog. „Strategischen Programme" der Zentralabteilung Technik (ZT) der Siemens AG (Bild 21). In Abstimmung mit den längerfristigen Zielsetzungen der Bereiche definiert ZT abteilungs- und bereichsübergreifende

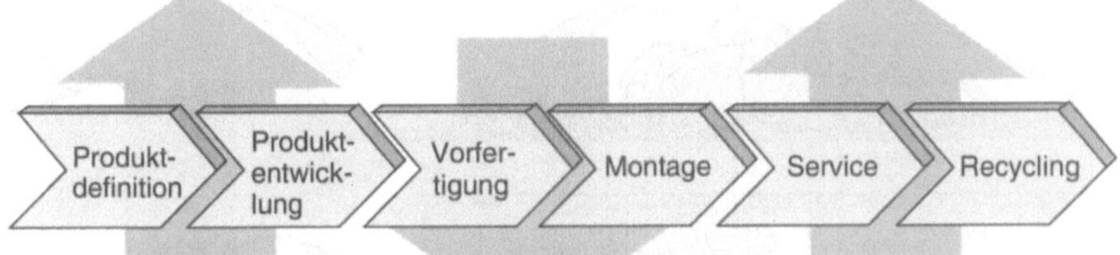

- **Veränderungen in der Wertschöpfung**
  - Zunehmende Bedeutung der kundennahen Wertschöpfungsstufen
  - Konzentration auf Kernkompetenzen
  - Reduzierung der Fertigungstiefe
- **Internationalisierung der Wertschöpfung**
  - Markt- und Kundennähe
  - regionale Vorteile in low-cost Ländern
  - strategische Allianzen

Bild 20. Ganzheitliche Betrachtung von Wertschöpfungsprozessen

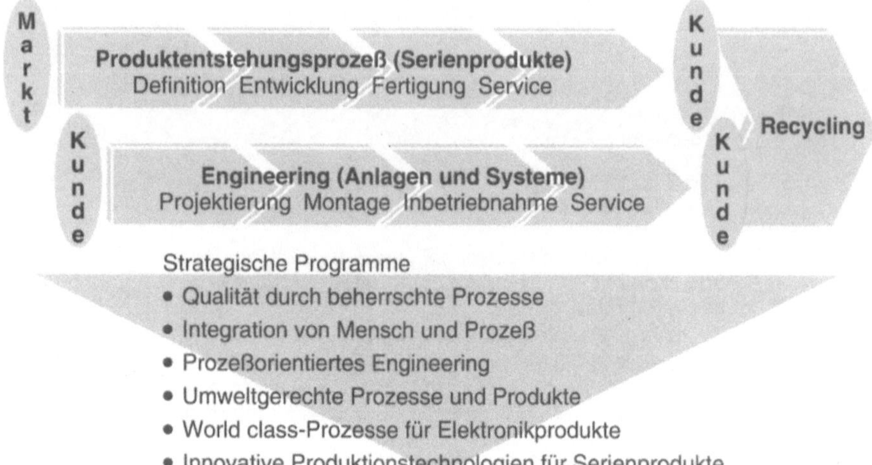

Bild 21. Produktentstehung und Engineering im Verbund

Strategische Programme. Sie stellen die Technologie-Roadmaps für Themen von hoher Bedeutung für das Unternehmen dar. Diese Programme sollen für die einzelnen Bereiche auch Potentiale in bezug auf Innovation und Produktivitätssteigerung aufdecken und nutzbar machen. Die Strategischen Programme gelten für den gesamten Produktentstehungs-Zyklus. Sie werden jährlich aktualisiert und dienen zukünftig der Abstimmung mit den Mehr-Generationen-Produktplanungen (MGPP) der Bereiche. Die im Vorfeld erarbeiteten Technologien und Methoden sind Grundlage für die Realisierung gemeinsamer Projekte mit den Bereichen, die sie auf diese Weise bei der Erreichung ihrer top-Ziele unterstützen.

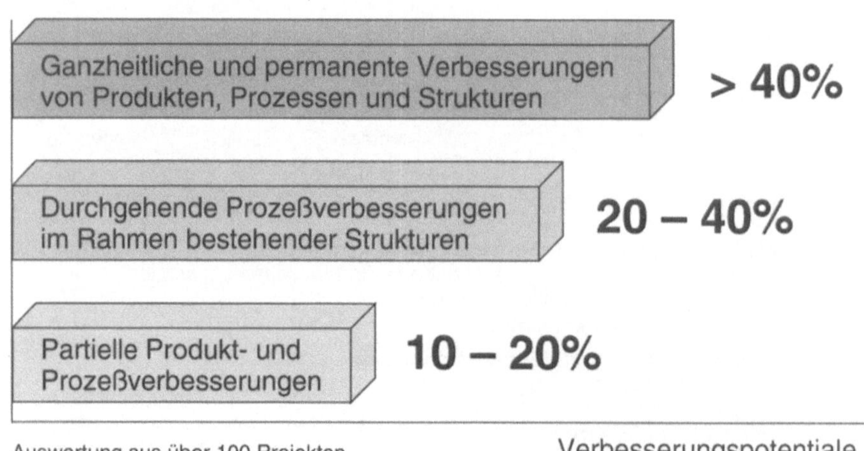

Bild 22. Produktivitätspotentiale

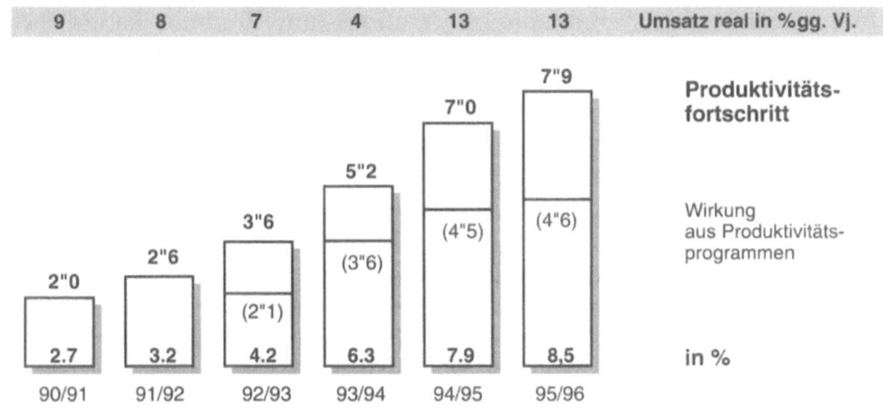

Bild 23. Produktivitätssteigerung durch top-Bewegung

Die heute möglichen Verbesserungspotentiale sind erheblich, wie eine Auswertung von 100 Projekten zeigt (Bild 22). Partielle Produkt- und Prozeßverbesserungen sind beispielsweise die Verbesserung des Tool-Einsatzes und die Optimierung von Arbeitsmitteln. Durchgehende Prozeßverbesserungen sind Prozeßvereinfachungen, Schnittstellenverbesserungen und systematisches Projektmanagement. Ganzheitliche und permanente Verbesserungen, mit denen mehr als 40% Verbesserungspotential erreicht werden kann, sind die Neuorganisation der Strukturen und Prozesse, Schnittstellenoptimierungen, Fokussierung des Ressourcen-Einsatzes (Entwicklungstiefe), systematische Produktplanung und -konzeption sowie teamorientierte Führungsstrukturen und Teamverhalten. Die mit dem top-Programm erzielten Fortschritte zeigt – über die Jahre aufgetragen – Bild 23. Der gleichzeitige Preis-/Kursverfall bedeutet aber auch, daß derartige Verbesserungen eine zwingende betriebswirtschaftliche Notwendigkeit darstellen und der Verlauf der zu erzielenden Fortschritte progressiv sein muß.

4 Zusammenfassung und Ausblick

Industrie und Forschung sind in der Zukunft noch stärker aufgefordert, neben den kontinuierlichen Verbesserungen gerade bei neuen Technologien und Lösungskonzepten zusammenzuarbeiten, wo weitere Quantensprünge möglich sind. Bild 24 zeigt dazu wichtige Aspekte:

- Marktgerechte innovative Produkte:
  Hierzu wurden oben bereits Ausführungen gemacht.
- Markt- und kundenorientierte Produktion sowie vernetzte Produktion mit virtuellen Elementen als flexible Kapazitäten:
  Die Vision der Produktion der Zukunft, die im Grundsatz von der Autonomie einzelner Geschäftsprozesse und ihrer offenen (open link) Verknüp-

fung und Integration durch die Informations- und Kommunikationstechnik ausgeht, kann als „Manufacturing on Demand" bezeichnet werden. Die Geschäftsprozesse werden als dezentrale, eigenständige, autonome Leistungseinheiten im Sinne der Fraktalen Unternehmen gestaltet. Einzelne Leistungseinheiten werden in ein Netzwerk als virtuelle Komponenten eingebunden. Sie arbeiten nach den TQM-Prinzipien in einer definierten Kunde-Lieferant-Beziehung. Das Netzwerk umfaßt die gesamte Prozeßkette vom Kunden zum Kunden. Produziert wird nur im Kundenauftrag. Durch eine Öffnung der Produktionsnetzwerke und kurzfristig wandelbare (adaptive) Unternehmenstrukturen entstehen neue Konzepte, die eine extreme Kundenorientierung und Produktion nur im Kundenauftrag zulassen.

- Systembeherrschung durch zentrale Strategie und zentrales Auftragsmanagement:
  Gerade in der vernetzten Produktion ist es eine besondere Herausforderung, von der Position des Systembeherrschers aus agieren zu können. Zwei wesentliche Voraussetzungen dazu sind ein zentrale, treibende Strategie für Produkte, ihre Vermarktung und die Gestaltung des Produktionsprozesses. Weiterhin sind Kundenaufträge zu managen, d.h., entsprechend den Kundenanforderungen die Ressourcen des Produktionsnetzwerkes zu aktivieren und terminlich zu koordinieren. Hierzu werden künftig vollkommen neue Auftragsmanagementsysteme erforderlich sein.
- Informationstechnische Vernetzung:
  Gründe für die hohen Turbulenzen der Märkte liegen nicht zuletzt in der Verfügbarkeit schneller und zuverlässiger Informationen, der Informationstechnik und in den weltweiten Standards der Kommunikationstechnik. Ein dramatischer Anstieg der Leistungsfähigkeit bei gleichzeitiger Kostensenkung und der globalen Verfügbarkeit des Wissens um ihre Anwendung haben dazu geführt, daß praktisch jeder Geschäftsvorgang heute rechnergestützt ausgeführt werden kann. Die Anwendungssysteme verfü-

Merkmale:

- Marktgerechte innovative Produkte
- Markt- u. kundenorientierte Produktion
- Vernetzte Produktion mit virtuellen Elementen als flexible Kapazitäten
- Systembeherrschung durch zentrale Strategie und zentrales Auftragsmanagement
- Informationstechnische Vernetzung
- Dynamik, Agilität, Autonomie durch frakale Strukturen
- Intelligente Produktionssysteme

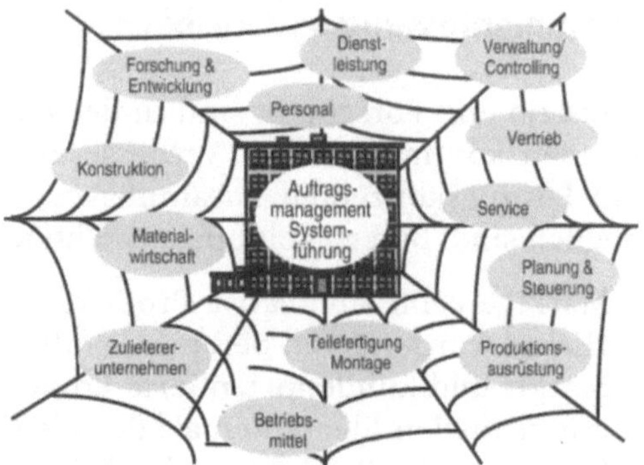

Bild 24. Produktionskonzept der Zukunft

gen über Quasi-Standards, die ihre Integration erleichtern. Es liegt also nahe, diese Entwicklung auch für die Zwecke und Ziele der Produktion zu nutzen und die Informationstechnik wiederum zum Schlüssel neuer Produktionskonzepte zu machen. Mit den heute in der Informations- und Kommunikationstechnik verfügbaren Mitteln besteht die Chance der vollständigen Integration aller Geschäftsprozesse im gesamten Ablauf vom Kunden zum Kunden. Die Geschäftsprozesse lassen sich in diesem Ablauf nach Gesichtspunkten der Autonomie und Dynamik flexibel und anpassungsfähig gestalten.

- Dynamik, Agilität, Autonomie durch fraktale Strukturen:
  Allein eine hohe Dynamik und die Fähigkeit zur schnellen Anpassung der Produktionsstrukturen an die Veränderungen der Märkte und der Technologien können Unternehmen zeitweise Vorteile im Wettbewerb verschaffen. Konsequenterweise wurden in den vergangenen Jahren zahlreiche neue Strategien und Philosophien entwickelt, um die Dynamik zu erhöhen. Das „Fraktale Unternehmen", das „Agile Manufacturing", das „Bionic Manufacturing" oder das „Holonic Manufacturing" sind neue Ansätze, um die Dynamik der betrieblichen Organisation zu verbessern. Diese Konzepte setzen überwiegend auf die Flexibilität und Anpassungsfähigkeit der in den Unternehmen tätigen Mitarbeiter bzw. auf das sog. Humanpotential. Sie haben bisher noch nicht den Schritt zu neuen technisch orientierten Konzepten vollzogen, so daß hier weiterer Entwicklungsbedarf besteht.
- Intelligente Produktionssysteme:
  Es wäre ein strategischer Fehler, die Technik in der Produktion zu vernachlässigen. Die Prozeßtechnologie erlaubt eine Produktion in Grenzbereichen von Leistung und Präzision in den konventionellen Bereichen wie der spanenden und umformenden Bearbeitung. Die Automatisierung läßt sich heute sicherer und wirtschaftlicher realisieren und betreiben. Mit Sensorik, Aktorik und Elektronik können intelligente Maschinen mit der Fähigkeit zur Selbstadaption und Fehlerkompensation gebaut werden. Die Informatik bietet neue Ansätze zur Prozeßführung und Optimierung an. Neue zielvariable und flexiblere Konzepte tragen auf diese Weise zu sprunghaften Leistungsverbesserungen bei.

Innovationen auf dem Gebiet des Werkzeugmaschinenbaus

H. Klingel

1 Einleitung

Nach der zurückliegenden Rezession, die eine ganze Reihe etablierter Hersteller nur am Kredittropf der Banken überlebte, kann der deutsche Maschinenbau wieder leicht anziehende Auftragseingänge – überwiegend aus dem Ausland – und steigende Umsatzzahlen verzeichnen. Die mäßigen Gewinne zwingen aber auch weiterhin zu einer konsequenten Kostenreduzierung und führen damit zwangsläufig zu stagnierenden oder sogar rückläufigen Beschäftigtenzahlen.

Wird hier die Vision von der Zukunft des deutschen Maschinenbaus Realität werden, nach der neben wenigen großen Maschinenherstellern für Standardmaschinen nur diejenigen Maschinenbauunternehmen überleben werden, die intelligente Prozesse und innovative Kundenlösungen anbieten können?

Eine Schlüsselrolle in der zukünftigen Entwicklung wird demzufolge dem Faktor „Entwicklungsvorsprung" zukommen, der es derzeit noch einigermaßen rentabel macht, in Deutschland zu produzieren. Alle rufen nach Innovationen – in der Erwartung daß mit innovativen Produkten der Produktionsstandort Deutschland und damit die Beschäftigung langfristig gesichert werden kann. Technologiespezifische Investitionen müssen jedoch in eine gewinnbringende Erweiterung der Produktpalette münden. Soll dieses Ziel nicht nur zufällig erreicht werden, müssen sich technologische Weichenstellungen am Kunden orientieren.

Eine etwas andere Definition von Innovation verdeutlicht den Zwiespalt, in dem sich diejenigen befinden, die im Alltagsgeschäft für Innovationen verantwortlich zeichnen: „Innovationen sind daran zu erkennen, daß die einen sagen: Das geht nicht! und die andern: Das gibt es schon!" [1].

Was bedeutet Innovation? Innovation bringt neue Produkte, neue Fertigungsverfahren und neue Maschinen, die schneller, genauer, billiger, sicherer, platzsparender und ressourcenschonender sind. *Innovation ist ein Wettbewerbsfaktor!* Innovation bedeutet ein Sich-Abheben vom Wettbewerber. Aber, über der Forderung nach Innovationssprüngen darf die permanente Verbesserung bestehender Produkte und Prozesse nicht vernachlässigt werden!

Über den wirtschaftlichen Erfolg eines Produkts entscheidet auch der Zeitpunkt der Markteinführung. Und hier gilt ganz besonders die Feststellung, daß „Zeit vor Kosten“ geht. *Innovation ist ein Zeitfaktor!* Sobald die Konkurrenz mit einer ähnlichen Technologie aufwarten kann, verfallen die Preise. Bis zu diesem Moment muß das Produkt bereits einen Großteil seiner Entwicklungskosten eingespielt haben. Die Entwicklungskosten steigen aber für gewöhnlich exponentiell mit dem Grad der Technologisierung und der Verkürzung der Entwicklungszeiten.

Es wird deutlich: *Innovation ist ambivalent!* Einerseits führt die Leistungssteigerung in Produkt und Prozeß zu einer Rationalisierung und, wenn keine Marktanteile hinzugewonnen werden können, damit zwangsläufig zum Wegfall von Arbeitsplätzen. Andererseits bringen Prozeß- und Produktverbesserungen aufgrund verbesserter Wettbewerbssituation neue Arbeitsplätze! Demzufolge entscheidet Innovation primär nicht über die Anzahl, sondern über die (weltweite) Verteilung der Arbeitsplätze.

Es stellt sich noch die Frage, wer oder was Innovationen vorantreibt. Die Antwort muß lauten: *Innovation ist ein Wechselwirkungsprozeß!* Das Produkt und die Kundenanforderungen, die dahinter stehen, treiben den Prozeß, der Prozeß treibt die Maschine und dasselbe gilt in umgekehrter Richtung (push & pull).

Dieser Vortrag steht unter dem Anspruch eines „Trendvortrags“ und versucht daher, Entwicklungstendenzen aufzuzeigen. Es geht also nicht darum, flächendeckende Lehrbuchaussagen zu bringen, sondern den Blick dafür zu schärfen, was derzeit im Bereich des (Werkzeug-)Maschinenbaus in Bewegung ist und vor allem, in welche Richtung es sich bewegt. Um dies zu unterstreichen, wird das Stilmittel der Trendthesen gewählt, die anhand ausgewählter Entwicklungen untermauert werden.

2 Thesen zu Entwicklungstrends im Maschinenbau

2.1 Thesen zur Produktentwicklung

Produktentwicklungen, beispielsweise in der Großserienfertigung des Automobilbaus, wirken sich dramatisch auf die Fertigungstechnik aus. Technologische Weichenstellungen müssen sich am Kunden orientieren. Hier gilt die Kernthese, daß das Produkt den Prozeß treibt. Folgende Trends sind zu erkennen:

- Trend zu größerer Variantenvielfalt, und infolge davon
- Trend zu Plattformkonzepten und modularen Systemen,
- Trend zur Verkürzung der Produktlebenszyklen,
- Trend zur Verkürzung der Entwicklungszeiten,
- Trend zur Fertigung auf Bestellung,
- Trend zu neuen Werkstoffen,
- Trend zur Funktionsintegration.

An einigen konkreten Beispielen soll gezeigt werden, wie sich die Produkte verändern. Zunehmend werden unterschiedliche Funktionen in einem Bauteil vereint. Beispielsweise werden Bremstrommel und Radlager zu einer Einheit zusammengefaßt, wodurch man eine leichtere, kompaktere und billigere Konstruktion erhält. Die Bearbeitung wird dadurch allerdings komplexer.

Es zeichnet sich ein Trend zu komplexeren Bauweisen ab. Die „gebaute" Nockenwelle beispielsweise besteht aus einem Stahlrohr, welches über einen Auftragsprozeß (z.B. Sintern) entsprechende Materialzugaben im Nockenbereich erhält. Die Endform der Nockenwelle wird durch Innenhochdruckumformen erzeugt. Die gebaute Nockenwelle bringt eine höhere Belastbarkeit bei gleichzeitiger Gewichtseinsparung und ermöglicht die Integration von Zusatzfunktionen, die bisher im Motor verteilt angeordnet waren (z.B. die Reihenpumpe). Es werden aber auch neue Anforderungen an die Bearbeitung gestellt.

Im Bereich der Wälzlager gibt es Entwicklungen, die ein Vielfaches an Fluchtungsfehlern und Achsversatz im Vergleich zu bisherigen Lagern erlauben und dabei eine um 30% höhere Belastbarkeit aufweisen. Die Bearbeitung der Laufbahn, die eine belastungsoptimierte Querprofilform mit sehr großem Grundradius aufweist, erfordert hier innovative Fertigungsverfahren.

Aus den Tendenzen in der Produktentwicklung lassen sich die zukünftigen Anforderungen an Prozesse, Werkzeuge und hochproduktive, flexible Fertigungssysteme ableiten. Zu diesen Anforderungen zählen:

- kürzere Durchlaufzeiten,
- reduzierte Losgrößen (Zylinderkopfstückzahlen sinken von 400 000 auf 250 000 Werkstücke pro Jahr; bei Kurbelwellen, die bisher in Großserien von über einer Million produziert werden, rechnet man zukünftig mit Stückzahlen bis in Bereiche unterhalb von 1000 Einheiten),
- eine Eliminierung der Nebenzeiten,
- höhere Schnittgeschwindigkeiten,
- höhere Verfahrgeschwindigkeiten,
- höhere Fertigungsgenauigkeit,
- hauptzeitparalleles Umrüsten sowie
- eine steigende Flexibilität, was in diesem Zusammenhang auch einer Kombination neuer Fertigungstechnologien entspricht.

Neue Prozesse, Werkzeuge und Maschinen werden auch durch den Einsatz neuer Werkstoffe, wie Magnesium, Keramik oder CFK/GFK notwendig. Dank der Near-net-shape-Technologie verringern sich die Zerspanungsvolumina.

Bei den Maschinen bedingt dies neue konstruktive Lösungen, wobei hier besonders die Modularisierung mit standardisierten Systemkomponenten hervorzuheben ist. Die maschinen-, werkzeug- und werkstückseitigen Schnittstellen müssen so ausgelegt werden, daß sich kunden- und anwendungsspezifische Systeme bilden lassen. Zeitgemäße Werkzeugmaschinen müssen darauf ausgerichtet werden, eine Vielfalt von Fertigungstechnologien in einem Bearbeitungsprozeß zu vereinigen. Neue Fertigungstechnologien, wie die Lasertechnologie oder die Hochgeschwindigkeitszerspanung, halten hierbei vermehrt Einzug.

Bei den zukünftigen flexiblen Systemen steht die Forderung „Flexibilität schaffen, aber nicht um jeden Preis" im Vordergrund. Diese übergeordnete Sichtweise führt heutzutage zur Entwicklung hochproduktiver, flexibler Systeme und Maschinen, agiler und holoner Systeme sowie adaptiver Systeme, die sich aus den genannten Entwicklungstendenzen auf der Produktseite herauskristallisiert haben.

Seit Jahrzehnten werden in der Großserienfertigung Transferstraßen eingesetzt. Ausgelegt für die Komplettbearbeitung eines Produkts mit sehr hohen Stückzahlen, sind Transferstraßen hochproduktive Systeme. In den letzten Jahren zeichnete sich eine Veränderung des Marktes ab. Eine immer größere Variantenvielfalt bei geringer werdenden Stückzahlen erfordert von modernen Produktionssystemen neue Konzepte hinsichtlich ihrer Produktflexibilität. Diese neuen Produktionssysteme müssen trotz höherer Flexibilität die hohe Wirtschaftlichkeit der bekannten Transferstraßen gewährleisten. Die Bearbeitungszellen konventioneller Transferstraßen sind sehr stark werkstückorientiert und für den jeweiligen Bearbeitungsschritt ausgelegt. Durch den gerichteten und getakteten Materialfluß sind die Zellen eng miteinander verkettet.

Bei den „Flexiblen Systemen" wird Produktflexibilität durch den modularen Aufbau erreicht. Als Fertigungszellen dienen standardisierte einspindlige flexible 3-Achsen-CNC-Bearbeitungseinheiten bzw. Bohrkopfwechselmaschinen.

Auf die Erfordernisse der Produktvarianten, wie unterschiedliche Lochbilder, verschiedene Flächen und Produktfamilienerweiterungen, kann somit bei hoher Produktivität flexibel reagiert werden. Verkürzte Produktlebenszyklen, beispielsweise beim Zylinderkopf von 7 auf 4 Jahre, können mit wandelbaren Systemen problemlos bewältigt werden.

Die Wechselwirkung zwischen Produkt und Prozeß bedeutet aber auch, daß der Prozeß das Produkt zieht. Im Bereich des Funkenerodierens gilt beispielsweise, daß die Weiterentwicklung des Erosionsprozesses unmittelbaren Einfluß auf die Produktgestaltung hat. Ein weiteres Beispiel ist die Bremsscheibenfertigung, die durch ein multifunktionales Drehmaschinenkonzept dem Bremsscheibenhersteller in der Produktentwicklung neue Wege geöffnet hat.

Die wesentlichen Entwicklungen werden jedoch durch die Anforderungen des Kunden getrieben. Vom Maschinenbau selbst vorangetriebene Entwicklungen beschränken sich überwiegend auf die Leistungssteigerung vorhandener Prozesse (z.B. durch CBN-Technologie), mit dem Nachteil, daß eine höhere Produktivität bei unverändertem Bedarf auch zu rückläufigen Verkaufszahlen führt!

2.2 Thesen zur Prozeßentwicklung

Aus der Sicht des Prozesses besteht die treibende Kraft in den sich ändernden und vor allem steigenden Anforderungen durch das Produkt. In der Praxis hat jedoch nicht Höchstleistung, sondern Prozeßsicherheit höchste Priorität. Der Verfügbarkeit wird ein größeres Gewicht beigemessen als der Spitzenleistung. Es zeichnen sich folgende Trends ab:

- Trend zu Verfahrenskombinationen,
- Trend zu Komplettbearbeitung,
- Trend zu HSC-Zerspanung, Trockenzerspanung, Hartbearbeitung,
- Trend zur Integration intelligenter Funktionen.

2.2.1 *Neue Fertigungsverfahren*

Neue Fertigungsverfahren stellen sich überwiegend als lasergestützte Verfahren dar. Damit zeigt sich erneut, daß das Innovationspotential des Werkzeugs „Licht" noch nicht erschöpft ist.

Generative Verfahren zur schnellen Werkzeugerstellung

Generative Verfahren zum Aufbau von Anschauungsmustern und Urmodellen für Folgeprozesse haben sich in den letzten Jahren etabliert. Hier wurde in Teilbereichen des Werkzeug- und Formenbaus die Stereolithographie zum Stand der Technik. Derzeit sind neue Verfahren im Aufbruch, die den Aufbau von Werkzeugen ohne die bei der Stereolithographie erforderlichen Folgeprozesse zum Ziel haben. Hierzu gehören vor allem das Lasersintern (Bild 1) und das Lasergenerieren metallischer Bauteile direkt aus den CAD-Daten. Aufgrund der begrenzten Maßhaltigkeit von ±0,1 mm beim direkten und ±0,2 mm beim indirekten Lasersintern und der derzeit noch unzureichen-

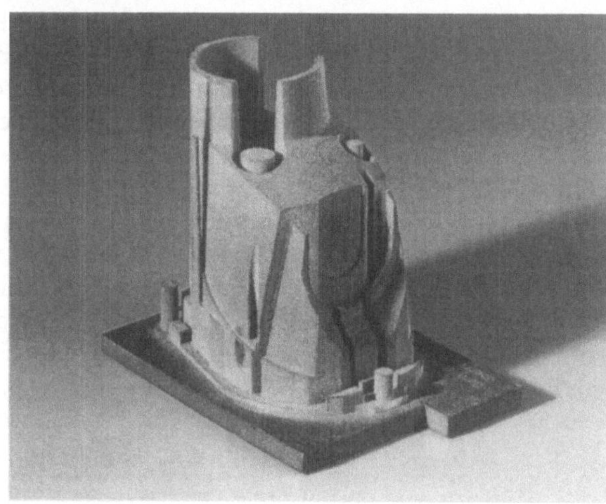

Bild 1. Lasergesintertes Bauteil (Quelle: EOS)

den Oberflächenbeschaffenheit kann auf eine manuelle Nacharbeit jedoch nicht verzichtet werden. Wirtschaftlich nutzen lassen sich die generativen Verfahren für komplexe Geometrien mit tiefen Einschnitten, feinen Verrippungen und eckigen Aussparungen, die bisher zusätzlich zur Fräsbearbeitung eine Erodierbearbeitung erfordern.

Materialbearbeitung mit dem Diodenlaser

„Dem Diodenlaser gehört die Zukunft!" [2]. Neben dem sehr hohen Wirkungsgrad von bis zu 50% zeichnen sich Diodenlaser durch eine 100fach kompaktere Bauform als derzeitige Festkörper- und CO_2-Laser aus. Hochleistungsdiodenlaser werden aus linienförmig angeordneten Laserdioden – sog. Barren (Bild 2) – mit einer Leistung von 25–75 W (gekühlt) aufgebaut. Um höhere Leistungen zu erzielen, werden die Strahlenbündel mehrerer Diodenbarren optisch überlagert.

Die Strahlqualität und damit die Fokussierbarkeit ist allerdings deutlich schlechter als bei Festkörperlasern oder CO_2-Lasern. Bisher werden Diodenlaser überwiegend (80%) zum Pumpen von Festkörperlasern verwendet. Infolge einer verbesserten Strahlqualität kann davon ausgegangen werden, daß die Direktanwendung zur Materialbearbeitung sehr viel schneller wachsen und die Pumpanwendung überflügeln wird. Bisherige Anwendungen hatten das Laserhärten, Schweißen und Löten zum Inhalt [3].

Neue Verfahren eröffnen sich bei Diodenlasern auch im Bereich der Druckmaschinen zur Druckplattenerstellung. Bisher reichte die Leistung der Laserdioden von <2 mW nur für eine photochemische Reaktion des lichtempfindlichen Materials aus. Dank eines Diodenarrays mit einer Ausgangsleistung von 6 W, dessen Strahl auf 10 μm fokussiert wird, kann Material direkt aus einer Thermoplatte herausgeschmolzen werden.

Laser im Wasserstrahl

Unter dem Namen „microjet" wurde eine Verfahrensintegration bekannt, bei der der Laserstrahl eines Festkörperlasers über Totalreflexion in einem Wasserstrahl geführt wird [4]. Das Einkopplungsmodul stellt die Kernkomponente des Systems dar, das den Laserstrahl (500 W) und den Wasserstrahl

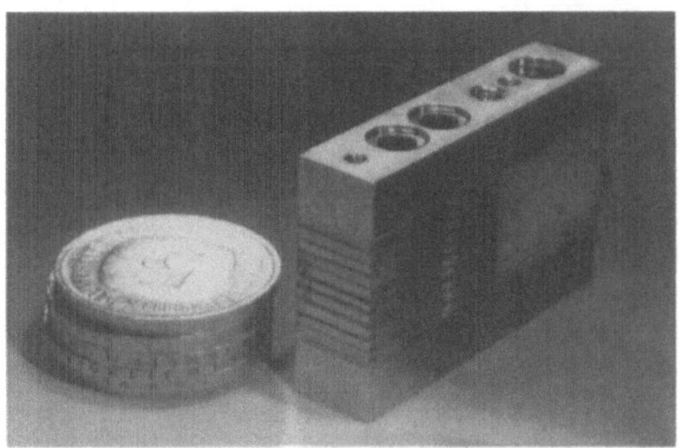

Bild 2. Diodenlaser-Stack (Quelle: DILAS)

(500 bar) mit einem Durchmesser von 50–1000 µm zusammenführt. Über die nutzbare Arbeitslänge von 100 mm bleibt der Strahldurchmesser konstant (typisch 0,1 mm) und der Wasserstrahl sorgt für eine effiziente Kühlung der Bearbeitungszone, so daß es zu keiner thermischen Beeinträchtigung kommt. Dieses integrierte Schneidverfahren hat seine Stärken bei der Bearbeitung dreidimensionaler Strukturen, bei schwer zugänglichen Konturen und bei Sandwich- und Hohlstrukturen.

2.2.2 Verfahrenskombinationen

Die Kombination unterschiedlicher Produktionsverfahren ist ein hochinteressanter Ansatz zur Steigerung der Effizienz der Fertigung. Die Anwendung einander ergänzender Fertigungsverfahren ohne zwischenzeitliches Umspannen des Werkstücks läßt eine höhere Fertigungsgenauigkeit bei gleichzeitig reduzierten Fertigungszeiten zu. Im folgenden werden einige Beispiele für Verfahrenskombinationen vorgestellt.

Kombination Drehen/Fräsen

Drehmaschinen der neuesten Generation können durch die Integration zusätzlicher Achsen die Grenzen in ihrer Anwendungsmöglichkeit zur Fräsbearbeitung überschreiten. Anstelle einer reinen Drehmaschine hat man nun ein Dreh-/Fräszentrum. Die Vorteile liegen in einer größeren Anwendungsvielfalt und kürzeren Durchlauf- und Rüstzeiten in bezug auf eine Komplettbearbeitung. Ein weiterer Vorteil der Komplettbearbeitung ist die Möglichkeit zur Einhaltung engerer Fertigungstoleranzen, da ein mehrmaliges Umspannen und Umrüsten entfällt. Moderne Dreh-/Fräszentren arbeiten präziser und können flexibler eingesetzt werden als konventionelle Drehmaschinen. Die in Bild 3 gezeigte Vertikal-Drehmaschine (VSC-Prinzip) der Fa.

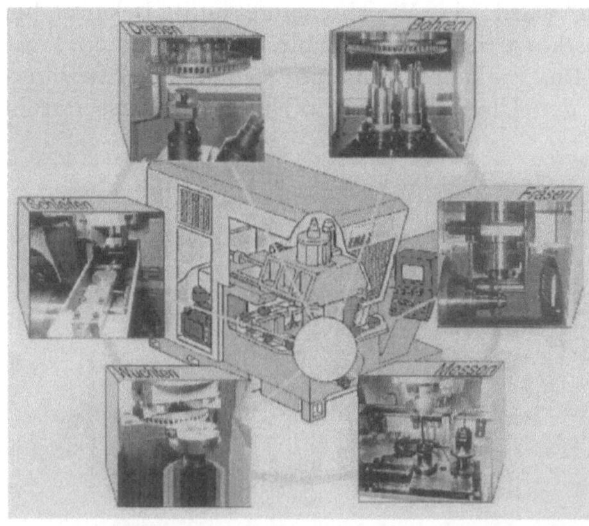

Bild 3. Herstellung von Bremsscheiben (Quelle: EMAG)

EMAG kombiniert neben dem Drehen und Fräsen auch noch das Bohren, Schleifen, Wuchten und Messen. Somit können beispielsweise Bremsscheiben fertig hergestellt werden.

Kombination Honen/Laserbearbeitung

Die Oberflächengüte der Zylinderbohrungen von Verbrennungsmotoren beeinflußt den Ölverbrauch, die Schadstoffwerte, die Lebensdauer, die Reibung und den Verschleiß. Die derzeit weltweit angewandte Fertigungsmethode ist Honen mit gebundenem abrasivem Material, vorzugsweise SiC oder Diamant. Beim konventionellen Honen sind die Möglichkeiten zur Oberflächengestaltung und weiteren Toleranzeinengung weitgehend ausgeschöpft. Weder mit dem Normal- noch mit dem Plateauhonen wird man aus heutiger Sicht den zukünftigen Qualitätsanforderungen gerecht.

Das neu entwickelte Verfahren – eine Kombination von Hon- und Lasertechnologie – ermöglicht eine sehr hohe Oberflächenqualität. Nur in einer für die Funktion lokal notwendigen, genau festgelegten Zone werden mit dem Laser exakt definierte Öllager eingebracht [5]. Die Bearbeitung besteht aus vier Arbeitsgängen: dem Vorhonen, dem Zwischenhonen, dem Laserstrukturieren und dem Fertighonen. Beim Vorhonen wird die Makroform (Rundheit, Konizität, Geradheit) der Bohrung erzeugt. Beim Zwischenhonen erfolgt eine Oberflächenverfeinerung auf $R_z = 2 \ldots 5$ µm. Dies ist notwendig, um eine Struktur in engen Toleranzgrenzen zu erhalten, die für die nachfolgende Laserbearbeitung geeignet ist. Bei größeren Bohrungsdurchmessern kann das Vor- und Zwischenhonen auch mit nur einem Honwerkzeug (Doppelhonwerkzeug) erfolgen. Beim Laserstrukturieren werden die Öltaschen in die Oberfläche eingebracht. Das Fertighonen dient zum Abtragen der bei der Laserbearbeitung entstandenen Aufwürfe und zur weiteren Verfeinerung der Oberfläche (Plateauoberfläche) bis auf ca. $R_z = 1$ µm.

Bild 4 zeigt den Grundaufbau der Maschine für die kombinierte Hon- und Laserbearbeitung. Die Hauptspindel führt die Hub- und die Drehbewegung aus. Der in der Strahlquelle erzeugte Laserstrahl wird mit dem Strahlführungssystem in den Strahlkopf (Optikkopf) gebracht. Ein optisches System fokussiert die Laserstrahlung auf der Werkstückoberfläche. Als Prozeßgas

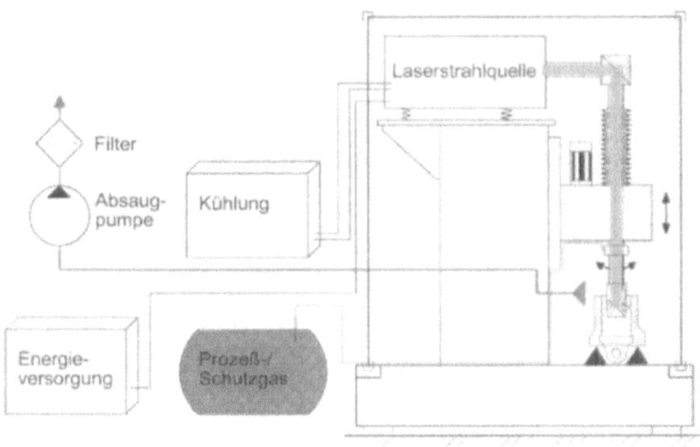

Bild 4. Grundaufbau der Maschine zur Hon- und Laserbearbeitung (Quelle: Gehring)

wird Luft mit ca. 0,5 bar durch die Strahldüse zugeführt. Die Flexibilität in der Anpassung der mit dem Laser erzeugten Struktur an die Funktion des Bauteils ist durch die NC-Steuerung gesichert.

Kombination Stanzen/Laserschneiden

Stanzen und Laserschneiden stellen zwei sich ergänzende Verfahren zur Konturbearbeitung ebener Bleche dar. Über das Stanzen können regelmäßige Ausschnitte und gerade Außenkonturen sehr schnell erzeugt werden, in begrenztem Umfang sind auch Umformungen möglich. Der Vorteil des Laserschneidens liegt in der hohen Flexibilität des Werkzeugs „Laserstrahl" begründet, so daß beliebige Konturen auch über Umformungen hinweg bearbeitet werden können. Die Vorteile der beiden Verfahren sind in der TRUMATIC 600 LASERPRESS (Bild 5) vereinigt. Parallel zum hydraulischen Stanzkopf ist der Laserschneidkopf angeordnet, so daß sich sehr kurze Prozeßwechselzeiten ergeben. Bleche bis zu einer Stärke von 8 mm lassen sich damit flexibel und effizient in einer Aufspannung bearbeiten.

Bild 5. TC 600 L „Laserpress" (Quelle: Trumpf)

Kombination Laserauftragen/Fräsen

Die Vorteile von generativen und von spanenden Verfahren werden beim CMB-Verfahren (Controlled Metal Build-up) miteinander verbunden. Mit dem Lasergenerieren lassen sich verschlissene Werkzeugbereiche flächig reparieren oder auch komplexe Formen räumlich aufbauen. Es können Werkstoffe mit unterschiedlichen Festigkeitseigenschaften entweder pulverförmig (feine Konturen) oder in Drahtform (hohe Auftragsrate) verwendet werden. Die Besonderheit des CMB-Verfahrens liegt darin, daß jede aufgetragene Werkstoffschicht in Höhe und Außenkontur überfräst wird, so daß eine definierte Ausgangsbasis für das Auftragen der nächsten Schicht und eine hohe Maßhaltigkeit der Form erreicht wird [6]. Hierzu parallele Entwicklungen vereinen das Lasergenerieren mit der Drehbearbeitung [7].

Bild 6. Wälzfräsen von Zahnrädern (Quelle: HDM Wiesloch)

2.2.3
Zerspanungsoptimierung

Optimierte Schneidstoffe

Daß jede Technologie eine Konkurrenztechnologie triggert, läßt sich im Bereich der Zerspanung deutlich nachvollziehen. Konventionelle Zerspanungsverfahren können durch Optimierung der Werkstoffe beträchtliche Leistungssteigerungen erfahren. Am Beispiel der Zahnradherstellung für Druckmaschinen wird dies deutlich. Beim in Bild 6 gezeigten Abwälzfräsen mit Vollhartmetall-Werkzeugen erhält man eine Zeiteinsparung von 68% im Vergleich zu Vollstahl-Abwälzfräsern. Vergleichbare Ergebnisse konnten bei der Schleifbearbeitung erzielt werden. Nachdem dort die CBN-Technologie neue Maßstäbe in der Schleifbearbeitung gesetzt hatte, führen Entwicklungen im Bereich der Korundschneidstoffe im Gegenzug zu beträchtlichen Leistungssteigerungen. Durch den Einsatz von Edelkorund mit neuer offener Struktur lassen sich im Vergleich zu Edelkorund mit der bisherigen dichten Struktur Zeiteinsparungen von 53% erzielen.

HSC-Zerspanung

Die Hochgeschwindigkeitsbearbeitung (HSC) ist als Schlichtbearbeitung von Großwerkzeugen in der Automobilindustrie unter Verwendung konturnah vorgegossener Rohlinge und als Komplettbearbeitung von Elektroden oder Prototypen schon weit verbreitet. Neben einer höheren Zerspanleistung stehen hierbei auch technologische Vorteile durch verringerte Prozeßkräfte und bessere Oberflächenqualitäten im Vordergrund. Wichtig sind auf die HSC-Bearbeitung abgestimmte Frässtrategien. Konturbezogene Strategien ergeben im Gegensatz zu konventionellen Abzeilstrategien bessere Oberflächen, höhere Standzeiten und kürzere Fräszeiten.

Die im Vergleich zu verkürzten Hauptzeiten relativ hohen Nebenzeiten beim Werkzeugwechsel können sowohl durch angepaßte Bearbeitungsstrate-

Bild 7. Mit HSC-Fräsen hergestellter Brennraumkern (Quelle: Röders)

gien als auch durch den Einsatz von Kombinationswerkzeugen ausgeglichen werden. Solche komplexen Werkzeuge, mit mehreren Schneiden auf verschiedenen Durchmessern und Ebenen, lassen sich nur effizient in der Großserie einsetzen. Für kleine Serien oder für die Einzelfertigung bieten sich Universalwerkzeuge zum Zirkularfräsen an. Damit besteht die Möglichkeit, verschieden große Durchmesser ohne Werkzeugwechsel zu fertigen. Offen ist noch, ob Passungen mit Toleranzfeldern von H5 oder H6 gefertigt werden können.

Am Beispiel der Komplettbearbeitung des Brennraumkerns (Bild 7) mit Kugelradiusfräser und Stirnfräser von 12 mm bis 4 mm Durchmesser konnten eine Zeiteinsparung von 60% im Vergleich zu konventionellen NC-Bearbeitungen und dazu eine verbesserte Oberfläche erreicht werden, so daß auf eine Nacharbeit verzichtet werden konnte [6].

Trockenbearbeitung

Das Gebiet der Trockenbearbeitung ist das Schwerpunktthema für die kommenden Jahre sowohl auf dem Werkzeugsektor als auch im Werkzeugmaschinenbau. Das große Interesse für die Trockenbearbeitung rührt aus dem steigenden Umweltbewußtsein sowie den strengeren Gesetzgebungen hinsichtlich der Umweltschutzbedingungen her. Durch den hohen Anteil von Beschaffung, Pflege und Entsorgung von Kühlschmiermitteln an den Fertigungskosten ist die Trockenbearbeitung vor allem auch ein nicht zu unterschätzender Kostenfaktor.

Reine Trockenbearbeitung mit modernen Technologiedaten in Stahl, Guß und Aluminium ist jedoch nur bedingt möglich. Die auftretenden Verfahrensgrenzen der Trockenbearbeitung können in vielen Fällen nur mit dem Mindermengen-Schmiersystem überwunden werden. Bei der Mindermengen-Schmiertechnik (Öl-Verbrauch in Mengen zwischen 10 und 25 ml bei einer max. Späneverunreinigung von 0,04 Gewichtsprozent) ergeben sich im Vergleich zur Naßbearbeitung vergleichbare Standzeiten bei vorwiegend gleichen Werkzeugen. Durch die geringere Temperaturwechselbelastung werden als Nebeneffekt sogar gleichmäßigere Standzeiten erreicht (Bild 8).

Bild 8. Hochgeschwindigkeits-Bearbeitungszentrum zur Trockenbearbeitung „SPECHT 500 T" (Quelle: Hüller-Hille)

Die Problemfelder auf dem Gebiet der Trockenbearbeitung liegen vor allem im Bereich „Spänetransport" und „Temperierung von Werkstück und Maschine". Insbesondere bei Leichtmetall-Werkstücken größerer Abmessung und angesichts der üblichen engen Tolerierung erscheint der Verzicht auf Kühlschmiermittel bzw. -temperierung kaum möglich.

Derzeit wird weltweit erstmals ein Maschinenfähigkeitsnachweis und eine Produktionsfähigkeit des Verfahrens bei mehreren Anwendern durchgeführt. Das Ziel ist es, diese Bearbeitungsmethode für die Großserienfertigung in Deutschland zu nutzen. Hierdurch lassen sich ca. 10% der Produktkosten sparen. Vorraussetzung dafür ist jedoch der flächendeckende Einsatz in der spanenden Fertigung.

Hartbearbeitung

Die Hartbearbeitung – besonders das Hartdrehen – stand in den vergangenen Jahren im Mittelpunkt und hat dadurch erheblich an Bedeutung gewonnen. Auslöser hierfür war vor allem die Verbesserung der Leistungsfähigkeit moderner Schneidstoffe. Die Anwendung des Hartdrehens erlaubt es in vielen Fällen, kosten- und zeitintensive Schleifoperationen zu substituieren. Dadurch können Bearbeitungszeiten gesenkt, die Anzahl von Fertigungsschritten reduziert und insgesamt die Herstellkosten verringert werden. Bei am Markt verfügbaren Drehmaschinen sind bis zu 15% der Bearbeitungsaufgaben Hartdrehoperationen. Trotz der großen wirtschaftlichen Vorteile scheitert der praktische Einsatz des Hartdrehens gegenwärtig noch häufig an Fragen zur Werkstückqualität, da durch den Zerspanprozeß Randzonenbeeinflussungen auftreten können.

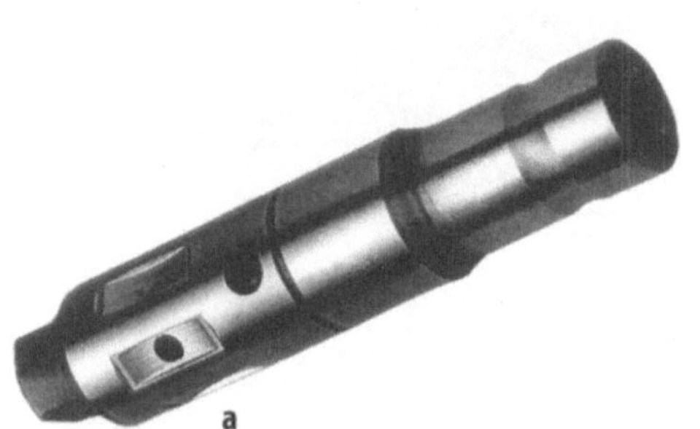

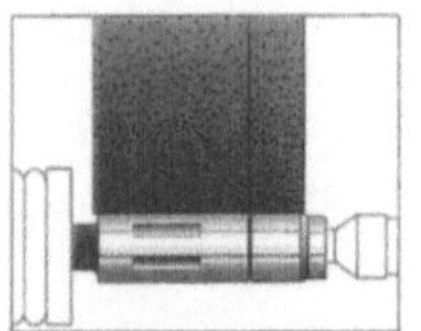

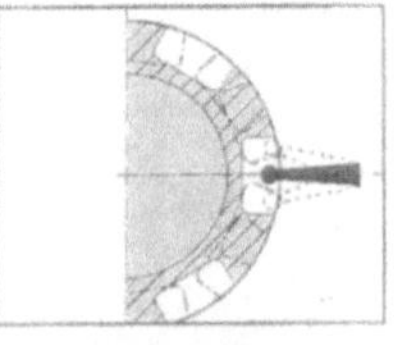

1. Operation: Durchmesserschleifen mit automatischer Zylinderkorrektur

2. Operation: Automatisches Ausrichten des Steuerschiebers über die vorgefräste Nute in Rotationsrichtung

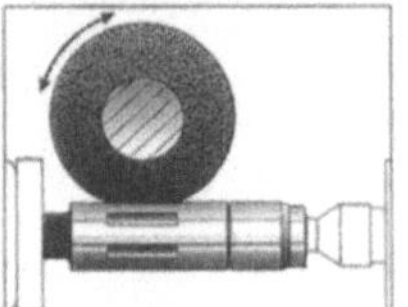

3. Operation: Schleifen der 6 oder 8 Nuten

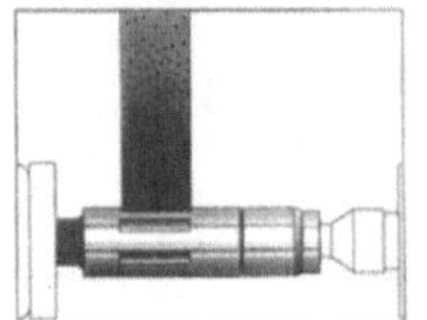

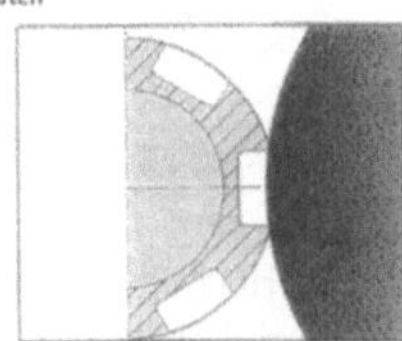

4. Operation: Schleifen der Steuerphasen. In einem speziell dafür geeigneten Unrundschleifprogramm werden die Steuerphasen in einer Werkstückumdrehung geschliffen.

b

Bild 9. a Steuerschieber für Servolenkungen, **b** Operationsfolgen bei der Komplettbearbeitung (Quelle: Studer)

Komplettbearbeitung

Die Komplettbearbeitung ermöglicht es, Werkstücke mit einer wesentlich höheren Genauigkeit zu fertigen, als dies in hintereinandergestellten Einzeloperationen möglich ist. So besteht beispielsweise bei der Bearbeitung von Steuerschiebern für Servolenkungen (Bild 9) die Problematik, nach dem Außen-Rundschleifen die Steuerfasen an den Nuten in der geforderten Genauigkeit zu schleifen, da der effektive Durchmesser des Steuerschiebers direkten Einfluß auf das eng tolerierte Sehnenmaß der Steuerfasen hat.

Bei einer Komplettbearbeitung vereinfacht sich die Peripherie für die Handhabung der Teile. Die früher umfangreiche hydraulische Spanntechnik entfällt durch Verwendung von Palettensystemen. Der Werkzeugwechsel über den Spindelrevolver, der früher bei Schleifmaschinen undenkbar war, ist mit einer erforderlichen Genauigkeit im Bereich von wenigen Winkelsekunden zum Stand der Technik geworden.

Verkettete Maschinen

Auf flexibel verketteten Mehrmaschinensystemen für die Fräsbearbeitung kleiner Werkstücke können die Werkstücke sowohl vor- als auch fertigbearbeitet werden. Bei der „FlexLine“ der Fa. Chiron werden drei bis acht in einer Linie angeordnete Standardfräsmaschinen und eine Beladestation über ein Unterflurtransportsystem flexibel miteinander verkettet. Die Werkstücke werden in der Beladestation auf teilespezifischen Werkstückträgern wahlweise manuell oder automatisch fixiert. Die Zuführung der Werkstücke in die

Maschinen erfolgt durch das Unterflurtransportsystem, das die Werkstückträger mit einem Greifer in der Beladestation oder in einem zusätzlichen Puffermagazin aufnimmt. Die Werkstückträger werden von unten durch eine Öffnung im Arbeitsraum in die Maschinen gebracht. Die unterschiedlichen Werkstückträger haben hierzu eine HSK-Schnittstelle, so daß sie ähnlich wie die Bearbeitungswerkzeuge gehandhabt und bei Nutzung einer genormten Schnittstelle mit großer Genauigkeit in der Maschine gespannt werden.

2.2.4
Software als Ersatz für Mechanik

Es zeichnet sich ab, daß die Systemanteile einer Maschine von derzeit etwa 50% Mechanik und je 25% Elektronik und Software sich weiter zugunsten der Elektronik und Software verschieben und in absehbarer Zukunft jeweils etwa ein Drittel ausmachen werden. Herausragende Beispiele für diese Entwicklung sind das Funkenerosive Fräsen und aus dem Bereich der Schleifbearbeitung die Unrundbearbeitung und das Längsformschleifen.

Funkenerosives Fräsen

Anstatt für jede Art von Einsenkung eine spezielle und damit teure Elektrode zu erstellen, werden beim Funkenerosiven Fräsen billige Standardelektroden (Zylinder) verwendet. Die Konturen werden wie bei einer herkömmlichen Fräsbearbeitung programmiert. Damit erreicht man zum einen eine Kostenersparnis, vor allem aber kürzere Durchlaufzeiten.

Unrundbearbeitung

Die Bearbeitung der Hublager von Kurbelwellen und die Bearbeitung von Nockenwellen sind zwei Beispiele dafür, wie komplexe, auf Mechanik gestützte Verfahren durch intelligente Steuerungsfunktionen in Verbindung mit leistungsfähigen Antrieben verdrängt werden. Zunehmend werden Nockenformen mit einfallenden (konkaven) Flanken vorgegeben, um den Kraftstoffverbrauch von Verbrennungsmotoren zu senken und um günstige Emissionswerte zu erreichen. Zur Herstellung der konkaven Bereiche sind kleine Schleifscheibendurchmesser (<100 mm) erforderlich. Für die Vorbearbeitung der gesamten Nocke sind aber auch aus Standzeitgründen große Durchmesser sinnvoll. Sowohl die Vorbearbeitung als auch die Herstellung der konkaven Nockenform erfolgt auf der in Bild 10 gezeigten CF41 CBN von Schaudt mit einer einschwenkbaren CBN-Schleifspindel in einer bahngesteuerten Unrundbearbeitung.

Längsformschleifen

Für die flexible Bearbeitung unterschiedlicher rotationssymmetrischer Werkstücke eignet sich das Längsformschleifen. Bei der Hochgeschwindigkeits-Schälschleifmaschine ZX 11 HSG von Schaudt kommen sämtliche Bewegungen aus dem Werkzeug und ermöglichen die Bearbeitung komplizierter Werkstückkonturen in einer Aufspannung. Bei diesem Längsformschleifen,

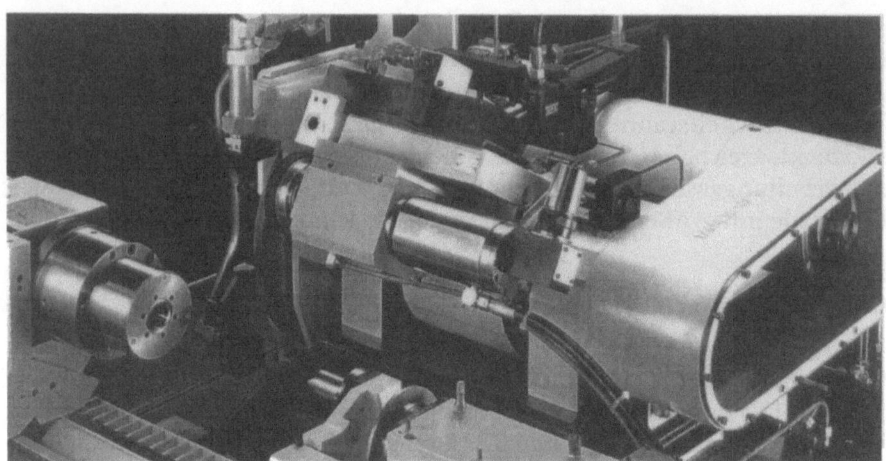

Bild 10. Nockenformschleifmaschine (Quelle: Schaudt)

das kinematisch der Drehbearbeitung entspricht, erfolgt die komplette Bearbeitung mit *einem* Werkzeug, d.h. mit einer schmalen ca. 5 mm breiten CBN-Schleifscheibe, die in *einem* bahngesteuerten Überlauf die fertige Kontur erzeugt. Bild 11 zeigt am Beispiel einer Getriebewelle die konventionelle Bearbeitung mit einem Schleifscheibensatz im Vergleich zu den flexiblen Verfahren des Längsformschleifens.

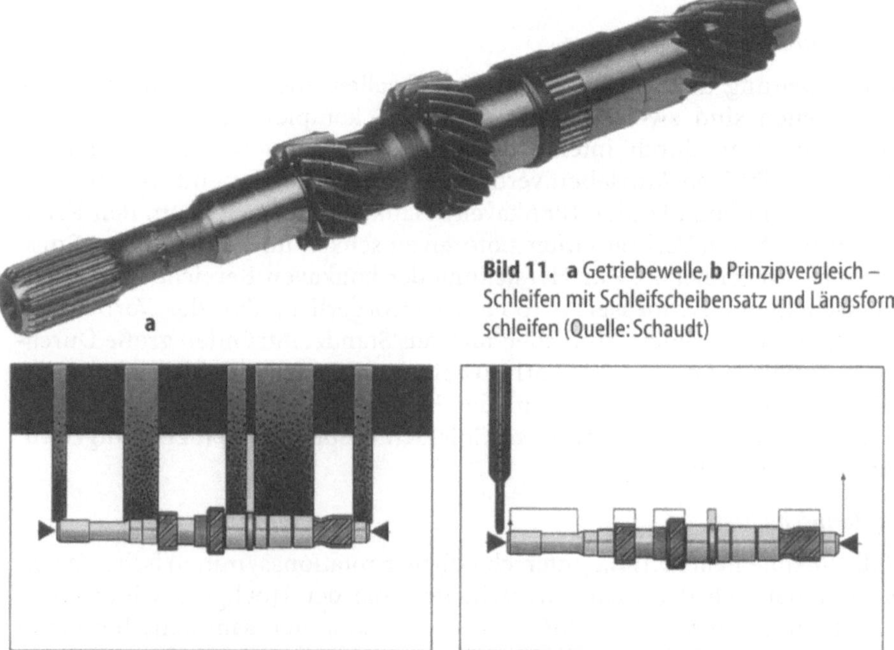

Bild 11. **a** Getriebewelle, **b** Prinzipvergleich – Schleifen mit Schleifscheibensatz und Längsformschleifen (Quelle: Schaudt)

2.2.5
Integration intelligenter Funktionen

Zunehmend werden intelligente Funktionen in Werkzeuge und Maschinen integriert. Dies geschieht aber immer unter der Voraussetzung, daß die Prozesse auch bei Ausfall oder Störung der Funktion stabil bleiben und es nicht zu einer Reduzierung der Verfügbarkeit kommt. Ein sicherer Prozeß hat Priorität vor einem bis an die Systemgrenzen optimierten, aber anfälligen Prozeß. Die Schwierigkeit liegt darin, für die Prozeßüberwachung die richtigen Signale (Prozeßgrößen) zu wählen. Die Signalerfassung muß sich zur Wirkstelle hin orientieren. Eine Realisierung von intelligenten Funktionen und autonomen intelligenten Subsystemen ist häufig mit der Anwendung der Mikrosystemtechnik verbunden.

Ein weiterer Trend geht dahin, nicht mehr ausschließlich auf eine Maximierung der Prozeßleistung, sondern auch auf Qualitätskriterien hin zu optimieren. Beim Erodieren beispielsweise wird auf die Materialunversehrtheit optimiert, um durch thermische Bearbeitung verursachte Gefügeänderungen zu vermeiden.

Intelligente Werkzeuge

In der flexiblen Fertigung, beispielsweise beim Präzisionsbohren und Ausspindeln, werden zukünftig vermehrt geregelte und gesteuerte Werkzeuge verwendet werden, die sich automatisch über die NC-Steuerung der Maschine nachstellen lassen. Moderne Steuerungen können dies mit ihrem offenen Konzept berücksichtigen. Durch gesteuerte Werkzeuge wird somit eine Verfahrensintegration möglich. Beispiele hierfür sind

- Bohren ins Volle, Plandrehen und Einstechen,
- Auf- und Feinbohren und
- Reiben und Plandrehen.

Bild 12 zeigt die Entwicklungsstadien geregelter Werkzeuge mit verstellbaren Schneiden.

Biegewinkelsensorik

Aufgrund von Werkstücktoleranzen sind beim Freibiegen in der Regel mehrere Versuche erforderlich, um einen bestimmten Winkel mit ausreichender Genauigkeit herzustellen. Blechdickentoleranzen, Walzrichtung und Zugfestigkeit haben unmittelbaren Einfluß auf den Biegevorgang. Mit der in Bild 13 dargestellten Biegewinkelsensorik ACB (Automatically Controlled Bending) wird der Biegewinkel im Prozeß gemessen und unter Berücksichtigung der Rückfederung mit einer Genauigkeit von ±0,1 Grad ausgeregelt. Die Ermittlung des Biegewinkels erfolgt durch zwei im Biegewerkzeug integrierte unterschiedlich große Tastscheiben. Aus der unterschiedlichen Eintauchtiefe errechnet die Sensorelektronik den aktuellen Winkel, und über eine intelligente Sensorsignalverarbeitung erkennt das System den Entspannungspunkt

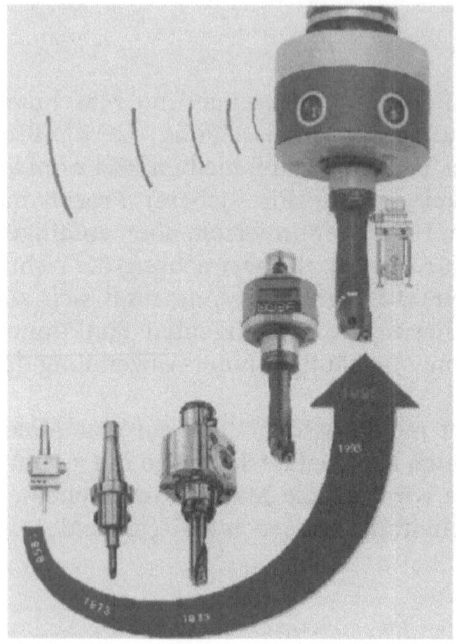

Bild 12. Entwicklungsstadien geregelter Werkzeuge (Quelle: KOMET)

Bild 13. Biegen mit ACB Winkelsensorik (Quelle: Trumpf)

und berechnet den Rückfederungswinkel. Damit wird schon bei der ersten Biegung der exakte Winkel erreicht und aufwendige Einfahrprozeduren entfallen.

Plasmasensor zum Dickblechschneiden

Beim Laserschneiden von dicken Blechen kommt es leicht zu einer unerwünschten Plasmabildung, welche die Energieeinkopplung erschwert und ein Durchschneiden verhindert. Um eine Plasmabildung sicher zu vermeiden, wird in der Praxis die programmierte Schneidgeschwindigkeit stark reduziert. Die neue Plasmasensorik von TRUMPF erkennt das Entstehen von Plasma und reduziert automatisch die Schneidgeschwindigkeit solange, bis der Prozeß wieder stabil verläuft. Damit wird es möglich, die Schneidgeschwindigkeit immer an der technologischen Grenze zu führen.

Inline-Bildmessung

Bisher wird die Druckqualität von Druckmaschinen mittels einer Sichtkontrolle von Druckkontrollstreifen, die außerhalb des Bildbereichs liegen, überwacht. Eine neue Dimension der Qualitätskontrolle ergibt sich mit der Inline-Bildmessung. Mehrere Kameramodule (Bild 14a), die zu einem Meßbalken (Bild 14b) zusammengefaßt sind, überwachen die Farbüberlagerung im Bild. Die rechnergestützte Direktbildbewertung ermöglicht ein Nachführen der Systemparameter in Echtzeit.

Bild 14. **a** optisches Modul, **b** Meßbalken (Quelle: HDM Wiesloch)

2.3 Thesen zur Maschinenentwicklung

Neue Prozesse tragen intensiv zur Weiterentwicklung der Maschinentechnik bei. Die Hochgeschwindigkeitsbearbeitung führte sowohl bei spanenden Bearbeitungsverfahren, wie HSC-Fräsen, als auch bei prozeßkraftfreien Bearbeitungsverfahren, z.B. mit Laser, zu einer Erschließung großer Leistungsreserven (Tabelle 1). Dabei wird durch Erhöhung der Vorschub- und der Schnittgeschwindigkeiten um den Faktor 5 bis 10 im Vergleich zur konventionellen Zerspanung eine erhebliche Reduzierung der Hauptzeitanteile bei zerspanungsintensiven Fertigungsprozessen erreicht. Gleichzeitig ergibt sich eine Reduzierung der Schnittkräfte und eine deutliche Verbesserung der Oberflächenqualitäten [8]. Als Konsequenz dieser Entwicklung ist zu erwarten, daß der Marktanteil von HSC-Fräsmaschinen im Jahr 2000 bei über 50% liegt [9].

Entscheidend für die Akzeptanz neuer Maschinentechnik wird sein, inwieweit es gelingt die technischen Anforderungen mit dem Kostenaspekt zu verbinden. Die Weiterentwicklung der Maschinentechnik umfaßt sowohl neue Bauweisen für konventionelle Maschinenkonzepte als auch Maschinen-

Tabelle 1. Leistungsreserven fertigungstechnischer Prozesse (nach Tönshoff u. a.)

Verfahren	Realisierte Geschwindigkeit (v_c) und Genauigkeit	Leistungsvermögen (v_c), zulässiger Fehler
5-Achsen-Fräsen (Stahl, Graphit)	Werkzeugmaschine 2 m/min 0,05 mm	10 - 20 m/min 0,05 - 0,01 mm
Laserbearbeitung (Blech 1mm)	X/Y-Tisch 5 m/min 0,2 mm	20 m/min 0,1 mm

konzepte mit völlig neuartiger Kinematik. Darüber hinaus eröffnen weiterentwickelte Strukturen für einzelne Maschinenkomponenten sowie antriebstechnische Neuerungen neue Möglichkeiten hinsichtlich einer Produktivitätssteigerung bei höherer Genauigkeit.

Folgende Trends sind zu erkennen:

- Trend zum modularen (Plattform-)Konzept,
- Trend zur Multifunktionsmaschine mit Langzeitflexibilität,
- Trend zur Standardisierung und Reduzierung der Teilezahl,
- Trend zu hochdynamischen Maschinen (Linearantriebe),
- Trend zum Leichtbau,
- Trend zur Kostensenkung um jeden Preis,
- Trend zur Reduzierung der Fertigungstiefe: Outsourcing (make or buy).

Bauweisen

Für die Entwicklung neuer Maschinenkonzepte stehen vor allem die Ziele Kostenreduzierung, Leistungssteigerung sowie Erhöhung der technischen Verfügbarkeit im Vordergrund. Systembaukästen haben sich dabei als effektives Mittel zum Erreichen dieser Ziele erwiesen. Die modulare Bauweise bietet sowohl dem Maschinenhersteller als auch dem Anwender Vorteile. Durch die große Auswahl an Baugruppen kann die Maschinenkonfiguration den Kundenwünschen entsprechend angepaßt werden. Da überwiegend bereits erprobte Baugruppen verwendet werden, ist die technische Verfügbarkeit der Maschinen im späteren Einsatz hoch. Zudem verkürzen sich die Projektierungs-, Konstruktions-, Liefer- und Inbetriebnahmezeiten erheblich. Da der Konstruktionsaufwand pro Maschine geringer ist und gleichzeitig die Maschinenbaugruppen in höheren Stückzahlen produziert werden können, verringern sich die Herstellkosten. Infolgedessen kann der Maschinenhersteller seine Maschinen zu günstigeren Konditionen, als dies bei konventionellen Maschinen der Fall ist, auf dem Markt anbieten.

Die Vorteile der durchgängigen Umsetzung der Baukastensystematik sind am Beispiel eines multifunktionalen Drehmaschinenkonzepts VSC der Fa. EMAG (Bild 15) erkennbar.

Das Grundmodul der Maschine bildet das Maschinenbett aus Polymerbeton, dessen gute Dämpfungscharakteristik eine sechs- bis achtfach höhere Dämpfung bietet als ein vergleichbares Maschinenbett aus Gußeisen. Kernstück der Maschine ist der multifunktionale Portalschlitten mit der Pick-up-Spindel. Durch seine Steifigkeit, den hohen Eilgang und kurze Hübe sowie das integrierte Kühlsystem werden Präzision, Produktivität und kurze Nebenzeiten erreicht. Die konsequente Baukastenkonstruktion findet sich auch in der Gestaltung der Hauptspindel wieder. Diese frequenzgeregelte Drehstrom-Motorspindel ist in mehreren Baugrößen lieferbar und arbeitet auch als C-Achse. Das Teilespektrum bestimmt ihre maximale Drehzahl und Leistung. Durch die geringe Masse und ein hohes Drehmoment wird eine sehr gute Dynamik erreicht. Mit einem schnellen 12fach-Scheibenrevolver mit

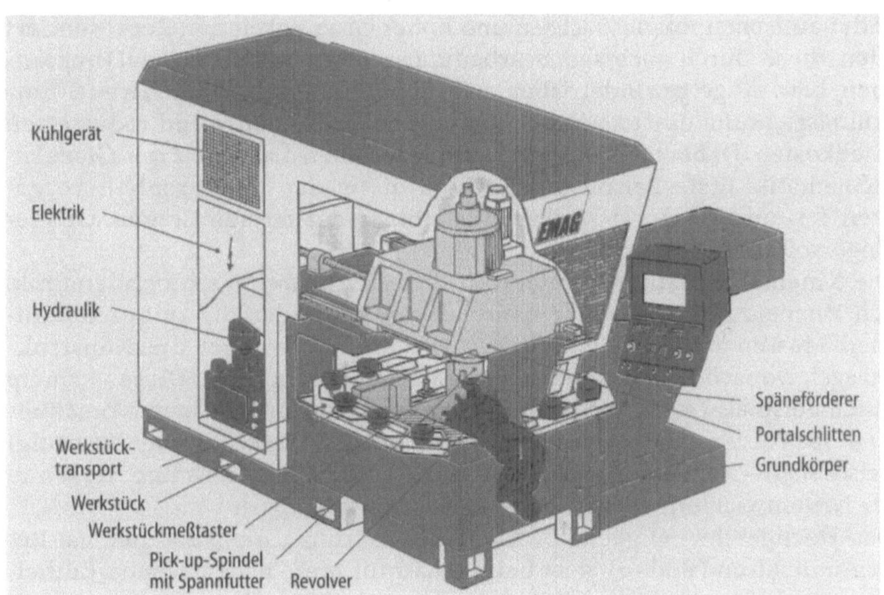

Bild 15. Multifunktionales Drehmaschinenkonzept „VSC" (Quelle: EMAG)

elektrischem Schwenkantrieb und Richtungslogik können sehr kurze Schwenkzeiten realisiert werden. Der Arbeitsraum der Maschine ist vollständig von den Schlittenführungen, der Energieversorgung, vom Scheibenrevolvergehäuse und der Be- und Entladezone getrennt. Verschmutzungen werden somit vermieden und haben praktisch keinen Einfluß auf die Lebensdauer und Qualität der Maschine. Die Elektronik sowie das Kühlsystem bilden weitere Module. Ändert sich die Bearbeitungsaufgabe, können weitere Bearbeitungsmodule in die Maschine integriert werden. Dies führt zu einer hervorragenden Langzeitflexibilität des Maschinenkonzepts [10].

Schwankende Temperaturen wirken sich nachteilig auf die Genauigkeit einer Werkzeugmaschine aus. Um das thermische Verhalten der Vertikal-Drehmaschine zu optimieren, wurde eine Reihe konstruktiver Gesichtspunkte beachtet. Neben dem thermo-symmetrischen Aufbau steuert ein Kühlaggregat den Wärmehaushalt der Maschine. Es führt die Wärme schon im Augenblick des Entstehens ab und sorgt für konstante Temperaturverhältnisse in der Motorspindel, in der Spindellagerung, im Revolver, im Elektroschaltschrank und im Arbeitsraum, der sich durch heiße Späne erwärmt. Die Führungen sitzen auf flüssigkeitsgekühlten Wangen des Maschinengestells, was die thermische Stabilität weiter verbessert.

Kinematik

Signifikante Entwicklungen von Maschinenstrukturen lassen sich am besten am Beispiel von Bearbeitungszentren erklären. Dabei sind derzeit zwei Entwicklungstendenzen zu erkennen. Eine Richtung stellen Maschinen mit hochdynamischen Antriebsachsen und hoher Genauigkeit dar. Repräsentiert werden diese durch 3achsige Bearbeitungszentren mit linearen Direktantrieben bzw. Kugelgewindetrieben mit hoher Gangzahl. Eine zweite Entwicklungsrichtung führt zu Maschinen mit hoher Dynamik und reduzierten Herstellkosten. Dabei handelt es sich um Maschinenstrukturen mit Gelenkstab-Kinematik. Erste Beispiele dafür sind die in der Vergangenheit vorgestellten Tri- und Hexapod-Werkzeugmaschinen der Firmen Comau, Geodetic, Ingersoll und Giddings & Lewis.

Die Kinematik bestimmt wesentlich die erreichbare Maschinendynamik. Durch Vermeidung langer kinematischer Ketten werden die zu beschleunigenden Massen reduziert. Aus dieser Erkenntnis resultiert die Konstruktionsregel, wonach kein Achsantrieb den anderen tragen soll. Dieses Prinzip läßt sich beispielsweise durch unmittelbar am Gestell angeordnete Vorschubachsen realisieren. Die Bewegungserzeugung des Werkzeugträgers erfolgt mittels entsprechender Koppelglieder. Dies ist derzeit Gegenstand verschiedener Neuentwicklungen im Werkzeugmaschinenbau [11].

Das Hochgeschwindigkeits-Bearbeitungszentrum „Urane 20“ der Fa. Renault Automation (Bild 16) steht beispielhaft für diese neuen 3-Achs-Einheiten [12]. Es verfügt über ein stabiles Grundgestell. Darauf baut der feststehende Rahmen mit aufgesetztem vertikalen Kreuztisch (X- und Y-Achse) und einer horizontalen, pinolenartigen Z-Achse auf. Alle Achsen werden von synchronen Linearmotoren angetrieben. Dadurch können maximale Verfahrgeschwindigkeiten von 80 m/min in allen drei Achsrichtungen realisiert werden. Die Achsbeschleunigungen liegen bei 12 m/s² für die X- und Y-Achse bzw. 15 m/s² für die Z-Achse. Weitere Merkmale sind eine Motorspindel mit

Bild 16. Hochgeschwindigkeits-Bearbeitungszentrum „Urane 20“ (Quelle: Renault Automation)

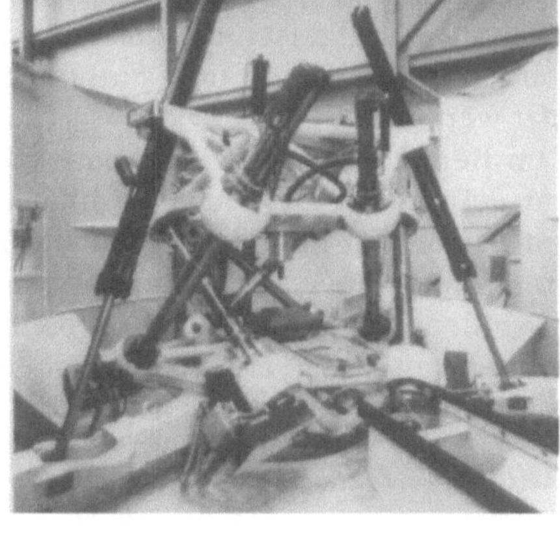

Bild 17. Hexapod-Bearbeitungszentren.
a „Octahedral-Hexapod";
b „Variax" (Quelle: Ingersoll Milling Machine Company / Giddings & Lewis)

innerer Kühlmittelzufuhr und kurzen Hochlaufzeiten sowie ein Werkzeugmagazin in Pick-up-Bauweise. Das Einsatzgebiet der Maschine sind flexible Bearbeitungszellen oder flexible Transferlinien für die Serienfertigung.

Neue Ansätze in der Funktionsfindung und Prinziperarbeitung führen zu Maschinenkonzepten mit Gelenkstab-Kinematiken. Grundgedanke für diese Maschinenkonzepte ist es, die Bewegung des Werkzeugträgers (z.B. Hauptspindel) mittels Gelenken und auf das Grundgestell zurückgeführten und somit parallel geschalteten Antriebsachsen zu erzeugen. Eine solche Anordnung bietet zwei Hauptvorteile: Die bewegte Masse reduziert sich mehr oder weniger auf das Gewicht der Bearbeitungseinheit (Bearbeitungsspindel). Darüber hinaus bietet sich aufgrund der gleichartigen Antriebe und demzufolge vieler identischer Baugruppen die Möglichkeit zu einer deutlichen Reduzierung der Herstellkosten.

Bereits realisierte Tri- und Hexapod-Konzepte sind der „Tricept HP1" der Firmenkooperation NEOS Robotics und Comau, der „Octahedral-Hexapod" der Firma Ingersoll (Bild 17a), der „Variax" von Giddings & Lewis (Bild 17b), der „G 1000" von Geodetic, ein Hexapod-Grundgerät von Carl Zeiss Jena sowie die russische „KIM" von JSC Lapik [11].

Die Firma Ingersoll hat zwischenzeitlich eine Hexapod-Maschine mit horizontal angeordneter Hauptspindel entwickelt, den „Horizontal Octahedral-Hexapod (HOH) 600". Diese Stand-alone-Werkzeugmaschine ist auch für den Einsatz in flexiblen Fertigungssystemen und Transferstraßen vorgesehen.

Als Anwendungsgebiet kommt für diese Werkzeugmaschinenstrukturen die Robotertechnik, z.B. für die Montage, das Schweißen, Entgraten und Messen, genauso in Frage, wie die Hochgeschwindigkeitsbearbeitung, z.B. beim Bohren, Fräsen, Schleifen, Polieren, oder auch die Laser- und Wasserstrahlbearbeitung.

Auch in der Robotik wurden früh die Möglichkeiten und Vorzüge von Gelenkstab-Kinematiken, besonders hinsichtlich der geringen bewegten

Massen erkannt. Die große Bewegungsfreiheit mit bis zu 6 Freiheitsgraden, eine hohe Steifigkeit und die einfache Fehlerkompensation konnten beim Montieren, Schweißen und Entgraten mit solchen Robotern vorteilhaft genutzt werden.

Im Bereich der Meßzeuge haben Gelenkstab-Kinematiken ebenfalls Eingang gefunden. Hexapod-Koordinatenmeßmaschinen eignen sich besonders zum Vermessen komplexer Bauteile [13]. Mit Tri- oder Hexapod-Kinematiken läßt sich aber auch die Bahngenauigkeit von Robotern und Werkzeugmaschinen vermessen [14]. Schließlich ist die Feinpositionierung von Meßobjekten mit Hilfe von Hexapoden ein weiteres Beispiel für die Anwendung der Gelenkstab-Kinematiken als Meßzeug [15].

Strukturen

Der Leichtbau stellt derzeit ein wichtiges Entwicklungsziel bei der angestrebten Leistungssteigerung von Hochgeschwindigkeitsmaschinen dar. Bekannte Leichtbauweisen, deren Ursprünge hauptsächlich im Flugzeugbau liegen, sind dabei nur eingeschränkt auf den Werkzeugmaschinenbau übertragbar. Im Werkzeugmaschinenbau erfolgt die Gestaltung und Dimensionierung mechanischer Baugruppen in erster Linie nach funktionalen Kriterien und nach der geforderten Steifigkeit. So wird der Strukturaufbau hauptsächlich von der zu erfüllenden Funktion und den aufzunehmenden Belastungen des Bauteils bestimmt. Weiterhin sind der zur Verfügung stehende Bauraum sowie die zu integrierenden Maschinen- und Funktionselemente, wie Motoren, Kugelrollspindeln, Linearführungssysteme, zu berücksichtigen. Dies führt in der Regel zu komplexen Bauteilgeometrien, deren Gestaltung und Herstellung durch die anzuwendende Leichtbauweise unterstützt werden muß.

Die Berechnung von komplexen Leichtbaustrukturen bzw. deren konstruktive Gestaltung und Dimensionierung ist vom Konstrukteur nicht mehr intuitiv oder mit analytischen Rechenverfahren lösbar. Hier kann man nur mit Hilfe der FEM in Verbindung mit Strukturoptimierungsverfahren das Potential der Leichtbauwerkstoffe ausnutzen. In [16] wird eine Optimierungsmethode und deren softwaretechnische Realisierung vorgestellt, mit der sich spannungskritische Balkenstrukturen in Leichtbauweise automatisch hinsichtlich der Profilabmessungen dimensionieren lassen.

Die erzielbaren Eigenschaften einer Leichtbaukonstruktion werden maßgeblich von der angewandten Leichtbauweise bestimmt. Diese ist charakterisiert durch den Strukturaufbau und dadurch auch eng verbunden mit deren Herstellung. Grundsätzlich lassen sich verschiedene Bauweisen, entsprechend Bild 18, unterscheiden [17].

Bei der Differentialbauweise werden Einzelteile wie Stringer, Rippen, Blechhäute durch punktuelle Verbindungen mittels Nieten, Bolzen usw. zu einem Leichtbauteil zusammengesetzt. Kennzeichnend für die Integralbauweise ist ein verripptes, aus einem Stück bestehendes Bauteil, welches häufig durch spanende Bearbeitung eines Werkstückrohlings hergestellt wird. Bei der integrierenden Bauweise werden die Leichtbauteile aus Einzelelementen

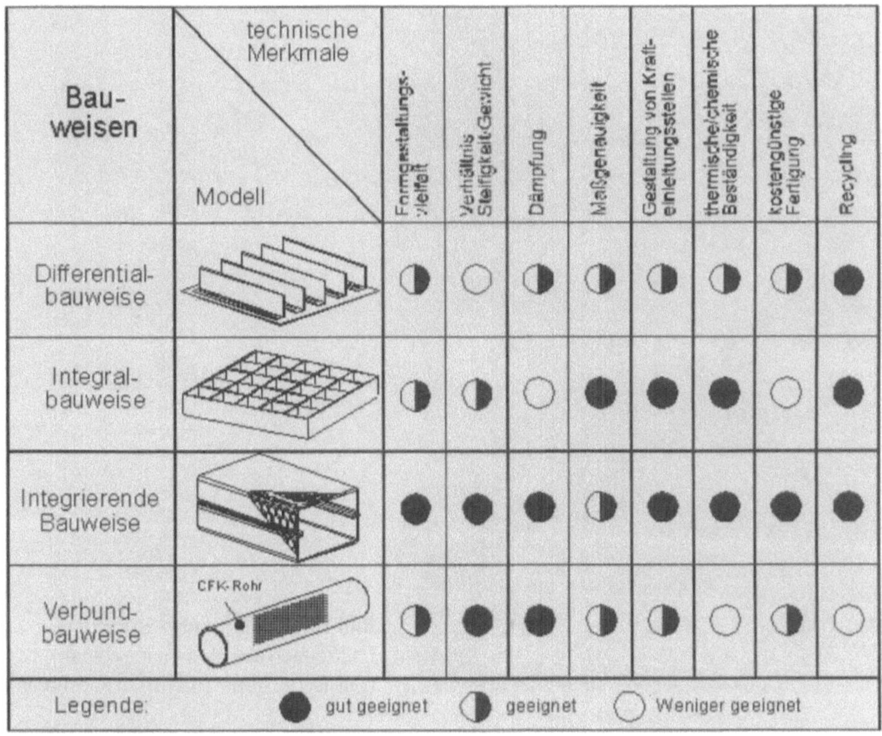

Bauweisen \ technische Merkmale	Modell	Formgestaltungsvielfalt	Verhältnis Steifigkeit/Gewicht	Dämpfung	Maßgenauigkeit	Gestaltung von Krafteinleitungsstellen	thermische/chemische Beständigkeit	kostengünstige Fertigung	Recycling
Differentialbauweise		◐	○	◐	◐	◐	◐	◐	●
Integralbauweise		◐	◐	○	●	●	●	○	●
Integrierende Bauweise		●	●	●	◐	●	●	●	●
Verbundbauweise	CFK-Rohr	◐	●	●	◐	◐	○	◐	○

Legende: ● gut geeignet ◐ geeignet ○ Weniger geeignet

Bild 18. Beurteilung unterschiedlicher Leichtbauweisen

(Bleche, Profile) mittels Fügeverfahren (Schweißen, Kleben) zu einer Einheit verbunden. Die Verbundbauweise kombiniert verschiedene Materialien entsprechend ihren spezifischen Eigenschaften, z.B. GFK und CFK.

Die Werkstoffauswahl im Leichtbau erfolgt anhand gewichtsspezifischer Werkstoffkenngrößen sowie unter fertigungstechnischen Aspekten. Aufgrund der geforderten hohen Bahngenauigkeiten von Werkzeugmaschinen ist ein steifigkeitsorientierter Leichtbau anzuwenden. Alle im Kraftfluß der Maschine liegenden Bauteile müssen ohne größere Nachgiebigkeiten die wirkenden Belastungen aufnehmen. Die geforderten hohen Bauteilsteifigkeiten bei geringem Bauteilgewicht führen auf niedrige Strukturkennwerte.

Neben dem Werkstoff Stahl halten zunehmend Faserverbundwerkstoffe Einzug bei Maschinen, bei denen es neben hoher Steifigkeit und Festigkeit bei geringem Gewicht auch auf eine geringe Wärmedehnung ankommt. Besonders bei hochpräzisen Komponenten aus dem Maschinen- und Apparatebau, die hohe Forderungen hinsichtlich eines stabilen thermischen Verformungsverhaltens erfüllen müssen, kann die Anwendung dieser Werkstoffe deutliche Verbesserungen bringen [18].

Weiterhin lassen sich erste Ansätze erkennen, geschäumte Werkstoffe auf metallischer Basis (Bild 19) auch im Werkzeugmaschinenbau einzusetzen

Bild 19. Ausführungsbeispiele von Halbzeugen aus Aluminiumschaum (Quelle: Leichtmetallzentrum Ranshofen)

[19]. Metallschaum bietet sich als Konstruktionswerkstoff für den Leichtbau bei dynamisch hoch beanspruchten, translatorisch bewegten Baugruppen mit geringen statisch wirkenden Prozeßparametern an. Durch das Ausschäumen vorrangig dünnwandiger Profile wird die Verformung insbesondere quer zur Richtung der Krafteinleitung verringert.

Zusammenfassend können folgende Anforderungen an die Leichtbauwerkstoffe für den Werkzeugmaschinenbau gestellt werden:

- gute Trenn-, Füge- und Umformeigenschaften,
- genormte Abmessungen mit hohen Formgenauigkeiten,
- kostengünstig,
- thermisch und chemisch stabil sowie recyclebar.

Antriebe

Große Fortschritte sowohl im Bereich der Signal- und Leistungselektronik als auch in der Motorentwicklung haben in den letzten Jahren den Einsatz von Linearmotoren für Vorschubantriebe ermöglicht. Durch den Verzicht auf mechanische Antriebselemente sind sehr hohe Geschwindigkeiten von über 90 bis 150 m/min möglich. Gleichzeitig erreicht man aufgrund der hohen Regeldynamik eine sehr gute dynamische Genauigkeit.

Der Linearmotor setzt hier durch seine hohe Antriebsdynamik neue Maßstäbe, da der Antrieb aufgrund der fehlenden mechanischen Nichtlinearitäten und Nachgiebigkeiten im Gegensatz zum konventionellen Antriebssystem äußerst schnell auf Störungen und dynamische Führungsgrößen reagieren kann. Bei nicht allzu großen bewegten Massen sind daher sehr hohe Beschleunigungen realisierbar. Ein typisches Einsatzgebiet für die Direktantriebstechnik ist demnach die Hochgeschwindigkeitsbearbeitung. Es ergeben sich mehrere konstruktive Vorteile. Durch die berührungslose Kraftübertragung arbeiten lineare Direktantriebe verschleißfrei. Damit ergibt sich eine theoretisch unbegrenzte Lebensdauer, und ein Nachjustieren des Antriebs ist nicht erforderlich.

Die Antriebseigenschaften sind unabhängig von der Verfahrlänge der Vorschubachse. Durch Aneinanderreihen einzelner Sekundärteilelemente lassen sich prinzipiell beliebig lange Verfahrwege realisieren Diese Eigenschaft unterstützt ganz wesentlich den Trend in Richtung modularer Maschinen.

Wesentlicher Nachteil des Linearmotors ist sein geringer Wirkungsgrad bzw. seine hohe Verlustleistung, die zu einer erheblichen Wärmeentwicklung führt. Während bei herkömmlichen Vorschubantrieben eine Verlagerung des wärmeproduzierenden Motors in die Randbereiche der Struktur möglich ist, erfolgt bei linearen Direktantrieben die Wärmeentwicklung innerhalb der Maschinenstruktur. Abhilfe schaffen hier nur intelligente Kühlstrategien, wie sie z.B. im sog. Thermosandwich-Konzept mit Präzisionskühlung von Siemens (Bild 20) angewandt wird.

Das Meßsystem bei Linearservomotoren wird neben der Erfassung der Lage auch zur Ermittlung der Ist-Geschwindigkeit mittels zeitdiskreter Differentiation des Lagesignals verwendet. Eine geringe Auflösung des Meß-

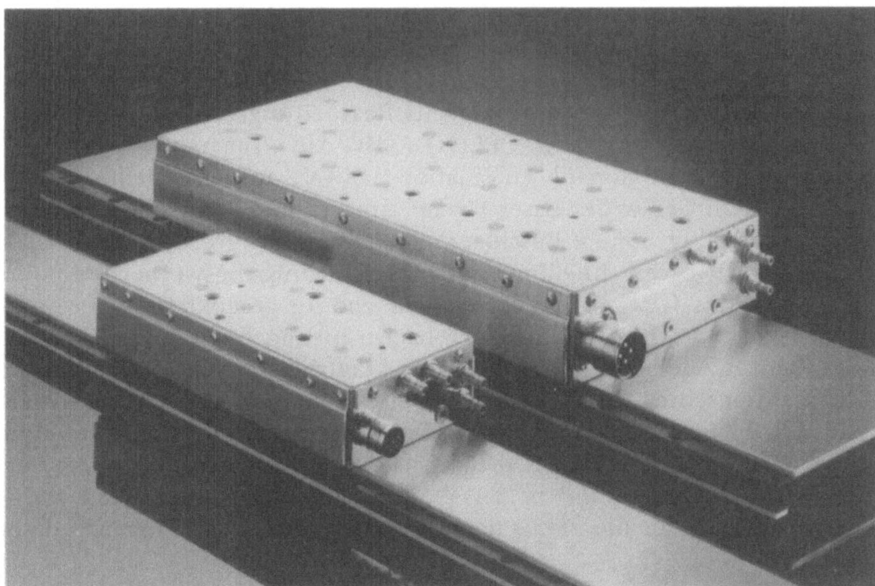

Bild 20. Synchronlinearmotor (Quelle: Siemens)

systems verursacht dabei eine grobe Diskretisierung des Geschwindigkeitssignals, verbunden mit zusätzlicher Motorerwärmung, Geräuschen und ungünstigem Regelverhalten. Alternativ kann die Geschwindigkeit durch eine Schätzung mit Hilfe von Zustandsbeobachtern ermittelt werden.

Grundsätzlich ist festzustellen, daß in einer Werkzeugmaschine nicht einfach der bisherige Antrieb gegen einen Linearmotor ausgetauscht werden kann, sondern daß die gesamte Maschine dem neuen Antriebskonzept anzupassen ist. Nur so lassen sich Instabilitäten beim Betrieb des Direktantriebs durch mechanische Eigenfrequenzen der angrenzenden Bauteile vermeiden und das Potential der Direktantriebe voll nutzen [20].

Der Einsatz von Lineardirektantrieben beschränkt sich zur Zeit auf wenige Werkzeugmaschinen, doch ist mit einer verstärkten Anwendung in den nächsten Jahren zu rechnen. Hierfür sprechen auch die Entwicklungsaktivitäten auf Seiten der Steuerungs- und Antriebshersteller, in Zukunft die Direktantriebstechnik dem Anwender als Komplettsystem anzubieten. Dadurch übernimmt der Systemlieferant die Gesamtverantwortung hinsichtlich der Antriebstechnik und liefert dem Anwender einen optimierten Antrieb entsprechend seinen Erfordernissen. Der Anwender profitiert von einer gezielten Abstimmung von Steuerung und Linearmotor sowie von einem umfassenden Support.

Wegen der hohen Verfahrgeschwindigkeiten muß in Zukunft verstärkt dem Sicherheitsaspekt beim Einsatz von linearen Direktantrieben Rechnung getragen werden. Aufgrund der fehlenden mechanischen Übersetzung werden an Sicherheitsbremsen verstärkte Anforderungen hinsichtlich Ansprechzeit und Bremskraft gestellt. Auch hier zeigt sich der Trend, die komplette Sicherheitstechnik im Rahmen eines *integrierten Sicherheitspakets* dem Anwender zur Verfügung zu stellen, wie es beispielsweise Siemens unter dem Begriff „Safety Integrated“ anbietet.

Derzeit werden Hochgeschwindigkeits-Bearbeitungszentren mit Direktantrieben von den Firmen EX-CELL-O (XHC 240), Ingersoll (HVM 600), Heller (MCL 160) und Renault Automation (URANE 20) hergestellt.

Auch auf dem Gebiet der Laser-Flachbettmaschinen kann eine Leistungssteigerung nur über höhere Beschleunigungen erreicht werden. Behrens erreicht bei den cb-Laserschneidmaschinen Beschleunigungswerte von 10 m/s^2 dadurch, daß das Gewicht der Brücke auf 200 kg gesenkt werden konnte und ein Gantry-Antrieb mit direkter Lageerfassung beider Antriebe zum Einsatz kommt. Die speziell auf Lineardirektantriebe zugeschnittene Flachbett-Schneidmaschine in Kragarmbauweise von ICT erreicht Beschleunigungswerte von 20 m/s^2, und eine Versuchsanlage mit Lineardirektantrieben von FANUC kommt auf theoretische Beschleunigungen von 59 m/s^2 in der X-Achse und 74 m/s^2 in der Y-Achse. Aus Gewichtsgründen wurde allerdings auf eine für die Praxis unabdingbare Z-Achse zur Höhenregelung verzichtet.

Bild 21 zeigt die Laser-Flachbettmaschine LY 2500 von TRUMPF für den Dünnblechbereich, die für den Betrieb mit Festkörperlasern konzipiert ist.

Bild 21. Laserflachbettmaschine LY 2500 (Quelle: Trumpf)

Auf Basis dieser Maschine wird die direktangetriebene HSL 2502 mit Beschleunigungen von 20 m/s^2 aufgebaut. Zwei 800-W-Festkörperlaser versorgen über 300 μm Glasfasern die beiden synchron arbeitenden Schneidköpfe.

2.4 Thesen zur Gesamtentwicklung

Der geschäftsbestimmende Hauptprozeß wird zukünftig nicht mehr die Herstellung von Produkten, sondern die Lieferung von Ideen und Problemlösungen sein. Bisher zeichnen sich folgende Entwicklungen ab:

- Trend zum Systemlieferanten,
- Trend zu einer stärkeren Einbindung der Maschine in das Umfeld,
- Trend zur verstärkten Kundenbezogenheit,
- Trend zum Dienstleister im umfassenden Sinn.

Aufgrund der weltweiten Verfügbarkeit von leistungsfähigen Komponenten werden auch heutige Schwellenländer Werkzeugmaschinen von ausreichender Qualität anbieten können. Bei komplexen Anforderungen wird es allerdings nicht ausreichen, (hochwertige) Komponenten zusammenzufügen. Daher wird die Zukunft des deutschen Maschinenbaus darin gesehen, marktorientierte Technologie und Know-how für komplexe Gesamtsysteme zu liefern. Bestes Beispiel für diese sich abzeichnende Entwicklung ist die Anfrage eines asiatischen Automobilherstellers für die Planung einer kompletten Motorenfertigung. Um solchen Trends gerecht zu werden, ist allerdings eine engere Zusammenarbeit im deutschen Maschinenbau erforderlich als sie bisher praktiziert wird.

Der deutsche Maschinenbau ist mit drei zentralen Herausforderungen konfrontiert. Unterschiedliche technologische Felder (Mechanik, Elektronik,

Informationstechnologie, Werkstoffe) sind zu integrieren, um bekannte Prozesse und Produkte zu verbessern und neue Anwendungsfelder zu erschließen. Eine stärkere Orientierung am Weltmarkt erfordert eine Globalisierung von Vertriebs-, Produktions- und Entwicklungsstrategien. Dabei haben nicht die eigenen technischen Möglichkeiten im Vordergrund zu stehen, sondern die Probleme und der Nutzen der Kunden [21].

Diese Konzentration auf Dienstleistung im Zusammenhang mit dem Produkt sind in einigen Bereichen des Maschinenbaus schon weit gediehen. So bietet die Fa. Putzmeister als Hersteller von Betonpumpen nicht mehr nur die „Baumaschine“ an, sondern Dienstleistung in der Form, daß Material zuverlässig am richtigen Ort zum richtigen Zeitpunkt mit akzeptablen Kosten gefördert werden kann. Neben einer durch Sensoren und Telekommunikationstechnik gestützten Disposition werden Wartungspools angeboten, die an den Wochenenden die Maschinen einsatzbereit halten. Leasing gehört ebenso zu dieser Dienstleistung wie Schulung und Unterstützung bei der Qualitätssicherung (Zertifizierung). Ähnliche Wege hat auch der Landmaschinenhersteller CLAAS eingeschlagen, der für Erntemaschinen ein „PPS für die Agrarproduktion“ entwickelt hat, zu dem die aktuellsten Wetterdaten ebenso gehören wie detaillierte Datensätze für die Navigationssysteme.

Im Bereich des Werkzeugmaschinenbaus wird die Betonung auf benutzerfreundliche Bedienkonzepte zur leichten Erlernbarkeit und damit auf eine vereinheitlichte Bedienoberfläche gelegt. Teleservice wird in naher Zukunft zum Standardlieferumfang von Maschinen gehören. In einem umfassenden Sinne wird Dienstleistung ein Anbieten von Komplettsystemen bedeuten: „Alles, was zum Drucken gehört!“ oder „Alles, was mit dem Werkstoff Blech zusammenhängt.“ In diesem Zusammenhang sind auch Kompetenzzentren im Umfeld von Technologien wie Gießen, Schmieden, Rapid Prototyping oder Laserbearbeitung zu sehen.

Ein weiterer Trend zeichnet sich im Zusammenhang mit den Betreiber-Modellen ab. Früher ureigenste Bereiche von Produktionsfirmen wie die Werkzeugverwaltung (Tool management) werden komplett an Dienstleister vergeben. Und heute schon nicht mehr abwegig ist die Vorstellung, daß man nicht eine Fräsmaschine kauft, sondern Zerspanleistung, die den Bedienungsmann mit einschließt.

„Der Trend zur Dienstleistung im Werkzeugmaschinenbau stimmt zum einen mit einem eindeutigen Trend in der gesamten Wirtschaft überein, hat zum andern einen Haken: Viele Kunden erwarten diese Dienstleistungen zum Nulltarif, sozusagen als zusätzlichen Rabatt auf ohnehin äußerst knapp kalkulierte Preise“ [22]. Es muß gelingen, diese Dienstleistungen auch entsprechend zu vermarkten.

4
Zusammenfassung und Ausblick

Dieser Vortrag konnte nur einen schmalen Ausschnitt des breiten Maschinenbauspektrums beleuchten. Die Entwicklungen auf dem Gebiet der Mikrobearbeitung oder Handhabungssysteme konnten hier nicht berücksichtigt werden. So geht auch die faszinierende Entwicklung im Bereich der Landmaschinen, die unter dem Schlagwort „precision farming“ läuft und die vollständige informationstechnische Vernetzung der Maschinen beinhaltet, bisher völlig unbeachtet vom traditionellen Werkzeugmaschinenbau vor sich.

Zusammenfassend kann festgehalten werden, daß sich der bisherige Trend unverändert fortsetzt: an die Leistungsfähigkeit und Zuverlässigkeit der Maschinen und Prozesse werden kontinuierlich höhere Anforderungen gestellt. Darüber hinaus zeichnet sich ab, daß umfassende Dienstleistungen im Umfeld der Produkte angeboten werden müssen – und das alles unter enormem Kostendruck!

Zum Abschluß eine selbstkritische Anfrage: Wie zutreffend sind Trendaussagen? Wurden nicht schon viele Entwicklungstrends aufgezeigt und überzeichnet, die sich offensichtlich nicht oder nicht in der erwarteten Geschwindigkeit bewahrheitet haben?

- Flexible Fertigungssysteme (FFS) sind Praxis geworden!
- CIM – hier gibt es unterschiedliche Auffassungen; sie reichen von „CIM war ein hervorragender theoretischer Ansatz, nur praktisch nicht umsetzbar“ bis zu der Einschätzung, daß CIM sich nach dem Stadium der Euphorie in aller Stille durchgesetzt hat!
- WOP – hat sich im Werkzeugbau im Bereich 3D-Programmierung wirtschaftlich etabliert.
- NC-Programme auf Knopfdruck – ein abgeschlossener Automatismus ist aufgrund der hohen Komplexität bis heute nicht machbar.
- AC/AO (Grenz/Optimierregelung) – ist zwar „kein Thema“ mehr, findet aber im Verbund mit einer leistungsfähigen Mikrosystemtechnik zunehmend wieder Eingang zur Optimierung der Prozesse (z.B. Plasmasensor, Schleiftprozeßregelung).
- Mannlose Fabrik – eine gegenläufige Entwicklung hat in Japan eingesetzt, aber die mannlose dritte Schicht mit sicheren Prozessen ist Realität geworden!

Zurück zum Anfang: Vorausgesetzt, die These trifft zu, daß nur diejenigen Maschinenbauer überleben werden, die innovative Kundenlösungen anbieten können, wie sehen dann geeignete Maßnahmen aus, um innovativ zu werden bzw. um attraktiv für den Kunden zu bleiben? Die wichtigsten Bereiche für mögliche Innovationen sind den Maschinenbauern ja schon verloren gegangen – beispielsweise die Werkzeugentwicklung, die Steuerungsentwicklung, der Bereich der Antriebe und Führungen.

Der derzeitige Ansatz, dies durch eine Betonung und Konzentration auf das Thema „Dienstleistung“ zu kompensieren, wird nicht ausreichen. Entscheidend wird sein, daß die Produktion in Deutschland gehalten werden kann. Was hier einmal abgewandert ist, kann aller Erfahrung nach nicht mehr zurückgeholt werden.

Dazu eine Schlußthese:

- Nur wer selbst produziert, bleibt innovativ! Die Humusbildung durch Produktionsnähe ist überlebenswichtig für den Maschinenbau!

Wenn dies gelingt, dann wird man nicht länger Trends hinterherlaufen, sondern man beginnt Trends zu setzen.

Literatur

1. N.N.: Was macht Unternehmen innovativ ... damit sie profitabel wachsen? In: MP-Brief (1997) 2, S. 16
2. N.N.: Hochleistungsdiodenlaser aus Jena. Euro-Laser (1997) 2, S. 32–33
3. Haag, M.: Materialbearbeitung mit einem Hochleistungs-Diodenlaser-System. Euro-Laser (1997), Nr. 2, S. 34–38
4. N.N.: Kühler Schnitt mit heißem Strahl. Blech (1997) 3, Sonderteil Laser, S. 42–45
5. Klink, U.: Firmenschrift der Maschinenfabrik Gehring GmbH & Co., Ostfildern
6. Röders, J.: Zeiten und Kosten senken durch HSC-Fräsen. iwb Seminarberichte (1997) 28, Rapid Tooling, S. 50–85
7. Sigel, J. et al.: Integration of the Generative LAPS-J Process into a CNC Turning Centre. Proc. LANE Conference, Erlangen, Sept. 1997
8. Heisel, U.; Gringel, M.: Machine tool design requirements for high-speed machining. Annals of CIRP 45 (1996) 1, S. 389–392
9. Pieverling, J.-C. v.: Hochgeschwindigkeitszerspanung für das Rapid Tooling. iwb Seminarberichte (1997) 28, Rapid Tooling, S. 21–39
10. N.N.: Firmenschrift der Fa. EMAG Maschinenfabrik GmbH, Salach
11. Heisel, U.; Gringel, M.; Maier, V.: Eine neue Generation der Werkzeugmaschinen? dima 50 (1996) 6, S. 130–137
12. N.N.: Firmenschrift der Fa. Renault Automation, Le Plessis-Robinson, Frankreich
13. N.N.: Firmenschrift der Fa. JSC Lapik, Saratov, Rußland
14. Rall, K. et al.: Ein neues Verfahren zum Vermessen der Bahngenauigkeit von Industrierobotern und Werkzeugmaschinen. Forschung im Ingenieurwesen 62 (1996) 11/12, S. 322–324
15. Dürselen, R.; Rudolph, N.; Czarnetzki, N.: Der Hexapod – eine flexible und ungewöhnliche Positioniereinheit. In: Prenzel, W.-D. (Hrsg.): Jahrbuch für Optik und Feinmechanik. 43. Jahrg. Jena: Fachverlag Schiele & Schön 1996, S. 204–218
16. Weck, M.; Struck, D.: Spannungskritische Balkenstrukturen. VDI-Z 130 (1988)
17. Wiedemann, J.: Leichtbau. Bd. 1 und 2. Berlin: Springer 1986
18. Weck, M. et al.: Gestellbauteile von Maschinen zur Hochgeschwindigkeits- bearbeitung. wt-Produktion und Management 85 (1995) 4, S. 180–187
19. Banhart, J.; Baumeister, J.; Weber, M.: Geschäumte Metalle als neue Leichtbauwerkstoffe. VDI-Berichte Nr. 1021, 1993
20. Gringel, M. et al.: Lineardirektantriebe für Vorschubachsen haben eine hohe Leistungsfähigkeit. Maschinenmarkt 101 (1995) 44, S. 42–48
21. Heidenreich, M. et al.: Das weltweite Angebot technischer Problemlösungen – Ein Innovationsleitbild für den Maschinenbau. Maschinenbau Nachrichten (1997) 2, S. 12
22. Jorissen, H.D.: Werkzeugmaschinenhersteller werden immer mehr zu Dienstleistern. VDI-Z 139 (1997) 6, S. 3

Aluminium im Karosseriebau – Halbzeuge und Fertigungsverfahren

K.-H. v. Zengen, E. Haas, A. Jambor, A. Kaiser

Inhalt: Aluminium-Halbzeugarten – Umformtechnologien– Fügetechnologien – Recycling– Zukünftige Trends

1
Einleitung

Früher wurden Personenwagen aus einem klassischen, im Prinzip selbstfahrfähigen Chassis und einer darauf aufgesetzten Karosserie mit Eschenholzrahmen sowie einer Stahl-Blechbeplankung - mitunter als Space Frame nullter Generation bezeichnet - hergestellt. Seit etwa 50 Jahren werden Neuentwicklungen bei Großserienlimousinen als selbsttragende Karosserien ausgeführt, die nahezu ausschließlich aus Stahl-Blechhalbzeugen bestehen. Davon abweichende Konstruktionsprinzipien - wie der Trabant oder der Renault Espace - waren bzw. sind aus Gründen der Materialverfügbarkeit, der Wirtschaftlichkeit bei kleineren Stückzahlen oder des Gewichts lediglich im Bereich der Karosserie-Außenhaut auf Kunststoffe anstelle von Stahlblechen ausgewichen. Die Struktur selbst war auch hier aus Stahlblechen aufgebaut.

Bei der Suche nach leichten Werkstoffen und der Einführung von Aluminium im Karosseriebereich kamen neben den Aluminiumblechen auch Strangpreßprofile und dünnwandige Gußteile aus Dauerformen in die Diskussion - Halbzeugarten, wie sie bei Stahl entweder nicht oder nicht wirtschaftlich herstellbar sind. Der Beitrag soll die Möglichkeiten, aber auch die momentan vorhandenen Grenzen zeigen, die sich mit der Anwendung von Aluminium als Karosseriewerkstoff ergeben.

2
Aluminium-Halbzeugarten

2.1
Aluminiumbleche

Bereits während der ersten Ölkrise 1973 dachten sehr viele Automobilhersteller über die Substitution von Stahl-Blechteilen durch Aluminium-Blechteile, oder - allgemeiner gesagt - von Stahl durch Aluminium nach. Bevorzugte Substitutionsprodukte waren die klassischen hang-on-parts wie Klappen, Kotflügel und Türen, deren Einführung ohne eine grundsätzliche Änderung des kompletten Karosserierohbaus möglich war. Hierbei kristallisierten sich drei Legierungsfamilien heraus, die für die unterschiedlichen Philosophien in den drei größten PKW-Herstellerregionen Nordamerika, Europa und Japan typisch waren:

Legierungstyp	2xxx	(AlCuMg)	Nordamerika
Legierungstyp	5xxx + Cu	(AlMgMn(Cu))	Japan
Legierungstyp	6xxx	(AlMgSi)	Europa.

Die erstgenannte Gattung zeichnet sich durch ihre guten Umformeigenschaften, gepaart mit sehr guten Festigkeitswerten nach einer Wärmebehandlung, aus. Der Grund, warum in Amerika diese Legierung favorisiert wurde, ist darin zu sehen, daß ursprünglich die gleiche Blechstärke wie bei Stahl verwendet werden sollte, um die zusätzlichen Kosten für aluminiumspezifische Werkzeuge zu sparen. In Europa konnte sich diese Legierungsgruppe aufgrund der großen Sensibilität europäischer Automobilproduzenten im Hinblick auf die Korrosionsbeständigkeit nicht durchsetzen.

Im zweiten Fall ist neben den sehr guten Umformeigenschaften die hohe Festigkeit auch ohne separate Wärmebehandlung durch den hohen Legierungsanteil des Magnesiums sowie – durch die Kupferzugabe – die Stabilisierung der Festigkeit auch bei einer Erwärmung während des Lackeinbrennens erwähnenswert (Bild 1).

Andererseits haben – metallphysikalisch bedingt – alle 5xxx-Legierungen eine Neigung zur Bildung von „Lüders-Linien" (sog. stretcher-strain-lines), deren eine Variante (Typ A, Bild 2) durch eine geeignete thermomechanische

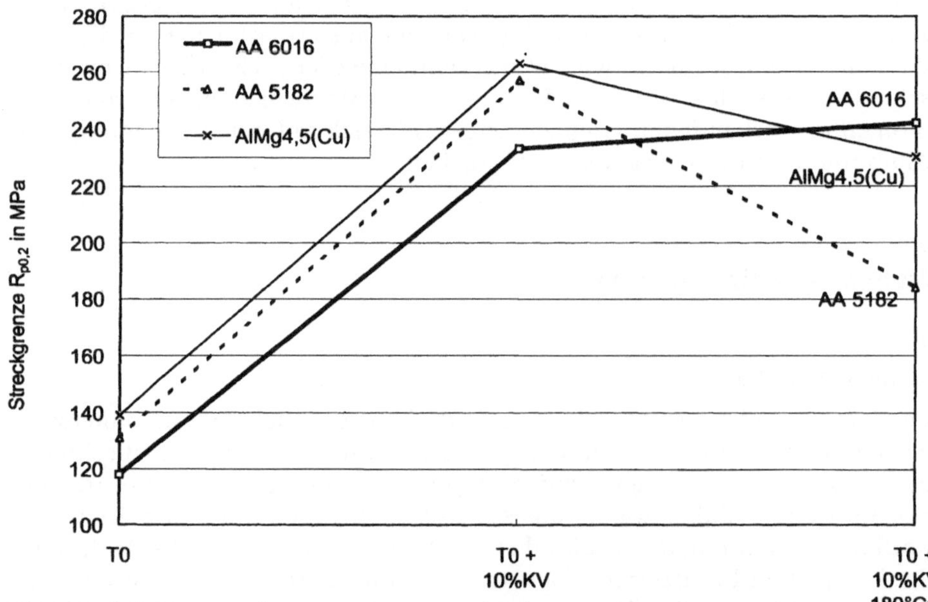

Bild 1. Einfluß einer Vorverformung und einer Lackeinbrennung auf die Dehngrenze [1]

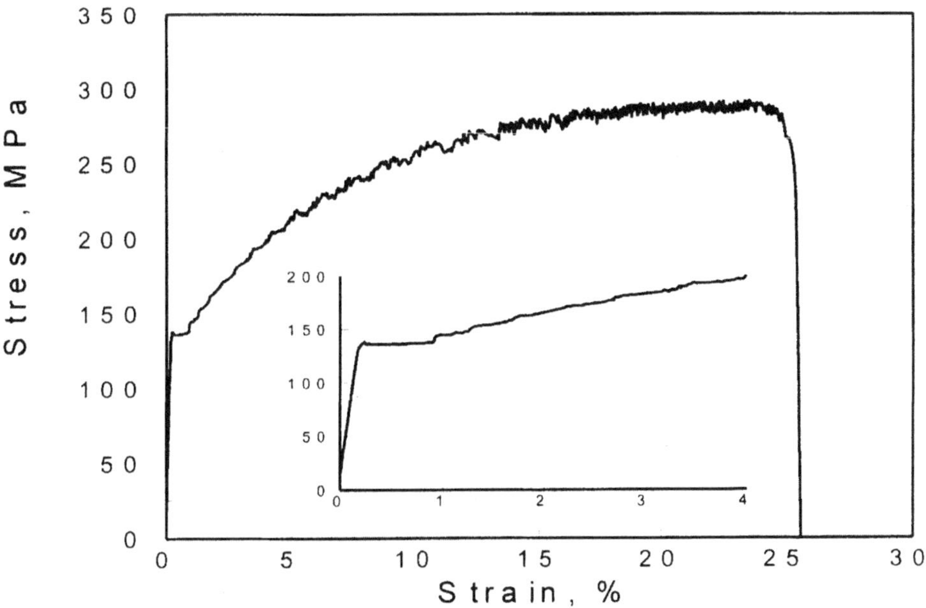

Bild 2. Spannungs-Dehnungskurve der Legierung AA5182 mit sichtbarer Verlängerung der Streckgrenzendehnung (Lüders-Linien Typ A) [2]

Vorbehandlung vermieden werden kann. Hierbei wird jedoch das Umformvermögen geringfügig reduziert. Da außerdem der kritische Umformgrad zur Entstehung von Lüders-Linien des Typs B nicht zuverlässig vermieden werden kann, findet diese Legierung in Europa im Außenhautbereich keine Anwendung. Zudem bedeutet der Kupferzusatz ein erhöhtes Korrosionsrisiko, was ebenfalls einer Serienanwendung im Wege steht.

Einen weiteren wichtigen Aspekt bei der Umformung von Aluminiumblechen stellt die Rückfederung dar. Bei vorgegebener Geometrie eines Bauteils und verschiedenen Blechwerkstoffen ist dieser Effekt lediglich von der Streckgrenze des Materials im Anlieferungszustand zum Preßwerk (bei aushärtbaren Legierungen typischerweise Zustand T4) abhängig. Dies bedeutet in der Praxis, daß Werkstoffe mit einer hohen Streckgrenze stärker rückfedern als Werkstoffe mit einer niedrigeren Streckgrenze.

Die dritte – europäische – Variante schließlich basiert auf der Erkenntnis, daß der größte Teil der Karosserie-Blechteile auf Steifigkeit dimensioniert ist, demzufolge eine ultimative Festigkeit aus Gründen der Beul- und Poliersteifigkeit nicht notwendig ist. Jedoch ist es zwingend erforderlich, daß nach einer Warmauslagerung ein möglichst hoher Wert für die Streckgrenze erreicht wird, da die Hagelschlagbeständigkeit mit der Streckgrenze korreliert. Die Hagelschlagbeständigkeit wird mit einer Schußvorrichtung geprüft, bei der eine Kugel mit definierter Masse und Geschwindigkeit auf das Blech ge-

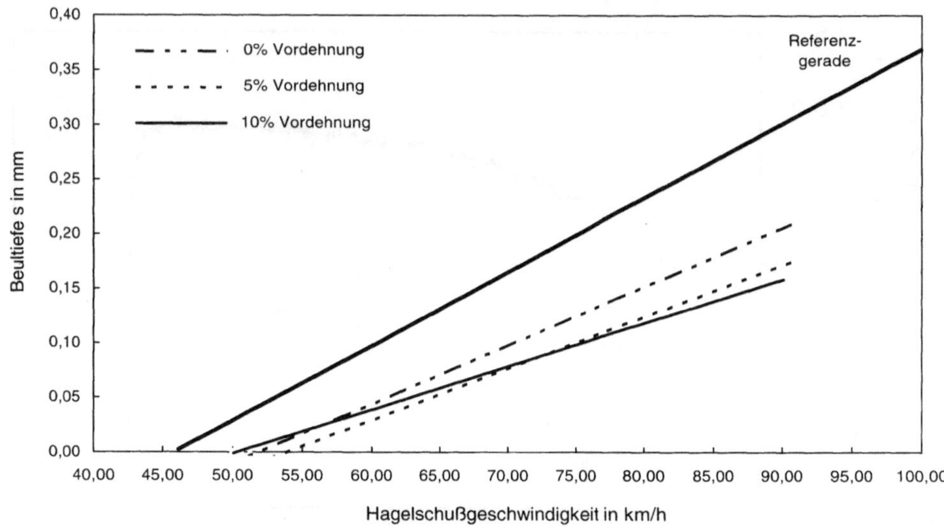

Bild 3. Hagelschlag an AA 6016, Wanddicke 1,15mm

schossen wird. Die Abhängigkeit der plastischen Deformationen von der Aufprallenergie ist in Bild 3 für die Legierung AA 6016 dargestellt.

Aufgrund des sehr niedrigen Kupfergehalts weisen diese Legierungen eine ausgezeichnte Korrosionsbeständigkeit auf. Typische Vertreter dieser Legierungsgruppe, deren chemische Zusammensetzung sowie die mechanischen Eigenschaften sind in Tabelle 1 dargestellt.

Diese Legierungen erhalten ihre optimalen Festigkeitswerte durch eine Wärmebehandlung. In Abhängigkeit von der Legierungszusammensetzung,

Tabelle 1. Chemische Zusammensetzung und mechanische Eigenschaften

Zusammensetzung	Si	Fe	Cu	Mn	Mg	Cr	Zn
AA6009	0,6-1,1	< 0,5	0,15-0,6	0,2-0,8	0,4-0,8	< 0,1	< 0,25
AA6016	1,0-1,5	< 0,5	< 0,2	< 0,2	0,25-0,6	< 0,1	< 0,2
AA6022	0,8-1,5	< 0,2	< 0,1	< 0,1	0,2-0,7	< 0,1	< 0,25
Ecodal	0,7-1,1	< 0,5	< 0,25	< 0,4	0,6-0,95	< 0,3	< 0,3

Kennwerte im Zustand T6 (typisch) (204 °C, 30 min.)	$R_{p0,2}$ (MPa)	R_m (MPa)	A_{80} (%)
AA6009	265	309	11,7
AA6016	219	260	14,0
AA6022	289	315	11,5
Ecodal	240	280	12,3

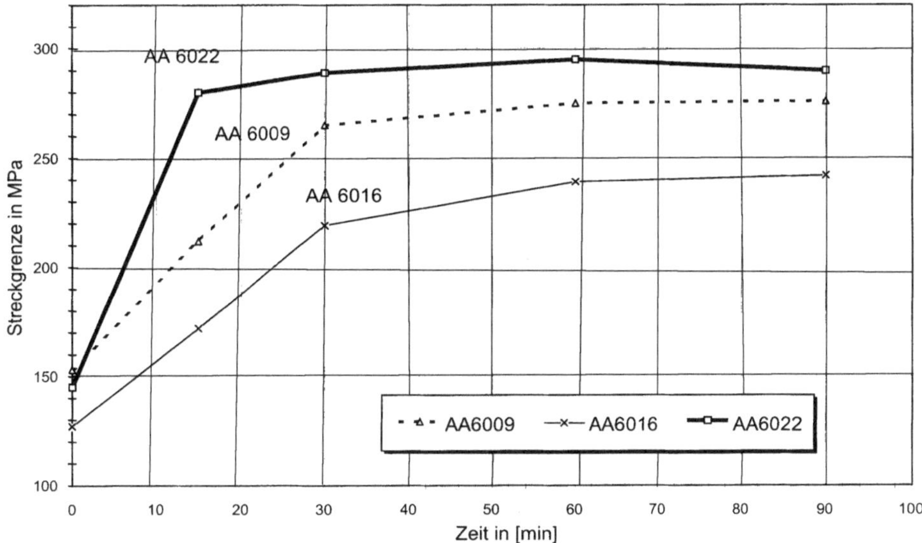

Bild 4. Warmauslagerungskurven bei 205 °C

der Wärmebehandlung beim Halbzeughersteller sowie des Umformgrades beim Herstellen der Tiefziehteile werden bei einer Auslagerungstemperatur von 205 °C (Serienauslagerungstemperatur Audi A8) unterschiedliche Werte für die Streckgrenze erreicht (Bild 4).

2.2 Aluminium-Profile

Die bei einer Stahl-Blechkarosserie aus zwei Halbschalen mittels Flansch und Punktschweißen erzeugten Profile lassen sich aus Aluminium mit Hilfe der Strangpreßtechnik erzeugen. Besser noch – über den Querschnitt aus Festigkeits- oder Steifigkeitsgründen benötigte lokale Wanddickenänderungen sind ebenso möglich wie Mehrkammerprofile oder die Integration mehrerer Flansche ohne eine festigkeitsmindernde Fügenaht. Die Nutzung der vorhandenen Wanddickenvariabilität bedeutet andererseits, daß teilweise sehr unterschiedliche Materialdicken miteinander gefügt werden müssen, was nicht immer problemlos möglich ist.

Die verwendeten Legierungen aus der 6xxx-Legierungspalette – beim Audi A8 die Legierung AA6063 – sind seit Jahren auch aus dem Schienenfahrzeugbau bekannt und ein sehr guter Kompromiß zwischen Festigkeit, Umformverhalten sowie Füge- und Korrosionsverhalten.

Je nach angewandter Wärmebehandlung sind die Profile in einem weiten Bereich zwischen hoher Festigkeit einerseits sowie hoher Dehnung (z.B. im Sinne von Stauchbarkeit – „crushability") andererseits einstellbar (Bild 5).

Die im Hause AUDI beim A8 erzielten mechanischen Kennwerte sind in Tabelle 2 dargestellt. Ein momentan im Stahlbereich stattfindender Trend zu

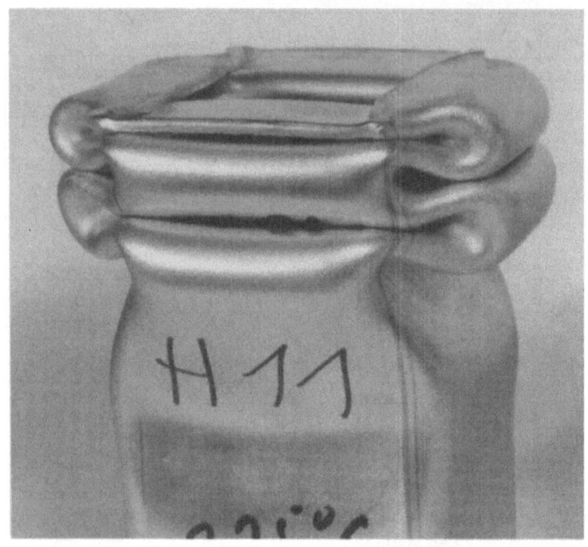

Bild 5. Gestauchtes Profil

rollgeformten Profilen aus Band-Halbzeug ist bei Aluminium grundsätzlich ebenfalls denkbar – die Wirtschaftlichkeit oder technische Überlegenheit dieses Verfahrens gegenüber Strangpreßprofilen muß für Aluminium jedoch erst noch nachgewiesen werden.

Tabelle 2. Mechanische Eigenschaften von Profillegierungen

Mechanische Eigenschaften	Zustand	$R_{p0,2}$ (MPa)	R_m (MPa)	A_5 (%)
AA6063(Alcoa C210)	T6	226	247	13

2.3 Aluminium-Gußteile

Dünnwandiger Aluminiumguß bietet sich als Herstellverfahren für Bauteile besonders dann an, wenn große Querschnittsveränderungen oder Verzweigungen von Profilen erforderlich sind. Während beim Strangpreßprofil unterschiedliche Wanddicken nur im Querschnitt herstellbar sind, gibt der Formguß die Möglichkeit einer bedarfsgerechten Wanddickenanpassung über die komplette Bauteilgeometrie. Selbst lokale Schwächungen, z.B. durch Schweißnähte, können mittels Wanddickenerhöhungen kompensiert werden.

Um eine hinreichende Dünnwandigkeit bei hoher Produktivität zu erzielen, ist das Druckgießen prädestiniert. Normaler Druckguß jedoch bietet zwar sehr hohe Festigkeitswerte, die aber mit geringen Dehnungswerten „erkauft" werden müssen. Eine Wärmebehandlung der Gußstücke könnte hier Besserung schaffen, ist jedoch wegen der druckgußspezifischen Gaseinschlüsse in Form von Poren nicht möglich. Erst mit der Entwicklung geeigneter Regelungs- und Steuerungssysteme konnte ein vakuumunterstützter Druckguß (Vacural) qualifiziert werden, der durch seine Porenarmut die karosseriespezifischen Anforderungen sowohl bezüglich des Verformungsverhaltens (durch eine Wärmebehandlung) als auch der Schweißbarkeit erfüllt. Mittlerweile sind mehrere ähnliche Gießverfahren am Markt etabliert. Die mechanischen Kennwerte, die hierbei mit unterschiedlichen Legierungen erzielbar sind, zeigt Tabelle 3.

Tabelle 3. Mechanische Eigenschaften von Gußlegierungen

Mechanische Eigenschaften	Zustand	$R_{p0,2}$ (MPa)	R_m (MPa)	A_5 (%)
AlSi10Mg (Silafont 36)	T6[1]	120-150	≥180	≥15
AlSi10Mg (Silafont 36)	01	≥95	≥180	≥15
AlSi10Mg (mod. Silafont 36)	mod. 01	≥200	≥300	≥4,5
AlMg5Si2Mn (Magsimal 59)	Gußzustand	≥155	≥180	≥11
AlSi7Mg (Kokille)	T6	≥200	≥250	≥5

[1] Optimiert auf hohe Dehnungswerte

2.4 Tailored Blanks aus Aluminium-Blechen

Eine bedarfsgerechte Anpassung von Bauteileigenschaften ist - durch die lokale Variation der Wanddicken - sowohl bei Strangpreßprofilen als auch bei Gußteilen möglich. Blechteile jedoch mußten herstellungsbedingt mit konstanter Wanddicke auskommen. Lediglich die unterschiedlichen Abstreckverhältnisse in einem Tiefziehteil ergaben verschiedene Wanddicken - wobei diese sich typischerweise nicht an den Festigkeits- oder Steifigkeitsanforderungen orientierten, sondern im wesentlichen von den geometrischen und tribologischen Randbedingungen beim Tiefziehen beeinflußt wurden.

Bei Stahlblechen werden tailored blanks bereits seit mehr als einem Jahrzehnt in der Serienfertigung angewandt. Auch für Aluminium-Flachhalbzeug wird diese Halbzeugart in Zukunft genutzt werden, wobei, je nach Einsatzzweck, sowohl eine Variation der Wanddicken als auch der Werkstoffqualitäten, manchmal sogar beides, in Frage kommt. Die Fügetechnik wird - beflügelt von den rasanten Fortschritten in den letzten Jahren - eindeutig vom Laserschweißen dominiert.

2.5 Halbzeugspezifische Konzepte

Die Fülle der Aluminium-Halbzeuge, die unterschiedlichen Serienstückzahlen je Arbeitstag bzw. Gesamt-Stückzahlen und damit die unterschiedlichen Investitions- und Fertigungskostenszenarien führten dazu, daß viele verschiedene Karosseriekonzepte entwickelt wurden. Von Seiten der Aluminiumindustrie stehen hinter diesen Konzepten oftmals Firmen, die in den jeweiligen Halbzeugbereichen ihre besonderen Stärken sehen. Erwähnenswert scheinen:

Projekt	Al-Partner	Halbzeug/e
Saturn	Alcan	Blech
AUDI A8	Alcoa/Alusuisse	Blech/Profil/Guß
Lotus Elan	Hydro	Profil
Opel Maxx	Alusuisse/Hydro/VAW	Profil/Blech

3 Umformtechnologien

In der heutigen industriellen Praxis werden Aluminium-Feinbleche bzw. Strangpreßprofile mit Wanddicken zwischen $s_0 = 0{,}75$ mm und $s_0 = 3{,}5$ mm zur Herstellung komplexer Außenhaut- bzw. Innenteile eingesetzt. Dabei sind die Anforderungen an die umgeformten Bauteile sehr unterschiedlich.

Außenhautteile dürfen nicht die angesprochenen Lüders-Linien aufweisen und müssen nach der Umformung eine ausgezeichnete Oberfläche zeigen. Des weiteren weisen Außenhautteile großflächige Bereiche auf, so daß eine definierte Streckung in diesen Zonen gefordert ist, um eine entsprechende Beulsteifigkeit sowie Formstabilität zu gewährleisten. Innenteile sind zumeist komplexe Bauteile mit hoher Funktionsintegration, die crashbedingt eine hohe Steifigkeit aufweisen müssen. Bei der Auslegung beider Bauteilgruppen wird dabei das Ziel der Dickenminimierung zur Gewichtsreduzierung verfolgt.

3.1 Blech-Umformtechnologien

Aus den Anforderungen an die verschiedenen Blechbauteile erwächst der Bedarf nach adäquaten Umformtechnologien. Diese Techniken sollten die Umformeigenschaften der einzusetzenden Blechwerkstoffe bestmöglich ausnutzen und gleichzeitig Möglichkeiten zur Erweiterung der Umformgrenzen bieten. Neben den innovativen technologischen Voraussetzungen müssen die Umformtechnologien jedoch auch wirtschaftlichen Aspekten Rechnung tragen.

3.1.1 Tiefziehen/Streckziehen

Konventionell werden zur Umformung von unregelmäßigen Außenhaut- bzw. Innenteilen Tiefzieh-, Streckzieh- bzw. Biegeoperationen kombiniert durchgeführt. Dabei liegt der Schwerpunkt auf Tief- bzw. Streckziehvorgängen. Zur Beurteilung dieser Umformtechnologien und für den konsequenten Einsatz zur definierten Beinflussung der Bauteileigenschaften, ist das Blechbauteil in die Bereiche Flansch, Zarge und Boden einzuteilen [3].

Das Tiefziehen zeichnet sich durch einen Zug-Druckspannungszustand aus. Die Umformung findet im wesentlichen im Flansch des Bauteils statt. Hier wird der Werkstofffluß mit Hilfe regelbarer Blechhalterkräfte oder durch den Einsatz von Ziehleisten bzw. Bremswulsten gesteuert. Während der Umformung wird die Blechdicke nicht wesentlich verändert. Zur definierten Streckung des Werkstoffs in großflächigen Bereichen dient das Streckziehen, das einen reinen zweiachsialen Zugspannungszustand ins Blech einleitet und die Blechdicke definiert verringert.

Im kombinierten Tief-/Streckziehprozeß beim Herstellen unregelmäßiger Blechbauteile ist es jedoch nur mit großem Aufwand möglich, die beiden Technologien unabhängig voneinander im gleichen Prozeß einzusetzen, um so die Bauteileigenschaften definiert zu beeinflussen. Der Ziehstempel hat örtlich zu verschiedenen Zeiten Kontakt zum Blechbauteil, und die Umformung durch Tief- bzw. Streckziehvorgänge hat einen ständigen Fließbeginn und ein Fließende an den Kontaktflächen zur Folge. Dadurch entstehen während des Prozesses unerwünschte Gegebenheiten, die zu unterschiedlichen negativen Blecheigenschaften führen. Nur durch aufwendiges Prototyping und entsprechende Einarbeit kann ein komplexes Blechbauteil hergestellt werden: Bild 6 zeigt die Maßnahmen, die zum Ausprägen des A8-Seitenteils hinten ergriffen werden müssen, um die Versagensfälle Bodenreißer und Faltenbildung zu vermeiden.

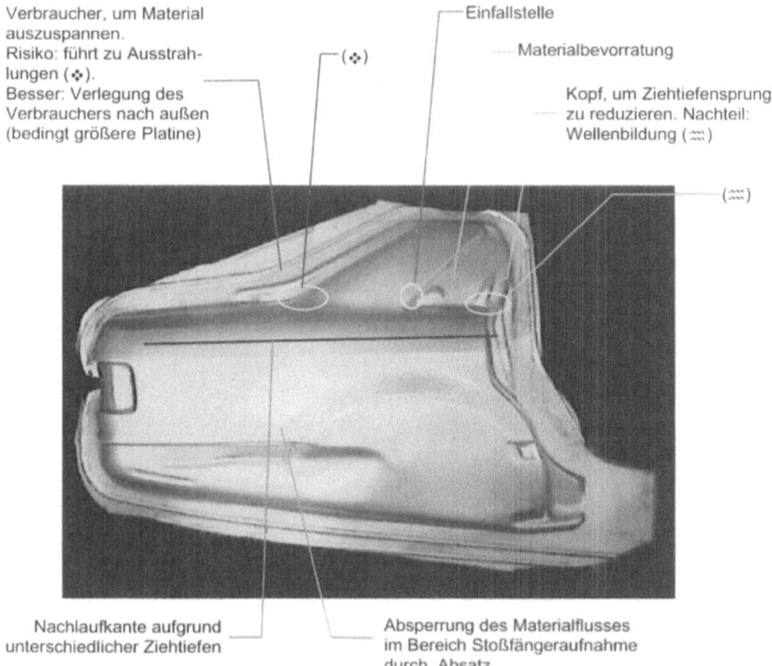

Bild 6. Maßnahmen zur Vermeidung der Versagensfälle bei konventionellen Verfahren der Blechumformung (Tiefziehen)

Die durch das reine Tiefziehen beeinflußbaren Festigkeitseigenschaften sind über den Querschnitt eines Bauteils sehr unregelmäßig. Betrachtet man die Umformgrade im Verlauf Flansch - Zarge - Boden, so sind diese im Boden sehr gering, steigen in der Zarge an und weisen im Flansch ihre Höchstwerte auf. Die Erhöhung der Beulsteifigkeit im Boden kann somit ausschließlich durch geometrische Veränderungen in Form von Verprägungen und Sikken erreicht werden.

Des weiteren ist der Umformvorgang durch das erreichbare globale Ziehverhältnis $\beta = 2$ begrenzt, das die Abmessungen der Ausgangsplatine (umschreibender Kreis) mit denen des Formstempels (umschreibender Kreis) ins Verhältnis setzt. Wesentlichen Einfluß auf diese Verfahrensgrenze, die durch den Versagensfall Bodenreißer charakterisiert ist, hat die Reibung am Einlaufradius vom Flansch zur Zarge. Hier wird bis zu 25% der Umformarbeit geleistet. Wie in Bild 6 verdeutlicht wird, entstehen auch Falten in kontaktlosen Zonen des Bleches und im Flanschbereich.

3.1.2
Wirkmedienunterstützte Blechumformung

Zur Behebung dieser Versagensfälle, zur Verbesserung des Umformergebnisses und zur Erweiterung der Umformgrenzen können die wirkmedienunterstützten Blechumformverfahren eingesetzt werden. Diese gliedern sich in die Verfahren mit und ohne Membran [4] (Bild 7).

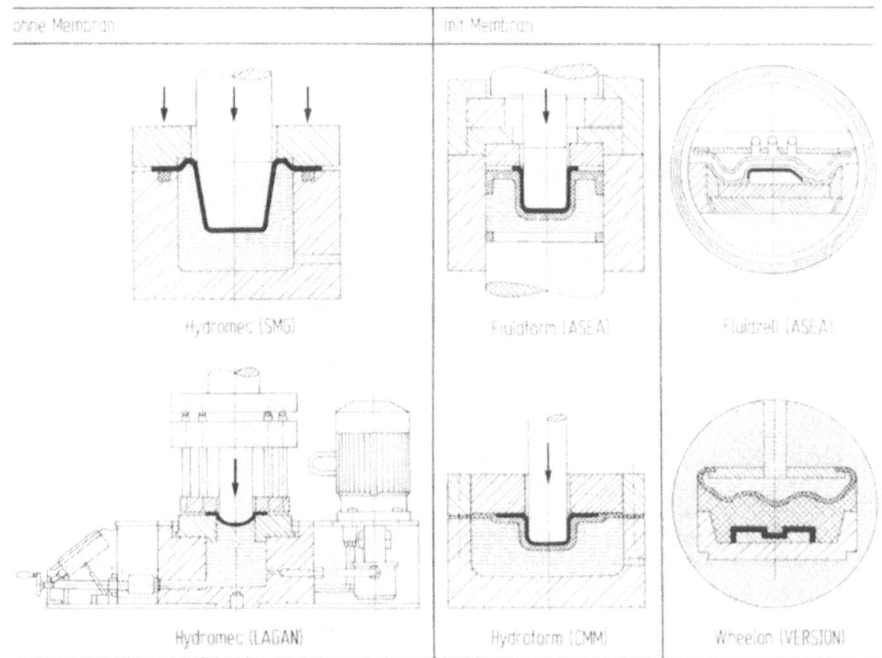

Bild 7. Einteilung der wirkmedienunterstützten Blechumformverfahren

Dabei ist das Tiefziehen ohne Membran bekannt als hydromechanisches Tiefziehen. Zu den Tiefziehverfahren mit Membran zählen das Hydroformverfahren und das Fluidform- bzw. Fluidzellverfahren.

Diese Verfahrensgruppe bietet gegenüber dem konventionellen Tiefziehen dann erhebliche Vorteile, wenn folgende Anforderungen erfüllt werden sollen:

- große Ziehtiefen im Erstzug,
- geneigte Zarge im Erstzug,
- minimierte Eigenspannungen,
- hohe Form- und Maßgenauigkeit,
- großflächige Bauteile.

Insbesondere bei der Umformung von Aluminiumlegierungen, die eine geringere Gleichmaßdehnung und größere Rückfederung aufweisen als Stahlwerkstoffe, sind diese Verfahren für ausgewählte Bauteile von Nutzen. Die wesentlichen Vorteile dieser Verfahren können in erster Linie durch die während der Umformung auftretende Unterstützung des Blechzuschnitts durch den Flüssigkeitsdruck erzielt werden.

Betrachtet man beispielsweise das hydromechanische Tiefziehen, so ist das Ziehverhältnis größer als beim klassischen Ziehverfahren und erreicht einen Wert in Höhe von $\beta = 2{,}8$ im Erstzug. Dies ist vor allem auf die Reibungsminimierung am Einlaufradius zwischen Flansch und Zarge zurückzuführen. Des weiteren wirkt die Flüssigkeit während des Umformprozesses als flexibler Gegenhalter, so daß durch die Druckspannungsüberlagerung eine möglicherweise auftretende Faltenbildung verhindert werden kann. Mit dem hydromechanischen Tiefziehen können somit die Verfahrensgrenzen konventioneller Ziehverfahren erweitert werden. Zusätzlich ist eine aktive Druckerhöhung der zu verdrängenden Flüssigkeit während der Umformung realisierbar. Damit kann eine geeignete Materialbevorratung erreicht werden.

Das Fluidzell- bzw. Fluidformverfahren hingegen arbeitet mit einer Membran (Bild 8). Der allseitig wirkende Flüssigkeitsdruck wird zur Verbesserung der Bauteileigenschaften genutzt. Während mit dem Fluidzellverfahren mitteltiefe großflächige Bauteile wie Kotflügel gefertigt werden können, ist das Fluidformverfahren durch die Integration einer aktiven Stempelbewegung in der Lage, tiefere Bauteile im Erstzug herzustellen.

Alle Verfahren der wirkmedienunterstützten Blechumformung weisen ein gemeinsames Merkmal auf, das für einen wirtschaftlichen Fertigungsprozeß auf den ersten Blick nicht akzeptabel scheint: die Taktzeit. Abhängig von Bauteilgröße und Tiefe beträgt diese zwischen 20 Sekunden und 3 Minuten. Im letztgenannten Fall müssen die technologischen Vorteile derart überwiegen, daß sich der Einsatz dieser Technologien rechnet (z.B. konventionell nicht herstellbar, Integration von Bauteilen, zusätzliche Fertigungsoperationen [5]).

Des weiteren – und dies darf in diesem Zusammenhang nicht unerwähnt bleiben – fallen Werkzeugkosten immer nur für den Stempel oder die Matri-

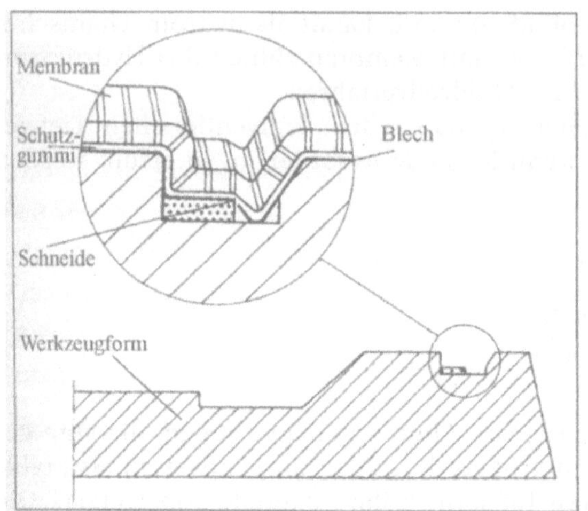

Bild 8. Prinzip des Beschneidens in einer Fluidzell-Presse

ze an. Dadurch ist einerseits die Möglichkeit für ein seriennahes, kostengünstiges und schnelles Prototyping gegeben, andererseits kann das Werkzeug insbesondere im Flanschbereich einfacher gestaltet sein.

Werden diese neuen Verfahren der Blechumformung unter dem Gesichtspunkt der Bauteilgestaltung bewertet, so sind teilweise Gestaltungsänderungen vorzunehmen. So ist die Ausprägung scharfer Kanten im wesentlichen vom zur Verfügung stehenden Flüssigkeitsdruck abhängig. Daneben kann über eine gezielte Steuerung des Niederhalterdrucks der Blecheinlauf definiert eingestellt werden, so daß ein reproduzierbarer Werkstofffluß und eine optimierte Formfüllung des formgebenden Gesenks erreicht werden.

3.2 Profil-Umformtechnologien

3.2.1 Extrusionsvorgang: Stand der Technik Audi A8

Strangpreßprofile, die im heutigen Serien-Aluminiumauto Audi A8 zum Einsatz kommen (Strangpreßprofile der ersten Generation des Space Frame), werden durch einen Reckvorgang gerichtet. Dies ist erforderlich, da insbesondere der dem Pressen unmittelbar folgende Kühlprozeß bedeutende Auswirkungen auf die Profilgeometrie hat. Die Austrittstemperatur aus der Strangpreßmatrize beträgt in der Regel 520–560 °C und liegt damit im Bereich der Lösungsglühtemperatur für die 6xxx-Legierungen. Bei einer Luftabkühlung wird je nach Wanddicke eine Abschreckgeschwindigkeit von 5–20 °C/sec erreicht, wohingegen die Wasserkühlung Abkühlraten bis zu 150 °C/sec erzielt. Die hohen Abkühlgeschwindigkeiten haben jedoch den Nachteil, daß die Profile stark zum Verzug neigen, der durch Dünnwandigkeit noch verstärkt wird. Vorteilhaft hingegen bei der Wasserkühlung sind die besseren Materialeigenschaften im Sinne von Feinkörnigkeit, was sich auf die nach der Halbzeugherstellung erforderlichen Umformeigenschaften und die Crasheignung positiv auswirkt. Die richtige Wahl der Strangpreßparameter besteht vor allem in einer Optimierung der Abschreckbedingungen und der Preßgeschwindigkeit. All diese Parameter haben auch einen deutlichen Einfluß auf die Wirtschaftlichkeit von Strangpreßprofilen für Space Frames.

In Tabelle 4 werden die kleinsten realisierbaren Wandstärken, in Abhängigkeit vom umschriebenen Kreis, dargestellt.

Tabelle 4. Kleinste realisierbare Wanddicken (in mm)

umschreibender Kreis	–25	25–50	50–75	75–100	100–150	150–200	200–250
Wanddicke Vollprofile	1,0	1,2	1,5	1,7	2,0	2,5	3,0
Wanddicke Hohlprofile	1,5	1,5	2,0	2,0	2,5	3,0	3,5

3.2.2
Anforderungen an Strangpreßprofile der 2. ASF-Generation

Im Gegensatz zu den Strangpreßprofilen des Audi A8 haben die Strangpreßprofile der 2. Generation reduzierte Wandstärken im Bereich von 1–2 mm und müssen zudem sehr hohen maßlichen Anforderungen genügen.

An die Profilquerschnittstoleranz und Formlinientoleranz werden nachfolgende Forderungen gestellt:

- enge Tolerierung: überwiegend mit ±0,2 mm (in Einzelfällen noch darunter),
- normale Tolerierung: ±0,3–0,5 mm,
- Beschnitt-Toleranz: ±0,1 mm,
- Längentoleranz: typischerweise ±0,2 mm.

Die Gründe für die geforderte hohe Profilgenauigkeit können dadurch erklärt werden, daß

- ASF-Profile der 2. Generation im Unterschied zum A8 (ASF 1. Generation) fast ausschließlich automatisiert gefügt werden,
- die Anwendung neuer Fügetechniken (z.B. Laserschweißen) sehr hohe Maßgenauigkeiten der Profilanschlußflächen erfordert,
- auf den Einsatz von Toleranzausgleichselementen (Gußknoten) aus Gründen der Kosten- und Gewichtseinsparung teilweise verzichtet wird.

Hierfür sind neue Umform- und Kalibrierungstechniken erforderlich.

3.2.3
Biegevorgang

Gebogene Profile lassen sich auf unterschiedliche Weise herstellen. Bewährt hat sich beim Audi A8 das Streckbiegeverfahren, bei dem das Profil unter Wirkung einer Strecklast über eine Matrize gezogen wird. Die Biegegenauigkeit dieses Verfahrens liegt bei etwa ±0,5 mm über den Strakverlauf. Werden engere Profiltoleranzen gefordert, benötigt man einen zusätzlichen, nachgeschalteten Kalibriervorgang.

In der Entwicklung befindet sich derzeit ein weiteres Biegeverfahren, das „Free-curve bending“, das keine Strecklast zur Biegung benötigt und somit für eventuelle erforderliche Kalibrieroperationen mehr Dehnungsreserven hat.

3.2.4 Innenhochdruck-Umformen IHU

Das Innenhochdruck-Umformverfahren bietet die Möglichkeit, den durch eine mechanisierte Fertigung gestiegenen Toleranzanforderungen gerecht zu werden. Die prinzipiell denkbaren Operationen sind:

1. Aufweiten,
2. querschnittverlagerndes IHU mit axialem Nachstauchen zur Herstellung komplexer Bauteile,
3. Kalibrieren mit Innendruck: Um sicher die Fließgrenze zu überschreiten, hat sich ein Untermaß des Profils gegenüber der Werkzeuggravur von 1–2% als sinnvoll erwiesen.

Eine Verfahrensintegration von mehreren anderen Prozeßschritten in den IHU-Vorgang führt zu Kostenreduzierung durch Fertigungszeitverkürzung sowie besserer Qualität der Teile.

So können im IHU-Vorgang Nebenformelemente wie Aushalsungen und Verprägungen, Loch- und Stanzoperationen, Biegeoperationen beim Schließen der Werkzeuge (bauteileabhängig), Biegeoperationen durch ein weiteres aktives Wirkelement (Innenhochdruckbiegung) sowie eine Längenkalibrierung (Entfall einer separaten Sägeoperation) vorgenommen werden.

4 Fügetechnologien

4.1 MIG-Schweißen

Bei der Konzeption des Audi A8 zeigte sich, daß einige Fügebereiche mit nur einseitiger Zugänglichkeit eine Einschränkung für die Auswahl des Fügeverfahrens bedeuteten. Die beim klassischen Stahl-Karosseriebau angewandte Punktschweißtechnik konnte somit nicht auf ein Space-Frame-Konzept übertragen werden. Folgende Überlegungen führten schließlich zum MIG-Verfahren als dem wesentlichen Fügeverfahren für den Space Frame der ersten Generation:

- Es gestattet die Verbindung der gesamten Space-Frame-Struktur mit allen denkbaren Halbzeugarten, d.h. Guß/Guß, Guß/Profil, Guß/Blech sowie Blech/Profil. Dies wird durch die gleiche Anlagenkonfiguration bei unter-

fehlern speziell beim Nahtbeginn. Trotz guter Schweißgeschwindigkeiten sind die Investitionen deutlich niedriger als beim Laserschweißen.

Der Zwang zum Leichtbau als eine Voraussetzung für die Verbrauchs- und Emissionsreduzierung wird weiter anhalten. Aluminium bietet mit seinen unterschiedlichen Halbzeugarten, seinem geringen spezifischen Gewicht sowie seinen guten Festigkeits- und Korrosionseigenschaften eine hervorragende Basis als Konstruktionswerkstoff. Die Anwendung und Optimierung vorhandener sowie die Entwicklung neuer Fertigungstechnologien wird bei der Geschwindigkeit der Einführung von Aluminiumkarosserien oder -komponenten in die Großserie eine entscheidende Rolle spielen.

Literatur

1. Bloeck, M.; Timm, J.: Aluminium 71 (1995) 4, S. 470–474
2. Carr, A.R.; Ricks, R.A.; Gatenby, K.M.: Werkstoffe im Automobilbau 97/98. Sonderdruck von ATZ und MTZ, S. 22–28
3. Hasek, V.; Werle, T.: Ziehen unregelmäßiger Blechteile. In: Lange, K. (Hrsg.): Umformtechnik. Handbuch für Industrie und Wissenschaft, Bd. 3; Blechbearbeitung. 2., neubearb. und erw. Ausg. Berlin: Springer 1990, S. 385–448
4. Finckenstein, E.v.; Brox, H.: Sonder-Tiefziehverfahren. In: Lange K. (Hrsg.): Umformtechnik. Handbuch für Industrie und Wissenschaft, Bd. 3: Blechbearbeitung, 2., neubearb. und erw. Ausg. Berlin: Springer 1990, S. 449–468
5. Dick, P.: Technologie des Hochdruckumformens ebener Bleche. Genehmigte Diss., Berichte aus Produktion und Umformtechnik. (Hrsg.: Schmoeckel, D.): Bd. 37. Aachen: Shaker 1997
6. Schemme, K.: Die Bedeutung der Materialeigenschaften für das Recyceln von Aluminium. Metall 48 (1994) 4, S. 466–471

ses Fahrzeug bislang der bedeutendste Einsatzort dieser Technologie in einem Karosserierohbau. In kleinerem Umfang werden aber auch Komponenten im Stahlfahrzeugbau bzw. deren Anbauteile (z.B. Frontklappenverstärkung im A6 aus Aluminium) gefügt.

4.3 Stanznieten

Mit der Stanzniettechnik mit Halbhohlniet beim A8 (mit über 1000 Nieten pro Fahrzeug) wurde ein Fügeverfahren eingeführt, das zunächst nichtgeahnte Potentiale aufweist.

Zum jetzigen Zeitpunkt befindet man sich mit dieser noch jungen Verbindungstechik an der Schwelle zur Großserienfertigung. Auch für die Stahlkarosserie wurden die Vorzüge des Stanznietens erkannt. Die außerordentlich hohen Festigkeiten bei statischer und dynamischer Beanspruchung und die Unempfindlichkeit gegenüber Prozeßschwankungen bewegen immer mehr Konstrukteure dazu, das Sta nznietenzu nutzen. Zudem schränken neue Bauteilkonzepte den Einsatz anderer Fügeverfahren immer mehr ein (z.B.: Mischbau Alu-Stahl oder höherfeste Stähle).

Um die reibungslose Umsetzung der Technik von der Konstruktion bis in die Serie zu gewährleisten, muß schon in der Entwicklungsphase auf eine „nietgerechte Konstruktion" geachtet werden.

Die Weiterentwicklung der Stanzniettechnik liegt schwerpunktmäßig in der Erhöhung der Anlagenverfügbarkeit und in der Entwicklung neuer Nietgeometrieen und -werkstoffe (z.B. Aluminiumniete).

4.4 Punktschweißen

Wegen der hohen Affinität des Werkstoffs Kupfer zu Aluminium und der damit einhergehenden Anlegierungsneigung der Kupferelektroden sowie wegen der nichtleitenden Oxidschicht auf allen Aluminium-Halbzeugen ist dieses – bei Stahlkarosserien dominierende – Fügeverfahren für Aluminium von wesentlich geringerer Wichtigkeit. Dazu kommt, daß einige Aluminium-Fahrzeugkonzepte nicht stahlanalog ausschließlich Bleche, sondern eine Vielzahl unterschiedlicher Halbzeugarten sowie unterschiedlicher Wanddicken miteinander verbinden.

4.5 Laserschweißen

Im Stahlkarosseriebau konnte sich das Laserschweißen schon seit Mitte der 80er Jahre mit der Verwendung von tailored blanks und seit einigen Jahren auch in Fahrzeug-Aufbaulinien mit Anwendungen zum Schweißen von Dachnähten etablieren. Laseranwendungen bei Aluminium gibt es hingegen bis heute nur wenige. Dies liegt nicht zuletzt in den speziellen Werkstoffeigenschaften begründet. Die hohe Wärmeleitfähigkeit und der geringe Absorptionsgrad machen hohe Laserleistungen erforderlich, um überhaupt schweißen zu können. Hinzu kommt die Heißrißneigung vieler gängiger Aluminium-Knetlegierungen, was die Verwendung von Zusatzwerkstoff erforderlich macht. Wie sich inzwischen gezeigt hat, lassen sich bei Aluminium die deutlich besseren Schweißnahtqualitäten mit Festkörperlasern erzielen, die erst seit 2 Jahren mit der nötigen Leistung und Strahlqualität verfügbar sind. Letztendlich bringen auch nur sie die nötige Flexibilität für viele Anwendungsmöglichkeiten im Aluminium-Karosseriebau mit sich.

Diese ziehen sich durch den kompletten Aufbau der Fahrzeugstruktur, angefangen mit der Herstellung von Halbzeugen wie tailored blanks oder der Verbindung von Blech- und Gußhalbschalen über den Aufbau der Fahrzeugstruktur durch die Verbindung von Profilen untereinander oder über Knotenelemente bis zur Beplankung der Struktur mit Blechteilen. Das Laserschweißen ist hierbei Ersatz für das MIG-Schweißen und das Punktschweißen, aber auch für das Stanznieten. Ein besonderer Vorteil gegenüber diesen Verfahren ist die hohe Schweißgeschwindigkeit, die letztendlich auch für den sehr geringen Bauteilverzug verantwortlich zeichnet. Als weiterer Pluspunkt ist die nur einseitig erforderliche Zugänglichkeit zu nennen. Hinzu kommt die Möglichkeit einer gewichtsoptimierten Bauteilgestaltung durch den Entfall überflüssiger Flansche sowie die Verbesserung der Steifigkeit durch linienförmige Nähte im Vergleich zu punktförmigen Niet- und Schweißpunktverbindungen. Diesen Vorteilen stehen in der Regel deutlich höhere Anforderungen an die Einzelteilgeometrie sowie höhere Investitionskosten gegenüber.

5 Recycling

Für die Auswahl von Werkstoffen sind, neben den reinen Materialkosten, die jeweiligen Materialeigenschaften (mechanische, physikalische und chemische Eigenschaften) ausschlaggebend. Diese wurden bislang überwiegend zur Erfüllung der Gebrauchs- bzw. Fertigungseigenschaften herangezogen. Das Spektrum muß zukünftig aufgrund der gestiegenen Sensibilisierung der Öffentlichkeit um den Punkt Recyclingeigenschaften erweitert werden.

Um bereits in der Planungs- bzw. Konzeptphase eines neuen Aluminiumfahrzeuges diesen Aspekt stärker zu berücksichtigen, muß besonders auf eine recyclinggerechte Konstruktion und die gezielte Auswahl leicht rezyklierbarer Aluminiumlegierungen geachtet werden.

Unter Berücksichtigung einer Entropiezunahme DS gemäß [6]

$$\Delta S_{\text{Wiederverwendung}} < \Delta S_{\text{Weiterverwendung}} < \Delta S_{\text{Wiederverwertung}} < \Delta S_{\text{Weiterverwertung}}$$

können die vier Recyclingformen Wiederverwendung, Weiterverwendung, Wiederverwertung und Weiterverwertung unterschieden werden.

Wiederverwendung

Die größte Bedeutung im Sinne der Abfallvermeidung hat die Wiederverwendung, bei der das Produkt unter Beibehaltung seiner Gestalt wiederholt in den Kreislauf eingesteuert wird. Voraussetzung hierfür ist jedoch eine zerstörungsfreie Prüfung des Bauteils zur Sicherstellung seiner Funktionsfähigkeit. Beispielhaft für diese Form des Recyclings in der Automobilindustrie ist die Wiederverwendung des Gehäuses bei Austauschgetrieben.

Weiterverwendung

Diese Form des Recyclings wird zum Beispiel bei Stahlrädern, die später als Sockel für provisorische Baustellen-Verkehrsschilder verwendet werden, eingesetzt. Für Aluminium spielt diese Variante keine Rolle.

Wiederverwertung

Hierbei handelt es sich um die interessanteste Recyclingstrategie für Aluminium. Die Produktionsabfälle und Altstoffe werden wieder vollständig in den Produktionsablauf zurückgeführt, d.h., es erfolgt ein Erhalt der Wertstufe.

Aus Schrott von Al-Knetlegierungen werden gleichwertige Knetlegierungen hergestellt, die in ihren Eigenschaften von den Primärprodukten nicht zu unterscheiden sind. Dies läßt sich ohne Einschränkungen beim Wiedereinschmelzen gleicher Al-Knetlegierungen durchführen (z.B. Preßwerks-Rücklaufschrott). Dann erfolgt, bezogen auf den Schmelzprozeß, eine Energieersparnis von 95% gegenüber der Primäraluminiumproduktion.

Schwierigkeiten treten nur im Falle vermischter Legierungen auf (z.B. Karosserie). Zur Erhaltung der Wertstufe muß derzeit noch eine Handsortierung von Guß- und Knetlegierungen erfolgen. Diese könnte durch eine Kennzeichnung der entsprechenden Teile erleichtert werden. Ein Sammeln von Legierungen in sog. Altstoffgruppen, die eine gewisse Bandbreite von Legierungselementen beinhalten, kann ebenso zum Erhalt der Wertstufe beitragen. Eine automatische Sortierung mittels der Atom-Emissionsspektroskopie ist derzeit nur im Technikumsmaßstab möglich und für den wirtschaftlichen Großeinsatz noch nicht vollständig ausgereift.

Weiterverwertung

Dieses Verfahren ist mit der größten Entropiezunahme verbunden. Derzeit ist diese Variante maßgebend für die Kreislaufführung von Al-Altschrotten. Aus gemischten, mit unterschiedlichen Legierungselementen versehenen Knetlegierungen werden hochwertige Gußlegierungen erzeugt. Solange unterschiedliche Al-Legierungsfamilien in der Karosserie verwendet werden und eine automatisierte, sortenreine Trennung großtechnisch noch nicht bzw. nicht wirtschaftlich möglich ist, wird ein großer Teil der Al-Schrotte zu Gußlegierungen verarbeitet werden. Gerade die Gußlegierungen tolerieren nämlich in hohem Maße die bei Schwimm-Sink- oder anderen etablierten Sortierprozessen eingeschleppten Anteile, vor allem die Anteile an Eisen und an Kupfer.

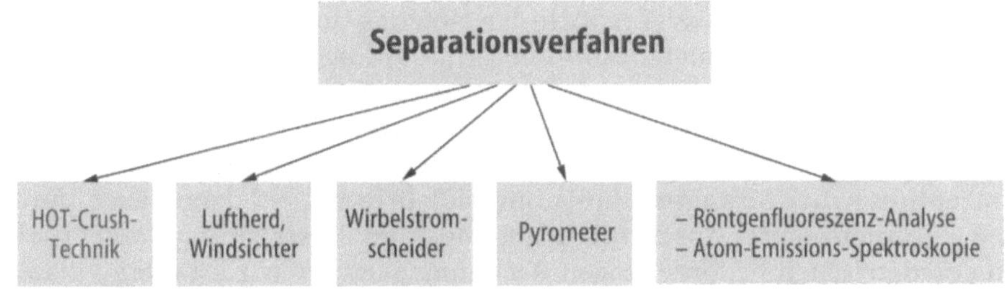

Bild 9. Mögliche automatische Trennverfahren

Zur Verbesserung der Legierungsqualität muß dem Einschmelzprozeß ein speziell auf den Schrott abgestimmtes Separationsverfahren (Bild 9) vorgeschaltet werden.

Mit der Magnetabscheidung wird zunächst der Stahlschrott vom Restmaterial (Glas, Kunststoff, NE-Metalle) getrennt. Anschließend lassen sich die Al-Anteile in einer mehrstufigen Schwimm-Sink-Anlage vom Restmaterial trennen. Alternativ zum Schwimm-Sink-Verfahren kann das Wirbelstrom-Trennverfahren, welches Aluminium von anderen Metallen trennt, eingesetzt werden. Eine Kombination dieser Verfahren ermöglicht sogar Ausbringraten von bis zu 98%.

6
Zukünftige Trends

Die vermehrte Anwendung von Aluminium im Fahrzeugbau bringt größere Erfahrungen und bessere Erkenntnisse bei den in der Serie angewandten Technologien mit sich. Hier kann sowohl das MIG-Schweißen als auch das Stanznieten erwähnt werden, wo durch die Fortentwicklung der Gerätetechnologie – die erst durch die täglichen Serienanforderungen eine Präzisierung ihrer Zielorientierung erhielt – eine stetige Verbesserung der Prozeßsicherheit und damit auch eine erhöhte Wirtschaftlichkeit erzielt wurden. Gleichzeitig werden auch grundsätzliche Anforderungen an neue Technologien erkannt, wodurch diese sehr zielgerichtet entwickelt werden können. Das spart nicht nur Entwicklungszeit und Kosten, sondern beschleunigt auch die Innovation. Die Änderungen, welche in den nächsten Jahren in die Serienproduktion einfließen werden, betreffen die komplette Prozeßkette von der Legierungsherstellung über die Halbzeugproduktion und die Umformung bis zur mechanischen Bearbeitung und der Fügetechnik im Karosserierohbau.

Die Legierungsoptimierung im Hinblick auf bessere Umformeigenschaften sowie gesteigerte Festigkeitswerte – auch ohne separate Warmauslagerung – steht sicher ganz oben auf der Aktivitätenliste aller Aluminiumanwender aus der Automobilindustrie. Erste Versuche zeigen die Richtigkeit des eingeschrittenen Weges; die Erarbeitung der optimalen, prozeßsicheren

Fertigungsparameter bedarf jedoch der Nutzung der Serien-Fertigungseinrichtungen und damit auch bestimmter Mindestlosgrößen.

Im Bereich der Strangpreßtechnologie wird die beanspruchungsgerechte Bauteildimensionierung zu immer geringeren Wanddicken führen, die an die Grenzen der Preßbarkeit stoßen. Diese Anforderungen werden in Zukunft die Konzeption neuer Strangpreßlinien mit sich bringen, bei denen auch durch eine Optimierung der Abschreckbedingungen im Pressenauslauf den erhöhten geometrischen Anforderungen Rechnung getragen wird. Tailored blanks ermöglichen bei Blechteilen eine beanspruchungs- bzw. umformgerechte Gestaltung. Durch eine Reduzierung sowohl der Werkstoffeinsatzgewichte als auch der Teilezahl könnte sich diese Technik kostenneutral gestalten lassen.

Die bereits erwähnten wirkmedienunterstützten Umformverfahren werden in Zukunft vermehrt dazu beitragen, die geforderte Bauteilgenauigkeit ohne zusätzliche Fertigungsoperationen zu erhalten. Die Korrelation geeigneter Berechnungs- und Simulationsverfahren kann zusätzlich dazu beitragen, den zeitlichen und finanziellen Entwicklungsbedarf trotz steigender Anforderungen nicht mitwachsen zu lassen.

Gußteile aus hochwertigem, duktilem Druckguß haben sich im Karosseriebau bewährt. Die inzwischen mehrjährige Serienerfahrung zeigt, daß bei zukünftigen Entwicklungen mit dieser Technologie eine weitere Reduzierung von Einzelteilen unter Funktionsintegration in Großgußteile vorgenommen werden kann. Bei konsequenter Umsetzung können hier auch über einen reduzierten Logistikaufwand in der Fertigung Kosten gespart werden.

Auch in Zukunft werden die Fügetechnologien eine entscheidende Rolle bei der Frage nach der Wirtschaftlichkeit von Aluminium-Karosseriestrukturen spielen. Hierbei laufen mehrere Trends parallel ab:

Kaltfügetechniken, allen voran das Kleben, sind geeignet, die hohen Einzelteilgenauigkeiten auch nach dem Zusammenbau in Form von präzisen Baugruppen aufrecht zu erhalten. Bisherige Entwicklungen beim Strukturkleben scheiterten jedoch zumeist an der deutlichen Reduzierung der Schwingfestigkeit unterschiedlicher Klebersysteme unter korrosiver Beanspruchung. Weiterentwicklungen, die nicht mehr eine maximale Festigkeit im unkonditionierten – d.h. nicht korrosionsbeaufschlagten – Zustand anstreben, sondern ein ausgewogenes Verhältnis zwischen Festigkeit (sowohl unter statischer als auch schwingender Beanspruchung) und Duktilität aufweisen, könnten in den nächsten Jahren dem Kleben im Bereich der Karosserie eine große Bedeutung verleihen.

Anstelle des klassischen MIG-Schweißens wird das Laserschweißen, wie auch bisher schon im Stahl-Karosseriebau geschehen, aufgrund seiner hohen Strahlintensität hohe Fügegeschwindigkeiten ermöglichen, was sich wiederum positiv auf die Verzugsfreiheit auswirkt. Gleichzeitig erlaubt die bessere Schweißnahtfestigkeit in einigen Bereichen dünnere Wanddicken.

Konkurrierend zum Laserschweißen ist das Hybridverfahren Plasma-MIG in der Entwicklung. Für diese Technologie spricht die gute Spaltüberbrückbarkeit bei hervorragender Nahtqualität sowie die Vermeidung von Bindefehlern speziell beim Nahtbeginn. Trotz guter Schweißgeschwindigkeiten sind die Investitionen deutlich niedriger als beim Laserschweißen.

Der Zwang zum Leichtbau als eine Voraussetzung für die Verbrauchs- und Emissionsreduzierung wird weiter anhalten. Aluminium bietet mit seinen unterschiedlichen Halbzeugarten, seinem geringen spezifischen Gewicht sowie seinen guten Festigkeits- und Korrosionseigenschaften eine hervorragende Basis als Konstruktionswerkstoff. Die Anwendung und Optimierung vorhandener sowie die Entwicklung neuer Fertigungstechnologien wird bei der Geschwindigkeit der Einführung von Aluminiumkarosserien oder -komponenten in die Großserie eine entscheidende Rolle spielen.

Literatur

1. Bloeck, M.; Timm, J.: Aluminium 71 (1995) 4, S. 470–474
2. Carr, A.R.; Ricks, R.A.; Gatenby, K.M.: Werkstoffe im Automobilbau 97/98. Sonderdruck von ATZ und MTZ, S. 22–28
3. Hasek, V.; Werle, T.: Ziehen unregelmäßiger Blechteile. In: Lange, K. (Hrsg.): Umformtechnik. Handbuch für Industrie und Wissenschaft, Bd. 3; Blechbearbeitung. 2., neubearb. und erw. Ausg. Berlin: Springer 1990, S. 385–448
4. Finckenstein, E.v.; Brox, H.: Sonder-Tiefziehverfahren. In: Lange K. (Hrsg.): Umformtechnik. Handbuch für Industrie und Wissenschaft, Bd. 3: Blechbearbeitung, 2., neubearb. und erw. Ausg. Berlin: Springer 1990, S. 449–468
5. Dick, P.: Technologie des Hochdruckumformens ebener Bleche. Genehmigte Diss., Berichte aus Produktion und Umformtechnik. (Hrsg.: Schmoeckel, D.): Bd. 37. Aachen: Shaker 1997
6. Schemme, K.: Die Bedeutung der Materialeigenschaften für das Recyceln von Aluminium. Metall 48 (1994) 4, S. 466–471

Karosseriegestaltung unter Berücksichtigung moderner Stahlwerkstoffe und neuer Fertigungsverfahren

E.-J. Drewes, S. Wagner, F. Welsch

1 Einleitung

Dank der wissenschaftlichen Analyse auffälliger Umweltveränderungen und der Aufklärung darüber ist das Umweltbewußtsein in den zurückliegenden Jahren stetig gewachsen. Ozonloch, Biotonne, Umweltengel, Grüner Punkt und die emissionsbezogene Kraftfahrzeugbesteuerung sind bezeichnende Wortschöpfungen der letzten 10–15 Jahre. Die Automobilindustrie leistet ihren Beitrag zur Ressourcenschonung durch die Entwicklung möglichst verbrauchsarmer, umweltgerechter Fahrzeuge.

Ein markanter Meilenstein auf diesem Wege ist das 3-Liter-Fahrzeug, das Volkswagen bereits in zwei Jahren anbieten wird. Die Anstrengungen zur Verringerung der Umweltbelastung beschränken sich jedoch nicht auf dieses Modell, sondern betreffen die gesamte Fahrzeugpalette. Bei den vielen Ansätzen zur Verbrauchsreduzierung nimmt die weitere Gewichtssenkung von

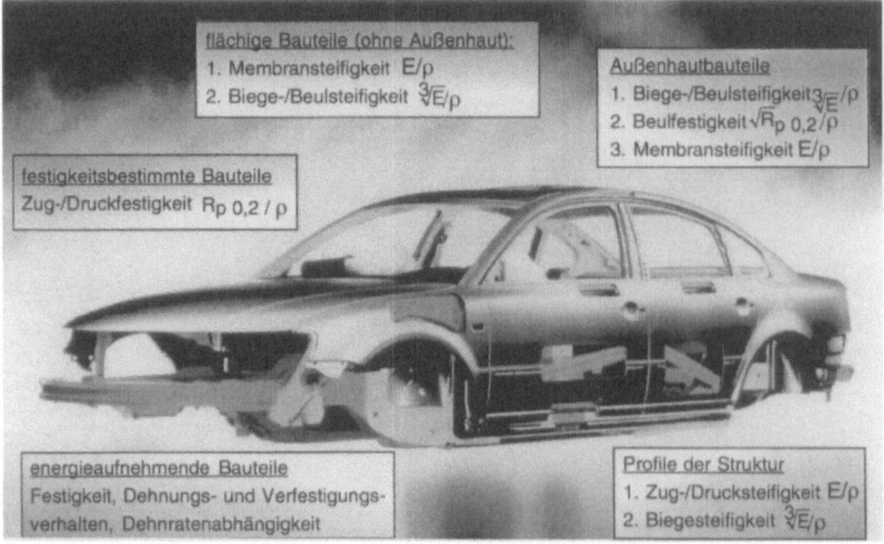

Bild 1. Kriterien zur beanspruchungsgerechten Materialwahl (Quelle: VW)

Fahrzeugkomponenten eine wichtige Position ein. Im folgenden werden einige Vorentwicklungsansätze zum Karosserieleichtbau vorgestellt, die sich z.T. neuer Stahlwerkstoffe bzw. -halbzeuge, neuer Fügeverfahren und neuer Umformverfahren bedienen.

Ausgangspunkt jeglicher Optimierungsüberlegungen ist dabei eine Analyse der Anforderungen an Karosseriewerkstoffe (Bild 1).

2 Anforderungen an Karosseriewerkstoffe

Geht man von den wesentlichen Beanspruchungen der einzelnen Karosseriebauteile aus, so sind - vereinfacht - zu unterscheiden:

- flächige Bauteile, dabei als Untergruppe Außenhautbleche,
- geschlossene Profile der Fahrzeugstruktur,
- festigkeitsbestimmte und energieaufnehmende Bauteile.

2.1 Festigkeitsbestimmte und energieaufnehmende Bauteile

Für die Dimensionierung festigkeitsbestimmter Teile sind die Streckgrenze und das Verfestigungsvermögen des verwendeten Materials entscheidend, so daß durch den Einsatz höher- und hochfester Bleche Gewichtssenkungen bei gleicher Leistungsfähigkeit erreichbar sind. Das Angebot und die Leistungsbreite dieser Werkstoffe vergrößert sich stetig; als ein Beispiel seien hier die Complex-Phasen-Stähle (CP) genannt, die Streckgrenzlagen von über 700 N/mm² aufweisen (Zugfestigkeiten bis über 1000 N/mm²) und vergleichsweise gut umformbar sind (Bild 2).

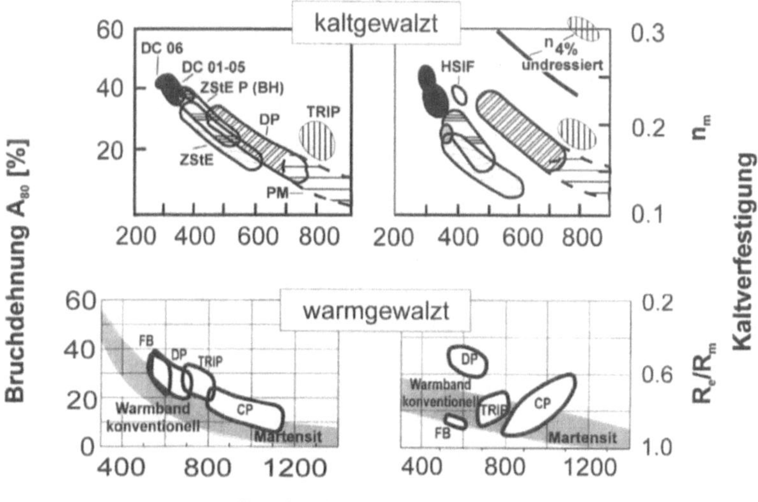

Bild 2. Mechanische Eigenschaften verschiedener Stahlgüten (Quelle: Krupp Hoesch)

Der Materialvergleich für energieverzehrende Baugruppen läßt sich nicht befriedigend auf den Vergleich statischer Werkstoffkennwerte reduzieren, also auch nicht auf die Streckgrenze allein. Vielmehr müssen auch Dehnungs- und Verfestigungsverhalten sowie die Dehnratenabhängigkeit berücksichtigt werden. Dennoch gilt, daß mit Blechen höherer Festigkeitskennwerte ein höheres Kraftniveau und eine größere Energieaufnahme bei gleichem Gewicht möglich sind.

Sollen Energieaufnahme und Kraftniveau auf gleichem Niveau bleiben, kann mit dem Einsatz höherfester Bleche die Blechdicke reduziert und Gewicht eingespart werden, jedenfalls – und das ist wichtig – soweit es die geforderte Steifigkeit des Profils zuläßt. Damit ist man bei der zweiten wichtigen Gruppe von Karosseriebauteilen, den steifigkeitsbestimmten Profilen.

2.2 Geschlossene Profile der Fahrzeugstruktur

Die Karosseriestruktur macht mehr als die Hälfte des Karosseriegewichts aus und besteht überwiegend aus Hohlprofilen. Diese Profilbauteile können zum Teil crashbeansprucht ausgelegt sein, werden in selbsttragenden Karosserien aber überwiegend auf Biege- und Torsionssteifigkeit ausgelegt, d.h., für eine Gegenüberstellung auf Basis der Materialbeanspruchung sind in erster Linie Zug-, Druck- und Schubsteifigkeit heranzuziehen. Der Quotient aus den Werkstoffeigenschaften Elastizitätsmodul und Dichte E/ρ ist daher eine geeignete Vergleichsgröße für die Materialwahl.

Der Quotient E/ρ belegt zum einen, daß der Einsatz höherfester Bleche bei steifigkeitsbestimmten Hohlprofilen keinen Gewichtsvorteil bringt. Außerdem sind im Strukturbereich Stahl-, Aluminium- und Magnesium-Hohlprofile gleicher Steifigkeit theoretisch auch gleich schwer (bei unverändertem Bauraum).

Eine Gewichtsreduzierung muß im Strukturbereich also auf andere Art und Weise erzielt werden. Eine Möglichkeit ist, sich gezielt den Schwächen der Bauweise mit mehrschaligen Profilen und Knoten zu widmen:

- Zum einen sind stets Verbindungsflansche notwendig, die den nutzbaren Bauraum verkleinern,
- zum anderen werden mehrschalige Profil- und Knotenbauteile nur punktuell verbunden und sind deshalb verdrehweich.

Diese Einschränkungen werden häufig mit erhöhten Blechdicken kompensiert, weil bisher ein Verfahren fehlte, um einteilige geschlossene Profile herzustellen.

Inzwischen gibt es aber durchaus Möglichkeiten wie Strangpreßprofile in Aluminiumkarosserien. Für den Stahlleichtbau bieten sich Rollprofile und Hydroforming-Teile als aussichtsreiche Alternativen an.

In Rollprofiliermaschinen werden Profile kontinuierlich mit bis zu 20 m/min hergestellt, indem Blech vom Coil durch hintereinander geschaltete Rollensätze schrittweise zu einem Hohlprofil gebogen wird. Bei Bedarf werden

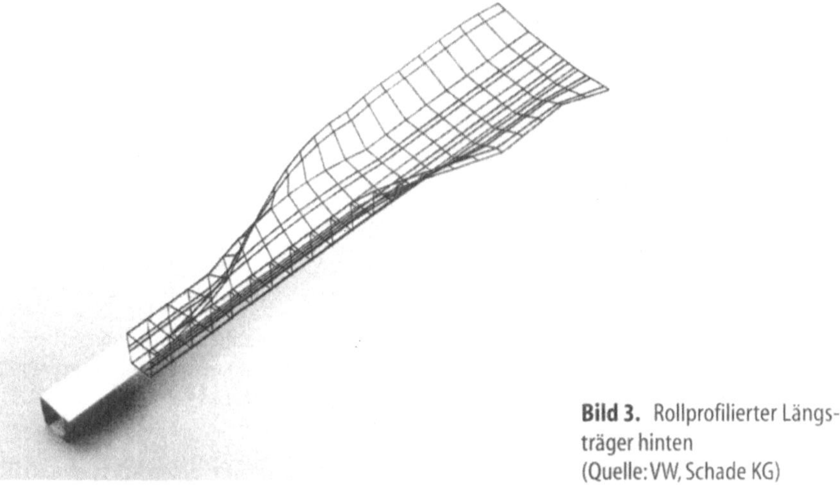

Bild 3. Rollprofilierter Längsträger hinten (Quelle: VW, Schade KG)

Hohlprofile im gleichen Prozeß durch Laser- oder Rollnahtschweißen geschlossen sowie Verstärkungen und Muttern eingebracht. So entsteht beispielsweise der einbaufähige hintere Längsträger (Bild 3).

Das Rollprofilieren weist also einige Vorteile auf, auch und gerade für die Großserienherstellung von Karosserien (Bild 4):

- Rollprofile sind maßgenau und kostengünstig.
- Die Profile können flanschlos geschlossen werden, so daß der verfügbare Bauraum besser genutzt wird. Die für das Punktschweißen charakteristischen Flansche sind in dieser Hinsicht sehr von Nachteil.
- Durchgehend geschlossene Rollprofile sind außerdem sehr verdrehsteif und können deshalb dünner als punktgeschweißte ausgeführt werden.
- Auch Blechgüten mit hohen Festigkeitswerten, die häufig nicht mehr tiefziehbar sind, lassen sich rollumformen. Für den gezeigten Längsträger ist dies im Hinblick auf die Energieaufnahme beim Heckcrash interessant.

Eigenschaften gerollter Karosserieprofile:

- *Hohlprofile einteilig herstellbar*
- *konstante Querschnitte*
- *maßgenau, kostengünstig*
- *flanschlos geschlossen, gute Bauraumnutzung*
- *hohe Verdrehsteifigkeit*
- *aus hochfesten Güten herstellbar*
- *Einbringen von Funktionselementen im Prozeß*

Bild 4. Eigenschaften gerollter Karosserieprofile (Quelle: VW)

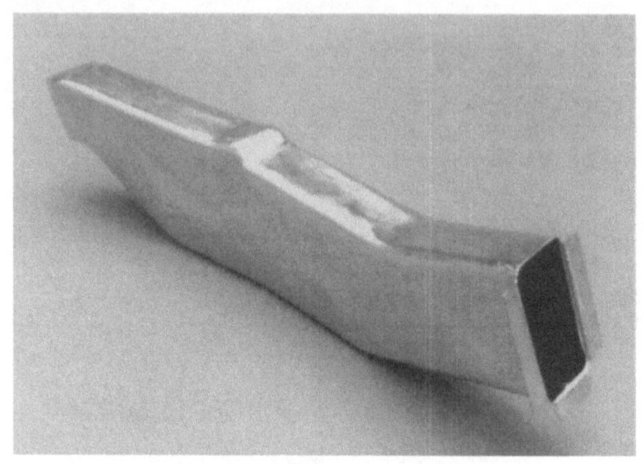

Bild 5. Innenhochdruck-umgeformtes Musterbauteil (Quelle: VW)

Die Einsatzmöglichkeiten sind jedoch dadurch beschränkt, daß nur wenige Karosserieprofile einen gleichbleibenden Querschnitt aufweisen bzw. wirtschaftlich dahingehend umkonstruiert werden können.

Für Bauteile höherer Komplexität mit wechselnden Querschnitten ist eher das Umformen mit Innenhochdruck geeignet. Mit diesem auch als „Hydroformen" bezeichneten Verfahren werden sehr maßgenaue Hohlbauteile erzeugt, indem meist rohrförmige Halbzeuge mit einem Innendruck von 1000 bar und mehr beaufschlagt werden. Auf diese Weise entstehen Bauteile,

- die trotz wechselnder Querschnitte einteilig herstellbar und sofort einbaufähig sind (was mit anderen Umformverfahren meist nicht möglich wäre),
- sie sind einteilig geschlossen, weil die bei Hohlprofilen in mehrteiliger Schalenbauweise nötigen Schweißflansche ersatzlos entfallen,
- der Kraftfluß ist ohne die schwächenden Verbindungen besser, so daß oft mit geringeren Blechdicken die gewünschte Torsionssteifigkeit erreicht wird (Bilder 5 und 6).

Der großtechnischen Umsetzung stehen noch Schwierigkeiten im Wege, z.B. der Anschluß an innenhochdruckumgeformte Bauteile und das Einbringen von Verstärkungen. Außerdem sind die Taktzeiten im Vergleich zum Rollen oder Tiefziehen hoch.

Eigenschaften hydrogeformter Bauteile:

- ***Knoten einteilig herstellbar***
- ***wechselnde Querschnitte möglich***
- ***gute Bauraumnutzung***
- ***hohe Verdrehsteifigkeit***
- ***maßgenau***

Bild 6. Eigenschaften innenhochdruckumgeformter Bauteile (Quelle: VW)

2.3 Flächige Bauteile (Außenhautbleche als Untergruppe)

Doch nun zurück zur Ausgangsdarstellung: von den Bereichen mit unterschiedlichen Anforderungen sind noch die flächigen Bauteile und die Außenhautteile offengeblieben.

Für Außenhautteile ist u.a. die Beulfestigkeit wichtig. Sie bestimmt, wie groß die bleibende Verformung in einer Blechfläche bei einer bestimmten Druckkraft ist. Praktisch relevant ist dies z.B. für den Fremdtürstoß in Parklücken und die Hagelschlaganfälligkeit.

Wie Bild 7 beweist, ist die Beulfestigkeit von der Streckgrenze des Werkstoffs abhängig ($\sqrt{Rp_{0,2}}/\rho$). Bei Kotflügeln aus höherfestem Material ist eine höhere Kraft für die gleiche bleibende Eindrückung erforderlich als bei „normalem" Stahlblech.

Ein bedeutendes Kriterium nicht nur für die Außenhaut, sondern generell für flächige Bauteile, ist die Biege- bzw. Beulsteifigkeit; die Steifigkeit gibt an, wie weit etwa ein Dach elastisch nachgibt, wenn man es mit einem bestimmten Druck poliert.

Als gewichtsbezogene Vergleichsgröße zur Materialauswahl ergibt sich hier $\sqrt[3]{E}/\rho$, d.h., die Werkstoffestigkeit ist wiederum ohne Einfluß. Im direkten Vergleich schneiden Aluminium und Magnesium deutlich besser ab als Stahl; aus diesem Grund sind zunehmend Außenhautteile wie Frontklappen aus Aluminium anzutreffen.

Eine nähere Betrachtung erlaubt jedoch, Blechflächen auch aus Stahl steif und leicht herzustellen. Das Wissen, daß bei Blechen v.a. die außenliegenden, oberflächennahen Schichten für die Beul- und Biegesteifigkeit verantwortlich sind, führt zur sog. Doppelblechtechnik. Die Blechdicke geht mit der 3. Potenz in die Steifigkeit ein, der E-Modul nur linear (Bild 8).

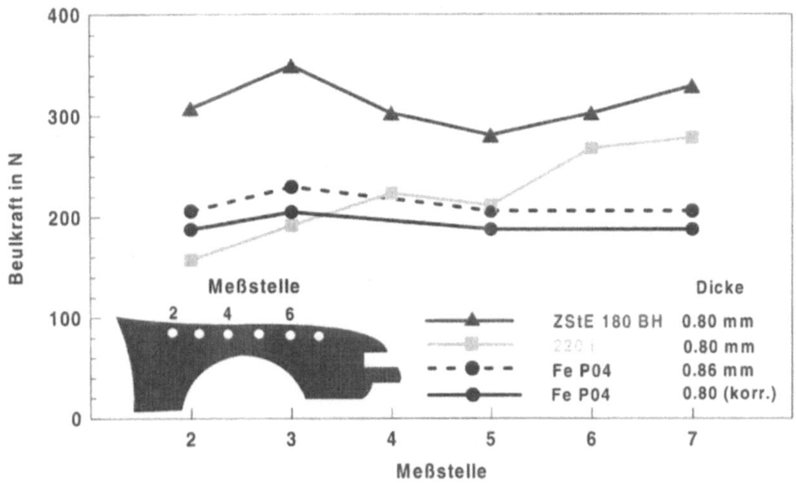

Bild 7. Beulfestigkeitsuntersuchungen an Kotflügeln verschiedener Werkstoffgüten (Quelle: Krupp Hoesch)

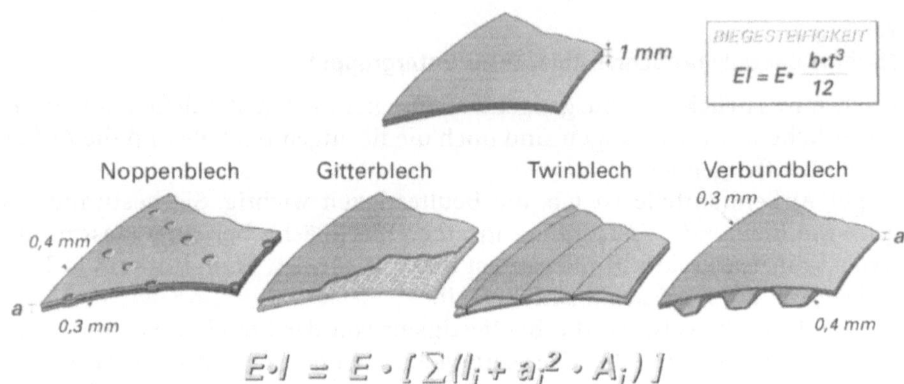

Bild 8. Prinzipvarianten Doppelblechtechnik (Quelle: VW)

Man läßt das innenliegende Material „einfach" weg und ersetzt ein normales Blech durch den Verbund zweier dünner Einzelbleche mit definiertem Abstand, also eine Art Profil.

Für diese doppellagigen Verbunde genügen 0,3–0,4 mm dünne Bleche; die Einsparmöglichkeiten der Doppelblechtechnik sind beachtlich (Bild 9): So ist diese Montageplatte aus dem Spritzwandbereich gut 20% leichter als die Serienausführung.

An allen geeigneten Blechflächen der Rohkarosserie (ohne Außenhautteile) können mit der Doppelblechtechnik theoretisch etwa 17% eingespart werden.

Ein weiterer Ansatz zur Gewichtsreduzierung flächiger Bauteile ist die Patchwork-Technik, für die der Grundgedanke des Leichtbaus Pate steht,

„Setze Material nur dort ein, wo es die Beanspruchung wirklich erfordert."

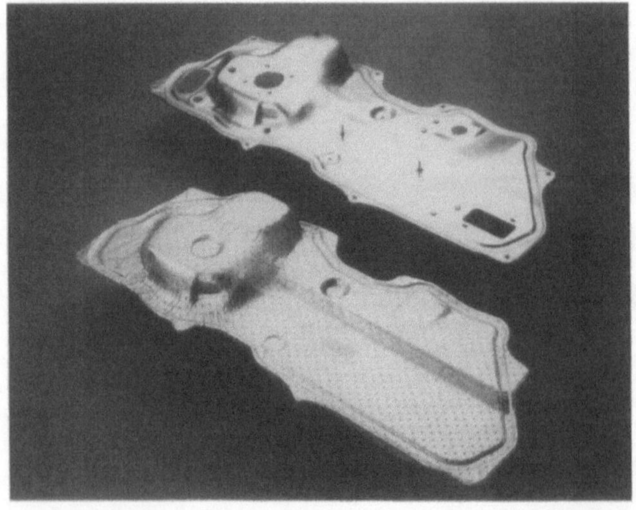

Bild 9. Montageplatte (Quelle: VW/Thyssen)

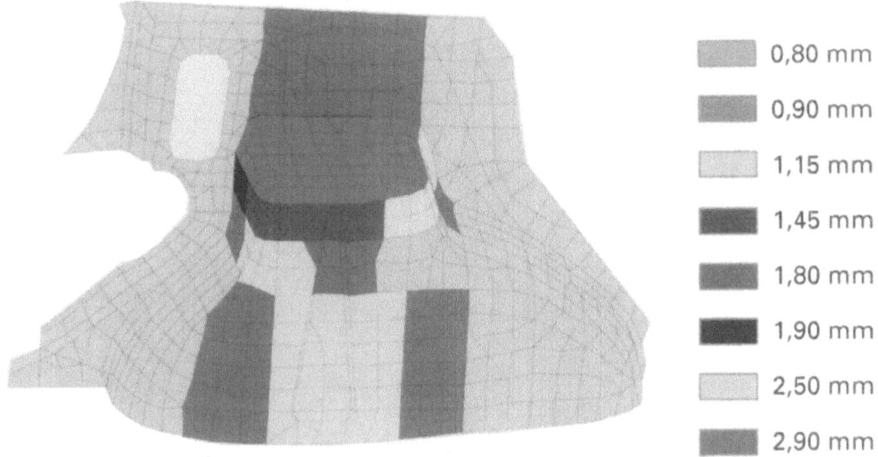

Bild 10. Simulation Blechdickenverteilung Radhaus hinten (Quelle: VW)

Die örtlich erforderlichen Materialdicken lassen sich mit den modernen Berechnungsverfahren sehr präzise bestimmen (Bild 10).

Am hinteren Radhaus sind beispielsweise Blechdicken zwischen 0,8 und 2,9 mm erforderlich; der Höchstwert ergibt sich an der Federbeinaufnahme. Normalerweise richtet sich die Blechdicke des gesamten Bauteils nach dem schwächsten Bereich, mit der Konsequenz, daß der Rest des Bauteils überdimensioniert ist. Sinnvoller ist es, benachbarte Bereiche ähnlicher Dicken zusammenzufassen und „maßgeschneiderte" Platinen mit bereichsweise unterschiedlicher Dicke herzustellen.

Eine gute Möglichkeit dazu ist die Patchwork-Technik (Bild 11). Dabei wird eine Platine mit Blechstücken beliebiger Kontur bereichsweise aufgedickt und dann umgeformt. Die „Flicken" werden durch umformbare Laserschweißnähte verbunden oder auch aufgeklebt. Man erhält dadurch Bauteile, die nur dort dicker sind, wo es die Belastung erfordert. Schon dadurch sinkt

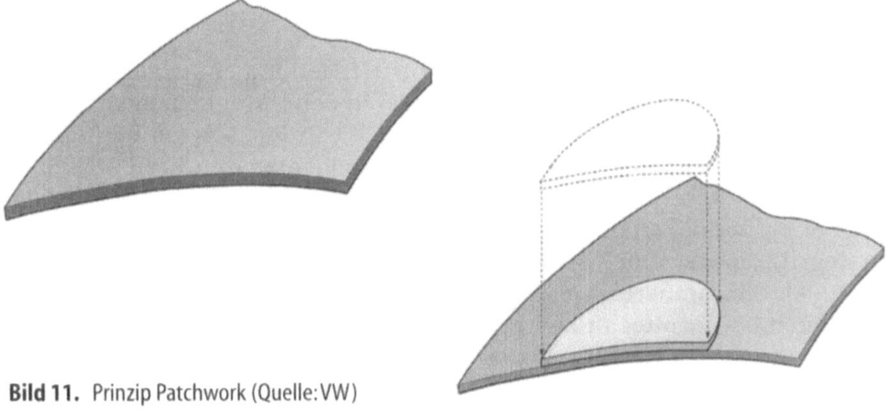

Bild 11. Prinzip Patchwork (Quelle: VW)

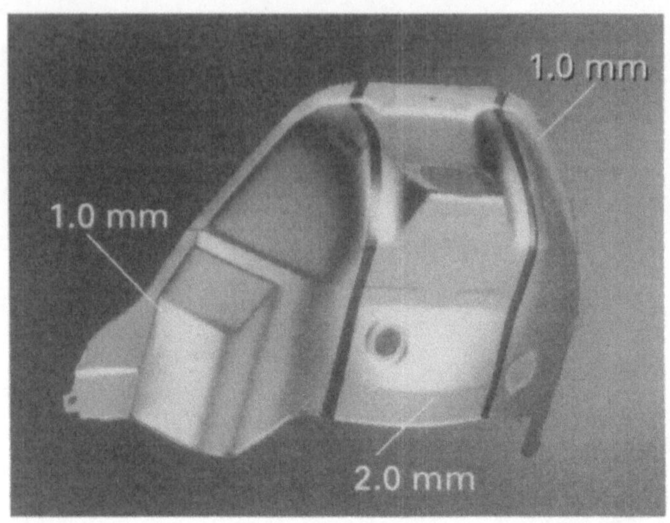

Bild 12. Radhaus tb (Quelle: VW)

das Teilegewicht; zusätzlich entfallen oft auch Verstärkungen, z.B. an Scharnier- und Schloßbereichen.

Auch die bekannte Tailored-blank-Technik geht in diese Richtung, allerdings sind derartig feine Unterteilungen nur aus Forschungsarbeiten, z.B. auch des IFU Stuttgart, bekannt. Aus wirtschaftlichen Gründen beschränkt man sich in der Großserie meist auf gerade und in der Regel parallel verlaufende Nähte (Bild 12).

Die Patchwork-Lösung ist pro Fahrzeug nochmals gut 500 g leichter als das in der heutigen Serie eingesetzte Tailored Blank.

Diese Einsparung mag dem Betrachter zunächst sehr gering vorkommen; da aber bei dem heute sehr fortgeschrittenen Stand der Stahlkarosserien keine Quantensprünge in Sicht sind, führt nur eine konsequente „Politik der kleinen Schritte" ans Gewichtsziel.

3 Einfluß der Fügetechnik

Nachdem hier auf der einen Seite Wege zur Herstellung einteiliger geschlossener Profile und Knoten und auf der anderen Seite Möglichkeiten zur Gewichtsreduzierung von Blechflächen vorgestellt wurden, soll die Betrachtung der Gesamtkarosserie als Verbund dieser Komponenten den Kreis schließen. Die systematische Trennung von Profilen und flächigen Bauteilen mit dem Ziel einer individuellen belastungsgerechten Dimensionierung ist auch unter dem Begriff „Spaceframe" bekannt. Die Vorteile dieses Konzepts werden bislang im Aluminiumbereich erfolgreich genutzt, sind aber mit Hilfe der beschriebenen Umformtechniken auch in Stahl oder Mischbauweise umsetzbar. Dieses modifizierte Rohbaukonzept führt zum letzten Punkt, der Bedeutung der Fügetechnik.

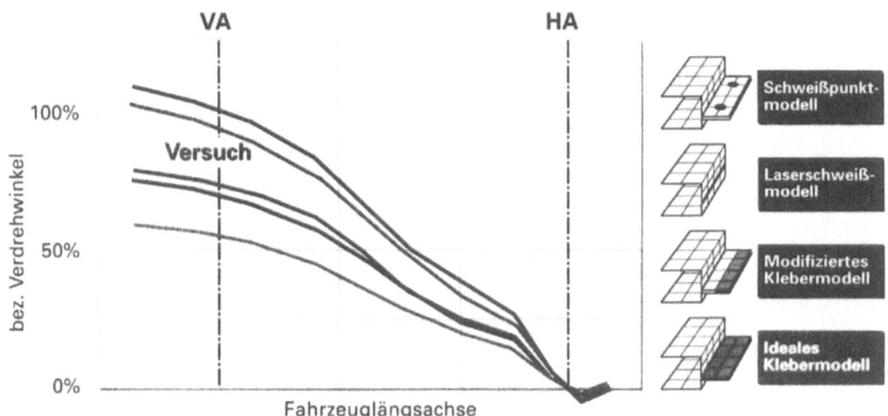

Bild 13. Simulation: Steifigkeit in Abhängigkeit von der Fügetechnik (Quelle: VW)

Untersuchungen belegen, daß die Verbindungstechnik die Steifigkeit durchaus um 30% beeinflussen kann. In Bild 13 erkennt man den berechneten Verlauf des Verdrehwinkels eines Kleinwagens zwischen der Vorder- und Hinterachse. Die obere Kurve ergibt sich für ein Finite-Element-Modell, bei dem alle Flansche und Schweißpunkte abgebildet wurden. Der Verlauf stimmt sehr gut mit den Versuchsergebnissen überein, die Werte liegen im Streubereich der Versuche.

Für die untere Kurve wurden alle Flansche der Karosserie als ideal steife Verbindung (flächiges Verkleben) angenommen; die Torsionssteifigkeit verbessert sich theoretisch um gut 40%.

Mit dem Laserschweißen sind ebenfalls ununterbrochene Verbindungen möglich; der Zugewinn an Steifigkeit ist mit etwa 30% geringer als beim idealen Klebermodell, weil die Stützwirkung der flächigen Verklebung besser ist als die der linienförmigen Schweißnaht.

Auch Versuche belegen, daß man durch Verbessern der Fügetechnik den theoretischen Steifigkeiten merklich näher kommt. Der Einfluß von Laserschweißen und Verkleben liegt dabei etwa auf gleichem Niveau. Wird dieser Steifigkeitszuwachs mit einer reduzierten Wanddicke kompensiert, so erreicht man das ursprüngliche Steifigkeitsniveau bei geringerem Gewicht, d.h., die Leichtbaugüte steigt. Leider kann die Blechdicke trotz erhöhter Steifigkeit nicht in jedem Fall reduziert werden, etwa wenn die Beulgrenze unterschritten wird oder die Blechdickenabstufungen nicht passen. Der Einsatz des Laserschweißens bietet unabhängig davon Chancen zur Gewichtseinsparung, da Verbindungen wesentlich flexibler gestaltet werden können. So lassen sich herkömmliche Widerstandspunktschweißflansche (15–18 mm) teilweise durch nur einseitig zugängliche, ca. 6 mm breite Flansche ersetzen.

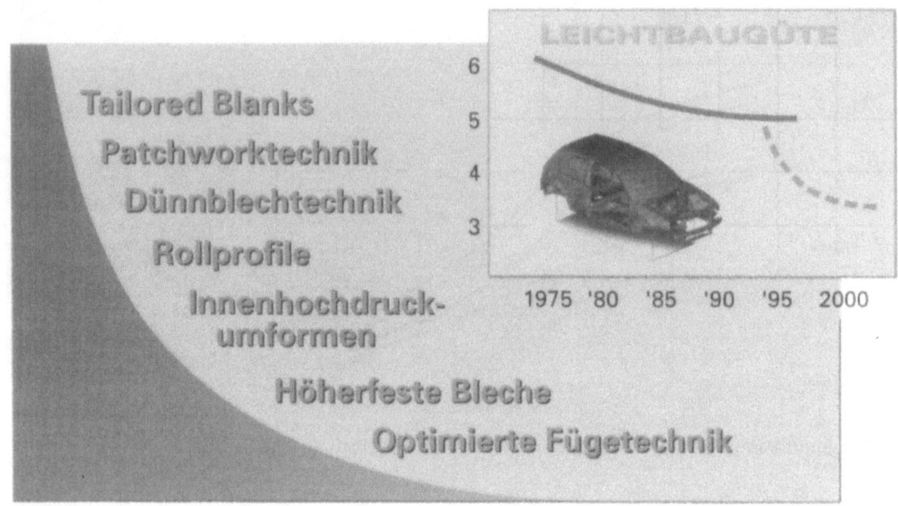

Bild 14. Ausblick (Quelle: VW)

4 Zusammenfassung

Die Beispiele und Ansätze machen deutlich, daß zahlreiche Möglichkeiten bestehen, zukünftige Karosserien bei gleicher oder besserer Funktionalität leichter zu machen. Die meisten Ansätze sind z.Z. noch in Erprobung, verschiedene sind bereits im neuen VW Golf und dem Audi A8 verwirklicht (Bild 14).

Wie wird es weitergehen? Es spricht vieles dafür, daß über die nächsten drei bis vier Fahrzeuggenerationen gesehen die Erfahrungen, die heute in verschiedenen Entwicklungslinien mit unterschiedlichen Materialien gesammelt werden, zusammenfließen werden. Getreu der Devise

„Das richtige Material und die richtige Technologie an der richtigen Stelle"

wird sich die heutige Stahlkarosserie

- mit Anleihen aus der Spaceframe- und Alu-Technologie sowie auch
- kombiniert mit vorteilhaften Komponenten aus dem Kunststoff- und Composite-Bereich und nicht zuletzt
- durch den Einsatz moderner Stahlwerkstoffe und Umform-bzw. Fügetechniken

positiv weiterentwickeln.

Rechnerunterstützung der Prozeßkette in der Blechumformung

O. LINDNER, J. LAUSCHER, D. PFISTER

Inhalt: Darstellung der Prozeßkette – Rechnergestützte Blechumformung am Beispiel des Audi A8 – Zusammenfassung und Ausblick

1 Einleitung

Die Wettbewerbssituation in der Automobilindustrie zeichnet sich heute durch eine zunehmende Konzentration aus. Verantwortlich dafür sind eine fortschreitende Globalisierung der Märkte, steigende Komplexität der Prozesse und rasante Innovationszyklen der Produkte (Bild 1).

Langfristig jedoch ist das erklärte Ziel der Automobilisten, die eingenommene Marktposition nicht nur zu behaupten, sondern kontinuierlich auszubauen. Dazu bedarf es allerdings einer Verbesserung folgender den Fertigungsprozeß beeinflussenden Faktoren:

- Reduzierung der Produktentwicklungszeiten,
- Reduzierung der Produktentstehungszeiten,
- Optimierung der Produktqualität,
- Senkung der Produktionskosten.

Bild 1. Audi A8

Um diese Ziele zu erreichen, ist von der Entwicklung bis hin zur Umsetzung und Marktgängigkeit neuer Produkte ein konsequent methodisches Vorgehen anzustreben. Durch die aus Fertigungs- und Kostengesichtspunkten angestrebte Teilezahlreduzierung entstehen jedoch immer kompliziertere Bauteilgeometrien. Dazu ist es notwendig, sich moderner Technologien und Instrumente, wie CA-Techniken und FEM-Simulationsberechnungen zu bedienen. Aufgrund der hohen Investitionskosten, die für die Anwendung dieser Technologien anfallen, wird ein möglichst abgestimmter, durchgängiger Einsatz dieser Techniken gefordert. Diese zielgerichtete Abstimmung ist sowohl im Hause der Automobilisten selbst als auch im Verbund mit den Zulieferen durchzusetzen. Dabei ergänzen die CA-Techniken die praktischen Kenntnisse erfahrener Mitarbeiter, ersetzen diese aber nicht.

Die Rechnerunterstützung ist besonders stark in der Blechumformung ausgeprägt. In diesem Teilbereich der Fahrzeugfertigung gibt es heute schon eine umfassende Durchgängigkeit von CA-Techniken. Dies wurde dadurch begünstigt, daß überzeugende Vorteile für die Konstruktion, die Methodenplanung und den Modell- bzw. Werkzeugbau durch die Darstellung von Freiformflächen sichtbar gemacht werden konnten.

Dieser Beitrag zeigt anhand der Prozeßkette zur Fertigung eines Blechbauteils vom Design bis zur Qualitätssicherung die effiziente Anwendung der Rechnerunterstützung.

2 Darstellung der Prozeßkette

Die Prozeßkette zur serienreifen Produktion komplexer Blechbauteile ist in Bild 2 dargestellt. Innerhalb dieses Prozesses ist die Rechnerunterstützung in der heutigen industriellen Praxis in jedem der Teilbereiche vollständig integriert.

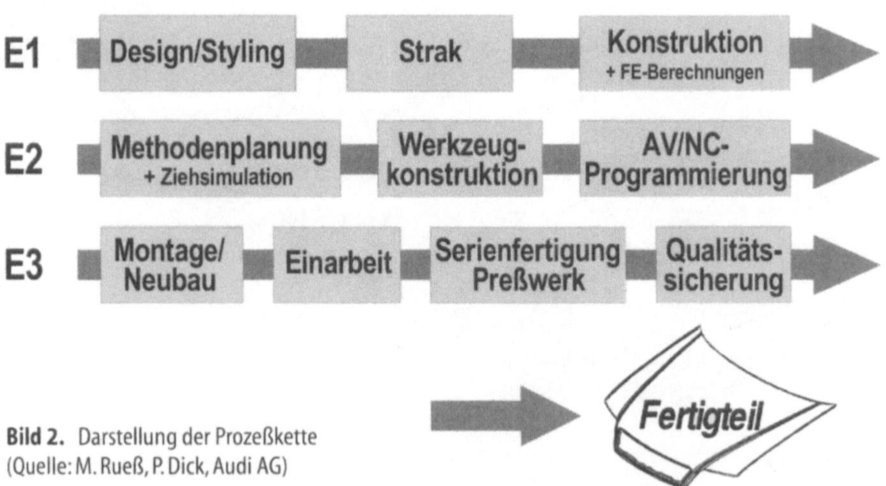

Bild 2. Darstellung der Prozeßkette (Quelle: M. Rueß, P. Dick, Audi AG)

2.1 Design und Styling

Zu Beginn einer Automobilkarosserien-Entwicklung steht der Designentwurf bzw. das Designmodell. Die Konzeptidee wird zunächst über ein geeignetes Package umgesetzt, das die Größenverhältnisse außen und innen zeigt. Es entstehen Skizzen und Renderings, die die erste Vorstellung des Designers beschreiben. Diese Skizzen werden nun umgesetzt in Proportionsmodelle im Maßstab 1:4. Anhand dieser Modelle werden im Rahmen der Entwurfsarbeit erste aerodynamische Untersuchungen der Karosserie im Windkanal durchgeführt. Auf diese Weise können bereits in diesem frühen Entwicklungsstadium Optimierungen und Detailgestaltungen erarbeitet werden. Mit einem Modell im Maßstab 1:1 erfolgt anschließend eine erste Bewertung der Außenform und nach möglicher Styling-Optimierung eine endgültige Beurteilung dieser Form mit anschließender Freigabe durch die entsprechenden Entscheidungsträger (Bild 3).

Obwohl heute in den meisten Bereichen des Designs traditionell immer noch in Handarbeit gefertigt wird und die CA-Techniken eine untergeordnete Rolle spielen, ist auch in diesem ersten Prozeßschritt die Computerunterstützung stetig auf dem Vormarsch. Sind aus bereits existierenden Modellen CAD-Daten vorhanden, können diese schon zu einem frühen Zeitpunkt zur Unterstützung des Designerteams genutzt werden.

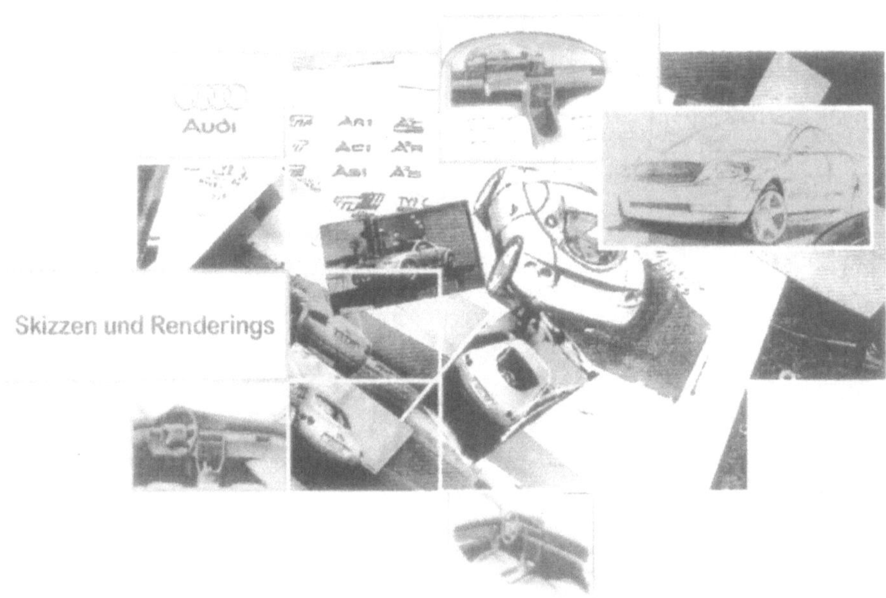

Bild 3. Skizzen und Renderings (Quelle: K. Schallé, Audi AG)

2.2 Strakverlauf

Nach der Bewertung des physischen Modells im Maßstab 1:1 beginnen die umfangreichen Aufgaben des Strakteams. Dabei gilt es, die Ästhetik mit den technischen Zwängen in Einklang zu bringen.

Das Abtasten des handgearbeiteten Stylingmodells wird mittels Stereo-Photogrammetrie vorgenommen, so daß Abtastdaten zur Verfügung stehen. Die derart aufbereiteten Stylingdaten zeigen somit den Linienriß einer Karosserie, den sog. Strakverlauf auf, sind allerdings noch ohne Bemaßung. So können an beliebigen Stellen ebene Schnitte oder auch Formleitlinien gelegt werden, die zum anschließenden Flächenaufbau zur Verfügung stehen. Neben diesen Rohdaten werden jedoch auch Schablonen, Skizzen bzw. Absprachen hinzugezogen. Diese Daten werden rechnergestützt digitalisiert und anschließend geglättet, um zur Zeichnungserstellung der Karosserieteile als Grundlage dienen zu können (Bild 4).

Als Modelliertool für die Flächenerstellung wird bei der Audi AG die Software ICEM-SURF eingesetzt. Im Gegensatz zu traditionellen CAD-Systemen verfolgt ICEM-SURF eine eigene Philosophie bei der Flächengenerierung. Der Konstrukteur kann sofort flächenorientiert dynamisch arbeiten und ist nicht gezwungen, Flächen ausschließlich über Kurven aufzubauen. Dies ermöglicht ihm, die Grundlage für erste Konstruktionszeichnungen zu schaffen (Bild 5).

In dieser Phase der Entwicklung ist die Rechnerunterstützung zwingend notwendig und in der heutigen industriellen Praxis ein wesentlicher Bestandteil der effizienten Freiformflächenerzeugung.

Bild 4. Stereo-Photogrammetrie (Quelle: K. Schallé, Audi AG)

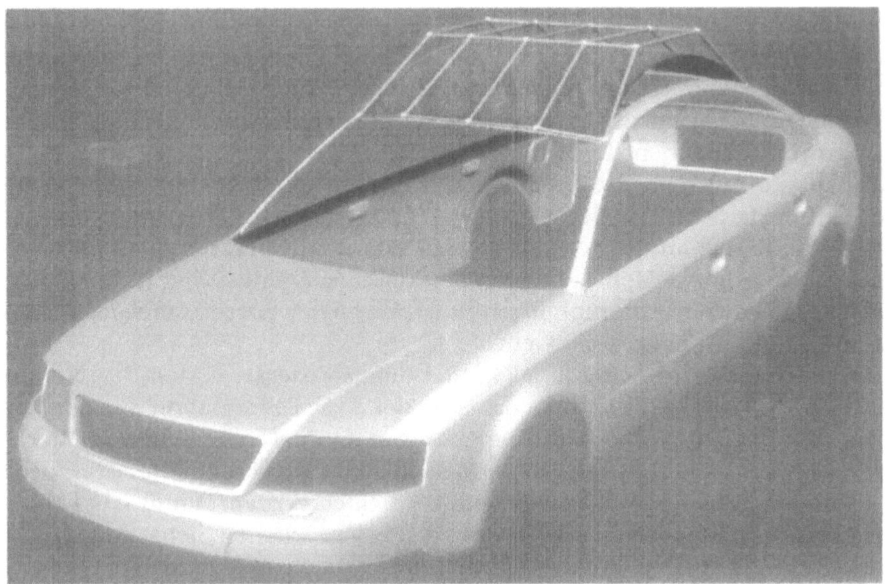

Bild 5. Flächenaufbau mit ICEM-SURF (Quelle: K. Schallé, Audi AG)

2.3 Konstruktion

Hat man die Flächenmodellierung abgeschlossen, können die Konstruktionszeichnungen angefertigt werden. Mit Hilfe der Konstruktionszeichnungen werden in diesem Stadium des Entwicklungsprozesses sämtliche Blecheinzelteile dargestellt. In Zusammenbauzeichnungen werden nun einzelne Baugruppen bis hin zum Aufbau kompletter Karosserien definiert. Damit werden die Daten aus den Strakverläufen erstmals mit einer Bemaßung belegt (Bild 6).

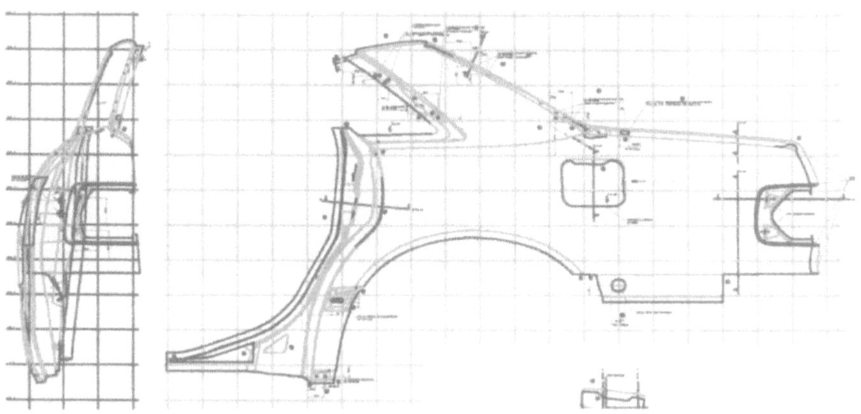

Bild 6. Konstruktionszeichnung Seitenteil-Hinten-Außen

In dieser Phase der Entwicklung ist eine enge Zusammenarbeit zwischen den Automobilisten und Zulieferern notwendig. Hier können insbesondere große Vorteile durch einheitliche Schnittstellen und entsprechende Vereinheitlichungen der verwendeten Softwarepakete erzielt werden.

In großen Bereichen der Automobil- und Zuliefererindustrie werden die Blechbauteile mit dem Programmpaket CATIA abgebildet und können nun über definierte Schnittstellen (VDA, IGES) als Freiformflächenmodelle Eingang in die Berechnungsprogramme auf der Basis der Finiten Elemente finden. Des weiteren werden durch gemeinsame Forschungsprogramme (PROSTEP) im Kreise der Automobilisten und Zulieferer weitere Standardisierungen und Angleichungen angestrebt.

Den Kern dieser im Verlauf des Entwicklungsprozesses ersten Berechnungen stellt die Crash-Simulation dar. Mit der Crash-Simulation werden die Systemsteifigkeiten von Strukturen berechnet und entsprechende Blechdicken der Einzelbauteile festgelegt. Wesentlich ist, daß komplette Strukturen unter diesem Gesichtspunkt eingehend betrachtet werden. Damit ist es möglich, schon zu diesem frühen Zeitpunkt den erforderlichen Sicherheitsaspekten Rechnung tragen zu können (Bild 7).

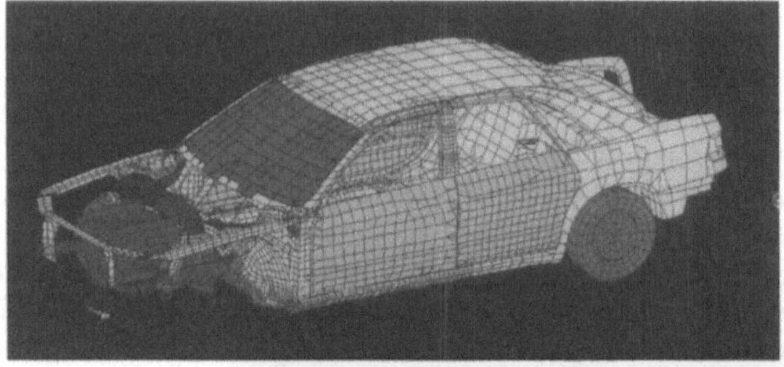

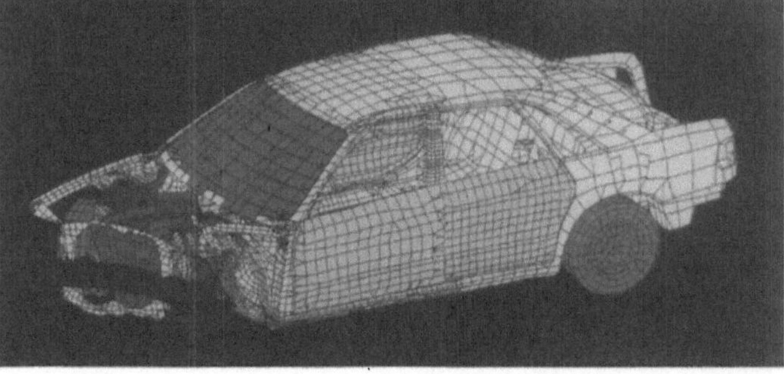

Bild 7. Offset-Crash-Simulation einer Gesamtstruktur mit 40% Überdeckung

Die CA-Techniken bilden somit einen wesentlichen Bestandteil der Ebene 1 zur effizienten Durchführung der Vorentwicklung vom Design bis zur Konstruktion einer Karosserie-Struktur. Bild 8 stellt den Zusammenhang innerhalb dieser Ebene schematisch dar.

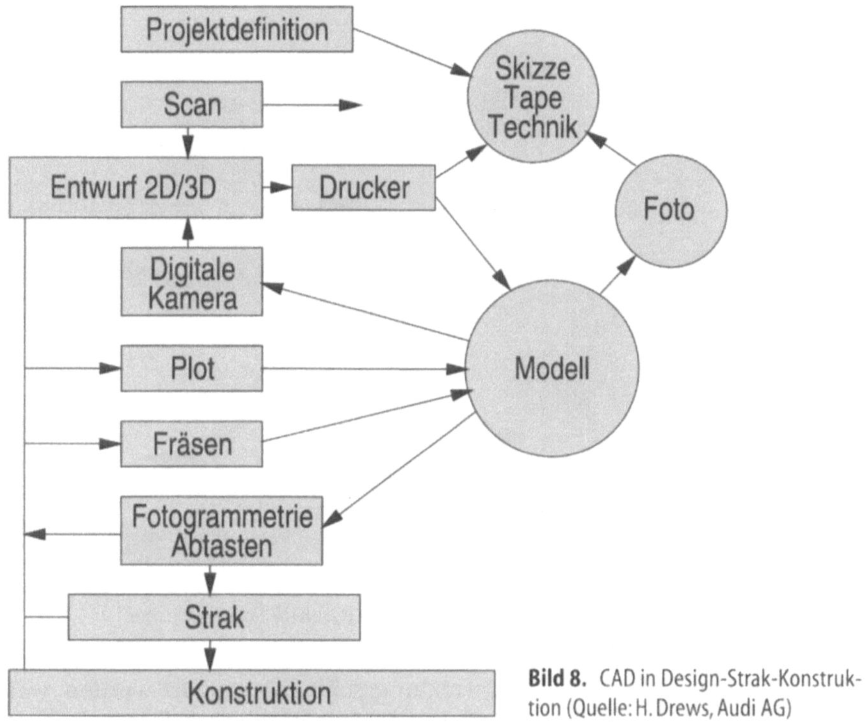

Bild 8. CAD in Design-Strak-Konstruktion (Quelle: H. Drews, Audi AG)

2.4 Methodenplanung

Nach der Festlegung der Strukturen unter crashrelevanten Gesichtspunkten und der damit verbundenen Konstruktion der Einzelteile, ist es nun notwendig, diese Einzelteile nach fertigungstechnischen Aspekten zu beurteilen. In der sog. Methodenplanung wird eine verfahrensspezifische Abfolge der notwendigen Schritte festgelegt, die zur Herstellung eines Bauteils notwendig ist.

Dabei ist die Nutzung der numerischen Simulation in dieser auf der Ebene 2 stattfindenden Entwicklungsphase ein fester Bestandteil in der heutigen industriellen Praxis. Somit wird sowohl dem Konstrukteur als auch dem Methodenplaner ein Instrument zur Verfügung gestellt, das ihm neben der Auslegung eines Ziehprozesses aus seinen Erfahrungswerten, entscheidende Prozeßplanungshilfen gibt. Nach dem Durchlauf mehrerer Iterationsschleifen in Konstruktion und Simulation kann im Sinne eines methodischen Vorgehens eine optimierte Ziehteilauslegung gezeigt werden.

Dabei stellt die Methodenplanung das Bindeglied zwischen Technischer Entwicklung und Produktion dar. Der Einsatz modernster Rechentechnik ist dazu vom heutigen Standpunkt aus gesehen unerläßlich, da durch steigende Anforderungen an die Bauteilkomplexität bei gleichzeitiger Reduzierung der Produktlebenszyklen ein in höchstem Maße dynamischer Prozeß durchzu-

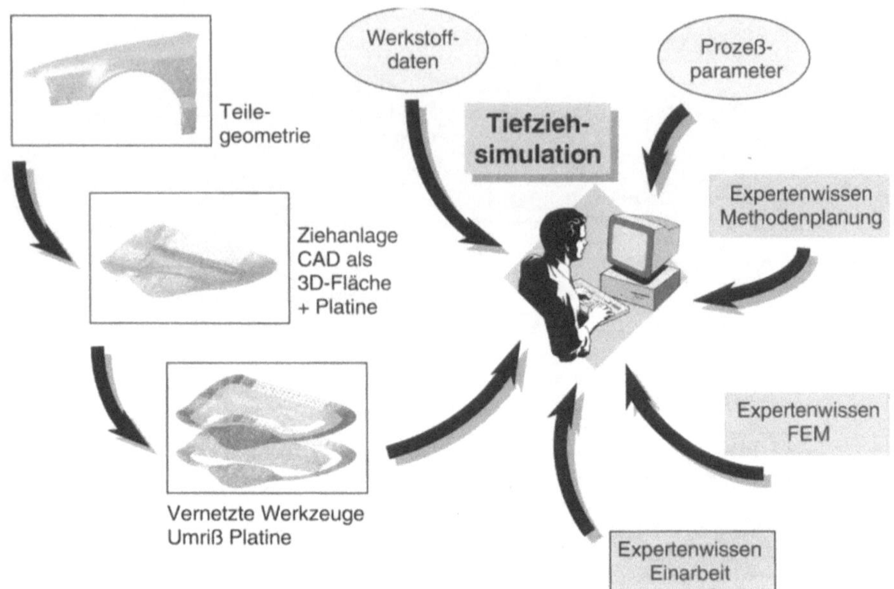

Bild 9. Einbindung der FE-Analyse in den Entwicklungsprozeß (Quelle: T. Schönbach, Audi AG)

führen ist. Des weiteren können Entwicklungsschleifen gespart werden, was erhebliche Kostenreduzierungspotentiale offenlegt. Der ehemals verwendete empirische Ansatz mittels Trial and Error wird durch systematisches Vorgehen mittels FE-Analyse ersetzt.

Aus der in der Konstruktion festgelegten Teilegeometrie werden Geometrie und Kinematik einer geeigneten Ziehanlage mit den Komponenten Ziehstempel, Blechhalter und Matrize bestimmt. Dies bedeutet die Erzeugung von 3D-Flächen für die Werkzeuge und die umzuformende Platine. Nachfolgend werden die Werkzeuge vernetzt, so daß die Berechnungen unter Berücksichtigung von Werkstoffkennwerten $kf = f(\varphi)$ und Prozeßparametern durchgeführt werden können (Bild 9).

Die Kernaufgabe ist dabei, das Erfahrungswissen etablierter Mitarbeiter im Zusammenspiel mit den Simulationsspezialisten bzw. dem Rechnereinsatz effizient in Produkte umzusetzen.

Bei der Durchführung von FEM-Berechnungen ist jedoch ein möglichst anwendungsfreundliches System anzustreben. Die Audi AG legt die Blechbauteile mit den Programmen AutoForm bzw. Pam-Stamp aus. Das Programmpaket Autoform-Inkremental bietet dabei genau wie das Programm Pam-Stamp für die Simulation im Bereich Methodenplanung und Werkzeugkonstruktion die besten Voraussetzungen. Die Simulationsergebnisse lassen unmittelbare Rückschlüsse auf Problemzonen im geplanten Umformvorgang zu und ermöglichen durch konstruktive Veränderungen, wie den Einsatz von Ziehleisten oder im Platinenzuschnitt, einen unmittelbaren Eingriff auf den Umformvorgang (Bild 10).

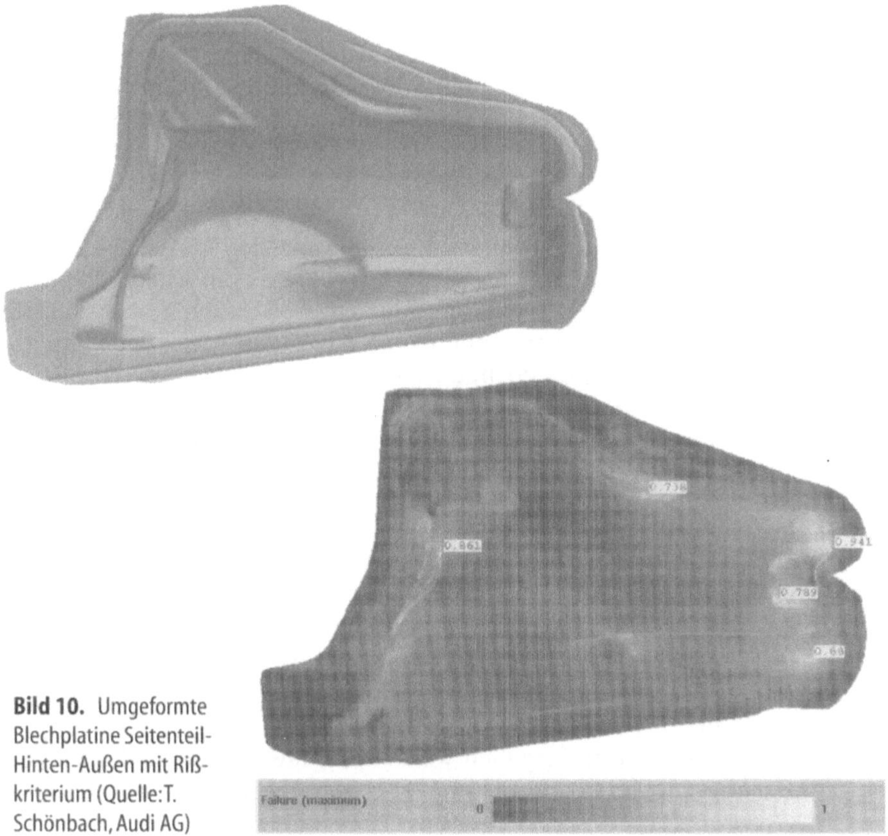

Bild 10. Umgeformte Blechplatine Seitenteil-Hinten-Außen mit Rißkriterium (Quelle: T. Schönbach, Audi AG)

Anhand der für den jeweiligen Prozeß signifikanten Grenzwerte wird das Umformergebnis beurteilt. Dies sind zum einen die Dehnungen in Blechdickenrichtung und die lokalen Umformgrade, die eine Einschnürung bzw. einen Abriß des Bleches vermeiden sollen. Zum anderen werden Kontaktbedingungen im Flansch zur Faltenbildung 1. Ordnung und Formfüllungskriterien herangezogen. Erste Voraussetzung zur Durchführung einer Simulationsberechnung sind jedoch eingehende Betrachtungen hinsichtlich der geeigneten Elementgröße und einer notwendigen Diskretisierung. Dabei ist ein Konsens zwischen einer möglichst kleinen Elementgröße und einer möglichst geringen Rechenzeit zu definieren.

Neben dieser lokalen Charakterisierung des umzuformenden Blechbauteils mittels FEM-Simulation hinsichtlich auftretender Versagensfälle soll die Simulation zukünftig auch zur Vorausberechnung der Rückfederung genutzt werden. Dies bedeutet jedoch den Bedarf nach wesentlich verfeinerten Analysemöglichkeiten und auch die Einbeziehung wesentlich feinerer Eingangsdaten für die Simulation, wie mechanische Materialkennwerte zur Anisotropie.

Am Institut für Umformtechnik in Stuttgart zeigte die Simulation der Rückfederung, daß bei der Berechnung dreidimensionaler Formteile große Abweichungen gegenüber dem Realteil auftreten können. Somit wurde ein neuer Lösungsansatz entwickelt, der nicht nur die Biegeeigenschaften des Bleches erfaßt, sondern auch Aussagen über die Spannungskomponenten in Blechdickenrichtung zuläßt. Der Vergleich mit dem Experiment zeigte ein zufriedenstellendes Ergebnis.

Somit kann festgehalten werden, daß der Einsatz der FE-Analyse in der Methodenplanung in der heutigen industriellen Praxis ein unentbehrliches Instrument darstellt. Neben einem reproduzierbaren Ergebnis hinsichtlich Blechdickenverteilung und auftretenden Umformgraden sowie der Simulation der Faltenbildung ist es möglich, durch die Berücksichtigung von Rückfederungseffekten die Genauigkeit der Simulation wesentlich zu verbessern. Die Simulation liefert dadurch eingehende Prozeßplanungshilfen zur Vorausberechnung zukünftiger Blechteilgeometrien und vertieft des weiteren das Prozeßverständnis.

2.5 Werkzeugkonstruktion

Nach der erfolgreichen Berechnung zur Herstellung der Blechbauteile ist aus den vorliegenden Blechteilgeometrien die Werkzeugkonstruktion zu realisieren und zur physischen Erstellung der Werkzeuge die AV/NC-Programmierung voranzutreiben. Die Daten der Bauteilkonstruktion können zur Konstruktion der Werkzeuge freigegeben werden, so daß Vorgaben für die NC-Programmierung zur Fertigung erster Werkzeugsätze erzeugt werden kön-

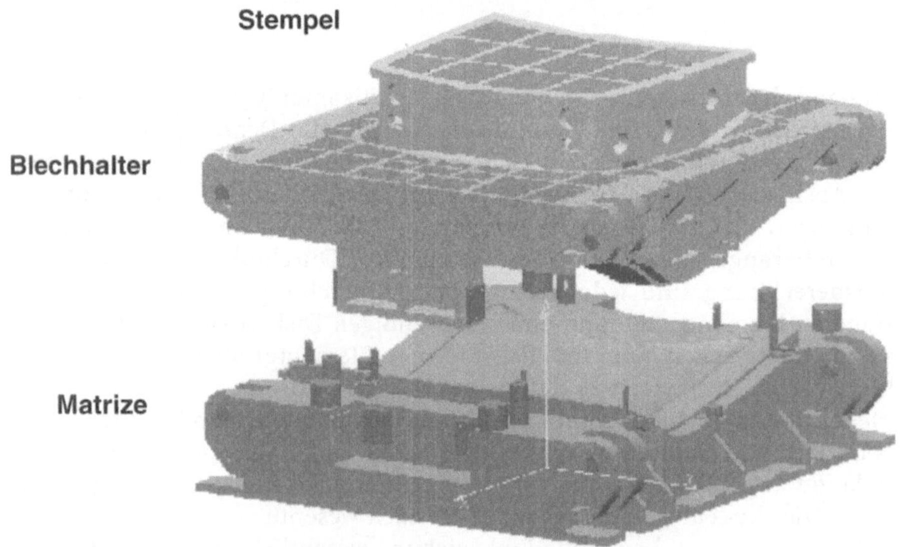

Bild 11. SOLID-Konstruktion im Werkzeugbau (Quelle: S. Eiden, Audi AG)

nen. Diese SOLID-Konstruktion im Werkzeugbau dient im wesentlichen der Fehlervermeidung durch einen hierarchischen Aufbau und eine 3D-Darstellung. Die Konstruktion erfolgt über Features für die NC-Bearbeitung und eine assoziative Zeichnungsableitung. Sie stellt die Basis für spätere Durchdringungs- und Gewichtsanalysen sowie für nachfolgende Festigkeits- und Freigängigkeitsuntersuchungen dar (Bild 11).

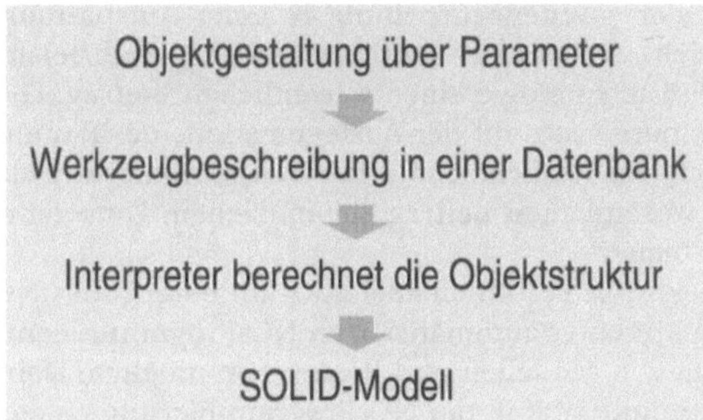

Bild 12. VAMOS-Konstruktion (Quelle: S. Eiden, Audi AG)

Des weiteren ist eine Parametrisierung möglich. Angestrebt wird dabei eine Modifikation bereits bestehender Elemente oder Standards anstelle einer Neukonstruktion. Dies bedeutet eine Aufwandseinsparung im Werkzeugbau dank der effizienten Gestaltung der Prozeßkette von der Objektgestaltung bis hin zum eigentlichen SOLID-Modell (Bild 12).

2.6 NC-Programmierung

In der für die Ebene 2 abschließenden NC-Programmierung ist ein stufenloser Übergang von der Werkzeugkonstruktion zur eigentlichen Werkzeugherstellung gefordert. Dazu sind über die genannten Schnittstellen und entsprechende Endbearbeitungssysteme z.B. die Prozesse Bohren und Fräsen durchzuführen. Dabei geschieht bei der Audi AG das Bohren (3/5-Achsen) und das Fräsen (3/5 Achsen) mit dem Programmpaket AUDINSDM bzw. über einen CATIA-Standard. Auch die Oberflächenbearbeitung (3/5 Achsen) wird mittels CATIA-Datenaufbereitung realisiert. Die Generierung der Oberflächenprogramme wird dabei in der Werkstatt in WORKNC durchgeführt. Die Fertigungsvorgänge Drahterodieren und Brennschneiden werden auf CATIA-Basis mit einer Eigenentwicklung umgesetzt.

Zur Umsetzung der Fräserbahnen ist dabei eine schnelle und zuverlässige Berechnung gefordert. Eine vollständige Kollisionskontrolle vermeidet Beschädigungen der zu erzeugenden Werkzeugform im Fräsprozeß. Zusätzlich wird die manuelle Nacharbeit wesentlich reduziert.

Durch den Rechnereinsatz in dieser Ebene werden in erster Linie die Ziele der Produktivitäts- und Qualitätssteigerung verfolgt. Die Feature-Konstruktion bildet die Grundlage für eine schnellere Programmgenerierung. Die damit erreichbare Standardisierung und Automatisierung der Programmgenerierung bedeutet einen weiteren wesentlichen Vorteil. Dies wird mit dem Aufbau eines Datenbanksystems bzw. mit einer Wissensbasis dank eines Technologiespeichers unterstützt. Durch die Vorabsimulation wird eine Erhöhung der Prozeßsicherheit erreicht. Die Anzahl der verwaltungstechnisch sehr aufwendig zu handhabenden Zeichnungen als Informationsträger wird reduziert.

Hardwareseitig wird mit der 5-Seitenbearbeitung in einer Aufspannung ein weiterer Zeitvorteil erzielt, der kürzere Durchlaufzeiten gewährleistet. Dazu leistet auch die HSC-Frästechnologie einen wesentlichen Beitrag. Dies zeigt, daß nicht nur der Rechnereinsatz auf der Auslegungsseite der Bauteile von Vorteil ist, sondern auch die Rechentechnik zur Programmierung der Bearbeitungsanlagen einen wesentlichen Beitrag zur effizienten Umsetzung neuer Produktgenerationen bietet.

Neuere CAD/CAM-Entwicklungen eröffnen aber auch im Bereich des NC-Fräsens neue Möglichkeiten. Mit einer automatisierten NC-Programmierung ist eine schnellere Erzeugung von Modellen und Prototypen möglich. Dabei wird das Ziel verfolgt, die Produktivität in der NC-Programmierung zu steigern und gleichzeitig das Bearbeitungsergebnis zu optimieren. Die NC-Programme müssen dabei eine extrem hohe Fehlersicherheit aufweisen und kurze Maschinenlaufzeiten unter Berücksichtigung der vorgegebenen Fertigungsqualität ermöglichen. Bild 13 zeigt die Anforderungen an CAD/CAM-Systeme anhand des Flächenfräsens.

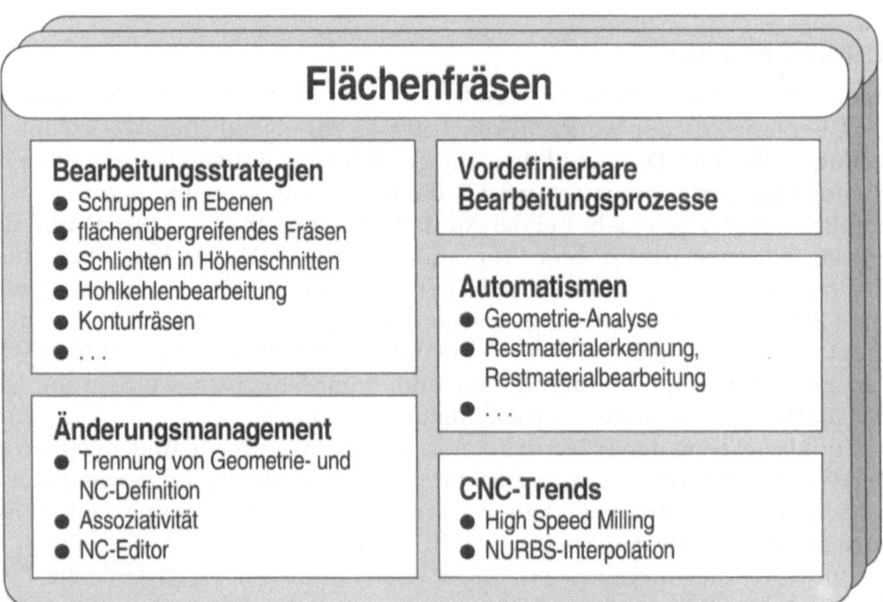

Bild 13. Anforderungen an CAD/CAM-Systeme anhand des Flächenfräsens (Quelle: J. Lauscher, IBM)

2.7 Einarbeit der Werkzeuge

Nachdem die Werkzeuge gefertigt sind und parallel dazu erste Prototypen-Bauteile abgepreßt wurden, ist die Fertigung der Blechbauteile gewährleistet. Der Rechnereinsatz hat bislang in erheblichem Maße zu einer Verkürzung der Entwicklungszeiten beigetragen, so daß ein ineffizientes, zeit- und kostenintensives Trial and Error im wesentlichen entfallen kann.

In der Ebene 3 der betrachteten Prozeßkette wird der Rechner in erster Linie zur Gestaltung und Durchführung von funktionalen Prozessen genutzt. Die Einarbeit in enger Zusammenarbeit mit der Serienfertigung ist nur dann umsetzbar, wenn die Prozesse aufeinander abgestimmt sind. Dazu bedarf es einer Produktdatenverwaltung, die in genauen Zyklen die Belegung der einzelnen Pressenstraßen festlegt. Damit können die vorhandenen Anlagen bestmöglich ausgelastet werden.

In der Einarbeitungsphase ist dabei lediglich die Abstimmung der Werkzeugsätze auf die einzelnen Pressenstraßen vorzunehmen. Zusätzlich wird eine Mechanisierung bzw. Automatisierung und eine Parametereinstellung der entsprechenden Pressenstraße umgesetzt, damit der Werkzeugsatz in den Serienstatus übernommen werden kann (Bild 14).

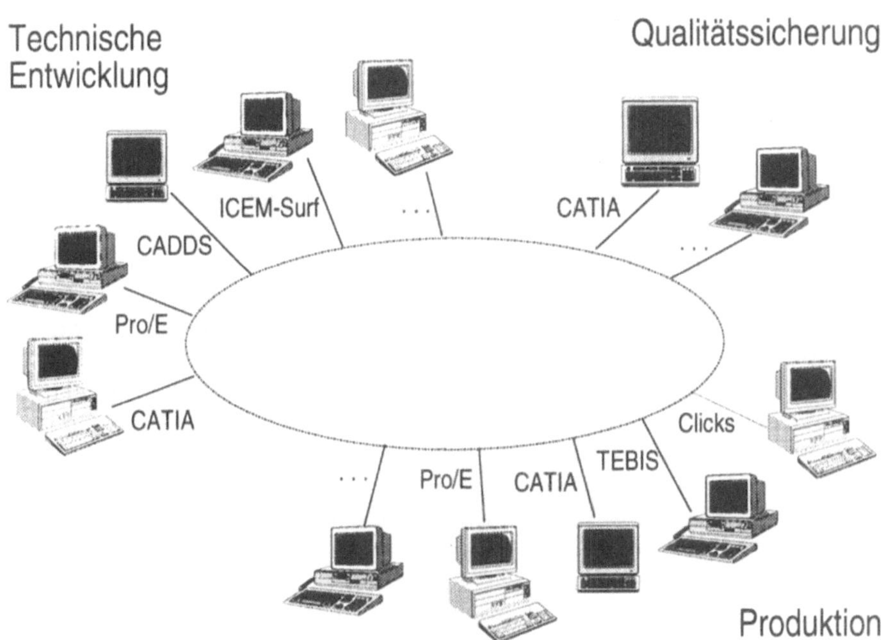

Bild 14. Prozeßdatenverwaltung (Quelle: H. Geier, Audi AG)

2.8 Serienproduktion und Qualitätssicherung

In der Serienproduktion wird neben einer durchgängigen Werkzeugverwaltung eine Rechnerunterstützung vom eigentlichen Kundenauftrag bis hin zum Einbau der abgepreßten Bauteile im Rohbau durchgängig durchgeführt. Mit Hilfe der Werkzeugverwaltung kann zu jedem Zeitpunkt von der Pressensteuerung nachvollzogen werden, welchen Status ein Press-Werkzeug besitzt, d.h., ob es sich gerade in der Instandhaltung, im Lager oder in der Produktion befindet (Bild 15).

Die Kundenaufträge und die entsprechende Fahrzeugprogramm-Aufschlüsselung werden von Vertrieb und Logistik betreut. Die dazugehörigen Teilestamm- und Teilbezugsdaten werden anschließend von der Steuerzentrale des Preßwerks übernommen. Danach erfolgt die Ermittlung der Bedarfsmenge und die Einleitung weiterführender Schritte der internen Auftragserstellung, der Einplanung notwendiger Zyklen und der Vorplanung optimierter Zeiträume zur Pressenbelegung. Neben der Planung der Pressenkapazitäten sind auch die Materialbereitstellungsmöglichkeiten zu überprüfen. Die Materialbereitstellung ist bei jedem zu fertigenden Los just in time zu gewährleisten, um einen effizienten und kostengünstigen Fertigungsprozeß ohne große Lagerbestände realisieren zu können.

Die Qualitätssicherung ist im Sinne der Vorgabe Qualität zu produzieren und nicht zu kontrollieren, in diese Prozeßablaufstruktur von Beginn an eingebunden. Dadurch können die hohen Qualitätsanforderungen an die zu fertigenden Blechbauteile systematisch und konsequent umgesetzt werden.

3 Rechnergestützte Blechumformung am Beispiel des Audi A8

In den letzten Jahren gewinnt Aluminium als Karosseriewerkstoff in der Pkw-Serienproduktion zunehmend an Bedeutung. Um diesen Trend weiter zu forcieren, ist es von großer Bedeutung, den Zeit- und Kostenaufwand bei der Aluminiumblechverarbeitung auf das Niveau der Stahlblechverarbeitung zu reduzieren. Bei gleichzeitiger Verbesserung der Prozeßsicherheit ist der Ausschußanteil zu fertigender Blechbauteile zu senken, daneben sind vergleichbare Oberflächenqualitäten wie bei Stahlaußenhautteilen sicherzustellen. Die Entwicklung einer Stahlkarosserie baut dabei auf jahrzehntelangen Erfahrungswerten auf, die einer Aluminiumkarosserie unterliegt hingegen dem Zwang, innerhalb weniger Jahre den gleichen Entwicklungsstand zu erreichen und vergleichbare Qualitäten und Fertigungszeiten zu erzielen.

Der Werkstoff Aluminium hat jedoch andere mechanische Kennwerte und – dadurch bedingt – ein anderes Umformverhalten als die in der Karosseriefertigung verwendeten Stahlwerkstoffe. Um einen hochmechanisierten bzw. automatisierten Rohbau-Prozeß durchführen zu können, sind bei der Aluminiumteile-Fertigung allerdings die gleichen Bauteil-Toleranzen zu erzielen wie bei der Stahlteil-Fertigung,

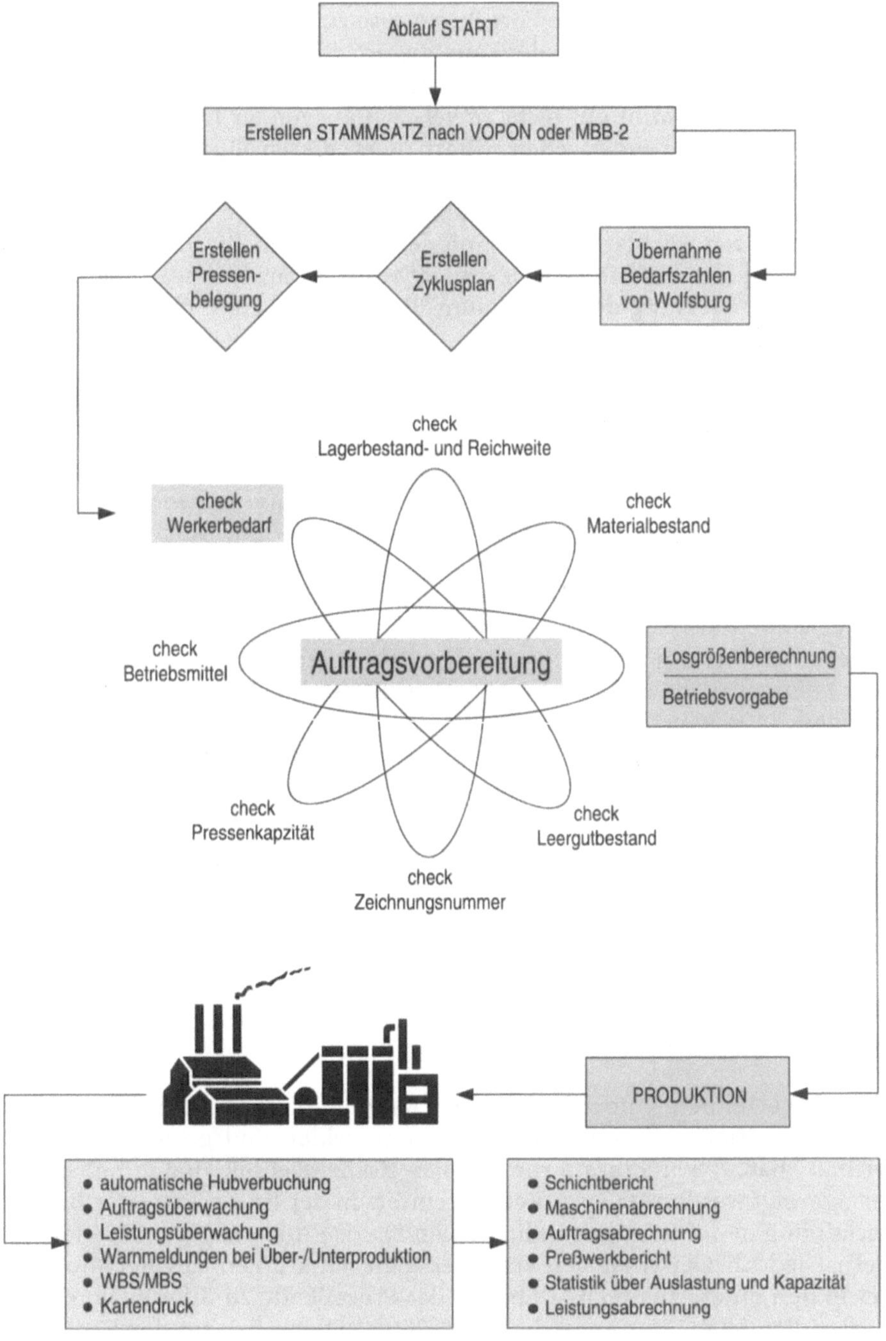

Bild 15. Schematische Übersicht des Systems Press (Quelle: F. Hartmann, Audi AG)

Zum Aufbau einer Komplettkarosserie aus Aluminium kann somit nur eingeschränkt auf die bewährte Vorgehensweise zur Entwicklung einer Stahlkarosserie zurückgegriffen werden. Aus diesem Grund basiert die Entwicklung der Aluminium-Blechteile im wesentlichen auf dem Wissen erfahrener Mitarbeiter. Dazu kommt ein nicht zu vernachlässigender Innovationsdrang und das Engagement eines jeden Mitarbeiters, diesen Quantensprung des Karosseriebaus zielgerichtet umzusetzen.

Eine durchgängige Rechnerunterstützung insbesondere in bezug auf die Methodenplanung war damit zu Beginn der Aluminium-Blechteile-Entwicklung nur eingeschränkt möglich bzw. nicht realisierbar. Dies war jedoch das Ziel für die Entwicklung der Aluminium-Blechbauteile zukünftiger Pkw-Generationen.

Zur Strukturierung und zur Sammlung von Erfahrungswerten der ersten Blechbauteile-Generation des Audi A8 wurde somit ein „Handbuch der Blechumformung für Aluminium-Karosserieteile" erarbeitet. Dieses Handbuch enthält Informationen über Werkstoffe, Pressentechnologien und Teileumfänge. Dabei werden die Einzelteile hinsichtlich ihres Schwierigkeitsgrades bewertet und in entsprechende Kategorien unterteilt. Aus der Summe dieser erarbeiteten und systematisierten Erfahrungen und Faktoren werden allgemeingültige Konstruktionsrichtlinien zur Fertigung von Aluminium-Karosserieteilen abgeleitet. Diese Richtlinien bilden nun die Basis für eine Rechnerunterstützung zukünftiger Blechteile-Generationen aus Aluminium.

Aus heutiger Sicht werden die aktuellen Entwicklungen und Methodenplanungen zu neuen Blechbauteilgeometrien aus Aluminium konsequent rechnergestützt durchgeführt. Dazu bedurfte es jedoch der angesprochenen Vorgehensweise. Daraus ist abzuleiten, daß eine Rechnerunterstützung in der Blechteilefertigung die Prozeßkette bis zum serienreifen Produkt zwar effizient gestaltet und zur Verkürzung der Durchlaufzeiten und damit zur Reduzierung der Entwicklungszyklen führt, daß jedoch zur Umsetzung eines völlig neuen Fertigungskonzepts in ersten Schritten nicht auf die Erfahrung der Mitarbeiter verzichtet werden kann.

4
Zusammenfassung und Ausblick

Die stetig steigenden Anforderungen der Automobilindustrie unter den Gesichtspunkten sich verkürzender Entwicklungszyklen und größerer Variantenvielfalt macht den Einsatz modernster Rechentechnik unabdingbar. Es konnte gezeigt werden, daß der Rechnereinsatz in der Prozeßkette der Blechteilefertigung in der heutigen industriellen Praxis durchgängig verbreitet ist. Dabei ist jedoch zwischen den verschiedenen Funktionen des Rechnereinsatzes in den unterschiedlichen Ebenen der Prozeßkette zu differenzieren.

In den Bereichen Design/Styling und Strak (Ebene E1) hat der Rechnereinsatz eine untergeordnete Funktion. In den Bereichen Konstruktion (Ebene E1) und Methodenplanung (Ebene E2) hingegen kann durch moderne

Rechentechnik ein wesentlicher Vorteil in Form einer zeitlichen Verkürzung der Prozeßkette erzielt werden. Neben dieser Verkürzung wird jedoch auch das Prozeßverständnis wesentlich erweitert bzw. vertieft, und der Rechnereinsatz – verbunden mit dem Expertenwissen erfahrener Mitarbeiter – liefert bedeutende Prozeßplanungshilfen. Damit entsteht in diesen Bereichen der größte Nutzenanteil durch den Rechner. Durchgängig ist der Rechnereinsatz deshalb, da auch in der NC-Programmierung und im Werkzeugbau (Ebene E2) sowie in den Bereichen Einarbeit, Serienfertigung und Qualitätssicherung (Ebene E3) durch eine konsequente Verfolgung und Umsetzung der Rechnertechnik in Form von Verwaltungssystemen eine erhöhte Produktivität erzielt wird.

Für die Zukunft sind diese Systeme jedoch noch auszubauen und zu erweitern. Erstens muß das Erfahrungswissen etablierter Mitarbeiter Eingang in Technologieprozessoren finden, die in der Lage sind, dieses Wissen z.B. in die FE-Simulation einfließen zu lassen. Des weiteren müssen die Schnittstellen zwischen den einzelnen Systemen (Konstruktion/Simulation/Verwaltungssysteme) standardisiert werden, so daß nicht nur beim Automobilisten intern, sondern auch zwischen den Automobilisten und den Zulieferern eine schnelle Übertragung der notwendigen Informationen eingeleitet werden kann.

Die visionäre Zukunftsperspektive ist in diesem Zusammenhang der Aufbau einer virtuellen Werkstatt. Mit diesem Instrument können die komplette Prozeßkette der Blechteilefertigung und zusätzlich die Bereiche Rohbau und Montage rechnergestützt dargestellt werden. Die Rechnerunterstützung für die Rohbau- und Montagearbeitsvorgänge und die entsprechenden Fertigungszeiten können einen Beitrag zur Prozeßkettenverkürzung und Effizienzsteigerung durch die Vorhersage und Vorausberechnung der Prozesse leisten. Dadurch wird die Fehlerhäufigkeit reduziert, die Arbeitszeitschritt-Planung verbessert und damit der Serienanlauf in diesen Bereichen optimiert und verkürzt.

Im heutigen Wandel der Zeit von der Produktions- zur Dienstleistungsgesellschaft kann die Produktion als Kern einer funktionalen Wertschöpfung nur durch effiziente Informationsübertragung und gezielte, intelligente Prozeßkettenverkürzung erhalten werden. Daran müssen alle verantwortlichen Bereiche einer Automobilproduktion vom Design bis zum serienreifen Produkt im Sinne des SE-Gedankens zukünftig noch intensiver als bisher gemeinsam arbeiten.

Stand und Trends der hydrostatischen Blechumformung

D. Bobbert, P.Ch. Hornberger

Inhalt: Wirtschaftliche Bedeutung – Versuchsdurchführung – Verfahrensvarianten – Fertigungsabläufe – Prinzipielle Verfahrensbesonderheiten (Vorteile/Nachteile) –Prozeßsimulation– Anwendungsbeispiele und Ausblick

1 Vorwort

Innerhalb der Daimler-Benz AG ist das Competence Center für die Innenhochdrucktechnologie (CC IHU) im Werk Hamburg eingegliedert. Aufgabe des Competence Centers ist es, dieses moderne Fertigungsverfahren hinsichtlich seiner Eignung für den Prototypen-, Vorserien- und Serieneinsatz zu untersuchen, fortzuentwickeln und wirtschaftlich erfolgreich einzusetzen. Daneben wirkt das CC IHU unterstützend in Projektierung, Konzeption und Engineering mit, um ökonomisch sinnvolle Anwendungsfälle im Automobilbau zu finden.

Die Kompetenz des CC IHU beruht auf seiner Ausstattung mit fachlich versiertem Planungsbüro, auf der mit breiter Wissensbasis ausgerüsteten FEM-Analyse, auf dem speziell eingerichteten Werkzeugbau und dem Erfahrungsschatz einer eingeführten Serienproduktion auf dem Gebiet der Abgaskrümmer-Einzelteil- und Zusammenbautenherstellung sowie der Einführung einer mit IHU gebauten Nockenwelle. Neuer Schwerpunkt ist die avisierte Implementierung von Strukturbauteilen im Automobilbau.

2 Einleitung

An verschiedenen Standorten in Deutschland und in den USA ist das IHU-Verfahren als wirtschaftlich konkurrenzfähiges Großserien-Produktionsverfahren bereits etabliert, allerdings wird dort stets mit rohrförmigem Ausgangsmaterial gearbeitet. Die erreichten positiven Resultate geben Anlaß zur noch zu erhärtenden Erwartung, daß die guten Ergebnisse auch mit tafelförmigem Blechausgangsmaterial möglich sein müßten. Heute ist die hydrostatische Blechumformung bereits erfolgreich zur Fertigung von Prototypenteilen bis hin zum Kleinserieneinsatz eingeführt.

3
Wirtschaftliche Bedeutung

In der Automobilindustrie kommt dem Entscheidungskriterium der Wirtschaftlichkeit die erste Rolle bei den Einsatzüberlegungen eines technisch machbaren neuen Verfahrens zu (Bild 1). Letzten Endes ist die Absetzbarkeit des Endprodukts in den verschiedenen Märkten von maßgeblicher Bedeutung. Bezogen auf die IHU-Technik spielten Soft-Kriterien wie Designfragen bisher eine untergeordnete Rolle; wichtig waren jedoch die Maßstäbe der verschärften gesetzlichen Forderungen hinsichtlich der Verringerung des Abgasausstoßes und des Kraftstoffverbrauchs.

Über die Forderung nach schneller aufgeheizten Abgaskatalysatoren und damit thermisch möglichst wenig beeinflussenden Abgaskrümmern ist die etablierte und kostengünstige Graugußtechnologie in diesem Bereich – zumindest für Benzinmotoren – konkurrenzlos hinter den Blechausführungen abgeschlagen worden. Unter den Blechvarianten haben wiederum diejenigen mit IHU-gefertigten Abgasrohren strömungstechnisch und fertigungstechnisch signifikante Vorteile aufzuweisen. Es ist nur noch eine Frage der Zeit, bis die umweltgesetzgebenden Organe indirekt auch bei den Dieselmotoren die Einführung der IHU-Technik erzwingen und damit wirtschaftlich machen werden.

Intelligenter Leichtbau ist in der Automobilindustrie kein Wertmaßstab an sich, sondern holt seine Berechtigung aus der gesetzlichen Forderung zur Kraftstoffeinsparung und dem Energieerhaltungssatz, der in seiner vereinfachten Formel lautet: weniger zu beschleunigende Masse = weniger Spritverbrauch. Daß dies vielfach effektiver zu erreichen wäre, wenn der Kunde seinen Kofferraum stets aufräumen würde, interessiert die Automobilindustrie nicht, weil sie ihre Marktpreise nur mit ihrem eigenen Anteil am Kundennutzen durchsetzen kann.

Die hieraus abgeleitete erste Behauptung lautet, daß es für den erfolgreichen und wirtschaftlichen Einsatz der hydrostatischen Blechumformung

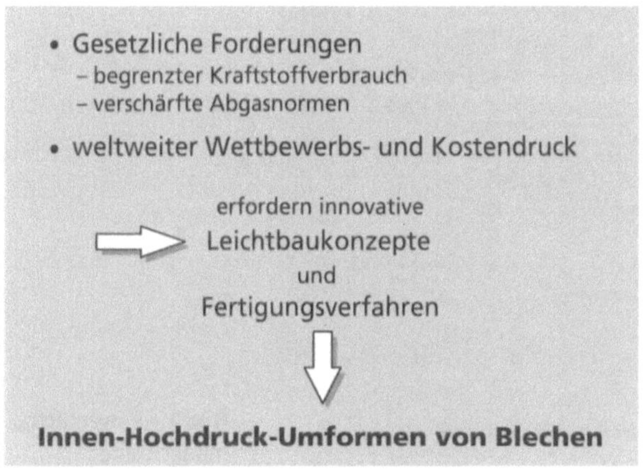

Bild 1. Rahmenbedingungen für die hydrostatische Blechumformung

darauf ankommt, zu erkennen, wann und wie geänderte Rahmenbedingen die Befriedigung der Kundenwünsche durch die spezifischen Vorteile des IHU-Verfahrens erlauben. Insofern lohnt es sich, künftig auch auf nur durch IHU erreichbare Designtrends zu achten, wenn dadurch des Kunden Geschmack und seine Lust, ein spezielles Auto zu kaufen, angeregt werden.

Der zweite wirtschaftlich relevante Bereich in der Automobilindustrie ist das Bestehen des intensiven internationalen Wettbewerbs. Bezogen auf das IHU bedeutet dies, daß ein verfahrenstechnischer und damit kostensenkender Effekt erzielt werden muß. Als Beispiele mögen die Verringerung von Fertigungsprozeßstufen oder die Senkung von Werkzeugkosten dienen. Kostensenken ist schon immer eine ingenieurtechnische Herausforderung gewesen. Aber es galt auch schon immer, daß mit Geldverdienen mehr zu holen ist als mit Ausgabenvermeidung. Vom Sparen ist noch niemand reich geworden.

Kostensenkungsmomente, aber vor allem innovatives Produktdesign haben dazu geführt zu versuchen, hydrostatisches Blechumformen in der Fertigung einzusetzen. Ob dies von Erfolg gekrönt sein wird, hängt von einer prozeßsicheren technischen Durchführbarkeit ebenso ab wie von den passenden Randbedingungen.

4 Versuchsdurchführung

In Deutschland beschäftigen sich Hochschulinstitute und die Industrie mit dem hydrostatischen Umformen von Blechen, wie in Bild 2 aufgeführt ist. Die Untersuchungsobjekte stammen aus vielfältigen Komponenten des Automobils. Allen gemeinsam ist, daß bis heute noch kein Einsatz in der Großserie gelungen ist.

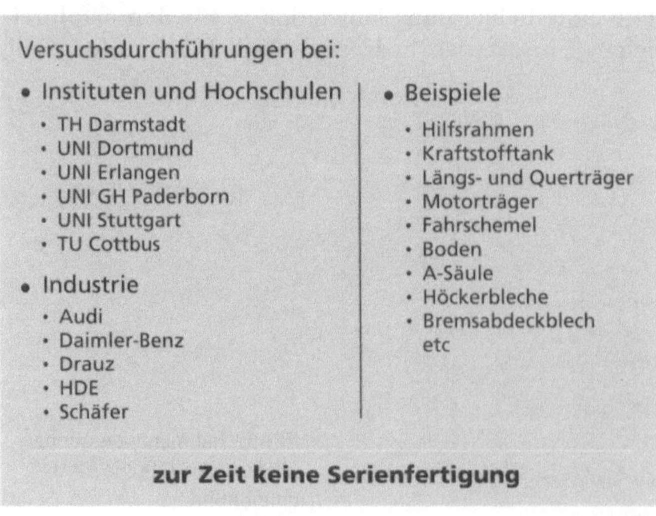

Bild 2. Anwendungsmöglichkeiten

5
Verfahrensvarianten

Bei der hydrostatischen Blechumformung gibt es mehrere Verfahrensvarianten - wie in Bild 3 grob dargestellt -, mit denen einfach- oder zweifachliegende ebene oder vorgeformte Blechplatinen umgeformt, ggf. auch gelocht oder beschnitten werden sollen.

Am besten eingeführt ist das Fluidzell-Prinzip von ABB, das in Bild 4 erläutert wird und das von der Prototypfertigung bis zur Erstellung von Kleinserien industriell genutzt wird.

Das Wirkungsprinzip der HBU (hydraulische Blechumformung), das von der Uni Dortmund vorgestellt wird, ist in Bild 5 beschrieben.

Eine weitere interessante Variante ist das von der Uni Erlangen vorgeschlagene Aufpumpen des Zwischenraumes von zwei Blechen, die vor oder nach dem Umformprozeß außerhalb oder innerhalb der Presse verschweißt werden könnten.

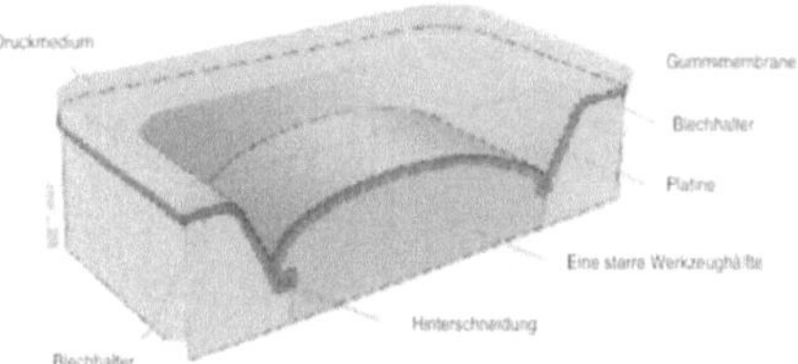

Fluidzell-Technologie
(Quelle: ABB)

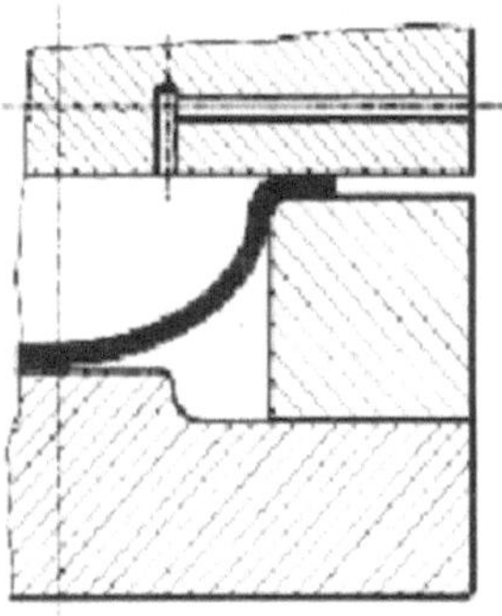

Hydraulische Blechumformung
mit einem Blech

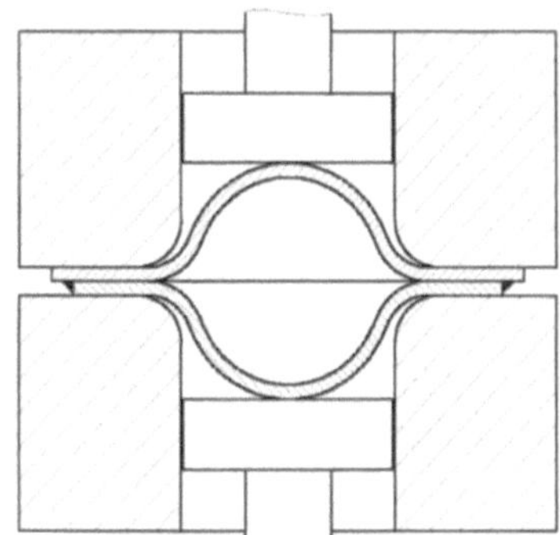

Hydraulische Blechumformung
mit Doppelblechen
(verschweißt und unverschweißt

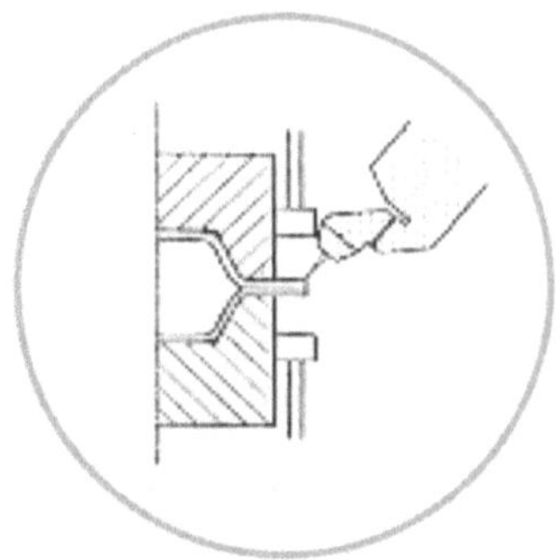

Hydraulische Blechumformung mit
Integration des Schweißprozesses
(Quelle: UNI Erlangen)

Bild 3. Beschreibung der Verfahrensvarianten

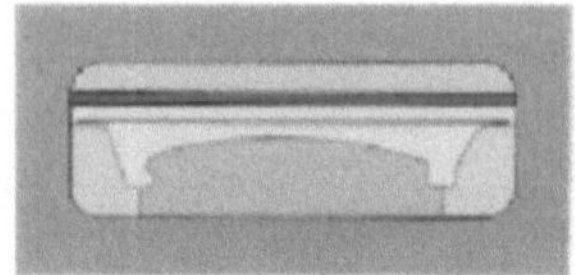

Einlegen der Platine auf die starre Werkzeughälfte

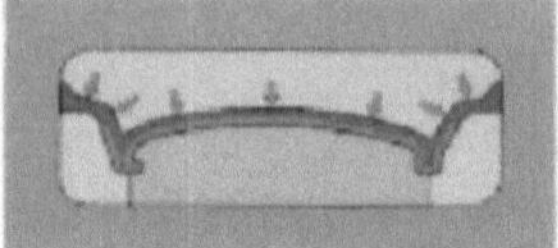

Umformen der Platine. Durch Einbringen von Öl legt sich die Membrane um die untere Werkzeughälfte

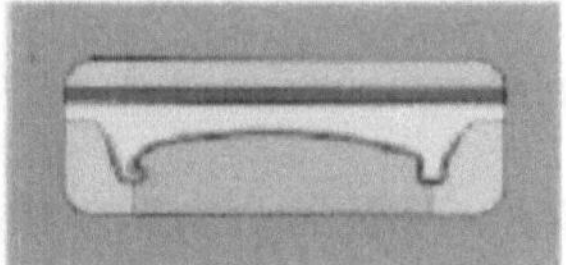

Entnahme der fertigen Teile nach der Dekompression

Vorteile:

- Niedrige Werkzeugkosten und kurze Anlaufzeiten, da nur eine starre Werkzeughälfte.
- Hinterschneidungen und Beschnitte sind möglich.
- Hohe Qualität und enge Toleranzen durch hohen gleichmäßigen Umformdruck
- Idealer Prozeß für Vor- und Kleinserien.

Bild 4. Fluidzell-Technologie (Quelle: ABB)

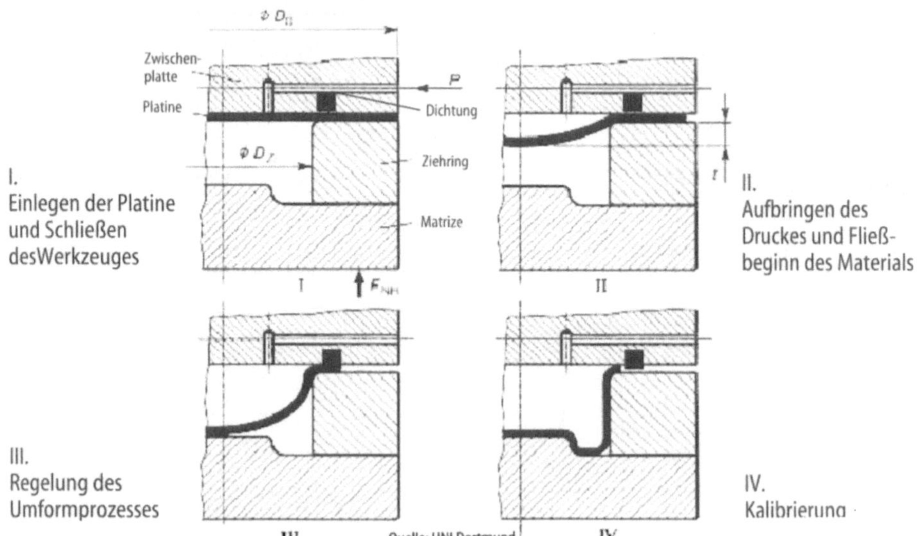

Besonderheiten des Verfahrens:

- Abdichtproblematik durch Einsatz von Hochdruckdichtungen zu lösen
- Einfaches Einbringen des Hochdruckmediums durch eineWerkzeughälfte
- Einsatz von reversierenden Gegenhaltern möglich

Bild 5. Verfahrensablauf HBU

6 Fertigungsabläufe

Bei der Beurteilung der Wirtschaftlichkeit eines hydrostatischen Umformverfahrens ist nicht allein der Umformprozeß zu beachten, sondern seine Einbindbarkeit in den Gesamtprozeßablauf. Die Referenzbasis ist dabei stets der seit langem beherrschte konventionelle Fertigungsablauf in der Tiefziehtechnik, wie in Bild 6 erläutert. Es ist unbedingt darauf zu achten, daß sämtliche Anforderungen von der Vormaterialerstellung bis hin zur Lackierbarkeit berücksichtigt werden.

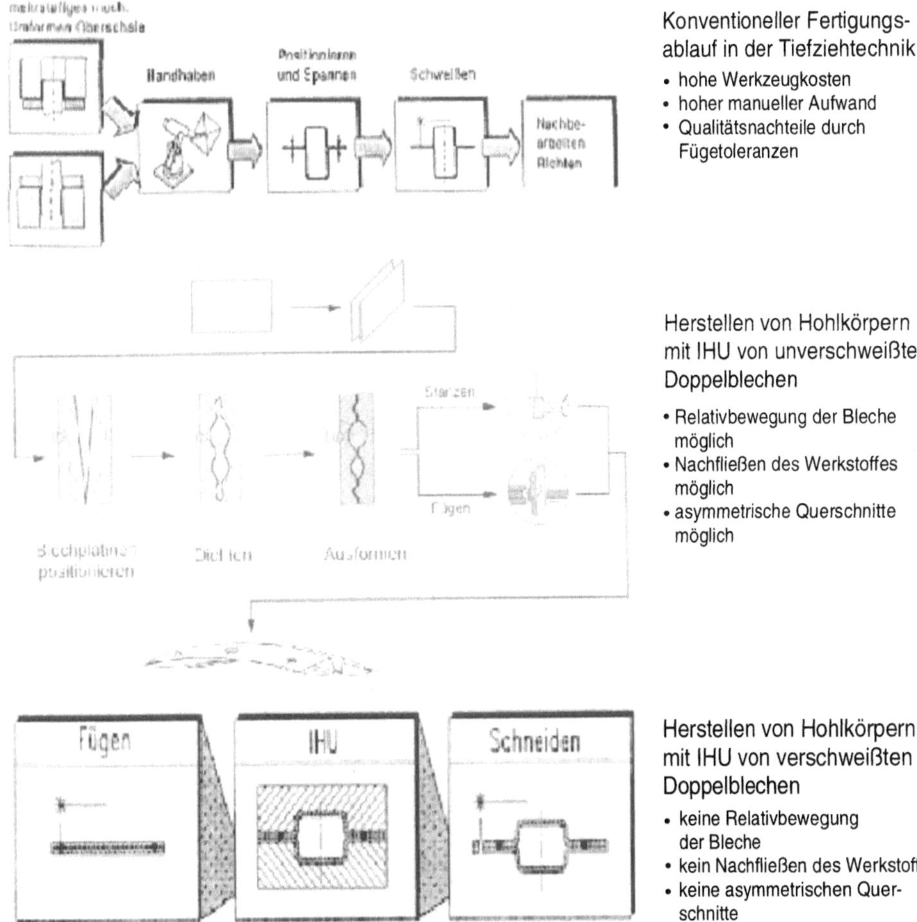

Bild 6. Vergleich der Fertigungsabläufe (Quellen: Uni Erlangen, TH Darmstadt)

Vorteile	Nachteile
• neue Gestaltungsmöglichkeiten	• neue verfahrensgerechte Konstruktion
• hohe Bauteilsteifigkeiten	• Andocksystem technisch schwierig
• hohe Genauigkeiten	• Prozeßregelung aufwendig
• geringes Gewicht	• Taktzeiten
• verkürzte Prozeßkette	• Kosten
• Einzelteilreduzierung	• Seriensicherheit

Bild 7. Vor- und Nachteile der hydrostatischen Blechumformung

7 Prinzipielle Verfahrensbesonderheiten (Vorteile/Nachteile)

Bei jedem neuen Verfahren, das in Konkurrenz zu etablierten treten will, ergibt sich das Problem, daß die Nachteile des neuen Verfahrens gegenüber dem alten sofort augenfällig werden, während die Vorteile, die nur im neuen Verfahren genutzt werden können, erst entdeckt und dann mühsam kommuniziert werden müssen, bevor sie als Stand der Technik gelten können.

Der gewichtigste Vorteil hydrostatisch umgeformter Blechteile muß also in den neuen Gestaltungsmöglichkeiten gesucht werden. Dem stehen verfahrens- und prozeßbedingte Nachteile entgegen, wie in Bild 7 gezeigt.

Besonderheiten der Technologie beziehen sich auf Maschine, Werkzeug, Prozeßregelung und Andockung (Bilder 8–10) bei denen die Einflußfaktoren Geometrie, Werkstoff, Tribologie (Bild 11) Berücksichtigung finden müssen.

Aus diesen Erfahrungen ergeben sich einige Grundregeln für die IHU-gerechte Konstruktion, die in Bild 12 aufgeführt sind.

Maschine
- hohe Preßkräfte
- regelbarer Stößel
- Zieh- und Stößelkissen integriert

Werkzeug
- Abdichtung des Hohlraums
  - elastische Dichtungen
  - Ziehwulste
- flexible Niederhaltefunktion
- Kraftaufnahme
- Integration von Schweißoperation

Prozeßregelung
- Zuhaltekraft
- Niederhaltekräfte
- Innendruck/Volumenstrom

Der komplexe Ziehvorgang (Falten, Reißer, Blechstärke) muß über einen Regelprozeß seriensicher abgedeckt werden!

Andockung
- durch ein Blech
- zwischen den Blechen
- Andockstutzen
- Befüllzeiten
- Werkstofffluß

Bild 8. Anforderungen und Besonderheiten der Technologie

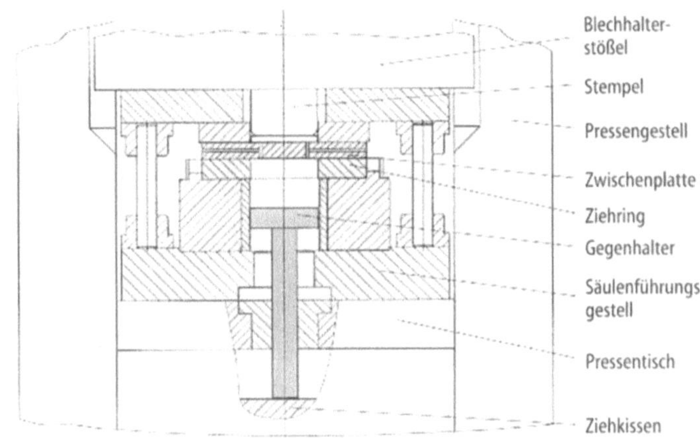

Bild 9. Machinen- und Werkzeugaufbau (Quelle: TH Darmstadt)

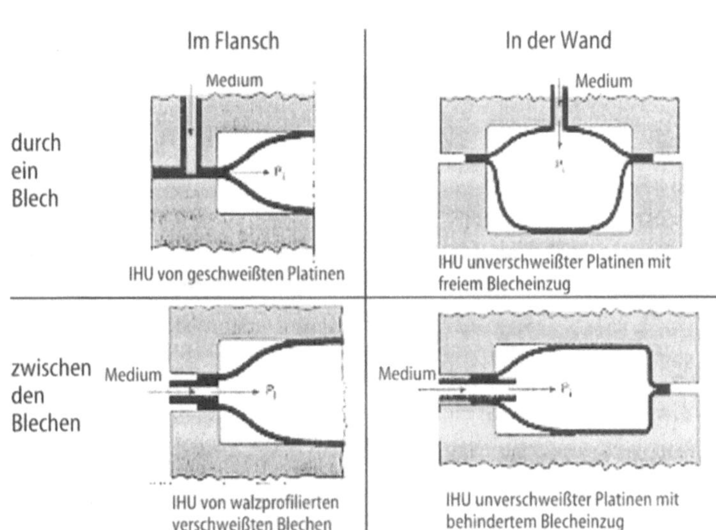

Bild 10. Andock-möglichkeiten (Quelle: Uni Erlangen)

Geometrie
- IHU-gerechte Konstruktion
  - enge Radien
  - steile Wände
- Lochungen
- Nebenformelemente

Werkstoff
- Umformvermögen
- Materialkennwerte
- Materialdicke

Tribologie
- Oberflächenbeschaffenheit
  - des Werkzeuges
  - der Blechwerkstoffe
- Schmiermitteleinsatz
- Beschichtungen

Prozeßregelung
- Zuhaltekraft
- Niederhaltekräfte
- Innendruck/Volumenstrom

Bild 11. Einflußfaktoren

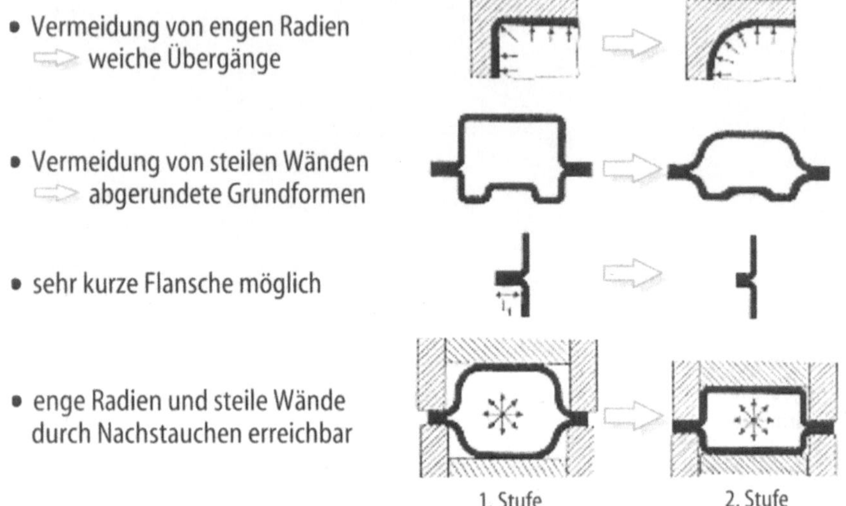

Bild 12. Regeln für die IHU-gerechte Konstruktion (Quelle: Uni Erlangen)

8 Prozeßsimulation

Sehr vorteilhaft ist der Einsatz der Finite-Elemente-Methode (FEM) im Vorfeld der Untersuchungen, wobei die Aussagekraft dieser Methode abhängig ist von der Qualität der Algorithmen und der zur Verfügung stehenden Datenbasis. Liegt eine ausreichende Problemdurchdringungsmethodik vor, dann können die in Bild 13 beschriebenen Nutzenpotentiale greifen.

Der bisher erfolgreich verlaufene empirische Einsatz der FEM hat zur Formulierung der in Bild 14 dargestellten verfahrensspezifischen Anforderungen geführt.

Einsatzszenarien

- Produktdesign vs. Machbarkeit
- Absicherung der Werkzeugkonstruktion
- Einarbeitung von Änderungen
- Rücksprungverhalten vs. Montageplanung

Einsparungspotential:

- Vorversuche
- Werkzeugkosten
- Verringerung der Bankarbeit
- Verkürzung der Vorlaufzeit

Bild 13. Prozeßsimulation mit FEM

Forderungen an die Software:

- Abbildung des Medien-Drucks/-Volumens
- dynamische Anpassung des Druckbereichs
- Abbildung der Fügezone
  - Werkstoffgefüge im Schweißnahtbereich beachten
- Kontakt deformierbarer Körper: Platine/Platine
- Tribologie der jeweiligen Kontaktflächen

Prinzipiell geeignete Software (Auszug):

• Abaqus	Fa. Abacom
• INDEED	Fa. INPRO
• LS-Dyna 3D	Fa. CADFEM
• Optris	Fa. DYNAMIC SOFTWARE
• Pam Stamp	Fa. ESI

Bild 14. Verfahrensspezifische Anforderungen

9 Anwendungsbeispiele und Ausblick

Die in den Bildern 15 und 16 vorgestellten Anwendungsbeispiele befinden sich zur Zeit in Untersuchung. Aus den vorliegenden Erfahrungen ergibt sich noch eine Reihe von Aufgaben, die in nächster Zukunft bewältigt werden muß, damit der hydraulischen Blechumformung der Durchbruch in die ertragbringende Serienfertigung gelingt (Bild 17).

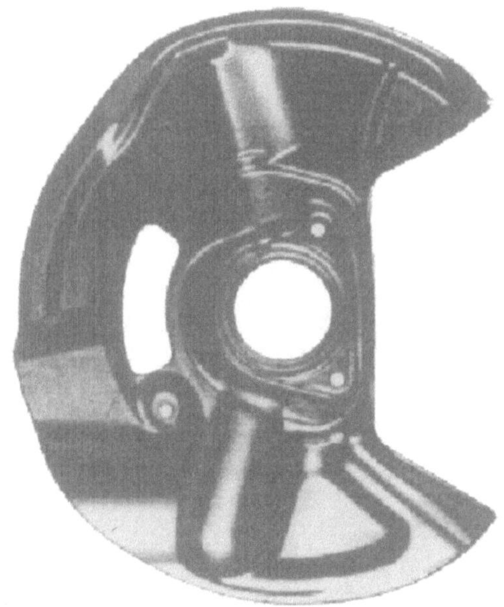

Bild 15. Beispiel: Bremsabdeckblech Daimler Benz (Projekt: Uni Dortmund)

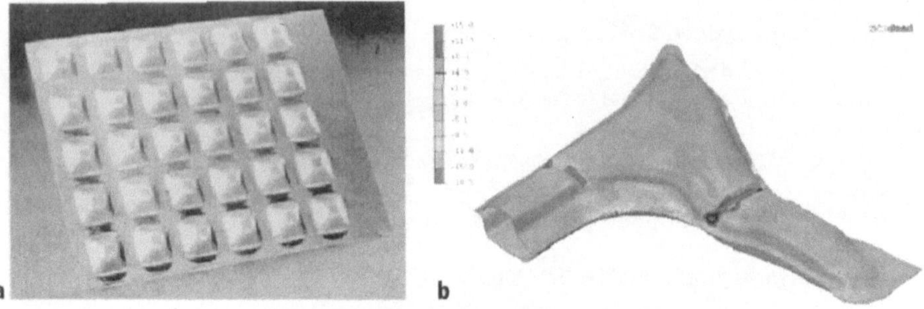

Bild 16. Beispiele: **a** Höckerbleche (Fa. HDE); **b** Hilfsrahmen Audi A4 (Fa. Drauz)

- die bisher gewonnenen Erkenntnisse bzgl. Prozeßführung bestätigen
  ⇨ robuster seriensicherer IHU-Prozeß
- Untersuchungen zur Variation des Werkstückstoffes
- Durchführung von Kosten-Nutzen-Analysen und Wirtschaftlichkeitsvergleiche
- Absicherung der Andockproblematik bzw Umformmedium-Zuführung
- Lösungsvorschläge zur Abdichtproblematik erarbeiten
- sichere Prozeßsimulation durch FEM-Berechnungen

Bild 17. Ausblick

Stand und Trends des Hydroumformens von Rohren

T. Kautz, U. Schmid

Inhalt: Verfahrensbeschreibung – Anlagentechnik – Anwendungsbeispiele

1 Einleitung

Technische Erzeugnisse werden in Zukunft noch stärker als heute hinsichtlich ihrer Umweltverträglichkeit und der Schonung begrenzter Ressourcen beurteilt. Es ist eine Aufgabe unserer Zeit, Produkte und Produktionsverfahren zu entwickeln, die sich durch minimalen Einsatz und Verbrauch sowohl bei der Herstellung als auch während der Produktnutzung bis hin zur Entsorgung auszeichnen.

Für die Entwicklung im Automobilbau bedeutet dies, daß gegenläufige Forderungen an neue Modelle gestellt werden. Der Kunde möchte ein äußerst sicheres, komfortables, dynamisches, aber auch umweltfreundliches Fahrzeug zu einem angemessenen Preis. Doch gerade die Erhöhung der Sicherheit und des Komforts führt meist zur Steigerung des Fahrzeuggewichts und somit zu höheren Verbrauchswerten. Hieraus ergibt sich die Aufgabe, möglichst leichte Materialien mit der benötigten Festigkeit bzw. Steifigkeit zu verwenden. Außerdem müssen Fertigungstechnologien entwickelt werden, die den materialsparenden Einsatz von Leichtbauteilen bei möglichst gleichzeitiger Reduzierung des Herstellungsaufwandes erlauben.

Zunehmende Anwendung hinsichtlich der Herstellung von Teilen mit komplizierter hohlförmiger Geometrie findet die Innenhochdruck-Umformung von Rohren. Bei diesem Fertigungsverfahren wird die Energie eines druckbeaufschlagten Fluids im Innenraum eines abgeschlossenen Hohlkörpers zum Umformen genutzt. Dieser Fertigungsprozeß zeichnet sich durch weitreichende Formgebungsmöglichkeiten aus, die mit herkömmlichen technologischen Verfahrensabläufen meist nur in mehreren Schritten oder nicht erreichbar sind.

Der vorliegende Beitrag beinhaltet eine Verfahrensbeschreibung und gibt einen Überblick über die derzeitigen und zukünftigen Einsatzpotentiale von innenhochdruckumgeformten Teilen aus der Sicht der Automobilindustrie.

2 Verfahrensbeschreibung/Einordnung

Innenhochdruck-Umformung (IHU) ist die Umformung eines hohlförmigen Halbzeugs bis zur Anlage an eine Werkzeuggravur durch die kraftgebundene Wirkung eines flüssigen Mediums unter direktem Kontakt des Mediums mit dem Werkstück. Der kraftgebundenen Wirkung des flüssigen Mediums können andere Kräfte, z.B. Axialkräfte und Querkräfte, überlagert werden. In Bild 1 ist das Verfahren am Beispiel der Umformung eines Rohres mit Axialkraftunterstützung in einem längsgeteilten Werkzeug gezeigt. Während des ersten Schrittes, dem Schließen des Werkzeugs, Anfahren der Axialzylinder und Füllen des Rohres mit dem Umformmedium, kann schon eine Vorform erzeugt werden. Anschließend wird während des Nachschiebens der Axialzylinder im Inneren des Rohres Druck aufgebaut und das Teil umgeformt. Am Ende des Vorgangs wird der Innendruck nochmals erhöht, um das Teil zu kalibrieren.

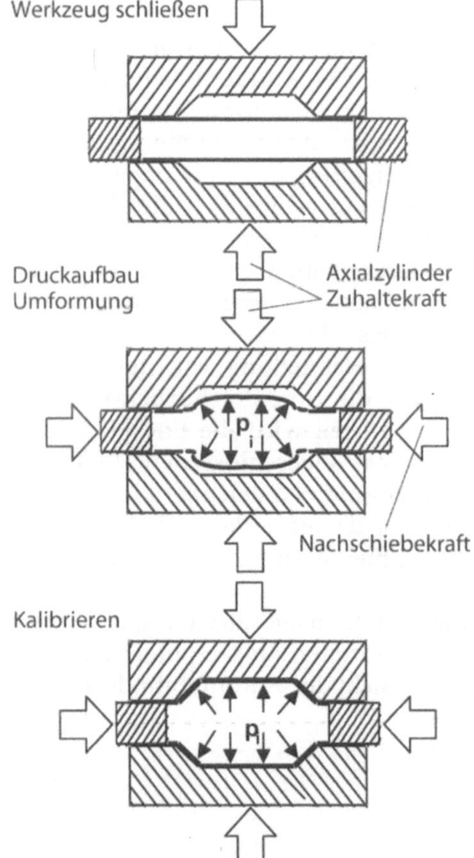

Bild 1. Verfahrensprinzip IHU

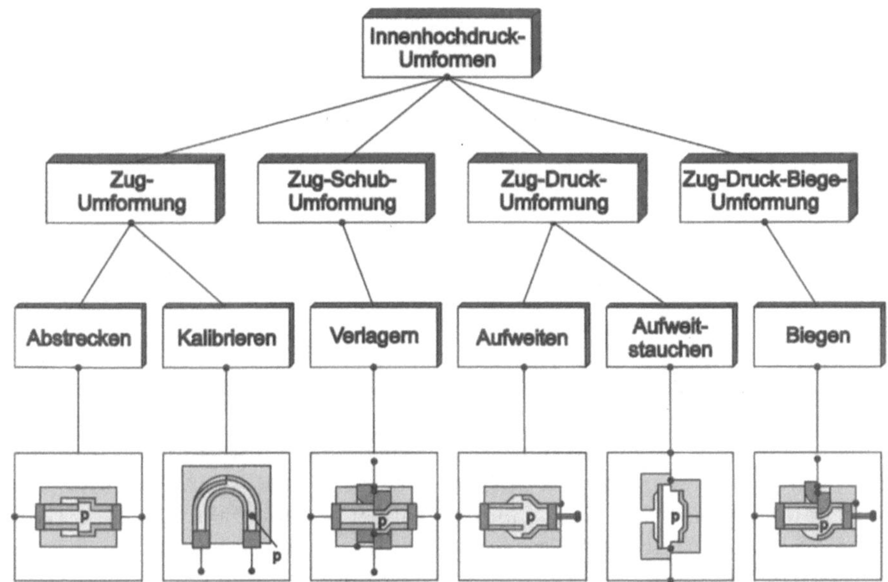

Bild 2. Einordnung der Verfahren zum Innenhochdruck-Umformen nach den wirksamen Spannungen [1]

Nach den auftretenden Spannungen kann man die Innenhochdruck-Umformung, wie in Bild 2 dargestellt, in verschiedene Verfahrensvarianten unterteilen [1]:

- *Zugumformung.* Die Axialzylinder führen nur die zum Abdichten erforderliche Bewegung aus. Umfangserweiterungen führen zur Blechdickenreduzierung in den entsprechenden Bereichen.
- *Zug-Schub-Umformung.* Die Axialzylinder führen nur die zum Abdichten erforderliche Bewegung aus. Radial angreifende Zylinder erzeugen eine radiale Verlagerung des Werkstückwerkstoffes.
- *Zug-Druck-Umformung.* Die Axialzylinder schieben aktiv Material in die Umformzone. Umfangserweiterungen können mit nachfließendem Material ohne Reduzierung der Wanddicke erzeugt werden.
- *Zug-Druck-Biege-Umformung.* Die Axialzylinder schieben aktiv Material in die Umformzone. Radial angreifende Zylinder erzeugen eine radiale Verlagerung des Werkstückwerkstoffes. Durch das Nachschieben des Werkstückwerkstoffes kommt es zu einer Biegebelastung.

3 Halbzeuge

Das Verfahren der Innenhochdruck-Umformung ist sowohl für Stahlwerkstoffe als auch für Nichteisenmetalle anwendbar. An die Werkstoffe werden ähnliche Anforderungen wie bei der herkömmlichen Blech- oder Rohrum-

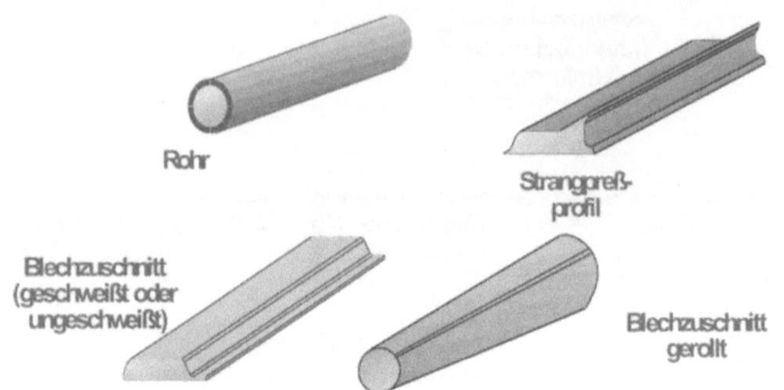

Bild 3. Halbzeuge für die Innenhochdruck-Umformung

formung gestellt. Es eignen sich besonders gut umformbare Gefüge mit hohen Gleichmaßdehnungen.

Als Halbzeuggeometrien kommen längsnahtgeschweißte oder stranggepreßte Rohre und andere Profile zum Einsatz (Bild 3). Die Verwendung von konischen Rohren oder von „Tailored Tubes" ist ebenfalls denkbar, wobei sich die höheren Halbzeugkosten negativ auf die Wirtschaftlichkeit auswirken. Die Umformung von Doppelblechzuschnitten ist ebenfalls möglich, soll aber in dieser Arbeit nicht betrachtet werden.

4 Anlagentechnik

Zur Herstellung komplexer IHU-Teile sind i.allg. verschiedene Fertigungsschritte vor oder nach der eigentlichen IHU-Umformung notwendig. In Bild 4 ist beispielhaft der Aufbau einer automatisierten IHU-Fertigungsanlage (z.B. Herstellung von Fahrwerksteilen oder mittelgroßen Karosserieteilen) abgebildet. Als Halbzeug werden abgelängte und entgratete Rohre angenommen.

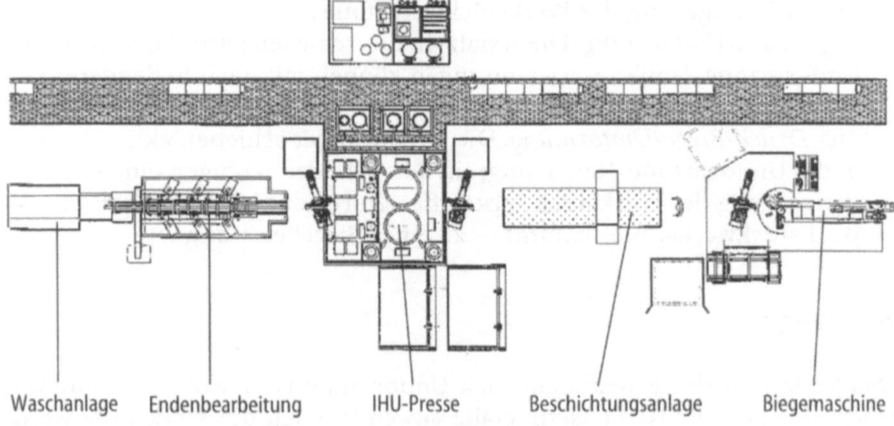

Bild 4. Layoutbeispiel einer IHU-Anlage

Für Teile mit großen Umformungen können nach dem Vorbiegen oder nach dem Vorformen Zwischenglühungen erforderlich sein.

Biegemaschine

Je nach Geometrie des zu fertigenden Teils kann es erforderlich sein, die Rohre auf einer konventionellen Ein- oder Mehrradien-Rohrbiegemaschine vorzubiegen, um sie in das Werkzeug einlegen zu können.

Beschichtungsanlage

Anschließend werden die Teile mit einem Schmierstoff beschichtet, um die Reibung zwischen IHU-Teil und Werkzeug während des Umformprozesses zu verringern.

Vorformung (nicht im Layout dargestellt)

Je nach Geometrie des zu fertigenden Teiles kann es notwendig sein, mit Hilfe eines ein- oder mehrstufigen Vorformprozesses eine Kontur zu erzeugen, die eine optimale Materialvorverteilung für die anschließende IHU-Umformung sicherstellt und das Schließen des Werkzeugs ohne Anschneiden ermöglicht. Im allgemeinen wird hierfür ein Gesenk verwendet, welches als Vorstufe in der IHU-Presse eingebaut ist.

IHU-Umformpresse

In der IHU-Umformpresse findet die eigentliche Umformung des Teils unter Innendruck statt. Sie hat folgenden Anforderungen zu genügen:

- Vorformen des Werkstücks beim Schließen,
- Zuhalten des Werkzeugs,
- Hochdruckerzeugung zur Umformung,
- Materialnachschub durch Axialzylinder,
- Steuerung der Bewegungen und Drücke.

Um das Öffnen des Werkzeugs beim Aufbau des Innendrucks zu verhindern, sind je nach Höhe des Innendrucks und der projizierten Fläche Kräfte bis zu 50 000 kN oder mehr erforderlich. Diese werden heute meist von einfachwirkenden hydraulischen Pressen aufgebracht. Es werden aber auch alternative Zuhaltevorrichtungen mittels mechanischer Verriegelung angeboten.

Der Hochdruckübersetzer erzeugt je nach Material, Wanddicke und Größe des kleinsten am Werkstück auszuformenden Radius Drücke bis zu 5000 bar.

Die Steuerung muß den Druckaufbau, die Bewegung der Axialzylinder, die Bewegung der Gegenhalter oder der Lochstempel und die Zuhaltekraft der Anlage aufeinander abstimmen.

Endenbearbeitung

Nach der Entnahme des umgeformten Teils aus dem Werkzeug müssen oft die Enden abgetrennt werden. Dies kann, wie im Layout dargestellt, mittels mechanischer Sägen und/oder Fräser erfolgen. Ist die Schnittkontur nicht eben, läßt sich hierfür auch ein Laser verwenden. Die Teile müssen hierfür vorher gewaschen und getrocknet werden.

Waschanlage

In der Regel müssen die Teile vor einer Weiterverarbeitung (z.B. Schweißen) gewaschen und getrocknet werden.

5 Anwendungen

5.1 T-Stücke

Seit den 60er Jahren werden T-Stücke aus Kupferwerkstoffen für die Sanitärinstallation nach dem Verfahren der Innenhochdruck-Umformung hergestellt. Sie zählen zur Klasse der medienleitenden Bauteile. Kleinere Teile werden heute unter den Bedingungen der Massenproduktion durch Mehrfachwerkzeuge in Stückzahlen bis 100 Stück pro Minute produziert. Es ist aber auch möglich, Rohrabzweigungen mit Durchmessern von über 600 mm und Wanddicken von etwa 10 mm, wie in Bild 5 dargestellt, umzuformen.

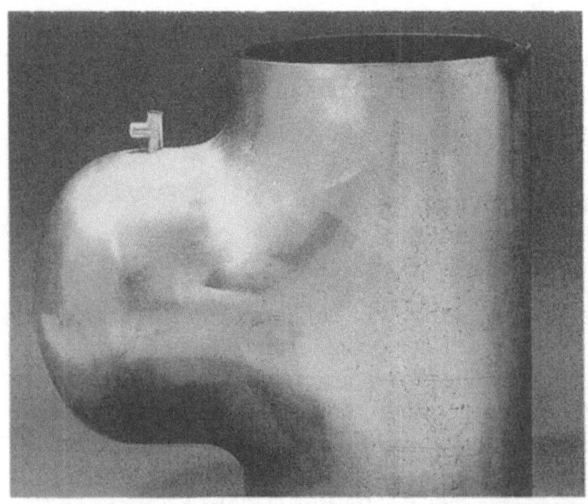

Bild 5. T-Stücke [2]

5.2 IHU-Teile in der Automobilindustrie

IHU-Teile in der Antriebstechnik

Die IHU-Technologie ermöglicht die Herstellung von komplexen medienführenden Hohlteilen, welche in Abgasanlagen von Verbrennungsmotoren eingesetzt werden. Die Komponenten für den in Bild 6 dargestellten Abgas-

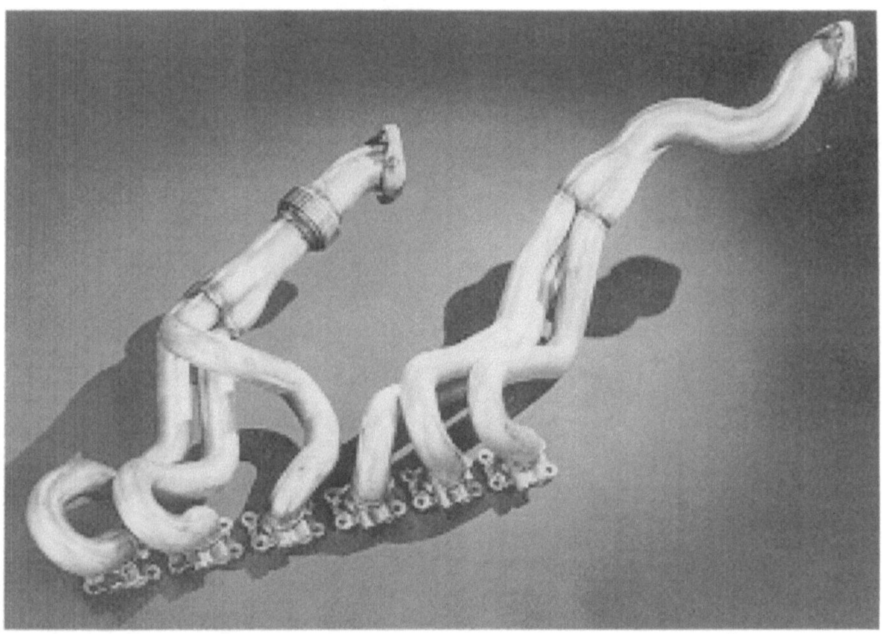

Bild 6. Abgaskrümmer mit IHU-Komponenten [2] (Serienfertigung Fa. Schmitz & Brill GmbH)

krümmer lassen sich mit Hilfe der Innenhochdruck-Umformung einteilig aus längsnahtgeschweißten Rohren herstellen. Im Gegensatz zu den genannten T-Stücken ist das Verhältnis von Wanddicken zu Rohrdurchmesser kleiner und die Geometrie aufgrund von Mehrfachabzweigungen und Biegungen oft anspruchsvoller.

Der erfolgreiche Einsatz von IHU-Komponenten in Abgasanlagen wird durch die steigenden Stückzahlen bestätigt. Beispielhaft sei hier die in Bild 7 dargestellte zahlenmäßige Entwicklung der bei BMW unter Verwendung von IHU-Teilen eingesetzten Abgasanlagen genannt.

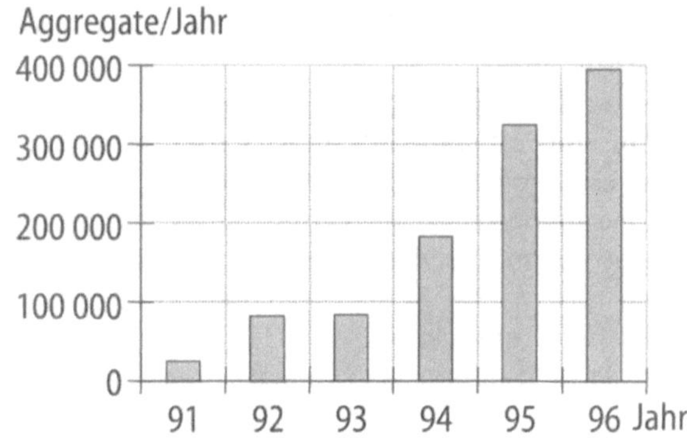

Bild 7. Abgasanlagen unter Verwendung von IHU-Komponenten der BMW AG

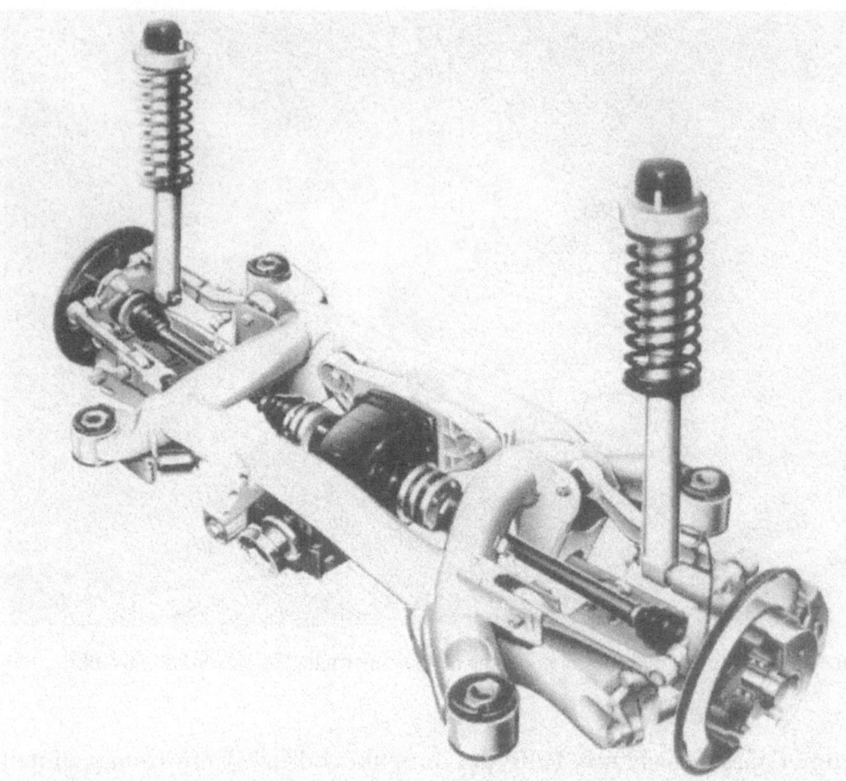

Bild 8. Hinterachsträger 5er-Serie (Limousine)

IHU-Teile im Fahrwerk

Seit Ende 1993 kommen in Fahrzeugen BMW IHU-Teile zur Fertigung von Hinterachsträgern zum Einsatz. Ein Beispiel ist das in Bild 8 gezeigte Leichtbaufahrwerk der aktuellen 5er-Serie. Hierfür wurde im Werk Dingolfing eine Anlage zur Produktion der IHU-Komponenten aufgebaut, welche seit Ende 1995 unter Serienbedingungen arbeitet. Mit einer Taktzeit von 28 Sekunden werden dort auf zwei Anlagen mit je 1700 t Zuhaltekraft mehr als 4000 Aluminiumrohre pro Tag umgeformt.

Durch den Einsatz der auf diese Art hergestellten Hinterachse konnte in der Kombination der IHU-Technologie mit dem Leichtbauwerkstoff Aluminium eine Gewichtsreduzierung von ca. 40% erreicht werden. Da es sich hierbei teilweise um ungefederte Masse handelt, wurde neben den allgemeinen Vorteilen der Gewichtsreduzierung besonders das Fahrverhalten des Fahrzeugs positiv beeinflußt.

In Bild 9 wird die stückzahlmäßige Entwicklung der IHU-Teile in Fahrwerken von Fahrzeugen der BMW AG seit dem ersten Einsatz dieser Technologie dargestellt.

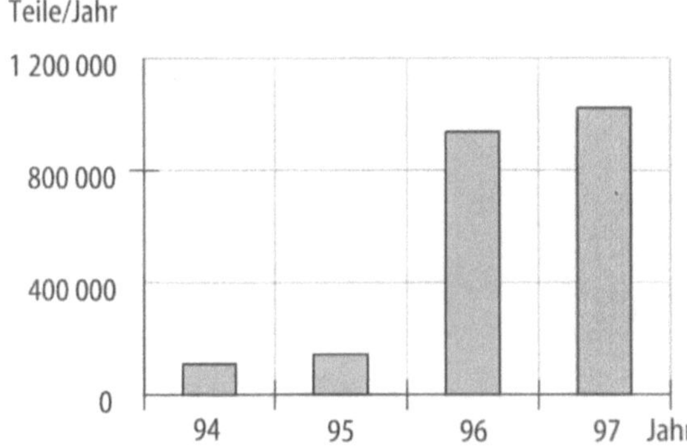

Bild 9. IHU-Teile im Fahrwerk von Fahrzeugen der BMW AG

IHU-Teile in der Karosserie

IHU-Teile in der Fahrzeugstruktur sind i.allg. durch folgende Merkmale gekennzeichnet:

- nichtrotationssymetrischer Querschnitt,
- große bis sehr große Teile,
- starke Profilierung des Querschnitts,
- kleine Radien,
- viele, teilweise größere Durchbrüche.

Im Bereich des Karosseriebaus eignet sich die IHU-Technologie zur Herstellung hohlförmiger Trägerprofile. Durch die Möglichkeit, Verstärkungsteile ohne Flansch herzustellen, kann der vorhandene Bauraum optimal ausgenutzt werden bei gleichzeitiger Teilereduzierung. Nachfolgend sind einige allgemeine technologische Vor- und Nachteile für den Einsatz von IHU-Komponenten in der Karosserie aufgeführt.

Vorteile der IHU-Bauweise:
- Festigkeits-/Steifigkeitssteigerung oder Massenreduzierung,
- Teilereduzierung,
- höhere Maßhaltigkeit,
- Bauraumausnutzung.

Nachteile der IHU-Bauweise:
- Einbringen von Zusatzelementen in die Hohlräume sehr aufwendig,
- Fügen aufwendig.

Auf konkrete Teile oder Komponenten angewendet, kann der Vergleich in technologischer und auch in ökonomischer Hinsicht sehr differenziert ausfallen. Dies ist in den unterschiedlichen Funktionen komplexer Strukturteile begründet. So kann z.B. der Wegfall des Flansches sowohl ein Vorteil (bessere Ausnutzung des vorhandenen Bauraums) als auch ein Nachteil (Befestigung von Dichtungen oder Anbindung von Schalenteilen) sein.

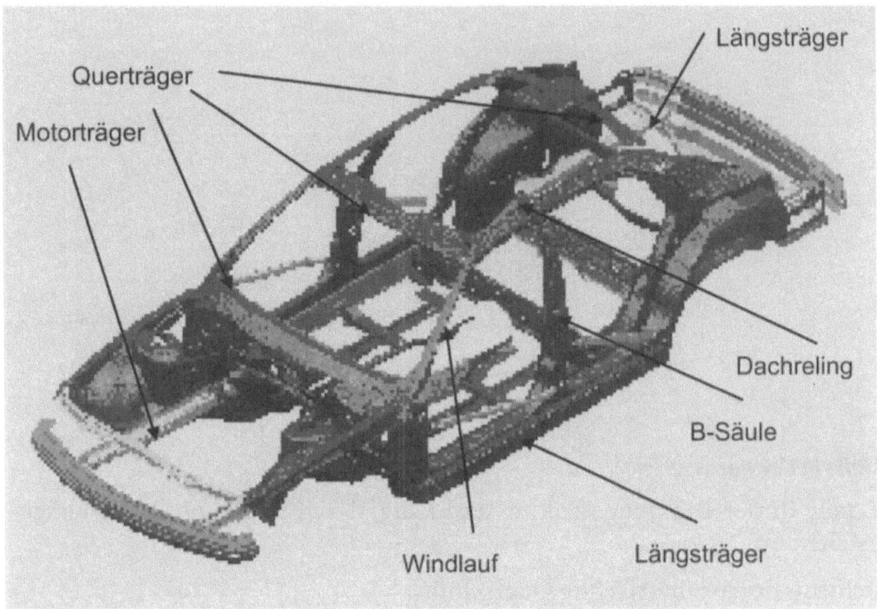

Bild 10. Potential für IHU-Fertigung in der Karosseriestruktur

Wie in Bild 10 gezeigt, bieten insbesondere Säulen, Quer- und Längsträger sowie Verstärkungsteile Potential für die Fertigung durch Innenhochdruck-Umformung. Um eine breitere Anwendung dieser fortschrittlichen Technologie im Karosseriebau zu erreichen, sind schwerpunktmäßig die Themen

- Fügetechnik mit einseitiger Zugänglichkeit,
- Einbringen größerer Durchbrüche und
- Darstellung von Außenhautoberflächen

zu bearbeiten. Besonders im Bereich der Anbindung innenhochdruckumgeformter Teile untereinander und an Blechschalen sind neue Wege zu gehen, da die konventionelle Fügetechnik, das Punktschweißen, nur selten eingesetzt werden kann. Sobald hierfür großserientaugliche Lösungen gefunden werden, ist ein breiterer Einsatz von IHU-Teilen in der Karosseriestruktur zu erwarten.

6 Zusammenfassung

Die Innenhochdruck-Umformung von Rohren hat sich in vielen Bereichen als fortschrittliche Technologie durchgesetzt. Sie bietet eine interessante Alternative zur Herstellung von hohlförmigen Trägerelementen im Karosseriebau sowohl in konstruktiver als auch in fertigungstechnischer Hinsicht. Das

Verfahren bietet ein hohes Entwicklungspotential bezüglich mittlerer und großer Teile. Eine Entscheidung für IHU- oder Blechschalenbauweise kann nur sinnvoll anhand von konkreten Bauteilen getroffen werden. Ziel sollte es sein, jedes Bauteil im Sinne eines optimalen Gesamtsystems darzustellen und so ein fortschrittliches Karosseriekonzept zu entwickeln, welches die Vorteile der neuen und der herkömmlichen Fertigungsverfahren verbindet.

Literatur

1. Engel, B.: Verfahrensstrategie zum Innenhochdruck-Umformen. Diss. TH Darmstadt 1995
2. Schäfer Hydroforming GmbH & Co, Firmenprospekt 1997

Verkürzung der Prozeßkette bei der Herstellung von Blechbauteilen durch integrierte Verfahrenskombinationen

K. Siegert, B. Leuschen, S. Huber

Inhalt: Preßwerkanbindung – Umformtechnisches Fügen – Kombinieren von Rohbau- und Preßwerk-Fertigungsumformungen

1 Einleitung

Stand der Technik ist die Existenz von „Preßwerken" und „Rohbauwerken" als selbständige Organisationseinheiten eines PKW-Werkes. Einige Automobilbauer führen die Preß- und die Rohbauwerke als selbständige Profit-Center, so daß die Instandhaltung, aber auch die Arbeitsvorbereitung, den Preßwerken und Rohbauwerken direkt zugeordnet werden. Nur wenige Automobilwerke haben eine Organisationseinheit „Preß- und Rohbauwerk". Nun ergibt sich aber die Notwendigkeit, im Interesse der Kostenreduzierung und z.T. auch im Interesse einer Verbesserung der Produktqualität klassische Rohbauarbeiten wie das Fügen von Bauteilen zu Zusammenbauten mit den Blechumformvorgängen zu kombinieren.

2 Preßwerkanbindung

Fast alle Karosserieteile eines PKW wurden früher vom Automobilbauer im eigenen Preßwerk hergestellt [1]. In den USA wurden und werden teilweise noch große Zentralpreßwerke betrieben, die gemäß Bild 1 mehrere Karosseriewerke beliefern. Hierbei werden für ein bestimmtes PKW-Produktionsvolumen die Teile bis zu mehrere hundert Kilometer weit den Karosserie-

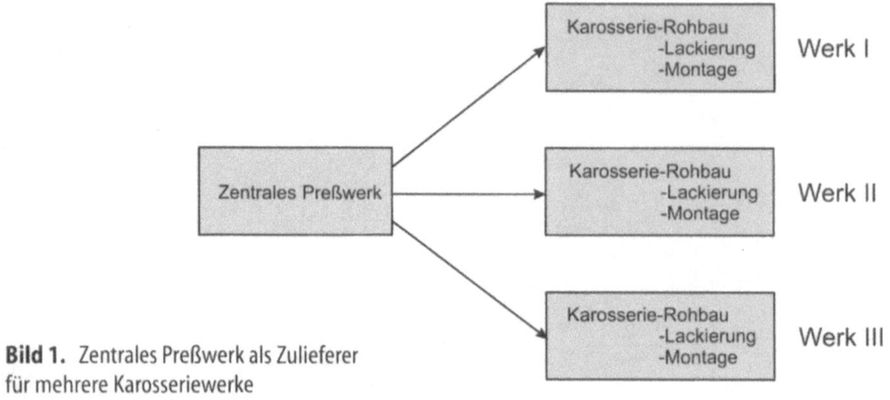

Bild 1. Zentrales Preßwerk als Zulieferer für mehrere Karosseriewerke

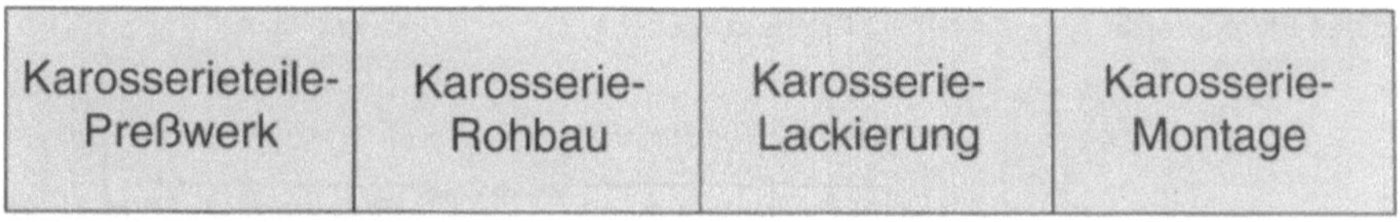

Karosserieteile-Preßwerk	Karosserie-Rohbau	Karosserie-Lackierung	Karosserie-Montage

Bild 2. Karosseriewerk mit zugehörigem Preßwerk

werken zugeführt. Voraussetzung hierfür sind Preßteillager im Preßwerk und im Karosseriewerk. In Europa gab und gibt es eine direkte Anbindung des Preßwerkes an das Rohbauwerk des Karosseriewerks (Bild 2).

In den vergangenen Jahren folgte man in den USA und Europa dem japanischen Vorbild und reduzierte die Fertigungstiefe durch Vergabe von Preßteilfertigungsvorgängen an Zulieferfirmen. Dabei ergab sich gleichzeitig eine Tendenz zum vermehrten Einsatz von Transferpressen. Hierfür liegt das Investitionsvolumen zwischen 30 und 100 Mio. DM. Dieses Volumen ist jedoch für einen mittelständischen Zulieferer zu groß, so daß sich die Transferpressentechnik auf einige wenige große Zulieferer und die Automobilbauer selbst beschränkt. Es wird heute davon ausgegangen, daß etwa 60–70% aller Karosserieteile eines PKWs auf Transferpressen fertigbar sind und die Fertigung auf Transferpressen kostengünstiger ist als auf verketteten Einzelpressen.

Sowohl aus Qualitätsgründen als auch aus transporttechnischen Gründen empfiehlt es sich, große qualitätsbestimmende Karosserieteile wie PKW-Seitenwände nicht an Zuliefererfirmen zu vergeben, sondern im Preßwerk des Automobilbauers, das direkt dem Rohbauwerk vorgeschaltet ist, herzustellen. Denkbar sind aber auch zentrale Werke für die Fertigung von „Anhängteilen" (Hang on Parts), die Motorhauben, Heckdeckel, Türen, Schiebedächer usw. fertigen. Diese Zentralwerke fertigen die Blechformteile, fügen sie zu den genannten Zusammenbauten und grundieren sie. Somit können sie als komplette Zusammenbauten den Karosseriewerken zugeliefert werden. Bild 3 zeigt dieses Konzept am Beispiel einer Türenfertigung [2].

Sowohl die Türaußenbleche als auch die Türinnenbleche werden auf Großteiltransferpressen gefertigt. Da ein Werkzeugwechsel innerhalb von 5 bis 20 Minuten erfolgen kann, läßt sich vorstellen, daß die Preßteile lediglich unter Zwischenschaltung von Puffern direkt dem Rohbau zugeliefert werden, so daß sich pro Abpressung eines Teils eine relativ geringe Losgröße ergibt. Im Rohbauwerk werden bei der in [2] vorgestellten Variante die Zusammenbauten durch Kleben, Schweißen, Nieten und umformtechnisches Fügen hergestellt.

Damit ergibt sich gemäß Bild 4 eine Preßteilfertigung im Anhängteile-Werk (zentrales Zulieferwerk), im Preßwerk des Automobilbauers und in den Preßwerken der Zulieferfirmen. In dem in Bild 3 gezeigten Beispiel ist zumindest für das zentrale Anhängeteilewerk eine organisatorische und fertigungstechnische Trennung in Preßwerk und Rohbauwerk nicht sehr sinnvoll. Preßwerktechnik und Rohbautechnik ergeben zusammen eine Einheit.

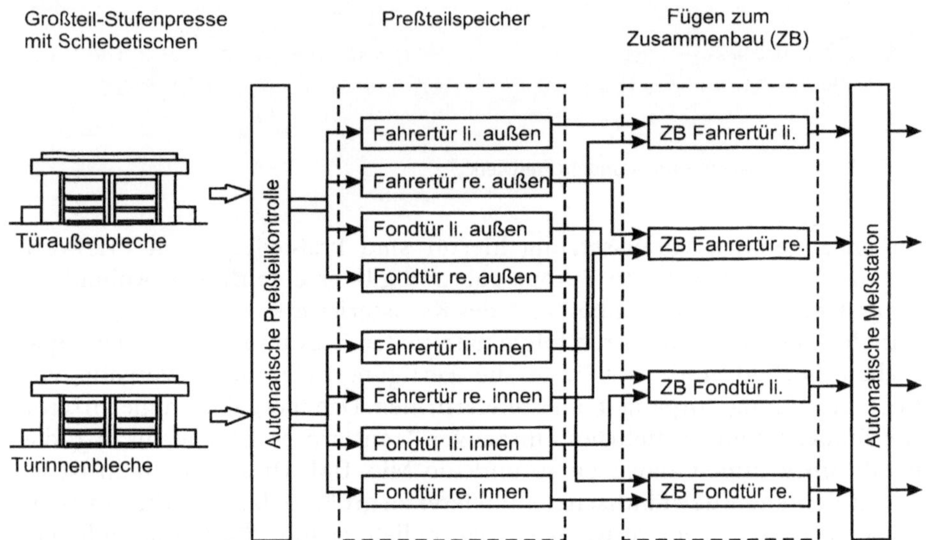

Bild 3. Konzept eines zentralen Anhängteile-Werkes [2]

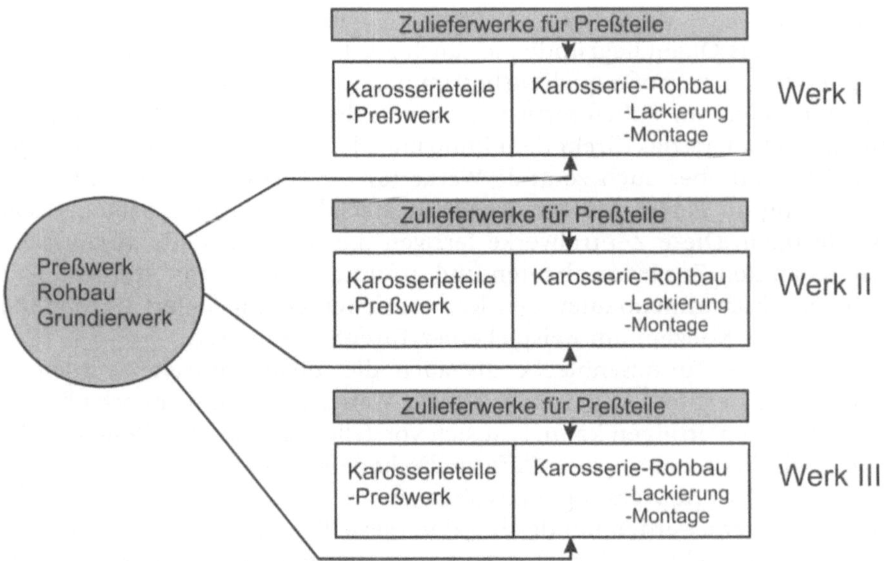

Bild 4. Zentrales Anhängteile-Werk als Zulieferer für mehrere Karosseriewerke

3 Umformtechnisches Fügen

Zum Falzen z.B. von Türen, Motorhauben und Heckdeckeln sind in den letzten Jahren andere umformtechnische Fügeverfahren hinzugekommen wie Durchsetzfügen mit und ohne Schneidanteil, Stanznieten mit Halbhohlniet und Stanznieten mit Vollniet, Einbringen von Einpreßmuttern und Einnietbolzen sowie Einpreßmuttern und Einpreßbolzen. Alle diese Fügeverfahren lassen sich in den preßwerktechnischen Fertigungsprozeß integrieren.

3.1 Nietmuttern, Nietbolzen

Nietmuttern und Nietbolzen werden in vorgelochte Bleche eingebracht und kraft- und formschlüssig mit diesen verbunden.

Fügevorgang für Nietmuttern (Nietbolzen analog)

1. Das Blechformteil wird vorgelocht.
2. Die Nietmutter wird in das Loch eingeführt. Dabei formt die Kerbverzahnung die Lochwandung, so daß sich eine formschlüssige Verbindung ergibt.
3. Beim anschließenden Nietvorgang wird das überstehende Schaftende mit einem Formwerkzeug bündig umgelegt.

Vergleiche Bild 5.

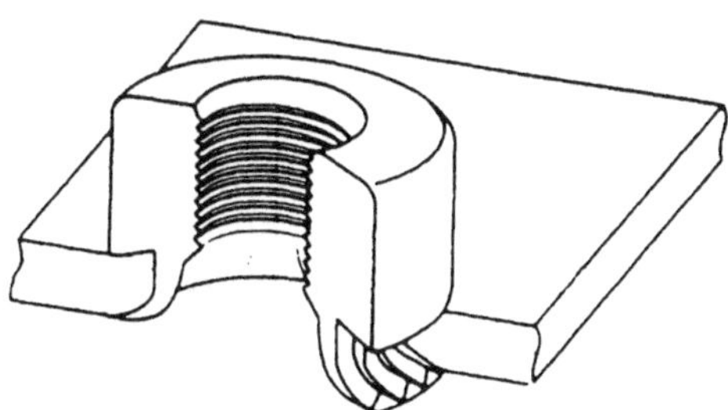

Bild 5. Kerbverzahnte Nietmutter [4]

3.2 Einpreßbolzen, Einpreßmuttern

Gegenüber den Einnietmuttern und Einnietbolzen findet hier der Umformvorgang lediglich im Blechteil statt. Das Einpreßelement wird nicht umgeformt.

Fügevorgang für Einpreßbolzen (Einpreßmuttern analog)

1. Im Blechformteil wird eine Vertiefung mit Vorloch erzeugt.
2. Der Einpreßbolzen wird in das Loch eingeführt.

3. Die Schulterfläche des Bolzen drückt die vorgeformte Vertiefung nach unten. Dadurch fließt das Material aus dem Bereich der Lochwandung in den Hinterschnitt, bis der Einpreßbolzen plan aufliegt. Es ergibt sich somit eine form- und kraftschlüssige Verbindung.

Der Fügevorgang ist in Bild 6 dargestellt.

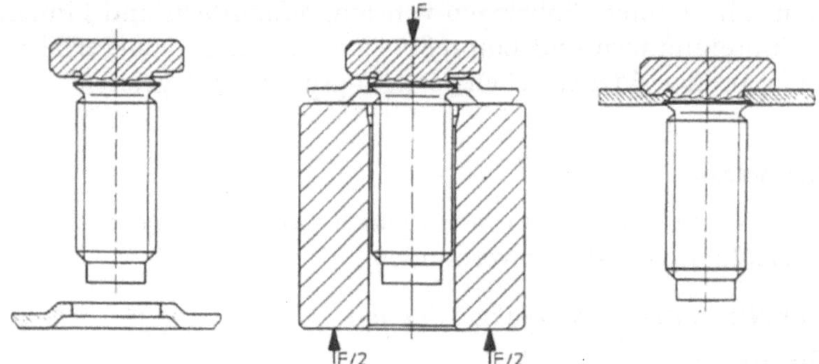

Bild 6. Herstellen einer RIMS-Verbindung [5]

3.3 Stanzmuttern, Stanzbolzen

Stanzmuttern und Stanzbolzen sind selbststanzend und erfordern kein Vorlochen.

Fügevorgang

1. In der Regel wird das Blech vorgeformt.
2. Die Mutter bzw. der Bolzen durchstanzt des Blech.
3. Das Blech wird über spezielle Werkzeuge zu einer formschlüssigen Verbindung gebracht.

Vergleiche die Bilder 7, 8 und 9.

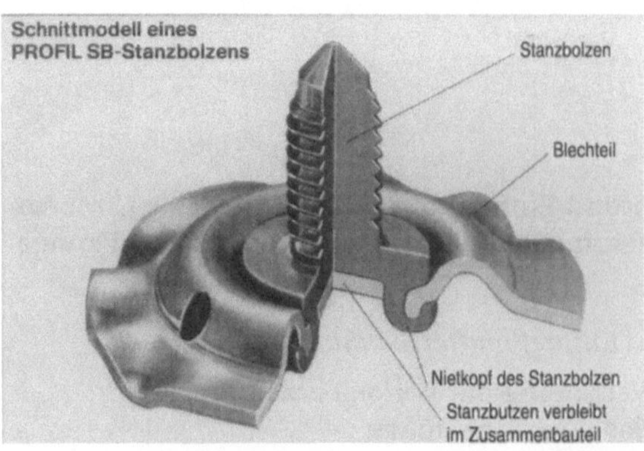

Bild 7. PROFIL SB-Stanzbolzen [6]

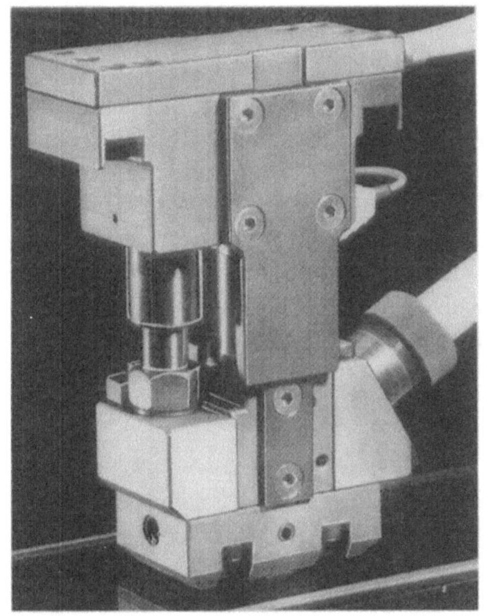

Bild 8. Stanzkopf für PROFIL SB-Stanzbolzen [6]

Bild 9. PROFIL RS-Stanzmutter

Eines der besonderen Merkmale dieser selbststanzenden Bolzen besteht darin, daß der während des Stanzvorgangs abgetrennte Stanzbolzen im Stanz- und Nietteil des Bolzens verbleibt. Daher kann der Bolzen sowohl von oben als auch von unten zugeführt und eingestanzt werden, ohne daß ein Stanzbutzenablauf im Werkzeug vorgesehen werden muß [6]. Die Stanzbolzen werden vom Sortiergerät über Schläuche dem Verarbeitungswerkzeug zugeführt. Mit jedem Hub kann ein Vorarbeitungswerkzeug einen Stanzbolzen setzen. Bild 10 zeigt das Vorarbeitswerkzeug.

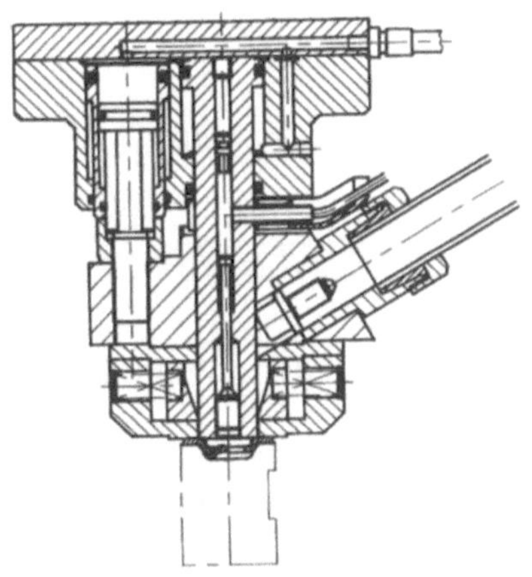

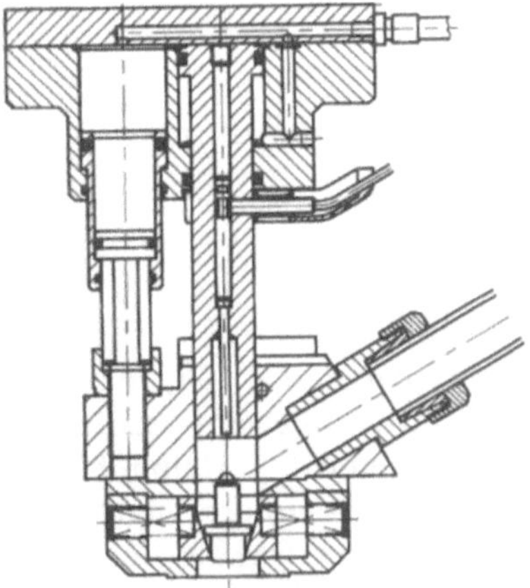

Bild 10. Verarbeitungswerkzeug für Stanzbolzen [6]. **a** Werkzeug geschlossen; **b** Werkzeug geöffnet

3.5 Durchsetzfügen

Beim Durchsetzfügen werden überlappt angeordnete Bleche ohne zusätzliche Fügeelemente und Wärmeeinbringung durch lokale plastische Verformung formschlüssig miteinander verbunden [3]. Man unterscheidet zwischen Durchsetzfügen mit und ohne Schneidanteil (Bild 11). Während beim Durchsetzfügen mit Schneidanteil unterschiedliche Fügegeometrien wie Balken, Kreuz- oder Sternform möglich sind, ist beim Durchsetzfügen ohne Schneidanteil der Fügepunkt üblicherweise rund [3]. Bild 12 zeigt einen bei der Daimler Benz AG gefertigten Schiebedach-Verstärkungsrahmen. Hier werden zwei Bauteile mit 48 Durchsetz-Fügepunkten in einem Hub im Preßwerk gefügt.

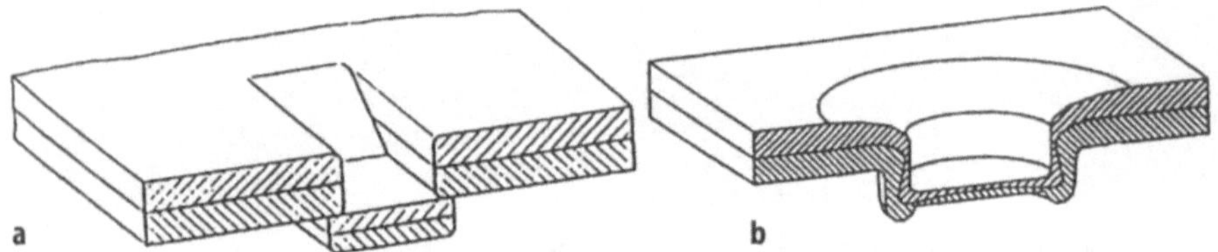

Bild 11. Durchsetzfügen [3]. **a** mit und **b** ohne Schneidanteil

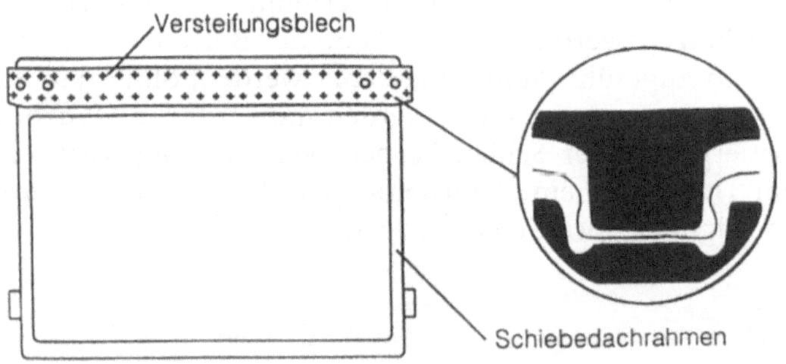

Bild 12. Schiebedach-Verstärkungsrahmen, gefügt mit 48 Durchsetz-Fügepunkten [3]

3.6 Stanznieten

Beim Stanznieten wird gemäß Bild 13 zwischen Nieten mit Halbhohlniet und Nieten mit Vollniet unterschieden.

Beim Nieten mit Halbhohlniet stanzt der Niet das obere Fügeteil durch und formt das untere Fügeteil mit Hilfe einer Matrize plastisch zu einem Schließkopf um. Das aus dem oberen Fügeteil ausgestanzte Material füllt den hohlen Nietschaft [3]. Das untere Fügeteil darf dabei nicht durchstanzt werden. Beim Stanznieten mit Vollniet wirkt der Niet als Schneidstempel [3].

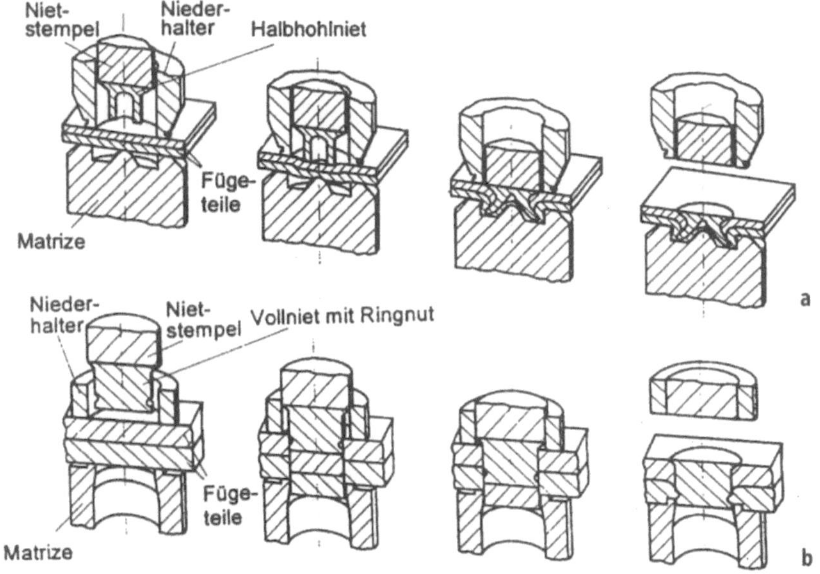

Bild 13. Stanzniet mit **a** Halbhohlniet und **b** Vollniet [4]

4
Kombinieren von Rohbau- und Preßwerk-Fertigungsumformungen

Insbesondere für PKW mit kleineren Gesamtstückzahlen erscheint ein Konzept von Toyota interessant. Hier wird anstelle einer mehrstufigen Umformung zunächst das Teil hydromechanisch gezogen, danach laserbeschnitten und abschließend in einer sog. „Multi-Slide"-Presse in einer Operation fertig umgeformt, geprägt, beschnitten, gelocht und gefalzt (Bild 14).

Ein ähnliches Konzept wurde von H. Petri und V. Thoms anläßlich des Umformtechnischen Kolloquiums 1991 in Darmstadt vorgestellt (Bild 15).

Würde man Karosserieteile in einer Karosseriepresse fügen, so hätte dieses den Vorteil, daß Fixiereinrichtungen (Rohbau-Vorrichtungen) entfallen. Insbesondere beim Ziehen hochfester Blechwerkstoffe und beim Ziehen von Aluminiumblechen „springt" das Bauteil beim Entnehmen aus der Presse (Rückfederung; engl.: spring back effect). Öffnet man die Presse derart, daß das gezogene Bauteil im oberen Werkzeug gehalten wird, dann kann ein zweites Bauteil – oder es können gar mehrere Bauteile – mit einem Fixierrahmen zugeführt werden (Bild 16). In einem weiteren Hub können diese dann gefügt werden, wobei verschiedene Fügeverfahren wie Durchsetzfügen, Punktschweißen, Buckelschweißen oder Laserschweißen denkbar sind.

Diese Beispiele zeigen die gegenseitige Durchdringung von Preßwerk und Rohbauwerk. Letztlich sollte auch ein Vorschlag von V. Thoms, Daimler Benz AG, ernsthaft diskutiert werden. Es erscheint möglich, statt Karosseriepressen hydraulische „Vorrichtungen" zu verwenden. Derartige „Vorrichtungen"

Herkömmliches Verfahren

Ziehen Beschneiden Biegen Mit Schieber beschneiden u. durchstellen Mit Schieber durchstellen

Neuartiges Verfahren

Ziehen Laser-beschneiden Mit Schieber durchstellen

Flüssigkeit

Hydromechanisches Tiefziehen

3-dimensionales Hochgeschwindigkeits-CO_2-Laserbeschneiden

Umformen, Bechneiden und Lochen durch mehrseitige Aktionen

Bild 14. Fertigung von Karosserieteilen kleiner Gesamtstückzahlen [7]

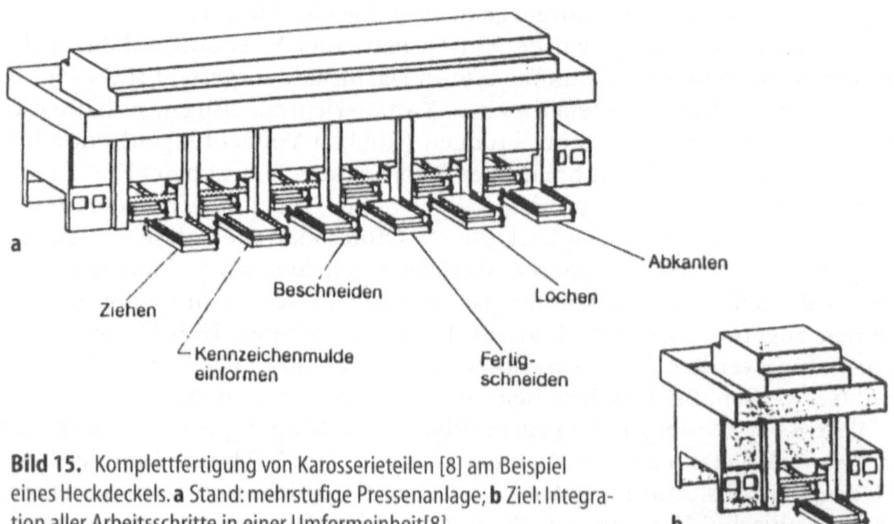

Bild 15. Komplettfertigung von Karosserieteilen [8] am Beispiel eines Heckdeckels. **a** Stand: mehrstufige Pressenanlage; **b** Ziel: Integration aller Arbeitsschritte in einer Umformeinheit[8]

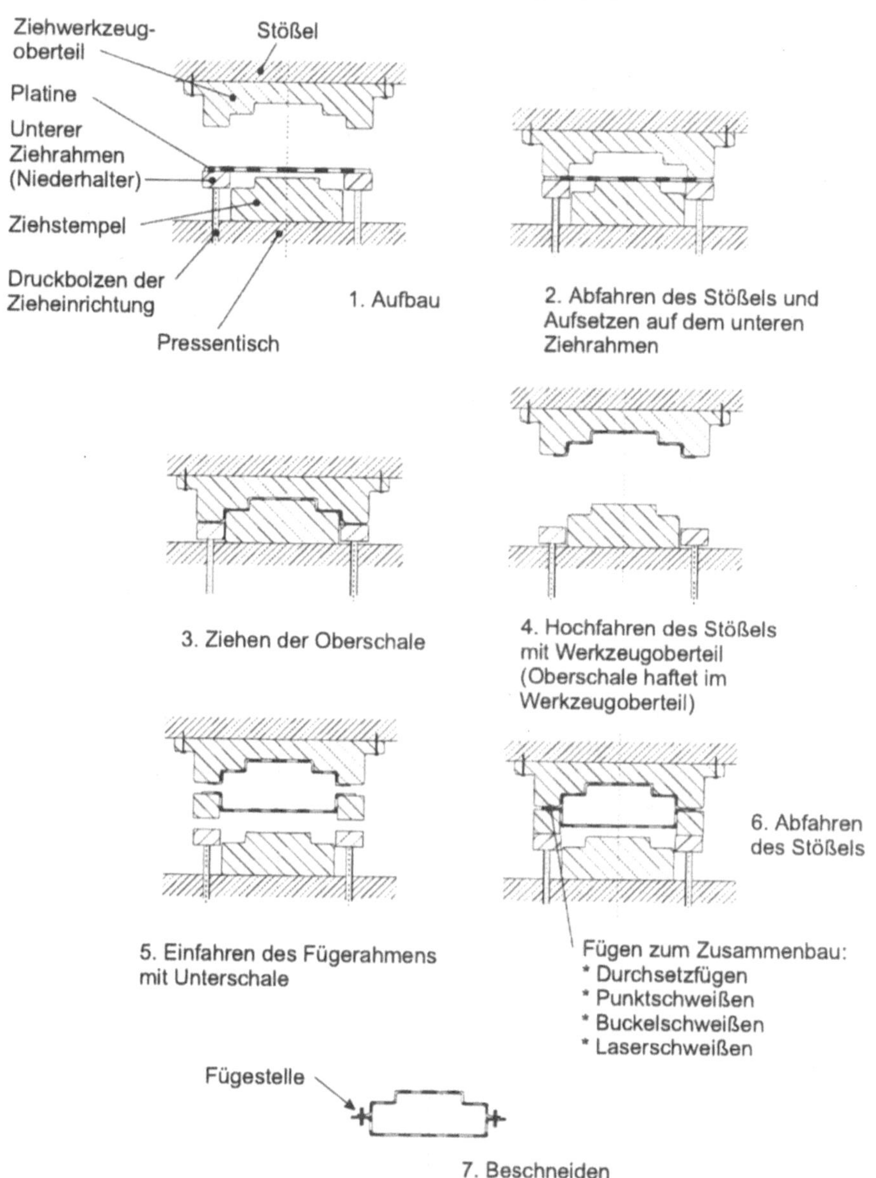

Bild 16. Konzept einer Fertigung von Zusammenbauten in einer Presse

sind Kurzhubzylinderpressen mit geringer Hubzahl pro Minute. Sie haben den Vorteil, daß sie bedeutend billiger sind aufgrund der Kurzhubzylinder, der Rahmenbauweise und der geringen Verfahrgeschwindigkeit. Würde man diese Systeme im Rohbau einsetzen, dann entfielen

- das Abstapeln der Preßteile in teure Preßteilgestelle,
- der Transport der vollen Preßteilgestelle ins Preßteillager und von dort zum Rohbau,
- der Transport der leeren Preßteilgestelle über einen Abstellplatz zurück in das Preßwerk.

Somit würden typenspezifische Investitionen, allgemeine Sachinvestitionen sowie die Ferigungszeit reduziert. Diese Vorgehensweise erscheint insbesondere für große Karosserieteile (z.B. ganze Seitenwände) mit geringer Gesamtstückzahl von Interesse. Das Beschneiden und Lochen könnte in einer Station von mehreren Robotern mit Festkörperlasern erfolgen. Letztlich käme dann noch eine Multi-Slide-Presse zum Einsatz, in der das Karosserieteil fertig hergestellt wird. Führt man diesen Gedanken weiter, so sind in eine derartige Station auch Fügeoperationen einbringbar.

5 Zusammenfassung

Im Rahmen dieser Ausführungen wird – ausgehend von der Anbindung von Preßwerken an das Karosseriewerk – auf umformtechnische Fügeverfahren eingegangen, wobei das Falzen, als hinlänglich bekannt angesehen, nicht behandelt wird. Letztlich werden dann Möglichkeiten der Kombination von Fügetechniken und klassischer Blechumformung diskutiert. Neue Maschinen- und Fertigungskonzepte werden vorgestellt.

Literatur

1. Siegert, K.: Konzepte der Preßwerkanbindung an Karosseriewerke. wt Werkstattstechnik 79 (1989)
2. Jacobi, W.: Development trends in bodywork manufacture, with focus on new technologies and materials. In: Lange, K. (Hrsg.): Advanced technology of plasticity. Vol I. Berlin: Springer 1987
3. Leuschen, B.; Hopf, B.: Fügen von Stahl, Aluminium und deren Kombination – Karosserie-Fügeverfahren im Vergleich. VDI-Berichte Nr. 1264 (1996) S. 113–131
4. Klemens, U.; Hahn, O: Nietsysteme, Verbindungen mit Zukunft. Interessengemeinschaft Umformtechnisches Fügen und Laboratorium für Werkstoff- und Fügetechnik der Universität – GH Paderborn 1994
5. Katalog RIMS – Die automatisierte Verbindungstechnik in Blechen. RIMS Automatisierte Verbindungstechnik GmbH u. Co KG 1995
6. Prospekt PROFIL UM – Stanzmuttern. PROFIL Verbindungstechnik GmbH u. Co. KG
7. News from Toyota, 26. März 1990, No. 17–90
8. Petri, H.; Thoms, V.: Umformtechnisches Kolloquium Darmstadt. Ptu, Institut für Produktionstechnik und Umformmaschinen, TH Darmstadt 1991

Geschäftsprozesse und Unternehmensdaten – REFA-Methoden und -Methodeninnovation

G. Werntze

Inhalt: Ausgangssituation – Leitideen für die Weiterentwicklung der Methodenlehren – Rolle und Selbstverständnis des REFA im gewandelten Umfeld – Konzeption des REFA-Methodenspektrums

1 Ausgangssituation

Vor dem Hintergrund einer weiterhin sich rasant ausweitenden Kommunikationstechnologie mit schnellster Vernetzung verschiedenster Partner entwickeln sich in und zwischen den Unternehmungen neue, deutlich veränderte Organisationsformen.

Gesättigte Märkte bei innovationsarmen Produkten sowie wachsende Ansprüche der Kunden hinsichtlich Qualität, Liefertermin und Individualisierung der Produkte bewirken heute eine Dominanz der Käufer, die die Macht der Anbieter vergangener Jahrzehnte vollständig abgelöst hat.

Während die produzierenden Unternehmen Zug um Zug weniger menschliche Arbeit zur Erfüllung ihrer Leistungen benötigen, nimmt der Bereich der Dienstleistung und auch die dort gefragte Arbeitsmenge perma-

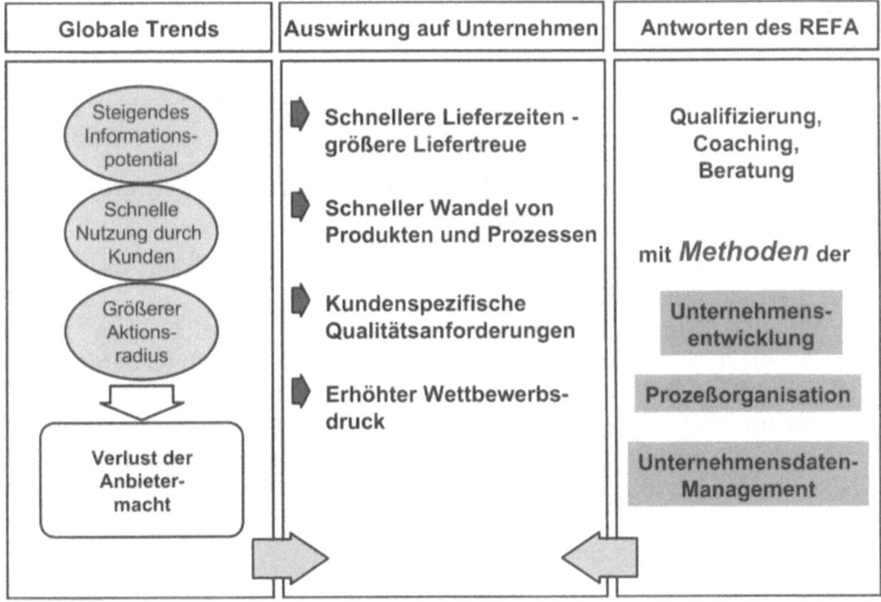

Bild 1. Ausgangssituation

nent zu – sicherlich in den USA in einer gewissen Vorreiterrolle, aber mit der bekannten Zeitverschiebung auch in europäischen und deutschen Unternehmungen.

Konsequenz daraus ist: Die Unternehmungen müssen sich auf diese Veränderungen einstellen bzw. die zu erwartenden weitergehenden Trends „vordenken", um rechtzeitig ihre Organisationsstrukturen auf Zukunftstrends in allen Bereichen des Unternehmens – von der Akquisition über die Entwicklung und die Produktion bis hin zu Service und Recycling – einzustellen.

Aus diesem Umfeld ergibt sich die Frage: Inwieweit entwickeln sich auch die Methoden weiter, die REFA als „institutionelle Instanz der Wahrung und Entwicklung der Methoden" entscheidend geprägt hat und prägt – Methoden, die den erfolgreichen Weg der deutschen Industrie seit nahezu 75 Jahren begleiten und stützen (Bild 1).

2 Leitideen für die Weiterentwicklung der Methodenlehren

Sind Methoden und Methodenlehren heute (noch) zeitgemäß? Diese Frage möchte ich mit einem klarem „Ja" beantworten und wie folgt begründen:

- Systematische Vorgehensweisen sind gerade in einer Überfülle der Informationen, Daten und Fakten aktueller denn je, um Ordnungsrahmen zu schaffen und nicht in Details steckenzubleiben.
- Einheitliche Begrifflichkeiten zur Minimierung von Mißverständnissen, die sich kontraproduktiv in jeder Teamleistung auswirken könnten, sind äußerst wichtig.
- Einheitliche (nicht einförmige oder eintönige) Denk- und Entscheidungsraster zur Nachvollziehbarkeit und objektiven Nachprüfbarkeit von Planungen, vorgegebenen Wegen und angestrebten Zielen sind notwendig.

Aus den zuvor bezeichneten Trends für die Unternehmungen ergeben sich folgende wichtige Konsequenzen:

- Eine prozessuale Betrachtungsweise muß heute weitgehend die funktionale Betrachtungsweise ablösen.
- Durch die Informationstechniken und deren Möglichkeiten können Hierarchiestufen reduziert werden. Der PC hat die Unternehmenswelt dramatisch verändert, und er hat es ermöglicht, nahezu jede benötigte Information zum Minimaltarif an jedem Ort des Unternehmens an jedem Ort der Erde verfügbar zu haben. So können frühere „hierarchische" Aufgaben bzw. andere Aufgaben – früher anderen Abteilungen zugeordnet – mit den heute vorhandenen Hilfsmitteln an Ort und Stelle schnell und ohne „Schnittstelle" erledigt werden.

Veränderungen sind somit sehr stark technologiegetrieben. Daneben sind für Veränderungen ganzheitliches unternehmensbezogenes Denken der Mit-

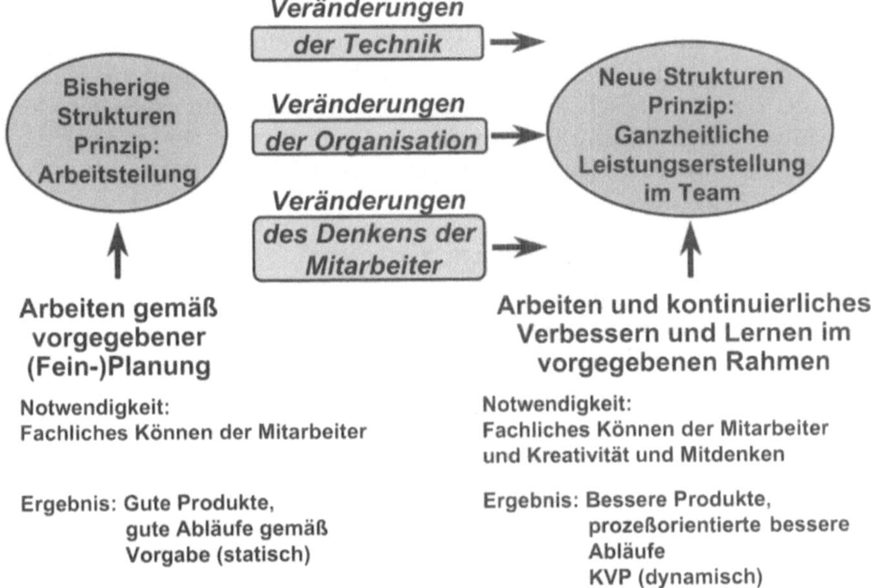

Bild 2. Veränderungen im Unternehmen

arbeiter erforderlich und ihre Qualifizierung nicht nur in ihrer ureigensten Tätigkeit, sondern auch in benachbarten Bereichen (Bild 2).

Beispiel 1:

Dispositive Aufgaben können sachkundig und direkt am PC erledigt werden. Aufgaben, die früher notwendigerweise eine zentrale Arbeitsvorbereitung vorzunehmen hatte, können im Team, in der Gruppe dezentral erledigt werden. Voraussetzung ist jedoch, daß Mitarbeiter im jeweiligen Team über eine entsprechende Qualifikation verfügen, die sie mit Hilfe der technischen Mittel diese Aufgaben sachgerecht erledigen läßt.

Beispiel 2:

Kleinere Konstruktionsmängel, die sich bei der Montage einer komplexen Anlage herausstellen, wurden früher häufig vom Monteur sachgerecht behoben. Der verantwortliche Konstrukteur wurde in die Werkstatt geschickt, um die vom Monteur vorgenommene Veränderung zu prüfen und abzuzeichnen. Heute ist es denkbar, daß in Abstimmung mit dem Konstrukteur der sachkundige Monteur die Konstruktionsänderung direkt erledigt.

Eine entscheidende Veränderung resultiert aus der Ablösung der Anbietermacht durch die Käufermacht. Dies ist eine Veränderung dahingehend, daß die bisher vielfach praktizierte Innensicht im Unternehmen zugunsten der Markt-/Kundensicht zurücktritt.

Es gilt, die Individualität des Kunden und seine Wünsche entscheidend zu berücksichtigen, insbesondere Liefertermine und geforderte Produkteigenschaften, aber auch die Betreuung der nunmehr verkauften und ausgelieferten Anlage. Der Kunde will nicht primär ein Investitionsgut erwerben, sondern produzieren und damit Geld verdienen. Dafür benötigt er eine nachhaltig fehlerarme und kostengünstige Produktionseinrichtung mit einem zuvorkommenden After-sales-Service.

Vom Preiswettbewerb zum ganzheitlichen Wettbewerb

Jedes Produkt ist bestimmt durch das magische Dreieck "Zeit, Preis, Qualität" mit jeweils situativ bestimmten, sich verändernden Gewichtungen. Die Qualitätsanforderungen sind in den letzten Jahren dramatisch gestiegen, und hervorragende Qualität wird als Selbstverständlichkeit angesehen. Neben dem nach wie vor intensiven Preiswettbewerb hat sich mehr und mehr die Zeit als entscheidender Wettbewerbsfaktor herauskristallisiert. Die Zeit zur Marktbesetzung mit innovativen Produkten (time-to-market) - denn mit neuartigen Produkten lassen sich in gesättigten Märkten am ehesten geeignete Deckungsbeiträge erwirtschaften –, zum andern die Lieferzeit eines Produkts bzw. einer Dienstleistung gemäß dem individuellen Kundenwunsch.

In einer gleichen Wettbewerbspositionierung befindet sich REFA. So hat REFA zur Unterstützung der fortschrittlichen Prozesse in den Unternehmen seinen bisher eher statischen Methodenrahmen zum dynamischen Methodenbaukasten - bestehend aus kompatiblen Modulen - weiterentwickelt. Die in der Weiterentwicklung befindliche Methodenlehre ist heute als der Ordnungsrahmen für das REFA-Modulsystem zu betrachten. Das REFA-Modulsystem der Qualifizierung ist das „Produktionsverfahren", das REFA zur optimierten Problemlösung für den Kunden einsetzt. REFA-Kunde ist der individuelle Teilnehmer an Qualifizierungsmaßnahmen oder das Unternehmen, das seine Probleme gemeinsam mit REFA-Experten angeht und maßgeschneiderte Qualifizierungsmaßnahmen einsetzt.

3
Rolle und Selbstverständnis des REFA im gewandelten Umfeld

REFA sieht sich als Verband bzw. als Unternehmung, die den Kompetenztransfer realisiert und dynamisch vorwärtstreibt (Bild 3). Mit seiner eigenen Neudefinition „REFA - Verband für Arbeitsgestaltung, Betriebsorganisation und *Unternehmensentwicklung*" vor zwei Jahren hat REFA seinen Anspruch bekundet, mit unternehmerischem und marktgerechtem Denken, unter gleichzeitiger Nutzung und Pflege des Verbandsgedankengutes, Personal- und Organisationsentwicklung in den Unternehmen zu begleiten und zu stützen. Die Bedeutung der extrem wichtigen „Ressource" Mensch ist traditionell und satzungsgemäß ein Hauptanliegen des REFA.

Die allgemeinen Unternehmensziele mit heutiger und zukünftiger Gültigkeit wurden bereits in der Davoser Charta 1973 formuliert und sind auch

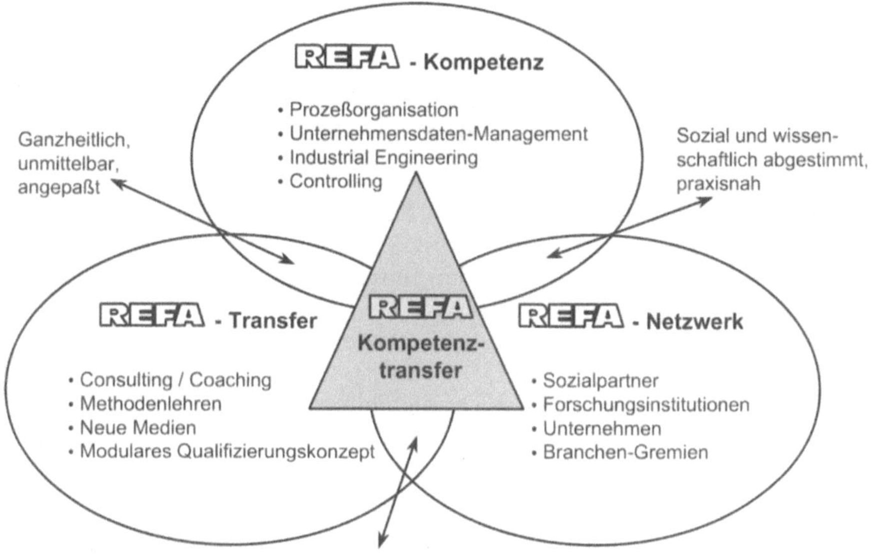

Bild 3. Rolle des REFA im sich verändernden Umfeld

Eckpfeiler des REFA-Gedankenguts (Bild 4) mit der Unternehmensausrichtung an

- Kunden,
- Anteilseignern,

Bild 4. Allgemeine Unternehmensziele (nach Davoser Charta von 1973)

- Mitarbeitern und
- Gesellschaft.

Unter Einbindung dieser Unternehmensziele sind die Unverwechselbarkeit der REFA-Unternehmensstrategie und ihre Alleinstellungsmerkmale wie folgt zu beschreiben:

- konsequente, schnelle, aber nicht den Modetrends unterliegende praxisgerechte Methodenentwicklungen (s. z.B. die langjährige Kompetenz des sich permanent weiterentwickelnden Industrial Engineering, des ganzheitlichen Unternehmensansatzes);
- unterlegt mit Dokumentationen (gute Lehrunterlagen sind Güte- und Markenzeichen des REFA);
- Qualifizierungstransfer von dazu ausgebildeten, zertifizierten, sich weiterbildenden kompetenten Menschen;
- Kompetenzvermittlung einheitlicher, aber jeweils auf Problem oder Kundenumfeld angepaßter Qualifizierungsinhalte.

Das Gedankengut des REFA „lebt" vom Input aus der Praxis und von der Abstimmung mit den Sozialpartnern – Abstimmungsprozesse als gelebte REFA-Kompetenz zum Nutzen von Unternehmen und Gesellschaft.

130 örtliche Gliederungen sind in ihrer Verknüpfung und in der Zusammenarbeit von hauptamtlichen und ehrenamtlichen Experten Stärken des REFA.

4
Konzeption des REFA-Methodenspektrums (Bild 5)

Während früher häufig in den Unternehmen in verschiedenen Abteilungen Teiloptima erzeugt wurden, ist heute die gesamte Prozeßkette im Blickfeld (Bild 6), wobei Teiloptima oder auch nahezu erreichbare Teiloptima natür-

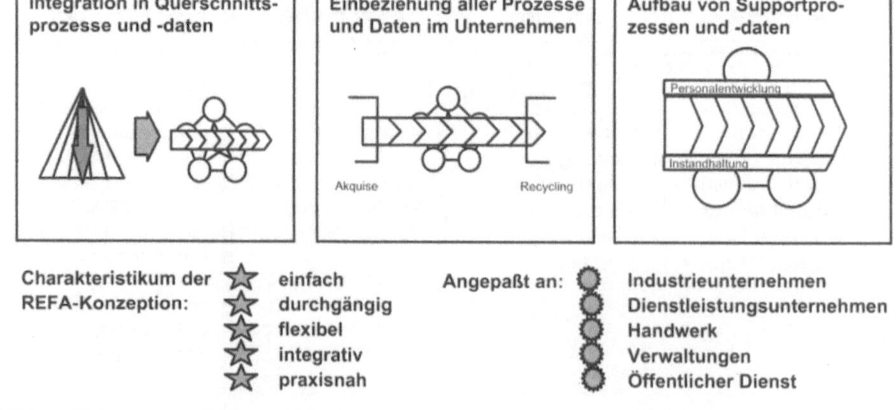

Bild 5. Weiterentwicklung der REFA-Methodenlehre

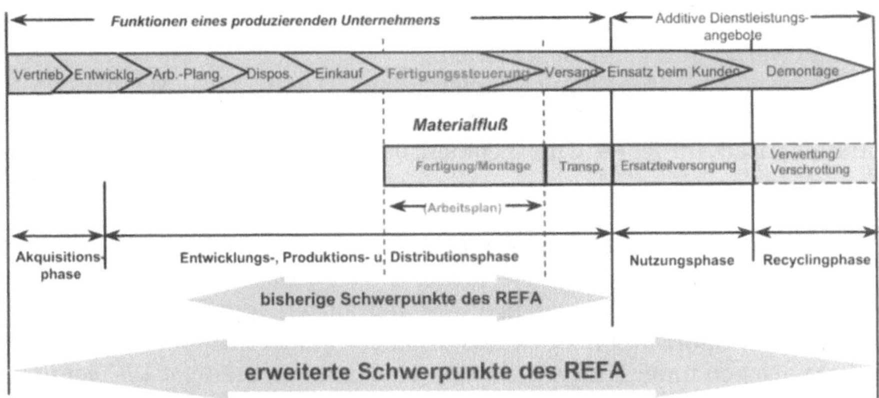

Bild 6. Geschäftsprozeßkette in einem produzierenden Unternehmen

lich Beiträge zum Gesamtoptimum leisten. Hauptmerkmale der Prozeßorganisation nach REFA sind:

- Orientierung an den Unternehmenszielen und am Kundenwunsch,
- Einbeziehung aller Prozesse,
- Datenmanagement für alle Funktionen und Branchen,
- einfaches Modell sowie Referenzmodelle,
- einfach handhabbare, flexible, kostengünstige und professionelle Werkzeuge.

Das REFA-Unternehmensmodell mit den Objekten der Unternehmensentwicklung (Bild 7) hat im Fokus die wesentlichen Unternehmenselemente mit Aktivitäten der Innovationsprozesse (Arbeit am Prozeß) und der Geschäfts-

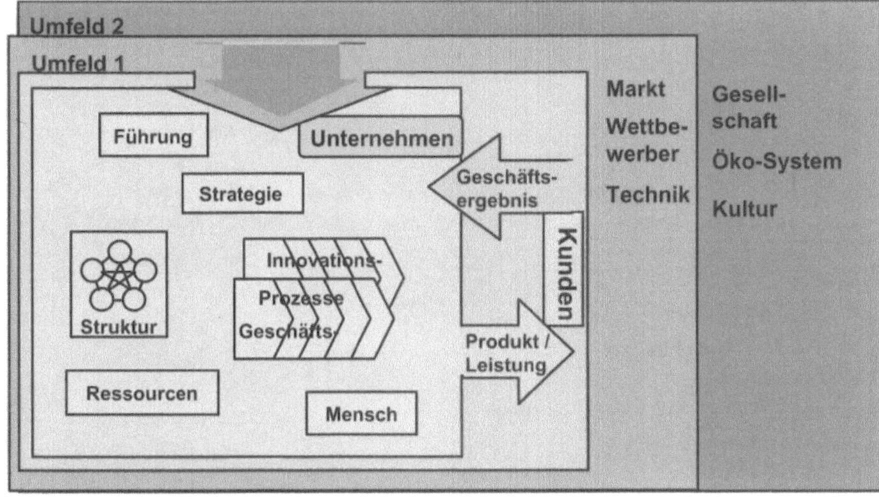

Bild 7. Objekte der Unternehmensentwicklung

prozesse (Arbeit im Prozeß), wie diese Elemente auch im bekannten EQA-Modell bewertet und gemessen werden.

Gewinn, Verarbeitung und Nutzung von Daten und „Meßbarkeiten" (= zahlenmäßige, vereinbarte, kommunizierbare exakte Beschreibung) sind zentraler Ansatz im REFA-Unternehmensdaten-Management.

5
Geschäftsprozesse und Unternehmensdaten-Management

Das Datenmanagement verarbeitet mit bewährten, praxisnahen und beherrschbaren Algorithmen sowie zusätzlichen intuitiven Inputs der kompetenten Menschen unter Nutzung moderner, allseits verbreiteter IV-Technologien alle relevanten Datenbestände und nutzt diese für Entscheidungen auf allen Ebenen.

In Bild 8 ist prinzipiell der Umgang mit Führungsdaten gezeigt. Nach der Datenerfassung/Datenermittlung sind verschiedene Verdichtungsstufen/Algorithmen im Einsatz, um Führungsdaten für jede Ebene als Entscheidungsgrundlage visualisiert bereitzustellen (ohne jeweils auch die zu ergänzende Intuition zu vernachlässigen) bis hin zur Entscheidungsfindung in der Unternehmensleitung.

Durch ein einfaches, immer wiederkehrendes siebenstufiges Daten- und Prozeßmodell (Bild 9) werden Prozesse beschrieben, neu gestaltet, verändert und weiterentwickelt – Ausgangspunkt von Simulation und Wiedereinspeisung von Simulationsergebnissen.

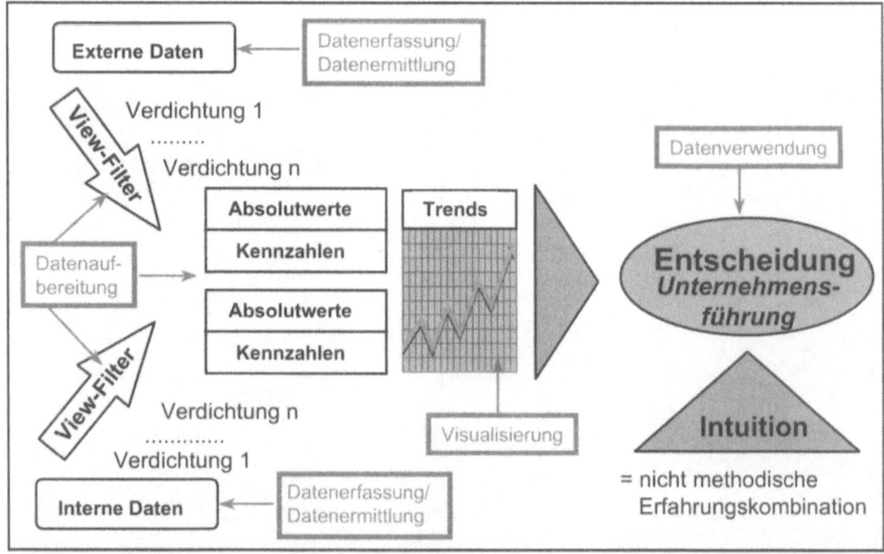

Bild 8. Führungsdaten

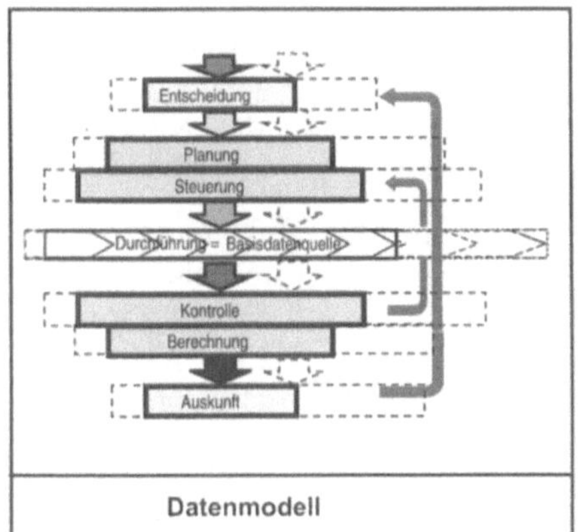

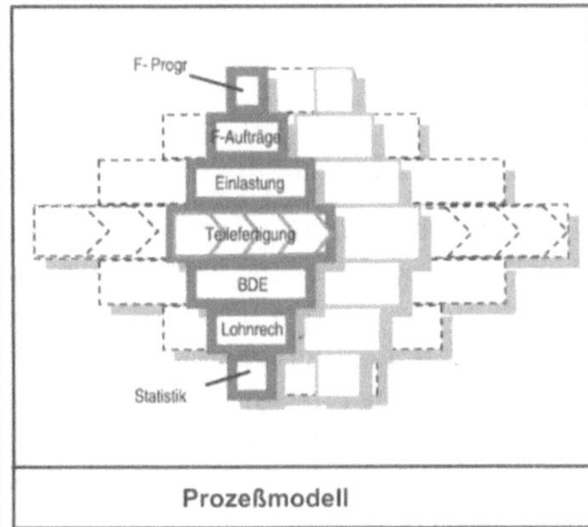

• allgemeingültig
• individuell anwendbar

Bild 9. Modelle für REFA-Methoden

Das in die Gesellschaft, in den Markt, in technologisch bestimmte Umweltbedingungen eingebettete Unternehmen wird bei seinem „Geschäftsprozeßweg" vom Kunden zum Kunden durch Führungsdaten (Bild 10) in der Vertikalen sowie Daten für die Durchführungsprozesse in der Horizontalen be-

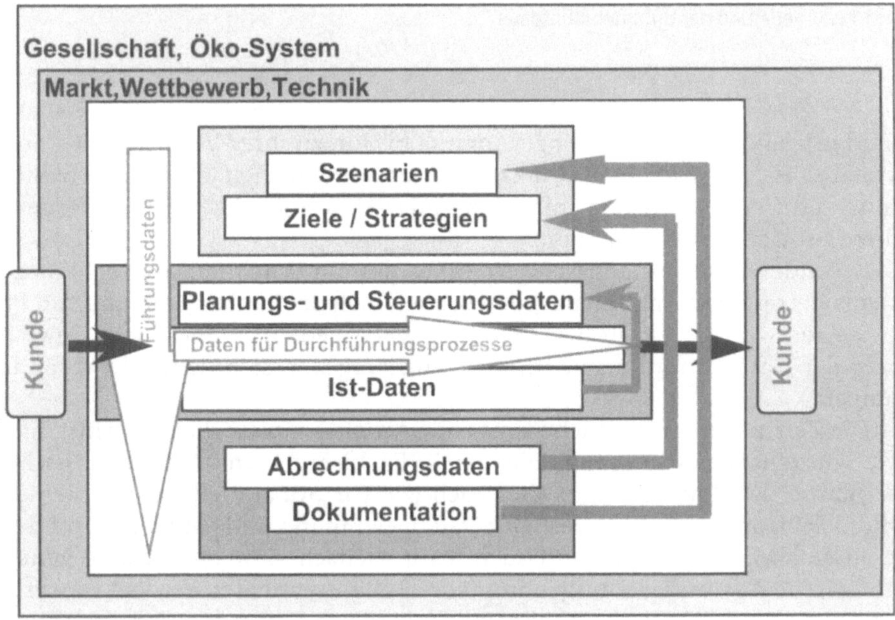

Bild 10. Daten der Prozeßorganisation

stimmt, mit jeweiligen Rückführungen (Regelkreisen), mit denen auf eine ständige Optimierung des Prozesses hingearbeitet wird.

Das Gewinnen, Verarbeiten und Nutzen dieser Daten des REFA-Unternehmensdaten-Managements ist fokussiert auf die:

- Einbeziehung aller erforderlichen Führungs- und Durchführungsdaten,
- Verwendung eines universellen, wiederholbaren Datenmodells,
- konsequente Trennung von Datenermittlung, Datenaufbereitung und Datenverwendung (besonders wichtige neue Aussage des REFA): Abhängigkeiten werden erst im konkreten Anwendungsfall im Unternehmen hergestellt,
- weitestgehende Nutzung der IV-Technologie.

Eine Gliederung/Definition der Daten liefert Bild 11.

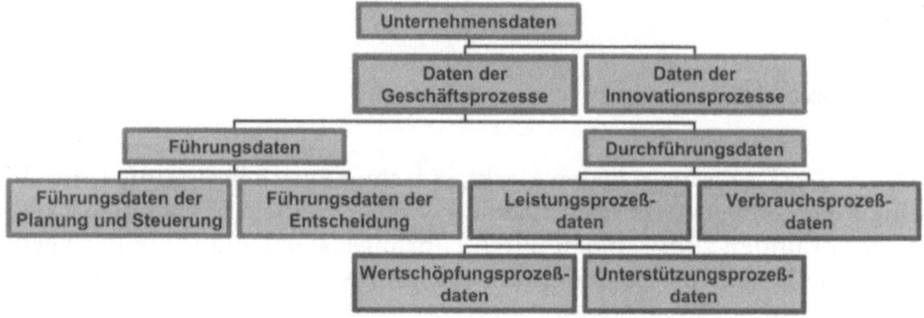

Bild 11. Gliederung der Unternehmensdaten

Die erforderlichen Tätigkeiten an und mit den Unternehmensdaten (Bild 12) gehen von der Datengewinnung bis hin zu ihrer Vernichtung – auch letzteres ist ein wichtiger Punkt, denn es werden vielfach Datenfriedhöfe jahre- und jahrzehntelang mit wachsender Unbehaglichkeit und erforderlichem Aufwand mitgeschleppt.

Besondere Anwendungsschwerpunkte des Unternehmensdaten-Managements betreffen Durchführungsdaten, aber auch die Führungsdaten (Bild 13).

Steigen wir nun ein in den sicher für REFA bedeutsamen Block „Gewichtung der Datenermittlungsmethoden"; hier ergeben sich deutliche Veränderungen.

Die Zeit, als die wesentliche Größe für Arbeitsprozesse, hat unstrittig nach wie vor zentrale Bedeutung. Die von REFA bisher vermittelten klassischen Verfahren der Zeitwirtschaft sind nach wie vor „topaktuell" (Zitat: Siemens Microelectronics Center, Dresden); Datengewinnung und -nutzung sind heute zu entkoppeln. Daher kann auch heute vielfach sinnvoll auf eine genaue statistische Auswertung aufgenommener Zeiten verzichtet werden. Das Prinzip, „nur so genau wie nötig" ermöglicht in vielen Fällen (z.B. bei der Durchlaufzeitermittlung) die Anwendung von Datenermittlungsmethoden mit ge-

Bild 12. Phasen des Unternehmensdaten-Managements

ringerem Aufwand und geringerer Genauigkeit als z.B. Vergleichen und Schätzen. Es ist zu erwarten, daß diese Methoden zukünftig noch stärker in den Vordergrund rücken – im Dienstleistungs- und Verwaltungsbereich ist dies bereits heute schon der Schwerpunkt der Datenermittlung.

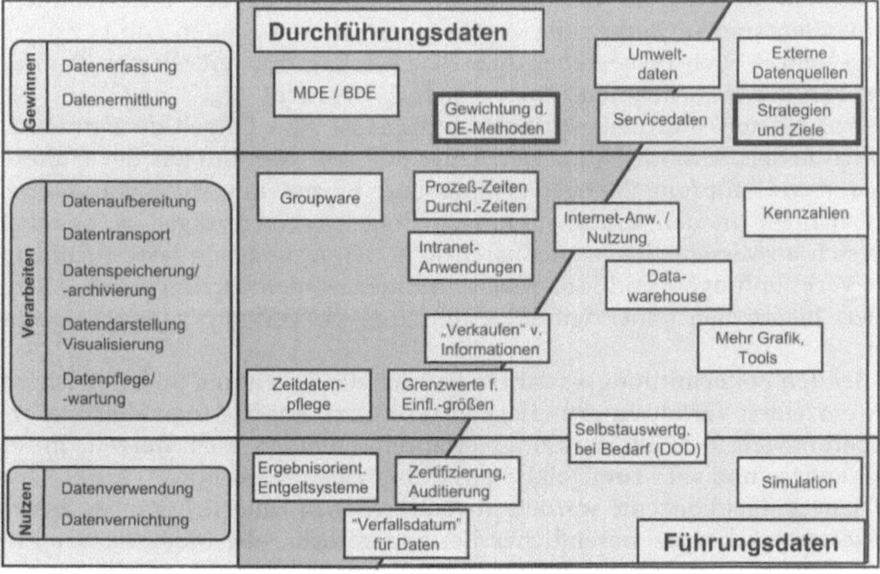

Bild 13. Anwendungsschwerpunkte von UDM

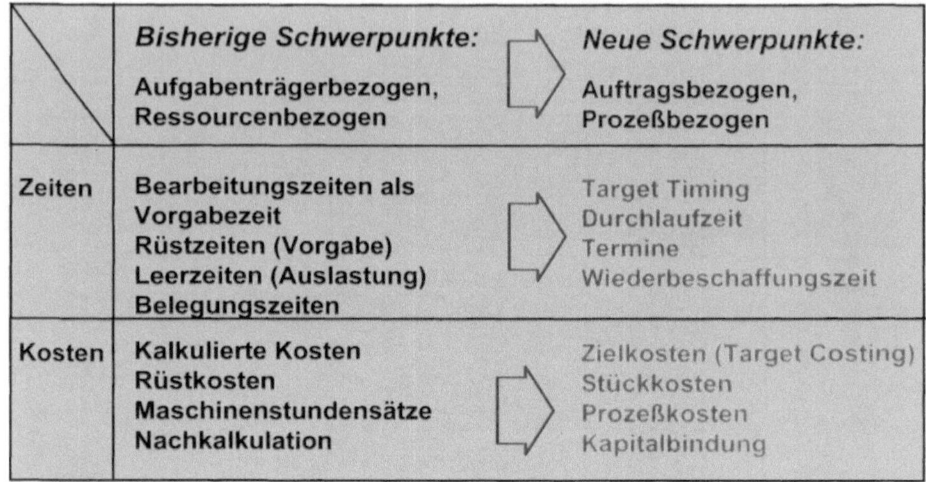

	Bisherige Schwerpunkte: Aufgabenträgerbezogen, Ressourcenbezogen		Neue Schwerpunkte: Auftragsbezogen, Prozeßbezogen
Zeiten	Bearbeitungszeiten als Vorgabezeit Rüstzeiten (Vorgabe) Leerzeiten (Auslastung) Belegungszeiten	⇨	Target Timing Durchlaufzeit Termine Wiederbeschaffungszeit
Kosten	Kalkulierte Kosten Rüstkosten Maschinenstundensätze Nachkalkulation	⇨	Zielkosten (Target Costing) Stückkosten Prozeßkosten Kapitalbindung

Bild 14. Veränderte Fokussierung der Unternehmensaktivitäten. Beispiel: Zeit- und Kostenverwendung

Nicht zuletzt die Managementtechnik der Zielvereinbarung als auch neuere ergebnisorientierte Entgeltsysteme haben die Bedeutung der Ziele betont. Wie bei allen Themen bedarf es auch eines methodischen Wissens über die Ermittlung und Verarbeitung des Datums „Ziel". Dazu gehören Methoden zur quantitativen Beschreibung von Zielen, Zielstrukturen und deren Inderdependenzen (Zielkonflikte).

Als ein Beispiel für die veränderte Fokussierung der Unternehmensaktivitäten sind in Bild 14 die wesentlichen Größen „Zeiten" und „Kosten" dargestellt – auch dies wieder eine Detaillierung des veränderten Paradigmas von der Unternehmensinnensicht zur Marktsicht.

Prozeßdaten sind heute prinzipiell lösgelöst vom Entgelt zu betrachten. Mit Hilfe der Methoden sind Werkzeuge auf dem Weg, um aus der früheren starren Verknüpfung Mengenleistung und Entgelt mit Hilfe von Zielvereinbarungen in den Unternehmungen Entgeltvereinbarungen zu schaffen, die sich an verschiedenen meßbaren Kriterien festmachen lassen (Bild 15). Die Verknüpfungen sind individuell im Unternehmen vorzunehmen – REFA liefert hierzu Bausteine/Methoden, um sinnvolle Verknüpfungen zu gestalten.

Bei den Zeitermittlungsverfahren hat sich die Bedeutung und Gewichtung der einzelnen Verfahren grundlegend verändert, Ansätze für neuartige bzw. weiterentwickelte Zeitermittlungsverfahren befinden sich derzeit in der Probephase und sind zum Teil bereits erfolgreich im Einsatz.

Neue Entgeltkonzepte werden in verschiedenen Unternehmungen bereits eingesetzt, wobei als wesentlicher Bestandteil heute die Methode der Zielvereinbarung, gestaltet durch sinnvoll zusammengesetzte Einzelfaktoren und Ziele, im Mittelpunkt steht.

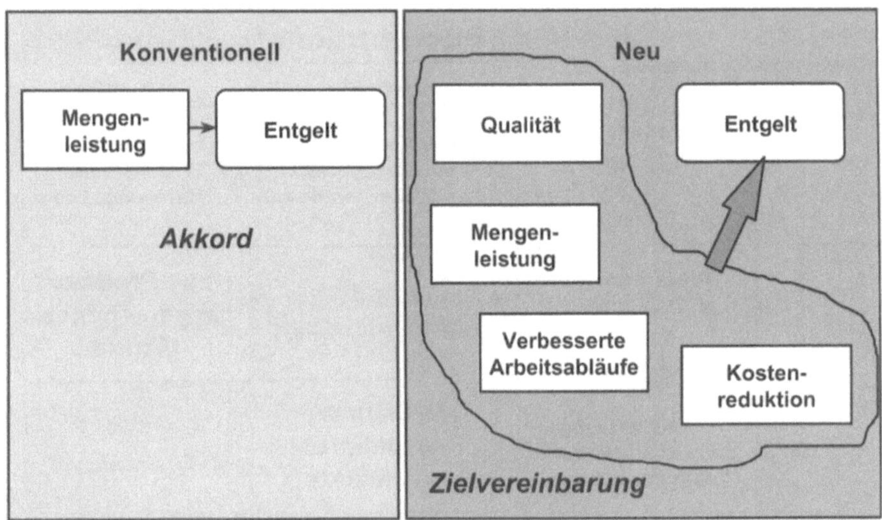

Bild 15. Bausteine einer Entgeltgestaltung im Produktionsbetrieb

6
Leistungsangebot des REFA

REFA-Methoden haben sich aufgrund ihrer Systematik, Praktikabilität und permanenten Weiterentwicklung im industriellen Geschehen vielfach bewährt – sie werden inhaltlich erweitert und marktgerecht auf weitere Unternehmungen/Dienstleister/Verwaltungen ausgedehnt. Auch in den Verwaltungen spricht man heute von „Produkten", von Durchlaufzeiten etc. Das Wissen und Beherrschen von Methoden erlaubt hier noch deutlicher Arbeitsgestaltungsansätze und Effizienzverbesserungen (Bilder 16 und 17).

Die Kernkompetenzen des REFA in fachlicher, organisatorischer und methodischer Ausprägung werden von und mit der Praxis geformt und vertieft.

Die Ausbildungs-, Qualifizierungs- und Beratungsstruktur berücksichtigt die in Bild 18 gezeigten wesentlichen Einflußfaktoren.

Mit der Methodik der kunden- und praxisorientierten sowie wissenschaftlich gestützten Modulerarbeitung (Bild 19) und den daraus gestalteten Produkten

- Ausbildungsgänge,
- Inhouse-Seminare,
- Kompaktseminare,
- Training und
- Coaching

ist REFA zum flexiblen Dienstleister und Problemlöser geworden.

Es erfolgt ein kundenorientierter Kompetenztransfer (Bild 20), in dem dem individuellen Bedarf und der praxisgerechten Lösungskompetenz Rechnung getragen wird.

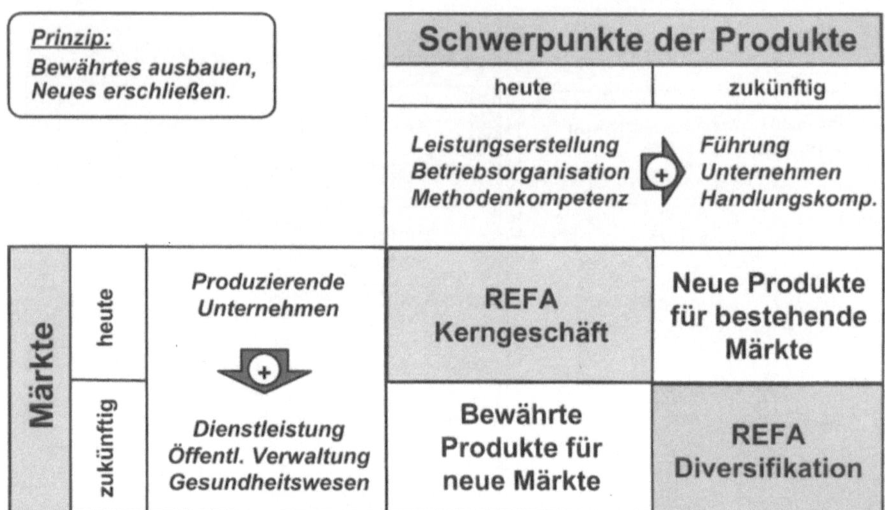

Bild 16. REFA-Strategie

Neue Lehrmethoden und neue/erweiterte Fähigkeiten der Lehrkräfte/ Trainer sind unabdingbar (Bild 21), insbesondere sind Merkmale und Fähigkeiten persönlicher und sozialer Kompetenz noch stärker zu betonen, wenngleich REFA diese Inhalte bereits seit vielen Jahren in seinen Weiterbildun-

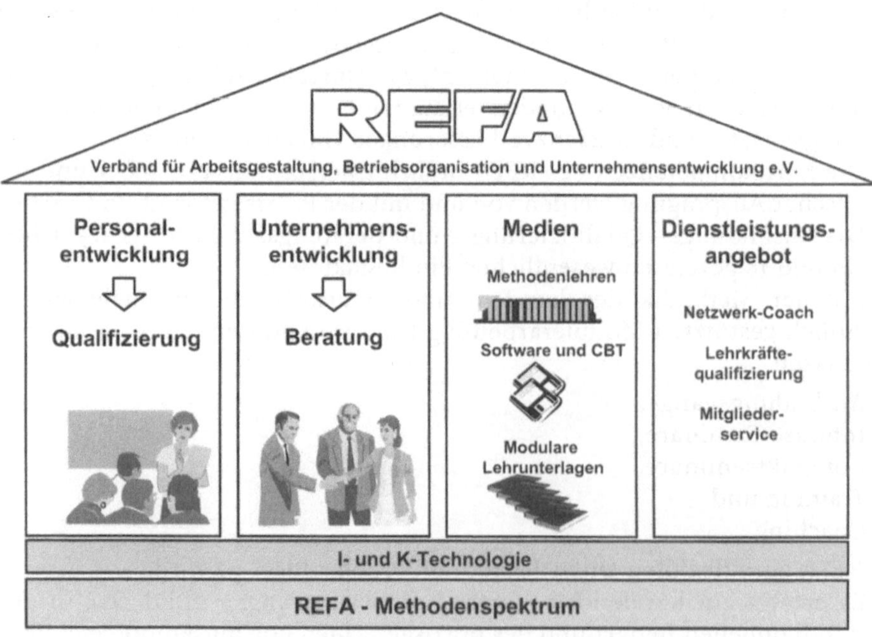

Bild 17. REFA-Leistungsangebot

- REFA-Geschäftsprozeßorganisations-Konzept (Inhalt)
- Position im Unternehmen (Funktionsbereich) und Hierarchie (Indiv. Teiln.)
- Primärausbildung und Berufserfahrung der Teilnehmer (Indiv. Teiln.)
- Kundennutzen
  Interessen des indiv. Teilnehmers: problem- und/oder karriereorientiert
  Interessen des Arbeitgebers: Probleme und/oder Personalentwicklung
- Ergebnisorientierung (Kosten-/Nutzenbetrachtung von Ausbildungen), d.h. Kundennutzen (Unternehmen)
- Reduzierte Zeitverfügbarkeit für Personalentwicklung (Unternehmen)
- Individualisierung der Ausbildung („meine (unsere) Ausbildung")

Bild 18. Einflußfaktoren auf eine neue Ausbildungsstruktur

gen des Seminars „Industrial Engineering“ und auch in der Organisatorenausbildung zum Thema hat.

Neue Lehrmethoden wie CBT und Selbstorganisiertes Lernen werden eingesetzt, ausgebaut und weiterentwickelt unter Beachtung der auch in Zukunft notwendigen Präsenz und Kommunikation von Trainer- und Teilnehmerteam.

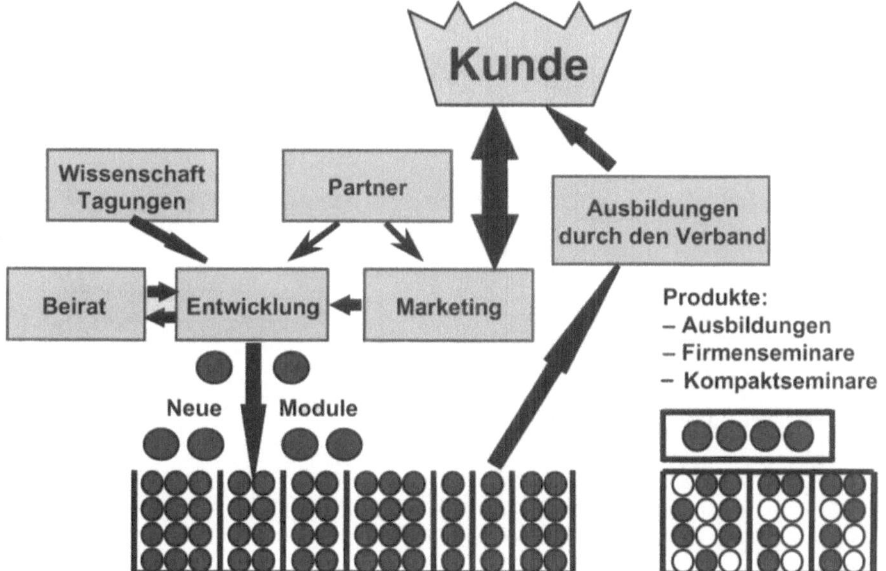

Bild 19. Kundenorientierung

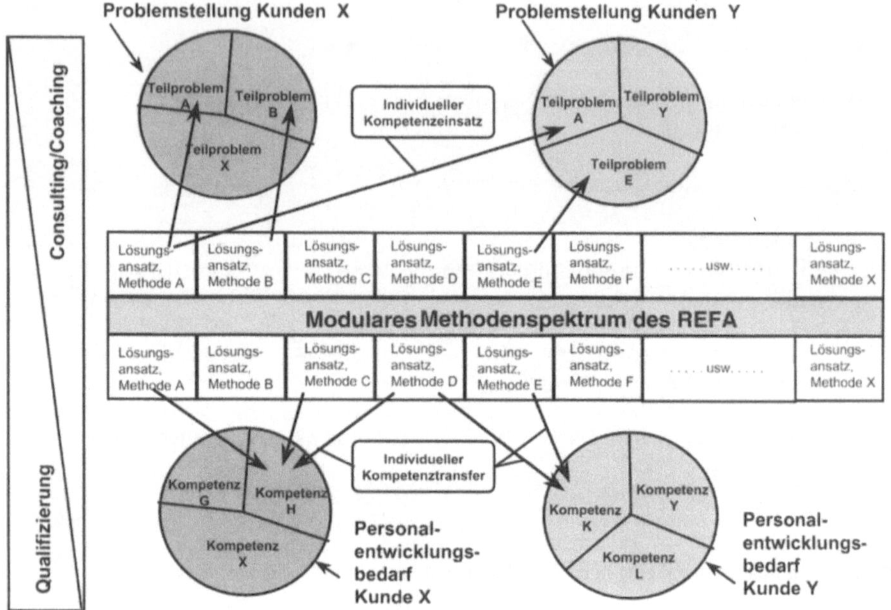

Bild 20. Kundenorientierter Kompetenztransfer

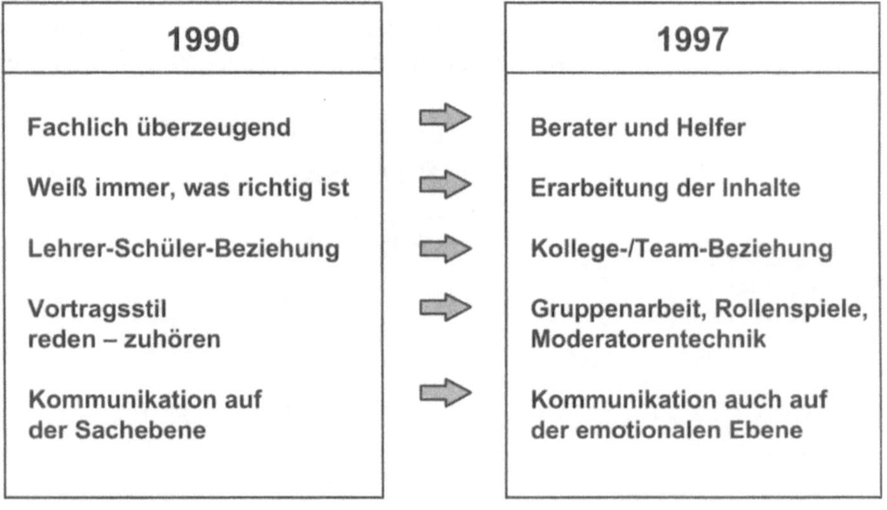

1990		1997
Fachlich überzeugend	⇨	Berater und Helfer
Weiß immer, was richtig ist	⇨	Erarbeitung der Inhalte
Lehrer-Schüler-Beziehung	⇨	Kollege-/Team-Beziehung
Vortragsstil reden – zuhören	⇨	Gruppenarbeit, Rollenspiele, Moderatorentechnik
Kommunikation auf der Sachebene	⇨	Kommunikation auch auf der emotionalen Ebene

Bild 21. Veränderung des Trainerprofils

7 Ausblick

Mit Prozeßgestaltung, Unternehmensdaten-Management und Unternehmensentwicklung – methodische Ansätze und Weiterentwicklungen, die REFA auch für sich selbst als Verband und Unternehmen einsetzt – ist REFA auf dem Weg einer innovativen, zügigen Weiterentwicklung.

Wichtige und auch für die Zukunft tragfähige Säule ist die praktizierte Sozialpartnerschaft, die zu konfliktarmen Lösungen in den Unternehmen führt.

Für notwendig und sinnvoll erachtete Qualifizierungsmaßnahmen werden projekt- und aufgabenbezogen mit Kooperationspartnern erledigt. Wesentlicher Ausgangspunkt ist immer das Problem und die Problemlösung des Kunden.

REFA-Mitglieder sind wichtige Informations- und Feedbackgeber für den Verband; Erfahrungsaustausch in den Gliederungen, Lösungen – branchenübergreifend und interdisziplinär – werden konkret möglich gemacht.

Erfahrene REFA-Lehrkräfte behalten und erweitern ihre Kompetenz, indem sie sich zu Trainern, Moderatoren bzw. Begleitern von Veränderungsprozessen weiterentwickeln.

Eine verstärkte Europäisierung, die Internationalisierung der REFA-Arbeit, geht Hand in Hand mit der Begleitung grenzüberschreitender und globaler Aktivitäten der Unternehmen.

Unternehmensmodell heute **Unternehmensmodell morgen**

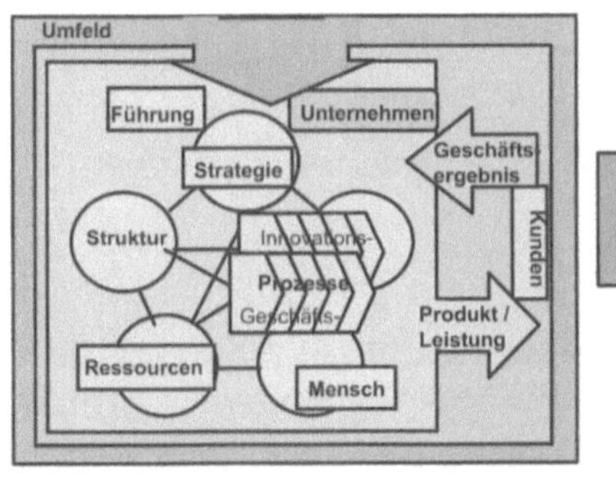

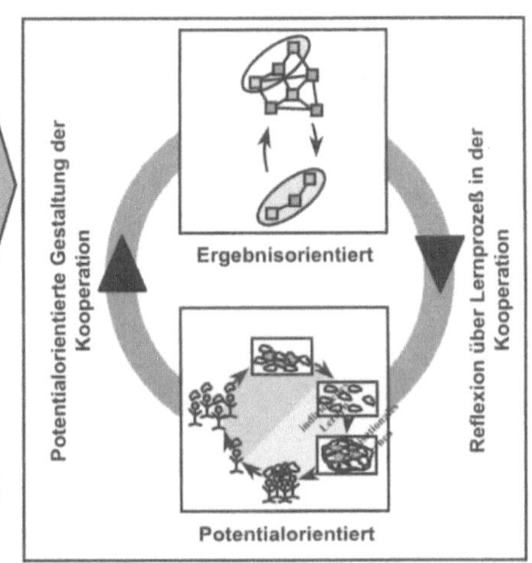

Vision

Integration der Gestaltung inter- und intrakooperativer Netzwerke sowie Aufbau wissensbasierter Potentiale durch organisationales Lernen

 **Methodeninnovation**

Bild 22. Ausblick

Unternehmerisches Denken und Handeln, verantwortlich gegenüber Kunden, Mitarbeitern, Anteilseignern und Gesellschaft, sind im REFA-Verband wesentliches Merkmal der Weiterentwicklung.

Die Dynamik und die Intensität der Veränderungen wird weiter zunehmen. Über heutige Unternehmen hinausgehend, entwickeln sich bereits Kooperations- und Unternehmensmodelle am Horizont, die ausschließlich projekt- und aufgabenbezogen ihre Arbeit erledigen, unter Nutzung potentialorientierter Gestaltung der Kooperation bei gleichzeitiger Reflexion über Lernprozesse innerhalb der Kooperation.

So führen die Vision einer Integration der Gestaltung inter- und intrakooperativer Netzwerke sowie der Aufbau wissensbasierter Potentiale durch organisationales Lernen zu einer permanenten Methodeninnovation (Bild 22).

Literatur

1. REFA-Methodenlehre der Unternehmensentwicklung (Entwurf), Band 1 u. 2. 1997
2. Kruppe, E.: Prozeßorientierte Zeitwirtschaft. Teil 1 und 2: Planung und Produktion 1997
3. Kruppe, E.; Rehm, S.: Unternehmensdaten-Management – Das Führungsinstrument. REFA-Nachrichten 1 (1996) S. 8 ff.
4. Autorenkollektiv: Den Erfolg vereinbaren. REFA-Fachbuchreihe 1995
5. Binner, H.: Integriertes Organisations- und Prozeßmanagement, REFA-Fachbuchreihe 1997
6. Geitner, U.W.: Betriebsinformatik. REFA-Fachbuchreihe 1997
7. REFA-Organisations-Forum. 1997
8. REFA-Industrial-Engineering-Tagung. Jahrbuch 1996

Gestaltung wandlungsfähiger Fabrikstrukturen: Strategien, Planungsmethoden, Beispiele

H.-P. Wiendahl, H. Scheffczyk

Inhalt: Wandlungsträge Fabrikstrukturen – Problemfelder der Fabrikplanung – Partizipative Fabrikplanung – Beispiele

1 Einleitung

Die Herausforderung, der sich heutige Produktionsunternehmen stellen müssen, läßt sich auf die Kurzform bringen: Kundenwünsche reaktionsschnell in agilen Netzwerken erfüllen und so im Wettbewerb bestehen.

Gesellschaftliche Veränderungen und weltweite Produktpräsenz wandeln das Kundenverhalten und wecken individuelle Kundenwünsche, denen häufig nur durch eine erhöhte Variantenvielfalt der Produkte begegnet werden kann. Die kleineren Märkte für diese individuellen Produkte sind schnell gesättigt und verkürzen die Produktlebenszyklen von fünf bis zehn Jahren früherer Produkte auf wenige Monate, wie sie heute in der Elektronikindustrie zu finden sind. Zur Erschließung neuer Märkte werden in kürzester Zeit neue Produkte mit differenzierten und erweiterten Funktionalitäten entwickelt. Der gesteigerte Aufwand muß durch eine Differenzierungsstrategie oder durch Kostenführerschaft zu neuen Marktanteilen führen. Die weltweite Nutzung von Ressourcen für Entwicklung, Einkaufsteile und -komponenten sowie Produktion und Logistik ist dabei eine zunehmend verbreitete Strategie.

Diese Entwicklungen stehen in Wechselwirkung zu Veränderungen im Bereich der Produktion. Neue hochautomatisierte Maschinen ermöglichen schnellere Prozesse mit dem Ziel der möglichst weitgehenden Fertigbearbeitung. Folglich findet hier eine Ausweitung des Tätigkeitsspektrums der früheren Meister und Abteilungsleiter hin zum Fraktal- oder Segmentmanager statt. Die Maschinen lassen sich heute an jedem Ort der Erde installieren; sie können dort betrieben werden, wo es der Markt verlangt oder wo die Rahmenbedingungen es günstig erscheinen lassen. Mit der Internationalisierung ihrer Produktion erwerben Unternehmen zunehmend Kenntnisse und Fähigkeiten zum leichten Wechsel des Produktionsstandortes. Es ist ein deutliches Warnsignal, daß die Direktinvestitionen deutscher Unternehmen im Ausland seit Jahren stark steigen sind, während die Inlandsinvestitionen stagnieren.

Daraus ergeben sich insgesamt drei Konsequenzen für Unternehmen, die sich der Herausforderung „mehr Wettbewerb" stellen wollen. Neben *Innovationskraft* und *Lerngeschwindigkeit* müssen sie sich durch *Wandlungsfähigkeit* auszeichnen. Wandlungsfähige Fabrikstrukturen sind durch eine hohe Ge-

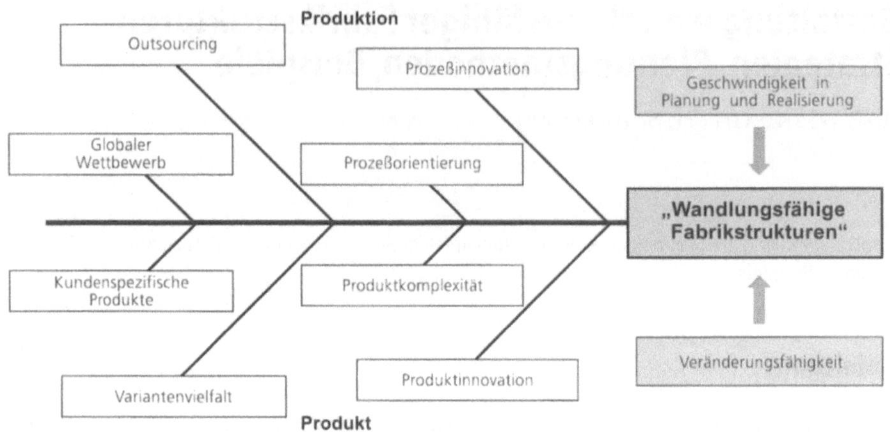

Bild 1. Ursachen für den Bedarf wandlungsfähiger Fabrikstrukturen

schwindigkeit in Planung und Realisierung sowie die ausgeprägte Fähigkeit zur raschen Veränderung gekennzeichnet (Bild 1). Der Begriff Fabrikstruktur schließt dabei nicht nur das Layout eines Unternehmens, sondern auch seine Aufbau- und Ablauforganisation sowie seine Arbeitszeitmodelle ein.

2 Wandlungsträge Fabrikstrukturen

Grundsätzlich stellt sich die Frage, warum diesen veränderten Anforderungen nicht mit herkömmlichen Fabrikstrukturen begegnet werden kann und diese folglich als wandlungsträge zu bezeichnen sind. Wandlungsträgheit ist anhand unterschiedlicher, nach außen sichtbarer Merkmale erkennbar, die sich auf vier Hauptkriterien zurückführen lassen (Bild 2).

Eine *komplexe Organisation* ist häufig über eine lange Unternehmenstradition gewachsen. Mit einer strengen Unterteilung in Abteilungen mit festgelegten Kompetenzen und Befugnissen ist sie aufgrund langer Entscheidungswege träge und kommunikationsarm. Die Stimmung im Unternehmen ist geprägt von der Angst, Verantwortung zu übernehmen, von Schuldzuweisungen und einem ausgeprägten Sicherheits- und Bereichsdenken.

Unabhängig davon, daß als Kunde sowohl die benachbarte Abteilung als auch der Abnehmer eines Produkts zu verstehen ist, fehlen aufgrund starrer Aufgabendefinition die Möglichkeit und das Interesse, wirklichen Kundennutzen zu erzeugen. Die fehlende Kundennähe steht in engem Zusammenhang zu einer *mangelnden Marktorientierung*. Erfolgreiches Handeln am Markt gemäß dem Grundsatz „Alles was dem Kunden nicht dient, ist Verschwendung“ gelingt nur den Unternehmen, die ihre Aktivitäten an den Kundenwünschen ausrichten. Wandlungsträgen Unternehmen fehlt diese Ausrichtung. Daher nehmen sie keine Produktdifferenzierung vor und tref-

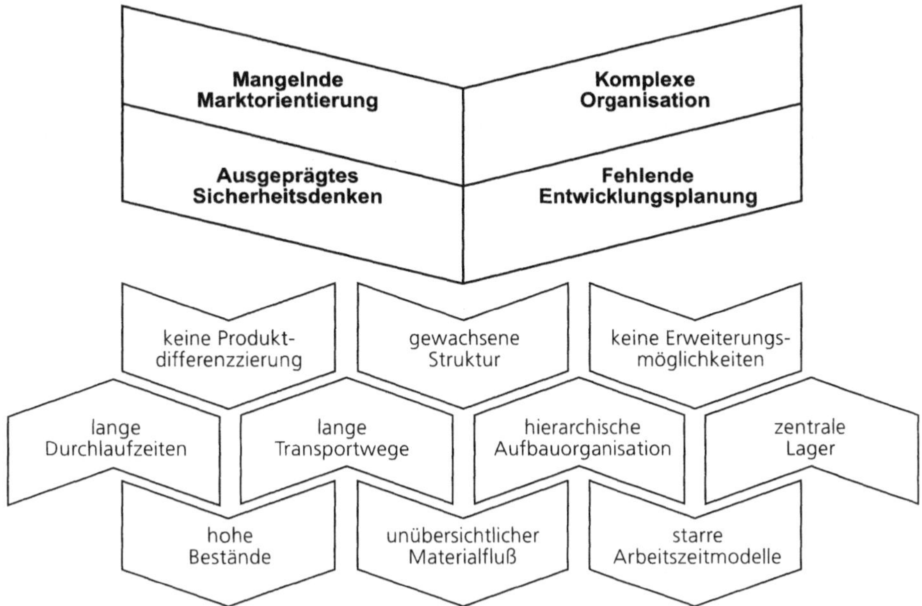

Bild 2. Kriterien wandlungsträger Fabrikstrukturen

fen keine Aussagen über die Märkte, die sie beliefern wollen. Eine Unternehmensleitlinie, aus der für jeden Mitarbeiter leicht verständlich nachvollziehbar wird, worin das grundlegende Unternehmensziel liegt – beispielsweise Weltmarktführer für ein bestimmtes Produkt zu sein –, ist bei diesen Unternehmen selten zu finden.

Ohne solche klaren strategischen Ziele lassen sich auch *Unternehmensentwicklungen* nicht planen. Die gewachsenen Strukturen der Aufbauorganisation spiegeln sich dann in einer unübersichtlichen Gebäudestruktur wider. Kurzfristige Anpassungen der Flächenbedarfe ohne eine vorausschauende Berücksichtigung eines Gesamtkonzepts haben, verbunden mit zentraler Lagerhaltung, unübersichtliche Materialflüsse entstehen lassen, die mit langen Transportwegen verknüpft sind und oftmals eine Erweiterung der Produktion ausschließen.

Aus den zuvor genannten Kriterien ergeben sich Schwierigkeiten für den Produktionsalltag, die ein *ausgeprägtes Sicherheitsdenken* fördern. Mittels hoher Sicherheitsbestände wird eine Reaktionsfähigkeit vorgetäuscht, die die Struktur selbst nicht leisten kann. Lange Auftragsdurchlaufzeiten, die wiederum zu Eilaufträgen und Terminverzug führen, runden das Gesamtbild eines wandlungsträgen Unternehmens ab. Zwei Beispiele sollen die genannten Aspekte verdeutlichen.

Bild 3 zeigt die gewachsene Struktur eines Firmenlayouts. Begrenzt durch Straßen und Gleisanlagen, fehlt dem Unternehmen auf dem vollständig mit

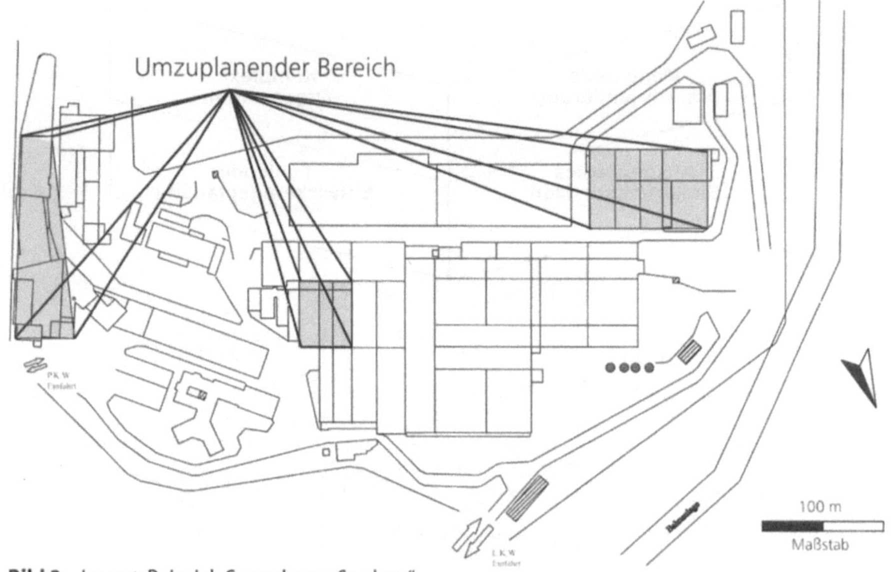

Bild 3. Layout: Beispiel „Gewachsene Struktur"

Gebäuden belegten Firmengelände die Möglichkeit, sich räumlich auszudehnen. Der in diesem Beispiel umzuplanende Produktionsbereich für ein bestimmtes Produkt war über zahlreiche Gebäude verteilt, weil neue Maschinen unter Vernachlässigung einer Entwicklungsplanung kurzfristig immer dort aufgestellt wurden, wo noch freie Fläche zur Verfügung stand. Die Nachteile, die sich daraus für den gesamten Prozeßablauf und den Materialfluß ergaben, wurden nicht berücksichtigt. Ein nachträgliches Umstellen der Maschinen war aufgrund aufwendiger Fundamente zu kostenintensiv, und eine Erhebung der Materialflußkosten wurde nicht betrieben. Erst der enorme Preisdruck der Kunden zwang das Unternehmen, in logistischen Fragestellungen ihres Produktionsprozesses umzudenken.

Auch der in Bild 4 dargestellte Ist-Zustand eines Fertigungsbereiches ist mit den Merkmalen der Wandlungsträgheit gut zu charakterisieren. Der stark ungerichtete Materialfluß ist in das Grob-Layout eingezeichnet. Die Produkte, die in diesem Bereich gefertigt wurden, legten während ihrer Entstehung mehr als einen Kilometer Wegstrecke zurück. Durchlaufzeiten von mehr als vier Wochen bei einer Bearbeitungszeit von zwei Tagen hatten hier eine ihrer Ursachen. Aber auch lange Rüstzeiten und ein hoher Anteil an Nacharbeit bremsten den Auftragsdurchlauf. Aktueller Anlaß, über die gegebene Struktur nachzudenken, war die Forderung, ein neues Produkt in die Fertigung aufzunehmen, für das ein Flächendefizit von 1400 m^2 bestand.

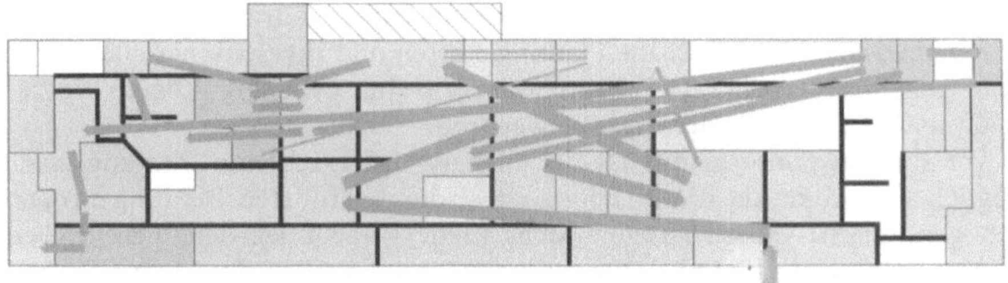

Bild 4. Ist-Zustand eines Fertigungsbereiches

3 Problemfelder der Fabrikplanung

Die skizzierten Probleme wandlungsträger Fabrikstrukturen erfordern eine Überprüfung der gängigen Fabrikplanungstechniken, -methoden und -strategien (Bild 5). Eine rasche Veränderung der Randbedingungen führt zu kürzeren Planungszyklen und in Verbindung mit kürzeren Produktlebenszyklen zu einem generell höheren *Planungsaufwand*. Weiterhin muß das Planungsergebnis hinsichtlich seiner *Qualität* derart angelegt sein, daß es der sich dynamisch verändernden Datenbasis angepaßt werden kann. Die unübersichtliche Methodenvielfalt ist dabei häufig hinderlich. Schließlich muß die *Wirt-*

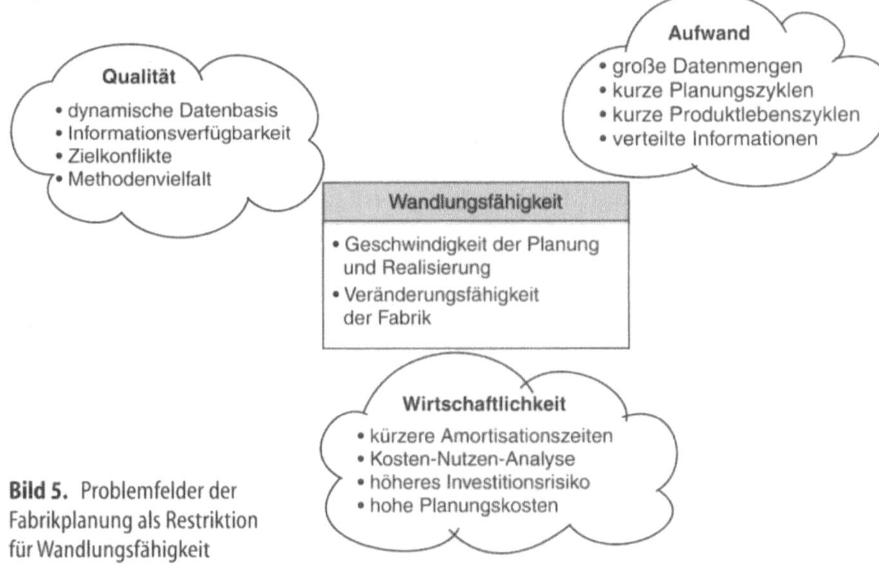

Bild 5. Problemfelder der Fabrikplanung als Restriktion für Wandlungsfähigkeit

schaftlichkeit von Veränderungsinvestitionen durch kürzere Amortisationszeiten bewiesen werden. Hohe Planungskosten und Investitionsrisiken erfordern gegenüber früheren Fabrikplanungen eine genauere Kosten-Nutzen-Analyse und eine zielorientierte Bewertung.

Vor diesem Hintergrund ist der bisher vorherrschende Planungsansatz fraglich geworden, da die bislang zentral durchgeführten Planungsprojekte den genannten Anforderungen nicht mehr gerecht werden. Erschwerend kommt hinzu, daß die hohe Dynamik der Einflußgrößen das Planungsergebnis häufig schon mit Bekanntwerden hinfällig werden läßt. Die zukünftige Fabrikplanung muß sich demzufolge sowohl auf eine wesentlich *höhere Planungs- und Realisierungsgeschwindigkeit* als auch auf eine *höhere Veränderungsfähigkeit* der neu gestalteten Strukturen und Einrichtungen einstellen.

Eine Möglichkeit, diesen Forderungen zu genügen, besteht in einer Dezentralisierung der Planungsaufgaben. Dies hat eine weitgehende Verlagerung von Planungstätigkeiten und eine Selbstorganisation der betroffenen Bereiche zur Folge. Vor allem bei einer detaillierten Gestaltung der unmittelbaren Arbeitsplatzumgebung erscheint der Dezentralisierungsgedanke vielversprechend, da somit das Fachwissen der beteiligten Mitarbeiter „vor Ort" direkt genutzt werden kann.

4 Partizipative Fabrikplanung

Es ist unbestritten, daß die Mitarbeiter in allen Bereichen passiv oder aktiv vom Planungsgeschehen betroffen sind. Ihre Fähigkeiten bleiben allerdings oft unberücksichtigt, obwohl sie für Planungsfortschritt und -qualität von großem Nutzen sein können. Schließlich werden auch an das Personal der Unternehmen zur Beherrschung der Komplexität zunehmend höhere Ansprüche gestellt. Dies führt dazu, daß die Mitarbeiter auch stärker an der Gestaltung der Produktion beteiligt werden müssen, da die vielfältigen Aufgaben der Fabrikplanung nicht mehr von zentralen Stellen im Unternehmen allein bewältigt werden können. Sie soll als *interne Partizipation* bezeichnet werden.

Die verschiedenen Möglichkeiten der Mitarbeiterbeteiligung stellen in der Fabrikplanung ein großes Potential zur Vermeidung von praxisfernen Planungsergebnissen dar. Die Beteiligung garantiert weiterhin eine höhere Motivation bei der Umsetzung der Vorhaben. Wie stark die Mitarbeiter in Planungsvorhaben eingebunden werden können, hängt dabei maßgeblich von zwei Faktoren ab, nämlich dem Grad der Dezentralisierung der Planungskompetenz im Unternehmen sowie der jeweiligen Planungsebene (Bild 6).

Um die Mitarbeiter an der Gestaltung oder Umgestaltung von Unternehmensbereichen zu beteiligen, müssen diese bestimmte Voraussetzungen mitbringen, die je nach Organisationstyp der Firma unterschiedlich ausgeprägt sind. In hierarchisch organisierten Unternehmen mit starker Arbeitsteilung, geringem Arbeitsinhalt und kleinem Entscheidungsspielraum ist die Mitwir-

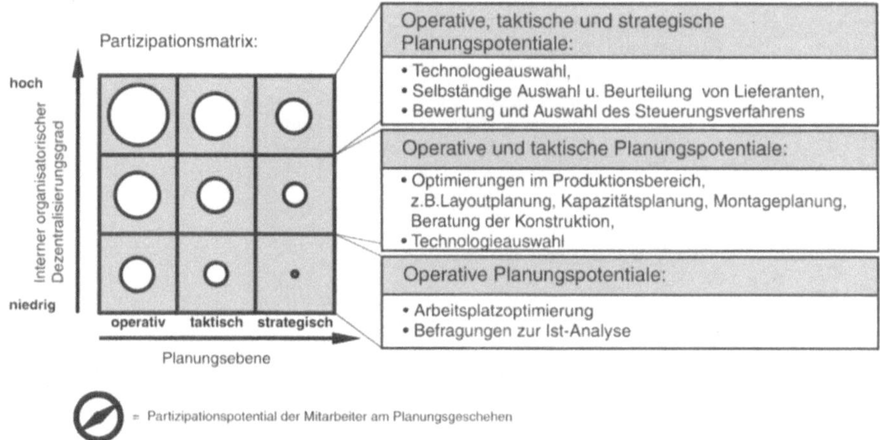

Bild 6. Potentiale für interne partizipative Fabrikplanung

kung für den einzelnen Mitarbeiter seltener gegeben als in einem stark dezentral organisierten Unternehmen. Dort dürften die Mitarbeiter eher in der Lage sein, Planungsaufgaben zu lösen, da sie über Erfahrungen in der Lösung von Problemen verfügen. Das Beteiligungspotential nimmt also mit dem Dezentralisierungsgrad zu.

Unterscheidet man eine operative, eine taktische und eine strategische Planungsebene, so wird der Mitarbeiter auf der operativen Ebene den stärksten Einfluß auf die Gestaltung seines eigenen Arbeitsplatzes nehmen können. Dies hat den Vorteil, daß die Feinplanung an der Maschine stets den aktuellen Anforderungen entspricht. Die Beteiligung an langfristigen, unternehmensrelevanten strategischen Entscheidungen wird sich demgegenüber auf die Information und evtl. Befragung der Mitarbeiter beschränken, allein schon, um die Entscheidungsfähigkeit des Unternehmens zu erhalten.

Eine zunehmende Rolle spielt die frühzeitige Einbindung von Zulieferern und Dienstleistern in das Planungsgeschehen, hier als *externe Partizipation* bezeichnet. Mit ihr lassen sich neue Potentiale erschließen. Umfassendes Fachwissen wird aufgrund stärkerer Beteiligung in die gemeinsame Aufgabe eingebracht. Die Intensität der Einbindung hängt von dem Vertrauen des betreffenden Unternehmens ab, externe Stellen an der Planungsaufgabe zu beteiligen (Bild 7). Bei einem hohen Grad der externen Partizipation werden Zulieferer und Dienstleister mit Beginn eines Planungsprojektes umfassend eingebunden und an strategischen Entscheidungen beteiligt. Die Partnerschaft ist geprägt durch die Zusammenarbeit im Team, bis hin zum gemeinsamen Anlauf des geplanten Objekts. Auch Design und Konzepte werden gemeinsam erarbeitet.

Ist der Grad der externen Partizipation geringer, werden nur Teilbereiche der Planungsaufgabe vergeben. Die Partner erkennen nur Ausschnitte des

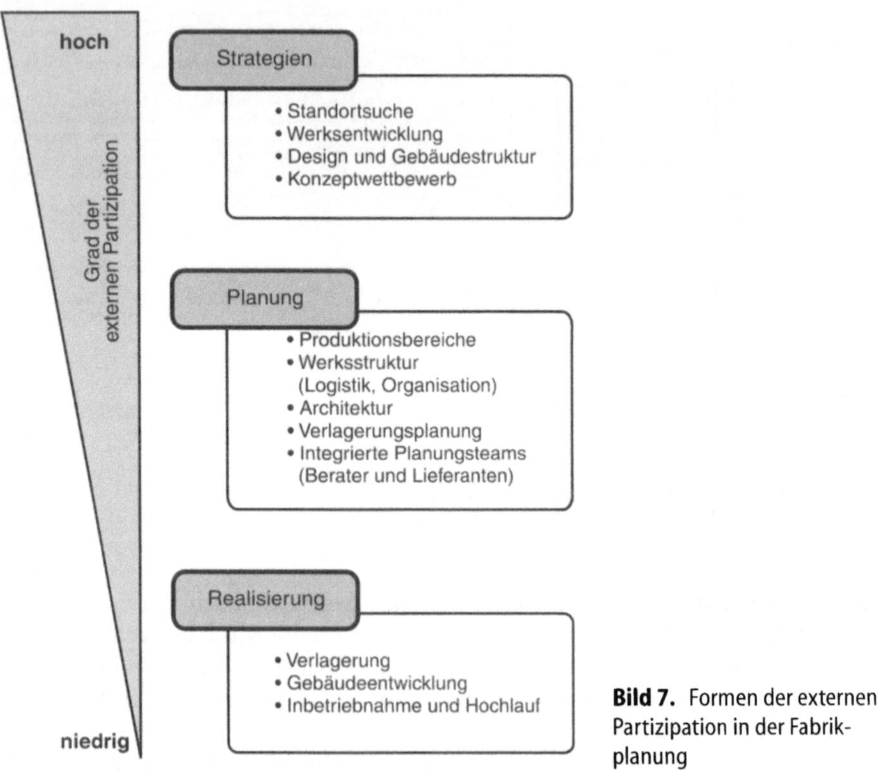

Bild 7. Formen der externen Partizipation in der Fabrikplanung

Gesamtprojekts. Als Beispiel sind hier Architekten und Berater genannt, die die eigenen Planungsteams ergänzen.

Die geringste Stufe externer Partizipation ist in der Vergabe von Teilaufgaben zu sehen. Das Planungsteam nimmt dabei definierte Dienstleistungen wie die Montage einer Anlage oder die Verlagerung eines Bereichs in Anspruch.

Neben der Verteilung der Aufgaben läßt sich die Geschwindigkeit in Planung und Realisierung durch eine gemeinsame Begriffswelt, einfache Modelle und ein sinnvolles Monitoring erhöhen. Einer aufwendigen Virtual-Reality-Animationen stehen dabei einfache Hilfsmittel gegenüber, mit denen sich vergleichbare Lerneffekte erzielen lassen. Bei einigen Unternehmen erstellen Mitarbeiter während der Planung lediglich grobe Skizzen auf kariertem Papier. Bei größeren Aufgaben ist die anschauliche Darstellung von Planungsergebnissen mit dem Legosystem Modulex hilfreich. So lassen sich beispielsweise Miniaturmodelle der geplanten Bereiche entwickeln (Bild 8).

Da gegenwärtig von einer eher geringen Planungskompetenz der Mitarbeiter und von Planungshilfsmitteln auszugehen ist, die auf Spezialisten zugeschnitten sind, ergeben sich für eine interne partizipative Fabrikplanung zwei wesentliche Konsequenzen:

Bild 8. Layoutgestaltung mit Modulex

- Die Mitarbeiter müssen für eine aktive Beteiligung an der Fabrikplanung geeignete Hilfsmittel und Methoden erlernen.
- Die Planungshilfsmittel müssen mitarbeitergerecht gestaltet werden.

Um die Leistungsfähigkeit der Mitarbeiter im Planungsgeschehen zu steigern, muß ein bestimmtes Grundwissen zur systematischen Bewältigung von Planungsaufgaben vorhanden sein. Während technische Zusammenhänge „begreifbar" sind, besteht meist ein erhebliches Defizit in den eher abstrakten Bereichen Logistik, Information und Qualität. Die Hilfsmittel und Techniken, die vom Fabrikplaner hierzu üblicherweise eingesetzt werden, sollten zumindest ihrer Funktion nach bekannt sein.

Für das logistische Verständnis des Produktionsprozesses ist zunächst die Kenntnis der wesentlichen Steuerungsverfahren von Vorteil [2]. Besonders bei der Einführung von neuen Strukturen ist eine Vorabschulung, möglichst anhand von Planspielen, notwendig. Das Verständnis für logistische Zusammenhänge kann z.B. durch Kennlinien gefördert werden. Für die Bewertung der Situation im eigenen Bereich sollten einfache Kennzahlen, wie die Durchlaufzeit oder die Verfügbarkeit der Anlagen bekannt sein und gepflegt werden.

Als einfache Hilfsmittel können ferner aus der Qualitätssicherung bekannte Werkzeuge wie Histogramme und Paretodiagramme eingeführt werden, um frühzeitig einen Handlungsbedarf feststellen zu können. Für die aktive Gestaltung müssen ferner Techniken zur Materialflußanalyse einsetzbar sein. Die systematische Problemlösung wird schließlich durch die Einführung von Techniken wie dem Brainstorming und dem Deming- oder Problemlösungszyklus erreicht.

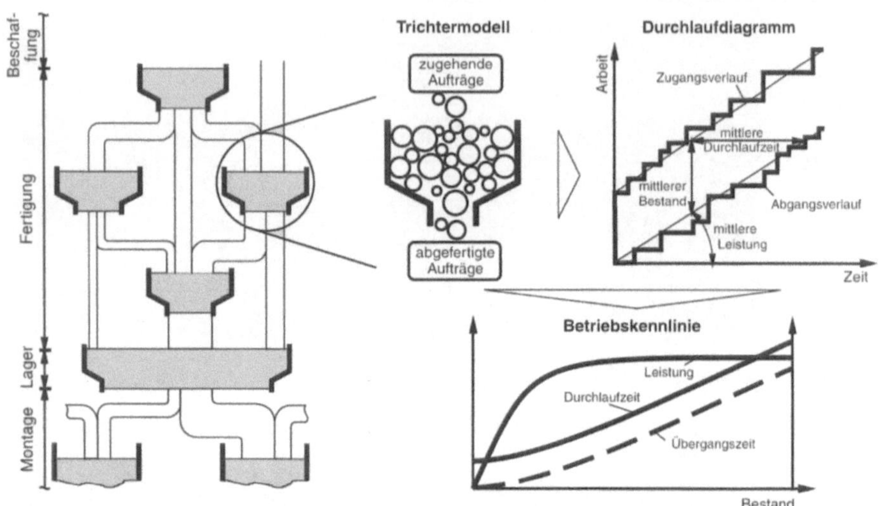

Bild 9. Ressourcenorientierte Modellierung mit Trichtermodell, Durchlaufdiagramm und Betriebskennlinie

Am Institut für Fabrikanlagen (IFA), Hannover, werden Hilfsmittel für die einfache Darstellung logistischer Zusammenhänge entwickelt. Ausgangspunkt ist dabei die anschauliche Abbildung eines Produktionsunternehmens als logistisches Ablaufmodell. Auf jeder Ebene lassen sich die unterschiedlichen Systeme als Trichter abbilden (Bild 9).

Über die Messung des Zu- und Abgangs von Aufträgen nach ihrem Arbeitsinhalt können die wichtigsten logistischen Größen Leistung, Bestand und die durchlaufzeitbeschreibende Reichweite ermittelt und im sog. Durchlaufdiagramm dargestellt werden. Die verschiedenen stationären Zustände lassen sich schließlich zu logistischen Betriebskennlinien verdichten, die ähnlich einer Motorkennlinie die Möglichkeit bieten, den Betriebszustand eines Systems unter logistischen Aspekten zu beurteilen. Betriebskennlinien werden inzwischen als leistungsfähiges Hilfsmittel bei der Planung und Steuerung einer Produktion anerkannt. Von besonderem Vorteil erweist sich dabei, daß diese Kennlinien über ein mathematisches Modell mit wenigen betrieblichen Ausgangsdaten zu berechnen sind [14]. Durch diesen einfachen Ansatz können aufwendige Simulationsstudien weitestgehend vermieden werden. In der Fabrikplanung lassen sich die Kennlinien nutzen, um aufwandsarm z.B. die erforderliche Leistung mit der am System verfügbaren Kapazität zu vergleichen, logistische Positionierungen durchzuführen sowie logistische Verbesserungspotentiale abzuschätzen und zu bewerten [6] (Bild 10) .

Ein weiterer wichtiger Punkt ist die Erkenntnis, daß sich Entwicklungsprozesse kreativer, motivierter und eigenverantwortlicher Mitarbeiter nur sehr schwer in das vorgefertigte Schema einer Software pressen lassen. Deshalb muß sichergestellt werden, daß alle am Projektteam beteiligten Exper-

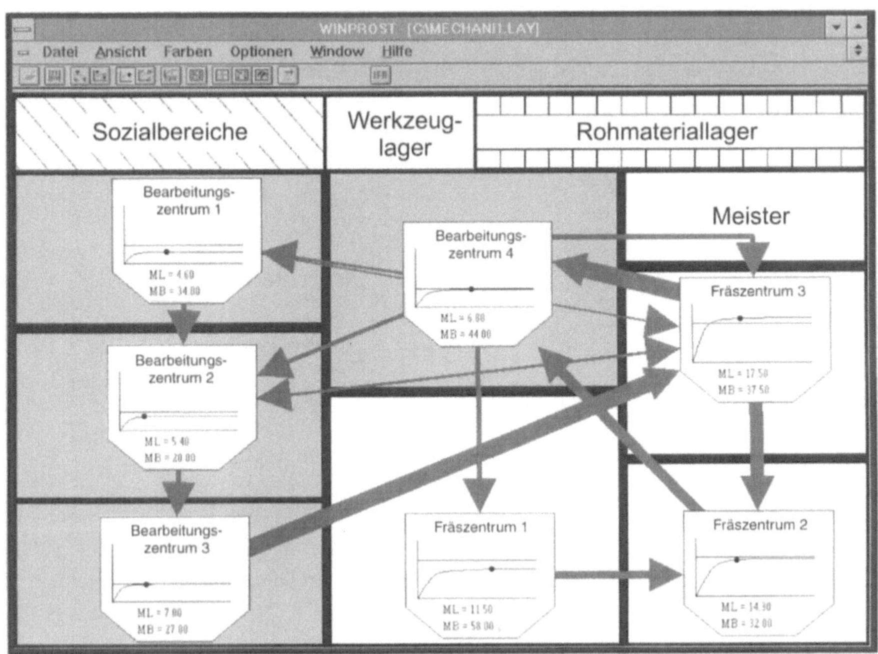

Bild 10. Kennliniengestützte Abbildung von Produktionssystemen in Kombination mit einer Materialfluß- und einer Layoutdarstellung

ten mit der von ihnen bevorzugten Software weiterarbeiten können. Dies setzt aber voraus, daß sich die Informationsbereitstellung aller Beteiligten auf einfache Weise und ohne nennenswerten Zeitverlust durchführen läßt.

Aus diesem Grund wird an Softwarewerkzeugen gearbeitet, die die zeitparallele Bearbeitung der Aufgaben verschiedener Teams eines Produktionsunternehmens unterstützen. In letzter Konsequenz soll hier das Simultaneous Engineering soweit vorangetrieben werden, daß mit Beginn der Produktkonstruktion die Produktionslogistik bereits detaillierte Angaben über die Gestaltung des Produkts sowie die dazu notwendigen Technologien im Sinne einer logistikgerechten Konstruktion vorgeben und gleichzeitig sinnvolle Produktionsstrukturen schaffen kann.

Auf der Basis der wichtigsten Standards im World Wide Web (WWW) des Internets, dem Uniform Resource Locator (URL), dem Hypertext Transfer Protocol (HTTP) und der Hypertext Markup Language (HTML) lassen sich auf PC-Basis dezentral sehr einfach aus allen gängigen Anwendungen die notwendigen Informationen bereitstellen und abrufen. Dazu zeigt Bild 11 die Struktur der ausgetauschten Informationen. Neben den üblicherweise in Papierform vorliegenden Projektinformationen sind auch sämtliche inhaltlichen Ergebnisse verfügbar. Als wichtig hat sich auch die Einrichtung eines „Schwarzen Bretts“ erwiesen.

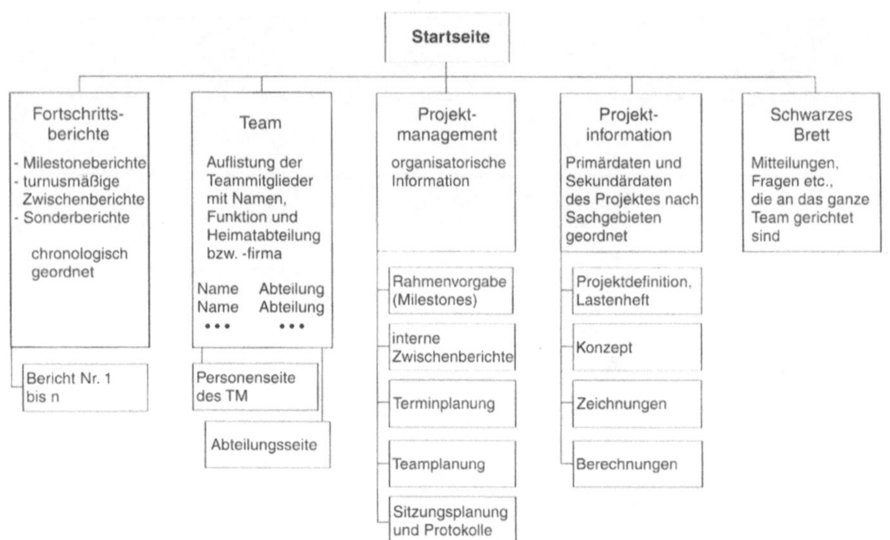

Bild 11. Aufbau eines Informationssystems zur Unterstützung des Simultaneous Engineering in der Produktentwicklung

5 Beispiele

Wandlungsfähige Fabrikstrukturen zeichnen sich jedoch nicht nur durch hohe Geschwindigkeit in Planung und Realisierung aus. Wandlungsfähige Fabrikstrukturen zeigen als Ergebnis der Planung eine große Vielfalt an Möglichkeiten, notwendigen Veränderungen gegenüberzutreten. Diese Veränderungsfähigkeit darf sich nicht auf eine Strukturierungsebene beziehen, sondern muß durchgängig über alle Strukturierungsebenen eines Unternehmens Berücksichtigung finden (Bild 12).

Die *Betriebsmittelstruktur* repräsentiert die Maschinenaufstellung und die Infrastruktur eines Fertigungsbereiches. Auf dieser Strukturierungsebene kann Wandlungsfähigkeit durch ein hohes Maß an Eigenverantwortung und Autonomie für den Werker hergestellt werden. Das beginnt bei der selbständigen Bestellung des Materials und kann in stark dezentralisierten Unternehmen bis zur Ergebnisverantwortung des Mitarbeiters gehen. Die Maschinen werden bei veränderten Prozessen selbständig umgestellt. Diese sollten daher leicht auf eine andere Position verschoben werden können.

Auf der Ebene der *Bereichsstruktur*, die die Verknüpfung und Anordnung der Produktionseinheiten beschreibt, ist eine Prozeßorientierung gefordert, die eine elastische Verknüpfung der Bereiche möglichst ohne stationäre Fördertechnik und untereinander ermöglicht und somit die Veränderungsfähigkeit der Betriebsmittelstruktur nicht einschränkt.

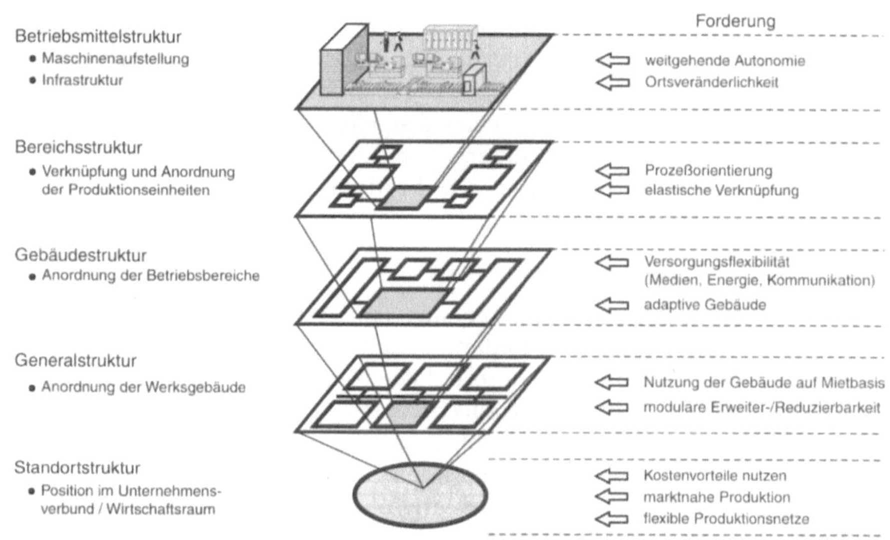

Bild 12. Veränderungsfähigkeit auf allen Strukturierungsebenen

Die *Gebäudestruktur* beschreibt die Anordnung von Teilbereichen der Bereichsstrukturebene innerhalb eines Gebäudes. Auch hier sollte der Umstellungsaufwand für die einzelnen Bereiche minimal sein. Dazu dürfen Maschinen nicht an aufwendige Fundamente gebunden sein. Die Versorgung der Maschinen mit den spezifischen Medien sollte im gesamten Gebäude möglichst von oben erfolgen. Hierzu werden teilweise separate Ebenen in den Gebäuden vorgesehen, die über leicht zu öffnende Deckensysteme ein Maximum an Unabhängigkeit von den Anschlüssen für die Medien, die Energieversorgung und die Kommunikationstechnik gewährleisten. Auch die leichte Veränderung der Außenabmessungen in einem groben Raster mit hoher Stützweite und der einfache Anschluß von Anlieferzonen ist zu beachten.

Die Anordnung der Werksgebäude wird in der *Generalstruktur* beschrieben. Veränderungsfähigkeit bedeutet auf dieser Strukturierungsebene eine modulare Erweiterungs- und Reduzierbarkeit. Gebäude werden nur auf Zeit genutzt und daher die Nutzungsverträge entsprechend gestaltet. Die hohen Kosten der Erstellung trägt ein Dienstleister, der ein großes Interesse an einer hohen Veränderungsfähigkeit seiner Gebäude hat. Zudem übernimmt er den Aufwand für Pflege und Verwaltung.

Unter dem Begriff *Standortstruktur* wird die Aufteilung des Unternehmens in seinem Wirtschaftsraum zusammengefaßt. Dieser Wirtschaftsraum wird im Zeitalter der Globalisierung für viele Unternehmen auf der ganzen Welt verteilt sein. Zahlreiche Länder fordern die Ansiedlung von Produktionsstätten und Arbeitsplätzen in ihrem Land, wenn die dortigen Märkte beliefert werden sollen. Wandlungsfähigkeit bedeutet für die Standortstruktur, daß die Produktion in der Lage sein muß, den Märkten zu folgen. Das bedeutet nicht zwangsläufig den Verlust von vorhandenen Arbeitsplätzen. Vielmehr können durch die Eroberung neuer Märkte auch in Deutschland neue Aufgabenfelder entstehen. Diese ergeben sich auch dadurch, daß die Standortstruktur nicht mehr auf Dauer festgelegt sein muß. Durch den Aufbau von Zweckbündnissen auf Zeit ergeben sich auf der Ebene der Standortstruktur neue Kooperationsformen, sog. Produktionsnetze.

5.1 Standortstruktur

Solche Produktionsnetzwerke können sich aus unterschiedlichen und unternehmensspezifischen Gründen bilden. Daher zeichnen sich nach dem derzeitigen Erkenntnisstand vier grundsätzliche Netzwerktypen ab (Bild 13).

Strategisches Netzwerk: Das Produktionsnetz wird durch ein fokales Unternehmen, das häufig ein Endprodukthersteller oder Handelsunternehmen mit entsprechender Nähe zum Endkunden ist, strategisch geführt [11]. Die übrigen Partner sind meist vertraglich eng und langfristig an das fokale Unternehmen gebunden, bieten ihre Leistung aber auch anderen Abnehmern außerhalb des Netzwerkes an, um ihre eigene Wettbewerbsfähigkeit und Unabhängigkeit zu erhalten. Als Beispiel sind hier die Zuliefernetze der Automobilindustrie zu nennen.

Virtuelle Unternehmung: Unabhängige Unternehmen arbeiten auf der Basis eines gemeinsamen Geschäftsverständnisses zusammen, um eine sich bietende Geschäftsgelegenheit durch die gemeinsame Produktion eines Gutes zu nutzen. Die Zusammenarbeit ist auf einen Zeitpunkt oder einen relativ

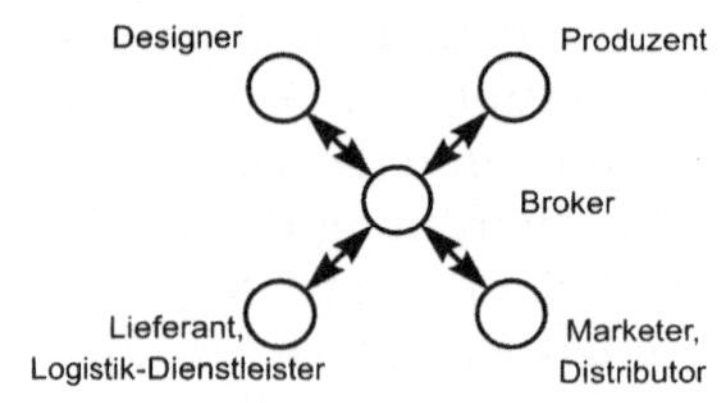

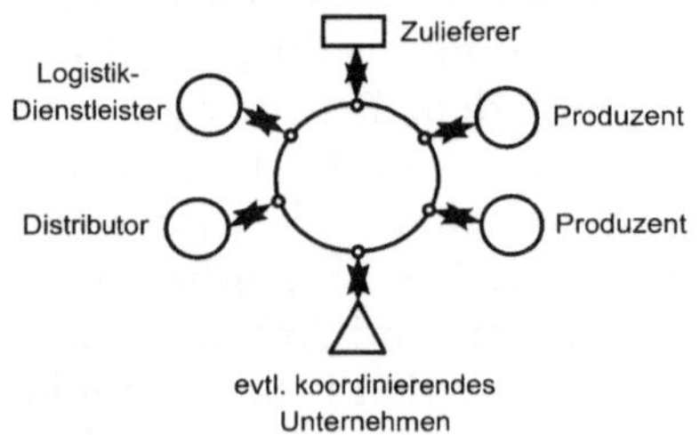

Bild 13. Übersicht der Netzwerktypen (nach Pfohl)

kurzen Zeitraum (projektähnlich) beschränkt. Die Partner weisen individuelle Kernkompetenzen auf. Gegenüber dem Kunden erfolgt ein einheitliches Auftreten, so daß für ihn die Struktur des Produktionsnetzes und die einzelnen Partner nicht erkennbar sind [1, 7]. Als Anwendungsfelder dieses Typs werden Low-tech-Wertschöpfungsprozesse mit sehr kurzen Produktzyklen (Bekleidung, Spielwaren), sich schnell entwickelnde High-tech-Industrien (Elektronik, Biotechnologie) und vor allem Wertschöpfungsprozesse, die bereits in hohem Maße auf einer informationstechnischen Infrastruktur aufbauen wie in der Medien-Branche, gesehen (vgl. [5, 9]). Aufgrund der beliebigen räumlichen Verteiltheit der Unternehmen ist aus logistischer Sicht entscheidend, daß es gelingt, Güterflüsse in verstärktem Maße durch Informationsflüsse zu substituieren, also beispielsweise statt eines Gütertransportes über weite Entfernungen lediglich die Auftragsinformation zu übermitteln und die (häufig kundenauftragsbezogene) Produktion des Gutes erst in unmittelbarer räumlicher Nähe zum Kunden vorzunehmen.

Regionales Netzwerk: Es basiert auf einer räumlichen Agglomeration der dem Netzwerk angehörenden, hoch spezialisierten kleinen und mittleren Unternehmen. Die Unternehmen verfügen meist über latente Beziehungen zu einer großen Anzahl anderer Unternehmen in der Region und aktivieren diese Beziehung fallweise, je nach Auftragslage, durch Einbeziehung unterschiedlicher Partner. Hier ist oftmals weniger die Einzigartigkeit von Kompetenzen als vielmehr die hohe Flexibilität und der geringe Verwaltungsaufwand der Unternehmen von Bedeutung. Beispiele für regionale Netzwerke finden sich in Italien (Emilia Romagna) und im Silicon Valley (vgl. [11]).

Operatives Netzwerk: Zweck der Zusammenarbeit ist, daß die Unternehmen, gestützt auf ein unternehmenübergreifendes Informationssystem, kurzfristig auf Leistungen der Partner, besonders auf freie Produktions- und Logistik-(Lager-, Transport-, Verpackungs-)kapazitäten, zugreifen können. Üblicherweise existieren mehrere redundante Unternehmen in einem operativen Netz. Es werden meist standardisierte Transaktionen abgewickelt, die überwiegend einzelne Aktivitäten des Wertschöpfungsprozesses betreffen und in der Regel einen kurzfristigen Charakter haben. Dieser Netzwerktyp weist Überschneidungen mit dem Typ der virtuellen Unternehmung auf, ist jedoch eher auf kurzfristige Abwicklung einzelner Transaktionen als auf eine gemeinsame projektbezogene Leistungserstellung ausgerichtet. Dieses Netz weist als besonderes Charakteristikum den Handel mit Kapazitäten anstelle physischer Produkte auf. In diesem Rahmen kommt es u.a. zu einer kurz- und mittelfristig angelegten Ressourcenteilung.

5.2 Generalstruktur

Als aktuelles Beispiel für eine wandlungsfähige Generalstruktur ist das Montagewerk der Firma MCC zu nennen. Die Wandlungsfähigkeit des Produkts – eines innovativen Autotyps, genannt „Smart“ – sollte sich auch in der modularen Struktur des neuen Werkes widerspiegeln.

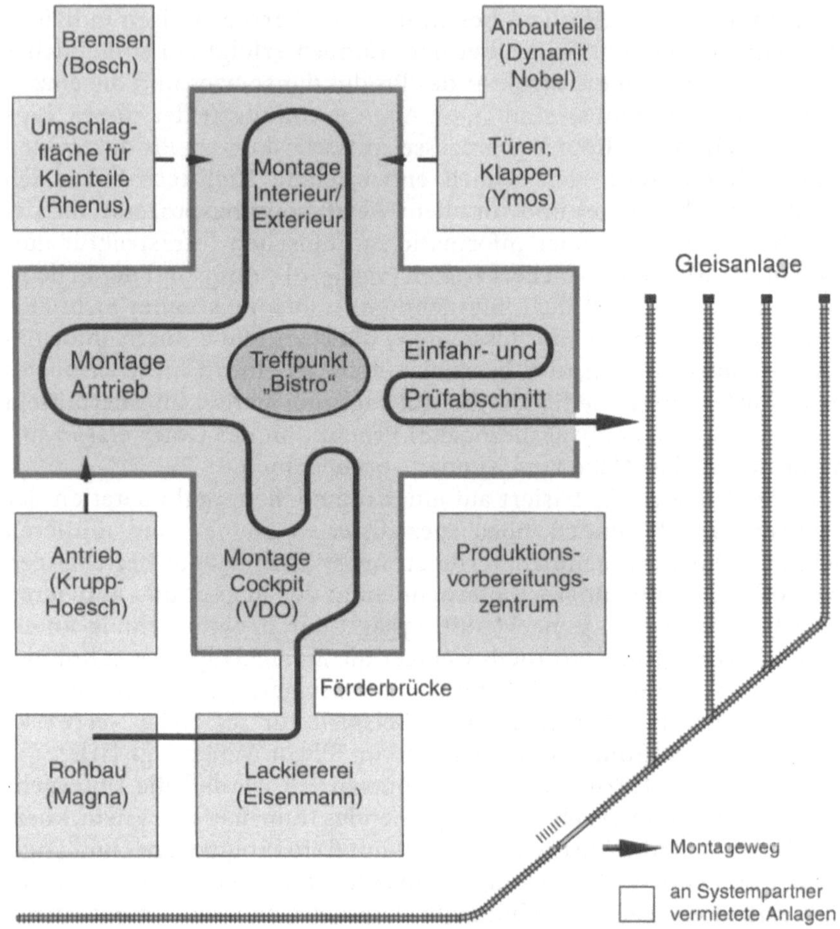

Bild 14. Struktur der „Smart"-Fabrik (mcc/agiplan)

Wesentliches Merkmal ist die unmittelbare Integration der Systempartner in die Produktion. Das Werklayout, das MCC in Form eines Plus-Zeichens konzipierte, macht die direkte Anlieferung an allen Punkten des Montagebandes möglich (Bild 14). Nur wenige Meter von diesem Montageband entfernt übergeben die Zulieferer ihre Module just-in-time oder just-in-sequence, die sie in unmittelbarer Nähe des Smart-Werkes produziert haben. Die Fertigungsstätten der externen Systempartner sind um die Kernfabrik angeordnet. Weitere Direktlieferanten produzieren in der Nähe dieser Fabrik. Minimale Vorlaufzeiten, niedrigste Bestände und der fast vollständige Verzicht auf Lagerstufen sind die wesentlichen Pluspunkte des Produktionssystems. Diese Struktur ermöglicht einerseits das Wachstum des Montageunternehmens durch die Erweiterbarkeit des Kreuzes in alle Richtungen. Zum anderen haben auch die Zulieferer die Möglichkeit, sich räumlich auszudehnen.

In diesem Konzept soll die Montagedauer eines Smart nur fünf Stunden betragen. Dazu wurden neue Kooperationsformen gefunden, die auch in anderen Bereichen der Automobilindustrie zu finden sind. Die Hersteller konzentrieren sich auf wenige hochqualifizierte Systempartner, die in einem weltweiten Selektionsprozeß ausgewählt und frühzeitig in die Produktentwicklung vollverantwortlich einbezogen werden. Die so entstehende Wertschöpfungspartnerschaft soll allen Beteiligten zugute kommen. Der Automobilhersteller übernimmt dabei immer mehr die Rolle des Prozeßmoderators und Systemintegrators, der sich besonders auf die Umsetzung des Gesamtkonzepts und des Produktmarketings konzentriert.

Interessant zu erwähnen ist hierbei, daß die Systemlieferanten ihre Systemkomponenten nicht nur im MCC-Werk montieren, sondern auch ihre Vormontage dort angeordnet haben.

Die Firma Eisenmann, die die Lackiererei für das Smart-Car entwickelt hat, wird mit einer neu gegründeten Betreibergesellschaft auch die Lackieranlage betreiben. Die Abrechnung mit der Firma MCC erfolgt jedoch nicht für den Betrieb der Lackieranlage, sondern nach der Anzahl lackierter Autos. Ebenso besitzt und betreibt die Firma Anderson Consulting das PPS-System der Smart-Fabrik mit der gesamten Hard- und Software und erhält die Vergütung entsprechend dem Ausstoß der Fabrik.

5.3 Gebäudestruktur

Wandlungsfähigkeit läßt sich durch einen Neubau am schnellsten erreichen. Dennoch muß sie sich in vielen Bereichen erst entwickeln. Das Beispiel in Bild 15 zeigt, wie die Firma VW innerhalb von zehn Jahren eine Evolution im Bereich der Logistikflächenstruktur für ihre Montagebereiche durchlaufen

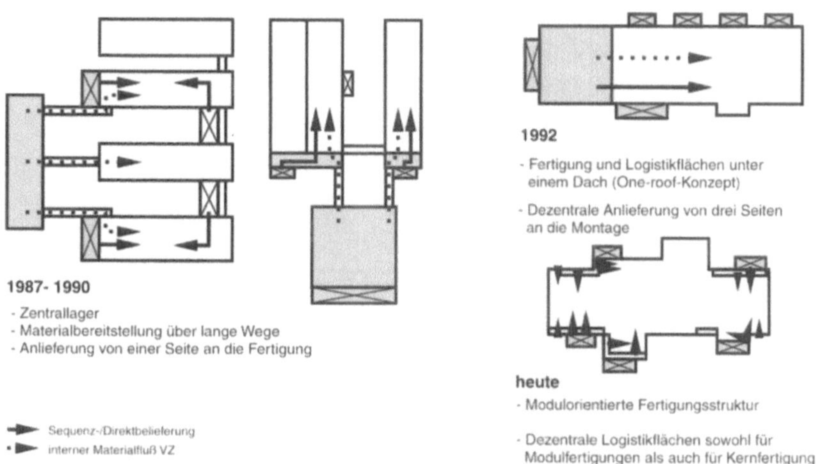

Bild 15. Evolution der Montage-Logistikflächenstruktur (nach VW)

hat. Von 1987 bis 1990 hatte man noch zentrale Lager und mehrere Gebäude, die grundsätzlich nur von einer Seite mit Material versorgt wurden. Hieraus ergaben sich für die Materialbereitstellungen lange Wege und Zeiten.

1992 wurde dieses Konzept abgelöst und ein „One-roof-Konzept" entwikkelt. Mit der Kombination aus Fertigungs- und Logistikflächen unter einem Dach wurden auch die zentralen Lager aufgelöst. Die Belieferung von drei Seiten des Gebäudes wurde mit verteilten Lagern außerhalb des Montagebereichs kombiniert.

Heute besteht immer mehr eine modulorientierte Fertigungsstruktur, in der sich die Produktstruktur direkt spiegelt und die mit dezentralen Logistikflächen eine hohe Veränderungsfähigkeit gewährleistet. Diese dezentralen Logistikflächen sind sowohl für die Modulfertigung als auch für die Kernfertigung realisiert und lassen sich in Abhängigkeit des Montagebedarfs erweitern oder reduzieren. Ähnlichkeiten zu dem vorher beschriebenen Plus-Konzept sind erkennbar.

5.4 Bereichsstruktur

Bild 16 zeigt das Schema des neuen Montagewerkes von Skoda in Mlada Boleslav (Tschechien). In diesem Layout durchläuft der Montageprozeß von der lackierten Karosserie bis hin zum kundenspezifischen Fahrzeug einen Kreislauf, der in einem rechteckigen Gebäude angeordnet ist. Während des Durchlaufs durch das Gebäude wird die lackierte Karosserie an verschiedenen Stellen um kundenspezifische Bauteile ergänzt. Der eigentliche Kern-

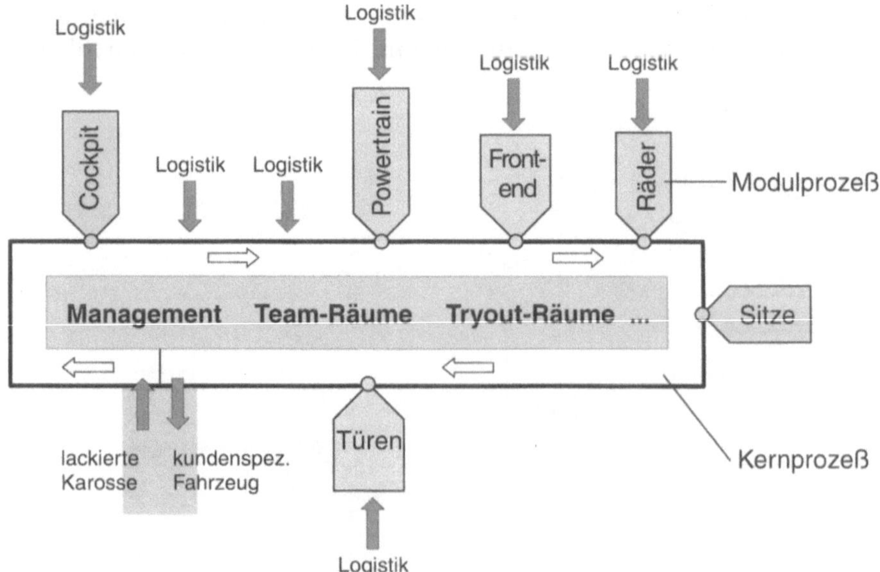

Bild 16. Schematisches Layout einer modularen Montage (Skoda)

prozeß ist die Kombination des kundenspezifischen Fahrzeugs. Modulprozesse wie die Vormontage der Räder laufen außerhalb ab. Die Räder gelangen als kundenspezifische Konstellation vollständig vormontiert in den Montagebereich und werden direkt am Fahrzeug angebracht. Auch die Montage der vormontierten Räder kann durch den Systemlieferanten erfolgen. Dieser ist bei Veränderung der Abläufe sehr leicht in einen anderen Bereich zu verlagern. Ein wesentlicher Aspekt dieses Bereichskonzeptes besteht darin, daß die Ausdehnung der Kernmontage nicht durch die Modulprozesse der Systemlieferanten behindert wird.

Zudem besteht eine Besonderheit des Gebäudes darin, daß die Montage um zentrale Räume wie die Büros des Managements, Teamräume und Tryout-Räume angeordnet ist. Ein direkter Sichtkontakt zwischen den Planungs- und Organisationsabteilungen des Unternehmens - aber insbesondere auch zur operativen Ebene - unterstreicht die Bedeutung, die der wechselnden Kommunikation zugemessen wird, die die Geschwindigkeit von Planung und Realisierung wachsen läßt. Je länger Spezialisten mit unterschiedlicher Ausbildung zusammenarbeiten und je häufiger und spontaner sie miteinander reden können, desto besser wird die Qualität des Gesamtergebnisses.

5.5 Aufbauorganisation

Lebendige Organisationen sind agil und vital. Lebendige Organisationen in Fabriken haben kurze Entscheidungswege und ein hohes Maß an Eigenverantwortung und Autonomie. Die Mitarbeiter in diesen Organisationen können sich durch hohe Lernbereitschaft und -geschwindigkeit sehr schnell neuen Produkten und deren Prozessen anpassen (Bild 17). Durch ihre Freiheiten entwickeln sie Mut zur Verantwortung und Kreativität. Nur in einer solchen Organisation ist Innovation mit Geschwindigkeit kombinierbar.

Zum Aufbau einer solchen Aufbauorganisation haben viele Unternehmen zwei ihrer ehemals sieben Hierarchiestufen aufgelöst (Bild 18). Danach wurden für jedes Produkt Produktteams gebildet (Bild 19). In einem solchen Produktteam ist die Verantwortung für Fertigung, Einkauf, Konstruktion und Entwicklung, Material und Logistik gebündelt. Darüber hinaus gibt es Querschnitt-Service-Teams, die die Produktteams in den genannten Bereichen, aber auch im Bereich Qualitätssicherung unterstützen. Die Produktteams arbeiten wie selbständige Firmen und haben einen hierarchischen Aufbau. Damit die Produktteams ihren Zusammenhalt wahren, sind Technische Service-Center (TSC) eingerichtet worden. Diese Querschnittsfunktionen werden in Personalunion von den Produktteamleitern wahrgenommen. Für einen Produktteamleiter ergeben sich daraus bis zu drei Rollen, die er wahrzunehmen hat. In Rolle eins ist er Leiter des Produktteams, d.h., er hat Ressourcenverantwortung, aber auch Personalverantwortung gegenüber seinem Produktteam. In seiner zweiten Rolle ist seine Fachkompetenz gefragt, die er in seiner dritten Rolle als Dienstleister auch anderen Produktteams zur Verfügung stellt.

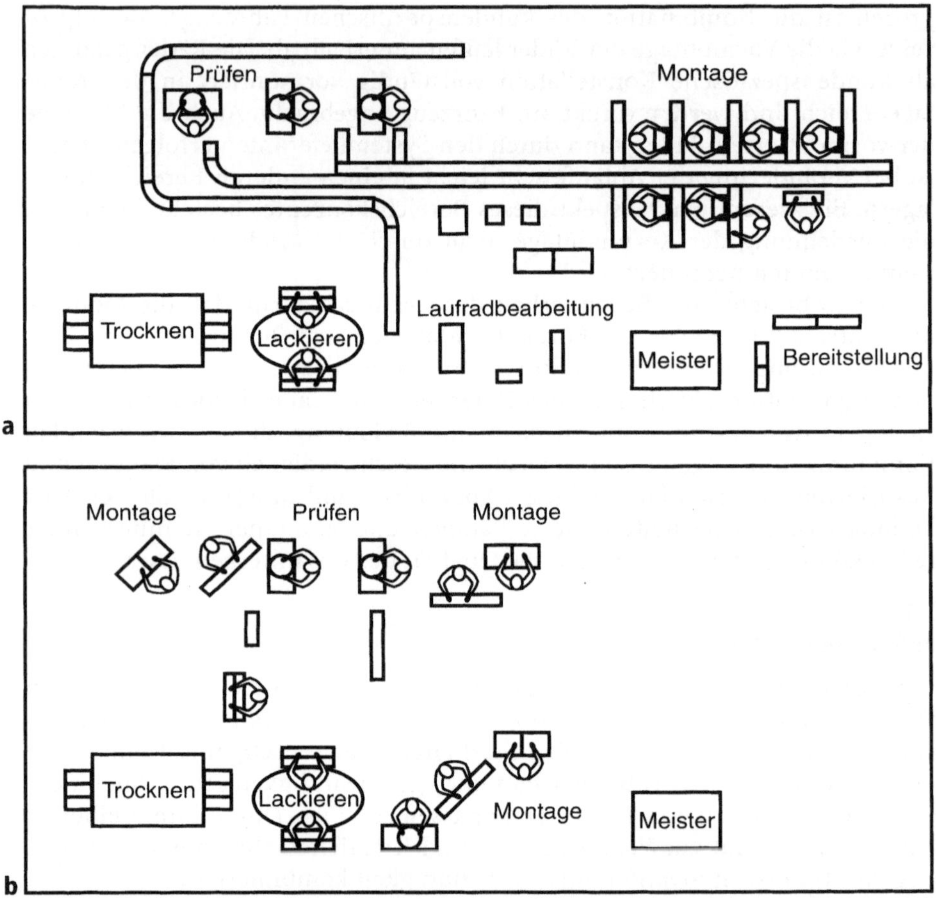

a

Prüfen
Montage
Trocknen
Lackieren
Laufradbearbeitung
Meister
Bereitstellung

b

Montage
Prüfen
Montage
Trocknen
Lackieren
Montage
Meister

Bild 17. Umstellung einer Montage nach dem Prinzip „1 Stück fließt“. **a** vorher; **b** nachher (Grabner)

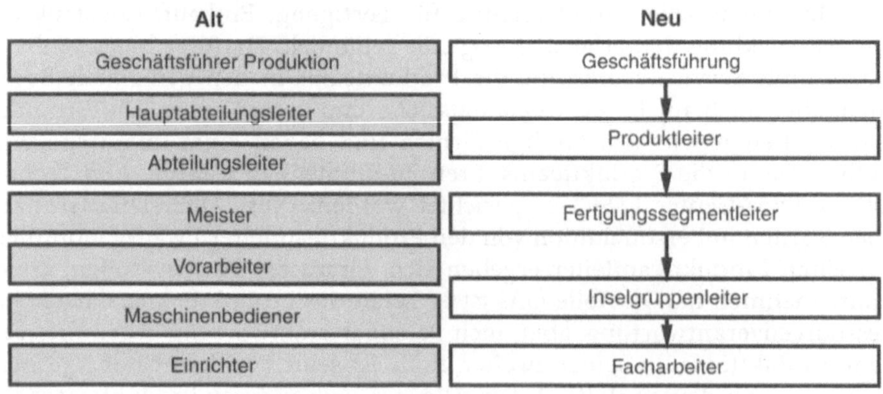

Bild 18. Flache Hierarchie – Produktion

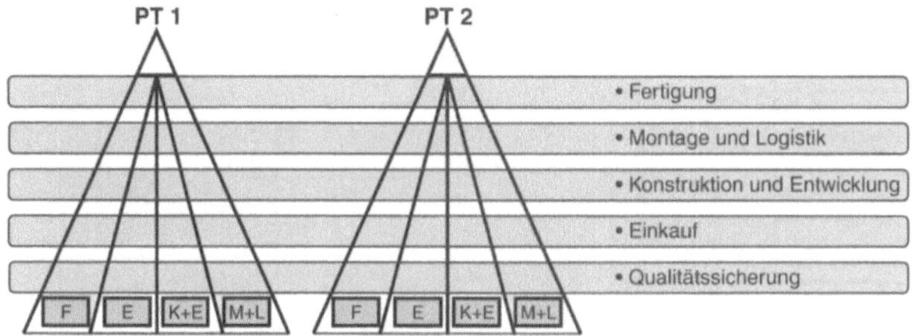

Bild 19. Beispiel einer produktorientierten Aufbauorganisation (nach Sauer/Sundstrand)

5.6 Flexible Arbeitszeitmodelle

Die hohe Autonomie, die den Einheiten einer wandlungsfähigen Aufbauorganisation zugestanden wird, darf nicht durch ein starres Arbeitszeitmodell begrenzt werden. Freiheiten in der Einteilung der Arbeitszeit fördern die Motivation, da die Gestaltung des Tages nach dem Auftragseingang und den individuellen Bedürfnissen möglich ist. Dadurch können saisonbedingte Schwankungen im Nachfrageverhalten der Kunden ausgeglichen werden. Aber auch die Erhöhung der Maschinenlaufzeiten läßt sich so erreichen. Flexible Arbeits- und Betriebszeiten sind folglich nicht Selbstzweck, sondern müssen eine Verbesserung der Unternehmensergebnisse mit einer Steigerung der Selbstverantwortung in Einklang bringen. Dabei ist auch wichtig, daß Arbeitszeitregelungen nicht nur mit dem Betriebsrat abgestimmt werden, sondern von den betroffenen Abteilungen möglichst selbst erarbeitet werden.

Mit dem Arbeitszeitmodell nach Bild 20 gewährleistet dieses Unternehmen ein Maximum an Maschinenlaufzeit. Im Gegensatz zu anderen Dreischichtmodellen arbeitet hier ein Mitarbeiter nicht eine Woche in der Früh-,

	Woche 1	Woche 2	Woche 3	Woche 4
	Mo Di Mi Do Fr Sa So[1]	Mo Di Mi Do Fr Sa So[1]	Mo Di Mi Do Fr Sa So[1]	Mo Di Mi Do Fr Sa So[1]
6-14 h	A A D D C C	B B A A D D	C C B B A A	D D C C B B
14-22 h	B B A A D D	C C B B A A	D D C C B B	A A D D C C
22-6 h	C C B B A A D	D D C C B B A	A A D D C C B	B B A A D D C

4 Mannschaften (A, B, C, D) arbeiten im 4-Wochen-Rhythmus
28 Tage 19 Arbeitstage / MA
9 Ruhetage / MA

Individuelle Arbeitszeit 38,5 h / Woche
Maschinenlaufzeit 154,0 h / Woche

1) Schichtbeginn Sonntag 20.00 Uhr (10-h-Schicht)

Bild 20. Gruppenarbeit rund um die Uhr (Honsel)

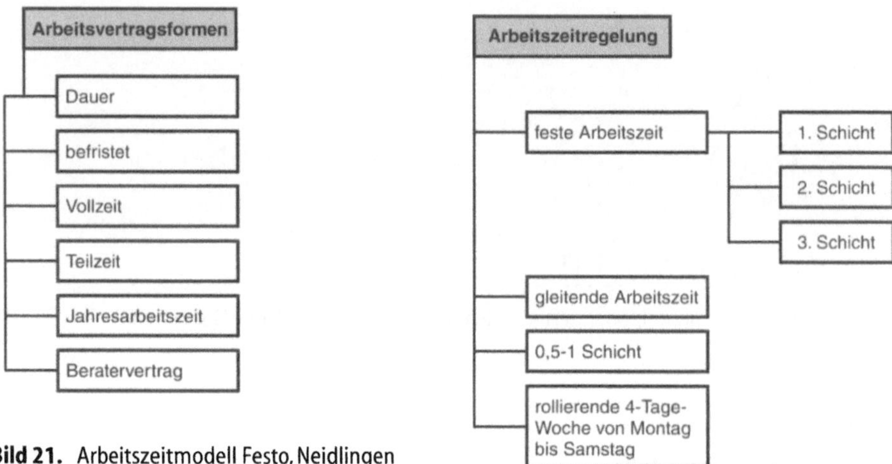

Bild 21. Arbeitszeitmodell Festo, Neidlingen

Spät- oder Nachtschicht, sondern nur je zwei Tage. Da der menschliche Organismus erst nach drei Tagen beginnt, sich an einen veränderten Schlafrhythmus zu gewöhnen, werden die Beschwerden der Schichtarbeit mit diesem Modell gedämpft.

Es gibt vier Mannschaften, die in einem Vierwochenrhythmus arbeiten. Jeder Mitarbeiter arbeitet in diesen vier Wochen 19 Arbeitstage und hat neun Ruhetage. Die individuelle Arbeitszeit beträgt 38,5 Stunden pro Woche. Sonntags wird eine 10-Stunden-Schicht gefahren, die um 20 Uhr beginnt. Mit diesem Arbeitszeitmodell ist eine Maschinenlaufzeit von 154 Stunden (7×22 Std.) pro Woche zu realisieren.

In Bild 21 sind die in einem Werk für Elektrokleinwerkzeuge eingesetzten Arbeitszeitmodelle dargestellt. Es kann dabei unterschieden werden zwischen den Arbeitsvertragsformen und den Arbeitszeitregelungen. Bei den Arbeitsvertragsformen gibt es den Dauerarbeitsvertrag, den befristeten Arbeitsvertrag, Vollzeit- und Teilzeitverträge – sowie von besonderer Wichtigkeit – Jahresarbeitszeitverträge und auch Beraterverträge. Von zunehmender Bedeutung sind hierbei die sog. Jahresarbeitszeitverträge, die es erlauben, eine individuelle Arbeitszeit zwischen 13 und 2088 Jahresarbeitsstunden zu vereinbaren. Insgesamt gibt es hier über 900 unterschiedliche Arbeitszeitregelungen. Bei der Arbeitszeitregelung stehen neben den Modellen mit starrer Arbeitszeit (1-3-Schicht) auch flexible Modelle zur Verfügung. Bei der gleitenden Arbeitszeit werden Überzeiten entweder auf ein sog. Kurzzeitkonto oder auch auf ein Langzeitkonto verbucht. Für das Kurzzeitkonto gilt, daß innerhalb eines Ausgleichszeitraums von sechs Monaten einmal eine Überzeit von 40 Stunden unterschritten werden muß. Das Kurzzeitkonto ist dabei nach oben offen. Nach unten gilt, daß maximal 30 Arbeitstage an Unterschreitung zulässig sind. Die in das Langzeitkonto geschriebenen Stunden können am Ende des Arbeitslebens genommen werden.

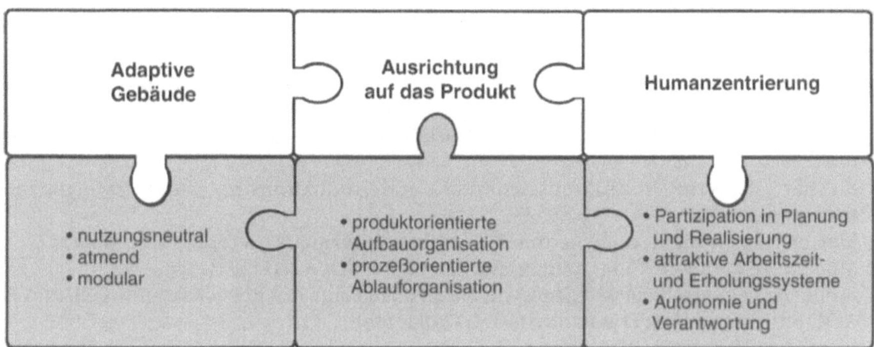

Bild 22. Merkmale wandlungsfähiger Fabrikstrukturen

6 Fazit

Wandlungsfähige Fabrikstrukturen sind charakterisiert durch eine hohe Geschwindigkeit in Planung und Realisierung und viele Möglichkeiten, notwendigen Veränderungen gegenüberzutreten. Die Merkmale wandlungsträger Fabrikstrukturen sind in allen Unternehmen unterschiedlich stark ausgeprägt. Die Bemühungen dieser Wandlungsträgheit entgegenzuwirken, lassen sich in drei Merkmalen zusammenfassen (Bild 22).

Wandlungsfähige Fabrikstrukturen sind gekennzeichnet durch eine durchgängie *Ausrichtung auf das Produkt*. Kleine Einheiten, die einen hohen Grad der Autonomie und Selbstverantwortung haben, konzentrieren sich auf klar definierte Produkte für einen bestimmten Markt. Die Aufbauorganisation ist daher produktorientiert und die Ablauforganisation prozeßorientiert.

Diese kleinen Einheiten nutzen *adaptive Gebäude*, die sich entsprechend ihrer Aufgabe modular erweitern oder reduzieren lassen. Das bedeutet zum einen Nutzungsneutralität der Gebäude und zum anderen Flexibilität in der Größe und Verbindung zu anderen Einheiten.

Eine Verknüpfung dieser Aspekte wird in wandlungsfähigen Fabrikstrukturen durch eine starke *Humanzentrierung* erreicht. Dies bedeutet eine starke Einbindung der Mitarbeiter in alle Planungsprozesse und Veränderungen sowie die Berücksichtigung ihrer Belange beispielsweise in flexiblen Arbeits- und Entlohnungssystemen.

Wenn es gelingt, diese Aspekte rasch und im Gleichgewicht zu entwickeln, sind vielversprechende Potentiale zur Bewältigung der neuen Herausforderungen verfügbar.

Literatur

1. Arnold, O. et al.: Virtuelle Unternehmen als Unternehmenstyp der Zukunft? In: Handbuch der modernen Datenverarbeitung 32 (1995) 185, S. 8–23
2. Eidenmüller, B.: Die Produktion als Wettbewerbsfaktor. Köln: Verlag TÜV Rheinland 1995
3. Kuhnert, W.: Neue Produktionsstrukturen und Produktionsinnovation. ZwF 90 (1995) 10, S. 470–473
4. Mertens, P.: Virtuelle Unternehmen. Wirschaftsinformatik 36 (1994) 2, S. 162–172
5. Miles, R.-E.; Snow, C C: Fit, failure and the hall of fame. New York 1994
6. Möller, J.: Logistische Beurteilung von Fabrikstrukturen mit Betriebskennlinien. In: VDI-ADB Jahrbuch 95/96. Düsseldorf: VDI-Verlag 1995
7. Picot, A.; Reichwald, R.; Wigand, R.T.: Die grenzenlose Unternehmung: Information, Organisation und Management. Wiesbaden 1996
8. Reichwald, R.; Picot, A.: Auflösung der Unternehmung? ZfB 64 (1994) 5, S. 547–570
9. Reis, M.; Beck, T.C.: Kernkompetenzen in virtuellen Netzwerken: Der ideale Strategie-Struktur-Fit für wettbewerbsfähige Wertschöpfungssysteme? In: Corsten, H.; Will, T. (Hrsg.): Unternehmensführung im Wandel. Stuttgart 1995
10. Suzaki, K.: Die ungenutzten Potentiale. München: Hanser 1994
11. Sydow, J.: Netzwerkorganisation. Interne und externe Restrukturierung von Unternehmnungen. Wirtschaftswissenschaftliches Studium 24 (1995) 12, S. 629–634
12. Westkämper, E.: Produktion in Netzwerken. In: Schuh, G.; Wiendahl, H.-P. (Hrsg.): Komplexität und Agilität. Berlin: Springer 1997
13. Wiendahl, H.-P.; Ahrens, V.: Standortbestimmung von Fabrikplanung und Fabrikbetrieb zu Beginn eines neuen Aufschwungs. In: Neue Herausforderungen an die Fabrikstrukturierung 5. Jahrestagung Fabrikplanung. Tagungsband. Düsseldorf: VDI-Verlag 1995
14. Wiendahl, H.-P.; Nyhuis, P.: Die logistische Betriebskennlinie, ein Ansatz zur Beherrschung der Produktionslogistik. In: RKW.Handbuch der Logistik, Nr. 6110, 19 Lfg., XI/93. Berlin: Erich Schmidt-Verlag 1993
15. Wiendahl, H.-P. et al.: Optimierung und Betrieb wandelbarer Produktionsnetze. In: Dangelmaier, W.; Kirsten, U. (Hrsg.): PFT-Endbericht zu dem BMBF-Projekt Vision-Logistik-Wandelbare Produktionsnetze zur Auflösung ökonomisch-ökologischer Zielkonflikte. Karlsruhe 1996
16. Wildemann, H.: Informationsvernetzung im Unternehmen. Beitrag zur Tagung Informationsströme in Unternehmensnetzwerken. TCW-Transfer-Centrum für Produktions-Logistik und Technologiemanagement GmbH, München 1996

Dezentralisierung und Vernetzung der Produktionsplanung und -steuerung

A. Köhler, C. Lämmle, H.-H. Wiendahl

Inhalt: Veränderte Rahmenbedingungen – Strukturkonzepte und Anforderungen an PPS-Systeme – Dezentrale PPS im internen Produktionsnetzwerk – Ergebnisse und Ausblick

1 Veränderte Rahmenbedingungen

Die heutige Gesellschaft der Industrienationen ist durch eine Individualisierung der Bedürfnisse, durch hohe Qualitätsanforderungen und ein massiv gewachsenes Umweltbewußtsein gekennzeichnet. Die gestiegenen Ansprüche der Kunden und der verstärkte, zunehmend globale Wettbewerb führen zu variantenreicheren und komplexeren Produkten mit immer kürzeren Produktlebenszyklen. Da sich die Funktionen und die Qualität der Produkte verschiedener Anbieter immer stärker aneinander angleichen, bestimmt die Reaktionszeit auf Kundenwünsche zunehmend den Erfolg von Unternehmen.

Neben den genannten Gründen trägt eine hohe Informationsverfügbarkeit dank der Informationstechnik sowie weltweiter Standards der Kommunikationstechnik zu den beobachteten Marktturbulenzen erheblich bei. Ein Anstieg der Leistungsfähigkeit informationsverarbeitender Systeme bei gleichzeitiger Kostensenkung sowie der globalen Verfügbarkeit des Wissens um ihre Anwendung haben dazu geführt, daß praktisch jeder Geschäftsvorgang heute rechnergestützt ausgeführt werden kann. Die Anwendungssysteme verfügen über Quasi-Standards, die ihre Integration erleichtern.

Das Verkürzen der Geschäftsprozesse unter die vom Kunden geforderte Lieferzeit wird somit zum wesentlichen Erfolgsfaktor der Unternehmen. Hierzu ist es zunächst notwendig, die bestehenden Strukturen von Grund auf zu überdenken und neu zu gestalten. Schlagworte wie Manufacturing on Demand, Dezentralisierung und vernetzte Produktion bestimmen derzeit die Diskussion solcher Strukturkonzepte. Gleichzeitig liegt es nahe, bereits bestehende Entwicklungen und Konzepte der Informationstechnik auch für die Zwecke und Ziele der Produktion zu nutzen. Mit den heute in der Informations- und Kommunikationstechnik verfügbaren Mitteln besteht die Chance der vollständigen Integration aller Geschäftsprozesse im gesamten Ablauf vom Kunden zum Kunden. Erst dann lassen sich die Geschäftsprozesse nach Gesichtspunkten der Autonomie und Dynamik flexibel und anpassungsfähig gestalten.

Diese Entwicklungen bestimmen wesentlich die Diskussion um die PPS-Systeme als Rückgrat des Informationssystems produzierender Betriebe. Sollen PPS-Systeme – heute auch oft als Auftragsmanagement-Systeme oder

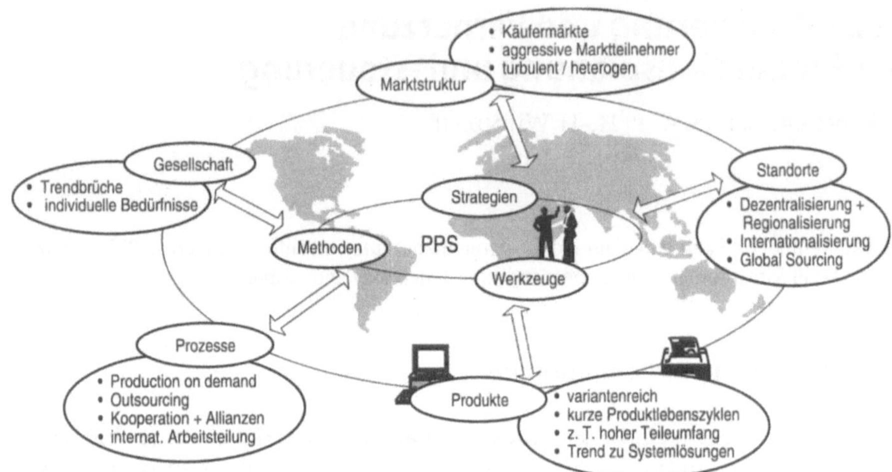

Bild 1. Veränderte Rahmenbedingungen der Produktionsplanung und -steuerung

ERP-Systeme (Enterprise Resource Planning) bezeichnet – diesen neuen Anforderungen genügen, müssen sie sowohl die neuen Strukturen in den Unternehmen unterstützen als auch die technologischen Trends der Informationstechnik aufgreifen und nutzbringend verwerten können (Bild 1).

Unter diesen Randbedingungen werden im vorliegenden Beitrag zunächst die neuen Strukturkonzepte vorgestellt und die daraus resultierenden erweiterten Anforderungen an die PPS zusammengefaßt. Im zweiten Teil werden diese allgemeinen Entwicklungen an einem Beispiel aus der Praxis detailliert erläutert und die daraus resultierenden Erfahrungen und Ergebnisse für die PPS in dezentralen und vernetzten Strukturen dargestellt.

2 Strukturkonzepte und Anforderungen an PPS-Systeme

Logistikleistungen zur Differenzierung rücken durch das immer stärkere Angleichen der Produkte in Funktion und Qualität in den Vordergrund. Kern der derzeit diskutierten Ansätze dazu ist ein erhebliches Steigern der Reaktionsfähigkeit der Unternehmen. Dies soll im wesentlichen durch verkürzte und robust gestaltete Geschäftsprozesse geschehen; Maß aller Dinge ist hier die vom Kunden geforderte Lieferzeit.

2.1 Manufacturing on Demand

Der Grundgedanke des Manufacturing on Demand besteht darin, die tatsächliche Produktion erst dann zu beginnen, wenn der Kunde den konkreten Auftrag erteilt hat [1]. Dies ist heute bereits für einige Unternehmen Realität (z.B. in der Möbel- oder Konsumgüterindustrie), wobei das Angebot von Katalogware oder eine kundenspezifische Konfiguration charakteristisch sind. Hier integrieren ECR-Konzepte (Efficient Consumer Response) die Abläufe bereits soweit, daß einzelne Verkäufe und Bestandsveränderungen in den Geschäften zur Auslösung von Aufträgen beim Hersteller führen. Werden die Produkte aber komplexer (höhere Stücklisten- oder Fertigungstiefe) sowie die Produktionsnetzwerke vielfältiger, so versagen solche Lösungsansätze.

Bekannte Ansätze von Bevorratungs- oder Logistikstrategien unterteilen die betriebliche Logistikkette durch die Definition sog. Kunden-Entkopplungspunkte; ab diesen sind die Aufträge bestimmten Kunden zugeordnet [4]. Die Aufträge werden vor dem Kunden-Entkopplungspunkt kundenanonym aufgrund einer Absatzprognose abgewickelt. Der i.d.R. notwendige Wechsel der Steuerungsstrategie vom Push-Prinzip (Schiebeprinzip) zum Pull-Prinzip (Ziehprinzip) bedingt einen gezielten Lageraufbau am Kunden-Entkopplungspunkt selbst. Damit ist zwar ein wesentlicher Schritt in Richtung Kundenorientierung erreicht, doch ist die Vorfertigung nach wie vor fast vollständig vom eigentlichen Kundenauftrag abgekoppelt. Die dort notwendige Programmorientierung und Losbildung führt zu entsprechend höheren Beständen mit Flexibilitätseinschränkungen im prognosegesteuerten Teil der Fertigung.

Das Manufacturing on Demand als Vision der Produktion der Zukunft geht im Grundsatz von der Autonomie einzelner Geschäftsprozesse und ihrer offenen Verknüpfung und Integration durch die Informations- und Kommunikationstechnik aus. Das Schaffen von kurzen und robusten Prozeßketten mit kürzeren Durchlaufzeiten, als die vom Kunden geforderte Lieferzeit (order to delivery), ist das Hauptmerkmal. Bild 2 faßt die wesentlichen Merkmale dieser Produktionsstrategie zusammen: Die Geschäftsprozesse werden von dezentralen und weitestgehend eigenständigen Leistungseinheiten im Sinne der Fraktalen Unternehmen ausgeführt. Diese Leistungseinheiten stellen dementsprechend eigenständige Produkte her und stehen im Wettbewerb zueinander. Die einzelnen Leistungseinheiten werden in ein Netzwerk als

Bild 2. Merkmale des Manufacturing on Demand [1]

virtuelle Komponenten eingebunden. Sie arbeiten nach dem TQM-Prinzip (Total Quality Management) in einer definierten Kunden-Lieferanten-Beziehung. Das Netzwerk umfaßt die gesamte Prozeßkette vom Kunden zum Kunden. Produziert wird nur im Kundenauftrag. In dieser Art der Produktion besteht allerdings die Gefahr, daß der mittel- und langfristigen Orientierung zu wenig Beachtung geschenkt wird. Es ist deshalb erforderlich, diese Organisation in ein globaleres System zu integrieren [1].

Das Manufacturing on demand verändert die Unternehmensstrukturen nachhaltig. Die Vision einer Produktion nur im Kundenauftrag setzt flexible und agile Leistungseinheiten voraus. Dies erfordert eine weitgehende Dezentralisierung der bisher eher zentral und hierarchisch ausgerichteten Unternehmensstrukturen, die mit einer verteilten Planung und Steuerung einhergehen muß. Die erforderliche kurzfristige Anpassung der Ressourcen ist mit heutigen Fertigungskonzepten nur bedingt realisierbar. Um diese dennoch zu erreichen, sind zunächst neue Lösungen in der Fertigungstechnik nötig. Reicht die so gewonnene Flexibilität nicht aus, werden organisatorische Konzepte notwendig. Hier eröffnet die Produktion im Netzwerk neue Lösungen. Deshalb ist es erforderlich, die beiden Aspekte Dezentralisierung und Produktionsnetzwerke im folgenden aus dem Blickwinkel PPS näher zu beleuchten.

2.2 Dezentralisierung

Kerninhalt der Dezentralisierung ist das Schaffen kleiner, weitgehend unabhängiger Leistungseinheiten, die ganzheitlich Aufgaben erfüllen. Die Diskussion um dezentrale Einheiten wird wesentlich von dem Begriff des sog. Fraktalen Unternehmens geprägt [5]. Der Begriff fraktal steht hier für eine selbständig agierende Unternehmenseinheit, deren Ziele und Leistungen eindeutig beschreibbar sind. Fraktale als dezentrale Leistungseinheiten organisieren und optimieren sich selbst und folgen widerspruchsfrei den Zielen des Gesamtunternehmens. Wichtigstes Strukturierungsprinzip ist die Selbstähnlichkeit, d. h., auf unterschiedlichen Maßstäben findet man in sich ähnliche Formen. Übertragen auf das Unternehmen als Ganzes werden wesentliche Merkmale auf seine Unternehmenseinheiten vererbt, die wiederum als fraktal zu betrachten sind.

Bild 3 zeigt einen Ausschnitt des Unternehmens, welches nach diesen Prinzipien strukturiert ist, wobei zwei für die PPS wesentlichen Aspekte hier zu erkennen sind: zum einen die notwendige Koordination dezentraler Einheiten über ein Unternehmenszielsystem mit klaren Zielvereinbarungen – im Bild durch Zielscheiben dargestellt –, zum zweiten eine Definition von Kunden-Lieferanten-Beziehungen zwischen den Einheiten mit einer Verlagerung der Entscheidungsverantwortung vor Ort.

Die konsequente Dezentralisierung unter den genannten Bedingungen reduziert die Komplexität innerhalb einer Leistungseinheit erheblich. Die damit verbundene Aufteilung des Planungs- und Steuerungsaufwands auf die

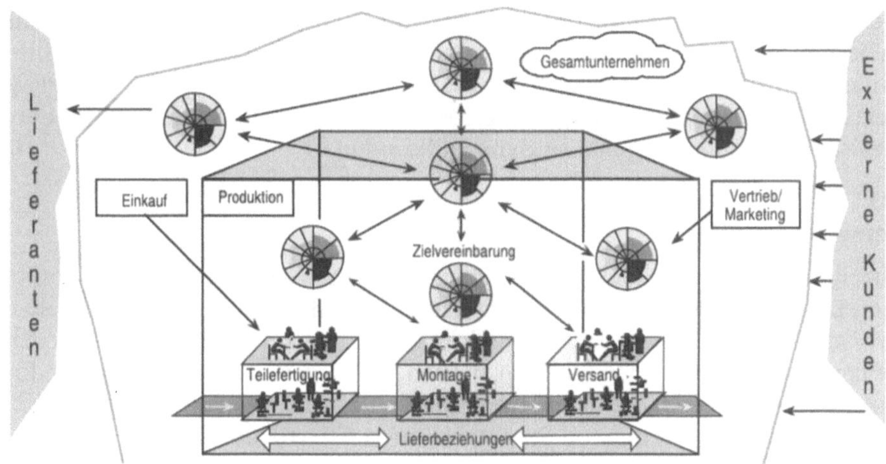

Bild 3. Dezentrale Leistungeinheiten und ihre Vernetzung durch das Unternehmenszielsystem

jeweils beteiligten Leistungseinheiten schafft Transparenz, verringert den notwendigen Prognosenanteil und erhöht damit die Planungsqualität. Durch die definierten Kunden-Lieferanten-Beziehungen werden die Anforderungen der Kunden durchgängig weitergeleitet; gleichzeitig entsteht ein Wettbewerb zwischen den Leistungseinheiten, da mögliche Alternativen des Leistungszukaufs transparent werden. Der am freien Markt existierende Wettbewerb sollte mittels eines durchgängigen Zielssystems auf die internen Leistungseinheiten übertragen werden (Bild 4). Die Zielwerte bestimmen sich entweder direkt aus den Kundenanforderungen oder lassen sich indirekt aus

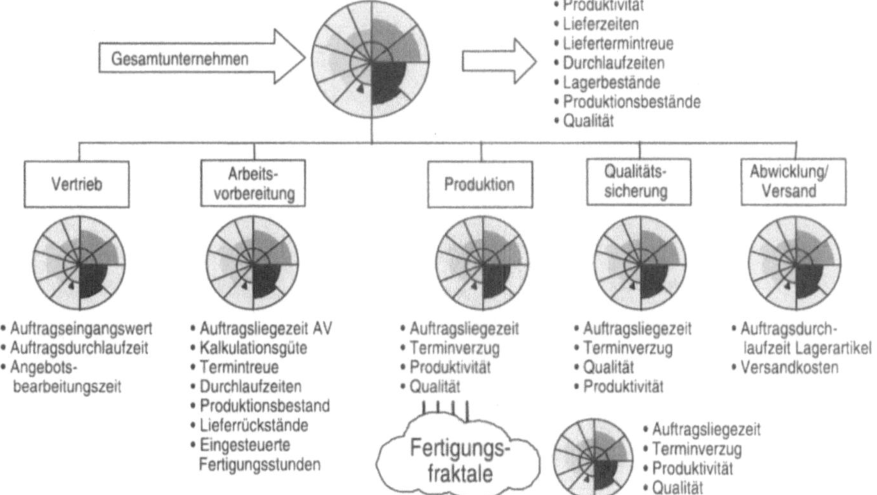

Bild 4. Zielsystem für dezentrale Leistungseinheiten

Benchmarks ableiten. Darüber hinaus führen die notwendigen Absprachen zwischen den Leistungseinheiten zu engen Informationsbeziehungen untereinander und erhöhen damit die Planungssicherheit. Insgesamt führt das verteilte Beherrschen der gesamten Wertschöpfungskette zu einer höheren Reaktionsfähigkeit gegenüber dem Endkunden.

2.3 Vernetzte Produktion

Um die bestehenden technischen Restriktionen organisatorisch zu kompensieren, wurden Konzepte der vernetzten Produktion, auch als wandelbare Produktionsnetze bezeichnet, entwickelt [6, 8]. Unter wandelbaren Produktionsnetzen werden hier (zeitlich begrenzte) Organisationsformen der Produktion verstanden, die aktiv ein Anpassen an ein verändertes Umfeld begünstigen und in vernetzten Strukturen organisiert sind. Durch das Koppeln kleiner Einheiten zu Produktionsnetzen entsteht ein sich dynamisch rekonfigurierender Verbund mehrerer Unternehmen auf Zeit. Er hat zum Ziel, die gewünschten Produkte schnell zum abgesprochenen Preis und Termin fertigen zu können. Nach dem derzeitigen Erkenntnisstand zeichnen sich das Strategische Netzwerk, die Virtuelle Unternehmung und das Regionale Netzwerk als Grundtypen von Produktionsnetzen sowie das Operative und das Interne Netzwerk als Grenzfälle bzw. Mischformen dieser Grundtypen ab (Bild 5). Zur Unterscheidung werden die Netzwerktypen im folgenden kurz beschrieben.

Strategisches Netzwerk

Das Produktionsnetz wird durch ein fokales Unternehmen, das häufig ein Endprodukthersteller oder ein Handelsunternehmen mit entsprechender

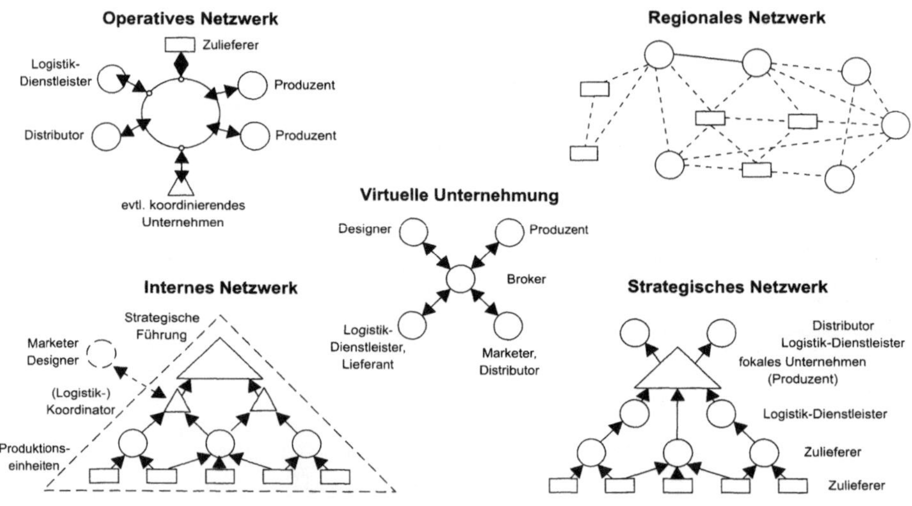

Bild 5. Typen von Produktionsnetzen [nach 6]

Nähe zum Endkunden ist, strategisch geführt. Es bestimmt in erheblichem Umfang die Organisation des Netzwerkes, wobei die übrigen Partner meist vertraglich eng und langfristig an das fokale Unternehmen gebunden sind. Sie bieten ihre Leistung aber auch anderen Abnehmern außerhalb des Netzwerkes an, um ihre eigene Wettbewerbsfähigkeit und Unabhängigkeit zu erhalten. Beispiele für Strategische Netzwerke sind Zuliefernetze der Automobilindustrie, in Japan als „keiretsu" bezeichnet, oder das Produktionsnetz des amerikanischen Sportartikelherstellers Nike [7, 8].

Virtuelle Unternehmung

Unabhängige Unternehmen arbeiten auf der Basis eines gemeinsamen Geschäftsverständnisses zusammen, um eine sich bietende Gelegenheit durch die gemeinsame Produktion eines Gutes zu nutzen. Die Zusammenarbeit kann, muß aber nicht, auf einen relativ kurzen Zeitraum (projektähnlich) beschränkt sein. Die Partner weisen individuelle Kernkompetenzen auf. Gegenüber dem Kunden erfolgt ein einheitliches Auftreten, so daß für ihn die Struktur des Produktionsnetzes und die einzelnen Partner nicht erkennbar sind [8, 9]. Als Anwendungsfelder dieses Typs werden Low-tech-Wertschöpfungsprozesse mit sehr kurzen Produktzyklen (Bekleidung, Spielwaren), sich schnell entwickelnde High-tech-Industrien (Elektronik, Biotechnologie) und vor allem Wertschöpfungsprozesse, die bereits in hohem Maße auf einer informationstechnischen Infrastruktur aufbauen, z.B. in der Medienbranche, gesehen.

Operatives Netzwerk

Zweck der Zusammenarbeit der beteiligten Unternehmen ist die Möglichkeit, kurzfristig auf Leistungen wie freie Produktions- oder Logistik-(Lager,- Transport-, Verpackungs-)kapazitäten der Partner zugreifen zu können. Kennzeichnend sind redundante Kompetenzen der Unternehmen sowie eher standardisiert abgewickelte Transaktionen für einzelne Aktivitäten des Wertschöpfungsprozesses. Dieser Netzwerktyp weist Überschneidungen mit dem Typ der Virtuellen Unternehmung auf, ist jedoch eher auf die kurzfristige Abwicklung einzelner Transaktionen als auf eine gemeinsame, projektbezogene Leistungserstellung ausgerichtet. Insofern hat dieser Typ wesentliche Merkmale eines „elektronischen Marktes", weist aber als besondere Charakteristika das Handeln von Kapazitäten anstelle physischer Produkte auf [8].

Regionales Netzwerk

Dieses basiert auf einer räumlichen Agglomeration der dem Netzwerk angehörenden, hoch spezialisierten kleinen und mittleren Unternehmen. Die Unternehmen verfügen meist über latente Beziehungen zu einer großen Anzahl anderer Unternehmen in der Region. Sie aktivieren diese Beziehungen fallweise je nach Auftragslage durch Einbeziehen unterschiedlicher Partner. Kennzeichnend ist die hohe Flexibilität bei geringem Verwaltungsaufwand und weniger die Einzigartigkeit von Kompetenzen. Das Regionale Netzwerk unterscheidet sich insbesondere durch eine größere Polyzentriertheit, die wesentlich aus der fehlenden strategischen Führerschaft resultiert. Beispiel solcher Regionaler Netzwerke sind sog. „industrial districts", wie Silicon Valley in Kalifornien oder Emilia Romagna in Norditalien [7, 8].

Internes Netzwerk

Weitgehend autonome Organisationseinheiten innerhalb eines Unternehmens koordinieren die gemeinsame Leistungserstellung über marktliche Koordinationsmechanismen, nutzen gemeinsam knappe, kapitalintensive und hochspezifische Ressourcen und betreiben einen intensiven Know-how Austausch [10, 8]. Das Interne Netzwerk weist eine Verwandtschaft zur Geschäftsbereichsorganisation auf; historisch gesehen wird es oft aus dieser entstanden sein bzw. aus Unternehmenssicht nach wie vor als eine solche bezeichnet werden. Eine fortschreitende Verselbständigung der Organisationseinheiten kann eine Entwicklung in Richtung der anderen Netzwerktypen einleiten.

2.4 Anforderungen an die Produktionsplanung und -steuerung

Bestehende PPS-Systeme unterstützen diese dezentralen, netzartigen Produktionsstrukturen nur unzureichend. Zur Untersuchung der damit verbundenen Anforderungen an PPS-Systeme ist eine Differenzierung nach der Planung und Steuerung zum Betrieb des Gesamtverbundes (Netz), als auch der jeweiligen weitgehend autonomen Leistungseinheit (Knoten) sinnvoll [8]. Bild 6 charakterisiert diese Aufgabenfelder und führt sie beispielhaft aus. Es ist erkennbar, daß sich die Aufgaben der klassischen PPS auf das Beherrschen des Betriebs der einzelnen Netzwerkpartner, also der Knoten, beschränken. Demgegenüber sind für das Beherrschen des Netzes neue und erweiterte Funktionen notwendig.

Zusammenfassend ergeben sich folgende, veränderte Aufgabenbereiche und Anforderungen für die Produktionsplanung und -steuerung [vgl. 1–14]:

Für das Planen und Steuern eines Knotens sind zunächst keine grundsätzlich neuen PPS-Funktionalitäten erkennbar. Entscheidend ist allerdings, daß das PPS-System exakt auf die konkreten Anforderungen zugeschnitten sein muß. Dies erfordert eine hohe Anpaßbarkeit des jeweiligen PPS-Systems, sowohl bezogen auf die Funktionalitäten als auch auf die zugrundeliegenden Geschäftsprozesse. Durch das Verlagern von Entscheidungen vor Ort ist ein deutliches Ausbauen der PPS-Controlling-Funktionen notwendig. Sowohl die starke interne Dezentralisierung als auch das Produzieren in Netzwerken erfordert nicht nur die genaue Kenntnis der aktuellen Fertigungssituation, sondern der logistischen Leistungsfähigkeit insgesamt; PPS-Anwender sehen hier noch Defizite.

Demgegenüber erscheint die Veränderung für den Betrieb eines gesamten Netzwerks erheblicher:

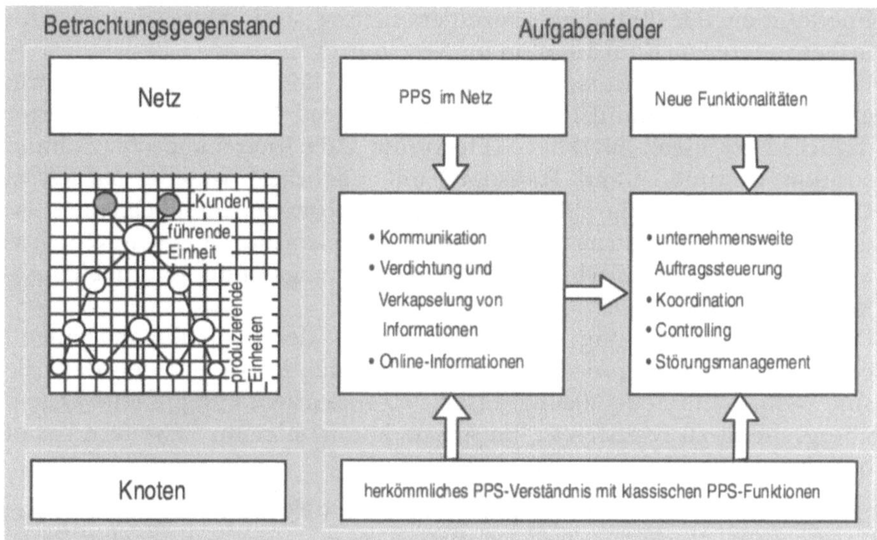

Bild 6. Aufgabenfelder der PPS in neuen Produktionsstrukturen

- Der Gesamt-Logistikprozeß ist über eine Vielzahl von Wertschöpfungsstufen und Standorten hinweg zu steuern.
- Das Arbeiten in Netzwerken erfordert unterschiedliche Informationsebenen und selektive Informationen. Die Notwendigkeit der Datenverdichtung ergibt sich aus Gründen der Übersichtlichkeit. Demgegenüber trennt die Kapselung von Information sensible und unsensible Daten, da die jeweiligen Netzpartner dem Netz aus Geheimhaltungsgründen nicht immer alle Informationen zur Verfügung stellen.
- Die Vielfalt der möglichen Fertigungsstrecken im Netz erfordert eine entsprechende Unterstützung durch Abbildung und Bewertung. Hier gilt es, die drei bekannten Koordinationsperspektiven Prozeßkette, Ressource sowie Auftragsnetz mit dem Ziel zu integrieren, die Prozesse transparent darzustellen.
- Geeignete Prozeßdarstellungen sind als Grundlage für ein gemeinsames Handeln zu entwickeln. Dazu gehört zunächst ein hinreichendes Verständnis der gegenseitigen Geschäftsprozesse, das deutlich über die Funktionsbeschreibung von Abteilungen und Personen hinausgeht.
- Die Detailliertheit der Prozeßdarstellung ist darüber hinaus ein weiterer Erfolgsfaktor. Sie wird insbesondere von der logistischen Aussagekraft bzw. Notwendigkeit der Prozeßkettenelemente auf der jeweils gewählten Verdichtungsebene, von den Grenzen der Netzwerkpartner und den logistischen Entkopplungspunkten beeinflußt. Darüber hinaus sind Geheimhaltungsüberlegungen der Netzwerkpartner (z.B. bedingt durch Mehrfachbindung der Partner) eine wesentliche Restriktion, die in der Praxis auftreten wird.

- Im Rahmen der Entscheidungsunterstützung sind interaktive Systeme, insbesondere zur Koordination im Netz, hilfreich.
- Um die Kommunikation zu unterstützen, sind Kommunikationsstandards, einheitliche Kommunikationsschnittstellen und Protokollsysteme erforderlich. Hier bietet EDIFACT (Electronic Data Interchange for Administration, Commerce and Transport) mit möglichen weiteren Subsets als Datenaustauschstandard bereits zahlreiche Nutzungsmöglichkeiten. Für das Übermitteln unstrukturierter Informationen und kurzer Nachrichten unterstützen Dienste wie e-mail die entfernungs- und zeitunabhängige Kommunikation.
- Die Auftragsabwicklung stellt, als Kernstück des Logistikmanagements, die größte Herausforderung vernetzter Produktionsstrukturen dar. Hier sind weitgehend neue Lösungsansätze zu entwickeln und ggf. PPS systemübergreifend zu realisieren. Ein Ansatz könnte hier im Erweitern bereits bestehender Workflow-Konzepte bestehen.

Zusammenfassend bleibt festzustellen, daß die PPS-Systeme einerseits zum Ziel haben müssen, die inner- und überbetriebliche Logistik möglichst vollständig zu integrieren. Andererseits ist es aber erforderlich, den differenzierten Anforderungen der Netzwerkpartner angemessen Rechnung zu tragen. Sie erfordern den Wandel der traditionellen PPS hin zum Auftragsmanagement. In diesem Spannungsfeld versprechen die technologischen Trends der Informationstechnik einiges: Aspekte der Objektorientierung und Modularisierung, die in Ansätzen realisierte Plattformunabhängigkeit von DV-Systemen und die Möglichkeit einer verteilten Datenverarbeitung haben zum Ziel, einen wichtigen Schritt in Richtung einer schnellen und guten Anpaßbarkeit, ggf. durch die Generierbarkeit von EDV-Systemen, zu ermöglichen.

3 Dezentrale PPS im internen Produktionsnetzwerk – ein Erfahrungsbericht

Das Werk Augsburg, Bestandteil des Geschäftsbereichs Militärflugzeuge der Daimler Benz Aerospace AG (DASA) fertigt und montiert Flugzeugkomponenten. Die Produktpalette erstreckt sich vom einfach gefrästen Profilteil bis hin zum voll ausgerüsteten Rumpfmittelteil eines militärischen Kampfflugzeugs. 1500 Mitarbeiter erwirtschaften derzeit ca. 400 Mio. DM Jahresumsatz.

3.1 Ausgangssituation und Analyse

1995 sah sich das Werk vor folgende Situation gestellt: der Absatz im militärischen Geschäftsanteil war durch Haushaltskürzungen und politische Diskussionen sehr unsicher. Das zivile Geschäftsfeld war durch kurzfristigen Nachfragerückgang bei hohem Preisdruck, bedingt durch Preisverfall der Produkte sowie durch die Talfahrt des US-Dollar, gekennzeichnet. Zusätzlich drängten neue, staatlich unterstützte Wettbewerber aus dem asiatischen Raum auf den Markt. Unter diesen Randbedingungen war die Wirtschaftlichkeit des Werkes und damit das Überleben des Standorts gefährdet, so daß eine komplette Neustrukturierung innerhalb der nächsten drei Jahre, also bis Ende 1997, beschlossen wurde.

In der Werksorganisation selbst wurden die streng funktionalen und tiefen Strukturen der 80er Jahre im Zuge der technologischen Segmentierung im Jahr 1993 durch eine deutlich flachere Betriebsorganisation abgelöst. Allerdings zeichnen nach wie vor zentrale Planungs- und -steuerungsbereiche für die Produktionslogistik im Werk verantwortlich. Hohe Komplexität in den Abläufen, hierarchische Steuerung und Kontrolle, Probleme durch funktionale Abhängigkeiten und vielfältige Zielgrößen kennzeichneten diese Situation. Die PPS war klassisch organisiert, durch tiefe Fertigungsstrukturen geprägt und lieferte Ergebnisse, die häufig mit hohem Zusatzaufwand an äußerst unterschiedliche Materialflüsse und Werkstattabläufe angepaßt werden mußten. Nur wenige Spezialisten waren mit der Materie vertraut. Zentrale IV-Systeme mit gigantischer Funktionalität, unbefriedigender Verfügbarkeit und hohen Betriebskosten waren die Folge jahrelanger Anpassungen und Erweiterungen von Eigenentwicklungen auf Hostsystemen oder veralteter Entwicklungswerkzeuge. Ihre Betreuung und Weiterentwicklung blieb wenigen Insidern vorbehalten.

Aus einer vorab durchgeführten Kostenanalyse ergaben sich zum Schließen der aufgedeckten Kostenlücke Rationalisierungspotentiale in drei Bereichen:

1. Knapp 50% des Kostennachteils waren auf Personalkosten zurückzuführen. Hier sollten eine durchgehende Ablaufoptimierung mit Prozeßverantwortung, ein neues Entlohnungssystem sowie eine erhöhte Liefertreue und Planungsgenauigkeit die erkannte Lücke schließen.
2. Ein weiteres Viertel betraf das Fertigungsmaterial sowie die Auswärtsvergabe. Hier waren Zuliefervereinbarungen auf $-Basis, das Einrichten von Konsignationslagern sowie eine Abrufsteuerung die Strategien zum Schließen der Lücke.
3. Das restliche knappe Viertel betraf die Gemeinkosten, die durch ein erhebliches Verkürzen der Durchlaufzeiten bei Konzentration auf die Kernfähigkeiten und die Einbindung von unterstützenden IV-Systemen erschlossen werden sollten.

Um diese ehrgeizigen Vorgaben zu erreichen, wurde ein 10köpfiges Fulltime-Team aus Führungskräften und Fachexperten gebildet und mit dem Redesign der Prozesse beauftragt.

3.2 Projektziele und Vorgehen

Projektziel war das Erarbeiten eines ganzheitlichen Ansatzes zur Neustrukturierung des Werkes. Er beinhaltet insgesamt fünf Bereiche: Organisation, Managementsysteme, Unternehmenskultur, Arbeitsprozesse sowie die Installation von Informationssystemen als integrierende Komponente. Erst in seiner Gesamtheit kann dieser Ansatz seine Wirkung entfalten und zum Erfolg führen. Bild 7 faßt die Bausteine dieses Ansatzes zusammen und ordnet ihnen einzelne Aspekte zu.

Um die Teamentwicklung zu fördern und seine Leistung bestmöglich zu unterstützen, wurden drei wichtige Spielregeln festgelegt:

- Grüne Wiese, d.h. völlig neue Ideen entwickeln, ohne das Bisherige zu berücksichtigen,
- 80/20-Regel, d.h. sich mit einer 80%-Lösung zufrieden geben und keine perfekt vorgedachten Lösungen anstreben sowie
- Time Box, d.h. die vorgenommene Zeit für jeden Entwicklungsschritt einhalten.

Der Zeitplan sah vier Projektphasen mit unterschiedlicher Dauer vor:

Phase 1: Grobkonzept (drei Monate),
Phase 2: Gesamtkonzept (4 Monate),
Phase 3: Implementierung (14 Monate) sowie
Phase 4: Optimierung (3 Monate).

Entscheidend erschien hier das bewußte Einplanen einer Optimierungsphase, um die 80/20-Regel wirksam zu unterstützen.

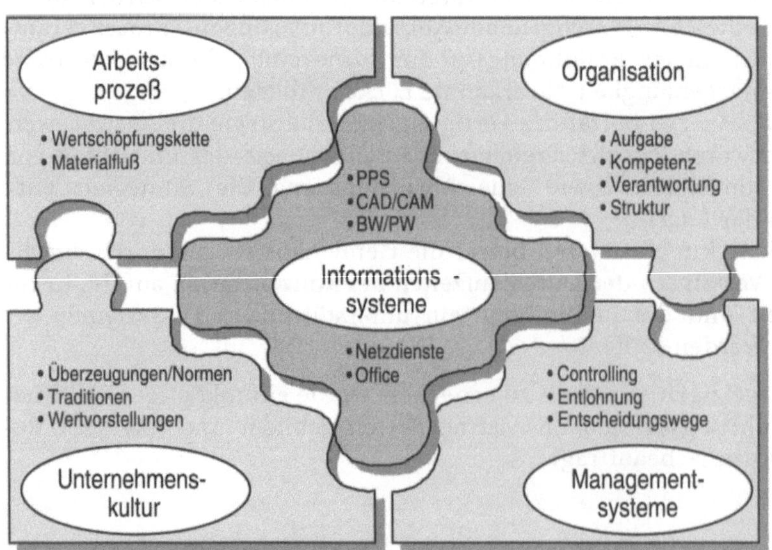

Bild 7. Ganzheitlicher Ansatz zur Neustrukturierung

3.3 Schlüsselideen und deren Umsetzung

Zum konsequenten Aufbrechen und Verbessern der vorhandenen Strukturen und Prozesse wurden als Leitlinien zur Reorganisation entwickelt:

- überschaubare und somit beherrschbare Produktstrukturen,
- transparente Beziehungen und Unterstützungsstrukturen,
- dezentrale Planung und Steuerung nach einfachen Regeln,
- vernetzte Client/Server-Systeme mit Standardsoftware.

Als Schlüsselideen (Key-redesign-Ideen) der neuen Werksstruktur und der Prozesse ergaben sich:

1. Bilden von Leistungszentren als weitgehend autonome, dezentrale Einheiten sowie Definition ihrer Aufgaben,
2. Vorgabe von Hauptführungsgrößen in Form von Zielen an jedes Leistungszentrum,
3. Bilden einer Lieferkaskade anhand der logistischen Herstellungskette sowie
4. Definition eines Kundenanwalts.

Autonomes Leistungszentrum: Die neue Organisationsstruktur führt durch das Bilden von Leistungszentren zu einer prozeßorientierten Struktur, die Eigenverantwortlichkeit fördert. Dies bedeutet eine Abkehr von der bisherigen stark funktional orientierten und hierarchischen Struktur. Die Leistungszentren führen ihre Aufgaben weitgehend autonom aus und sind somit insbesondere für Auftragsplanung, Materialbeschaffung, Auslieferung (ggf. über Pufferlager) und die Fertigung verantwortlich. Das bedeutet, daß das Leistungszentrum die exakte Menge zum vereinbarten Termin bestellt und auch liefert. Es verantwortet alle Prozeßkosten innerhalb seines Bereichs und sucht damit selbständig sein Optimum zwischen Rüstzeiten und Lagerkosten. Dies führt von der bisher funktional und hierarchisch orientierten Aufbauorganisation zu einer neuen Werksstruktur mit Leistungs- sowie Supportzentren, die prozeßorientiert und eigenverantwortlich handeln (Bild 8).

Zielvorgabe: Um die Leistungszentren in das Gesamtunternehmen einzubinden, werden Zielvorgaben für Stückkosten (inkl. Bestände), Termintreue und Lieferzeit (Durchlaufzeit) vereinbart. Diese Hauptführungsgrößen sind aus Benchmarks und Kundenanforderungen abgeleitet und sichern auf diese Weise die Wettbewerbsfähigkeit des Unternehmens.

Lieferkaskade: Das Bilden einer Lieferkaskade mit der Definition eindeutiger Kunden-Lieferanten-Beziehungen ist eine weitere Schlüsselidee. Entscheidend ist hier, daß das jeweilige Leistungszentrum damit für die Leistungen seiner Unterlieferanten verantwortlich wird. Dies zieht ein erhebliches Reduzieren der Komplexität nach sich, da die Leistungszentren jeweils nur mit ihren direkten Lieferanten verhandeln müssen.

Kundenanwalt: Der Kundenanwalt steht an der Spitze der Leistungskette und vertritt die gesamte Werksleistung gegenüber dem Kunden. Damit wird er zum Ansprechpartner des Kunden und beauftragt zum Erfüllen der Kundenwünsche das liefernde Leistungszentrum. Um die unterschiedlichen Kundenanforderungen auch in der inneren Struktur abzubilden, wurden Geschäftssegmente mit homogenen Kundenanforderungen gebildet. Das in dieser Organisationsstruktur angelegte Spannungsfeld zwischen Kundenanwalt und Leistungszentrum erzeugt eine hohe Terminkultur.

Das Schaffen weitgehend autonomer, dezentraler Leistungseinheiten und ihre Koordination über Ziele ist eine entscheidende Voraussetzung für den Erfolg dezentrale Planungs- und Steuerungskonzepte. Darüber hinaus ist das Einbinden in eine übergeordnetes System notwendig. Dazu wurden die Schnittstellen logisch aus dem Prozeßmodell abgeleitet, um eine klar definierte Informationsstruktur zu erreichen. Die vier internen Einheiten Werkleitung, Kundenanwalt, Leistungszentrum sowie Support/Administration können so effektiv und effizient ihre Informationsbedürfnisse befriedigen (Bild 9).

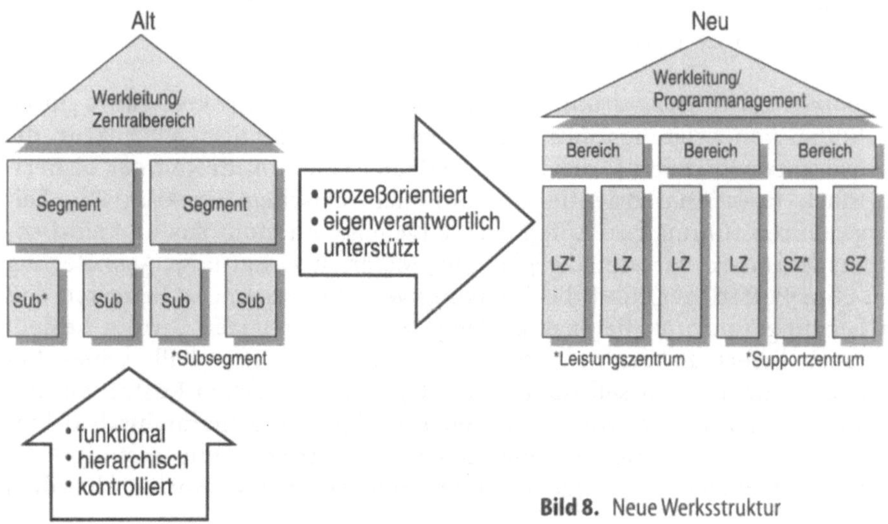

Bild 8. Neue Werksstruktur

3.4
PPS-Struktur und Aufgaben

Um die Chancen der neuen Strukturen auch ausschöpfen zu können, muß das installierte PPS-System diese Struktur widerspiegeln. Hierzu ist es zunächst erforderlich, die Produktstruktur neu abzubilden (Bild 10). Durch das Zuordnen von Produkten zu Leistungszentren wird die komplexe und monolithische Produktstruktur des Endprodukts aufgebrochen und in die entsprechenden Produkte der Wertschöpfungskette unterteilt. Es entstehen überschaubare und dadurch fehlertolerante sowie prozeßorientierte Pro-

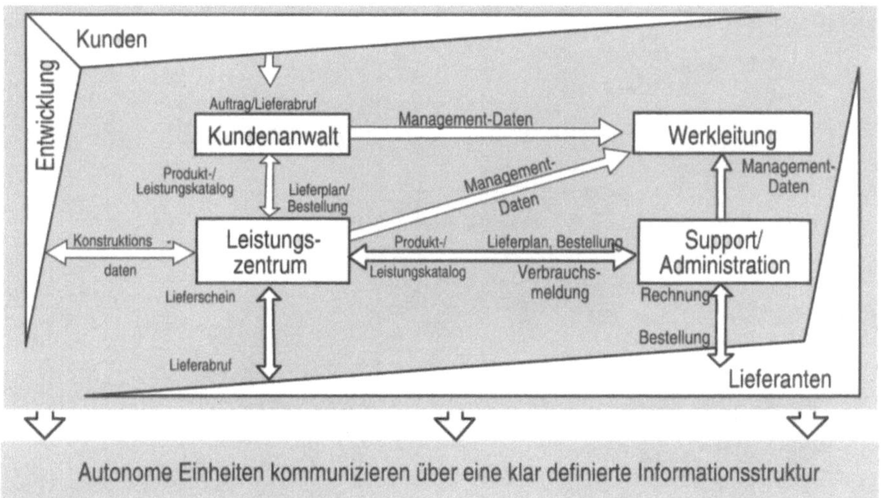

Bild 9. Neue Informationsstruktur

duktstrukturen. Auf diese Weise wird die Forderung nach übersichtlichen und beherrschbaren Produktstrukturen erfüllt. Die Redundanz bewirkt eine gewisse Entkopplung, insbesondere vereinfacht dies die Parallelisierung der Planung.

Eine wichtige Frage war, wie die neugestalteten Prozesse im PPS-System abgebildet werden sollen. Hier wurde folgerichtig aus der weitgehenden Autonomie der Leistungszentren jeweils ein PPS-System für jedes Leistungszentrum vorgesehen. Die Verbindung der einzelnen PPS-Systeme erfolgt ganz herkömmlich über die jeweiligen Verkaufs- und Einkaufsmodule (Bild 11).

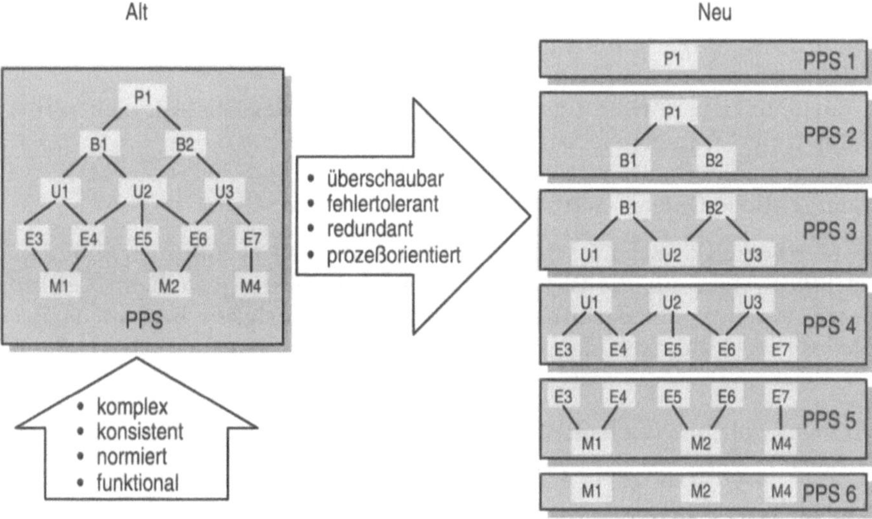

Bild 10. Neue Abbildung der Produktstruktur

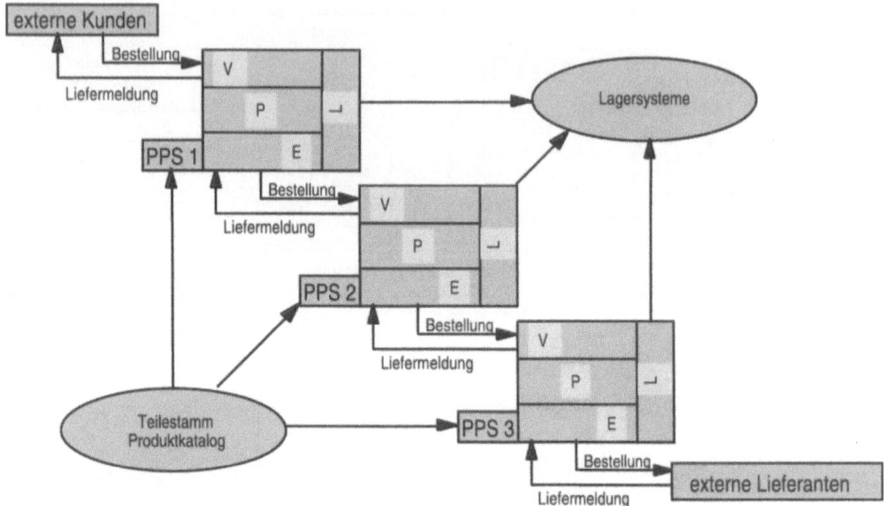

Bild 11. Neue Struktur der Produktionsplanung und -steuerung

Um die Kommunikation zu vereinfachen und weitgehend automatisiert ablaufen lassen zu können, ist es nur noch erforderlich, Kommunikations- und Datenvereinbarungen zu treffen. Als zentrale Komponente verbleibt also eine Datenbank für den Teilestamm und den Produktkatalog sowie ein Zugriff auf die zentralen Lagersysteme. Eine zentrale Planung entfällt in diesem Konzept. Um gegenüber dem Kunden Lieferzeitzusagen zu ermöglichen, ist es nur bei Neuteilen notwendig, die gesamte Lieferkaskade durchzurechnen; ansonsten wird mit vereinbarten Wiederbeschaffungszeiten gearbeitet.

Zusammenfassend ergeben sich als Anforderungen für ein PPS-System:

- nur notwendiger Funktionsumfang im PPS-System des Leistungszentrums,
- Einstellen der notwendigen Randbedingungen des Leistungszentrums, d.h. freie Parametrisierbarkeit des PPS-Systems,
- hoher Bedienkomfort in der Oberfläche sowie
- einheitliche Datenstruktur für alle PPS-Systeme.

Größter Vorteil dieser Entscheidung liegt darin, daß es nunmehr möglich ist, das PPS-System auf die individuellen Ansprüche des jeweiligen Leistungszentrums genau abzustimmen. Die größte Schwierigkeit besteht darin, ein solches PPS-System auf dem Markt zu finden.

3.5 Systemauswahl und Implementierung

Die Implementierungsphase begann mit der Auswahl eines geeigneten PPS-Systems. Eine Auswahldatenbank half, den PPS-Markt anhand der bisher definierten Anforderungen zu durchforsten. Die sechs potentiell am besten geeigneten Systeme wurden einer genaueren Analyse unterzogen, davon schließlich zwei Systeme ausgewählt und auf einwöchigen Workshops, bei und mit den Anbietern, detailliert betrachtet. Nach insgesamt 8 Wochen war die Entscheidung getroffen; Mitte September 1996 begann der Systemeinsatz.

Anfang 1997 wurde die neue Aufbauorganisation eingeführt, Ende 1997 sollen das Gesamtprojekt abgeschlossen und die alten Systeme abgelöst sein. Organisatorisch waren die vier Teams Organisation, Mobilisierung, PPS-Systemeinführung sowie Implementierung aus Führungskräften, PPS-Anwendern, internen DV-Mitarbeitern, externen Beratern und Softwareentwicklern für den Projekterfolg verantwortlich.

Die klassisch funktionale Einführung schied wegen der gewählten Systemstruktur aus. Bottom-up- oder Top-down-Einführungsstrategien würden erst sehr spät zeigen, ob das gewählte Beauftragsungsprinzip erfolgreich funktioniert. Deshalb wurde entschieden, die PPS-Systeme produktbezogen einzuführen. Für das erste Produkt waren somit acht Systeme zeitgleich zu installieren, zu konfigurieren, anzupassen und in Betrieb zu nehmen (Bild 12). Ein Schulungsprogramm für 300 PPS-Benutzer wurde aufgesetzt, fast ebenso viele neue PCs gilt es, bis zum Projektende zu installieren [15–17].

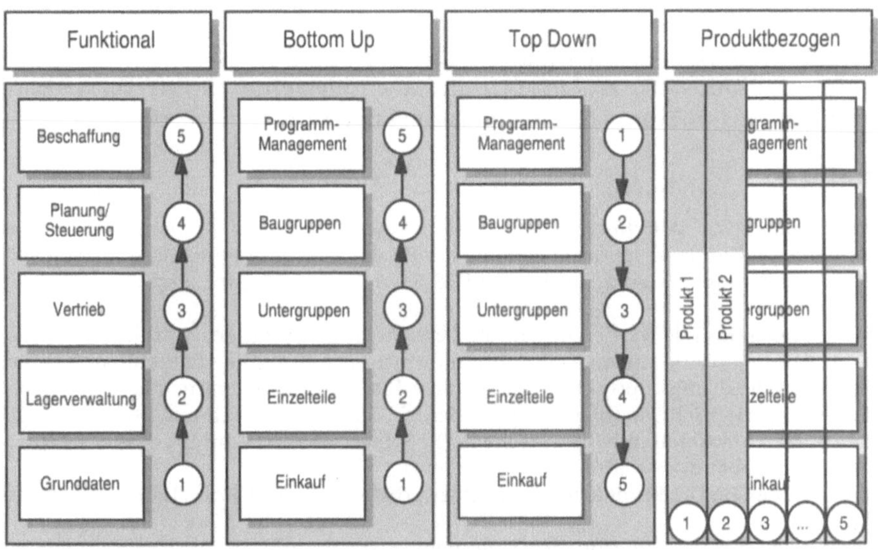

Bild 12. Einführungsstrategien für das PPS-System

4
Ergebnisse und Ausblick

Eine endgültige Beurteilung der mittels der vorgestellten Veränderungsinitiative erreichten Ergebnisse ist derzeit noch nicht abschließend möglich. Die erkennbaren Verbesserungen in allen Bereichen (Kosten, Durchlaufzeiten, Termintreue, Kundenzufriedenheit etc.) lassen bereits jetzt den Schluß zu, daß der eingeschlagene Weg richtig war und einige Ziele bei weitem übertroffen werden.

Bezüglich einer Weiterentwicklung über das hier besprochene Projekt hinaus kann als nächster Schritt die Verbesserung des Produktdatenmanagements (PDM) in der Schnittstelle zwischen Entwicklung und Fertigung genannt werden. PPS und PDM haben potentielle Überschneidungen, da beispielsweise Fertigungspläne und Stücklisten sehr wohl im PDM an die dort bereits vorhandenen Produktstrukturen angelehnt werden können. Auf der anderen Seite sind sie erkennbare Ausgangsinformationen für die PPS.

Um an dieser Schnittstelle weiter Synergien bezüglich Durchlaufzeit (Time to Market) und Aufwandsminimierung zu erreichen, werden zunehmend Detailkonstruktion und Arbeitsvorbereitung verschmelzen. Ob dann Konstrukteure Arbeitspläne und NC-Programme erzeugen oder Arbeitsplaner Detailkonstruktion betreiben, wird sicher einen neuen Gelehrtenstreit entfachen. Um so wichtiger erscheint es an dieser Stelle, sich von gewohnten Denkmustern zu befreien und auch hier eine „Grüne-Wiese-Konzeption“ mit visionärem Gedankengut zu entwickeln.

Literatur

1. Westkämper, E.: Wandlungsfähige Unternehmensstrukturen – manufacturing on demand. In: Kundenorientierte Planung der Produktion – Methoden und Instrumente effektiver Grobplanung. 2. Stuttgarter PPS-Seminar F26, 18. Juni 1997, Stuttgart 1997, S. 7–19
2. Westkämper, E.: Wie werden dezentrale Bereiche marktorientiert koordiniert? In: Dezentrale Organisationformen und ihre informationstechnische Unterstützung in der Fertigungsteuerung. Stuttgarter PPS-Seminar F18, 2. Mai 1996, Stuttgart 1996, S. 7–19
3. Kaiser, H.; Friedrich, M.: Integrierte Standard-PPS-Systeme – Technologische Innovation contra Funktionalität? In: 4. Aachener PPS-Tage: Vorwärts mit innovativen Lösungen. Tagungsband, 4.–5. Juni 1997, Aachen 1997
4. Eidenmüller, B.: Die Produktion als Wettbewerbsfaktor. 3. Aufl. Köln: Industrielle Organisation 1995
5. Warnecke, H.-J.: Revolution der Unternehmenskultur. Das Fraktale Unternehmen. 2. Aufl. Berlin: Springer 1993
6. Wiendahl, H.-P. et al.: Welche Anforderungen stellen die neue Produktionsstrukturen an die computergestützte Auftragsabwicklung? Beitrag zur Tagung „Technik für die Arbeit von Morgen“ am 20. Juni 1996 in Gelsenkirchen
7. Sydow, J.: Netzwerkorganisationen, Interne und externe Restrukturierung von Unternehmungen. In: Wirtschaftswissenschaftliches Studium (WiSt) 24 (1995) 12, S. 629–634
8. Buse, H.P. et al.: Vison Logistik: Einleitung und Teil I: Entwicklung von Logistikvisionen. In: Dangelmaier, W. (Hrsg.): Vision Logistik – Logistik wandelbarer Produktionsnetze zur Auflösung ökonomisch-ökologischer Zielkonflikte. Forschungszentrum

Karlsruhe, Technik und Umwelt, Wissenschaftliche Berichte. PFT-Bericht, FZKA-PFT 181, Karlsruhe Juli 1996, S.1–108

9. Arnold, O. et al.: Virtuelle Unternehmen als Unternehmenstyp der Zukunft? In: Handbuch der modernen Datenverarbeitung 32 (1995) 185, S. 8–23
10. Miles, R.E.; Snow, C.C.: Causes of failure in network organisations. California Management Review 34 (1992) Summer, S. 53–72
13. Schuh, G.: Logistik in der virtuellen Fabrik. In: Schuh; Weber; Kajüter (Hrsg.): Logistik-Management. Schäffer Poeschel 1995, S. 165–179
14. Bierschenk, S.: PPS in dezentral organisierten Unternehmen. Industrie Management (1997) 3, S. 44–46
15. Köhler, A.: Von der Steuerung der Produktion zum Auftragsmanagement. In: PPS – Millionenpotential oder Odyssee? Analysen und Visionen. Fraunhofer IPA-Technologieforum F19, 17. Otober 1996, Stuttgart 1996
16. Kalb, E.: PPS im Mittelpunkt des Business Process Reengineering. In: 4. Aachener PPS-Tage: Vorwärts mit innovativen Lösungen. Tagungsband, 4.–5. Juni 1997, Aachen 1997
17. Köhler, A.: Von der konventionellen Produktions-Planung und -Steuerung zum Fraktalen Auftragsmanagement. In: Techno Congress-Tagung. Reorganisation und Innovation vorhandener PPS-Systeme. Tagungsband, 4. Juli 1997, Düsseldorf 1997

Automatisierung und kundennahe Produktion – vom Rohbau zum „Präzisions-Karosseriebau"

J. Junker

Inhalt: Die Anforderungen des Marktes – Vom Rohbau zum Präzisions-Karosseriebau – Automatisierung als Basisfunktion der kundennahen Produktion

1 Einleitung

Kundenorientierung heißt, die Anforderungen der Märkte aufzugreifen und auf die betrieblichen Prozesse zu übertragen. Von dieser Übertragung sind alle prozeßrelevanten Bereiche betroffen – vom Rohbau bis zur Endmontage. Marktorientierung äußert sich in der wirtschaftlichen Erfüllung des Kundenwunsches; Kosten- und Zeitziele bleiben im Blickpunkt der Betrachtungen – und damit die Automatisierung als wesentliche Funktion effizienter Leistungserstellung. Hier soll an einigen Beispielen gezeigt werden, wie sich das Paradigma der „kundennahen Produktion" im Karosserie-Rohbau einer Automobilfertigung auswirkt und welche Folgerungen hieraus für die organisatorische und technologische Prozeßgestaltung resultieren.

2 Die Anforderungen des Marktes

Auf dem Genfer Automobilsalon wurde der neue AUDI A6 vorgestellt. Markt und Presse nahmen das Fahrzeug mit sehr viel Lob auf, die installierten Kapazitäten wurden mit diesem Modellwechsel um 40% auf 700 Einheiten pro Tag erhöht. Allerdings ist das Segment der Premiumklasse seit längerer Zeit stabil, das Marktpotential scheint ausgeschöpft: BMW, Mercedes, Volvo und AUDI verfügen über relativ konstante Anteile.

Will man eine größere Stückzahl an den Kunden bringen, also Marktanteile hinzugewinnen, so ist das nur über Eroberungsverkäufe zu erreichen. Wie aber bewegt man Kunden dazu, die Marke zu wechseln? Üblicherweise wird auf Argumente wie

- innovative Technik,
- ausgezeichnete Qualität,
- Zuverlässigkeit und
- Preiswürdigkeit

verwiesen. Das aber sind heute selbstverständliche Voraussetzungen, um dem Wettbewerb standzuhalten. Das neue Schlüsselwort lautet Anmutungsqualität!

- Anmutungsqualität heißt Design, präzise, punkt- und paßgenaue Wiederholung ansprechender Designmerkmale, die ein Fahrzeug auszeichnen.
- Anmutungsqualität heißt enge Spalte und Fugen mit geringsten Abweichungen.
- Anmutungsqualität heißt kleine Radien, klar ausgeformte Oberflächen, Null-Fugen, einwandfreie Übergänge, Bündigkeiten, Absätze.
- Anmutungsqualität, hat jemand gesagt, hat man erreicht, wenn dem Betrachter das Produkt gefällt, wenn er es einfach toll findet. Man fragt ihn „Warum?" und er antwortet: „Das kann ich gar nicht genau sagen, einfach schön, wie es dasteht."

Die Analyse, warum ein Produkt so positiv aufgenommen wird, erfolgt in der Regel erst beim zweiten Blick, wenn außer dem Bauch auch der Kopf urteilt. Um Anmutungsqualität zu erreichen, wurden die Toleranzfelder im Karosseriebau erheblich eingeengt. In Teilbereichen bewegen wir uns hier bereits bei 0,2 mm. Gequälte Rohbauer sprechen schon von Maschinenbautoleranzen.

Der Wandel ist vom Markt erzwungen und somit unumgänglich. Neben den hohen Präzisionsanforderungen wird ein weiterer Punkt wichtig: im Karosserierohbau wandeln sich die Fertigmontagen bis hin zum Vormontieren von Modulen. Hier wird nichts mehr individuell angepaßt. Vielmehr werden Module, die in sich einen maßhaltigen Bezug haben, in die Karosserie eingesetzt und verschraubt. Diese Module müssen in allen Anschlußmaßen zur Karosserie passen.

Voraussetzung für eine hohe Paßgenauigkeit ist

- genaue Passung der werkzeugfallenden Teile (kein Verspannen beim Einlegen oder Auf-Maß-Drücken beim Schließen von Spannern),
- hohe Prozeßsicherheit in der Fertigung (abgesichert durch Meßsysteme, Prozeßaudits etc.),
- hohe Wiederholgenauigkeit in allen Maschinen und Anlagen.

Voraussetzung für das Erreichen dieser Ziele ist ein detailgenau geplantes und umgesetztes Automatisierungskonzept. Aber: Qualifikation, Identifikation und Verantwortlichkeit der Mitarbeiter haben sich in gleichem Maße weiterentwickelt wie unsere technischen Systeme. Der Sprung vom Karosserierohbau zum Präzisionsbau kann nur gelingen, wenn der Mensch den Willen zu diesem Sprung hat und diesen mitentwickelt, indem er die Notwendigkeit des Wandels erkennt.

3
Vom Rohbau zum Präzisions-Karosseriebau

Das Modul- oder Baukastenprinzip für den A6 basiert auf acht Systembaugruppen, die im mechanisierten Rohbau in insgesamt 80 steuerungsrelevante Varianten einfließen. Neben der Anpassung an vorhandene Rohbaustrukturen bestand eine wichtige Aufgabe darin, neue Technologien zu integrieren.

Tabelle 1. Allgemeine Produktdefinitionen zum A6-Karosseriebau

Kenngrößen	C4	C5(A6)	Einheit
Kapazität 3 Schichten		650	Fz/Tag
Kapazität Fz/Std.	31,8	34,2	Fz/Std.
Tagesnutzungszeit		1170	Minuten
Anlagentaktzeit	62	84	Sekunden
Gesamtnutzungsgrad	ca. 56	80	%
Fertigungszeit	6,00	3,9	Std./Fz
Roboteranzahl	269	364	Stück
Durchlaufzeit	11,3	8,6 (4,9)[a]	Stunden
Schweißpunkte	4691	5607	Stück
Schutzgas/Lasernähte	6259	5060	mm
Klebernahtlänge	7000	12 256	mm
Schweißbolzen	298	178	Stück
Steuerungsrel. Varianten	–	80	Varianten

[a] kurze Strecken

Zu nennen sind:

- das Laserschweißen,
- das Punktschweißkleben,
- ein Inline-Lasermeßsystem zur Prozeßüberwachung sowie
- ein Photogrammetriemeßsystem zur Betriebsmittelüberwachung.

Tabelle 1 zeigt allgemeine Produktdefinitionen zum A6-Karosseriebau.

3.1 Prozeßablauf Planung und Beschaffung

Die in der Tabelle gezeigten Produktspezifikationen beeinflussen den Prozeßablauf für Planung und Beschaffung nachhaltig. Zunächst erfordern die Vorgaben an die Karosserie, daß alle Partner, die direkt oder indirekt am Erstellungsprozeß teilhaben, in die klassische AUDI-Simultaneous-Engineering-Projektorganisation (AUDI-SE) eingebunden werden. Dies betrifft auch die Anlagenlieferanten, die über einen Vertrag zu SE-Partnern werden. Dennoch bleiben aufwendige Abstimmungsprozesse erforderlich: zwar liefert jeder Lieferant ein gutes, in der Toleranz liegendes Teil, jedoch ergibt beim Fügen die Summe der Einzeltoleranzen nicht unbedingt ein gutes Gesamtergebnis. Nicht zuletzt deshalb werden Rohbauanlagen und Preßwerkzeuge in eine Hand, an einen Generalunternehmer (GU) vergeben. Dieser hat die Gesamtverantwortung für Termine, Kosten und Qualität. Die Abarbeitung von Einzelaufgaben erfolgt über Projektteams, getreu dem Motto „Das Ganze ist mehr als die Summe seiner Teile“.

3.2 Preßwerk im Umbruch

Präzisionsbau beginnt im Preßwerk. Das heißt, die Anforderungen des Kunden bedingen in diesem Bereich funktionsoptimierte Produkte und stabile Verarbeitungsprozesse, was sich auf unterschiedliche Weise auswirkt. Zunächst folgt aus der Modulbauweise eine Verringerung der Teileanzahl bei steigendem Anspruch an die Paßgenauigkeit. So müssen die Bauteiltoleranzen durch Abstimmung der Funktionsmaße innerhalb der Baugruppe konsequent reduziert werden. Hierzu waren zunächst Toleranzanalysen erforderlich, um Toleranzabweichungen festlegen zu können: Einzelteile, die in der Toleranz liegen, ergeben nur bei sich ausgleichenden Toleranzlagen ein Gesamtoptimum beim Fügeprozeß. Aus diesem Grund muß die Toleranzfeldlenkung und Straklinientolerierung gezielt angewendet werden – das heißt, es gibt keine Plus-/Minus-Toleranzen mehr, sondern entweder Plus- oder Minus-Toleranzen. Die Abstimmung erfolgt immer nur innerhalb des festgelegten Toleranzfeldes.

Der Umbruch im Preßwerk erstreckt sich auch auf die verwendeten Materialien. Auch hier steigen die Anforderungen. Zunächst sind ganz allgemein verbesserte Umformeigenschaften bei gleichzeitiger Steigerung der Festigkeit gefordert. Zur Verbesserung der Steifigkeit bieten sich die bekannten Konstruktionsmaßnahmen an, z.B. Einbringen von Sicken, gekrümmte Formen, verstärkte Abstützungen von Außen- und Innenteilen sowie Optimierung der Fügeflansche. Damit aber sind höhere Preßkräfte erforderlich. Bild 1 zeigt einen Überblick über die beim A6 verwendeten Materialien.

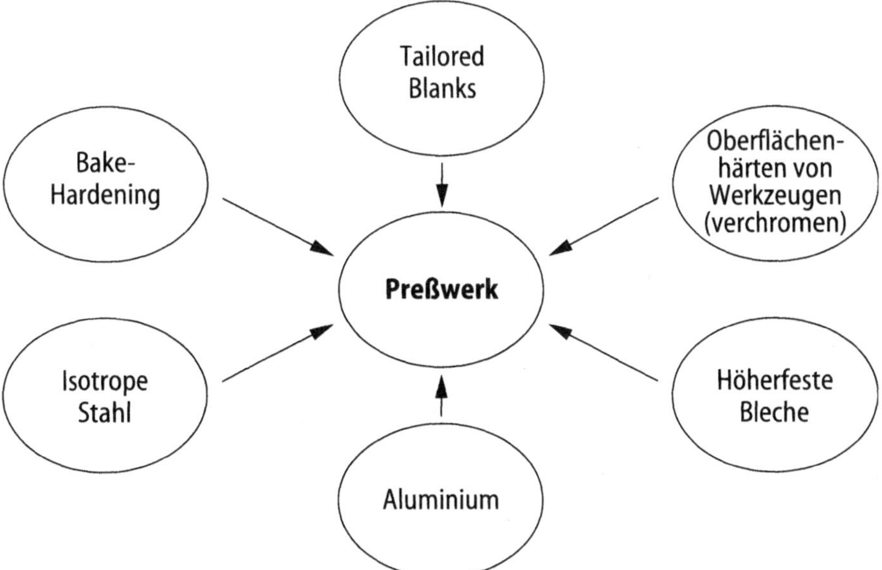

Bild 1. Im Einsatz befindliche Materialien beim A6

Die veränderten Anforderungen an die Pressentechnologie lassen sich folgendermaßen zusammenfassen: am Beginn steht die Forderung nach höheren Preßkräften, gleichzeitig machen die höheren Oberflächenanforderungen Vielpunkt-Ziehkissen erforderlich. Kombinierte Reinigungs- und Befettungsanlagen, Großteilstufenpressen und neue Pressensteuerungen sind weitere Konsequenzen.

Die Anpassung der Logistik erfolgt nach der Devise „Der Flansch ist uns heilig!“ Dies wirkt sich zuerst auf die Teilestapelung im Behälter aus: die Flansche dürfen sich keinesfalls verbiegen, was eine Optimierung der Stapeldichten, den Einsatz von Spezial-Transportbehältern und die Befolgung genauer Arbeitsanweisungen für die Teilestapelung notwendig macht.

Alle Maßnahmen zielen darauf ab, die Blechteile unversehrt in den „Präzisionsbau“ zu bringen.

3.3 Vorserienfertigung

Um die für den Präzisionsbau erforderliche Prozeßsicherheit zu erreichen, müssen auch in der Vorserienfertigung Veränderungen stattfinden: „Das erste Fahrzeug muß so gut sein wie das letzte!“ Neben der vorgeschalteten simulierten SE-Absicherung gilt das Augenmerk insbesondere dem Vorrichtungs- und Werkzeugbau. Die Entwicklung seriennaher Prototypenwerkzeuge für Einzelteile, seriennaher Prototypenvorrichtungen für Schweißgruppen und weitere Maßnahmen bewirken, daß Schwachstellen im Vorfeld erkannt und Optimierungsmaßnahmen vor Serienstart umgesetzt werden können.

3.4 Funktionsbereiche und Funktionsmaße: RPS-Umsetzung

RPS ist ein **R**eferenz**p**unkt**s**ystem, mit dem Aufnahme- und Maßbezugspunkte für Entwicklung, Fertigung und Qualitätssicherung nach einer definierten Systematik für das ganze Fahrzeug durchgängig festgelegt werden. RPS verbessert den Fertigungsprozeß über erhöhte Genauigkeiten von Einzelteilen/Baugruppen und erleichtert so die Fehleranalyse. Die Anwendung von RPS erfolgt durch die SE-Teams.

RPS ist ein wesentlicher Bestandteil der Funktionsmaßfestlegung. Letztere beschreibt das Produkt aus Sicht des Kunden, indem Maße mit individuell festgelegten Toleranzgrenzen vereinbart werden. Ein Pflichtenheft fixiert die Funktionsmaße „vertraglich“ und stellt sicher, daß sie vollständig, aber trotzdem effizient und handhabbar sind. Die Funktionsmaße werden durch ein sog. FIT-Team (**F**unktionsmaße ermitteln **i**m **T**eam) festgelegt, sie dienen der Prozeßüberwachung und schaffen die Voraussetzung, daß eine Selbststeuerung statt einer Fremdsteuerung erfolgen kann. Voraussetzung ist, daß ein schlüssiges Konstruktions- und Fertigungskonzept vorliegt und daß angemessene, vom gewollten Endprodukt abhängige Toleranzen definiert sind.

Um das funktionsorientierte Messen im Rohbau sicherzustellen, sind derzeit 21 Funktionsbereiche mit 572 Meßpunkten festgelegt. Diese Aufteilung wird ständig aktualisiert und an die Kundenbedürfnisse angepaßt.

Nicht zuletzt aufgrund der Tatsache, daß Funktionsbereiche und RPS unabdingbare Voraussetzungen für den Präzisionsbau sind, werden die einschlägigen Vorgänge visualisiert und als Management-Information zur Verfügung gestellt.

3.5 Bauteilkennzeichnung und Prozeßdatenerfassung

Mit der Bauteilkennzeichnung und Prozeßdatenerfassung werden unterschiedliche Ziele verfolgt. Zunächst werden eine Verbesserung der Produktqualität, eine Produktivitätssteigerung und die Erhöhung der Prozeßsicherheit der Fertigungskette angestrebt. Außerdem dient die Kennzeichnung der Fehleranalyse bzw. Ursachenermittlung der Rückverfolgbarkeit in den Regelkreisen sowie der Dokumentation bei nachgearbeiteten Bauteilen. Insgesamt sollen Fragen der Gewährleistung, Produkthaftung und der Norm DIN EN ISO 9001 behandelt werden. Der Kennzeichnung, die technisch durch ein Ritzgerät realisiert wird, unterliegen alle Hauptbaugruppen inklusive der Anbauteile.

Neben der physischen Kennzeichnung mußte vor allem ein System der Prozeßdatenerfassung bzw. -übergabe entwickelt werden. Das heißt, daß Kommunikation und Datentransfer zwischen der Anlagen-SPS, diversen Arbeitsstationen, dem Inline-Meßsystem, der eigentlichen Baugruppenkennzeichnung und dem Statistik-Auswerterechner organisiert werden mußte. Das entwickelte Kommunikationskonzept stellt sich schematisch in Bild 2 dar:

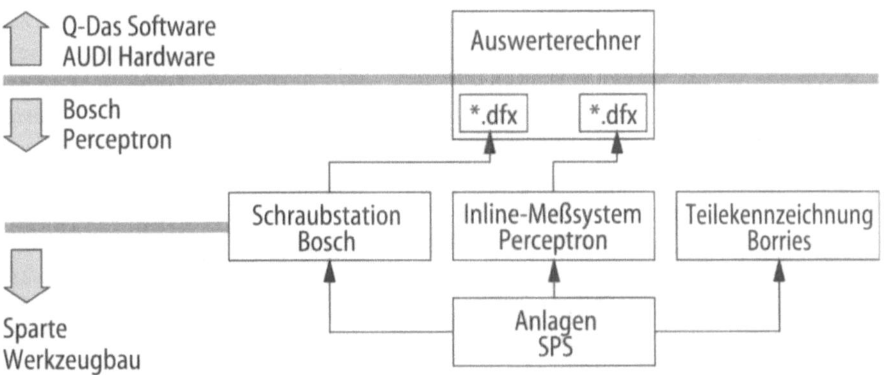

Bild 2. Kommunikationskonzept

3.6
Instrumentarien der Qualitätssicherung

Wenngleich der Präzisions-Karosseriebau bereits einen hohen Qualitätsstandard durch Prozeßsicherheit aufweist, werden zusätzliche Instrumentarien nötig, um auch hier den Marktanforderungen optimal zu entsprechen. Der Bemusterungsvorgang ist gemäß der Vorgabe des VDA definiert, organisationsseitig wurden Qualitätsregelkreise eingerichtet und Analyse-/Aktionsteams installiert. Darüber hinaus werden regelmäßig Prozeß-Audits durchgeführt. Unterstützt werden diese Maßnahmen durch technische Komponenten wie die Anwendung eines Photogrammetriemeßsystems, durch Inline-Lasermeßsensoren und DEA/Zeiss-Meßeinrichtungen.

Für Bauteilanalysen wurden ein Fügemeisterbock, für die Spaltmaß-Abstimmung ein Außenmeisterbock, für die Maß-Abstimmung ein Innenmeisterbock und für die Baugruppenmodule diverse Funktionscubings aufgebaut. Auf diese Weise ist ein Instrumentarium entstanden, das die aus dem Anspruch der Anmutungsqualität resultierenden Maßgaben voll gewährleistet.

4
Automatisierung als Basisfunktion der kundennahen Produktion

Das vom Markt bestimmte Ziel der Anmutungsqualität ist ohne Automatisierung nicht erreichbar. Anders formuliert, bleibt die Automatisierung als Querschnittsfunktion aller im vorhergehenden Abschnitt aufgeführten Teilbereiche ein wesentliches Element des Präzisions-Karosseriebaus, wenn nicht sogar eine der wesentlichen Voraussetzungen.

Unser Automatisierungskonzept ist geprägt durch das Prinzip der Integration, das zum Wegfall einzelner Prozeßschritte führt. Die durch die hohe Variantenzahl bedingte Unterschiedlichkeit der Arbeitszyklen führt dazu, daß im Bereich der Robotik neue Fertigungskonzepte verfolgt werden. Die „Shuttle-Systeme", wie sie beim A6-Vorgängermodell galten, sind in einen „Robotergarten" umgewandelt worden, der neue, immense Anforderungen an die Prozeßsteuerung stellt. Die Ermittlung von Takt-, Übergabe- und Pufferzeiten ist überaus komplex und bedarf neuer Rechenmodelle.

Um das Ziel maximaler Anlagenverfügbarkeit und eine Ausbringung in Verkettung aller Anlagen >80% zu erreichen, wurden beispielsweise die Wartungsfenster fest definiert sowie Total-Productive-Maintenance (TPM)-Maßnahmen fest verankert. Auch hier wurden im Vorfeld umfangreiche Simulationsläufe durchgeführt – mit teilweise signifikanten Ergebnissen. So wirkt sich eine Verlängerung der Laufzeiten keineswegs, wie zu erwarten wäre, linear auf die Ausbringung aus. Bei der Simulation des kompletten Typenmixes wurde deutlich, daß die Synchronisation der Einzelabläufe („Wer darf wann was und wann nicht?") wichtiger ist als eine Maximierung der reinen Produktionszeit. Um die geforderte maximale Prozeßsicherheit zu gewährleisten, erfolgte die Konzeption aller Anlagen unter dem Blickwinkel der TPM-Philosophie.

Das Anlagenkonzept basiert auf einfachen, kurzen Direktanbindungen zwischen den Anlagenbereichen. Um dennoch eine hohe Verfügbarkeit zu erreichen, haben wir Entkopplungspuffer eingerichtet, die eine Dimension von 5–30 Teilen haben. Die Robotergruppen bestehen aufgrund der Ausdehnung der Schutzkreise jeweils aus maximal 6–10 Robotern. Die Entkopplungspuffer sind zwischen diesen Gruppen angesiedelt.

Richten wir den Blick noch einmal auf das Thema Präzision: im Gegensatz zu einigen unserer Wettbewerber verzichten wir auf Multigeometrie. Um hohe Maßhaltigkeit zu erreichen, ist die Geometrie immer Bestandteil einer einzigen Station. Im gleichen Zusammenhang steht unser Verzicht auf Vielpunkttechnologie bei den Werkzeugen – Schweißpunkte werden durch Roboter gesetzt, was erhöhte Flexibilität bewirkt.

Auch und gerade bei hohem Automatisierungsgrad ist die Qualifikation der Mitarbeiter eine der wichtigsten Aufgaben im Hinblick auf Produktivität und Produktqualität. So sind auch die Anforderungen an unsere Maschinenführer sprunghaft gestiegen. Dem begegnen wir durch ein entsprechendes Qualifizierungskonzept. Neben den ständig laufenden Qualifikationsprogrammen kommt dabei vor allem der Mitarbeit in SE-Gruppen, KVP-Workshops und dergleichen entscheidende Bedeutung zu, um neben der aufgabenbezogenen Qualifikation den Gesamtprozeß ständig zu verbessern.

5
Fazit und Ausblick

Kundennahe Produktion bedingt, daß die Marktanforderungen, in unserem Fall die Anmutungsqualität, schnell zu neuen Lösungen in der Fertigung führen. Davon betroffen ist insbesondere die Automatisierung, die eine wesentliche Basisfunktion beim Präzisions-Karosseriebau darstellt.

Dieser Trend wird anhalten, da der zunehmende Leistungsdruck des globalen Wettbewerbs, dem die Automobilindustrie in hohem Maß ausgesetzt ist, ein ständiges, offensives Voranschreiten erzwingt. Wir können und wollen das Rad nicht zurückdrehen. Es muß rollen.

Lernfähige Produktion

E. Westkämper

Inhalt: Lern- und Erfahrungstheorien – Lerngeschwindigkeit als Wettbewerbsfaktor – Strategien der lernfähigen Produktion – Wissensmanagement – Zusammenfassung

1 Einleitung

Als Lernen wird gemeinhin ein Vorgang verstanden, der aus der Kenntnis und Analyse eines Zusammenhangs und der Einbeziehung von Wissen zu einer Verbesserung führt. Bereits vor mehr als 50 Jahren begann man das Lernen in der Produktion als einen Prozeß der ständigen Verbesserung von Abläufen und Prozessen in bezug auf Zeiten und Kosten zu verstehen. Lern- und Erfahrungstheorien wurden seit den 50er Jahren als Methoden der Vorkalkulation von Produkten und Prozessen benutzt. Die Luftfahrtindustrie beispielsweise kalkuliert noch heute ihre Produkte auf der Basis von empirischen Lernkurven.

Unter dem Druck des Wettbewerbs werden in der Produktion hohe Anstrengungen unternommen, um die Kosten der laufenden Produktion zu senken. Die Preise und Kosten vieler technischer Produkte folgen deshalb auch heute noch den Gesetzmäßigkeiten der Lern- und Erfahrungskurven. Beispiele derartiger Lerneffekte finden sich in der Elektronikindustrie, im Fahrzeugbau, im Maschinenbau oder in der Prozeßindustrie. Mit zunehmender Menge der hergestellten Produkte sinken die Kosten und steigt die Qualität durch die Summe aller Verbesserungen quasi gesetzmäßig.

Wenn man die These aufstellt, daß es in allen Produkten bei Wiederholung der Produktion zu Verbesserungen kommen muß, dann stellt sich die Frage, warum wir nicht unsere gesamte Produktion als eine lernfähige Produktion betrachten und hieraus Schlüsse in bezug auf die Organisation und mögliche Wettbewerbsvorteile ziehen. In diesem Beitrag möchte ich deshalb einige neue Ansätze der lernfähigen Produktion vorstellen.

2 Lern- und Erfahrungstheorien

Das Lerngesetz der Produktion, das amerikanische Wissenschaftler aufgrund von statistischen Analysen formulierten und anhand der Daten der Rüstungsproduktion aus dem zweiten Weltkrieg bewiesen, besagt, daß mit jeder Verdopplung der Stückzahl eine Kostenreduzierung erreicht wird (Bild 1). Diese Kostenreduzierung, die auch als Lernrate bezeichnet wird, ist das Er-

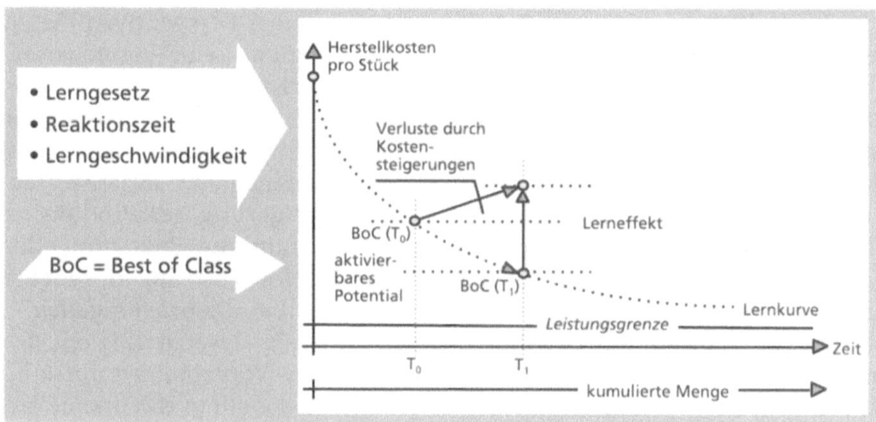

Bild 1. Reduzierung der Herstellkosten durch industrielles Lernen

gebnis aller sich auf die Kosten eines Produkts auswirkenden konstruktiven, technischen und organisatorischen Verbesserungen.

In neuerlichen Untersuchungen im Fahrzeugbau konnte diese Gesetzmäßigkeit erneut bestätigt werden. Wir fanden heraus, daß die Verbesserung der Qualität - gemessen an dem Aufwand für Nacharbeit oder an der Anzahl der Qualitätsmängel - dieser Gesetzmäßigkeit für einzelne Produkte und Produktgruppen ebenso folgt wie bezüglich der Zielkriterien Durchlaufzeit, Bestände und Termintreue. Als wichtigste Ursachen für Kostenabweichungen gegenüber den aus den kalkulatorischen Vorgaben erwiesen sich Konstruktionsmängel, verspätete Bereitstellung serienreifer Betriebsmittel und Unterlagen, mangelhafte Prozeßbeherrschung und nicht abgestimmte Aktionen in der Logistik und Organisation.

In den Untersuchungen fanden wir ferner heraus, daß die Mehraufwendungen erst dann deutlich in den Montagen und in der Systemintegration zum Tragen kommen. Lerneffekte entstehen also nicht so sehr in der als beherrschbar einzustufenden Teilefertigung, sondern in dem Bereich der Integration. Eine hohe Anzahl von Änderungen ist auch eine Folge nicht ausgereifter Entwicklungen, die sich vor allem in der Anlaufphase neuer Produkte kostensteigernd auswirken.

Analysiert man die Maßnahmen, die getroffen werden, um die Kosten zu senken, so findet man heraus, daß die wesentlichen Verbesserungen durch

- die fertigungs- und montagegerechte Konstruktion,
- die Optimierung der Prozesse,
- die Vermeidung von Verschwendungen jeglicher Art,
- die Anwendung neuer Technologien und durch
- die Verkürzung der Wege in Organisation und Logistik

entstanden sind. Alle diese Maßnahmen können der klassischen Rationalisierung zugeordnet werden. Nun könnte man ja sagen, daß dieses Gedankengut in der Industrie weit verbreitet ist und keine neuen Perspektiven bietet. Mancher Manager glaubt, daß ihm dieses Gedankengut keine nennenswerten strategischen Vorteile bieten kann. Mehr als 50 Methoden stehen uns heute zur Rationalisierung zur Verfügung. Ihre Anwendung zum Zwecke der Leistungssteigerung ist aber von herausragender strategischer Bedeutung und ich freue mich deshalb, daß der REFA-Verband eine neue Initiative startet, um mit methodischem Wissen zur Leistungssteigerung der Produktion beizutragen. Bevor ich aber versuche, den Beweis für die Bedeutung des metodischen Wissens in einer lernfähigen Produktion zu bringen, möchte ich noch kurz auf Erfahrungen und Grundlagen der Lerntheorie eingehen.

In den 50er Jahren gab es zahlreiche Versuche, die Gesetzmäßigkeit des Lernens in die Zeitwirtschaft und insbesondere in die Vorgabezeitermittlung einzubringen. Diese Versuche mußten scheitern, da sie allein die manuellen und persönlichen Lerneffekte einzelner direkter Mitarbeiter in den Vordergrund stellten. Die Lern- und Erfahrungstheorien beziehen sich aber auf die Summe aller Maßnahmen zur Verbesserung und Senkung der Herstellkosten. Sie gehen also über die einzelnen Operationen und Tätigkeiten einzelner Mitarbeiter weit hinaus und stellen eher einen globalen ganzheitlichen Ansatz dar. Betrachtet man die gesamte Produktion als ein komplexes System mit einer Vielzahl von Einflüssen und gegenseitigen Abhängigkeiten, so gilt es, das System zu optimieren und nicht nur die einzelnen Vorgänge. Damals blieben also viele Faktoren und Möglichkeiten zur Senkung der Kosten unberücksichtigt.

Für die Optimierung eines komplexen Systems gelten weitere Gesetzmäßigkeiten (Bild 2):

- ein komplexes System kann nur so gut operieren, wie es die einzelnen Teilsysteme mit ihren gegenseitigen Abhängigkeiten zulassen,
- fehlen Ressourcen, so sinkt die Effizienz und
- überschüssige Ressourcen tragen nicht zur Verbesserung der Effizienz bei.

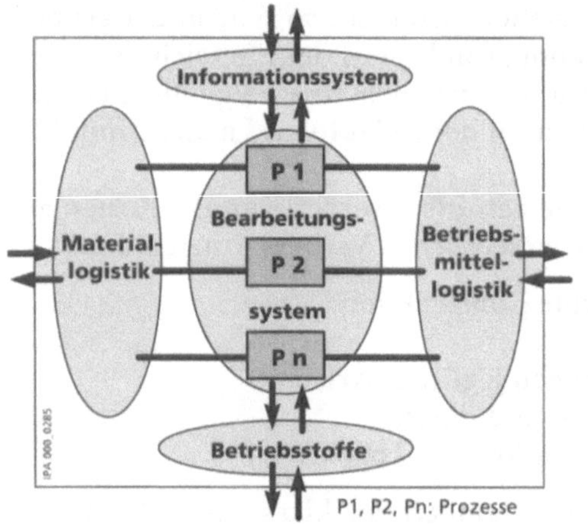

Gesetzmäßigkeiten:
- der Wirkungsgrad des Gesamtsystems ist eine Funktion des Wirkungsgrades der Teilsysteme
- die Teilsysteme wirken in einem komplexen Netzwerk zusammen
- fehlende Ressourcen und Störungen senken die Effizienz
- Überschüssige Ressourcen verbessern die Effizienz nicht (Gesetz des Minimums)

Bild 2. Die Produktion als komplexes System und Gesetzmäßigkeiten des Systems

Letzteres könnte man auch als Gesetz des Minimums bezeichnen. Die Vielzahl der Einflußfaktoren und ihre gegenseitige Abhängigkeit bewirken ein instabiles Verhalten des Gesamtsystems. Die Produktion ist ein dynamisches System, das permanent an die jeweiligen wechselnden Aufgaben angepaßt und optimiert werden muß.

Aus diesen Gesetzmäßigkeiten kann man folgende Schlüsse für eine lernfähige Produktion ziehen:

- Eine lernfähige Produktion ist dadurch gekennzeichnet, daß sie permanent versucht, das System der Produktion zu verbessern. Ein Optimum wird erreicht,
- wenn alle Systemelemente optimiert sind,
- wenn alle Systemelemente in ihrem Zusammenwirken harmonisiert sind und
- wenn alle überflüssigen Ressourcen eliminiert sind.

Das Lernen zielt also auf einen optimalen Zustand des komplexen Systems der Produktion bzw. auf einen technisch und organisatorisch definierten Grenz-Leistungsgrad. Wird dieser erreicht, so sind weitere Verbesserungen nur noch durch technologische Sprünge oder die Änderung des Produktionskonzepts bzw. -systems erzielbar.

Wie funktioniert nun der Lernprozeß und können aus der Kenntnis des Lernprozesses Schlüsse für nachhaltige Wettbewerbsvorteile und Strategien gezogen werden?

Das industrielle Lernen vollzieht sich als iterativer Prozeß. Bild 3 stellt diesen grundsätzlichen Ablauf dar. Man stellt der Produktion oder einzelnen

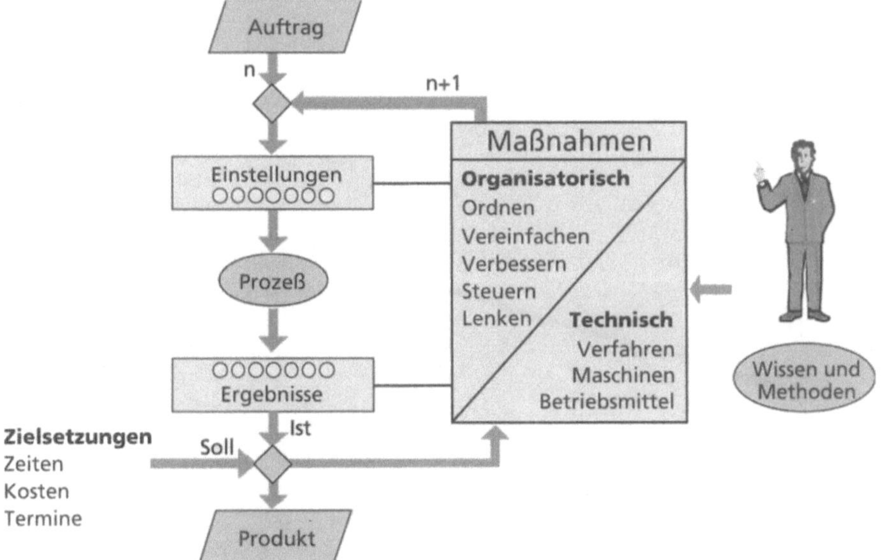

Bild 3. Industrielles Lernsystem – Grundlage des dynamischen Produktionsmanagements

Geschäftsprozessen eine Aufgabe, die mit bestimmten Rahmenbedingungen und Ressourcen bzw. in einer als definiert zu betrachtenden Umgebung auszuführen ist. Der Prozeß wird ausgeführt und anschließend im Hinblick auf die Erfüllung bestimmter Ziele ausgeführt. Die entscheidenden Ziele sind: Zeiten, Kosten, Qualität und Termine. Auf der Grundlage von Wissen werden nun Maßnahmen definiert, welche bei Wiederholung der Aufgabe zu einer Verbesserung führen.

In der lernfähigen Produktion wird also permanent versucht, Verbesserungen durch Anwendung von Wissen zu erzielen. Mit jeder Wiederholung eines Vorgangs muß eine Steigerung der Effizienz des Systems erreicht werden. Das Wissen um Verbesserungsmöglichkeiten wird in Verbindung mit dem Wissen um die Abläufe und Systemabhängigkeiten zum Schlüssel der Leistungssteigerung.

3 Lerngeschwindigkeit als Wettbewerbsfaktor

In einer Zeit mit hohem Ausbildungsstand der Mitarbeiter und mit schneller Verbreitung von technischem Wissen können nachhaltige Wettbewerbsvorteile nur schwerlich auf bestehendem Wissen erreicht werden. Viel entscheidender ist deshalb die Geschwindigkeit, mit der Wissen und Erfahrungen umgesetzt werden. Wie ich zuvor dargestellt habe, trägt die Anwendung des Wissens zur Lernrate bei. Die Unternehmen, die bei sonst vergleichbaren Standortfaktoren neues Wissen schneller umsetzen, erreichen zeitbezogene Vorteile. Die Lerngeschwindigkeit (Bild 4) allein trägt in dieser Welt zu Wettbewerbsvorteilen durch zeitliche Vorteile bei und nur auf dieser Basis lassen sich Kostenvorteile erreichen und erhalten.

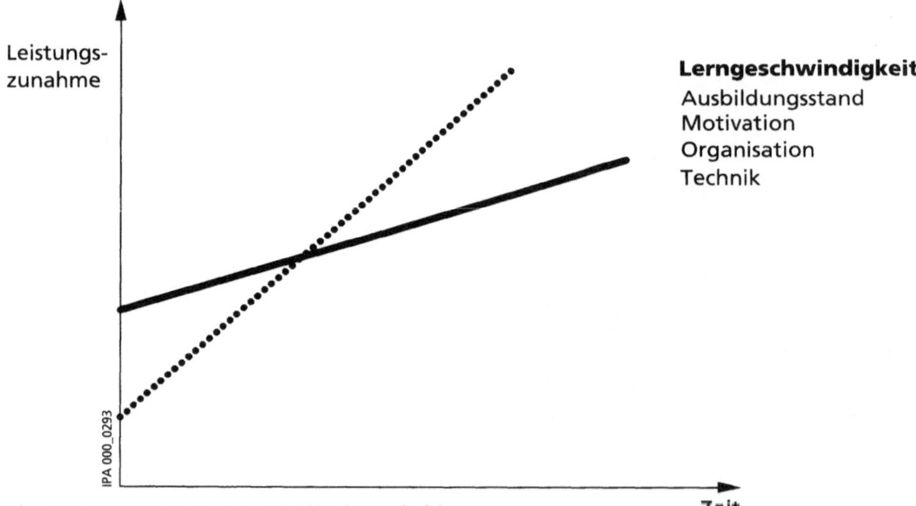

Bild 4. Lerngeschwindigkeit als Wettbewerbsfaktor

Im Bild ist schematisch dargestellt, welche Auswirkungen die Lerngeschwindigkeit hat. Unternehmen 1 startet ein neues Produkt zum gleichen Zeitpunkt wie Unternehmen 2, aber mit Kostenvorteilen und niedrigerer Lerngeschwindigkeit. Bereits nach kurzer Zeit erreicht das zweite Unternehmen Gleichstand und überholt ersteres. Die Anfangsverluste dieses Unternehmens sind jedoch hoch.

Kurze Innovationszyklen und kurze Produktlebensdauern prägen unsere heutige Produktion. Dieser Trend wird durch eine konsequente und extreme Marktorientierung verstärkt und hat zur Folge, das die Gesamtstückzahlen der Produkte abnehmen. Immer weniger können folglich Vorteile durch Mengeneffekte erzielt werden. Es kommt also darauf an, bereits zu Entwicklungsbeginn eines Produkts mit hoher Effizienz zu arbeiten und hohe Lerngeschwindigkeiten zu erreichen. Nachhaltige Vorteile können zunehmend nur in den Anlaufphasen neuer Produkte gewonnen werden.

Dieser Zusammenhang wird in Bild 4 noch einmal verdeutlicht. Dargestellt ist eine Modellrechnung für die Produktion eines Produkts in mittleren und kleinen Stückzahlen. Die obere Leistungs- und Kostenkurve folgt dem Stand der Technik und weist über einen längeren Zeitraum hohe Lernraten aus. Setzt man zu einem Zeitpunkt, an dem eine Sättigung erreicht wird ein neues Produktionskonzept ein, so würde eine sprunghafte Reduzierung der Kosten eintreten, da dieses Konzept einer anderen Leistungslinie folgt. Rechnet man diese Leistungslinie zurück auf den Anlauf des Produkts, so ergibt sich eine hohe Kostendifferenz. Nach heutigem Kenntnisstand betragen diese Differenzen bis zu 80%, bezogen auf die ersten Produkte. Diese Modellrechnung zeigt, welche gravierenden Kostenvorteile erzielbar sind, wenn das Wissen um Verbesserungen so früh wie irgend möglich in der Anlaufphase neuer Produkte angewendet wird und welche strategischen Vorteile im Wettbewerb dieses Wissen bringen kann.

Aus der Kenntnis der Lerngesetze ergibt sich also eine klare Strategie: Lerneffekte systematisch mit der Einführung neuer Produkte zu nutzen und möglichst präventiv und systematisch neue Produktionen vorzubereiten.

Im folgenden möchte ich deshalb Ansätze vorstellen, die diese Strategie der lernfähigen Produktion unterstützen.

4 Strategien der lernfähigen Produktion

Bild 5 zeigt die wichtigsten Strategien, mit denen sich Lerneffekte erreichen lassen.

Als erstes geht es natürlich darum, aus der Vergangenheit Schlüsse zu ziehen und die Erfahrungen zu nutzen. Der Ausbildungsgrad der Mitarbeiter und ihre Weiterbildung sind ein zweiter Ansatz, mit dem wir gerade hier in Deutschland Effizienzverbesserungen erreichen können. Da das Lernen in jedem Falle auch mit dem verfügbaren und nutzbaren Wissen zusammenhängt, können Lerneffekte auch aus der Beobachtung des Umfelds und durch

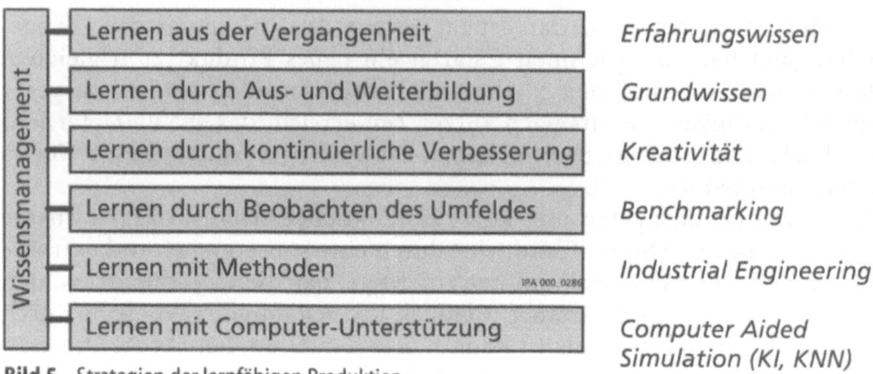

Bild 5. Strategien der lernfähigen Produktion

Nachahmung oder Analyse des Wettbewerbs erzielt werden. Das Benchmarking ist eine bekannte und mittlerweile bewährte Methode der Umfeldanalyse. Zeitliche Vorteile erreicht man eher durch methodisches und präventives Vorgehen. Hierzu gehören die bekannten Methoden des Industrial Engineering ebenso wie das Simultaneous Engineering oder das Optimieren durch Wertgestaltung und Wertanalyse bzw. das Methodengut des Design to X (target costing, manufacturing, assembly, quality etc.). Schließlich handelt es sich beim Lernen um Wissensmanagement. Hier können Computer entscheidende Hilfestellungen geben.

4.1 Lernen aus der Vergangenheit

„Keine Zukunft ohne Vergangenheit" könnte man die Strategie des Lernens aus der Vergangenheit nennen. Die Erfahrungen vergangener Projekte oder vergangener Aktionen sind wohl der wichtigste Pfeiler unserer Entwicklung (Bild 6). Hier gilt es, die humanen Ressourcen stärker zu nutzen als wir es

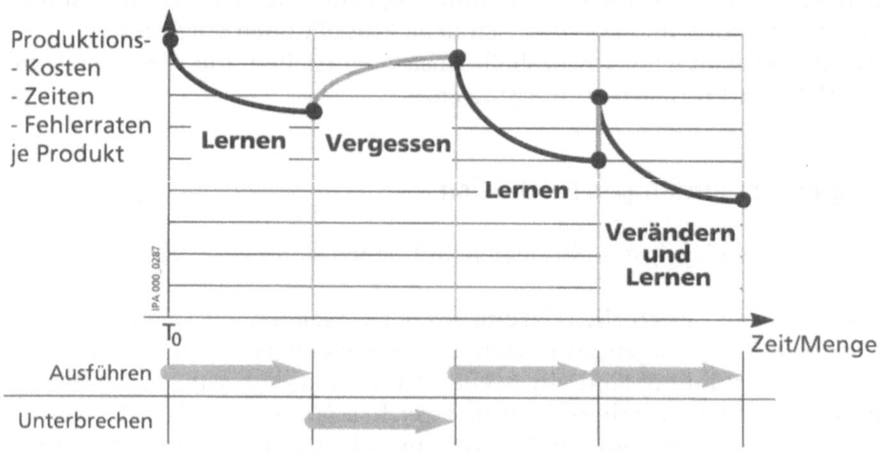

Bild 6. Lernen, Vergessen und Verändern in der diskontiuierlichen Produktion

bisher getan haben. Denn in vielen Unternehmen verläuft die Produktion diskontinuierlich. Lernphasen werden durchbrochen, wenn Prozesse nicht kontinuierlich fortgesetzt werden. In den Unterbrechungsphasen vergessen wir allzuoft die Vergangenheit.

Das Bild zeigt in einer stark abstrahierten Weise die Wirkungen einer diskontinuierlichen Produktion. Nach der Erledigung der ersten Aufträge wird eine Produktion zeitweise unterbrochen. Durch Personalwechsel, durch Änderungen der Organisation und durch Vernachlässigung des nicht formalisierten Wissens kommt es zu einem Vergessen und einem unbemerkten Verlust an Effizienz. Wird ein Auftrag zu einem späteren Zeitpunkt wiederholt, fehlt das Detailwissen in den Prozessen und in der Koordination. Wissen veraltet, wenn es nicht gepflegt wird. Selbst das formalisierte Wissen, das zum Beispiel in den Arbeitsplänen enthalten ist, veraltet. Viele Unternehmen haben heute in ihren Datenbanken überalterte Informationen gespeichert. Können sich die Mitarbeiter noch an die Vergangenheit erinnern, so lassen sich Fehler vermeiden.

Erfahrungswerte spielen vor allem dann eine große Rolle, wenn die Prozesse nicht sicher sind. In den heutigen stark vernetzten Produktionsstrukturen hat die Prozeßsicherheit bzw. Prozeßfähigkeit eine außerordentlich hohe Bedeutung. Sie wird in cp oder in ppm gemessen. Je weiter die Prozesse aus Kostengründen in ihre Grenzbereiche von Leistung und Präzision getrieben werden, um so risikoreicher und anfälliger werden sie gegen Störungen. Dadurch entstehen Verluste mit starken Auswirkungen auf andere Prozesse in den Prozeßketten.

In einer exemplarischen Untersuchung zu den Fehlern und Störungen in den Prozeßketten im Maschinenbau haben wir festgestellt, daß ca. 60% der Fehler und Störungen einer Kleinserienproduktion in den vorgeschalteten und peripheren Bereichen der Produktion wie der Detailkonstruktion, der Arbeitsplanung und dem Betriebsmittelwesen verursacht werden. Man schleppt die Fehler sozusagen in die Fertigung und Montage ein. Ihre Abstellung geschieht normalerweise im Tagesgeschäft. Unterbrechungen oder Änderungen in diesen Abläufen lassen das Wissen oftmals vergessen. Könnte es gelingen, dieses zu archivieren und im Bedarfsfall wieder zu aktivieren, lassen sich wesentliche Verbesserungen erzielen.

Einen außerordentlich interessanten Ansatz verfolgten Unternehmen der amerikanischen Luftfahrtindustrie. Sie waren der Ansicht, daß durch Verwendung des in Entwicklungsprojekten der Vergangenheit gewonnenen Wissens und der Erfahrungen im Projektmanagement bei neuen Projekten die Entwicklungszeiten um mehr als 70% gesenkt werden könnten. Natürlich spielen hier die persönlichen Erfahrungen und Kenntnisse der Mitarbeiter eine große Rolle. Dieses muß aber auch in geänderten Aufgabenstellungen und bei geänderten Umgebungsbedingungen zur Wirkung kommen. Was wir also benötigen, sind Systeme, die Wissen archivieren und aufbereiten können.

4.2
Lernen durch Aus- und Weiterbildung

Wir sind uns sicherlich alle in der Einschätzung einig, daß durch Ausbildung ein höheres Leistungsniveau erreichbar ist. Dieses muß sich zwangsläufig auf den Verlauf der Lern- und Erfahrungskurven dahingehend auswirken, daß vor allem beim Anlauf neuer Produkte positive Effekte eintreten. Gelernte Mitarbeiter werden dann weniger Fehler machen, wenn die Prozesse noch nicht exakt definiert sind, oder wenn in kritischen Bereichen von Leistung und Qualität gearbeitet werden muß.

Gelerntes Wissen veraltet heute jedoch aufgrund des technischen Fortschritts sehr schnell. Außerdem kann kaum jemand davon ausgehen, daß sich sein Arbeits- und Aufgabengebiet nicht verändert. Wir sprechen deshalb von der Halbwertzeit des gelernten Wissens, die sich ständig verringert, und fordern eine systematische Weiterbildung. Diese sollte sich aber vor allem an den konkreten Aufgaben orientieren. Ich möchte auf diese Thematik hier jedoch nicht weiter eingehen und verweise auf die einschlägigen Erkenntnisse zu dieser Thematik.

Viel wichtiger erscheint mir allerdings der Aspekt des Trainings und der Sicherstellung der fachlichen Kompetenz in den verschiedenen Geschäftsprozessen vor dem Hintergrund neuer Organisationsformen (Bild 7).

In den vergangenen Jahren wurden zahlreiche neue Modelle der betrieblichen Organisation entwickelt und zum Teil mit großem Erfolg realisiert. Modularisierung und Segmentierung zielen auf eine nach technologischen Gesichtspunkten strukturierte marktorientierte Produktion. Durch TQM wurde ein neues Verständnis der Qualität erreicht. Autonome Fertigungszellen, fraktale oder bionische Produktion sollen durch Dezentralisierung vor allem

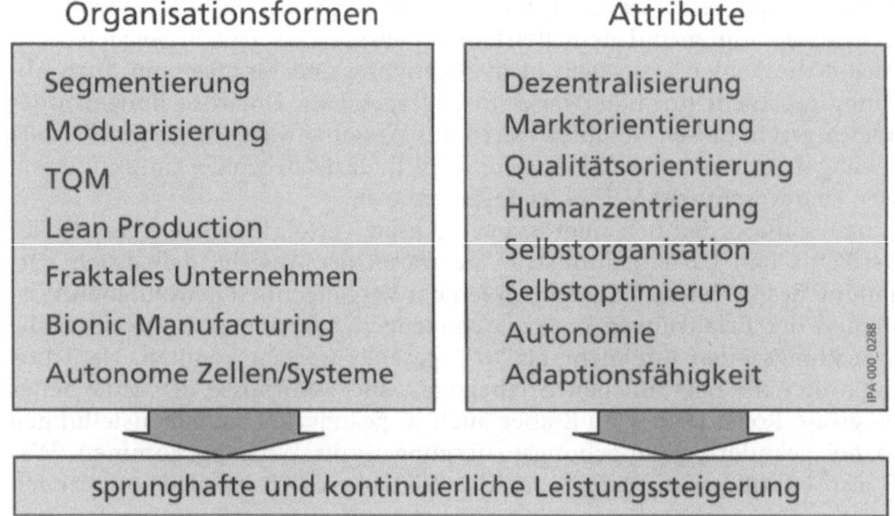

Bild 7. Neue Organisationsformen und ihre Attribute

Verbesserungen	Kurzfristig	Mittelfristig
Bearbeitungszeiten	5%	40%
Herstellkosten	10%	30%
Nutzungsgrad der Maschinen	90%	95%
Durchlaufzeiten	50%	60%
Bestände	50%	60%
Termintreue	90%	98%
Verhältnis direkt/indirekt	1 : 0,6	1 : 0,3

Bild 8. Verbesserungen durch „fraktale" Organisation

die Fähigkeit zur Selbstorganisation und zur Selbstoptimierung nach einem unternehmerischen Zielsystem und die Dynamik und Vitalität verbessern. Durch die kontinuierliche Verbesserung oder durch eine Reaktivierung des betrieblichen Vorschlagswesens werden die Mitarbeiter motiviert, stärker als bisher zur Leistungssteigerung beizutragen.

Als Beispiel für die erzielbaren Leistungssteigerungen sei hier die fraktale Organisation angeführt. Dieses von Professor Warnecke formulierte Modell trägt zu sprunghaften Leistungssteigerungen bei. Das Modell setzt auf die Attribute der Selbstorganisation und Selbstoptimierung in dezentralen und anpassungsfähigen Leistungseinheiten. Durch eine Mitarbeiterzentrierung mit Leistungsanreizen zur Erfüllung von Unternehmenszielen lassen sich wesentliche Verbesserungen in einer laufenden Produktion bereits kurzfristig realisieren (Bild 8). Dargestellt sind die kurz- und mittelfristig in zahlreichen Projekten erreichten Verbesserungen. Bearbeitungs- und Prozeßzeiten konnten um 5% bis zu 40% gesenkt werden. Kosteneinsparungen, Nutzungsgradssteigerungen, Durchlaufzeitverbesserungen, Bestandsreduzierungen und höhere Termintreue sind zu verzeichnen. Diese Leistungssteigerungen verweisen auf Potentiale in den Werkstätten und den Organisationseinheiten, die mit konventionellen Mitteln wie Planung offensichtlich nicht erreichbar sind. Ein weiterer Aspekt liegt sicherlich in den angesammelten Ineffizienzen, die starre Organisationen oder reine prozeßbezogene Optimierungen nicht beseitigen konnten.

Im Hinblick auf Lerneffekte muß festgestellt werden, daß derartige Methoden dem moderierten Lernen zuzuordnen sind. Unter Anleitung von Trainern oder Moderatoren werden Teams gebildet, mit denen Verbesserungen erarbeitet und unverzüglich realisiert werden. Der langfristige Erhalt dieser Leistungssteigerung setzt jedoch eine entsprechende Führung und neue Methoden voraus.

Alle diese Ansätze verfolgen eine stärkere persönliche Einbindung der Mitarbeiter in die Geschäftsprozesse der Unternehmen. So klar und einleuchtend diese Konzepte auch sind, sie lassen jedoch bisher nicht erkennen, welche fachlichen Anforderungen von den Mitarbeitern erfüllt werden müssen und wie durch Ausbildung und Training eine nachhaltige Wirkung sichergestellt werden kann. Vielfach fehlen die Grundlagen für eine gerechte Bewertung und Förderung der Einzel- und Teamleistung.

4.3 Lernen durch kontinuierliche Verbesserung

Viele Unternehmen erreichten durch das kontinuierliche Verbessern (KVP) in den vergangenen Jahren deutliche Leistungssteigerungen. Mit diesen Ansätzen wird vor allem die Kreativität der Mitarbeiter gefordert, um Schwachstellen zu beseitigen und Kosten zu reduzieren. Bild 9 stellt die wichtigsten Vorgehensweisen dar.

Kontinuierliche Verbesserungen werden dadurch erreicht, daß die Mitarbeiter permanent aufgerufen sind, Vorschläge zu den Vorgängen zu machen, die sie selbst für verbesserungsfähig halten. In der Regel erhalten sie für ihre Vorschläge Prämien. Um die Geschwindigkeit der Leistungssteigerung zu erhöhen, haben einige Unternehmen bei sich selbst und auch im Zulieferbereich moderierte Vorgehensweisen angewandt. Der Moderator erarbeitet mit den direkt betroffenen Mitarbeitern Maßnahmen im jeweiligen Arbeits- und Untersuchungsbereich und setzt sie mit den Mitarbeitern unmittelbar um. Konkrete Verbesserungen beruhen im wesentlichen auf dem Prinzip der Vereinfachung.

Die Strategie der kontinuierlichen Verbesserung steht zum Teil im Einklang mit den vielen Bemühungen um die Aktivierung der Potentiale durch das betriebliche Vorschlagswesen. Diese Methoden sind zwar systematisch angelegt und setzen darauf, daß jeder im Unternehmen zur Erzielung von

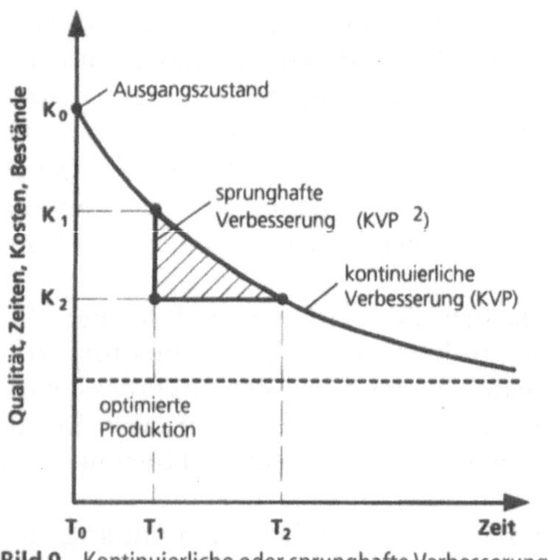

Kennzeichen der Methoden	
kontinuierlich (KVP)	• Prinzip der kleinen Schritte • Technische/Organisatorische Verbesserungen • Konzentration auf die direkte Wertschöpfung • Vorschläge zur eigenen und fremden Arbeit • Prämien
sprunghaft (KVP 2)	• Prinzip des radikalen Schrittes mit kurzfristiger Wirkung • Technische/Organisatorische Maßnahmen • Vermeidung nicht wertschöpfender Tätigkeiten • Teamarbeit mit Moderation

IPA 000 0290

© IWF 175-08-00

Bild 9. Kontinuierliche oder sprunghafte Verbesserung

Lerneffekten beiträgt. Ihr Vorteil ist, daß sie in der Regel kurzfristig realisierbar sind. Ihr Nachteil ist jedoch, daß sie mehr oder weniger zufällig entstehen oder zu spät umgesetzt werden. Außerdem stoßen sie sehr schnell an die Qualifikationsgrenzen der Mitarbeiter, so daß selten technisch konzeptionelle Maßnahmen generiert werden.

4.4 Lernen aus der Beobachtung des Umfelds

Während sich die zuvor genannten Ansätze vor allem auf die Aktivierung innerbetrieblicher Potentiale richten, suchen die Methoden des Benchmarking aus der Beobachtung des Umfelds Nutzen zu ziehen. Es hat sich gezeigt, daß viele Unternehmen viel zu introvertiert operiert haben, denn die Vergleiche im Benchmarking suchen die wirtschaftlichste Produktion im Vergleich zum Wettbewerb oder zu externen Unternehmen. In der Folge kommt es dann sehr häufig zu einer Fremdvergabe oder zu strukturellen und technischen Veränderungen. Viele gewinnen aus dem Benchmarking aber auch Hinweise darauf, welche Möglichkeiten technische Änderungen bieten.

Die Methodik des Benchmarking ist in Bild 10 zusammengefaßt dargestellt. Gesucht wird der „Best of class", mit dem man sich vergleichen möchte, um Verbesserungen zu erzielen. Der Vergleich kann sich sowohl auf die Organisation als auch auf die Technik und Methoden beziehen.

Das Benchmarking kann als methodisches Vorgehen ebenfalls der lernfähigen Organisation zugerechnet werden, da hier versucht wird, vom Umfeld zu lernen. Es liefert aber nur Momentaufnahmen und läßt nicht oder zumindest nur schwer erkennen, auf welchen strategischen Leistungslinien Wettbewerber operieren. Dies möchte ich an folgender Betrachtung festmachen: Im Vergleich mit fernöstlichen Unternehmen haben viele Fahrzeugbauer erkennen müssen, daß ihre Konstruktionen sich nur mit viel höheren Aufwendungen produzieren ließen. Sie haben dann konsequent die Konstruktion einzelner Komponenten verändert und Erfolge in der eigenen

Methodik	• Beobachtung und Analyse des Wettbewerbs • Vergleich der eigenen Position • Kosten, Zeiten, Qualität
Anwendungsbereiche	• Organisation, Ressourcen • Produktkonstruktion und -technik • Produktionsmethoden und -technologien • Qualität
Bewertung	• Ranking, Positionierung • Übertragbarkeit, Imitation
Schlußfolgerung	• Fremdleistung • Verbesserung der Eigenleistung

IPA 000_0289

Bild 10. Benchmarking

Produktion erzielt. Ihnen blieben aber die geplanten Investitionen verborgen, die zu Leistungssprüngen durch neue Technologien und neue Konzepte führten.

Das Benchmarking liefert in der Regel keine Hinweise auf neue Handlungsweisen und Strategien, sondern immer nur einen temporär gültigen Vergleich.

4.5 Lernen mit Methoden

Nachhaltige Lerneffekte, welche vor allem auf die Anlaufphasen neuer Produkte abheben, können allein durch strategische Handlungsweisen auf der Basis methodischen Wissens erzielt werden. Bild 11 stellt diese präventive Vorgehensweise dar.

Der Grundgedanke basiert darauf, Lerneffekte durch methodisches Vorgehen vor der Produktion sozusagen präventiv in einer virtuellen Welt vorwegzunehmen. Würde es gelingen, spätere Verbesserungen zu vermeiden, indem sie bereits vorweg im Zuge der Vorbereitung der Produktion berücksichtigt werden, so ließen sich nachhaltige Vorteile schaffen. Dieser Gedanke liegt der gesamten in der Vergangenheit gepflegten Planung der Produktion vor Beginn der Fertigung und Montage zugrunde. Schwächen dieser Strategie sind vor allem darauf zurückzuführen, daß Planungsressourcen zunehmend reduziert oder ausschließlich zur Bereitstellung der Fertigungsunterlagen eingesetzt wurden und daß sie sich vielfach zu weit von der Realität entfernt haben. So ist zum Beispiel bekannt, daß neue technische Konzepte nicht die erwartete Wirkung zeigten, weil die fachliche Betreuung in den Werkstätten nicht stattfand. Vielfach wurde der Planungsgrad auch zu weit getrieben und ließ den Erfahrungen der Werkstätten zu wenig Spielraum. Eine dritte Ursache lag sicherlich in der sequentiellen Folge der Planungsprozesse. Sie er-

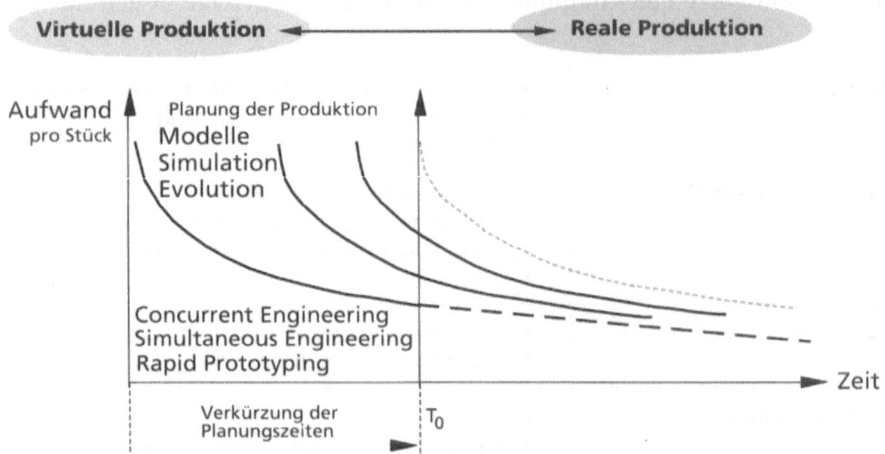

Bild 11. Optimierung der Produktion in der Planungsphase

Aufgaben

Arbeits- und Zeitwirtschaft	Methoden der Planung und Steuerung Zeit- und Kostenanalyse
Leistungsfördende Entlohnungssysteme	Grundlagen der Entlohnungssysteme tarifliche und technische Entwicklung
Soziotechnische Arbeitssysteme	Methoden der Arbeitsorganisation, Arbeitsplatzgestaltung, Ergonomie, Arbeitsstrukturierung Konzepte der Produktion Systematik von Informationsfluß und Logistik
Design to X	Design to cost, manufacturing, assembly, quality
Planung der Leistung	Produktionsentwicklung, Investitionen, Technologie Beschäftigung, Kosten

Bild 12. Industrial Engineering

wiesen sich oft als Engpaß in der Prozeßkette von der Entwicklung zur Produktion.

Sicher ist, daß die grundsätzlichen Methoden der Arbeits- und Zeitwirtschaft sowie der technischen Planung die wesentlichen strategischen Pfeiler in der Entwicklung der Leistungsfähigkeit sind. Allerdings sind die Methoden im Hinblick auf ihre Unterstützung und Verträglichkeit mit neuen Organisationsformen zu reformieren. Darüber hinaus sind die sequentiellen Vorgehensweisen durch simultane Abläufe und möglichst frühen Beginn zu verändern. Neue Fertigungskonzepte müssen mit der Entwicklung neuer Produkte synchronisiert werden. Das Wissen um die Möglichkeiten und Fähigkeiten der Fertigung muß in die Konstruktion frühzeitig - bereits in der Entwurfsphase - einfließen. Die Planung muß andererseits wieder näher an die ausführenden Leistungseinheiten herangebracht werden.

Eine Schlüsselrolle im präventiven Lernen und im Wissensmanagement kommt dem Industrial Engineering zu, dessen Aufgabengebiet zwangsläufig reformiert und methodisch verbessert werden muß, um in Zukunft Defizite in der Leistung der Produktion zu vermeiden. Bild 12 zeigt die wesentlichen Aufgaben des Industrial Engineering. Diese reichen von der Zuständigkeit für die Methoden bis hin zur Gestaltung der Produktion. Über die organisatorische Eingliederung muß zwangsläufig neu befunden werden.

Wie eingangs dargestellt, ist das industrielle Lernen eine Aufgabe des Wissensmanagements. Wissen veraltet und muß permanent gepflegt und erneuert werden. Die hohe und in der Zukunft noch zunehmende Komplexität der Produktion kann diese Aufgabe nicht ohne Unterstützung der EDV und moderner Kommunikationstechnik bewältigen. Das computerunterstützte Lernen kann jetzt mit modernen Techniken realisiert werden. Im folgenden möchte ich deshalb einige strategisch wichtige Wege vorstellen.

4.6 Lernen mit Computerunterstützung

Seit vielen Jahren werden zur Analyse komplexer Produktionsabläufe Simulationssysteme erfolgreich eingesetzt. Sie waren so gut, wie es gelang, die Realität wirklich in Modellen mit verträglichem Aufwand abzubilden. Die Modelle sind sozusagen eine virtuelle Produktion. Sie erlauben das Studium geplanter Handlungsweisen und die Optimierung der Abläufe bereits vor dem realen Beginn der Produktion. Mit moderner Informatik und leistungsfähigeren Rechenanlagen gelingt es immer besser, diese Technik zur Adaption der Produktion an sich ändernde Aufgaben und zur präventiven Optimierung zu nutzen.

Das Anwendungsgebiet der Simulation, das bisher vornehmlich bei logistischen und kinematischen Abläufen lag, ändert sich zur Zeit erheblich. Die Simulation großer Netze – wie sie zum Beispiel für die Beschaffungs- und Vertriebslogistik benötigt werden – ist ebenso ein wichtiges Anwendungsfeld wie die Simulation der Prozesse bzw. der Mikrosysteme der Produktion (Bild 13). Große Fortschritte wurden in der Technik der Modellierung und der Ergebnisanalyse und Animation gemacht. Die Technik der Virtuellen Realität (VR) wird die Attraktivität weiter verbessern.

Es werden heute große Anstrengungen unternommen, um die Realitätsnähe der Modelle zu verbessern. Dabei werden bereits Lernverfahren verbunden mit neuen Methoden der Optimierung instabiler Prozesse eingesetzt. Evolutionsalgorithmen gestatten die systematische Suche nach dem besten Lösungsweg für eine Problemstellung.

Von hohem Interesse ist dabei die realitätsnahe Darstellung programmierter Abläufe. Dies läßt die VR-Technologie ebenso zu wie die Interaktion, d.h. den Eingriff des Beobachters in den Ablauf. Realitätsnahe bzw. Online-Abbildung, Interaktion, Animation in dreidimensionaler Darstellung gestatten dem Planer das Simulieren und Adaptieren der Konzepte ebenso wie die Vorausberechnung von Handlungsalternativen im Betrieb (Bild 14).

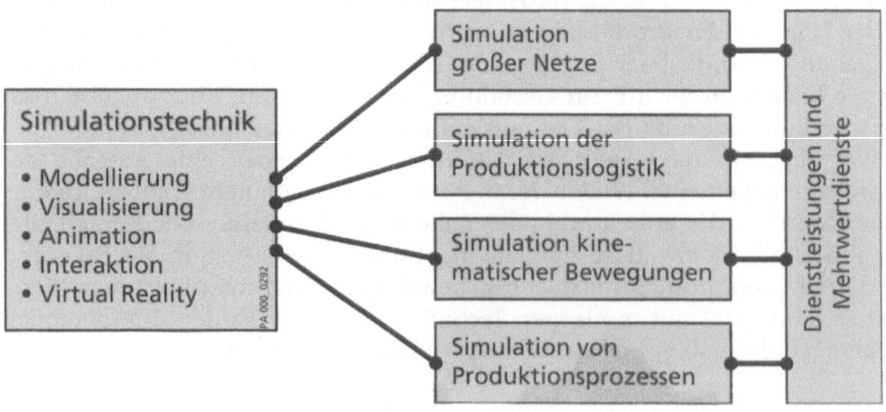

Bild 13. Entwicklung der Simulationstechnik

- 3 D-Darstellung
- Stereoskopische Bilder
- Echtzeit, Zeitlupe, Zeitraffer
- Bewegte Objekte
- Interaktive Simulation

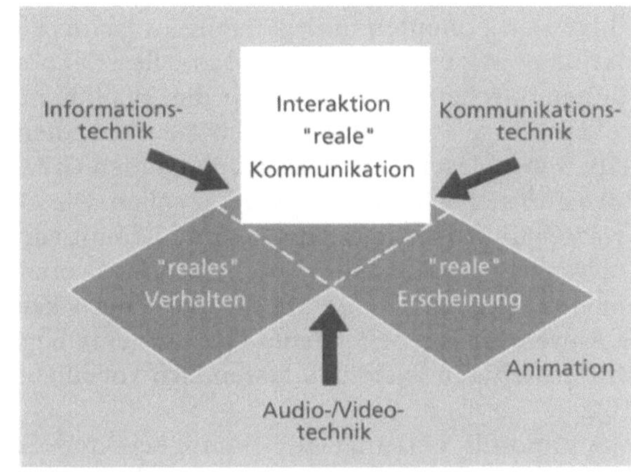

Bild 14. Virtual Reality

Es gibt derzeit erste Überlegungen, Simulation als Dienstleistung anzubieten und zum Bestandteil der Steuerung von Anlagen und Systemen zu machen. Hieraus entstehen Mehrwertleistungen bei denen die deutsche Forschung und die Anlagenindustrie weltweit führend ist. Allein die Hardware und die grafische Datenverarbeitung sind überwiegend aus den USA zu beziehen.

Die Simulation eröffnet im Zusammenwirken mit intelligenten Produktionskonzepten neue Wege der Autonomie und maschinellen Lernfähigkeit. Bild 15 zeigt diesen prinzipiellen Zusammenhang. Durch Sensoren werden die aktuellen Prozeßzustände und die erreichte Qualität erfaßt. Korrelationen werden durch Techniken der Informatik, z.B. künstliche neuronale Netze, automatisch erlernt. Die Prozeßmodelle erhalten auf diese Weise lern-

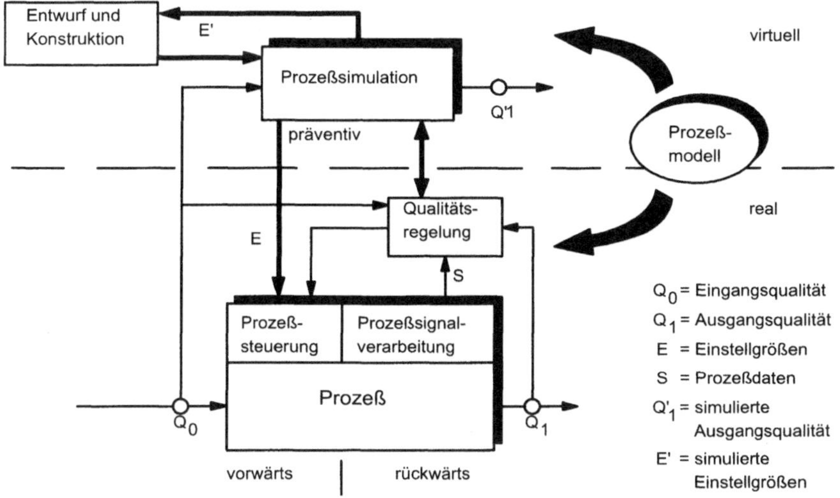

Bild 15. Simulation zur präventiven Optimierung und Qualitätssicherung von Fertigungsprozessen

fähige Komponenten in Ergänzung zu technisch physikalischen oder mathematischen Algorithmen. Diese Modelle erlauben eine Prozeßsimulation und können durchaus zu Reglern für die Qualität entwickelt werden.

Lernfähige Prozeßmodelle können vor allem dann eine wirksame Hilfe sein, wenn Maschinen und Anlagen in den Grenzbereichen von Leistung und Präzision sicher betrieben werden sollen. Die Qualitätsregelung ist ein interessanter und wichtiger Ansatz, zumal damit auch Prozeßketten in den engen Toleranzkanälen geführt werden können, wobei die spezifischen Eigenschaften einzelner Maschinen und Prozesse berücksichtigt werden können. Andere Anwendungsgebiete lernfähiger Systeme liegen im Bereich der Diagnose. Mit lernfähigen Systemen lassen sich vor allem statistische Analysen unterstützen.

Autonomie bedeutet Selbständigkeit und Selbstregelung eines Systems. Gemeint ist mit der Autonomie von Maschinen oder Systemen im wesentlichen die Unabhängigkeit von starren programmierten Abläufen und die selbständige Reaktion auf Fehler und Abweichungen durch Integration der Programmierung (Planung), Steuerung und Überwachung der Prozesse. Autonome Fertigungszellen und Maschinen enthalten folglich Regelkreise, die nach vorgegebenen Sollwerten (Zielen) den Ablauf und die Prozeßparameter eigenständig und nach festen Modellen und Regeln optimieren.

Durch die Integration von Funktionen der Planung, Steuerung und Überwachung wird der Prozeß der Dezentralisierung fortgesetzt und vor allem die Fähigkeit, auf Zustände und Ereignisse an den Maschinen zu reagieren, erhöht. Gelingt es nun, in diese autonomen Abläufe auch noch das Wissen vorangegangener Prozesse einzubringen, dann entstehen lernfähige Systeme. Es ist heute vorstellbar, Lerneffekte dieser Art zur Fehlerprävention und zur Fehlerkompensation zu nutzen. Lernfähige Systeme merken sich Verhaltensmuster und können mit Verfahren der Evolution zu einer schrittweisen Optimierung führen (Bild 16).

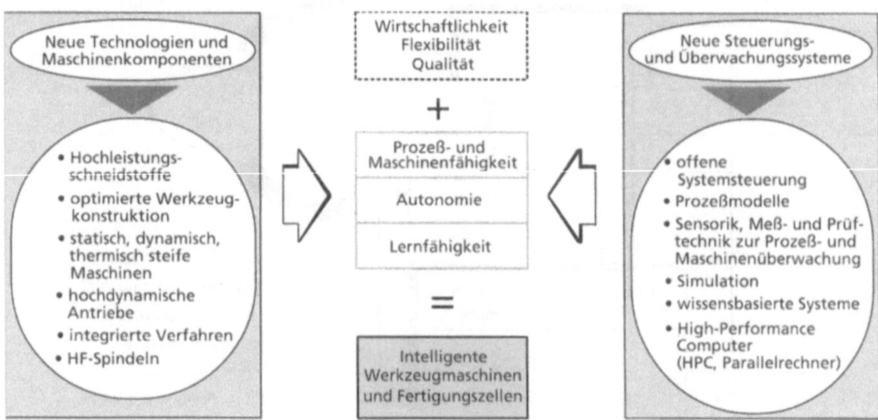

Bild 16. Entwicklung zukunftsorientierter Werkzeugmaschinen und Fertigungszellen durch Anwendung neuer Technologien

Lernfähige Maschinenkonzepte wurden bereits im Bereich der Kunststoffverarbeitung realisiert. Es ist vorstellbar, diese Ansätze auch auf die weitaus komplexeren Prozesse der Teilefertigung zu übertragen und selbst Planungs- und Steuerungsfunktionen zu integrieren. Sensor-Aktor-Kopplungen verbunden mit Lernkomponenten werden zur Zeit für komplexe Prüfsysteme entwickelt.

Die moderne Informatik bietet zahlreiche Wege, um Wissen zu analysieren und zum Zwecke des Lernens aufzubereiten. Das Erkennen von Mustern und Wirkzusammenhängen zählt ebenso dazu wie Verfahren, mit denen Informationen in komplexen und vernetzten Systemen zu finden sind.

5 Wissensmanagement

Wissen ist die Grundlage des industriellen Lernens. Um nachhaltige Lerneffekte zu erzielen und um Strategien der Prävention erfolgreich umzusetzen, kommt es darauf an, das Wissen permanent zu pflegen und zu erweitern. Von entscheidender Bedeutung dürfte demnach auch das Wissensmanagement mit Computerunterstützung sein. Moderne Informations- und Kommunikationssysteme erreichen mittlerweile fast jeden Arbeitsplatz. Die Systeme sind in den Unternehmen vernetzt und gestatten darüber hinaus auch einen Zugriff auf externe Ressourcen. Zum Management des Wissens bieten die Techniken und Systeme des Intranet für innerbetriebliches und Internet für außerbetriebliches Wissensmanagement beste Voraussetzungen (Bild 17).

Unsere Konzepte der Computeranwendung in der industriellen Organisation, die vor allem durch CIM geprägt wurden, beziehen sich auf formale Daten und Informationen. Im Internet erleben wir heute den Umgang mit informellen Informationen. Mit komfortablen Navigations- und Suchsystemen kann das für bestimmte Aufgabenstellungen benötigte Wissen gefunden

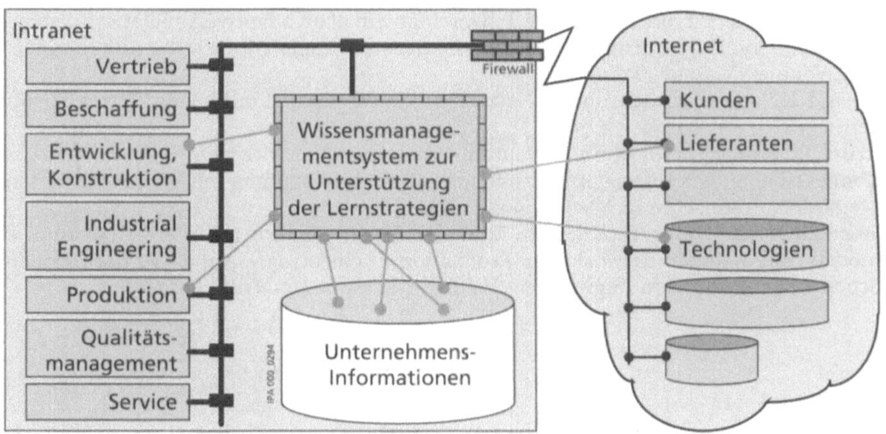

Bild 17. Wissensmanagement mit Intranet und Internet

werden. Lehrangebote für Studierende und für die Aus- und Weiterbildung bis hin zur virtuellen Hochschule sind in Vorbereitung. Es wird Zeit, diese Methoden des Wissensmanagements auch in die Unternehmen zum Zwecke des industriellen Lernens zu bringen.

6 Zusammenfassung

In diesem Beitrag wurden die Grundzüge des industriellen Lernens vorgestellt und gezeigt, welche Strategien sich aus der Kenntnis von Lerneffekten ableiten lassen. Die lernfähige Produktion nutzt diese Ansätze in allen Bereichen aus, um Wettbewerbsvorteile durch höhere Lerngeschwindigkeiten zu erzielen. Da in der diskontinuierlichen Produktion sehr viel Erfahrungswissen verloren geht und neue Techniken für das Wissensmanagement bis hin zum maschinellen Lernen zur Verfügung stehen, sollten die damit erschließbaren Potentiale aktiviert werden. Der Beitrag enthält exemplarische Lösungswege.

Literatur

1. Westkämper, E.; Lücke, O.; Witt, G.: Planungsinstrumente für die lernende Organisation. Arbeitsvorbereitung 4 (1996) 8, S.
2. Weinberger, T.; Keller, H.B.; Jakob, W.; Große-Osterhues, B.: Modelle maschinellen Lernens. Symbolische und konnektive Ansätze. KfK-Bericht Nr. 5184, Kernforschungszentrum Karlsruhe 1994
3. Pesch, E.: Learning in automated manufacturing – a local search approach. Heidelberg: Physica 1994
4. Mitchell, T.M.; Thrun, S.B.: Learning analytically and inductively. Arbeitspapier der School of Computer Science, Carnegie Mellon University, Pittsburg 1995
5. Dillmann, R.: Lernende Roboter, Aspekte maschinellen Lernens. Fachberichte Messen, Steuern, Regeln. Berlin: Springer 1988
6. Maanen, J. van: A theory of learning systems. Arbeitspapier des CWI, Amsterdam 1995
7. Westkämper, E.; Pirron, J.; Schmidt, T.: Development of an adaptive Simulation System. In: Production Engineering – Annals of the German Scociety for Production Engineering, Volume IV, Issue 1 (1997)
8. Rojas, R.: Theorie der neuronalen Netze. Eine systematische Einführung. Berlin: Springer 1993
9. Kruse, R.; Nauck, D.; Klawonn, F.: Neuronale Netze und Fuzzy-Systeme. Grundlagen des Konnektionismus Neuronaler Fuzzy-Systeme und der Kopplung mit Wissensbasierten Methoden. Braunschweig: Vieweg 1994
10. Westkämper, E.; Lange, D.; Schmidt, T.: Modelling the grinding process with analytical models and artificial networks. In: Production Engineering – Annals of the German Scociety for Production Engineering, Volume III, Issue 1 (1996)

Neue Werkzeugmaschinenkinematiken

H.-U. Jaissle, K.-H. Wurst

Inhalt: Grundsatzforderungen an eine neue Maschinentechnik – Verbesserte Maschinensysteme in kartesischer Bauweise – Entwicklungsfortschritte bei Werkzeugmaschinen auf der Basis von Stabkinematiken – Neue Werkzeugmaschinen auf der Basis geschlossener kinematischer Ketten und von Linear-Direktantriebssystemen

1
Einleitung

Grundlegende Maschinenstrukturen für die industrielle Produktionstechnik haben seit längerer Zeit keinen bedeutenden Innovationsschub mehr erfahren; Änderungen mit stetigem technischen Fortschritt im kleinen wurden in den Komponenten vollzogen. Da Standard- bzw. konventionelle Komponenten von sog. Schwellenländern in gleicher Qualität und meist kostengünstiger gefertigt werden können, konzentrierte sich die deutsche Industrie schwerpunktmäßig auf die Entwicklung von High-Tech-Komponenten wie Antriebssysteme, Steuerungssysteme und Werkzeuge sowie auf die Erarbeitung neuer, spezieller Technologien. Veränderungen am Aufbau der Werkzeugmaschine an sich beschränkten sich auf Weiterentwicklungen. Die grundsätzliche Infragestellung konventioneller Konzeptionen erfolgte in den USA durch die Anwendung von Stabkinematiken in Form von Hexapods zu Beginn der 90er Jahre. Hieraus ergab sich in Deutschland der Anstoß für das richtungsweisende Projekt DYNAMIL, das – durch das BMBF unterstützt – von den Hochschulinstituten ISW (Stuttgart) und WZL (Aachen) initiiert wurde. Zusammen mit Industrieunternehmen wird derzeit umfassend das Ziel „Hochdynamische Werkzeugmaschinen auf der Basis von Leichtbaukonstruktionen" angegangen, um dieses Innovationspotential möglichst schnell in neue Produkte einzubringen. Über die grundsätzlichen Vorüberlegungen zu diesem Projekt sowie über den aktuellen Stand der Entwicklung wird an dieser Stelle berichtet.

2
Grundsatzforderungen an eine neue Maschinentechnik

2.1
Antriebstechnik

Die Entwicklung neuer Schneidstoffe (PKD, Cermets, Si_3N_4-Keramik u.a.) ermöglicht die Zerspanung mit zunehmend höheren Schnittgeschwindigkeiten und erfordert damit, da der Vorschub pro Zahn konstant bleiben sollte, auch höhere Bahngeschwindigkeiten. Auch bei der Laserbearbeitung ermöglichen größere Laserleistungen die Erhöhung der Bahngeschwindigkeiten beim Schweißen und/oder Schneiden.

Die jeweils angestrebten Bahngeschwindigkeiten reichen derzeit bis 60 m/min, die zulässigen Bahnabweichungen sollten dabei wie bisher eingehalten werden: bei der Laserbearbeitung <0,1 mm, beim Hochgeschwindigkeitsfräsen <0,01 mm. Antriebstechnik und Maschinentechnik sind diesen Anforderungen entsprechend neu zu gestalten.

Im wesentlichen beruht die derzeitige Maschinentechnik auf elektromechanischen Antriebssystemen und einer konventionellen Gestaltung bewegter mechanischer Strukturen. Neue Ansätze zum Einsatz von Direktantrieben in Verbindung mit Leichtbaustrukturen führen jedoch zu merklichen Verbesserungen der relevanten Maschineneigenschaften.

Bei Direktantriebssystemen fehlen mechanische Übertragungsglieder, wie sie z.B. Vorschubantriebssysteme mit Kugelgewindespindeln aufweisen. Dadurch wird eine weit größere Regeldynamik bei höheren, auch realisierbaren Achsgeschwindigkeiten ermöglicht. Geschwindigkeitsverstärkungen von $k_v \approx 300 \ldots 500\ s^{-1}$ sind derzeit erreichbar. Die Bahnabweichungen und die erreichbaren Geschwindigkeiten hängen wiederum vom einstellbaren k_v-Wert und vom Beschleunigungsvermögen der Antriebssysteme ab, was in [1] nach einem vereinfachten Regelkreismodell gemäß den Zusammenhängen

$$v_{B\,max} = \sqrt{a_{max} R_o} \quad \text{und} \quad \Delta R \approx -\frac{1}{2}\frac{a_{max}}{k_v^2}$$

$v_{B\,max}$ maximale Bahngeschwindigkeit,
a_{max} maximale Achsbeschleunigung,
R_o Bahnradius,
ΔR Abweichung von R_o

belegt wurde.

Systembedingt erlauben Lineardirektantriebe hohe k_v-Werte im Lageregelkreis; Nichtlinearitäten und Strukturnachgiebigkeiten sind erst bei extrem hohen Anforderungen (k_v-Werten) zu berücksichtigen. Aber auch elektromechanische Antriebssysteme mit fest eingespannter Kugelrollspindel und motorisch angetriebener Mutter erlauben es, bei kompakter Bauweise den k_v-Wert und damit die Lageregelbandbreite zu erhöhen. Folgende Faktoren haben hierauf Einfluß:

- Die Torsionssteifigkeit bei Kugelgewindeantrieben mit feststehender Spindel ist um den Faktor 4 höher.
- Die 1. Biegeeigenfrequenz (äquivalent zur 1. kritischen Drehzahl) kann erhöht werden (Bild 1).
- Die kompakte Bauweise vergrößert die Struktursteifigkeit in den bewegungsübertragenden Elementen und erhöht damit die kritischen mechanischen Frequenzen.

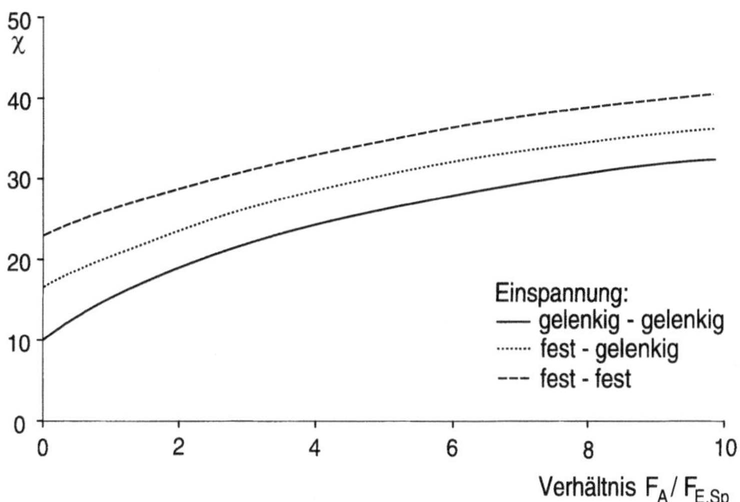

Bild 1. Einfluß der Vorspannung auf die 1. Biegeeigenfrequenz (F_A axiale Vorspannung, $F_{E,Sp}$ Eulersche Knicklast)

Der Faktor χ, der gemäß

$$\omega_K = \frac{\chi}{l^2}\sqrt{\frac{EI}{\rho}}$$

ω_K kritische Biegeeigenfrequenz,
l Länge (der Spindel),
E Elastizitätsmodul,
I Flächenträgheitsmoment,
ρ Masse/Länge

die 1. Biegeeigenfrequenz beeinflußt, ist hierbei von der Einspannungsart und der Vorspannung der Spindel abhängig. Am Beispiel einer Z-Achsen-Pinole für eine Laserbearbeitungsmaschine konnte in [2] gezeigt werden, daß auf diese Weise k_v-Werte von 300 s^{-1} und Beschleunigungen von a_{max} = 4g erreicht werden können.

2.2 Leichtbau und kinematische Gestaltung

Sowohl über elektromechanische Antriebssysteme mit Kugelrollspindel als auch mit Linear-Direktantriebssystemen können, wie in Abschn. 2.1 beschrieben, hohe Geschwindigkeitsverstärkungen realisiert werden. Auch das Beschleunigungsvermögen beim erstgenannten Antriebssystem erreicht bei entsprechender Bauweise bisher nicht erreichbare Größenordnungen. Den Forderungen nach hohen Bahngeschwindigkeiten bei geringen Bahnabweichungen kann damit bis zu einer bestimmten Grenze auch mit Kugelrollspindelantrieben nachgekommen werden. Dies ist aber auch auf die Tatsache zurückzuführen, daß bzgl. der bewegten Massen bei diesem Beispiel auf kon-

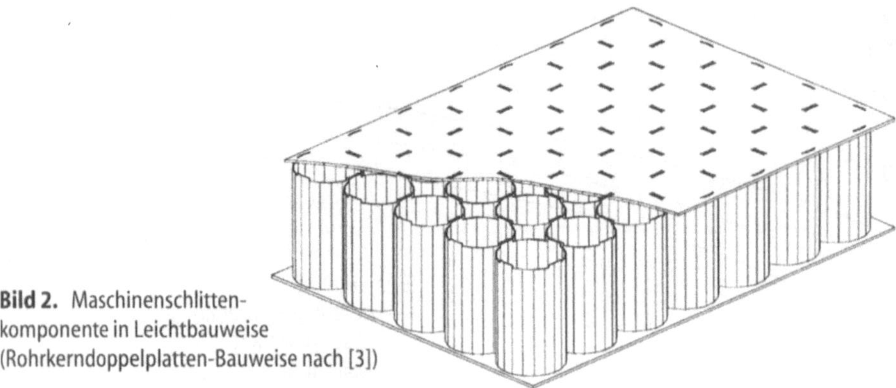

Bild 2. Maschinenschlittenkomponente in Leichtbauweise (Rohrkerndoppelplatten-Bauweise nach [3])

sequenten Leichtbau geachtet wurde. Dieser Aspekt ist aber insbesondere auch beim Einsatz von Lineardirektantrieben von Bedeutung. Da die Beschleunigung gemäß der Newtonschen Gleichung $F = a \cdot m$ (F beschleunigende Kraft, M zu beschleunigende Masse, a Beschleunigung) mit der verfügbaren Kraft F des Direktantriebs und den zu beschleunigenden Massen zusammenhängt, läßt sich hierzu eine zwingende Handlungsweise für den Maschinenkonstrukteur ableiten: „Um das Beschleunigungsvermögen zu maximieren, ist ein konsequenter Leichtbau für die zu bewegenden Massen anzustreben und die Anzahl der zu bewegenden Maschinenkomponenten zu minimieren." Die zweite Handlungsweise heißt: „Kein Antriebssystem sollte ein zweites Antriebssystem mitbewegen müssen". Von der bisher meist praktizierten seriellen Anordnung von Maschinenachsen ist, soweit nur irgendwie möglich, abzugehen und eine parallel wirkende Achsanordnung anzustreben. Diese Handlungsweise gilt sowohl für elektromechanische Antriebe als auch für Lineardirektantriebe. Da aber bei dem zweitgenannten System keine Kraft(Momenten-)reduktion erfolgt, ist hier auf den Leichtbau und die Achsanordnung ein besonderes Augenmerk zu richten.

Der Leichtbau wird, wie im folgenden noch gezeigt, bei neueren Maschinentypen mit Linearantriebssystemen bereits eingeführt. Beispielhaft kann an einer Maschinenschlittenkomponente für Lineardirektantriebe (Bild 2) auch gezeigt werden, daß bei gleichen Randbedingungen (Geometrie, Steifigkeit) mit Blechwabenkonstruktionen die Masse um 60% reduziert wird. Der Schritt zu neuen Achsanordnungen, d.h. zu neuen kinematischen, vom kartesischen System abweichenden Maschinenaufbauten, erfolgte bisher nur in prototyphaften Ausführungen.

2.3 Modularität

Neben der Erfüllung technischer Anforderungen erwartet man heute mehr denn je auch eine kostengünstige Realisierung der Werkzeugmaschine. Der Kostenaspekt sollte sich darum auch in der Flexibilität der Werkzeugmaschine widerspiegeln, wenngleich nicht immer eindeutig ist, was unter dem Begriff „Flexibilität" zu verstehen ist. Neuerdings wird diesem Begriff eine weitere Bezeichnung übergeordnet: Man spricht von „agilen" Systemen. Hierbei werden Maschinen eingesetzt, die flexibel in der Anwendung sind, also anpaßbar für den Einsatz unterschiedlicher Bearbeitungstechnologien an beliebige Werkstückgeometrien. Agile Systeme sind auf die Fertigung von Werkstückfamilien mit hohen Stückzahlen, z. B. 300 000 Zylinderköpfe/Jahr, spezialisiert. Die verwendeten Module müssen zur Erhöhung der Verfügbarkeit auf Grundfunktionen reduziert werden.

(Beispiel:
- Werkzeug-pick-up-System ersetzt Werkzeugwechselarm.
- Signalauswertung von Encoder und absolutem Linearmeßstab ersetzt Endschalter usw.).

Damit solche „agilen" Systeme realisiert werden können, sind folgende Anforderungen zu erfüllen:

- Der Gestaltung der Maschine muß ein modulares Konzept zugrunde gelegt sein.
- Das Konzept muß es erlauben, daß die Maschine rekonfigurierbar ist.
- Die Maschinenkomponenten müssen als „Wiederholteile" vielfach verwendbar sein.

Viele neue Maschinenkinematiken, die den Forderungen gemäß den Abschn. 2.1 und 2.3 gerecht werden, bieten die Möglichkeit, auch dem Ziel kostengünstiger, wandlungsfähiger Maschinen durch eine modulare Gestaltung näher zu kommen. Die Gestaltungsweise neuer Maschinentypen auf der Basis von Parallelstabkinematiken gemäß Bild 3 [4] könnte hier zu völlig neuen Maschinenkonzeptionen führen, wie sie im weiteren u.a. behandelt werden.

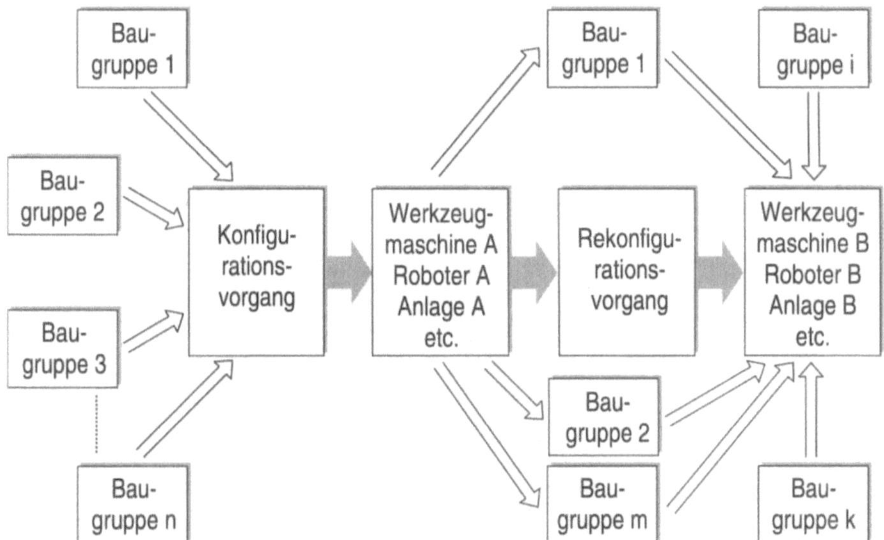

Bild 3. Gestaltung von Werkzeugmaschinen, insbesondere mit Parallelstabkinematiken

3 Verbesserte Maschinensysteme in kartesischer Bauweise

Hier werden beispielhaft zwei Maschinentypen für die Hochgeschwindigkeitszerspanung präsentiert, bei denen sowohl die Antriebssysteme als auch die Konstruktion bewegter Komponenten in Leichtbauweise entscheidend zu Verbesserungen von Maschineneigenschaften beigetragen haben.

3.1 Hochdynamisches Bearbeitungsmodul als Baustein einer flexiblen Transferstraße

Die in Abschn. 2 erwähnten Forderungen und Neuansätze zur Maschinengestaltung wie Linear-Direktantriebstechnik, Leichtbaukonstruktion und Modularität für einen flexiblen Maschineneinsatz finden sich bei dem Maschinenkonzept nach den Bildern 4 und 5 wieder.

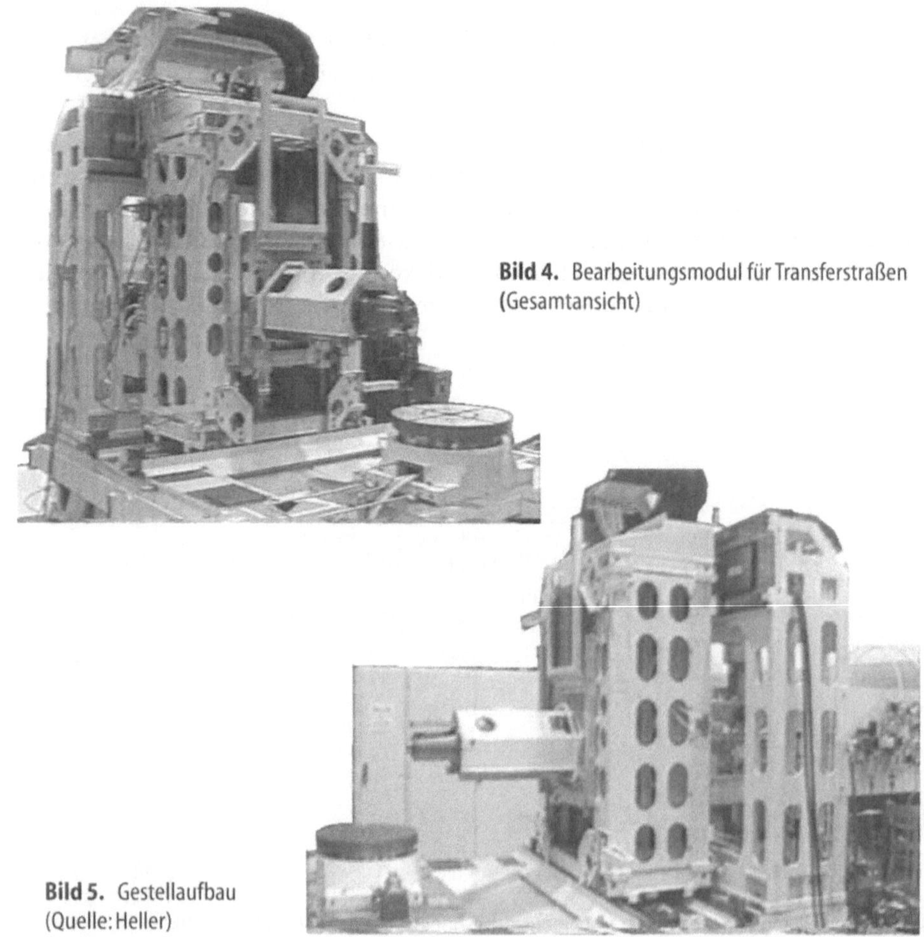

Bild 4. Bearbeitungsmodul für Transferstraßen (Gesamtansicht)

Bild 5. Gestellaufbau (Quelle: Heller)

Das Werkzeug führt alle linearen Bewegungen aus, so daß eine Integration in das praxisbewährte und zukunftsorientierte FTS-System für Flexible Transferstraßen problemlos möglich ist. Konsequente Leitlinie dieser Neuentwicklung ist, durch Anwendung von Prinzipien des Leichtbaus der Bewegungseinheiten sowie modernster Antriebstechnik auf der einen Seite und durch FEM-gestützte, steifigkeitsorientierte Auslegung der Bauteile auf der anderen Seite, beides zu vereinen: dramatisch verkürzte Nebenzeiten und uneingeschränkte Anwendung auch im Graugußbereich.

Aus diesem Anspruch heraus steht die Antriebstechnik an dieser Maschine im Vordergrund. Die Antriebstechnik ist hier konsequent als Direktantriebstechnik in allen Achsen ausgeführt. Die Begründung hierfür liegt darin, daß für den Aufbau dieser hochdynamischen Maschine die Leichtbauweise in Form einer Schweißblechkonstruktion zur Anwendung gekommen ist. Diese Maßnahme ist für die Realisierung der hohen Dynamikwerte – 80 m/min Eilganggeschwindigkeit und 10 ... 15 m/s^2 Beschleunigung – erforderlich, bedingt jedoch gleichzeitig den Verlust dynamischer Laststeifigkeit, die bei bisherigen Maschinen von der hohen Achsmasse ausgegangen ist.

Diese dynamische Laststeifigkeit wird bei dieser Maschine durch den Einsatz von Direktantrieben in Form von Linearmotoren sowie durch Maßnahmen in der Steuerungs- und Regelungstechnik zur aktiven Bedämpfung auf die gleichen Werte bisheriger Maschinen gebracht, so daß weiterhin die Möglichkeit zur Bearbeitung von Werkstoffen wie Grauguß und Stahl besteht. Überdies kommen diese Eigenschaften natürlich auch der Bearbeitung in Aluminium zugute, indem hier mit hohen Vorschubgeschwindigkeiten bearbeitet werden kann.

Die Linearantriebstechnik ist so ausgebildet, daß jegliche Art von Bewegung mit der neu entwickelten „Ruckbegrenzung auf der Bahn" die dynamischen Eigenschaften der Maschine berücksichtigt und voll ausschöpft. Das heißt, alle Bewegungen in der Maschine werden nur so schnell ausgeführt, wie dies die Maschinenmechanik umsetzen kann.

Der Achsaufbau wurde so gewählt, daß alle Achsen im Werkzeug liegen: Die X- und Y-Achse ist mit einem Doppelantriebssystem in GANTRY-Bauweise ausgestattet, so daß die Kräfte der Motoren mit sehr kleinen Hebelarmen und reduzierten Steifigkeitsanforderungen zur Verfügung stehen. Überdies wird in der Y-Achse kein zusätzlicher Gewichtsausgleich benötigt, so daß auch in dieser Achse gleiche dynamische und regelungstechnische Eigenschaften wie in der X-Achse zur Verfügung stehen. Die Z-Achse wurde als Stößelachse ausgeführt, damit mit hoher Dynamik häufigen Werkzeugniedergängen Rechnung getragen werden kann und in den Achsen immer konstante regelungstechnische Verhältnisse zur Verfügung stehen. Zum Einsatz kommen Synchronlinearmotoren mit folgenden maximal erreichbaren Vorschubkräften:

$$X, Y, Z, \ldots \quad 1400/1000/700 \text{ daN} .$$

Die einstellbare Geschwindigkeitsverstärkung wird mit 1600 s^{-1} angegeben.

Bild 6. Vorschubantriebssystem als Kulissenantrieb (Quelle: Hüller-Hille)

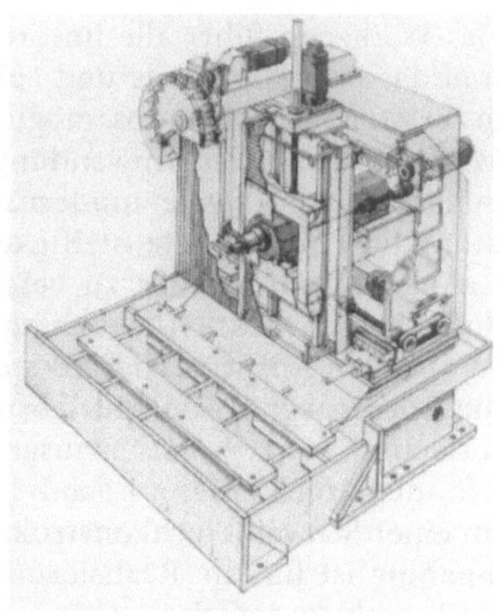

Bild 7. 3achsige Maschinengrundeinheit (Quelle: Hüller-Hille)

3.2 Bearbeitungszentrum für die Hochgeschwindigkeitsbearbeitung

Das hier beschriebene Bearbeitungszentrum hat als Antriebssystem optimierte Kugelrollspindelsysteme mit AC-Motoren. Mit dieser Neugestaltung eines Bearbeitungszentrums (Bilder 6 und 7) wird belegt, daß mit einer neuen kinematischen Anordnung für die Vorschubantriebssysteme, verbunden mit einer konsequenten Leichtbauweise, auch unter Verwendung einer konventionellen Antriebstechnik neue Qualitäten von Maschineneigenschaften erreicht werden [5]. Ein eigensteifer und geschweißter Maschinenunterständer bildet die Basis für den Oberständer und die Tisch-/Palettenwechsler-Baugruppe. Kennzeichnend ist das am Oberständer geführte Kulissenantriebssystem als x-y-Kreuzschlitten (Bild 6).

Zusammen mit einem Leichtbau durch eine massearme und äußerst steife Stahl-/Rohrkonstruktion wurde dieses neue Maschinenkonzept möglich, das die Forderungen nach geringer Bahnabweichung bei hohen Achsgeschwindigkeiten erfüllt.

Der Lösung liegt die Forderung zugrunde, den z-Hub als häufigste Bewegung mit der kleinsten Masse durchzuführen und die Bewegungen der Y- und X-Achse als unterlegte Fahrbewegungen zu betrachten. Der Kreuztisch (Kulisse) nimmt hierzu den horizontalen, pinolenartigen Z-Schlitten auf. Durch Verdopplung der Steigung der Kugelrollspindeln wird bei gleichbleibender Nenndrehzahl der Antriebe die Eilganggeschwindigkeit erhöht. Die Reduzierung der bewegten Masse auf ein Drittel infolge Leichtbauweise ermöglicht eine Verdreifachung des Beschleunigungsvermögens, ohne die Lebensdauer zu beeinträchtigen. Beschleunigungen von 1 g und Eilganggeschwindigkeiten von 75 m/min werden so erreicht. Für einen Arbeitsraum von 630 × 630 × 600 mm sind dies optimale Werte.

3.2
Geschlossene kinematische Ketten als Basis für neuartige Werkzeugmaschinen

Erste Schritte in Richtung neuer Werkzeugmaschinenaufbauten, die konsequent dem Grundsatz folgten, daß kein Antrieb weitere Antriebe mitbewegen darf, wurden von den amerikanischen Firmen Gidding & Lewis und Ingersoll unternommen. Die sonst seriell und orthogonal angeordneten Antriebssysteme zeichnen sich dadurch aus, daß sie ortsfest an einem Gestell über Gelenke befestigt sind und über längenveränderliche Stäbe eine Plattform, die als Werkzeugträger dient, bewegen. Es liegen keine orthogonalen Antriebsausrichtungen mehr vor. Bild 8 zeigt die Hexapod-Werkzeugmaschine von Ingersoll in ihrer ersten Ausführung. Bei dieser Maschine und derjenigen von Gidding & Lewis wird ausschließlich die Arbeitsspindel und nicht das Werkstück bewegt.

Die Arbeitsspindel wird dabei von sechs Teleskopantrieben getragen. Die Linearaktoren, die mittels Kugelrollspindeln realisiert wurden, bilden ein räumliches Koppelgetriebe, also eine geschlossene, kinematische Kette. Aufgrund der Längenänderung der Stäbe über die Teleskopantriebe ist das Werkzeug bzw. die Werkzeugplattform in allen sechs Freiheitsgraden im Raum positionierbar. Die Gelenke haben mehrere Drehfreiheitsgrade. Da die Fußpunkte der Antriebssysteme nicht verschoben werden, ist die zu bewegende Masse auf ein Minimum reduziert.

Weiterhin sind alle Antriebssysteme den gleichen maximalen Belastungen ausgesetzt; da sie dieselben kinematischen Eigenschaften besitzen müssen, können sie alle baugleich ausgeführt werden. Die Achsen sind bei jeder Bewegung kinematisch gekoppelt, wodurch sich ein erheblicher steuerungs-

Bild 8. Hexapod-Werkzeugmaschine der Fa. Ingersoll (Quelle: Ingersoll/WZL)

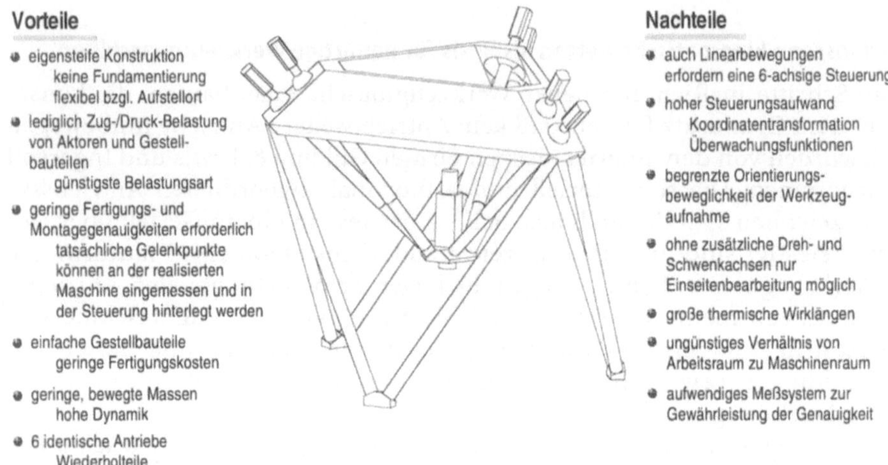

Bild 9. Vor- und Nachteile der Hexapod-Struktur (Quelle: WZL)

technischer Aufwand ergibt. Zudem liegt, wie bei allen derartigen kinematischen Ketten, eine Beschleunigungskopplung vor, die das dynamische Bahnverhalten der Werkzeugplattform beeinflußt. Die gemäß Bild 8 prototyphaft realisierte Maschine überdeckt bei einem Arbeitsraum von 1000 × 1000 × 1000 mm einen kubusförmigen Aufbauraum von ca. 6 m Kantenlänge. Weitere Maschinenkenndaten wie einstellbare Geschwindigkeitsverstärkung, Steifigkeiten und Bahngenauigkeiten sind bislang nicht bekannt. Die Steifigkeiten am Tool-Center-Point (TCP) – bezogen auf ein orthogonales Bezugssystem – sind arbeitspunktabhängig, ebenso die achsspezifischen Belastungen, Geschwindigkeiten und die konstante Belastung der Hauptspindel. Die maximalen Verfahrgeschwindigkeiten im kartesischen Raum betragen 20 m/min bei maximalen Beschleunigungen (x, y, z) von 0,1 bis 0,2 g [6–8].

Die Vor- und Nachteile der Hexapod-Struktur sind in Bild 9 zusammenfassend dargestellt.

4 Entwicklungsfortschritte bei Werkzeugmaschinen auf der Basis von Stabkinematiken

Die Grundlage für zahlreiche Parallelstabkinematiken ist die sog. Stewart-Plattform [9]. Stewart entwickelte Anfang der 60er Jahre einen auf dem Hexapod-Prinzip basierenden Flugsimulator, der auch Grundlage für die Ingersoll-Maschine war. Die bisher ersten industriellen Anwendungen von räumlichen Koppelgetrieben in Deutschland wurden in der Robotertechnik durchgeführt. Ein Industrieroboter, auf einem norwegischen Patent beruhend, wurde für Schleifarbeiten sowie zum Trennen und Putzen von Gußwerkstücken eingesetzt [10]. Es handelte sich hierbei um ein sog. Hybridsystem: Einem räumlichen Koppelgetriebe wurde zur Erhöhung der Orientierungswinkel ein konventionelles Antriebssystem seriell nachgeschaltet.

Erste Ansätze zu neuen Maschinenkinematiken für die Hochgeschwindigkeitsbearbeitung gab es dann bei Laserbearbeitungsmaschinen [2]. Neben dem Entwurf von neuen Kinematiken mit sog. Kulissenantrieben in Verbindung mit Linearantrieben wurden hier ebene Koppelgetriebe untersucht und entwickelt. Einige der im Abschn. 2 genannten Grundforderungen wurden hier schon erfüllt bzw. sind erfüllbar:

- Leichtbau,
- Einsatz von Lineardirektantrieben bzw. Kugelrollspindelantrieben mit feststehender Spindel und motorisch getriebener Mutter,
- Anbringung der Antriebe am ortsfesten Gestell,
- Bewegungsübertragung über identische Komponenten.

Die Vorteile der Realisierung einer ebenen Bewegung mit Hilfe eines Koppelgetriebes liegen u.a. darin, daß für die Linearantriebssysteme, gleichgültig welcher Art, nur eine einheitliche Maschinengrundeinheit notwendig ist, bei der die Führungsschienen der Linearführungen, Teile des Meßsystems, Sekundärteile bei Lineardirektantrieben bzw. Kugelrollspindel bei elektromechanischen Antrieben und das Grundgestell von zwei Antriebseinheiten gemeinsam genutzt werden können. Ergebnisse, die mit dem Versuchsaufbau einer sog. „Doppelschere" (Bild 10) mit Lineardirektantrieben erzielt wurden, belegen, daß der Ansatz mit neuartigen Kinematiken richtig ist: Bahnbe-

Bild 10. 2achsiger Versuchsaufbau (Doppelschere) mit Lineardirektantrieben

schleunigung 1,3 g, Geschwindigkeitsverstärkung $k_v = 300\ s^{-1}$, Bahnabweichung bei einer Kreisbahn ∅ 10 mm (!) und einer Bahngeschwindigkeit von 270 mm/s ohne Vorsteuerung <0,1 mm! Die Versuche haben aber auch gezeigt, daß den nichtlinearen Beschleunigungs- und Geschwindigkeitsverläufen im Arbeitsraum besondere Beachtung zu schenken ist, da sie mit allen anderen kinematischen und konstruktionsbedingten Parametern gekoppelt sind.

Eine Weiterentwicklung dieses Maschinenkonzepts auf der Basis der Erkenntnisse durch die Entwicklung modular aufgebauter Stabkinematikmaschinen (Abschn. 5) zeigt Bild 11. Die Ergänzung zu einer 5achsigen Lasermaschine als Hybridsystem erfolgt mit einem speziellen Achsmodul mit drei Freiheitsgraden.

Von der Fa. Toyoda wurde 1996 eine Fräsmaschine mit Parallelstabkinematik vorgestellt, bei der der Gedanke des ebenen Koppelgetriebes nach Bild 11 in ein räumliches Koppelgetriebe, ebenfalls mit Lineardirektantrieben, umgesetzt ist (Bild 12 a und b). Der umschreibbare Arbeitsraum wird angegeben mit 400 × 400 × 350 mm, die erreichbare Umorientierung gegenüber der Nullage ±30°, die maximale Bahngeschwindigkeit beträgt 100 m/min und die Bahnbeschleunigung 1 g.

Eine weitere Neuentwicklung einer Fräsmaschine mit Parallelstabkinematik wird von der Fa. Mikromat, Dresden, vorgestellt und in [11] beschrieben. Die Bewegungsübertragung erfolgt hier wie bei der Ingersoll-Maschine über Teleskopantriebe. Die Anordnung der Antriebssysteme wurde allerdings variiert (Bild 13).

Die Maschine ist mit sechs, in ihrer Länge veränderlichen Streben ausgerüstet, die über direkte Meßsysteme verfügen. Die Hubbewegung wird mit spielfreien Wälzschraubantrieben erreicht, welche von Motoren der Fa. Indramat angetrieben werden. Die Streben sind für eine Geschwindigkeit von 30 m/min ausgelegt. Die Beschleunigung beträgt dabei 10 m/s². Der Arbeitsraum der Maschine liegt bei je 630 mm in den kartesischen Achsen X, Y

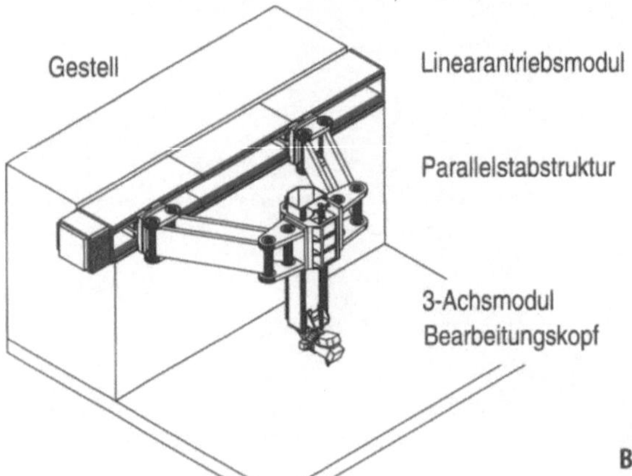

Bild 11. 5achsige Lasermaschine mit Scherenkinematik

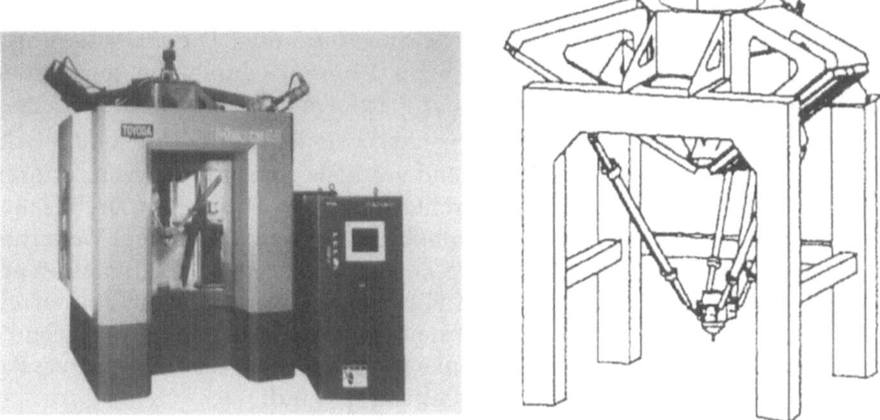

Bild 12. Fräsmaschine mit Parallelstabkinematik. **a** Gesamtansicht; **b** Gestellstrukturen (Quelle: Toyoda)

und Z. Der Tisch ist mit einem Gewicht von 1000 kg belastbar. Die Maschine verfügt über einen automatischen Werkzeugwechsel. Die Spindel ist in der Mitte des Arbeitsraumes 30° in jeder Richtung neigbar, d.h., es ist ein Kegel von 60° erreichbar. An den Grenzen des Arbeitsraumes beträgt die Spindelneigung 15° in jeder Richtung.

Die Steuerungsarchitektur erlaubt eine Kompensation der lageabhängigen maschinendynamischen Eigenschaften mittels Regelungsstrategien. Die beschriebene Einheit besitzt nach Implementierung dieser Strategien für jede kartesische Achse separat einstellbare und lageinvariante Steifigkeiten. Auf diesem Weg ist es möglich, mit vertretbarem Aufwand die erforderlichen Genauigkeiten bei hohen Vorschubgeschwindigkeiten zu erreichen.

Bild 13. Hexapod-Prototyp der Fa. Mikromat/Fraunhofer-Institut für Werkzeugmaschinen und Umformtechnik (Quelle: IWU, Chemnitz)

Eine Weiterentwicklung des Maschinenkonzepts nach Bild 8 durch die Fa. Ingersoll und das WZL Aachen führte zur HOH 600. Die Orientierungsbeweglichkeit des Werkzeugs wird beim Hexapod durch die maximalen Schwenkwinkel der Kugelgelenke an der Plattform begrenzt und liegt derzeit bei ±15°. Um die möglichen Relativwinkel zwischen Werkzeug und Werkstück zu erhöhen, wurde die vorwiegend vertikale Orientierung von Aktoren und Spindel in die Waagerechte gedreht, um so mit Hilfe eines Drehtisches (B-Achse) zu einer vollwertigen 4-Seitenbearbeitung zu kommen. Weiterhin ist mit dieser Anordnung eine bessere Zugänglichkeit des Arbeitsraumes gegeben, so daß sich eine einfachere Anbindung an den Werkstückfluß erreichen läßt. Zur Erhöhung der Gelenksteifigkeiten wurden die Kugelgelenke der Basisplattform durch Kardangelenke mit vorgespannter Lagerung ersetzt [7]. Die Kenndaten dieses neuen Maschinentyps sind:

Arbeitsraum	600 × 6000 × 600 mm
maximaler, für alle Arbeitsraumpositionen garantierter Orientierungswinkel der Plattform	±15°
maximale Hauptspindeldrehzahl	10 000 min^{-1}
Nennleistung der Hauptspindel	32 kW
Nennmoment der Hauptspindel	250 Nm
Werkzeugschnittstelle	HSK 100
maximale Verfahrgeschwindigkeiten in x, y, z	40 m/min
maximale Aktorbeschleunigung	0,5 g

Bild 14 zeigt die Gesamtansicht der neuen Horizontalmaschine, Bild 15 verdeutlicht die kinematischen Strukturen und gibt die konstruktiven Verbesserungen wieder.

Bild 14. Gesamtansicht der Hexapod-Maschine HOH 600 (Quell: Ingersoll/WZL)

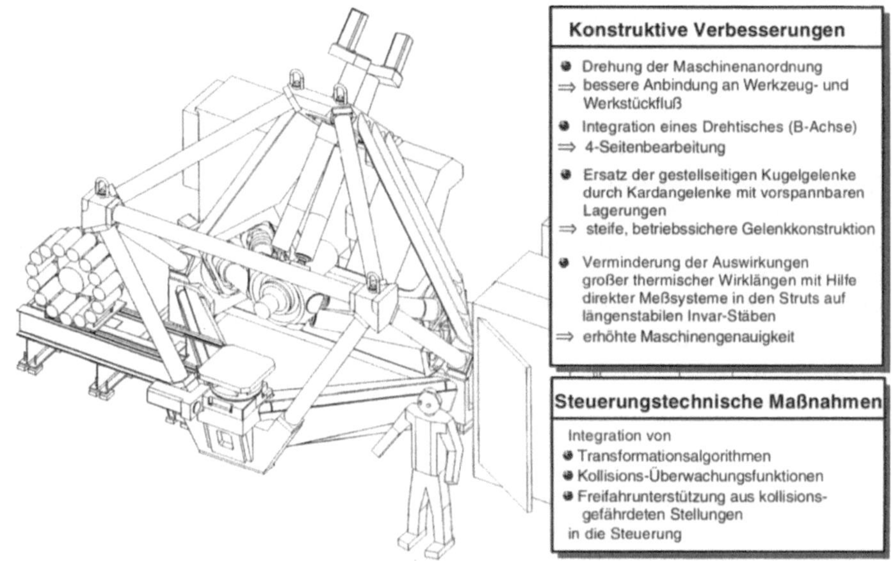

Bild 15. Skizzen der Parallelstabkinematik HOH 600 (Quelle: Ingersoll/WZL)

5 Neue Werkzeugmaschinen auf der Basis geschlossener kinematischer Ketten und von Linear-Direktantriebssystemen

Zwei weitere neue Werkzeugmaschinenkonzepte befinden sich derzeit in Zusammenarbeit von Hochschulinstituten und Industrie in Entwicklung. Grundlage hierfür bildet eine vom BMBF geförderte gemeinsame Vorstudie des Instituts für Steuerungstechnik der Werkzeugmaschinen und Fertigungseinrichtungen (ISW) der Universität Stuttgart und des Lehrstuhls für Werkzeugmaschinen des Laboratoriums für Werkzeugmaschinen und Betriebslehre (WZL) der RWTH Aachen. Schwerpunktmäßig haben sich im Laufe der Forschungsarbeiten zwei einander ergänzende Maschinentypen herausgebildet, die beide die wiederholt genannten Forderungen

- geringe bewegte Massen,
- gleichartige Antriebskomponenten,
- Wiederholbauteile im Gestell

erfüllen. Die ersten Ergebnisse hierzu werden im folgenden vorgestellt.

5.1 Maschinenkinematik auf der Basis ebener Koppelgetriebe

Wie schon gezeigt, lassen sich viele Bewegungsmechanismen in reine Parallelstrukturen und in Hybridstrukturen unterteilen. Ein Werkzeugmaschinenkonzept mit einer solchen Hybridstruktur, dessen Ziel es ist, die hohe

Steifigkeit der reinen Parallelstruktur mit der großen Orientierungsbeweglichkeit einer seriellen Struktur zu koppeln, wird schwerpunktmäßig am WZL konzipiert.

Eine spezielle Ausführungsform des neuen Kinematikkonzepts bezieht sich auf die Führung der x- und y-Bewegung mittels eines mehrgliedrigen Koppelgetriebes, das mit einem Zweischlag für eine angenähert symmetrische Steifigkeitsverteilung in der Struktur gebildet wurde. In Bild 16 ist ein Entwurf des Maschinenkonzepts mit Lineardirektantrieben abgebildet. Das die Primärteile des Lineardirektantriebs aufnehmende Kulissengehäuse ist drehbar im Maschinengestell befestigt. Durch die Anordnung dieser Elemente im oberen Teil des Maschinengestells beschreibt das Koppelgetriebe nun die Form eines W. Durch diese Maßnahmen läßt sich das Verhältnis aus Maschinenbauraum zu Arbeitsraum deutlich verbessern, d.h., die Maschine wird extrem kompakt.

Die z-Bewegung kann generell vom Werkstück oder vom Werkzeug ausgeführt werden. Insbesondere für den Einsatz in Transferstraßen ist es jedoch oft notwendig, daß alle Bewegungen vom Werkzeug ausgeführt werden. Die z-Bewegung der Maschine ist durch Verwendung einer Z-Pinole in die Werkzeugseite übertragen worden. Damit beschreibt die geschlossene kinematische Kette mit getragener Z-Achse nun ein Kinematikkonzept mit drei Freiheitsgraden.

Die Lineardirektantriebe können auch durch Kugelrollspindelantriebe ersetzt werden. Eine teleskopartige Anordnung führt zu einer weiteren Verringerung des Bauraums. Weiterhin besteht die Möglichkeit, die serielle Struktur um zwei Rotationsachsen zu erweitern und mit der Werkzeugmaschine zu einem 5achsigen System zu ergänzen.

Das Koppelglied ist mit der Werkzeugaufnahme fest verbunden. Dadurch erfährt die Werkzeugaufnahme (Koppelebene) bei einer Bewegung in x- oder y-Richtung eine kinematisch bestimmte Drehbewegung um die Z-Achse (Bild 17). Die axiale und radiale Lagerung in den übrigen Gelenkpunkten, die letztendlich nur einen Freiheitsgrad (Drehbewegung) zulassen muß, wird durch Drehlager realisiert.

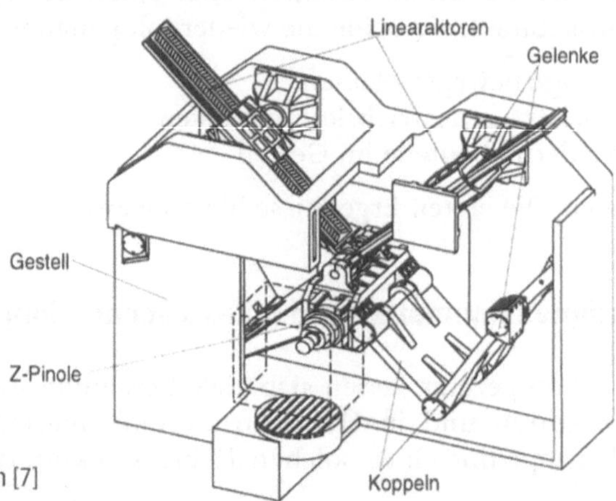

Bild 16. Koppelkinematik mit W-Form [7]

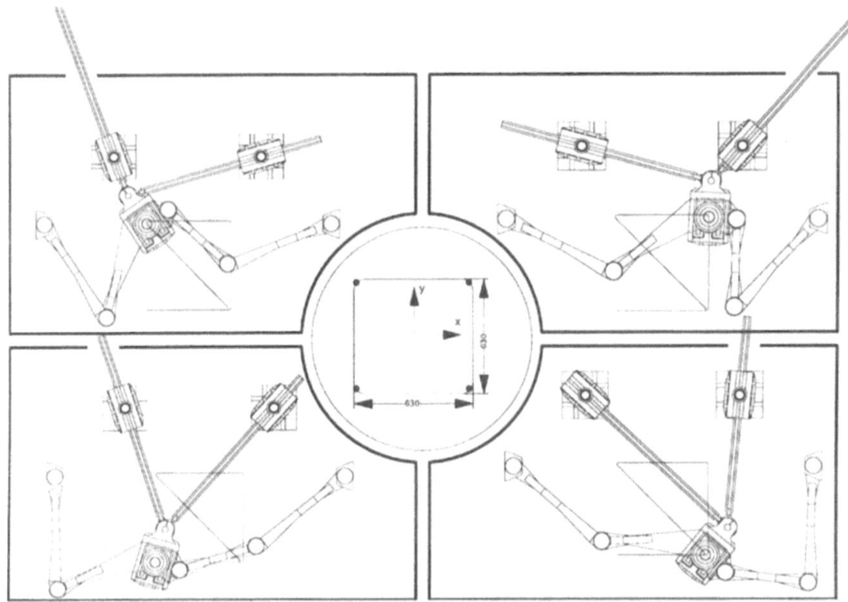

Bild 17. Getriebeanordnungen in den Arbeitsraumecken [7]

Als maximale Beschleunigung des Werkzeugs in x- und y-Richtung wurde ein Wert von 1,5 g angestrebt, als maximale Eilganggeschwindigkeit ein Wert von 90 m/min. Diesen Forderungen läßt sich beispielsweise mit linearen Direktantrieben in allen Vorschubachsen Rechnung tragen. Das Pflichtenheft zur Maschine ist zusammenfassend in Bild 18 dargestellt.

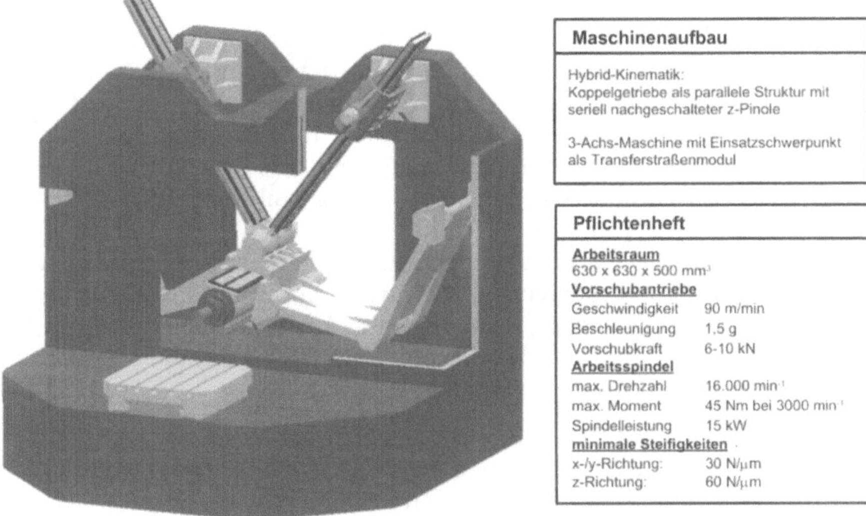

Bild 18. 3-Achsen-Bearbeitungszentrum DYNA-M (Quelle: WZL/Aachen)

5.2 Baukastensystem für Werkzeugmaschinen mit Parallelstabkinematik

Der zweite Schwerpunkt der anfangs genannten Entwicklungsaktivitäten wird durch die Konzeption und den Aufbau eines Baukastensystems für Werkzeugmaschinen auf der Basis von Parallelstabkinematiken am ISW der Universität Stuttgart gebildet. Neben den anfangs genannten Forderungen hinsichtlich Dynamik und Wirtschaftlichkeit werden auch Ziele bezüglich einer Rekonfigurierbarkeit von Maschinen auf der Basis von Modulen erfüllt. Hierzu gehören:

- Wandlung der Maschinen hinsichtlich des kinematischen Aufbaus und der geometrischen Größen,
- Wandlung und Ergänzung der Funktionalitäten der Maschinen,
- Änderung und Anpassung der Eigenschaften der Maschinen (Geschwindigkeiten, Steifigkeiten, dynamisches Verhalten etc.).

Grundlage für das Konzept bildet eine systematische Untersuchung zum Entwurf von Maschinen mit einer Parallelstabkinematik [12]. Dieser Konzeption liegt die Idee zugrunde, eine Werkzeugplattform nicht wie bei bisher bekannten Hexapod-Maschinen über Teleskopantriebe („Stäbe veränderlicher Länge“) zu verschieben, sondern über Stäbe konstanter Länge. Das heißt, daß z.B. die Fußpunkte einer Schere (zwei Stäbe konstanter Längen) über zwei Linearantriebe verstellt werden (vgl. Bild 10), wodurch sich der Anlenkpunkt (Kopplung der beiden Arme) an einer Plattform in einer Ebene verschiebt. Für die Bewegung im Raum muß der längenunveränderliche Stab mit entsprechenden rotatorischen Freiheitsgraden im Fußpunkt versehen werden, wobei diese Freiheitsgrade aktiv (über Stellglieder) oder passiv (über Gelenke und Lager) ausgebildet sein können.

Der Grundgedanke zur Maschinengestaltung liegt damit vor: Schaffung von Basiskinematiken, bestehend aus Linearantrieben und Stäben konstanter Länge. Dieser Grundgedanke erlaubt den Übergang zu einem einfachen modularen Aufbau. Wenn die Basiskinematiken in einer vorgeschriebenen Kombination zur Komplettmaschine führen, dann sind diese für eine modulare Maschinentechnik auch modular zu gestalten. Bild 19 zeigt ein Gestaltungsbeispiel für eine 3achsige Maschine (die rotatorischen Freiheitsgrade werden hier durch die parallele Stabanordnung gesperrt). Erkennbar sind die Basiskinematiken, bestehend aus Antriebsmodul und Gelenkstäben: durch die gesteuerte Bewegung der Fußpunkte bewegen die Anlenkpunkte als gemeinsame Basis die Plattform. Damit sind aber auch die Module des Maschinensystems erkennbar:

passive Module:	Gelenke, Gestell, Werkzeugplattform;
aktive Module:	Linearantriebssysteme als eigensteife Antriebsmodule, Antriebselemente in den Stäben (Hybridsysteme).

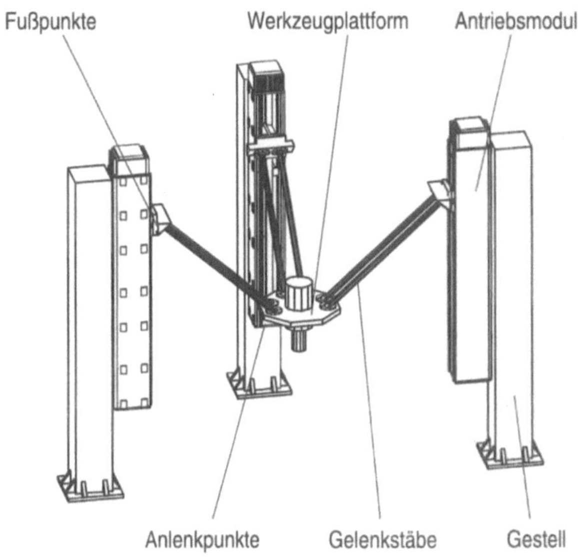

Bild 19. Gestaltungsbeispiel für eine 3achsige Maschine

5.2.1
Module des Baukastens

Antriebsmodule

Mit Blick auf die Hochgeschwindigkeitsbearbeitung werden an die Antriebsmodule für Stabkinematikmaschinen hohe Anforderungen gestellt. Grundsätzlich sind Kugelrollspindeleinheiten mit feststehender oder rotierender Spindel möglich, die Lineardirektantriebstechnik ist jedoch in besonderem Maße für die neue Maschinentechnik geeignet. Bild 20 zeigt einen Lösungsansatz für Antriebsmodule, die sowohl der Maschinenbauweise als auch unterschiedlichen Antriebsprinzipien gerecht werden.

Die wesentlichen Anforderungen an die Antriebsmodule sind in Bild 20 aufgeführt. Die Forderung nach einer eigensteifen tragenden Struktur führt dazu, daß das Antriebsgestell sowohl für den Antrieb selbst als auch für das Maschinengestell genutzt werden kann. Beim Einsatz eines Kugelgewindeantriebs mit feststehender Spindel ist es möglich, sowohl für diesen als auch für Lineardirektantriebe ein einheitliches Antriebs(Gestell-)gehäuse zu verwenden und gleichzeitig beide Antriebssysteme für den Ein- oder Mehrschlittenbetrieb zu verwenden. Daß auch der Kugelgewindeantrieb mit feststehender Spindel als hochdynamisches Antriebssystem für die Stabkinematikmaschinen von Interesse ist, zeigen die Kenndaten eines beispielhaft realisierten Antriebs; auch hier sind hohe k_v-Werte realisierbar. Lineardirektantriebe bieten, da bestimmte bewegungsübertragende mechanische Elemente entfallen können, zusätzliche Vorteile. k_v-Werte größer 500 s^{-1} sind realisierbar. Die Anordnung der Primär- und Sekundärteile der Motoren (Synchron- oder Asynchronmotoren) ist symmetrisch und paarweise. Dies hat den Vorteil,

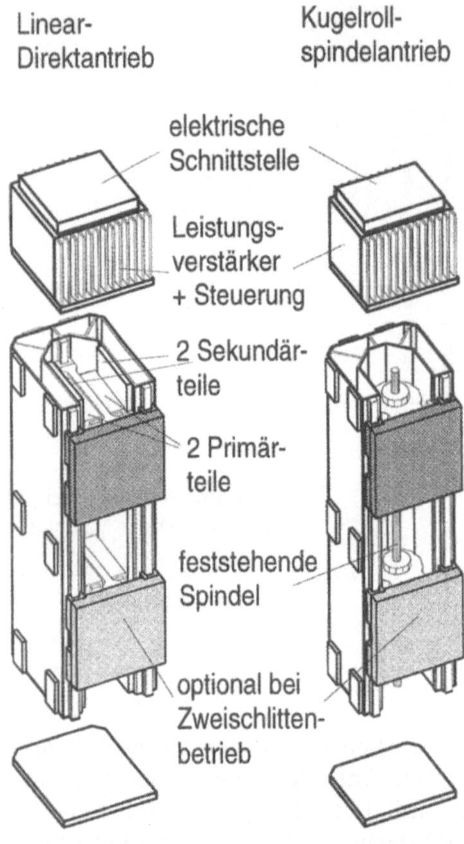

Vorgaben an die Gestaltung:

- Antriebsmodul einsetzbar bei Ein- und/oder Zweischlittenbetrieb
- eigensteife, tragende Struktur
- integrierte Meßsysteme (Renishaw, Heidenhain, Laserinterferometer ...)
- integrierte Kühlung
- Führungsentlastung durch Luftlager im Spalt
- wahlweise mit integrierter Leistungs- und Bewegungssteuerung
- Führungsgrößenvorgabe: (Strom, Geschwindigkeit, Position)

Kenndaten eines beispielhaften Moduls mit Kugelrollspindelantrieb:			
Motor Synchronmotor M_N = 13 Nm M_{max} = 24 Nm	Abmessungen des Antriebs (inkl. Bremse, Meßsystem, Aufnahme für Spindelmutter): Länge 160 mm, Durchmesser 110 mm	Kugelrollspindel Durchm. x Steigung = 20x20 4gängig Muttersteifigkeit = 700 N/mm	Modul a_{max} = 40 m/s^2 v_{max} = 0,8 m/s K_v = 300 1/s

Bild 20. Gestaltungsbeispiel für Antriebsmodule

daß die Antriebsmodule in ihrem thermischen Verhalten symmetrisch wirken (keine Biegeverformung), und daß sich die Anzugskräfte gestellintern kompensieren. Um dem Gedanken der freien Konfigurier- und Rekonfigurierbarkeit gerecht zu werden, kann die Leistungs- und Bewegungssteuerung integriert werden. Die Module müssen dann entsprechende mechanische und elektrische Schnittstellen aufweisen.

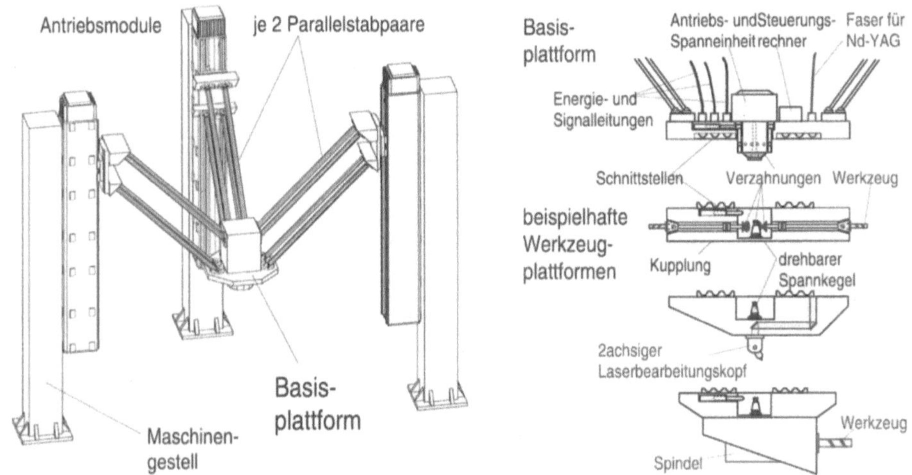

Bild 21. Beispiel: 3achsige Maschine mit unterschiedlichen Werkzeugplattformen. **a** Gesamtstruktur; **b** Basisplattform und beispielhafte Werkzeugplattformen

Werkzeugplattformen als anwendungsspezifische Module

Die von den Antriebssystemen über die Stäbe bewegte Plattform kann zum einen den Werkzeugträger selbst darstellen, zum anderen kann diese Plattform aber auch als Basisplattform für ankoppelbare Werkzeug- und Greiferplattformen konzipiert sein. Für den zweitgenannten Fall wird die Basisplattform mit allen notwendigen Energiearten (elektrisch, pneumatisch, Laser etc.) versorgt, ebenso mit den erforderlichen Steuersignalen. Zur Bewegungserzeugung (Fräsen, Bohren, Schalten von Werkzeugträgern etc.) trägt die Basisplattform einen zentralen Antrieb. Über geeignete mechanische und elektrische Schnittstellen können die notwendigen Bewegungen, Steuerdaten und Energieströme auf die jeweiligen Werkzeugplattformen übertragen werden. Ein dezentraler Steuerungsmodul auf der Basisplattform kann die maschinenabhängige Steuerungsfunktion übernehmen (Bild 21b).

Passive Module

Unter dem Begriff „Passive Module“ werden Gelenke, Stabelemente und diejenigen Gestellbauteile verstanden, die die Antriebsmodule zu einer polyedrischen Gesamtanordnung in einer Art Skelettbauweise verbinden. Abhängig von den gewünschten Freiheitsgraden für die Werkzeugplattform und der Anordnung der Antriebsmodule, sind Gelenke mit zwei bzw. drei Freiheitsgraden notwendig. Die Stäbe selbst können, da sie keine Antriebselemente zur Längenänderung der Stablänge integriert haben, sowohl hinsichtlich Werkstoff als auch Geometrie beliebig gestaltet werden. Um eine thermisch bedingte Längenänderung zu vermeiden, ist es beim vorliegenden Konzept auch unter wirtschaftlichen Gesichtspunkten möglich, CFK-Rohre mit einem Längenausdehnungskoeffizienten $\alpha = 0$ zu wickeln und mit den

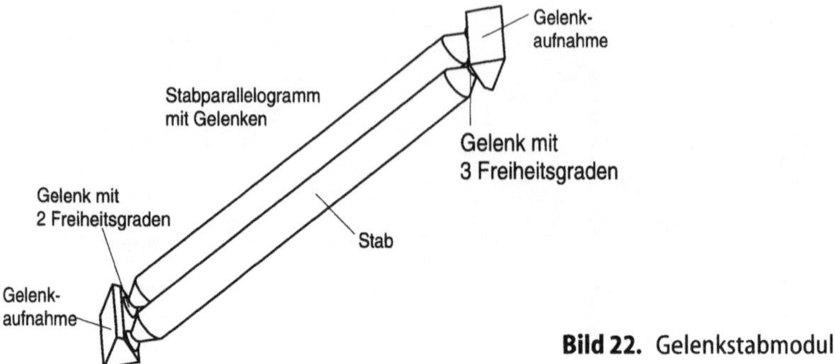

Bild 22. Gelenkstabmodul

Gelenken zu verbinden. Stäbe und Gelenk bilden zusammen ein Gelenkstabmodul, das als Einzelkomponente, als Stabparallelogramm (Bild 22), in einer Trippelanordnung oder in einer zweifachen Stabparalellogrammanordnung (vgl. Bild 21a) umgesetzt werden kann. Die Anordnung in Bild 21a ermöglicht eine zusätzliche Erhöhung der Steifigkeit des Gelenkstab-/Plattformsystems.

5.2.2 *Steuerungskonzept für das modulare System*

Generell sind es der mechanische Aufbau und die kinematische Anordnung der Antriebsmodule, die die neue Maschinentechnik repräsentieren. Insofern wäre zunächst auch eine konventionelle Steuerungstechnik für die Stabkinematikmaschine anwendbar. Voraussetzung wäre nur ein leistungsfähiger Steuerungsrechner zur Berechnung der Transformationsalgorithmen. Berücksichtigt man das Maschinenkonzept mit seiner Flexibilität hinsichtlich Prozeßanpassung und Wandelbarkeit, dann wird deutlich, daß hier ein offenes konfigurierbares Steuerungssystem (z.B. OSACA-Architektur) notwendig wird. Dieses Steuerungssystem kann als zentrale Plattform für ein dezentrales Steuerungskonzept verwendet werden (Bild 23).

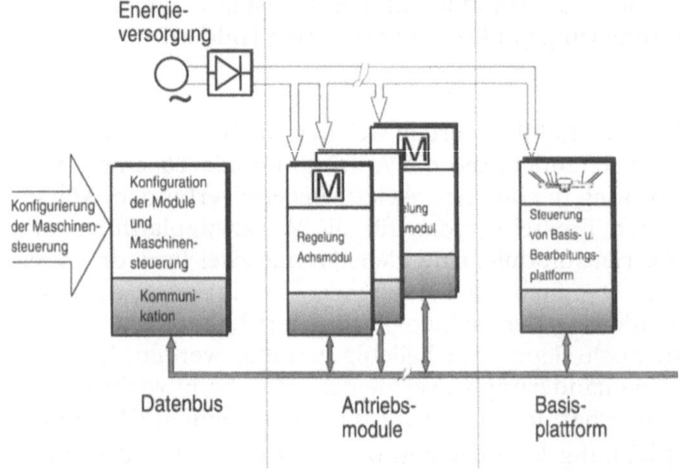

Bild 23. Steuerungskonzept für Stabkinematikmaschine

Die Adaption des Steuerungssystems an ein rekonfigurierbares, wandelbares Maschinensystem gelingt am besten mit der dezentralen Steuerungsstruktur. Im einzelnen bedeutet das, daß diejenigen Steuerungsfunktionen, die das Gesamtmaschinensystem betreffen, zentral implementiert sind, Steuerungsfunktionen, die einzelne Achsen betreffen, jedoch auf einem der jeweiligen Achse zugeordneten dezentralen Achsrechner implementiert werden.

5.2.3
Beispiele für Maschinenanordnungen

Das Aufbauprinzip ist generell aus Bild 19 ersichtlich. Die Integration des Werkzeugtisches in die Maschine erfolgt aber so, daß über entsprechende Gestellmodule eine geschlossene Gestellstruktur entsteht. Auf diese Weise erhält man die notwendige Gesamtsteifigkeit für das Maschinengestell. Bild 24 zeigt einen 3achsigen Maschinenaufbau, der prinzipiell darstellt, daß es die Konzeption für die Stabkinematikmaschine erlaubt, den Bewegungsapparat getrennt von einem weiteren Gestellmodul zu betrachten. Die vielseitige Einsetzbarkeit des Bewegungsapparates wird damit deutlich.

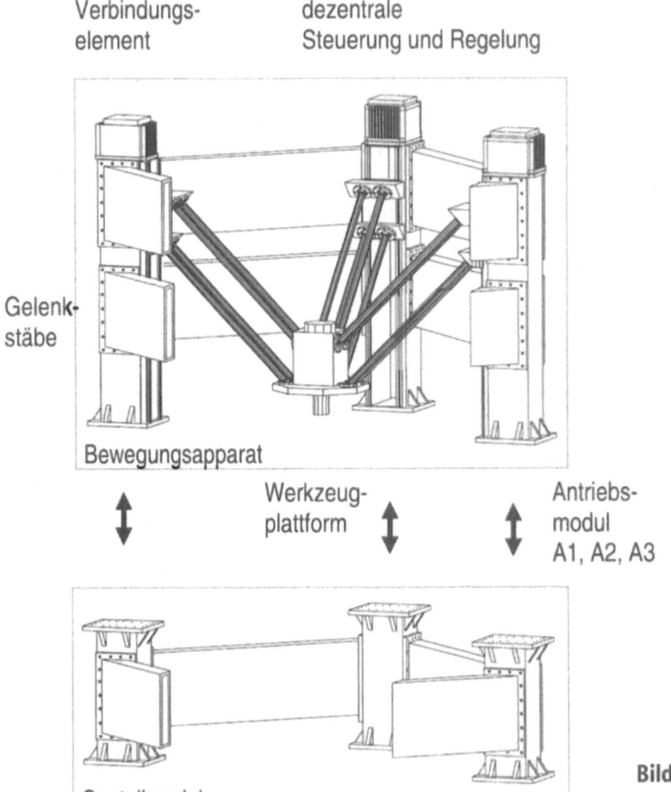

Bild 24. 3achsige Parallelstabkinematik (LINAPOD) [13]

Bild 25. Beispiele für Stabkinematikmaschinen. **a** Vertikalausführung; **b** Horizontalausführung (Quelle: ISW)

Die Antriebsmodule, in diesem Fall für einen Einschlittenbetrieb ausgelegt, gestalten gleichzeitig das Gestellteil mit. Die Bilder 25a und b verdeutlichen das modulare Konzept. Der Bewegungsapparat nach Bild 25a für die 3achsige Maschine beinhaltet sechs Gestellsäulen: drei passive Gestellsäulen (Gestellmodule) und drei aktive Antriebssäulen (Antriebsmodule). Werden die passiven Module durch aktive ersetzt, wird also die Parallelogrammanordnung für die Stäbe aufgelöst, dann kann aus der 3achsigen Maschine eine 5-Achs-Maschine erstellt werden. Wird der Bewegungsapparat horizontal gelegt und mit einem hierzu passenden Gestellmodul versehen, entsteht eine völlig neue Werkzeugmaschine, die – wie leicht erkennbar ist – als Hybridsystem einfach mit rotatorischen Achsen weiter auszubauen ist. Das Prinzip

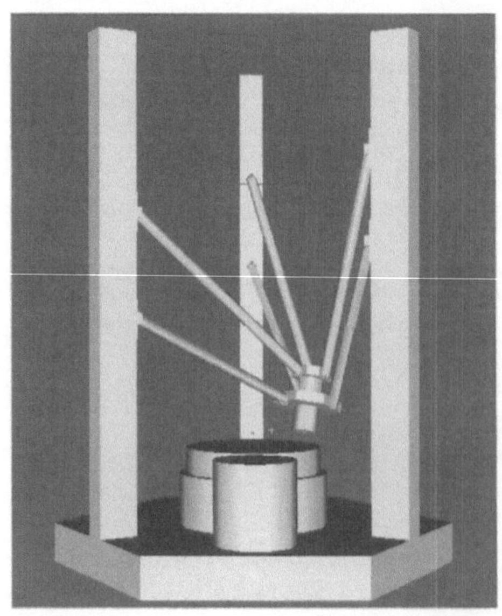

Bild 26. Stabkinematik für 5-Achsbearbeitung (Quelle: ISW)

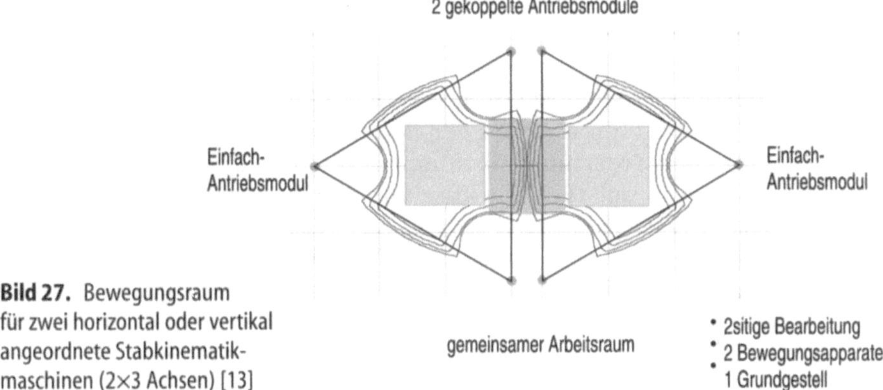

Bild 27. Bewegungsraum für zwei horizontal oder vertikal angeordnete Stabkinematik-maschinen (2×3 Achsen) [13]

der Wandelbarkeit von einer 3-Achs-Maschine zu einer 5-Achs-Maschine bleibt erhalten.

Die Struktur einer Maschine für die 5achsige Bearbeitung mit Antriebsmodulen im 2-Schlittenbetrieb zeigt Bild 26.

Hieraus wird ersichtlich, daß die grundsätzliche Konzeption für modulare Maschinen mit Parallelstabkinematik für viele Maschinen beibehalten werden kann. Daß sich zwei Bewegungsapparate zu einer gemeinsam wirkenden Stabkinematik koppeln lassen und damit eine völlig neue Art von Bearbeitungszentrum entstehen kann, zeigt Bild 27. Der hier dargestellte Bewegungsraum ist so ausgebildet, daß ein relativ großer gemeinsam überstreichbarer Bereich entsteht, der zur simultanen Bearbeitung genutzt werden kann.

Bild 28 zeigt eine erste Maschinenausführung einer Stabkinematik nach Bild 24 am ISW.

Bild 28. Erste Ausführung einer Stabkinematik-maschine am ISW

6
Zusammenfassung

Im vorliegenden Beitrag wurde zum einen der Weg zu neuen Maschinentechniken aufgezeigt, zum anderen der Entwicklungsstand für Stabkinematikmaschinen in den Forschungsinstituten und in der Industrie. Der Kenntnisstand bezieht sich auf die Zeit kurz vor der Werkzeugmaschinenmesse EMO '97. Diese Messe läßt aber erwarten, daß neue zusätzliche Entwicklungen in diesem Bereich der Werkzeugmaschinen vorgestellt werden. Insofern wird es notwendig werden, den hier präsentierten Kenntnisstand entsprechend zu ergänzen.

Literatur

1. Pritschow, G.: Zum Einfluß der Geschwindigkeitsverstärkung auf die dynamischen Bahnabweichungen. wt – Produktion und Management 86 (1996) 6, S. 337–342
2. Wurst, K.-H.; Wagner, R.: Neue Maschinenkonzepte für die Hochgeschwindigkeitsbearbeitung. wt – Produktion und Management 85 (1995) S. 167–172
3. Heisel, U.; Gringel, M.: Blechleichtbau für Laserbearbeitungsmaschinen. Teilbericht im Ergebnisbericht zum Sonderforschungsbereich 349, Universität Stuttgart 1995
4. Wurst, K.-H.; Mertin, F.: Laserbearbeitungsmaschinen mit neuartiger Kinematik als Baukastensystem. Technica (1997) 12
5. Jaissle, H.-U.: HSC in hochproduktiven Anlagen. Werkstatt und Betrieb 129 (1996) 6 S. 476–481
6. Weck, M.; Hennes, N.: Produktion im 21. Jahrhundert – neue Maschinenkonzepte. dima 6 (1996) S. 112–128
7. Weck, M.; Pritschow, G. et al.: Neue Maschinenkonzepte für die Hochgeschwindigkeitsbearbeitung. Schweizer Maschinenmarkt, Sonderheft zur EMO '97
8. N.N.: Hexapod von nah besehen. VDI-Nachrichten Nr. 39 (1996)
9. Stewart, D.: A platform with six degrees of freedom. Proc. Instn. Mech. Engrs. 1965, pp. 371–386
10. Arz, D. et al.: Ein neuartiger Arbeitsroboter für das Handhaben, Trennen, Putzen und Feinbearbeiten von Gußstücken. Gießerei 76 (1986) 7, S. 215–217
11. Neugebauer, R.; Wieland, F. et al.: Hexapod-Werkzeugmaschine für die Hochgeschwindigkeitsbearbeitung. Erscheint in ZwF Heft (1997) 9
12. Pritschow, G.; Wurst, K.-H.: Zur Gestaltungs- und Konstruktionssystematik von Maschinen mit Stabkinematiken. wt – Produktion und Management 87 (1997) 6, S. 46–51
13. Pritschow, G.; Wurst, K.-H.: LINAPOD – Ein Baukastensystem für Stabkinematiken. wt – Produktion und Management 87 (1997) Sonderheft zur EMO '97

Offene Steuerungssysteme – eine Zwischenbilanz

K. Frey

Inhalt: Anforderungen – Standardbausteine in Hard- und Software – Werkzeuge zur Nutzung der Offenheit – Konsequenzen für Hersteller und Anwender – Weltweite Entwicklung

1 Einleitung

Im stärker werdenden internationalen Wettbewerb sind Hersteller von Maschinen und Anlagen zunehmend darauf angewiesen, sämtliche Rationalisierungspotentiale zu nutzen und innovative Konzepte umzusetzen. Hieraus resultiert der Wunsch des Herstellers nach mehr Unabhängigkeit von einzelnen Zulieferern, wobei eine größtmögliche Flexibilität und Qualität bei der Fertigstellung der Automatisierungslösung gewährleistet sein muß.

Deshalb stellen Endanwender, Maschinen- und Anlagenhersteller heute Anforderungen an numerische Steuerungssysteme, die durch konventionelle Steuerungen nicht oder nur unzureichend erfüllt werden können. Im Maschinenbau beanspruchen neue Maschinenkonstruktionen und moderne Bearbeitungstechnologien angepaßte Steuerungsalgorithmen. Endanwender fordern Steuerungssysteme, die problemlos benutzbar und wartbar sind und sich einfach in das Fertigungsumfeld integrieren lassen. Hinzu kommt die generelle Forderung, einmal entwickelte Softwarelösungen, unabhängig vom eingesetzten Steuerungssystem, wiederverwenden zu können.

Offene Steuerungssysteme versprechen, diesen Anforderungen nach mehr Flexibilität und verbesserten Eingriffsmöglichkeiten gerecht zu werden [1–3]. Bereits heute finden sich zahlreiche Anbieter von offenen Steuerungssystemen auf dem Markt, wobei die Interpretation dessen, was Offenheit bedeutet, sehr variieren kann [4, 5]. Wird in einigen Fällen bereits die alleinige Verwendung eines PC (Personal Computer) für die Benutzungsoberfläche als offenes System angesehen, bieten fortschrittlichere Konzepte die Möglichkeit, die bestehende Software eines Steuerungssystem zu erweitern oder sogar zu modifizieren.

Weltweit befassen sich heute zahlreiche Initiativen mit der herstellerübergreifenden Definition von Schnittstellen und Eigenschaften offener Steuerungssysteme. In den USA hat es sich die OMAC-(Open Modular Architecture for Controllers)-Initiative unter Führung der drei Automobilhersteller Ford, Chrysler und GM zur Aufgabe gemacht, Anforderungen für moderne Automatisierungslösungen zu definieren [6] und einzelne Projektgruppen [7], die an entsprechenden Konzepten arbeiten, zu koordinieren. In Japan existieren zwei relevante Gruppierungen. Das OSEC-(Open System Environment for Controllers)-Konsortium hat das Ziel, PC-basierte Steuerungen zu entwickeln [8]. Die Interessengruppe IROFA (International Robot and Factory Automation Group) arbeitet an der Definition und an Konzepten für offene Steuerungssysteme.

Auch in Europa existieren verschiedene Gruppierungen, die sich in unterschiedlichen Bereichen mit der Offenheit befassen. Beispiele hierfür sind die SPS-Technologie (PLC Open) und PC-basierte Steuerungen (Open Control). Die ESPRIT-Projekte OSACA (Open System Architecture for Controls within Automation Systems) [9] und das deutsche Verbundprojekt HÜMNOS (Herstellerübergreifende Module für den nutzerorientierten Einsatz der offenen Steuerungsarchitektur) erarbeiten herstellerübergreifende Spezifikationen und Prototypen für offene Steuerungssysteme, wobei hier der Schwerpunkt auf numerischen Steuerungssystemen und den zugehörigen Anwendungen liegt.

Da sowohl OSACA als auch HÜMNOS inzwischen wichtige Meilensteine sind und damit auch einen gewissen Reifegrad erreicht haben, ist es angebracht, eine Zwischenbilanz zu ziehen. Im folgenden soll erläutert werden, was es aus der Sicht eines OSACA- und HÜMNOS-Anwenders heute bedeutet, offene Steuerungssysteme zu realisieren und einzusetzen. Eine Betrachtung der Ergebnisse des Projekts HÜMNOS soll außerdem klären, mit welchen Möglichkeiten und Entwicklungen im Bereich der offenen Steuerungssysteme in Zukunft zu rechnen ist.

2 Anforderungen an Steuerungen aus Sicht der Maschinenhersteller

Werkzeugmaschinen, Industrieroboter und andere Fertigungseinrichtungen bilden heute nur zusammen mit ihrem jeweiligen Steuerungssystem eine leistungsfähige Einheit. Maschinenbauliche Innovationen umfassen häufig sowohl eine konstruktive Lösung als auch entsprechende Lösungen im Bereich der Elektronik und Software (Bild 1).

Um ein möglichst großes Spektrum an unterschiedlichen Maschinentypen kostengünstig unterstützen zu können, gehen Maschinenhersteller dazu über, ihre Maschinen in Form eines Baukastensystems anzubieten. Je nach Maschinentyp ist es erforderlich, Steuerungsfunktionen zu integrieren, wegzulassen oder auszutauschen. Die Modularisierung der Maschine führt zu einer entsprechenden Modularisierung der Software des Steuerungssystems, bei der den Komponenten der Maschine Softwaremodule entsprechen [10].

Maschinen lassen sich dadurch beispielsweise mit weiteren Aggregaten bestücken, die über intelligente Sensoren und Aktoren verfügen. Die Verbindung der Aggregate mit dem Steuerungssystem erfolgt über Feldbussysteme und kann selbst zur Laufzeit des Systems noch verändert werden. Auch in der Antriebstechnik bietet die Verwendung eines digitalen Bussystems die Möglichkeit, Antriebe unterschiedlicher Typen oder Hersteller zu nutzen. Durch den Einsatz von verteilten intelligenten Steuerungskomponenten kommt es

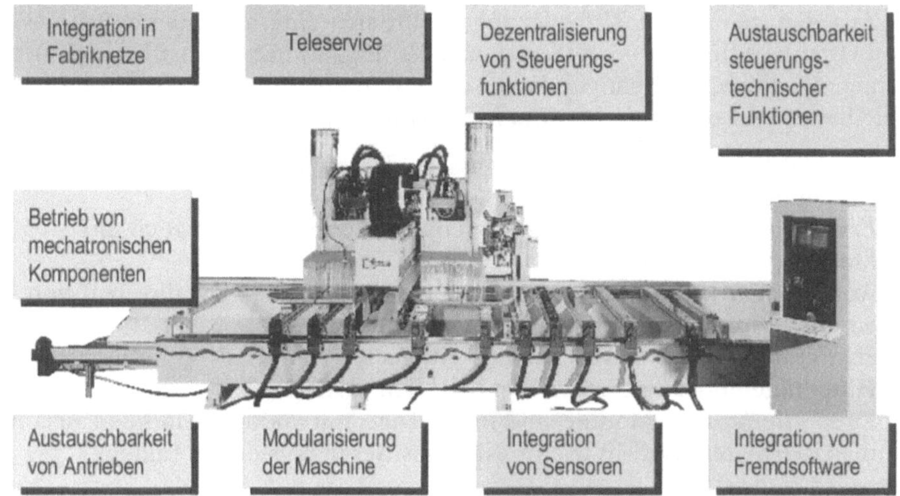

Bild 1. Anforderungen der Maschinenhersteller am Beispiel einer Holzbearbeitungsmaschine

dadurch zu einer Dezentralisierung von Steuerungsfunktionalität, bei der dezentrale Einheiten, wie mechatronische Aggregate oder komplette gesteuerte Geräte, mit den übrigen Komponenten in der numerischen Steuerung kooperieren müssen.

Um ein leistungsfähiges Angebot im Bereich der Steuerungstechnik bieten zu können, muß neben der Integration von dezentralen Busteilnehmern auch die Integration von Software von Drittanbietern - z.B. eine Benutzungsoberfläche oder ein Programmiersystem - möglich sein. Darüber hinaus muß das Steuerungssystem in den Informationsverbund einer Fertigung integriert werden können. Berücksichtigt man hierbei auch Anforderungen, die sich aus der Ferndiagnose ergeben, wird offensichtlich, daß ein vorgefertigter Zugang zur Steuerung, der das Steuerungssystem als Ganzes repräsentiert, nicht ausreichend ist. Statt dessen müssen gezielte Zugriffs- und Einflußmöglichkeiten in das gesamte Steuerungssystem integriert werden, um den unterschiedlichen Ausprägungen des jeweiligen Maschinentyps Rechnung zu tragen.

Die genannten Anforderungen zeigen, daß die Modularisierung sowohl auf maschinenbaulicher als auch auf elektronischer und softwaretechnischer Ebene stattfindet. Auf allen Ebenen, also zwischen Maschinenkomponenten, elektronischen Baugruppen und Softwaremodulen, entstehen Schnittstellen. Insbesondere für den Anwender stellt sich somit die Forderung nach Standards, um Module frei kombinieren, ergänzen, erweitern und ersetzen zu können. Im Hinblick auf Steuerungssysteme bedeutet das in der Konsequenz, offene Steuerungssysteme einzusetzen, deren Schnittstellen auf frei verfügbaren Standards basieren.

Aus den genannten Anforderungen läßt sich eine allgemeine Definition von Offenheit finden. Sie leitet sich aus den Eigenschaften ab, die ein System seinen Modulen, unabhängig davon, ob es sich um Soft- oder Hardware handelt, bietet. Die zentralen Merkmale der Offenheit sind

- *Portabilität:* ein Modul kann in verschiedenen Produkten bzw. Umgebungen eingesetzt werden.
- *Erweiterbarkeit:* Es muß möglich sein, das System nachträglich um Module zu ergänzen.
- *Austauschbarkeit:* Module können durch vergleichbare Module, z.B. von einem anderen Hersteller, ersetzt werden.
- *Skalierbarkeit:* Die Leistungsfähigkeit eines Systems läßt sich durch Hinzufügen oder Entfernen von Modulen variieren.
- *Kombinierbarkeit:* Module sind in der Lage, mit anderen Modulen zusammenzuarbeiten, um ein leistungsfähiges Gesamtsystem zu bilden.

Diese Charakteristiken lassen sich sehr gut an einem Beispiel aus der Kommunikationstechnik verdeutlichen (Bild 2).

Das Telefax hat sich im letzten Jahrzehnt weltweit im beruflichen und zunehmend auch im privaten Umfeld durchgesetzt. Die Möglichkeit, Dokumente in kürzester Zeit zwischen beliebigen Standorten auf einfachste Art und Weise auszutauschen, hat die Arbeitsweise in diesem Bereich auf nachdrückliche Art und Weise verändert.

Die breite Verfügbarkeit eines weltweiten Standards hat bewirkt, daß eine Vielfalt von Telefaxgeräten unterschiedlicher Preis- und Leistungsklassen auf dem Markt erhältlich ist. Dennoch ist die Nutzung der Telefax-Technologie

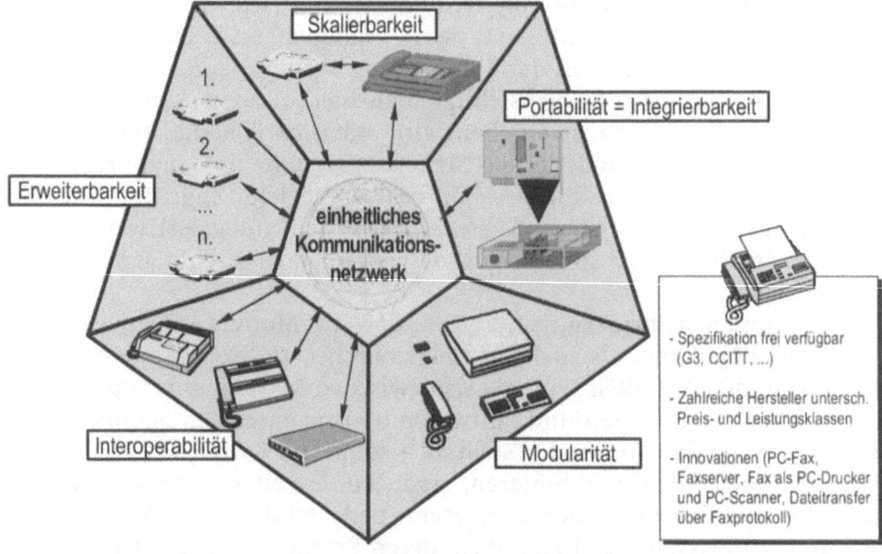

Bild 2. Merkmale der Offenheit am Beispiel der Telefax-Technologie

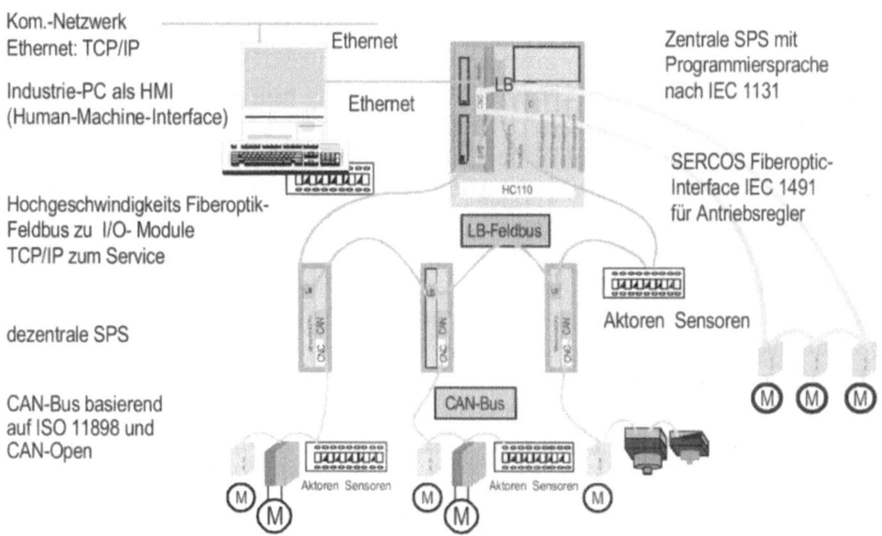

Bild 3. Anwendung von Standards am Beispiel des HOMATIC-Steuerungssystems

denkbar einfach geblieben. Eine weltweit eindeutige Identifikation in Form einer Faxnummer unter Zuhilfenahme des Fernmeldenetzes bei einfachster Anschlußtechnik ermöglicht die beliebige Kombinierbarkeit von Faxteilnehmern in der ganzen Welt. Dabei spielt es keine Rolle, ob die Information über das konventionelle Fernmeldenetz, über Richtfunk oder über Satellit übertragen wird. Neueste Entwicklungen wie höhere Übertragungsgeschwindigkeiten und Komfortfunktionen können genutzt werden, ohne die Kompatibilität zu konventionellen Geräten einzubüßen. Innovative Produkte, wie die Integration der Telefax-Funktionalität in den PC über eine PC-Einsteckkarte oder die gleichzeitige Verwendung eines externen Telefaxgerätes als Kopierer, PC-Scanner und PC-Drucker bieten neue Möglichkeiten und erlauben produktivere Arbeitstechniken bei optimalem Preis/Leistungs-Verhältnis.

3
Standards in der Steuerungstechnik

Im Maschinenbau, wie in allen Bereichen des produzierenden Gewerbes, ist die Verwendung von Standards schon seit längerem Grundlage für einen arbeitsteiligen Herstellungsprozeß. Beispiele hierfür sind grundlegende Standards zur Normierung von Schraubengrößen oder Flanschen sowie Normen für Werkzeugaufnahmen oder Palettensysteme.

In der Steuerungstechnik konzentrierten sich die Normierungsaktivitäten in der Vergangenheit v.a. auf die Kommunikationstechnik und hier verstärkt auf Feldbussysteme. Auf diesem Gebiet ist ein besonderer Bedarf für Standardisierung zu erkennen, da Feldbusse ein geeignetes Mittel sind, um elektronische Komponenten unterschiedlicher Hersteller geräteorientiert miteinander zu verbinden und eine Dezentralisierung zu ermöglichen [11, 12]. Dies erlaubt beispielsweise, Sensoren und Aktoren von spezialisierten Herstellern zu nutzen. Für den Einsatz von Feldbussen spricht außerdem die einfache Erweiterbarkeit, so daß je nach Anwendungsfall eine unterschiedliche Zahl von Geräten angeschlossen werden kann. Durch den Einsatz von Feldbussen läßt sich zudem der Verkabelungsaufwand erheblich reduzieren.

Auch in der Antriebstechnik garantiert eine standardisierte digitale Antriebsschnittstelle wie das SERCOS-Interface die herstellerübergreifende Kombinierbarkeit von Steuerungssystemen und Antrieben [13]. Die Verwendung der Lichtwellenleiter-Technik ermöglicht zudem eine geringe Störempfindlichkeit gegenüber EMV-Einflüssen insbesondere bei großen Kabellängen und hohen Übertragungsgeschwindigkeiten.

Darüber hinaus bilden Bussysteme die Grundlage, um Rechnerhardware, (z.B. ein Steuerungssystem) mit einem Rechner für die Benutzungsoberfläche zu koppeln (Bild 3).

Ein zweiter Schwerpunkt von Standardisierungsaktivitäten ist bereits seit längerem die SPS-Programmierung. Dieser Bereich stellte bis vor kurzem für Maschinenhersteller und Anwender die einzige Möglichkeit dar, eigene Erweiterungen in ein Steuerungssystem einzubringen. Hier stehen mit den Standards der IEC 1131 Sprachmittel bereit, die eine herstellerübergreifend einheitliche Erstellung von Programmen für SPS ermöglichen.

4
PC-basierte Systeme

PC-basierte Systeme finden in der Steuerungstechnik zunehmende Verbreitung [14]. Sie können als konsequente Fortsetzung des Gedankens zur Nutzung von Standardkomponenten verstanden werden. Grundlage für den Erfolg des PCs in der Steuerungstechnik ist der hohe Verbreitungsgrad für Büroanwendungen, deren enorme Stückzahlen günstige Einkaufspreise und einen stetigen technischen Fortschritt sicherstellen. Das Aufkommen von Echtzeiterweiterungen für die MS-Windows-Betriebssysteme erlaubt es, auch gewisse eingeschränkt zeitkritische Anwendungen der Automatisierungstechnik auf dem PC auszuführen. Zur zunehmenden Akzeptanz des PCs in der Steuerungstechnik trägt auch die Tatsache bei, daß in vielen Fällen der PC als Grundlage für offene Systeme schlechthin betrachtet wird.

Die Nutzung des PCs für Automatisierungszwecke muß jedoch differenziert betrachtet werden. Bild 4 zeigt die immer stärkere Integration des PCs in die Steuerungstechnik.

Insbesondere in der Anfangszeit wurden PCs dort eingesetzt, wo zusätzliche Softwarepakete wie die Betriebsdatenerfassung direkt vor Ort zum Einsatz kommen sollten, auf dem Steuerungssystem jedoch keine Möglichkeit bestand, diese zu integrieren (Bild 4a). Der PC wird dabei als Zusatzgerät eingesetzt und führt lediglich zeitunkritische Anwendungen aus. Die Kopplung

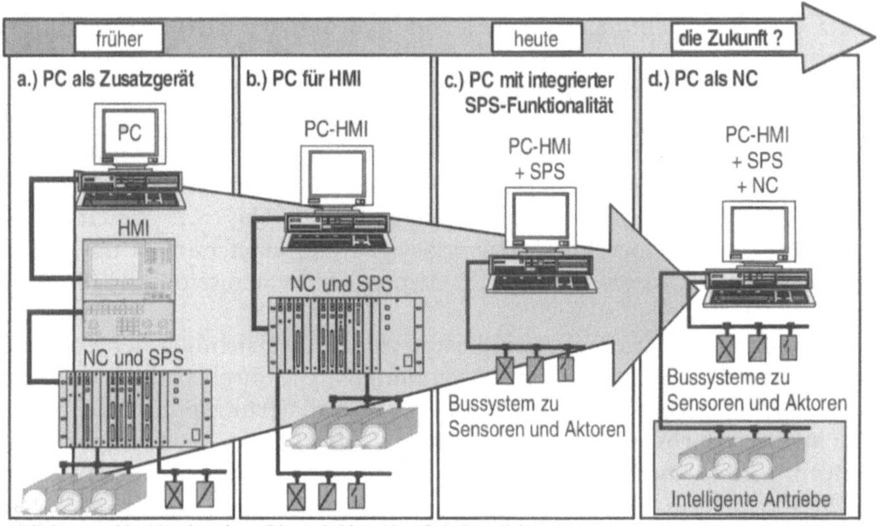

Bild 4. Verwendung der PC-Technologie in der Steuerungstechnik

zwischen PC und Steuerungssystem beschränkt sich daher auf den zeitunkritischen Austausch ausgewählter Daten.

Mit der zunehmenden Nachfrage nach einfachen Einflußmöglichkeiten insbesondere im Bereich der Benutzungsoberfläche sind Steuerungshersteller dazu übergegangen, PCs für die Benutzungsoberfläche einzusetzen (Bild 4b). Der PC wird damit zum integralen Bestandteil des Steuerungssystems. Er kann nach wie vor mit Standardbetriebssystemen wie MS-Windows betrieben werden, wenn sichergestellt ist, daß alle echtzeitkritischen Anwendungen auf einer separaten Rechnerhardware unter Echtzeitbedingungen ausgeführt werden. Für den Benutzer bietet diese Lösung die Möglichkeit, in einer für ihn aus der Bürowelt vertrauten Umgebung eigene Anwendungen zu erstellen bzw. vorhandene Anwendungen auszuführen. Dies reduziert den Einarbeitungsaufwand und stellt in der Regel sicher, daß bereits eine entsprechende Infrastruktur zur Softwareentwicklung vorhanden ist, die bei Verwendung anderer Systeme erst geschaffen werden müßte. Der Anwender kann dabei auf ein breites Spektrum leistungsfähiger und preiswerter Werkzeuge zur Entwicklung von Anwendungen und grafischen Oberflächen zurückgreifen. Der PC bietet hier einen einfachen Einstieg zur Nutzung der Offenheit von Steuerungssystemen.

Einige Anbieter sind dazu übergegangen, die getrennte Gerätetechnik für NC und SPS in den PC in Form einer oder mehrerer PC-Einsteckkarten zu integrieren. Hierbei können Mehrkosten für Gehäuse und Netzteile sowie zusätzlicher Platzbedarf eingespart werden. Die echtzeitkritische Steuerungssoftware wird dabei allerdings nach wie vor von einem getrennten Prozessor – unabhängig vom PC – abgearbeitet.

Trotz der offensichtlichen Vorteile für den Steuerungshersteller ist der Einsatz eines PC auch mit Nachteilen verbunden. Die Produktzyklendauer von Hardware- und Betriebssystemversionen ist im PC-Bereich extrem kurz und erschwert es dem Steuerungshersteller, langfristige Liefer- und Ersatzteilverpflichtungen einzugehen. Die Freiheit, auf einem PC unter MS-Windows beliebige Applikationen zu installieren und auszuführen, kann außerdem zu Instabilitäten des Gesamtsystems führen. Um trotz der Offenheit des Systems eine entsprechende Zuverlässigkeit zu erreichen, ist der Steuerungshersteller gefordert, den PC um entsprechende Schutzmechanismen zu erweitern.

Solange das MS-Windows-Betriebssystem nicht hinsichtlich der Echtzeitfähigkeit erweitert wird, stoßen Anwendungen, die direkt mit dem Fertigungsprozeß in Verbindung stehen sollen, an Realisierungsgrenzen. Der PC, wie er aus der Bürowelt bekannt ist, eignet sich ohne steuerungsspezifsche Erweiterungen nur bedingt dafür, Offenheit für die gesamte Steuerung zu ermöglichen.

Inzwischen sind Echtzeiterweiterungen für das MS-Windows-Betriebssystem verfügbar. Sie beruhen darauf, daß das Windows-Betriebssystem durch eine einfache Zusatzhardware in gleichmäßigen Zeitabständen unterbrochen und ein Echtzeitbetriebssystem aufgerufen wird. Andere Lösungen basieren darauf, daß direkt auf die Hardware eine echtzeitfähige Treiberschicht gelegt wird, auf der das weitere Windows-Betriebssystem aufsetzt. Auf Basis dieser Erweiterungen sind heute diverse SPS-Systeme erhältlich (Bild 4c). Der Vorteil dieser Lösung liegt darin, daß es möglich ist, Programmierwerkzeuge und Steuerung auf demselben System zu integrieren. Dies führt zu Kostenersparnissen in der Hardware und erlaubt, das SPS-System auf der Hardware verschiedener Hersteller zu nutzen.

Als logische Konsequenz der vorgestellten Lösungen ergibt sich die Möglichkeit, ein komplettes Steuerungssystem mit eingeschränkten Ansprüchen an die Echtzeit auf einem PC zu integrieren. Die Rechenleistung heutiger PCs ist ausreichend, um dies zu realisieren, und die prinzipielle Machbarkeit wurde bereits demonstriert. Die Vorteile dieser Lösung liegen auf der Hand: Nutzung preiswerter Hardware aus dem Massenmarkt, direkte Partizipierung am rasanten technischen Fortschritt im Bereich der Mikroprozessoren, einfache Erweiterbarkeit und Nutzung von Standardsoftware. Sie würde im Endeffekt eine Übertragung der Verhältnisse im Bürobereich auf die Steuerungstechnik bedeuten.

Bild 5 zeigt, daß der Einsatz des PCs in der Steuerungstechnik viele Chancen, aber auch einige Risiken mit sich bringt. Insbesondere für den Anwender werden neue Möglichkeiten und Freiheiten geschaffen, die jedoch z.T. durch Nachteile auf Seiten des Steuerungsherstellers erkauft werden.

Der Einzug des PC in die Steuerungstechnik zeigt, daß sich diese längerfristig den allgemeinen Trends zu zunehmender Offenheit und herstellerübergreifender Kombinierbarkeit von Hard- und Software nicht entziehen kann. Es ist damit zu rechnen, daß Anwender zunehmend Softwarepakete

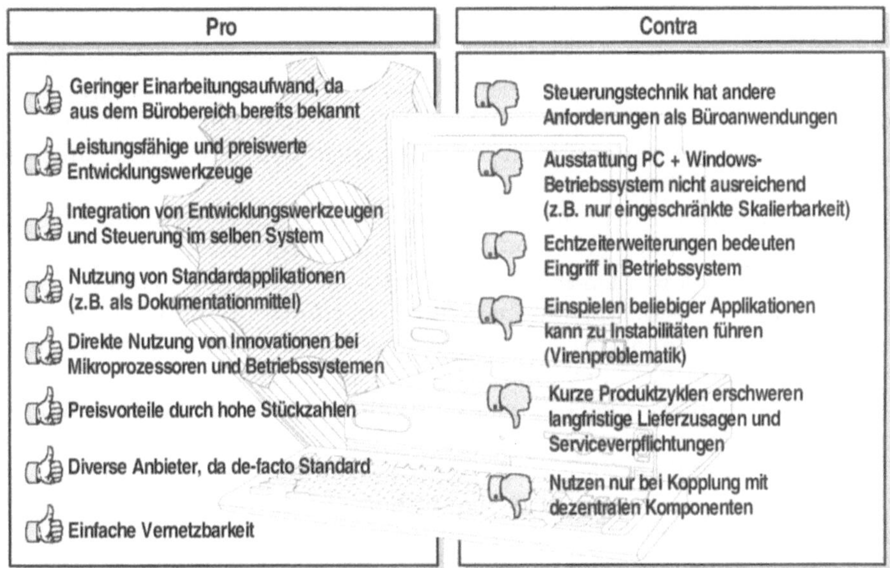

Bild 5. Chancen und Risiken des PC-Einsatzes in der Steuerungstechnik

und Steuerungssysteme kombinieren wollen, wie sie dies aus dem Bürobereich gewohnt sind.

Dies deckt sich auch mit der Feststellung, daß die Software einen steigenden Anteil an der Wertschöpfung in der Steuerungstechnik hat (Bild 6). Noch bis vor wenigen Jahren wurde der Wert von Steuerungssystemen v.a. an der Hardware gemessen, und der Preis eines Steuerungssystems wurde im we-

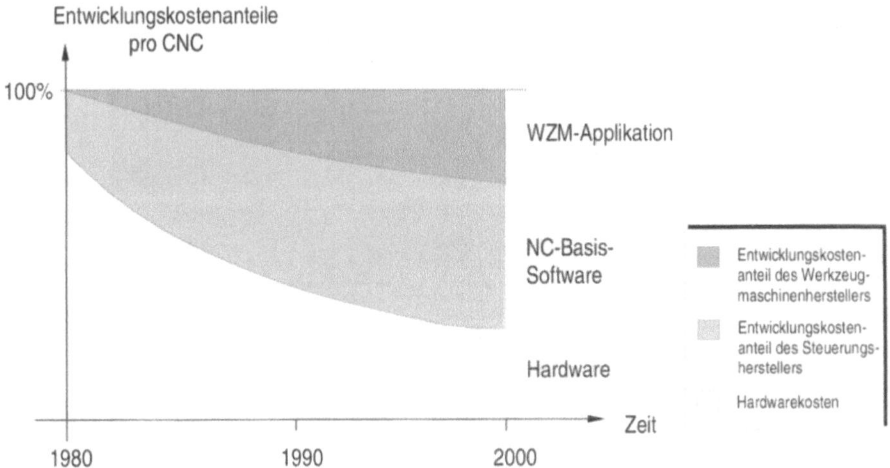

Bild 6. Kostenanteile der Software und Hardware eines Steuerungssystems

sentlichen durch die Leistungsfähigkeit des Mikroprozessors bestimmt. Die zunehmende Funktionalität und Komplexität der Steuerungssysteme führt zu steigenden Kosten im Bereich der Software. Diese Tendenz wird bei offenen Steuerungssystemen noch unterstützt durch den Effekt, daß sowohl beim Steuerungshersteller als auch beim Anwender Softwaremodule mit zusätzlicher Funktionalität entstehen.

Der steigende Anteil der Softwarekosten am Steuerungssystem führt dazu, daß Software ein immer bedeutenderes Investitionsgut darstellt, das möglichst lange erhalten werden muß. Dies führt zu verschiedenen Anforderungen hinsichtlich Wiederverwendbarkeit, Dokumentation und Allgemeinverständlichkeit, die an die Software gestellt werden müssen [15].

Ein steuerungstechnisches Problem sollte nur einmal in Form von Software gelöst werden. Es muß von da an für immer zur Verfügung stehen, unabhängig vom eingesetzten Steuerungssystem. Aus Sicht von Maschinenherstellern ist daher Offenheit v.a. dann sinnvoll nutzbar, wenn sie auf herstellerübergreifenden Standards basiert, die über verschiedenene Steuerungstypen und -generationen hinweg einheitlich sind.

Die Wiederverwendbarkeit von Software ist dann gewährleistet, wenn diese allgemeinverständlich dokumentiert und aufbereitet ist. Nur so kann sichergestellt werden, daß die Investitionen in Software unabhängig vom Personal geschützt sind. Außerdem muß die Software so aufbereitet sein, daß eine einfache Schulung und Einarbeitung neuer Mitarbeiter möglich ist. Dies setzt voraus, daß auch die Architektur des offenen Steuerungssystems auf einer einfachen Struktur beruht. Im Fall von OSACA hat man beispielweise auf einfache generische Informationsmodelle Wert gelegt, bei denen sich aus einfachen Grundbausteinen komplexe Systeme aufbauen lassen.

Die Lebenszyklen von Software und Hardware sind unterschiedlich lang (Bild 7) [16]. Hardware hat generell den kürzesten Produktzyklus. Diese Situation wird durch den Einsatz des PCs noch verschärft. Motherboards der

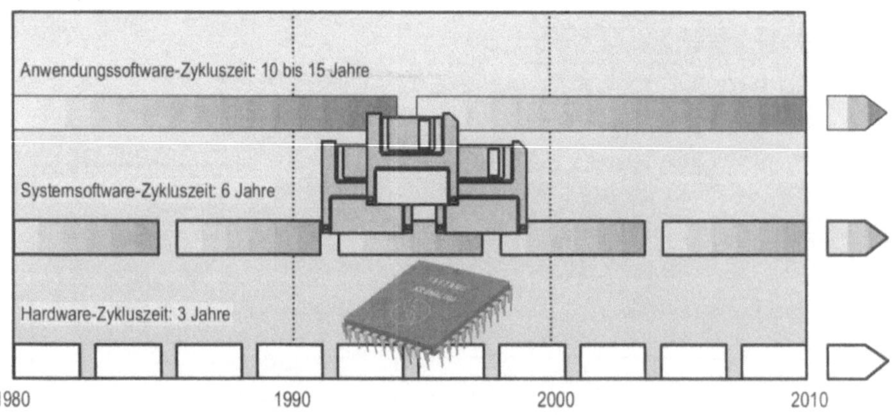

Bild 7. Lebenszyklen von Hardware- und Softwarekomponenten

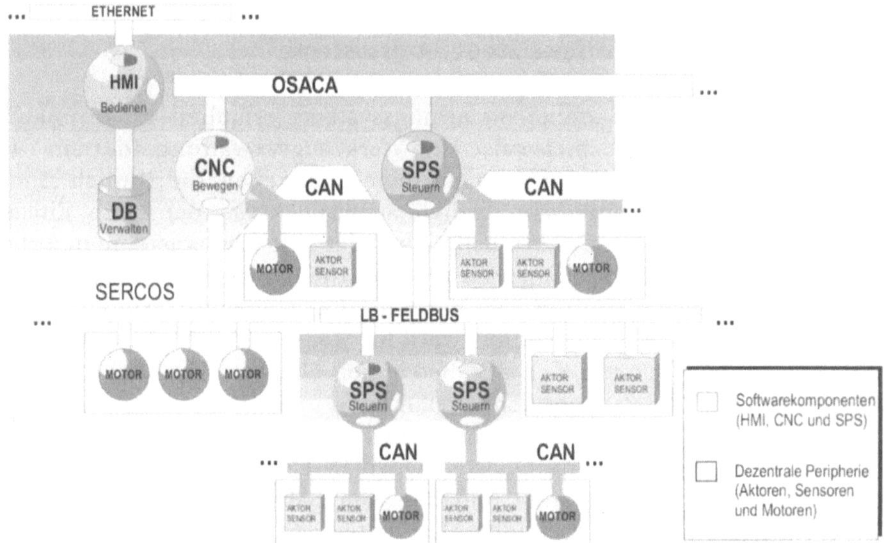

Bild 8. Verwendung von Software- und Hardware-Standards am Beispiel des HOMATIC-Steuerungssystems

Firma Intel haben beispielsweise eine Produktzyklusdauer von neun Monaten, wobei alle drei Monate ein neues Modell herausgebracht wird. Systemsoftware – z.B. ein Betriebssystem – hat demgegenüber einen längeren Lebenszyklus.

Anwendungssoftware hat eine vergleichsweise lange Produktzykluszeit. Sie kann zwei bis drei Betriebssystemgenerationen und diverse Hardwaregenerationen überdauern. Voraussetzung hierfür ist jedoch, daß die Anwendungssoftware nicht nur hardwareunabhängig, sondern auch systemsoftwareunabhängig erstellt wird. Dies setzt voraus, daß eine klare Trennung zwischen Anwendungs- und Systemsoftware besteht. Idealerweise ist die Anwendungsprogrammierschnittstelle (API Application Programming Interface) zur Systemsoftware standardisiert.

Die Konsequenz aus den genannten Forderungen an die Anwendungssoftware eines Steuerungssystems ist, daß neben den bereits existierenden Standards für Bussysteme und Hardwaretechnik auch zunehmend Standards für Softwareschnittstellen benötigt werden. Dadurch kommt es zu einer Vermischung von Hardware- und Softwarestandards (Bild 8). In Zukunft können Softwaremodule in gleicher Weise eingesetzt und ausgetauscht werden, wie es heute schon bei Feldbusgeräten und PC-Erweiterungskarten möglich ist [17].

Aufgrund der zunehmenden Intelligenz und Kommunikationsfähigkeit von Busteilnehmern wird die Automatisierungslösung der Zukunft durch ein verteiltes System mit intelligenten Feldknoten geprägt sein, die über einen zentralen Rechner, z.B. ein PC-System, sowie standardisierte Bussysteme in einem Verbund agieren und kooperieren.

5 Softwarebausteine für offene Steuerungssysteme

Herstellerübergreifende offene Steuerungssysteme erlauben es, für häufig benötigte Aufgaben – beispielsweise eine Werkzeugverwaltung oder ein Diagnosesystem – universelle Softwarebausteine zu erstellen, die ähnlich einem Hardwarebaustein in unterschiedlichen Steuerungssystemen zum Einsatz kommen können. Um die Funktionsfähigkeit der Softwarebausteine in unterschiedlichen Steuerungssystemen zu gewährleisten, müssen gewisse Voraussetzungen erfüllt sein. So muß eine herstellerübergreifende Systemarchitektur definiert werden, die ein Rahmenwerk für Steuerungssysteme beschreibt. Darauf aufbauend müssen sich alle Beteiligten über die Funktionalität der häufig genutzten Funktionalitäten verständigen.

Basisarbeiten für die herstellerübergreifende Offenheit werden heute innerhalb des ESPRIT-Projekts OSACA (Open System Architecture for Controls and Automation Systems) und des vom BMBF geförderten Projekts HÜMNOS (Herstellerübergreifende Module für den nutzerorientierten Einsatz der offenen Steuerungsarchitektur) geleistet.

5.1 Systemarchitektur für offene Steuerungssysteme

Im OSACA-Projekt haben europäische Steuerungshersteller, Werkzeugmaschinenhersteller und Forschungseinrichtungen die Definitionen für eine herstellerübergreifende Systemarchitektur für offene Steuerungssysteme erarbeitet. Wesentliches Merkmal der Systemarchitektur ist die Trennung in eine neutrale Systemplattform und Anwendungsmodule, die darauf aufsetzen (Bild 9). Die Anwendungsmodule stellen die Softwarebausteine dar, die letztlich bei der Nutzung von Offenheit für den Anwender von Interesse sind.

Der Schwerpunkt der Arbeiten liegt bei OSACA auf der Spezifikation und Bereitstellung der Systemplattform für offene Steuerungssysteme. Sie umfaßt sämtliche unterstützenden Funktionen, die erforderlich sind, um auf der Systemplattform Anwendungsmodule zu kombinieren und ablaufen zu lassen. Die Systemplattform baut auf definierten Betriebssystemfunktionen auf, ohne sich jedoch auf ein bestimmtes Produkt festzulegen [18, 19]. Sie besitzt ein internes Kommunikationssystem für einen einheitlichen Datenaustausch zwischen Softwaremodulen. Mechanismen zur Konfiguration erlauben es, die Anwendungssoftware aus den gewünschten Anwendungsmodulen zu einem lauffähigen Gesamtsystem zu kombinieren.

Als Konsequenz aus den unterschiedlich langen Produktzyklen der Hardware sowie der System- und Anwendungssoftware wurde besonders auf Hardwareunabhängigkeit und eine klare Trennung von System- und Anwendungssoftware Wert gelegt.

Ein wichtiger Arbeitsbereich im HÜMNOS-Projekt ist die Definition und Entwicklung von Anwendungsmodulen auf Basis der OSACA-Plattform. Auf die bisher vorliegenden Ergebnisse wird im folgenden eingegangen.

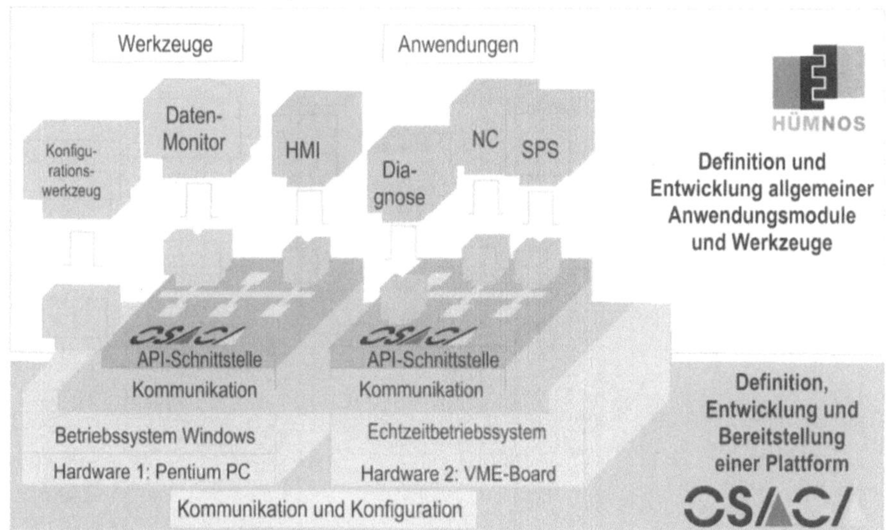

Bild 9. OSACA-Plattform und HÜMNOS-Anwendungsmodule

Um sicherzustellen, daß Anwendungsmodule herstellerübergreifend erstellt werden können, sind mindestens in den drei Teilbereichen Kommunikationssystem, Anwendungsprogrammierschnittstelle (API) und Referenzarchitektur verbindliche Spezifikationen erforderlich (Bild 10). Ein Vergleich mit den entsprechenden Funktionen bei der Nachrichtenübermittlung per Telefax soll die Einordnung der Spezifikationsarbeiten bei OSACA und HÜMNOS erleichtern.

Grundlage für die Zusammenarbeit von Anwendungsmodulen ist die Definition eines einheitlichen Kommunikationsprotokolls (Bild 10a). Damit werden sowohl die Mechanismen als auch Formate zum Datenaustausch zwischen Sender und Empfänger festgelegt. Fehlen diese Definitionen, ist es weder möglich, beliebige Anwendungsmodule zu einem Gesamtsystem zu konfigurieren, noch Systemplattformen bzw. Steuerungssysteme verschiedener Hersteller zu kombinieren. Anschaulich bedeutet dies, daß alle Teilnehmer die gleiche Sprache sprechen müssen.

Innerhalb der Systemarchitektur bildet das API die Schnittstelle zwischen systembezogenen und anwenderorientierten Funktionen. Sie stellt den einheitlichen Zugang zur Systemplattform dar (Bild 10b). Da die Einzelkomponenten unterschiedlichen Produktlebenszyklen unterliegen, ist die Beibehaltung eines API der Grundstock für die langfristige Einsatzdauer der Systemplattform. Die Systemplattform bleibt sowohl hinsichtlich der Hardware als auch der Systemsoftware auf einem aktuellen technischen Stand, indem Einzelkomponenten dem technischen Fortschritt angepaßt werden, ohne das Gesamtsystem insgesamt erneuern zu müssen. Das API bildet aus Sicht der Anwendungssoftware ein Steckbrett, auf das steckerkompatible Anwendungs-

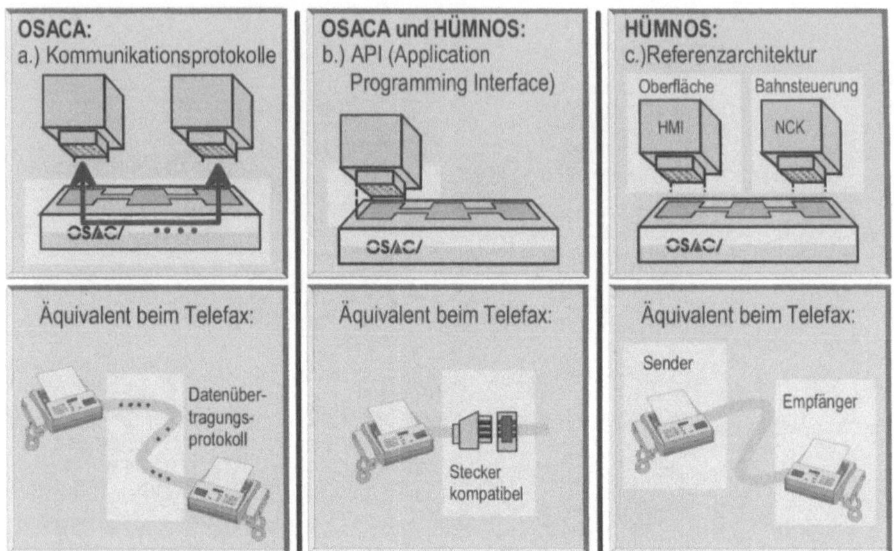

Bild 10. Erforderliche Spezifikationen für herstellerübergreifend offene Steuerungssysteme und deren Bereich gespiegelt am Beispiel des Telefaxes

module gesteckt werden können. Bei einem Telefaxgerät ist dies vergleichbar mit dem Anschlußstecker, der erhalten bleibt, obwohl die Geräte selbst und auch das Telefonnetz ständig Verbesserungen und Erweiterungen unterliegen.

Mit Hilfe der Referenzarchitektur (Bild 10c) werden die grundsätzlichen Funktionsbereiche im Steuerungs- bzw. Automatisierungssystem festgelegt. Durch sie werden Gesamtszenarien beschrieben und die Aufgaben der einzelnen Anwendungsmodule definiert. Erst durch diese Festlegungen ist sichergestellt, daß ein Anwendungsmodul in verschiedenen Steuerungssystemen dieselbe Umgebung und Kommunikationspartner mit denselben Eigenschaften vorfindet. Übertragen auf den Informationsaustausch mit Hilfe von Telefaxgeräten, entspricht dies der Festlegung, daß für das Versenden von Telefaxen eine sendende und eine empfangende Station vorhanden sein muß, deren Funktionalitäten genau abgestimmt sind. Die Ausprägung von Sender und Empfänger in Technologie, Ausstattung und Benutzerführung ist dabei dem Hersteller der Systeme überlassen.

Zusammenfassend kann festgestellt werden, daß sich erst dann offene Steuerungssysteme erfolgreich auf dem Markt etablieren können, wenn in allen drei beschriebenen Bereichen akzeptierte Standards eingehalten werden. Damit ist ein Qualitätsniveau der Offenheit erreicht, in der Softwaremodule ebenso wie Hardwarebauteile kombinierbar, austauschbar und ergänzbar sind.

5.2 Softwaremodule in HÜMNOS

Innerhalb von HÜMNOS befassen sich fünf Projektgemeinschaften (PG) mit unterschiedlichen Schwerpunktthemen zur nutzerorientierten Anwendung offener Steuerungssysteme (Bild 11). Eine weitere Arbeitsgruppe beschäftigt sich mit Querschnittsaufgaben in dem Gesamtprojekt. Ziel von HÜMNOS ist es, bis Ende 1997 prototypenhaft auf Basis der OSACA-Systemplattform herstellerübergreifende Anwendungsmodule zu erstellen.

Dazu werden innerhalb der PG 1 die Anwendungsdienste einer Referenzarchitektur für eine Basissteuerung festgelegt. Hierzu werden die Spezifikationen von OSACA übernommen und erweitert. Die Steuerungshersteller innerhalb des Projekts implementieren in diesem Zusammenhang bei ihren Steuerungen die Zugänge für die festgelegten Anwendungsdienste.

Die Bereitstellung eines Konfigurierungswerkzeugs für offene Steuerungen nach HÜMNOS und OSACA ist Aufgabe der PG 2. Ein solches Werkzeug unterstützt den Maschinenhersteller bei der Erstellung von applikationsspezifischen Steuerungskonfigurationen [20].

Der Tätigkeitsschwerpunkt der PG 3 liegt im Bereich der Benutzungsoberflächen von Steuerungen. Im Rahmen von Breiten- und Tiefenuntersuchungen werden hier die Anforderungen der Anwender analysiert. Die dabei gewonnenen Erkenntnisse werden in Form eines Styleguide zusammengefaßt. Er beinhaltet Begriffe, Symbole und Dialogobjekte sowie Definitionen von handlungsorientierten Strukturen bei Tätigkeiten an Steuerungen.

"Herstellerübergreifende Module für den nutzerorientierten Einsatz offener Steuerungssysteme"

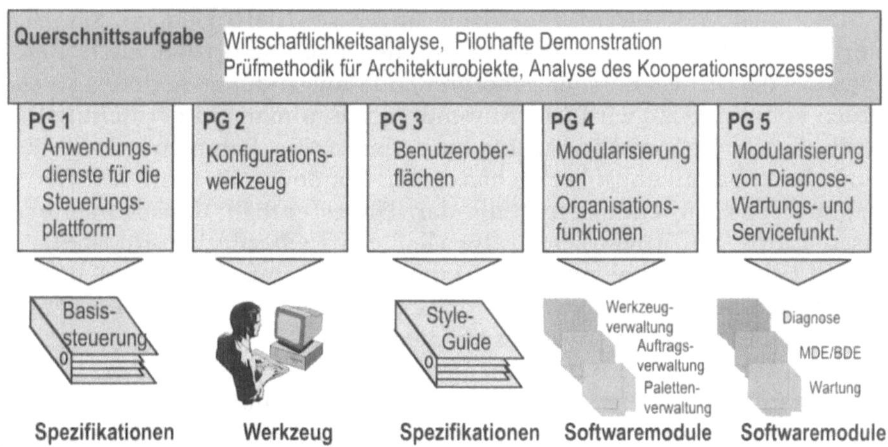

Bild 11. Arbeitsbereiche und Ergebnisse des HÜMNOS-Projekts

Die PG 4 definiert und spezifiziert Funktionsmodule für dispositive Aufgaben im Bereich Auftrags-, Werkzeug- und Palettenmanagement sowie Transportgerätesteuerung. Aufbauend auf der Modularisierung dieser Organisationsaufgaben, werden prototypische Anwendungsmodule für Maschinensteuerungen implementiert.

Die PG 5 befaßt sich ebenfalls mit der Entwicklung von herstellerübergreifenden Anwendungsmodulen in offenen Steuerungsarchitekturen. Ziele hierbei sind die Spezifikation und die prototypenhafte Realisierung von Softwarebausteinen für die Diagnose, MDE/BDE und Wartung.

Die Arbeitsgruppe „Querschnittsaufgaben" (QA) beschäftigt sich mit der Wirtschaftlichkeitsanalyse von offenen Steuerungen sowie der pilothaften Demonstration von Ergebnissen der Projektgemeinschaften im prozeßnahen Umfeld. Weiterhin werden innerhalb der Querschnittsaufgabe Prüfmethoden für Anwendungsmodule konzipiert, und der gesamte Kooperationsprozeß in dem Großprojekt HÜMNOS wird analysiert und bewertet.

Zwei wesentliche Aufgabenfelder des HÜMNOS-Projekts sollen im folgenden detaillierter dargestellt werden: Benutzungsoberflächen und eine Diagnoseanwendung.

5.2.1
Benutzungsoberfläche

Ein wesentlicher Bestandteil von Maschinensteuerungen ist die Benutzungsoberfläche. Über sie werden Informationen aus der Steuerung visualisiert bzw. Befehle vom Maschinenanwender an die Steuerung abgesetzt. Für den Anwender sind besonders zwei Aspekte von Bedeutung: Dieselbe Benutzungsoberfläche soll mit unterschiedlichen Steuerungssystemen einsetzbar sein, und Benutzungsoberflächen sollen – auch für unterschiedliche Anwendungen – ein vergleichbares Erscheinungsbild aufweisen.

Innerhalb von HÜMNOS werden Benutzungsoberflächen für verschiedene Maschinen und verschiedene Steuerungen realisiert (Bild 12). Sämtliche Oberflächenausprägungen beruhen auf der Grundidee, daß auch Benutzungsoberflächen als herstellerübergreifende Anwendungsmodule ausgelegt werden können. Dazu wird jede Anwendung zusammen mit der Benutzungsoberfläche als ein Anwendungsmodul definiert. Ein Rahmenwerk für konfigurierbare Benutzungsoberflächen unter Windows-NT stellt die Grundstruktur jedes Anwendungsmoduls dar. Dieses enthält Basiselemente der Präsentations- und Dialogschicht für elementare Oberflächen für Steuerungen. Mit Hilfe des Rahmenwerks ist es möglich, auf einfache Weise den Visualisierungsteil jeder HÜMNOS-konformen Anwendung in die Benutzungsoberfläche des Steuerungssystems zu integrieren.

Die Vorgaben für die Basiselemente des Rahmenwerks stammen aus dem Styleguide der PG 3. Die Benutzerführung ist angelehnt an eine handlungsorientierte Strukturierung der Tätigkeiten an Steuerungen. Sie beruht auf Untersuchungen und Befragungen, die bei Anwendern durchgeführt wurden. Die Anwendung der im Styleguide festgelegten Vorschriften stellt sicher,

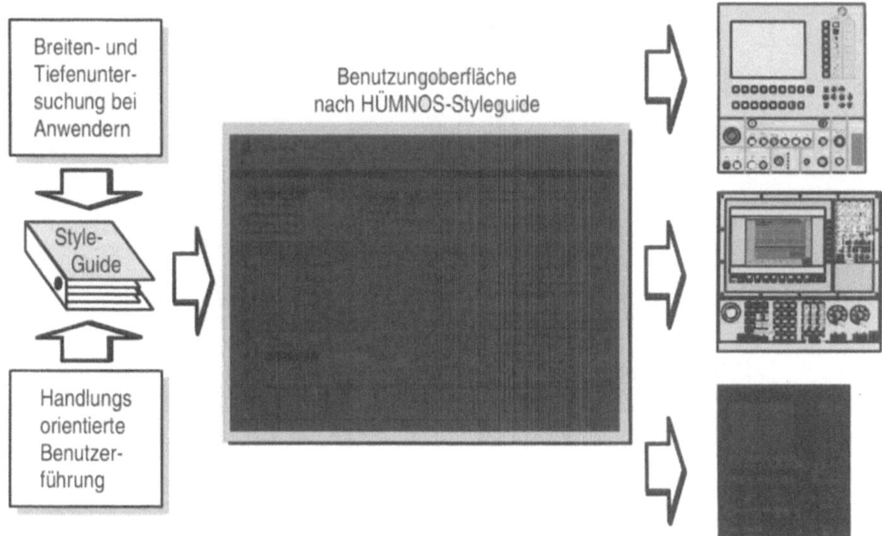

Bild 12. Vereinheitlichte Benutzungsoberflächen

daß alle Module ein vergleichbares Erscheinungsbild haben („Look-and-feel"-Gedanke).

Der Funktionsnachweis dieses Konzepts wurde auf der EMO'97 bereits erbracht. Hier wurde eine Holzbearbeitungsmaschine der Firma HOMAG über ein Anwendungsmodul zur Maschinenbedienung für Maschinenanwender bedient. Dabei wurde auch gezeigt, daß es prinzipell möglich ist, die gleiche Applikation auf verschiedenen Bedienfeldern einzusetzen. Außerdem konnte erfolgreich gezeigt werden, daß es möglich ist, mit Hilfe der Definitionen nach HÜMNOS dieselbe Maschinenbedienung an unterschiedliche Steuerungen anzuschließen.

Innerhalb des HÜMNOS-Projekts werden auch die Visualisierungsmodule der PG 4 (Auftrags-, Werkzeug- und Palettenmanagement) und der PG 5 (Diagnose, MDE/BDE, Wartung) in das Rahmenwerk eingebunden.

Weiterhin werden bis zum Abschluß von HÜMNOS im Rahmen der pilothaften Demonstration im prozeßnahen Umfeld Bedienfelder von Transferstraßeneinheiten ausgerüstet.

5.2.2 Diagnosefunktionen

Leistungsfähige Diagnosefunktionen sind erforderlich, um eine möglichst hohe Verfügbarkeit von Anlagen zu erzielen und die Zeiten für Fehlerbehebungen möglichst kurz zu halten. Aus Sicht der Anwender ist eine einheitliche Vorgehensweise für alle Maschinen und Produktionseinrichtungen von Bedeutung. Die PG 5 von HÜMNOS befaßt sich eingehend mit Modellen für Diagnosefunktionen. Schwerpunkt ist die Sekundärdiagnose, die im Fall eines Fehlers bei der Suche von Ursachen behilflich ist, im Gegensatz zur Pri-

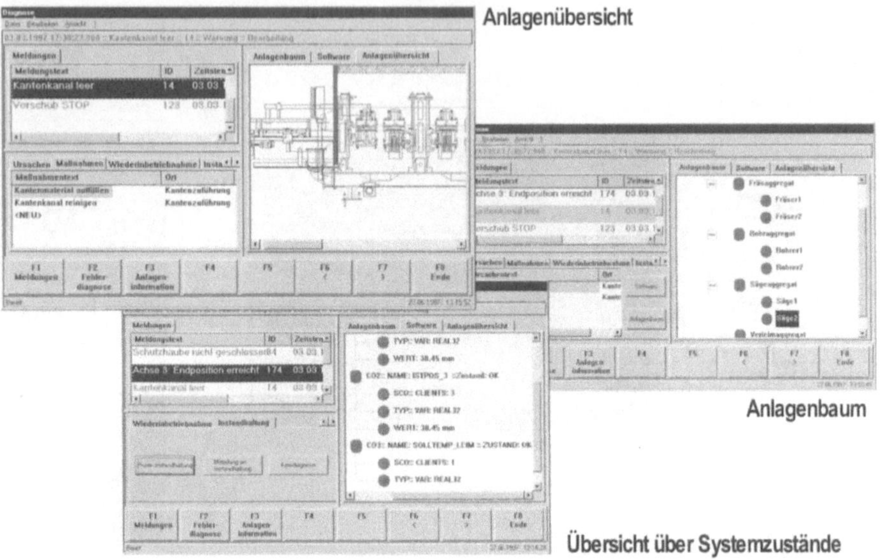

Bild 13. Organisation der Dokumentation zu Diagnosezwecken

märdiagnose, die der Detektierung von Fehlern oder zu erwartenden Problemen an der Anlage dient.

Grundlage für die Diagnose ist die Organisation der Information und Dokumentation zur Maschine (Bild 13). Alle Informationen werden Baugruppen der Maschine, die auch grafisch dargestellt werden, zugeordnet. Diese Aufgabe wird erschwert durch die Tatsache, daß die Struktur der Anwendungssoftware nicht mit der Struktur der Maschine übereinstimmt. Dies erfordert ein internes Datenmodell, das alle Informationen eindeutig einem Maschinenelement zuordnet.

Die Offenheit der Steuerungen erlaubt es dem Diagnosesystem, auf alle erforderlichen internen Informationen zugreifen zu können. Durch die Referenzarchitektur ist sichergestellt, daß die Informationen auch in unterschiedlichen Steuerungssystemen in gleicher Weise zur Verfügung stehen.

Der Teleservice, auch Ferndiagnose und -wartung genannt [21], bedeutet die konsequente Fortsetzung des Gedankens einer universell einsetzbaren Diagnose (Bild 14). Er erlaubt eine Kostenreduktion durch die Reduzierung von Serviceeinsätzen vor Ort, schnelle gezielte Fehlerbeseitung und die Verfügbarkeit aller Fachleute bei der Lösung eines Problems. Die Steuerungen an den Maschinen werden um Kommunikationsmöglichkeiten über Modem erweitert. Damit kann auch in einer entfernten Servicestation auf Informationen in gleicher Weise wie bei einer lokalen Diagnose zugegriffen werden. Da die Kommunikationsprotokolle in OSACA und HÜMNOS unabhängig vom eingesetzten Medium sind, bedeuten diese entfernten Zugriffe keine wesentliche Erweiterung gegenüber einem lokalen Zugriff. Die Steuerungssy-

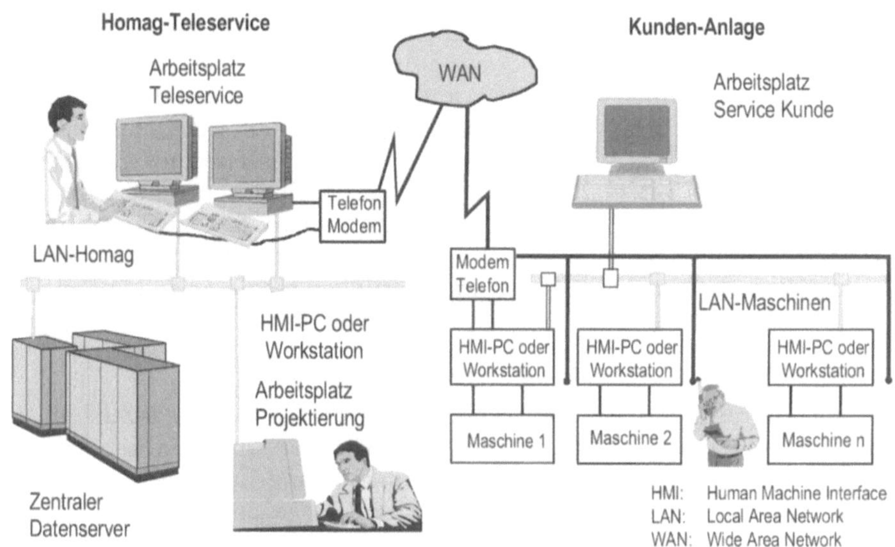

Bild 14. Teleservice von Maschinen

steme werden lediglich um zusätzliche fernsteuerbare Diagnoseprozesse zur Aufzeichnung von Daten und Ereignissen erweitert.

Voraussetzung für eine erfolgreiche Ferndiagnose ist eine absolut zuverlässige Dokumentation in der Servicezentrale. Sie muß die Maschinen- und Steuerungskonfiguration ebenso enthalten wie Versionsstände der ausgelieferten Software und Maschinenkonstanten. Bereits bei der Herstellung einer Maschine müssen daher sämtliche Details in elektronischer Form in einem zentralen Datenserver abgelegt werden, um im Notfall sofort auffindbar und verfügbar zu sein. Über entsprechende Projektierungsarbeitsplätze wird jede Maschine bereits bei der Herstellung komplett dokumentiert. Dies ist nur möglich, wenn auch bei der Bereitstellung des Steuerungssystems für die spezifische Maschine systematisch vorgegangen wird. Die gesamte Software der Steuerung, seien es Anwendungsmodule der NC oder SPS-Programme, muß modular vorliegen, um die Vielfalt, die sich aus der Spezialisierung der Maschinen ergibt, zu beherrschen. Der Einsatz von Projektierungssoftware erweist sich hierbei als äußerst hilfreich.

5.3 Werkzeuge zur Nutzung offener Systeme

Offene Steuerungssysteme werden sich erst dann in breiter Front durchsetzen können, wenn geeignete Werkzeuge auf dem Markt verfügbar sind, mit denen die Vorteile der Offenheit erschlossen werden. Die Verwendung der Softwaremodule muß für den Anwender genauso einfach handhabbar sein, wie die von Hardware oder Maschinenbauteilen. Die hierzu notwendigen Entwicklungs- und Diagnosewerkzeuge müssen auf anschauliche Art und

Weise die Nutzung der Offenheit erlauben. Sie sollen ein systematisches Vorgehen unterstützen, bei dem die zu automatisierende Maschine mit ihren einzelnen Komponenten im Vordergrund steht. Damit weicht die konventionelle Programmierung von Steuerungsfunktionalität zunehmend einem Projektierungsvorgang, bei dem einzelne Komponenten eines Baukastens parametriert und miteinander zu einem spezifisch ausgeprägten Gesamtsystem kombiniert werden. Die Nutzung einer relativ kleinen Anzahl standardisierter und aufeinander abgestimmter Komponenten ermöglicht es, flexibel und rentabel auf individuelle Anforderungen reagieren zu können.

5.3.1
Entwurfswerkzeuge zur SPS-Programmierung

Speicherprogrammierbare Steuerungen (SPS) boten dem Maschinenhersteller in der Vergangenheit die einzige Möglichkeit, maschinenspezifische Anpassungen in der Steuerlogik vorzunehmen. Mangelnde Offenheit in den übrigen Teilen des Steuerungssystems hatte zur Folge, daß über die SPS auch komplexe Anwendungen in ein Steuerungssystem integriert wurden (z.B. eine Werkzeugverwaltung). Im Laufe der Zeit entstanden diverse Beschreibungsmethoden wie Kontaktplan, Funktionsplan und Anweisungsliste, die sich jeweils für bestimmte Anwendungen gut eignen.

Die steigende Komplexität von Software für SPS-Systeme und die Vielfalt an SPS-Systemen und -programmiersprachen resultierte zum einen in der Forderung nach einer Standardisierung. Diese wird durch die Normen der IEC 1131-3 erfüllt. Zum anderen führte sie zur Forderung nach Werkzeugen, die nicht nur das Eingeben, Editieren und Testen von SPS-Programmen erlauben, sondern auch eine systematische Vorgehensweise unterstützen. Die Wiederverwendung der Software spielt dabei eine wichtige Rolle.

Diese Programmierwerkzeuge, die zu Entwurfswerkzeugen für Software werden, müssen von den maschinenbaulichen Komponenten ausgehen, um die Durchgängigkeit von mechanischer Konstruktion und Elektrokonstruktion zu bewirken [22]. Da maschinenbauliche Komponenten wie Spindeln und Zuführeinrichtungen häufig wiederverwendet werden, kann eine entsprechende Bibliothek für dazugehörige Softwaremodule aufgebaut werden. Im einfachsten Fall existiert zu jedem Maschinenelement ein SPS-Programmteil. Wird eine konkrete Maschine realisiert, kann aus der Teileliste der Maschine direkt die Liste der SPS-Programm-Module abgeleitet werden, die zum SPS-Programm zusammengebunden werden.

Bei einem werkzeuggestützten Ansatz wird jede maschinenbauliche Komponente in dem Werkzeug zunächst in ihrem Verhalten beschrieben. Hierzu eignen sich besonders Zustandsautomaten. In gleicher Weise, wie maschinenbauliche Komponenten kombiniert werden, werden aus den einfachen Zustandsautomaten komplexere Gebilde, in denen zusätzliche Algorithmen das Zusammenspiel der Komponenten beschreiben.

Ein Entwurfswerkzeug für Maschinensoftware (Bild 15) besteht damit aus zwei Bestandteilen. Im Bereich der Entwicklung werden Baukastensysteme

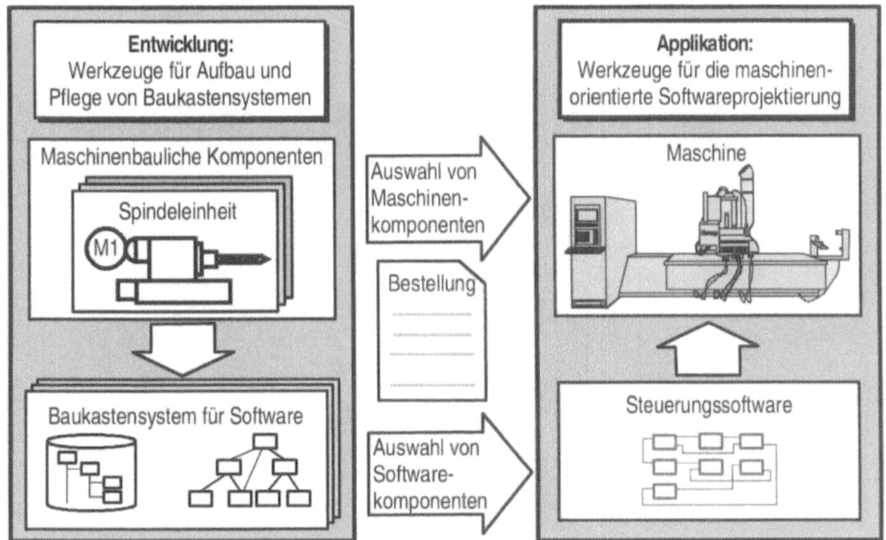

Bild 15. Entwurfswerkzeug für Maschinensoftware

für Software aufgebaut. Im Bereich der Applikation werden entsprechend den Maschinenkomponenten Softwaremodule ausgewählt und konfiguriert. Auch für den Vertrieb kann ein solches Werkzeug von Nutzen sein, da es sich auch dazu eignet, aus den Maschinenkomponenten eine für den Kunden geeignete Maschine zu konfigurieren. Wird die Beschreibung der Maschinenkomponenten durch kaufmännische und logistische Daten erweitert, kann ein solches Werkzeug auch zur Kalkulation von Preisen, Lieferzeiten etc. genutzt werden.

5.3.2
Konfigurationswerkzeug für offene Steuerungen

Die konsequente Weiterführung des Gedankens der grafische Projektierung von Steuerungssoftware führt zu einem Konfigurierungswerkzeug für offene Steuerungen, in dem alle Aspekte der Software eines Steuerungssystems behandelt werden. Im Unterschied zur SPS-Programmierung sind die Anwendungsmodule für die numerische Funktionalität bereits in einer Hochsprache wie C oder C++ programmiert und müssen nun kombiniert und parametriert werden.

Das Bindeglied zwischen Steuerungssystem und Konfigurationswerkzeug stellt die Anwendungsmodulklassen-Bibliothek dar. Für jede Funktionalität existiert eine Klasse, die den ausführbaren Code für das Steuerungssystem und entsprechende Beschreibungen für das Konfigurierungswerkzeug enthält. Das Werkzeug erstellt einen Konfigurierungsauftrag, der für jedes Anwendungsmodul die Klasse, Parameter und Kommunikationsbeziehungen zu anderen Anwendungsmodule enthält. Das Steuerungssystem, das zu-

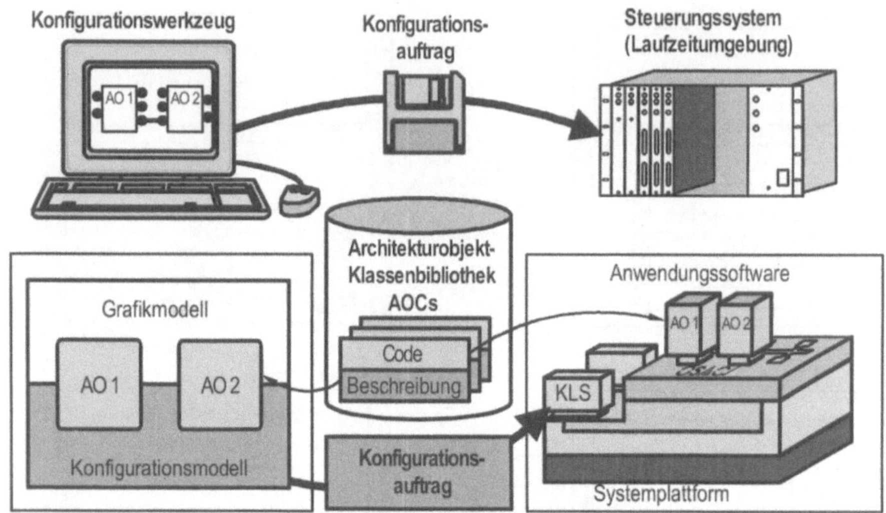

Bild 16. Konfigurationswerkzeug für offene Steuerungssysteme

nächst nur die Systemplattform enthält, interpretiert den Auftrag und legt die Anwendungsmodule entsprechend an (Bild 16).

Ein wesentlicher Bestandteil eines solchen Konfigurationswerkzeugs ist der grafische Editor zur Auswahl und „Verdrahtung" von Anwendungsmodulen. Zusätzliche Editoren erlauben eine Parametrierung von Anwendungsmodulen, um ihnen eine spezifische Ausprägung zu geben. Zur Programmierung von Abläufen, die eine Koordination von Modulen verlangen, werden Zustandsgrapheneditoren eingesetzt. Testhilfen erlauben eine Visualisierung der Vorgänge in der Steuerung und bieten eine leistungsfähige Diagnosemöglichkeit. Mit Hilfe von Postprozessoren werden Konfigurierungs- und Parameterlisten generiert, die von den jeweiligen Steuerungssystemen interpretiert werden und damit in einer speziellen Ausprägung der Steuerung resultieren.

Als Folge dieser Entwicklung werden zukünftig die Grenzen zwischen SPS und NC verschwimmen, so daß der Maschinenhersteller auf einfache und einheitliche Art und Weise die gesamte Steuerungssoftware – sowohl SPS- als auch NC-Funktionalität – beeinflussen kann.

6 Konsequenzen für Hersteller und Anwender

Die Durchsetzung von offenen Steuerungen weist enorme Potentiale für alle Beteiligten der Wertschöpfungskette (Steuerungshersteller, Maschinenbauer und Endanwender) auf. Offenheit schafft Ideen für neue Funktionalitäten und mehr Wettbewerb. Dies kann zu mehr Vielfalt und schnellerer Innovation bei sinkenden Preisen führen. Einzelne Hersteller können sich auf ihre jeweiligen Stärken konzentrieren, welche nicht notwendigerweise auf den klassischen Maschinenbau oder die reine Steuerungstechnik beschränkt sein müssen. Vielmehr wird es spezialisierte Anbieter geben, die aufgrund ihres Fachwissens qualitativ hochwertige Komponenten für einen bestimmten Anwendungsbereich bereitstellen. Eine entscheidende Rolle spielt dabei, daß die einzelnen Komponenten sorgfältig getestet und aufeinander abgestimmt werden, damit eine hohe Systemgüte gewährleistet werden kann. Dadurch entstehen neue Serviceleistungen (z.B. die Systemintegration), um Komponenten zu kombinieren und in Betrieb zu nehmen oder auch die Zertifizierung von Softwaremodulen und Komplettsystemen.

Komponenten können zukünftig aus einer Kombination von mechanischen, elektronischen und softwaretechnischen Teilen bestehen. Sie werden idealerweise ohne Zusatzaufwand automatisch in ein Basissystem eingebunden. Aufgrund der Notwendigkeit, Komponenten unterschiedlicher Hersteller zu einem Gesamtsystem zu integrieren, ändert sich zwangsläufig auch die Form der Zusammenarbeit zwischen den einzelnen Herstellern. So ist durch die Verwendung von definierten Schnittstellen beispielsweise eine simultane Entwicklung von Komponenten möglich, wodurch sich die Entwicklungszeiten erheblich verkürzen lassen. Dies wird zusätzlich dadurch unterstützt, daß der Einarbeitungsaufwand in herstellerspezifische Schnittstellen entfällt und zeitraubende Absprachen zwischen den Beteiligten minimiert werden.

Für die Anbieter von Steuerungssystemen bedeutet die Durchsetzung von offenen Steuerungssystemen in Zeiten steigenden Wettbewerbsdrucks zugleich eine Chance und Herausforderung. Da sich der Lebenszyklus von industriellen Automatisierungsprodukten ständig verringert, die Komplexität und die Entwicklungskosten aber ständig zunehmen, müssen sich die Anbieter auf ihren eigenen Mehrwert konzentrieren. Durch die Nutzung von Standards können externe Komponenten verwendet werden, so daß sich der Steuerungshersteller auf seine Kernkompetenzen konzentrieren und dennoch, aber nicht notwendigerweise, als Komplettanbieter auftreten kann.

Die zunehmende Orientierung der Steuerungstechnik in Richtung einer spezialisierten Anwendungssoftware für Computer führt dazu, daß Steuerungshersteller verstärkt wie Softwarehäuser oder Computerhersteller agieren müssen. Auf diesem Wege versuchen sich bereits namhafte Computerhersteller (z.B. IBM oder HP [23]) im Markt zu etablieren. Aber auch Steuerungshersteller könnten in Zukunft als Plattformlieferanten fungieren, die ein Grundsystem mit begrenzter oder sogar ohne steuerungstechnische Funktionalität anbieten, das von anderen Herstellern zu einem Komplettsystem ausgebaut wird.

Die Verfügbarkeit von offenen Steuerungen versetzt Maschinenhersteller in die Lage, maschinenbauliches Spezialwissen mit steuerungstechnischem Know-how zu kombinieren und dabei nur in begrenztem Umfang auf die Unterstützung eines bestimmten Steuerungsherstellers angewiesen zu sein.

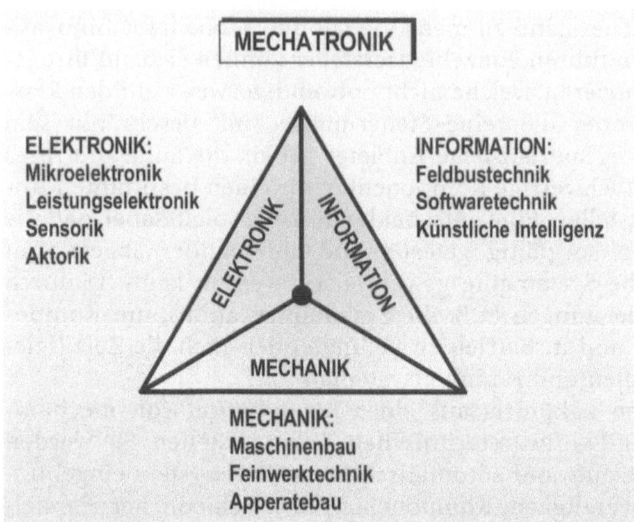

Bild 17. Einflußbereiche der Mechatronik

Da außerdem die Möglichkeit besteht, Komponenten zukaufen zu können, wird für den Maschinenhersteller Entscheidungsspielraum und Planungssicherheit geschaffen. Für den Maschinenhersteller bieten sich dort Einsparpotentiale, wo mechanische Bauteile durch eine entsprechende Softwarelösung ersetzt werden können. So läßt sich beispielsweise eine aufwendige und teure Königswelle durch verteilte SERCOS-Antriebe ersetzen, die untereinander kommunikationstechnisch synchronisiert werden. Andere Beispiele sind elektronische Getriebe oder Bohren ohne Ausgleichsfutter.

Die konsequente Nutzung und Kombination von mechanischen, elektrischen und kommunikationstechnischen Standards ermöglicht darüber hinaus die Entwicklung von mechatronischen Komponenten als eine intelligente und dynamische Zusammenführung von Funktionalität vor Ort (Bild 17). Dies setzt allerdings voraus, daß der Maschinenhersteller sich zukünftig nicht nur mit konstruktiven Fragen, sondern auch mit elektro- und softwaretechnischen Problemstellungen beschäftigt und hierfür entsprechendes Personal vorhält.

Bild 18 zeigt zwei Beispiele für mechatronische Komponenten. Es handelt sich um Bearbeitungswerkzeuge für Holzbearbeitungsmaschinen, die dynamisch eingewechselt werden können. Die Schnittstelle für die Bearbeitungswerkzeuge ist nicht nur eine mechanische Befestigung, sondern stellt darüber hinaus Energie und Druckluft bereit und bietet einen kommunikationstechnischen Anschluß über einen Feldbus. Die Bearbeitungseinheiten besitzen eigene Intelligenz und können dadurch direkt vor Ort mit minimaler Verzögerungszeit auf externe Ereignisse reagieren.

Auch für Softwarehäuser und Komponentenhersteller entstehen neue Märkte, indem sie sich mit ihrem Spezialwissen auf einen bestimmten Bereich konzentrieren und dort leistungsfähige Komponenten anbieten. Dies

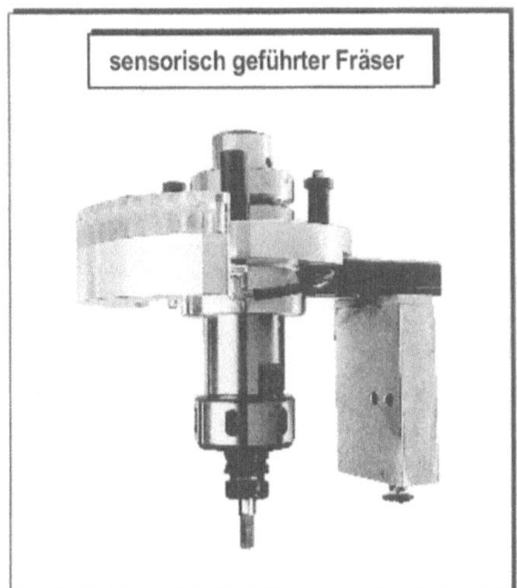

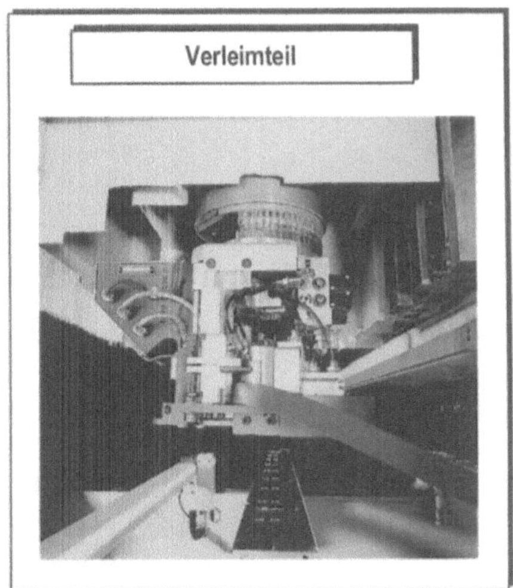

Bild 18. Beispiele für mechatronische Komponenten (Werkbild Homag)

sichert ihnen langfristig Marktanteile. Bereits heute gibt es diverse Anbieter von SPS-Laufzeitsystemen, Benutzungsoberflächen und Visualisierungswerkzeugen, die selber keine kompletten Steuerungssysteme herstellen.

Auch die Vorteile der Endanwender beim Einsatz standardisierter Steuerungskomponenten liegen auf der Hand. Zum einen vereinfacht sich die Handhabung und Wartung von Maschinen und Steuerungen. Zum anderen wird der Aufwand für Schulung und Einarbeitung auf ein Minimum reduziert. Die Flexibilisierung hat zur Folge, daß mehr Wettbewerb bei besserer Leistung und sinkenden Preisen entsteht. Die zunehmende Vielfalt von Komponenten schafft neue Möglichkeiten und damit ein wichtiges Innovationspotential.

7 Ausblick

Um einen Standard für offene Steuerungssysteme im Markt durchsetzen zu können, ist ein Gremium notwendig, das sich unabhängig von den Marktinteressen einzelner Firmen oder aktuellen öffentlichen Förderungen um die Pflege und Wartung von Spezifikationen und Softwareständen kümmert. Technische Neuerungen und neue Anforderungen müssen aufgegriffen und aufgearbeitet werden, was eine entsprechende Weiterentwicklung der Spezifikationen mit sich bringt. Dieses Bestreben erfordert zum einen herstellerübergreifendes Teamwork und zum anderen eine Zusammenarbeit mit anderen Initiativen auf dem Gebiet der offenen Steuerungen.

Der Verein OSACA e.V. (Open System Architecture for Controls Association) hat sich die genannten Aufgaben zum Ziel gesetzt (Bild 19). Den Kern seiner Aktivitäten stellen die Spezifikationen dar, die im Rahmen der OSA-

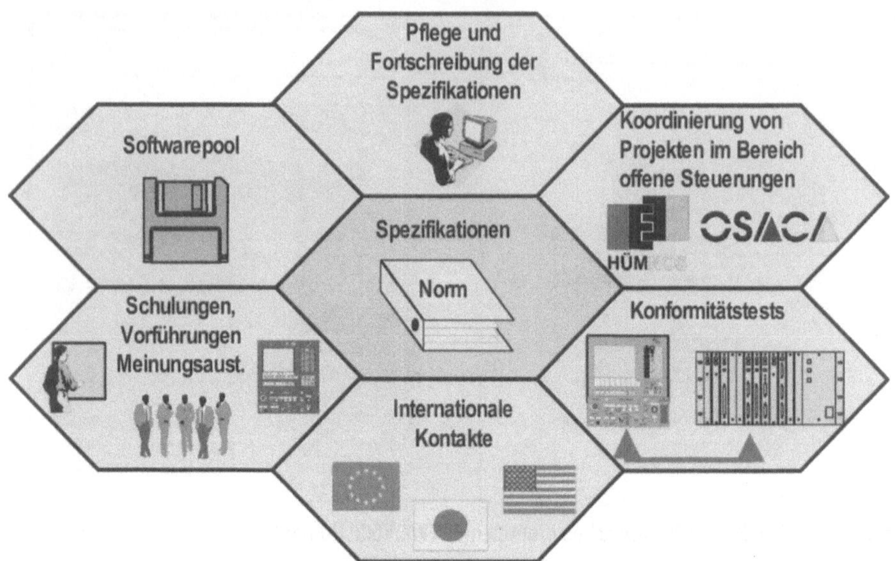

Bild 19. Aufgaben des Vereins OSACA e.V.

CA-Projekte und des HÜMNOS-Projekts entwickelt wurden. Die Spezifikationen sollen jedoch nicht nur Vereinsmitgliedern zu Verfügung stehen, sondern einer breiten Öffentlichkeit zugänglich gemacht werden. Auf der EMO'97 in Hannover wurden so z.B. erstmals die Spezifikationen der OSACA-Architektur in Form des sog. OSACA-Handbuchs veröffentlicht.

Dem OSACA-Verein gehören z.Z. 25 europäische Firmen und Forschungsinstitute an. Er unterhält Kontakte zu weiteren weltweit bedeutenden Initiativen mit ähnlicher Zielrichtung wie OSACA. Genannt seien hier vor allem die OMAC User Group in den USA und die IROFA-Gruppe in Japan. Neben der Pflege der Spezifikationen organisiert der Verein Veranstaltungen und Präsentationen. Zukünftig wird er auch Konformitätstests durchführen, um einen hohen Qualitätsstandard für offene Steuerungen gemäß den OSACA-Spezifikationen sicherzustellen.

Literatur

1. Pritschow, G. et al.: Open system sontrollers – a challenge for the future of the machine tool industry. Annals of the CIRP Vol. 42/1993. Bern, Stuttgart: Verlag Techn. Rundschau 1993, S. 449–452
2. Weck, M.; Kohring, A.; Klein, F.: Offene NC-Systeme, Grundlage herstellerunabhängiger Flexibilität. VDI-Z 135 (1993) 5, S. 51–55
3. Pritschow, G. et. al.: „Wie offen hätten Sie's denn gern?" – Offene Systeme in der Fertigung. Wettbewerbsfaktor Produktionstechnik: Aachener Perspektiven. AWK, Aachener Werkzeugmaschinenkoll. Düsseldorf: VDI-Verlag 1996
4. Wöhrmann, D.: Konzept und Anwendung einer offenen numerischen Steuerung. ZwF CIM (1993) 3

5. Wucherer, K.: Die Wende in der Steuerungstechnik. In: Zukunftssicherung durch Innovation. Berlin: Springer 1994
6. N.N.: Requirements of open, modular architecture controllers for applications in the automotive industry. Version 1.1, Chrysler, Ford, GM, 1994
7. McCue, H.: Open architecture controller activities in TEAM. Proc. World Automation Congress, Montpellier 1996. M. Jamshidi et al. TSI Press, Albuquerque, Vol. 3, S. 525–530
8. Fujita S.; Yoshida T.: OSE: Open system environment for controller. Proc. of the 7th IMEC Conf. 1996, S. 234–244
9. Junghans, G.: Offene Steuerungsplattform. Eine Einführung in die System-Architektur von OSACA. Elektronik plus Automatisierungspraxis, Heft 2/1994, S. 19–23
10. Frey, K.; Scheifele, D.: Kostenfaktor NC. Maschinenmarkt (1994) 46
11. Heidel, R.; Hörger, J.; Döbrich, U.: Vom Feldgerät zur offenen Feldtechnik. ATP – Automatisierungstechnische Praxis 37 (1995) 10
12. Duelen, G.; Scholz-Reiter, B.; Zastrow, K.: Feldbussysteme in der Fertigungstechnik. CIM Management 11 (1995) 2
13. Scheifele, D.; Häberle, U.: Mit digitaler Antriebstechnik zu hoher Konturtreue. HOB (1993) 7/8
14. Happacher, M.: Nicht aufzuhalten – Steuerungstechnik im Sog der PC-Technologie. Elektronik (1996) 16
15. Yourdon, E.: Die westliche Programmierkunst am Scheideweg: die Schlüsseltechniken der Softwareentwicklung für das 21. Jahrhundert. München: Hanser 1993
16. Balzert, H.: Lehrbuch der Software-Technik: Software-Entwicklung. Heidelberg: Spektrum Akadem. Verlag 1996
17. Scheifele, D.: Offene Offerte. NC-Fertigung (1994) 1
18. Keil, R.: Kompakt-Version – OS-9 für eingebettete Systeme. ElektronikPraxis (1993) 10
19. Marscholik, C.: Anforderungen an einen Echtzeitkern. Design & Elektronik (1994) 7
20. Daniel, C.: Dynamisches Konfigurieren von Steuerungssoftware für offene Systeme. ISW 112. Berlin: Springer 1995
21. Kugler, W.: Teleservice für Werkzeugmaschinen über ISDN. Kommunikationtechnik für den rechnerintegrierten Fabrikbetrieb. Berlin: Springer 1991, S. 202–216
22. Brandl, T.; Lutz, R.; Reichenbächer, J.: ASPECT – CASE tool for control functions Originating from mechanical layout. In: Storr, A.; Jarris, D. (Hrsg.): Software engineering for manufactoring systems. London: Chapman & Hall 1996
23. Norvell, D.A.: Benefits of a fully open architecture controller. Proc. 7th IMEC Conf. 1996, S. 288–292

Direktantriebe – Auslegung und Vergleich

H. Rudloff, F. Götz, R. Siegler, M. Gringel, M. Knorr

Inhalt: Antriebssysteme für Werkzeugmaschinen mit hohen Arbeitsgeschwindigkeiten – Merkmale und Ausprägung von Direktantrieben – Vergleich Synchron- und Asynchronmotor – Konstruktive Merkmale direktangetriebener Werkzeugmaschinen – Einsatzbeispiele und erzielte Ergebnisse

1 Einleitung

Elektrische Direktantriebe gewinnen in jüngster Zeit besonders im Werkzeugmaschinenbau zunehmend an Bedeutung. So entwickeln zwischenzeitlich mehrere Maschinenhersteller Produktionsmaschinen für die Hochgeschwindigkeitsfräsbearbeitung mit direktangetriebenen Vorschubachsen bzw. bieten diese Maschinen bereits an. Durch Erhöhung der Vorschub- und der Schnittgeschwindigkeiten um den Faktor 3 im Vergleich zur konventionellen Zerspanung werden beim HSC-Fräsen erhebliche Reduzierungen der Hauptzeitanteile erreicht. Gleichzeitig werden geringere Schnittkräfte und eine deutliche Verbesserung der Oberflächenqualitäten möglich [1].

Darüber hinaus können signifikante Einsparungen bei den Nebenzeiten durch schnelle Achspositionierbewegungen erzielt werden. Parallelen zur Hochgeschwindigkeitsfräsbearbeitung sind auch bei der Lasermaterialbearbeitung erkennbar. Mit der Verfügbarkeit leistungsfähiger Strahlquellen können prozeßbedingt sehr hohe Bahngeschwindigkeiten realisiert werden. Die Hauptvorteile beim Einsatz dieser neuen Bearbeitungstechnologien liegen in deutlich reduzierten Stückkosten bei den zu bearbeitenden Werkstücken. Desweiteren erlaubt die HSC-Technologie den Einsatz von Bearbeitungszentren anstelle von Sondermaschinen auch bei größeren Stückzahlen. Kostengünstige Flexibilität ist somit auch in der Serienfertigung möglich.

Verbunden mit dem Wegfall mechanischer Übertragungselemente sind mit direktangetriebenen Vorschubachsen hohe Vorschubgeschwindigkeiten und Achsbeschleunigungen sowie eine hohe Regeldynamik erreichbar. Der Einsatz dieser im Werkzeugmaschinenbau neuen Antriebstechnik erfordert vom Konstrukteur ein fundiertes und teilweise auch neues Wissen über die Antriebsauslegung und konstruktive Integration der Linearmotoren in entsprechende Achsbaugruppen. Entsprechendes gilt auch für die Steuerungs- und Regelungstechnik. Die einfache Substitution konventioneller Antriebssysteme durch einen Lineardirektantrieb führt aufgrund der besonderen Eigenschaften der Linearmotoren nicht zu einer optimalen Lösung.

Da die erreichbaren Vorschubkräfte von Direktantrieben in erster Linie vom verfügbaren Einbauraum für die Linearmotoren bestimmt werden, sind zur Erlangung der angestrebten hohen Achsdynamik geringe bewegte Massen notwendig. Und weil der Leichtbau bereits integraler Bestandteil heutiger Maschinenentwicklungen ist, kommt auch dem Vergleich der Direktantriebstechnik mit konventionellen elektromechanischen Servoantriebssystemen mit Kugelgewindetrieb eine neue Bedeutung zu.

Im folgenden werden neueste Erkenntnisse zur Auslegung von Direktantrieben in Werkzeugmaschinen vorgestellt. Dies erfolgt unter besonderer Berücksichtigung konstruktiver, regelungstechnischer und wirtschaftlicher Gesichtspunkte. Der Vergleich zu konventionellen Servoantriebssystemen zeigt die heutigen Grenzen hinsichtlich Leistungsvermögen und Wirtschaftlichkeit. Grundsätzlich können Linearmotoren in Maschinen für unterschiedlichste Anwendungsfälle eingesetzt werden. Hierzu zählen beispielsweise Applikationen wie

- Lasermaterialbearbeitung,
- Formenbau und
- Bearbeitung von Gehäusen.

Im folgenden fokussiert sich dieser Beitrag sowohl auf den Einsatz von Linearmotoren in HSC-Bearbeitungszentren für die Gehäusebearbeitung, wie sie beispielsweise in der Automobilindustrie häufig anzutreffen ist, als auch auf die Verwendung in Laserbearbeitungsmaschinen.

2 Dynamikanforderungen an moderne Vorschubantriebe

Die Leistungsdaten und Arbeitsgeschwindigkeiten moderner Werkzeugmaschinen werden u.a. von der eingesetzten Antriebstechnik bei den Vorschubachsen bestimmt. Im fertigungstechnischen Bereich stellt die Stückzeit eine wichtige Kenngröße hinsichtlich der erzielbaren Produktivität dar. Die Bearbeitungszeiten werden sowohl durch die Hauptzeiten, während deren zerspant wird, als auch die unproduktiven Nebenzeiten bestimmt. Die Nebenzeiten untergliedern sich wiederum in Span-zu-Span-Zeiten beim Werkzeugwechsel sowie in die Positionierzeiten, welche für die Eilgangbewegung von einer Bearbeitungsoperation zur nächsten notwendig sind. So ergeben sich beispielsweise bei der Bearbeitung von für die Automobilindustrie relevanten Werkstücken (z.B. Getriebegehäuse) folgende prozentuale, jeweils auf die Gesamtbearbeitungszeit bezogenen Bearbeitungszeitanteile:

- Hauptzeiten 30–50%,
- Nebenzeiten 50–70%;

davon

- Positionierzeiten 20–40%,
- Span-zu-Span-Zeiten 20–40%.

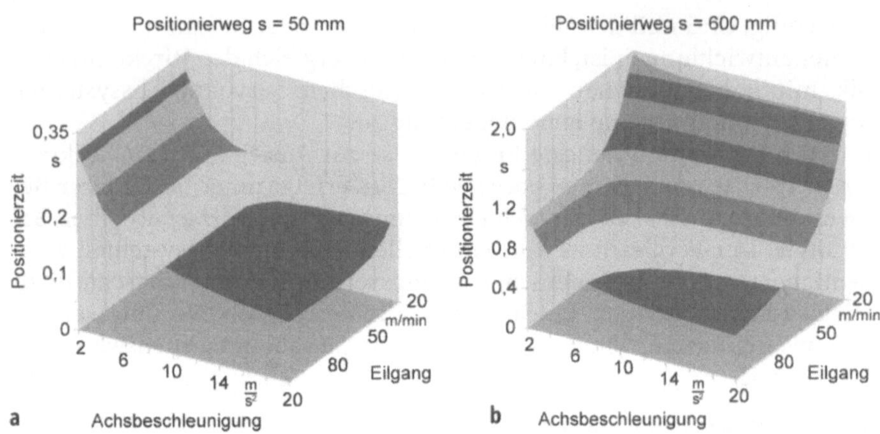

Bild 1. Positionierzeit in Abhängigkeit der Leistungsdaten des Vorschubantriebs.
a s = 50 mm; **b** s = 600 mm (Quelle: Heller)

2.1 Achsgeschwindigkeit und -beschleunigung

Kriterien für die technisch und wirtschaftlich sinnvolle Auslegung des Beschleunigungsvermögens und für die maximalen Achsgeschwindigkeiten moderner Vorschubantriebe können am Beispiel der Positionierzeit einer Vorschubachse deutlich gemacht werden. In Abhängigkeit der genannten Kenngrößen und des Positionierwegs zeigt Bild 1 die Auswirkungen auf die Positionierzeit.

Bei kleinen Positionierwegen (s = 50mm) wird die Positionierzeit dominant vom Beschleunigungsvermögen der Vorschubachsen bestimmt, während Geschwindigkeitssteigerungen über 50 m/min praktisch keine Auswirkungen mehr zeigen. Dies gründet darin, daß der Hauptteil der Bewegung aus Beschleunigungs- und Verzögerungsanteilen besteht. Andere Verhältnisse ergeben sich bei großen Positionierwegen, wie dies am Beispiel von s = 600 mm dargestellt ist. Dominanten Einfluß auf die Positionierzeit übt hierbei die maximale Eilganggeschwindigkeit aus, während ein Beschleunigungsvermögen größer 1 g keine signifikanten Verbesserungen mehr zeigt. Weiterhin beeinflußt die Anregelzeit des Antriebs (K_V-Faktor und Vorsteuerverfahren) die Positionierzeit. Die Voraussetzung für das annähernd schleppfehlerfreie Positionieren sind ein hoher K_V-Wert und der Einsatz geeigneter Vorsteuerverfahren, so daß die Achsbeschleunigungen bzw. -verzögerungen ohne zusätzliche Anregelzeiten aufgebaut werden können.

Betrachtet man die Randbedingungen bei der HSC-Bearbeitung von Gehäuseteilen (z.B. PKW-Getriebegehäuse), so ergibt sich folgende Situation: Die Span-zu-Span-Zeit wird neben der Werkzeugbereitstellungszeit in hohem Maße von der Hochlaufzeit der Spindel sowie von der Eilgangbewegung der Spindel zur Werkzeugübergabestation bestimmt. Übliche Verfahrwege für diese Eilgangbewegung liegen bei maximal 600 mm. Dabei wird vorausgesetzt, daß aus Dynamikerwägungen kein mitfahrendes Werkzeugmagazin zum Einsatz kommt. Für diese Eilgangbewegung wird nun gefordert, keine größere Zeit zu beanspruchen, als die Spindelhochlaufzeit beträgt. Setzt man eine mittlere Spindelhochlaufzeit von ca. 0,5 s an, so ergibt sich die Forderung nach einer Eilganggeschwindigkeit von bis zu 120 m/min.

Die Wege für die verbleibenden Positioniervorgänge ohne Werkzeugwechsel (z.B. Bearbeitung der Bohrungen konstanter Durchmesser an Flanschflächen) betragen ca. 50–100 mm. Unter Berücksichtigung der Zusammenhänge nach Bild 1 werden somit Beschleunigungen von 10–20 m/s^2 benötigt.

Bei der Lasermaterialbearbeitung liegen die Pulsanstiegszeiten der Strahlquelle bis zum Anliegen der vollen Laserleistung im Millisekundenbereich. Weiterhin werden im wesentlichen nur Positionier- und Bahnbewegungen ausgeführt. Darüber hinaus sind beim Hochgeschwindigkeitslaserschneiden Bahngeschwindigkeiten von 30 m/min im Dünnblechbereich bereits realisierbar [7]. Hier ergibt sich die Forderung nach einer höchstmöglichen Dynamik der Maschine.

Einen weiteren Aspekt stellen die erforderlichen Vorschubkräfte sowie Laststeifigkeiten der Antriebe dar. Hierzu ist zu erwähnen, daß entsprechend den bisherigen Erfahrungen für die genannten Anwendungsgebiete mit Linearmotoren die Anforderungen erfüllt werden können.

3
Vergleich der Antriebssysteme: Kugelgewindetrieb und Direktantrieb

Zur Beurteilung der Eignung von Antriebssystemen für hohe Vorschubgeschwindigkeiten ist es notwendig, die prinzipbedingten Unterschiede der Antriebssysteme, deren Leistungsvermögen sowie Einsatzgrenzen einander gegenüberzustellen. Im Bereich der elektromechanischen Servoantriebe ist der Vorschubantrieb mit Kugelgewindetrieb (KGT) das bei Werkzeugmaschinen nach wie vor am häufigsten eingesetzte Antriebssystem. Ein hoher technischer Entwicklungsstand sowohl bei den mechanischen Komponenten als auch bei den Regeleinrichtungen trägt dem bisherigen Leistungsvermögen Rechnung. Bei verminderten Steifigkeitsanforderungen kommen auch Zahnstange-Ritzelantriebe zum Einsatz, wobei hinsichtlich Spielfreiheit und Minimierung nichtlinearer Effekte ein erhöhter Aufwand in Kauf genommen werden muß. In Einzelfällen können elektromechanische Servoantriebe mit Zahnriemen- bzw. Stahlbandantrieb zur Wandlung der rotatorischen in die lineare Bewegungsform ausgeführt sein. Aufgrund der geringen Steifigkeit der Übertragungselemente sind diese Antriebe für Werkzeugmaschinen jedoch nur sehr eingeschränkt tauglich.

Mit der Entwicklung der Lineardirektantriebstechnik steht erstmals ein Vorschubantriebssystem zur Verfügung, welches im Vergleich zu bisherigen

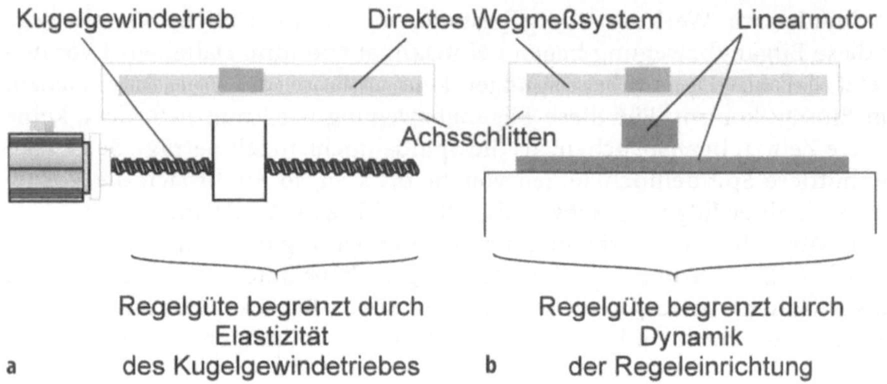

Bild 2. Prinzipieller Aufbau von Vorschubantriebssystemen mit **a** KGT und **b** Linearmotor

elektromechanischen Servoantrieben sehr hohe Achsgeschwindigkeiten bei minimierter Anzahl mechanischer Verschleißelemente ermöglicht. Desweiteren werden aufgrund der prinzipbedingten hohen Regelgüte sehr hohe Fertigungsqualitäten auch bei großen Bearbeitungsgeschwindigkeiten möglich.

In den folgenden Betrachtungen wird der elektromechanische Servoantrieb mit Kugelgewindetrieb dem Direktantrieb gegenübergestellt. Bild 2 zeigt den prinzipiellen Aufbau beider Vorschubantriebssysteme.

3.1
Grundsätzliche Eigenschaften der Antriebssysteme

Der elektromechanische Servoantrieb mit Kugelgewindetrieb zeichnet sich besonders durch hohe Adaptionsfähigkeit hinsichtlich spezifizierten Längen, Geschwindigkeiten und Prozeßkräften aus. Die Einsatzgrenzen sind bisher bei langen Verfahrwegen gegeben, wo aufgrund der großen Spindellängen niedrige kritische Eigenfrequenzen der Spindeln auftreten, verbunden mit hohen Kosten für den Kugelgewindetrieb. Begrenzungen in der Vorschubgeschwindigkeit und Dynamik ergeben sich durch die kritische Spindeldrehzahl bzw. den Drehzahlkennwert der Spindelmutter sowie durch Elastizitäten des Spindel-Muttersystems. Der Kraftfluß zur Erzeugung der linearen Vorschubbewegung erfolgt über Wälzkörper, die aus Steifigkeits- und Genauigkeitsgründen unter Vorspannung stehen müssen. Die Folgen hiervon sind mechanische Verluste und Verschleiß. Weiterhin ist die Steifigkeit dieses Antriebssystems zusätzlich abhängig von der Lage des Achsschlittens zu den Festlagern der Spindellagerungen.

Lineardirektantriebe erzeugen im Gegensatz zu den elektromechanischen Servoantrieben die gewünschten Vorschubkräfte unmittelbar ohne Verwendung mechanischer Übertragungselemente. Dadurch wird ein spielfreier, steifer und trägheitsarmer Antriebsstrang erreicht. Dieser zeichnet sich durch ein hohes Geschwindigkeits- und Beschleunigungsvermögen aus, sofern die bewegten Massen in Grenzen gehalten werden, verbunden mit einer hohen Regelbandbreite. Allerdings stehen keine Möglichkeiten zur Anpassung der Motorschubkräfte auf die benötigten Vorschubkräfte zur Verfügung. Da die Schubkräfte des Linearmotors begrenzt sind, erfolgt die Antriebsauslegung mittels der Motorbaugröße bzw. -anzahl.

Die Beurteilung der Eignung von Antriebssystemen für hohe Bahngeschwindigkeiten kann anhand charakteristischer Eigenschaften erfolgen. Wichtig für die Bahngenauigkeit sind die Führungsgrößenverzerrung aufgrund des dynamischen Maschinenverhaltens sowie die Reibungsumkehrspanne der Vorschubantriebe [6]. Diese Größen sind in hohem Maße von der Vorschubgeschwindigkeit abhängig. Die Führungsgrößenverzerrung entsteht, wenn die Positionssollwerte der Steuerung aufgrund der begrenzten dynamischen Eigenschaften der Vorschubantriebe mit Abweichungen auf den TCP bzw. auf das Werkstück übertragen werden. Steuerungstechnisch können die dynamischen Konturabweichungen mittels Geschwindigkeits- und Beschleunigungsvorsteuerung, ruckbegrenzter Führungsgrößenerzeugung sowie hohen Geschwindigkeitsverstärkungen der Lageregelkreise zwar minimiert, aber nicht vollständig vermieden werden. Die Reibungsumkehrspanne der Vorschubantriebe äußert sich bei Quadrantenübergängen (gekennzeichnet durch Richtungsumkehr einer Vorschubachse) der Bahnbewegung. Sie wird im wesentlichen beeinflußt durch die wirkenden Reibkräfte, die dynamische Steifigkeit im Antriebsstrang und die Regelkreisdynamik der Lage- und Geschwindigkeitsregelung der Vorschubantriebe.

Bei erhöhten Vorschubgeschwindigkeiten wird von den Vorschubachsen ein progressiv zunehmendes Beschleunigungsvermögen abverlangt, um den

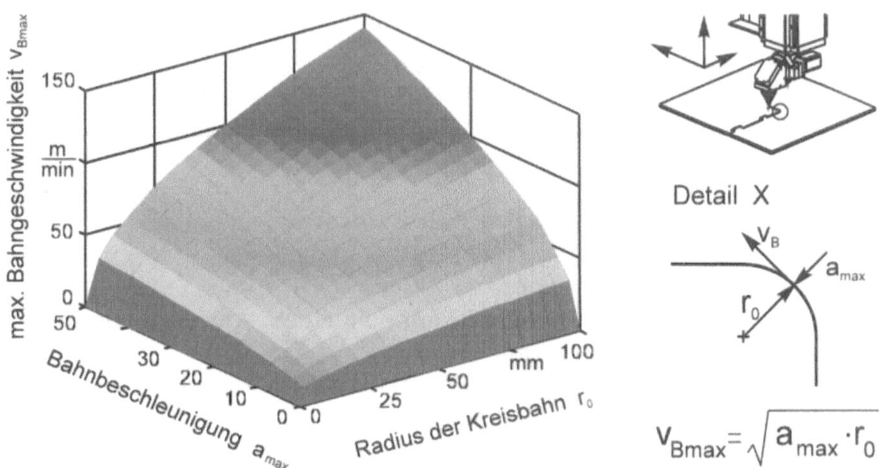

Bild 3. Dynamikanforderungen an die Vorschubachsen bei der Kreis- bzw. Eckenfahrt einer Laserbearbeitungsmaschine (Quelle: ZFS)

Sollwertvorgaben aus kinematischer Sicht folgen zu können. Am Beispiel der Kreisfahrt zweier kartesischer Vorschubachsen einer Laserbearbeitungsmaschine läßt sich der Zusammenhang zwischen dem Beschleunigungsvermögen a_{max} der einzelnen Vorschubachsen, dem Kreisradius r_0 und der hierbei erreichbaren Bahngeschwindigkeit $v_{B\,max}$ zeigen (Bild 3).

Demnach erfordert eine Verdoppelung der Vorschubgeschwindigkeit bei gegebener Kreis- bzw. Eckenkontur bereits eine Vervierfachung des Beschleunigungsvermögens. Daraus folgt, daß Vorschubantriebe für hohe Bahngeschwindigkeiten v.a. bei kleineren Kreisradien auf ein sehr hohes Beschleunigungsvermögen hin ausgelegt werden müssen. Dies ist v.a. beim Laserschneiden ein wichtiger Aspekt. Die Umsetzung der Ressourcen eines derartigen Antriebssystems kann andererseits nur mittels einer möglichst hohen Regelbandbreite erfolgen. Diese wichtige Kenngröße im Vergleich der Antriebssysteme soll im folgenden näher betrachtet werden.

3.2 Bandbreite der Vorschubantriebssysteme

Zur Beurteilung der dynamischen Eigenschaften eines Vorschubantriebssystems kann die Achse als lagegeregeltes System niedriger Ordnung hinreichend genau modelliert werden. Die Begrenzung der Bandbreite wird hierbei durch die erste Eigenfrequenz ω_0 des Systems bestimmt. Durch theoretische Herleitungen kann gezeigt werden, daß die Geschwindigkeitsverstärkung sich zu max. $K_v = 0{,}3\ \omega_0$ ergibt [2]. Daraus folgt, daß der Geschwindigkeitsverstärkungsfaktor K_v ein Maß für die Bandbreite der Achse darstellt. Darüber hinaus ist der Geschwindigkeitsverstärkungsfaktor eine typische Kenngröße für die dynamische Bahntreue einer Vorschubachse in Abhängigkeit von den relevanten Einflußgrößen eines Lageregelkreises, auch unter Einbeziehung des nicht eingeschwungenen Zustands. Am Beispiel der Kreisfahrt eines zweiachsigen kartesischen Systems kann bei Ansteuerung beider Achsen mit einer um 90° phasenversetzten Sinusschwingung gezeigt werden, daß sich die Radiusabweichung Δr aus dem Übertragungsverhalten der Achsen ermitteln läßt. Dies wird hinreichend genau über die Beziehung

$$\Delta r \approx -\frac{r_0}{2}\left(\frac{\omega}{\omega_0}\right)^2 = \frac{r_0^2\omega^2}{2r_0\omega_0} = \frac{1}{2r_0}\left(\frac{v_{BM}}{K_v}\right)^2$$

beschrieben [3]. Dabei wird vereinfachend von einem Antrieb ohne Einsatz von Vorsteuerkonzepten ausgegangen.

Demnach folgt der Radiusfehler quadratisch dem Verhältnis von Bahngeschwindigkeit v_{BM} zu K_v-Faktor. Sollen bei hohen Bahngeschwindigkeiten auch hohe dynamische Bahngenauigkeiten erreicht werden, so sind ein hoher K_v-Faktor und ein ausreichendes Beschleunigungsvermögen die wichtigsten Grundvoraussetzungen. Desweiteren bewirkt eine hohe Geschwindigkeitsverstärkung eine Reduzierung von Konturfehlern beim Quadrantenübergang, der oftmals eine wesentliche Ursache von Fertigungsungenauigkeiten darstellt.

Prinzipbedingt ergeben sich unterschiedliche theoretische Ansätze zur Bestimmung der Bandbreite eines elektromechanischen Servoantriebs mit Kugelgewindetrieb und eines Lineardirektantriebs. Auch bezüglich des erfolgreichen Einsatzes von Vorsteuerverfahren gelten unterschiedliche Voraussetzungen. Insbesondere der lineare Direktantrieb bietet durch sein lineares Übertragungsverhalten auch bei geringen K_V-Faktoren die Möglichkeit, ein nahezu ideales Führungsübertragungsverhalten durch Vorsteuerung von Geschwindigkeit und Beschleunigung zu realisieren.

Im Gegensatz zum Führungsübertragungsverhalten läßt sich die dynamische Laststeifigkeit eines Antriebs nicht durch die gängigen Vorsteuerverfahren verbessern. Die dynamische Steifigkeit des Antriebs wird wesentlich von der Dynamik der Achsregelung bestimmt, d.h. von der Fähigkeit des Reglers, schon bei kleinsten Regelabweichungen entsprechend schnell zu reagieren und den Antrieb mit der notwendigen Stellgröße zum Ausgleich des Regelfehlers anzusteuern. In Bild 4 ist der Einfluß der Regelkreisdynamik auf die Bahngenauigkeit am Beispiel der Kreisfahrt mit einem direktangetriebenen HSC-Bearbeitungszentrum dargestellt.

Es zeigt sich, daß der dominierende Bahnfehler an den Quadrantenübergängen der Kreiskontur auftritt. Hervorgerufen wird dieser als Reibungsumkehrspanne bezeichnete Fehler durch geschwindigkeitsabhängige Änderungen der Reibkräfte (typischerweise 100–300 N bei Umkehr der Vorschubrichtung einer Achse). Die Kraftänderung entspricht einer Störkraft, die zu Regelabweichungen führt. Aus den Meßschrieben läßt sich auch die Wirksamkeit der eingesetzten Vorsteuerung erkennen, da zusätzliche Bahnfehler wie die vorstehend erwähnten Radiusfehler bei endlichem K_V-Faktor kompensiert werden.

Der große Einfluß der Regelkreisdynamik auf die Störsteifigkeit und somit auch auf die Bahngenauigkeit zeigt sich anhand des resultierenden Bahnfehlers. Eine Erhöhung der K_V-Faktoren der Lageregler beider Achsen

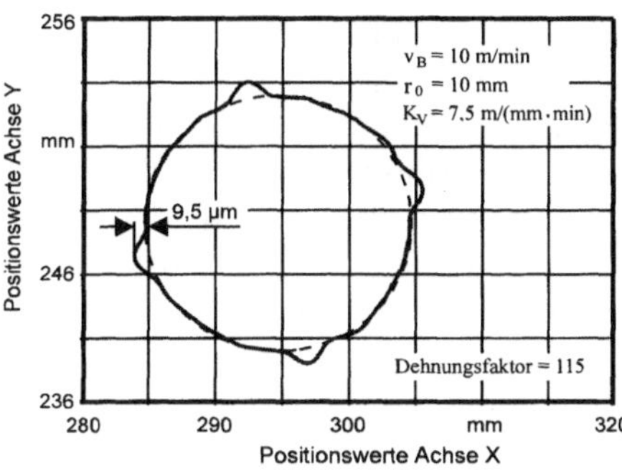

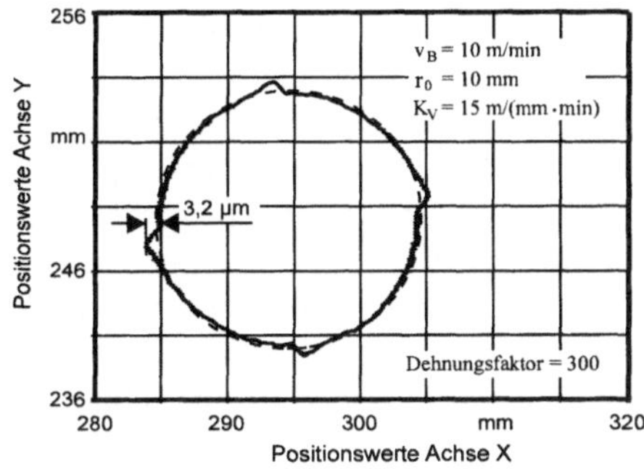

Bild 4. Einfluß der Regelkreisdynamik auf die Bahngenauigkeit am Beispiel der Kreisfahrt mit einem direktangetriebenen HSC-Bearbeitungszentrum (Quelle: ZFS)

von 7,5 auf 15 m/(min · mm) bei gleichzeitiger Verdopplung der Proportionalverstärkungen in den Geschwindigkeitsreglern führt zu einer deutlichen Reduzierung der Umkehrspannen und einer Verbesserung der Kreisformgenauigkeit. In bisher ausgeführten direktangetrieben HSC-Bearbeitungszentren wurden K_v-Faktoren bis zu 30 m/(min · mm) realisiert. Dieser Wert verdeutlicht, daß mit der Lineardirektantriebstechnik selbst bei großen Bahngeschwindigkeiten noch eine hohe Konturtreue erreicht werden kann. Bearbeitungsergebnisse zeigen, daß bei einer Zirkularbearbeitung der Lagersitze eines Kupplungsgehäuses auf einem HSC-Bearbeitungszentrum mit Linearmotoren (Bohrungsdurchmesser ca. 50–60 mm) ein maximaler Rundheitsfehler von weniger als 3 µm erzielt werden kann. Dies ist in hohem Maße auf die Reduzierung der Quadrantenübergangsfehler zurückzuführen.

3.2.1
Bandbreite des Servoantriebs mit Kugelgewindetrieb

Die Dynamikgrenze des Servoantriebs mit Kugelgewindetrieb wird im wesentlichen bestimmt durch die i.allg. tief abgestimmte mechanische 1. Eigenfrequenz des Systems, gebildet aus Getriebe und Spindel/Mutter als Federelement sowie den Massen von Schlitten und Nutzlast. Die erste mechanische Eigenfrequenz ist damit das entscheidende Hindernis für die neuen Anforderungen aus dem Hochgeschwindigkeitsbereich, indem bei gleichbleibender dynamischer Genauigkeit die Arbeitsgeschwindigkeit konventioneller Systeme zu vervielfachen ist. Beim Servoantriebssystem mit Kugelgewindetrieb wird die erste Eigenfrequenz ω_0 des mechanischen Systems aus der Federsteifigkeit c des Kugelgewindetriebs und der wirksamen translatorisch bewegten Masse des Vorschubschlittens m über folgende Beziehung errechnet:

$$\omega_0 = \sqrt{\frac{c}{m}} \quad .$$

Typischerweise werden bei derzeitigen Werkzeugmaschinen mit Servoantrieben auf der Basis von Kugelgewindetrieben Eigenfrequenzen im Bereich von 50–70 Hz erreicht. Damit liegt die Grenze des K_v-Faktors bei derartigen Antriebssystemen nach oben hin fest. Es kann unter Berücksichtigung der in [2] beschriebenen Beziehungen gezeigt werden, daß der erreichbare K_v-Faktor bei $K_v < 0{,}3\omega_0$ liegt. Somit ergeben sich maximale Werte für den $K_v < 5$ m/(min · mm). Den Optimierungsansätzen durch Erhöhung der Steifigkeit von mechanischen Übertragungselementen sind Grenzen gesetzt. Um die angestrebten hohen Vorschubgeschwindigkeiten zu erreichen, sind Spindelsteigungen je nach Ausführung zwischen dem 0,5- und 1,5fachen des Spindeldurchmessers erforderlich. Dadurch treten zunehmende Nachgiebigkeitsanteile aufgrund der Torsionsbelastung der Spindel in den Vordergrund.

3.2.2 *Bandbreite des Direktantriebssystems*

Bei Direktantrieben entfällt die Begrenzung der elektromechanischen Servoantriebssysteme, so daß die erreichbaren K_V-Werte um Größenordnungen über diesen liegen [4]. Durch vereinfachte Modelle kann prinzipiell gezeigt werden, daß sich der Antrieb wie ein System 2. Ordnung verhält mit der Eigenfrequenz ω_0, wobei

$$\omega_0^2 = K_V \cdot K_P$$

gilt. Die Bandbreite des Führungsfrequenzganges ist nur abhängig vom Verstärkungsfaktor K_P (mit $K_V = 0{,}3 \ldots 0{,}5\ K_P$) des Geschwindigkeitsregelkreises. Durch das Fehlen von mechanischen Übertragungsgliedern im Antriebsstrang treten nun praktisch keine tief abgestimmten mechanischen Eigenfrequenzen mehr auf. Der Antrieb kann somit bis zu einem teilweise sehr hohen Frequenzbereich als mechanisch steif beschrieben und auch betrieben werden. Wichtig in diesem Zusammenhang ist, daß die zu bewegende Masse theoretisch keinen Einfluß auf die Bandbreite besitzt. Die erreichbare Regelgüte von Direktantrieben ist somit im wesentlichen von der Verarbeitungsgeschwindigkeit der Regeleinrichtung und der schwingungsarmen konstruktiven Ausführung der Achsbaugruppen abhängig.

Die Antriebssteifigkeit ist bei der Beschreibung des dynamischen Verhaltens von Direktantrieben von besonderem Interesse. Ausgehend von der Störübertragungsfunktion kann, abgeleitet werden, daß die dynamische Störsteifigkeit c im wesentlichen mit der bewegten Masse m des Antriebs sowie mit den Werten der Regelkreisverstärkungsfaktoren K_V und K_P zunimmt.

$$c = \frac{F_s}{x_i} = m \cdot K_V \cdot K_P$$

Am Beispiel eines Störkraftsprungs auf eine direktangetriebene Vorschubachse kann das Ausregelverhalten einer Lineardirektantriebsachse als Reaktion auf diese Störkraft bei unterschiedlichen Verstärkungsfaktoren K_V und K_P gezeigt werden (Bild 5).

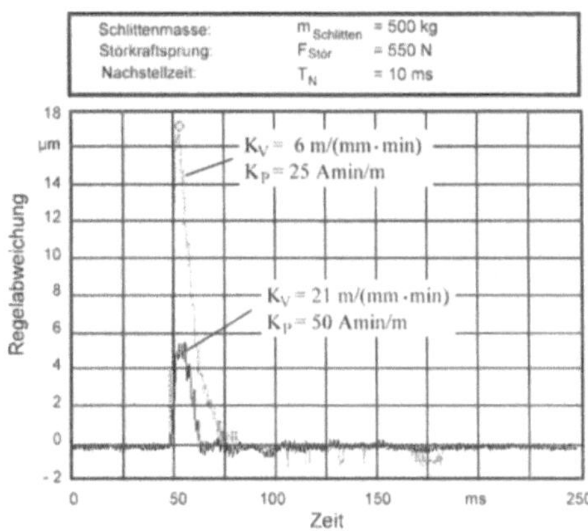

Bild 5. Ausregelverhalten einer Lineardirektantriebsachse als Reaktion auf einen Störkraftsprung (Quelle: ZFS)

Der Antrieb reagiert auf den Störkraftsprung mit einer kurzfristigen Regelabweichung, bis die Gegenkraft aufgebaut und die Störung ausgeregelt ist. Eine Erhöhung des K_V-Faktors bei gleichzeitiger Erhöhung des K_P-Faktors reduziert die Regelabweichung und die Ausregelzeit erheblich. Unter realen Bedingungen wie wirkende Reibkräfte der Schlittenführung usw. werden die theoretischen Werte für die Störsteifigkeit nicht in voller Höhe erreicht.

Beim Lineardirektantrieb bestimmen die Verstärkungsfaktoren der Regelkreise die Bandbreite des Antriebssystems. Die theoretischen Werte sind primär durch die Leistungsfähigkeit des Regelrechners und des Umrichters sowie durch die Meßsystemquantisierung begrenzt. Die bisherige Praxis zeigt jedoch, daß die Bandbreite teilweise weit unterhalb des theoretischen Potentials liegt. Als Ursache hierfür konnten beispielsweise Abbildungen von Strukturschwingungen des Achsschlittens im mechanischen Teil der Regelstrecke identifiziert werden [5].

Für die weitere Beurteilung beider Antriebssysteme wird im folgenden auf die Antriebsleistung und die Antriebsauslegung bei vergleichbaren Antriebssystemen näher eingegangen.

3.3 Antriebsleistung

Die Antriebsleistung berechnet sich beim Lineardirektantrieb und beim elektromechanischen Servoantrieb mit Kugelgewindetrieb nach unterschiedlichen Beziehungen (Bild 6).

Lineardirektantrieb		Kugelgewindetrieb mit Servomotor
Kraft · Geschwindigkeit =	*Antriebsleistung*	= Drehmoment · Kreisfrequenz
$F \cdot v$ =	P	= $M \cdot \omega$
Motor mit 80 m/min Nenngeschwindigkeit, Baugröße 800	*Beispiel*	Motor mit 2000 min^{-1} Nenndrehzahl, Achshöhe 100 mm
7500 N · 80 m/min =	10 kW	= 47,8 Nm · 2 · 2000 min^{-1}/ 60 s
Motorstrom = 38,6 A Motordrehfeldfrequenz = 22,2 Hz Verlustleistung = 5,6 kW		Motorstrom = 24 A Motordrehfeldfrequenz = 133,3 Hz Verlustleistung = 1,1 kW

Bild 6. Antriebs- und Verlustleistungsbetrachtung beim Lineardirektantrieb und Kugelgewindetrieb (Quelle: Heller)

Die mechanische Nennleistung eines Lineardirektantriebs ergibt sich aus dem Produkt der zulässigen Dauervorschubkraft F des Linearmotors und der Geschwindigkeit v, bis zu der die Dauervorschubkraft vom Antrieb erzeugt werden kann. Daraus folgt, daß der Linearmotor seine Nennleistung erst bei sehr hohen Verfahrgeschwindigkeiten (v = 80 … 200 m/min) entwickelt. Der optimale Wirkungsgrad elektrischer Antriebe liegt im Bereich der Nennleistung, was zur Folge hat, daß der Linearmotor bei den bisher in Werkzeugmaschinen üblichen Vorschubgeschwindigkeiten von v = 30 … 40 m/min weit unterhalb seiner eigentlichen Leistungsfähigkeit betrieben wird. Darüber hinaus führt die Auslegung der Linearmotoren für niedrige Betriebsfrequenzen zwangsläufig zu höheren Motorströmen in den Motorwicklungen. Dies ist mit höheren Verlusten verbunden. Die Folgen hiervon sind Zusatzkosten in Form von Kühlgeräten und Maßnahmen zur Vermeidung eines Wärmeflusses in die Mechanik der Maschine.

Der rotatorische Servomotor mit Kugelgewindetrieb erzeugt seine abgegebene Leistung bei Nenndrehzahl. Es können Servomotoren mit vergleichsweise geringem Drehmoment eingesetzt werden, die aber im Nennleistungsbereich mit gutem Wirkungsgrad arbeiten und durch einen optimalen Getriebefaktor ihre Leistung aus der Drehzahl beziehen. Allerdings werden die Anpassungsmöglichkeiten durch mechanische Antriebselemente im Bereich höherer Geschwindigkeiten geringer. Dies erfordert rotatorische Servomotoren größerer Leistung und verleiht letztendlich den Vorteilen von Linearmotoren mehr Gewicht.

Im folgenden werden jeweils zwei Antriebssysteme (Direktantrieb/KGT-Antrieb) mit vergleichbaren Anforderungen an das Geschwindigkeits- und Beschleunigungsvermögen verglichen. Darüber hinaus werden die Forderungen an das Beschleunigungsvermögen beider Antriebssysteme gesteigert. Bei der hohen Geschwindigkeitsanforderung von v = 80 m/min kommen für den elektromechanischen Servoantrieb mit Kugelgewindetrieb nur Spindeln mit einer Steigung von h = 40 mm bei n = 2000 … 3000 min^{-1} in Frage. Als begrenzendes Moment bezüglich der zulässigen Maximalgeschwindigkeit wirkt hier der Drehzahlkennwert der Spindelmutter in Verbindung mit der Spindelsteigung. Bei längeren Spindeln ab l = 2 m reduzieren sich die Geschwindigkeiten aufgrund der kritischen Spindeldrehzahl erheblich. Weiterhin beeinflußt die konstruktive Ausführung der Spindellagerung die Maximalgeschwindigkeit des KGT.

In den folgenden Betrachtungen wurde von einer direkten Anbindung der Servomotoren an den Kugelgewindetrieb unter Berücksichtigung aller Massenträgheitsmomente und Steifigkeiten der Übertragungselemente ausgegangen (Bild 7). Den Antrieben steht dabei noch eine Kraftreserve von 2000 N für Verschiebe- und Prozeßkräfte zur Verfügung. Der optimierte Kugelgewindetrieb besitzt eine Spindelsteigung von h = 40 mm, einen Spindeldurchmesser von d = 40 mm und eine Spindellänge von l = 1 m. In der Abbildung sind die Maximalbeschleunigung der Antriebe und die gesamte, bezogen auf die Translation umgerechnete und vom Antrieb zu be-

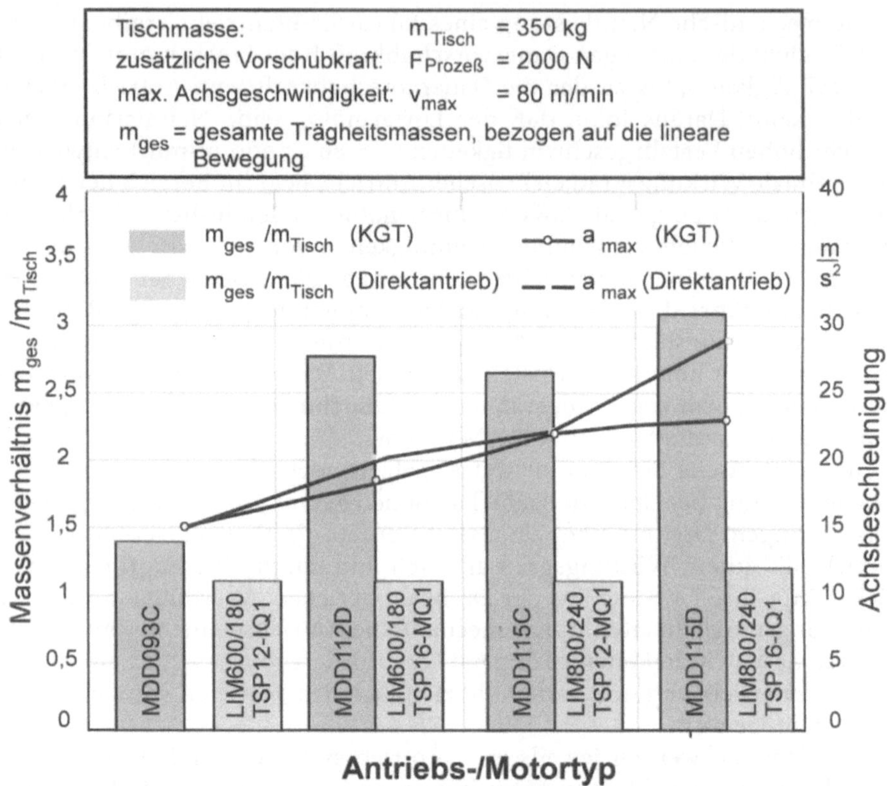

Bild 7. Vergleich der zu bewegenden Massen und des Beschleunigungsvermögens von Kugelgewindetrieben und Lineardirektantrieben (Quelle: ZFS)

schleunigende Masse in bezug zur Nutzmasse dargestellt.

Der Kugelgewindetrieb hat grundsätzlich mehr Gesamtmasse zu beschleunigen als der Lineardirektantrieb. Besonders bei hohen Beschleunigungen verschiebt sich dieses Ungleichgewicht sehr stark zuungunsten des Kugelgewindetriebs. Die erreichbare Maximalbeschleunigung von Linearmotoren liegt über dem Beschleunigungsvermögen der Kugelgewindetriebe und ist im wesentlichen durch den verfügbaren Einbauraum der Motoren begrenzt.

Bei einem Antriebssystem für eine Beschleunigung von 15 m/s^2 liegen die auf die Tischmasse bezogenen Gesamtmassen bei einem Verhältnis von Kugelrollspindelantrieb zu Lineardirektantrieb bei 1,45 : 1,15. Für größere Beschleunigungen von 18–24 m/s^2 liegen die von Kugelgewindetrieben zu bewegenden Gesamtmassen bereits beim etwa Dreifachen der Tischmasse. Beim Linearmotor bleibt die Gesamtmasse dagegen auch bei Beschleunigungen von 30 m/s^2 unter dem 1,3fachen der Tischmasse. Die theoretisch zulässigen Spitzenbeschleunigungen des Maschinenelements „Kugelgewindetrieb“

werden mit a = 40 … 50 m/s^2 angegeben. Beim Linearmotor ist prinzipiell eine Maximalbeschleunigung entsprechend dem Verhältnis aus Motorspitzenkraft und Schlittenmasse erzielbar. Die theoretischen Werte hierfür liegen etwa bei a = 130 … 170 m/s^2.

Sowohl beim Kugelgewindetrieb als auch beim Direktantrieb reduzieren sich die in der Praxis umsetzbaren Beschleunigungen aufgrund der zu bewegenden Schlittenmasse und zusätzlich aufzubringender Verschiebe- und Bearbeitungskräfte erheblich, wobei dieser Einfluß beim Direktantrieb wesentlich deutlicher ausfällt. Bei vergleichbarer Achsdynamik weisen die Kugelgewindetriebe deutlich höhere Spitzenvorschubkräfte im Vergleich zu Lineardirektantrieben auf. Diese Kraftreserve wird zur Beschleunigung der rotatorischen Massen benötigt. Mit der verfügbaren Linearmotortechnik können durch Anordnungen von zwei Linearmotoren in einem Achsschlitten Spitzenkräfte von 30–40 kN erreicht werden! Dennoch ist häufig der verfügbare Einbauraum als begrenzendes Moment für die erreichbaren Kräfte und Beschleunigungen zu sehen. Beim Kugelrollspindelantrieb müssen die Spindelsteigung und der Durchmesser der Spindel den Vorschubkräften angepaßt werden, was im Bereich sehr großer Kräfte zu Lasten der erreichbaren Geschwindigkeit geht.

Bild 8 zeigt die Energieaufnahme und Verteilung der kinetischen Energie zweier vergleichbarer Antriebssysteme mit Linearmotor und Kugelgewindetrieb nach einem Beschleunigungsvorgang auf die maximale Vorschubgeschwindigkeit. Beide Vorschubantriebssysteme verfügen über ein Beschleunigungsvermögen von ca. 2 g bei 100 m/min Achsgeschwindigkeit. Hierbei

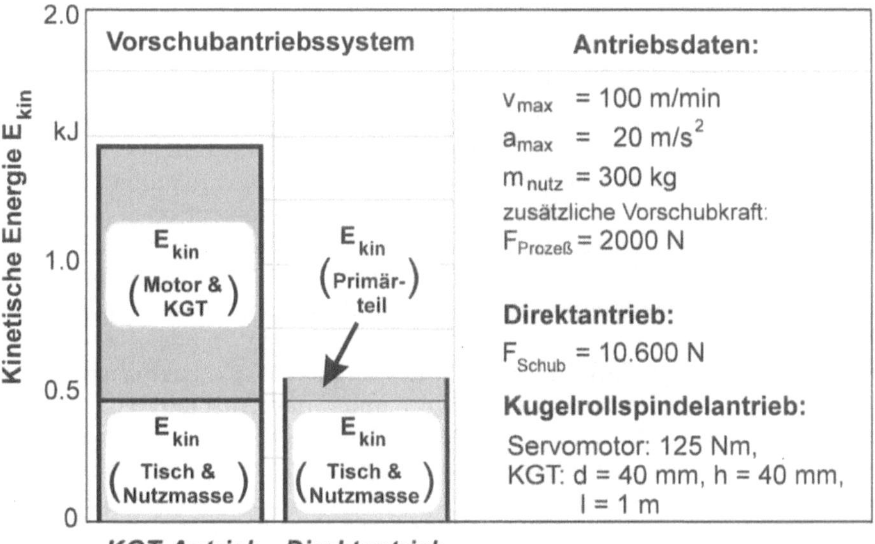

Bild 8. Energieaufnahme der Antriebssysteme beim Beschleunigen (Quelle: ZFS)

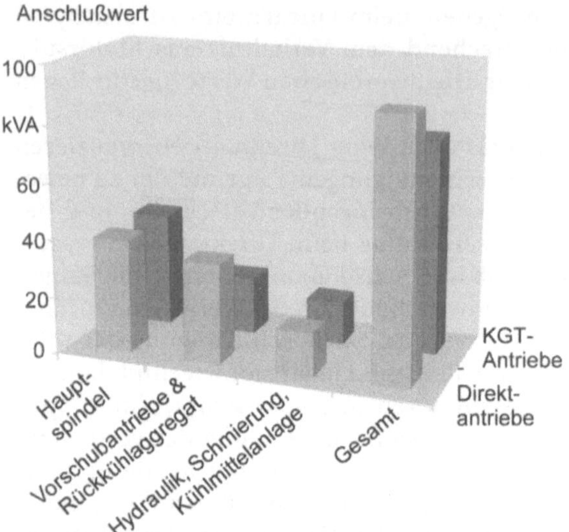

Bild 9. Leistungsvergleich zweier Hochgeschwindigkeitsbearbeitungszentren mit unterschiedlicher Antriebstechnik der Vorschubachsen (Quelle: Ex-Cell-O)

wurden lediglich die Verluste der Motoren berücksichtigt, der Wirkungsgrad des Kugelgewindetriebs wurde als ideal angenommen.

Bei hochdynamischen Antrieben ist der zur Beschleunigung benötigte Energieaufwand von Lineardirektantrieben trotz größerer elektrischer Verluste erheblich geringer. Hohe Trägheitsmomente des rotatorischen Servomotors und des Kugelgewindetriebs stellen parasitäre Energiespeicher dar, die im Vergleich zur parasitären Masse des Primärteils eines Lineardirektantriebs bedeutend größer sind. Bei Achsbeschleunigungsvorgängen im hohen Geschwindigkeitsbereich sind somit wesentlich höhere Energiebeträge dem Antriebssystem mit Kugelgewindetrieb zu- bzw. abzuführen.

Einen praxisbezogenen Vergleich beider Antriebssysteme zeigt Bild 9 anhand des Leistungsvergleichs zweier Hochgeschwindigkeitsbearbeitungszentren. Bei vergleichbarer Hauptspindelleistung ist ein direktangetriebenes Hochgeschwindigkeitsbearbeitungszentrum einem konventionell angetriebenen BAZ gegenübergestellt. Anzumerken ist, daß das konventionell angetriebene BAZ unterhalb des Geschwindigkeits- und Beschleunigungsvermögens des direktangetriebenen Hochgeschwindigkeitsbearbeitungszentrums liegt.

Der Vergleich zeigt, daß die Anschlußleistung der Werkzeugmaschine mit konventioneller Antriebstechnik um 17% unter der Anschlußleistung der direktangetriebenen Maschine liegt. Bei beiden Maschinen beansprucht der Leistungsverbraucher „Hauptspindel“ den größten Anteil. Der höhere Anschlußwert der direktangetriebenen Maschine resultiert aus der Anschlußleistung für die Vorschubantriebe und das Rückkühlaggregat. Am Beispiel der Stromaufnahme während einer Getriebegehäusebearbeitung wird jedoch deutlich, daß der Anteil der Leistungsaufnahme durch die Vorschub-

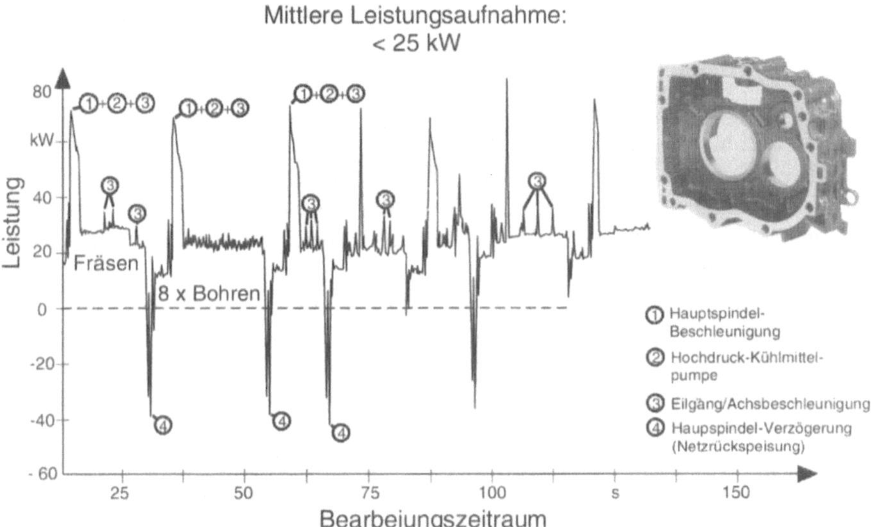

Bild 10. Leistungsaufnahme eines direktangetriebenen HSC-Bearbeitungszentrums während einer Gehäusebearbeitung (Quelle: Ex-Cell-O)

antriebe beim direktangetriebenen Hochgeschwindigkeitsbearbeitungszentrum nicht dominiert (Bild 10).

Die Spitzen bei der Leistungsaufnahme resultieren aus der Hauptspindelbeschleunigung bzw. -verzögerung, während die Leistungsaufnahme für die Vorschubantriebe deutlich unter der Leistungsaufnahme der Hauptspindel liegt.

Der Vergleich von Servoantrieben mit Kugelgewindetrieb und Linearmotor zeigt, daß die Direktantriebstechnik im Hinblick auf Dynamik und energetische Betrachtungen dem elektromechanischen Servoantrieb mit KGT deutlich überlegen ist. Wichtig in diesem Zusammenhang ist die Feststellung, daß sich dieser Vergleich auf Auslegungsbetrachtungen von Antriebssystemen mit hoher Achsdynamik bezieht. Die höhere Bandbreite und dynamische Genauigkeit der Direktantriebe sind überzeugende Argumente für den Einsatz dieser neuen Antriebstechnik bei Produktionsmaschinen mit hohen Arbeitsgeschwindigkeiten. Weitere Vorteile für den Lineardirektantrieb ergeben sich aus konstruktiver Sicht. Neben einer geringeren Anzahl notwendiger Bauteile ist die Antriebseinheit verschleißfrei. Darüber hinaus ergeben sich keine Abhängigkeiten der dynamischen Eigenschaften von der Achsverfahrlänge. Vorteilhaft für den KGT-Antrieb ist, daß die Kosten bisher deutlich unter denen des Lineardirektantriebs liegen.

Konstruktiv erfordern beide Antriebssysteme unterschiedliche Methoden zur Gestaltung und Dimensionierung der Achsbaugruppen. Die Krafteinleitung in den Achsschlitten erfolgt beim Linearmotor über der gesamten Luftspaltfläche des Primärteiles, was einen entsprechend großen Einbauraum erfordert. Weiterhin werden hohe Anforderungen an die Steifigkeit der im Kraftfluß des Motors liegenden Baugruppen gestellt. Dies führt häufig zu massiven Schlitten- bzw. Achskonstruktionen. Beim Kugelgewindetrieb wird die Vorschubkraft dagegen über kleine Montageflächen in den Achsschlitten eingeleitet, d.h., es lassen sich auch sehr große Vorschubkräfte mit relativ kompakten Schlittenkonstruktionen realisieren. Abhängig von der Maschinenstruktur und den dynamischen Anforderungen können jedoch auch bei mitbewegten und relativ großen Servomotoren Einbauvolumen und Masse störend in Erscheinung treten.

Zusätzlicher Aufwand beim Einsatz von Direktantrieben entsteht durch die notwendige Kühlung der Linearmotoren zur Vermeidung thermisch bedingter Verlagerungen. Die Betriebserwärmung der rotatorischen Servomotoren konnte bisher in den meisten Werkzeugmaschinen ohne zusätzliche Flüssigkeitskühlung toleriert werden, da ihr Einbauort im Gegensatz zum Linearmotor üblicherweise an unkritischen Stellen in der Maschinenstruktur liegt. Besonders problematisch sind Schwingungen des Antriebssystems, die sich im Wegmeßsystem in Vorschubrichtung abbilden. Die Folge hiervon sind grenzstabile Schwingungen vornehmlich der Schlittenbaugruppen bei hohen Frequenzen (Pfeifgeräusche, instabiles Regelverhalten). Die Gestaltung und Dimensionierung der mechanischen Baugruppen sollte deshalb unter besonderer Berücksichtigung des Schwingungsverhaltens erfolgen.

4 Vergleich Synchron- und Asynchronlinearmotor

Wurden bisher zumindest bei europäischen Werkzeugmaschinenbauern überwiegend Asynchronlinearmotoren in direktangetriebenen Vorschubachsen bei Werkzeugmaschinen eingesetzt, so ist der Synchronlinearmotor eine zunehmend wirtschaftlich interessante Alternative. Gründe hierfür liegen u.a. in den deutlich höheren Vorschubkräften bei vergleichbarem Gewicht. Beide Motortypen sind Bausatzmotoren in Einzelkammausführung und werden in aller Regel als Kurzstatormotoren eingesetzt. Dies hat den Vorteil einer geringeren Verlustleistung und Streuung, da der kürzere Primärteil mit der Drehstromwicklung vollständig an der Kraftbildung beteiligt ist. Beide Motortypen werden elektronisch kommutiert. Zur stufenlosen Drehzahlverstellung dient ein Frequenzumrichter, der einen Gleichspannungszwischenkreis mit pulsbreitenmoduliertem Pulswechselrichter und eine Phasenstromregelung besitzt.

4.1 Linearmotorprinzipien

Der Synchronlinearmotor ist ein permanent erregter Drehstromsynchronmotor. Das Primärteil besteht aus einem Stahllamellenpaket mit Nuten, in die eine Drehstromwicklung in Sternschaltung eingelegt und vergossen ist. Auf dem Sekundärteil sind Permanentmagnete nebeneinander angeordnet. Waren bisher inkrementelle Wegmeßsysteme in Verbindung mit Hallsensoren für die Kommutierung des Motors erforderlich, lassen sich nun die notwendigen Kommutierungswinkel mit einer auf einem Rechnermodell basierenden Pollageidentifikation bei der Inbetriebnahme bestimmen. Die Hallsensoren können dadurch entfallen.

Beim Linearasynchronmotor ist der Aufbau des Primärteils ähnlich dem des Linearsynchronmotors. Das Sekundärteil besitzt keine Permanentmagnete, sondern besteht aus geschichteten, isolierten Dynamoblechen mit Nuten, in denen Stäbe aus Kupfer oder Aluminium eingelegt und kurzgeschlossen sind. Der zur Erzeugung eines eigenen Magnetfelds im Sekundärteil erforderliche Strom wird nach dem Transformatorprinzip über das Primärteil in das Sekundärteil induziert. Hierzu ist funktionsbedingt ein Schlupf zwischen der Frequenz des Drehfeldes im Primärteil und der Vorschubgeschwindigkeit notwendig. Für den Einsatz von Asynchronlinearmotoren in Servoantrieben bietet es sich an, im Leistungsteil bzw. in der Regeleinrichtung eine getrennte Ansteuerung von magnetischem Fluß des Motors und der Vorschubkraft durch Systemgrößenentkopplung („feldorientierte Regelung“) durchzuführen.

Es ergeben sich folgende, prinzipbedingte Unterschiede zwischen Asynchron- und Synchronmotoren:

- Der Asynchronlinearmotor ist ein Induktionsmotor, d.h, es entstehen zusätzliche Verluste durch die Magnetisierungsströme im Primärteil und Induktionsströme im Sekundärteil. Beim Synchronlinearmotor werden die Phasenströme nur zur Krafterzeugung genutzt. Die Folge hiervon ist eine höhere Kraftdichte. Ohmsche Verluste entstehen beim Synchronlinearmotor im wesentlichen nur im Primärteil.
- Der Asynchronlinearmotor weist Kraftwelligkeiten durch Pole und Nuten in jeder Betriebsart auf. Beim Synchronlinearmotor treten Kraftwelligkeiten nur in der Bewegung auf, da im Stillstand reine Gleichströme in den Wicklungen fließen.
- Die Permanentmagnete erfordern beim Synchronlinearmotor eine aufwendige Abdeckung des Sekundärteils. Dies ist besonders bei der Zerspanung magnetischer Materialien (z.B. Grauguß) zu berücksichtigen. Weiterhin erschweren die permanenten Anziehungskräfte die Montage. Der Asynchronlinearmotor ist im stromlosen Zustand kraft- und magnetfeldfrei und demzufolge unproblematisch hinsichtlich Montage und Kapselung.

4.2 Vergleich der Leistungsdaten

Bei der Antriebsauslegung von direktangetriebenen Vorschubachsen sind Kenngrößen wie Spitzenvorschubkraft, Dauervorschubkraft und Maximalgeschwindigkeit maßgebend. Der Synchronlinearmotor weist deutliche Vorteile hinsichtlich höherer Vorschubkräfte bei geringerer Verlustleistung auf. So liegen die Spitzenvorschubkräfte F_{max} des Synchronlinearmotors im Mittel um den Faktor 1,3 über denen des Asynchronlinearmotors. Beide Motortypen zeichnen sich durch eine weitestgehend lineare Kraftkennlinie aus. Als weitere Reaktionskräfte treten Anziehungskräfte zwischen den Motorteilen sowie Querkräfte auf, die von der Umgebungskonstruktion aufgenommen werden müssen. Die Anziehungskraft zwischen Primär- und Sekundärteil ist beim Synchronlinearmotor deutlich höher als beim Asynchronlinearmotor, der jedoch eine höhere Schwankung der Anziehungskraft mit ±15% aufweist (Synchronlinearmotor: ±7%). Die Querkräfte beider Motortypen sind im Vergleich zur Anziehungskraft vernachlässigbar (1–2%).

4.3 Motorkühlung

Auch im Hinblick auf das thermische Verhalten stellt die Direktantriebstechnik neue Forderungen an den Konstrukteur. Sowohl das Primärteil des Synchron- als auch das des Asynchronlinearmotors ist eine starke Wärmequelle und befindet sich aus konstruktiver Sicht an zentraler Stelle in der Vorschubachse. Erschwerend kommt hinzu, daß Linearmotoren prinzipbedingt höhere Ströme benötigen als Antriebe mit geschwindigkeitsübersetzenden mechanischen Übertragungselementen (z.B. Kugelgewindetriebe). Hohe Steifigkeitsanforderungen an die Umgebungskonstruktion des Motorbereichs sorgen zusätzlich für eine geeignete mechanische Struktur zur Wärmeleitung, wenn keine entsprechenden Maßnahmen zur Wärmeabfuhr bzw. Wärmeisolierung getroffen werden.

Bisher wurden zur Wärmeabfuhr in aller Regel Plattenkühler zwischen Primär- bzw. auch Sekundärteil und der Umgebungskonstruktion eingesetzt. Als Wärmequelle wirken die Ohmschen Verluste der Drehstromwicklungen des Primärteils, die bei Belastungsspitzen des Motors sehr hohe Temperaturen (bis 120°C) erreichen können. Beim Asynchronlinearmotor wird eine zusätzliche Verlustleistung durch die induzierten Kurzschlußströme im Sekundärteil erzeugt. Die Wärmeabfuhr erfolgt nach unterschiedlichen Prinzipien. Der Hauptteil der Wärmemenge wird durch Wärmeleitung auf den Plattenkühler übertragen und abgeführt. Nicht vernachläßigbar sind jedoch Wärmeübergänge durch freie und erzwungene Konvektion sowie die Wärmeübertragung durch Strahlung auf die Umgebungsbereiche. Diese Erkenntnisse führten zu der Entwicklung von Linearmotoren nach der Thermosandwichbauart (Bild 11).

Werden entsprechende Volumenströme mit geregelten Vorlauftemperaturen zur Kühlung der Motorteile eingestellt, so können maximale Temperaturerhöhungen der Umgebungskonstruktion unter 2 K auch bei voller Belastung des Motors realisiert werden. Bei schnellen Verfahrbewegungen treten dann andere – vom Motorprinzip unabhängige – Wärmequellen wie beispielsweise die Führungsschuhe von Linearwälzführungssystemen in den Vordergrund.

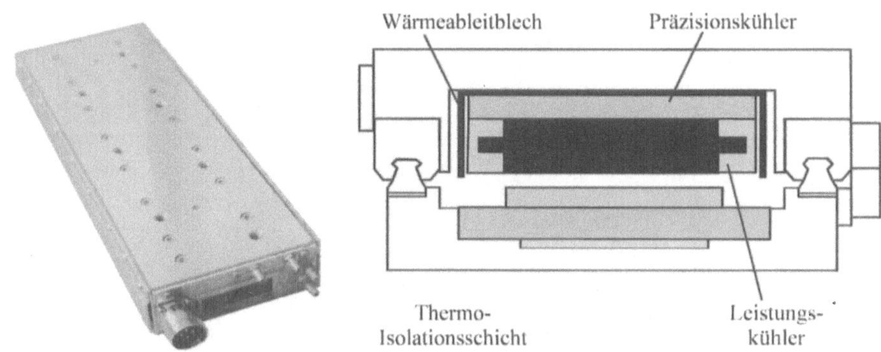

Bild 11. Primärteil nach Thermosandwichbauart (Quelle: Krauss Maffei)

Grundsätzlich besteht die Möglichkeit, bei der genannten Thermosandwichbauart zwei Kühlkreisläufe, bestehend aus einem ungeregelten Leistungskühlkreislauf und einem geregelten Präzisionskühlkreislauf, zu realisieren. Da sich jedoch gezeigt hat, daß – eine thermisch günstige Maschinenkonstruktion vorausgesetzt – auch der Einsatz nur eines geregelten Kühlkreislaufs je Antrieb ausreichend ist, sollte fallbezogen unter Kosten- und Platzgesichtspunkten abgewogen werden, wieviele Kühlkreisläufe einzusetzen sind.

In der Praxis hat sich die Regelung der Kühlwassertemperatur im Wassertank auf 0,5°C als ausreichend erwiesen; eine Regelung auf die Temperatur der Kühlplatte am Motorrücken ist somit nicht notwendig.

Beim Synchronmotor fließen im Gegensatz zum Asynchronmotor keine Ströme im Sekundärteil, eine Kühlung des Sekundärteils ist somit nur beim Asynchronmotor notwendig. Aus diesem Grund wird beim Einsatz von Synchronmotoren – eine vergleichbare Nutzantriebsleistung vorausgesetzt – eine um ca. 30–40% geringere Kühlleistung benötigt als bei Verwendung von Asynchronmotoren. Generell kann beim HSC-Bearbeitungszentrum mit Linearmotoren davon ausgegangen werden, daß eine Kühlleistung von ca. 10–15 kW ausreichend ist, um die üblichen Forderungen an das thermische Maschinenverhalten zu erfüllen. Welche hohe Fertigungsqualität mit derart gekühlten Maschinen erreichbar ist, zeigt die erreichbare Stichmaßgenauigkeit bei der Bearbeitung von Kupplungsgehäusen mit einem direktangetriebenen Hochgeschwindigkeitsbearbeitungszentrum (Bild 12).

4.4 Kostenvergleich

Die Kostenentwicklung bei den Magnetmaterialien ist für die Synchrontechnik von entscheidender Bedeutung. Der Vorteil der höheren Leistungsdichte bei höherem Wirkungsgrad gegenüber der Asynchrontechnik ist den prinzipbedingten Nachteilen und v.a. den Mehrkosten für die dauermagnetbestückten Sekundärteile entgegenzuhalten.

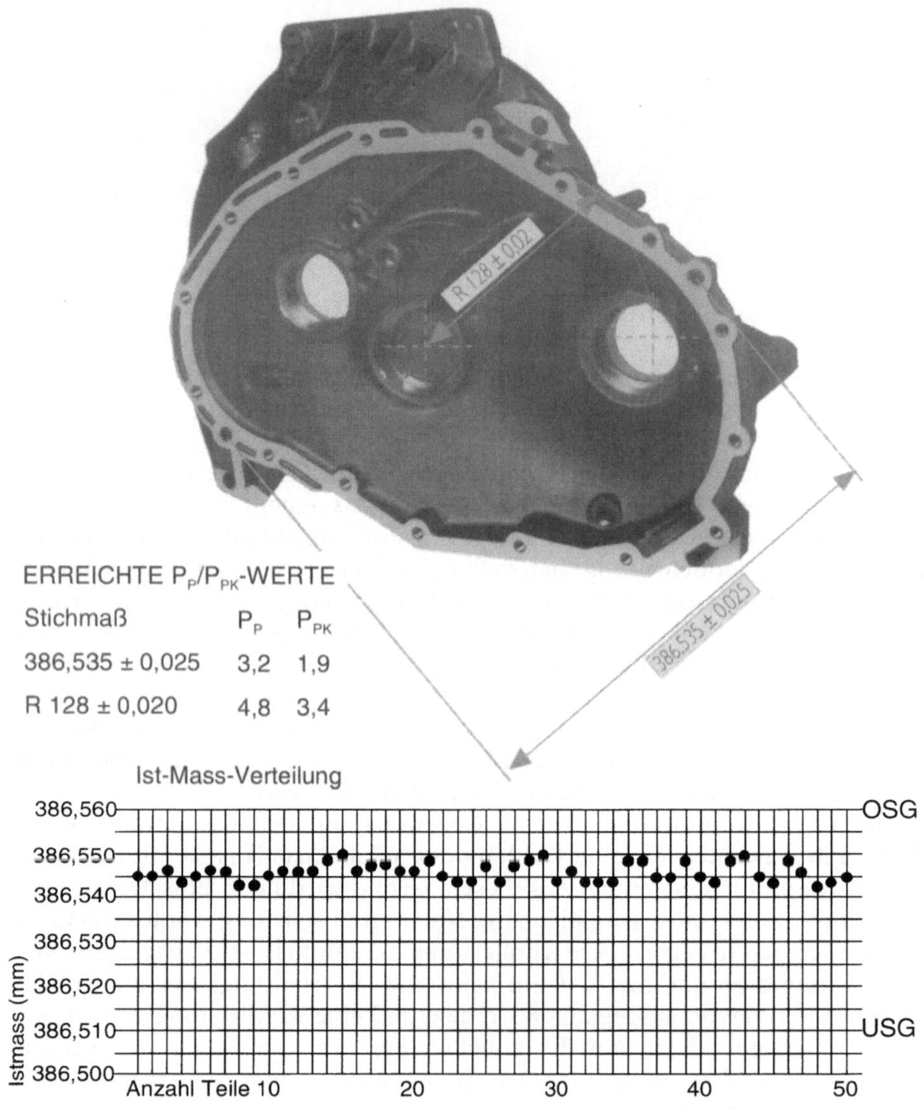

Bild 12. Thermische Stabilität eines direktangetriebenen Bearbeitungszentrums (Quelle: Ex-Cell-O)

Wurden bisher als Magnetwerkstoffe vorwiegend Samarium-Kobalt-Magnete ($SmCo_5$ bzw. $SmCo_7$) verwendet, so ist heute ein deutlicher Trend zu Magnetmaterialien auf der Basis von Neodym-Eisen-Bor (NdFeB) zu beobachten. Diese zeichnen sich durch hohe Energiedichten, ein günstiges Entmagnetisierungsverhalten sowie einen vergleichsweise günstigen Magnetpreis aus. Ausgehend von den derzeitigen Marktpreisen für Synchronmotoren und Asynchronmotoren ist festzuhalten, daß die Kaufpreise für Linearantriebe auf Synchronmotorbasis momentan um ca. 20% über denen mit

Asynchronmotoren liegen. Die weltweiten Entwicklungsaktivitäten und die steigende Nachfrage lassen erwarten, daß neben weiteren Verbesserungen der Qualität dieser Magnetwerkstoffe auch durch kosteneffektivere Herstellverfahren weitere Impulse für die Synchronlinearmotortechnik zu beobachten sein werden.

5 Digitale Lageregelung von Linearmotoren

Die vollständige Nutzung der Leistungsfähigkeit von Direktantrieben erfordert ein durchgängig digitales Antriebskonzept mit leistungsfähigen Hard- und Softwareplattformen sowie entsprechenden Schnittstellen zwischen den einzelnen Systemkomponenten. Die Führungsgrößenerzeugung innerhalb der NC erfolgt bei modernen Steuerungssystemen beschleunigungs- und ruckbegrenzt. Dadurch werden Anregungen kritischer mechanischer Resonanzfrequenzen der Maschine weitestgehend vermieden. Aufgrund des linearen Verhaltens im Antriebsstrang ist eine genaue Vorsteuerung von Geschwindigkeit und Beschleunigung möglich. Die hohe Bandbreite im Lage- und Geschwindigkeitsregelkreis ermöglicht eine hohe dynamische Laststeifigkeit des Antriebs. Die Grundvoraussetzungen hierfür sind steife und massenminimierte Achs- bzw. Maschinenkonstruktionen mit hohen mechanischen Eigenfrequenzen, schnelle Taktraten der Regeleinrichtung und ein schneller Kraftanstieg im Motor. Weiterhin stehen umfangreiche Möglichkeiten zur Unterdrückung stabilitätskritischer mechanischer Resonanzen im Regelkreis über Stromsollwertfilter zur Verfügung.

6 Konstruktive Merkmale direktangetriebener Maschinen

Die Nutzung des Potentials der Direktantriebstechnik stellt hohe Anforderungen an den mechanischen Aufbau der Achsen bzw. der gesamten Maschine. Standen bisher Prozeßkräfte bei der Dimensionierung von Werkzeugmaschinen im Vordergrund, so treten bei hochdynamischen Maschinen die Trägheitskräfte der bewegten Baugruppen zunehmend an deren Stelle. Diese bewirken Deformationen und Schwingungserregungen, welche die Arbeitsgenauigkeit begrenzen. Die Achsdynamik wird sowohl durch die beschleunigungswirksamen Kräfte des Vorschubantriebs, als auch durch die zu bewegenden Massen bestimmt. Die Massenreduktion ist primär einer Überdimensionierung der Antriebsleistung vorzuziehen, da sich hierdurch sowohl Anlagenkosten, zu installierende Antriebsleistung und deren Energiebedarf als auch die mechanische Belastung der Gesamtmaschine verringern. Die Maschinenkonstruktion ist dahingehend zu optimieren, daß hohe Bauteilsteifigkeiten bei minimierten bewegten Massen erzielt werden.

Der Leichtbau stellt eine wichtige Konstruktionsdisziplin bei der Entwicklung hochdynamischer Maschinen dar. Erste Konstruktionslösungen hoch-

Bild 13. Achsschlitten einer Direktantriebsachse in Sandwichbauweise (Quelle: IfW)

steifer und leichter Sandwichstrukturen für Achsschlitten direktangetriebener Vorschubachsen wurden auf der Basis von lasergeschweißten Blechhalbzeugen bereits realisiert (Bild 13).

Neben der Bauweise übt die Maschinenkinematik bzw. das Maschinenkonzept einen großen Einfluß auf die zu bewegenden Massen und die erzielbaren Steifigkeiten aus. Bei Achsanordnungen mit langen kinematischen Ketten, d.h. mehreren aufeinander aufbauenden Achsen, summieren sich die von den einzelnen Achsantrieben zu beschleunigenden Massen in Richtung der Gestellachse hin. Ein Ansatz besteht daher in der Vermeidung langer kinematischer Ketten durch Maschinenkinematiken mit mehreren gestellfesten Achsen. Bekannte technische Realisierungen sind beispielsweise die Hexapoda. Weiterhin werden kurze Kraftpfade zum Maschinengestell hin realisiert, die sich zusätzlich in erhöhten Steifigkeiten der Gesamtmaschine auswirken.

Die Antriebsdimensionierung kann einerseits durch die Wahl der Baugröße des Linearmotors entsprechend den geforderten Vorschubkräften erfolgen, andererseits können mehrere Linearmotoren in einer Vorschubachse eingesetzt werden. Neben der Möglichkeit einer Kompensation der Anziehungskräfte lassen sich auch nachgiebige Achsstrukturen durch beidseitig angeordnete Antriebssysteme in ihrem Steifigkeitsverhalten verbessern. Konstruktiv stehen beim Einsatz mehrerer Linearmotoren in einer Vorschubachse die Serienanordnung und die Parallelanordnung zur Auswahl.

Die Ansteuerung kann im Parallel- bzw. im Master-slave-Betrieb oder im Gantry-Betrieb erfolgen.

Beim Parallel- bzw. Master-slave-Betrieb von mehreren Linearmotoren (Primärteilen) werden alle Motoren an einem Umrichter bzw. an mehrere Umrichter mit nur einem Wegmeßsystem angeschlossen. Konstruktiv sind die Abstände zwischen den Motorteilen so zu gestalten, daß die gleiche Phase der Gegen-EMK sichergestellt ist. Daraus resultiert auch die Forderung nach einer steifen mechanischen Verbindung zwischen den einzelnen Motorteilen.

Beim Gantry-Betrieb verfügen beide Motoren über ihre eigene Antriebsregelung. Dies ermöglicht eine genaue Führung beider Antriebssysteme. Anwendungsbeispiele des Gantry-Betriebs finden sich bei Maschinenkonzepten nach dem sog. Box-in-a-box-Design. Die beidseitig angeordneten Achsantriebe in geschlossenen Rahmenteilen bewirken günstige Kraftflüsse, so daß hohe Steifigkeiten erzielt werden (Bild 14). Darüber hinaus ergibt sich eine kompakte Bauweise. Nachteilig ist der erhöhte Aufwand hinsichtlich der beidseitig auszuführenden Lagerungen und Achsantriebe.

Bei der Montage der Linearmotoren erfordert der Synchronlinearmotor ein gesondertes Vorgehen aufgrund der hohen Anziehungskräfte zwischen Primär- und Sekundärteil. Die Sekundärteile werden in anreihbaren Seg-

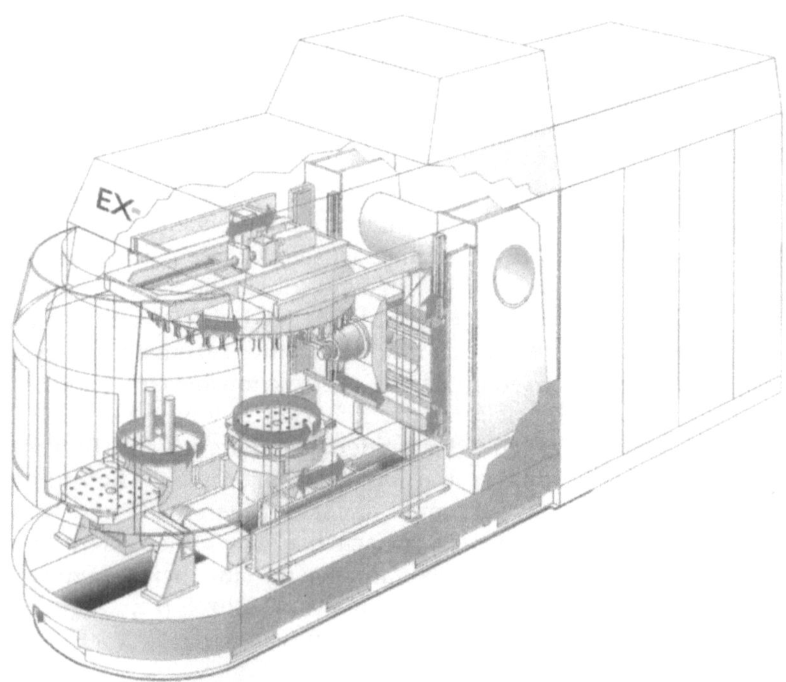

Bild 14. Hochgeschwindigkeitsbearbeitungsmaschinen (Quelle: Heller, Ex-Cell-O)

menten ausgeführt. Dies ermöglicht die Montage in Bereichen des Verfahrweges, wo der zuvor montierte Achsschlitten mit dem Primärteil nicht über diesem Sekundärteilabschnitt steht. Im Service-Fall kann durch entsprechendes Entfernen eines Sekundärteilabschnitts anschließend auch das Primärteil getauscht werden. Diese Vorgehensweise erspart die sonst zwingend erforderlichen Montagehilfen

Die hohen Achsgeschwindigkeiten der Linearmotoren stellen auch völlig neue Anforderungen an die peripheren Komponenten einer Vorschubachse. Insbesondere sind dies Bremssysteme, Gewichtsausgleichssysteme, Abdekkungen sowie Energieversorgungsketten.

Bei Verwendung von Linearmotoren werden im stromlosen Zustand vertikale Achsen nicht durch selbsthemmende mechanische Übertragungselemente (z.B. Kugelgewindetrieb) gehalten. Es empfiehlt sich daher, für diese Achsen Bremsen vorzusehen, die beispielsweise in Gewichtsausgleichssystemen integriert werden können. Grundsätzlich ist jedoch festzuhalten, daß im Fall der Unterbrechung eines Stromkabels zwischen Umrichter und Motor Linearmotoren nicht prinzipbedingt ungünstiger sind als herkömmliche Antriebe mit Kugelgewindetrieb. Es ist weniger eine Frage des Motorprinzips als vielmehr der maximalen Eilganggeschwindigkeit, ob Bremssysteme notwendig sind. Bei vielen Anwendungen genügen Endlagendämpfer für nicht gewichtskraftbelastete Achsen.

Bei den Gewichtskraftausgleichssystemen werden vorwiegend pneumatische Zylindersysteme eingesetzt. Neben einer einfachen Anpassung an die zu kompensierenden Gewichtskräfte sind hohe Vorschubgeschwindigkeiten bei günstigen Systemkosten realisierbar. Im Hinblick auf eine geringe Reibungsumkehrspanne der Vorschubachse sollten reibungsarme Systeme verwendet werden.

Zum Schutz der Linearmotoren sowie weiterer empfindlicher Komponenten gegen Kühlschmierstoff, Späne usw. müssen entsprechende Vorrichtungen zur Abdeckung und Dichtung der Linearachsen vorgesehen werden. Derzeit finden vorwiegend Teleskopabdeckungen, flexible Gliederschürzen bzw. Rolloabdeckungen und Faltenbälge Verwendung. Die hohe Dynamik direktangetriebener Linearachsen stellt auch hier neue Anforderungen an derartige Maschinenelemente. In der folgenden Konstruktionsbewertung werden die verschiedenen Systeme hinsichtlich der Kriterien „Eignung für hohe Dynamik" und „Dichtheit" vergleichend einander gegenübergestellt (Bild 15).

Der Faltenbalg zeigt besonders hinsichtlich dynamischen Belastungen deutliche Vorteile. Nachteilig ist die Empfindlichkeit gegen heiße und scharfkantige Späne. Viele Systeme weisen zwischenzeitlich eine kinematische Kopplung der Einzelelemente auf, so daß annähernd eine gleichförmige Bewegung aller Elemente der Abdeckung gegeben ist. Dadurch treten erheblich geringere Kraftstöße bei schnellen Verfahrbewegungen auf.

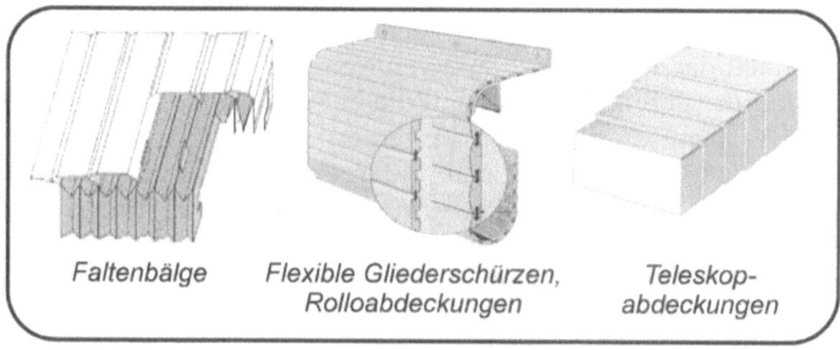

Eigenschaften / Konstruktionsprinzip	Dynamik					Dichtheit		Allgemein		
	maximale Verfahrgeschwindigkeit	bewegte Masse	Reibung	gleichmäßiger Kraftverlauf	Geräuschentwicklung	Späneschutz	KSS-Schutz	Begehbarkeit	Montageaufwand	Kosten
Faltenbälge	+	+	+	+	+	-	+	-	+	+
Flexible Gliederschürzen Rolloabdeckungen	0	0	0	0	-	+	+	-	+	0
Teleskopabdeckungen	-	-	-	-	-	+	+	+	0	-

Legende: + gut geeignet, 0 geeignet, - weniger geeignet

Bild 15. Konstruktionsbewertung von Abdeckungen für Lineardirektantriebsachsen (Quelle: ZFS)

7 Zusammenfassung

Mit der heute verfügbaren Direktantriebstechnik steht dem Werkzeugmaschinenbau ein leistungsfähiges Antriebssystem zur Verfügung, das auch die neuen Anforderungen aus der Hochgeschwindigkeitsbearbeitung zu erfüllen vermag. Neben hohen Vorschubgeschwindigkeiten werden ein hohes Beschleunigungsvermögen und eine große Bandbreite des Antriebs gefordert. Der Vergleich zum Servoantriebssystem mit Kugelgewindetrieb zeigt hier deutliche Vorteile für die Direktantriebstechnik. Hierzu zählen vor allem die

- Realisierung höherer Vorschubgeschwindigkeiten und Beschleunigungen ohne übermäßig belastete mechanische Elemente sowie
- prinzipbedingt größere Bearbeitungsgenauigkeiten auch bei größeren Vorschubgeschwindigkeiten.

Nachdem durch moderne Bearbeitungstechniken wie die HSC-Technologie die Hauptzeiten deutlich gesenkt wurden und die Nebenzeiten mehr und mehr produktivitätsbestimmend wurden, stellen Linearmotoren nun eine sehr gute Möglichkeit dar, diese unproduktiven Nebenzeiten zu senken.

Des weiteren konnte gezeigt werden, daß die bei Linearmotoren prinzipbedingt höheren Verlustleistungen sich insgesamt gesehen nur im untergeordneten Maße negativ auswirken. Zum einen ergibt sich beispielsweise beim HSC-Bearbeitungszentrum mit Linearmotoren durch die höhere Verlustleistung lediglich eine um 15–20% höhere Anschlußleistung. Zum anderen können durch geeignete Maßnahmen zur Motorkühlung auch bei Maschinen mit Linearmotoren extrem hohe Stichmaßgenauigkeiten erreicht werden.

Im Bereich der Linearmotoren zeigt die Synchrontechnik die höhere Leistungsdichte bei geringeren Verlusten gegenüber der Asynchrontechnik. Demgegenüber wirkt sich beim Asynchronmotor günstig aus, daß keine permanenten Magnetkräfte auftreten. Die konstruktiven Merkmale direktangetriebener Maschinen sind steife Ausführungen der mechanischen Baugruppen mit geringen bewegten Massen und hohen Struktureigenfrequenzen. Neben dem Leichtbau sind deshalb geeignete Maschinenkonzepte mit günstigen Kraftflüssen und kompakten Bauweisen zu wählen. Dem ganzheitlichen Ansatz in der Maschinenkonstruktion folgend, sind auch alle weiteren Komponenten im Antriebsstrang auf die hohe Dynamik der Vorschubachse abzustimmen. Es empfiehlt sich daher bei der Konstruktion entsprechende Hilfsmittel wie FE-Simulationsprogramme einzusetzen.

Literatur

1. Schulz, H.: Hochgeschwindigkeitsfräsen metallischer und nichtmetallischer Werkstoffe. München: Hanser 1989
2. Pritschow, G.: Zur Bewertung der Nachgiebigkeit von Direktantrieben. Die Maschine – dima (1996) 6, S. 202–206
3. Pritschow, G.: Zum Einfluß der Geschwindigkeitsverstärkung auf die dynamische Bahnabweichung. wt Produktion und Management 86 (1996) 6, S. 337–341
4. Philipp, W.: Regelung mechanisch steifer Direktantriebe für Werkzeugmaschinen. ISW, Forschung und Praxis, Bd. 92. Berlin: Springer 1992
5. Fahrbach, Ch. et al.: Lineardirektantriebe für Vorschubachsen haben eine hohe Leistungsfähigkeit. MM Maschinenmarkt (1995) 101, S. 42–48
6. Heisel, U.; Rudloff, H.; Feinauer, A.: Einsatz von Linearmotoren – ein Weg zur Wirtschaftlichkeitssteigerung in der Hochgeschwindigkeitszerspanung. Die Maschine – dima (1994) 48, S. 21–26
7. Weick, M.: Laserschneiden: Prozeßoptimierung und neue Perspektiven. Konferenzeinzelbericht European Laser Marketplace 1997, S. 106–112

Hohe Produktivität durch werkergerechtes, situationsorientiertes Informationsmanagement

R. Kluth, A. Storr

Inhalt: Trends und Anforderungen in der Produktionstechnik – Informationsmanagement – Strukturmodelle und Werkzeuge zur Erstellung von Systemen des Informationsmanagements – Hohe Produktivität durch Prozeßführung unter Einsatz von Informationssystemen

1 Trends und Anforderungen in der Produktionstechnik

Die heutigen Randbedingungen für die Produktion sind gekennzeichnet durch hohen Wettbewerbsdruck und Globalisierungsstrategien bei gleichzeitig immer stärkerer Kundenorientierung, die kürzere Produktzyklen und höhere Flexibilität bedingt (Bild 1). Damit einher gehen kürzer werdende Innovationszyklen in der Produktionstechnologie, organisatorische Strukturänderungen und neue Kooperationsformen mit Lieferanten.

Daraus resultierend muß sich die Produktionstechnik der Anforderung nach hoher Produktivität bei garantierter Produktqualität sowie hoher Flexibilität bei gleichzeitig zu reduzierenden Kosten stellen. Dies setzt hohe technische und organisatorische Verfügbarkeiten von Produktionssystemen voraus. Hierzu liefern neben technischen Maßnahmen insbesondere organisatorische Veränderungen einen wichtigen Beitrag. Dazu gehört vor allem die Einführung dezentraler Strukturen, die situationsorientierte Entscheidungen ermöglichen. Voraussetzung für das Ausschöpfen der vorhandenen Potentiale ist die Unterstützung durch ein entsprechendes Informationsmanagement in der Produktion. Die Aufgabe des Informationsmanagements ist

- Produktionsleistungszentren stehen unter hohem Wettbewerbsdruck
- Globalisierungsstrategie, Standards
- Verfügbarkeit erhöhen und Kosten senken
- Kundenorientierung (z.B. Time to Market)
  bedingen kürzere Produktzyklen und höhere Flexibilität
- Organisatorische Strukturänderungen
  (KVP, Gruppenarbeit, Dezentralisierung der Verantwortung)
- Immer kürzer werdende Innovationszyklen in der Produktionstechnologie
- Neue Kooperationsformen mit Lieferanten

Bild 1. Heutige Randbedingungen für die Produktion

die Versorgung der Produktion mit allen notwendigen Informationen zur richtigen Zeit am richtigen Ort in adäquater Form.

1.1 Ursachen für unzureichende Verfügbarkeit und Ausbringung von Fertigungseinheiten

Die Ursachen für unzureichende Verfügbarkeit und insbesondere für unzureichende Ausbringung von Fertigungseinheiten sind vielfältiger Natur. Es läßt sich eine grobe Unterteilung der Mängel in organisatorische bzw. logistische und technische Mängel vornehmen. Organisatorische Mängel umfassen z.B.:

- das nicht rechtzeitige Bereitstellen von richtigen Materialien und Informationen am richtigen Ort,
- nicht aufgabengerechte Informationsinhalte,
- fehlende Eingriffsmöglichkeiten in Abläufe,
- nach wie vor mangelhafte Integration von Softwaresystemen.

Technische Mängel umfassen z.B.:

- Störungen von Anlagen und die ungenaue Kenntnis von Störursachen sowie deren Wertung,
- unzureichende, nicht lernfähige Diagnosesysteme,
- Einfahrprobleme mit Bearbeitungsprogrammen aufgrund fehlender, werkergerechter Schnittstellen.

Zur Abwägung der Bedeutung einzelner Störarten sind Analysen der Betriebszeiten von Produktionssystemen hilfreich, wie Bild 2 beispielhaft für eine aus mehreren Maschinen bestehende Anlage zeigt. Aus dem dargestell

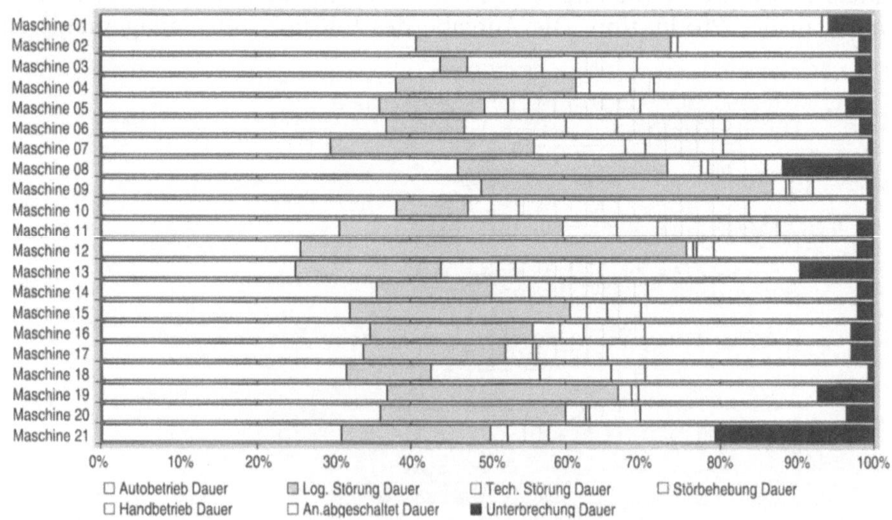

Bild 2. Betriebszeitenchart eines aus mehreren Maschinen bestehenden Produktionssystems

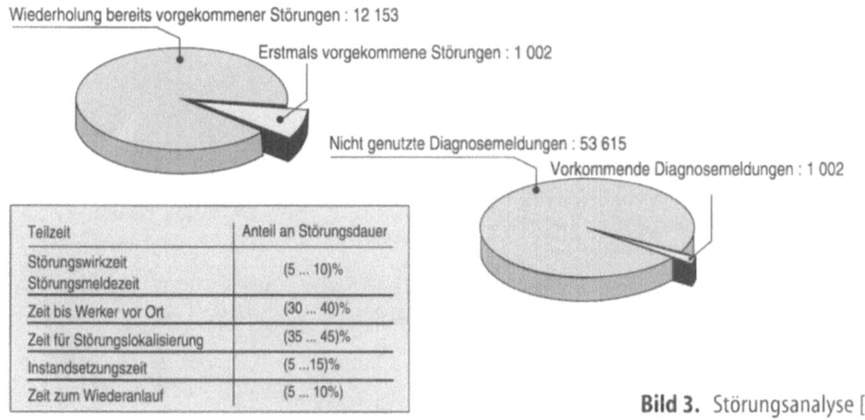

Teilzeit	Anteil an Störungsdauer
Störungswirkzeit Störungsmeldezeit	(5 ... 10)%
Zeit bis Werker vor Ort	(30 ... 40)%
Zeit für Störungslokalisierung	(35 ... 45)%
Instandsetzungszeit	(5 ...15)%
Zeit zum Wiederanlauf	(5 ... 10%)

Bild 3. Störungsanalyse [1]

ten Betriebszeitenchart läßt sich für diese Anlage entnehmen, daß bedingt durch den starren Materialfluß, logistische Störungen häufig die Folge technischer Störungen sind. Die Störungsbehebungsdauer ist hier relativ unbedeutend.

Bemerkenswert sind auch die in Bild 3 dargestellten Untersuchungsergebnisse [1]. Die Mehrzahl der vorkommenden Störungen tritt demnach wiederholt auf. Trotzdem macht die Zeit für die Störungslokalisierung ca. 35–45% der Störungsdauer aus. Durch die Nutzung von Erfahrungswissen, z.B. unterstützt durch lernfähige Diagnosesysteme, ließe sich dieser Anteil drastisch senken.

Die Beseitigung der Mängel und ihrer Ursachen stellt ein großes Potential für Verbesserungen in der Produktion dar. Wesentliche Voraussetzungen wurden durch Veränderungen in der Unternehmensorganisation der Fabriken geschaffen.

1.2
Die Veränderung der Fabrik

Neben den technischen Weiterentwicklungen zu immer sichereren Prozessen und wandelbaren Produktionssystemen, hoher Verfügbarkeit und angepaßter Automatisierung sind in den letzten Jahren insbesondere auch organisatorische Veränderungen zu verzeichnen. War eine Fabrik früher eine zentral, hierarchisch gesteuerte Einheit, so wandelt sie sich heute zu Gruppen eigenständig handelnder Funktionseinheiten (Fraktale, Holone) [2]. Diese Funktionseinheiten können z.B. Produktionsteams, Fertigungsinseln oder Zellen sein. Sie handeln im Rahmen von Zielvorgaben eigenständig durch dezentrales Planen und Steuern (Bild 4). Hierbei ist humanzentriertes, entscheidungsunterstützendes Handeln und das Einbringen von Erfahrungswissen von großer Bedeutung. Nur dadurch ist die Nutzung des häufig sehr ausgeprägten situativen Wissens der Werker in der Produktion, z.B. bzgl. des Produktionsablaufs, bei Störungen und in technologischen Fragen, vorteilhaft möglich.

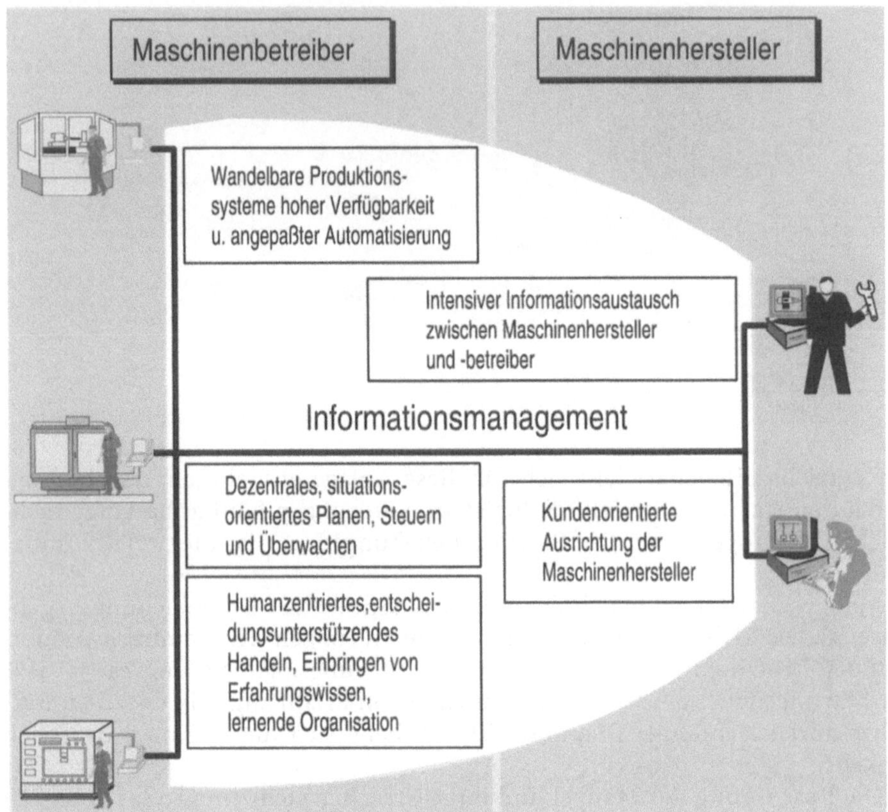

Bild 4. Veränderungen in der Fabrik und im Verhältnis zum Maschinenhersteller

Durch die dezentrale Struktur ändert sich die Führung der Fabrik grundlegend. Kernaufgaben der Fabrikführung werden

- das Managen übergreifender Prozesse (Produktionsversorgung, Logistik),
- die Koordination der Funktionseinheiten,
- das Vereinbaren von lokalen Zielen und
- das Informationsmanagement.

Kontrolle wird durch Controlling als integraler Bestandteil der Fabrikführung ersetzt. Gleichzeitig ändert sich das Verhältnis zwischen Maschinenbetreiber und -hersteller. Es ist durch einen intensiven Dialog und eine kundenorientierte Ausrichtung gekennzeichnet.

Die Veränderungen der Fabrik müssen durch ein abgestimmtes Informationsmanagement unterstützt werden. Insbesondere der Werker in der Produktion kann nur dadurch seiner neuen, d.h. wesentlich erweiterten Rolle gerecht werden.

1.3 Die neue Rolle des Werkers in der Produktion

Der Werker wird heute nicht mehr als reiner Maschinenbediener in einer hochautomatisierten Produktion angesehen, sondern als wertvoller Know-how- und (Erfahrungs-)Wissensträger, der wesentlich zu einer höheren Produktivität beitragen kann. Eingebunden in ein Produktionsteam ist der Werker ein Allrounder, der den kompletten Betrieb einer Anlage bestimmt und vor allem auch verantwortlich hierfür ist. So ist der Werker nicht mehr nur ausführendes Organ im Sinne eines Maschinenbedieners, sondern er ist im unternehmerischen Sinne in seinem Bereich verantwortlich für Ausbringung, Qualität, Logistik und Instandhaltung (Bild 5).

Das Team bildet eine im Rahmen von Zielvorgaben selbständig handelnde Einheit. Notwendig ist hierzu die Unterstützung durch ein entsprechendes Informationsmanagement. Dies muß zum einen die Versorgung mit allen notwendigen Informationen sicherstellen und zum anderen den Rückfluß von Entscheidungen und Erfahrungswissen unterstützen.

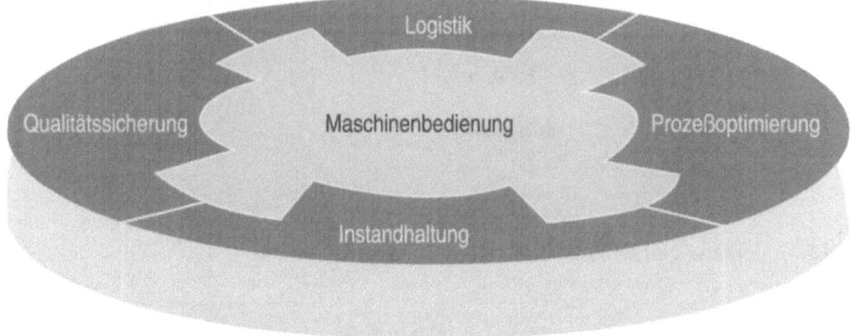

Bild 5. Neue Arbeitsinhalte des Werkers

2 Informationsmanagement

In Hinblick auf das Ziel hoher Produktivität bei garantierter Produktqualität und gleichzeitig hoher Flexibilität stellt das Informationsmanagement eine wesentliche Komponente dar. Hierbei ist zunächst zu prüfen, welche Anforderungen das Informationsmanagement aus Anwendersicht zu erfüllen hat und was dessen Systeme können müssen.

2.1 Anforderungen

Der Werker benötigt zur Unterstützung seiner Tätigkeiten und Entscheidungen alle Informationen für die Steuerung seiner Prozesse. Dies umfaßt u.a. Informationen bzgl. Diagnose, Anlagenverfügbarkeit, Schwachstellen, Quali-

Produktionsleittechnik im Motorenwerk Bad Cannstatt

☑ **Eine Informationsbasis** für alle überlagerten Systeme

☑ **Ein Informationssystem** für die ganze Fabrik

Ein durchgängiges Informationskonzept für die Produktion

☑ **Durchgängiges Konzept** von der Maschinenbedienung bis zur Trendauswertung

☑ **Gleiche Information** überall und für alle

☑ **Eine Sprache** an den Maschinen und in der Leittechnik

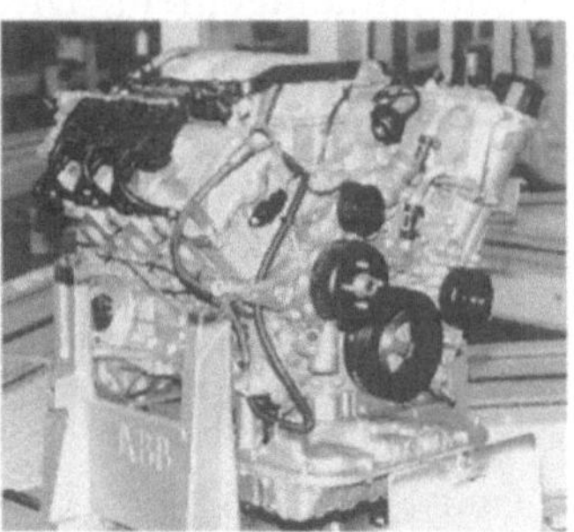

☑ **Standardisierte Schnittstellen** für alle Anlagen

☑ **Einheitliche Bedienung** an allen Maschinen

Bild 6. Anforderungen an das Informationsmanagement

tät, Bestand/Bestandsentwicklung, Produktionsprogramm, Wartungspläne, technische Dokumentation, Kennzahlen und Erfahrungswissen. Die Informationen sollten schnell und vor Ort verfügbar sein und werkergerecht aufbereitet und dargestellt werden. Ein durchgängiges Konzept von der Maschine bis zur Leittechnik ist anzustreben (Bild 6).

Grundsätzlich sollen die Informationen allen Mitarbeitern zugänglich sein. Anzeigetafeln können zur Darstellung der aktuellen Ausbringung und von Anlagenstörungen verwendet werden. Über Linien-PCs vor Ort in der Produktion sollten sämtliche Informationen verfügbar sein (Bild 7).

Eine einheitliche Benutzerschnittstelle an allen Maschinen und eine einheitliche Begriffsverwendung an den Maschinen sowie den Steuerungs- und Informationssystemen ist anzustreben (Bild 8).

Gleichzeitig müssen die Informationen in verdichteter Form der Führung und dem Management täglich zur Verfügung stehen, um rasch Entscheidungen treffen und Maßnahmen einleiten zu können, vor allem im Hinblick auf eine termin- und produktausführungsgerechte Belieferung des Kunden.

Neben dem Informationsmanagement innerhalb der Fabrik gewinnt das Informationsmanagement zwischen der Fabrik als Maschinenbetreiber und

Bild 7. Informationen vor Ort in der Produktion

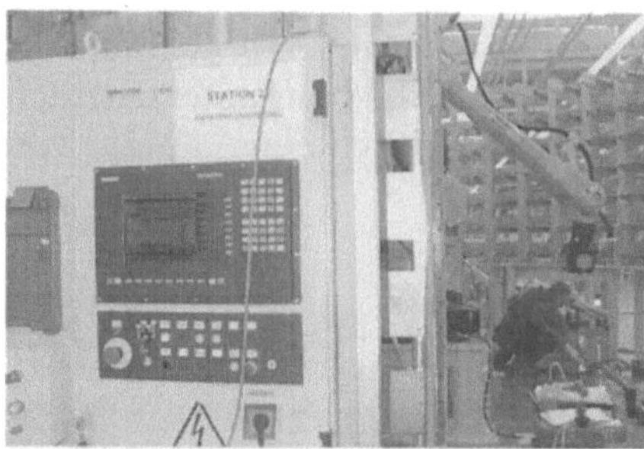

Bild 8. Standardisierte Benutzungsschnittstellen an Maschinen

dem Maschinenhersteller an Bedeutung. Nur durch ein abgestimmtes Informationsmanagement ist ein stetiger Verbesserungsprozeß auf beiden Seiten möglich (Bild 9). Es unterstützt den Austausch von Informationen und Erfahrungswerten bzgl. der Maschinen während des gesamten Lebenszyklus der Anlagen in einer standardisierten Form, von der beide Seiten profitieren.

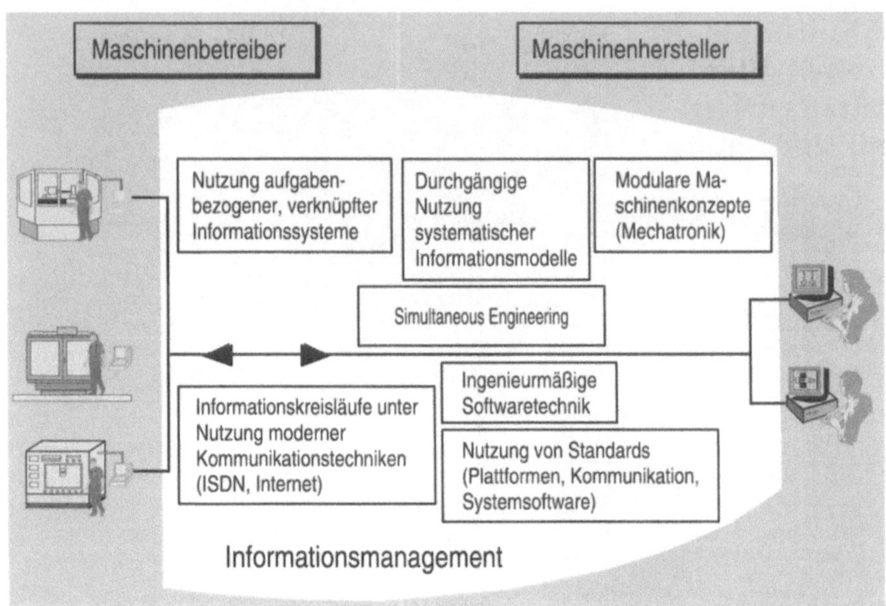

Bild 9. Informationsmanagement aus Sicht des Maschinenbetreibers und des Maschinenherstellers

2.2 Systeme zum Informationsmanagement in der Produktion

Die Systeme des Informationsmanagements müssen breite Unterstützung zu sehr unterschiedlichen Fragestellungen in der Produktion geben. So lassen sich zum einen Fragestellungen bzgl. des Produkts und dessen Bearbeitung sowie zum anderen bzgl. der Anlagen und deren Steuerungen und zum dritten Fragestellungen bzgl. des Produktionsablaufs als solchem unterscheiden (Bild 10). Die drei verschiedenen Sichten sind dabei durch eine Vielzahl von Wechselwirkungen miteinander verknüpft.

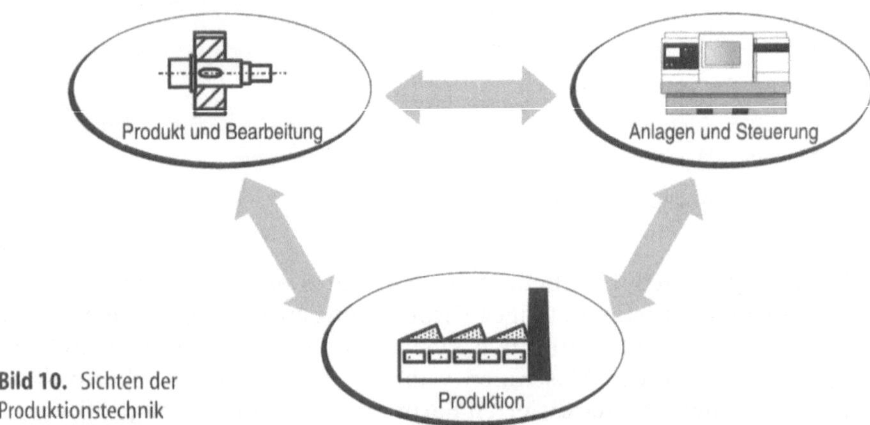

Bild 10. Sichten der Produktionstechnik

In Analogie zu den Sichten der Produktionstechnik lassen sich verschiedene Systeme des Informationsmanagements in der Produktion unterscheiden. Im folgenden sollen näher erörtert werden:

- Anlagen- und Serviceinformationssysteme (Anlagen- und Steuerungssicht) sowie Produktionsinformationssysteme (Produktionssicht),
- Zellen- und Leitsteuerungssysteme (Produktionssicht) und
- Prozeßplanungssysteme (Produkt- und Bearbeitungssicht).

Gleichzeitig ist das Einsatzfeld für die Systeme des Informationsmanagements zu beachten. So sind z.B. die Leitsteuerungsaufgaben bei einem flexiblen Fertigungssystem anders gelagert als bei einer Transferstraße.

2.3 Anlagen-, Produktions- und Serviceinformationssysteme als Entscheidungsunterstützungssysteme

Informationssysteme bieten Entscheidungshilfen sowohl für den direkt in den Produktionsprozeß eingebundenen Werker als auch für das übergeordnete Management und die an der Produktentwicklung und -pflege beteiligten Ingenieure. Sie stellen dabei nicht nur Informationen zur Verfügung, sondern erlauben es auch, strukturiert Informationen über den betrachteten Prozeß bzw. die betrachtete Anlage zu erfassen und diese anderen Systemen zur Verfügung zu stellen.

Die Motivation für den Einsatz von Informationssystemen ist im Erreichen der folgenden Ziele zu sehen:

- flächendeckende Maschinen- und Betriebsdatenerfassung,
- Visualisierung der Informationen,
- Zusammenfassen des Anlagenverhaltens zu führungsrelevanten Kennwerten und
- gezielte Informationsweitergabe an tangierende Informationssysteme.

In produktionstechnischen Einrichtungen kommen im wesentlichen drei Arten von Informationssystemen zum Einsatz:

- Anlageninformationssysteme (AIS),
- Serviceinformationssysteme (SIS) und
- Produktionsinformationssysteme (PIS).

Anlageninformationssysteme erlauben dem Werker, sich jederzeit einen Überblick über den Anlagenstatus zu verschaffen. Darüber hinaus präsentieren sie die technische Dokumentation als elektronisches Handbuch und bieten Unterstützung zur Diagnose und Behebung von Fehlerzuständen der Anlage (Bild 11) [3].

Das Serviceinformationssystem erweitert das Anlageninformationssystem um Komponenten, die den Informationsrückfluß vom Anlagenbetreiber zum Anlagenhersteller und die Auswertung der Informationen unterstützen.

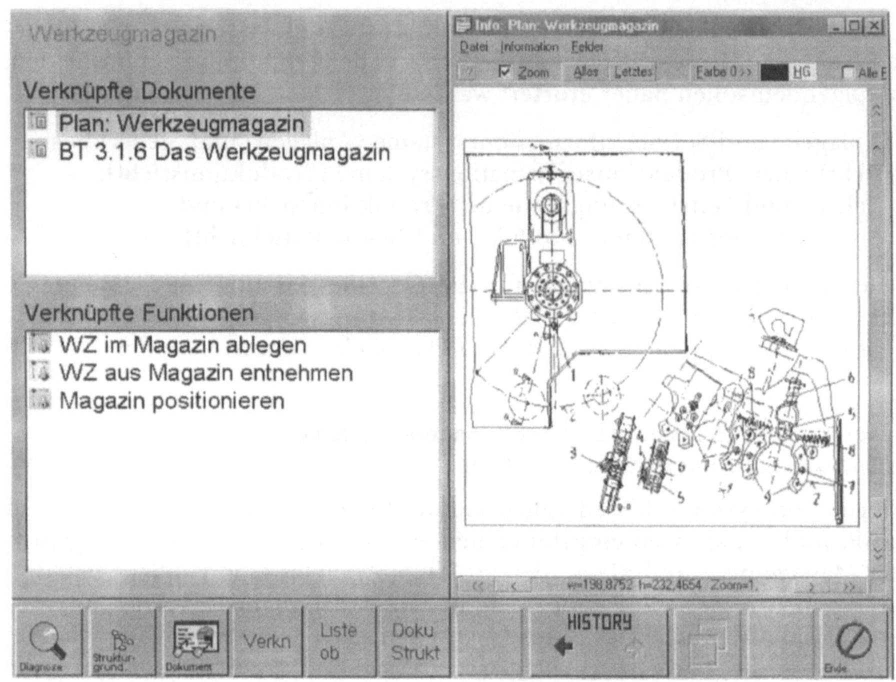

Bild 11. Werkerunterstützung durch ein Anlageninformationssystem

Produktionsinformationssysteme unterstützen den Werker in allen Fragen, die mit dem Produktionsablauf zusammenhängen. Die Daimler-Benz AG setzt in ihren Motorenwerken das System PRISMA (Produktions- und Informationssystem für Maschinen und Anlagen) ein (Bild 12). Es umfaßt eine Maschinen- und Betriebsdatenerfassung, die Visualisierung der wichtigsten Daten und die Darstellung von Produktionsübersichten. Ebenso werden Schwachstellenanalysen und Werkzeugwechselanalysen mit dem Ziel der Optimierung des Anlagenbetriebs und des Produktionsprozesses unterstützt.

Nach ihren Einsatzgebieten lassen sich AIS und SIS eher den maschinennahen Steuerungsebenen bis hin zur Zellensteuerungsebene zuordnen. Das PIS dient vorwiegend der Unterstützung der Werker bei Leit- und Planungsfunktionen.

Anhand der Aufgaben und Einsatzgebiete der Informationssysteme wird deren enge Verknüpfung deutlich. So bilden z.B. Daten, die durch das AIS erfaßt werden, die Basis für den Einsatz des SIS und PIS. Diese enge Kopplung legt eine gemeinsame Informationsbasis nahe, wodurch eine Reihe von Vorteilen erzielt werden können. So müssen gemeinsame Daten, z.B. die Anlagenstruktur, nur einmal erfaßt werden. Redundante Datenhaltung und damit einhergehende Inkonsistenzen können vermieden werden. Durch den Einsatz einer gemeinsamen Informationsbasis ist eine Verbesserung der un-

Maschinen- und Betriebsdatenerfassung
Erfassung und Archivierung der relevanten Anlageninformationen an allen Fertigungsanlagen
- detailliert über EBF an Sondermaschinen,
- mit reduziertem Umfang an Serienmaschinen

Visualisierung
Aktuelle Visualisierung der wichtigsten Anlagenparameter
- über Standard-PC's in den Büro's,
- über Industrie-PC's in den Linien,
- über flächendeckend installierte ANDON-Panels

Produktionsübersicht
Flexibel konfigurierbare Übersichten über die Kennwerte von Anlagen und deren zeitlichen Verlauf
- Ausbringung,
- Laufzeiten, Verfügbarkeit,
- Betriebsparameter
- Werkzeugeinsatz,
- Störverhalten,

Schwachstellenanalyse
Detaillierte Betrachtung der für die Verfügbarkeit und Ausbringung relevanten Parameter, wie Störzeiten, Taktzeiten etc. mit dem Ziel Schwachstellen und deren Ursachen zu ermitteln

Werkzeugwechselanalyse
Analyse der Werkzeugwechsel bzgl. Standzahlen und Wechselgründen mit dem Ziel Werkzeugverbrauch und Wechselzeitpunkte zu optimieren

Bild 12. Hauptfunktionen von PRISMA (EBF = Einheitenbedienfeld)

ternehmensweiten Kommunikation zu erwarten, da sämtliche am Produktions- und Entwicklungsprozeß beteiligten Abteilungen mit denselben Begriffen und Strukturen arbeiten.

2.4 Leitsteuerungssysteme

Leitsteuerungssysteme erweitern AIS und PIS um Softwarefunktionen, die zur Planung und Koordination der Abläufe in Produktionseinrichtungen dienen. Ihr Einsatz reicht von der flexiblen Produktion bis zur Serienfertigung, mit einem Schwerpunkt in flexiblen Produktionssystemen und in der Werkstattsteuerung. Nachfolgend werden Leitsysteme am Beispiel von Zellen-/Leitsteuerungssystemen für flexible Produktionssysteme betrachtet (Bild 13).

Als Bindeglied zwischen Produktionsplanungs- und -steuerungsebene und der Maschinensteuerungsebene ist die generelle Zielsetzung von Zellen-/Leitsteuerungssystemen, eine hohe organisatorische und technische

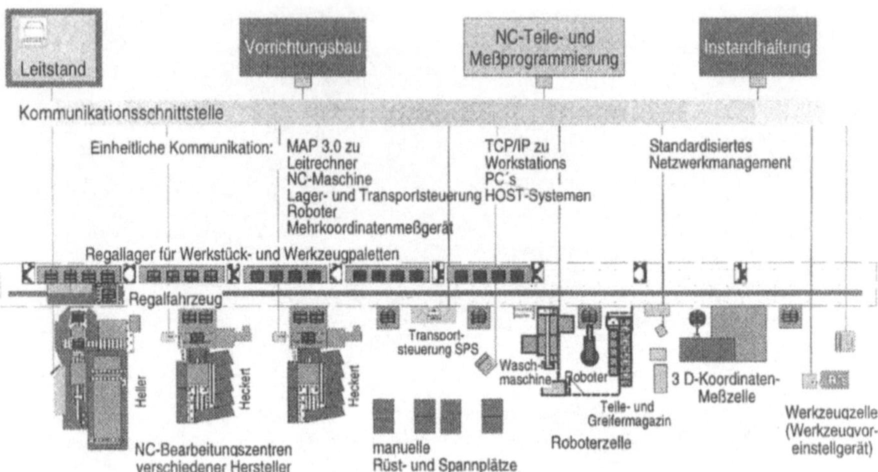

Bild 13. Flexibles Produktionssystem (FPS) der Daimler Benz AG in Zuffenhausen

Verfügbarkeit der Produktionseinrichtungen zu erreichen. Dies umfaßt z.B. das rechtzeitige Bereitstellen von Materialien und Daten am richtigen Ort, aber auch eine transparente Störungserfassung, -anzeige und -auswertung. Der Werker übernimmt dabei eine wesentliche Rolle und ist mit geeigneten Informationen und Funktionen zu unterstützen. Bild 14 zeigt die Anlagenabbildvisualisierung des für die Anlage in Bild 13 verwendeten Zellen-/Leitsteuerungssystems. In der Oberfläche werden dem Werker z.B. die Zustände und Informationen zu Maschinen und Transportsystem dargestellt. Er kann

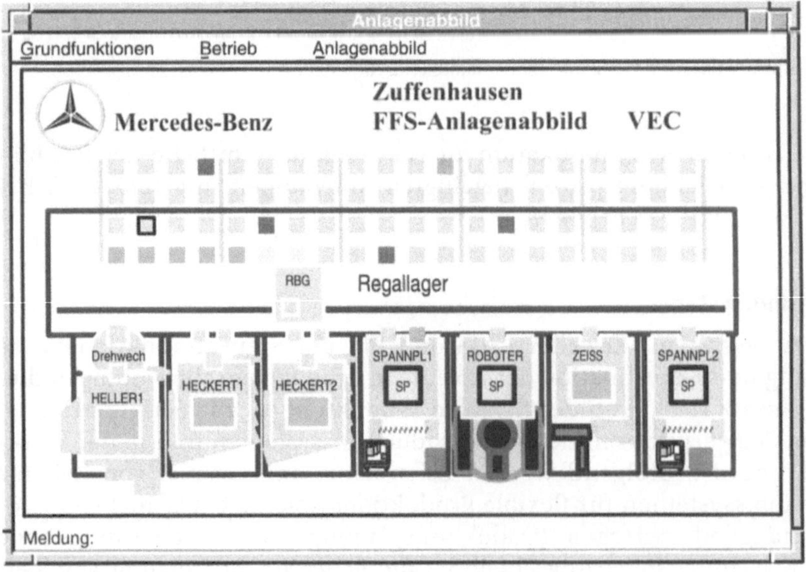

Bild 14. Anlagenabbildvisualisierung

alle relevanten Daten zu laufenden und geplanten Aufträgen, zu Paletten, Werkstücken und Werkzeugen abrufen.

Die Daten und Meldungen aus dem Produktionsbetrieb werden in diesem Produktionssystem über standardisierte Schnittstellen (MAP 3.0) von den Steuerungen übertragen, welche eine detaillierte Erfassung von Störungen ermöglichen. Weitere wesentliche Funktionen zur Werkerunterstützung sind z.B. Planungsfunktionen, die eine kostenorientierte Planung von Produktionsaufträgen ermöglichen oder Qualitätssicherungsfunktionen, die eine integrierte Qualitätssicherung durch den Werker erlauben.

2.5 Prozeßplanungssysteme in der Produktion

Betrachtet man die Verfahrenskette ausgehend von der CAD-Konstruktion bis zur NC-Steuerung in der Fertigung, so ist diese durch viele verschiedene Computerlösungen und eine daraus resultierende hohe Zahl an unterschiedlichen Schnittstellen dazwischen charakterisiert. Zwar ist der Informationsfluß für die NC-Fertigung in die eine Richtung, hin zur NC-Steuerung, zufriedenstellend möglich. In punkto Rückfluß von Informationen, z.B. Modifikationen an Bearbeitungsprogrammen, scheitern die Bemühungen allerdings an der Engstelle DIN 66025, dem konventionellen NC-Programmformat. Daher ist es besonders entscheidend, eine durchgängige, einheitliche und transparente Möglichkeit zum Informationsaustausch zu schaffen. Der objektorientierte Ansatz ist dabei ein guter Lösungsansatz, da durch die realitätsnahe Abbildung der informationstechnischen Zusammenhänge und Abläufe ein transparenter Informationsfluß auf einem hohen Informationsniveau möglich wird. Bild 15 zeigt das Prozeßmodell für die NC-Fertigung mit „Object-NC", dem neuen CAM/NC-System der Daimler-Benz AG. Der Informationsgehalt der verwendeten Objekte ist sehr viel abstrakter als die bisher verwendeten Austauschformate, die im wesentlichen aufgabenspezifische Inhalte haben. Beispielsweise wird der an einem Werkstück zu bearbeitende Anteil durch Objekte, wie Bohrungen oder Absätze beschrieben, denen wiederum Bearbeitungsmethoden und letztendlich Werkzeugbewegungen zugeordnet sind. Durch die abstrakte Beschreibung der Bearbeitungsaufgaben ist der Übergang von einem Arbeitsplan zum NC-Programm mit den Verfahrbewegungen der Maschine nunmehr fließend. Die einheitliche Darstellung der Objekte ist der Prozeß, durch den das CAM/NC-System zum Prozeßplanungssystem aufgewertet wird. Für die Produktion liegen die Vorteile dieses Ansatzes auf der Hand:

- transparente und einheitliche Informationsbereitstellung,
- direkter Zugriff auf Objekte und deren Attribute für situationsorientierte Modifikationen,
- Rückfluß von Informationen möglich, weil im Prozeßmodell die Bezüge zwischen Informationen, z.B. zwischen Bearbeitungsobjekt und Bearbeitungsmethode, nicht verloren gehen.

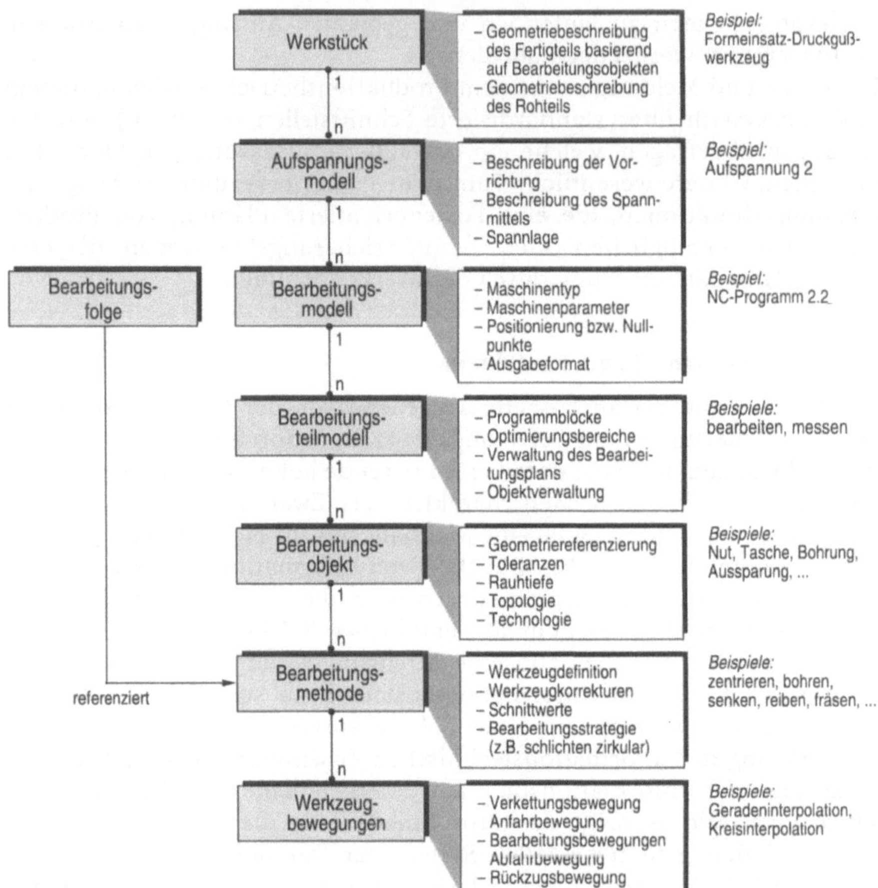

Bild 15. Objektorientiertes Prozeßmodell für die NC-Verfahrenskette

3 Strukturmodelle und Werkzeuge zur Erstellung von Systemen des Informationsmanagements

Für die vielfältigen Aufgaben des Informationsmanagements in der Produktion ist der Einsatz verschiedener Systeme fast unumgänglich. Sowohl aus Anwendersicht als auch aus Sicht der Systementwicklung ist es wichtig, daß die Systeme auf einer gemeinsamen Informationsbasis aufbauen. Diese wird durch ein gemeinsames Informationsstrukturmodell realisiert. In Bild 16 ist solch ein Modell aus Anlagen- und Steuerungssicht sowie aus Produktionssicht dargestellt. Unter Steuerungssoftware werden hier sowohl die maschinennahen Steuerungen als auch die Leitsteuerung zusammengefaßt. Zusätzlich ist in Zukunft die Produkt- und Bearbeitungssicht in das Informationsstrukturmodell zu integrieren.

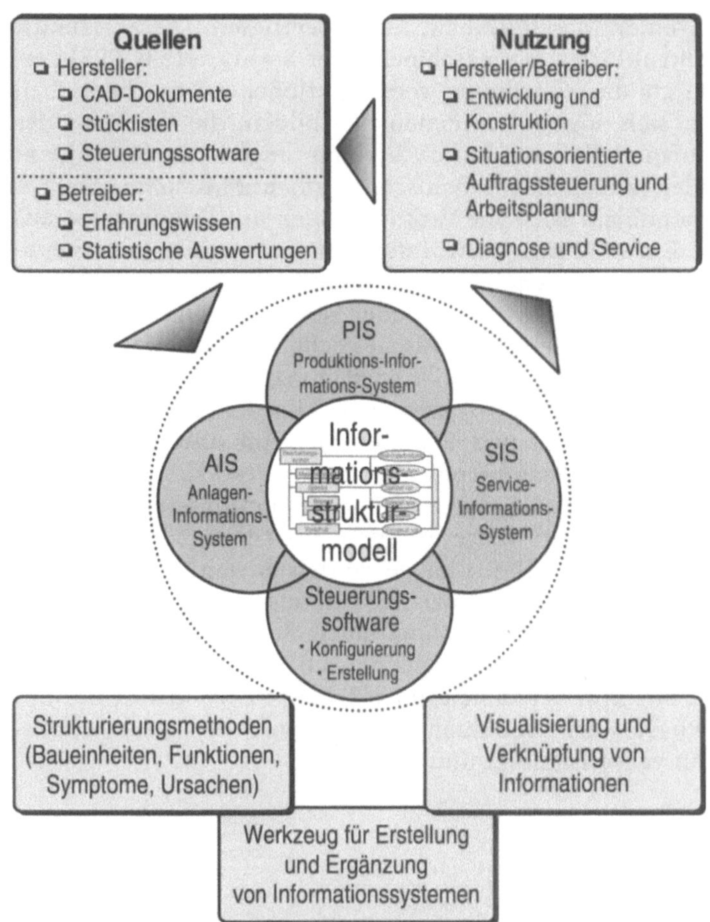

Bild 16. Das Informationsstrukturmodell als Basis des Informationsmanagements

Die weiteren Grundlagen, auf denen die verschiedenen Systeme des Informationsmanagements und vor allem auch deren Erstellung und Pflege basieren, werden im folgenden für die in Kap. 2 vorgestellten Systeme erläutert.

3.1 Erstellung und Pflege von Anlageninformationssystemen

Ziel ist es, Werkzeuge zu schaffen, die den gesamten Lebenszyklus von Produktionssystemen vom Kundenerstkontakt über Entwicklung, Wartung und Service begleiten [4]. Die Integration dieser Werkzeuge wird sinnvollerweise durch ein gemeinsames Informationsstrukturmodell realisiert, dessen Grundlage eine Sichtweise ist, die möglichst vielen am Produktions- bzw. Entwicklungsprozeß beteiligten Unternehmensbereichen gemeinsam ist. Als geeignete Grundstruktur hat sich für AIS und SIS der mechanische und funktionale Aufbau einer Maschine bzw. Anlage erwiesen. Diese Struktur kann ebenfalls zur Strukturierung maschinennaher Software (z.B. SPS) verwendet werden. Durch die Zuordnung von Funktionen zu mechanischen Baueinheiten lassen sich sog. Maschinenobjekte bilden, die die Basis des Informationsstrukturmodells sind. Durch Verknüpfungen der Maschinenobjekte untereinander (z.B. Sicht mechanischer Aufbau: Maschinenobjekt A *besteht aus* Maschinenobjekt B) sowie Verknüpfungen mit Dokumenten aus unterschiedlichsten Entwicklungs- bzw. Informationssystemen (z.B. Steuerungssoftwareentwurf: Maschinenobjekt A *ist verbunden mit* Steuerungsprogramm X) wird das Informationsstrukturmodell vervollständigt (Bild 17). Jedes Informationssystem stellt eine spezifische Sicht auf das Informationsstrukturmodell dar und kann weitere Teilmodelle hinzufügen.

Informationssysteme erfordern Werkzeuge für die Erstellung beim Anlagenhersteller sowie die Pflege und Erweiterung beim Anlagenbetreiber. Wesentlich ist, daß beim Anlagenbetreiber entstehendes Wissen zum Anlagenhersteller zurückfließt. Nur dadurch kann eine kontinuierliche Verbesserung der Kenntnisse über ein Anlage bzw. den zu steuernden Prozeß und damit eine Steigerung der Produktqualität gewährleistet werden.

Werkzeuge zum Aufbau des Informationsstrukturmodells können sehr früh in der Entwicklungsphase Verwendung finden. So werden bereits beim ersten Kontakt zwischen Kunde und Anlagenhersteller Informationen dokumentiert, welche die Struktur der zu liefernden Anlage bzw. Software bestimmen. In weiteren Phasen der Produktentwicklung wird das Informationsstrukturmodell dann vervollständigt und erweitert.

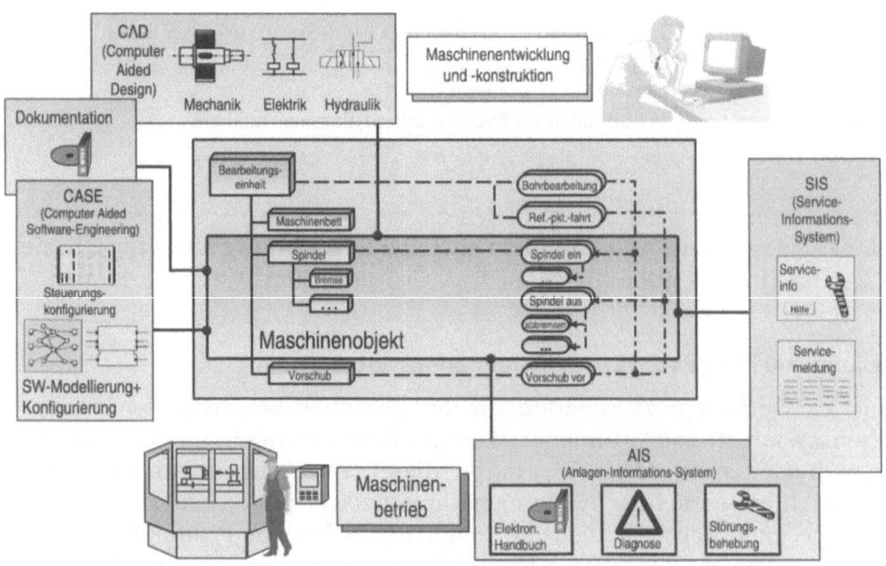

Bild 17. Maschinenobjekte als Elemente in Informationsstrukturmodellen

Um die Wiederverwendung von Entwurfswissen für Informationssysteme zu ermöglichen, werden analog zu maschinenenbaulichen Baukastensystemen Software-Baukastensysteme gebildet. Diese Systeme bestehen aus Bibliotheken, in denen Maschinenobjekte abgelegt sind, und aus Entwurfsvorschriften für Anlagen und Produktionssysteme, die durch Beziehungen (z.B. Restriktionen, Varianten, Optionen) zwischen den Maschinenobjekten beschrieben werden. Aus diesen Baukastensystemen können dann entsprechend den Kundenanforderungen in kürzester Zeit neue Anlagen projektiert bzw. konfiguriert werden. Für die Erstellung maschinennaher Steuerungssoftware sind bereits Werkzeuge verfügbar, mit denen Steuerungsprogramme durch grafisches Konfigurieren, basierend auf Baukastensystemen, erstellt werden können (Bild 18) [5].

Voraussetzung für den Einsatz von Informationssystemen und die Erstellung von Steuerungssoftware mit Baukastensystemen sind offene Steuerungsarchitekturen. Für die Wiederverwendung von Steuerungssoftware sind standardisierte, nach objektorientierten Prinzipien strukturierte Beschreibungsformen für Steuerungsprogramme notwendig. Im Bereich offener Steuerungsplattformen wurde durch die OSACA-Architektur ein Standard geschaffen, auf dessen Basis derzeit erste Informations- und Softwareerstellungssysteme realisiert werden.

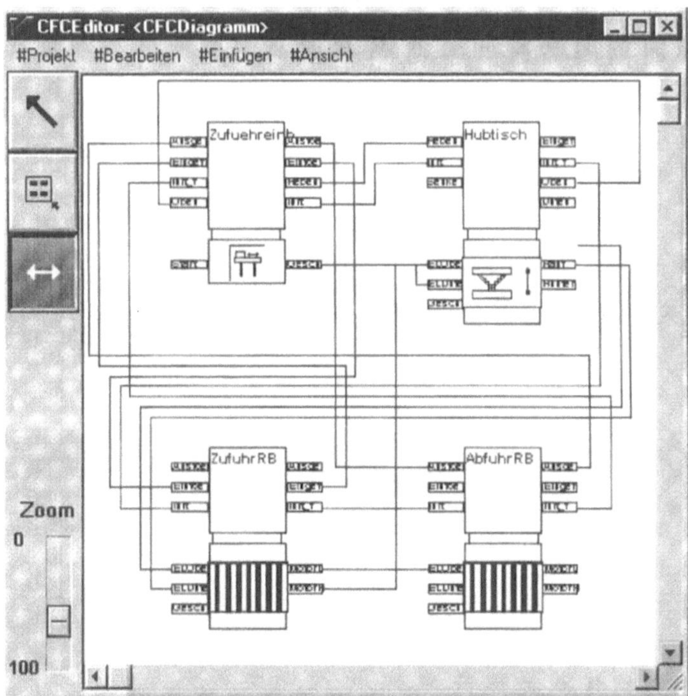

Bild 18. Grafische Konfigurierung von Steuerungssoftware

Eine bei der Daimler-Benz AG verwendete Möglichkeit zur objektorientierten Beschreibung von Steuerungsprogrammen ist die Zustandsgraphenmethode [6]. Mit Zustandsgraphen lassen sich die für die Wiederverwendung wesentlichen Prinzipien Kapselung und Vererbung realisieren. Weitere Vorteile der Zustandsgraphenmethode liegen in der grafischen Darstellung des Steuerungsproblems. So kann auf eine umfangreiche verbale Dokumentation des Steuerungsprogramms verzichtet werden. Durch die leichte Verständlichkeit der Zustandsgraphen eignen sie sich insbesondere zum abteilungsübergreifenden Informationsaustausch.

3.2 Erstellung von Zellen- und Leitsteuerungssystemen

Bei der Erstellung von Zellen- und Leitsteuerungssystemen fand ein Wandel von einer funktionsorientierten zu einer dezentral, objektorientierten Softwarestruktur nach Bild 19 statt [7, 8]. Dieser Wandel wurde aufgrund der Einführung dezentraler Organisationsstrukturen, geringerer Budgets für Software bei höherem Funktionsumfang und einer schnelleren Softwareentwicklung und -einführung, die die Anwendung von Baukastenlösungen und objektorientierten Softwaretechniken bedingten, ausgelöst.

Das Informationsstrukturmodell, auf dem bereits AIS, SIS sowie PIS aufbauen, bildet auch die Basis für die Erstellung von Zellen-/Leitsteuerungssystemen. Als Grundstruktur wurde der physische Aufbau eines FPS gewählt. Die Anlagenkomponenten eines FPS werden im Strukturmodell mit Leitfunktionen (z.B. DNC, Materialflußsteuerung, Feinplanung, Auftragsdurch-

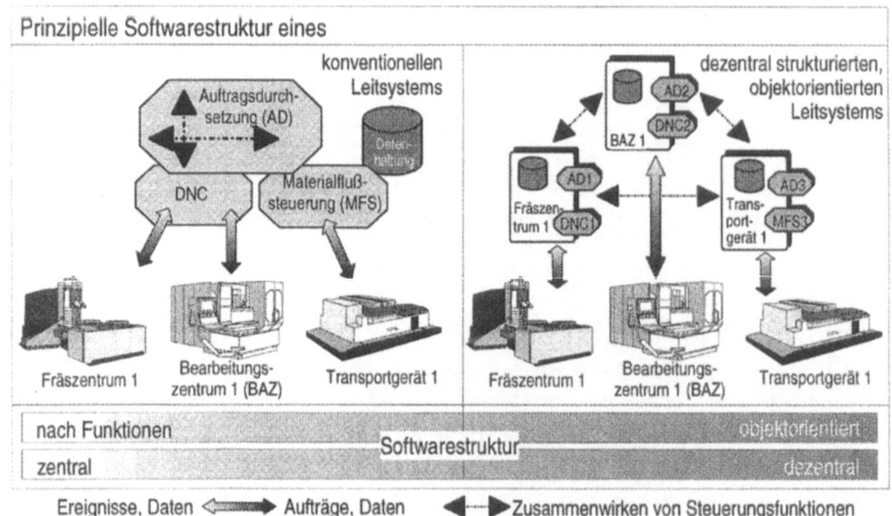

Bild 19. Softwarestruktur von funktionsorientierten und dezentral strukturierten, objektorientierten Zellen-/Leitsteuerungssystemen

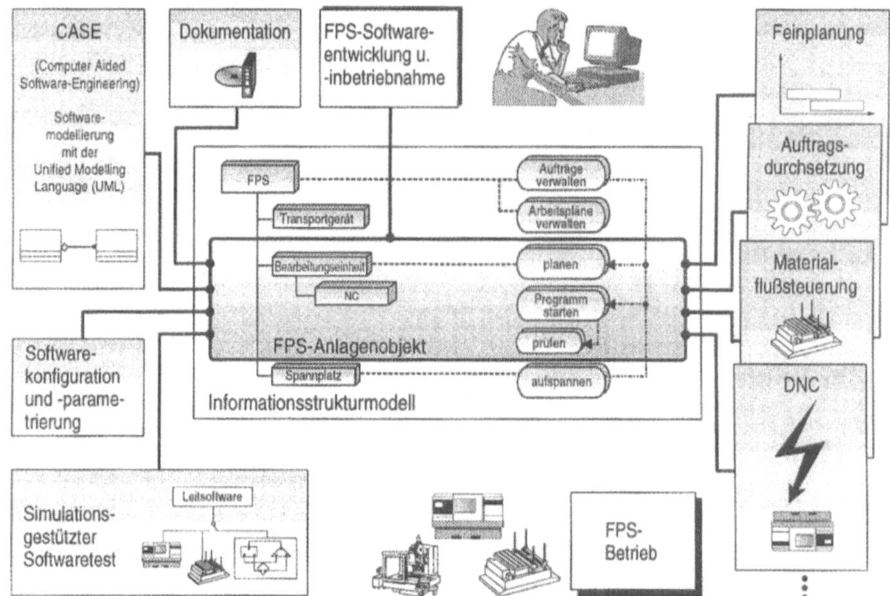

Bild 20. FPS-Anlagenobjekte als Elemente in Informationsstrukturmodellen

setzung) zu FPS-Anlagenobjekten verknüpft. FPS-Anlagenobjekte lassen sich in der nächsthöheren Abstraktionsebene über Maschinenobjekten einordnen. Zur Verknüpfung mit Leitfunktionen werden die FPS-Anlagenobjekte entsprechend Maschinenobjekten nach ihrem physischen Aufbau in weitere FPS-Anlagenobjekte zerlegt. Die Sicht im physischen Aufbau von FPS-Anlagenobjekten in Bild 20 setzt sich dabei im Aufbau von Maschinenobjekten in Bild 17 fort.

Zur Erhöhung der Wiederverwendbarkeit und zur Vereinfachung der Erweiterbarkeit und Anpaßbarkeit der Software sind Software-Baukastensysteme aufzubauen, die für verschiedene FPS-Applikationen zu erweitern sind. Die Modellierung erfolgt auf Basis standardisierter, objektorientierter Beschreibungsmethoden, wie Unified Modelling Language. Voraussetzung für die Erstellung von Baukastensystemen ist die Verwendung standardisierter Systemplattformen zur Kommunikation, z.B. die OSACA-Systemplattform oder CORBA (Common Object Request Broker Architecture). Bild 21 zeigt Bausteine einer Zellensteuerung auf Basis der OSACA-Systemplattform.

Die Inbetriebnahme von Planungs- und Steuerungssystemen wird mit Parametrierungs- und Konfigurationswerkzeugen durchgeführt, die ein FPS-anlagenspezifisches Instanziieren von Softwareobjekten erlaubt. Der Test eines FPS-anlagenspezifischen Planungs- und Steuerungssystems ist mit Hilfe einer simulationsgestützten Testumgebung vor Anwendung der Software im physischen FPS durchzuführen, um Entwicklungs- und Inbetriebnahmezeiten zu reduzieren.

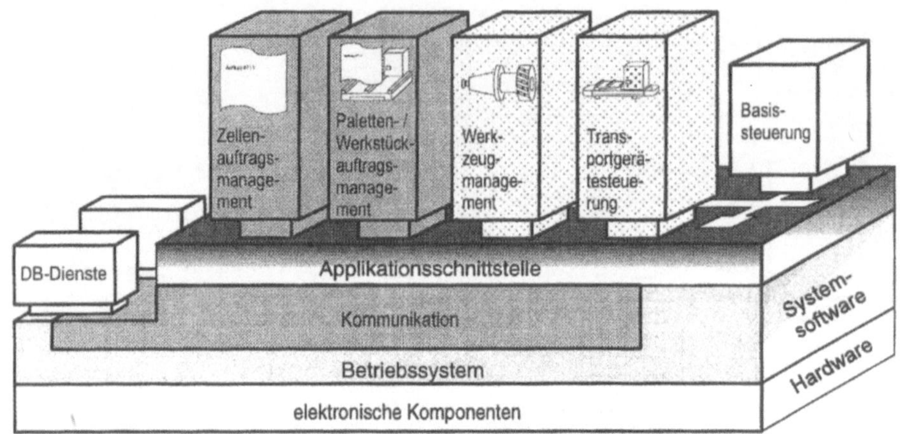

Bild 21. Bausteine einer Zellensteuerung auf Basis der OSACA-Systemplattform

3.3 Objektorientiertes Bearbeitungsmodell

Beim FTK '94 [9] wurden Fertigungsobjekte zur Verknüpfung von CAD, CAP und CAM vorgestellt. In der Zwischenzeit konnten bei der Integration von Bearbeitungsobjekten in die betriebliche Datenstruktur und der Handhabung von Bearbeitungsobjekten an der NC-Steuerung wesentliche Fortschritte erzielt werden, so daß der Werker durch verbesserte Möglichkeiten zur situationsorientierten Modifikation der Bearbeitungsprogramme in der Zukunft mehr Prozeßverantwortung übernehmen kann.

Eine Grundlage für die Verwendung von Bearbeitungsobjekten ist die Abbildung der informationstechnischen und technologischen Zusammenhänge und Abläufe zwischen verschiedenen Objekten in einem Objektmodell (Bild 22). Dazu ist innerhalb des vom Bundesministerium für Bildung und Forschung (BMBF) geförderten Verbundvorhabens WesUF (Handlungsorientierte Lösungen für Werkzeugmaschinensteuerungen zur Unterstützung erfahrungsgeleiteter und gruppenfähiger Facharbeit) ein Informationsmodell entwickelt worden.

Dieses Informationsmodell spiegelt die für den Einsatz von Bearbeitungsobjekten in der Fertigung benötigte Informationsstruktur wider und ermöglicht die transparente Darstellung von Bearbeitungsinformationen sowie den direkten Zugriff auf deren Attribute. Dadurch wird die Basis für situationsorientierte Anpassungen und Reaktionen durch den Werker auf plötzlich eintretende Ergeignisse, z.B. ein Werkzeugbruch, geschaffen. Das Informationsmodell wird ferner dazu verwendet, den bisher unidirektionalen Informationsfluß zwischen CAP-System und der NC-Steuerung auch für die Rückführung von Modifikationen im Bearbeitungsprogramm zu erschließen [10].

Weitere Grundlagenarbeiten sind im ebenfalls vom BMBF geförderten Verbundvorhaben WNF (Werkstattgerechte Nutzerunterstützung bei der

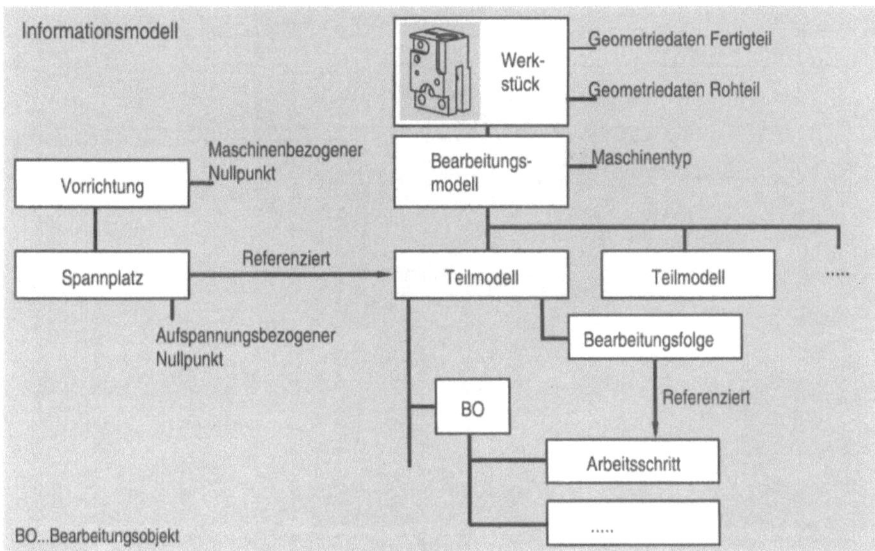

Bild 22. Grundstruktur des WesUF-Informationsmodells

Freiformflächenbearbeitung) für die Objektorientierung bei mehrachsigen NC-Programmen und der Modifikation solcher Programme an der NC-Steuerung, ohne erneute Verfahrwegberechnung im CAM-System, geleistet worden [11]. Diese Teilergebnisse müssen in der Zukunft zusammengeführt und durch Unterstützungswerkzeuge für den Programmierer ergänzt werden.

In den beiden Verbundvorhaben WesUF und WNF entstanden prototypische Realisierungen, um die Praxisrelevanz und die Handhabbarkeit der Feature-Technologie an der Steuerung vorweisen zu können. Bild 23 zeigt die Benutzeroberfläche des innerhalb von WNF realisierten Softwaremoduls.

Neben Softwarewerkzeugen zur NC-Programmierung von Werkstücken werden auch Softwarewerkzeuge als Entscheidungshilfe für den NC-Programmierer von Freiformflächenbearbeitungen immer wichtiger – sowohl für den NC-Programmierer als auch für den Werker [12]. Mit dem Werkzeug „FACEView" wird der Programmierer bei der Werkzeugauswahl unterstützt, indem in Abhängigkeit vom Werkzeugradius die Restmaterialbereiche grafisch dargestellt werden oder innerhalb von Flächen Regelgeometrien ermittelt werden können, um z.B. die Bearbeitungsstrategie zu optimieren. Bild 24 zeigt die Benutzeroberfläche des Softwaremoduls „FACEView".

Um zu einer durchgängigen und einheitlichen Datenbasis zu gelangen, bedarf es eines einheitlichen Standards, auf dem aufgebaut werden kann. Hierfür hat sich STEP als geeignete Grundlage herausgestellt. Im konstruktiven Bereich ist eine zunehmende Unterstützung des STEP-Standards beim Austausch von Geometrieinformationen zu verzeichnen. Der Umfang der austauschbaren Informationen ist im Hinblick auf eine durchgängige und ein-

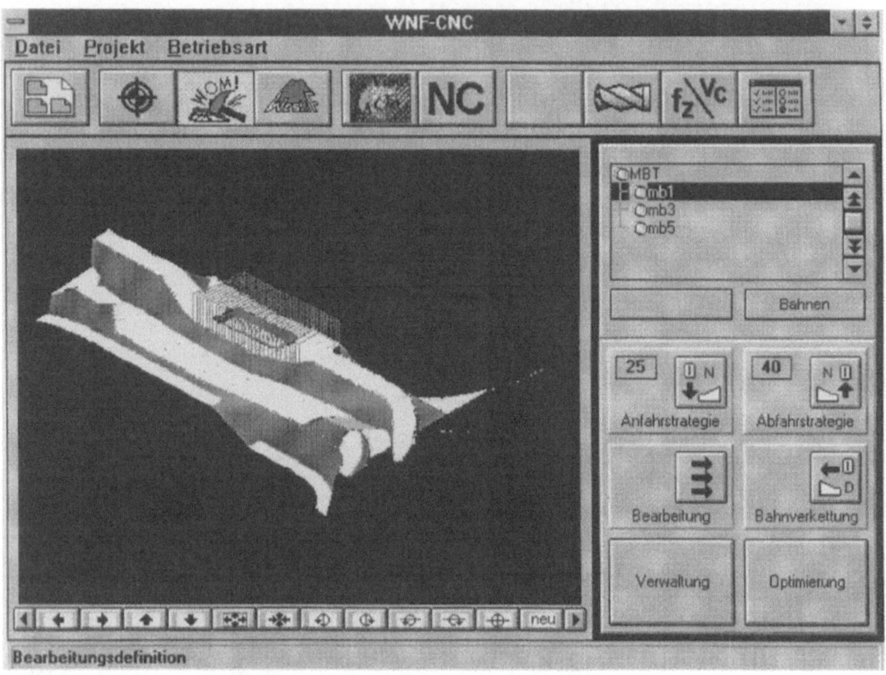

Bild 23. Benutzungsoberfläche aus dem Verbundvorhaben WNF

heitliche Prozeßkette zukünftig zu erweitern (Bild 25). Dann werden NC-Programmerstellung und NC-Programmänderung auf einer einheitlichen Basis – sowohl in der Arbeitsvorbereitung als auch in der Fertigung – mög-

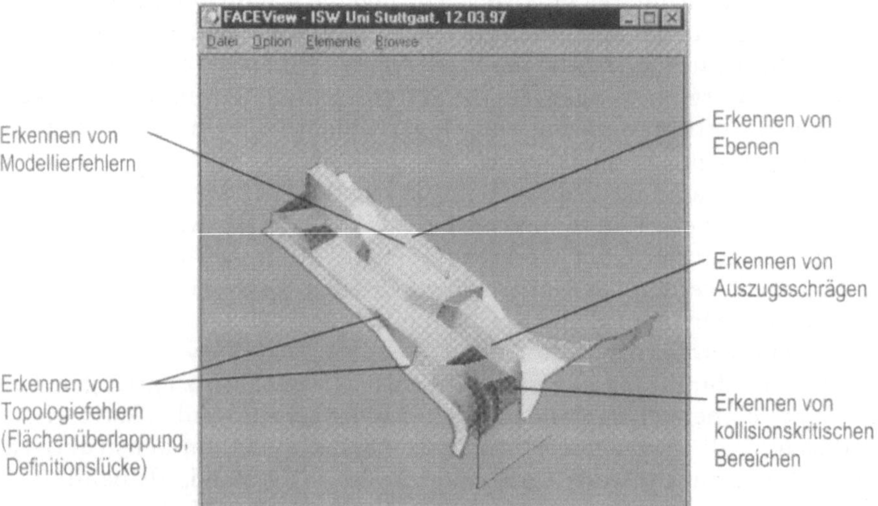

Bild 24. Unterstützung des NC-Programmierers durch FACEView

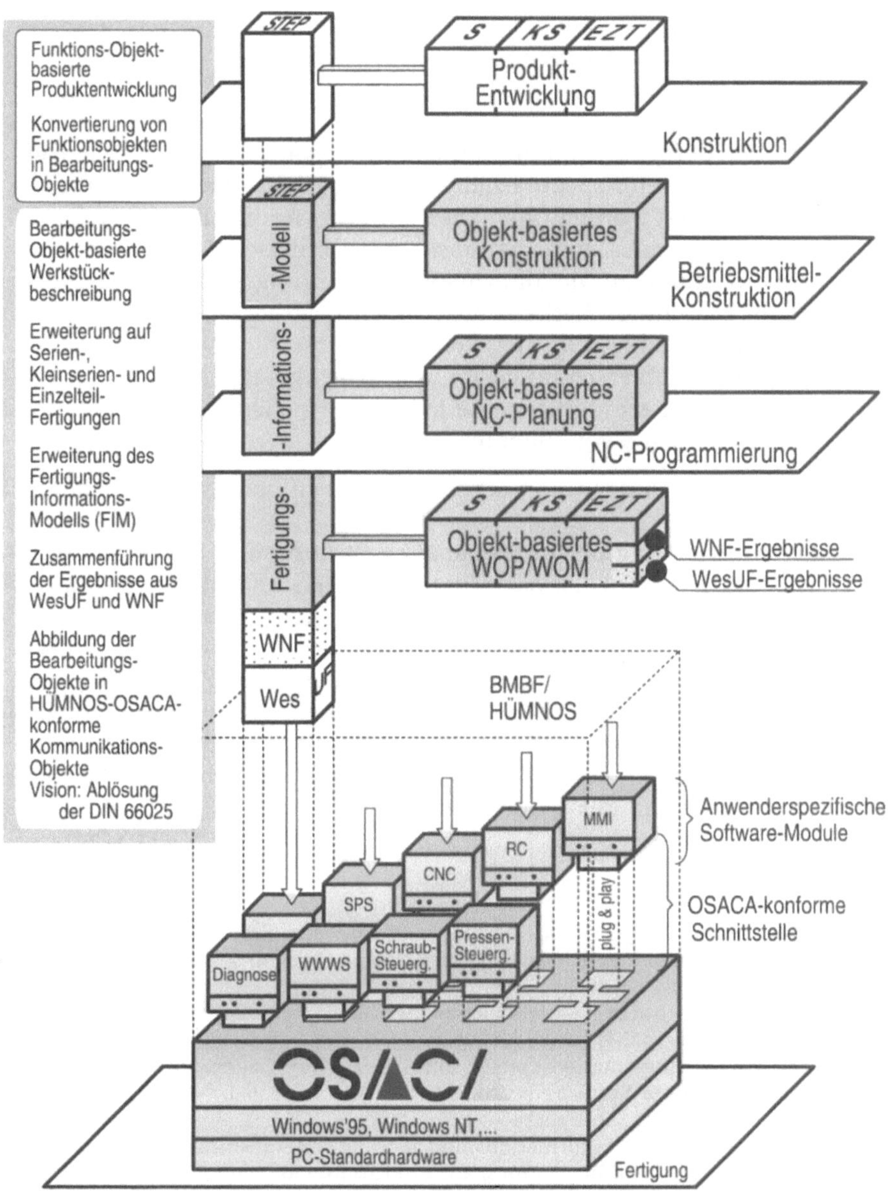

Bild 25. Durchgängiges Fertigungsinformationsmodell für die zukünftige Prozeßkette [13]

lich sein. Daimler Benz ist in diesem Zusammenhang gerade dabei, die featurebasierte Werkstückmodellierung und NC-Programmierung in dem neuen CAM-System „Object-NC“ für die Bohr- und Frästechnologie umzusetzen. Die Ergebnisse der genannten akademischen Grundlagenprojekte WesUF und WNF fließen dabei mit ein.

4 Hohe Produktivität durch Prozeßführung unter Einsatz von Informationssystemen

Bei der Daimler-Benz AG sind zusammen mit organisatorischen Änderungen viele der genannten Aspekte bzgl. des Informationsmanagements in der Produktion umgesetzt worden und haben zu Verbesserungen geführt. Es existiert ein übergreifendes Informationskonzept mit definierten Prozessen und Informationsflüssen. Die Informationsversorgung erfolgt flächendekkend bis an die Maschine. Hierbei wurde auf eine werkergerechte Benutzung der Systeme geachtet, die weitgehend einheitlich durch die Verwendung von standardisierten Benutzerschnittstellen und Bediengeräten erfolgt. Standardisierte Schnittstellen ermöglichen die Integration neuer Komponenten. Zukünftige Aufgaben liegen vor allem in

- der noch stärkeren Integration der Systeme des Informationsmanagements,
- der Weiterentwicklung der Konzepte zur Erstellung und Pflege der Systeme, basierend auf Informationsstrukturmodellen und objektorientierten Ansätzen, die sich an den maschinenbaulichen Sichten orientieren,
- der Verbesserung der Möglichkeiten für den Werker in bezug auf Prozeßplanung und situationsorientierte Modifikation von Bearbeitungsprogrammen sowie weitere Arbeiten an einer durchgängigen Prozeßkette und
- der besseren Unterstützung der Werker in Hinblick auf produktionsoptimale Entscheidungen durch die verstärkte Nutzung von Wirtschaftlichkeitsbetrachtungen in der Produktion vor Ort.

Literatur

1. Anders, C.: Objektorientierte Modellierung von Transferstraßen für die Wissensakquisition bei einem lernfähigen wissensbasierten Diagnosesystem. Zulassungsarbeit, Universität Stuttgart 1997
2. Tönshoff, H.K.; Pritschow, G.; Storr A.; Reihnhart, G.; Weck, M.: Autonome, kooperative Produktionssysteme. VDI-Z 138 (1996) 9, S 22–25
3. Brandl, T.: Anlageninformationssystem mit integrierter Diagnosefunktion. In: Tagungsband „Integrierte Softwaretechnik für den Maschinenbau". Institut für Steuerungstechnik, Universität Stuttgart 1997
4. Storr A.: Interdisziplinäre Informationsmodellierung – Herausforderung an den Maschinen- und Anlagenbau. In: Tagungsband „Integrierte Softwaretechnik für den Maschinenbau". Institut für Steuerungstechnik, Universität Stuttgart 1997
5. Storr, A.; Lewek, J.; Lutz, R.: Modeling and reuse of object-oriented machine software. In: Tagungsband „Production 2000: Autonomous cooperative and adaptable manufacturing units in computer network", Institut für Steuerungstechnik, Universität Stuttgart 1997
6. Fleckenstein, J.: Zustandsgraphen für SPS – grafikunterstützte Programmierung und steuerungsunabhängige Darstellung. ISW 63, Berlin: Springer 1987
7. Uhl, J.: Entwurfssystematik für ein dezentral strukturiertes, objektorientiertes Fertigungsleitsystem am Beispiel DNC und Auftragsdurchsetzung. (Diss. in Vorb.). Berlin: Springer

8. Storr, A.; Driller, J.; Hummel, M.; Uhl, J.; Weiner, M.: Dezentrale, objektorientierte Konzepte in der Fertigungsleittechnik. In: Pritschow, G.; Weck M.; Spur G. (Hrsg): Zukunftsweisende Steuerungs- und Maschinenkonzepte für die Fertigung. (Fortschrittsberichte Reihe 2), Düsseldorf: VDI-Verlag 1997, S. 144–155
9. Bühler, E. et. al.: Fortschritte im CAD/CAM-Bereich durch neuartige Schnittstellen. In: FTK '94 Fertigungstechnisches Kolloquium, schriftliche Fassung der Vorträge zum Fertigungstechnischen Kolloquium am 8./9. November 1994 in Stuttgart. Berlin: Springer 1994, S. 156–185
10. Storr, A.; Rommel, B.: Bearbeitungsobjekte als Basis für Informationsmodelle. In: Objektorientierte Produktionsarbeit. Frankfurt/New York 1996
11. Storr, A.; Itterheim, C.; Ströhle, H.: Freiformflächenbearbeitungen werker-orientiert modifizieren. Werkstatt und Betrieb 129 (1996) 6, S. 566–570
12. Storr, A.; Itterheim, C.; Hochholzer, G.: Neue Wege zum 5-Achs-Fräsen.VDWF aktuell (1996) 6, S. 32–35
13. Bühler, E.; Löffelhardt, U.: CAM-Verbund im Fahrzeug- und Produktionsmittelbereich. In: Tagungsband „3. CAD/CAM Forum", Daimler-Benz AG, Stuttgart 1997
14. Lutz, R.; Lewek, J.: Objektorientierte Informationsmodellierung und Steuerungssoftware - rechnerunterstützt aus dem Baukasten. In: Tagungsband „Integrierte Softwaretechnik für den Maschinenbau". Institut für Steuerungstechnik, Universität Stuttgart 1997

Dienstleistungen als neue Kernkompetenz des Produktionsbetriebs

H.-J. Bullinger, A. Stanke, M. Korell

Inhalt: Wachstum und Wettbewerbsdifferenzierung durch industrielle Dienstleistungen – Das Design hybrider Produkte – Strategien für das Management industrieller Dienstleistungen – Managementschwerpunkte – Voraussetzungen und Gestaltungsansätze für eine rentable Dienstleistungserbringung – Vorgehen – Industrielle Dienstleistungen rechnen sich

1 Wachstum und Wettbewerbsdifferenzierung durch industrielle Dienstleistungen

Nach den einschneidenden Verbesserungen der Kostenstrukturen durch Lean Management und Business Process Reengineering rückt die Kundenorientierung stärker in den Mittelpunkt der Unternehmensaktivitäten und wird mehr und mehr zum erfolgsentscheidenden Wettbewerbsfaktor. Das bestätigt auch eine Studie des Fraunhofer-Instituts für Arbeitswirtschaft und Organisation, bei der mehr als die Hälfte der befragten Unternehmen Kundenorientierung als die zentrale Marktstrategie der Zukunft angaben [1]. Begründet ist dies in der Tatsache, daß sich immer mehr Märkte in der Sättigungsphase befinden. Das veränderte Anspruchsdenken der Kunden und die globale Verfügbarkeit der Produkte, die sich in Qualität, Leistungsvermögen und Technologie angeglichen haben, zwingen Unternehmen zu einem fundamentalen Überdenken ihrer Marktaktivitäten. Die Gestaltung von effizienten Dienstleistungsprozessen, das Management der Kundenbeziehungen sowie der Aufbau von neuen Dienstleistungen sind dabei eine wesentliche Voraussetzung, um sich zukünftig nachhaltige Wettbewerbsvorteile zu verschaffen.

Die Chancen, die sich in einem Produktionsbetrieb durch das professionelle Management von industriellen Dienstleistungen ergeben, liegen insbesondere

- in der Steigerung des Ertrags durch erhöhte Kundenzufriedenheit und Kundenbindung,
- in der Erschließung neuer Geschäftsfelder und vor allem
- in der langfristig wirksamen Differenzierung im Wettbewerb.

Untersuchungen des Instituts zeigen, daß sich Unternehmen insbesondere durch das Angebot von zusätzlichen Dienstleistungen (78% der untersuchten Unternehmen sehen hier die größten Potentiale) von ihren Konkurrenten abheben können. Erst dann folgen Produktqualität (55%), Preis (42%), Technologie (38%) und Produktsortiment (34%). Dienstleistungen kristallisieren sich als Wachstumsmotor für die gesamte Wirtschaft heraus. Wenn man sich jedoch die Unternehmenspraxis anschaut, welchen Stellenwert Dienstleistung heute in den meisten Betrieben hat und wie Dienstleistungen heute geplant und vermarktet werden, dann ergibt sich eine gewaltige Differenz zwischen Anforderung und Umsetzung. Vor allem wenn man die Kunden befragt, ob sie ihren Vorstellungen und Wünschen entsprechend bedient werden, zeigen sich Defizite. Manager stufen ihren Betrieb deutlich kundenorientierter ein, als dies die Kunden dieser Unternehmen sehen. Während bei der Produktqualität die Selbsteinschätzung und die Einschätzung durch die Kunden weitgehend übereinstimmen, gehen die Ansichten bei allem, was über die Produkte hinausgeht – insbesondere Qualität der Dienstleistungen und der kundenbezogenen Prozesse –, weit auseinander [2].

2
Das Design hybrider Produkte

So zeigen Praxiserfahrungen, daß klassische Serviceleistungen wie Ersatzteilversorgung, Wartung sowie Reparatur heute weitgehend undifferenziert und unpersönlich allen Kunden gleich angeboten werden. Die Kunden fühlen sich mit ihren tatsächlichen Problemen allein gelassen. Unternehmen bieten dem Kunden in dieser Situation die Leistungen an, von denen sie glauben, daß sie der Kunde in dieser Form benötigt. Sie planen Dienstleistungen, ohne zu fragen, ob diese Leistungen den Kundenwünschen entsprechen und ohne zu wissen, wieviel die Kunden für diese Dienstleistung zu zahlen bereit sind. Mit einer derartigen Vorgehensweise im Hintergrund bedeutet Dienstleistung für die meisten Unternehmen heute noch immer ein unübersichtliches, nicht aufeinander abgestimmtes Angebot von Serviceleistungen mit den Folgen

- Ineffizienz der Dienstleistungserbringung,
- unzureichende Kosten- und Erfolgstransparenz,
- ungenügende Kenntnisse über Wünsche und Erwartungen der Kunden.

Auf der anderen Seite werden vorhandene Wachstumspotentiale, z.B. durch den Aufbau neuer kundenbezogener Dienstleistungen, nur ungenügend genutzt.

Aus diesen Beobachtungen heraus wurde am Fraunhofer-Institut der Ansatz des Designs hybrider Produkte als Leitgedanke für die Neudefinition des Leistungsportfolios eines Industrieunternehmens entwickelt [3]. Es ist zu erwarten, daß Produktions- und Dienstleistungsprozesse in Zukunft noch enger miteinander verflochten sein werden. Eine kundenorientierte Sichtweise muß eine isolierte Betrachtung von Produktion und Dienstleistung überwinden. Das integrierte Management der Dienstleistungs- und Produktionsprozesse wird zur Schlüsselkompetenz für die Industrie. Unternehmen werden sich vor diesem Hintergrund in Zukunft nicht mehr nur über ihre Produkte definieren. Diese Vision stellt den ganzheitlichen, d.h. den rationalen und emotionalen Kundennutzen konsequent in den Mittelpunkt (Bild 1).

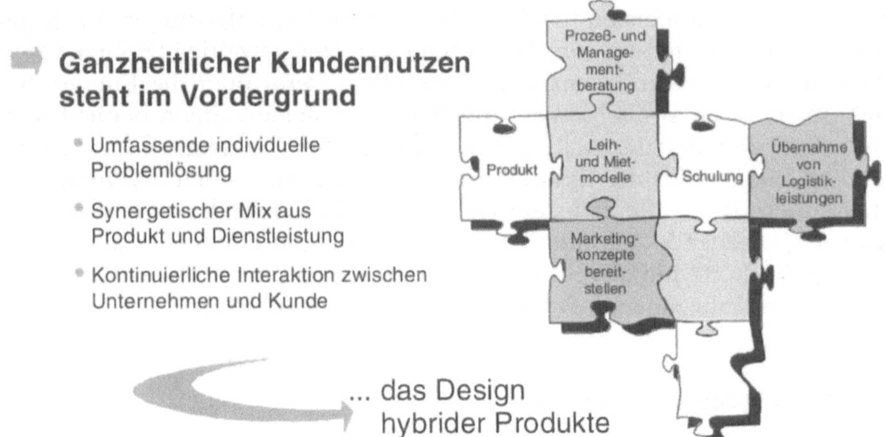

Bild 1. Das Design hybrider Produkte

Unter einem hybriden Produkt versteht man eine auf die Bedürfnisse des Kunden ausgerichtete individuelle Problemlösung. Diese setzt sich zusammen aus einem in sich stimmigen, auf den Kundennutzen ausgerichteten Mix aus Produkten und Dienstleistungen. Das hybride Produkt zeichnet sich durch eine hohe Anpassungsfähigkeit gegenüber den Kundenwünschen aus. Entsprechend gelingt es, dem Streben nach Individualität (Kundenanforderung) und gleichzeitig nach Standardisierung (Unternehmensanforderung) Rechnung zu tragen. Bei der Ableitung und Definition von hybriden Produkten stehen nicht mehr die Produkte allein im Fokus, sondern vielmehr die Fragen, wofür der Kunde das Produkt benötigt und wie er es einsetzt sowie welches sein grundlegendes Bedürfnis bzw. Problem ist. Die Herausforderung hierbei ist, den Kunden in die Lage zu versetzen, das zu tun, was er derzeit nicht tun kann, aber gern tun würde, wenn er wüßte, daß so etwas möglich ist.

Eine kontinuierliche Interaktion zwischen Unternehmen und Kunde dient dazu, eine langfristige Partnerschaft aufzubauen und zu pflegen. Diese Beziehung geht über heutige Vorstellungen weit hinaus. So steht nicht mehr die eigentliche Leistungserbringung im Zentrum der Beziehung. Hinzu kommt eine Dimension, die heute schon vereinzelt von Marken- und Imageführern berücksichtigt wird: die Emotionalität [4]. Aktuelle Markttendenzen belegen, daß diese Entwicklung für technikorientierte Unternehmen - auch der Investitionsgüterindustrie - zunehmend an Bedeutung gewinnt. Es vollzieht sich ein Wandel von der Stiftung eines rational nachvollziehbaren Nutzens hin zum Erlebnis. Unternehmen sind dann nicht mehr nur Lieferanten von Konsum- oder Investitionsgütern, sondern sie versuchen, sich tendenziell im Bewußtsein des Kunden zu einem „Mythos" zu entwickeln. So ist es beispielsweise dem Chiphersteller Intel gelungen, durch seine Kampagne „Intel inside" in das Bewußtsein der Kunden vorzudringen, obwohl der Prozessor nur eine Komponente im Gesamtprodukt PC darstellt. Unternehmen, die diese Chancen erkannt haben, vermitteln und bieten Kompetenz, Sicherheit, Vertrauen und die Möglichkeit, individuelle Visionen und Träume zu verwirklichen. Die Kommunikation zum Kunden erlangt in diesem Zusammenhang eine neue, erweiterte Bedeutung. Standardleistungen erlangen so durch die Dimension „Emotionalität" Individualität.

Der Ansatz des Designs hybrider Produkte wird als Wandlungsprozeß verstanden, wie sich ein auf Produkte zentriertes Unternehmen zum umfassenden Problemlöser entwickeln kann.

3 Strategien für das Management industrieller Dienstleistungen

Viele Unternehmen stehen derzeit vor der Herausforderung, wie diese Entwicklung aktiv zu gestalten ist und welche Lösungsansätze zu verfolgen sind.

Die wesentlichen Fragestellungen sind dabei:

- Welche Dienstleistungen können bzw. sollen angeboten werden?
- Welchen Ziel- bzw. Kundengruppen werden die Dienstleistungen angeboten?
- Wie können bereits bestehende Dienstleistungen optimiert und neue Dienstleistungen kreativ entwickelt werden?
- Welche Maßnahmen müssen getroffen werden, um die Erbringung von Dienstleistungen (im Sinne einer Dienstleistungs-Produktion) rentabel zu gestalten?

Zur Beantwortung dieser Fragen hilft das „Strategieportfolio zum Design hybrider Produkte" (Bild 2). Es hat sich in der betrieblichen Praxis insbesondere zur Einordnung der unternehmensspezifischen Problemstellung und der damit verbundenen Ableitung entsprechender Maßnahmen bewährt.

Gestaltungsoptionen	Handlungsstrategien: Optimierung aktueller Dienstleistungen	Handlungsstrategien: Generierung neuer Dienstleistungen
Ergänzung v. Produkten um Dienstleistungen		
Kundenbezogene Problemlösung		
Kompetenzinduzierte Dienstleistung		

Unternehmensprofil 0 1 2 3 4 5

Zielgruppe der Dienstleistung
- Endkunde
- Vertriebspartner
- Kaufbeeinflusser

Managementschwerpunkt
- Effiziente DL-Organisation
- Innovative DL-Vermarktung
- Zielorientiertes DL-Controlling
- Moderne IuK-Technologien
- Dienstleistungs-Mentalität

Bild 2. Strategien für das Management industrieller Dienstleistungen

Bei der Gestaltung industrieller Dienstleistungen kann zwischen verschiedenen Optionen, welche die Eigenständigkeit und die Rolle der Dienstleistung widerspiegeln, unterschieden werden. Dienstleistungen können als Ergänzung zum eigentlichen Produkt angesehen werden. Sie können Teil einer umfassenden Problemlösung für den Kunden sein. Kompetenzen, die bisher nur für das eigene Unternehmen genutzt wurden, lassen sich als sog. kompetenzinduzierte Dienstleistungen ebenfalls anbieten. Die unterschiedlichen Arten von Dienstleistungen sind entweder an den Endkunden oder an die Distributionspartner bzw. Absatzmittler gerichtet. Je nachdem, ob bereits Dienstleistungen existieren oder neue generiert werden sollen, werden entsprechende Vorgehensweisen im Rahmen einer Handlungsstrategie gewählt.

Im folgenden wird auf Gestaltungsoptionen, mögliche Zielgruppen und Handlungsstrategien eingegangen. Daran anschließend werden die Managementschwerpunkte, die für eine rentable Dienstleistungserbringung relevant sind, dargestellt.

3.1 Gestaltungsoptionen

Die Gestaltungsoptionen

- Ergänzung von Produkten um Dienstleistungen,
- kundenbezogene Problemlösungen,
- kompetenzinduzierte Dienstleistungen

stellen drei wesentliche Grundtypen industrieller Dienstleistungen dar. Aus Sicht der betrieblichen Praxis können die Übergänge fließend sein. Ziel dieser Einteilung ist nicht eine widerspruchsfreie Klassifizierung einzelner Dienstleistungen, sondern die Möglichkeit für Industrieunternehmen, sich strategisch einzuordnen. Dabei kann sich ein Unternehmen durchaus ein Dienstleistungsportfolio aufbauen, das alle drei Grundtypen beinhaltet.

Im Rahmen einer strategischen Positionierung des gesamten Unternehmens muß geklärt werden, welche Rolle Dienstleistungen zukünftig spielen sollen. Insbesondere muß die Frage nach dem Unternehmenszweck und einer adäquaten Vision beantwortet werden. Wie weit will und kann sich ein Unternehmen zum Problemlöser entwickeln? Wo liegen die Grenzen als Problemlöser? Die Arbeit an diesen Fragestellungen wird im wesentlichen flankiert von der Berücksichtigung der eigenen (Kern-)Kompetenzen und des Aktzeptanzverhaltens seitens der Kunden.

3.1.1 Ergänzung von Produkten um Dienstleistungen

Das Produkt steht immer noch im Mittelpunkt und die Dienstleistung wird als Ergänzung zum eigentlichen Produkt angesehen. Es geht hier um Dienstleistungen, welche die Nutzung des Produkts ermöglichen und unterstützen. Dazu gehören z.B. Beratung, Engineering, Schulung, Reparatur, Wartung oder Ersatzteildienst.

Meistens sind Unternehmen in dieser Kategorie bereits angesiedelt. In der Projektarbeit des IAO zeigt sich jedoch immer wieder, daß deutliche Handlungspotentiale in der betrieblichen Praxis bestehen. Zum einen sind die bestehenden Dienstleistungen noch stärker auf die Bedürfnisse und den Kundennutzen der jeweiligen Zielgruppen auszurichten. Zum anderen können mit dem Fokus auf den Kundennutzen weitere, neue Dienstleistungen rund um das Produkt entwickelt werden.

3.1.2
Kundenbezogene Problemlösungen

Kundenbezogene Problemlösungen schaffen dem Kunden über das Produkt hinaus einen wesentlichen Zusatznutzen. Hier setzt das erweiterte Verständnis der Problemlösung an. Betrachtet wird nicht nur die Funktion bzw. der Zweck eines Produkts, sondern dessen Einbettung in einen ganzheitlichen Nutzungsprozeß beim Kunden. Für den gesamten Nutzungsprozeß kann dann im Sinne einer Problemlösung ein umfassendes Leistungspaket bestehend aus einem Mix von Produkten und Dienstleistungen abgeleitet werden. So bietet beispielsweise die Daimler Benz AG mit ihrem Konzept CharterWay zusätzlich zu den Nutzfahrzeugen ein Bündel von Dienstleistungen an. Dazu gehören u.a. Fuhrparkmanagement oder Miet- und Leihmodelle. Damit wird eine Entwicklung vom Komponentenlieferanten (Verkauf eines Nutzfahrzeugs) zum Systemanbieter (Sicherstellung der Transportfähigkeit) möglich. Ähnliche Denkansätze finden sich auch in anderen Branchen wieder. Ein derartiges Konzept kann so weit gehen wie im Beispiel des Unternehmens Mewa. Die langlebigen Mikrofasertücher des Unternehmens werden nicht mehr verkauft, sondern nur noch vermietet – sie bleiben Eigentum des Unternehmens. Mewa holt die verschmutzten Tücher jeweils wieder vom Kunden ab, reinigt diese und liefert sie zurück. Auch Anlagenbauer übernehmen zunehmend das Betreiben ihrer Anlagen und das dazugehörige Facility Management.

3.1.3
Kompetenzinduzierte Dienstleistungen

Kompetenzinduzierte Dienstleistungen stellen Leistungen dar, die aufgrund einer intern vorhandenen Kompetenz (z.B. in der Logistik, Forschung oder EDV) auch eigenständig vermarktet werden können. Damit wird auch der Aufbau neuer Geschäftsfelder möglich. So nutzt die Firma Plastic Omnium ihr Know-how, das sie als Zulieferer der Automobilindustrie für Kunststoffteile aufgebaut hat, auch in anderen Anwendungsfeldern. Das Unternehmen löst inzwischen die Müllprobleme der Stadt Paris, indem es im Rahmen der Organisation der Müllabfuhr Plastikcontainer instandhält. Ähnliche Schritte geht ein Hersteller von Luftfilterkomponenten, der jetzt zusätzlich die Beratung und Planung zur Belüftung von Räumen in Bürohäusern und öffentlichen Gebäuden übernimmt. Es wird unternehmensstrategisch zu klären sein, inwieweit ein derartiger Schritt, der einer Diversifizierung gleichkommen kann, angestrebt werden soll.

3.2 Zielgruppen einer Dienstleistung

Unternehmen haben die Möglichkeit, Dienstleistungen ihren Endkunden oder ihren Vertriebspartnern (z.B. Fachhändler, Value Added Reseller bzw. Absatzmittler) anzubieten. So ist das Konzept CharterWay von der Daimler Benz AG voll auf die Endkunden ausgerichtet. Auch die Roto Frank AG hat als Hersteller von Baubeschlagtechnik seine Endkunden im Blickfeld. Diesen Kunden - Hersteller von Türen und Fenstern - werden umfassende Dienstleistungen angeboten, die selbst eine Betriebsberatung (Marketingunterstützung, Produktivitätssteigerungsprogramm) umfassen.

Dienstleistungen für Vertriebspartner dagegen zielen insbesondere auf eine verbesserte Beherrschung der Kette vom Hersteller zum Endkunden ab. Zwei grundsätzliche Ansätze können verfolgt werden: Dienstleistungen, die der Vertriebspartner direkt für sich nutzen kann oder Dienstleistungen, die der Vertriebspartner seinen Kunden bereitstellen kann. Im Rahmen der Entwicklung der Friedrich Grohe AG vom Armaturenhersteller zum Systemanbieter von Sanitärtechnik wurde der Grohe Profi Club entwickelt. Im Grohe Profi Club werden Installateure, die als Vertriebspartner im Sinne eines Value Added Resellers agieren, z.B. mit Marketing-Bausteinen, neuen Ersatzteilkonzepten oder Weiterbildungsprogrammen gezielt unterstützt. Der Ansatz, bei dem die Teilnahme an und die Inanspruchnahme von Clubleistungen mittels eines Punktekontosystems geregelt werden, geht weit über klassische Verkaufsförderungsmaßnahmen hinaus. Der Hersteller-Handel-Käufer-Beziehung liegt vielmehr der Gedanke einer ausgeglichenen Partnerschaft zugrunde.

Wie das Beispiel des Treppenbauers Kenngott International GmbH & Co. zeigt, können alternativ auch Absatzmittlern Problemlösungen angeboten werden. Eine multimedial gestaltete Software unterstützt Architekten, die im Verkaufsprozeß der Baustoffzulieferbranche eine zentrale Rolle einnehmen, bei Ausschreibungen für Bauvorhaben.

3.3 Handlungsstrategien

In Abhängigkeit von der strategischen Stoßrichtung und der Rolle der Dienstleistungen innerhalb des gesamten Leistungsportfolios werden bei der Planung von Dienstleistungen unterschiedliche Schwerpunkte gesetzt:

- die Optimierung bestehender Dienstleistungen,
- die Generierung neuer Dienstleistungen.

Basis bei beiden Ansätzen ist die Bildung von Zielgruppen und die Ableitung von dazugehörigen Nutzenprofilen. Ein mögliches Kriterium für die Bildung von Kundengruppen ist eine Segmentierung nach Kaufentscheidungskriterien oder nach der Art der Problemlösung. Dabei ist zunächst zu klären, durch welche Leistungen der spezifische Kundennutzen bestimmt ist, d.h. welche Produkte und Dienstleistungen für den Kunden nutzenstiftend und damit kaufentscheidend sind.

Sowohl die Optimierung als auch die Neuentwicklung von Dienstleistungen müssen analog der Produktentwicklung als permanter Prozeß begriffen und entsprechend im Unternehmen verankert sein. Organisatorisch kann dies sowohl durch eine eigenständige Funktion (z.B. der Bereich Dienstleistungsmanagement als Pendant zum Produktmanagement) als auch durch temporär zusammengesetzte Projektteams gelöst werden.

3.3.1 Optimierung aktueller Dienstleistungen

Die Optimierung zielt darauf ab, bestehende Dienstleistungen auf ihren Beitrag zur Schaffung eines Kundennutzens zu überprüfen [5]. Das Dienstleistungsportfolio wird neu geordnet und auf Kunden- bzw. Zielgruppen ausgerichtet. Häufig findet man in Unternehmen auch die Situation vor, daß existierende Dienstleistungen nicht ausreichend vermarket werden und damit nicht allen Kunden bekannt sind oder Dienstleistungen nur vereinzelt durch den Vertrieb angeboten werden.

Die wesentlichen Schritte bei der Optimierung sind:

- Erfassung des derzeitigen Dienstleistungsangebots,
- Ableitung des Nutzenwerts der einzelnen Dienstleistungen,
- Bewertung der Effizienz bei der Leistungserbringung,
- Re-Definition der Dienstleistungen und Neuaufteilung nach Zielgruppen.

Zur Bewertung müssen jene Dienstleistungen identifiziert werden, die Kunden nur unregelmäßig nachfragen oder die nur geringen Nutzwert stiften oder für das Unternehmen unrentabel sind. Darauf basierend lassen sich eine Neudefinition von Standardleistungen und vom Kunden frei wählbare Optionalleistungen erarbeiten. So hat beispielsweise die Roto Frank AG zunächst eine Vielzahl von verstreuten Dienstleistungsaktivitäten des Vertriebs- und Servicebereichs zusammengeführt und zu einem durchgängigen Leistungsangebot zusammengestellt. Es hatte sich gezeigt, daß einzelne Vertriebsmitarbeiter bereits einige Dienstleistungen ihren Kunden anbieten. Diese Leistungen wurden strukturiert, bewertet, in einer Broschüre zusammengefaßt und allen im Kundenkontakt stehenden Mitarbeitern bereitgestellt. Im Rahmen eines Qualifizierungsprogramms werden die Verkäufer kontinuierlich zu Beziehungsmanagern entwickelt. Durch die Zusammenführung konnte eine Durchgängigkeit im Leistungsangebot und im Marktauftritt erreicht werden.

3.3.2 Generierung neuer Dienstleistungen

Die Generierung neuer Dienstleistungen ist vergleichbar mit der Neuproduktentwicklung. Entsprechend ist auch eine geeignete Vorgehens- und Arbeitsweise zu wählen.

Die wesentlichen Schritte dabei sind:

- *Identifikation, Abbildung und Analyse der Kundenprozesse*
  Der zentrale Gedanke bei der Neuentwicklung von Dienstleistungen liegt im Aufbau eines produktübergreifenden Verständnisses für das Kundenverhalten. Es gilt herauszufinden, wie die umfassende Nutzung des Produkts abläuft und welchen Problemen und Herausforderungen sich der Kunde gegenübersieht. Das Umfeld des Kunden, seine Markt- und Kundenstruktur sind zu betrachten. Bei Investitionsgütern wird speziell zu fragen sein, wie der Kunde arbeitet und wie er sein Geschäft betreibt. Welche Erfolgsfaktoren sind für ihn hierbei relevant? Letztendlich wird es darum gehen, den Kunden mit Dienstleistungen so zu unterstützen, daß er seine Arbeit in seinem Sinne erfolgreicher gestalten kann. Berücksichtigt man außerdem noch die zunehmende Bedeutung des emotionalen Kundennutzens, so muß der Untersuchungsfokus auch auf die dahinterstehenden Menschen gesetzt werden. Es stellt sich die Frage, welche emotionalen Bedürfnisse, z.B. Sicherheit, Wohlbefinden, Anerkennung, im Vordergrund stehen und wie sich diese Bedürfnisse in Dienstleistungen integrieren lassen. Dazu werden derzeit in Forschungsprojekten neue Ansätze entwikkelt[1].

- *Trenderkennung und Prognose der Veränderlichkeit von Kundenbedürfnissen*
  Die Gegenwartsbetrachtung der Kundenprozesse muß um die Analyse zukünftiger Veränderungen ergänzt werden. Dazu gilt es, eine Betrachtung der wesentlichen Einflußfaktoren und die Erarbeitung möglicher zukünftiger Entwicklungen durchzuführen. Gegebenenfalls kann auch der Fokus auf den „Kunden des Kunden" gelegt werden, woraus sich oft wertvolle Erkenntnisse ableiten lassen. Es geht nicht um eine detaillierte Zukunftsplanung. Die Beschäftigung allein mit möglichen Entwicklungen hilft, sich in eine grundsätzliche Richtung zu bewegen und Veränderlichkeit bei der Entwicklung industrieller Dienstleistungen mitzuberücksichtigen.

- *Ableitung und Bewertung neuer Dienstleistungen nach Zielgruppen*
  Entscheidend ist, daß nicht eine reine statische Bedürfnisanalyse mit Methoden aus der Marktforschung durchgeführt wird (z.B. Quality Function Deployment), sondern die Prozesse beim Kunden sowie sein Verhalten vollständig verstanden werden. Mit diesem Wissen und dem tiefen Verständnis für die Kunden muß dann das Unternehmen selbst die Dienstleistungsideen kreativ ableiten. Eine schnelle Markteinführung bei Pilotkunden hilft dann, die Dienstleistungen und auch die damit eng verknüpf-

---

[1] Im Rahmen der prioritären Maßnahme (PEM) „Wettbewerbsfaktor Kreativität – Innovative Unternehmens- und Organisationsmodelle für vernetzte Dienstleistungen", ein aus der BMBF-Initiative „Dienstleistung 2000plus" resultierendes Projekt, werden aktuell derartige Konzepte erarbeitet.

te Dienstleistungserbringung zu evaluieren, anzupassen und weiterzuentwickeln und dann flächendeckend für alle betroffenen Kundengruppen einzuführen.

4 Managementschwerpunkte – Voraussetzungen und Gestaltungsansätze für eine rentable Dienstleistungserbringung

Durch die qualitative Analyse erfolgreicher Unternehmen, die bereits hybride Produkte anbieten, und eine Reihe unterschiedlicher Studien [6, 7] haben sich die folgenden Gestaltungsfelder im Sinne von Managementschwerpunkten herauskristallisiert:

- effiziente Dienstleistungsorganisation,
- innovative Dienstleistungsvermarktung,
- zielorientiertes Dienstleistungscontrolling,
- moderne Informations- und Kommunikationstechnologien,
- Dienstleistungsmentalität.

Durch eine entsprechende Gestaltung der Managementschwerpunkte wird die Art und Weise, wie Dienstleistungen erbracht werden, entscheidend hinsichtlich Effizienz und Effektivität beinflußt.

4.1 Effiziente Dienstleistungsorganisation

Voraussetzung für einen hohen Standard bei der Kombination von Produkten und Dienstleistungen ist eine leistungsfähige Unternehmensorganisation. Das gilt vor allem für die kundenbezogenen Kernprozesse, die an den Anforderungsprofilen der Kunden ausgerichtet werden und so organisiert sein müssen, daß der geforderte Kundennutzen erzielt werden kann. Wesentliche Zielsetzungen bei der Gestaltung einer effizienten Dienstleistungsorganisation sind:

- Kostensenkung,
- Steigerung der Flexibilität,
- Steigerung der Schnelligkeit.

Dies bedeutet in letzter Konsequenz die Abkehr von einem traditionellen Unternehmensmodell, in welchem für alle Kunden(-gruppen) die gleichen Organisationsstrukturen aufgebaut wurden. Für die Ausrichtung einer Dienstleistungsorganisation gilt der Leitgedanke [8]: Abbildung der Kundenstruktur auf die kundenbezogenen Unternehmensprozesse. Dies erfordert kleine, unternehmerisch agierende Einheiten, die auf klar definierte Kundengruppen ausgerichtet sind. Dahinter steht eine organisatorische Integration. Sie ist an den Prozessen ausgerichtet, die für die jeweiligen Kundengruppen relevant sind. Die kundenbezogene Organisation von Vertrieb und Dienstleistung kann erhebliche Produktivitäts- und Umsatzsteigerungspotentiale erschließen. Schnittstellen zum Kunden müssen vereinfacht bzw. reduziert werden. Auf diese Weise lassen sich nicht nur Bearbeitungszeiten deutlich verkürzen, sondern auch die Flexibilität bei der Leistungserstellung kann erhöht werden. In der betrieblichen Praxis gelten als Gestaltungskriterien:

- eindeutiger Ansprechpartner für den Kunden,
- prozeßorientierte, auf Zielgruppen ausgerichtete Dienstleistungsorganisation,
- eindeutige Kompetenz- und Verantwortungszuordnung.

Als Gestaltungsansätze haben sich drei wesentliche Grundrichtungen gezeigt, die ein Unternehmen je nach Dienstleistungsportfolio kombinieren kann:

- *Integration des Dienstleistungsbereichs im Vertrieb*

  Den aus den aufgeführten Gestaltungskriterien resultierenden Anforderungen versucht man in der Praxis zunehmend durch die Einführung von Prozeßteams [9] gerecht zu werden. Die Integration prozeßrelevanter Funktionen, wie Verkauf von Produkten und Dienstleistung sowie Auftragsabwicklung in einer organisatorischen Einheit, ermöglicht eine Ausrichtung auf spezifische Zielgruppen und die Berücksichtigung ihrer individuellen Anforderungen und Bedürfnisse. Mißverständnisse und interne Abstimmungsschwierigkeiten lösen sich auf bzw. sind für den Kunden nicht mehr spürbar. Dazu erhalten die Teams die für ihre Aufgabenerfüllung erforderliche Verantwortung und Entscheidungskompetenz.

- *Aufbau eines Profit-Centers*

  Bei einer entsprechenden Eigenständigkeit der Dienstleistungen gegenüber Produkten bietet sich die Möglichkeit der Bildung einer kosten- und ergebnisverantwortlichen Organisationseinheit an. Dies kann bis zur Gründung einer rechtlich selbständigen Geschäftseinheit gehen. Die Voraussetzungen zum Aufbau eines neuen Geschäftsfelds sind geschaffen.

- *Kooperation mit externen Partnern*

  Die Ausweitung des Leistungsangebots und die Entwicklung zum Systemanbieter kann dem Prozeß der Konzentration auf Kernkompetenzen entgegenstehen. Gleichzeitig werden von den Unternehmen Leistungen gefordert, die in der Kürze der bis zur Markteinführung zur Verfügung stehenden Zeit nicht aufgebaut werden können. Mit entsprechenden Partnern kann im Rahmen eines virtuellen Netzwerks den Kunden eine umfassende Problemlösung angeboten werden. Kundenclubs werden dann sinnvollerweise gemeinsam mit einer dafür ausgewählten Agentur realisiert. Beratungsleitungen, mit denen ein industrieller Hersteller seine Vertriebspartner unterstützt, werden durch professionelle, eigenständige Consultants erbracht.

4.2 Innovative Dienstleistungsvermarktung

Oft werden bereits Dienstleistungen angeboten, sei es als Ergänzungen zum Produkt oder als nutzensteigernde Problemlösungen, die in der Vermarktung dennoch eine untergeordnete Rolle spielen. Die Vertriebsarbeit ist sehr stark auf Produkte fokussiert. Die Mitarbeiter verkörpern häufig noch den klassischen Verkäufertypus und noch zu wenig den Manager einer langfristig angelegten Kundenbeziehung. Daher ist die Frage zu klären, ob die bestehende Vertriebsorganisation ausreichend kompetent ist, als umfassender Problemlöser aufzutreten. Hier existierende Defizite können einerseits durch Information, Qualifizierung und Veränderung der Anreiz- und Entlohnungssysteme behoben werden und zu einem wirkungsvollen Bewußtseinswandel führen. Anderseits kann auch die Auswahl und der Aufbau neuer, zusätzlicher Vertriebswege die Vermarktung aktiv forcieren.

Herausragende Ziele einer innovativen Dienstleistungsvermarktung sind daher:

- Steigerung der Kundenbindung und Neukundengewinnung,
- effizientere und produktivere Marktbearbeitung.

Damit eng verknüpft sind die Kriterien zur Gestaltung einer innovativen Dienstleistungsvermarktung:

- kundengruppenspezifische Ansprache,
- kontinuierlicher Dialog,
- Nutzen der Dienstleistung individuell vermitteln.

Eine individuelle Kundenansprache setzt eine entsprechende Segmentierung bzw. Klassifizierung der Kunden(gruppen) und die Identifikation der segmentspezifischen Bedürfnisse voraus. Hier bildet umfassendes Wissen über Markt und Kunden den Ausgangspunkt. Der Schwerpunkt liegt deshalb einerseits auf dem systematischen Aufbau, der Strukturierung und gezielten Nutzung von Wissen über Markt und Kunden sowie andererseits auf der Entwicklung und Anwendung individueller Kommunikationskonzepte und Kundenbindungsprogramme. Effiziente Kundenansprache im Rahmen eines Database Marketing erfordert eine klare Strategie sowie eine zielgruppenspezifische Auswahl der Kommunikationswege und -medien. Entscheidend ist es, auch die Kontakthäufigkeit und die Art der Ansprache auf die individuellen Bedürfnisse der einzelnen Kunden(gruppen) abzustimmen. Wichtig sind darüberhinaus Art und Inhalt der Kundenansprache – sie richten sich nach den spezifischen Bedürfnissen und Rahmenbedingungen der jeweiligen Zielgruppe.

Zusammenfassend sind die folgenden Gestaltungsansätze von Bedeutung:

- Anpassung und Befähigung der bestehenden Vertriebsorganisation zur Dienstleistungsvermarktung,
- Auswahl und Aufbau zusätzlicher Vertriebswege,
- Database Marketing.

4.3 Zielorientiertes Dienstleistungscontrolling

Viele Unternehmen, die schon heute ihren Kunden Dienstleistungen anbieten, stehen vor dem Problem, den Erfolg und die Kosten der Dienstleistungserbringung nicht abbilden zu können. Informationen hierzu sind jedoch eine wesentliche Voraussetzung dafür, die Dienstleistungsprozesse und das Dienstleistungsportfolio zu optimieren. Der Aufbau eines zielorientierten Dienstleistungscontrollings kann an dieser Stelle das Management wirkungsvoll unterstützen. Die Ziele lassen sich dabei beschreiben durch:

- Transparenz der Dienstleistungsprozesse,
- Steigerung der Dienstleistungseffizienz,
- Erhöhung der Dienstleistungseffektivität.

Ein entsprechend ausgerichtetes Controllingsystem hat den Markt- und Prozeßfokus sicherzustellen. Zum einen muß der Blick nach außen auf die Kunden gerichtet sein, um zu gewährleisten, daß nicht am Markt vorbei entwikkelt und produziert wird. Wichtig sind in diesem Zusammenhang die konsequente Erfassung und Analyse der Kundenzufriedenheit. Zum anderen müssen jedoch auch interne Erfolgsgrößen, Zeitgrößen und andere wesentliche Prozeßkenngrößen kontinuierlich gemessen werden, um rechtzeitig zielgerichtet eingreifen zu können. Ein an die Dienstleistungsorganisation bzw. an die Dienstleistungsprozesse angepaßtes Kennzahlensystem ist hierbei ein einfaches Mittel zur Planung und Steuerung der erfolgs- und entscheidungsrelevanten Größen.

Beim Aufbau eines zielorientierten Dienstleistungscontrollings ist darauf zu achten, daß durch das Controllingsystem keine zusätzliche Komplexität aufgebaut wird. Vielmehr gilt es, einfache, nachvollziehbare und transparente Instrumente zu nutzen, die eine weitgehende Selbststeuerung der Dienstleistungseinheiten unterstützen.

4.4 Moderne Informations- und Kommunikationstechnologien

Das Management von Information und Kommunikation wird vor dem Hintergrund einer konsequenten Strategieentwicklung in Richtung Dienstleistungsorientierung für Industrieunternehmen zu einem der wettbewerbsentscheidenden Faktoren. Die wesentlichen Ziele für den Einsatz neuer Informations- und Kommunikationssysteme sind:

- Ermöglichung neuer Leistungen,
- weltweite und qualitativ hochwertige Verfügbarkeit von Informationen.

Durch die Nutzung neuer Medien, wie Inter-/Intranet oder CD-Rom, werden neue Leistungsangebote möglich. So bieten Pharmahersteller speziellen Kundengruppen (Apothekern) über Internet Plattformen an, in denen die neuesten, für die Kunden relevanten Informationen zur Verfügung gestellt werden und ein Erfahrungsaustausch realisiert ist. Der Zugang zu den Plattformen wird über einen entsprechenden Berechtigungsmodus geregelt. Die Plattform bekommt damit den Charakter eines Kundenclubs.

Zur Professionalisierung der produktbezogenen Dienstleistungen (z.B. Wartung, Reparatur), die vor allem weltweit erbracht werden sollen, bieten Teleservicetechniken neue Gestaltungspotentiale. Zum einen können Produkte zur Diagnosefähigkeit entwickelt werden. Über eine entsprechende Datenkopplung zum Hersteller gelingt es dann, rechtzeitig Maßnahmen einzuleiten. Zum anderen können Techniken, z.B. Videokonferenzen oder elektronische Katalogen, den Wissenstransfer beschleunigen und vereinfachen. Dieser Ansatz hat insbesondere für die Kooperation mit regional verteilten, weiteren Dienstleistungspartnern erhebliche Vorteile.

Bei Berücksichtigung bereits existierender Informationssysteme in der betrieblichen Praxis steht für den Einsatz neuer Informations- und Kommunikationssysteme die Integrationsfähigkeit im Vordergrund. Ausgangspunkt ist immer ein umfassendes und durchgängiges Nutzungskonzept. Folgende Gestaltungsansätze sind besonders zu beachten:

- Kundendatenbank zur Realisierung eines Database Marketing,
- Workflowsysteme,
- Teleservice,
- Online-Dienste und elektronische Kataloge.

4.5 Dienstleistungsmentalität

Um Kunden- bzw. Dienstleistungsorientierung umsetzen zu können, müssen die Mitarbeiter ihr Denken und Handeln ganz auf den Kunden ausrichten. Dies ist nur bei hoher Motivation und entsprechendem Engagement jedes einzelnen möglich. Es muß zur Selbstverständlichkeit werden, den Kunden umfassend zu bedienen. Besonders in den internen Bereichen besteht hier – im Gegensatz zum Außendienst – zumeist noch erheblicher Handlungsbedarf.

Der Erfolg materieller Anreizsysteme liegt in ihrer richtigen Gestaltung. Mit einem erfolgsorientierten Entlohnungsmodell, das nicht nur klassisch den Außendienst, sondern alle Mitarbeiter einschließt, ist es möglich, den Kunden ins direkte Interesse der Mitarbeiter zu rücken. Bei der Gestaltung gilt es zwei wesentliche Kriterien zu berücksichtigen:

- Einbindung der Mitarbeiter und des Betriebsrats bei der Konzeption des Entlohnungsmodells im Sinne von „Betroffene zu Beteiligte“,
- klare Ausrichtung der materiellen und immateriellen Anreizsysteme an den Unternehmenszielen.

Obwohl Geld als Anreizfaktor nichts an Attraktivität eingebüßt hat, gewinnen zunehmend auch immaterielle Anreize an Bedeutung. Einer IAO-Studie [10] zufolge bergen vor allem

- Karriere,
- Unternehmenskultur und
- Führungsverhalten

ein ganz erhebliches Anreizpotential.

5 Vorgehen

Ein professionelles Management von industriellen Dienstleistungen, d.h. die Gestaltung effizienter Dienstleistungsprozesse, die Optimierung bestehender und der Aufbau neuer Dienstleistungen, bedarf einer klaren systematischen Vorgehensweise. Die Erfolgsfaktoren dabei sind die Konzentration auf die Rentabilität und auf den Kundennutzen. Am Fraunhofer-Institut wurde hierzu in Anlehnung an den Rapid-Prototyping-Ansatz eine Vorgehensweise entwickelt, die charakterisiert ist durch ein kontinuierliches Lernen, durch Kreativität und Flexibilität. Es muß von Anfang an vermieden werden, einen Formalismus und Bürokratismus bezüglich industrieller Dienstleistungen aufzubauen und zu etablieren. Vielmehr müssen Spontaneität, Initiative und Eigenverantwortung, Risikobereitschaft und vor allem Professionalität nach außen gefördert und gefordert werden.

Der Dienstleistungsprozeß ist ein kontinuierlicher Lernprozeß. Dienstleistungsideen werden generiert, angepaßt, eventuell wieder verworfen, neue Bedarfe identifiziert und entsprechende Dienstleistungsideen abgeleitet. Das Ziel hierbei ist nicht, „100%-Konzepte" zu erarbeiten, möglicherweise wie bei den Produkten ein Over-Engineering zu betreiben, sondern frühzeitig, rasch und gezielt „80%-Lösungen" in ausgewählten Pilotbereichen, mit ausgewählten Kunden umzusetzen. Ein derartiges Verfahren hat viele Vorteile. Es wird durch diese zügige und dennoch gezielte Vorgehensweise im Markt ein Zeichen gesetzt. Die Kunden erkennen, daß sich etwas bewegt, daß das Unternehmen bemüht ist, sich um die Probleme und Belange seiner Kunden zu kümmern. Für eine Wettbewerbsdifferenzierung werden somit nachhaltige Signale gesetzt. Eine rasche Umsetzung der Dienstleistung ermöglicht zudem, anhand der Reaktionen des Kunden und an dessen Bedürfnissen zu lernen. Intern wird zusätzlich ein Veränderungsdruck aufgebaut. Es wird signalisiert, daß Dienstleistung ein für das Unternehmen wichtiges Thema ist, welches eine hohe Bedeutung für die Sicherung der Wettbewerbsfähigkeit hat. Dies und vor allem die unverzüglich erkennbaren Erfolge im Markt beseitigen Barrieren und mögliche interne Widerstände gegen Dienstleistung.

Anhand des Beispiels eines Aufbaus bzw. einer Erweiterung von Schulungsmaßnahmen soll die Vorgehensweise verdeutlicht werden. Das Angebot dieser Dienstleistung kann in mehreren Stufen angegangen werden. In der ersten Phase gilt es, relativ schnell entsprechende Schulungs- und Trainingskonzepte zu erarbeiten. Es müssen Unterlagen erstellt und Mitarbeiter qualifiziert werden. Parallel hierzu müssen auf die jeweilige Zielgruppe ausgerich-

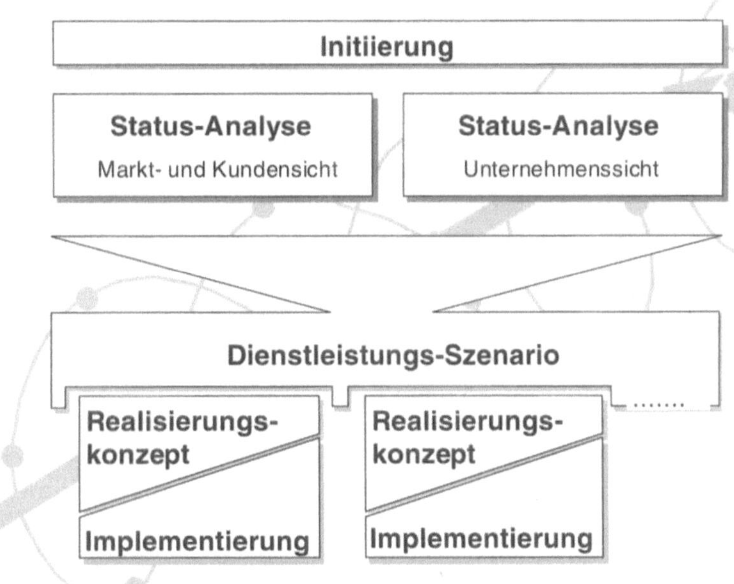

Bild 3. Der Weg zur Dienstleistungsinnovation im Überblick

tete Vertriebs- bzw. Vermarktungsaktivitäten geplant, vorbereitet und durchgeführt und dies alles schnell auf einen bestimmten Pilotbereich fokussiert werden. Während nun die erarbeiteten Schulungsprogramme im jeweiligen Pilotbereich umgesetzt werden, sind in Phase 2 neue Schulungs- und Trainingsbedarfe gemeinsam mit den Pilotkunden zu identifizieren und in entsprechende Maßnahmen und Programme umzusetzen. So wird eine permanente Überarbeitung und Erweiterung der Schulungsinhalte ermöglicht. Diese Entwicklung kann letztlich sogar soweit gehen, daß am Ende der Aufbau eines eigenständigen Schulungszentrums steht.

Bild 3 zeigt die einzelnen Bausteine einer Vorgehensweise[2], wie ein Unternehmen den Weg zur rentablen Dienstleistungsinnovation beschreiten kann.

5.1 Initiierung

Ziel der Initiierungsphase ist es, eine gemeinsame Vorstellung bezüglich zukünftiger Anforderungen und der daraus abzuleitenden Dienstleistungen zu erlangen. Ein wesentlicher Punkt hierbei – und dies ist zugleich die entscheidende Herausforderung – ist die Sensibilisierung der Mitarbeiter für das

[2] Diese Vorgehensweise wurde im Rahmen des IAO-Management-Centrums „Industrielle Dienstleistungen" entwickelt und in der betrieblichen Praxis angewendet.

Thema Dienstleistung. Die Initiative dazu muß von innen kommen und von einer breiten Basis getragen werden. Insbesondere gilt es im Vertriebsbereich, der bislang nur Produkte an die Kunden verkaufte, ein entsprechendes Bewußtsein zu schaffen. Weiterhin müssen erste Ansatzpunkte zur Optimierung, zum Aufbau und zum Management von Dienstleistungen abgeleitet werden. Die Ergebnisse sind schließlich konkrete Projektziele, ein priorisierter Katalog von möglichen Ansätzen und eine Einordnung der Projektschwerpunkte im Strategie-Portfolio.

5.2 Status-Analyse: Markt- und Kundensicht

Die Grundlage für die Bewertung bestehender Dienstleistungen und für die Bestimmung von Potentialen bestehender und neuer Dienstleistungen ist die Aufnahme der Ist-Situation. So dient beispielsweise eine Segmentierung von Märkten und die Bildung homogener Kundengruppen dazu, sich zu fokussieren und zudem dem Anspruch nach Individualität zu entsprechen, ohne jedoch in eine unüberschaubare Komplexität zu verfallen. Im Rahmen dieser Segmentierung gilt es weiterhin die Kundenzufriedenheit auf verschiedenen Ebenen – Interaktion, Leistung, Image – zu messen und zu analysieren. Die Ableitung und Darstellung von Kundennutzenprofilen ist Voraussetzung für die Generierung und Bewertung von Dienstleistungen. Zur Abschätzung der zukünftigen Anforderungen genügt jedoch die Betrachtung des Status quo allein nicht. Vielmehr besteht die Herausforderung darin, die Entwicklungen der Kunden und Märkte zu identifizieren, beispielsweise durch ein Trend-Scanning. Die Wettbewerber sind ein weiterer wesentlicher Bestandteil, den es konsequent zu beleuchten gilt. Aber auch Unternehmen und Erfolgsbeispiele aus anderen Branchen zeigen Entwicklungspotentiale für die eigene Dienstleistungserbringung. So ermöglicht der Vergleich mit den Wettbewerbern hinsichtlich kundennutzenrelevanter Leistungskriterien die Positionierung im Markt und darauf aufbauend die Konzentration auf eine entsprechende strategische Ausrichtung.

5.3 Status-Analyse: Unternehmenssicht

Während die „Status-Analyse: Markt- und Kundensicht" eher die Chancen und Risiken des Unternehmens zum Gegenstand hat, beleuchtet der zweite Teil der Status-Analyse die individuellen Stärken und Schwächen. Beide Teile ergänzen sich, so daß eine parallele Vorgehensweise notwendig ist. Das Ziel, das mit der „Status-Analyse: Unternehmenssicht" angestrebt wird, ist die Bewertung bestehender Dienstleistungsprozesse hinsichtlich Effizienz, Effektivität und Flexibilität. Hieraus lassen sich die wesentlichen Verbesserungspotentiale bezüglich Organisation, Vermarktung, Controlling, Personal und IuK-Technologie identifizieren. Die Voraussetzungen hierzu sind systematische Struktur- und Prozeßanalysen sowie die Analyse von Ressourcen und Kompetenzen.

5.4 Dienstleistungsszenario

Die vorgelagerten Analysen dienen der Erarbeitung konkreter Maßnahmenpakete sowie deren Bewertung und Priorisierung hinsichtlich der definierten Projektziele. Ausgehend von den identifizierten Potentialen werden sämtliche Handlungsmöglichkeiten und Maßnahmen – die Möglichkeiten und Maßnahmen beziehen sich dabei zum einen auf das Dienstleistungsangebot und zum anderen auf die Dienstleistungsprozesse – beschrieben und gegenübergestellt. Der so entstandene Katalog wird anhand der definierten Ziele bewertet. Beispiele für derartige Ziele sind Wettbewerbsbedeutung, vorhandene Kompetenz, zeitlicher und finanzieller Aufwand, Kundennutzen und Dringlichkeit. Diese Priorisierung dient dazu, die vorhandenen Ressourcen optimal einsetzen und schnellstmöglich erste Erfolge realisieren zu können.

5.5 Realisierungskonzept

Die priorisierten Maßnahmenpakete werden detailliert und konkretisiert. Dabei sind beispielsweise bei der Optimierung bestehender und dem Aufbau neuer Dienstleistungen folgende Fragen zu klären:

- Wie läßt sich der Nutzen der Dienstleistung aus Kundensicht beschreiben?
- Was unterscheidet die Dienstleistung von der Leistung anderer Wettbewerber?
- Wie ist die Dienstleistung im Unternehmen verankert? Wer erbringt die Dienstleistung? Wie sieht ein entsprechendes Qualifikationsprofil der Mitarbeiter aus? Muß oder kann man mit Dritten kooperieren, um dem Kunden die Dienstleistung bieten zu können?
- Wie wird die Dienstleistung vermarktet? Wie sieht die konkrete Kundenansprache aus?
- Wieviel ist der Kunde bereit, für die Dienstleistung zu zahlen?
- Wie muß eine entsprechende Erfolgskontrolle gestaltet sein? Wie werden die Kosten der Dienstleistungserbringung erfaßt und den Erlösen gegenübergestellt?

Die Umsetzung kann nur mit den betroffenen Mitarbeitern zusammen vorbereitet werden. Daneben muß die Integration ausgewählter Kunden in die Konzeption und Umsetzungsvorbereitung forciert werden. Dieses Vorgehen stellt sicher, daß die Dienstleistungen nicht am Markt und am Bedarf vorbei entwickelt werden.

5.6
Implementierung

Entsprechend dem Rapid-Prototyping-Ansatz beginnt man sehr rasch mit der prototypischen Umsetzung der entwickelten Dienstleistungen. Daneben können sich andere Vorhaben noch in der Konzeptionsphase befinden. Aus den ersten Ergebnissen der Umsetzung werden die Dienstleistungen weiterentwickelt und verfeinert und neue Dienstleistungsideen generiert. Erfolgsfaktoren sind dabei die Installation eines kontinuierlichen Verbesserungsprozesses, die Durchführung von umsetzungsbegleitenden Maßnahmen, insbesondere das Coaching der Mitarbeiter, sowie eine konsequente Fortschrittskontrolle der Umsetzung. Die gesammelten Erfahrungen im Pilotbereich münden in der Vorbereitung und in der Durchführung der vollständigen Umsetzung.

6
Industrielle Dienstleistungen rechnen sich

Der Nutzen industrieller Dienstleistungen für ein Unternehmen läßt sich auch wirtschaftlich nachvollziehen. So führt das Angebot von industriellen Dienstleistungen bzw. das Angebot von umfassenden Problemlösungen zu einer Erhöhung der Kundenzufriedenheit. Zufriedene Kunden wenden sich bei neuen Fragen und Problemen wieder an das Unternehmen, kaufen vermehrt Produkte und Leistungen ein, akzeptieren höhere Preise und empfehlen das Unternehmen weiter. Dies hat direkte Umsatzsteigerungen zur Folge. Zudem hat ein professionelles Management industrieller Dienstleistungen Kosteneinsparungen zur Konsequenz, vor allem durch die effiziente Ausrichtung der Dienstleistungsprozesse, durch optimierten Einsatz der vorhandenen Ressourcen sowie durch Reduzierung bzw. Optimierung der Marketing- und Vertriebskosten. Insgesamt betrachtet, läßt sich durch das Angebot von Dienstleistungen die Wettbewerbsfähigkeit nachhaltig erhöhen. Entsprechende Wachstumspotentiale können realisiert werden.

Literatur

1. Bullinger, H.-J.; Wiedmann, G.; Niemeier, J.: IAO-Studie Business Reengineering – Aktuelle Managementkonzepte in Deutschland: Zukunftsperspektiven und Stand der Umsetzung. Stuttgart: IRB Verlag 1995
2. Homburg, C.: Kundennähe als Management-Herausforderung: Neue Erkenntnisse und Empfehlungen. Arbeitspapier der Wissenschaftlichen Hochschule für Unternehmensführung, Vallendar
3. Stanke, A; Ganz, W.: Design hybrider Produkte. In: Volkholz, V.; Schrick, G. (Hrsg.): Dienstleistungen im 21. Jahrhundert. RKW „Themen und Thesen", Eschborn 1996
4. Bullinger, H.-J.: Dienstleistungen für das 21. Jahrhundert – Trends, Visionen und Perspektiven. In: Bullinger, H.-J. (Hrsg.): Dienstleistungen für das 21. Jahrhundert – Gestaltung des Wandels und Aufbruch in die Zukunft. Stuttgart: Schäffer Poeschel Verlag 1997

5. Anderson, J.C.; Narus, J.A.: Nur wohlüberlegte Zusatzleistungen fördern das Geschäft. In: Harvard Business Manager (1995) 3
6. Zahn, E.; Soehnle, K.: Auswirkungen des Outsourcing von Dienstleistungen in der Region Stuttgart. Hrsg.: Industrie- und Handelskammer, Region Stuttgart 1996
7. Diebold Deutschland GmbH: Die Industrielandschaft im Umbruch - Vom Produzenten zum Dienstleister. Eschborn 1996
8. Bullinger, H.-J.; Stanke, A.: Erfolgsfaktor KundenManagement: Kundenorientierung muß konsequent gestaltet werden. In: Office Management (1997) 1+2
9. Bullinger, H.-J.; Stanke, A.(Hrsg.): Mit Vertriebsteams in die Zukunft - Aus der Praxis für die Praxis. Tagungsband 1996
10. Bullinger, H.-J.; Stanke, A.; Schneider, B.: Immaterielle Anreizsysteme - Eine Untersuchung in ausgewählten Unternehmen. IAO Studie 1996

Strategische Positionierung im Markt der Zukunft am Beispiel der Meissner+Wurst GmbH+Co.

J. Giessmann, S. Dürr

Inhalt: Vorstellung der Firma Meissner+Wurst – Kräfteverhältnis im globalen Wettbewerb der Halbleiterindustrie – Anforderungen der Halbleiterindustrie an Ihre Lieferanten; Internationalisierung der Kunden- und Lieferantenbeziehungen – Systemführerschaft und die Integration in die Wertschöpfungskette des Kunden – Systemführerschaft und Partnerschaftsstrategien

1 Einleitung

Unternehmensstrategie kann man als die Kunst verstehen, Wert zu schaffen. Strategie steckt den gedanklichen Rahmen ab, die Visionen und Konzepte, durch die Führungskräfte (hoffentlich!) die Chancen erkennen, wie sie Kunden Wert liefern und damit Gewinn für ihr Unternehmen erzielen. So gesehen ist Strategie die Art und Weise, wie ein Unternehmen sein Geschäft definiert und es mit seinen beiden wichtigsten Ressourcen verbindet: Wissen und das Verhältnis zu anderen Akteuren im Markt oder, anders ausgedrückt, Kompetenzen und Partner.

Unser gewohntes Verständnis von Wert beruht auf Annahmen und Modellen zur industriellen Arbeitsteilung. Danach nimmt jedes Unternehmen in einer Wertschöpfungskette eine bestimmte Position ein. Zulieferer stellen Vorleistungen bereit, das abnehmende Unternehmen reichert sie an, um dann die Fertigungskette abwärts den nächsten Akteur zu beliefern, sei dieser Abnehmer ein weiteres Unternehmen oder ein Endverbraucher. Von daher läßt sich Unternehmensstrategie auch als eine Kunst beschreiben, ein Unternehmen am „richtigen" Platz in einer Kette zu positionieren, mit dem richtigen Geschäft, den richtigen Produkten und/oder Dienstleistungen, im richtigen Marktsegment, mit den richtigen wertsteigernden Tätigkeiten.

Heute ist ein solches Verständnis vom Wert – und der dazugehörigen Strategie – jedoch so überholt wie der Taylorismus. Der globale Wettbewerb, sich rasch ändernde Märkte und neue trendbruchartige Technologiesprünge eröffnen für die Wertschöpfung qualitativ völlig neue Wege, mit bislang ungekannten Chancen, aber auch neuen Risiken.

Vor diesem Hintergrund haben selbst Unternehmen, die sich im klassischen Investitionsgütermarkt bisher als Technologie-, Qualitäts- oder Kostenführer eindrucksvoll profilieren und positionieren konnten, allen Grund umzudenken. Um weiterhin erfolgreich zu sein, müssen sie über die Fähigkeit hinaus, dem Markt hervorragende, innovative Produkte zu bieten, vor allem auch Systemfähigkeit entwickeln. Das bedeutet, daß der Auftragnehmer seine methodischen und technischen Fähigkeiten in eine Leistung umsetzt, die der Auftraggeber unter möglichst geringem Investitionsaufwand in seine eigene Wertschöpfungskette integrieren kann.

Im Mittelpunkt sämtlicher Bemühungen des Systemlieferanten hat dabei stets die Steigerung des Kundennutzens zu stehen.

Der Beitrag soll am Beispiel des schwäbischen Mittelständlers Meissner+Wurst zeigen, wie ein Unternehmen den Weg vom Komponenten-Lieferanten zum Systemführer in der Halbleiterindustrie erfolgreich eingeschlagen hat. Die Unternehmensvision lautet dabei (in ausgewählten Märkten) die Systemführerschaft im Hinblick auf

- komplexe,
- innovative,
- globale,
- technologisch herausfordernde,
- am Kundennutzen orientierte und
- ökoeffiziente

Aufgabenstellungen zu erlangen.

Im Bereich der Halbleiterindustrie ist diese Vision bereits zu einem guten Teil verwirklicht, und so kann im folgenden - unter Einbeziehung theoretischer Modelle - aus der Praxis berichtet werden, welche Voraussetzungen für eine strategische Positionierung als Systemführer zu erfüllen sind.

2 Vorstellung der Firma Meissner+Wurst

Gegründet wurde das Unternehmen Meissner+Wurst 1912 in Stuttgart als Maschinenfabrik, die sich mit der Herstellung von Spanabsauganlagen für Schreinereibetriebe befaßte.

Von dieser Basis aus entwickelte sich das Unternehmen zum Anbieter von kompletten Lüftungs- und Klimaanlagen für die Industrie, öffentlichen Verwaltungsgebäuden und anderen anspruchsvollen Großbauten wie Konzertsälen, Theater und Museen.

Bereits vor über 30 Jahren erfolgte der Einstieg in die damals noch junge Reinraumtechnologie, eine Technologie, die Mitbegründer und Begleiter der ebenfalls neu aufkommenden Mikroelektronik wurde.

Ebenfalls noch zu einem recht frühen Zeitpunkt betrat das Unternehmen die internationale Bühne. Erste Großaufträge namhafter Halbleiterhersteller in den Niederlanden und in Taiwan bereiteten bereits gegen Ende der 80er Jahre den Boden für das heute mit über 70% Auslandsanteil international erfolgreiche Unternehmen. Heute unterhält Meissner+Wurst Niederlassungen in allen wichtigen Märkten, in Westeuropa, in den USA, in Japan und in Südostasien.

1994 wurde das bis dahin reine Familienunternehmen an die Jenoptik AG, Jena, verkauft und ist seither eine der wichtigsten Säulen des aus dem ehemaligen Kombinat Carl Zeiss Jena hervorgegangenen Technologiekonzerns.

Durchschnittlich fast 1500 Mitarbeiter erwirtschafteten 1996 einen Umsatz von 736 Mio. DM (1995: 535 Mio. DM) in den vier Geschäftsfeldern

- Contamination Control Technology,
- Technische Gebäudeausrüstung,
- Produkte (Schlüsselkomponenten für die Reinraumtechnologie),
- Dienstleistungen/Facility Management.

Dank der technologischen Kompetenz bei integrierten Ingenieurdienstleistungen, des Know-how um die Produktionsprozesse in der Halbleiterindustrie sowie einem Vorsprung durch langjährige Präsenz in den Märkten der Triade entwickelte sich Meissner+Wurst zum Systemführer für integrierte Gesamtlösungen.

Zu den Schlüsselkunden des Unternehmens gehören heute die weltweit führenden Halbleiterhersteller.

3 Kräfteverhältnis im globalen Wettbewerb der Halbleiterindustrie

3.1 Entwicklungstrends in der Halbleiterindustrie

3.1.1 Wachstum und Umsatzentwicklung

Das Wachstum der Halbleiterindustrie ist ohne Beispiel. Von 1965 bis 1975 waren es pro Jahr 10%. Im folgenden Jahrzehnt, bis 1985, gab es eine Steigerung um 17% pro Jahr, und die Dekade von 1985 bis 1995 erbrachte jährlich einen Zuwachs von 22%. Das bisherige Rekordjahr 1995 schloß weltweit mit 155 Mrd. Dollar Halbleiter-Gesamtumsatz ab; zehn Jahre zuvor, 1985, waren es

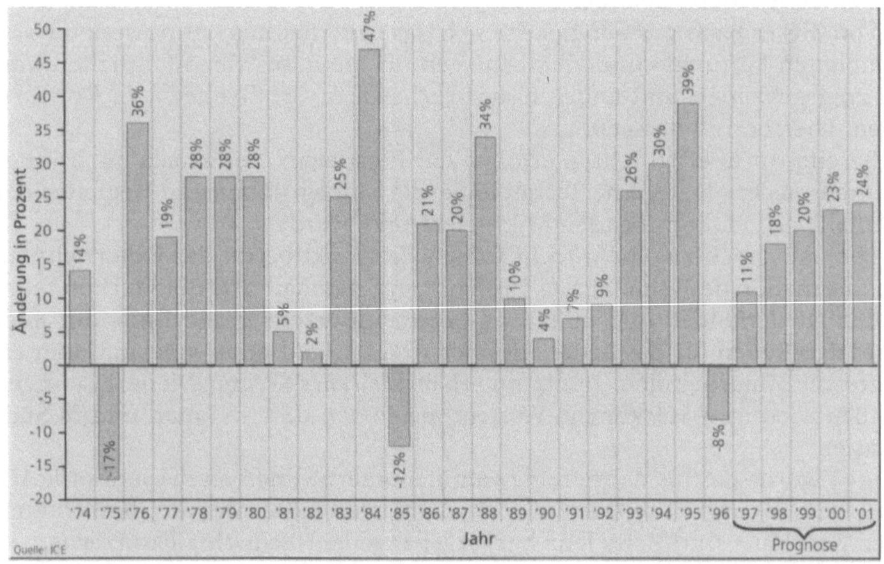

Bild 1. Wachstumsraten der Halbleiterproduktion (weltweit)

noch 20 Mrd. Dollar gewesen. Bild 1 veranschaulicht die rasanten Wachstumsraten des weltweiten Halbleitermarktes.

Solche fast schon als astronomisch zu bezeichnenden Wachstumsraten dürfen jedoch nicht zu der Annahme verleiten, im Halbleitermarkt herrschten paradiesische Zustände. Das Gegenteil ist der Fall: Der Zwang zu Innovationen und Investitionen wird immer größer und der Konkurrenzkampf immer härter.

3.1.2 Konkurrenzsituation

Der härteste Kampf wird unter den größten zehn Chip-Produzenten der Welt ausgetragen. Es gilt die Aussage: „Etwa 15 Halbleiterproduzenten möchten jeweils mindestens 10% vom Weltmarkt haben." Daneben hat sich die Zahl der Halbleiterhersteller seit Mitte der 70er Jahre multipliziert. War die Anzahl der Halbleiterproduzenten vor rund zwanzig Jahren mit 60 Marktteilnehmern noch vergleichsweise überschaubar, so gibt es heute bereits rund 350 Hersteller, die über 800 Fabriken weltweit betreiben. Derzeit sind über 100 weitere Werke im Bau oder geplant.

Unter den zahlreichen Chip-Produzenten befinden sich jedoch viele Nischen-Anbieter. Dies wird deutlich, wenn man sich vor Augen führt, daß die zwanzig größten Hersteller einen Marktanteil von 74% (1996) auf sich vereinigen.

3.1.3 Wachsende Investitionskosten

Die Halbleiterindustrie ist wie kaum eine zweite Branche getrieben vom ständigen Zwang zu Investitionen. Neue Produktgenerationen unterliegen jedoch immer höheren Entwicklungskosten und immer aufwendigeren Produktionsverfahren. Um das Wachstum zu tragen und den hohen Anforderungen gerecht zu werden, müssen neue Fabriken gebaut werden, mit durchschnittlichen Investitionskosten von rund 1,6 Mrd. DM, verbunden mit zunehmend unsicheren Aussichten auf einen zufriedenstellenden Return on Investment. Von der ersten Feasibility Study bis zum Anlaufen der Produktion gehen durchschnittlich rund zwei Jahre ins Land. In dieser Zeit könnte der Markt sich ändern und die ursprüngliche Planung obsolet machen. Time to Market, d.h. Entwicklungszeiten neuer Chip-Generationen sowie Planung und Bau neuer Fertigungskapazitäten zu beschleunigen und möglichst rasch mit einer ausreichenden Ausbeute den Markt zu betreten, ist zu einem wichtigen Schlagwort geworden.

3.1.4 Gleichzeitige Entwicklung mehrerer Produktfamilien

Konzentrierte sich die Halbleiterindustrie lange Zeit auf die Entwicklung jeweils nur einer Produktfamilie, wird heute die Entwicklung mehrerer Produktfamilien gleichzeitig vorangetrieben. Derzeit liegt in der Chipentwicklung der 64-Megabit-Speicher als Prototyp vor, während sich der 256-Mb-Chip bereits im Labor-Endstadium befindet. Gleichzeitig steht bereits der 1-Gigabit-Speicherchip am Anfang seiner Entwicklung. Zusätzlich hat sich in der Vergangenheit der Durchmesser der Siliziumscheiben (Wafer), auf denen schließlich die Chips produziert werden, beständig erweitert. Während gegenwärtig noch überwiegend auf Wafern mit 200 mm Durchmesser produziert wird, ist die Entwicklung der 300 mm Nachfolge-Generation in vollem Gange. Die Umstellung auf diese neue Wafer-Generation kostet die Halbleiterhersteller und die Prozeßgerätehersteller bis Ende des Jahrhunderts schätzungsweise 14 Mrd. US$.

3.1.5 Strategische Partnerschaften

Es ist offensichtlich, daß derartige Investitionen heute nicht mehr allein von einzelnen Unternehmungen getragen werden können. Strategische Allianzen und Joint Ventures, auch unter Konkurrenten, bestimmen heute das Bild. So haben Siemens und Motorola erst vor wenigen Monaten den gemeinsamen Bau eines neuen Werkes in Dresden mit einer Investitionssumme von 2,5 Mrd. DM verkündet. Dazu addieren sich die Investitionen für eine Pilotanlage sowie für Forschung und Entwicklung von noch einmal 800 Mio. DM.

Die Wafer der dort entwickelten nächsten Generation sind mit einem Durchmesser von 300 mm doppelt so groß wie die Vorgänger-Generation. Auf den neuen, größeren Wafern finden 2,4mal so viele Chips Platz wie auf den heute gängigen Scheiben. Davon versprechen sich die Chip-Hersteller einen kräftigen Rationalisierungsschub in der Fertigung mit Kosteneinsparungen von bis zu 30% – vorausgesetzt, die Ausbeute ist hoch genug, denn die technischen und ökonomischen Risiken sind beträchtlich. „Eigentlich wäre jeder gern die Nummer zwei", beschreibt Stanley Meyers, Präsident des Industrieverbandes SEMI[1], die Situation um die Einführung der neuen Wafer-Generation.

3.1.6 Konzentration auf Kernkompetenzen

Früher konnten sich Halbleiterhersteller eine hohe Wertschöpfungstiefe leisten, inzwischen sind sie in zunehmendem Maße gezwungen, sich auf ihre eigentlichen Kernkompetenzen zu konzentrieren. Diese Kernkompetenzen sind die Entwicklung neuer IC-Designs, die Prozeßintegration und die Beherrschung der Fertigungstechnologien, mit dem Ziel einer möglichst hohen Ausbeute.

Bild 2 faßt die oben beschriebenen Umwälzungen im Halbleitermarkt zusammen.

---

1 SEMI = Semiconductor Equipment and Materials International, mit Sitz in Mountain View, Kalifornien, ist der internationale Verband der Halbleiterindustrie, insbesondere der Prozeßgeräte- und Medienhersteller sowie anderer Zulieferanten.

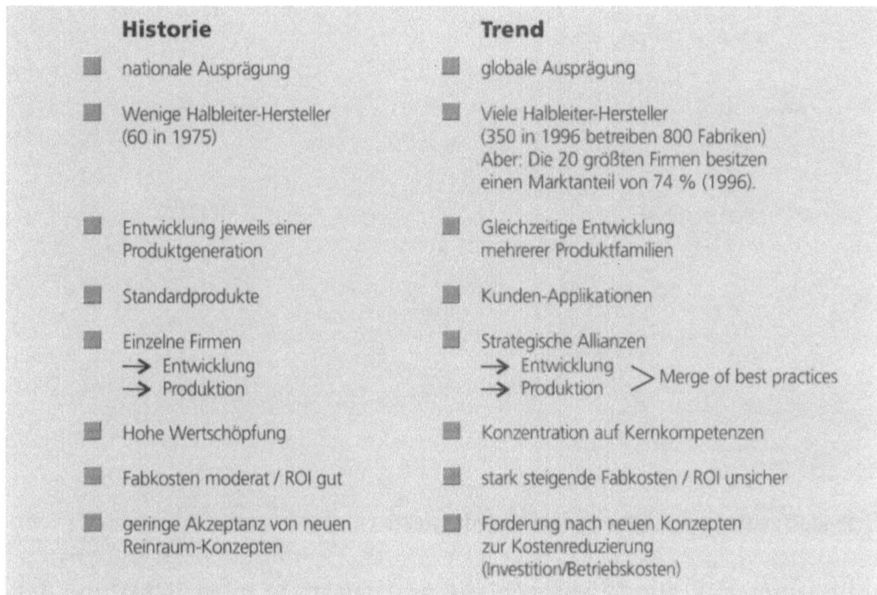

Bild 2. Kräfteverhältnis im globalen Wettbewerb: Halbleiterindustrie

3.2 Herausforderungen für die Zulieferindustrie

3.2.1 Internationale Präsenz

Die Halbleiterindustrie agiert heute global. Investitionen beschränken sich längst nicht mehr auf den angestammten „Heimmarkt". So verfügen Global Player wie Siemens, Texas Instruments, Motorola, NEC oder Hyundai über weltweit verteilte Fertigungskapazitäten. Bild 3 zeigt beispielhaft die Fertigungsstandorte dreier ausgewählter Produzenten, die zu den größten 15 Chip-Produzenten weltweit zählen. Ein ähnliches Bild ergibt sich für fast alle anderen führenden Halbleiterkonzerne Dies macht deutlich, daß allein schon aus Gründen der Kundennähe auch die Zulieferindustrie über globale Präsenz in den wichtigsten Märkten verfügen muß.

Die Entscheidungsfindung muß sich dabei zwangsläufig immer mehr vom Stammhaus in die kundennahen Projektteams vor Ort verlagern, wie Bild 4 deutlich macht.

3.2.2 Systemgeschäft

Im Anlagengeschäft ist allgemein die Tendenz feststellbar, dem Auftragnehmer immer mehr Aufgaben zu übertragen und eine sog. schlüsselfertige Anlage nachzufragen. Man spricht dann von Turn-key-Verträgen. Schlüssel-

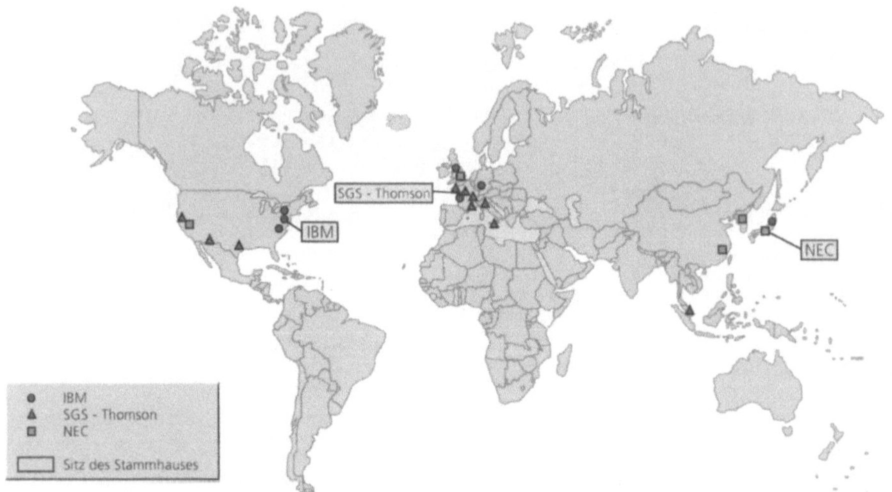

Bild 3. Produktionsstandorte führender Halbleiterhersteller

fertig bedeutet, daß alle Leistungen, die die fehlerfreie Inbetriebnahme der Anlage voraussetzen – insbesondere auch die Bauleistungen –, aus einer alleinverantwortlichen Hand erbracht werden.

Systemanbieter zu sein bedeutet darüber hinaus, daß es dem Lieferanten gelingt, seine methodischen und technologischen Fähigkeiten in eine Leistung umzusetzen, die der Auftraggeber unter möglichst geringem Aufwand in seine eigene Wertschöpfungskette integrieren kann. Kapitel 4 enthält eine ausführliche Darstellung der Systemführerschaft.

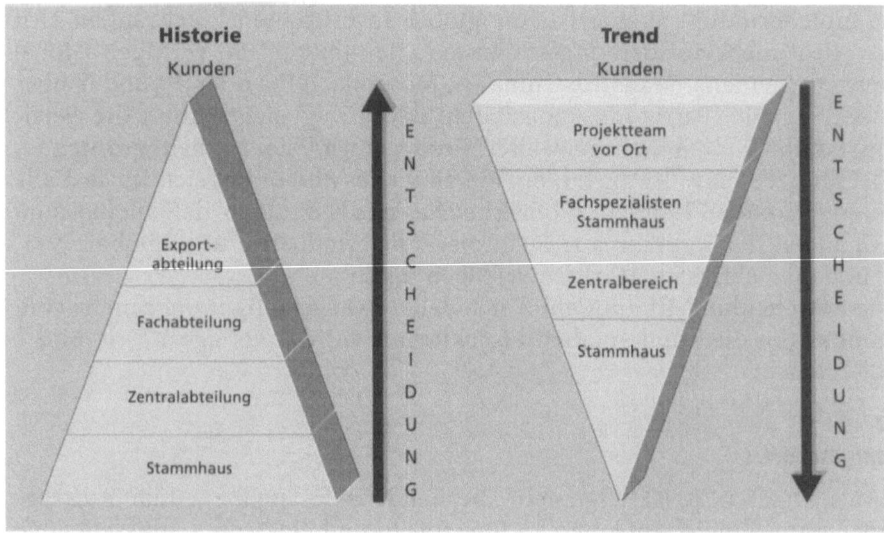

Bild 4. Verlagerung der Entscheidungsfindung vom Stammhaus in die Projektteams vor Ort

3.2.3 Key-Account-Management

Eine gezielte und systematische Betreuung einzelner Kunden im Sinne eines Key-Account-Managements ist heute ein weiteres Mittel, sich den Herausforderungen zu stellen.

Die Sicherung von Key-Accounts muß im Prinzip schon im Unternehmenskonzept sowie in der Organisation angelegt sein: Langfristig kann jedes Unternehmen nur überleben, wenn es für seine Partner, insbesondere seine Key-Accounts, sinnvollen Nutzen stiften kann.

Den Key-Accounts zu helfen, die (richtigen) Produkte und Dienstleistungen seiner Lieferanten optimal einzusetzen kann als oberstes Prinzip des Key-Account-Managements angesehen werden. Der Key-Account-Manager ist daher „Kundenentwickler" im qualitativen und quantitativen Sinn. Dabei setzt quantitative Kundenentwicklung qualitative Entwicklung voraus. „Der Erfolg des Kunden ist unser Erfolg", könnte als Leitbild für den Key-Account-Manager gelten.

Deshalb gehört zum fundierten Key-Account-Manager mindestens zweierlei:

- profunde Kenntnisse des eigenen Geschäfts und
- profunde Kenntnisse des Kundengeschäfts.

3.2.4 Prozeßorganisation

Im Gegensatz zu schwerfälligen, bürokratischen und hoch arbeitsteiligen Strukturen bedarf es heute vielmehr flexibler, netzwerkartiger Strukturen, die schnell und flexibel an neue Problem- und Aufgabenstellungen angepaßt werden können.

Dieser Forderung nach (interner) Komplexitätsreduktion steht aber die traditionell funktionale Aufbauorganisation der Unternehmen entgegen. In einer funktionalen Organisation werden gleichartige Funktionen bzw. Aufgaben wie der Einkauf in entsprechenden Verantwortungsbereichen konzentriert, mit der Wirkung, daß in dieser Organisationsform die Struktur den Prozeß bestimmt. Am Prozeß der Akquisition und Auftragsabwicklung wirken jedoch verschiedene Abteilungen mit, was zu den bekannten Ressortegoismen und nur scheinbaren, weil nicht ganzheitlichen, unternehmerischen Optimierungslösungen führt. Zusätzlich ist jede Schnittstelle mit Wartezeiten und Informationsverlusten verbunden. Da der Prozeß zur Lösung eines Kundenproblems letztlich quer bzw. horizontal zur vertikalen funktionalen Organisation verläuft, wird klar, daß somit keine effiziente Problemlösung erzielt werden kann. Schließlich resultiert daraus eine Verschwendung an Zeit und Ressourcen aufgrund der erforderlichen permanenten Abstimmung. In einer solchen Organisation kann auch die Kostenposition langfristig nicht wettbewerbsfähig sein.

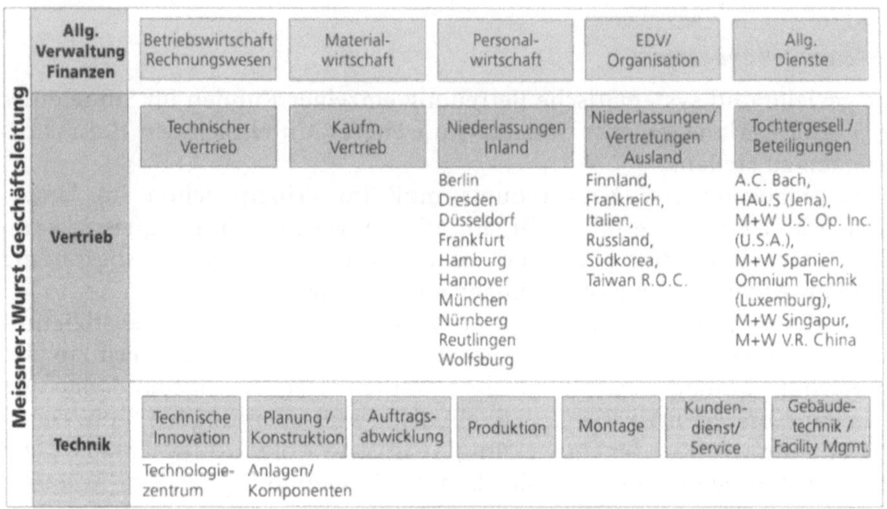

Bild 5. Die funktionale Organisationsstruktur von Meissner+Wurst vor dem Reengineering

Diese vorwiegend ablauforganisatorischen Probleme lassen sich nur durch eine konsequente Prozeßorientierung der Gesamtorganisation lösen.

Meissner+Wurst hat diese Herausforderung angenommen und im Rahmen eines breit angelegten Reengineering-Programms seine bis dahin funktional ausgerichtete Organisation in eine prozeßorientierte Organisation überführt. Die Bilder 5 und 6 stellen die beiden Organisationsformen gegenüber.

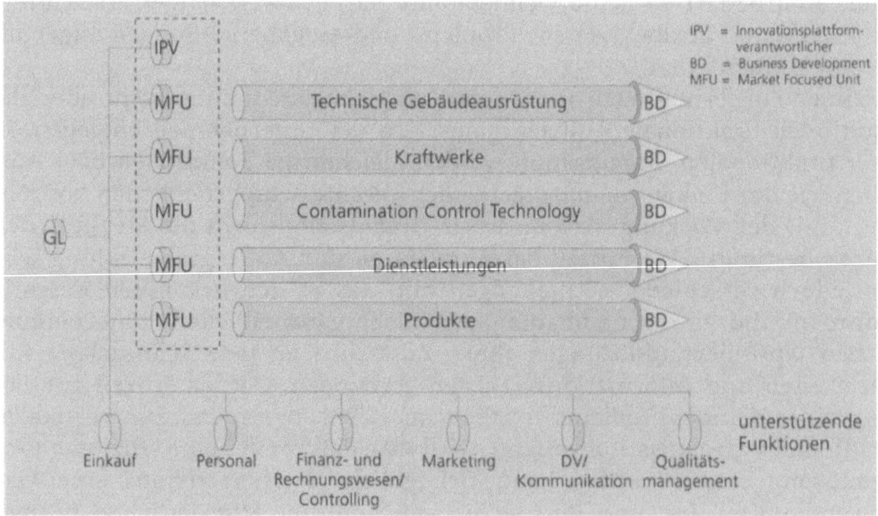

Bild 6. Die prozeß- und geschäftsfeldorientierte Organisation von Meissner+Wurst nach dem Reengineering

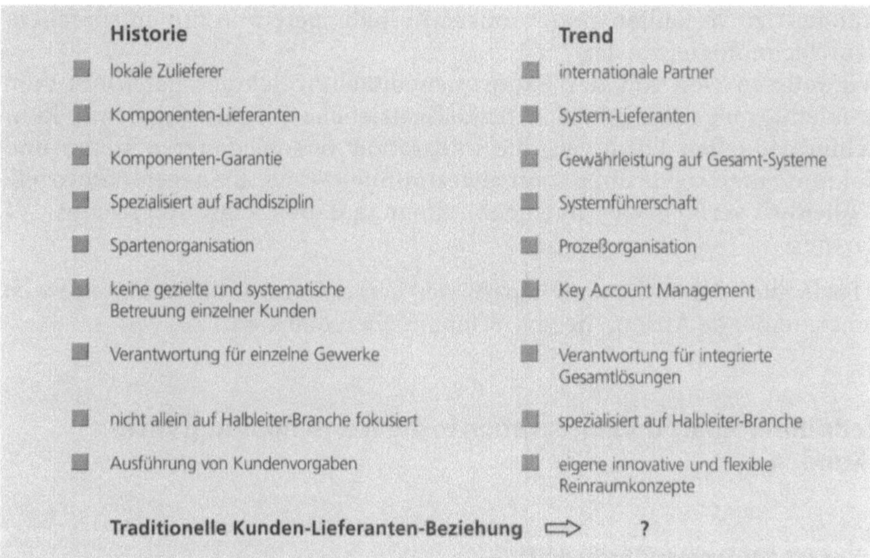

Bild 7. Kräfteverhältnis im globalen Wettbewerb: Zulieferindustrie

Bild 7 zeigt die verschiedenen Entwicklungstrends für die Zulieferer der Halbleiterindustrie.

4 Anforderungen der Halbleiterindustrie an ihre Lieferanten; Internationalisierung der Kunden- und Lieferantenbeziehungen

Was Kunden der Halbleiterbranche heute von einem Lieferanten erwarten, der vom Kunden selbst als „Key Supplier“ betrachtet wird, kann anhand eines Beispiels aus der Praxis veranschaulicht werden. Erst vor wenigen Monaten wurde unser Unternehmen mit den Forderungen eines bedeutenden Halbleiterkunden konfrontiert. Diese Forderungen lauten:

- internationale Präsenz,
- internationale Markterfahrung,
- Angebot internationaler Spitzentechnologien,
- Erfahrung in Planung und Ausführung (internationaler) Großprojekte sowie
- Erfahrung als Generalunternehmer.

Welche Konsequenzen ergeben sich daraus für ein Unternehmen wie Meissner+Wurst ?

- Die sog. End-of-the-Pipe-Technik hat ausgedient.
- Insbesondere in Südostasien besteht ein großes Potential für integrierte Technologien und intelligente Prozesse. Dies bedeutet, daß nicht „Arbeits-

stunden“ zu verkaufen sind, sondern Kernkompetenzen mit entsprechendem Technologietransfer.
- Wir müssen weg von der Exportmentalität (Produktgeschäft), hin zum Problemlösungsgeschäft, d.h. bedarfsgetriebene Einzelobjekte mit kundenindividuellen Lösungen, die Integration verschiedener Systeme und Komponenten sowie ein darauf abgestimmter Projektmanagementprozeß.
- Schließlich verlangt dies auch den Aufbau und die Integration lokaler Partner.

Das Fazit muß daher für uns lauten: Der Verkauf von Problemlösungen ist der entscheidende Ansatz für den Erfolg in allen Märkten.

5 Systemführerschaft und Integration in die Wertschöpfungskette des Kunden

5.1 Zum Begriff der Systemführerschaft

Die Schlagwörter Systemgeschäft, Systemanbieter oder Systemführer sind zu viel strapazierten Begriffen geworden. Handelt es sich dabei nur um neue Worthülsen auf der Suche, neue Modewörter griffig zu formulieren?

Keineswegs, denn hinter dem Begriff Systemführerschaft steckt einiges mehr. Er bedeutet, daß Auftraggeber von einem beauftragten Unternehmen heute erwarten und verlangen, daß es seine methodischen und technischen Fähigkeiten in eine Leistung umsetzt, die der Auftraggeber unter möglichst geringem Investitionsaufwand in seine eigene Wertschöpfungskette integrieren kann, oder anders ausgedrückt: Der Kunde wünscht eine geschlossene Problemlösung. Und gerade diese kann ihm ein Auftragnehmer bieten, der sich auf das Systemgeschäft versteht. Systemführer sind mehr als lediglich Generalunternehmer. Systemführer definieren und integrieren produktspezifische und produktneutrale Leistungen zu einem kundenspezifischen Problemlösungspaket. Dabei bestimmen sie die eigene Wertschöpfungstiefe neu, sowohl nach strategischen als auch technischen und wirtschaftlichen Kriterien. Bild 8 veranschaulicht die Integration verschiedener Leistungspakete zu einer kundenspezifischen Problemlösung.

Bild 9 zeigt verschiedene Handlungsalternativen des Systemführers, die eigene Wertschöpfungstiefe zu bestimmen.

5.2 Hauptfunktionen des industriellen Systemführers

In weit größerem Umfang als der klassische Generalunternehmer aus der Bauwirtschaft oder der Konsortialführer aus dem Kreditwesen vereinigt der industrielle Systemführer wichtige Funktionen miteinander, wie Bild 10 zeigt.

Die mögliche Wertschöpfungstiefe variiert je nach Auftrag und Kunde. In dem Maße, in dem Auftraggeber aus Rationalisierungsdruck und/oder im

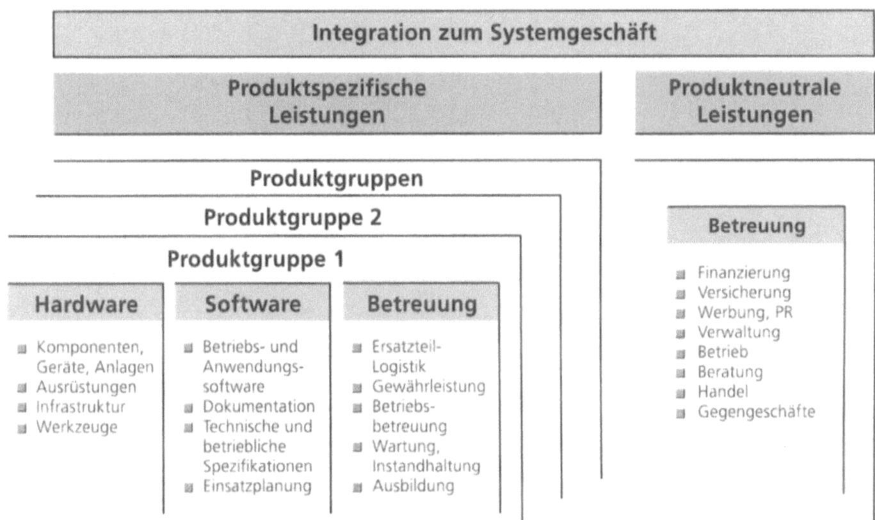

Bild 8. Integration verschiedener Leistungspakete zu einer kundenspezifischen Problemlösung

	„Make"	„Zugang sichern"	„Buy"
Charakterisierung	Schlüsselkomponenten	Komponenten mit Zugangsbarrieren	Commodities
System-komponenten	■ Eigene Kernkompetenz ■ Know-how-Schutz ■ Strategisch wichtige Technologie ■ Kundenakzeptanz	■ Branchenfremdes Know-how ■ Kostenintensive Entwicklung ■ Zeitfenster	■ „Spotmarktverhalten" ■ Generische Fähigkeiten ■ Zukauf nach Kosten und Verfügbarkeit
Ausgestaltung	Eigene Wertschöpfung in spezialisierter Produktion, aufbauend auf eigenen Kernkompetenzen ➡ Technologie-, Qualitäts- oder Kostenführer in Kernprodukten	Konzernverbund, Kooperation, strategische Allianzen ➡ Nicht manipulierbaren Zugang schaffen	Beschaffungsmarketing, Global Sourcing, um nach Kosten, Qualität und Zeit optimal einzukaufen ➡ Beschaffungsmärkte nutzen

Bild 9. Die Wertschöpfungstiefe des Systemführers – seine strategische Entscheidung

Zuge der strikten Ausrichtung auf ihr Kerngeschäft ihre Wertschöpfungstiefe reduzieren, steigt der potentielle Leistungsumfang des Systemführers.

Entscheidend ist nun, daß die erlösfähige Leistung des Systemführers sich nur über den geschaffenen Mehrwert für den individuellen Kunden bestimmen läßt; das Ganze ist mehr als die Summe der Einzelleistungen. Der Systemführer muß daher seine eigenen betrieblichen Wertschöpfungsstufen konsequent auf die jeweilige kundenspezifische Problemlösung ausrichten. Bild 11 faßt die gesamte Wertschöpfungskette von der Anwendungsberatung bis zum Betrieb einer Anlage zusammen.

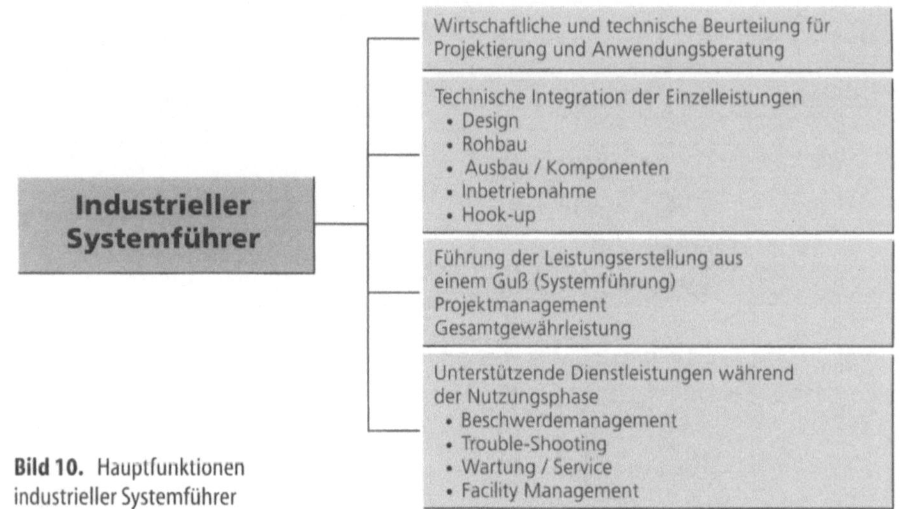

Bild 10. Hauptfunktionen industrieller Systemführer

Bild 11. Die Wertschöpfungskette im Systemgeschäft

5.3 Integration in die Wertschöpfungskette des Kunden

Nach unserem gewohnten Verständnis zur industriellen Arbeitsteilung nimmt jedes Unternehmen eine bestimmte Position in der Wertschöpfungskette ein. Zulieferer stellen Vorleistungen bereit, das Unternehmen reichert sie an, um anschließend die Fertigungskette abwärts den nächsten Akteur zu beliefern, gleichgültig, ob dieser Abnehmer ein anderes Unternehmen oder ein Endverbraucher ist. Die „Kunst" einer richtigen Unternehmensstrategie lautet daher, ein Unternehmen am richtigen Platz in der Kette zu positionieren, mit den richtigen, wertsteigernden Produkten oder Dienstleistungen.

Ein solches Verständnis vom Wert und den dazugehörigen Strategien muß heute vor dem Hintergrund eines globalen Wettbewerbs, sich rasch ändernder Märkte und trendbruchartiger technologischer Veränderungen als überholt betrachtet werden. Neuen Chancen stehen auch mehr Ungewißheit und höhere Risiken gegenüber. Prognosen, die auf Planungen von gestern basieren oder die die Entwicklung aus der Vergangenheit einfach in die Zukunft fortschreiben, werden unzuverlässig. Auf der anderen Seite werden Faktoren, die früher vernachlässigt werden konnten, zu zentralen Antriebskräften des Wandels in den Schlüsselmärkten eines Unternehmens. Neue Marktteilnehmer, zu denen es früher kaum oder gar keinen Bezug gab, treten am Markt auf und schreiben die Spielregeln neu.

In einem sich derart ändernden, turbulenten Wettbewerbsumfeld kann sich eine bestimmte Unternehmensstrategie nicht mehr auf bestimmte Angebote, seien es Produkte oder Dienstleistungen, richten. Die Strategieanalyse darf sich heute und in Zukunft nicht mehr am Unternehmen oder seiner Branche ausrichten, sondern am wertschöpfenden System mit seinen unterschiedlichen Akteuren – Lieferanten, Geschäftspartnern, Kunden. Ziel ist es, *miteinander* Wert zu produzieren. Die Kernaufgabe einer Strategieentwicklung besteht darin, die Rollen, Potentiale und Beziehungen im Innern dieser Konstellation von Mitspielern neu zu gestalten, um den Wertschöpfungsprozeß in neuen Formen und mit neuen Spielern voranzutreiben.

Wie sieht nun konkret eine Integration des Systemführers Meissner+ Wurst in die Wertschöpfungskette eines Kunden der Halbleiterindustrie aus?

Als Ausgangssituation dient hierbei ein Blick auf die Wertschöpfungskette des Halbleiterherstellers einerseits und des Systemlieferanten andererseits, dargestellt in den Bildern 12 und 13.

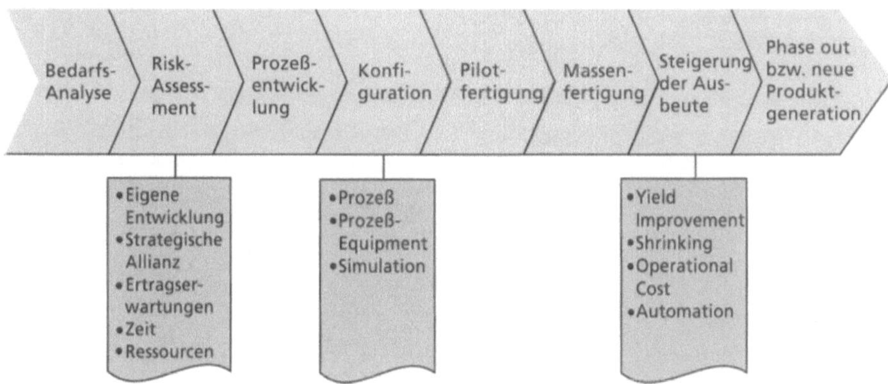

Bild 12. Die Wertschöpfungskette des Halbleiterherstellers

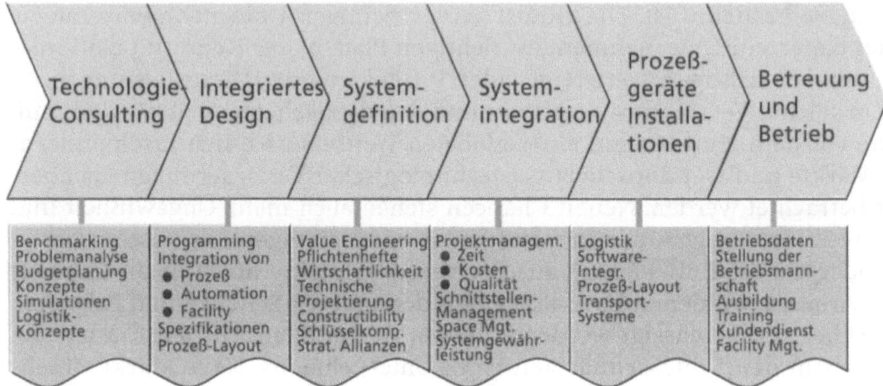

Bild 13. Die Wertschöpfungskette des Systemlieferanten

Beide Wertschöpfungsketten, die des Halbleiterherstellers und die des Systemlieferanten, können miteinander in Einklang gebracht werden, wie Bild 14 illustriert.

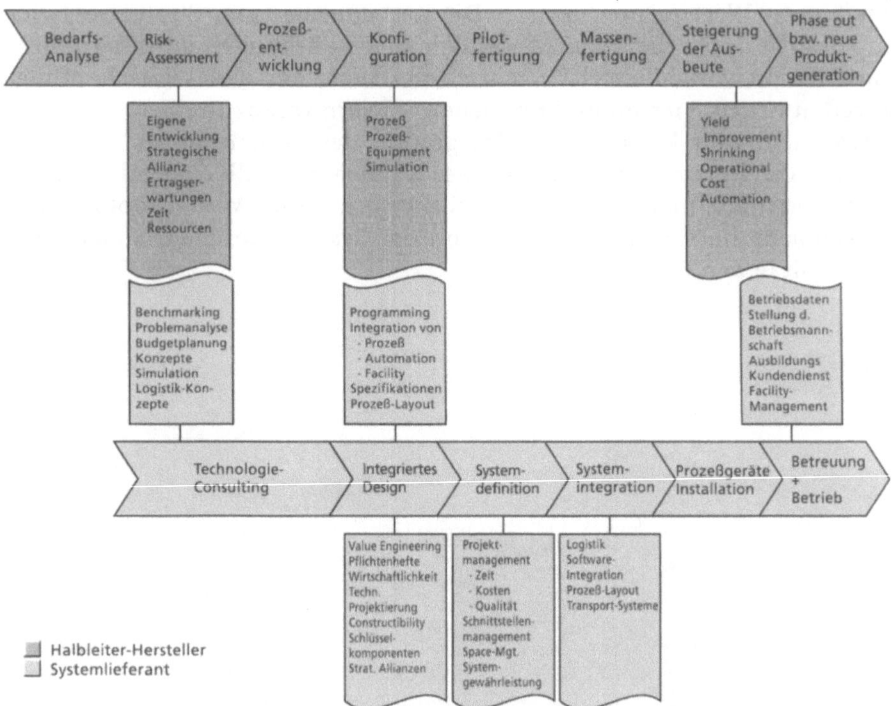

Bild 14. Integration der Wertschöpfungskette des Systemführers in die Wertschöpfungskette des Halbleiterherstellers

Der Systemlieferant Meissner+Wurst wird zum kompetenten Partner, der dem Kunden hilft,

- sich im wesentlichen auf dessen Kernkompetenzen zu konzentrieren und
- seine Kosten zu minimieren und die Voraussetzungen für einen höheren Ertrag (Yield) zu schaffen.

5.4 Determinanten der Systemführerschaft

Im wesentlichen haben sich vier erfolgskritische Determinanten der Systemführerschaft herausgebildet: die Akzeptanz durch den Kunden, das Vorhandensein von wichtigen Kernkompetenzen, die Fähigkeit, überhaupt systemfähig zu sein und schließlich kostenseitige Wettbewerbsfähigkeit.

- *Kundenakzeptanz:* Dies bedeutet, daß ein Systemführer dann nur als kompetent betrachtet wird, wenn eine definierte Geschäftsgrundlage vorhanden ist. Konkret heißt das, daß der Systemführer über eigene Schlüsselprodukte verfügt und sich dadurch deutlich von einem reinen Generalunternehmer distanziert.
- *Kernkompetenzen:* Der Wettbewerbsvorteil des Systemführers liegt in der Beherrschung der Schlüsseltechnologien, -verfahren und -produkte begründet. Know-how-Schutz kann in der Regel nur über eigengefertigte Produkte bzw. selbst erbrachte Dienstleistungen gewährleistet werden. Hier kommt der Satz zum Tragen: Es ist leichter, Know-how zu Geld zu machen, als Geld zu Know-how. In der Beherrschung seiner Kernkompetenzen muß der Systemführer Kosten-, Qualitäts- und Technologieführerschaft anstreben.
- *Systemfähigkeit:* Dies bedeutet, daß sich der Systemführer einen nicht manipulierbaren Zugang zu Schlüsselkomponenten verschaffen muß. Dadurch öffnet sich für den Systemführer ein weites Feld für Kooperationen, strategische Allianzen, Beteiligungen und Akquisitionen.
- *Kostenoptimierung:* Die Wertschöpfungstiefe in Entwicklung, Dienstleistung und Produktion muß kostenoptimal gesteuert werden. Konkret bedeutet dies, daß in einem globalen Geschäft auch lokale Partner einzubinden, aufzubauen und zu integrieren sind. Offene, partnerschaftliche und kostentransparente Vertragsformen wie etwa der Open-book-Ansatz sind zu entwickeln. Ferner muß eine Reduktion der Komplexität im Sinne einer Prozeßorganisation über den gesamten Wertschöpfungsprozeß erreicht werden.

6 Systemführerschaft und Partnerschaftsstrategien

6.1 Vom Lieferanten zum Partner – Notwendigkeit eines neuen Verständnisses

Vielerorts stellt sich die Situation, in der sich industrielle Zulieferer befinden, heute so dar: Um aus einer überlegenen Verhandlungsposition heraus die berüchtigte „Daumenschraube“ anziehen zu können, arbeiten Abnehmer mit einer ganzen Reihe von Alternativlieferanten im In- und Ausland zusammen, so daß ein schneller Wechsel jederzeit möglich ist. Dies kann soweit gehen, daß selbst bei preislicher, qualitätsmäßiger und terminlicher Zufriedenheit ein Unternehmen von den Vertragsjuristen in der Beschaffung gezwungen wird, *aus Prinzip* jährlich den Lieferanten zu wechseln, damit „es diesem nicht zu wohl wird“.

In einer derartigen Terminologie spiegelt sich das heute noch vielfach anzutreffende Verhältnis zwischen Abnehmern und Lieferanten wider. In vielen Unternehmen wird die zurückhaltende Anwendung des Konzepts der Verlagerung von Engineering-Leistungen auf Zulieferer mit dem Argument der Know-how-Sicherung für sog. Schlüssel- oder Kernkompetenzen begründet. Es wird argumentiert, man könne so den Know-how-Abfluß an Wettbewerber und den Verlust an Engineering-Kompetenz für Schlüsselkompetenzen sichern, die sich ansonsten auf lange Sicht negativ auf die technologische Wettbewerbsposition auswirken könnten.

Abnehmer sind hier aufgefordert, einem auf kurzfristige Gewinnmaximierung und Mißtrauen bauenden Verhältnis zu den Lieferanten eine langfristig angelegte, vertrauensvolle Partnerschaft entgegenzusetzen, mit dem Ziel einer Win/Win-Situation für beide Seiten. Eine adversative, konfliktorientierte Zusammenarbeit muß einer kooperativen Partnerschaft weichen. Die Ausprägungen dieser beiden gegenpoligen Arten einer Hersteller-Zulieferer-Beziehung sind in Bild 15 dargestellt.

Der Systemführer wiederum

- muß seine Planung nach herkömmlichen Produkt-/Marktsegmenten aufgeben und statt dessen in Problemlösungsszenarien denken,
- muß sich die Bedürfnisse einzelner Kunden vergegenwärtigen und
- muß die Zielmärkte nach Kundentypen mit charakteristischen Leistungsanforderungen segmentieren.

6.2 Im Mittelpunkt: Der Kundennutzen

Wie der Systemführer Meissner+Wurst seinen Kunden in der Halbleiterindustrie zu höherer Profitabilität, d.h. zu höherem Kundennutzen, verhelfen kann, wird am Beispiel der Hebelwirkungen Investitionskosten, Betriebskosten und Time-to-Market gezeigt. Neben anderen Faktoren, die zum Teil auch außerhalb der Einflußsphäre des Systemlieferanten liegen, bestimmen

Merkmals-Bereiche	Adversative Beziehung	Kooperative Partnerschaft
Sichtweise	Autonome Profitmaximierung	Gemeinsame Nutzenoptimierung
Art der Austauschbeziehung	Konfliktorientiert	Kooperativ-wertschöpfungsorientiert
Charakter der Zusammenarbeit	Mißtrauensorientiert	Vertrauensorientiert
Zeithorizont	Kurzfristig / Kostenorientiert	Langfristig / strategisch orientiert
Vertikaler Integrationsgrad	Hoch integriert	Niedrig integriert
Leistung des Lieferanten	Produktion (vorgegebene Konstruktionszeichnungen)	Entwicklung, Produktion und Logistik
Kommunikation	One-Way, Informationsrückhaltung	Dialog, Bilateraler Informationsaustausch

Bild 15. Merkmale von Hersteller-Zuliefer-Beziehungen

diese wesentlich den Erfolg oder Mißerfolg eines Halbleiterherstellers. Bild 16 faßt die Bestimmungsfaktoren des Kundennutzens (Profitabilität) in der Halbleiterindustrie zusammen.

Time-to-Market

Durch frühzeitige Einbindung eines Systemführers, der somit seine ganze Erfahrung in Planung, Konstruktion und Ausführung einer neuen Halbleiterfabrik einbringen kann, lassen sich für den Chip-Produzenten erhebliche Zeitersparnisse in der Realisierung eines neuen Projekts erzielen. Mit neuen Produkten schneller am Markt zu sein, d.h. die Time-to-Market zu reduzieren, ist einer der wesentlichsten Erfolgsfaktoren für Halbleiterproduzenten.

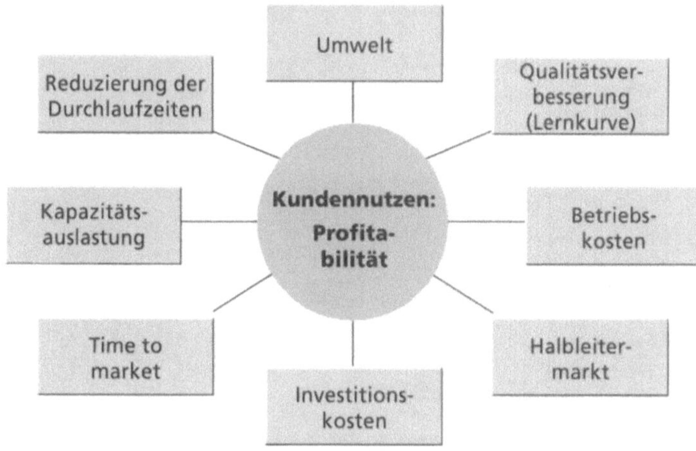

Bild 16. Bestimmungsfaktoren des Kundennutzens in der Halbleiterindustrie

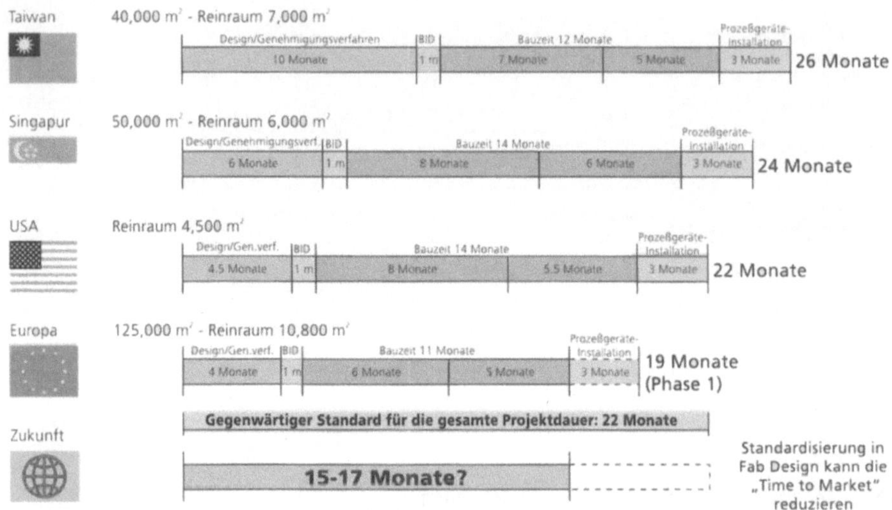

Bild 17. Projekt-Fahrpläne neuer Chip-Fabriken

In welcher enormen zeitlichen Bandbreite sich der Bau neuer Halbleiterfabriken bewegen kann, wird in Bild 17 deutlich.

Qualitätsverbesserung

Eine Verbesserung des Ertrags (Yields) durch einen sichereren und schnelleren Durchlauf der zu bearbeitenden Wafer kann durch den Einsatz integrierter Automatisierungssysteme erreicht werden, wie sie von der Meissner+ Wurst-Tochter *Jenoptik Infab* erfolgreich angeboten werden (Bild 18).

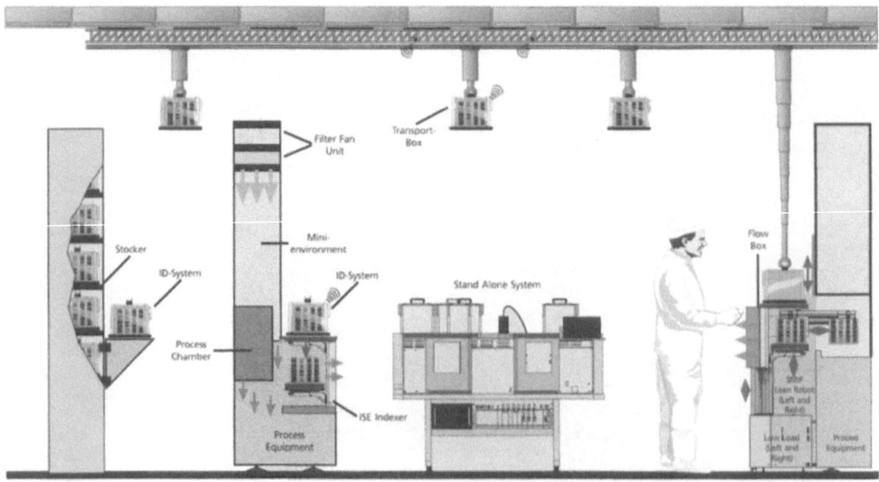

Bild 18. Automatisierung einer Halbleiterfabrik: „Floor-to-Ceiling-Konzept" der Jenoptik Infab

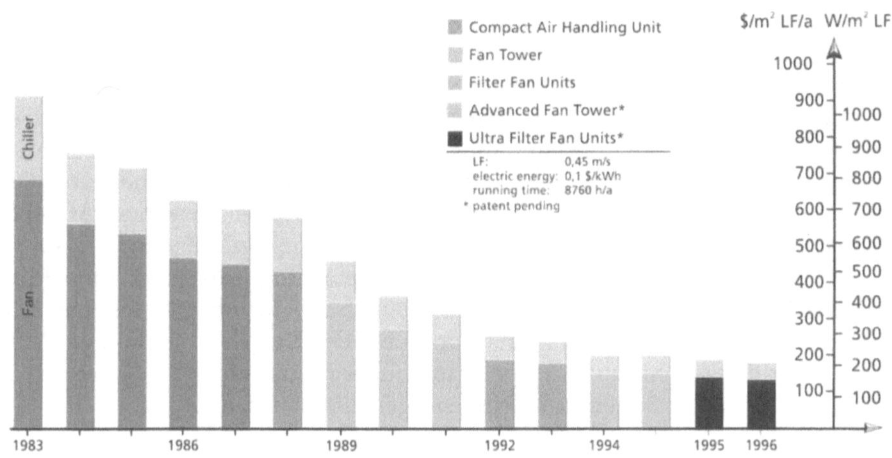

Bild 19. Energieverbrauchsreduzierung bei Halbleiterfabriken durch innovative Luftführungskonzepte

Betriebskosten (hier: Energieverbrauchsreduzierung)

Durch innovative, intelligente Problemlösungen liefert Meissner+Wurst seit Jahren einen wirksamen Beitrag zur Energieverbrauchsreduzierung und damit Betriebskostensenkung seiner Kunden, wie Bild 19 deutlich macht.

6.3 Modell und Beispiel einer Partnerschaft

Wie eine Partnerschaft zwischen Systemführer und Halbleiterhersteller gestaltet werden kann, zeigt modellhaft Bild 20.

Die Bindemittel zwischen dem Kunden(nutzen) und dem Systemführer heißen dabei Vertrauen, Verantwortung, Kommunikation und Integration. Nur so können Spitzenleistungen effizient und dauerhaft zusammengeführt

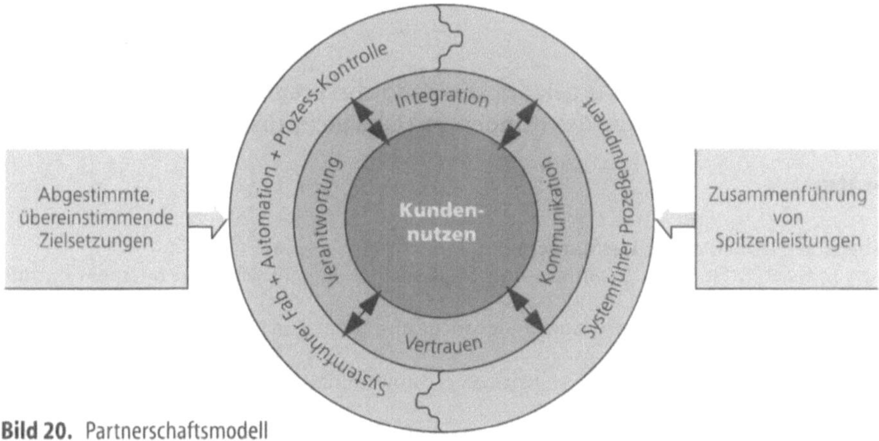

Bild 20. Partnerschaftsmodell

werden, nur so können gemeinsam anspruchsvolle Ziele gesetzt und erreicht werden.

Mit einem der weltweit profiliertesten Halbleiterhersteller aus den USA hat Meissner+Wurst bereits vor Jahren eine strategische Partnerschaft (Strategic Partnership Agreement) geschlossen, die zum Vorteil beider Seiten ausgerichtet ist. Die Zusammenarbeit wird bestimmt durch Vertrauen und Offenheit, die soweit führt, daß bereits gegenseitig Personal ausgetauscht wird. Zusätzlich werden regelmäßig gemeinsame Technologie-Symposien sowie Roadmap-Definitionen durchgeführt und Operating Cost Benchmarking betrieben. Dieses Beispiel zeigt, daß es möglich ist, der oben beschriebenen traditionellen (adversativen) Zulieferer-Hersteller-Beziehung eine auf Partnerschaft und gegenseitigem Respekt aufbauende Kooperation gegenüberzustellen, die für beide Seiten nutzbringend gestaltet werden kann.

6.4 Ausblick

„Der Erfolg unserer Kunden bestimmt unseren Erfolg." Unterstellt man diese Hypothese als richtig, müssen folgende Fragen beantwortet werden:

1. Wie sieht unsere Vision von der Zukunft aus?
2. Wie setzen wir sie strategisch um?
3. Was sind die entscheidenden Erfolgsfaktoren?
4. Was sind die entscheidenden Leistungsmaßstäbe?
5. Streben wir die Systemführerschaft in bestimmten Geschäftseinheiten an?
6. Richten wir unser Unternehmen streng nach strategischen Marketingüberlegungen aus, d.h., stellen wir den Kunden mit seiner Zufriedenheit in den Mittelpunkt unseres Denkens, Handelns und Entscheidens?
7. Sind wir bereit, die dafür notwendigen Investitionen in
- Qualifizierung der Mitarbeiter,
- Akquisitionen,
- Beteiligungen

   zu tätigen?

Fazit: Wenn die Fragen 1–4 geklärt sind und die Fragen 5–7 mit „Ja" beantwortet wurden, werden unsere Kunden mit uns gemeinsam erfolgreich sein.

Literatur

Backhaus, K.: Investitionsgütermarketing. 3. Aufl., München 1992

Böcker, J.; Goette, Th.: Das Systemgeschäft folgt eigenen Regeln. Harvard Business manager (1994) 2

Boos, F.; Jarmai, H.: Kernkompetenzen – gesucht und gefunden. Harvard Business manager (1994) 4, S. 19–26

Dittler, T.: Das Systemgeschäft – worauf es ankommt. Harvard Business manager (1995) 2

Eversheim, W. u.a.: Kooperative Systemführerschaft. VDI-Z 138 (1996) 1/2, S. 24–27

Frese, E.: Geschäftssegmentierung als organisatorisches Konzept. ZfbF (1993), S. 999–1024
Gründling, C.: Maximale Kundenorientierung. 1996
Hammer, M.; Champy, J.: Business Reengineering. Frankfurt a.M. 1994
Hautkappe, B.: Unternehmereinsatzformen im Industrieanlagenbau. Heidelberg 1986
Kosiol, E.: Organisation der Unternehmung. Wiesbaden 1962
Normann, R.: Werte schaffen mit Kunden und Lieferanten. Harvard Business manager (1995) 2
Ohmae, K.: Die neue Logik der Weltwirtschaft. Zukunftsstrategien der internationalen Konzerne. Hamburg 1991
Pfeiffer, W. u.a.: Technologie-Portfolio zum Management strategischer Zukunftsgeschäftsfelder. 6. Aufl., Göttingen 1991
Pfeiffer, W.; Weiß, E. (Hrsg.): Internationaler High-Tech-Wettbewerb. Herausforderungen, Lösungen, Erfahrungen. Berlin 1992
Pfeiffer, W.; Weiß, E.: Lean Management. Grundlagen der Führung und Organisation industrieller Unternehmen. Berlin 1992
Porter, M. E.: Wettbewerbsstrategie. 2. Aufl., Frankfurt a. M. 1984
Prahalad, C.K.; Hamel, G.: Nur Kernkompetenzen sichern das Überleben. Harvard Business manager (1992) 1, S. 66–78
Profiles 1997 – A worldwide survey of IC manufacturers and suppliers. 1997
Schwanfelder, W.: Internationale Anlagengeschäfte. Wiesbaden 1989
Steinmann, H.; Schreyögg, G.: Management. Grundlagen der Unternehmensführung. Konzepte – Funktionen – Fallstudien. 3. Aufl., Wiesbaden 1993
Tetzner, K.: Ohne Halbleiter geht es nicht. In: BddW, 10.5.1997, S. 11
Wildemann, H.: Zukunftstrends in der Zulieferantenindustrie. In: BddW, 1.6.1993, S. 9

Production on Demand – Kundenorientierung im Produktionsbetrieb

K.-D. Laidig, A. Stanke, M. Rüger, M. Thiele

Inhalt: KundenManagement – Wege zur konsequenten Realisierung von Kundenorientierung – Production on Demand – Voraussetzung einer Hochleistungsorganisation – Das Beispiel Hewlett-Packard

1 Einleitung

Nach einschneidenden Verbesserungen der Kostenstrukturen durch Lean Management und Business Process Reengineering rückt Kundenorientierung stärker in den Mittelpunkt der Unternehmensaktivitäten und wird mehr und mehr zum erfolgsentscheidenden Wettbewerbsfaktor. Das bestätigt auch eine Studie des Fraunhofer-Instituts für Arbeitswirtschaft und Organisation IAO [1], bei der mehr als die Hälfte der befragten Unternehmen Kundenorientierung als *die* zentrale Marktstrategie der Zukunft angaben. Begründet ist dies in der Tatsache, daß sich immer mehr Märkte in der Sättigungsphase befinden. Das veränderte Anspruchsdenken der Kunden und global verfügbare Produkte, die sich in Qualität, Leistungsvermögen und Technologie angeglichen haben, zwingen Unternehmen zu einem fundamentalen Überdenken ihrer Marktaktivitäten.

Im folgenden wird das am IAO entwickelte Managementkonzept „KundenManagement" dargestellt. Ziel der dahinterstehenden praxisnahen Handlungsanleitung ist die konsequente Realisierung von Kundenorientierung im Industrieunternehmen. Ein wesentlicher Baustein von KundenManagement ist Production on Demand (PoD). Im Sinne einer Prozeß- und Kundenorientierung stellt PoD die Voraussetzung einer Hochleistungsorganisation dar. Am Beispiel der Hewlett Packard GmbH wird gezeigt, wie die Konzepte einer strategisch angelegten Kundenorientierung in der Praxis umgesetzt sind.

2 KundenManagement – Wege zur konsequenten Realisierung von Kundenorientierung

2.1 Divergenz zwischen Selbsteinschätzung und Kundensicht

Obwohl Kundenorientierung inzwischen in aller Munde ist, gibt es in der betrieblichen Realität noch Defizite. Bei Praxisuntersuchungen hat sich immer wieder ergeben, daß die dort befragten Manager ihren Betrieb deutlich kundenorientierter einstufen, als dies Kunden der betreffenden Unternehmen sehen. Dabei zeigt sich vor allem, daß viele Unternehmen bei der Produktqualität mit der Einschätzung ihrer Kunden übereinstimmen; bei allem, was darüber hinausgeht – insbesondere bei der Qualität der Dienstleistungen und der kundenbezogenen Prozesse – sind Defizite offensichtlich.

2.2 Leitlinien der Kundenorientierung

Soll Kundenorientierung nicht nur in der Unternehmensbroschüre festgeschrieben sein, sondern konsequent im Rahmen der täglichen Arbeit realisiert werden, bedarf es zunächst eines klaren Verständnisses darüber, was Kundenorientierung für das Unternehmen selbst bedeutet. Beobachtet und analysiert man besonders kundenorientierte und erfolgreiche Unternehmen, kristallisieren sich vier Leitlinien heraus, nach denen gehandelt wird (Bild 1).

2.2.1 Konzentration auf den Kundennutzen

Kunden haben unterschiedliche Erwartungen an die einzelnen Produkte und versprechen sich von den Leistungen des Unternehmens einen bestimmten Nutzen. Das Bemühen, es allen (denkbaren) Kunden „recht zu machen" bzw. in allen Nutzenkategorien Spitzenleistungen zu erbringen, führt zu einer erhöhten Komplexität im Unternehmen, bei der Effizienz und vor allem Wirtschaftlichkeit auf der Strecke bleiben.

Effektiver ist eine Bildung homogener Kundengruppen und die Konzentration der unternehmerischen Leistungen auf deren individuelles Nutzenprofil. Ein mögliches Kriterium für die Bildung von Kundengruppen ist eine Segmentierung nach Kaufentscheidungskriterien oder nach der Art der Produktverwendung. Dabei ist zunächst zu klären, durch welche Leistungen der spezifische Kundennutzen bestimmt ist, d.h., welche Produkte und/oder Dienstleistungen für den Kunden nutzenstiftend und damit kaufentscheidend sind. Eine Untersuchung bei einem Maschinenhersteller hat beispielsweise ergeben, daß Flexibilität bei Ersatzteilbestellungen, die Intensität der Kundenkontakte und eine durchgängige Betreuung Kriterien sind, auf die die Kunden besonderen Wert legen. Genau in diesen Disziplinen gilt es, ein hohes Leistungsniveau zu erreichen, um sich mit Spitzenergebnissen am Markt abzuheben und beim Kunden zu profilieren.

2.2.2 Steigerung der Kundenzufriedenheit

Der Erfolg dieser Bemühungen läßt sich an der Kundenzufriedenheit ablesen. Kunden vergleichen die tatsächlich wahrgenommenen Leistungen des Unternehmens, d.h. Produkte, Dienstleistungen *und* die Art und Weise der Interaktion, mit ihren subjektiven Erwartungen [2]. Stimmen beide Größen überein, ist der Kunde zufrieden. Zufriedene Kunden kaufen in der Regel wieder und empfehlen das Unternehmen im günstigsten Fall weiter.

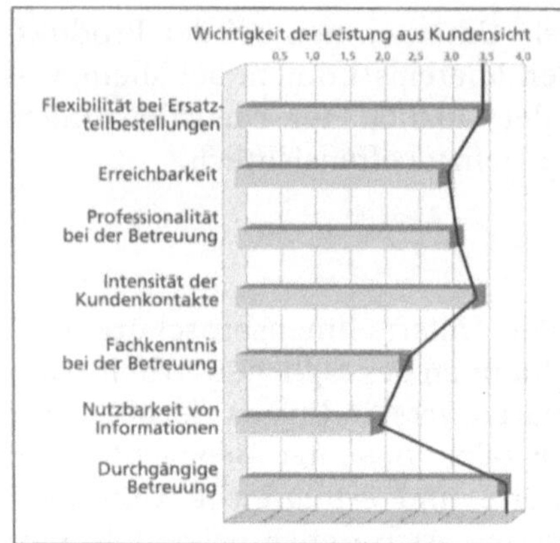

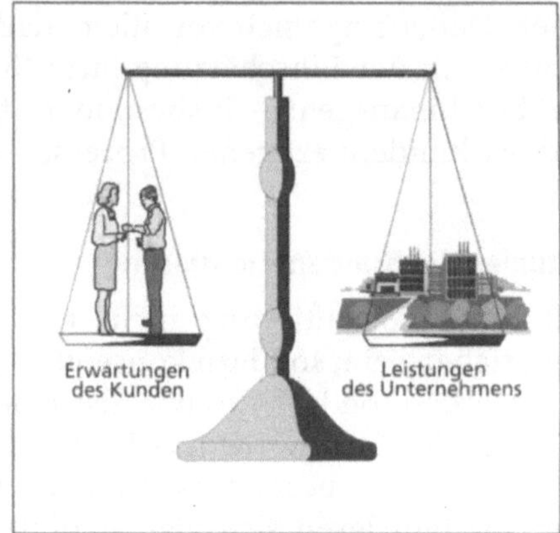

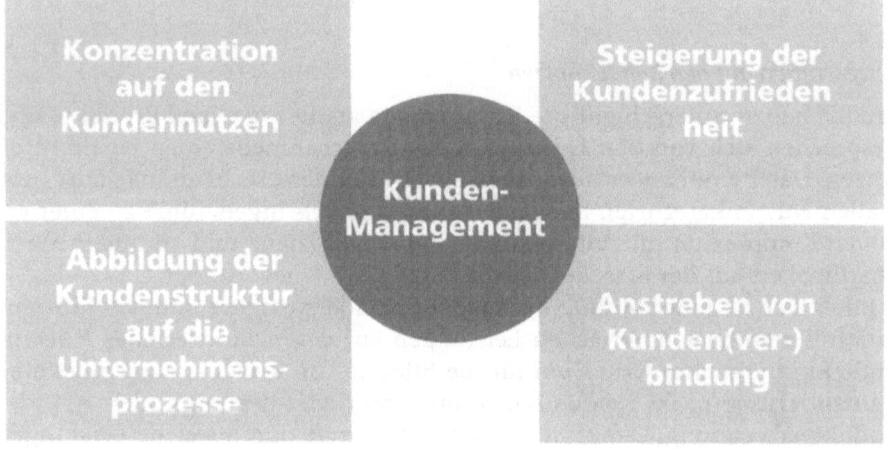

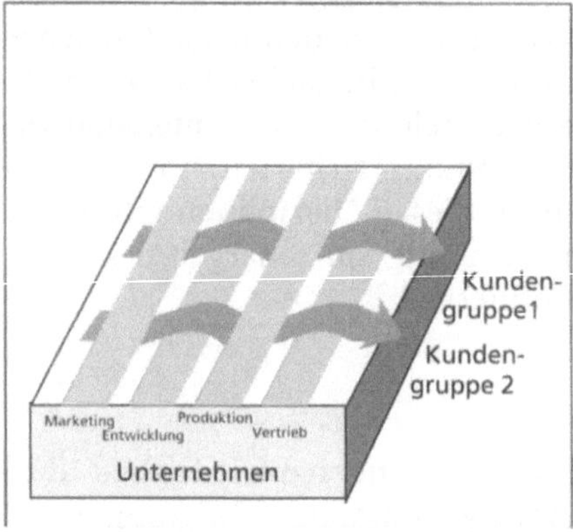

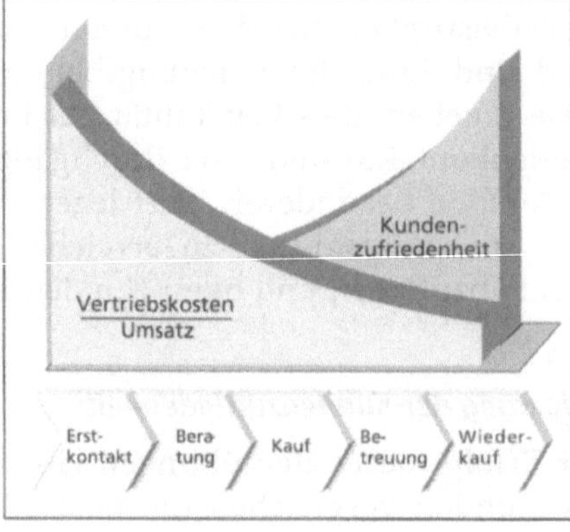

Bild 1. Leitlinien der Kundenorientierung

Kundenzufriedenheit berücksichtigt dabei mehr als nur die Kriterien, die sich aus dem Kundennutzen ergeben. Hilfsbereite Mitarbeiter beispielsweise oder die freundliche Begrüßung am Telefon bieten dem Kunden zwar keinen unmittelbaren Nutzen, tragen aber auch zur Kundenzufriedenheit bei.

Mit zunehmendem Leistungsniveau steigen natürlich auch die Kundenerwartungen: Je höher der Standard der nutzenstiftenden Leistungen ist, desto mehr erwarten die Kunden für die Zukunft. Durch eine gezielte und kontinuierliche Performanceverbesserung hat das Unternehmen die Chance, sein Leistungsspektrum schnell an die sich ändernden Kundenerwartungen anzupassen und sich damit vom Wettbewerber klar zu differenzieren [3].

2.2.3
Anstreben von Kunden(ver-)bindung

Viele Unternehmen versuchen, ihren Marktanteil zu halten bzw. zu erhöhen, indem sie so viele Produkte wie möglich an so viele Kunden wie möglich verkaufen. Dies wird vor allem durch die Akquisition von Neukunden angestrebt. Allerdings sind die Kosten für den Erhalt einer Kundenbeziehung deutlich geringer als für die Gewinnung neuer Kunden [4]. Vor diesem Hintergrund ist es effektiver, die Bemühungen stärker auf die Pflege der Kundenbeziehungen zu fokussieren und die langfristige Bindung des Kunden an das Unternehmen anzustreben.

Im Rahmen eines Beziehungsmanagements werden zunächst Kunden hinsichtlich ihres zukünftigen Potentials klassifiziert. Rentable Kundengruppen können so identifiziert werden. Darauf werden dann alle Maßnahmen der Kommunikation und Interaktion mit den Kunden ausgerichtet.

2.2.4
Abbildung der Kundenstruktur auf die Unternehmensprozesse

Das „Mehr" an Leistung, das durch die individuelle Kundenansprache und -bedienung entsteht, muß sich für das Unternehmen rechnen.

Voraussetzung für einen hohen Standard und Effektivität bei der Kombination von Produkten und Dienstleistungen ist eine leistungsfähige Unternehmensorganisation. Das gilt vor allem für die kundenbezogenen Kernprozesse, z.B. Auftragsabwicklung, Verkauf, Marktkommunikation, Distribution und die Erbringung von Dienstleistungen. Diese Prozesse müssen an den Anforderungsprofilen der Kunden ausgerichtet werden und so organisiert sein, daß der geforderte Kundennutzen erzielt werden kann. Der Schwerpunkt bei der Leistungserstellung soll auf den Prozessen bzw. Aktivitäten liegen, die für die Erfüllung der Kundenanforderungen von entscheidender Bedeutung sind. Unternehmerische Leistungen, die hierfür keine oder nur geringe Relevanz besitzen, können auf ein Minimum reduziert oder nach Möglichkeit outgesourct werden.

Dies bedeutet in letzter Konsequenz die Abkehr von einem traditionellen Unternehmensmodell, in welchem für alle Kunden(-gruppen) die gleichen Organsiationsstrukturen aufgebaut wurden. Die Abbildung der Kundenstruktur auf die kundenbezogenen Unternehmensprozesse erfordert dagegen kleine, unternehmerisch agierende Einheiten, die auf klar definierte Kundengruppen ausgerichtet sind. Dahinter steht eine organisatorische Integration. Sie ist an den Prozessen ausgerichtet, die für die jeweiligen Kundengruppen relevant sind.

2.3 KundenManagement zur Realisierung der Leitlinien

Viele Unternehmen müssen ihr Leistungsspektrum und das Geschäftssystem überdenken und sich entscheiden, wo sie ihre Schwerpunkte setzen bzw. welchen Nutzen sie ihren Kunden bieten wollen – und können.

Auf der Basis der Leitlinien sind für das KundenManagement sechs Bausteine elementar, die es einzeln oder im Gesamtzusammenhang umzusetzen gilt (Bild 2).

2.3.1 Dialogorientiertes Marketing

Eine individuelle Kundenansprache setzt eine entsprechende Segmentierung bzw. Klassifizierung der Kunden(gruppen) und die Identifikation der segmentspezifischen Bedürfnisse voraus. Entscheidend ist es zu wissen, wer die Kunden sind und was sie wirklich wollen. Welche Kriterien beeinflussen die Kaufentscheidung? Wie zufrieden ist der Kunde mit dem Produkt und/oder der Dienstleistung?

Der Schwerpunkt im Dialogorientierten Marketing liegt deshalb einerseits auf dem systematischen Aufbau, der Strukturierung und gezielten Nutzung von Wissen über Markt und Kunden sowie andererseits auf der Entwicklung und Anwendung individueller Kommunikationskonzepte und

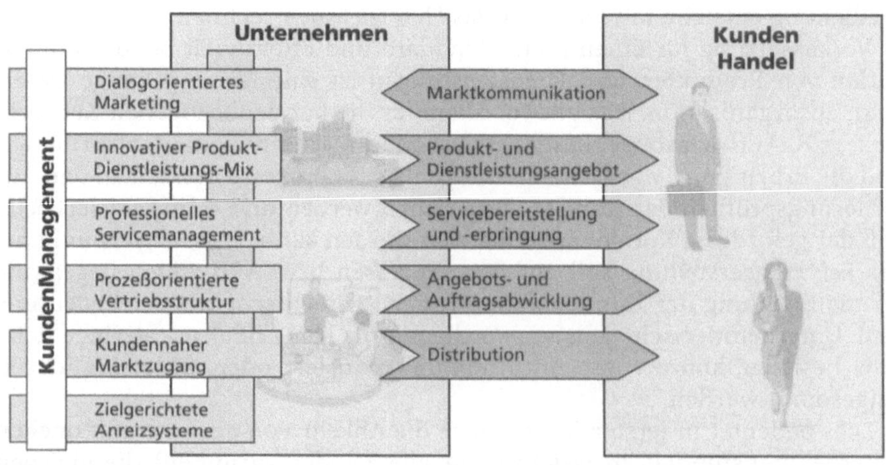

Bild 2. Bausteine des KundenManagements

Kundenbindungsprogramme. Effiziente Kundenansprache erfordert eine klare Strategie sowie eine zielgruppenspezifische Auswahl der Kommunikationswege und -medien. Entscheidend ist es, auch die Kontakthäufigkeit und die Art der Ansprache auf die individuellen Bedürnisse der einzelnen Kunden(gruppen) abzustimmen. Wichtig sind darüber hinaus Art und Inhalt der Kundenansprache – sie richten sich nach den spezifischen Bedürfnissen und Rahmenbedingungen der jeweiligen Zielgruppe.

2.3.2
Innovativer Produkt- und Dienstleistungs-Mix

Immer mehr Unternehmen passen sich den veränderten Kundenanforderungen dadurch an, daß sie sich vom Produkthersteller zum umfassenden Systemanbieter entwickeln. Hybride Produkte [5] stellen Leistungsangebote dar, die neben dem eigentlichen Produkt auch innovative, nutzenstiftende (Dienst-)Leistungen umfassen. Dazu gehören die klassischen Serviceleistungen, die das Produkt beim Kunden nutzbar machen (z.B. Montage, Anwenderschulung oder Finanzierungshilfen) oder den Gebrauch längerfristig gewährleisten (z.B. Reparatur und Wartung). Zukünftig wird die wettbewerbsentscheidende Chance aber in Dienstleistungen liegen, die dem Kunden über das Produkt hinaus einen Zusatznutzen bieten.

2.3.3
Professionelles Servicemanagement

Untersuchungen, warum Kunden zur Konkurrenz gehen, haben gezeigt, daß in der Regel nicht die Qualität oder der Preis des Produkts, sondern vielmehr mangelnde Serviceleistungen den Ausschlag für einen Wechsel der Einkaufsstätte gaben. Dies betrifft in hohem Maße den produktnahen Service, der beispielsweise die Anlieferung, technische Wartung oder Reparatur des Produkts bzw. die Belieferung mit Ersatzteilen umfaßt. Aktives Beschwerdemanagement ist hier Herausforderung und Chance zugleich und geht über eine reine Fehlerbehebung weit hinaus. Reklamationen dürfen nicht als lästige Störung empfunden werden, sondern müssen systematisch bearbeitet und gezielt genutzt werden – sie sind Informationsquelle und Ansatzpunkt zur Verbesserung der Kundenzufriedenheit.

2.3.4
Prozessorientierte Vertriebsstruktur

Die kundennahe Organisation von Vertrieb und Marketing ist ein wesentlicher Faktor für erfolgreiches KundenManagement und kann erhebliche Produktivitäts- und Umsatzsteigerungspotentiale erschließen. Näher und individueller an den Kunden heranzurücken, muß das Ziel sein. Schnittstellen zum Kunden müssen vereinfacht bzw. reduziert werden. Auf diese Weise lassen sich nicht nur die Bearbeitungs- und Liegezeiten verkürzen sowie Abstimmungsaufwände auf ein Minimum reduzieren, sondern auch die Flexibilität bei der Leistungserstellung erhöht sich.

Diesen Anforderungen versucht man in der Praxis zunehmend durch die Einführung von Prozeßteams gerecht zu werden. Die Integration prozeßrelevanter Funktionen wie Angebotserstellung, Verkauf und Auftragsabwicklung in eine organisatorische Einheit ermöglicht eine Ausrichtung auf spezifische Zielgruppen und die Berücksichtigung ihrer individuellen Anforderungen und Bedürfnisse. Mißverständnisse und interne Abstimmungsschwierigkeiten lösen sich so auf bzw. sind für den Kunden nicht mehr spürbar. Dazu erhalten die Teams die für ihre Aufgabenerfüllung erforderliche Verantwortung und Entscheidungskompetenz. Auf diese Weise ist es möglich, die Zeit für Auftragsabwicklungen um bis zu 80% zu reduzieren. Der Kunde hat darüber hinaus den Vorteil, nur noch einen Ansprechpartner zu haben, der zu jedem Zeitpunkt und in allen das Produkt und/oder die Leistungserstellung betreffenden Fragen genau Bescheid weiß.

2.3.5 Kundennaher Marktzugang

Die hohe Vielfalt an Kunden(gruppen) und deren individuelle Ansprüche erfordern für viele Unternehmen ein Überdenken ihrer Absatzlogistik. Unternehmen, die ihre Kunden klassifizieren, wählen dafür geeignete Vertriebskanäle und setzen je Kundengruppe und spezifischem Leistungsangebot unterschiedliche Konzepte ein. Direkter und indirekter Vertrieb werden im Rahmen eines hybriden Mehrkanalsystems zu einem stimmigen Gesamtkonzept kombiniert, das neben der Produktleistung auch umfassende Beratungs- und Servicekomponenten enthält. In einer aktuellen Studie des IAO über Vertriebswege [6] wird ersichtlichlich, daß 88% der befragten Unternehmen in den nächsten fünf Jahen ihre Wege zum Kunden verändern werden. Dabei wird durch die Kombination von Direktvertrieb mit eigenen Außendienst und neuen Instrumenten wie Telesales oder Database Marketing Kundenähe mit beherrschbaren Vertriebskosten erreicht.

2.3.6 Zielgerichtete Anreizsysteme

Um Kundenorientierung zielgerichtet umsetzen zu können, müssen die Mitarbeiter ihr Denken und Handeln ganz auf den Kunden ausrichten. Der Erfolg von materiellen Anreizsystemen liegt in ihrer richtigen Gestaltung. Mit einem erfolgsorientierten Entlohnungmodell, das eben nicht nur klassisch den Außendienst, sondern die Mitarbeiter des Kundenteams einschließt, ist es möglich, den Kunden ins direkte Interesse der Mitarbeiter zu rücken. Obwohl Geld als Anreizfaktor nichts an Attraktivität eingebüßt hat, gewinnen zunehmend auch immaterielle Anreize an Bedeutung. Einer IAO-Studie [7] zufolge bergen vor allem Karriere, Unternehmenskultur und Führungsverhalten ein ganz erhebliches Anreizpotential.

2.4 KundenManagement muß sich rechnen

Man darf allerdings nicht vergessen, daß Kundenorientierung Mittel zum Zweck ist. Das Ziel ist eine Verbesserung des Ertrags. KundenManagement ist daher kein Kostensenkungs-, sondern vielmehr ein Ertragssteigerungsprogramm: Zufriedene Kunden bleiben einem Unternehmen treu (höhere Wiederkaufrate) und empfehlen es bestenfalls sogar weiter (Neukundegewinnung), was letztlich zu steigenden Umsätzen führt. Auf der anderen Seite sinken neben den Marketingkosten – infolge der effizienten Kundenansprache und Marktbearbeitung – bei einer prozeßorientierten Organisationsgestaltung auch die Fixkosten. Die Folge sind höhere Erträge.

Abschließend ist ein 10-Punkte-Programm zur betrieblichen Umsetzung dargestellt, das sich bereits in einer Vielzahl von Projekten bewährt hat:

- Aufbau einer Vision „Kundenorientierung der Zukunft" und Ableitung klarer Handlungsziele,
- Ermittlung des spezifischen Kundennutzens und Bildung homogener Zielgruppen,
- Klassifizierung der Kunden nach Rentabilität,
- Gestaltung einer individualisierten Kommunikation mit den Kunden,
- Aufbau eines Leistungsszenarios „Produkte und Dienste 2000X",
- Ausrichtung der Prozesse und Strukturen auf Kunden und Marktsegmente,
- Einsatz neuer Informations- und Kommunikationstechnologien,
- Erweiterung des Anreizsystems,
- Neudefinition der Zusammenarbeit mit Vertriebs- und Logistikpartnern,
- Messung der Kundenzufriedenheit und Installation eines Kunden-Controllings.

3 Production on Demand – Voraussetzung einer Hochleistungsorganisation

3.1 Ausgangssituation – warum PoD?

„Unsere Kunden haben immer individuellere Anforderungen, die durch unsere Unternehmen befriedigt werden müssen." Diese Marktbedingung wird ergänzt durch weitere externe, d.h. vom Markt getriebene Anforderungen wie kurzfristige Lieferbereitschaft, schnelle Reaktion auf Kundenänderungswünsche und die Bereitsstellung einer großen Variantenvielfalt. Diese Bedingungen führen in den Unternehmen u.a. zu folgenden bekannten Symptomen:

- hoher Koordinationsaufwand,
- lange Durchlaufzeiten,

- Fehlteile und erhöhter Bestelländerungs- und Beschaffungsaufwand,
- hoher Umlauf- und Fertigwarenbestand.

In der traditionellen Variantenproduktion wird wie folgt vorgegangen (Bild 3):

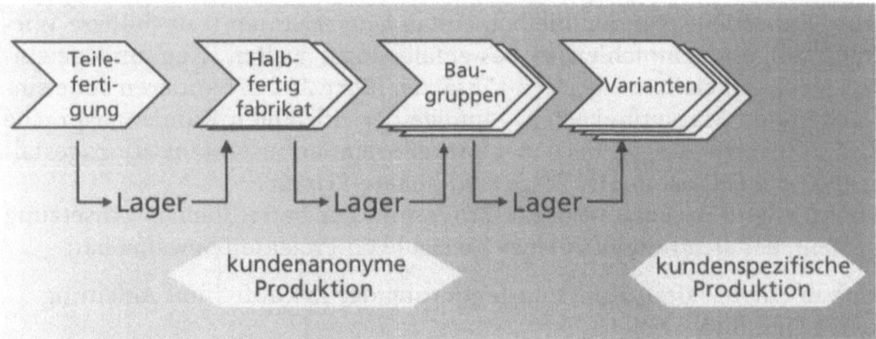

Bild 3. Bisherige Variantenproduktion

- Fertige im Prozeß so lange wie möglich kundenneutral und laß die kundenspezifischen Varianten erst spät entstehen!
- Entspricht die Durchlaufzeit nicht den Anforderungen der Kunden; fertige auf Lager!

PoD stellt aus diesen Symptomen und Randbedingungen Prinzipien und Vorgehensweisen zur Neugestaltung der Produktion zur Verfügung, die den produzierenden Unternehmen die Zukunft sichern kann (Bild 4).

Grundgedanke

„Fertige nur das, was verkauft ist, und liefere es exakt zum Kundenwunschtermin in der vom Kunden gewünschten Form (= Production on Demand).“

Dieser Leitsatz spiegelt sich in einem Wandel der Ziel- und Steuergößen in den Produktionsbereichen eines Unternehmens wider. Ausgehend von der

Die Kombination kurzer Durchlaufzeiten mit hoher Anpassungsfähigkeit an Kundenanforderungen

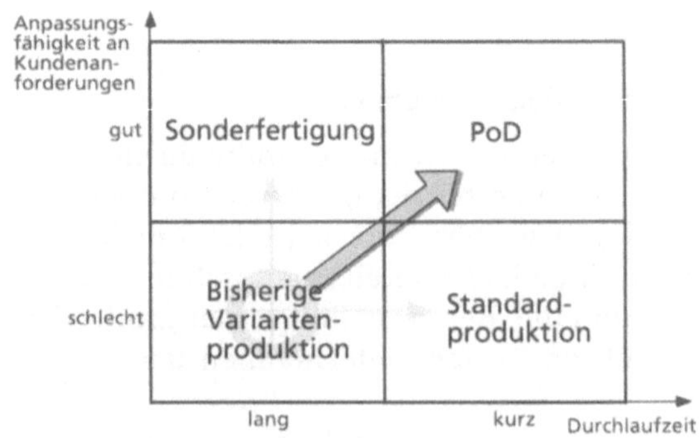

Bild 4. PoD – Simultanes Erreichen scheinbar konträrer Ziele

Bild 5. Grundgedanken des PoD

Kundenorientierung des gesamten Unternehmens werden auch die Zielgrößen der Fertigungsplanung an dieses Ziel angepaßt. Die Größen „Maschinenauslastungsgrad“ und „gleichförmige Produktionsauslastung“ werden abgelöst durch „Einhaltung der Kundenwunschtermine/on-time-delivery“, „Durchlaufzeit“ und „Reduzierung der Fertigwarenbestände“ (Bild 5).

Die PoD-Strategie ist die bewußt frühe Festlegung der Grenze von der kundenanonymen (plangetriebenen) zur kundenspezifischen (auftragsbezogenen) Fertigung. Die hierfür bestimmenden Einflußfaktoren sind im unteren Teil von Bild 6 dargestellt. Der Start der Produktion erfolgt erst dann, wenn der Auftrag erteilt wurde. Durch Optimierung der Prozesse soll nach der Grenzüberschreitung zur kundenspezifischen Fertigung keine Lagerhaltung mehr erfolgen und die Durchlaufzeit auf ein Minimum reduziert werden. Diese Vorgehensweise ermöglicht eine Vermeidung von Verschrottungen „falsch“ produzierter Lagerware, da eine aus der Vertriebsplanung abgeleitete Fertigungsplanung nicht mehr erforderlich ist. Kundenänderungswünsche während des Prozesses entfallen (Bild 6).

Bild 6. PoD – das Prinzip

Um die Erreichung dieser Ziele kostengünstig sicherzustellen, ist die Anpassung der Produktionskapazität an Menge und Umfang der Kundenaufträge notwendig. Daraus folgen entsprechende Anforderungen an Flexibilität und Verfügbarkeit der benötigten Ressourcen, wie:

- Materialverfügbarkeit,
- Maschinenverfügbarkeit,
- Personalverfügbarkeit,
- Informationsverfügbarkeit am richtigen Ort zur richtigen Zeit.

Ziel des PoD-gerechten Produktionsprozesses ist die Bereitstellung eines funktionsfähigen Produkts zusammen mit der entsprechenden Dienstleistung zu einem zugesagten Termin in einer bestimmten Qualität. PoD beinhaltet ebenso die Distributionslogistik, da der Kundenauftrag dann als erfüllt angesehen wird, wenn das Produkt mit allen vereinbarten Leistungsmerkmalen beim Kunden verfügbar ist.

3.2 Vorgehensweise zur Einführung von PoD

Um PoD zu erreichen, ist ein in sich konsistentes Umsetzungskonzept erforderlich. Dieses basiert auf den Voraussetzungen, welche entlang der Kernprozesse des Unternehmens bereichsübergreifend zu erfüllen sind.

Zur Entwicklung eines Gesamtkonzepts ist die Beantwortung folgender Fragen notwendig:

- Welche unternehmensspezifischen Randbedingungen aus den Bereichen Produkt und Markt beeinflussen das Einführungskonzept für PoD?
- Welche Auswirkungen hat die Einführung von PoD in den verschiedenen Bereichen eines Unternehmens auf die Sicherstellung der Ressourcenverfügbarkeit?
- Für welche Kunden-/Produktgruppen ist demnach ein Einsatz von PoD sinnvoll?

Die Beantwortung dieser Fragen erfordert die ganzheitliche Betrachtung des Unternehmens und der Wirkungen, die angedachte Maßnahmen haben können. Die einzelnen Maßnahmen können in zwei Teilbereiche (mitarbeiterbezogen, produktbezogen) eingeordnet werden, die sich gegenseitig beeinflussen.

Sind die Fragen hinreichend beantwortet, muß im ersten Schritt zur Umsetzung eine Definition des Produktspektrums, eine Produktgruppenbildung und -analyse erfolgen. Parallel dazu sind die Anforderungen der Kunden bzgl. Produkteigenschaften und Liefertermine zu eruieren. Diese beiden Schritte und die noch zu erhebenden Verbrauchszahlen bilden zusammen mit der Aufnahme des Ist-Zustands die Basis für die Umsetzungsschwerpunkte:

- Lieferantenintegration,
- Kundenintegration,
- Prozeßorganisation.

Die Unternehmen erzielen durch eine konsequente Umsetzung des PoD-Konzepts die folgenden Effekte:

- kürzere und kontrollierbare Durchlaufzeiten/Lieferzeiten,
- Senkung des Bestandes an umlaufendem Material in der Produktion,
- Senkung der Zeiten unproduktiver Arbeit.

PoD ist eine ganzheitliche Strategie, da die Umsetzung tiefgreifende Veränderungen im gesamten Unternehmen voraussetzt. Die wichtigsten Gebiete sind dabei die Arbeitsorganisation, die Lager- und Materialorganisation und Betrachtungen der Rentabilität. Ausgangspunkt der Überlegungen ist die Ausrichtung der Produktion am Kunden. Dies wird nicht nur durch Einhaltung der Qualitätsanforderungen, sondern zukünftig auch in Form der Sicherung kurzer Durchlaufzeiten und der Einhaltung von Lieferterminen umgesetzt. Darüber hinaus werden die Kosten durch eine effizientere Ausnutzung der Ressourcen gesenkt.

Hierbei steht nicht die Beschreibung einer Leistung für den Kunden im Mittelpunkt, sondern die Optimierung der Leistungserstellung im Unternehmen. Dazu ist die Weiterleitung der Informationen über Kundenanforderungen an diejenigen Unternehmensbereiche erforderlich, die direkten Einfluß auf die Leistungserstellung haben.

Die Einführung von PoD erfordert einige Vorarbeiten, die erfolgsentscheidend sind. Insbesondere die gesicherte Verfügbarkeit von Material, Maschinen und Personal stellen notwendige Voraussetzungen für eine flexible Produktion dar (Bild 7).

Die Ergebnisse einer Einführung von PoD können verschiedener Natur sein. Einige Möglichkeiten sind:

- Senkung der Verschrottungskosten im Fertigwarenbereich, die aufgrund von Marktveränderungen und verspäteten Änderungswünschen der Kunden entstehen, da mit der Produktion zum spätestmöglichen Zeitpunkt begonnen wird.

Bild 7. Randbedingungen und betroffene Bereiche

- Senkung des Halbfertig-/Fertigwarenbestandes innerhalb und außerhalb der Produktion, da ein kontinuierlicher Materialfluß gesichert ist.
- Einhaltung zugesagter Termine, da die Durchlaufzeiten nicht nur kürzer, sondern auch transparenter werden. Der Kunde kann sich auf die Zusagen des Lieferanten verlassen, was sich zusätzlich positiv auf das Unternehmensimage auswirkt.
- Verzahnung der Fertigungsstufen miteinander, dadurch Abbau von Reibungsverlusten. So wird die technisch kürzestmögliche Durchlaufzeit annähernd erreicht.
- Höhere Planungssicherheit für Kunden und Produzenten, da sich der Kunde zu einem späteren Zeitpunkt als bisher auf die endgültigen Produktspezifikationen festlegen kann.
- Partnerschaft mit Zulieferern (Zulieferintegration), da ohne sie eine Sicherstellung der Materialverfügbarkeit nicht möglich ist. Die Partnerschaft ermöglicht auch die Optimierung der Fertigung beim Zulieferer und damit die Senkung der Kosten für die Zulieferteile.

4 Das Beispiel Hewlett-Packard

4.1 Hewlett-Packard als global agierendes Unternehmen

In den vergangenen Jahrzehnten entwickelte sich die Computerindustrie in einer Weise, wie sie in der Geschichte der Industrialisierung beispiellos ist. Seit den Anfängen der Entwicklung elektronischer Rechenmaschinen in den frühen fünfziger Jahren hat sich die Branche von einer Sammlung kleiner, innovativer Elektroniktüftler zu einem weltweit bedeutenden Wirtschaftszweig entwickelt. Mit der permanenten Steigerung der Leistungsfähigkeit – zu Beginn der Entwicklung handelte es sich überwiegend um kleine Tischrechenmaschinen, deren Prozessoren mit einer 8-bit-Breite arbeiteten und deren Speicherkapazität auf einige wenige Kilo-Byte beschränkt war, – expandierte die Zahl der Anwendungsmöglichkeiten in praktisch alle Bereiche des täglichen Lebens. Gab es noch in den 70er Jahren lediglich einige wenige Großrechenanlagen, die überwiegend mit Lochkarten programmiert wurden, so besitzt heute bereits die überwältigende Mehrheit der privaten Haushalte einen eigenen Personal Computer, und ein Unternehmen ohne PC-Arbeitsplätze oder leistungsfähige Workstations ist kaum mehr vorstellbar.

Eines der Unternehmen, das von Beginn an die Entwicklung dieser Branche begleitet hat, ist die Hewlett-Packard Company. Gegründet im Jahr 1939, stellt Hewlett-Packard heute eines der größten Unternehmen der Informationstechnologie dar, das in vielen Bereichen führend ist. Mit einem Umsatz von 38,4 Mrd. Dollar liegt es in der Wertung der Fortune 500 in den USA auf Platz 22 (Industrie & Dienstleistungen) und weltweit auf Platz 50 (Industrie; Wertung der Fortune Global 500).

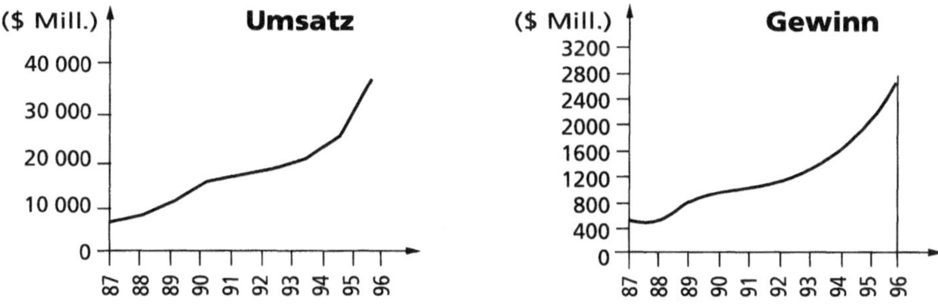

Bild 8. Hewlett-Packard weltweit – die wirtschaftliche Entwicklung seit 1987

Die beeindruckende Umsatzentwicklung des Unternehmens (Bild 8) wird getragen von fünf relativ selbständigen Produktbereichen, deren gemeinsame Plattform die Informationstechnologie bildet.[1] Das wesentliche Standbein des Unternehmens bildet die Computertechnologie, die mindestens 80% des Umsatzes stellt.

Angestrebt wird, alle Mitarbeiter der Organisation durch ein gemeinsames Wertesystem, den sog. „HP-Way", zur Erreichung der Unternehmensziele zu motivieren. Diese Werte sind im einzelnen [9]:

- Teamwork,
- Vertrauen in die Mitarbeiter und Respekt,
- hohes Niveau von Leistungen und Beiträgen,
- kompromißlose Integrität,
- Innovation und Flexibilität.

4.2 Die Umsetzung kundenorientierter Strategien im Unternehmen am Beispiel der Computerbranche

4.2.1 HPs Computerfertigung und Distribution im Wettbewerbsumfeld

Das Computergeschäft ist eine Industriesparte, die mehr als andere Branchen durch enge globale Verflechtungen in den Wettbewerbsbeziehungen gekennzeichnet ist. Die meisten Hersteller produzieren und beschaffen rund um den Erdball. Sie sehen sich dabei einem permanenten Kostendruck gegenüber, der durch immer schnellere Produktinnovationszyklen von ca. 1/2 Jahr und damit verbundene kurze Pay-back-Perioden noch verstärkt wird. Zum Ausgleich sind die Hersteller gefordert, große Stückzahlen zu niedrigen Preisen umzusetzen, wobei der Kunde nach immer spezifischeren Problem-

[1] Hewlett-Packard sieht dementsprechend seinen Unternehmenszweck auch darin, durch innovative Informationstechnologie „... zur Gewinnung und Nutzung von Wissen und somit zum Erfolg von Menschen und Organisationen beizutragen" [8].

lösungen verlangt. „Mass Customization", also die massenweise Herstellung und Distribution kundenspezifischer Systeme, ist das beherrschende Zukunftsthema in der Branche. Gleichzeitig befinden sich die Unternehmen in dem Dilemma, daß der Kunde neben der Spezifität seiner Problemlösung immer mehr Standardisierung verlangt, um verschiedenartige Systeme untereinander zu verknüpfen. Hierbei geht es nicht nur um die Kompatibilität der verschiedenen Softwaresysteme untereinander. Auch Hardware-Elemente sollen zunehmend untereinander verknüpfbar und austauschbar sein. Aufgrund dieser Herausforderungen ist für die gesamte Wertschöpfungskette eine enorme Flexibilität gefordert.

4.2.2
Kundenauftragsbezogene Fertigung und Logistik – die Auftragsabwicklung als zentrale Kernkompetenz des Unternehmens

Zur Realisierung effizienter und gleichzeitig flexibler Unternehmensstrukturen wurde eine konsequente Neuausrichtung der kundenbezogenen Prozesse und eine Fokussierung der Wertschöpfungsaktivitäten auf die Kernkompetenzen beschlossen. Damit sollen eigene Fixkosten reduziert werden, um flexibler und damit kundenauftragsorientierter agieren zu können. Durch eine Auslagerung von nicht zu den Kernkompetenzen gehörenden Bereichen wurde eine größere Flexibilität kleiner, eigenständiger Unternehmen erzeugt. Hinzu kommt, daß spezialisierte Unternehmen aus der Wertschöpfungskette herausgegriffene Aktivitäten bei gleicher oder besserer Qualität kostengünstiger ausführen können, da sie nicht nur weniger Overhead zu finanzieren haben, sondern in der Regel auch einschlägiges Know-how übertragen können, um somit Abläufe zu vereinfachen und Verbundeffekte zu nutzen.

In Verbindung mit dieser Strategie stellten sich für Hewlett-Packard als Computerproduzenten vier wesentliche Fragen:

- Wo liegen die derzeitigen aus Kundensicht geforderten Kompetenzen für Fertigung und Distribution im Produktbereich Computer Systems bei Hewlett-Packard?
- Welches sind die Kompetenzen, die Hewlett-Packard in der Computerindustrie benötigt, um sich im Wettbewerb auch im Jahr 2000 noch differenzieren zu können?
- Wo existieren Unterschiede in den benötigten und den vorhandenen Kompetenzen, d.h., welche Kompetenzen können outgesourct werden und welche Kompetenzen müssen neu aufgebaut werden?
- Wie können diese strategischen Vorgaben operativ umgesetzt werden, ohne die hohen Ansprüche an die Qualität sowie die Prozeßstabilität zu reduzieren?

Zur Lösung dieser Fragen wurden bei Hewlett-Packard zahlreiche Maßnahmen ergriffen. Zunächst erarbeitete das Management in Arbeitssitzungen ein detailliertes Bild, wie das gesamte logistische Wertschöpfungsnetzwerk zu-

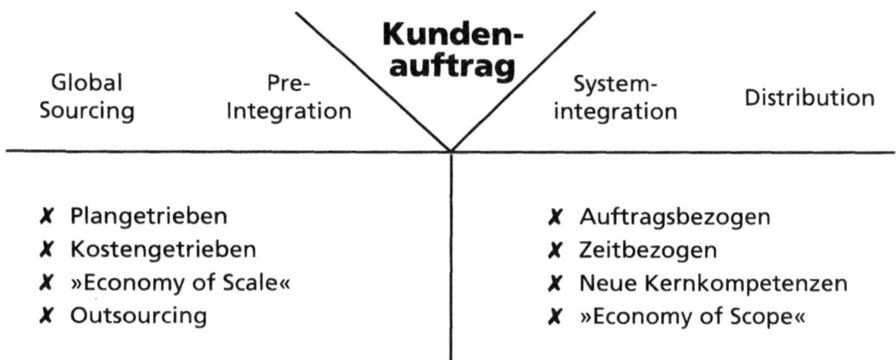

Bild 9. Die grundsätzliche Zweiteilung der Wertschöpfungskette [8]

künftig aussehen kann. Hierzu war zunächst zu klären, wie das vom Kunden geforderte Produktspektrum der Zukunft aussehen könnte. Anschließend wurde jede einzelne Tätigkeit auf ihre strategische Relevanz für das Unternehmen untersucht, wobei weitere Einflußfaktoren, wie die Konkurrenzfähigkeit der eigenen Kostenstrukturen, ebenfalls eine entscheidende Rolle spielten. Aus den Einflußgrößen „strategische Relevanz" und „Komplexität" wurde definiert, welche Aktivitäten auch weiterhin bei Hewlett-Packard verbleiben sollten und welche von Partnern betrieben werden können. Am Ende der Diskussion war ein dezidiertes Bild der produktspezifischen Prozesse vorhanden (Bild 9). Aufbauend auf dieser Prozeßbeschreibung wurden in einem weiteren Analyse- und Diskussionsprozeß die zur Ausführung der künftigen Aktivitäten notwendigen Kompetenzen ermittelt und den vorhandenen gegenübergestellt.

In Bild 9 stellt die linke Seite die Prozeßteile dar, die unabhängig von einem speziellen Kundenauftrag erfolgen und damit einzig durch kostentechnische Überlegungen bestimmt werden (dies beinhaltet im Prinzip den Zusammenbau eines Computers nach Standardvorgaben ohne die kundenspezifische Integration weiterer Elemente). Der rechte Bildteil hingegen zeigt die kundenspezifischen Konfigurationen, die erst in Verbindung mit einem speziellen Kundenauftrag erfolgen können. Diese sind in erster Linie durch ihre Flexibilität und Zeitlichkeit determiniert, wenngleich auch hier der Effizienzfaktor eine große Rolle spielt. Die Entscheidung über Make-or-buy wird hierbei in jedem Fall durch die Komplexität des jeweiligen Produkts bestimmt. Darüber hinaus ist die Systemintegration, d.h. der Zusammenbau eines lauffähigen kundenspezifischen Systems, eine Kernkompetenz. Nicht die eigentliche Computermontage ist damit die Kernkompetenz, sondern die Beherrschung des „Control Towers", also die Koordination der Aktivitäten der verschiedenen Unternehmen, ohne hierbei zu stark selbst in die operativen Prozesse einzugreifen. Die für die Abwicklung eines Kundenauftrags entscheidenden Kernkompetenzen sind damit im einzelnen:

- Management der Order-Fulfillment-Kette,[2]
- Partnermanagement,
- Beherrschung der Prozesse im Netzwerk,
- Beherrschung der Distributionskanäle.

Management der Order-Fulfillment-Kette

Insbesondere in einer Branche, die in ihren Produkten eine so hohe Kundenspezifität aufweist wie die Computerbranche, ist ausschlaggebend, die Schnittstelle zum Kunden gut zu beherrschen. An vorderster Stelle steht hier die Organisation der gesamten Auftragsabwicklung von der ersten Anfrage des Kunden bis zur Inbetriebnahme des nach Kundenwünschen gefertigten Produkts. Dieser Prozeß bestimmt, ob, in welcher Zeit und zu welchen Kosten ein Unternehmen in der Lage ist, einen Kundenwunsch in der geforderten Qualität zu erfüllen. Eine effiziente und schnelle Auftragsabwicklung in Verbindung mit der Fähigkeit, eine sehr hohe Liefertreue zu gewährleisten, stellt eine Kernkompetenz des Unternehmens dar, die auch langfristig noch von wettbewerbsentscheidender Bedeutung bleiben wird.

„Management der Order-Fulfillment-Kette" bedeutet aber auch, dem Kunden eine integrierte Systemlösung anzubieten, welche die Zusammenführung verschiedener Hard- und Softwarekomponenten beinhaltet, ohne diese zwangsweise in einem HP-Werk selbst zu fertigen. Insbesondere in der Vergangenheit bedeutete die Integration verschiedener Hard- und Softwareprodukte für das Unternehmen stets einen großen Aufwand, der dementsprechend mit hohen Kosten verbunden war. In der Regel wurde diese Integration erst beim Kunden vor Ort vorgenommen, wo ein Kundendienstmitarbeiter die verschiedenen Produkte zusammenführte und in aufwendiger Arbeit installierte. Zukünftig sollen sämtliche Integrationen weitgehend in den Werken vorgenommen werden, so daß der Kunde ein bereits lauffähiges System geliefert bekommt. Hierdurch reduziert sich nicht nur der Preis, sondern auch die Unannehmlichkeiten nehmen ab, die der Kunde durch die oftmals tagelangen Installationsarbeiten vor Ort haben kann. Diesen Integrationsprozeß auch dann zu beherrschen, wenn die meisten der Produkte von Partnern kommen und bei Partnern zusammengeführt werden, stellt ein entscheidendes Differenzierungsmerkmal im Wettbewerbsumfeld dar.

Partnermanagement

Während es früher ein ausdrückliches „Muß" zu sein schien, daß ein Computerhersteller die wesentlichen Komponenten seiner Rechner auch selbst produziert, hat sich jetzt die Auffassung durchgesetzt, daß es in erster Linie

---

[2] Für den Begriff „Order-Fulfillment", wie er bei Hewlett-Packard verwandt wird, gibt es keine passende deutsche Übersetzung. Es handelt sich hierbei prinzipiell um den gesamten Prozeß der Anfragebearbeitung, Angebotserstellung und Auftragsabwicklung bis zur Auslieferung und Installation eines fertigen Systems beim Kunden.

wichtig ist, einem Kunden seine gewünschte Problemlösung schnell und vor allem in der gewünschten Ausführung zu liefern, was jedoch nicht eine starke vertikale Fertigungstiefe vorausgesetzt.

Ein sog. Strategic Procurement, also eine systematische Lieferantenauswahl auf strategischer Ebene, zu beherrschen, ist eines der Hauptqualifizierungsmerkmale für Hewlett-Packard. Diese Kernkompetenz beinhaltet neben der reinen Auswahl guter Lieferanten, die für die Herstellung komplexer Baugruppen geeignet sind, vor allem auch das anschließende Management der Partnerschaft in einer langfristigen Kooperationsbeziehung. Dazu gehören die gemeinsame Definition strategischer Ziele und die Entwicklung und Überwachung der Einhaltung von Regeln und Normen. Gemeinsam sollte die stabile Basis für eine wirksame Zusammenarbeit erarbeitet werden, die über entsprechende Rahmenverträge abgesichert wird. Hewlett-Packard bewegt sich damit hin zu einer virtuellen „Global Factory", wo zwischen den einzelnen Unternehmen nur noch virtuelle Grenzen existieren und das gesamte Netzwerk der Wertschöpfung entsprechend den jeweiligen Kernkompetenzen auf verschiedene weltweit angesiedelte Partner aufgeteilt ist. Die saisonalen Nachfrageschwankungen bei kurzer Lieferzeit erfordern sowohl bei HP als auch bei den Partnern flexible Prozeßstrukturen und flexible Betriebsnutzungszeiten.

Bedeutung der Prozesse im Netzwerk

Eng verbunden mit der zuletzt angeführten Kernkompetenz ist die Notwendigkeit, die über allgemein vereinbarte Normen und Regeln geregelten partnerschaftlichen Beziehungen auch in schwierigen Situationen über Unternehmensgrenzen hinweg stabil zu halten. Dies betrifft insbesondere die Einführung neuer Produkte, die aufgrund der kurzen Innovationszyklen mehrmals jährlich stattfinden können. Hier muß gewährleistet sein, daß es in den Partnerunternehmen trotz des Einsatzes zahlreicher neuer Bauteile, verbunden mit neuen Montagevorgängen und Testprozeduren, nicht zu Qualitätsabfällen kommt. Dazu sind umfangreiche Qualifizierungsmaßnahmen sowie eine enge Kommunikation und Abstimmung zwischen den für die Einführung neuer Produkte Verantwortlichen bei Hewlett-Packard und den Betroffenen bei den Kooperationspartnern notwendig. Ganz gleich, ob es um vorgelagerte Produktionsstätten oder um den Versand geht, wichtig ist, daß Hewlett-Packard die Koordination der verschiedenen Auftragnehmer beherrscht, so daß innerhalb kürzester Zeit ein kundenspezifischer Auftrag abgewickelt und ausgeliefert werden kann. Die systemtechnische Unterstützung muß vorhanden sein, damit die Aufträge an die verschiedenen Kooperationspartner zeitnah verteilt und die einzelnen Module zeitgleich in der Kommissionierung zusammengeführt und ohne Verzögerung ausgeliefert werden können. Wenn diese Prozesse beherrscht werden, verfügt das Unternehmen über kernkompetenzorientierte Netzwerkstrukturen, die zukunftsweisend sind.

Beherrschung der Distributionskanäle

Kosten und Lieferzeit sind zwei Faktoren, die durch den Distributionskanal maßgeblich beeinflußt werden. Daher ist die Beherrschung der Distributionskanäle, sowohl der indirekten als auch des direkten, ein wettbewerbsentscheidender Faktor. Hewlett-Packard hat es sich hier zum Ziel gesetzt, sowohl im indirekten Absatz über Distributoren und Fachhändler, als auch in der direkten Versorgung der Endkunden einen Leistungsstandard zu erreichen, der das Unternehmen von seinen Wettbewerbern differenziert. Hier geht es darum, in der Lieferschnelligkeit, der Zuverlässigkeit und der Qualität einen hervorragenden Service anzubieten. Gleichzeitig sollten die Kanäle so gestaltet werden, daß sie bei aller Individualität der Problemlösungen trotzdem in der Lage sind, auch kurzfristig große Volumenschwankungen zu bewältigen. Ziel ist nicht, die Logistik selbst durchzuführen. Das Unternehmen muß vielmehr die Fähigkeit besitzen, die Distributionswege und damit die ausführenden Organe so zu organisieren, daß der Kunde eine einzigartige Dienstleistung erhält.

4.3
Erfahrungen mit einer kundenauftragsorientierten Produktion

Die Böblingen Computer Fertigung & Distribution hat in den letzten Jahren den gesamten Wertschöpfungsprozeß auf eine stärkere Kundenorientierung ausgerichtet. Hierzu wurden die Organisationsstrukturen konsequent an den Kernkompetenzen ausgerichtet und eine große Zahl von Partnerunternehmen in Form umfassender Kooperationsbeziehungen in die eigenen Prozesse eingebunden. Welche Erfahrungen hat das Unternehmen mit dem neuen Order-Fulfillment-Prozeß gemacht? Führt die Neuorganisation zum gewünschten Erfolg? Konnten Effizienz und Flexibilität sowie die Verringerung von Durchlauf- und damit Lieferzeiten erreicht werden?

Insgesamt kann im Unternehmen eine positive Bilanz bezüglich der Umstrukturierungen gezogen werden. Insbesondere nach einigen Lernprozessen in der Anfangsphase erfüllen mittlerweile die Kooperationspartner die geforderten Qualitätsstandards, und neben der umfassenden Reduzierung von Durchlaufzeiten kann eine beträchtliche Zunahme der Flexibilität verzeichnet werden – ein Fortschritt, der die Erhöhung der Kundenorientierung im gesamten Unternehmen widerspiegelt (Bild 10).

1. Der Effekt der Verbesserung des Kundennutzens durch die neuen Strukturen wird heute durch ein ausgeklügeltes europaweites Meßsystem täglich statistisch erfaßt und bildet die Grundlage für permanente Verbesserungsmöglichkeiten.
2. Die Erhöhung der *dynamischen Anpassungsfähigkeit* ist vor allem auf die Globalisierung der Partnerprozesse und die variable Gestaltung der Kapazitäten zurückzuführen. Früher existierte im Unternehmen eine exakt festgelegte Maximalkapazität, die ab einer bestimmten Belastung auch durch Überstunden und Zusatzschichten nicht mehr weiter ausgeweitet

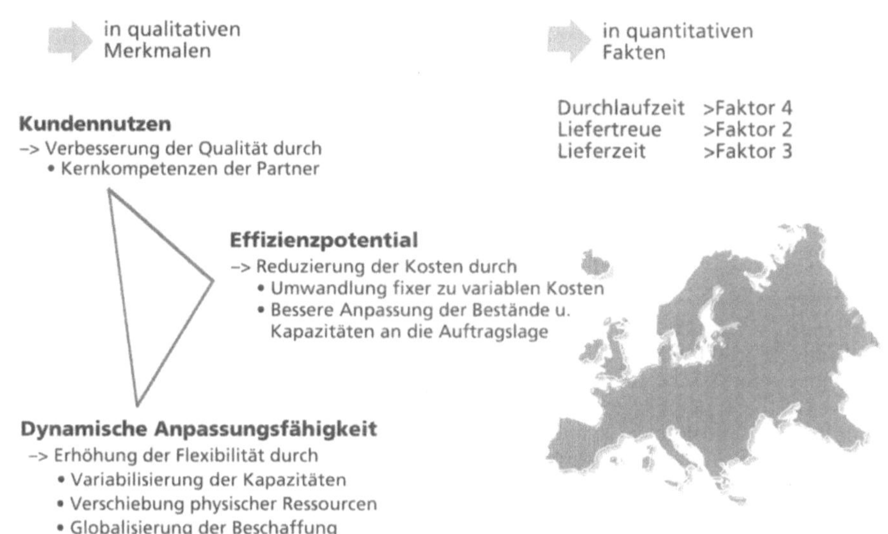

Bild 10. Erzielte Erfolge einer kernkompetenzbestimmten Auslagerung von Wertschöpfungsaktivitäten

werden konnte. Wollte das Unternehmen noch zusätzliche Aufträge annehmen, so konnte dies nur geschehen, indem bestimmte Aufträge terminlich verschoben wurden. In den neuen Strukturen hingegen existieren diese Kapazitätsgrenzen nur noch bedingt. Durch die Auswahl global agierender Partnerunternehmen ist das Unternehmen in der Lage, weit mehr als 90% der Aufträge innerhalb der gewünschten Lieferzeit zu realisieren. Dies liegt daran, daß ein Partner wie Solectron weltweit aktiv ist in seiner Produktion und über einheitliche Verfahren und Standards verfügt. Sind die Kapazitäten in Böblingen ausgeschöpft, so ist dieses Unternehmen in der Lage, aus anderen Produktionsstandorten wie z.B. den USA das gewünschte Produkt einführen zu lassen und damit weltweit zwischen Produktionen zu kooperieren. Damit ist die Kapazitätsgrenze, in der Aufträge nur noch zeitverzögert bearbeitet werden können, wesentlich nach oben verschoben worden.

3. *Effizienzpotential:* Der wesentliche Vorteil der neuen, netzwerkartigen Struktur in bezug auf das Kostengefüge bei Hewlett-Packard liegt in der Steigerung des Anteils variabler Kosten. Vor dem Reengineering stellten sämtliche vorhandenen Kapazitäten Fixkosten dar, die unabhängig von der Beschäftigung finanziert werden mußten. Heute hingegen könnte ein Großteil Kosten in Fertigung, Logistik und Distribution bei Hewlett-Packard durch interne Flexibilisierung bzw. Outsourcing in variable Kosten umgewandelt werden.

Aufgrund des sehr positiven Resümees der Maßnahmen kann abschließend angemerkt werden, daß es erklärtes Ziel bei Hewlett-Packard ist, die auftragsorientierte Fertigung für Kunden noch weiter auszubauen. Sowohl unter markt- als auch kompetenzstrategischen Gesichtspunkten will das Unternehmen die Anzahl und den Umfang seiner Partnerschaften permanent erweitern, um neue Kernkompetenzen und eigene Aktivitäten auf andere Schwerpunkte zu verlagern. Hewlett-Packard wird sich auch künftig an seinen Kernkompetenzen orientieren und damit die Position am Markt weiter ausbauen.

Literatur

1. Bullinger, H.J.; Wiedmann, G.; Niemeier, J.: IAO-Studie Business Reengineering. Aktuelle Managementkonzepte in Deutschland: Zukunftsperspektiven und Stand der Umsetzung. Stuttgart: IRB Verlag 1995
2. Simon, H.; Homburg, C.: Kundenzufriedenheit als strategischer Erfolgsfaktor. In: Simon, H.; Homburg, C. (Hrsg.): Kundenzufriedenheit. Wiesbaden: Gabler 1995
3. Gertz, D. L.; Baptista J.P. A.: Grow to be great – Wider die Magersucht in Unternehmen. Landsberg: Moderne Industrie 1996
4. Töpfer, A.: Kundenzufriedenheit: Die Brücke zwischen Kundenerwartung und Kundenbindung. In: Töpfer, A. (Hrsg.): Kundenzufriedenheit messen und steigern. Berlin: Luchterhand 1996
5. Stanke, A.; Ganz W.: Design hybrider Produkte. In: Volkholz, V.; Schrick, G.: Dienstleistungen im 21. Jahrhundert. RKW „Themen und Thesen" 1996
6. Bullinger, H.-J.; Stanke, A., Piller J.: Vertriebswege heute – Ergebnisse und Perspektiven. IAO-Studie 1996
7. Bullinger, H.-J.; Stanke, A., Schneider B.: Immaterielle Anreizsysteme – Eine Untersuchung in ausgewählten Unternehmen. IAO-Studie 1996
8. Hewlett-Packard: Company Profile Presentation. Interne Präsentationsunterlagen, Böblingen 1996
9. Packard, D.: The HP-Way. New York 1995

Weltweite Unternehmenspräsenz durch Teleservice

A. Rau

Inhalt: Voraussetzungen – Ablauf des Teleservice – Möglichkeiten des Teleservice heute – Vorteile und Kundennutzen – Zukünftige Möglichkeiten des Teleservice

1 Einleitung

Betrachtet man den weltweiten Markt, erkennt man sehr schnell, daß dort, bedingt durch große Entfernungen und Zeitverschiebungen, die Anforderung Service schnell in hoher Qualität zur Verfügung zu stellen, einer großen Anstrengung bedarf. Teleservice ist sicher ein Baustein, der zur Verbesserung dieses Zustands einen wesentlichen Beitrag leistet.

Auch in Europa werden Verfügbarkeiten und Service-Reaktionszeiten gefordert, die mit konventionellen Mitteln nicht mehr erreichbar sind. Der erhöhte Wettbewerbsdruck und die „Just-in-Time"-Philosophie haben zu extrem kurzen Zeiten zwischen Bestellung und Lieferung bei den Lohnfertigern geführt. Aufträge, die bis 17 Uhr erteilt werden, müssen am folgenden Tag morgens in der Frühschicht beim Kunden zur Verfügung stehen. Ein Maschinenausfall führt bei diesem Beispiel fast schon zur Katastrophe.

Viele Felder des klassischen Kundendienstes können durch Teleservice unterstützt werden. Dies zeigt ein Blick auf die Tätigkeitsbereiche des Technischen Kundendienstes (Umfrage 1995 des VDMA bei 300 Mitgliedsfirmen).

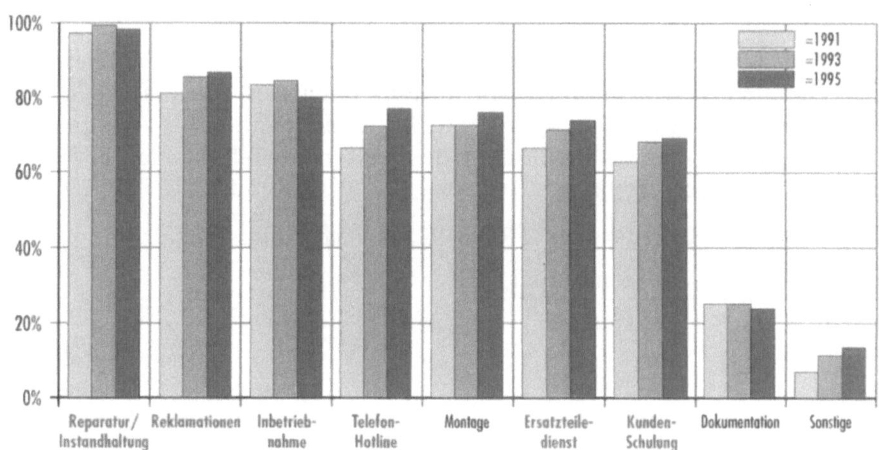

Bild 1. Funktionen des technischen Kundendienstes

Bild 1 zeigt aber auch, daß produktbegleitende Dienstleistungen wie Telefon-Hotline und Kundenschulungen in den Jahren 1991 bis 1995 stetig zugenommen haben. Der Kunde erwartet heute nicht mehr nur technische Hilfe, sondern in vielen Fällen Problemlösungen. Die Differenzierung über zusätzliche Dienstleistungen wird immer bedeutender. Auch diese Punkte werden heute durch Teleservice unterstützt (Bild 2).

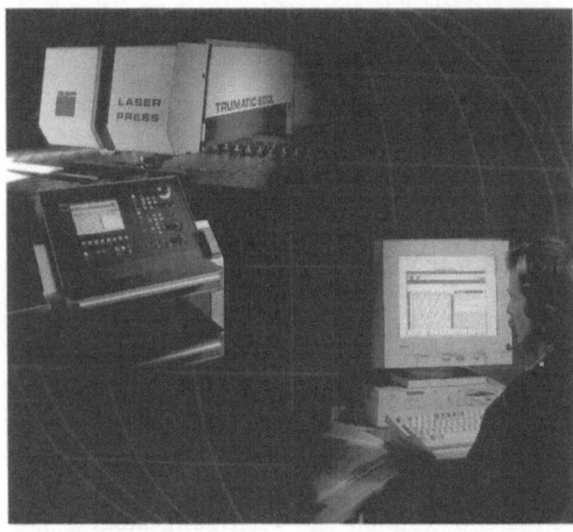

Bild 2. Teleservice – Dienstleistungen auf der Datenautobahn

2 Voraussetzungen

Die einzige Voraussetzung für den Endkunden zur Nutzung von Teleservice ist die Bereitstellung eines analogen Telefonanschlusses. Die analoge Schnittstelle steht weltweit zur Verfügung. TRUMPF liefert mit jeder Werkzeugmaschine das länderspezifische Modem, den passenden Telefonadapter (Bild 3) und die Teleservicesoftware.

35 verschiedene Modems stellt TRUMPF zur Verfügung:

Europa	international
Belgien	Australien
Dänemark	Japan
Italien	Malaysia
Österreich	Südafrika
Schweiz	USA
:	:

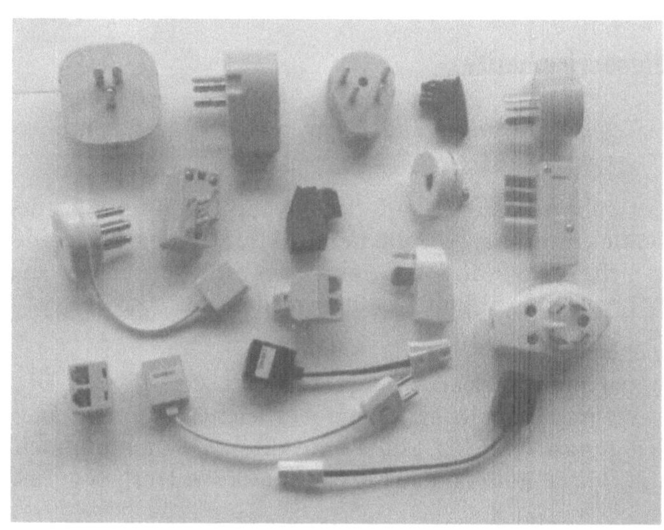

Bild 3. 40 verschiedene Telefonadapter (kleine Auswahl)

Grundvoraussetzung für den heutigen Teleservice bei TRUMPF sind offene Steuerungssysteme. Die Verwendung von Standardsoftware und Standardhardware ermöglicht eine hohe Grundfunktionalität mit relativ geringem Aufwand.

Natürlich muß beim Werkzeugmaschinenhersteller auch die Infrastruktur geschaffen werden (Teleservice-Arbeitsplätze, erhöhte Servicebereitschaft, entsprechende Schulungen), um den Teleservice effizient gestalten zu können.

3 Ablauf des Teleservice

Benötigt der Kunde Unterstützung, wendet er sich zunächst an die TRUMPF-Service-Zentrale. Wenn dann gemeinsam entschieden wurde, Teleservice einzusetzen, aktiviert der Kunde die entsprechende Software auf seinem Bedienpanel (Sicherheitsaspekt!). Die TRUMPF-Service-Zentrale schaltet sich dann über verschiedene Schutzmechanismen online auf das Bedienpanel der Maschinensteuerung.

Kunde	Anruf bei TRUMPF-Service-Zentrale
Kunde/TRUMPF	Entscheidung – Einsatz von Teleservice
Kunde	Aktivierung Teleservicesoftware
TRUMPF	Online-Verbindung herstellen (Benutzerkennung, Paßwort)
TRUMPF/Kunde	Teleservice
TRUMPF/Kunde	Teleservice beenden Deaktivierung Teleservice

4 Möglichkeiten des Teleservice heute

Die Möglichkeiten, die Teleservice bietet, sind heute schon weitreichend.

- *Fernsteuerung*
  Die Fernsteuerung erlaubt den Zugriff auf die Anwendungen und das Betriebssystem des Bedienrechners. Alle Bedienfunktionen der Maschine, mit Ausnahme der Sicherheitsfunktion, können ausgeführt werden. Der Kunde kann bei der Prozeßführung unterstützt werden.
- *Ferndiagnose und Fehlerkorrektur*
  Sämtliche in die Steuerung integrierte Diagnosehilfsmittel wie E/A-Diagnose, Debugger, Telegrammspeicher, Diagnosespeicher können auch über den Teleservice genutzt werden. Sollte eine direkte Behebung nicht möglich sein, kann der dann notwendige Serviceeinsatz wesentlich gezielter erfolgen.
- *Fernadministration*
  Über diese Funktionalität können sämtliche Maschinenparameter konfiguriert werden. Darüber hinaus lassen sich Software-Updates durchführen und bei Bedarf zusätzliche optionale Funktionen aktivieren.

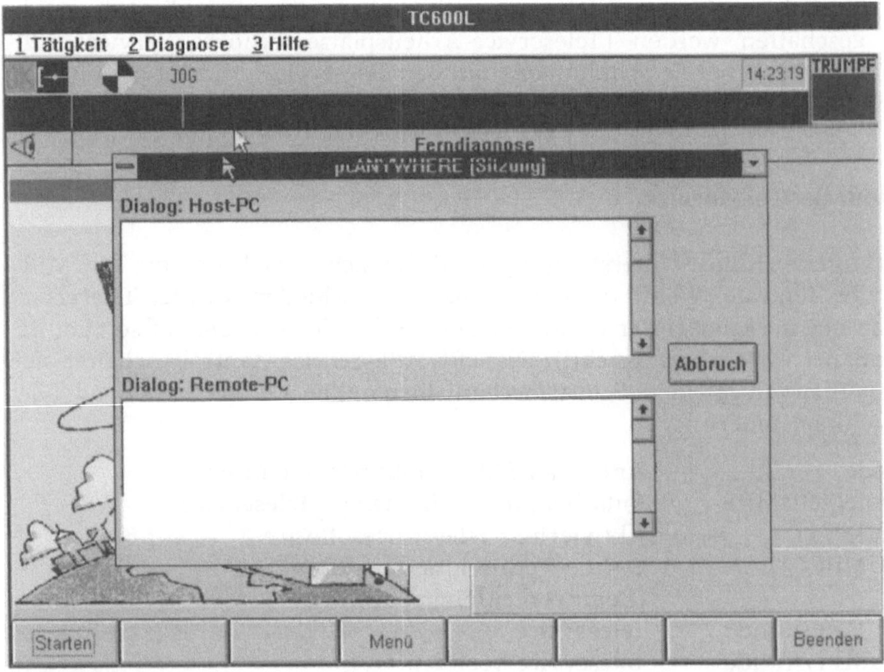

Bild 4. Dialogmodus

- *Datenübertragung*
  Die Datenübertragung ermöglicht den Dateiaustausch. Typische Anwendungsbeispiele sind die Übermittlung von NC-Programmen, Technologie- und WZ-Daten. Dies ist die Basis, um den Kunden zukünftig umfangreichere Dienstleistungen im Bereich NC-Programmerstellung und Prozeßdatenermittlung anzubieten.
- *Dialogmodus*
  Falls keine telefonische Sprachverbindung besteht, kann über den integrierten Dialogmodus der Teleservice-Software kommuniziert werden (Bild 4).

5 Vorteile und Kundennutzen durch Teleservice

- *höhere Maschinenverfügbarkeit*
  durch direkte Fehlerbehebung bzw. kurze Reaktionszeiten und gezielten Serviceeinsatz,
- *Reduzierung der Servicekosten*
  durch Einsparung von Reisekosten und Personalaufwand (Bild 5),
- *mehr Dienstleistung*
  durch Reduzierung der Reisezeit verlagern sich die Aufgaben der Service-Techniker: weniger Einsätze vor Ort, mehr Dienstleistung und Beratung vom Servicezentrum aus,
- *Wettbewerb*
  Teleservice stellt die Grundlage für mehr Wettbewerbsfähigkeit in fernen Märkten dar.

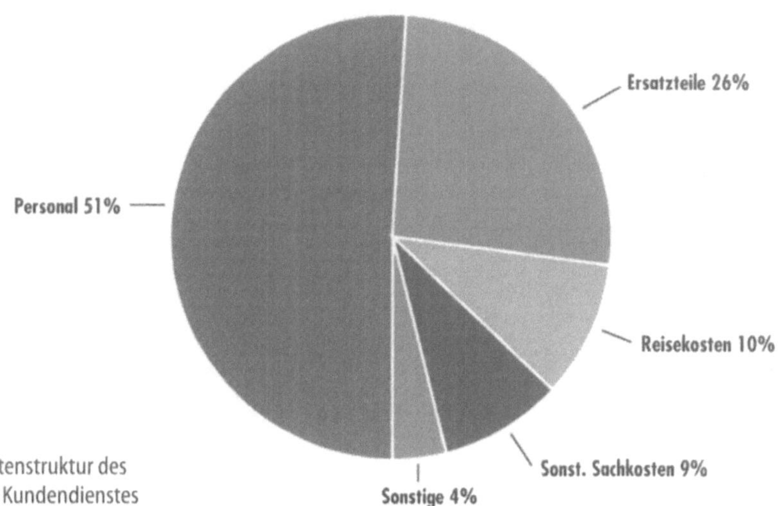

Bild 5. Kostenstruktur des technischen Kundendienstes

6
Zukünftige Möglichkeiten des Teleservice

Der nächste Schritt ist die Einbindung von Video- bzw. Bildaufnahmen in den Teleservice. Die Bildinformationen unterstützen die Fehlersuche durch Visualisierung der Situation an der Anlage. Durch Detailaufnahmen können zudem Einstellungen überprüft und mechanische Defekte erkannt werden. Ziel ist es, diese im Projektstadium befindliche Zusatzfunktionalität bis Ende 97 zur Verfügung zu haben (Bild 6).

Parallel dazu muß natürlich auch die Informationstechnik und die Organisation der Serviceniederlassungen verändert werden. Im Moment werden Modelle entwickelt, um eine Servicebereitschaft an 7 Tagen/Woche und 24 Stunden/Tag zu gewährleisten. In der Ersatzteilversorgung ist dies schon heute realisiert.

Die weltweit wichtigsten Servicezentren von TRUMPF in USA, Deutschland und Singapur werden mit leistungsfähigen Datenleitungen vernetzt und mit Videokonferenzsystemen ausgerüstet.

Dies sind die nächsten Schritte, um der Vision 7-Tage/24-h-Servicebereitschaft weltweit ein ganzes Stück näher zu kommen (Bild 7). Sicherlich unterstützen längerfristig gesehen auch das Internet, Sprachübersetzungssoftware, bildliche Darstellung von Ersatzteilen usw. diesen weltweiten Ansatz.

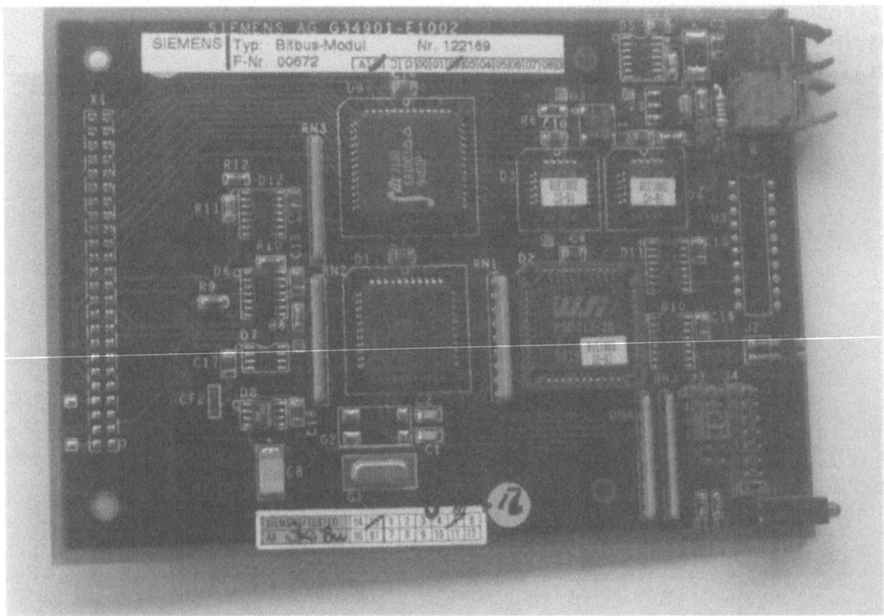

Bild 6. Schadensbild/Baugruppenkonfiguration

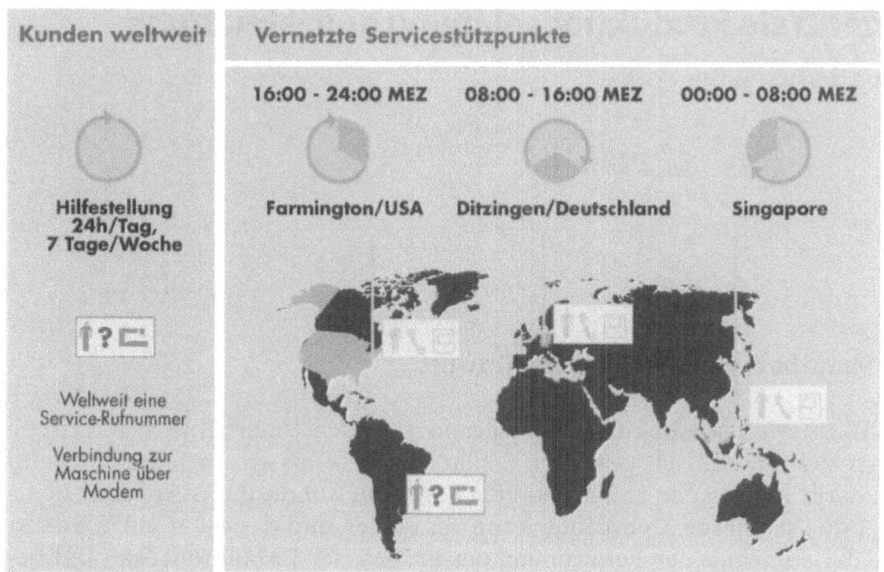

Bild 7. Vision „weltweite 7/24-Servicebereitschaft"

Der Teleservice und die damit verbundenen Dienstleistungen stehen erst am Anfang der breiten Umsetzung und Verwandlung. Teleservice wird sich aber zu einem Standard-Kommunikationsmittel mit dem Kunden entwikkeln. Der eingeschlagene Weg muß konsequent weiterverfolgt werden, um die Wettbewerbsvorteile auf dem Weltmarkt zu nutzen.

Dezentrale Produktionsplanung und -steuerung

Ute Mussbach-Winter

1
Die Marktbedingungen und die Antwort

Die Wettbewerbsbedingungen der produzierenden Unternehmen in Europa haben sich dramatisch geändert. Schon seit mehr als einem Jahrzehnt wird der Markt nicht mehr vom Verkäufer bestimmt, sondern das Angebot überwiegt die Nachfrage. Der Käufer kann auswählen und das tut er auch. Er entscheidet aufgrund der Funktionen, des Preises, der Produktqualität und besonders auch des Services. Ein Unternehmen muß also in allen diesen Faktoren mit den Wettbewerbern gleichziehen und sie mindestens in einem entscheidenden Punkt übertreffen. Diese Herausforderung muß seine Strategie bestimmen. Dazu müssen alle Mitarbeiter eines Unternehmens zielgerichtet agieren und sich mit den Forderungen des Marktes und mit dem Produkt identifizieren. Dies erfordert auch, daß sie in autonomer Verantwortung über die optimalen Herstellungsmethoden, die Produktqualität und die zeitliche Abwicklung von Aufträgen entscheiden. Damit wird die herkömmliche zentrale Fertigungsplanung bzw. Produktionsplanung und -steuerung (PPS) weitgehend überflüssig. Sie wandelt sich zur koordinierenden Instanz. Die erforderliche Abstimmung über den gesamten Fertigungsprozeß muß das Know-how aller Mitarbeiter mit einer gemeinsamen Zielsetzung zusammenfassen, um Brüche in der Herstellungskette und damit trotz isolierter Optimierung Kostennachteile zu vermeiden.

2
Konsequenzen für die Organisation und die Produktionsplanung und -steuerung

Welche Folgerungen ergeben sich hierbei für die Fertigung? Die wichtigste Folge ist die Abkehr von Taylor und der Aufbau von dezentralen Strukturen, um Autonomie und Marktnähe zu erreichen. Das Unternehmen muß in kleinere, autonome organisatorische Einheiten gegliedert werden, wie sie in der Lean Production und noch stärker in der Fraktalen Fabrik realisiert sind. Das bedeutet nicht nur die Delegation der Verantwortung an den Ort des Geschehens, um die Motivation zu steigern, sondern mindestens ebenso, um die Reaktionsfähigkeit zu erhöhen. Die Zeit ist die Ressource der Zukunft, und

Bild 1. Dezentralisierung von PPS-Funktionen

zwar nicht so sehr im Sinne der Zeitwirtschaft als Kapazität, sondern als Reaktionsgeschwindigkeit auf die Marktforderungen.

Als Konsequenz für die PPS ergibt sich hieraus die Abkehr von einer zentralen Struktur mit durchgängiger, einheitlicher EDV-Unterstützung. In Abhängigkeit der betrieblichen Randbedingungen werden die PPS-Aufgaben unterschiedlich stark dezentralisiert (Bild 1). Die einzusetzenden Planungs- und Steuerungsverfahren werden den Mitarbeitern nicht mehr zentral vorgeschrieben, sondern von ihnen selbst erarbeitet - eine Vorgehensweise, die auch die Identifikation mit den Planungsvorgängen und -resultaten erhöht. Das bedeutet jedoch, daß innerhalb eines Unternehmens durchaus für gleiche Aufgaben völlig verschiedene Planungs- und Steuerungsverfahren angewandt werden können. Hierdurch bedingt, kann die PPS in dezentralen Strukturen nur grobe Angaben zum Ressourcenbedarf machen und nur grob planen. Die detaillierte Produktionsvorbereitung wird in den Gruppen durchgeführt, die - außer mit völlig verschiedenen Planungs- und Steuerungsverfahren - auch mit unterschiedlicher Planungsgenauigkeit sowie unterschiedlichem Planungshorizont und -zyklus arbeiten können.

Für die Durchführung der PPS-Aufgaben auf mehreren Ebenen bzw. in parallelen Gruppen müssen die Planungs- und Produktionsergebnisse sowohl vertikal von der Gesamteinplanung bis zum einzelnen Arbeitsgang als auch horizontal zur Koordination des Materialflusses abbildbar sein. Das klingt einfacher als es ist, weil häufig unterschiedliche Kriterien für die Planung angesetzt werden, beispielsweise auf Funktionen basierend für die Gesamtplanung, auf Arbeitsgängen zu einzelnen Teilen fußend für die Fertigung und nach Montagegruppen in der Montage. Die Methoden für diese Synchronisation sind teilweise in den Ansätzen bekannt (z.B. Agentensyste-

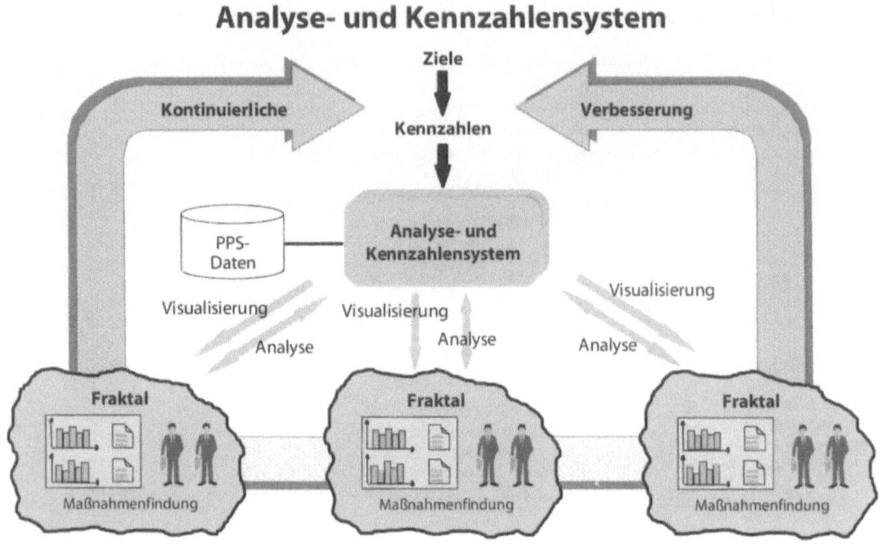

Bild 2. Analyse- und Kennzahlensystem als Komponente der Produktionsplanung und -steuerung

me), bedürfen aber der Erweiterung und Weiterentwicklung für den Praxiseinsatz.

Des weiteren soll der Informationsanfall (Rückmeldungen wie Mengen und Zeitpunkte, Zustandsdaten) zur optimalen Nutzung für die Steuerung angemessen groß sein. Um dieses Informationsvolumen nutzbringend aufzubereiten, sind entsprechende Analyse- und Kennzahlensysteme notwendig. Mit diesen Werkzeugen werden von den dezentralen Einheiten durch Bewertung der erzielten Produktionsergebnisse strukturelle Verbesserungsmöglichkeiten für den Gesamtablauf erarbeitet. Dies umfaßt besonders auch Navigationssysteme zur Zielvereinbarung und Überprüfung der Zielkongruenz (Bild 2).

Literatur

1. Kämpf, R.; Gienke, H.: Design integrating manufacturing/Konkurrenzfähige Produkte durch Teamarbeit. Konstruktion (1994) 3
2. Kühnle, H.: Teamarbeit in der Fraktalen Fabrik. Technica (1994) 8, S. 15–22
3. Westkämper, E.: Kostentreiber PPS. Vortragsmanuskript zum Fraunhofer IPA-Technologieforum „PPS – Millionenpotential oder Odyssee? Analysen und Visionen" Stuttgart, 17. Okt. 1996
4. Westkämper, E.; Wiedenmann, H.: Dezentrale Organisation und ihre informationstechnische Unterstützung in der Produktionsplanung und -steuerung. Industrie Management 12 (1996) 3, S. 39–42

Simulation bei der Planung und Optimierung moderner Produktionsanlagen

F. Gehr

1 Einleitung

Komplexe Produktionsprozesse sind häufig gekennzeichnet durch eine starke Vernetzung sowie zeitabhängige und stochastische Systemgrößen.

Mit der Simulation steht heute ein geeignetes Hilfsmittel zur Verfügung, das dem Planer von Produktionssystemen die notwendige Unterstützung dort liefert, wo mathematisch-analytische Methoden an ihre Grenzen stoßen.

Im Werk Rastatt der Mercedes-Benz AG wurde für den Karosseriebau der A-Klasse eine völlig neue Fertigung geplant und inzwischen auch realisert. Ein wichtiges Hilfsmittel bei der Planung der Produktionsanlagen war hierbei die Simulation; sie ermöglicht, zu allen Zeitpunkten die Planungsstände zu simulieren und zu optimieren.

2 Zielsetzung und Anforderungen

Die Zielsetzung bei der Planung umfaßt folgende Schwerpunkte:

- Abstimmung und Verifikation aller Eingangsdaten wie Taktzeiten, technische Verfügbarkeiten, Reparaturzeiten etc. zu einem stimmigen Parametersatz,
- Erreichung der durchschnittlichen Soll-Ausbringung von Karossen pro Tag bei vorgegebenen Betriebsnutzungszeitmodellen,
- Ermittlung der Leistungsfähigkeit von Fertigungssegmenten,
- Aufzeigen von Engpässen und Grenzwerten im System sowie Auswirkungen von Planungsvarianten,
- Entwicklung von Notfallstrategien.

3 Modellbildung und Simulation

Zur Analyse der Simulationsergebnisse sowie zur Identifikation von Schwachstellen und Verbesserungspotentialen wurden alle relevanten Einflußparameter wie Störzeiten oder Nutztakte aufgenommen. Je nach Planungsstand stehen bei solchen großen Projekten unterschiedliche Regel-, Stell- und Zielgrößen im Vordergrund. Dementsprechend wurden über die gesamte Projektdauer mehrere Optimierungszyklen durchlaufen. Hierbei konnten durch die quantitative Bewertung der Szenarien erhebliche Verbesserungen erzielt werden.

Die Modellstruktur erlaubt hierbei sowohl die Simulation des gesamten Karosseriebaus als auch einzelner Segmente dieser Fertigungsbereiche durch Einbindung detaillierter Teilmodelle in ein Gesamtmodell.

Dieser Sachverhalt wird in Bild 1 dargestellt. Aufgrund der Hierarchisierung läßt sich der Detaillierungsgrad den Anforderungen, Optimierungsschwerpunkten und Zielsetzungen beliebig anpassen.

Um ein repräsentatives Spektrum an Anlagenstörungen zu erhalten, wurde die Länge der Simulationsläufe auf mindestens eine Monatsproduktion festgelegt; dabei sind die ersten Simulationstage (Simulationsvorlauf) unter Berücksichtigung der Einschwingphase des Systems nicht in die Ergebnisstatistik eingeflossen.

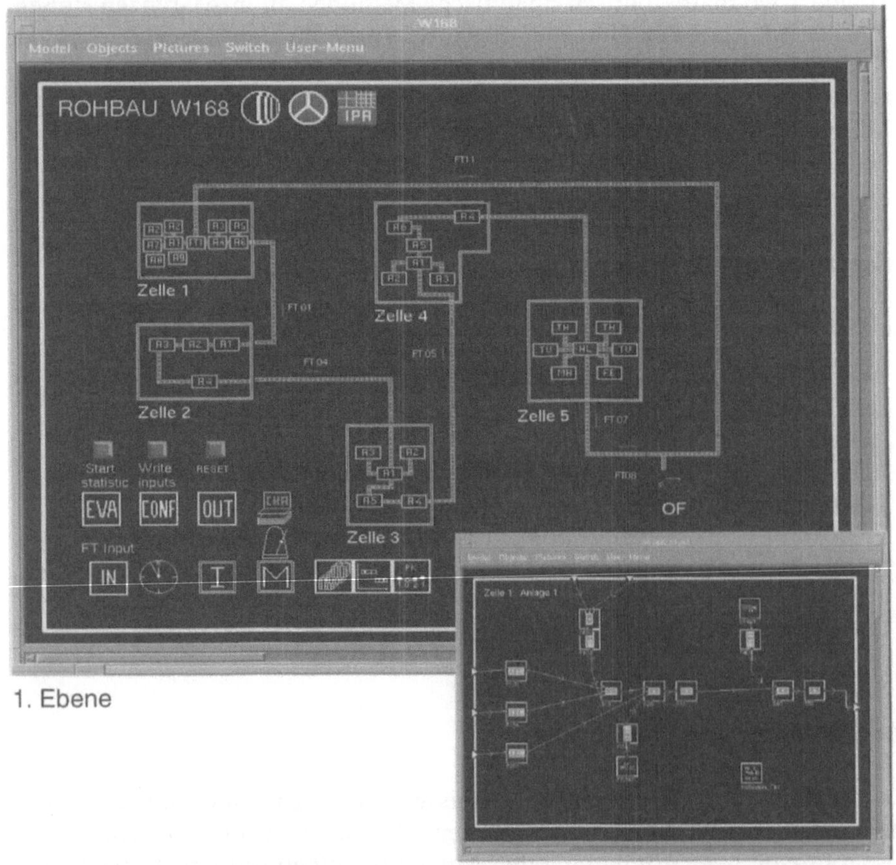

Bild 1. Aufbau des Simulationsmodells

Mit Hilfe des Simulationsmodells konnten über eine solche lange Zeitdauer optimale Arbeitszeitmodelle ermittelt werden, bei denen das unterschiedliche Verhalten der Gewerke durch eine Abstimmung der Arbeitszeitmodelle zu einem schlüssigen Gesamtkonzept abgestimmt wurden.

4 Ergebnisse der Simulation

Die Ergebnisse der Feinsimulation lassen sich in Kenngrößen und in nichtquantifizierbare Aussagen zum Systemverhalten unterteilen. Wesentliches Projektergebnis bildet die Erreichung der geforderten durchschnittlichen Soll-Ausbringung des Karosseriebaus pro Tag für einen festgeschriebenen stimmigen Parametersatz. Aufgezeigt wurden dabei tägliche Ausbringungsschwankungen im Simulationszeitraum und die entsprechenden Grenzwerte für die minimale und die maximale Ausbringung. Berücksichtigung fanden hier technische Verfügbarkeiten je Bearbeitungsstation und ein pauschaler Faktor für Umfeldeinflüsse wie Preßteil-Ungenauigkeiten. Weitere Ergebnisse sind die ermittelten Pufferdimensionen der verbindenden Fördertechnik und die optimierte Anzahl an Förderskids zum Transport der Karossen.

5 Fazit

Am Beispiel dieser Feinsimulationsstudie konnte gezeigt werden, daß sich selbst komplexe Produktionsabläufe sehr detailgetreu bei vertretbarem Aufwand abbilden und simulieren lassen. Der Nutzen liegt in der wesentlich verbesserten Planungssicherheit und einer entsprechenden Kostenersparnis. Es läßt sich mit Sicherheit feststellen, daß der Aufwand in einem günstigen Verhältnis zu den Kosten steht, die durch überdimensionierte Produktionsanlagen oder durch Nichterreichen der geforderten Ausbringung eines solchen umfangreichen Fertigungsbereiches verursacht werden können.

Dynamische Organisationsstrukturen in der Produktion von Stahlrohren

J. Bischoff, M. Weber, A. Bittinger

1 Ausgangssituation produzierender Unternehmen der stahlverarbeitenden Industrie

Produzierende Unternehmen sehen sich – bedingt durch Sättigungstendenzen in den Märkten – aufgrund standortbedingter Faktoren wie Unternehmensbesteuerung, Lohn- und Lohnnebenkosten sowie starrer Arbeitszeiten und der steigenden Anzahl internationaler Konkurrenten, einem zunehmend härteren nationalen und internationalen Wettbewerbsdruck ausgesetzt. Durch technische Entwicklungen und Fortschritte in der Informationsverarbeitung steigt die Dynamik, so daß der gesicherte, überschaubare Zeitraum immer kürzer wird.

Die Folgen plötzlicher Veränderungen und Störungen können wirksam durch eine Erhöhung der Reaktionsgeschwindigkeit des Systems Unternehmen gemildert werden. Diese Strategie verspricht Erfolg, da die genaue Vorherbestimmung künftiger Entwicklungen aufgrund der zahlreichen Einflußfaktoren und ihres überaus komplexen Zusammenspiels bisher nicht möglich ist. Um den genannten Anforderungen zu genügen, stellt sich den Unternehmen die Forderung, ihre Strukturen und Funktionen wandlungs- und anpassungsfähig zu gestalten.

Mit dieser Herausforderung sah sich auch die Europipe GmbH in Mülheim/Ruhr, der weltweit größte Produzent von geschweißten Großrohren aus Stahl, konfrontiert. Die im Unternehmen anstehenden Zukunftsaufgaben waren mit den bisherigen Aufbau- und Ablaufstrukturen nur unzureichend zu bewältigen. Das Unternehmen entschloß sich daher, mit Begleitung des Fraunhofer-Instituts für Produktionstechnik und Automatisierung (IPA), Stuttgart, den Prozeß der kontinuierlichen Unternehmensentwicklung zu starten.

2 Aufgabenstellung und Vorgehensweise im Projekt

Die Zielsetzung im Projekt war die Entwicklung und Realisierung eines zukunftsweisenden Unternehmenskonzepts für das Großrohrwerk der Europipe GmbH nach den Gestaltungsprinzipien des Fraktalen Unternehmens.

Dazu wurde eine dreistufige Vorgehensweise mit Istzustandsanalyse, Konzeption und Umsetzung angewandt. In der Analyse konnten durch Prozeßanalysen, Interviews sowie die Ermittlung betriebswirtschaftlicher und technischer Kennzahlen die realisierbaren Potentiale quantifiziert werden. Insbesondere wurden auch weiche Faktoren wie Unternehmenskultur und Mitarbeiterpotentiale im Istzustand anhand einer standardisierten Erhebung (fraktaler Potentialcheck) untersucht.

Die Auswertung der Analysen ergab Schwachstellen vor allem in den Abläufen der Auftragsabwicklung, im Wertschöpfungsprozeß und in der Anbindung der indirekten Bereiche wie der Instandhaltung. Aufbauend auf den Ergebnissen der Analyse wurde unter Beteiligung der Mitarbeiter ein ganzheitliches Konzept zur Unternehmensentwicklung erarbeitet. Die Kernelemente des Konzepts umfassen die

- Neuausrichtung der Wertschöpfungskette,
- Bildung eines Auftragszentrums,
- Einführung einer dezentralen Anlagen- und Prozeßverantwortung,
- Entwicklung der Mitarbeiter durch zielorientierte Führung, Ergebnisvisualisierung und Prozesse der kontinuierlichen Verbesserung.

Zu Beginn der angewandten Vorgehensweise im Projekt (Bild 1) wurden – aufbauend auf den Analyseergebnissen – die Prozeßabläufe strukturiert und die Aufgaben neu festgelegt und zugeordnet. In Workshops mit den Mitarbeitern über die Vermeidung von Verschwendung und unter Einsatz von Methoden zur kontinuierlichen Verbesserung konnte man das Prinzip der Selbstorganisation verankern, und die Mitarbeiter konnten weiterqualifiziert werden. Die dazu notwendigen Handlungsfreiräume wurden mit den Führungskräften und Mitarbeitern abgestimmt. Durch eine bedarfsgerechte Be-

Der Wandel Aufschlag die künftige Organisationsstruktur hin ist nicht von heute Aufschlag morgen vollziehbar, sondern muß von der Unternehmensleitung, der mittleren Führungsschicht und von den Mitarbeitern erarbeitet werden.

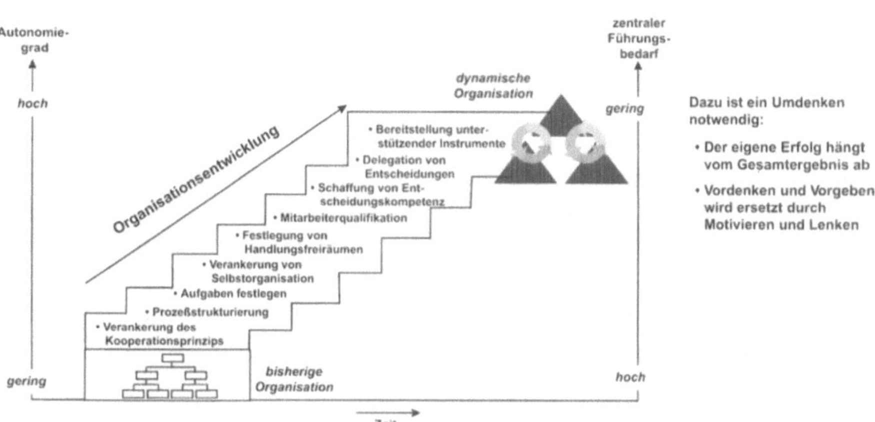

Bild 1. Aufbau teilautonomer Fraktale

reitstellung von Informationen konnte die Entscheidungskompetenz der Mitarbeiter am Arbeitsplatz weiter ausgebaut werden. Dies erforderte wiederum von den Führungskräften die Bereitschaft zur Delegation von Entscheidungen. Durch Einführung geeigneter Instrumente (z.B. Produktions-Controlling- bzw. Navigationssysteme) wurde der Prozeß der Organisationsentwicklung wirksam unterstützt.

3
Ergebnisse

Die Prozeßstruktur des Großrohrwerkes Mülheim ist gekennzeichnet durch einen stark verketteten Produktionsablauf auf hohem technischen Niveau. Trotz der starken Verkettung und Abhängigkeit der Teilprozeßschritte war in der Analyse ein stark ausgeprägtes Abteilungsdenken lokalisiert worden. Begegnet wurde dieser durchaus typischen und in vielen Unternehmen anzutreffenden Schnittstellenproblematik mit einer prozeßorientierten Reorganisation, die zur Zusammenlegung von Verantwortungsbereichen nach dem Prinzip der ganzheitlichen Bearbeitung von Hauptprozeßschritten führte. Andererseits ergab sich die Möglichkeit eines erhöhten Durchsatzes durch die Entkoppelung einzelner Hauptprozeßschritte, durch dynamische Puffer und die daraus resultierende geringere Abhängigkeit der Aggregate.

Die Veränderung der Anforderungen, der Ausrichtung und der Aufgabenstruktur aufgrund der reorganisierten Prozeßstruktur wurde durch den Aufbau von Wertschöpfungsfraktalen begleitet. Das Wertschöpfungsfraktal ist bei der Europipe GmbH eine ziel- und teamorientierte Organisationseinheit, bestehend aus mehreren Arbeitsteams und einem dazugehörigen Lenkungsteam. Das Arbeitsteam ist im Sinn des fraktalen Gedankens für die Steuerung und die Ausführung des Wertschöpfungsprozesses zuständig, das Lenkungsteam für dessen Planung und Optimierung. So gehören zu den Aufgaben eines Arbeitsteams das operative Störungsmanagement, die Personaleinsatzplanung, die Bestandsführung Hilfsbetriebsstoffe, die eigentliche Prozeßausführung und Feinsteuerung, die rollierende Mitarbeit im Lenkungsteam, Instandhaltungsaufgaben und die eigenverantwortliche Koordination mit anderen Arbeitsteams.

Das Lenkungsteam ist verantwortlich für das Technologiemanagement und dessen Optimierung, die lang- und mittelfristige Kapazitäts- und Personalplanung, die Investitionen, das Produktions-Controlling, das koordinierende Störungsmanagement, das Coaching und Vereinbaren von Zielen für die Arbeitsteams und dient als Impulsgeber für den KVP-Prozeß.

Parallel zur Reorganisation des Produktionsprozesses wurde auch die Konzeption (Bild 2) eines Auftragszentrums realisiert, um den Veränderungen und den Forderungen dynamisch und effizient durch den Abbau von Ablauf- und EDV-Schnittstellen begegnen zu können.

Auch hier wurden analog zur Wertschöpfung – wieder orientiert an den Hauptprozessen der Anfrage- und Auftragsbearbeitung – die Abläufe neu

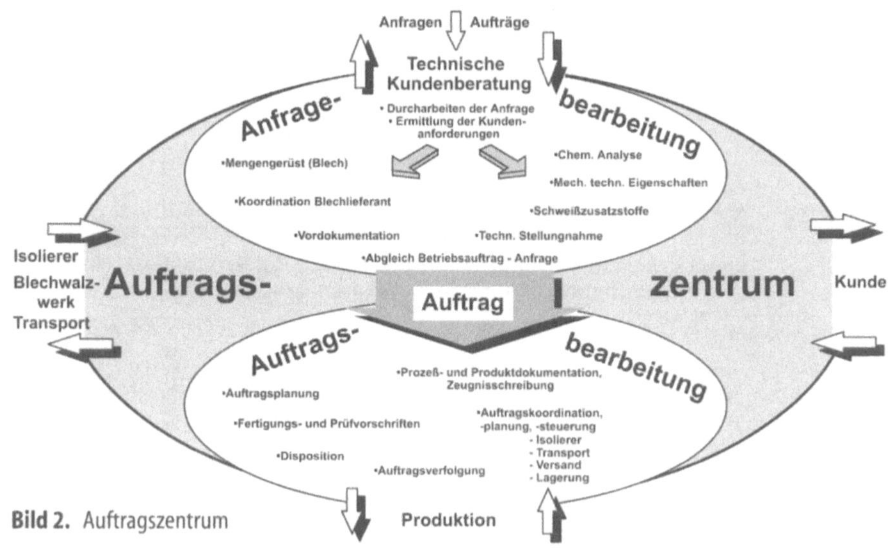

Bild 2. Auftragszentrum

festgelegt und optimiert. Die bisher bestehende Aufgabenteilung zwischen Arbeitsvorbereitung und Qualitätsstelle wurde aufgehoben, die Aufgaben wurden in einem Auftragszentrum zusammengeführt.

Ein weiteres Kernelement bei der ganzheitlichen Unternehmensentwicklung war die Integration von indirekten Funktionen, wie die Instandhaltung in die Wertschöpfungsfraktale. Ziel dieser Reorganisation der Instandhaltungsfunktion ist die Erhöhung der technischen Verfügbarkeit der Produktionsanlagen dadurch, daß plötzlich auftretende Störungen schneller behoben werden, es eine Optimierung durch präventive Instandhaltung gibt und eine kontinuierliche Anlagen- und Prozeßverbesserung stattfindet. Die Vermeidung von Schnittstellen und eine Reduzierung des verbundenen Koordinationsaufwandes unter Vermeidung von unproduktiven Nebenzeiten verringert insgesamt den Instandhaltungsaufwand und -bedarf. Des weiteren ist eine Steigerung der Zustandstransparenz der Produktionsanlagen erreicht worden, eine Verbesserung der Identifikation bei den Mitarbeitern mit ihren Produktionsanlagen sowie eine Verlagerung der Prozeß- und Anlagenverantwortung in die Arbeitsteams. Diese Ziele bildeten auch den Rahmen für das Realisierungskonzept (Bild 3) der „Dezentralen Anlagen- und Prozeßverantwortung (DAPV)".

Die Reorganisation und die Umsetzung dieser Konzepte (Fraktale Fabrik, Auftragszentrum, DAPV usw.) waren nur möglich durch die sehr enge und aktive Mitarbeit der Mitarbeiter der Europipe GmbH und deren Willen, sich im Sinne der fraktalen Unternehmensphilosophie weiterzuentwickeln. Dieser Wandlungsprozeß bei den Mitarbeitern hin zu verantwortungsbewußten, ziel- und prozeßorientierten Teammitgliedern basiert auf der Struktur der Arbeitsteams, der Einführung einer zielorientierten Führung mit Ergebnis-

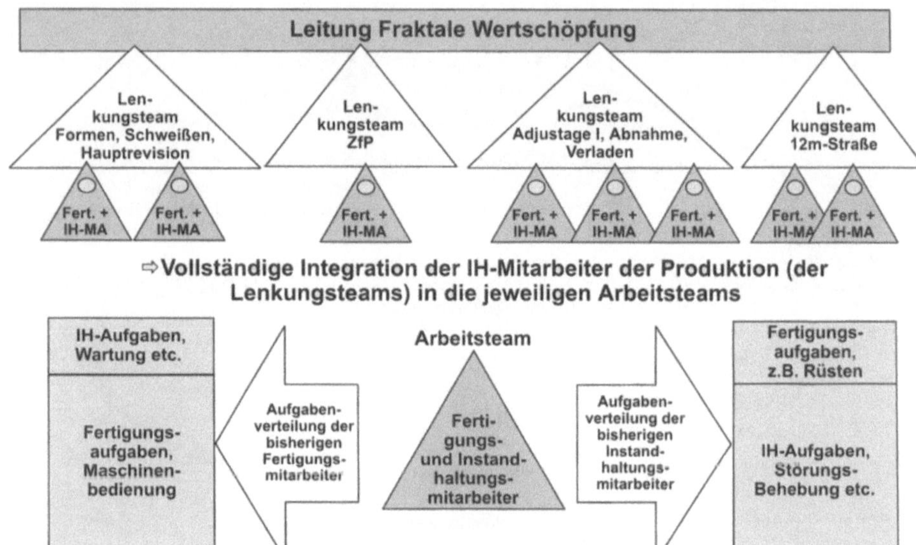

Bild 3. Konzept der Dezentralen Anlagen- und Prozeßverantwortung (DAPV)

rückführung und -visualisierung (Bild 4) sowie der Einführung eines effizienten kontinuierlichen Verbesserungsprozesses.

Die aus den Unternehmenszielen abgeleiteten operativen Ziele bzw. Kennzahlen des Arbeitsteams wurden über ein eingeführtes Produktions-

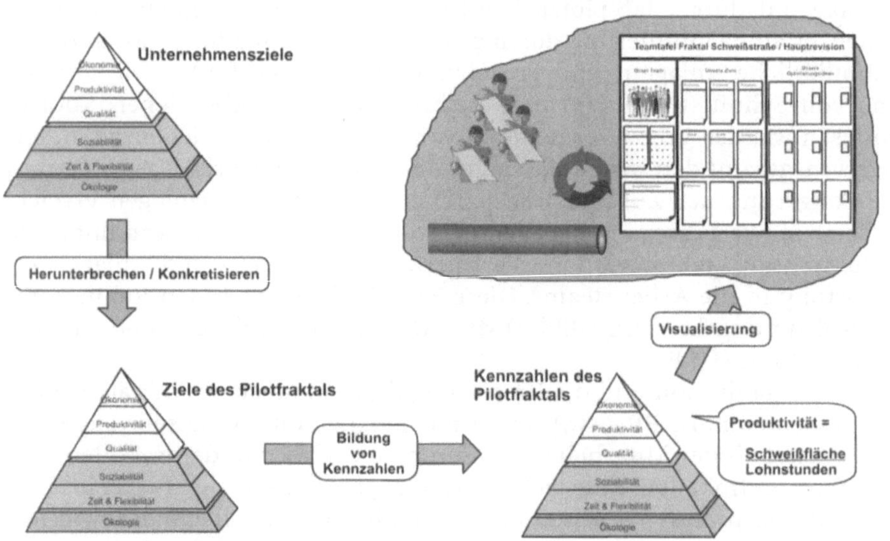

Bild 4. Zielorientierung und Ergebnisvisualisierung

Controlling ermittelt und in wöchentlichen Teamsitzungen diskutiert, analysiert und bewertet. Die abgeleiteten Maßnahmen, die bei der Nichterreichung der Ziele festzulegen sind, werden gemeinsam bestimmt und im Arbeits- bzw. Lenkungsteam vorangetrieben und umgesetzt.

Die Einbettung des KVP in das betriebliche Vorschlagswesen und die Verankerung in den Arbeitsteamsitzungen garantieren ein engagiertes und schnelles Umsetzen der Vorschläge.

Die Kennzahlen der einzelnen Teams, Arbeits- und Lenkungsteams spiegeln einen deutlich erfolgreichen Trend wider in Richtung eines dynamischen Unternehmens, das aufgrund seiner fraktalen Strukturen den eingangs angeführten Anforderungen, denen sich ein global agierendes Unternehmen stellen muß, begegnen kann.

Momentan arbeiten die Europipe GmbH und das IPA in enger Zusammenarbeit an der Einführung eines Führungsinformationssystems für dieses Unternehmen.

Innovative Produktstruktur setzt Maßstäbe für Armaturen im Sanitärbereich

D. v.d. Osten-Sacken, A. Friedel

1 Einleitung

Edelstahl hatte in der Armaturentechnik bislang nur untergeordnete Bedeutung. Mit der Entwicklung einer neuen Produktionstechnologie und dem Einsatz von Edelstahl für den Armaturenkörper eröffnet der Schwarzwälder Armaturenhersteller Hans Grohe neue Perspektiven nicht nur für Sanitärarmaturen. Bislang werden die Armaturen-Grundkörper aus Messing gegossen, spanend bearbeitet und verchromt. Das Unternehmen stellt jetzt eine neue Generation von Einhebelmischern aus Edelstahl in einem neuen Hightech-Verfahren her [1, 2]. Das Produkt verfügt über eine innovative Karosseriebauweise: einen Blechhohlkörper aus Edelstahl.

Bild 1. Edelstahl statt Messing: Eine neue Generation von Einhandhebel-Armaturen (Foto: Hans Grohe)

2 Technologie

Bei der neuen Karosseriebauweise werden 1,5 mm dicke Edelstahlbleche zu Armaturenhalbschalen tiefgezogen und anschließend präzise zugeschnitten. Ein Plasmaschweißgerät (WIG) verbindet jeweils zwei spiegelsymmetrische Halbschalen auf eine so feine Weise, daß die Nachbearbeitung der Rohlinge durch Schleifen und Polieren kaum mehr nötig ist [1].

Die neue Fertigungstechnologie ist leistungsfähiger als das konventionelle Verfahren, vor allem deshalb, weil der hohe Automatisierungsgrad in allen Arbeitsschritten ein großes Maß an Präzision voraussetzt [1]. Hier erreichte das Hans-Grohe-Engineering Fertigungstoleranzen von bis zu 0,05 mm beim Tiefziehen, Trennen und Schweißen. Diese Genauigkeit ermöglicht ein positionsgenaues Greifen der Roboter und das optimale schweißtechnische Verschmelzen der Armaturenhälften. Die Präzision verringert den Herstellungsaufwand insgesamt. Durch das Verschwinden grober Toleranzen entfällt das Wegschleifen von Überständen bei der Nachbearbeitung des Rohlings. Die Verbindungstechnik erfüllt alle Vorgaben für eine absolut porenfreie Oberfläche [1].

Bereits heute, am Anfang der Entwicklung, erlaubt die neue Technologie eine wirtschaftliche Produktion [1]. Da die Ökologie meist auf der Strecke bleibt, wenn die Wirtschaftlichkeit nicht stimmt, durften die Produktionskosten nicht über denen der Gußtechnik liegen. Die neue Fertigungsmethode bringt sogar Preisvorteile mit sich, weil der geringere Materialaufwand die höheren Rohstoffkosten mehr als wett macht. Außerdem können die Armaturen bei Stückzahlen ab 100 000 mit ca. 50% der sonst notwendigen Produktionsmannschaft gefertigt werden [1]. Der Endpreis eines Edelstahlmischers liegt in der Größenordnung von konventionell gefertigten Armaturen. Die Taktzeiten in der Produktion konnten schon heute gegenüber dem Gußverfahren deutlich verkürzt werden [1].

Die flexible Karrosserietechnologie gibt den Konstrukteuren und Designern große Freiheiten bei der Gestaltung. Wenn die Trennebenen der Karrosserieteile intelligent gelegt werden, lassen sich nahezu alle Formen herstellen. Die Bauweise bietet auch für den Endkunden neue Perspektiven, weil in die Hohlräume der Armatur zusätzliche Bauteile integriert werden können [1].

3 Ökobilanz

Das neue Produktionsverfahren könnte mittelfristig die im Armaturenbereich übliche Gußtechnik ablösen [1]. Denn das Ende Januar 1997 erstmals der Öffentlichkeit vorgestellte Verfahren bietet sowohl ökologische als auch ökonomische Vorteile. In einer begleitenden Studie hat das Fraunhofer-Institut für Produktionstechnik und Automatisierung (IPA), Stuttgart, im Rahmen einer Ökobilanz nachgewiesen, daß die neue Einhebelmischer-Generation gegenüber der bisher gängigen Gußtechnik deutliche Vorteile aufweist [4].

Das Ergebnis: Über den gesamten Lebensweg – von der Gewinnung der Rohstoffe über Herstellung und Vertrieb bis hin zur Beseitigung – sind die Umweltbelastungen der neuen Armatur rund 50% geringer als beim herkömmlichen Einhebelmischer [4].

Das Ergebnis der Ökobilanz ergibt sich durch folgende wesentliche Faktoren [4]:

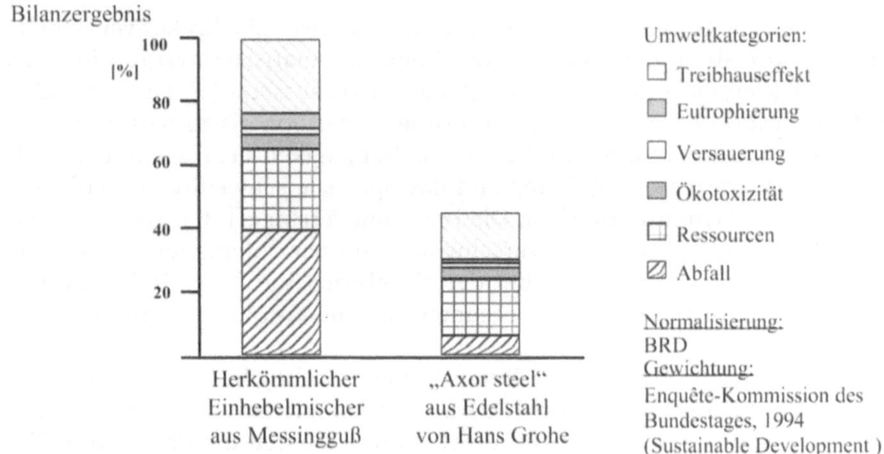

Bild 2. Die Ökobilanz spricht eindeutig für die neue Produktstruktur [4]

1. Der innovative Charakter der Produktstruktur führt zu einem optimierten Herstellungsprozeß: Die Umweltbelastungen werden hierdurch um ca. 50% reduziert im Vergleich zu herkömmlichen Einhebelmischern aus Messingguß. Dies betrifft vor allem die Umweltkategorien „Abfall", „Ressourcen" und „Treibhauseffekt".
2. Die Umweltbelastungen werden im wesentlichen durch die Nutzung von Netzstrom während der Herstellung und der Entsorgung verursacht.

Edelstahl ist als Alternative zum Werkstoff Messing für die Herstellung von Armaturen sehr gut geeignet [1]: Er ist korrosionsbeständig und spült weder Kupfer, Blei noch Zink aus, die das Trinkwasser belasten könnten. Aufgrund seiner Langlebigkeit und seiner Recyclingfähigkeit ist Edelstahl umweltschonend - ein Aspekt, der dem Ökoaudit-zertifizierten Unternehmen sehr wichtig ist.

4 Methode

Die *Ökobilanz* untersucht die mit dem Lebensweg eines Produkts oder Prozesses verbundenen Stoff- und Energieströme. Sie ermittelt und bewertet die Umweltbelastungen. Mit dem Entwurf zur ISO 14040 existieren Richtlinien für die Durchführung von Ökobilanzen. Dem Projekt des Fraunhofer-Instituts IPA für die Firma Hans Grohe liegt die ISO 14040 zugrunde.

Ökobilanzen sind ein freiwilliges Instrument des *Umweltmanagements*. Sie helfen, systematisch ökologische Verbesserungspotentiale eines Produkts oder Prozesses zu identifizieren. Mit der konsequenten Einbeziehung des gesamten Lebensweges sind sie ein wichtiges Instrument zur Verwirklichung der *Kreislaufwirtschaft*.

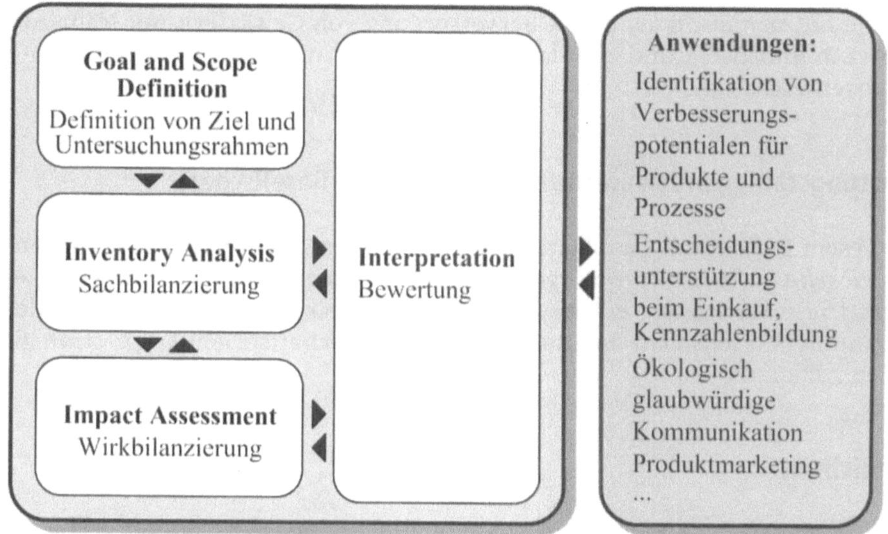

Bild 3. Life Cycle Assessment ISO 14 040

Ökobilanzen unterstützen eine sachliche und glaubwürdige Kommunikation von Umweltschutzerfolgen [3]. Im Sinne dieser Transparenz hat das IPA alle Projektschritte nachvollziehbar dokumentiert. Die Ergebnisse der Ökobilanz wurden auf den Bezugsraum „Bundesrepublik Deutschland“ normalisiert und entsprechend den Ergebnissen der vom Bundestag 1994 eingesetzten Enquête-Kommission zum „Schutz des Menschen und der Umwelt“ gewichtet.

5 Umweltkategorien

Der *Treibhauseffekt* ist die Folge von Spurengasen, die das Strahlungsgleichgewicht der Erde beeinflussen. Eine erhöhte Durchlässigkeit für kurzwellige Strahlen sowie die Behinderung der Wärmeabgabe führen zur Erwärmung der Erdatmosphäre.

Die *Ökotoxizität* erfaßt die schädlichen Wirkungen von Substanzen auf Lebewesen, insbesondere auf Populationen in definierten Ökosystemen.

Die *Versauerung* ist die Folge der Immissionen von SO_2 und NO_x in die Umwelt bzw. in Böden, die die Pufferungs- und Abbaufähigkeit des Bodens überfordern.

Die Kategorie *Ressourcen* erfaßt alle energetischen (kumulierter Energieaufwand) und mineralischen Rohstoffe, die produktverursacht aufgebraucht werden.

Zu der Kategorie der *Abfälle* zählen hier alle Stoffe und Substanzen, die nach dem Kreislaufwirtschafts-/Abfallgesetz als Abfall deklariert werden können.

Die *Eutrophierung* ist eine Überversorgung von Gewässern mit Nährstoffen (z.B. Phoshate) und ein damit verbundenes nutzloses und schädliches Pflanzenwachstum.

6 Leistungsfähige Softwaretools der Fraunhofer-Gesellschaft

In diesem Projekt mit dem Unternehmen Hans Grohe wurden erstmalig *neuentwickelte Software-Werkzeuge der Ökobilanzierung* durch das IPA eingesetzt. Diese Werkzeuge entstanden interdisziplinär durch drei Institute der Fraunhofer-Gesellschaft im Rahmen einer wirtschaftsorientierten strategischen Allianz.

7 Aussichten

Die Firma Hans Grohe und ihr Partner Phoenix Product Design, Stuttgart, sind mittlerweile mit dem IF Ecology Award des Industrie-Forums Hannover ausgezeichnet worden. Sollte sich die Technologie in der Breite durchsetzen, würde sie als wirtschaftliches High-tech-Verfahren helfen, Arbeitsplätze in der heimischen Sanitär- und Metallindustrie zu sichern, und dem gegenwärtigen Trend der kostenbedingten Verlagerung der Armaturenfertigung nach Portugal, Bulgarien oder Thailand entgegensteuern.

Literatur

1. Prösler, M.: Edelstahl will ins Badezimmer, Armaturen – Aus Blech geformt und per Roboter präzisionsgeschweißt. Handelsblatt, 14.5.1997/91, S. 41
2. N.N.: Quantensprung in der Armaturenfertigung, Hansgrohe setzt auf Edelstahl. sbz 4/1997, S. 46-47
3. Steinhilper, R.; Friedel, A.: Umweltzensuren und -zeugnisse für Werkstoffe? Der Beitrag von Ökobilanzen und ergänzenden Instrumenten. In: UmweltWirtschaftsForum 4 (1996) 2
4. Osten-Sacken, D. v. d.; Hieber, M.; Friedel, A.: Ökologisch orientiertes Produktassessment und Optimieren neu entwickelter Einhebelmischer. Unveröffentlichter Abschlußbericht, Projekt des Fraunhofer-Instituts für Produktionstechnik und Automatisierung, Stuttgart, für die Firma Hans Grohe GmbH & Co. KG, Schiltach 1997

Mobile Computing in der flexiblen Montage

W. Schweizer, R. Schulth

1 Einleitung

Informationssysteme kommen heute kaum noch ohne PCs für die dezentrale Produktionssteuerung aus. Die aus der Praxis geforderte Funktionsintegration verlangt ein Lösungskonzept, bei dem die traditionellen Grenzen zwischen Auftragsabwicklung, Planung, Lagerverwaltung und Qualitätssicherung aufgehoben werden. Vereinfachte technische und organisatorische Schnittstellen schaffen Handlungsspielraum für die Mitarbeiter in dezentralen Strukturen. Informationssysteme eröffnen neue Möglichkeiten mit sog. mobilen Front-End-Terminals (Handhelds). Mit Hilfe dieser Technik lassen sich neue Konzepte wie „Mann zur Ware" statt „Ware zum Mann" umsetzen.

Die Handhelds – handliche, tragbare Terminals – sind mit einer bidirektionalen Schnittstelle zur Infrarotkommunikation ausgestattet. Programme und Daten werden zwischen dem stationären Rechnersystem und den mobilen Handhelds übertragen. Die Oberfläche des grafikfähigen Bildschirms ist mit einem Touchscreen ausgerüstet, wobei der Benutzer durch Berühren des LCD-Displays die gewünschten Funktionen aufrufen kann. Dies ermöglicht die Abbildung beliebiger Benutzeroberflächen und bietet dem Anwender eine problemorientierte und flexible Ein- und Ausgabeschnittstelle.

2 Informationslogistik

Gerade im Bereich der flexiblen Montage zahlt es sich aus, dem Mitarbeiter mehr Handlungsspielraum zu verschaffen. Möglich wird dies mit einem Informationssystem, das den Werker in die Lage versetzt, via Mobilterminal und Infrarotkommunikation Daten mit dem Zentralrechner auszutauschen.

In fortschrittlichen Lager-, Montage- und Produktionssystemen werden in zunehmendem Maße Identifikationssysteme auf der Basis von Barcodes oder anderer Datenträger zur Lösung vielfältiger Aufgaben eingesetzt. Das wesentliche Merkmal dieser Konzepte ist die Integration von Informations- und Materialfluß. Der hiermit mögliche umfassende Überblick über die Produktion ist die Grundlage zur Entwicklung eines tragbaren Hilfsmittels, um ak-

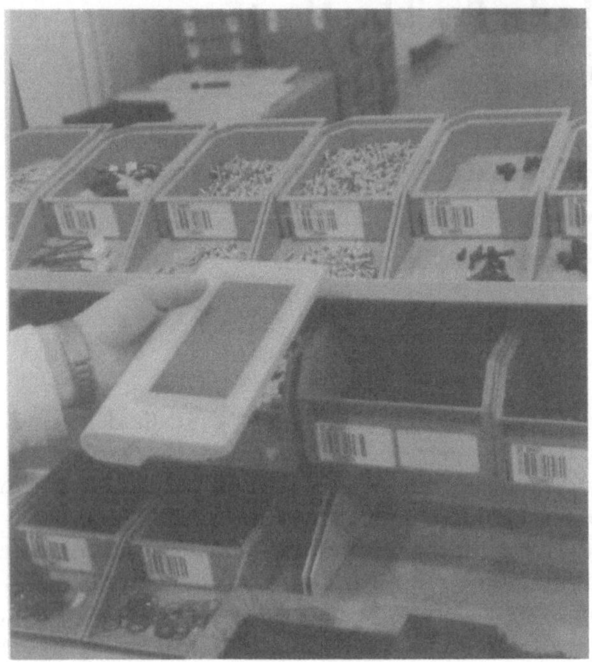

Bild 1. Neigt sich der Teilevorrat eines bestimmten Teiles dem Ende zu, so fordert der Mitarbeiter mit Hilfe der Handhelds durch Einlesen des Greifbehälter-Barcodes neue Teile an

tuelle Daten und Informationen darzustellen, zu kontrollieren und auszuwerten.

Durch den Einsatz von mobilen, leicht tragbaren Handhelds und deren Einbindung in die vorhandene Rechnerarchitektur wurde der Aufbau eines Systems zur flächendeckenden drahtlosen Informationsbereitstellung in der Modellfabrik für Montage und Logistik des Fraunhofer-Instituts für Arbeitswirtschaft und Organisation (IAO), Stuttgart, realisiert. In enger Zusammenarbeit mit Ausrüsterfirmen ist ein rechnergestütztes Informationssystem entstanden, das unter realitätsnahen Bedingungen getestet wurde. Das Informationssystem deckt alle Bereiche von der firmenübergreifenden Auftragsabwicklung bis hin zur Sensor/Aktor-Logik (z.B. Lichtschranken, Antriebe, Pneumatik) ab.

3 Handhelds und Barcode

Ein wichtiges Glied sind Handhelds, die hier als Front-End-Computer dienen. Sie sind mit einem berührungsempfindlichen LCD-Bildschirm ausgerüstet. Die gewünschte Funktion wird durch Antippen der Monitoroberfläche mit dem Finger aufgerufen (Touchscreen-Technik). Hierfür sind einzelne Schaltflächen auf dem Anzeigeschirm implementiert. Die entsprechende Anweisung, wann beispielsweise ein Teilevorrat aufgefüllt werden soll, wird durch das Einlesen eines Barcodes ausgeführt. Hierzu sind die Handhelds mit einem berührungslos arbeitenden Laserscanner oder einem Barcode-Lesestift ausgestattet.

In der Modellfabrik fungiert der Barcode als klassifizierender Schlüssel, bei dem die zugehörigen Informationen zentral in einer Datenbank in Form von Tabellen gespeichert werden. Der Barcode dient zur Kennzeichnung von Produkten, Baugruppen, Einzelteilen, Transport- und Greifbehältern sowie Produktionsaufträgen. Verwendet wird er außerdem bei der Erstellung fertigungsabhängiger Dokumente und zur Aktivierung einzelner Funktionen.

An den Arbeitsplätzen befinden sich alle für den jeweiligen Montageschritt benötigten Teile in Greifbehältern. Diese sind jeweils mit einem Barcode gekennzeichnet, für den die Datenbank Informationen über den Behälter und die darin enthaltenen Teile bereitstellt.

Als Rückmeldung erscheinen auf der Bildschirmmaske die Nachricht, in welchem Zeitabschnitt die benötigten Teile vom Fahrerlosen Transportsystem (FTS) angeliefert werden und wieviele Teile sich im Transportbehälter befinden, sowie die interne Sachnummer und die Teilebezeichnung. Die angeforderten Teile werden automatisch ausgelagert und von dem FTS an den entsprechenden Behälterpuffer des Arbeitsplatzes angeliefert.

Zur Lagerverwaltung wird die Lagerposition mit dem entsprechenden Transportbehälter-Barcode verknüpft. Hiermit lassen sich alle in den Transportbehältern befindlichen Teile und die freien Plätze des Handlagers ver-

Bild 2. Kleine, tragbare Handhelds sind mit einer bidirektionalen Schnittstelle zur Infrarotkommunikation ausgestattet. Programme und Daten werden dem stationären Zentralrechner und den mobilen Handhelds übertragen (Bild/Grafik: IAO)

walten. Indem der Mitarbeiter per Handheld Behälterbarcodes und Lagerplatz einliest, wird dem Behälter in der Datenbank seine Position im Lager zugeordnet.

Informationen über die Behälter- und Teiledaten lassen sich ebenso von der Datenbank abrufen wie Änderungen in den Lagerfächern des Handlagers aktualisieren.

Der Auftragsbarcode verwaltet die ihm zugeordneten Auftragsdaten. Mit dem Handheld können diese Daten auf dem Bildschirm angezeigt und ausgedruckt werden. Darüber hinaus lassen sich auch die aktuellen Auftragsdaten mit ihrem derzeitigen Montagefortschritt darstellen.

Bei der Endprüfung wird mit dem Produktbarcode ein Prüfdatensatz verknüpft. Bei fehlerhafter Prüfung erfolgt das Erstellen eines Nacharbeitsdatensatzes unter Nennung des Fehlergrundes. Die einzelnen Ergebnisse der Datensätze werden über das Handheld in aufbereiteter Form dargestellt, bei Bedarf ist auch ein Ausdruck in Form eines Qualitätszertifkats oder eines Nacharbeitsdatensatzes möglich.

Für alle anderen in der Modellfabrik verwendeten Barcodes können ebenfalls die zugehörigen Informationen mit dem Handheld angezeigt werden.

Multimediale Fertigungsunterstützung – Pilotprojekt zur Konzeption, Entwicklung und Anwendung eines multimedialen Lern- und Informationssystems für die betriebliche Praxis

F. Kempf

1 Einleitung

Der Wandel der Industriegesellschaft zur Informationsgesellschaft hat zur Folge, daß die Verfügbarkeit von Informationen und der effektive Umgang damit mehr und mehr zu den entscheidenden Wettbewerbsfaktoren werden. Diese Entwicklung hat elementare Auswirkungen auf die berufliche Arbeit. Neue Formen des Lernens und Arbeitens müssen gefunden und die Beschäftigten darauf vorbereitet werden. Im Rahmen eines Pilotprojekts wird derzeit ein multimediales Lern- und Informationssystem mit intensiver Benutzerbeteiligung entwickelt, eingeführt und evaluiert (Bild 1).

Ziel ist ein Multimediasystem, welches dem Menschen und seinen Arbeitsaufgaben angepaßt ist und dadurch seine Arbeit optimal unterstützt. Die Me-

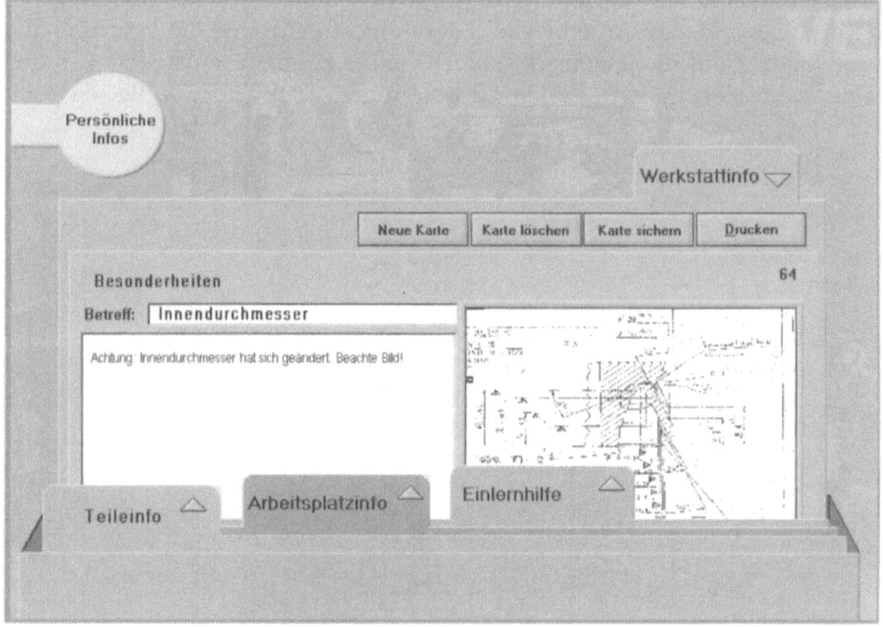

Bild 1. MIPRO – Multimediales Informations- und Lernsystem für die Produktion

thode der partizipativen Softwareentwicklung wird durch Qualifizierungskomponenten ergänzt, um den Nutzern die notwendigen Kompetenzen im Umgang mit dem System (Beschaffen/Erzeugen, Bewerten, Aufarbeiten von Informationen) zu vermitteln.

2 Ausgangssituation

Die derzeitige Fertigung ist geprägt durch sinkende Losgrößen bei steigender Variantenvielfalt. Die Innovationszeiten verkürzen sich – die Halbwertszeit des Wissens sinkt.

Gefordert ist, Informationen „just in time" zur Verfügung zu stellen und arbeitsplatznahes Lernen zu ermöglichen. Heutiges Informationsmanagement bedeutet dagegen i.allg. heterogene Kommunikationsstruktur, Medienbrüche, Abhängigkeit von Ort und Zeit und leider allzuhäufig Informationsstau anstatt Informationsfluß (Bild 2). Der Datenaustausch zwischen Systemen und Standorten ist gering – spezialisierte, funktionsorientierte Einzelsysteme beherrschen die Datenlandschaft.

Benutzerorientierte, multimediale und vernetzte Lern- und Informationssysteme dagegen können den Informationsstau lösen und dafür sorgen, die richtige Inhalte zur richtigen Zeit am richtigen Ort in anwendergerechter Weise zu präsentieren.

Die stetige Veränderung des Produktionsprozesses ist von einer Verlagerung der Entscheidungskompetenzen gekennzeichnet. Hierbei ist, infolge einer Verringerung der Anzahl von Hierarchiestufen, eine Delegierung der Verantwortung auf die jeweils darunterliegende Ebene festzustellen. Um diese Umstrukturierung erfolgreich zu bewältigen, ist es notwendig, das ent-

Bild 2. Heterogene Informations- und Kommunikationsstruktur

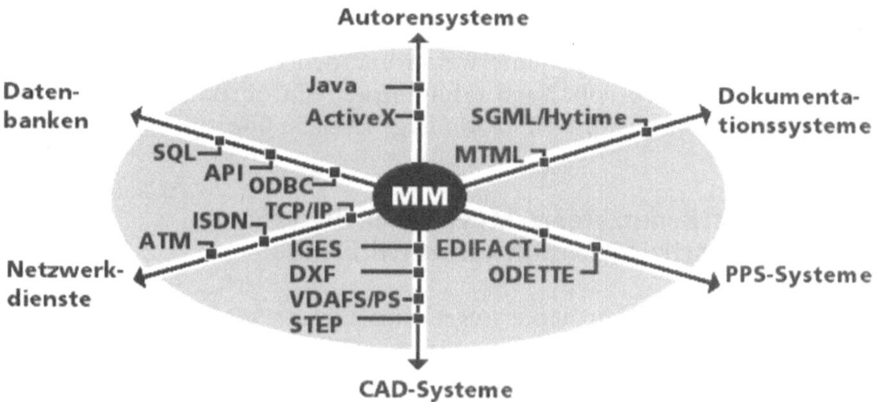

Bild 3. Technologien und Standards

sprechende Instrumentarium zu schaffen, das die zur Entscheidungsfindung nötige Informationsbasis für den Mitarbeiter zur Verfügung stellt.

Mit der Einführung eines einfach zu bedienenden Systems, welches den schnellen Zugriff auf ein handlungs- und problemorientiertes Wissensarchiv ermöglicht, wird den Mitarbeitern ein multimediales Unterstützungsinstrument zur schrittweisen Steigerung der Kompetenzen an die Hand gegeben.

Ist Multimedia im Bereich des Marketing (POI, Internetauftritte, Werbe- und Produkt-CDs) bereits etabliert, im Produktionsbereich ist es noch Mangelware. Die Fülle an Technologien und Standards (Bild 3) schreckt potentielle Anwender ebenso ab wie schlechte Erfahrungen mit Systemen, bei deren Entwicklung die Benutzbarkeit keine oder nur eine untergeordnete Rolle gespielt hat.

Multimediale Wissensarchive bieten dabei eine Fülle von Nutzenpotentialen. Einige wesentliche sind:

- Lernen „just in time“,
- arbeitsplatznahes Dokumentieren, Archivieren und Abrufen von Inhalten,
- mediengerechtes und Benutzergerechtes Darstellen von Informationen,
- aufgabengerechtes Strukturieren von Inhalten,
- Aktualität von Informationen,
- Unabhängigkeit von Zeit und Ort.

Um aber Multimediasysteme sinnvoll im Produktionsbereich einsetzen zu können und die Nutzenpotentiale wirklich ausschöpfen zu können, reicht die übliche technologiezentrierte Sichtweise nicht aus. Bei der Entwicklung sollte eine anwendungsorientierte, d.h. eine die Nutzer und ihren Arbeitsaufgaben berücksichtigende Vorgehensweise angewandt werden.

Da die Entwicklung erst am Anfang steht, müssen Einsatz- und Nutzungsmöglichkeiten erprobt werden. Das Fraunhofer-IAO entwickelt derzeit für einen deutschen Automobilzulieferer ein multimediales Lern- und Informationssystem (MIPRO). Für einen Pilotarbeitsplatz im Montagebereich wird der Prototyp eines Multimediasystems entwickelt, welches den Gruppenführer, den Meister, den Methodenunterweiser und den Werksingenieur bei seiner Arbeit unterstützen soll. Nach erfolgreicher Einführung und Optimierung des Systems soll es auf weitere Montagebereiche übertragen werden.

3 Vorgehensweise: Benutzergerechtes Multimediasystem durch benutzerpartizipative Softwareentwicklung

Ein wesentlicher Faktor für den erfolgreichen Einsatz von Multimediasystemen ist deren aufgaben- und benutzergerechte Gestaltung. Die Benutzungsschnittstelle spielt dabei eine besondere Rolle: Informationen und Funktionen müssen so präsentiert und handhabbar sein, daß Benutzer Aufgaben effektiv und flexibel bearbeiten können und dabei auch ihre persönlichen Anforderungen erfüllt sehen.

In der bisherigen Praxis der Softwareentwicklung wird die technische Perspektive stark in den Vordergrund gestellt, während die benutzerorientierten Faktoren eher vernachlässigt oder nicht berücksichtigt werden. Die Fokussierung auf technische Aspekte bei der Systementwicklung birgt die Gefahr, daß an den Bedürfnissen des Anwenders vorbei entwickelt wird und das System nicht in der vorgesehenen Weise genutzt werden kann. Deshalb wird aus softwareergonomischer und arbeitswissenschaflicher Sicht die Forderung nach stärkerer Konzentration auf die Anforderungen und Bedürfnisse der Benutzer gestellt. Sie zielt darauf ab, daß organisatorische, soziale und technische Anforderungen bei der Softwareentwicklung berücksichtigt werden.

Softwareentwickler müssen sich mit den Arbeitsaufgaben der späteren Benutzer auseinandersetzen, um zu einer benutzungsgerechten Gestaltung zu kommen. Einerseits sollen die Arbeitsaufgaben angemessen unterstützt werden, andererseits werden die Arbeitsabläufe durch den Einsatz von Software unmittelbar beeinflußt. Dies kann als ein sich gegenseitig beeinflussender Anpassungsprozeß gesehen werden.

Es liegt daher nahe, die Benutzer- als Experten ihrer Arbeit - in den Entwicklungsprozeß einzubeziehen. Wobei unter Partizipation im Rahmen der Softwareentwicklung die Beteiligung direkt betroffener Beschäftigter (Beteiligte) am Entwicklungsprozeß zu verstehen ist.

Der partizipative Softwareentwicklungsprozeß, der eine frühzeitige Einbeziehung der Endnutzer ermöglicht, bietet eine Fülle von Nutzenpotentialen (Bild 4). Die Literatur nennt u.a. weitere Vorteile: Partizipation kann „eine effizientere Organisation des Produktionsablaufs ermöglichen“ [1]; nach den Vorstellungen der Benutzer gestaltete Systeme sind „den Vorstellungen und Arbeitsabläufen der späteren Nutzer besser angepaßt“; die direkt Beteiligten zeigen mehr Selbstbewußtsein, Kompetenz und Unabhängigkeit [2].

Traditionelle Softwareentwicklungsprozesse bergen dagegen die Gefahr gravierender Barrieren [3]. Es lassen sich unterscheiden:

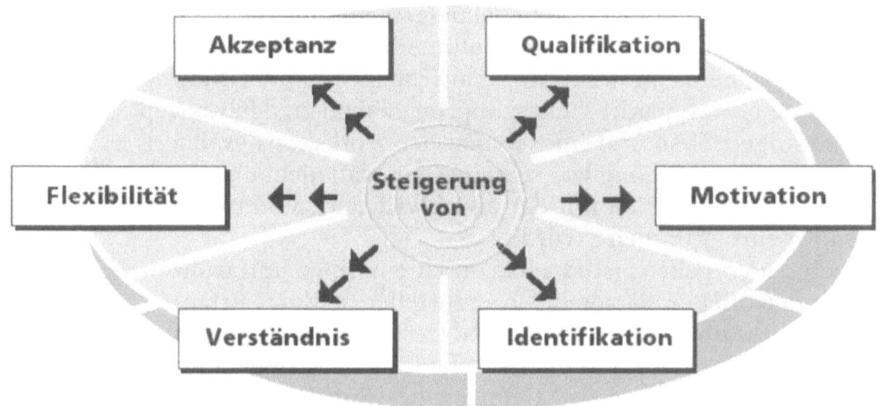

Bild 4. Nutzen von Partizipation

- die *Spezifikationsbarriere*, welche das Problem beschreibt, daß die exakte Spezifikation der Anforderung eine Qualifikation des Auftraggebers voraussetzt, die i.allg. nicht vorhanden ist;
- die *Kommunikationsbarriere* zwischen den unterschiedlichen Gruppen von Anwendern und zwischen Softwareentwicklern und Anwendern, v.a. weil die nichttechnischen Fakten durch das begriffliche Raster der technischen Fachsprache fallen [4];
- die *Optimierungsbarriere*, da die auf rein technische Anteile des Softwareprodukts abgestimmten Optimierungsverfahren bei anwendungsorientierter Software mit zahlreichen zu berücksichtigenden nichttechnischen Faktoren nicht genügend greifen.

Das Fraunhofer-IAO nimmt die Barrieren herkömmlicher Softwareentwicklung ernst und wirkt ihnen durch den Einsatz eines iterativen Softwareentwicklungsprozesses mit starker Benutzerbeteiligung entgegen. Dies soll im folgenden am Projektverlauf eines vom Fraunhofer-IAO durchgeführten Pilotprojekts für einen deutschen Automobilzulieferer verdeutlicht werden.

4 Projektverlauf

Auf der Basis eines umfassenden Ansatzes wurde ein Multimediasystem für einen Montagebereich entwickelt. „Umfassend" bedeutet hierbei: Das Arbeitssystem des Endanwenders wird analysiert (Arbeitsinhalte/Arbeitsflüsse/Arbeitsumfeld usw.) und das Softwareprodukt *mit* dem Endanwender in einem iterativen Entwicklungsprozeß entwickelt.

Es wurden Arbeitsgruppen gegründet, welche aus Experten des Produktionsbereichs, Endanwendern (Gruppenführern, Meistern, Methodenunterweisern, Werksingenieuren) und Multimediaexperten bestehen. Im Rahmen mehrerer Workshops entwickelte man gemeinsam Wunschszenarien und legte anschließend die Inhalte, die multimediale Präsentation der Inhalte, die Bedienoberfläche u.a.m. fest. Zur Veranschaulichung der Konzeption wurde am IAO eine prototypische Umsetzung, begleitend zu den Konzeptionsworkshops, vorangetrieben und im Rahmen der Workshops evaluiert. Durch die starke Benutzerbeteiligung war sichergestellt, daß nicht über die Köpfe derjenigen, welche letztendlich mit der zu entwickelnden Software arbeiten werden, „hinwegprogrammiert" wird.

Ziel dieses Vorgehens ist es auch, durch eine enge und frühzeitige Einbindung der betroffenen Personen sicherzustellen, daß das Erfahrungspotential der Mitarbeiter für die Konzeption und Gestaltung des Systems genutzt wird. Gleichzeitig sollte hierdurch die Identifikation der Mitarbeiter mit dem Projekt gefördert werden, da das Gelingen des Projektes von der engagierten Mitarbeit aller Beteiligten abhängt.

Zur Bearbeitung der oben beschriebenen Thematik war das Projekt in drei Phasen aufgeteilt. In der ersten Phase (Anlaufphase) wurden im Rahmen eines Kick-Off-Workshops die verschiedenen, von den Projektzielen tangierten Personengruppen angesprochen. Es bildete sich eine Pilotgruppe. In einer zweiten Phase (Analysephase) wurden die für die Konzeption des Multimediasystems relevanten Daten gesammelt, analysiert und bewertet. Es schloß sich die Konzeptphase an, bei der im Rahmen von Workshops eine interaktive Visualisierung und darauf aufbauend ein Pflichtenheft für das angestrebte Multimediasystem entwickelt wurde. Im folgenden wird der Ablauf des Projekts beschrieben.

4.1 Anlaufphase

Zu Beginn des Projekts wurde ein Workshop durchgeführt, an dem Montagemitarbeiter, Gruppenführer, Verantwortliche für die Planung, ein Mitglied des Betriebsrates sowie Experten vom IAO teilnahmen.

Aufgabe des ersten Workshops war es, den Vertretern der verschiedenen Abteilungen und Personengruppen die Ziele des Projekts zu vermitteln und die Möglichkeit zu bieten, erste Erfahrungen mit der Multimediatechnologie zu sammeln. Eine weitere Aufgabe war es, Lust auf Multimedia zu machen, Neugierde zu wecken und damit die Grundbereitschaft zu schaffen, sich mit dieser noch neuen Technologie auseinanderzusetzen und das zukünftige Multimediasystem als nützliches Werkzeug bei der täglichen Arbeit zu begreifen.

Dieser und alle weiteren Workshops dienten einem gegenseitigen Verstehensprozeß, bei dem sowohl das IAO-Team als auch aus der Montage die Mitarbeiter durch ihr Expertenwissen zur erfolgreichen Erarbeitung des Multimediakonzepts beitrugen (Bild 5).

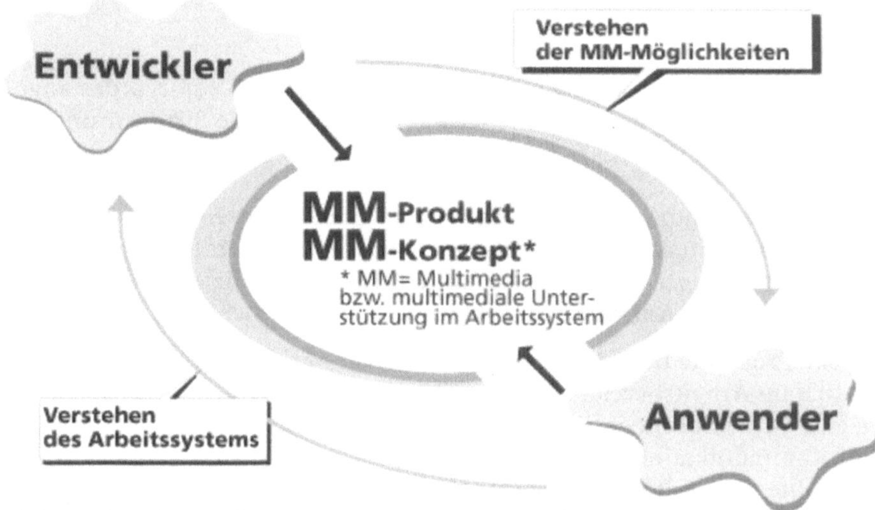

Bild 5. Multimediaentwicklung durch gegenseitigen Lernprozeß

4.2
Analysephase

Zunächst wurden von Mitarbeitern des IAO leitfadengestützte Interviews durchgeführt, um das Arbeitssystem genauer zu analysieren. Zwischen den Workshopsterminen fanden weitere Analysen statt, um die in den Workshops aufkommenden Fragen zu klären. Es wurde folgenden Fragen nachgegangen:

- Welche Hard- und Softwarelösungen sind bereits im Einsatz und welche technischen Voraussetzungen sind derzeit gegeben?
- Welche Kompetenzen sind zur Durchführung dieser Aufgaben erforderlich bzw. welche Kompetenzen sollen mit Hilfe des zu entwickelnden Systems vermittelt werden?
- Welche Betriebsmittel (Tools) werden eingesetzt?
- Welches Datenmaterial liegt in welchen Medien bereits vor? Wo tauchen Schwierigkeiten auf?
- Welches nicht dokumentierte Wissen ist relevant?
- Wie verlaufen die Informationsflüsse bisher, wo liegen die Defizite?
- Inwieweit sind die für den ausgewählten Pilotarbeitsplatz gewonnenen Ergebnisse auf weitere Arbeitsplätze übertragbar?
- Welche Arbeitsaufgaben, die sich für eine multimediale Unterstützung eignen könnten, führen die Gruppenführer und Mitarbeiter am Arbeitsplatz durch?

4.3 Konzeptionsphase

Anhand von vier Workshops wurde ein Konzept für den Prototyp des angestrebten Multimediasystems erarbeitet. Hierbei wurden die Struktur und die Funktionalität auf der Basis der Ergebnisse der Analyse gemeinschaftlich entwickelt.

In den Besprechungen kamen die allgemeinen Anliegen der Beteiligten aus ihrer Arbeitssituation heraus zur Sprache, um in diesen Kontext die Entwicklungsarbeiten zu positionieren. Mittels einer modifizierten Metaplantechnik wurden u.a. Antworten auf folgende Fragen gesucht:

- Welche Probleme beschäftigen Sie und welche Verbesserungen wünschen Sie sich im Arbeitsbereich?
- Welche Verbesserungen wünschen Sie sich hinsichtlich der Information und Kommunikation?
- Wie sollte das Multimediasystem aussehen?

Es wurden Schwachstellen aufgedeckt und Verbesserungsmöglichkeiten gesammelt. Folgende Auflistung gibt einen kurzen Überblick über wesentliche Vorschläge:

- Übersicht über maschinenspezifische Standardwerte,
- klare Zuordnung von Aufgaben und Daten,
- Kombination von Daten/Informationen nach Wunsch des Mitarbeiters,
- elektronische Schichtprotokolle (leichte Eintragung, von jedem einsehbar),
- einheitliche Oberfläche, zentraler Zugriff,
- Übertragung des Infosystems auf andere Werksbereiche,
- vorhandenes Wissen transparenter machen,
- gesamte Personengruppen mit einer Informationsmeldung erreichen,
- besserer Informationsfluß untereinander,
- weniger Papier, mehr Übersicht,
- Informationen auf neuesten Stand bringen,
- Überblick über Qualitätsprobleme an den Einrichtungen.

Aus den Arbeitsgesprächen wurden die Anforderungen an ein multimediales Unterstützungssystem gestellt und in ein Multimediakonzept umgesetzt.

Durch die partizipative Vorgehensweise ließen sich die Barrieren traditioneller Softwareentwicklung überwinden:

Spezifikationsbarriere

Die Spezifikation zu Beginn des Projekts blieb auf der Ebene einer allgemeinen Zielrichtungsbeschreibung und konkretisierte sich erst im Laufe der Workshoparbeit. Die für die detaillierte Spezifikation erforderliche Qualifikation der Anwender vollzog sich durch die Workshoptreffen. Die Spezifikationsbarriere konnte dadurch vermieden werden.

Kommunikationsbarriere

Die verschiedenen Gruppen von Anwendern wurden zusammengebracht und erhielten Gelegenheit, *ihre* Sichtweise einzubringen. So flossen Kenntnisse des Auftraggebers, der Softwarenutzer und weiterer tangierender Gruppen genauso in die Konzeption der Software ein wie das Expertenwissen der Softwareentwickler. Im Laufe der Workshoparbeit wurde nach und nach eine gemeinsame Sprache gefunden, auf deren Basis sowohl die zu unterstützenden Arbeitsaufgaben als auch die Softwarespezifikation beschrieben werden konnte. Nichttechnische Fakten fielen nicht durch das Sprachraster, da zunächst die zu unterstützenden Arbeitsaufgaben analysiert und diskutiert wurden und somit nichttechnische Inhalte zum zentralen Thema gemacht wurden. Die Kommunikationsbarriere konnte – wenn auch nicht ganz verhindert – so doch stark vermindert werden.

Optimierungsbarriere

Das Ziel benutzerpartizipativer Softwareentwicklungen sind anwenderorientierte Produkte. Der durch die Workshopzyklen stattfindende Optimierungsprozeß zielte also auf die Optimierung der Arbeitsunterstützung der Anwender. Die Optimierungsbarriere traditioneller Softwareentwicklung konnte dadurch vermieden werden.

Durch das Workshopkonzept konnte die notwendige Qualifizierung in Gang gesetzt werden, Benutzerakzeptanz sichergestellt und eine hohe Qualität des Softwareprodukts durch den gewählten benutzer- und aufgabenorientierten Ansatz erreicht werden (Bild 6).

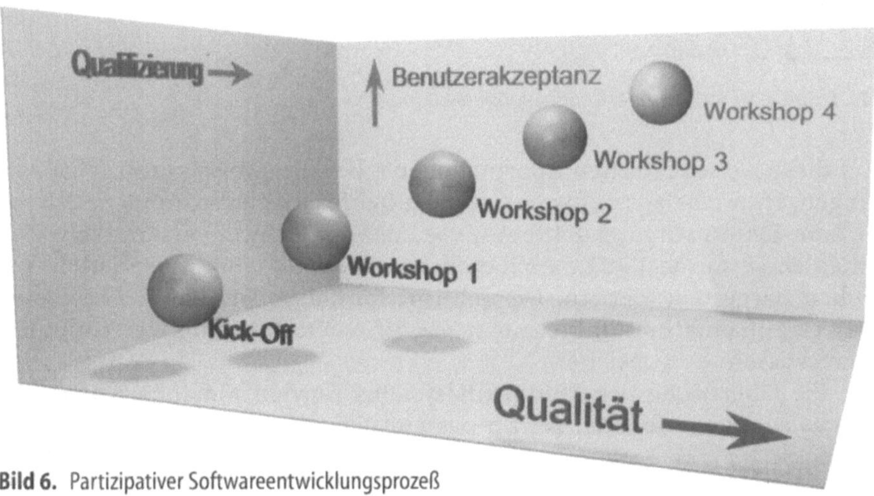

Bild 6. Partizipativer Softwareentwicklungsprozeß

4.4 Das Ergebnis: MIPRO – Multimediales Informations- und Lernsystem für die Produktion

MIPRO unterstützt Meister, Teamleiter, Werksingenieure und Methodenunterweiser dabei, Informationen arbeitsplatznah zu hinterlegen und just in time darauf zuzugreifen. Es hilft durch seinen klaren und einheitlichen Aufbau, Informationen strukturiert zu dokumentieren und um Bild, Ton oder Videosequenzen einfach zu ergänzen (Bild 7).

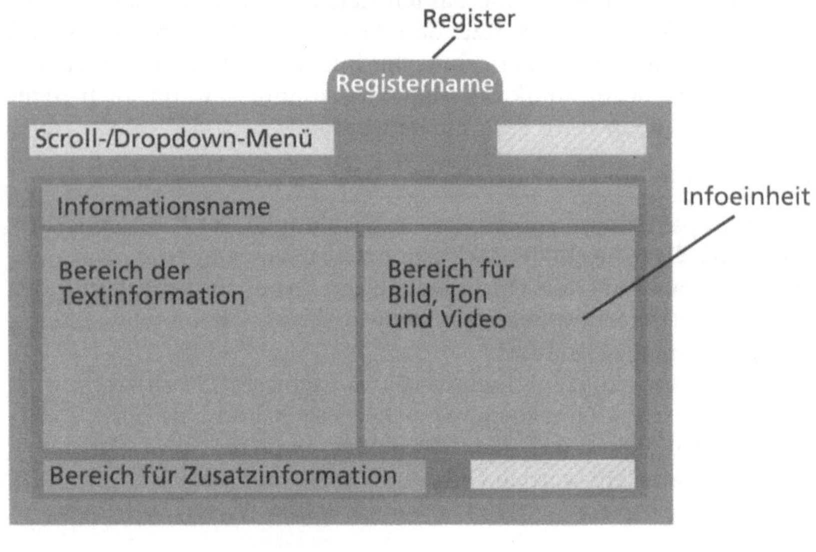

Bild 7. Prinzipieller Aufbau einer Informationseinheit

Auf diese Weise erreichen Informationen – beispielsweise kurzfristige Änderungen, Hinweise zur Fehlerbeseitigung bei Maschinenstörungen, Checklisten zum Einlernvorgang – ihre Adressaten, wobei schwer verständliche Zusammenhänge durch die Kombination von Text- und Bildinformation anschaulich dargestellt werden. Die Informationsflüsse werden dank vereinfachter Dokumentation und leichtem Zugriff unterstützt, und wertvolles Erfahrungswissen wird gesichert.

Für die Oberfläche des Multimediasystems wurden Metaphern gewählt, die in das Arbeitsumfeld der Nutzer passen (Bild 8):

- ein Karteikartensystem für produktbezogene, arbeitsplatzbezogene und allgemeine Daten, wobei der Zugriff auf die gewünschte Information über Register und Karteikarten erfolgt;
- ein Meldesymbol für Informationen, die spezielle Personen oder Personengruppen erreichen sollen.

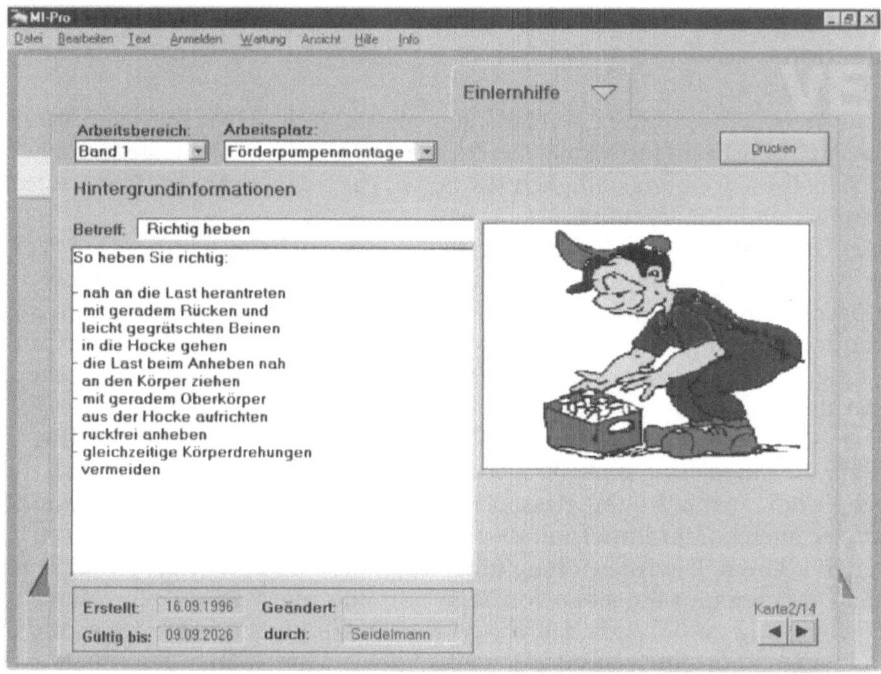

Bild 8. Karteikartenmetapher

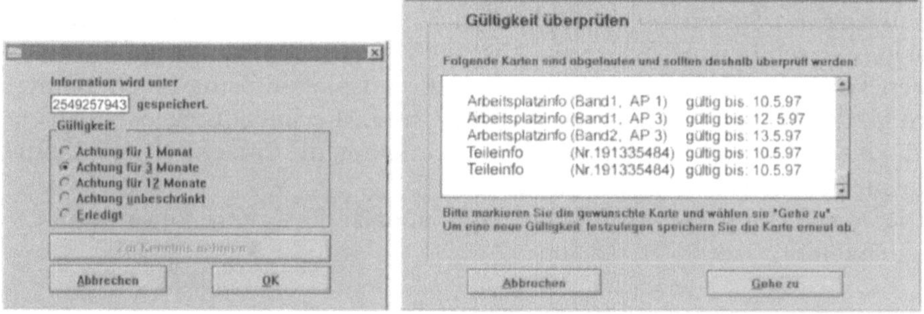

Bild 9. Lebensdauer einer Information festlegen und überprüfen

Die Strukturierung der Register und Bereiche wurde an der Sprach- und Denkwelt der Nutzer orientiert, um ein schnelles Ablegen und Auffinden relevanter Informationen zu ermöglichen.

Um die Aktualität der Daten zu gewährleisten, werden Informationseinheiten (Karteikarten) mit einer Gültigkeitsdauer versehen und nach Ablauf automatisch wieder vorgelegt (Bild 9).

Das Einbinden verschiedener Medienarten geschieht benutzergeführt und ist somit auch von computerunerfahrenen Anwendern schnell erlernbar.

5 Evaluation

Gemäß den ISO-Kritierien Aufgabenangemessenheit, Erwartungskonformität, Fehlerrobustheit, Individualisierbarkeit, Lernförderlichkeit, Steuerbarkeit und Selbstbeschreibungsfähigkeit (ISO 9241, Part 10) wurde ein Benutzertest konzipiert und durchgeführt.

Um Designdefizite zu finden und die Effizienz zu ermitteln, wurden typische Benutzeraufgaben zusammengestellt, und die Beschreibung wurde in den passenden Alltagskontext eingebunden. Die Aufgabenbearbeitung in der Testsituation erfolgte nach der Methode „Lautes Denken", bei der der Benutzer aufgefordert wird, während der Aufgabenbearbeitung auszusprechen, was er denkt.

Der Benutzertest besteht aus zwei Teilen: Aufgaben zur MIPRO-Software und zur Beantwortung eines Fragebogens (UD-Scale, ISO 9241-11, 1994). Als Ergebnis läßt sich zusammenfassend sagen, daß selbst computerunerfahrene Benutzer nach kurzer Einlernphase problemlos und effizient mit dem System arbeiten können. Die Anwendung unterstützt die Erledigung der Arbeitsaufgaben (Abrufen und Eingeben von Text- und Bildinformation), ohne den Benutzer unnötig zu belasten. Durch die Karteikartenmetapher kann sich der Benutzer leicht orientieren und ein gedankliches Modell über den Inhalt und die Organisation des Systems bilden.

Die Anwendung kommt infolge der einheitlichen und verständlichen Gestaltung den Arbeitsabläufen und Gewohnheiten des Benutzers entgegen. Die Konsistenz des Systems bietet die Möglichkeit zum Erfahrungstransfer. Das erlernte Wissen beispielsweise zur Ausgabe von pumpenbezogenen Informationen kann direkt für das Abrufen von Arbeitsplatzinformationen genutzt werden, da die Funktionalitäten identisch sind. Die Bedeutung der Begriffe wird – bis auf wenige Ausnahmen – sofort erkannt, die Sprachwelt der Benutzer also „getroffen".

Die Auswertung der Protokolle zeigte aber auch weitere Optimierungsmöglichkeiten.

6 Ausblick

Es ist geplant, das benutzerorientierte, arbeitsplatznahe Informationssystem und Wissensarchiv MIPRO, gleichzeitig zu einem technologisch innovativen und plattformübergreifenden System werden zu lassen. Hierzu soll MIPRO weiterentwickelt und als Intranetlösung zur Unterstützung der Fertigung und Montage eingesetzt werden. Es wird auf den Ergebnissen des Pilotprojekts aufgebaut, um dadurch Intranetanwendungen nach und nach in weiteren Montagebereichen zu etablieren.

Literatur

1. Brödner, P.; Latniak, E; Weiß, W.: Evolutionäre, partizipative Systementwicklung als Teil sozialverträglicher Arbeitsgestaltung. In: Brödner, P; Simonis, G.; Paul, H. (Hrsg.): Arbeitsgestaltung und partizipative Systementwicklung, Opladen: Leske+Budrich 1991, S. 13–35
2. Mambrey, P.; Oppermann, R.; Tepper, A.: Experiences in participative systems design. In: Docherty, P.; Fuchs-Kittowski, K. et al. (Eds.): System design for human development and productivity: participation and beyond. Proc. of the IFIP PC9/WG 9.1, Working Conf. on System Design for Human Development and Productivity, Amsterdam, 1986, S. 345–357
3. Rauterberg, M.: Partizipative Konzepte, Methoden und Techniken zur Optimierung der Softwareentwicklung. Zürich: Inst. f. Arbeitspsych., ETH Zürich, 1995
4. Mai, M.: Sprache und Technik. VDI-Z 132 (1990) 7, S. 10–13

Internet-Technologie in produzierenden Unternehmen

S. Wilhelm, E. Schuster

1 Intranet in der Elektrogerätemontage

Am Fraunhofer-Institut für Arbeitswirtschaft und Organisation wurde eine Modellfabrik für Produktion und Logistik errichtet. Zusammen mit namhaften industriellen Partnern wie Bosch, Metabo, Sun Microsystems u.a. konnte eine reale Produktionsumgebung mit modernster Technologie geschaffen werden.

In der Montage von Elektrogeräten arbeitete erstmals ein Intranet innerhalb einer Produktion als Informationssystem. Dieses Intranet unterstützt die Mitarbeiter an ihren Arbeitsplätzen mit allen notwendigen Informationen, die sowohl Tätigkeiten beschreiben als auch übergreifende Inhalte vermitteln.

Verschiedene Faktoren werden die Anwendung von Intranet in Produktionsbereichen beschleunigen.

2 Information in neuer Güte

Die Informationsdarstellung erreicht durch die Integration multimedialer Fähigkeiten in die WWW-Seiten des Intranet eine neue Dimension. Geschriebene Informationen, wie sie heute in Betrieben zur Beschreibung von Abläufen und Tätigkeiten verwendet werden, sind für die betroffenen Mitarbeiter oft nichtssagend oder verwirrend. Der Gebrauch von Bildern und Videosequenzen scheiterte bisher an den Kosten für Produktion und Reproduktion oder auch am Aufwand für die Distribution. Dennoch ist längst bekannt: „Ein Bild sagt mehr als tausend Worte".

Mit einem Intranet werden produktionsrelevante Informationen in neuer Güte darstellbar und überall verfügbar. In der Modellfabrik werden z.B. Arbeitspläne als Bildsequenz dargestellt. Dabei vermitteln die Bilder sofort wichtige Informationen zu Orientierung und Positionierung der Bauteile.

3 Informationsverteilung wird ersetzt durch Bereitstellung und Abruf auf Bedarf

Viele Betriebe sind zertifiziert und beschreiben in Qualitätsmanagement-Handbüchern ihre Prozesse zur Sicherung der Qualität. Dazu gehören auch Prozesse, die das Versionsmanagement von Dokumenten regeln sollen. Zu den Dokumenten zählen z.B. Prüfpläne, die erstellt, vervielfältigt und schließlich an die verschiedenen Prüfarbeitsplätze in den Werken verteilt wurden. Bei der kleinsten Änderung muß das Versionsmanagement alle verteilten Dokumente erfassen und durch die aktuelle Version ersetzen. Diese zeit- und kostenintensiven Abläufe sind in großen Betrieben und über verteilte Produktionsstandorte oft nicht handhabbar. Mit der Umkehr des Verteilprinzips zum Holprinzip mit Hilfe der Internet-Technologie gehören diese Schwierigkeiten der Vergangenheit an. Informationen, die über ein Intranet zur Verfügung gestellt und vom Mitarbeiter über einen Browser abgerufen werden, stammen vom WWW-Server und sind nur in der einen und aktuellen Version verfügbar.

4 Verknüpfung bestehender DV-Systeme

Bestehende DV-Systeme in Unternehmen sind in ein Intranet integrierbar und eröffnen den Mitarbeitern über den Browser die nutzer- und aufgabengerechte Sicht auf Daten. Diese Daten können aus mehreren bestehenden, heterogenen DV-Systemen stammen.

In der Modellfabrik wurden verschiedene bestehende Systeme für die Mitarbeiter über den Browser am Arbeitsplatz transparent und zugänglich gemacht. Ein Beispiel aus der Montage verdeutlicht diesen Effekt. Die Stückliste repräsentiert den benötigten Teileumfang zur Montage der Maschine. Am Montagearbeitsplatz wird diese Information aus dem bestehenden System für die Stücklistenverwaltung angezeigt. Diese Information genügt dem Monteur noch nicht, denn er muß auch genügend Teile vor Ort verfügbar haben, um ein Produkt montieren zu können. Für ihn spielt also der Bestand aus dem Warenwirtschaftssystem eine weit wichtigere Rolle.

In der Darstellung für unseren Monteur wurden Informationen aus zwei verschiedenen Systemen abgerufen, kombiniert und als dynamisch erzeugte WWW-Seite zur Verfügung gestellt. Bei jedem Abruf der WWW-Seite werden die Daten neu aus den Systemen abgerufen und aufbereitet, d.h., es stehen immer die aktuellsten Informationen zur Verfügung. Somit ist die nutzer- und aufgabenentsprechende Sicht auf Teileumfang und -verfügbarkeit in einer Darstellung realisiert.

Weitere Merkmale sind für das Intranet in der Produktion kennzeichnend:

- Es gibt keine gedruckten Informationen am Arbeitsplatz.
- Fertigungsdokumente werden nicht mehr vervielfältigt und verteilt, sondern auf einem WWW-Server, z.B. dem Produktionsserver, zur Verfügung gestellt.
- Es gibt nur noch eine Oberfläche - den Browser.
- Informationen werden vom Mitarbeiter nach Bedarf abgerufen.
- Komplexe Inhalte werden in neuer Qualität dargestellt. Multimediale Komponenten wie Bildsequenzen ersetzen beschreibungsintensive Texte.
- Für die Geräuschprüfung im Rahmen der Endkontrolle stehen Referenztöne zur Verfügung.
- Montageprozesse wie Löten, Schrauben und Pressen werden als Videosequenzen dargestellt und ermöglichen eine bedarfs- und nutzerorientierte Schulung.
- CAD-Zeichnungen werden direkt über den Browser aufgerufen und dargestellt.
- Durch den Standarddienst e-mail können Informationen direkt, kostengünstig und schnell ausgetauscht und distributiert werden.
- In elektronischen Foren, z.B. in News-groups, kann der Anwender Informationen abrufen oder direkt in ein fach- oder problemspezifisches Forum einbringen.
- Zugriffs- und Benutzerrechte auf Bereiche des WWW-Servers ermöglichen den internen Schutz. Die Freigabe in das Internet stellt Informationen für Kunden oder Lieferanten weltweit bereit.

5 Realisierungsbereich Montage

Im Montagebereich Akkugeräte befinden sich vier manuelle Montagearbeitsplätze, die über ein modulares Transfersystem miteinander verbunden sind. Auf der Anlage werden Bohr- und Schleifmaschinen montiert. Das System ist so flexibel, daß entsprechend der Marktnachfrage verschiedene Produktionsstrategien gefahren werden können:

- ausschließliche Produktion von Bohrmaschinen oder Schleifgeräten,
- Mischproduktion von Bohrmaschinen und Schleifgeräten im Verhältnis 1:1,
- Mischproduktion von Bohrmaschinen und Schleifgeräten chaotisch.

Diese Flexibilität führt zu einem höheren Informationsbedarf und erfordert von den Mitarbeitern ein entsprechendes Qualifikationsniveau.

Arbeitsanweisungen und sonstiges Informationsmaterial waren bisher in Form von Papierdokumenten in Dokumentenboxen an den Arbeitsplätzen verfügbar. Zu Forschungszwecken wurden alle konventionellen Dokumente und Informationsträger von den Arbeitsplätzen entfernt. Das Intranet als Mitarbeiter-Informationssystem ermöglicht jetzt an jedem Arbeitsplatz den Zugriff auf notwendige und der Montageaufgabe entsprechende Informationen (Bild 1).

Bild 1. Abruf von Informationen direkt am Montagearbeitsplatz mit Hilfe eines Touch-Screens

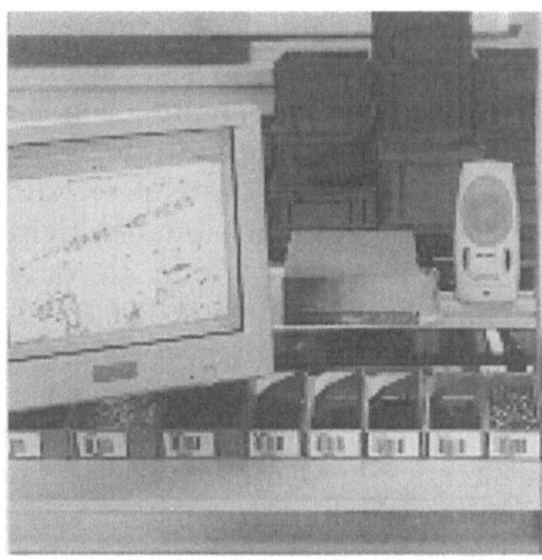

Bild 2. Einsatz von TouchScreen und Java-Station als ThinClient in der Montage

6 Die Komponenten des Intranet

Ein interner WWW-Server stellt Informationen zum Abruf bereit. An jeder der vier Montagestationen werden neben Lowcost-PCs erstmals auch Netzcomputer als kostengünstige Thin-Clients, hier JavaStations von Sun, eingesetzt. Ein Browser stellt die einzige, einheitliche Anwendung und graphische Oberfläche für den Mitarbeiter dar. Die JavaStations werden mit dem HotJava-Browser betrieben. Im Bereich der Darstellungs- und Interaktionsmöglichkeiten wurden verschiedene Konzepte und Komponenten erprobt. Mäuse als Zeigegeräte sind in der Produktion nicht erwünscht und wurden durch Touchscreenoberflächen ersetzt. Anstelle schwerer und platzraubender Röhrenbildschirme können flache LCD-Monitore mit großer Bildschirmdiagonale über Schwenkarme den ergonomischen Bedingungen angepaßt werden. Die elektromagnetischen Felder des Produktionsumfeldes zeigen zudem auf LCD-Screens keine negativen Störungen (Bild 2).

7 Benutzungsoberfläche und Softwareergonomie

Einen besonderen Arbeitsschwerpunkt bildete die Strukturierung des Informationsangebots. Ein Intranet ist nur so gut wie die Inhalte, die den Nutzern zur Verfügung gestellt werden. Eine entscheidende Rolle spielt die Aktualität, Anschaulichkeit und Auffindbarkeit der angebotenen Informationen. Bei jedem Intranet entscheiden diese Faktoren über Erfolg oder Mißerfolg der Anwendung.

Die Informationen gliedern sich nach tätigkeitsbeschreibenden, tätigkeitsübergreifenden und zusätzlichen Informationen. Die einzelnen Topics werden von großen Schaltflächen in einer Navigationsleiste repräsentiert. Ein einfacher Fingertip auf einen Button führt zur weiterführenden Informationsebene. Wählt der Nutzer z.B. den Button „Produktion“, werden die produktionsrelevanten Montageanleitungen für jedes Produkt und jeden Arbeitsplatz zusammengeführt. Zur besseren Darstellung der komplexen Montageabläufe werden neben den Originaltexten der ursprünglichen Arbeitspläne auch neue Medien wie Farbbilder und Videosequenzen verwendet. Beim direkten Vergleich zwischen „alter“ Textbeschreibung und „neuer“ multimedialer Darstellung lassen sich bereits nach kurzer Erprobungszeit zwei Effekte erkennen. Beschreibungsaufwendungen werden mit Hilfe neuer Medien deutlich reduziert, gleichzeitig wird die Darstellungsqualität verbessert. Im realisierten Beispiel spielen Geräusche in der Endkontrolle eine wichtige Rolle. Erst durch das Intranet wurde die Verfügbarkeit von Referenztönen für die Gut/schlecht-Entscheidung am Prüfplatz möglich.

8 Besichtigung und Demonstrationen

Sowohl das Intranet als auch die Modellfabrik stehen interessierten Lesern zur Besichtigung offen. Wir bieten über zwei Internetkameras rund um die Uhr einen Live-Einblick in unsere Räume. Unsere WWW-Homepage verrät mehr: *http://www.fis.iao.fhg.de*

Virtuelle Montageplanung

W. Bauer, A. Rössler, R. Heger

1
Einleitung

Obwohl bereits seit Jahren über das große ökonomische Potential von Virtual Reality spekuliert wird, vollzieht sich erst seit kurzer Zeit eine Entwicklung, Virtual Reality auch in die Geschäftsprozesse von Unternehmen zu integrieren. In diesem Beitrag wird die Bedeutung von Virtual Reality für die Fertigungstechnik untersucht; neue Forschungstrends und deren konkrete Anwendungen werden am Beispiel der Montageplanung verdeutlicht.

2
Dreidimensionale Wahrnehmung und Aktion

Konventionelle Computeranwendungen nutzen bislang Interaktionstechniken, die von den natürlichen Kommunikationsformen des Menschen, nämlich Sprache und Gestik, weit entfernt sind. Graphische Benutzungsoberflächen erleichtern zwar die Bedienung, sie sind aber bei Anwendungen mit dreidimensionaler Problematik, wie bei CAD, noch nicht ausreichend. Die Zielsetzung von Virtual Reality ist die möglichst natürliche und damit auch dreidimensionale Interaktion mit einer Anwendung. Bereits heute ist es in vielen CAD-Programmen möglich, das Konstruktionsobjekt in einer dreidimensionalen Ansicht aus verschiedenen Perspektiven zu betrachten. Diese Änderung des Blickpunkts wird von Hand mit Maus, Trackball oder Tastatur gesteuert. Im Gegensatz dazu wird bei Virtual Reality die Blickrichtung durch eine Messung der Kopfposition ständig überwacht und die Darstellung entsprechend verändert. Die Manipulation dreidimensionaler Objekte beschränkt sich bei Virtual Reality nicht auf zwei Dimensionen. In Virtual Reality kann der Mensch Dinge in die Hand nehmen, bewegen und damit auch *begreifen*. Dies ist ein wesentlicher Unterschied zu CAD-Systemen, die überwiegend mit zweidimensionalen Interaktionsgeräten wie der Maus arbeiten. Das mentale dreidimensionale Modell muß dabei vom Benutzer in eine zweidimensionale Bewegung umgesetzt werden, um ein dreidimensionales Computermodell zu erhalten (Bild 1).

Damit für den Benutzer das Gefühl der Eingebundenheit (Immersion) entstehen kann, ist es notwendig, daß die Reaktion auf eine Eingabe des Be-

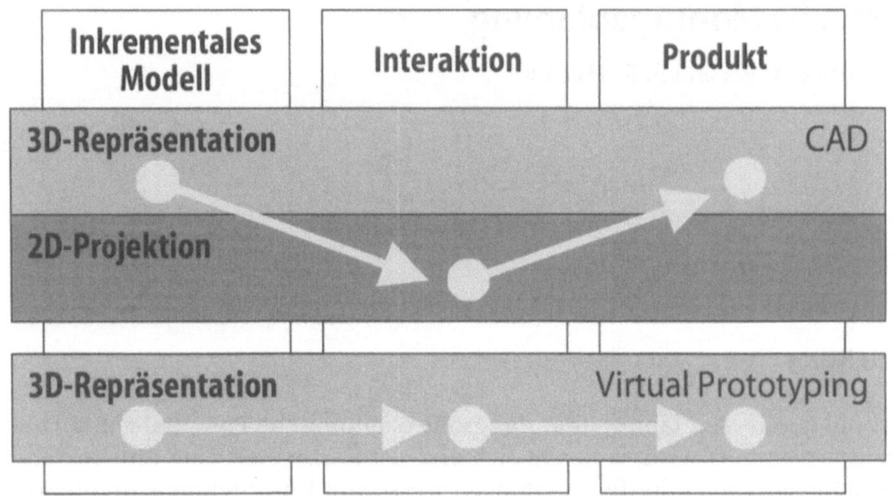

Bild 1. Vergleich von 2D- zu 3D-Interaktion

nutzers mit einer nicht wahrnehmbaren Verzögerung zur Verfügung gestellt wird. Im Fall einer Kopfbewegung muß also die neue Perspektive sehr schnell erfaßt und in neue Bildinformationen für den Benutzer umgewandelt werden. Erst durch sehr kurze Antwortzeiten (<0,1 s) ist eine natürliche und damit sinnvolle Interaktion möglich. Zwei Faktoren bestimmen die Echtzeitfähigkeit einer Anwendung: die verfügbare Rechenleistung des Computersystems und die Komplexität der Anwendung. Bei VR-Systemen ist der „Flaschenhals" fast immer die Visualisierung, d.h., hier hängt die Echtzeitfähigkeit von Graphikleistung und geometrischer Komplexität ab. Gängige Personal Computer sind bereits heute in der Lage, einfache Modelle in Echtzeit darzustellen; für aufwendigere Anwendungen werden Workstations genutzt.

3
Interaktive Montage in einer virtuellen Umgebung

Der Erfolg eines Unternehmens hängt im wesentlichen von der Fähigkeit ab, neue, innovative Produkte, die in Qualität und Preis dem Kundenbedarf entsprechen, schnell auf den Markt zu bringen. Ein Schlüsselfaktor für die Optimierung von Zeit, Kosten und Qualität ist die enge Zusammenarbeit von Produktentwicklung/-konstruktion, Montageplanung und Produktion bereits in der Produktentwicklung. Es ist erforderlich, die am Entwicklungsprozeß beteiligten Kräfte zu koordinieren und die Aufgaben im Sinne des „Cooperative Engineering" soweit wie möglich parallel durchzuführen. Das Prinzip des Cooperative Engineering ist seit geraumer Zeit bekannt – die Erfahrung zeigt, daß Theorie und Praxis noch deutlich voneinander entfernt sind.

Die Entwicklungsdauer und der zugehörige Produktreifegrad hängen stark davon ab, wie schnell Rechenmodelle und deren Visualisierung (virtuelle Prototypen) sowie physische Prototypen verfügbar sind. Erst anhand dieser sichtbaren, aktuellen Ergebnisse des laufenden Entwicklungsprozesses kann eine effektive Kooperation der Experten und mit Kunden erfolgen. Mit ihrer Hilfe sind z.B. eine schnelle Verifikation der Konstruktion, die Verfolgung mehrerer alternativer Lösungswege in kurzer Zeit und die rechtzeitige Überprüfung von Einbaubedingungen, z.B. zur Raumausnutzung, Baubarkeit oder Montage, möglich. Dies führt nicht nur zu einer deutlichen Verkürzung der Entwicklungszeit, sondern auch zur Steigerung der Produktqualität.

Welches Potential beim Einsatz virtueller Prototypen vorhanden ist, zeigen Analysen der Zeitanteile konventioneller, physischer Prototypen am gesamten Entwicklungsprozeß. Häufig werden mehr als 25% der Entwicklungszeit auf die Erstellung von Prototypen verwendet. Bei 60% der untersuchten Prototypen beträgt die Fertigungszeit für einen Prototyp mehrere Monate.

Bindeglied einer durchgängigen Integration der Produktentwicklung und Produktion ist die Arbeitsvorbereitung. Dabei nehmen die Ablaufplanung und die Arbeitsplanerstellung für Teilefertigung und Montage eine Schlüsselstellung im betrieblichen Aufgabenspektrum ein, bei dem eine weitreichende kostenwirksame Festlegung für den Produktionsprozeß getroffen wird. Um sowohl die Steigerung der Flexibilität als auch eine kontinuierliche Anpassung der Montage-Arbeitssysteme an sich veränderte Randbedingungen und Einflußgrößen wirtschaftlich durchführen zu können, sind neue, innovative Planungsinstrumente erforderlich. Dabei muß sich die Planungsarbeit bei der Montageablaufplanung nicht nur auf das zu montierende Erzeugnis konzentrieren, sondern auch die übrigen Planungsgrößen, wie Montageraum, Handling der Bauteile sowie benötigte Montagehilfsmittel, mit einbeziehen.

3.1
Fehler ohne Folgen – Virtuelle Montage

Probleme bereitet in der Montageplanung häufig die Berücksichtigung des real zur Verfügung stehenden Einbau- oder Montageraumes. Hierfür sind die heutigen Planungsinstrumente nur bedingt geeignet, da sie weder eingeschränkte Raumökonomie noch die Zugänglichkeit der Produkte in Betracht ziehen. Besonders in der Automobil- und Luftfahrtindustrie herrscht jedoch das Problem vor, bei der Planung des wirtschaftlichsten Montageablaufs nicht nur die Produktstruktur, sondern auch den zur Verfügung stehenden Montageraum zu betrachten.

Das Fraunhofer IAO konzipiert und entwickelt ein System, das es dem Planer ermöglicht, ein Produkt unter Berücksichtigung eingeschränkter Raumökonomie virtuell zu montieren und zu demontieren. Somit kann interaktiv ein Montageablaufplan erstellt werden, der die realen Produktionsumgebungen berücksichtigt. Zentrale Grundlage dieser Planung ist der strukturelle und geometrische Aufbau des zu montierenden Produktes sowie alle Restriktionen, die sich durch eingeschränkten Einbauraum und mangelnde Zugänglichkeit ergeben. Hierdurch werden Art und Reihenfolge der auszuführenden Montageoperationen festgelegt.

Im einzelnen umfaßt dieses System folgende Funktionen:

- Schnittstelle zu CAD,
- Simulieren der realen Produktionsumgebung,
- Erzeugung von Vorranggraphen durch Interaktionen,
- Unterstützung des Planers durch in VR integrierte Montageregeln,
- Berücksichtigung von Instabilität, Kippen der Bauteile,
- Automatische Dokumentation des Montageablaufs.

Nach der Einzelkonstruktion der Bauteile bzw. der Baugruppe erfolgt eine Übertragung der 3D-CAD-Daten in das VR-System. Zusätzlich sollte die Geometrie des Einbauraumes berücksichtigt werden und somit auch in das VR-System übertragen bzw. hier modelliert werden. Optional können die Kontaktflächen, auf denen das einzubauende Teil tatsächlich montiert werden soll, im CAD-System bzw. im VR-System für den Benutzer farbig gekennzeichnet werden.

Der Benutzer hat nun die Möglichkeit, das einzubauende Bauteil zu greifen (je nach Bauteil von Hand oder mittels einer Vorrichtung) und im Einbauraum zu plazieren. Optional sollte es möglich sein, Schwerkrafteinflüsse zu- oder abzuschalten. Damit kann der Benutzer überprüfen, ob das Bauteil in einer stabilen Position eingebaut werden kann, oder ob es noch entsprechend für den Einbau fixiert werden muß. Der Benutzer wählt je nach Art der Verbindung ein Montagemittel aus und montiert das Bauteil. Typisches Beispiel für die Auswahl eines Montagemittels ist das Montieren eines Teiles mit der Verbindungsart Schrauben. Hier werden dem Planer verschiedene Werkzeuge wie Handschrauber, Akkuschrauber, Druckluftschrauber usw. zur Verfügung gestellt. Der Planer wählt die Montagemittel aus und führt damit den Montagevorgang virtuell durch (Bild 2).

Zur Überprüfung der Zugänglichkeit bei Reparaturen besteht die Möglichkeit, Bauteile zu demontieren. Hierzu müssen die vorhandenen Verbin-

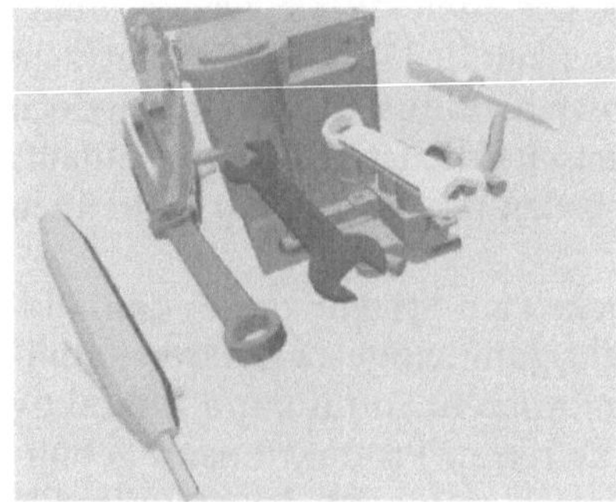

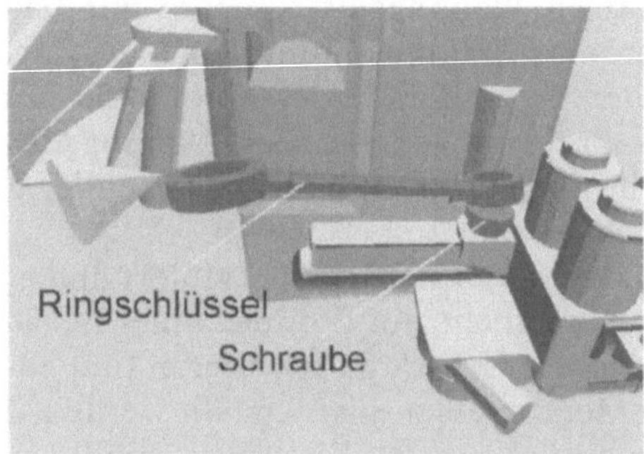

Bild 2. Virtuelle Werkzeuge

dungen mit den notwendigen Montagemitteln gelöst und das Bauteil entfernt werden.

Neben der Erkenntnis „Montage möglich/nicht möglich" bietet das System die Möglichkeit, den Montageverlauf in Form eines Videos zu dokumentieren und die verwendeten Montagemittel zu dokumentieren. Auf Basis der in der virtuellen Welt durchgeführten Montagevorgänge wird ein Montagevorranggraph erzeugt. Die Erstellung von Arbeitsplänen sowie die Ermittlung der Montagezeit und -kosten ist in Vorbereitung.

Neben den Planungen von Montagevorgängen kann auch das Montageumfeld betrachtet werden, um die Materialbereitsstellung zu planen sowie Aussagen über die Arbeitsplatzergonomie zu treffen.

3.2 Virtual Ergonomic Prototyping

Für spezielle Aufgaben in der Montageplanung ist es wichtig, den Mensch als Einflußgröße mit in die Analyse einzubeziehen. Ein Beispiel ist die Beurteilung der Montierbarkeit unter Berücksichtigung beschränkter Raumökonomie. Aus diesem Grund wird am Fraunhofer IAO ein virtuelles Menschmodell entwickelt und in der Montageplanung eingesetzt (Bild 3). Das Menschmodell, *Virtual*ANTHROPOS genannt, basiert auf dem Anthropometriemodul ANTHROPOS der Firma IST GmbH. Damit ist *Virtual*ANTHROPOS in der Lage, den Menschen biokinematisch korrekt darzustellen. Die Besonderheit von *Virtual*ANTHROPOS liegt darin, daß der Benutzer quasi in den virtuellen Körper schlüpft und direkt steuert. Dabei werden die Positionen der Hände und Füße, des Kopfs und des Rumpfs einhundert mal pro Sekunde mit elektromagnetischen Sensoren erfaßt. Die Meßwerte bilden die Simulationsgrundlage, deren Ergebnis die graphische Repräsentation des virtuellen Menschen ist. Workstations mit entsprechender Graphikleistung sind in der Lage, die Simulation als flüssige, in Echtzeit gerechnete Bewegung darzustellen.

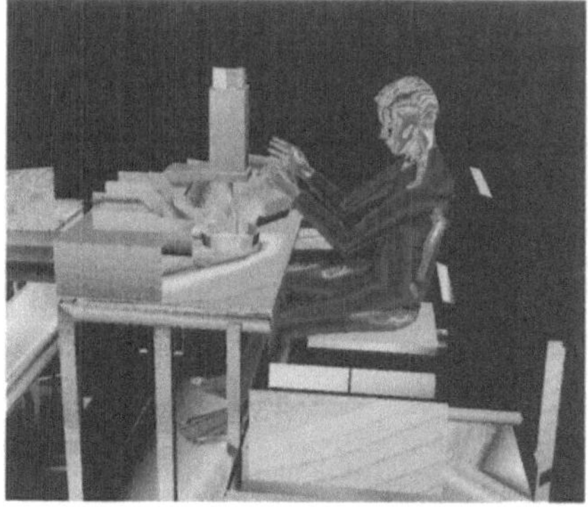

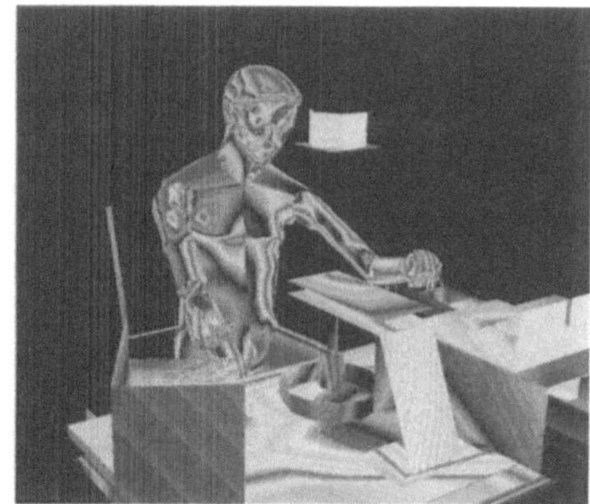

Bild 3. VirtualANTHROPOS (Copyright Fraunhofer IAO, IST GmbH)

Durch die Einbindung von Datenhandschuhen in Verbindung mit einer Gestenerkennung ist es möglich, Bauteile zu greifen und zu bewegen. Eine echtzeitfähige Kollisionserkennung prüft die Objekte während der Bewegung.

4 Ausblick

Gegenwärtig wird am Fraunhofer IAO an der Weiterentwicklung der Virtuellen Montageplanung gearbeitet. Erste Ergebnisse aus Projekten mit der Industrie liegen bereits vor. Die nächsten Entwicklungen sind die Intergration in das neu errichtete CAVEEE-Visualisierungssystem sowie die Interaktion und Kooperation mehrerer Benutzer in der Virtuellen Umgebung. Auf Basis der Methode vorbestimmter Zeiten werden die Bewegungen des Benutzers analysiert und in Form von Planungszeiten ausgewertet.

Oberflächenmodifikation von Bauteilen

A. Raiber, T. Abeln

1 Beschichten

Das Laserbeschichten findet überall dort Anwendung, wo lokal begrenzt Auftragsschichten mit spezifischen Eigenschaften wie hohe Verschleißbeständigkeit, große Härte und Warmfestigkeit sowie gute Korrosionseigenschaften gefragt sind. Die präzise Steuerbarkeit des Prozesses erlaubt hierbei eine gezielte Anpassung des Schichtkonzepts an das jeweilige Beanspruchungskollektiv (Bild 1).

Für das Aufbringen des Zusatzwerkstoffs haben sich verschiedene Verfahren etabliert. Beim einstufigen Laserbeschichten unter Verwendung pulverförmiger Zusatzwerkstoffe wird das Pulver über eine Düse in das vom defokussierten Laserstrahl auf der Werkstückoberfläche erzeugte Schmelzbad eingeblasen. Der Zusatzwerkstoff kann jedoch auch in Band-, Draht- oder Pastenform zugeführt werden. Der Schmelzprozeß wird in allen Fällen so geführt, daß der Grundwerkstoff nur in einer schmalen Übergangszone angeschmolzen, der eingebrachte Zusatzwerkstoff jedoch vollständig aufgeschmolzen wird. Hieraus resultiert eine minimale Durchmischung von Grund- und Zusatzwerkstoff, so daß die spezifischen Eigenschaften des Zusatzmaterials weitgehend erhalten bleiben.

Die typischen Intensitätswerte für das Beschichten mit CO_2-Lasern liegen zwischen $8 \cdot 10^3$ und $5 \cdot 10^4$ W/cm^2 bei Wechselwirkungszeiten von 0,2 bis

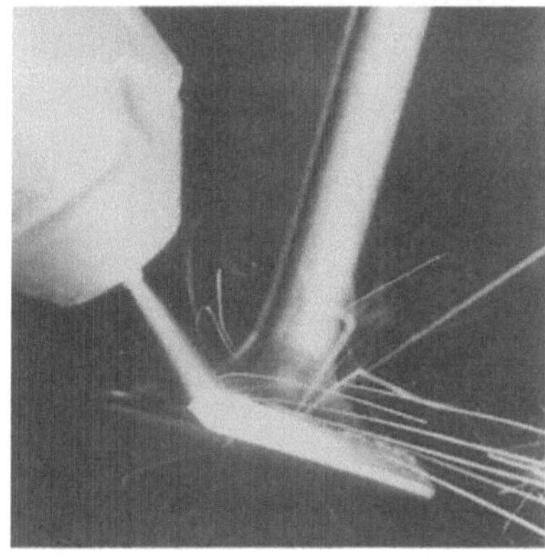

Bild 1. Laserbeschichten mit simultaner Pulverzufuhr

4,0 s. Im Fall des Beschichtens mit Nd:YAG-Lasern kann die erforderliche Intensität aufgrund der erhöhten Energieeinkopplung auf Werte zwischen $5 \cdot 10^3$ und $2 \cdot 10^4$ W/cm^2 reduziert werden. Die Spurgeometrie ist in beiden Fällen variabel und weitgehend abhängig von den Prozeßparametern. Die realisierbare Einzelspurbreite liegt zwischen 1 und 50 mm, die erzielbare Schichtdicke zwischen 0,3 und 3 mm. Flächige Beschichtungen werden durch Überlappen mehrerer Einzelspuren erzeugt.

2 Härten

Der Laserstrahl eignet sich in hervorragender Weise, Bauteile an besonders beanspruchten Funktionsflächen bei minimalem Verzug lokal zu härten. Um die Konkurrenzfähigkeit gegenüber konventionellen Verfahren des Randschichthärtens (Flamm-, Induktions-, Elektronenstrahlhärten) zu erhöhen, ist es notwendig, seine Prozeßeffizienz und Flexibilität weiter zu steigern. Durch Systeme der Prozeßsicherung ist es möglich, die ohnehin gute Automatisierbarkeit der Laserbearbeitung im Rahmen der Qualitätssicherung weiter zu verbessern (Bild 2).

Üblicherweise werden mit dem Laserstrahl linienförmige Härtespuren erzeugt. Erreichbar sind Tiefen von 1,5–2 mm, wobei vor allem bei kleineren Bauteilen eher 0,3–1,0 mm die Regel sind. Müssen größere Flächen bearbeitet werden, so legt man mehrere Spuren nebeneinander. Überlappen sich die Spuren dabei, so wird die vorhergehende Spur im Randbereich angelassen, und es erfolgt dort eine Härtereduktion. Dieser Effekt ist prinzipiell nicht vermeidbar, kann aber durch die Wahl eines anlaßbeständigeren Werkstoffs verringert werden.

Beim Laserstrahlhärten kommt der Wellenlänge und der Oberflächenbeschaffenheit eine grundsätzliche Rolle zu. Der CO_2-Laser weist bei blanken, kalten Stahloberflächen lediglich eine Grundabsorption von rund 5% auf. Es ist deshalb in der Regel notwendig, die zu bearbeitende Werkstückoberfläche vorzubeschichten, um überhaupt eine Härtung vornehmen zu können. Beim Härten mit dem Nd:YAG-Laser erhöht sich während des Prozesses der Einkoppelgrad durch Oxidationsvorgänge auf Werte um 60–80%.

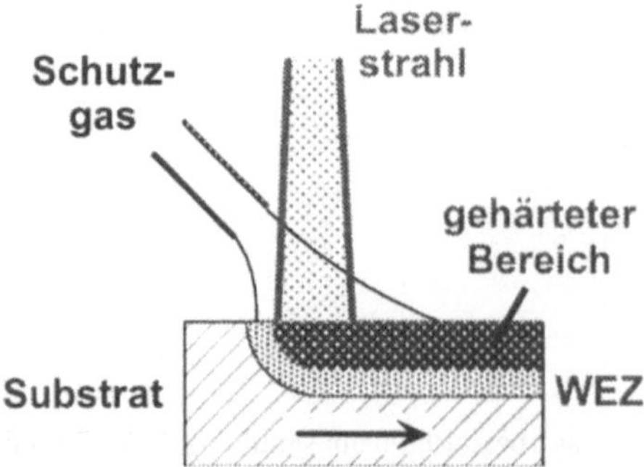

Bild 2. Schematische Darstellung einer Vorschubhärtung

3 Mikrobearbeitung mit Lasern

Erste erfolgreiche Anwendungen in der Kommunikationstechnik, in der Meß- und Regeltechnik sowie in den Bereichen Verkehr und Medizin zeigen das große technische und ökonomische Potential von Mikrosystemen. Historisch bedingt durch die Mikroelektronik, ist die Mehrzahl dieser Systeme auf der Basis von Silizium aufgebaut. Um jedoch eine breitere Akzeptanz von Mikrosystemen in allen Gebieten der Technik zu erzielen, müssen kostengünstige Fertigungsverfahren für eine größere Werkstoffauswahl verfügbar sein.

Eine Möglichkeit, dieses Ziel zu erreichen, ist die Herstellung von Mikrokomponenten und Strukturen durch den Einsatz von Lasern oder laserunterstützten Verfahren. In Verbindung mit einer geeigneten Anlagentechnik erlauben sie eine kraftfreie, örtlich und zeitlich exakt definierte Energieeinbringung in den Werkstoff. Durch kurze Laserpulse ist damit eine präzise Bearbeitung selbst spröd-harter oder thermisch sensibler Werkstoffe im Mikrometerbereich möglich.

Prädestiniert für die Mikrobearbeitung sind kontinuierlich betriebene und kurzgepulste Festkörperlaser sowie Excimerlaser. Die unterschiedliche Strahlcharakteristik beider Lasertypen erfordert eine angepaßte Fertigungstechnik. Bei der Anwendung von Festkörperlasern wird die Mikrostruktur durch das Schreiben mit fokussierter Laserstrahlung erzeugt. Die Strukturierung mit dem Excimerlaser erfolgt durch das Maskenprojektionsverfahren (Bild 3).

3.1 Festkörperlaser

Der Schwerpunkt der Mikrobearbeitung mit fokussierter Laserstrahlung liegt bei der Erzeugung von Funktionsflächen in keramischen Werkstoffen sowie in Stahl. Komplexe Strukturen lassen sich durch Bohren, Schneiden

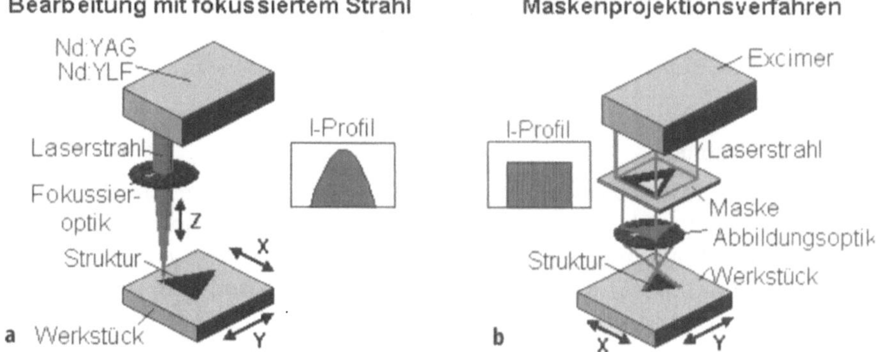

Bild 3. Bearbeitungsverfahren. **a** Bearbeitung mit fokussiertem Strahl; **b** Maskenprojektionsverfahren

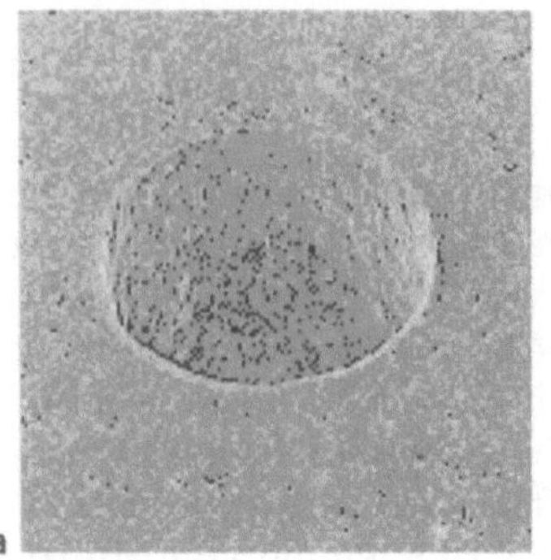
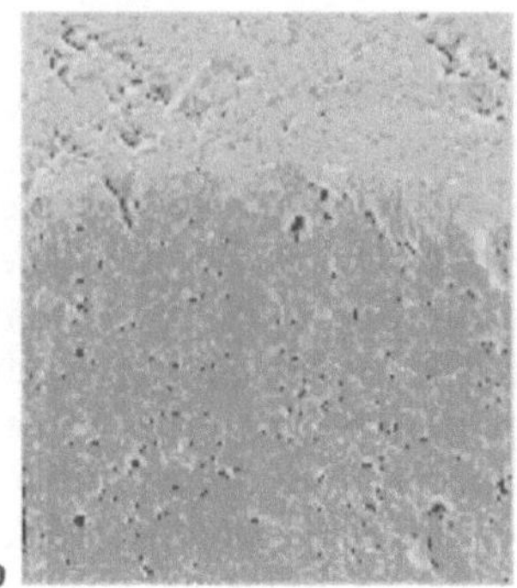
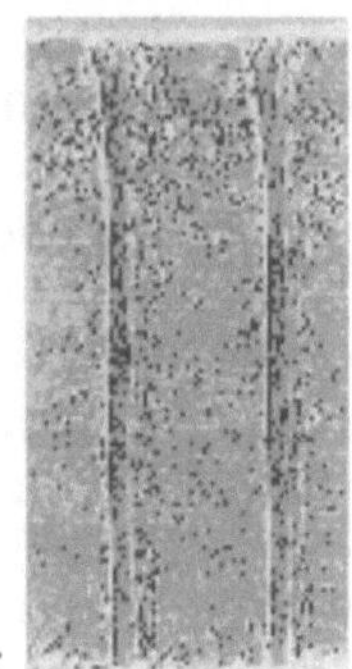

Bild 4. **a** Bohrung (D= 40 μm). **b** Detail; **c** Schnitte in Siliziumnitrid-Keramik

und flächiges Abtragen erzeugen. Da bei diesen Verfahren das Werkstück relativ zum feststehenden Laserstrahl bewegt wird, hängt die erreichbare Strukturgenauigkeit in hohem Maße von der Dynamik sowie der Positionier- und Bahngenauigkeit der Bearbeitungsanlage ab.

Beim Bohren mit fokussierter Strahlung lassen sich Bohrdurchmesser von 15 μm in Siliziumnitrid erzeugen. Untersuchungen der Bohrkapillare haben ergeben, daß keine Werkstoffschädigung vorhanden ist und sich die Rauhigkeit der Bohrlochwandung in einem Bereich von ca. 0,5 μm bewegt. Größere Bohrdurchmesser lassen sich durch kreisförmiges Ausschneiden eines Bohrlochkerns erzeugen (Bild 4). Diese Technologie wurde in enger Zusammenarbeit mit der Industrie zur Herstellung von Spinndüsen in oxidischen Keramiken untersucht.

Erzielbare Schnittspaltgeometrien beim Feinschneiden in Umgebungsatmosphäre sind in Bild 4c abgebildet. Es zeigt eine 200 μm dicke Keramikplatte, in die zwei Schnittspalte mit ca. 7 μm Breite eingebracht wurden. Dies entspricht einem Aspektverhältnis von 1 : 29 bei einem Flankenwinkel von nahezu 90°. Um die prozeßbedingten Ablagerungen auf der Ober- und Rückseite des Werkstücks rückstandslos entfernen zu können, wurden geeignete Verfahren entwickelt. Danach lassen sich die ausgeschnittenen Strukturen im Ultraschallbad vereinzeln.

3.2 Siliziumnitrid-Keramik

Die so erzeugten Mikrostrukturen und Mikrobauteile bilden die Basis für eine lasergestützte Bauelementetechnologie. Durch das Zusammenfügen planarer Strukturen können komplexe dreidimensionale Mikrosysteme hergestellt werden. Denkbare Anwendungen sind Mikroreaktoren und Mikrolasersysteme (Bild 5). Das Mikroanalysesystem hat eine Kanalbreite von 200 μm, welche sich an der Analysestelle auf 70 μm verengt. Das Gegenstück kann als Ganzes aus dem Reaktor gelöst werden. Die Kantenlänge des Mikrolasersystems beträgt 3,6 mm.

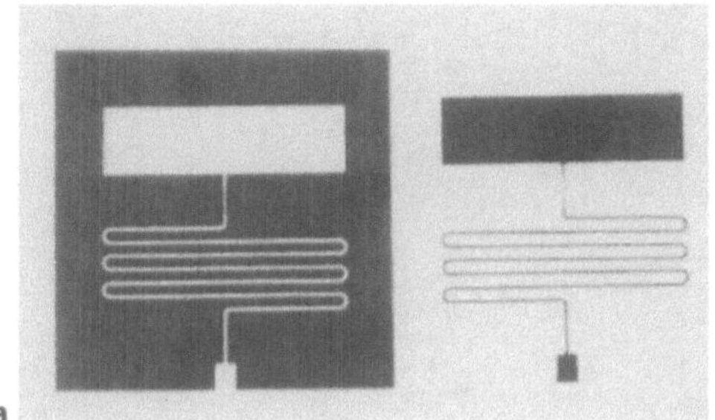

Bild 5. **a** Mikroanalysesystem mit Gegenstück und **b** Mikrolasersystem

Neben dem Bohren und Schneiden können auch flächige Mikrostrukturen durch das Direktschreiben mit fokussierter Laserstrahlung erzeugt werden. Diese Möglichkeit wird am Beispiel der Strukturierung von Stahl vorgestellt. Dies ist ein reaktives Abtragen, bei dem der Laserstrahl den Werkstoff lokal so stark erhitzt, daß dieser exotherm mit dem Luftsauerstoff oxidiert. Aufgrund der Volumenzunahme beim Oxidieren sowie durch Thermospannungen in der Oxidschicht hebt sich diese vom Grundwerkstoff ab. Zur Entfernung dieser Schicht genügt es, die Strukturen mit Druckluft auszublasen. Mit diesem Verfahren lassen sich Strukturen mit steilen Flankenwinkeln und geringer Rauhigkeit herstellen, so daß eine galvanische oder spritzgußtechnische Abformung möglich ist. Dies könnte eine kostengünstige Möglichkeit zur Massenfertigung von Mikrobauteilen sein (Bild 6).

3.3 Excimerlaser

Die Mikrostrukturierung mit Excimerlasern ist ein Verfahren, das in einigen Bereichen bereits industriell eingesetzt wird. In den meisten Fällen wird dabei das Maskenprojektionsverfahren (z.B. in der Lithographie) angewendet. Der besondere Vorteil des Excimerlasers liegt in der relativ großflächigen Bearbeitung. Flächen im Bereich einiger Quadratmillimeter sind simultan mit

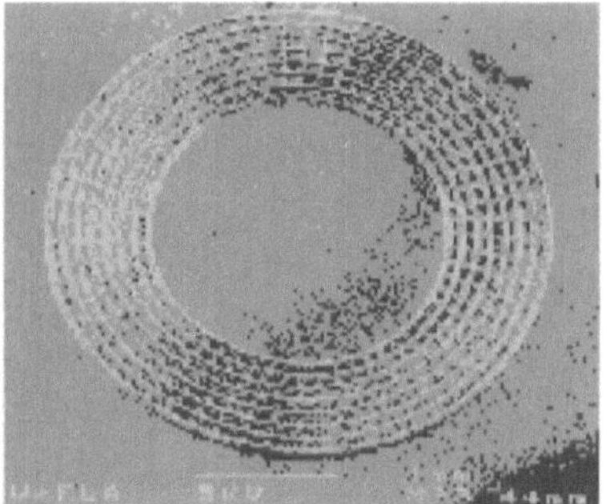

Bild 6. **a** Pyramide (Stahl, 400×400 µm²); **b** galvanisch abgeformte Struktur

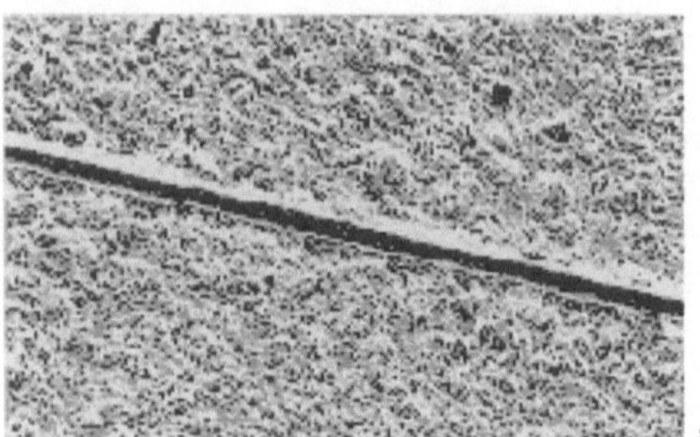

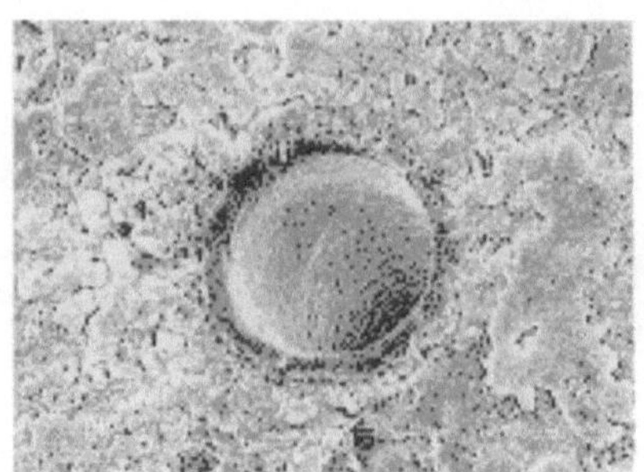

Bild 7. **a** Kanal (Breite 18 μm) und **b** Sacklochbohrung (Durchmesser 15 μm)

einem einzigen Puls bearbeitbar. Mit spezieller Strahlformung können deshalb mehrere hundert Löcher mit Durchmessern im μm-Bereich gleichzeitig in Polymere gebohrt werden – ein Verfahren, das für die Leiterplattenindustrie von besonderem Interesse ist.

Ein weiterer Vorteil der Excimerlaserstrahlung liegt in den kurzen Wellenlängen, die zum einen eine besonders hohe Auflösung im Abbildungsverfahren ermöglichen, zum anderen aus physikalischen Gründen von den meisten Materialien besser absorbiert werden als längerwellige Laserstrahlungen. Damit ergeben sich nicht nur bei der Bearbeitung von Polymeren, sondern auch von Keramiken hervoragende Ergebnisse hinsichtlich der Genauigkeit der erzeugten Strukturen. Zur Verdeutlichung sind in Bild 7 zum einen ein Kanal und zum anderen eine einzelne Sacklochbohrung in Keramik (Al_2O_3) dargestellt.

Bei der Verwendung des Excimerlasers ist es nicht nur möglich, ebene Flächen abzutragen, sondern unter Ausnutzung geeigneter Verfahrstrategien des Werkstücks in Verbindung mit speziellen Maskenkonzepten auch dreidimensionale Strukturen herzustellen. Ein anschauliches Beispiel dafür ist die Fertigung einer Keramikschraube M1. In einem Vergleich mit einer herkömmlich gefertigten Schraube ist zu erkennen, daß dieses Verfahren deutlich sauberere Flanken erbringt (Bild 8).

Bild 8. M1-Schraube aus **a** Stahl und **b** Keramik

Laserstrahlschweißen von Aluminium mit der Zweistrahltechnik

C. Schinzel, B. Hohenberger

1 Einleitung

Anforderungen an Prozeßstabilität und Bearbeitungsqualität bei gleichzeitig hoher Prozeßeffizienz erfordern eine gezielte Anpassung des Laserschweißverfahrens an die Bearbeitungsaufgabe. Da sich der Einsatz von zwei oder mehreren Wärmequellen als geeignete Maßnahme zur Überwindung von Prozeßgrenzen darstellte, wurde diese Methode in der Kombination von zwei Hochleistungslasern aufgegriffen und realisiert.

2 Prinzip der Mehrstrahltechnik

Mehrstrahltechnik kann sowohl durch Strahlteilung als auch durch die Kombination von Einzelstrahlen erfolgen. Die am IFSW realisierte Lösung der Mehrstrahltechnik basiert sowohl bei CO_2- als auch bei Nd:YAG-Systemen auf der Kombination von zwei separaten Lasern, die über ein Strahlführungssystem von der Strahlquelle zur Bearbeitungsstation geführt werden.

Der im Fall von CO_2-Lasern am IFSW praktizierte Einsatz mehrerer Einzeloptiken (Bild 1), welche auf einen gemeinsamen Fokusbereich ausgerichtet sind, wurde im Fall von Hochleistungs-Festkörperlasern durch eine

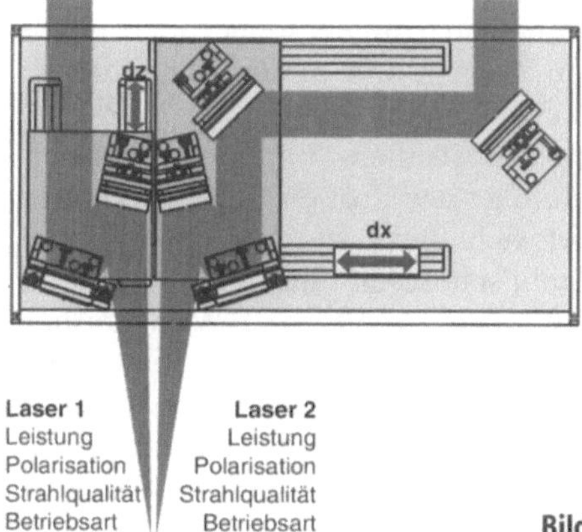

Bild 1. Strahlkombination von zwei CO_2-Laserstrahlen

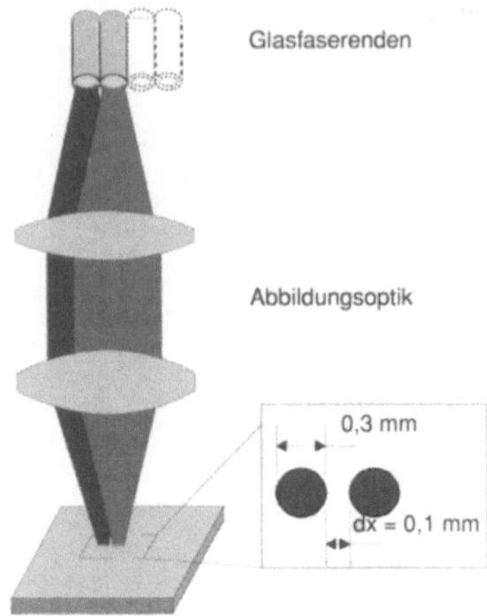

Bild 2. Strahlkombination durch Parallelanordnung mehrerer Glasfasern

neue, vereinfachte Systemtechnik für fasergeführte Laser ergänzt. Zwei Fasern wurden in einem gemeinsamen Faserendstecker parallel, nur durch ihre Coatings getrennt, angeordnet und mittels einer Standard-Fokussieroptik in einen Doppelfokus von jeweils 0,3 mm Durchmesser abgebildet (Bild 2). Eine Leistungsskalierung kann durch Hinzufügen weiterer Fasern zusätzlicher Strahlquellen erfolgen. Die freie Ansteuerbarkeit einer jeden Laserstrahlquelle und die konstruktive Realisierung der Strahlkombination erweitern das Parameterfenster zur Optimierung des Bearbeitungsprozesses. Neben den allgemeinen Laserstrahlparametern stehen zusätzliche Parameter der Strahlkombination – wie Fokusabstand d_x (d_y), unterschiedliche Fokussierung dz oder Betriebsweise der Einzelstrahlen – zur Verfügung, die entsprechend der Zielsetzung des Prozesses eingestellt werden können.

3 Aluminiumschweißen mit der Mehrstrahltechnik

Die Forderung nach Gewichts- und Kosteneinsparungen sowie nach hoher Recyclebarkeit führt zu einer verstärkten Anwendung neuer Konzepte im Leichtbau. Der in der Luft- und Raumfahrt seit langem verwendete Werkstoff Aluminium bietet besonders im Bereich des Straßen- und Schienenfahrzeugbaus ein gutes Leichtbau-Potential. Infolge der großen Schwierigkeiten beim Fügen dieser Materialklasse eignet sich der Laser als vorteilhaftes Schweißwerkzeug, wie er es im Fall von Stahl schon seit Jahren ist.

Im Vergleich zu den konventionellen Verfahren MIG und WIG können beim Laserstrahlschweißen unter Ausnutzung des Tiefschweißeffekts sehr viel höhere Schweißgeschwindigkeiten bei gleichzeitig stark reduzierter thermischer Belastung des Bauteils erzielt werden. Außerdem tritt der Laserstrahl berührungsfrei mit dem Werkstück in Wechselwirkung, was im Gegensatz zum Widerstands-Punktschweißen von Aluminium-Blechen, bei dem die stabile Oberflächenoxidschicht zu Prozeßinstabilitäten und zu hohem Elektrodenverschleiß führt, höhere Fertigungssicherheit und Qualitätsvorteile bietet.

Bei der Einführung des Laserschweißens von Aluminium-Bauteilen in die Produktion spielen die Automobilindustrie sowie ihre Zulieferbetriebe eine Vorreiterrolle. Der Einsatz des Laserschweißens bei neuen Konstruktions- und Bauweisen, z.B. maßgeschneiderten Blechplatinen (Tailored Blanks) oder Verbindungen in Tragrahmenstrukturen (Spaceframe), im Aggregate- und Karosseriebau, ist Gegenstand laufender Forschungen.

Umfangreiche Grundlagenuntersuchungen haben gezeigt, daß das Vorliegen einer beanspruchungsgerechten Schweißnahtqualität sowie eine fertigungssichere Prozeßführung nur dann gewährleistet sind, wenn die folgenden drei Punkte sorgfältig beachtet werden:

- werkstoffangepaßte Verfahrenstechnik,
- Werkstoffverhalten während des Laserschweißzyklus,
- laserschweißgerechte Konstruktion.

Die physikalisch bedingte hohe Schwelle für den Lasertiefschweißeffekt bei Aluminiumwerkstoffen setzt Laser hoher Strahlqualität voraus. Gleichzeitig muß infolge der hohen Wärmeverluste für eine geforderte Einschweißtiefe eine ausreichende Strahlleistung bereitgestellt werden. Als ein von Prozeß- und Strahlparametern unabhängiger Richtwert kann ein Kilowatt Leistung pro mm Einschweißtiefe angegeben werden.

Neben CO_2-Lasern im Leistungsbereich zwischen 3 und 12 kW sind heute auch cw-Nd:YAG-Laser mit verbesserter Strahlqualität bis 4 kW kommerziell verfügbar, welche den oben genannten Anforderungen entsprechen. Spezifische Eigenschaften, wie die Möglichkeit der Strahlführung über flexible Glasfasern, machen den Nd:YAG-Laser deshalb für einige Einsatzgebiete interessant, die bisher dem CO_2-Laser vorbehalten waren. Insbesondere bei 3D-Schweißapplikationen in Verbindung mit Knickarmrobotern, z.B. im Karosserierohbau, erweitern sich Flexibilität und Zugänglichkeit.

Als Hauptproblem bei der Einführung des Laserschweißens von Aluminium in die industrielle Fertigung stellte sich bislang das Auftreten von großen, unregelmäßig geformten Poren in der Nahtwurzel sowie von Schmelzauswürfen dar. Basierend auf werkstofftechnischen und theoretischen Studien kann deren Ursache auf Prozeßinstabilitäten zurückgeführt werden. Effektive Maßnahmen zur Stabilisierung des Tiefschweißprozesses und damit zur Vermeidung von Prozeßporen und Schmelzauswürfen sind die Verwendung von:

- Hochleistungslasern hoher Strahlqualität,
- Nd:YAG- anstelle von CO_2-Lasern sowie die
- Schaffung einer störungsunempfindlichen Kapillargeometrie durch strahlformende Verfahrenstechniken, z.B. Tandem-Laserstrahlschweißen.

Die Strahlformung mittels der Tandem-Laserstrahltechnik hat den Vorteil, daß gleichzeitig die beiden erstgenannten Methoden miteinbezogen werden

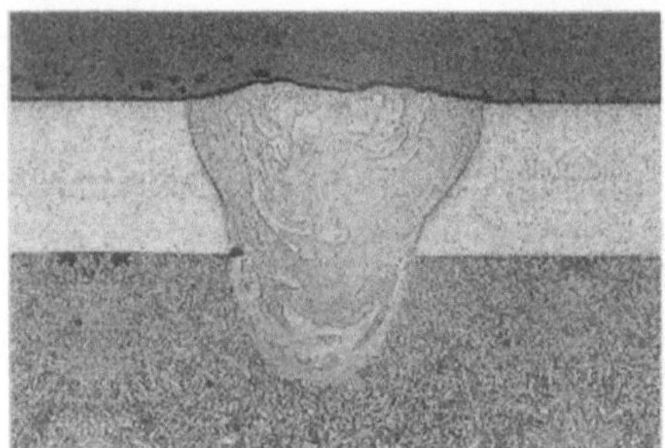

Bild 3. CO_2-Zweistrahltechnik: Knet/Guß-Überlappverbindung AlMgSi1 2,0 mm/GK-AlSi11 8mm (P = 4,9/4 kW; v = 5 m/min)

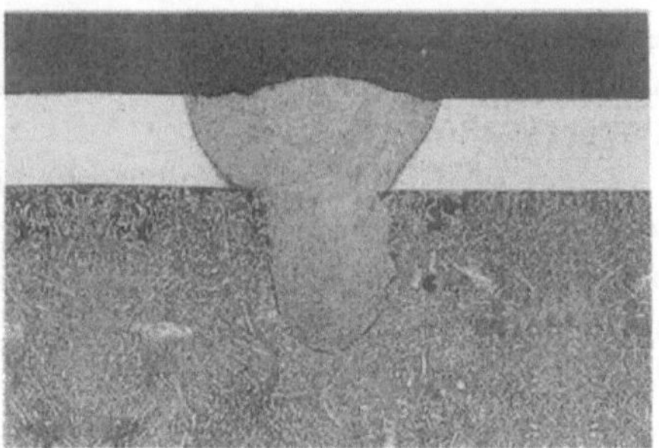

Bild 4. Nd:YAG-Doppelfasertechnik: Knet/Guß-Überlappverbindung, AlMg0,6Si0,9 1,2 mm / GK-AlSi11 8mm (P = 2,0/1,7 kW; v = 5 m/min)

können. Dieses Verfahren zur Prozeßstabilisierung wurde am IFSW in der CO_2-Zweistrahltechnik und auch in der Nd:YAG-Doppelfasertechnik realisiert und konnte erfolgreich an praxisnahen Schweißaufgaben, z.B. Knet/Gußverbindungen in Spaceframe-Strukturen, appliziert werden (Bilder 3 und 4).

4 Fertigungstechnisches Potential der Zweistrahltechnik für das Schweißen

Die aufgeführten Verfahrensvarianten bieten hinsichtlich Steigerung der Flexibilität und Prozeßeffizienz, aber auch bezüglich Qualitätssicherung beim Schweißen eine Reihe von Ansatzpunkten, die im folgenden anhand einiger Beispiele demonstriert werden sollen.

4.1 Leistungsaddition

Durch die Überlagerung von Einzelstrahlen wird eine Addition von Laserleistungen erreicht – eine Variante, die besonders bei kleinen und mittleren verfügbaren Strahlleistungen eine Erweiterung der Anwendungsmöglichkeiten zu hohen Gesamtleistungen eröffnet. Sowohl die Superposition, d.h. die Überlagerung von Einzelstrahlen durch Ausrichtung auf einen gemeinsamen Fokuspunkt, als auch die Tandemanordnung mit Fokusabstand d_x bis zu mehreren mm stellt eine Möglichkeit dar, auch mit kleineren Ausgangsleistungen der Einzelstrahlen, dem Einstrahlschweißen annähernd entsprechende Nahtgeometrien zu erzielen.

4.2 Gestaltung der äußeren Nahtgeometrie

Schweißnähte verursachen besonders bei dynamischer Beanspruchung der Bauteile Kerbwirkung und können infolgedessen Ausgangspunkt einer Schädigung sein. Durch Variation der Einzelstrahlfokussierung ermöglicht die Strahlkombination die prozeßparallele Beeinflussung der Oberraupe. Die Kombination eines fokussierten Lasers zum Schweißen mit einem defokussierten Laserstrahl im Nachlauf eröffnet die Möglichkeit der Verminderung des Kerbfaktors durch Umschmelzen der Schweißnaht.

4.3 Stabilisierung des Schweißprozesses

Die Ausbildung der Dampfkapillare wird durch die Wechselwirkung Laserstrahl/Material bestimmt, wobei schon geringe Schwankungen sowohl der Laserstrahlstabilität als auch der Werkstoffeigenschaften eine starke Beeinflussung des Prozeßablaufs und der resultierenden Nahtqualität verursachen können. Eine Modifizierung der Leistungsdichteverteilung auf dem Werkstück stellt eine geeignete Möglichkeit zur Stabilisierung der Dampfkapillare und damit der resultierenden Nahtqualität dar. Untersuchungen an Aluminiumlegierungen haben gezeigt, daß Nahtaussetzer, Schmelzauswürfe und Poren nahezu vollständig vermeidbar sind, wenn eine angepaßte Intensitätsverteilung durch die Kombination der beiden Einzellaser realisiert wird (Bilder 5 und 6).

Bild 5. Prozeßsicheres Laserschweißen von Aluminium mit dem Tandem-Laserstrahlschweißen

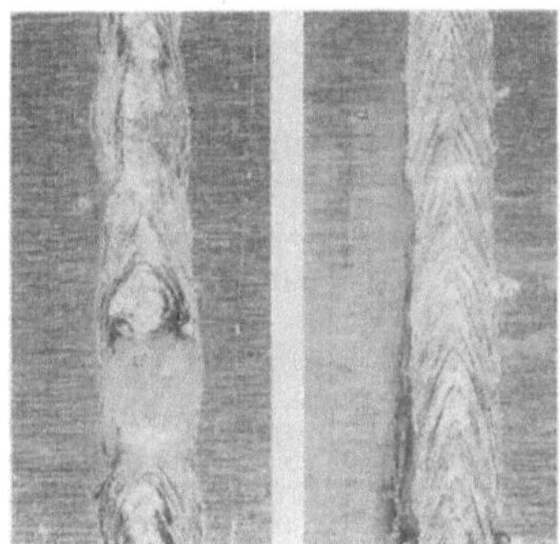

Bild 6. Nahtausbildung beim Schweißen von AMgSi1 mit 2 CO_2-Laserstrahlen (P = 4/3,1 kW); Fokiabstand in Tandemanordnung: links: 0 mm, rechts 1 mm

Laserintegration in Drehzentren – Komplettbearbeitung und Rapid Prototyping

M. Brandner, J. Sigel

1 Einleitung

Das große Potential der Laserstrahlbearbeitung für zahlreiche Fertigungsverfahren eröffnet bei einer Integration des thermischen Werkzeugs Laser in Werkzeugmaschinen eine Vielzahl neuer Möglichkeiten in der industriellen Fertigung, z.B. die Komplettbearbeitung von Serienbauteilen oder die Herstellung funktionaler Prototypen und Musterteile.

2 Komplettbearbeitung

Durch die Kombination von Dreh-, Fräs- und Bohrarbeiten mit den verschiedenen Laserverfahren ergeben sich zahlreiche neue Verfahrensfolgen, Bearbeitungsmöglichkeiten und Anwendungen für eine laserintegrierte, erweiterte Komplettbearbeitung. In einer automatisierten Fertigung muß dazu ein Laserbearbeitungskopf wie ein konventionelles Werkzeug zu handhaben und einzuwechseln sein (Bild 1).

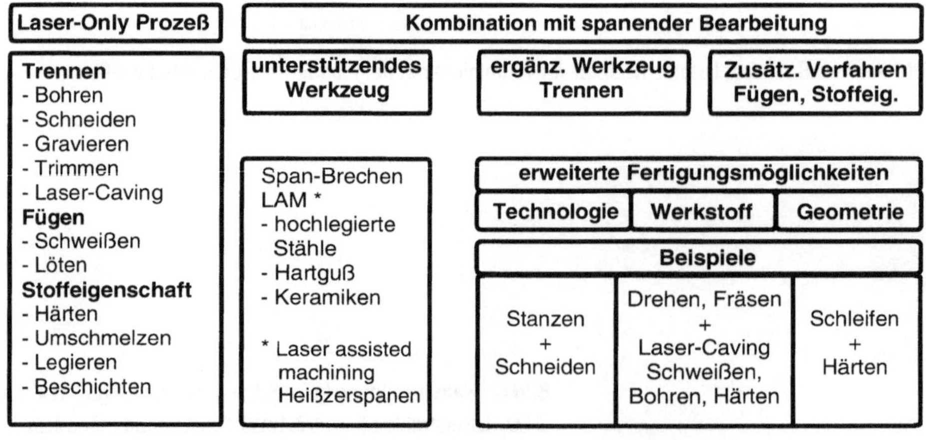

Bild 1. Zielsetzung und Möglichkeiten einer laserintegrierten Komplettbearbeitung

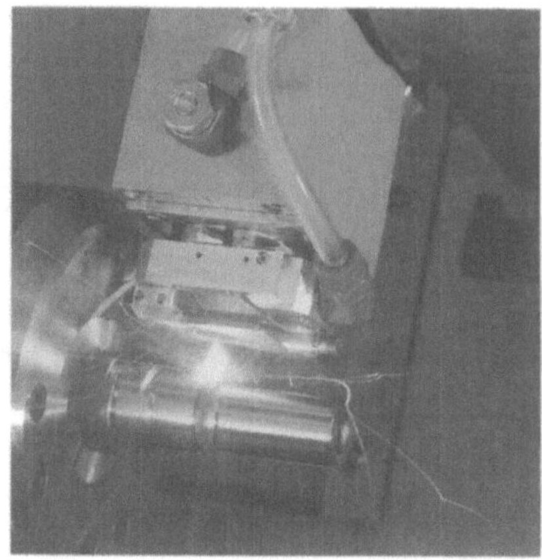

Bild 2. Y/B-Modul mit Laserbearbeitungskopf (links), Schweißen einer Überlappnaht (rechts)

Neue Bearbeitungsfolgen mit reduziertem Materialfluß und einer konsequenten Fertigung „in einer Aufspannung" lassen sich gestalten, indem z.B. direkt in der Maschine eine lokale Härtung durchgeführt und das Werkstück durch Hartdrehen fertig bearbeitet wird. Mit den Bearbeitungsprozessen aus den aufgeführten Verfahrensgruppen kann sowohl das *Werkstoff*spektrum (Abtragen von gehärtetem Stahl und Keramik) als auch das *technologische* Spektrum einer Werkzeugmaschine (Fügen/Schweißen) erweitert werden.

In Zusammenarbeit mit mehreren Werkzeugmaschinenherstellern und Anwendern wurden konstruktive Integrationslösungen sowohl für Nachrüstungen als auch für neue Maschinentypen mit völlig integriertem Laserwerkzeug entwickelt. Für die Integration eignen sich vor allem Nd:YAG-Laser, da ihre Strahlung über flexible Glasfasern übertragen werden kann. Bei einigen Prozessen, wie dem Härten, sind diese Laser außerdem wegen der höheren Absorption den CO_2-Lasern vorzuziehen.

Für ein fünfachsiges Drehzentrum ist eine Neukonstruktion mit völlig integrierter Strahlführung im Werkzeugrevolver (Y/B-Modul) realisiert worden. Der Laserstrahl wird über Spiegel vom Glasfaserausgang durch die hohle Revolverachse zum Bearbeitungskopf mit den beiden Optiken zum Härten und Schweißen geführt. Mit diesem Konzept sind Laserbearbeitungen unter beliebigen Winkeln an Haupt- und Gegenspindel möglich (Bild 2).

Unterschiedlichste Verfahren vom Härten, Schweißen, Bohren und Abtragen bis zur hauptzeit-parallelen Laserbeschriftung bei Drehzahlen bis 2000 U/min sind mittlerweile bis zur Anwendungsreife entwickelt und stehen zum Teil vor der industriellen Einführung. Eine bereits in die Serienfertigung umgesetzte Anwendung ist die Komplettbearbeitung von Ventilbauteilen. Bei dem in Bild 3 gezeigten Beispielteil zum Laserschweißen wird die Drehbearbeitung vor dem Fügen in der Maschine genutzt, um unvermeidliche Spannfehler auszugleichen. Die Schweißnähte sind druckdicht bis 60 bar.

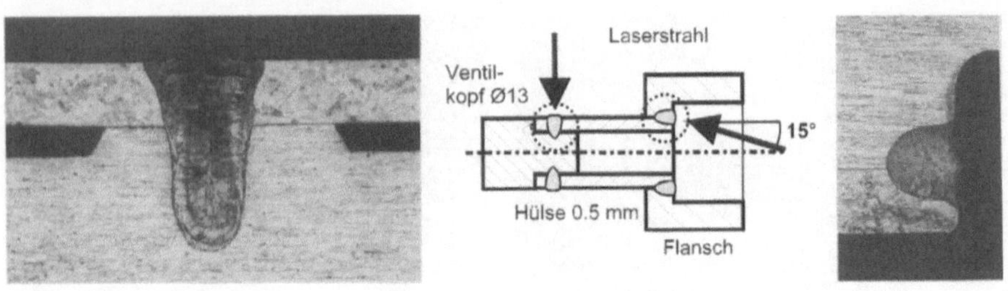

Bild 3. Drehen, Fügen und Schweißen eines Ventilteils in einem laserintegrierten Drehzentrum

3
Rapid Prototyping

Zur Beschleunigung der Produktentwicklungszyklen haben sich bereits viele Technologien unter dem Begriff „Rapid Prototyping" (RP) etabliert. Da sich mit den derzeit am weitesten entwickelten Verfahren wie der Stereolithographie oder LOM metallische Prototypen nur mit mehr oder weniger zeit- und kostenaufwendigen Nachfolgetechnologien herstellen lassen, werden verstärkt Techniken zur direkten Verarbeitung metallischer Werkstoffe untersucht. Genau wie bei den etablierten RP-Verfahren spielt der Laserstrahl bei den meisten derzeit in der Entwicklung befindlichen Verfahren als vielseitiges Werkzeug eine maßgebliche Rolle.

Ein vielversprechender Weg, metallische Volumen mit der dem Ausgangswerkstoff identischer Dichte und ausreichender geometrischer Komplexität zu erzeugen, besteht im Aufschmelzen von metallischen Pulvern mittels Laserstrahl (Lasergenerieren). Der Prozeß ähnelt dabei dem des einstufigen Laserbeschichtens und weist somit dieselben Vorteile auf: z.B. präzise und lokal begrenzte Wärmeeinbringung, hohe Flexibilität und hervorragende Eignung zur Automatisierung.

Für den am IFSW verfolgten Ansatz wurde das Lasergenerieren in ein laserintegriertes Drehzentrum implementiert. Eine spezielle Vario-Optik erlaubt dabei eine Steuerung der aufgebrachten Spurbreiten während der Bearbeitung (Bild 4). Das Ergebnis ist zum einen eine höhere Flexibilität des Generierungsprozesses, zum anderen kann jetzt Materialauftrag mit den bewährten konventionellen Zerspanungstechniken unmittelbar in einer Aufspannung kombiniert werden. Zusätzlich sind selbstverständlich auch alle oben erwähnten herkömmlichen Laserverfahren direkt anwendbar. Damit kann bei der Bearbeitung stets auf die ein optimales Bearbeitungsergebnis liefernden Verfahrenskombinationen zurückgegriffen werden, und es erschließt sich sowohl für die laserintegrierte Komplettbearbeitung von Serienteilen als auch für die Prototypenfertigung eine wesentliche Erhöhung der Flexibilität und Erweiterung des Spektrums bearbeitbarer Geometrien bzw. Werkstoffe.

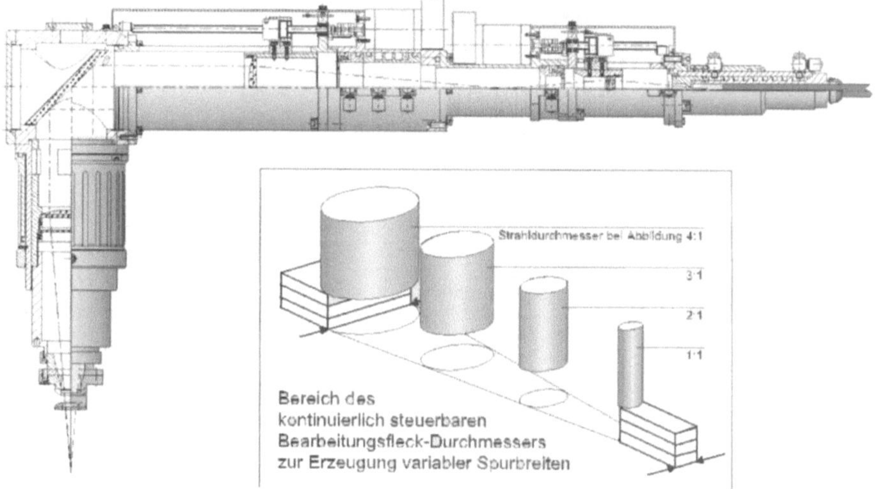

Bild 4. Vario-Optik mit steuerbarer Bearbeitungsbreite für das Lasergenerieren

Als einfaches Beispiel für diese neuen Möglichkeiten sind in Bild 5 die Prozeßschritte bei der Herstellung eines Bolzens mit Flansch und Nut gezeigt. Ausgehend von einem rohrförmigen Halbzeug werden auf dem Umfang des Werkstücks metallische Spuren übereinander aufgeschweißt, wobei alternierende spanende Bearbeitungen zwischengeschaltet sind: Die jeweils letzte Spur wird geringfügig abgedreht, um eine definierte Ausgangsfläche für die nächste Spur zu erzeugen. Ist der gewünschte Durchmesser der erzeugten Kontur erreicht, erfolgt das abschließende Plandrehen des Flansches und die spanende Fertigbearbeitung des Werkstücks.

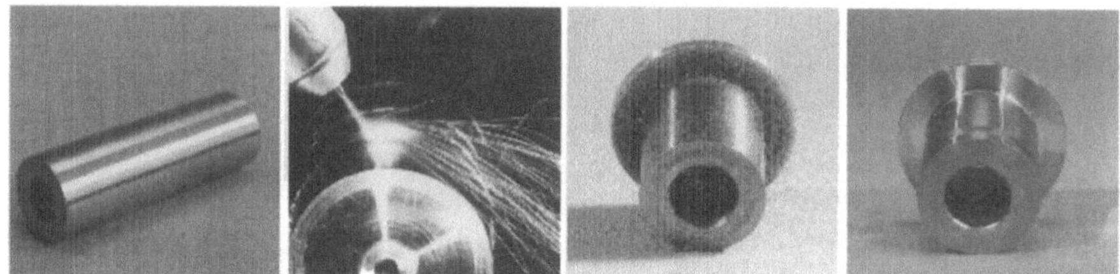

Bild 5. Beispiel zur Kombination additiver und subtraktiver Techniken in einer Aufspannung

Laserberatungsverbund Südwest – Technologietransfer in der Lasertechnik

M. Müller

1 Einleitung

Neben seinem Einsatz in der Fertigungstechnik bietet der Laser auch vielfältige Anwendungsmöglichkeiten in den Bereichen Meßtechnik und Medizin. Sowohl grundlagenorientierte Förderprojekte als auch zahlreiche in der Praxis bereits verwirklichte Lösungen zeigen ein Potential auf, das noch nicht in ausreichendem Maße in die einzelnen industriellen Applikationsbereiche überführt werden konnte. Besonders klein- und mittelständische Unternehmen (KMUs) nutzen die Möglichkeiten der Laseranwendung bislang nur ungenügend. Neben hohen Investitionskosten erweisen sich im wesentlichen fehlende System- und Verfahrenskenntnisse als Ursache dafür.

2 Technologietransfer durch den Laserberatungsverbund Südwest

Das Projekt *Laserberatungsverbund Südwest* wurde im Rahmen der bundesweiten Erprobungs- und Beratungszentren initiiert, um Industrieunternehmen – vorwiegend KMUs – bei der Planung und Durchführung von Laseranwendungen in den Gebieten

- Lasermaterialbearbeitung,
- Lasermedizin und
- Lasermeßtechnik

zu unterstützen.

Ein weiteres Ziel liegt in der Etablierung funktionsfähiger Strukturen, welche auch nach Beendigung des Projekts zum Technologietransfer beitragen sollen. Daher ist der Laserverbund Südwest in das überregionale Informations- und Datennetz der Erprobungs- und Beratungszentren eingebunden. Weiterhin soll der Laserverbund Südwest verstärkt mit den Informationsstrukturen der Industrie- und Handelskammern und der Handwerkskammern verknüpft werden.

Die Aufgaben des Laserberatungsverbundes Südwest umfassen Einstiegsberatungen, das Durchführen von Machbarkeitsuntersuchungen, Erarbeiten von Musterlösungen und Aus- und Weiterbildung für interessierte Anwender,

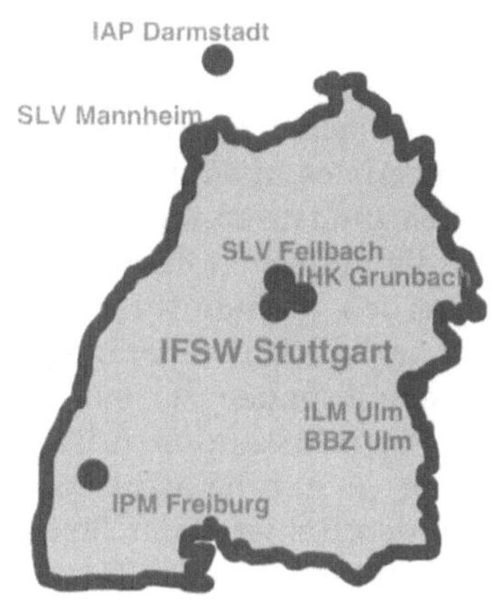

Bild 1. Regionale Struktur des Laserberatungsverbundes Südwest

wobei neben technischen auch wirtschaftliche Aspekte sowie Alternativverfahren berücksichtigt werden. Diese ersten Beratungen und Erprobungen sind für die Anwender bis zu einer Dauer von zwei Beratungstagen mit Laserbetriebszeiten bis zu 2 Stunden kostenlos. Ein Unternehmen kann von den Erprobungs- und Beratungszentren höchstens zwei Beratungen im Jahr kostenfrei erhalten.

Die fachliche und regionale Breitenwirkung des Laserberatungsverbundes Südwest ist durch die Einbindung kompetenter Institutionen aus den drei oben genannten Anwendungsgebieten gewährleistet (Bild 1). Bei diesen handelt es sich um

- Institut für Strahlwerkzeuge (IFSW) der Universität Stuttgart,
- Berufsbildungszentrum (BBZ) der Handwerkskammer Ulm,
- Fraunhofer-Institut für Physikalische Meßtechnik (FhG-IPM) Freiburg,
- IHK-Bildungshaus Grunbach,
- Institut für Angewandte Physik (IAP) der Technischen Hochschule Darmstadt,
- Institut für Lasertechnologien in der Medizin und Meßtechnik (ILM) an der Universität Ulm,
- Schweißtechnische Lehr- und Versuchsanstalt (SLV) Fellbach gGmbH,
- Schweißtechnische Lehr- und Versuchsanstalt (SLV) Mannheim GmbH.

Des weiteren besteht eine enge Zusammenarbeit des Laserberatungsverbundes mit dem Landesgewerbeamt von Baden-Württemberg.

Innerhalb des Verbundes ist das IFSW auf sämtlichen Gebieten der Materialbearbeitung mit Lasern tätig, wobei auch bereits vor der Etablierung des

Verbundes ein intensiver Technologietransfer betrieben wurde. Im Rahmen der Grundlagenforschung sowie BMFT/BMBF-geförderter Projekte hat das Institut wesentliche Beiträge zum grundsätzlichen physikalisch-technologischen Verständnis bei der Laserstrahlbearbeitung erbracht. Die unmittelbar anwendungsspezifischen Kenntnisse und Erfahrungen des Institutes werden in einer Reihe von BRITE- und direkten bilateralen Industrieprojekten vertieft und umgesetzt. In zahlreichen Aufträgen für die mittelständische Industrie konnten wertvolle Erfahrungen gewonnen werden, die nun für die Arbeiten im Laserberatungsverbund nutzbar sind. Bezüglich des gerade bei KMUs vorhandenen Informationsbedarfs an Systemlösungen sei auf den Umstand hingewiesen, daß das IFSW eine der wenigen Institutionen ist, an der der Themenkomplex der Materialbearbeitung in ganzheitlicher Vorgehensweise untersucht wird. Durch Arbeiten auf den Gebieten der Strahlquellen, der Strahlführungs- und -formungseinrichtungen, der Bearbeitungsprozesse an sich, einschließlich der für die Prozeßgestaltung erforderlichen Einrichtungen, kann dem für die Produktion notwendigen Systemaspekt in kompetenter Weise Rechnung getragen werden. Dieses „Wissen aus einer Hand" erlaubt neben einer fundierten technologischen auch eine weitestgehend objektive Beratung bei der Auswahl des für die betreffende Aufgabe optimalen Systems sowie bei Wirtschaftlichkeitsbetrachtungen.

Auf den Gebieten der Medizin ist das ILM Ulm tätig. Meßtechnik wird betrieben an den Instituten ILM Ulm, IAP Darmstadt und FhG-IPM Freiburg. Durch die Mitarbeit verschiedener Institutionen der Industrie- und Handelskammer und der Handwerkskammer sowie der im Südwesten ansässigen Schweißtechnischen Lehr- und Versuchsanstalten ist ein enger Kontakt zu den KMUs gewährleistet.

In den ersten 1½ Jahren Laufzeit des Projekts sind von den Partnern des Laserberatungsverbundes Südwest insgesamt über 200 Beratungen und Erprobungen durchgeführt worden. Als besonders interessant für die Unternehmen hat sich dabei herauskristallisiert, daß im Rahmen des Projekts kostenlose Leistungen von den Projektpartnern angeboten werden können. Dies trägt in hervorragender Weise dazu bei, die Hemmschwelle vor dem oft als unbezahlbar angesehenen Strahlwerkzeug Laser abzubauen. Über Informationsveranstaltungen in Zusammenarbeit mit den Industrie- und Handelskammern der Regionen Baden-Württembergs informiert der Laserberatungsverbund ein breites Publikum über die Anwendungsmöglichkeiten des Lasers.

In einer weiteren Stufe sollen mit der Gründung eines regionalen *Laser-Clubs* weitere Partner (Laseranwender, Dienstleister, Ingenieurbüros, Laser- und Komponentenhersteller, Forschungseinrichtungen und -institute) zusammengeführt werden, um einen vertieften und noch breiteren Erfahrungs- und Leistungsaustausch zu ermöglichen (Bild 2).

Dieses Vorhaben wird vom Bundesministerium für Bildung, Wissenschaft und Forschung (BMBF) im Rahmen des Förderkonzeptes LASER 2000 und vom Land Baden-Württemberg über eine Laufzeit von drei Jahren gefördert. Seine Koordination und finanztechnische Abwicklung obliegt dem IFSW.

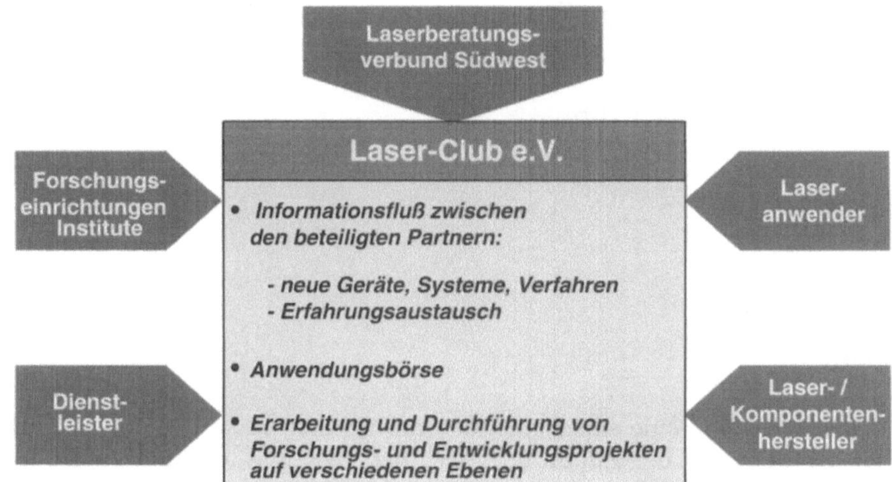

Bild 2. Struktur des Laser-Clubs

Softwaretechnik für Steuerungs- und Informationssysteme in der Produktion

T. Brandl, J. Driller, J. Uhl

1 Einleitung

Informationen sind eine entscheidende Unternehmensressource und werden daher als „Rohstoff der Zukunft“ bezeichnet. Dies gilt auch innerhalb der Produktion und angrenzender Bereiche, wobei gleichzeitig der Mensch mit seiner Qualifikation, seinem Wissen und seiner Erfahrung Auswertungen und Entscheidungen vornimmt. Notwendig sind somit Steuerungs- und Informationssysteme, die den Anwender unterstützen und ihm die für die Lösung seiner Aufgaben notwendigen Informationen in geeigneter Form und ausreichendem Umfang zur Verfügung stellen. Neue Formen der Arbeitsorganisation, z.B. bei autonomen, kooperativen Produktionssystemen [12], erfordern dezentrale und verteilte Informations- und Steuerungsstrukturen [1]. Zusätzlich ist das abteilungs- und unternehmensübergreifende Informationsmanagement bei der Entwicklung – z.B. bei Simultaneous Engineering – und dem Betrieb von Maschinen und Anlagen von zunehmender Bedeutung. Daraus leitet sich insgesamt die Notwendigkeit interdisziplinär verständlicher Maschinen- und Anlagenbeschreibungen ab.

Für die Entwicklung der Steuerungs- und Informationssysteme werden aus softwaretechnischer Sicht Vorgehensweisen, Methoden und Werkzeuge benötigt. Diese müssen die angestrebte weitgehende Wiederverwendung standardisierter Lösungen ermöglichen. Hierzu eigenen sich insbesondere Baukastensysteme auf Basis objektorientierter Strukturierungs- und Modellierungskonzepte [9]. Am ISW sind in enger Zusammenarbeit mit der Industrie praxisgerechte Lösungen zur Entwicklung von Steuerungs- und Informationssystemen erarbeitet worden.

2 Entwicklung von Steuerungssystemen

Steuerungssysteme lassen sich gemäß eines Schichtenmodells unterschiedlichen Steuerungsebenen zuordnen [10]. Diese weisen unterschiedliche Anforderungen auf und bedingen verschiedene softwaretechnische Ansätze.

Im folgenden werden für die Entwicklung von maschinennahen Maschinensteuerungs- und Leitsteuerungssystemen erfolgreich in die Praxis eingeführte Wege beschrieben. Beide Ansätze beruhen auf der objektorientierten Strukturierung der Maschine bzw. der Anlage nach baulichen und funktionalen Gesichtspunkten.

2.1 Maschinennahe Steuerungssysteme

Die Entwicklung von Steuerungssoftware für die Maschinensteuerungsebene ist durch hohen Kosten- und Zeitaufwand, geringe Wiederverwendbarkeit und ungenügende Variantenbildung gekennzeichnet. Abhilfe soll durch systematisches und ingenieurmäßiges Erstellen von Steuerungssoftware als integraler Bestandteil des Projektierungs- und Konstruktionsprozesses geschaffen werden. Zur Verbesserung des abteilungsübergreifenden Informationsflusses sind geeignete Vorgehensweisen und Methoden zur grafischen Darstellung von Sachverhalten erforderlich. Diese müssen auch den Aufbau eines Softwarebaukastens unterstützen, damit kundenspezifische Lösungen durch Konfigurieren erprobter Standardbausteine kostengünstig zu erstellen sind.

Für die systematische Softwareerstellung wurden ein Informationsmodell und eine objektorientierte Steuerungsbeschreibung entwickelt [6, 8]. Sie dienen als Grundlage für Baukastensysteme und definieren Bibliothekselemente als sog. „Maschinenobjekte", die in mehreren Sichten sowohl eine Beschreibung der Mechanik als auch der zugehörigen Steuerungssoftware, Steuerungshardware und Dokumentation umfassen.

Unter Nutzung und Konkretisierung universeller Modellierungsansätze aus der objektorientierten Softwaretechnik (UML Unified Modeling Language [3], Frameworks [2], Klassenhierarchie mit Vererbung) wurde in Verbindung mit der Zustandsgraphenmethode [5] eine problemorientierte Modellierungsmethode für Steuerungssoftware erarbeitet. Sie basiert auf der hierarchischen Gliederung von Maschinen und Anlagen in Funktionsgruppen und -einheiten sowie der Programmierung nach IEC 1131-3 und wurde speziell auf die Problemstellungen der Konstruktion und Steuerungstechnik für Baukastensysteme erweitert. Durch die integrierte Codeerzeugung kann so eine durchgängige Unterstützung des Softwareerstellungsprozesses von der Projektierung bis zur Inbetriebnahme erreicht werden.

Durch die verschiedenen Sichten von Maschinenobjekten, die neben dem Zustandsgraphenentwurf auch Dokumentationen sowie – bei Einsatz intelligenter Feldbusknoten – Hardwareangaben beinhalten, kann man aus einer Maschinenkonfiguration neben der Steuerungssoftware auch die Hardwarekonfiguration generieren sowie die Dokumentationen zur Aufbereitung elektronischer Handbücher und Informationssysteme nutzen (Bild 1).

Das Zusammenspiel der Maschinenobjekte läßt sich für verschiedene Maschinenkonfigurationen zunächst auftragsneutral im Baukasten modellieren. Dieser Vorgang wird ebenso wie das auftragsspezifische Anpassen konkreter Maschinen an Kundenwünsche von einem CASE-Tool unterstützt.

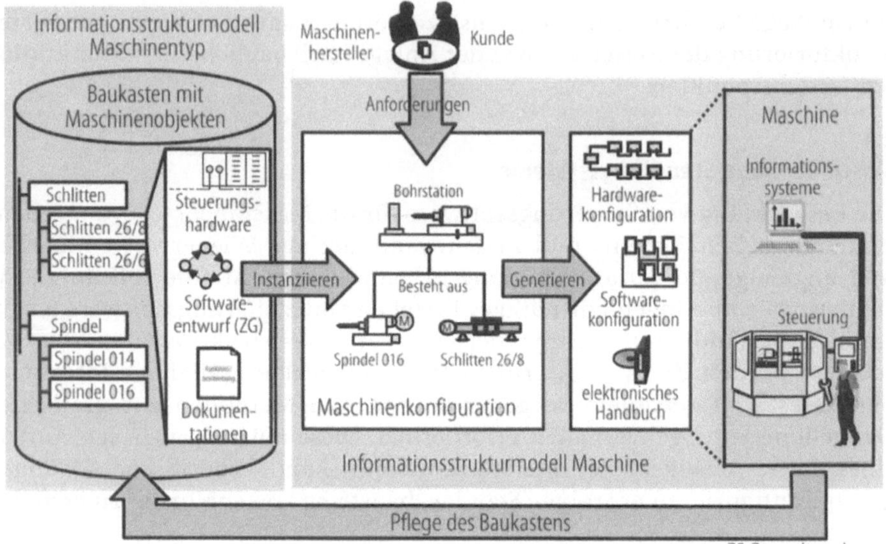

Bild 1. Konfigurierung mit Maschinenobjekten

2.2 Zellen- und Leitsteuerungssysteme

Die Entwicklung von Zellen-/Leitsteuerungssystemen ist heute durch einen Trend zu einer individuellen, auf den Anwendungsfall zugeschnittenen Software mit einer angepaßten Automatisierung geprägt, die Nutzer eines flexiblen Produktionssystems (FPS) in ihren Arbeiten unterstützt. Dies ist mit Hilfe einer objektorientierten Softwaretechnik vorteilhaft möglich, die eine hohe Wiederverwendbarkeit der Steuerungssoftware bzw. einfache Erweiterbarkeit und Variantenbildung erlaubt [11].

Die Softwaretechnik beachtet Vorgaben zu systematischen Vorgehensweisen und zur Anwendung von Beschreibungsmethoden sowie zur Strukturierung der Leitsteuerungssoftware.

Bild 2 zeigt die wesentlichen Schritte einer Vorgehensweise, deren Ergebnisse sowie die verwendeten Werkzeuge. Ausgangspunkt der Entwicklung ist ein Softwarebaukasten für Zellen-/Leitsteuerungssoftware. Der Softwarebaukasten unterteilt sich in eine Klassenbibliothek und in eine Softwarekomponentenbibliothek und läßt eine zweistufige Wiederverwendung und Erweiterung der Steuerungssoftware zu. Die Klassenbibliothek basiert auf einem Informationsstrukturmodell, das auch Grundlage für die Erstellung von Informationssystemen ist (s. Abschn. 2.1). Sie enthält Klassen zu FPS-Anlagenobjekten, die sich aus einer maschinenbaulichen, physischen Sicht auf ein FPS ableiten. FPS-Anlagenobjekte verknüpfen die physischen FPS-Anlagenkomponenten, die sich aus weiteren FPS-Anlagenkomponenten zusammensetzen können (z.B. eine Werkzeugmaschine besteht aus NC-Steuerung und

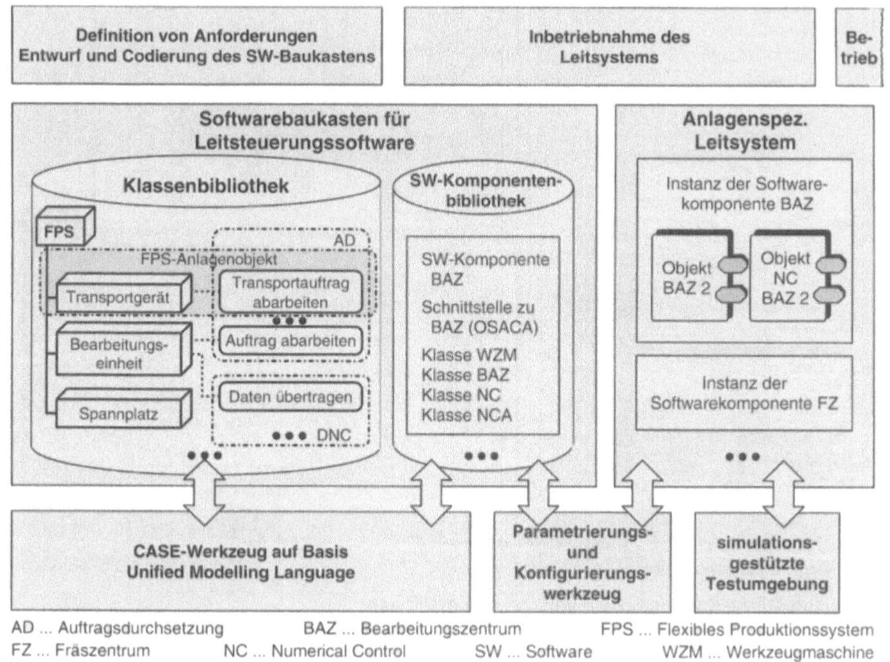

Bild 2. Softwaretechnik für Leitsysteme

Kommunikationsprozessor), mit Leitfunktionen (z.B. DNC, Auftragsdurchsetzung, Materialflußsteuerung). Dabei erlaubt die Klassenbibliothek verschiedene Sichten auf Leitfunktionen in einem gemeinsamen Klassenmodell.

Ein Framework (wiederverwendbares Grundgrüst an abstrakten Klassen) legt eine allgemeine Struktur der Klassenbibliothek fest, die für verschiedene FPS-Applikationen jeweils applikationsspezifisch erweitert wird. Softwarekomponenten fassen Klassen für applikationsspezifische Hardwarekonfigurationen zusammen und definieren Schnittstellen zu den daraus instanziierten FPS-Anlagenobjekten auf Basis einer standardisierten Systemplattform (z.B. OSACA (Open Systems Architecture for Control Applications) oder CORBA (Common Object Request Broker Architecture)). Die Modellierung des Softwarebaukastens erfolgt auf Basis eines CASE-Werkzeugs, das die UML (Unified Modeling Language) unterstützt.

Die Softwarekomponentenbibliothek ist Ausgangspunkt eines Werkzeugs, mit dessen Hilfe die Softwareobjekte des Leitsystems mit einer Entsprechung zu den physischen Objekten des FPS instanziiert, parametriert und konfiguriert werden. Weiterer wichtiger Bestandteil der Inbetriebnahmephase ist der simulationsgestützte Test der Leitsteuerungssoftware, um unabhängig von der realen Anlage testen zu können und Entwicklungszeiten zu reduzieren.

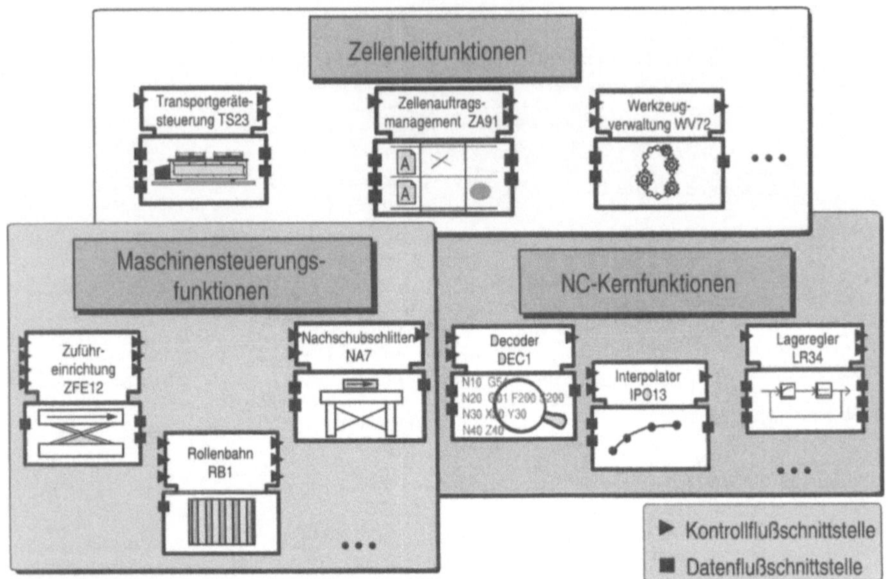

Bild 3. Einheitliche Konfigurierung von Steuerungssoftware

2.3 Konfigurierung von Steuerungssoftware

Für die Entwicklung von Steuerungssystemen der verschiedenen Steuerungsebenen und solcher, die Funktionen mehrerer Ebenen zusammenfassen, wird eine weitgehend einheitliche Konfigurierung von Steuerungssoftware angestrebt (Bild 3). Das heißt, Maschinensteuerungssysteme, NC-Steuerungssysteme sowie Leitsteuerungssysteme und integrierte Lösungen (z.B. Zellensteuerungen) sollten mit denselben Vorgehensweisen und Werkzeugen auf Basis von Baukastensystemen konfiguriert werden. Die Beschreibungs- und Modellierungsmethoden der Bausteine für die verschiedenen Steuerungssysteme können hierbei gemäß den unterschiedlichen Anforderungen an die Systeme differieren. So lassen sich für Maschinensteuerungssystemen z.B. Zustandsgraphen vorteilhaft verwenden. Für die Modellierung von Leitsteuerungssystemen hat sich UML als sinnvoll erwiesen.

Am ISW ist zunächst gemeinsam mit Industriepartnern ein Konfigurierungswerkzeug für Maschinensteuerungsfunktionen entwickelt worden, das bereits erfolgreich in der Industrie eingesetzt wird. Zur Zeit laufende Arbeiten beschäftigen sich mit der Weiterentwicklung des Werkzeugs zur Konfigurierung von NC-Kernfunktionen [7]. Für die Erweiterung des Konfigurierungswerkzeugs in Hinblick auf Zellenleitfunktionen wurden erste Konzepte entwickelt.

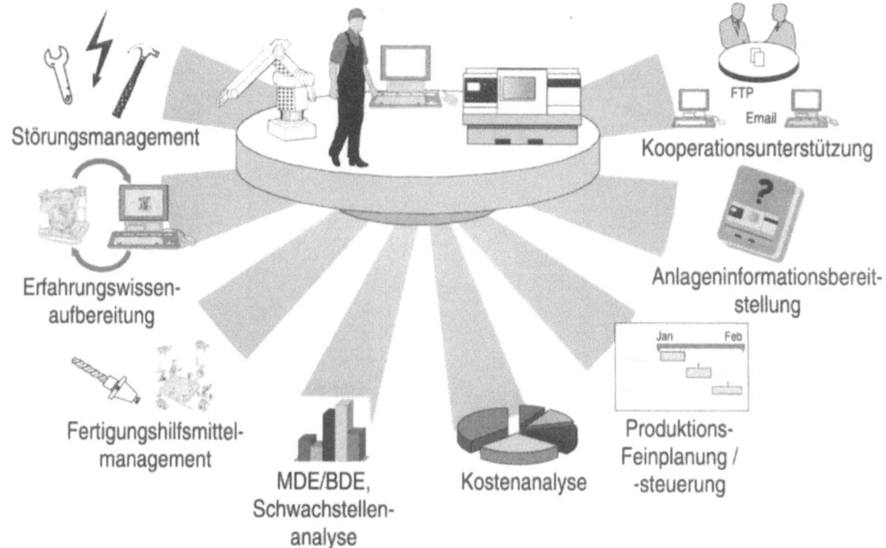

Bild 4. Informationssysteme in der Produktion

3
Entwicklung von Informationssystemen

Informationssysteme in der Produktion können wesentlich zu effizienteren Abläufen und höherer Produktivität beitragen. Das Aufgabenspektrum für Informationssysteme in der Produktion reicht hierbei von der Bereitstellung anlagenspezifischer Informationen über produktionsspezifische Informationen bis zur Aufbereitung von Erfahrungswissen und der Kooperationsunterstützung (Bild 4). Wesentlich ist hierbei eine Maschinen- und Anlagenstrukturierung in Analogie zur Entwicklung von Steuerungssystemen.

Für den Nutzen der Informationssysteme ist die Abstimmung auf die jeweiligen betriebsspezifischen Randbedingungen und Anforderungen entscheidend. Produktionsinformationssysteme müssen den realen Produktionsablauf exakt widerspiegeln und entsprechend in die restliche Systemwelt – z.B. MDE/BDE-Systeme – integrierbar bzw. koppelbar sein. Anlageninformationssysteme repräsentieren genau die eingesetzte Anlage bzw. Ausführungsversion und stellen sämtliches Wissen bzgl. dieser spezifischen Anlage bereit. Im Gegensatz zu konventionellen Dokumentationen in Papierform erfolgt in einem Anlageninformationssystem eine handlungsorientierte Verknüpfung von Dokumenten sowie eine Integration der technischen Dokumentation mit den Informationen, die für Diagnose und Service benötigt werden [4]. Dies bedeutet einerseits, daß Informationen, die für Wartungs- und Instandhaltungsarbeiten an einer Baueinheit benötigt werden und auf Konstruktionszeichnung, Stromlaufplan und Stückliste verteilt sind, nicht mehr in verschiedenen Dokumentationsordnern zu suchen sind. Andererseits

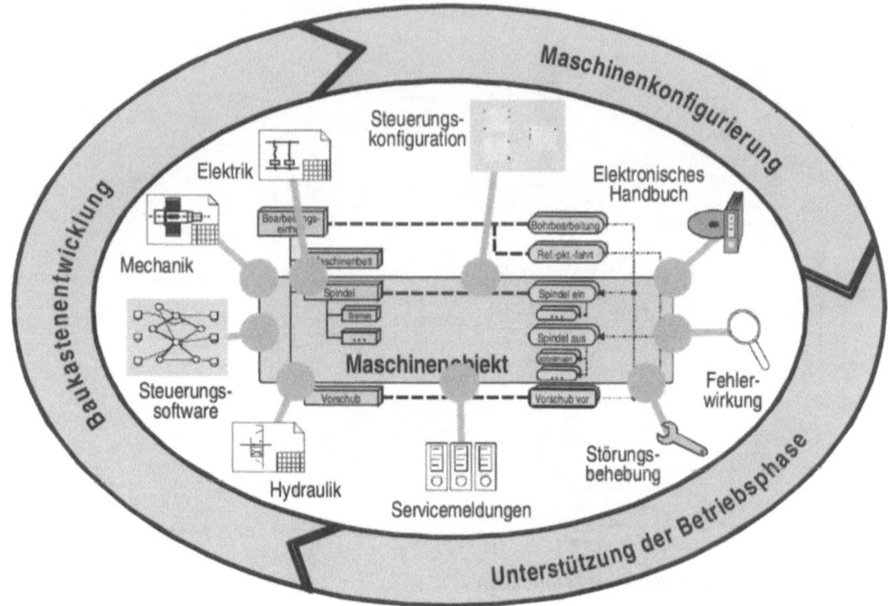

Bild 5. Maschinenobjekte als gemeinsame Basis für Steuerungssoftwareentwicklung und Informationsstrukturierung in Anlageninformationssystemen

seits erleichtern die modellierten Zusammenhänge das Erkennen bislang unbekannter Störungsursachen.

Die wirtschaftliche Erstellung von Anlageninformationssystemen ist beim Anlagenhersteller durch eine systematische Informationsstrukturierung und das konstruktionsbegleitende Einbringen von Dokumenten gewährleistet. Dabei kommt das gleiche auf Maschinenobjekten basierende Informationsstrukturmodell (Bild 5) zur Anwendung wie bei der Entwicklung von Steuerungssoftware (Bild 1). Eine effektive Diagnoseunterstützung ist nahezu aufwandsneutral möglich, da der Hersteller Basisdiagnoseinformationen bereitstellen kann, die während des Betriebs um Erfahrungswissen ergänzt werden. Die Eingabe des Erfahrungswissens wird wiederum durch das Informationsmodell unterstützt, so daß freie Texteingaben weitgehend vermieden werden. Ein Servicedatenkreislauf entsteht, indem das Erfahrungswissen über mehrere Betreiber und verschiedene Varianten eines Maschinentyps hinweg zusammengeführt wird.

Die Entwicklung von Produktionsinformationssystemen und Serviceinformationssystemen erfolgt ähnlich wie bei Anlageninformationssystemen, wobei diese Informationssysteme enge Verknüpfungen aufweisen.

4
Resümee und Ausblick

In Abhängigkeit vom jeweiligen Aufgabenbereich ist die Entwicklung von Steuerungs- und Informationssystemen durch spezielle Softwarelösungen gekennzeichnet. Den Konzepten sind jedoch viele Aspekte gemeinsam, u.a.

- Orientierung am Maschinenbau,
- Aufbau und Anwendung von objektorientierten Baukastenbibliotheken,
- Konfigurierung und Parametrierung,
- Durchgängigkeit vom Baukasten zum Betrieb sowie Informationsrückfluß zum Hersteller.

Ziel ist es, die vorgestellten Lösungen noch stärker zusammenzuführen, damit Steuerungs- und Informationssysteme umfassend und effizient entwikkelt werden können. Grundlage ist die Entwicklung eines gemeinsamen Informationsstrukturmodells und eines Konfigurierungswerkzeugs.

Literatur

1. Storr, A. et al.: Dezentrale, objektorientierte Konzepte in der Fertigungsleittechnik. In: Pritschow, G.; Weck, M.; Spur. G. (Hrsg.): Zukunftsweisende Steuerungs- und Maschinenkonzepte für die Fertigung. Fortschrittsber. Reihe 2. Düsseldorf: VDI-Verlag 1997, S. 144–155
2. Birrer, A. et al.: Wiederverwendung durch Framework-Technik – Vom Mythos zur Realität. OBJEKT-Spektrum (1995) 5
3. Booch, G. et al.: Unified Modeling Language (UML). Notation Guide, Version 1.0. Rational Software Corp., Santa Clara, 1997. http://www.rational.com
4. Brandl, T.: Anlageninformationssystem mit integrierter Diagnosefunktion. In: Tagungsband „Integrierte Softwaretechnik für den Maschinenbau". Inst. f. Steuerungstech., Univ. Stuttgart 1997
5. Fleckenstein, J.: Zustandsgraphen für SPS – grafikunterstützte Programmierung und steuerungsunabhängige Darstellung. ISW 63. Berlin: Springer 1987
6. Lutz, R.; Lewek, J.: Objektorientierte Informationsmodellierung und Steuerungssoftware – rechnerunterstützt aus dem Baukasten. In: Tagungsband „Integrierte Softwaretechnik für den Maschinenbau". Inst. f. Steuerungstech., Univ. Stuttgart 1997
7. Lutz, R.; Seyfarth, M.: Konfigurierungswerkzeuge für offene Steuerungen. In diesem Werk, 1997
8. Storr, A.; Lewek, J.; Lutz R.: Modeling and reuse of object-oriented machine software. In: Tagungsband „Production 2000: Autonomous cooperative and adaptable manufacturing units in computer network". Inst. f. Steuerungstech., Univ. Stuttgart 1997
9. Storr, A.: Interdisziplinäre Informationsmodellierung – Herausforderung an den Maschinen- und Anlagenbau. In: Tagungsband „Integrierte Softwaretechnik für den Maschinenbau". Inst. f. Steuerungstech., Univ. Stuttgart 1997
10. Storr, A., Uhl, J.; Wehlan, H.: Unterscheidungsmerkmale von Produktionsleitsystemen in der Verfahrens- und in der Fertigungsleittechnik. atp 38 (1996) 8, S. 10–18
11. Uhl, J.: Entwurfssystematik für ein dezentral strukturiertes, objektorientiertes Fertigungsleitsystem am Beispiel DNC und Auftragsdurchsetzung. (Diss. i. Vorb.). Berlin: Springer
12. Tönshoff, H.K. et al.: Autonome, kooperative Produktionssysteme. VDI-Z 138 (1996) 9, S. 22–25

PC-Steuerung: Alternativen und Einsatzverfahren

A. Schweiker

1 Einleitung

Mit seiner zunehmenden Bedeutung als standardisierte Basis in allen Bereichen der Informationsverarbeitung hält der PC auch vermehrt Einzug in die Steuerungstechnik. Dort bildet er jedoch i. allg. nicht die Basis des Steuerungssystems, sondern stellt meist eine zusätzliche Komponente dar, um beispielsweise eine vollgrafische Benutzungsoberfläche auf Basis von Windows-Systemen realisieren zu können. In dieser Einsatzform bietet der PC jedoch nur einen bedingten Kostenvorteil, da alle weiteren Steuerungsfunktionen nach wie vor auf spezialisierten und damit auch teuren Steuerungskomponenten ablaufen.

Die industrielle Nutzung des PC als Plattform für komplette numerische Steuerungssysteme steht noch aus. Da die Leistungs- und Kostendaten heutiger PCs für einen solchen Einsatz sprechen, sind die softwaretechnischen Realisierungsmöglichkeiten abzuklären und Lösungswege aufzuzeigen. Durch die starke Ausrichtung des PCs auf den Bürokommunikationsmarkt wurden wichtige Aspekte für den Automatisierungsbereich wie „Echtzeitfähigkeit“ und „industrielle Robustheit“ nicht als Standardmerkmal bei der Entwicklung der Systeme berücksichtigt. Erst durch jüngste Entwicklungen ist die Echtzeitfähigkeit unter Windows realisierbar und damit die Basis für den Einsatz des PC in Steuerungssystemen geschaffen.

Im folgenden werden die Möglichkeiten für PC-basierte Steuerungssysteme beschrieben und anhand der Realisierung einer Fünfachsensteuerung auf Basis einer PC-Einprozessorlösung detaillierter erläutert [1].

2 PC und Echtzeitfähigkeit

Derzeit existieren mehrere Lösungen bzw. Lösungsansätze für Echtzeiterweiterungen auf PC-Basis. Neben den bekannten Mehrprozessorlösungen sollen hier verschiedene Ausführungsformen von Einprozessorlösungen vorgestellt und kurz bewertet werden.

2.1 DOS-basierte Lösung

Lösungen wie RT-Kernel, iRMX oder RTXDOS bauen auf dem Betriebssystem DOS auf und ermöglichen die Realisierung von kostengünstigen Steuerungssystemen. Für einen zukunftssicheren Einsatz eignen sich diese DOS-basierten Lösungen langfristig jedoch nicht.

2.2 Lösung mit einem Echtzeitbetriebssystem (ohne Windows)

Das Betriebssystem Windows wird durch ein Echtzeitbetriebssystem ersetzt. Beispiele hierfür sind QNX, OS/9 oder pSOS. Entscheidender Nachteil bei dieser Lösung ist jedoch, daß keine Windows-basierte Benutzungsoberfläche realisiert werden kann.

2.3 Echtzeitfähiges Windows durch Softwareerweiterung

Um die für die Steuerungsaufgaben benötigten Echtzeiteigenschaften zu erreichen, wird Windows um ein Echtzeitsystem erweitert, das als Treiber mitläuft. Über spezielle Echtzeitbibliotheksfunktionen können z.B. das Prozeß- und Interruptmanagement rein softwaremäßig gesteuert werden.

Ein solches System wird derzeit von der VenturCom Inc. auf Basis von Windows NT entwickelt. Da es frühestens im Herbst '97 verfügbar sein wird, konnte dieser Lösungsansatz noch nicht berücksichtigt werden.

2.4 Echtzeitbetriebssystem mit Windows-Emulation

Windows wird hierbei durch ein Echtzeitbetriebssystem ersetzt, das neben den üblichen Funktionen zusätzlich eine ausreichende Kompatibilität zu Windows hat.

Der Vorteil dieser Lösung ist, daß der zeitkritische Anteil der Steuerungssoftware speziell dem Echtzeitbetriebssystem angepaßt werden kann, der nichtzeitkritische Anteil wie die Benutzungsoberfläche jedoch als Windows-Applikation realisierbar ist. Das Echtzeitbetriebssystem behält dabei die Kontrolle über Windows. Ein Beispiel hierfür ist RMOS.

Diese Lösung weist jedoch mehrere Nachteile auf: Performance-Verluste durch die Windows-Emulation sind ebenso zu erwarten wie Einschränkungen der Windows-Emulation gegenüber dem original Microsoft-Windows; die Weiter- und Neuentwicklung von Treibern ist stets fraglich.

2.5 Windows und Echtzeitbetriebssystem parallel

Bei dieser Lösung existieren Windows und ein Echtzeitbetriebssystem nebeneinander im Speicher, wobei Windows stets die niedrigere Priorität hat. Der Wechsel zwischen den beiden Betriebssystemen erfolgt über ein speziel-

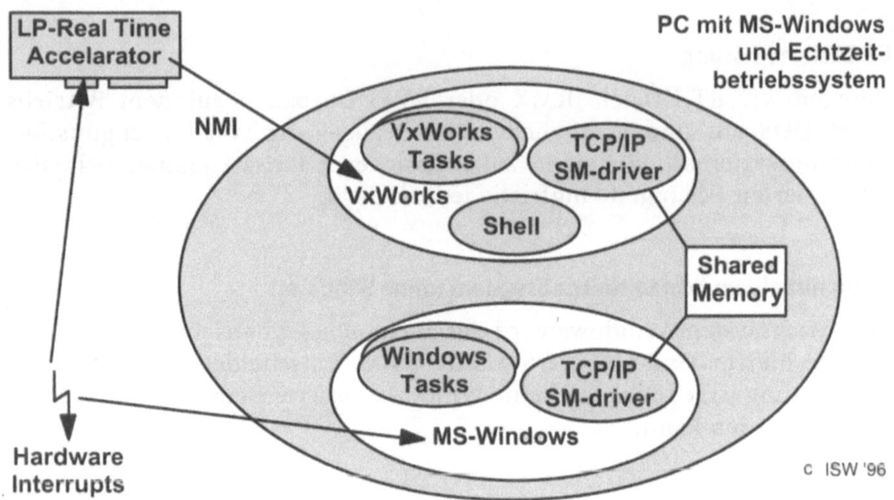

Bild 1. Echtzeitfähigkeit durch Auslösen eines NMI

les Interrupt-Handling, wofür der nichtmaskierbare Interrupt (NMI) des Prozessors benutzt wird.

Die LP-Elektronik GmbH, Weingarten, entwickelte einen NMI-Ticker, der als Umschalter zwischen Windows 95 und dem Echtzeitbetriebssystem VxWorks der WindRiver Systems GmbH dient [2]. Die Echtzeitanforderungen der zeitkritischen Teile der Steuerungssoftware können mit dieser Lösung garantiert werden. Ein Nachteil ist jedoch, daß die PCI-Spezifikation kein NMI-Signal kennt. Dies könnte den eventuell bevorstehenden Übergang von ISA- auf PCI-Bus erschweren (Bild 1).

2.6
Echtzeitfähiges Windows durch Hardwareerweiterung (ohne Echtzeitbetriebssystem)

Dieses System ist mit dem unter 2.5 beschriebenen identisch, jedoch wird auf ein Echtzeitbetriebssystem gänzlich verzichtet. Echtzeitkritische Anwendungen werden an einen Interrupt gehängt und können somit ihre Funktionalität garantieren. Das Fehlen eines Echtzeitbetriebssystems bzw. seiner Entwicklungstools (Hochsprachen-Debugger, Analysetools usw.) kann auf der einen Seite Kosten sparen, auf der anderen Seite jedoch auch die effiziente und damit kostengünstige Entwicklung von Software erschweren. Als Beispiel kann hier „RTWin" der LP-Elektronik genannt werden.

3 Komponentenauswahl

3.1 Echtzeiterweiterung für den PC

Auf Basis der z.Z. verfügbaren Systeme und den genannten Vor- und Nachteilen wurde die Lösung der LP-Elektronik mit dem Echtzeitbetriebssystem VxWorks und Windows 95 als „Einprozessorlösung" ausgewählt. Damit konnten zum einen die Entwicklungswerkzeuge von VxWorks verwendet und zum anderen konnte eine Windows-basierte Benutzungsoberfläche eingesetzt werden.

3.2 Steuerungshardware

Für die Hardwareauswahl sollen folgende Anforderungen gelten:

- Einsatz von Standardhardware mit handelsüblichen Bauteilen,
- Rechnerausstattung für Steuerungs-, Entwicklungs- und Testsystem geeignet,
- Übertragbarkeit der Lösung auch auf andere Hardwarelösungen.

Hierfür ausgewählt wurde ein Industrie-PC mit Pentium-Prozessor (166 MHz); Tests sollten zeigen, ob diese Leistungsklasse den Systemanforderungen genügt. Angestrebt wurde ein Interpolationstakt von ca. 5 ms. Auch für den benötigten Speicherplatz wurde von einer Standardausstattung für einen leistungsfähigen Arbeits- und Entwicklungsrechner ausgegangen (48MB RAM). Die Festplattengröße wurde als unkritisch angesehen.

Alle übrigen Komponenten wie Mainboard, CD-ROM, Diskettenlaufwerk und Netzwerkkarte entsprechen dem üblichen Qualitätsstandard von Industrie-PCs.

3.3 Steuerungssoftware

Folgende Anforderungen an die Anwendungssoftware lassen sich definieren [3]:

- Einsatz objektorientierter Methoden von der Formulierung der Anforderungen bis zur softwaretechnischen Realisierung,
- modulare Anwendungssoftware nach dem Baukastenprinzip,
- Interoperabilität durch reibungslose Zusammenarbeit der einzelnen Bausteine,
- Trennung der Anwendungssoftware von systemspezifischen Softwareteilen durch eine nach außen einheitliche Systemplattform mit standardisierten Softwareschnittstellen,
- Portabilität bereits entwickelter Applikationssoftware mit sehr geringem Anpassungsaufwand,
- einfache Wartung der eingesetzten Software und Schulung.

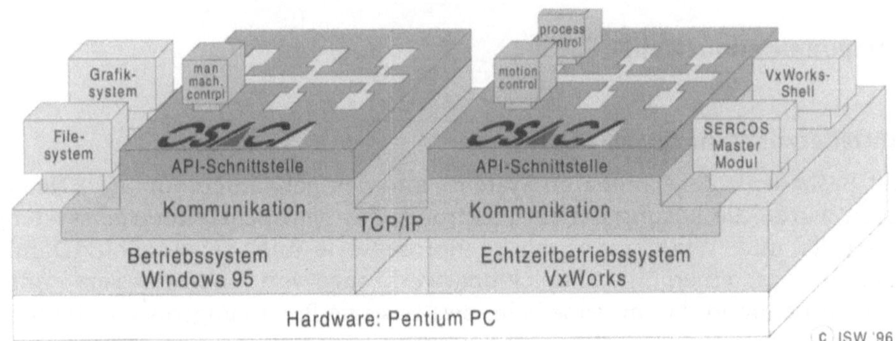

Bild 2. Steuerungsplattform OSACA für eine Fünfachsensteuerung als Einprozessorlösung

Diese Anforderungen werden durch offene Steuerungen erfüllt, die auf Standards basieren. Das europäische Verbundvorhaben OSACA (Open System Architecture for Controls within Automation Systems), an dem führende europäische Steuerungs- und Werkzeugmaschinenhersteller sowie Forschungseinrichtungen beteiligt waren, erarbeitete herstellerübergreifende Konventionen für ein offenes Steuerungssystem [4].

Die OSACA-Systemplattform wurde als softwaretechnische Basis für die Realisierung des offenen PC-basierten Steuerungssystems gewählt. Die Steuerungsmodule entstammen dem offenen Baukastensystem für Steuerungssoftware der Industrielle Steuerungstechnik GmbH, Stuttgart [5] (Bild 2).

3.4 Antriebsschnittstelle

Für die Antriebsschnittstelle wurden folgende Anforderungen formuliert:

- Verwendung von Standardkomponenten,
- offene Antriebsschnittstelle,
- Berücksichtigung von Einschränkungen bei Steckplätzen im PC.

Seit 1990 wurde in einem gemeinsamen Arbeitskreis des Vereins Deutscher Werkzeugmaschinen e.V. (VDW) und des Fachverbands Elektrische Antriebe im Zentralverband der Elektrotechnik- und Elektronikindustrie e.V. (ZVEI) die Spezifikation der digitalen Antriebsschnittstelle SERCOS entwickelt. Sie ist als offene, herstellerunabhängige Schnittstelle die einzige standardisierte Spezifikation im Bereich der digitalen Antriebsschnittstellen. Ganz im Sinne der Forderung nach offenen Steuerungssystemen mit einheitlichen Schnittstellen erlaubt SERCOS eine Unabhängigkeit von zahlreichen firmenspezifischen digitalen Antriebsschnittstellen, die oft das Einbringen von Fremdantrieben nicht unterstützen oder deren Spezifikation erst gar nicht offengelegt wird.

Die Verfügbarkeit von Hardwarekomponenten zur SERCOS-Ansteuerung auf PC-Basis und die genannten Vorteile der SERCOS-Antriebsschnittstelle machten die Entscheidung für SERCOS-Antriebe leicht.

4
Realisierung des Steuerungssystems

Für praktische Tests des Steuerungssystems wurde die 5-Achs-Modellmaschine des ISW verwendet. Bewußt wurde eine technisch sehr anspruchsvolle Bearbeitung gewählt, um die Leistungsfähigkeit der PC-Steuerung zu untersuchen. Die Realisierung des Gesamtsystems wurde in systematischen Schritten durchgeführt und die Steuerung in Betrieb genommen:

- Realisierung einer Simulationsversion ohne Antriebe,
- Anbindung von SERCOS-Antrieben über die Antriebsschnittstelle,
- erste Inbetriebnahme der PC-basierten Steuerung an der 5-Achs-Modellmaschine,
- Anschluß der Handräder,
- Einbindung eines I/O-Moduls für SPS-Funktionen.

Die Windows-basierte Benutzungsoberfläche wurde mit Hilfe des BOSS-Werkzeugs erstellt [6]. Dabei kann der Anwender seine individuelle Oberflächenmaske frei konfigurieren und seinen Anforderungen anpassen.

Zur Beurteilung der Prozessorauslastung wurden Zeitmessungen über das Systemverhalten durchgeführt und die Minimal- und Maximalwerte für die Tasklaufzeiten ermittelt. Dabei ergaben sich für den Echtzeitteil der Steuerung (Interpolation, Transformation, Versorgung der SERCOS-Schnittstelle usw.) Laufzeiten von 200–800 μs, für die Satzvorbereitung (Decoder, Werkzeugradiuskorrektur, Bahnvorbereitung usw.) Laufzeiten <800 μs. Die Maximalwerte ergaben sich beim Abarbeiten eines typischen Bearbeitungsprogramms mit komplexer kinematischer Transformation sowie kurzen Verfahrsätzen.

An den Meßwerten ist zu erkennen, daß die Zykluszeit auf VxWorks-Seite auf unter 5 ms reduziert werden kann. Unter Berücksichtigung der Prozessorzuteilung für Windows 95 und der Benutzungsoberfläche wurde die Zykluszeit zunächst auf 5 ms eingestellt (Bild 3).

5
Bisherige Bilanz und Ausblick

Erste Systemerfahrungen zeigen ein stabiles und zuverlässiges Verhalten. Parallel zu Bearbeitungsvorgängen an der Modellmaschine erfolgten unter Windows zeitgleich Filezugriffe, Compilerläufe oder auch Formatierungsvorgänge von Disketten. Der PC konnte damit als Steuerungssystem und Entwicklungsrechner gleichzeitig benutzt werden.

Die ansonsten sehr einfache Plug-and-Play-Technik von Windows 95 beim Installieren einer Netzwerkkarte oder einer Maus mußte bei der Installation von VxWorks allerdings manuell korrigiert werden, was einige Systemkenntnisse voraussetzt.

Positiv zu bemerken ist die kurze Einarbeitungszeit in die Entwicklungsumgebung von VxWorks. Hilfreich ist in diesem Zusammenhang auch ein

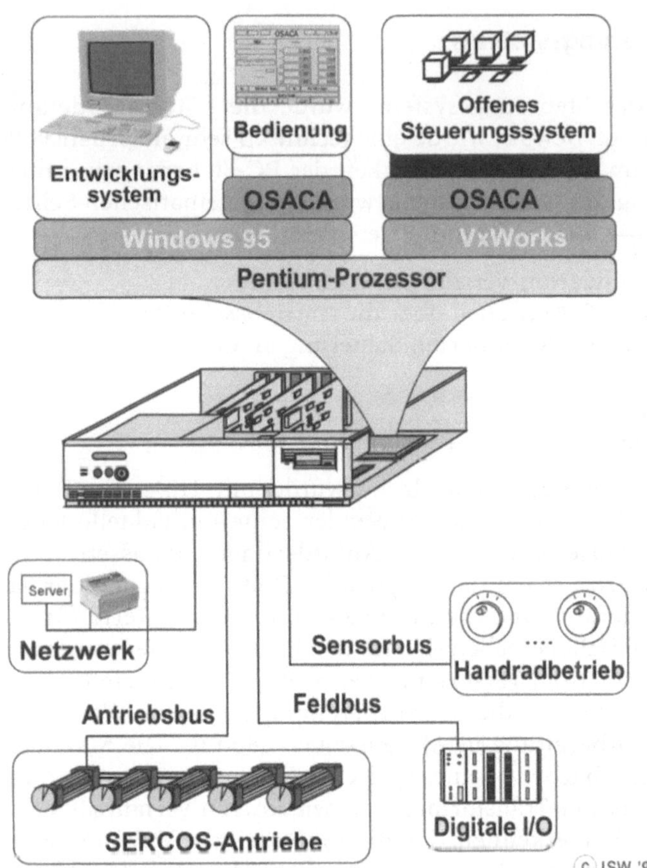

Bild 3. Gesamtstruktur der Einprozessorlösung: Entwicklungs-, Test- und Laufzeitsystem

Zusatztool, das eine zeitliche Systemanalyse durch grafische Darstellung erlaubt, um z.B. die Tasksynchronisation oder das Laufzeitverhalten zu ermitteln.

Mit der Realisierung der Einprozessorlösung für die 5-Achs-Modellmaschine konnte gezeigt werden, wie eine ganzheitliche Lösung vom Entwurf bis zum lauffähigen Steuerungssystem auf PC-Basis vorgenommen werden kann. Mit der Messung verschiedener Laufzeiten, insbesondere der Reaktionszeit auf den zyklischen Interrupt, konnte der Nachweis erbracht werden, auch Reaktionszeiten im Mikrosekundenbereich auf externe Ereignisse zu garantieren. Damit eignet sich der PC als Einprozessorlösung mit Windows-basiertem Betriebssystem und Echtzeiterweiterung für ein komplettes Steuerungssystem.

Neue, rein auf softwaretechnischen Erweiterungen basierende Echtzeit-Windows-Plattformen sind bereits von verschiedenen Herstellern angekündigt und werden auf ihre Tauglichkeit zu prüfen sein.

Literatur

1. Pritschow, G.; Hohenadel, J.: Offene PC-basierte Einprozessorsysteme für eine 5-Achs-Modellmaschine. Proc. Assistententreffen ABS. Düsseldorf: VDI-Verlag 1996
2. Munz, H.: Echtzeit trotz PC – Kostengünstige Einprozessorlösung für Windows- und echtzeitorientierte Anwendungen. Arbeitstagung Steuerungstechnik 96. Stuttgart: FISW Selbstverlag 1996
3. Sperling, W.: Einheitliche Softwareschnittstelle zur wirtschaftlichen Entwicklung von Anwendungssoftware. Arbeitstagung Steuerungstechnik 96. Stuttgart: FISW Selbstverlag 1996
4. Pritschow, G.; Daniel, C.; Junghans, G.; Sperling, W.: Open system controllers – a challenge for the future of the machine tool industry. CIRP Annals. Bern, Stuttgart: Verlag Technische Rundschau 1993. Vol. 42/1/1993, S. 449–452
5. Scheifele, D.: Merkmale offener Steuerungstechnik. HOB, Die Holzbearbeitung 11/93. Ludwigsburg: AGT-Verlag Thum 1993
6. BOSS – Konfigurierbares Bediensystem für offene Steuerungen auf PC-Basis. Handbuch, STZ, ISW [u.a.] 1996

Konfigurierungswerkzeuge für offene Steuerungen

R. Lutz, M. Seyfarth

1 Einleitung

Bei der Herstellung von Maschinen und Produktionssystemen ist die Steuerungssoftware inzwischen zu einer bestimmenden Größe des Wertschöpfungsanteils geworden. Sie umfaßt teilweise mehr als 50% und realisiert maschinennahe Steuerungsfunktionen, NC-Kernfunktionen sowie Zellen- und Leitfunktionen. Die wirtschaftliche und flexible Erstellung qualitativ hochwertiger Steuerungssoftware erfordert daher systematische, ingenieurmäßige Vorgehensweisen unter Wiederverwendung erprobter Lösungen.

Durch den Einsatz offener Steuerungsarchitekturen und standardisierter Programmierkonzepte sowie der Nutzung objektorientierter Modellierungsmethoden ergeben sich hier neue Möglichkeiten: Steuerungssysteme lassen sich einheitlich und je nach gefordertem Funktionsumfang und gewünschter Leistungsfähigkeit individuell nach dem Baukastenprinzip aus Bibliotheken konfigurieren.

Methoden und Werkzeuge zur Steuerungskonfigurierung wurden in den vom BMBF geförderten Verbundprojekten MOWIMA (Modellierung und Wiederverwendung objektorientierter Maschinensoftware) [5, 6] und HÜMNOS (Entwicklung herstellerübergreifender Module für den nutzerorientierten Einsatz der offenen Steuerungsarchitektur) konzipiert und prototypisch realisiert. Grundlagen hierzu bilden der Programmierstandard IEC 1131-3 [2] und der darauf aufsetzende Normentwurf zur IEC 1499 [3], bzw. Steuerungsplattformen, basierend auf der OSACA-Referenzarchitektur [4, 7, 8].

2 Vorgehensweise bei der Konfigurierung

Die Konfigurierung nach dem Baukastenprinzip ist ein zweistufiger Prozeß (Bild 1). Zunächst muß ein Baukasten, der eine projektneutrale Beschreibung des Maschinentyps und seiner Bausteine enthält, definiert werden. Hieraus lassen sich dann Steuerungen projektspezifisch konfigurieren.

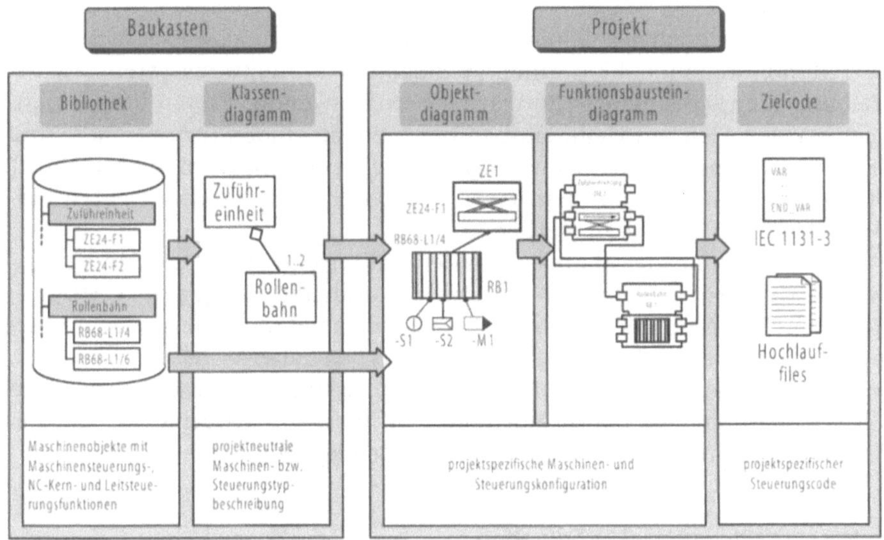

Bild 1. Prinzip des Konfigurierungsvorgangs

2.1 Definieren eines Baukastens

Ein Baukasten besteht aus einer Bibliothek sowie der Baukastensystematik. Um der notwendigen Integration der Softwareerstellung in den ingenieurmäßigen Konstruktionsprozeß Rechnung zu tragen, werden in der Bibliothek sog. „Maschinenobjekte" als gekapselte und unabhängige Module, die sowohl bauliche als auch funktionale Informationen sowie Dokumentationen enthalten, definiert. Durch diese verschiedenen Sichten dient die Konfigurierung mit Maschinenobjekten neben der Erstellung von Steuerungssoftware auch dem Aufbau von Informationssystemen [1].

Maschinenobjekte werden in der Bibliothek als sog. „Klassen" gespeichert. Zur Strukturierung der Bibliothek werden die objektorientierten Prinzipien der Abstraktion und Vererbung verwendet. Abstrakte Klassen (z.B. „Rollenbahn" oder „Zuführeinheit") dienen lediglich der Klassifizierung. Durch Unterklassenbildung können hieraus konkrete (instanziierbare) Klassen, sog. Varianten (z.B. „Rollenbahn RB68-1/6" oder „Zuführeinheit ZE24-F1"), abgeleitet werden. Zur Beschreibung der Klassen gehören

- allgemeine Verwaltungsdaten (z.B. Hersteller, Version etc.),
- Implementierung in einer gemäß den Anforderungen günstigen Sprache, z.B. in C++, nach IEC 1131-3, mit Zustandsgraphen [10] oder in UML (Unified Modeling Language, [9]),
- Angaben über die sich hieraus ergebenden Kommunikationsschnittstellen sowie
- Parametrierungsinformationen.

Um unter Nutzung einer solchen Bibliothek die Steuerungssoftware projektübergreifend für einen Maschinentyp oder ein Produktionssystem zu beschreiben, ist entsprechendes Entwurfswissen notwendig. Da ein Maschinentyp immer den gleichen Grundaufbau mit Freiheitsgraden für optionale und alternative Komponenten besitzt, kann durch eine „Baukastensystematik" ein projektneutrales Zusammenwirken der in der Bibliothek abgelegten Maschinenobjekte beschrieben werden.

Die Beschreibung der Baukastensystematik erfolgt mit Klassendiagrammen. Hierzu werden Elemente der Unified Modeling Language (UML), einer universellen Modellierungssprache aus der objektorientierten Softwaretechnik, verwendet und um die Beziehungstypen „alternativ" (*entweder … oder …*) und „restriktion" (*wenn … dann …*) ergänzt, so daß die in der Praxis des Maschinenbaus häufig notwendigen Ausschlußkriterien für die Beschreibung von Sonderfällen abgebildet werden können.

2.2 Erstellen einer Steuerungskonfiguration

Für das Erstellen einer Steuerungskonfiguration kann auf Grundlage der Klassendiagramme eine Musterlösung durch eine sog. „Objektdiagrammvorlage" vorgegeben werden. Die Objektdiagrammmvorlage enthält Platzhalter für Maschinenobjekte. Das Ersetzen dieser Platzhalter erfolgt durch Instanziieren konkreter Klassen aus der Bibliothek unter Beachtung der im Klassendiagramm vorgegebenen Restriktionen und Kardinalitäten sowie die durch die Vererbungsstruktur der Bibliothek festgelegten Varianten.

Beim Instanziieren der Maschinenobjekte wird durch Parametrierung die letztendlich gewünschte Funktion festgelegt. In der Funktionsbausteindarstellung, in der man explizit die Steuerungskonfigurierung betrachtet, wird jedes Maschinenobjekt als Blackbox lediglich durch seine Kommunikationsschnittstellen dargestellt. Der Anwender kann in dieser Darstellung die Steuerungskonfiguration durch grafische Verbindungen vervollständigen.

2.3 Generieren des Zielcodes

Nach Abschluß des Konfigurierungsvorgangs wird, basierend auf der erstellten Konfiguration, der Zielcode für die Steuerung generiert. Für Steuerungen nach IEC 1131-3 geschieht dies in Form einer Anweisungsliste (AWL), aus der mit Hilfe eines Compilers der steuerungsspezifische Code erzeugt wird. Für OSACA-Steuerungen werden sog. „Hochlauf-Files" generiert, wobei durch Postprozessoren herstellerspezifische Formate möglich sind. Auf der Steuerung werden die Hochlauf-Files von einem Konfigurations-Laufzeitsystem eingelesen und interpretiert.

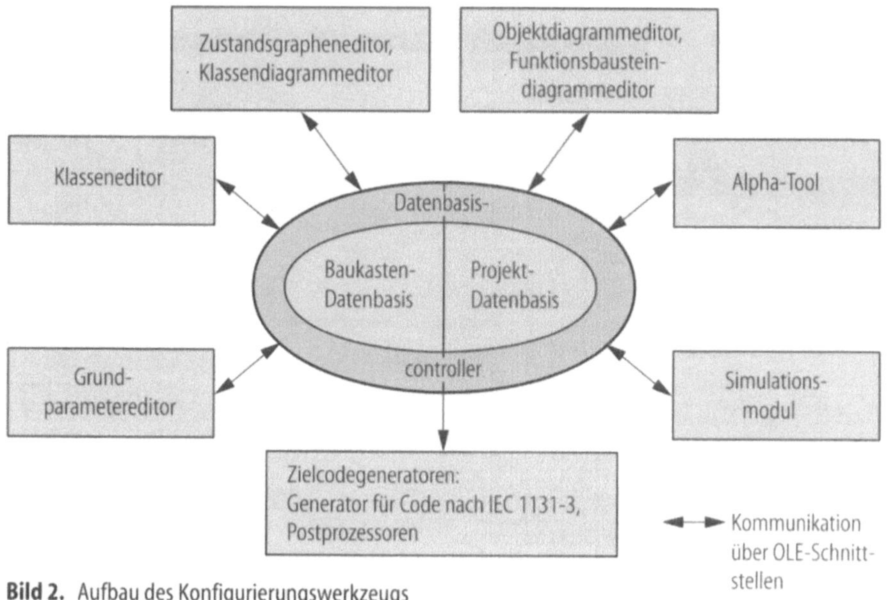

Bild 2. Aufbau des Konfigurierungswerkzeugs

3
Beschreibung des Konfigurierungswerkzeugs

Zur Unterstützung des vorgestellten Konfigurierungsprinzips wurden in den Verbundprojekten MOWIMA und HÜMNOS gemeinsam mit Industriepartnern prototypisch Komponenten für ein Konfigurierungswerkzeug erstellt (Bild 2).

Den Kern eines Baukastens bzw. eines Projekts bildet jeweils eine auf einer Datenbank basierende Datenbasis, wobei einer Projekt-Datenbasis jeweils eine Baukasten-Datenbasis zugeordnet ist. Über einen Kapselungsbaustein, den sog. „Datenbasiscontroller", wird der Zugriff der einzelnen Werkzeugkomponenten gesteuert. Er beinhaltet Prüfmechanismen, durch die sowohl während als auch nach der Erstellungsphase die Konfiguration auf Konsistenz und Vollständigkeit getestet werden kann. Über OLE-(Object Linking and Embedding-)Schnittstellen des Datenbasiscontrollers wird gewährleistet, daß weitere Werkzeugkomponenten an die Datenbasen gekoppelt werden können.

3.1
Werkzeugkomponenten für die Konfigurierung nach IEC 1131-3

Für den Entwurf maschinennaher Steuerungsfunktionen wird günstigerweise die Zustandsgraphenmethode in Verbindung mit den Programmiersprachen der IEC 1131-3 verwendet. Durch die funktionale, hierarchische Strukturierung sowie die vollständige Kapselung der Softwarebausteine mit definierten Kontroll- und Datenflußschnittstellen bietet sie eine gute Voraus-

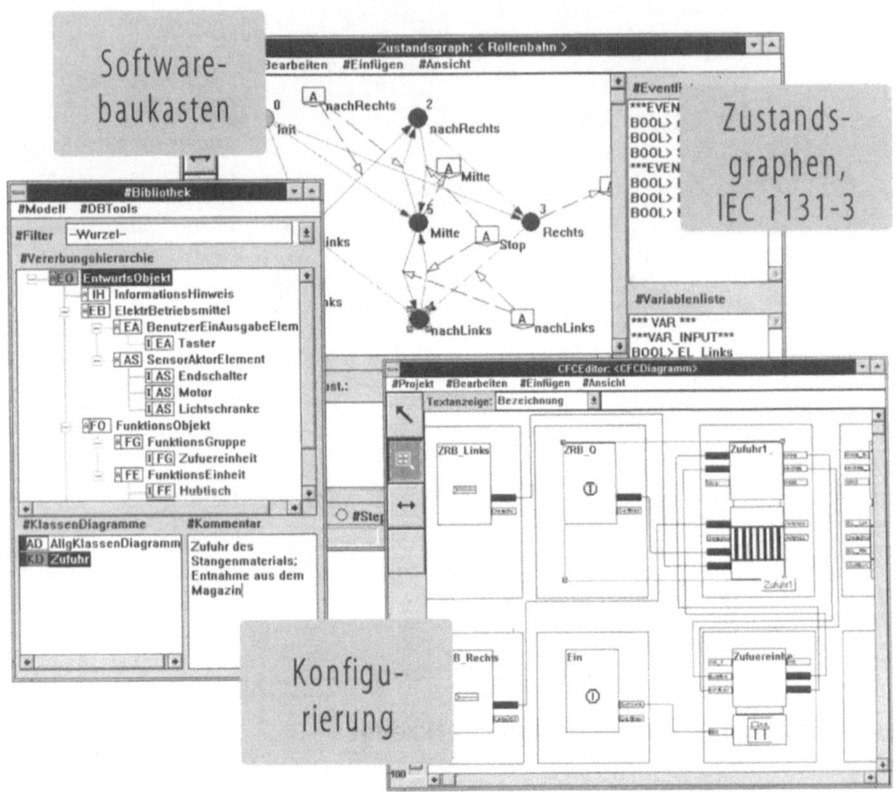

Bild 3. Übersicht MoWiMa-CASE-Tool-Prototyp

setzung für konfigurierbare Baukastensysteme. Für jede (konkrete) Klasse in der Bibliothek wird ein Zustandsgraph modelliert, aus dem mit Hilfe eines Codegenerators ein Funktionsbaustein (FB) nach IEC 1131-3 bzw. IEC 1499 erzeugt werden kann. Als Erweiterung der IEC 1131-3 werden in der IEC 1499 Funktionsbausteine, die mit Zustandsgraphen modelliert sind, als Blöcke mit Kontroll- und Datenflußschnittstellen (Input- und Output-Events bzw. -Variablen) dargestellt. Die Vervollständigung der Steuerungskonfiguration wird schließlich durch grafisches Verbinden der Kontroll- und Datenflußschnittstellen in Form eines Funktionsbausteindiagramms erreicht.

Die im Verbundprojekt MOWIMA realisierten Werkzeugkomponenten umfassen (Bild 3)

- Übersichtsbrowser für die Baukasten- und Projektdatenbasen,
- einen Editor für die Klassendefinition, einen Zustandsgraphen- sowie einen Klassendiagrammen-Editor zum Aufbau von Softwarebaukästen,
- grafische Editoren für Objekt- und Funktionsbausteindiagramme sowie einen Codegenerator für AWL nach IEC 1131-3 zur Projekterstellung.

Über einen integrierten Compiler sowie eine Soft-SPS kann die erstellte Steuerungskonfiguration direkt auf dem Arbeitsrechner getestet werden. Die Kopplung der MOWIMA-Werkzeugkomponenten, auch mit externen Werkzeugen (z.B. für die Dokumentationserstellung) und Steuerungssystemen, wird basierend auf dem von Microsoft für Windows entwickelten OLE- bzw. OPC-Konzept (OLE for Process Control) [11] realisiert. OPC stellt einen Kommunikationsstandard basierend auf OLE dar, der eine effiziente und einfache Kommunikation zwischen verschiedenen Automatisierungsebenen (Prozeßleit- und Steuerungsebene mit intelligenten Feldbussystemen und Visualisierungssystemen etc.) ermöglichen soll.

3.2 Werkzeugkomponenten für die Konfigurierung von OSACA-Architekturobjekten

Aufbauend auf den MOWIMA-Ergebnissen, wurden in HÜMNOS Werkzeugkomponenten für die Konfigurierung offener Steuerungen, basierend auf der OSACA-Referenzarchitektur, erstellt:

- Über einen Editor und einen zugehörigen Interpreter lassen sich Klassenbeschreibungs-Files in textueller Form erstellen und austauschen.
- Über das Modul „Grundparametrierung" können Parameterwerte der Architekturobjekte eingestellt werden.
- Ergänzend zur grafischen Darstellung einer Konfiguration wurde eine textuelle Beschreibung spezifiziert, die über ein sog. „Alpha-Tool" modifiziert werden kann. Das Tool ist dazu gedacht, auf der Steuerungsplattform implementiert zu werden und dort einen schnellen Zugang auf die Konfiguration zu ermöglichen.
- Über die dynamische Simulation einer Steuerungskonfiguration kann diese auf einem externen Simulationsrechner oder auf der Steuerungsplattform ausgetestet werden. Dummy-Architekturobjekte ermöglichen die Nachbildung fehlender Steuerungsfunktionalität. Zugriffe auf E/A-Schnittstellen lassen sich real durchführen oder über spezielle Simulationsmodule nachbilden.
- Mittels Postprozessoren kann man Hochlauf-Files generieren, die auf die Steuerungsplattform übertragen und dort von einem Konfigurations-Laufzeitsystem interpretiert werden können.

4 Zusammenfassung

Im Rahmen von MOWIMA und HÜMNOS wurden Vorgehensweisen und Methoden für die Steuerungskonfigurierung erarbeitet. Sie beschreiben den Aufbau und die Nutzung objektorientierter Software-Baukastensysteme, für die neben einer Bibliothek mit wiederverwendbaren Maschinenobjekten, Entwurfsinformation über ihr Zusammenwirken in Form von Klassendiagrammen hinterlegt ist. Es wurde hierfür eine Beschreibungssprache festgelegt, welche auf der objektorientierten Modellierungsmethode UML basiert und den speziellen Bedürfnissen im Maschinen- und Anlagenbau sowie der Steuerungsprogrammierung mit Zustandsgraphen nach IEC 1131-3 bzw. der OSACA-Referenzarchitektur angepaßt ist.

Die prototypisch realisierten Werkzeugkomponenten ermöglichen es, die durch die Offenheit der Steuerungen möglichen Integrations- und Adaptionsfreiräume einheitlich und anwenderorientiert zu nutzen. Die Komplexität heutiger Steuerungssysteme läßt sich somit effizient nutzen.

Literatur

1. Brandl, T.; Driller, J.; Uhl, J.: Softwaretechnik für Steuerungs- und Informationssysteme in der Produktion. Beitr. z. Fertig.-tech. Kol. (FTK), Stuttgart 1997
2. DIN-IEC 1131-3: Speicherprogrammierbare Steuerungen. Teil 3: Programmiersprachen. Berlin, Köln: Beuth 1991
3. IEC TC65/WG6: Function blocks for industrial-process measurement and control. Working Draft for IEC 1499 (1996)
4. Pritschow, G. et al.: Open system controllers – a challenge for the future of the machine tool industry. Annals of the CIRP, Vol. 42/1/993. Bern: Verlag Techn. Rundschau 1993, S. 449–452
5. Storr, A.; Lewek, J.; Lutz, R.: Modeling and reuse of object-oriented machine software. In: Tagungsband „Production 2000: autonomous cooperative and adaptable manufacturing units in computer network", Inst. f. Steuerungstechn., Univ. Stuttgart 1997
6. Lutz, R.; Lewek, J.: Objektorientierte Informationsmodellierung und Steuerungssoftware – rechnerunterstützt aus dem Baukasten. In: Tagungsband „Integrierte Steuerungstechnik für den Maschinenbau", Inst. f. Steuerungstech., Univ. Stuttgart 1997
7. Sperling, W.; Lutz, P.: Enabling Open Control Systems - An Introduction to the OSACA System Platform. In: Jamshidi, M. et al. (Hrsg.): Robotics and manufacturing, Vol. 6. Proc. 6th Int. Symp. on Robotics and Manufacturing, Montpellier 28–30 May 1996. ASME Press 1996
8. Weck, M.: Die offene Steuerung – Zentraler Baustein leistungsfähiger Produktionsanlagen. Wettbewerbsfaktor Produktionstechnik. Düsseldorf: VDI-Verlag 1993, S. 4–43.
9. Booch, G. et al.: Unified Modeling Language (UML) Notation Guide, Version 1.0. Rational Software Corporation, Santa Clara, 1997. http://www.rational.com
10. Fleckenstein, J.: Zustandsgraphen für SPS – grafikunterstützte Programmierung und steuerungsunabhängige Darstellung. ISW 63. Berlin: Springer 1987
11. Spezifikation des Kommunikationsstandards OPC (OLE for Process Control). http://www.industry.net/OPC

Automatisierte Inbetriebnahme elektromechanischer Vorschubsysteme

J. BRETSCHNEIDER

1 Einleitung

Die im Werkzeugmaschinenbau verwendeten digitalen Antriebe ermöglichen im Zusammenhang mit modernen Regelungsverfahren eine erhebliche Verbesserung der gesamten Maschinendynamik. Das Potential der digitalen Antriebe kann jedoch nur dann ausgeschöpft werden, wenn Hilfsmittel zur Verfügung stehen, die dem Maschinenhersteller die komplexe Aufgabe der maschinenspezifischen Reglereinstellung abnehmen bzw. ihn über das heutige Maß hinaus unterstützen. Stand der Technik bei der Antriebsoptimierung ist nach wie vor die manuelle Anpassung vor Ort durch qualifiziertes Personal, wobei aufgrund der Komplexität eine Antriebsoptimierung nur mit unverhältnismäßig hohem Aufwand gelingt. Dies hat zur Folge, daß die Maschinen das mögliche Optimum hinsichtlich regelungs- und maschinentechnischer Abstimmung nicht erreichen und die Kosten für die Inbetriebnahme sehr hoch sind. Aus diesem Grund wurden am Institut für Steuerungstechnik der Werkzeugmaschinen und Fertigungseinrichtungen (ISW) der Universität Stuttgart zwei Verfahren zur automatisierten Inbetriebnahme elektromechanischer Antriebssysteme entwickelt und mit Erfolg in der Praxis getestet. Beide Verfahren arbeiten prinzipiell nach derselben Methode, jedoch werden im einen Fall die optimalen Reglerkoeffizienten auf Basis der vorab identifizierten Antriebsdynamik zeitunkritisch auf einem externen PC berechnet („Offline-Verfahren“), während im anderen Fall die Optimierung der Reglerkoeffizienten während des Verfahrens des Antriebssystems in Echtzeit vorgenommen wird („On-Line-Verfahren“).

2 Automatisierte Inbetriebnahme

Ziel der automatisierten Inbetriebnahme ist die sichere und schnelle Bestimmung der Verstärkungsfaktoren des P-Lage/PI-Drehzahlreglers eines elektromechanischen Antriebssystems sowie die Justierung der optional zum Einsatz kommenden digitalen Filter des Antriebsverstärkers. In der Praxis der elektrischen Antriebstechnik hat sich für die automatisierte Inbetriebnahme die numerische Optimierung von Gütekriterien einen Namen ge-

Tabelle 1. Gütekriterien und Entwurfsbeschränkungen zur Optimierung des Führungsverhaltens

$G_1 = \sum_{k=0}^{M} \lvert x_s(k) - x_i(k) \rvert \to Min!$	Betragslineare Regelfläche der Differenz von Lage-Sollwert- und Lage-Istwertverlauf. Minimales G_1 bedeutet maximal mögliche k_v-Verstärkung.
$G_2 = \sum_{k=0}^{M} \lvert \omega_s(k) - \omega_i(k) \rvert \to Min!$	Betragslineare Regelfläche der Differenz von Drehzahl-Sollwert- und Drehzahl-Istwertverlauf. Minimales G_2 bedeutet maximal mögliche k_p-Verstärkung.
$G_3 = \frac{1}{k_v \cdot k_p} \to Min!$	Die Zielsetzung nach möglichst großen Rückführverstärkungen des P-Lage/PI-Drehzahlreglers wird durch das Gütekriterium G_3 betont.
$E_1 = \ddot{u} \leq \ddot{u}_{tol}$	Bei der Optimierung von Vorschubantrieben ist eine wesentliche Entwurfsbeschränkung die Anforderung nach überschwingfreiem bzw. definiertem Überschwingen beim Positionieren.
$E_2 = I_{peak} \leq I_{\max}$	Beschränkung des Maximalstromes bei Vorgabe einer beschleunigungsbegrenzten Lage-Sollwertrampe.
$E_3 = \frac{P_{rausch}}{P_{nutz}} = Q \leq Q_{\max}$	Die Überwachung der Rauschleistung des Stellgliedes ist eine Möglichkeit der thermischen Überwachung bzw. der Geräuschentwicklung des Antriebssystems.

macht [1, 2]. Die einzelnen Gütekriterien nehmen in Abhängigkeit von der aktuellen Reglereinstellung definierte skalare Zahlenwerte an, deren Betrag im Laufe der Optimierung minimiert werden muß. Zusätzlich lassen sich neben diesen Minimierungskriterien auch Entwurfsschranken definieren, die im Rahmen der Optimierung nicht verletzt werden dürfen. Dabei kann neben dem Führungsverhalten auch das Störverhalten des geregelten Antriebs in Betracht gezogen werden. Zur Bewertung des Führungsverhaltens sind die in Tabelle 1 aufgeführten Kriterien zu verwenden. Dabei wird von der Vorgabe einer beschleunigungsbegrenzten Lage-Sollwertrampe ausgegangen.

Für die Simulation des Störverhaltens wird ein sprungförmiger Zusatzstrom auf den Strom-Sollwert aufgeschaltet. Die Höhe des Stromsprunges kann vom Benutzer vorgegeben werden. Bei der Simulation des Störverhaltens ist der Lage-Sollwert Null vorgegeben. Zur Bewertung des Störverhaltens können die in Tabelle 2 aufgeführten Kriterien verwendet werden.

Der skalare Gütewert g zur Bewertung einer Reglereinstellung berechnet sich aus der multiplikativen Verknüpfung der Werte G und E. G wird durch eine Verknüpfung der Minimierungskriterien G_i und E durch eine Verknüpfung der Entwurfsbeschränkungen E_i wie folgt berechnet:

Tabelle 2. Gütekriterien und Entwurfsbeschränkungen zur Optimierung des Störverhaltens

$G_4 = \sum_{k=0}^{M} \lvert 0 - x_i(k) \rvert \cdot k \to Min!$	Bewertung der Lageabweichung von der Nullposition über ein ITAE-Kriterium. Zeitlich lange andauernde Auslenkungen werden dadurch wesentlich stärker gewichtet.
$G_5 = \sum_{k=0}^{M} 0 - v_i(k) \cdot k \to Min!$	Mit der zusätzlichen ITAE-Bewertung des zur Lageauslenkung gehörenden Geschwindigkeitsverlaufs wird die rasche Ausregelung des Störvorgangs unterstützt.
$E_4 = \varepsilon \le \varepsilon_{max}$	Um einen „ruhigen" Verlauf der Lageabweichung zu erzielen, wird die Anzahl der Nulldurchgänge des Geschwindigkeitsverlaufs ε erfaßt und begrenzt.

$$
\begin{aligned}
g &= G \cdot E \\
G &= \prod G_i = G_1 \cdot G_2 \cdot G_3 \cdot G_4 \cdot G_5 \\
E &= \prod f_i(wert, schranke) = f_1(\ddot{u}, \ddot{u}_{max}) \cdot f_2(I, I_{max}) \cdot f_3(Q, Q_{max}) \cdot f_4(\varepsilon, \varepsilon_{max})
\end{aligned}
$$

und

$$
f_i(wert, schranke) = \begin{cases} 1 & \text{für} \quad wert \le schranke \\ e^{v \cdot \left(\frac{wert}{schranke} - 1\right)} & \text{für} \quad wert > schranke \end{cases} .
$$

Für einen großen Wert des Verstärkungsfaktors v wird die jeweilige Schranke mit Sicherheit eingehalten. Durch die multiplikative Verknüpfung der Einzelkriterien G_i ist eine Normierung nicht unbedingt erforderlich. Insgesamt ratsam ist es jedoch, die Anzahl der Minimierungskriterien gering zu halten. Durch die Formulierung der Entwurfsbeschränkungen nach der angegebenen Methode werden Sprünge in der Gütefläche vermieden. Das Herzstück der automatisierten Inbetriebnahme ist die numerische Optimierung, deren Ziel die Minimierung des skalaren Gütewertes g ist. Zu diesem Zweck wird die Evolutionsstrategie verwendet, die sich an den Arbeiten von Rechenberg [3] orientiert. Im Rahmen der „Evolution" der Reglereinstellung werden stets alle freien Reglerparameter gleichzeitig verändert und nicht wie bei der manuellen Optimierung sukzessive von innen nach außen angepaßt. Die Evolutionsstrategie hat den Vorteil, daß sie sowohl mit lokalen Minima umgehen kann als auch mit „verrauschten" Güteflächen klarkommt.

Zur Auswertung der Gütekriterien und Entwurfsbeschränkungen werden die Zeitverläufe der Regelgrößen Lage, Drehzahl, Strom und Geschwindigkeit benötigt. Diese können entweder im Rahmen einer Simulation nachgebildet („Offline-Verfahren") oder direkt am Antriebssystem gemessen werden („Online-Verfahren").

3
Offline-Verfahren

Beim Offline-Verfahren ist die Identifikation der Dynamik der Regelstrecke unabdingbar. Zu diesem Zweck wird nach Bild 1 die Gewichtsfunktion der Regelstrecke aufgenommen, wobei aus Sicherheitsgründen der Drehzahlregelkreis geschlossen bleibt.

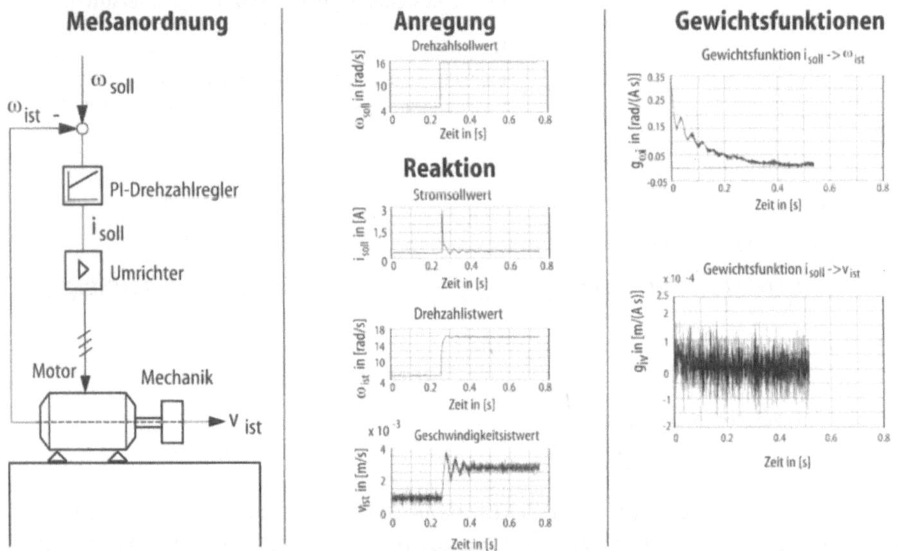

Bild 1. Meßanordnung zur Aufnahme der Gewichtsfunktion im geschlossenen Drehzahlregelkreis (206 1503)

Die Simulation des Führungs- und Störverhaltens erfolgt offline anhand der identifizierten Gewichtsfunktionen. Bei Vorgabe des gewünschten Regelverfahrens läßt sich die Dynamik des geregelten Antriebssystems durch schrittweise Abarbeitung des Regelalgorithmus bzw. Auswertung der Faltungssumme berechnen. Die prinzipielle Vorgehensweise bei der Offline-Simulation wird in Bild 2 am Beispiel des P-PI-Kaskadenreglers verdeutlicht.

4
Online-Verfahren

Im Gegensatz zum Offline-Verfahren werden beim Online-Verfahren die Algorithmen zur Auswertung der Gütekriterien und zur numerischen Optimierung der Reglerparameter im Antriebsregler implementiert. Die Auswertung erfolgt nach Bild 3 direkt am Zielsystem während des Verfahrens des Antriebs.

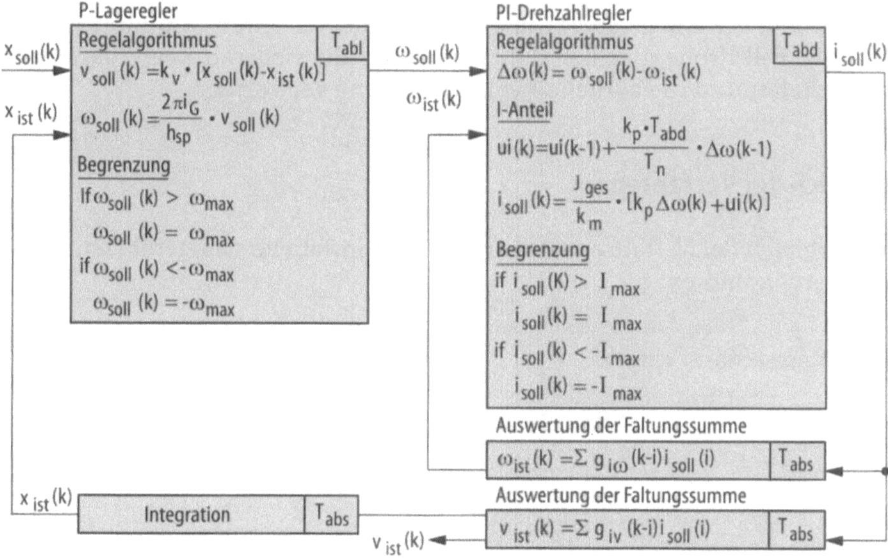

Bild 2. Struktur der Offline-Simulation mittels Faltungssummen (206 1504)

Dies hat den Vorteil, daß eventuell auftretende Nichtlinearitäten wie Reibung, Spiel oder periodische Übertragungsfehler nicht aufwendig nachgebildet werden müssen, sondern automatisch in den Transienten enthalten sind. Besonderes Augenmerk muß beim Online-Verfahren jedoch auf die Stabilitätsüberwachung gelegt werden, um eine Beschädigung des Antriebs zu verhindern. Zu diesem Zweck muß eine sichere Reglereinstellung vorgege-

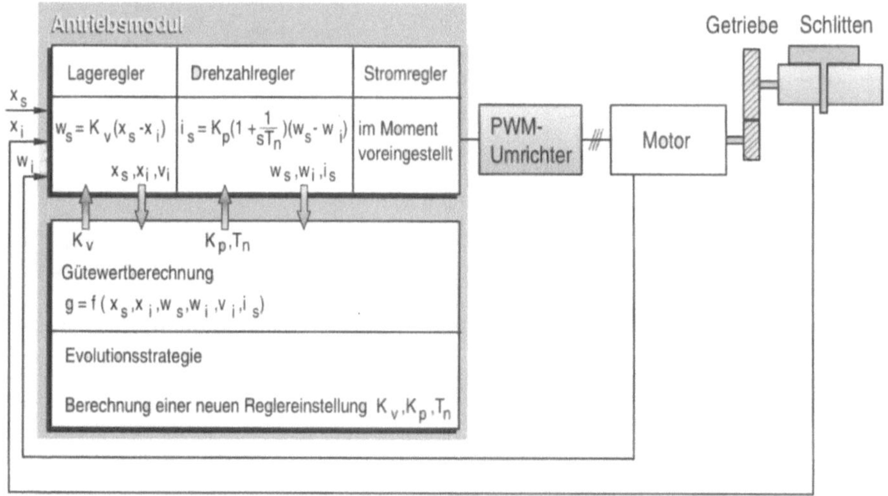

Bild 3. Struktur des Online-Verfahrens zur automatisierten Inbetriebnahme (02 206 1620)

ben werden, die z.B. gefahrlos über das Offline-Verfahren bestimmt werden kann. Im Fall drohender Instabilität wird auf die sicheren Reglerparameter umgeschaltet und die aktuelle Reglereinstellung verworfen.

5 Vergleich der Verfahren

Der Vergleich der Verfahren wird anhand der in Tabelle 3 aufgeführten Merkmale vorgenommen:

Tabelle 3. Vergleich der Verfahren

Merkmal	Offline-Verfahren	Online-Verfahren
Identifikation	notwendig	nicht notwendig
Rechenzeitbedarf	<10 min möglich	<10 min möglich
Reproduzierbarkeit der Reglereinstellung	hoch	ähnlich (bedingt durch stochastische Störungen bei der Auswertung der Gütekriterien)
Berücksichtigung von Nichtlinearitäten	mit Aufwand möglich	erfolgt implizit
Flexibilität	hoch	hoch
Sicherheit	hoch	gegeben
Anzahl Einstellparameter	hoch	hoch (im Antriebsregler bekannte Größen können verwendet werden)
Test einer kritische Reglereinstellung	gefahrlos möglich	nicht möglich

Literatur

1. Böhm, M.; Papiernik, W.: Selbsteinstellende Regelkreise für CNC-gesteuerte Werkzeugmaschinen und Industrieroboter. Siemens AG, Erlangen, Bereich Systemtechnische Entwicklung
2. Klaaßen, N.: Selbsteinstellende Drehzahlregelung für schwach gedämpfte mechanische Systeme. VDI-Ber. Nr. 1146, 1994
3. Rechenberg, I.: Evolutionsstrategie. Stuttgart: Friedrich Frommann 1973

Entwurf neuer Maschinenkinematiken – rechnerunterstützte Verfahrensschritte und Beispiele

K.-H. Wurst, P. Magsaam, G. Kehl

1 Einleitung

Werkzeugmaschinen und Industrieroboter auf der Basis neuartiger Parallelstabkinematiken werden den beiden Grundsätzen

- möglichst geringe zu bewegende Massen und
- Aufbau der Maschine aus Gleichteilen und Modulen

gerecht. Für geschlossene kinematische Ketten kann gegenüber offenen kinematischen Ketten die Bewegungseinleitung so erfolgen, daß ein Antrieb nicht die Masse eines weiteren Antriebs tragen und beschleunigen muß.

Die Maschinen können modular aus den Komponenten Maschinengestell, Antriebsmodule, Gelenkstäbe und Werkzeugplattform aufgebaut sein. Bei dieser Art von Maschinen werden die Prozeß- und Beschleunigungskräfte an der Werkzeugplattform direkt als Zug- und Druckkräfte (sofern die Gelenke keine Momente übertragen können) in das Maschinengestell geleitet. Eine Systematik zur Gestaltung und Klassifizierung von Parallelstabkinematiken wurde in [1] entwickelt. Parallelstabkinematiken weisen im allgemeinen ein nichtlineares und arbeitsraumabhängiges Übertragungsverhalten auf, weswegen sich ihre konstruktive Auslegung wesentlich von derjenigen für kartesisch aufgebaute Maschinen unterscheidet.

2 Grundlagen

Die Auslegung und Optimierung geschieht in der Regel rechnerunterstützt in einem iterativen simulativen Prozeß mittels parametrierter Modelle. Mit Hilfe der Simulation erfolgt die Auslegung von Stabkinematiken für

- die Komponenten aus den prozeßbedingten Anforderungen oder für
- die Ermittlung der Eigenschaften der Maschine aus denen der Komponenten.

Durch Simulationen können im Bewegungsraum der Maschine ähnlich einer Kartierung die Bereiche gleicher Eigenschaften ermittelt werden. Die Kenntnis dieser Bereiche ist zur Maschinengestaltung notwendig und außerdem erlaubt sie es, das Werkstück so zu plazieren, daß die Belastung der Komponenten möglichst klein gehalten wird. Für die Modalanalyse, insbesondere für motorisch überbestimmte oder elastisch vorgespannte Maschinen sind Versuche oder FE-Rechnungen durchzuführen.

Bei der Auslegung der Maschinen spielen die Transformationsbeziehungen zwischen Raumkoordinaten und Maschinenkoordinaten eine große Rolle und es muß sichergestellt sein, daß die Transformationen in Echtzeit lösbar sind. Um eine Plattformbewegung erzielen zu können, muß die Grüblersche Laufbedingung unter Beachtung redundanter Freiheitsgrade erfüllt sein.

Folgende *Primäranforderungen* gehen in die Maschinengestaltung ein:

- Anzahl der Freiheitsgrade für das Werkzeug,
- Arbeitsraum,
- technologisch bestimmte Bahngeschwindigkeit für das Werkzeug,
- Bahngenauigkeit.

Aus den Primäranforderungen ergeben sich die *Sekundäranforderungen* wie

- Achslängen,
- Stabsteifigkeiten,
- Abstände der Stäbe.

Aus Rechenzeitgründen wird für die Simulationen zunächst ein einfaches Drahtmodell (Bewegungsapparat aus starren Körpern und idealen Gelenken) erstellt. Für den Grundentwurf werden Anzahl und Lage der Antriebsmodule sowie die Abmessungen der Plattform zur Aufnahme des Werkzeugs festgelegt. Als zu variierender Parameter bietet sich die Länge der Stäbe an.

Bei der Wahl der Stablängen ist zu beachten, daß die Stablängen so lang wie nötig (damit die Plattform alle geforderten Positionen und Orientierungen im Arbeitsraum einnehmen kann und um die Antriebsbeschleunigungen und -geschwindigkeiten und die Gelenkschwenkwinkel zu begrenzen) und so kurz wie möglich (um möglichst hohe Steifigkeiten und geringe Stabkräfte zu gewährleisten) zu wählen sind. Ausgehend von einem Grundentwurf werden die kinematischen und dynamischen Anforderungen an die Komponenten ermittelt.

Eventuell müssen schon bei der kinematischen Konzeption konstruktive Details wie die Einbindung der Maschine in den Materialfluß und die Werkzeugzuführung beachtet werden. Für die Berechnung des Kraftflusses sind Annahmen für die zu erwartenden Massen zu treffen, für die Berechnung der Steifigkeiten sind die Nachgiebigkeiten der Komponenten zu modellieren.

3 Auslegungswerkzeuge

Zur Analyse von Stabkinematiken stehen die folgenden Verfahren zur Verfügung:

- Kinematische Auslegung: Numerische Lösung der Bewegungsgleichungen mit Simulationsprogrammen für Mehrkörpersysteme (MKS), analytische Verfahren (Rückwärtstransformation),
- Ermittlung der Anforderungen an die Antriebe: Numerische Lösung der Bewegungsgleichungen mit MKS-Simulationsprogrammen, analytische Verfahren (Rückwärtstransformation, Vorwärtstransformation oder alternativ Energiemethoden),
- Visualisierung und Kollisionsbetrachtung: CAD-Programme mit Schnittstelle zu MKS-Simulationsprogrammen.

Am ISW werden alle genannten Simulationsmethoden für die Auslegung von Stabkinematikmaschinen angewandt. Für die Visualisierung und Kollisionsbetrachtung wurde ein modulares Simulations-Baukastensystem entwickelt, das es erlaubt, die Komponenten der Stabkinematikmaschine als einfache geometrische Figuren (Quader, Zylinder, Polyeder) über definierte Schnittstellen zu Volumenmodellen zusammenzusetzen.

4 Kinematische Auslegung von Stabkinematiken

Bei der kinematischen Auslegung werden die erforderlichen kinematischen Größen für die Komponenten bestimmt, bzw. ausgehend von den Eigenschaften der Komponenten die der Maschine nach Tabelle 1 ermittelt.

Tabelle 1. Kinematische Auslegung von Komponenten für Stabkinematikmaschinen

Eigenschaft	Konstruktive Auswirkung auf
Abmessungen des Bewegungsapparates	Dimensionierung des Maschinengestells
Hub der Antriebe	Auslegung der Antriebsmodule und der Abdeckungen der Führungen
Geschwindigkeiten und Beschleunigung der Antriebe in Abhängigkeit von der Plattformbewegung	Auslegung der Antriebsmodule
Einfluß von Fertigungs- und Montageungenauigkeiten	Maschinengenauigkeit im Arbeitsraum
Schwenkwinkel der Gelenke	Ausrichtung der Gelenke, Auslegung der Gelenkabdeckungen

Für die kinematische Auslegung genügt es, die einzelnen Stäbe und die mit ihnen verbundenen Antriebe isoliert zu betrachten.

5
Ermittlung der Anforderungen an die Antriebssysteme

Die Anforderungen an die Antriebssysteme lassen sich nur am Gesamtsystem ermitteln. Dabei werden die Beschleunigungskräfte als quasistatische Belastung betrachtet.

Für die Berechnung der Kräfte und Steifigkeiten müssen die statischen Gleichgewichtsbeziehungen (Kräfte- und Momentengleichgewicht) erfüllt sein, aus denen die folgenden Eigenschaften ermittelt werden können:

- Belastungen der Komponenten,
- Maschinensteifigkeiten,
- Temperaturverhalten,
- Einfluß des Eigengewichts.

6
Beispielhafte Simulationen

Die Simulationsergebnisse werden als Kartierungen (Bereiche gleicher Eigenschaften durch Isolinien gekennzeichnet) am Beispiel der in Bild 1 gezeigten dreiachsigen Parallelstabkinematik mit Linearantrieben und Stäben konstanter Länge dargelegt.

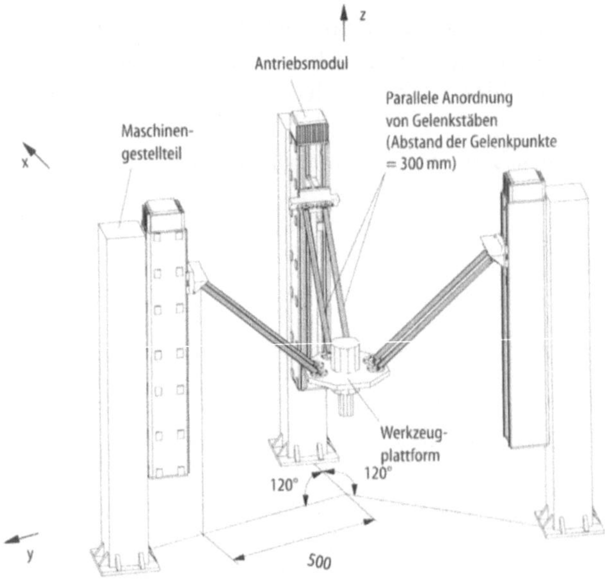

Bild 1. Untersuchte Stabkinematikmaschine

Tabelle 2. Zugrundegelegte Werte der beispielhaften Stabkinematikmaschine

Klassifizierung	Merkmal	Wert
Geometrie	Umkreisradius der Gelenkpunkte an den Antrieben	500 mm
	Winkellage der Antriebsmodule	120°
	Stablänge	850 mm
	Abstand der Gelenke je Parallelogramm	300 mm
	Radius der Gelenkpunkte an der Plattform	120 mm
Nachgiebigkeiten	Axiale Steifigkeit eines Gelenkstabes mit Kugelgelenken, die übrigen Komponenten seien ideal starr	90 N/µm
Massen	Plattformmasse mit Spindel	125 kg
	Gelenkmasse	2 kg
	Stabmasse (wird jeweils zur Hälfte dem Antrieb und der Plattform zugeordnet)	7 kg
	Schlittenmasse	85 kg
Vorgaben/ Belastungen	Bewegungsraum in x- und y-Richtung, Zentrum im Nullpunkt	600×600 mm
	Erdbeschleunigung	9,81 m/s^2
	Beschleunigung der Plattform aus der Ruhelage in beliebiger Richtung im gesamten Arbeitsraum	15 m/s^2
	Geschwindigkeit der Plattform in beliebiger Richtung im gesamten Arbeitsraum	55 m/min
	Radialkraft an der Plattform (Wirkrichtung in xy-Ebene)	400 N
	Axialkraft an der Plattform (in z-Richtung)	400 N

6.1 Modellbeschreibung

Im Gegensatz zu den bekannten Hexapods, die auch für eine dreiachsige Bewegung der Plattform sechs Antriebe benötigen, kann in der beispielhaften Parallelstabkinematik die gleiche Bewegung mit drei Antrieben erfolgen. Die Orientierung der Plattform wird hier nicht steuerungstechnisch durch sechs Antriebe, sondern mechanisch durch die Verwendung von Parallelogramm-Anordnungen der Stäbe bestimmt. Diese Anordnungen erlauben nur translatorische Bewegungen der Plattform. Bei der gezeigten Kinematik mit vertikalen Antriebsachsen genügt es, die arbeitsraumabhängigen Eigenschaften der Maschine bezüglich der Plattformbewegung in der xy-Ebene darzustellen. Die Bewegung entlang der z-Achse dehnt nur den Arbeitsraum aus und vergrößert den Hub der Antriebsachsen. Die zugrundegelegten Werte der Stabkinematikmaschine sind in Tabelle 2 zusammengefaßt.

6.2 Beschreibung der Ergebnisse

In Bild 2 sind die Ergebnisse für die Eigenschaften in der xy-Ebene gezeigt. Die Anforderungen an die Antriebsmodule für die Geschwindigkeiten, Beschleunigungen, maximalen Antriebskräfte, maximalen Normalkräfte bzw.

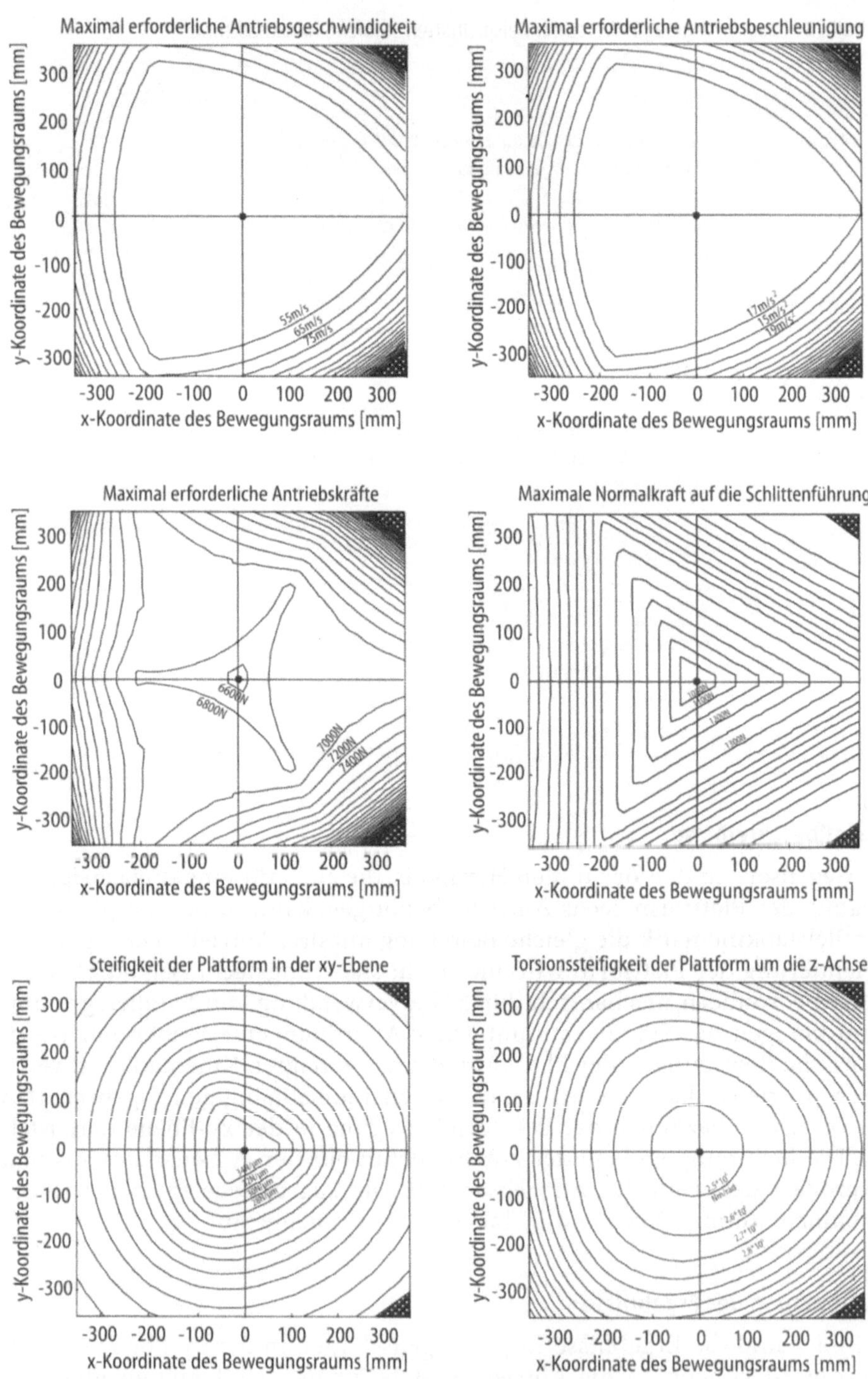

Bild 2. Simulationsergebnisse für die untersuchte Stabkinematikmaschine

die Maschinensteifigkeiten in der xy-Ebene werden umso höher bzw. ungünstiger, je weiter sich die Plattform vom Zentrum wegbewegt. Deutlich erkennbar ist jeweils der Einfluß der Position der Antriebe; die Fußpunkte der Antriebssäulen befinden sich bei (500, 0), (-250, 433) und (-250, -433). Die Verläufe sind jeweils typisch für die untersuchte Eigenschaft.

Die Isolinien für die Torsionssteifigkeit der Maschine verlaufen hingegen fast konzentrisch um die Nullage. Die Torsionssteifigkeit wird umso höher, je weiter sich die Plattform vom Zentrum wegbewegt.

Literatur

1. Pritschow, G.; Wurst, K.-H.: Zur Gestaltungs- und Konstruktionssystematik von Maschinen mit Stabkinematiken. wt Produktion und Management 87 (1997) 1–2, S. 46–51

Erfahrungen und maschinentechnische Untersuchungen von Maschinenstrukturen mit Gelenkstab-Kinematik

V. Maier

1 Einleitung

Mit großem Interesse wird seit der ersten Präsentation der Hexapod-Maschinen in Chicago die Diskussion im Werkzeugmaschinenbau über diese neuen Maschinenkonzepte und -strukturen geführt. Diese Maschinen basieren auf Tripod- bzw. Hexapod-Konzepten. Entwickelt wurden der Tricept HP_1 der Firmenkooperation Neos Robotics und Comau, der Octahedral-Hexapod der Firma Ingersoll, der Variax von Giddings & Lewis, der G 1000 von Geodetic sowie die KIM von JSC Lapik [1]. Ein hervortretendes konstruktives Merkmal bei den genannten Beispielen sind vor allem die geringen bewegten Massen bei gleichzeitig hoher Steifigkeit durch parallele Achsantriebe. Die Maschinen bestehen aus einfachen sowie zahlreichen gleichartigen Bauteilen.

Die Konstruktion von Maschinenstrukturen mit Gelenkstab-Kinematik stellt neue Herausforderungen an den Konstrukteur. Für die Ermittlung des Arbeitsraumes sowie singulärer Stellen (Positionen im Arbeitsraum mit nicht definierter Steifigkeit) benötigt er Simulationswerkzeuge. Mit ihrer Hilfe lassen sich auch die Nichtlinearitäten im Geschwindigkeits- und Beschleunigungsverhalten sowie bei der Steifigkeitsverteilung untersuchen, die sich aufgrund der raumschrägen Anordnung der Antriebsachsen ergeben. Weiterhin müssen die Auswirkungen von Belastungen und geometrischen Auslegungsparametern auf das Strukturverhalten betrachtet werden. Die Festlegung der Baugruppen, beispielsweise der geeigneten Gelenktypen, ist ebenso erforderlich.

2 Maschinenstrukturen mit Gelenkstab-Kinematik

Beim Tricept HP_1 handelt es sich um einen 6-Achs-Roboter, der aus drei längenveränderlichen Stäben (Tripod-Struktur) und einem zusätzlichen Gelenkkopf mit drei Drehachsen aufgebaut ist. Er zeichnet sich durch einen großen Arbeitsraum bei sehr kleinem Stellplatz, verbunden mit großen Vorschubkräften in z-Richtung, aus. Aufgrund dieser Merkmale lassen sich vor allem schwierige Montageaufgaben, bei denen hohe Fügekräfte erforderlich sind, realisieren. Durch den einfachen mechanischen Aufbau der Stäbe und

Gelenke ist die geometrische Genauigkeit jedoch begrenzt. Über die spitzwinklige Anordnung der Antriebsstäbe besitzt der Roboter die höchste Steifigkeit in z-Richtung. Bedingt durch die langen Hebelarme erzeugen Querkräfte hingegen größere Verlagerungen am Werkzeugträger.

Der konstruktive Aufbau einer Hexapod-Werkzeugmaschine wird am Beispiel des Vertical Octahedral-Hexapods betrachtet. Am Gestell der Maschine sind mit Hilfe von wälzgelagerten Kreuzgelenken sechs längenveränderliche Stäbe (Teleskopstäbe) befestigt, die über Servomotoren angetrieben werden. Das andere Ende der Stäbe ist wiederum über Kreuzgelenke an einer beweglichen Plattform montiert. Die Gelenke am Gestell verfügen über zwei rotatorische Freiheitsgrade, die an der Plattform über drei rotatorische Freiheitsgrade. Zur Wegmessung sind in jedem Antriebsstab Lasermeßsysteme integriert, es können aber auch handelsübliche Wegmeßsysteme eingesetzt werden. An der Plattform ist eine Motorspindel befestigt. Durch die Längenänderung der Stäbe ist das Werkzeug in allen sechs Freiheitsgraden im Raum positionierbar. Die Stäbe verlaufen bei Mittelstellung der Plattform unter 45° vom Gestell zur Plattform. Somit können Prozeßkräfte in allen drei Raumrichtungen günstig aufgenommen werden. Nachteilig wirkt sich dabei aus, daß das Verhältnis von Maschinengesamtvolumen zum Arbeitsraum größer wird als beim Tricept HP_1. Ingersoll hat zwischenzeitlich bereits eine Hexapod-Maschine mit horizontal angeordneter Hauptspindel entwickelt, den Horizontal Octahedral-Hexapod (HOH) 600. Diese Stand-alone-Werkzeugmaschine ist auch für den Einsatz in flexiblen Fertigungssystemen und Transferstraßen geeignet.

3
Merkmale bei der Auslegung der Maschinenstruktur und Baugruppen

Bei der Auslegung einer Maschinenstruktur mit Gelenkstab-Kinematik sind folgenden Merkmale zu beachten:

- benötigte Freiheitsgrade am Werkzeugträger,
- Größe des Arbeitsraumes,
- Höhe der Prozeßkräfte,
- Wirkrichtung der Prozeßkräfte und
- erforderliche Genauigkeit.

Um die benötigten Bewegungen des Werkzeugträgers zu realisieren, wurden mittlerweile Systematiken zur Gestaltung von Gelenkstab-Kinematiken entwickelt [2]. Die Größe des Arbeitsraumes wird über die Schwenkwinkel der Gelenke und die Längen der Stäbe (bei längenunveränderlichen Stäben) in Verbindung mit den Verfahrwegen der Fußpunkte bzw. Aus- und Einfahrlängen der Teleskopstäbe bestimmt. In diesem Zusammenhang müssen auch Singularitäten im Arbeitsraum betrachtet werden. Die Höhe der Prozeßkräfte hat einen Einfluß auf die Steifigkeitsanforderungen der Stäbe bzw.

Teleskopstäbe, des Gestells und der Gelenke. Da der Kraftfluß über die Gelenke und Stabelemente geführt wird, bewirken Nichtlinearitäten sowie Spiel und Umkehrspannen der Gelenke und Antriebsstäbe ein entsprechendes Steifigkeitsverhalten, das sich letztlich auf die Bahngenauigkeit auswirkt. Die Hauptrichtung der Prozeßkräfte muß bei der Anordnung der Stäbe (Anstellwinkel) beachtet werden.

4 Untersuchungsergebnisse und konstruktive Optimierungsmöglichkeiten

Zur Zeit liegen noch nicht genügend Erkenntnisse aus theoretischen und praktischen Untersuchungen über Maschinenstrukturen mit Gelenkstab-Kinematik vor. Messungen am Octahedral-Hexapod geben eine statische Steifigkeit von 350 N/µm, eine unkorrigierte, unkompensierte Genauigkeit von ±10 µm und Resonanzfrequenzen weit über 200 Hz an [3].

Bhattacharya u.a. führten Variationsberechnungen für die optimale Auslegung einer Stewart-Plattform durch [4]. Optimierungskriterium war die statische Steifigkeit des gesamten kinematischen Systems. Es zeigte sich dabei, daß die Anordnung der Gelenkpunkte auf der Plattform signifikante Steifigkeitsunterschiede zur Folge hat. Die vom IfW der Universität Stuttgart durchgeführten Berechnungen zeigen den Einfluß von zwei unterschiedlichen Ebenenabständen der Gelenkpunkte am Gestell auf die Verteilung der linearen Steifigkeit k_{yy} eines Hexapods (Bild 1). Dabei wird der Werkzeugträger in der x-y-Arbeitsebene verfahren. Bei gleicher Kraftangriffsrichtung sind die berechneten Steifigkeiten im ersten Fall beim Abstand $z = 0$ mm deutlich höher als im zweiten Fall beim Abstand $z = 400$ mm. Ursache dafür ist die günstigere Anordnung der Stäbe zur Kraftangriffsrichtung [5].

Zur Erhöhung der Bahngenauigkeit müssen Hysterese-Effekte in den mechanischen Übertragungselementen vermieden werden. Bei der Hexapod-Grundeinheit von Carl Zeiss Jena wird dazu das Spindel-Mutter-System der längenveränderlichen Stäbe mit einer vorgespannten Mutter versehen. Die Spindellager sind verspannt, was auch als Forderung für die Wälzlager der Gelenke gilt [6]. Geradheitsmessungen an einer Tripod-Maschinenstruktur mit längenveränderlichen Stäben zeigen den Einfluß ungenügender Steifigkeiten bzw. Spiel der Gelenke und des Spindel-Mutter-Systems (Bild 2). Innerhalb des Bereichs -200 mm $<y<200$ mm sind alle Stäbe auf Zug belastet. Hier liegt die Geradheit bei Werten um 45 µm. Wechseln die Belastungen der Stäbe von Zug auf Druck, was an den Verfahrpositionen $y<-200$ mm und $y>200$ mm der Fall ist, so ergeben sich signifikante Geradheitsverluste.

Die Stabelemente und die Gelenke befinden sich heute noch im Stadium der Entwicklung. Besonders im Bereich der Gelenkkonstruktion sind Überlegungen zur geeigneten Gestaltung und Ausführung noch im Gange. Zum Einsatz kommen Kardangelenke, wälzgelagerte Kreuzgelenke, gleit- und wälzgelagerte Kugelgelenke sowie magnetisch gelagerte Kugelgelenke. In Bild 3 werden diese Gelenktypen zusammengefaßt und über Merkmale wie

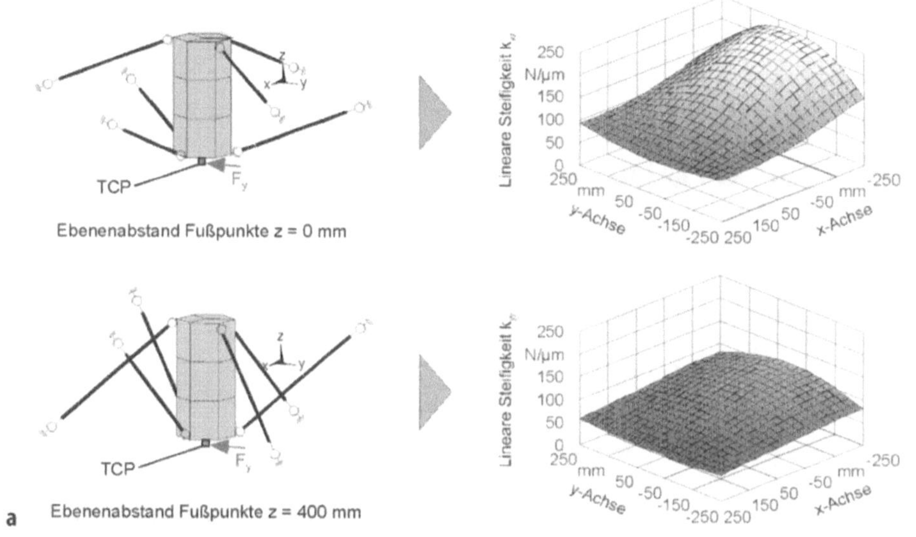

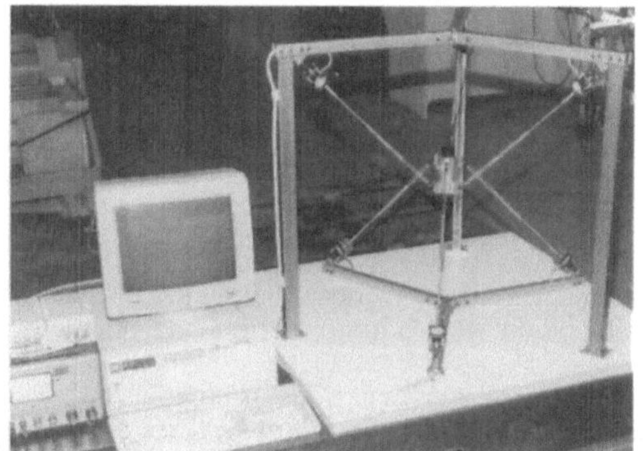

Bild 1. Einfluß von Gestellparametern auf die Verteilung der linearen Steifigkeit in der Arbeitsebene eines Hexapods
a analytische Betrachtungen
b Versuchsstand zur Variation der maschinentechnischen und kinematischen Parameter

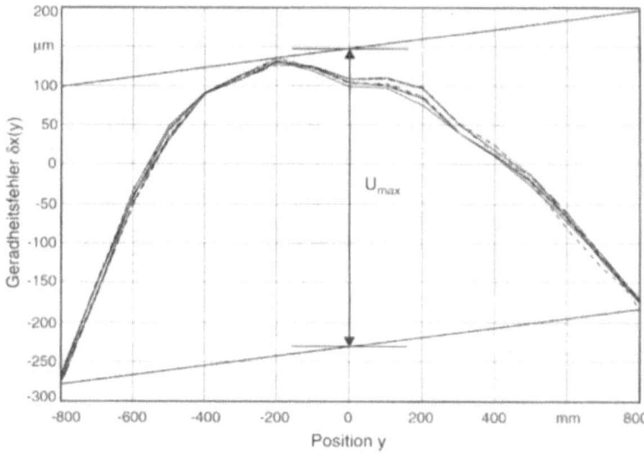

Bild 2. Einfluß des Zug-/Druckwechsels auf die Geradheit einer Tripod-Maschinenstruktur

Merkmale / Gelenktyp	Schwenkbereich	Steifigkeit	Lebensdauer	Kosten	Spielfreiheit	Reibung	Bauraum	Verschleiß
Kreuz-Gelenk (wälzgelagert)	◕	◕	◕	◕	●	●	◕	●
Kugel-Gelenk (gleitgelagert)	●	◕	◑	●	◕	◑	●	◕
Kugel-Gelenk (wälzgelagert)	◕	◕	◕	◕	●	●	◕	◑
Kugel-Gelenk (magnetgel.)	◕	◑	◕	◕	◕	◑	◕	◑
Kardan-Gelenk	◑	◑	◕	◕	◕	●	◑	●

Legende: ● sehr günstig ◑ weniger günstig ◕ günstig ◔ ungünstig

Bild 3. Bewertungsmatrix für unterschiedliche Gelenktypen

Schwenkbereich, Steifigkeit, Lebensdauer, Kosten, Spielfreiheit, Reibung, Bauraum und Verschleiß bewertet.

Literatur

1. Heisel, U.; Maier, V.; Ziegler, F.; Gringel, M.: Simulator, Werkzeugmaschine, Meßzeug und Roboter – eine Bestandsaufnahme Hexapod. wt-Produktion und Management 87 (1997)
2. Pritschow, G.; Wurst, K.-H.: Zur Gestaltungs- und Konstruktionssystematik von Maschinen mit Stabkinematiken. wt-Produktion und Management 87 (1997) 1/2, S. 46–51
3. Lewis, H. W.: Neue Werkzeugmaschinen für besondere Fertigungsaufgaben. Werkstatt und Betrieb 126 (1993) 9, S. 511–514
4. Bhattacharya, S.; Hatwal, H.; Ghosh, A.: On the optimum design of stewart platform type parallel manipulators. Robotica 13 (1995) S. 133–140
5. Heisel, U.; Gringel, M.; Maier, V.: Eine neue Generation der Werkzeugmaschinen? dima 50 (1996) 6, S. 130–137
6. Dürselen, R.; Rudolph, N.; Czarnetzki, N.: Der Hexapod – eine flexible und ungewöhnliche Positioniereinheit. In: Prenzel, W.-D. (Hrsg.): Jahrbuch für Optik und Feinmechanik. 43. Jg. Jena: Fachverlag Schiele & Schön 1996, S. 204–218

Optimierungsmöglichkeiten bei Kurzlochbohrwerkzeugen

U. Eggert

1 Einleitung

Die Optimierung von asymmetrisch mit Hartmetall-Wendeschneidplatten (HM-WP) bestückten Kurzlochbohrwerkzeugen ist seit Jahren ein wichtiges Thema der Forschung. Erste Untersuchungen zur Belastung des gesamten Systems Werkzeug-Spindel-Lagerung und der Reduzierung dieser Belastung [1–6] entstanden früh. Darauf aufbauend wurde die Geometrie der Werkzeuge umfassend untersucht und hinsichtlich einer Reduktion der Kräfte sowie der Minimierung der Abweichung des Bohrungsdurchmessers vom Solldurchmesser [7–11] optimiert.

Mit Hilfe eines computergestützten Berechnungsprogramms zur Werkzeugauslegung ist es möglich, das Verhältnis der resultierenden Radialkraft zur Vorschubkraft und damit die durch die Werkzeugdurchbiegung entstehende Abweichung vom Solldurchmesser deutlich zu reduzieren. Diese ist für ein mit Hilfe des Programms ausgelegtes 2-Platten-Werkzeug deutlich geringer als beim Standardwerkzeug. Vergleichsmessungen mit 4-Platten-Werkzeugen zeigen, daß damit noch deutlichere Verbesserungen erzielt werden können, da die Möglichkeiten des Kräfteausgleichs bei diesen Werkzeugen besser sind.

Erste Untersuchungen zur Gratbildung beim Kurzlochbohren lassen erwarten, daß die Form der Schneide ein großes Optimierungspotential hinsichtlich der Reduktion oder eventuellen Vermeidung der Gratbildung hat.

2 Computergestützte Optimierung

Das im Rahmen eines von der Deutschen Forschungsgemeinschaft (DFG) geförderten Projekts zur Optimierung von Kurzlochbohrern entstandene Programm zur Werkzeugauslegung erlaubt die Optimierung hinsichtlich minimaler Abweichung vom Solldurchmesser. Dieses Ziel wird erreicht, indem nach dem Ansatz von Kienzle und Victor die entstehenden Radialkräfte zur Vorschubkraft ins Verhältnis gesetzt werden und die jeweils optimalen Parameter für axialen Schneidenversatz, Anstellwinkel und Schneidenverdreh-

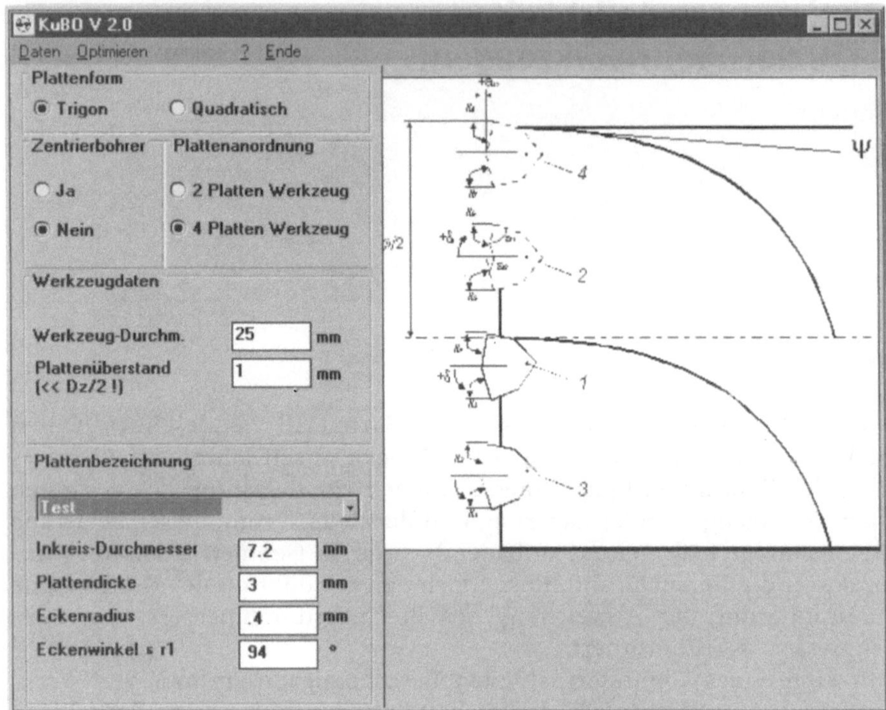

Bild 1. Bildschirmdarstellung des Optimierungsprogramms KuBO V 2.0

winkel innerhalb der vorgegebenen Optimierungsgrenzen erfaßt werden. Bild 1 zeigt diese Größen am Beispiel eines mit vier trigonförmigen Wendeschneidplatten bestückten Werkzeugs.

3 Weitere Optimierungsmöglichkeiten

Neben der beschriebenen bereits möglichen Optimierung hinsichtlich minimaler Lagerbelastung bei geringstmöglicher Abweichung der Bohrung vom Solldurchmesser für Werkzeuge mit bis zu vier HM-WP sind inzwischen Untersuchungen zu anderen wesentlichen Parametern der Bohrungsbearbeitung durchgeführt worden. Diese richten sich hauptsächlich auf die Reduktion bzw. Vermeidung von Graten am Bohrungsaustritt sowie den beim Bohren angestrebten Einsatz der Minimalmengen-Kühlschmierung.

Die beim Bohreraustritt entstehenden Grate wurden mit einem Mikroskop ausgewertet. Dazu werden die gebohrten Teile senkrecht zum Grat geschliffen, so daß das Querschnittsprofil des Grates erkennbar wird. Ausgewertet wurde hierbei der Gratwert

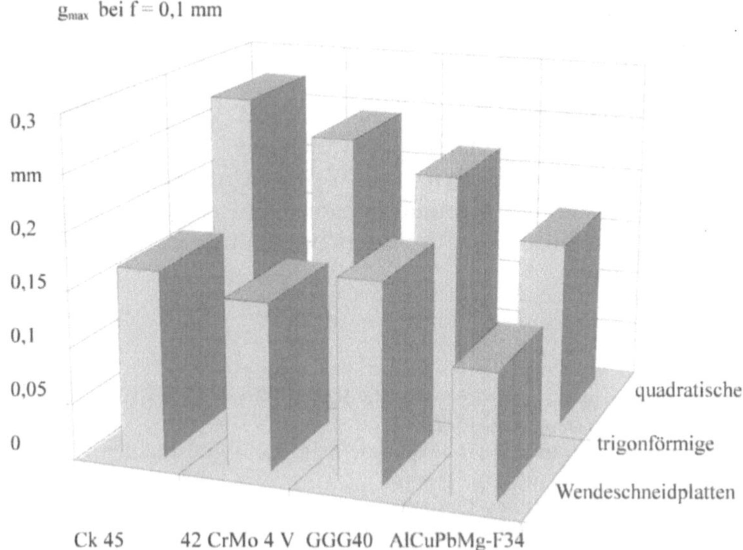

Bild 2. Gratwerte für Werkzeuge mit zwei quadratischen bzw. trigonförmigen HM-WP

$$g = \frac{4b_f + 2r_f + b_g + h_o}{8}$$

b_f Gratfußbreite, r_f Gratfußradius, b_g Gratdicke, h_o Grathöhe.

Bild 2 zeigt erste Ergebnisse für den Einsatz von Werkzeugen mit zwei quadratischen bzw. zwei trigonförmigen HM-WP. Der deutlich erkennbar günstigere Verlauf beim Einsatz von trigonförmigen HM-WP erklärt sich aus dem geringeren Materialvolumen vor der am Bohrungsrand liegenden Schneidplatte. Entsprechend wird weniger Material beim Schneidenaustritt umgeformt und an der Bohrungswand aufgeworfen (Bild 3).

Neben den beschriebenen Untersuchungen wurden zahlreiche Messungen zum Einsatz von Minimalmengen-Kühlschmierung durchgeführt, die eine eindeutige Tendenz zur Standzeiterhöhung erkennen lassen.

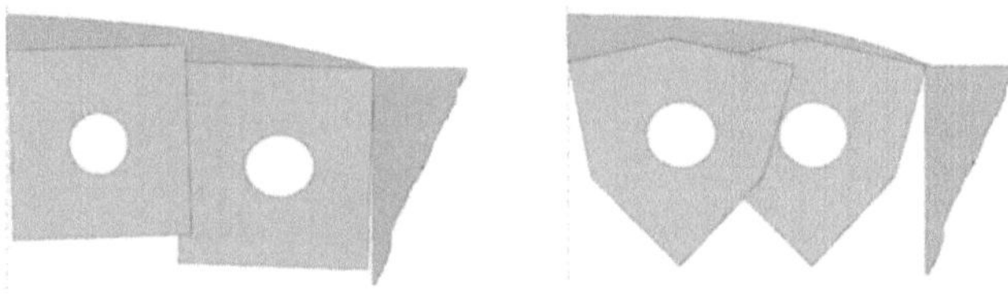

Bild 3. Vor der Schneide befindliches Werkstoffvolumen bei quadratischen und trigonförmigen HM-WP

3 Zusammenfassung und Ausblick

Zusammenfassend läßt sich feststellen, daß HM-WP-Kurzlochbohrwerkzeuge hinsichtlich des Parameters „Abweichung vom Solldurchmesser" bereits rechnergestützt optimierbar sind. Weitere Untersuchungen zur Gratbildung und zum Einsatz der Minimalmengen-Kühlschmierung werden derzeit durchgeführt und sollen künftig in das bestehende Computerprogramm eingearbeitet werden.

Literatur

1. Zilian, W.: Kräfte beim Bohren ins Volle mit HM-WP-bestückten Kurzbohrern. tz für Metallbearbeitung 79 (1984) 8, S. 35–41
2. Zilian, W.: Kurzlochbohren mit HM-Wendeschneidplatten bestückten Werkzeugen. tz für Metallbearbeitung 76 (1982) 3, S. 31–34
3. Erisken, E.: Untersuchungen des Zerspanverhaltens von Bohrwerkzeugen mit Hartmetall-Wendeschneidplatten. Diss. TH Darmstadt 1988
4. Tuffentsammer, K.: Kurzlochbohren mit unterschiedlichsten Werkzeugen möglich. Industrie Anzeiger 102 (1980) 100, S. 38–41
5. Bohnet, S.: Möglichkeiten und Grenzen von Bohrwerkzeugen mit Wendeschneidplatten. Maschinenmarkt 87 (1981) 15, S. 246–249
6. Thierfelder, A.: Bohren ins Volle mit asymmetrisch bestückten HM-WP-Bohrwerkzeugen. tz für Metallbearbeitung 81 (1987) 4, S. 195–200
7. Heisel, U.; Betz, W.: Ergebnisse der Untersuchungen an asymmetrisch bestückten Hartmetall-Wendeschneidplatten-Bohrwerkzeugen. dima 45 (1991) 9, S. 54–56
8. Betz, W.: Untersuchung der Spindel-Lager-Belastung durch schnellaufende HM-WP-Bohrwerkzeuge. Diss. Universität Stuttgart 1992
9. Heisel, U.; Eggert, U.: Kurzlochbohrer optimiert. dima 49 (1995) 4, S. 16–19
10. Heisel, U.; Eichler, R.; Eggert, U.: Optimierungsmöglichkeiten bei Bohrwerkzeugen. Begleitband zum „Fachgespräch zwischen Industrie und Hochschule", Dortmund, 21.2.–22.2.95, S. 91–98
11. Heisel, U.; Eggert, U.: Optimization of short hole drilling tools. In: Production Engineering, Annals of the German Academic Society for Production Engineering, Vol. III/1 (1996) S. 45–48

Verfahren zur Bestimmung des dynamischen Verhaltens von Werkzeugmaschinen

Ch. Wernz

1 Einleitung

Die Arbeitsgenauigkeit von Werkzeugmaschinen wird durch die an der Schnittstelle Werkzeug/Werkstück auftretenden Abweichungen von der vorgegebenen Arbeitsbewegung bestimmt. Diese Abweichungen werden u.a. durch statische und dynamische Kräfte bewirkt. Während die Auslegung der statischen Steifigkeit heute mit modernen Rechenverfahren bereits im Konstruktionsstadium mit guter Genauigkeit möglich ist, kann die dynamische Steifigkeit aufgrund der vielen Wechselwirkungen im System Werkzeugmaschine nur ungenügend abgeschätzt werden.

Zur Analyse der Strukturdynamik von bereits realisierten Maschinen ist die Modalanalyse ein bekanntes Verfahren. Um die Frage nach Maßnahmen zur Verbesserung der Strukturdynamik zu beantworten, ist eine Bewertung der auftretenden Schwingformen erforderlich. Hierfür stehen mehrere theoretische Kriterien zur Verfügung [1]. In der Praxis hat sich jedoch gezeigt, daß die Betrachtung dieser Kriterien allein für eine ausreichend genaue Maschinenbeurteilung nicht ausreichend ist.

2 Theoretische Kriterien

Für die Verbesserung der dynamischen Eigenschaften von Werkzeugmaschinen sind die Eigen- oder Resonanzfrequenzen des Systems zu bestimmen. Diese werden vollständig durch die Massen-, Steifigkeits- und Dämpfungseigenschaften des Systems beschrieben. Die Eigen- oder Resonanzfrequenzen zeigen sich im Nachgiebigkeitsfrequenzgang, der aus Amplituden- und Phasengang besteht, als Maxima. Bild 1 zeigt den Nachgiebigkeitsfrequenzgang einer Tripodmaschine, gemessen an der Spindelnase.

Eines der theoretischen Kriterien ist die Ermittlung der Eigenfrequenzen mit den höchsten Nachgiebigkeitsamplituden. Problematisch hierbei ist jedoch, daß erst die Multiplikation des Kraftvektors für den jeweiligen Bearbeitungsfall mit den Nachgiebigkeitsfrequenzgängen zum Wegspektrum führt, welches sich auf der Werkstückoberfläche abbildet.

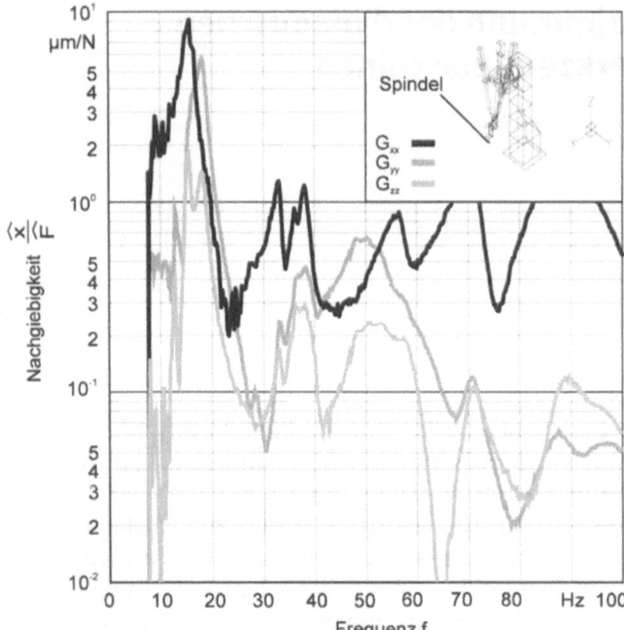

Bild 1. Nachgiebigkeitsfrequenzgang der Spindelnase an einer Tripodmaschine

Eine weitere theoretische Möglichkeit zur Bewertung der Relevanz der einzelnen Schwingformen ist das Nyquistkriterium. Im relativen Nachgiebigkeitsfrequenzgang tritt die Ratterfrequenz dort auf, wo die Amplitude den höchsten negativen Realteil besitzt [2]. In der Praxis zeigt sich jedoch, daß das Nyquistkriterium zur Ermittlung der Ratterfrequenz allein nicht ausreichend ist. Beim Fräsen ist die Maschinenbeurteilung mit dem Nyquistkriterium aufgrund des unterbrochenen Schnittes problematisch.

Viel präzisere und verständlichere Ergebnisse als die Anwendung der theoretischen Kriterien liefern Betriebsversuche, die in ihrer Art dem konkreten Bearbeitungsfall angepaßt sein müssen. In den jeweils als kritisch identifizierten Betriebszuständen können z.B. die Beschleunigungsspektren an einem markanten Strukturpunkt mit erfaßt und analysiert werden. Auch durch die Analyse der bearbeiteten Oberflächen können bereits wichtige Informationen gewonnen werden.

3 Eckenverhalten

Mechanische Probleme in der Achsdynamik lassen sich experimentell durch Versuche analysieren, bei denen harte Beschleunigungsrampen gefahren werden. Hierfür können entweder die Beschleunigungsspektren am Spindelkopf erfaßt oder aber die sich beim Eckenfahren abbildenden Frequenzen mittels Oberflächenverfahren durch Abtasten der Bearbeitungsoberfläche identifiziert werden. Die hierbei ermittelten Weg- bzw. Beschleunigungsspektren weisen mehrere relative Maxima auf. Zur Identifikation der für die Ungenauigkeiten ursächlichen Schwachstellen in der Maschinenstruktur sind die Schwingformen der Modalanalyse heranzuziehen.

4
Ratterneigung

Regeneratives Rattern ist für die Zerspanung leistungsbegrenzend. Die Erfassung des das Rattern verursachenden Eigenverhaltens der mechanischen Struktur erfolgt meist durch die Modalanalyse [3].

Die Identifikation der Ratterfrequenz ist mittels Messungen der Beschleunigungen im Betrieb möglich, insbesondere bietet sich für das Drehen und Fräsen eine Ordnungsanalyse der Beschleunigungsspektren an. Hierbei wird die Spindeldrehzahl in kleinen Schritten variiert. Die Vielfachen der Drehzahl und Schneideneingriffsfrequenz treten dann im Spektrum als Maxima auf. Sie sind jedoch im Gegensatz zur eigentlichen Ratterfrequenz von der Drehzahl linear abhängig. In dem Konturschaubild (Bild 2) zeigt sich die Ratterfrequenz als achsparallele Linie zur Drehzahl. Die Vielfachen der Spindeldrehzahl und der Schneideneingriffsfrequenz bilden Geraden, die einander im Ursprung schneiden.

Beim Drehen lassen sich die auftretenden Frequenzen auch durch das Abtasten der Oberfläche mit einem Rundheitsmeßgerät ermitteln. Die Anzahl der auf der Werkstückoberfläche erkennbaren Rattermarken gibt in den meisten Fällen die Ratterfrequenz ausreichend genau wieder. Beim Fräsen kann der kritische Bearbeitungsfall mit herkömmlichen Fräsern nur bedingt si-

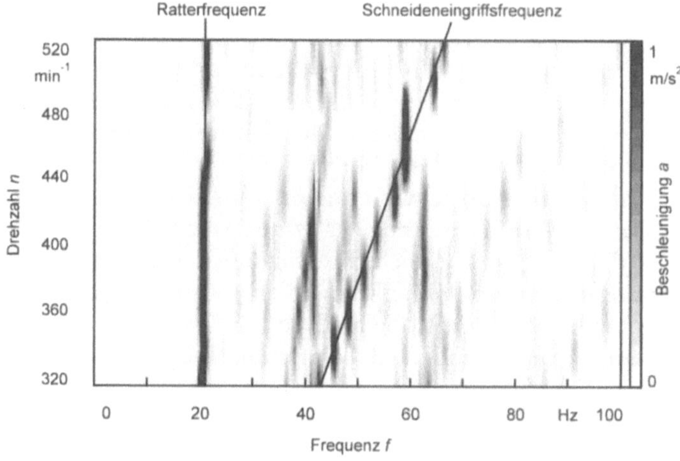

Bild 2. Ordnungsanalyse für die Ratterfrequenz und Schneideneingriffsfrequenz

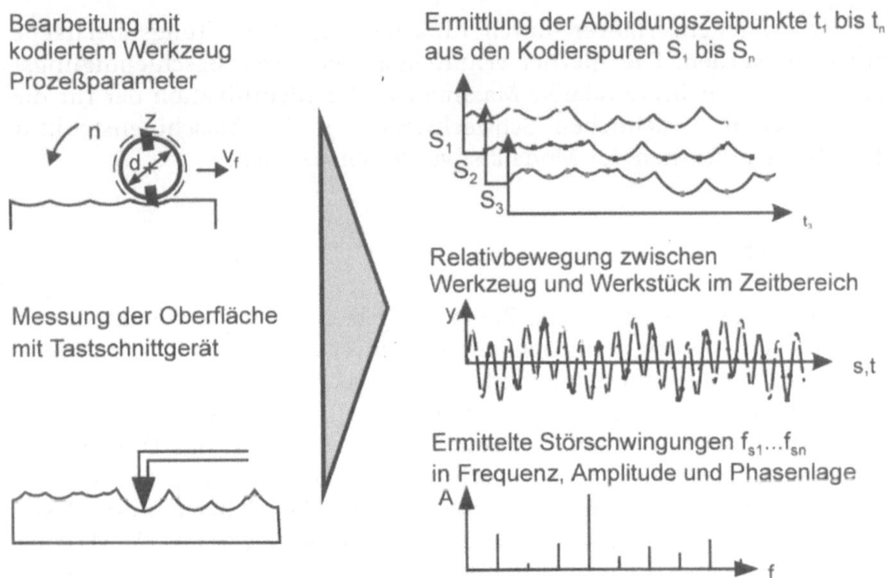

Bild 3. Methodik des Oberflächenverfahrens

muliert werden. Deshalb wurde im Institut für Werkzeugmaschinen für das Fräsen ein Oberflächenverfahren mit speziell codierten Fräswerkzeugen entwickelt [4]. Bild 3 zeigt die Methodik zur Anwendung des Oberflächenverfahrens.

5 Oberflächengenauigkeit beim Drehen mit unterbrochenem Schnitt

An das Bearbeitungsergebnis von Drehmaschinen werden hohe Genauigkeitsansprüche gestellt, um einen anschließenden Feinbearbeitungsprozeß einzusparen. Bei der Bearbeitung der Innenpaßfläche von Zahnrädern wirkt sich der unterbrochene Schnitt kritisch auf das Bearbeitungsergebnis aus. Durch die Einleitung von Kraftstößen in Folge der diskontinuierlichen Schnittkraft reagiert das System mit Schwingungen. Wird die bearbeitete Oberfläche mit einem Rundheitsmeßgerät abgetastet und werden die daraus erhaltenen Wegdaten in den Frequenzbereich transformiert, erhält man ein Spektrum mit mehreren dominierenden Maxima. In Verbindung mit den zugehörigen Schwingungsformen aus der Modalanalyse können somit die die Oberflächenungenauigkeit verursachenden Maschinenbaugruppen identifiziert werden.

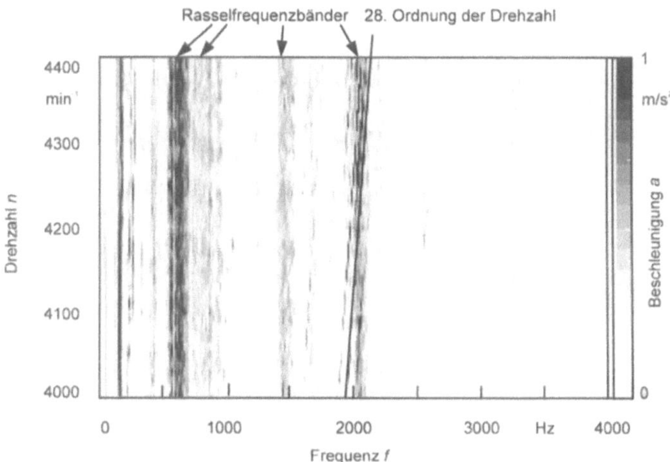

Bild 4. Ordnungsanalyse der Geräuschemission

6
Geräuschverhalten

Bei der Ermittlung von Geräuschemissionen ist die Ordnungsanalyse ebenfalls ein geeignetes Werkzeug zur Identifikation der geräuschverursachen den Baugruppen. Maschinen, bei denen zwischen Spindelmotor und Hauptspindel eine mechanische Übersetzung eingebaut ist, neigen unter Belastung und im Leerlauf zum Rasseln. Zur Klärung der Frage, ob hierfür die Zahneingriffsfrequenz, die Lagerung der Welle oder die Gestaltung des Spindelkastens die Ursachen sind, eignet sich ebenfalls die Ordnungsanalyse (Bild 4).

Durch Variation der Drehzahl läßt sich klären, ob eine Struktureigenfrequenz oder die Gestaltung bzw. die Fertigung der Zahnräder die Geräusche auslöst. Aus einer Betriebsschwingungsanalyse kann man die geräuschverursachenden Schwingformen des Spindelkastens ermitteln, aus denen Maßnahmen zur Geräuschminderung abgeleitet werden können.

Die Erfahrung der letzten Jahre hat gezeigt, daß die Modalanalyse zur Optimierung der dynamischen Maschineneigenschaften nach wie vor ein geeignetes Werkzeug ist. Die große Zahl an Informationen, die durch die Modalanalyse gewonnen wird, ist jedoch auf ein geeignetes Maß zu reduzieren, um dem Konstrukteur Prioritäten für mögliche Verbesserungsmaßnahmen vorgeben zu können. Hierfür ist die theoretische Analyse der Nachgiebigkeitsfrequenzgänge nicht ausreichend. Vielmehr bedarf es begleitender Betriebsversuche, die zusätzliche Informationen aus Frequenzspektren der Oberflächenabweichungen oder Spektren von Strukturbeschleunigungen zur Verfügung stellen.

Literatur

1. Weck, M.: Werkzeugmaschinen. Band 4: Meßtechnische Untersuchung und Beurteilung. 4. Aufl. Düsseldorf: VDI-Verlag 1993
2. Weck, M.; Teipel, K.: Dynamisches Verhalten spanender Werkzeugmaschinen. Berlin: Springer 1977
3. Tlusty, J.; Smith, S.; Zamudio, C.: Evaluation of cutting performance of machining centers. Annals of CIRP 40/1 (1991) S. 405–410
4. Heisel, U.; Krondorfer, H.: Application of the surface method for vibratio analysis to CNC-routers. Proc. 13th IWMS, Vol. 1. 17.–20.6.1997, Vancouver/Canada. Hrsg.: IWMS 13-Organizing Committee (1997) S. 257–264

Thermisches Verhalten von Industrierobotern

Th. Frankenfeld

1 Einleitung

Für viele Produktionsprozesse, bei denen Industrieroboter eingesetzt werden, ist eine hohe Arbeitsgenauigkeit erforderlich. So wirken sich bei der Werkstückbearbeitung mit Robotern (z.B. beim Laserschweißen) Abweichungen des Werkzeugarbeitspunkts von der Soll-Lage direkt auf die Fertigungsqualität aus. Unter der Arbeitsgenauigkeit von Robotern wird nach Richtlinie VDI 2861 im allgemeinen die Wiederholgenauigkeit beim Positionieren und Orientieren des Werkzeugarbeitspunkts oder beim Nachfahren einer Bahn verstanden [1]. Durch die Verbesserung der statischen und dynamischen Eigenschaften von Industrierobotern konnte in den letzten Jahren die Genauigkeit der Industrieroboter wesentlich erhöht werden. Dadurch hat aber gleichzeitig der Anteil thermisch bedingter Störeinflüsse an Positionierungs- und Orientierungsfehlern an Bedeutung zugenommen [2]. Insbesondere bei Robotern, die als offene kinematische Kette ausgeführt sind, können geringe Verformungen in den ersten Achsen erhebliche Verlagerungen des Werkzeugarbeitspunkts verursachen. Um thermisch bedingte Störeinflüsse auf die Arbeitsgenauigkeit von Robotern zu verringern, können entweder die Ursachen der Störungen (primäre Maßnahmen) oder die Auswirkungen der Störungen (sekundäre Maßnahmen) vermindert werden. Dies ist zum einen durch konstruktive Maßnahmen und zum anderen durch kompensatorische Maßnahmen möglich [3, 4].

2 Meßvorrichtung zur Verformungsmessung von Roboterelementen

Zur Erfassung thermisch bedingter Verlagerungen des Roboter-Werkzeugarbeitspunkts wird eine am Institut für Werkzeugmaschinen entwickelte Meßvorrichtung eingesetzt (Bild 1). Sie besteht aus zwei Meßstativen aus Invar-Stahl mit jeweils einem 3D-Meßkopf. In jeden Meßkopf sind sechs paarweise, orthogonal zueinander angeordnete Längenmeßtaster integriert. In die Meßköpfe werden quaderförmige Prüfkörper eingefahren, die an unterschiedlichen Stellen eines Roboters angebracht sein können. Durch die Berechnung der Verschiebungen und Verdrehungen der beiden Prüfkörper

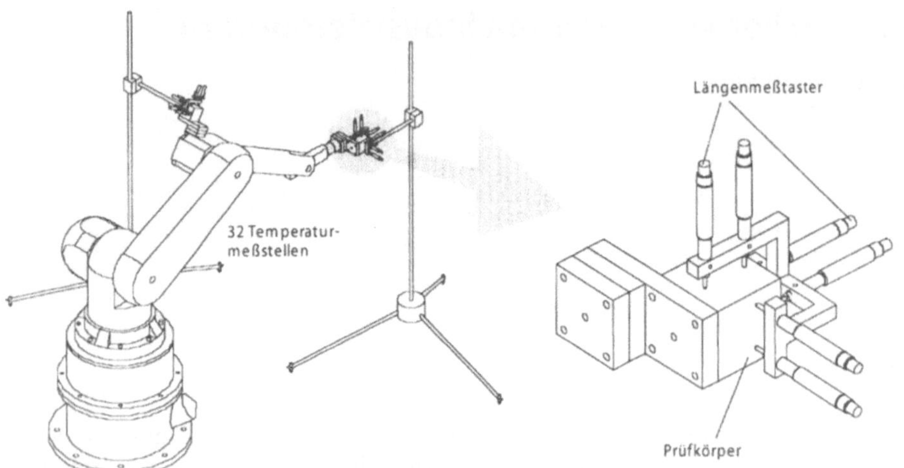

Bild 1. Meßvorrichtung

zueinander kann auf das Verformungsverhalten einzelner Roboterelemente und seine Auswirkungen auf den thermisch bedingten Gesamtposefehler (Positionierungs- und Orientierungsfehler) geschlossen werden. Zum Erfassen des Einflusses innerer Wärmequellen werden zwischen den Meßzyklen Bewegungsprogramme gestartet, bei denen die Antriebsmotoren der Achsen unterschiedlich stark belastet werden können. Um den Einfluß äußerer Wärmequellen zu erfassen, ist der gesamte Meßaufbau in einer Klimakammer aufgebaut. So können auch temporäre Temperaturschwankungen, wie sie normalerweise in der Produktionsumgebung der Roboter vorkommen, simuliert werden. Die Temperatur- und Tastermeßdatenerfassung ist mit der Robotersteuerung gekoppelt und erfolgt vollautomatisch.

3 Thermisches Verhalten von Industrierobotern

Mit der Meßvorrichtung wurden unterschiedliche Roboterkinematiken wie Vertikalknickarm-, Horizontalknickarm- und Gelenkstabroboter untersucht. Die Ergebnisse zeigen, daß die Verlagerungen des Werkzeugarbeitspunkts bei Vertikalknickarmrobotern, wie in Bild 1 dargestellt, nicht nur durch thermisch bedingte Längenänderungen der Achsverbindungselemente verursacht werden, sondern auch durch Biegung der Achsverbindungselemente und Verformungen in den Antriebseinheiten. Das Gewicht der Nutzlast am Werkzeugarbeitspunkt hat nur geringen Einfluß auf die Erwärmung des Roboters. Dies ist darauf zurückzuführen, daß bei Vertikalknickarmrobotern die Belastungen der Antriebe durch das Eigengewicht der Roboterelemente wesentlich höher sind als durch die zusätzliche Nennlast. Auch die Steige-

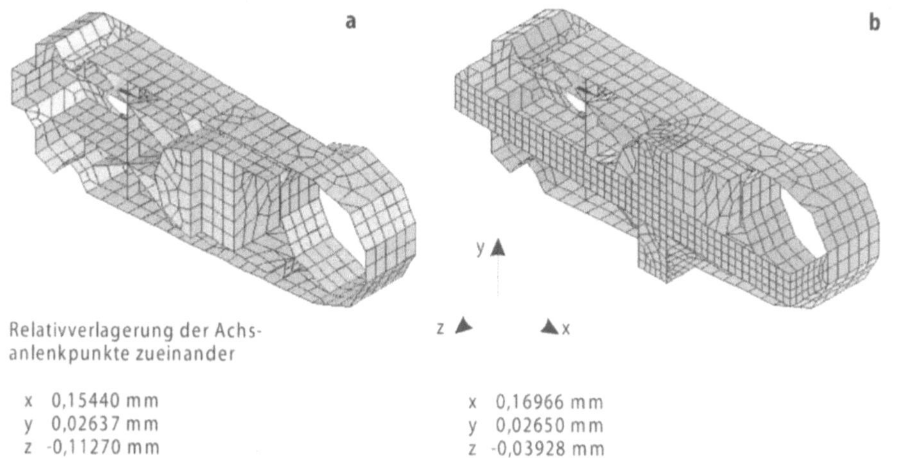

Bild 2. Verminderte Biegung **b** des modifizierten Achsverbindungselements gegenüber **a** der ursprünglichen Konstruktion bei thermischer Last

rung der Verfahrgeschwindigkeiten der einzelnen Roboterachsen hat nur geringe Auswirkungen auf das thermisch bedingte Verformungsverhalten. Demgegenüber wirken sich Wechsel zwischen Bewegungs- und Stillstandszyklen wesentlich stärker auf die Erwärmung der Roboterelemente aus, da die durch die Roboterbewegung erzwungene Konvektion die Wärmeabgabe an die Umgebung begünstigt.

4 Konstruktive Maßnahmen

Zur Verminderung thermisch bedingter Verformungen eignen sich bei Industrierobotern vor allem folgende Maßnahmen:

- Auslagerung von inneren Wärmequellen wie Antriebseinheiten aus der Roboterstruktur,
- Reduzierung der Antriebsverluste durch Einsatz von Getrieben mit hohem Wirkungsgrad,
- konstruktive Optimierung der Achsverbindungselemente, u.a. durch Verwendung von Leichtbaukomponenten, die geringere Antriebsleistungen erfordern, sowie
- Temperierung von Roboterbaugruppen.

Aufgrund der Anforderung an die kompakte Bauweise der Roboter kann eine thermosymmetrische Gestaltung aller Roboterelemente meist nicht konsequent realisiert werden. Es sind daher auch Maßnahmen zu untersuchen, wie herkömmliche Roboterelemente, die z.B. als Schalenelemente ausgeführt sind, konstruktiv optimiert werden können. In Bild 2 ist das Modell eines modifizierten Achsverbindungselements mit Stahlzugankern dargestellt, das gegenüber der ursprünglichen Konstruktion eine wesentlich verringerte thermisch bedingte Biegung aufweist.

5 Steuerungstechnische Kompensation mit Hilfe von FEM-Modellen

Auch durch konstruktive Verbesserung der Roboter-Achsverbindungselemente können thermisch bedingte Verformungen nicht ganz vermieden werden, so daß für bestimmte Anwendungsfälle steuerungstechnische Kompensationsverfahren zum Ausgleich von Poseabweichungen vorzusehen sind. Hierzu müssen zunächst die Verformungen der einzelnen Roboterkomponenten abhängig vom Belastungszustand erfaßt werden. Diese Verformungen können entweder direkt durch geeignete Meßsysteme am Roboter oder indirekt durch entsprechende Temperatur-Verformungsmodelle ermittelt werden. Da bei gängigen Robotertypen für die direkte Verformungsmessung gleich mehrere Meßsysteme eingesetzt werden müssen, ist der Kostenaufwand entsprechend hoch.

Bei einem Kompensationsverfahren auf Basis der Verformungsberechnung mit Hilfe der Finite-Elemente-Methode (FEM) werden zunächst die aktuellen Temperaturen an relevanten Stellen auf der Roboterstruktur erfaßt, anhand derer dann die Temperaturfelder in den Achsverbindungselementen berechnet werden. In einem weiteren FEM-Berechnungsschritt werden die Verlagerungen der Achsanlenkpunkte ermittelt. Da sich die Verformungen der einzelnen Roboterkomponenten abhängig von der Achsstellung unterschiedlich auf die Verlagerung des Werkzeugarbeitspunkts auswirken, müssen bei der anschließenden steuerungstechnischen Korrektur auch das Kinematikmodell des Roboters sowie die Achsstellungen berücksichtigt werden.

Literatur

1. Richtlinie VDI 2861: Kenngrößen für Industrieroboter. Berlin: Beuth 1988
2. Heisel, U.; Richter, F.: Thermal behaviour of industrial robots – measurement, reduction and compensation of thermal errors. In: Proc. of the 7th Workshop on Supervising and Diagnosis of Machining Systems. Karpacz (Polen) 1996, S. 111–124
3. Heisel, U. et. al.: Thermal behaviour of industrial robots and possibilities of error compensation. Voraussichtlich in: Annals of the CIRP, 1997
4. Heisel, U.: Ausgleich thermischer Deformationen an Werkzeugmaschinen. München, Wien: Hanser 1980

Neue Konzepte für die Späneabsaugung

S. Müller

1 Einleitung

Die bei der Holzbearbeitung als Abfallprodukt entstehenden Späne und Stäube verursachen zahlreiche Probleme in der holzbe- und verarbeitenden Industrie. Besonders zu nennen sind hierbei die kanzerogene Wirkung bestimmter Holzstaubarten, die u.U. verminderte Prozeßsicherheit und die Beeinträchtigung der Bearbeitungsqualität durch die abrasiv wirkenden Späne. Die kanzerogene Wirkung von Holzstäuben führt zu strengen Anforderungen, die in der TRGS 553 festgelegt sind. Diese zwingt sowohl die Hersteller von Holzbearbeitungsmaschinen und Absaugsystemen als auch den Anwender dieser Anlagen zu erheblichen technischen und finanziellen Aufwendungen [1]. Daneben ist die Prozeßsicherheit für den Anwender der Maschinen entscheidend für einen sicheren Fertigungsablauf.

Eine Störung des Fertigungsprozesses durch Staub und Späne ist aufgrund der schlechten Erfassung und Absaugung der Partikel häufig nicht zu vermeiden. In der Regel sind konstruktiv aufwendige und damit teure Absaughauben und Stutzen erforderlich, die oft nur für einen bestimmten Werkzeugtyp oder Bearbeitungsprozeß eine ausreichende Wirkung aufweisen. Auch der hohe erforderliche Energiebedarf der Absauganlage und die Nachheizung der abgeführten Raumluft, die hohe Geräuschemission der Absaugkomponenten sowie der große Platzbedarf der Absauganlage sind Faktoren, die sich negativ auswirken.

2 Stand der Absaugtechnik in der Holzbearbeitung

Die Entsorgung der Staubpartikel an der Maschine erfolgt im Prinzip bei allen Maschinen durch einen Luftstrom, der die Partikel mitreißt. Dabei wird zwischen Raum- und Einzelabsaugung unterschieden. Die Raumabsaugung ist nicht immer ausreichend, um eine vollständige Erfassung aller Partikel zu ermöglichen. Dies hängt damit zusammen, daß nur an wenigen bestimmten Stellen innerhalb der Maschinenkapsel abgesaugt wird. Die Raumabsaugung muß deshalb meistens mit Einzelabsaugung unterstützt werden. Mit reiner Einzelabsaugung kann dagegen eine ausreichende Absaugwirkung erzielt werden. Voraussetzung dafür ist jedoch ein großer Absaugvolumenstrom und eine strömungsgünstige Gestaltung der Absaughaube. Nachteile der Einzelabsaugung sind die hohen Gesamt- und Betriebskosten der Absauganlage, der Platzbedarf der Absaugleitungen sowie die geringe Flexibilität der Hauben.

3 Neues Konzept

Um die genannten Nachteile beider Systeme zu reduzieren, ist es erforderlich, die Erfassung der Staubpartikel unmittelbar an der Entstehungsstelle zu verbessern. Mit Hilfe einer dem Absaugvolumenstrom überlagerten Wirbelströmung [2–6] (Bild 1) kann dies erreicht werden. Die Geschwindigkeitsvektoren dieser Wirbelströmung sind hierbei direkt auf die Bearbeitungs-, d.h. Späneentstehungsstelle, gerichtet. Die Wirbelströmung kann entweder durch Einblasen von zusätzlicher Luft in eine rotationssymmetrische Absaughaube oder durch die Rotation von Lüfterschaufeln, z.B. auf der Werkzeugachse, erfolgen.

Für die Holzbearbeitung hat sich bisher gezeigt, daß ein rotierendes System (hier Ventilatorlaufrad) besser als zusätzlich in die Haube eingeblasene Luft geeignet ist, da ein stabilerer Wirbel erzeugt werden kann und ein Teil der angesaugten Luft für die Wirbelbildung verwendet wird. Der Ventilator (Bild 2) wirkt zusätzlich wie ein sog. Stützventilator, wodurch der Strömungswiderstand der gesamten Absaughaube geringer wird. Das Verhältnis des Volumenstroms der Absauganlage zum Volumenstrom der umgewälzten Luft

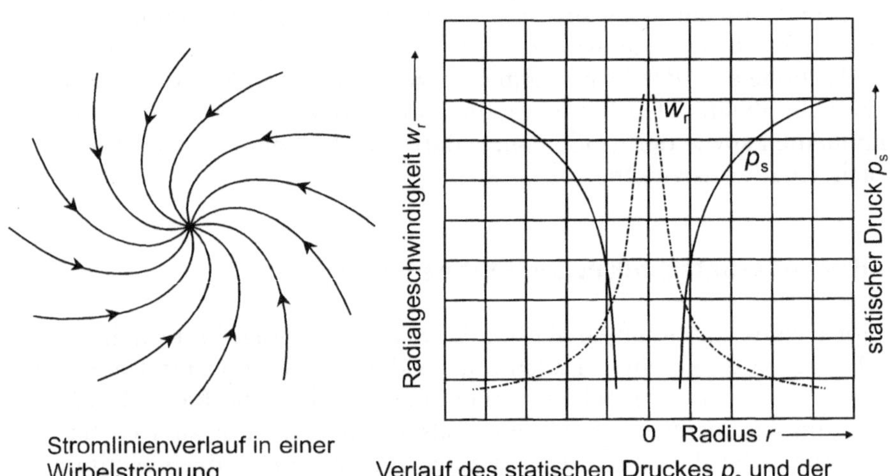

Stromlinienverlauf in einer Wirbelströmung

Verlauf des statischen Druckes p_s und der Radialgeschwindigkeit w_r in einer Wirbelströmung

Bild 1. Wirbelströmung [7]

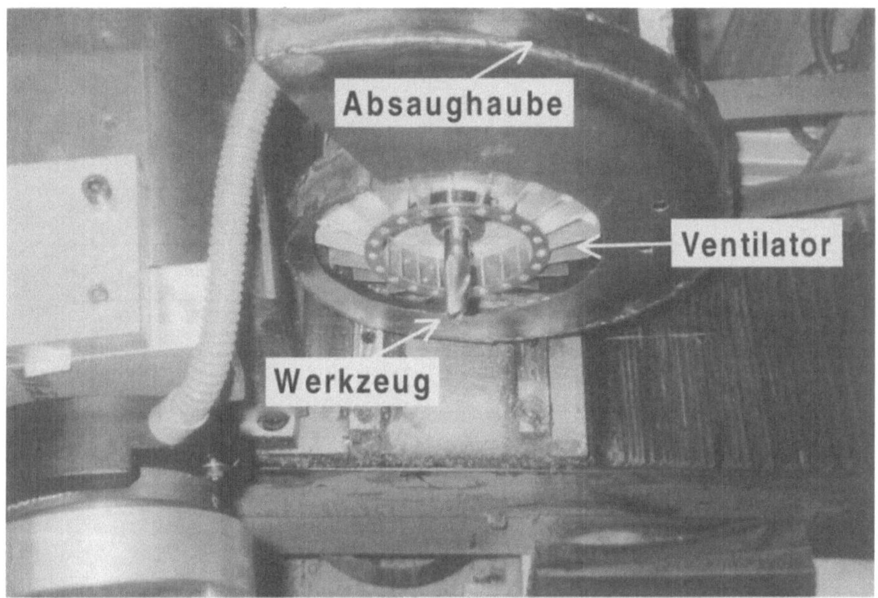

Bild 2. Werkzeugnahes Absaugsystem einer Oberfräsmaschine

beträgt 10 : 1 (Bild 3). In der Holzbearbeitung werden auf Oberfräsmaschinen überwiegend Schaftfräser, z.B. für die Kantenformatierung oder das Nutfräsen in der Fläche, eingesetzt. Für diese Werkzeuge eignet sich das Konzept besonders gut, da sich bei schlanken Werkzeugen sehr starke Wirbel ausbilden können.

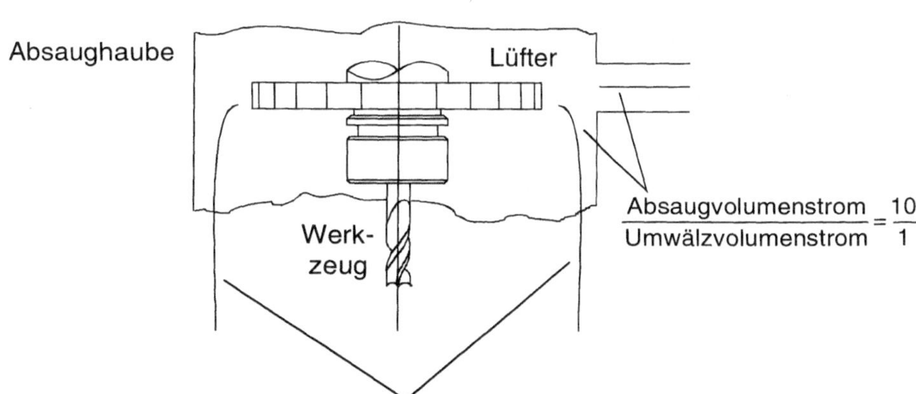

Bild 3. Aufteilung der Volumenströme

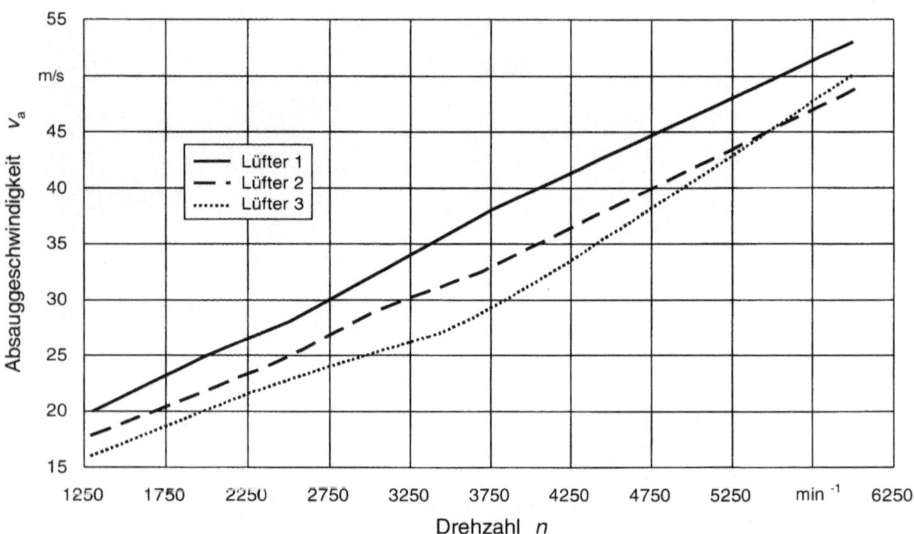

Bild 4. Absauggeschwindigkeit von drei verschiedenen Lüfterbauformen

Beim hinsichtlich der Staubentstehung kritischen Bearbeitungsprozeß Nutfräsen verbleiben die Partikel gegenüber schlechten, konventionellen Absaughauben nicht mehr in der Nut, sondern werden durch die hohe Strömungsgeschwindigkeit in der Bearbeitungsebene erfaßt und der Absaughaube zugeführt. Bei Werkzeugen mit größeren Durchmessern muß die Ansaugstrecke zwischen Werkstückoberfläche und dem Unterrand der Absaughaube radial durch Prallflächen abgeschirmt sein, um größere Partikel aufzuhalten. Um diese mit einem entgegengerichteten Volumenstrom auf kurzer Strecke abzubremsen, wären nach den vorliegenden Erkenntnissen Absauggeschwindigkeiten über 120 m/s erforderlich. Die erreichbaren Absauggeschwindigkeiten im Ansaugquerschnitt liegen aber mit vertretbarem energetischem und technischem Aufwand bei rund 70 m/s (Bild 4).

Um eine gute Absaugwirkung zu erreichen, ist es deshalb unerläßlich, die Ansaugstrecke vor dem Ventilator in geeigneter Ausführung zu gestalten. Dazu ist ein rotationssymetrischer Ansaugquerschnitt mit ca. 20% größerem Durchmesser als der Lüfter selbst erforderlich. Außerdem muß ein Abweiser für größere Teile angebracht sein, der verhindert, daß diese in den Ventilator gesaugt werden.

4 Zusammenfassung

Die Erfassung von Staub und Spänen kann mit diesem Konzept auf Oberfräsmaschinen für viele Bearbeitungsprozesse verbessert werden. Die Umsetzung der Wirbelströmung für andere Maschinenarten ist in Abhängigkeit des zur Verfügung stehenden Einbauraumes und der Werkzeuggeometrie möglich. Es ist ebenso denkbar, dieses Prinzip für die Metallbearbeitung anzuwenden. Da besonders bei der Trockenbearbeitung, die wachsende Bedeutung erlangt, die Spülwirkung des Kühlschmierstoffes entfällt, sind alternative Spänetransportfunktionen erforderlich. Hierzu sind weiterführende Untersuchungen geplant.

Literatur

1. Denner, W.-J.: Theoretische und experimentelle Untersuchungen an dreidimensionalen Wirbelströmungen für industrielle Absauganlagen. Berlin: Springer 1993
2. Thomas, C.: Theoretische und experimentelle Untersuchung des Pumpens von Lufttechnischen Anlagen mit Radialventilatoren. Diss. TU Karlsruhe 1984
3. Dittes, W.; Goettling, D.; Wolf, H.: Arbeitsplatzluftreinhaltung-Schadstofferfassungseinrichtungen in der Fertigungstechnik. Bremerhafen: Wirtschaftsverlag NW 1985
4. Denner, W.; Schweizer, M.: Entwicklung von neuartigen Laborabzugsystemen durch moderne Berechnungs- und Meßverfahren. IPA Stuttgart 1984, S. 125–128
5. Broecker, E.: Druckgewinn bei turbulenter Drallströmung im parallelwandigen Radialdiffusor. HLH 11 (1960) 7, S. 173–178
6. Löffler, K.: Die Berechnung von rotierenden Scheiben und Schalen. Berlin: Springer 1961
7. Selig, H.J.: Technik der pneumatischen Förder- und Mischverfahren. Mainz: Krausskopf 1972

Tribologische Untersuchungen in der Blechumformung

S. Wagner

1
Streifenziehanlage

Um die einzelnen tribologischen Bereiche eines Ziehteils nachzubilden, wurden verschiedene Modellverfahren entwickelt. Der am weitesten verbreitete Modellversuch ist der Streifenziehversuch ohne Umlenkung. Bei diesem Versuch wird ein ebener Blechstreifen zwischen zwei Ziehbacken, die mit einem definierten Niederhalterdruck gegen den Blechstreifen gepreßt werden, durchgezogen (Bild 1a). Die hierbei ermittelte Reibungszahl ist ein Mittelwert, der für beide Blechseiten gilt.

Am Institut für Umformtechnik der Universität Stuttgart wurde eine Variante des Streifenziehversuchs ohne Umlenkung entwickelt und gebaut (Bild 2). Bei dieser Konstruktion wird der Blechstreifen auf einen Schlitten aufgespannt, der durch Kugelumlaufführungen in einem Bett geführt wird, so daß das Reibungsverhalten jeweils einer Blechseite getrennt ermittelt werden kann (Bild 1b). Die Flächenpressung wird hydraulisch aufgebracht. Es sind Flächenpressungen bis 25 N/mm² und bei Halbierung der Auflagefläche des Ziehbackens auf dem Blechstreifen von 1200 mm² auf 600 mm² sogar bis 50 N/mm² möglich. Mit dieser Anlage kann somit bei höheren Flächenpressungen der Adhäsionsbeginn erfaßt werden.

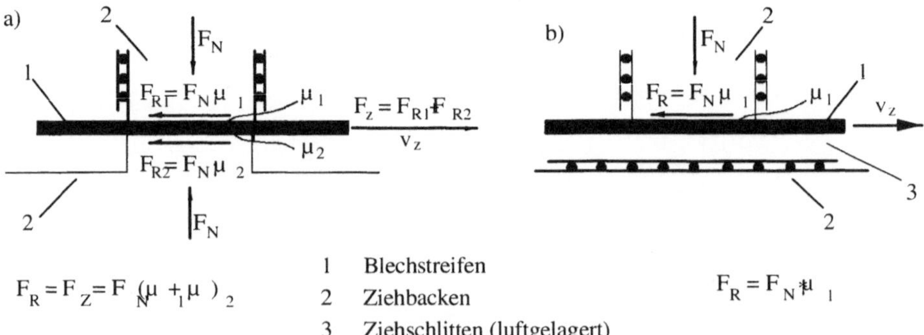

Bild 1. Prinzip Streifenziehen ohne Umlenkung. **a** beidseitig; **b** einseitig

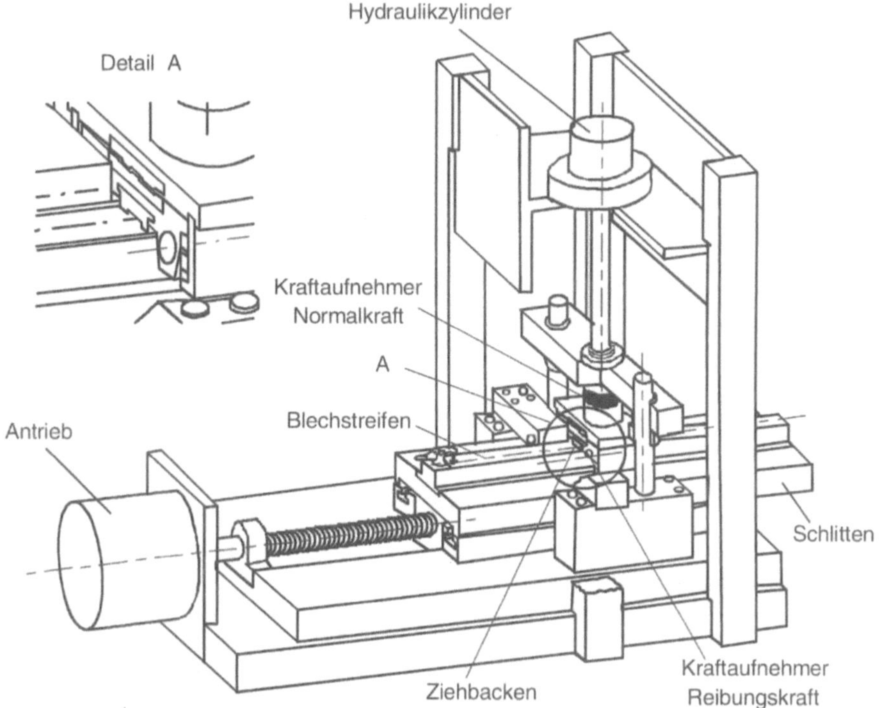

Bild 2. Streifenziehanlage für Flächenpressungen bis 50 N/mm²

2 Modifizierter Duncan-Shabel-Test

Zur Simulation der Reibungsverhältnisse an den Zieh- und Stempelkantenradien wurde am Institut für Umformtechnik der modifizierte Duncan-Shabel-Test entwickelt und gebaut (Bild 3). Diese neue Anlage unterscheidet sich von herkömmlichen Anlagen in vier wesentlichen Punkten:

- Die Anlage hat vier auswechselbare Rollen, wobei ein Rollenpaar den Ziehringradius und ein weiteres Rollenpaar den Stempelkantenradius simuliert.
- Bei drehendem Rollenpaar kann der Biegeanteil getrennt, d.h. ohne den Reibungsanteil ermittelt werden. Bei arretiertem Rollenpaar werden Reibungs- und Biegeanteil zusammen gemessen. Durch einfaches Austauschen der Rollenpaare kann der Einfluß der einzelnen Rollenradien und Rollenwerkstoffe untersucht werden.
- Im Gegensatz zu den konventionellen Duncan-Shabel-Anlagen ist auch der Beginn eines Ziehprozesses nachbildbar, da ein ebener Blechstreifen verwendet wird, der als Modell einer Platine angesehen werden kann.

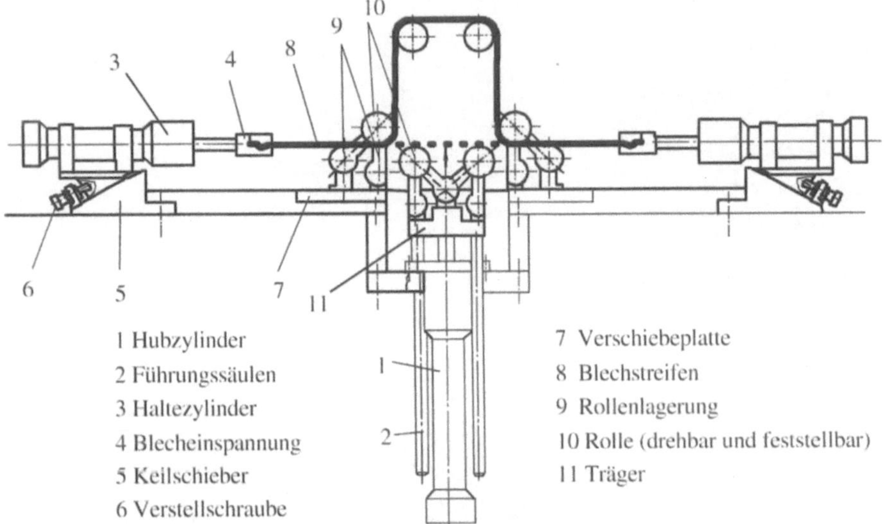

Bild 3. Versuchsaufbau des modifizierten Duncan-Shabel-Tests

- Da die Einspannung des Blechstreifens sowohl starr als auch beweglich eingestellt werden kann, lassen sich Verhältnisse einstellen, die dem Spannungszustand des Tiefziehens (bewegliche Einspannung) oder dem des Streckziehens (starre Einspannung) entsprechen.

Die Anlage wurde für Blechstreifen mit 40 mm Breite, einer Blechstärke von maximal 3 mm und einer Länge von ca. 800 mm konzipiert. Die Blecheinspannungen können während des Versuchs um bis zu 100 mm auf jeder Seite verfahren werden, der Querbalken läßt sich maximal 300 mm ausfahren. Die Gesamtlänge der Anlage beträgt etwa 1,60 m.

3 Segmentiertes Tiefziehwerkzeug

Um den Einfluß verschiedener Blech- und Werkzeugoberflächen sowie -werkstoffe als auch verschiedener Zieh- und Stempelkantenradien auf das Reibungsverhalten und das Tiefziehergebnis im Realversuch untersuchen zu können, wurde am IFU ein Tiefziehwerkzeug entwickelt und gebaut, bei dem der Niederhalter, der Ziehring und auch der Stempel aus Segmenten, die beliebig austauschbar sind, zusammengesetzt werden (Bild 4).

Die Stempelabmessung beträgt 250 × 350 mm. Die zur Verfügung stehende Gesamtkraft der Presse war 2000 kN. Da das Werkzeug auch für den Einbau in eine einfachwirkende Presse gedacht ist, wird die Niederhalterkraft über mehrere Hydraulikzylinder aufgebracht. Die Hydraulikzylinder sind auf-

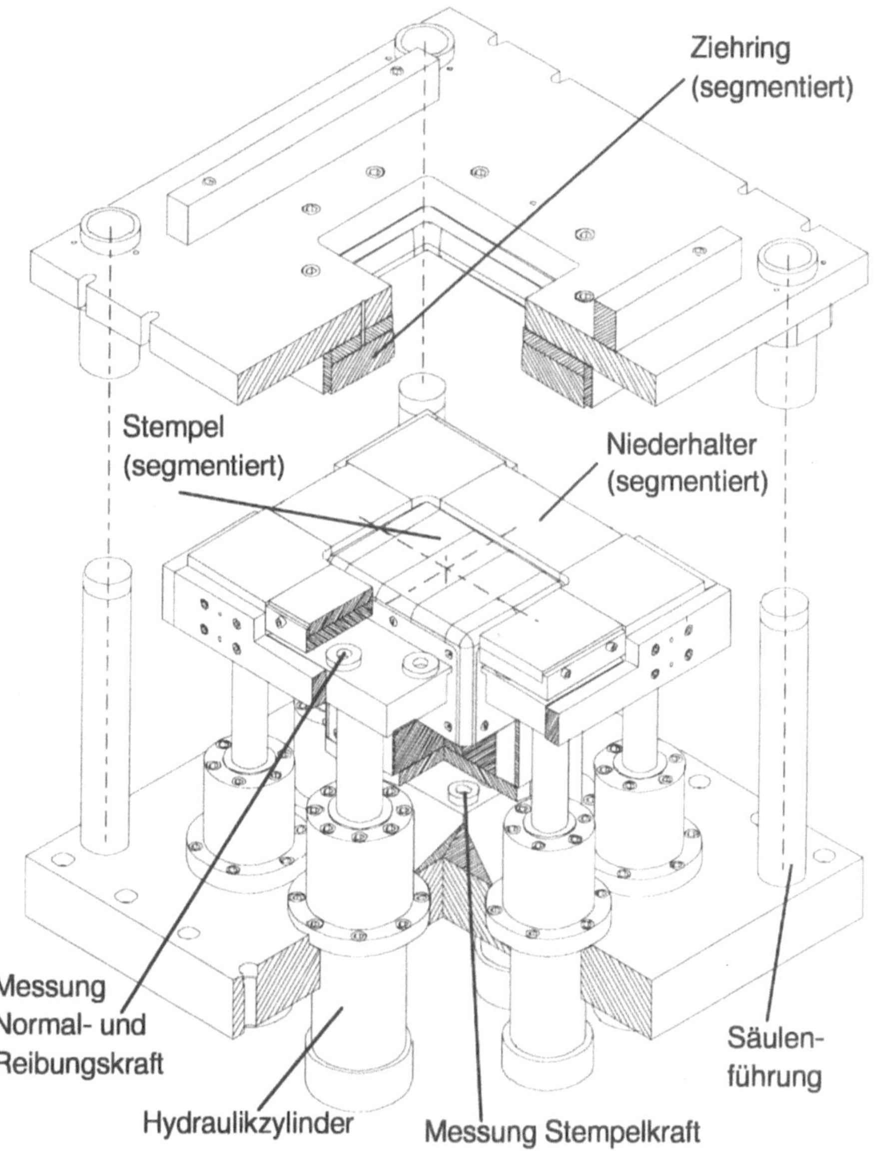

Bild 4. Segmentiertes Tiefziehwerkzeug

grund ihrer Bauhöhe in der Grundplatte des Presseneinbauraums versenkt angebracht.

Sowohl der Ziehring als auch der Niederhalter sind aus acht Einzelsegmenten zusammengesetzt, und zwar aus jeweils vier Ecksegmenten und aus vier Segmenten der geraden Ziehteilseiten. Jedes dieser Niederhaltersegmente wird von einem eigenen Hydraulikzylinder beaufschlagt, wobei die vier Zylinder der Ecksegmente und paarweise die Zylinder der jeweils gegenüberliegenden Geradensegmente getrennt angesteuert werden können. Die Aufteilung des Ziehrahmens in Segmente wurde so gewählt, daß im Bereich der geraden Segmente keine tangentialen Druckspannungen im Ziehteil auftreten.

Die vier Ecksegmente des Niederhalters sind über einen Rahmen miteinander verbunden. Die vier geraden Segmente werden über Nadellager horizontal geführt und stützen sich vertikal auf 3achsig messenden Piezokraftmeßkörpern ab, damit an diesen Segmenten eine Messung der Normal- und Reibungskräfte möglich ist.

Der Stempel besteht aus sieben Segmenten, und zwar aus drei Mittelsegmenten und vier Ecksegmenten an den Ziehteilecken. Um den Verlauf der Stempelkraft während des Tiefziehprozesses erfassen zu können, sind am Stempel zusätzlich vier Einkomponenten-Kraftaufnehmer angebracht.

Prozeßregelung beim Tiefziehen – schwingende Niederhalterkraft

M. Ziegler

1 Einleitung

Das Ziehen von Karosseriebauteilen stellt in der Blechteilefertigung das wirtschaftlich bedeutendste Fertigungsverfahren dar. Mit zunehmender Tendenz zu immer größeren und komplexeren Ziehteilen und unter dem wachsenden Kostendruck ist die Weiterentwicklung dieses Verfahrens von großer Bedeutung. Im Vordergrund steht hierbei die Erhöhung der Produktivität durch Verminderung des Ausschusses und die Erweiterung des Fertigungsspektrums.

Einer der wichtigsten Punkte bei der Optimierung des Ziehprozesses ist die Einstellung des optimalen Materialflusses zwischen oberem und unterem Niederhalter. Es sollen dadurch weder Falten erster Art noch Reißer im Ziehteil auftreten. Der Materialfluß ist dabei stark von den zwischen den Niederhaltern und der Blechoberfläche wirkenden Reibungskräften abhängig. Die Höhe der Reibungskräfte richtet sich nach der momentan wirkenden Niederhalterkraft und den vorherrschenden tribologischen Bedingungen.

$F_r = F_n * \mu$ (Tribologische Bedingungen, Geschw., Temperatur …)

2 Stand der Technik

Stand der Technik sind heute einfachwirkende Pressen mit hydraulischen Ziehkissen im Pressentisch. Diese Pressensysteme sind in der Lage, die Niederhalterkraft über dem Ziehweg frei zu variieren. Dies wird durch den Einsatz moderner Proportional- und Servohydraulik ermöglicht. Neuere Entwicklungen gestatten über die getrennte Ansteuerung der Ziehkissenpinolen noch zusätzlich eine örtliche Variation der Niederhalterkraft. Somit kann auch bei komplexen Ziehteilgeometrien eine ortsspezifische Steuerung des Materialflusses über die Variation der Niederhalterkraft vorgenommen werden.

Unter Produktionsbedingungen kommt es allerdings häufig zu Schwankungen in den tribologischen Eingangsparametern, die durch einen Blechchargenwechsel mit geänderten Oberflächeneigenschaften, durch einen ungleichmäßigen Schmiermittelauftrag oder durch Abnutzung der Werkzeugoberflächen verursacht werden.

Durch diese Schwankungen kommt es zu unbeabsichtigten Abweichungen vom optimalen Materialfluß. Als Folge können Reißer und Falten im Ziehteil entstehen. In diesem Fall ist eine neuerliche Optimierung des Niederhalterkraftverlaufes für die nun geltenden Eingangsbedingungen vorzunehmen. Dadurch wird die Produktion gestoppt und Ausfallzeiten werden verursacht.

Aus diesem Grund ist die Forderung nach Systemen und Techniken gefragt, die unempfindlich gegenüber der Variation von tribologischen Eingangsparametern reagieren. Dies kann durch die Vergrößerung des Arbeitsbereiches und somit der Sicherheitsabstände gegen die Versagensgrenzen erreicht werden. Dadurch kann eine größere Streuung der Eingangsparameter noch versagensfrei ertragen werden. Einen erfolgversprechenden Ansatz stellt hier die Einleitung von schwingenden Niederhalterkräften dar.

Eine andere Möglichkeit besteht darin, prozeßgeregelte Systeme aufzubauen, die bei veränderten tribologischen Eingangsbedingungen die Streuung des Materialflusses minimieren. In diesem Zusammenhang sind prozeßgeregelte Systeme zu nennen. Zu beiden Methoden wurden am Institut für Umformtechnik Untersuchungen durchgeführt.

3
Prozeßregelung

Systeme, die sich den jeweiligen tribologischen Eingangsbedingungen anpassen, können durch einen Regelkreis, der einen Prozeßparameter als Regelgröße und die Niederhalterkraft als Stellgröße verwendet, realisiert werden. Als Prozeßparameter kann statt des Niederhalterkraftverlaufes ein Sollwertverlauf der Reibungskraft dienen. Durch diesen Verlauf sind die wesentlich den Materialfluß bestimmenden Kräfte festgelegt. Gelingt es dem System, für unterschiedliche tribologische Eingangsbedingungen stets denselben Ist-Reibungskraftverlauf über dem Ziehweg zu realisieren, so wird der gewünschte Umformprozeß auch für unterschiedliche Eingangsbedingungen erreicht.

4
Aufbau eines Systems zur Regelung der Reibungskraft

Am Institut für Umformtechnik wurde ein Werkzeug zur Herstellung von rotationssymmetrischen Näpfen aufgebaut, das eine Regelung der Reibungskraft erlaubt (Bild 1). Die Niederhalterfunktion ist durch einen Ringzylinder im Werkzeug integriert. Der Druck im Ringzylinder kann durch kontrolliertes Abströmen von Öl über ein Servoventil geregelt werden. Die Sollwertkurve der Reibungskraft wird über einen Rechner mit integrierter A/D D/A-Wandlerkarte an den Eingang eines elektronischen PID-Reglers gegeben. Die

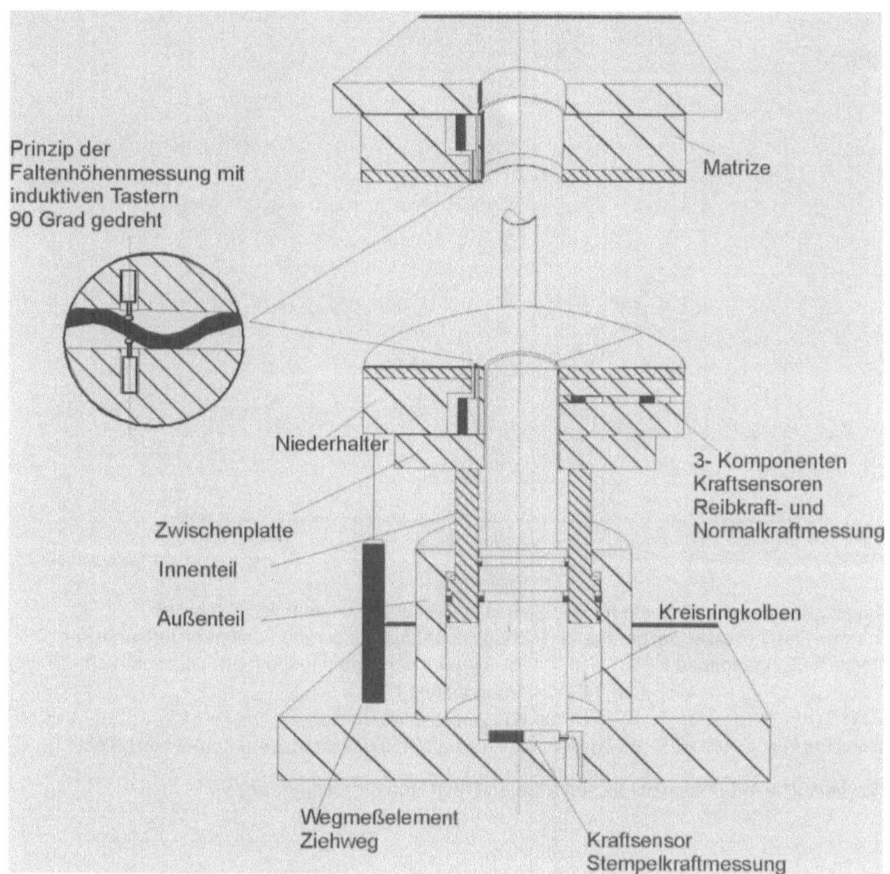

Bild 1. Werkzeug zur Herstellung rotationssymmetrischer Näpfe

Ist-Reibungskraft wird über ein in den Niederhalter integriertes Meßsegment erfaßt. Stellt der Regler eine Abweichung zwischen Ist- und Sollwert der Regelgröße fest, wird über das Stellglied (Servoventil) die Niederhalterkraft in der Weise verändert, daß die Differenz zwischen Istwert und Sollwert minimiert wird.

Bild 2 zeigt Versuche, die mit diesem System unter Variation der tribologischen Eingangsbedingungen durchgeführt wurden. Zu diesem Zweck wurden Platinen mit gleichem Grundwerkstoff, aber unterschiedlicher Oberflächenbeschichtung sowie unterschiedliche Schmiermittel verwendet. Wie zu erkennen ist, kann in allen Fällen der geforderte Reibungskraftverlauf erreicht werden. Die Niederhalterkraft wurde vom System automatisch angepaßt.

Vergleichende Untersuchungen mit einem nichtgeregelten Prozeß zeigten, daß der Materialfluß im Falle der Reibungskraftregelung erheblich geringere Abweichungen vom idealen Verlauf zeigte als im ungeregelten Fall.

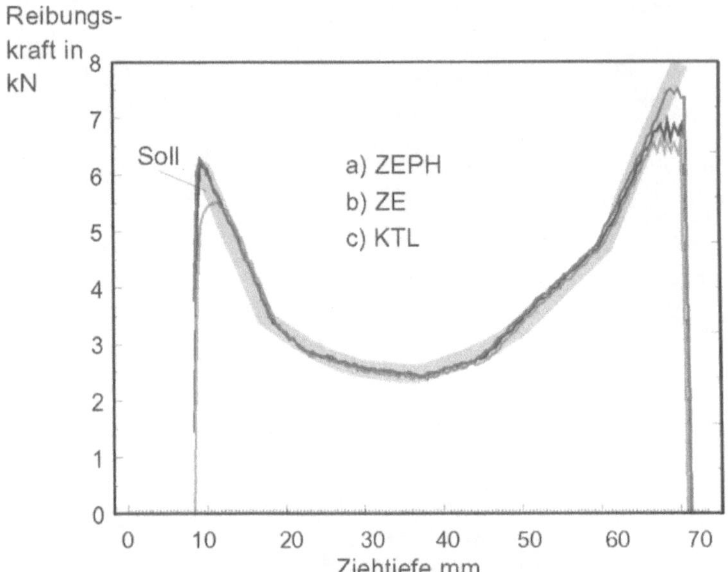

Reibungskraft über der Ziehtiefe für das Ziehen von rotationssymmetrischen Töpfen von 100mm Durchmesser bei geregelter Reibungskraft. Ausgangsronde: 200mm Durchmesser.
Tribologische Eingangsbed.: a) FEPO4, el. feuerverzinkt und phosphatiert, ungeschmiert (ZEPH)
b) FEPO4 feuerverzinkt (ZE)
c) FEPO4 KTL beschichtet, (KTL)
Geschwindigkeit: v=10mm/s, Stellgröße: Fn, Regelgr.: Reibungskraft zw. unterem NdH/Blech

Bild 2. Versuche mit unterschiedlichen tribologischen Eingangsbedingungen

5
Schwingende Niederhalterkräfte

Aus industriellen Anwendungen ist bekannt, daß durch die Einleitung schwingender Niederhalterkräfte die erreichbare Ziehtiefe erhöht und damit der Arbeitsbereich vergrößert werden kann. Grundlagenuntersuchungen zu diesem Gebiet waren aber kaum vorhanden. Deshalb wurde am Institut für Umformtechnik ein von der DFG unterstütztes Grundlagenforschungsprogramm durchgeführt. Innerhalb dieses Vorhabens wurde das schon eingangs beschriebene Werkzeug zum Ziehen runder Näpfe verwendet. Zusätzlich zum im Niederhalter eingebauten Segment zur Messung der Niederhalterkraft und Reibungskraft wurde eine Möglichkeit zur Faltenhöhenmessung sowie zur Messung der Stempelkraft in das Werkzeug integriert.

Die Ergebnisse des Forschungsprojekts sind im folgenden kurz zusammengefaßt:

- Die mittlere Reibungskraft bzw. Stempelkraft wird in Abhängigkeit vom Amplitudenanteil erniedrigt.

- Die Reibungskraftreduktion ist frequenzunabhängig.
- Die Faltenhöhe unter dem Niederhalter orientiert sich am Maximalwert der schwingenden Niederhalterkraft, sofern eine gewisse Grenzfrequenz überschritten ist.
- Der Materialfluß unter dem Niederhalter wird begünstigt.
- Die maximal erreichbare Ziehtiefe kann mit zunehmendem Amplitudenanteil gesteigert werden.
- Der Arbeitsbereich kann in Abhängigkeit der Amplitude vergrößert werden. Damit ergibt sich ein größerer Sicherheitsabstand zu den Versagensgrenzen.

Umformen von PM-Aluminiumwerkstoffen

D. Ringhand

1
Einleitung

Knapper werdende Ressourcen, steigende Energiepreise und das Bestreben zur Verringerung der Umweltbelastung bedeuten besonders für den Transportbereich die Notwendigkeit zur verstärkten Anwendung von Leichtbauwerkstoffen und zur Verbesserung der Wirkungsgrade von Antriebsaggregaten [1].

Konventionell schmelzmetallurgisch hergestellte Aluminiumwerkstoffe haben trotz erhöhter Genauigkeit bei der Zusammensetzung, gesteigerter Reinheit der Legierungselemente und neueren thermomechanischen Behandlungen nicht das gleiche Potential wie pulvermetallurgisch erzeugte Werkstoffe, um die gestiegenen Anforderungen zu erfüllen [2]. Aus der Vielfalt der entwickelten PM-Aluminiumlegierungen zeichnet sich eine Konzentration auf einige technisch und ökonomisch sinnvolle Legierungen ab [3], wobei Anwendungen im Flugzeugbau, Gasturbinen oder Verbrennungsmotoren im Vordergrund stehen [4–6]. Die überlegenen Eigenschaften pulvermetallurgisch hergestellter Aluminiumwerkstoffe können besonders effektiv genutzt werden, wenn das Potential rasch erstarrter Legierungen z.B. durch Dispersoidverfestigung, Kornverfeinerung und erweiterten Legierungsbereich ausgenutzt wird.

Mit Verfahren wie Verdüsen, Sprühkompaktieren und mechanischem Legieren ist es möglich, Werkstoffe mit schmelzmetallurgisch nicht erreichbarer Zusammensetzung und deutlich verbesserten Eigenschaften herzustellen.

2
Herstellung von PM-Aluminiumwerkstoffen

Mit Hilfe pulvermetallurgisch hergestellter Werkstoffe können Bauteile mit zum Teil bisher unerreichbaren Eigenschaften produziert werden. Neben der Erfüllung technischer Anforderungen besteht gleichzeitig die Notwendigkeit zur Bereitstellung kostengünstiger Produktionsmethoden. Neue Werkstoffe müssen sich daher im Spannungsfeld zwischen den zu verbessernden Eigenschaften einerseits und dem wachsenden Kostendruck andererseits im Markt behaupten können.

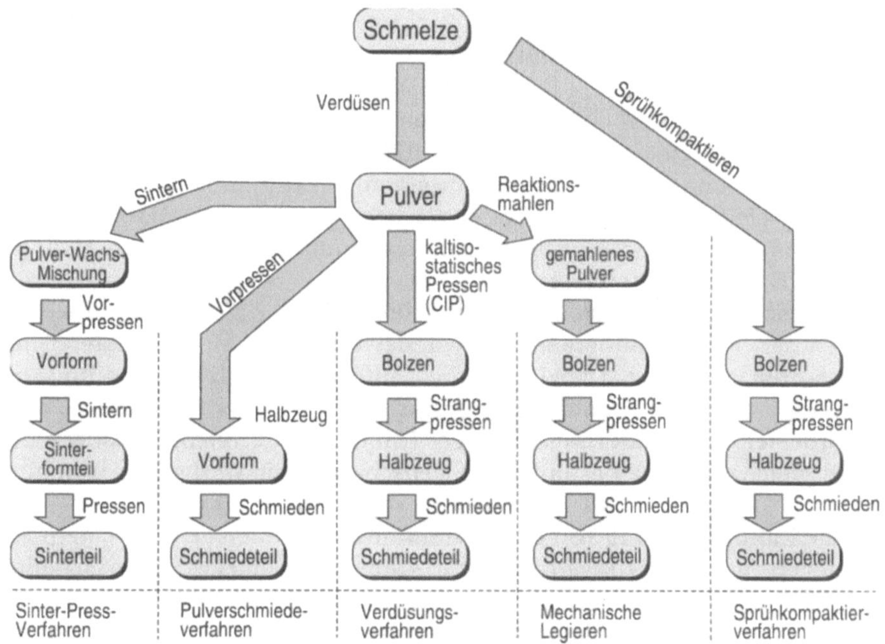

Bild 1. Übersicht über die Verfahren zur Herstellung von Bauteilen aus PM-Aluminiumwerkstoffen

Die Eigenschaften der Legierungen sind dabei hauptsächlich durch den Anteil der einzelnen Legierungselemente bestimmt. Die Werkstoffkosten werden dagegen im wesentlichen durch das Herstellungs- und Konsolidierungsverfahren begründet. Ein wesentliches Hindernis für den industriellen Einsatz pulvermetallurgisch hergestellter Aluminiumwerkstoffe stellt die Notwendigkeit der kostenintensiven Partikelkonsolidierung mit Ausgas- und Wärmebehandlung verdüster Aluminiumpulver dar [7]. Bild 1 zeigt eine Übersicht über die verschiedenen Verfahren zur Herstellung von Bauteilen aus PM-Aluminiumwerkstoffen.

Die Herstellung von Strangpreßbolzen durch Sprühkompaktieren stellt ein effektives und wirtschaftliches Verfahren zur Verdüsung und gleichzeitigen Kompaktierung von Pulverpartikeln in einem Verfahrensschritt dar, mit dem die Probleme der Konsolidierung von losen Pulvern vermieden werden können. Neben der Verdüsungstechnik ermöglicht das Sprühkompaktierverfahren die Herstellung von PM-Aluminiumlegierungen im industriellen Maßstab. Der Umformvorgang bildet hierbei im Gegensatz zu schmelzmetallurgisch hergestellten Werkstoffen stets einen notwendigen Bestandteil der Werkstoffkonsolidierung.

3
Umformen stranggepreßter Halbzeuge

Die umformtechnische Verarbeitung als werkstoffsparendes und kostengünstiges Verfahren bietet entscheidende Vorteile zur Near-net-shape-Herstellung von Bauteilen aus PM-Aluminiumwerkstoffen mit günstigen mechanischen Eigenschaften. Von den bisher entwickelten Verfahren ist dabei besonders die Kombination des Sprühkompaktierens mit nachfolgendem Strangpressen zu Halbzeugen interessant.

Die wirtschaftliche Herstellung von Bauteilen aus PM-Aluminiumwerkstoffen ist dabei im besonderen Maße von der Verfügbarkeit geeigneter Umformverfahren abhängig. Dabei sind die Umformparameter Spannungszustand, Temperatur und Formänderungsgeschwindigkeit so einzustellen, daß die geforderten Formänderungen bei der Umformung erreicht werden können und gleichzeitig die besonderen Eigenschaften der Werkstoffe erhalten bleiben.

Für die Kaltumformung von PM-Aluminiumwerkstoffen gelten prinzipiell die gleichen Voraussetzungen wie für schmelzmetallurgisch hergestellte Knetlegierungen, wobei jedoch Einschränkungen hinsichtlich der Fließspannung sowie des Formänderungsvermögens bestehen. Die Kaltumformung bietet sich daher für diejenigen Werkstoffe an, deren Matrixeigenschaften z.B. durch eine Wärmebehandlung auf die Umformung hin eingestellt werden können. Bild 2 zeigt hierzu Rohteile und fließgepreßte Zylinderlaufbuchsen aus einer hypereutektischen PM-AlSi-Legierung [8].

Die Erhöhung der Umformtemperatur führt zu einer deutlichen Reduzierung der Fließspannungen und erhöht das Formänderungsvermögen beträchtlich, so daß – verglichen mit Kaltumformverfahren – auch Bauteile mit komplexeren Geometrien und geringeren Wandstärken herstellbar sind.

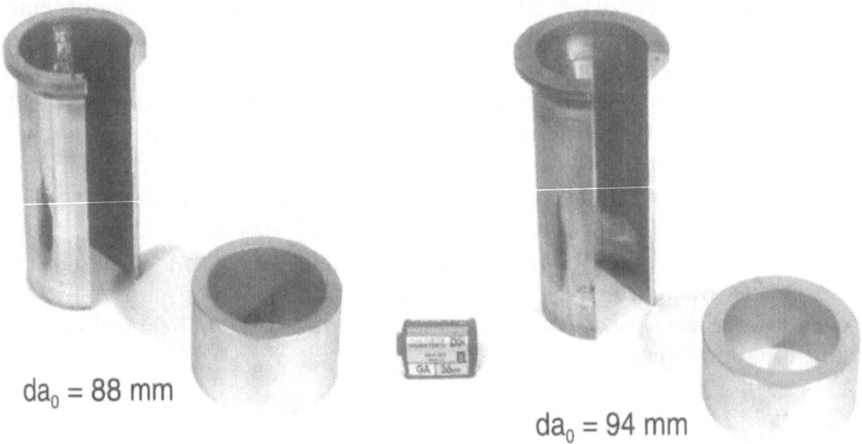

Bild 2. Rohteil und fließgepreßte Zylinderlaufbuchse aus einer PM-Al-Si-Legierung

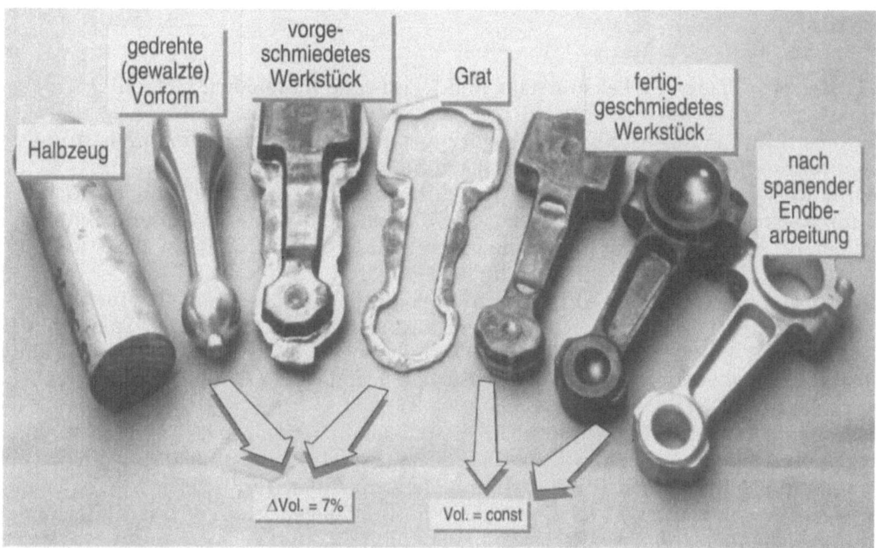

Bild 3. Fertigungsstufen beim Schmieden von Pleueln

Bild 3 zeigt die Fertigungsstufen beim Genauschmieden von Pleueln [9]. Die Herstellung von Bauteilen aus dispersionsverfestigten PM-Aluminiumwerkstoffen wird erst bei erhöhten Temperaturen möglich. Die erreichbaren Festigkeitseigenschaften dieser Werkstoffe werden außer von den Verdüsungsbedingungen auch maßgeblich von der thermomechanischen Behandlung beim Strangpressen und Schmieden beeinflußt.

Die Auswahl eines geigneten Temperaturfensters für die Umfomung wird dabei nach oben hin durch das Aufttreten von Gefügeschädigungen und nach unten durch das geforderte Formänderungsvermögen eingegrenzt.

4 Ausblick

Aktuelle Entwicklungen, wie der Einsatz pulvermetallurgisch erzeugter und umformtechnisch hergestellter Zylinderlaufbuchsen aus Aluminium für eine neue Motorengeneration [10, 11] zeigen stellvertretend das Potential dieser Werkstoffe.

Die aus den Eigenschaften von PM-Aluminiumwerkstoffen resultierenden erhöhten Anforderungen an den Umformprozeß hinsichtlich Temperaturführung und Werkzeuggestaltung machen besonders für diese Werkstoffgruppe eine werkstoffgerechte Auslegung der Umformparameter notwendig. Die Simulation der Umformvorgänge und die Vorhersage einer möglichen Werkstoffschädigung haben dabei zentrale Bedeutung.

Literatur

1. Winkler P.-J.; Peters M.: Leichtmetalle in der Luft- und Raumfahrt, 2. Metall 47 (1992), S. 531–538
2. Pickens, J.R.: Review Aluminium powder metallurgy technology for high-strength applications. Journal of Materials Science 16 (1981), S. 1437–1457
3. Arnhold, V.; Eilrich, U.; Hummert, K.: Pulvermetallurgische Aluminium-Hochleistungswerkstoffe. Mitteilung der Krebsöge Gruppe und der PEAK Werkstoff GmbH
4. Millan, P.P.: Applications of high-temperature powder metal aluminum alloys to small gas turbines. Journal of Metals, March 1983, S. 76–81
5. Hummert, K.: Moderne Aluminiumlegierungen über Pulvermetallurgie und Sprühkompaktieren für den Einsatz in Verbrennungsmotoren. In: Speidel, M.; Uggowitzer, P. (Hrsg.): Ergebnisse der Werkstofforschung, Bd. 6. Zürich: Thubal-Kain
6. Odani, Y.: Powder forged Al Alloy to challenge ferrous metals. Metal Powder Report, April 1994, S. 36–41
7. Lavernia, E.J.; Ayers, J.D.; Srivatsan, T.S.: Rapid solidification processing with specific application to aluminium alloys. International Materials Reviews 1992, Vol. 37, No 1
8. Ringhand, D.: Umformen von PM-Aluminiumwerkstoffen zu Bauteilen spezieller Eigenschaften. In: Siegert, K. (Hrsg.): Neuere Entwicklungen in der Massivumformung 1997, DGM Informationsgesellschaft mbH Frankfurt/M. 1997
9. Siegert, K.; Ringhand, D.: Flashless and precision forging of connecting rods from PM Aluminum Alloys. Proc. of the 2nd Int. Cold and Warm Forging Technology Conference, September 27–29, 1994 Columbus, Ohio, USA
10. Hummert, K.: PM-Aluminium als Hochleistungswerkstoff. In: Siegert, K. (Hrsg.): Neuere Entwicklungen in der Massivumformung 1997, DGM Informationsgesellschaft mbH Frankfurt/M. 1997
11. Schacher, D.: Entwicklungstendenzen der Massivumformung für die Automobilindustrie. In: Siegert, K. (Hrsg.): Neuere Entwicklungen in der Massivumformung, DGM Informationsgesellschaft mbH Frankfurt/M. 1997

Thixoforming von Aluminium

R. Leiber

1 Zielsetzung

Die Formgebung von Aluminium durch Thixoforming ist aus mehreren Gesichtspunkten interessant. Neben dem geringen spezifischen Gewicht von Aluminium, seinen hohen Festigkeitswerten und seiner guten Recyclingfähigkeit haben die Aluminiumlegierungen vergleichsweise geringe und damit gut beherrschbare Verarbeitungstemperaturen im thixotropen Zustand.

Am Institut für Umformtechnik wird die Technologie zum Thixoforging von Aluminiumwerkstoffen untersucht und weiterentwickelt. Dabei sollen die Vorteile des Urformens (Gießens) und die des Umformens (Schmiedens) vereinigt werden. Die Aufgabe umfaßt neben der Bereitstellung geeigneter Legierungen die Herstellung von Bauteilen mit

- dünnen Wandstärken,
- dichtem Gefüge,
- hoher Oberflächengüte,
- guter Maßhaltigkeit und
- geringen Fertigungskosten.

Hauptsächlich wurden die Legierungen AlSi7Mg (A356/357) und die Knetlegierung AlMgSi1 (AA6082) untersucht. Die thixotropen Varianten dieser Legierungen wurden in diversen Formgebungsversuchen getestet, so daß die Verfahrensparameter für das Thixoforming inzwischen weitgehend bekannt sind (Bild 1).

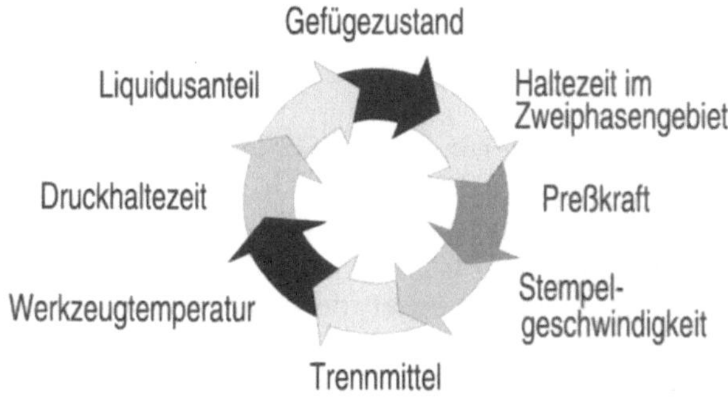

Bild 1. Verfahrensparameter, die das Qualitätsergebnis der thixogeformten Teile maßgeblich beeinflussen

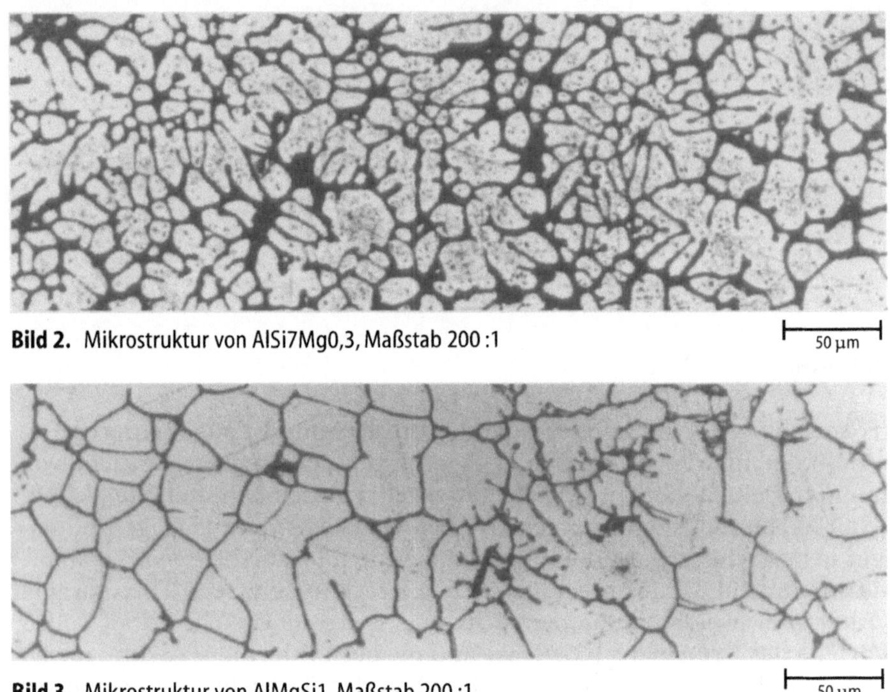

Bild 2. Mikrostruktur von AlSi7Mg0,3, Maßstab 200:1 (Maßstabsbalken: 50 μm)

Bild 3. Mikrostruktur von AlMgSi1, Maßstab 200:1 (Maßstabsbalken: 50 μm)

Die hier verwendeten Aluminiumlegierungen wurden mit Rheostrangguß hergestellt. Bei diesem Verfahren bewirkt elektromagnetisches Rühren eine Konvektion der Schmelze. Dadurch wird die Bildung von dentrischem Gefüge verhindert und ein feines, globulares Gefüge erzeugt. Die Bilder 2 und 3 zeigen Gefügeaufnahmen des Ausgangsmaterials.

Im Gefüge der Legierung AlSi7Mg0,3 (Bild 2) sieht man deutlich den höheren Anteil an eutektisch erstarrtem Werkstoff der rheo-stranggegossenen Gußlegierung im Gegensatz zu der Knetlegierung AlMgSi1 (Bild 3).

2 Definitionen

2.1 Thixoforming, Thixotropie

Die Formgebung von metallischen Legierungen zwischen Solidus- und Liquidusbereich, also im Übergangsbereich von fest nach flüssig, wird als Thixoforming bezeichnet. Die Definition für die Thixotropie leitet sich vom griechischen „thixis“ = Berührung ab: „Thixotropie ist die Eigenschaft eines Körpers, durch die das Verhältnis von Schubspannung zu Verformungsgeschwindigkeit infolge der vorangegangenen Verformung zeitweilig reduziert wird.“ Das Material zeigt scherentfestigenden Charakter. Die Kraft, die benötigt wird, um es zum Fließen zu bringen, sinkt mit zunehmender Belastungsdauer und Erhöhung der Schergeschwindigkeit. Der thixotrope Körper verhält sich im Ruhezustand wie ein Festkörper und unter Belastung wie eine Flüssigkeit.

2.2 Thixocasting und Thixoforging

Thixoforming wird in Thixocasting (Thixogießen) und Thixoforging (Thixoschmieden) unterteilt. Der Unterschied zwischen diesen Verfahren liegt in der Art der Werkstoffeinbringung in das formgebende Werkzeug.

Beim Thixocasting wird der noch mechanisch manipulierbare, halbfeste Werkstoff mittels eines Kolbens in ein bereits geschlossenes Werkzeug eingeschoben. Das Thixoforging unterscheidet sich vom Thixocasting dadurch, daß das manipulierbare Rohteil direkt in ein geöffnetes Gesenk eingelegt wird. Mit dem Schließen des Gesenkes wird das Rohteil umgeformt.

Zu Beginn der Arbeiten konnte sehr streng zwischen Thixoforging und -casting unterschieden werden. Inzwischen zeigt sich, daß die optimale Fertigungsmöglichkeit für Thixobauteile weder beim einen, noch beim anderen Verfahren liegt und daher am besten von Thixo*forming* gesprochen wird.

3 Umformversuche

Eine typische Eigenschaft des Thixoformings im Vergleich zur Massivumformung sind die niedrigen Formgebungskräfte während der Umformung. Zu Beginn der Umformung ist die Umformkraft so gering, daß sie mit konventionellen Kraftmeßdosen nicht gemessen werden kann. Ein bemerkbarer Kraftanstieg ist erst erkennbar, wenn die Formfüllung fast vollständig abgeschlossen ist. Dann erhöht sich die Preßkraft bis auf den eingestellten Wert. Vergleiche an Bauteilen, die konventionell gesenkgeschmiedet und thixogeschmiedet wurden, ergeben bei gleicher Formfüllung eine um den Faktor 20 geringere notwendige Umformkraft am Ende der Umformung (200 kN zu 4000 kN).

Nach der Formgebung erstarren die Teile vollständig im formgebenden Werkzeug, wobei immer ein Wärmeschwund auftritt. Die Vermeidung von Lunkern kann nur dann erreicht werden, wenn weitgehend gratlos umgeformt wird und das Teil während einer Druckhaltezeit weiter verdichten kann. Obwohl dieses Teil nicht gratlos geschmiedet wurde, sind die in Bild 4 gezeigten Festigkeitswerte relativ vielversprechend. Besonders ist auf die gegenüber Guß besseren Bruchdehnungswerte A_5 hinzuweisen.

Ein weiterer Vorteil des Thixoformings ist die Herstellung von (Near) Netshape-Elementen. Das folgende Beispiel zeigt einen gratlos umgeformten Flansch. Die Umformtemperatur der Rohteile wurde jeweils um 50°C erhöht, bis das Zweiphasengebiet erreicht wurde. Bis 350°C wurde isotherm umgeformt, darüber cracken die erprobten Schmierstoffe, so daß eine weitere Er-

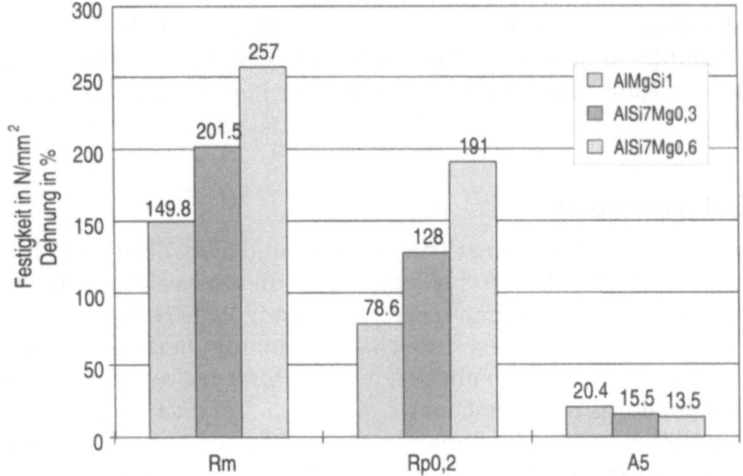

Bild 4. Mechanische Mittelwerte aus thixogeschmiedeten Bauteilen mit Grat nach DIN 50 125

höhung der Gesenktemperatur keine weiteren Vorteile erwarten läßt. Bis 550°C Rohteiltemperatur war es nicht möglich, die Kanten und vor allem die beiden Zapfen an der Konturunterseite vollständig auszufüllen. Sobald die Werkstoffe die Soliduslinie überschritten und einen Flüssiganteil von ca. 30% erreicht haben, können alle formgebenden Elemente ausgeformt werden. Auch der Formeinsatz im Zentrum des Flansches, der gegen einen Gewindeeinsatz ausgetauscht wurde, ist problemlos und vollständig abbildbar (Bild 5). Voraussetzung für ein erfolgreiches Entformen ist das sofortige Herausdrehen des Einsatzes nach dem Umformvorgang. Für weitere Versuche sollte dieses Herausdrehen automatisch mittels einer Zahnstange erfolgen, damit die Entformung sehr schnell nach dem Umformvorgang geschehen kann. Entsprechende Werkzeugkonzepte werden in der Kunstoff-Spritzgußindustrie seit vielen Jahren verwirklicht.

Bild 5. Flansch mit einem thixogeschmiedeten Gewinde M24×3

Bild 6. Querschnitt durch ein rotationssymmetrisches Bauteil. Die horizontalen Stege sind 0,3 mm stark; das Gefüge ist fehlerfrei

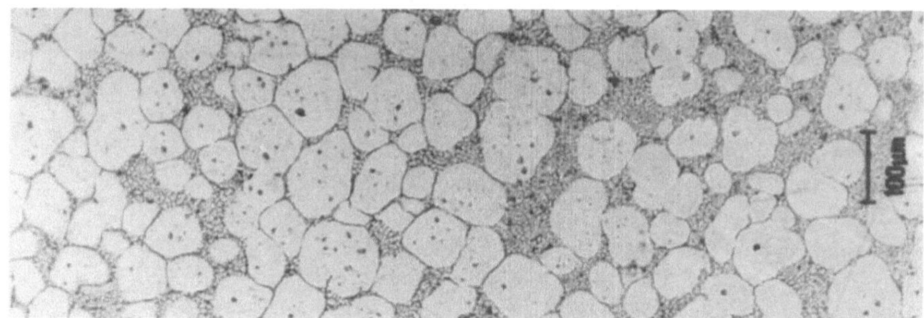

Bild 7. Fehlerfreie Mikrostruktur eines aus AlMgSi1 thixogeformten Bauteils, mittlerer Steg (Bild 6), Maßstab 100:1

Es hat sich gezeigt, daß durch Thixoforging auch Bauteile mit sehr schroffen Wandstärkendifferenzen gut herstellbar sind. So konnte an einem anderen Versuchsbauteil ein Übergang in der Wandstärke von 0,4 mm auf 5 mm mit gleichzeitiger Materialflußumlenkung um 90° ohne Gefügefehler realisiert werden (Bild 6, Bild 7). Das Aluminiumteil wurde mit maximal 500 kN in einer Stufe hergestellt. Ein vergleichbares Teil könnte auch im Kaltfließpreßverfahren mit einer 12 000 kN Presse in mehreren Stufen hergestellt werden.

4 Zusammenfassung

Das Thixoforging-Verfahren wird seit kurzer Zeit am IFU intensiv untersucht. Die vorliegenden Ergebnisse, die durch die Herstellung und Untersuchung diverser Musterbauteile aus AlMgSi1 und AlSi7Mg gewonnen wurden, sind sehr vielversprechend. Sie verpflichten uns dazu, die Einflüsse auf die finalen Bauteileigenschaften genauer zu untersuchen.

Für die industrielle Anwendung bietet das Thixoforming ein erhebliches Potential in bezug auf die Herstellung von Near-net-shape-Bauteilen, wobei die optimierten Prozeßparameter für jedes Bauteil wieder neu eingestellt werden müssen. Nur durch bauteilspezifische Anpassungen der Prozeßparameter können reproduzierbare Qualitätsergebnisse erzielt werden. Die notwendige Anlagentechnik ist vergleichsweise aufwendig und beschränkt das Verfahren derzeit auf Großserienteile.

Die Vorteile des Thixoformings dürfen nicht nur zur Substitution von Guß- oder Schmiedeteilen führen. Vielmehr muß der mögliche Quantensprung zu neuen Fertigungstechnologien für Formteile aus Aluminium erkannt und konsequent beschritten werden. Schon in naher Zukunft sind technische Formteile denkbar, die scheinbar sich widersprechende oder nur aufwendig herstellbare Eigenschaften vereinigen. Hochfeste Formteile mit extrem dünnen, großflächigen Partien und gleichzeitig mit Materialanhäufungen, die Net-shape-Lagersitze, Gewinde oder eingeschmiedete Fremdteile integriert haben, sind mit dem Thixo-Verfahren herstellbar.

Applikationsspezifische Zusatzfunktionen an einem offenen Steuerungssystem

T. Kempf

1 Einleitung

Das Zentrum Fertigungstechnik Stuttgart verfügt über eine hochdynamische fünfachsige Portalmaschine, die für die Laserbearbeitung von Freiformflächen eingesetzt wird (Bild 1). Diese Maschine stellt besondere Anforderungen an ein Steuerungssystem im Hinblick auf:

Mechanik:
- Steuerung der mechanisch verkoppelten Handachsen,

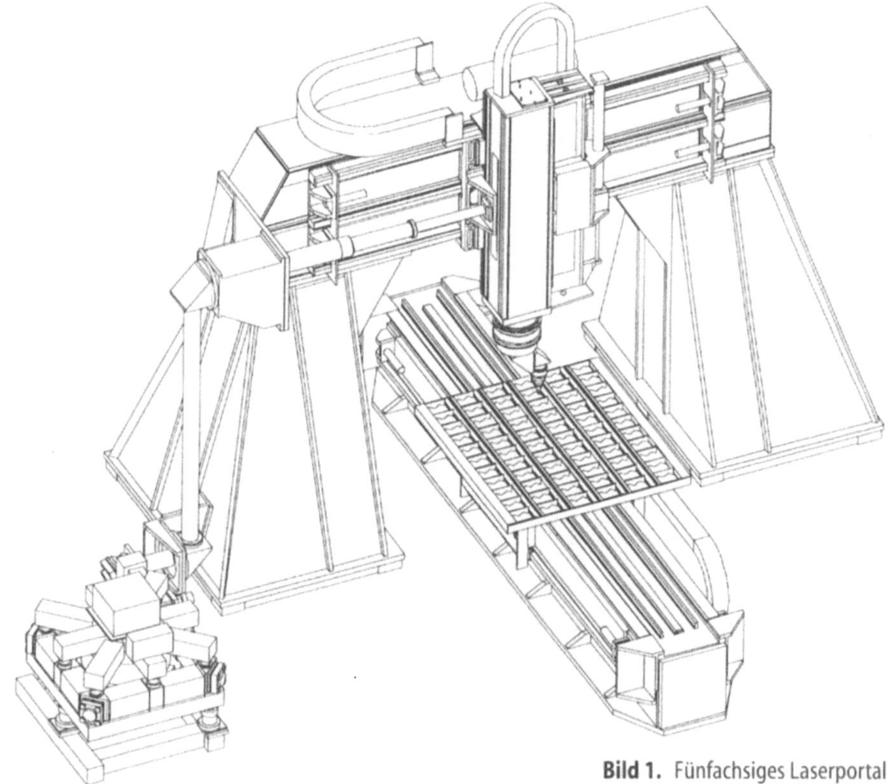

Bild 1. Fünfachsiges Laserportal

Antriebstechnik:
- Regelung synchroner und asynchroner Direktantriebe,

Prozeßführung:
- Online-Anpassung der Laserleistung und anderer Technologieparameter,
- Online-Nachführung des Bearbeitungsabstandes mittels kapazitiver Sensorik,

Programmierung:
- Erstellen von Bearbeitungsprogrammen für Freiformflächen über Teach-In an der Maschine.

Gesteuert wird die Maschine von einer SINUMERIK 840D. Diese Steuerung gestattet es dem Anwender, zusätzlich zum Standardumfang erforderliche Funktionalitäten in das Gesamtsystem zu integrieren. Dies gilt sowohl für die Gestaltung der Bedienoberfläche als auch für den Steuerungskern. Dem Anwender stehen Schnittstellen und Methoden zur Verfügung, die ihm Zugriff auf Daten und Abläufe des Systems gestatten. Weiterhin hat er die Möglichkeit, die gewünschten Erweiterungen in Form von eigenem Code und eigenen Datenstrukturen einzubinden.

Am Beispiel der Integration eines kapazitiven Sensors zur Prozeßführung beim Laserschneiden werden einige der oben angeführten Anforderungen aufgegriffen und ihre Realisierung skizziert.

2 Abstandsnachführung mittels kapazitivem Abstandssensor

Um während der Laserbearbeitung optimale Ergebnisse zu erzielen, ist es von großer Bedeutung, die Fokuslage des Laserstrahls relativ zur Bearbeitungsoberfläche konstant zu halten. Da allerdings kleinere Abweichungen

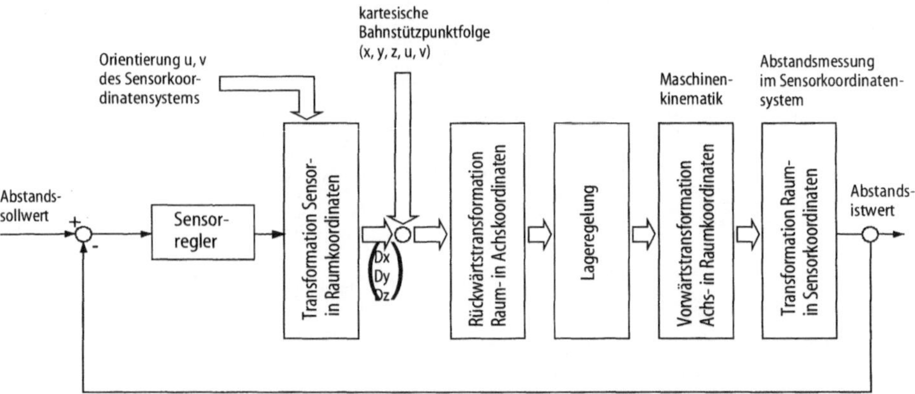

Bild 2. Erweiterung des Steuerungsablaufs für die Sensorabstandsregelung

zwischen der programmierten Bearbeitungsbahn und dem realen Werkstück in der Praxis nicht zu vermeiden sind, ist eine Online-Korrektur des Bearbeitungsabstands zumindest im Interpolationstakt unumgänglich. Zu diesem Zweck wird am ZFS-Portal ein kapazitiver Sensor genutzt, der den Abstand der Sensorspitze vom Werkstück über Frequenzänderungen in einem hochfrequenten Schwingkreis auswertet und als analoges Spannungssignal an die Steuerung liefert. Dort wird das Signal über einen schnellen AD-Wandler eingelesen.

Die Auswertung der Meßgröße erfordert das Einbringen neuer Funktionalitäten in die Steuerung. Bild 2 zeigt die Grobstruktur der realisierten Sensorabstandsregelung.

Neben dem eigentlichen Regelalgorithmus sind die Transformation der Stellgrößen vom Sensorkoordinatensystem ins Basiskoordinatensystem und die Aufschaltung der transformierten Korrekturgrößen auf die Lagesollwerte im Interpolator von Bedeutung. Bedingt durch die überlagerten Achsbewegungen sind außerdem Überwachungsmechanismen vorzusehen, da die Begrenzung der Führungsgrößen in der Steuerung bereits in der zeitunkritischen Satzvorverarbeitung durchgeführt wird.

Da im Echtzeitteil der Sensorregelung Totzeiten von über 10 ms auftreten, wird ein Ausweichen auf die Lagereglerebene mit kürzeren Taktzeiten angestrebt.

3
Sensorgeführtes Teachen von Bearbeitungsbahnen

Im Rahmen eines Verbundprojekts wurde ein Konzept entwickelt, das die beschriebene Sensorik der Portalmaschine zusätzlich für das Teachen komplexer Werkstückgeometrien nutzt. So kann der zeitaufwendige Weg über ein Programmiersystem vermieden und gleichzeitig die Möglichkeit geschaffen werden, direkt an der Bearbeitungsmaschine zu teachen.

Der Bediener fährt dabei mit dem Handbediengerät eine zu teachende Position an (dabei kann die Abstandsregelung zur Unterstützung aktiv sein) und stellt grob die Orientierung der Handachsen ein. Daraufhin wird ein NC-Programm gestartet, das während einer Kreisfahrt drei Punkte der eingestellten Ebene abfährt und über die Sensorik ihre jeweilige Position einmißt. Aus diesen Positionen wird der Normalenvektor des Werkstücks an der Teachposition berechnet und die exakte Orientierung (senkrecht zur Bearbeitungsoberfläche) automatisch eingestellt. Die grobe Position kann nun vom Bediener mit dem Handbediengerät nachkorrigiert werden, bevor sie durch das NC-Programm über Fahren auf Berührung exakt ermittelt wird.

Anschließend hat der Bediener die Möglichkeit, den Teachpunkt mit Attributen zu versehen. Dabei legt er Geometrieelemente fest, mit deren Hilfe das Werkstück an der betreffenden Stelle beschrieben werden soll. Hier stehen unter anderem Splines zur Verfügung. Auch die Satzübergangsbedingungen (z.B. Genauhalt, Überschleifen) können frei vergeben werden. Die Sensorregelung wird ebenfalls berücksichtigt und kann zu beliebigen Zeitpunkten zu- oder abgeschaltet werden. Mit Abschluß des Teachvorgangs wird in der Steuerung automatisch ein Bewegungsprogramm nach erweitertem DIN 66025 erzeugt.

4 Korrektur der Aufspannlage

Wurden während des Teachvorgangs zusätzlich 3 Punkte als Korrekturpunkte definiert, wird vor der Abarbeitung des erzeugten Bewegungsprogramms eine halbautomatische Aufspannlagekorrektur durchgeführt. Der Bediener muß dazu die drei Korrekturpunkte erneut anfahren, deren Positionen von

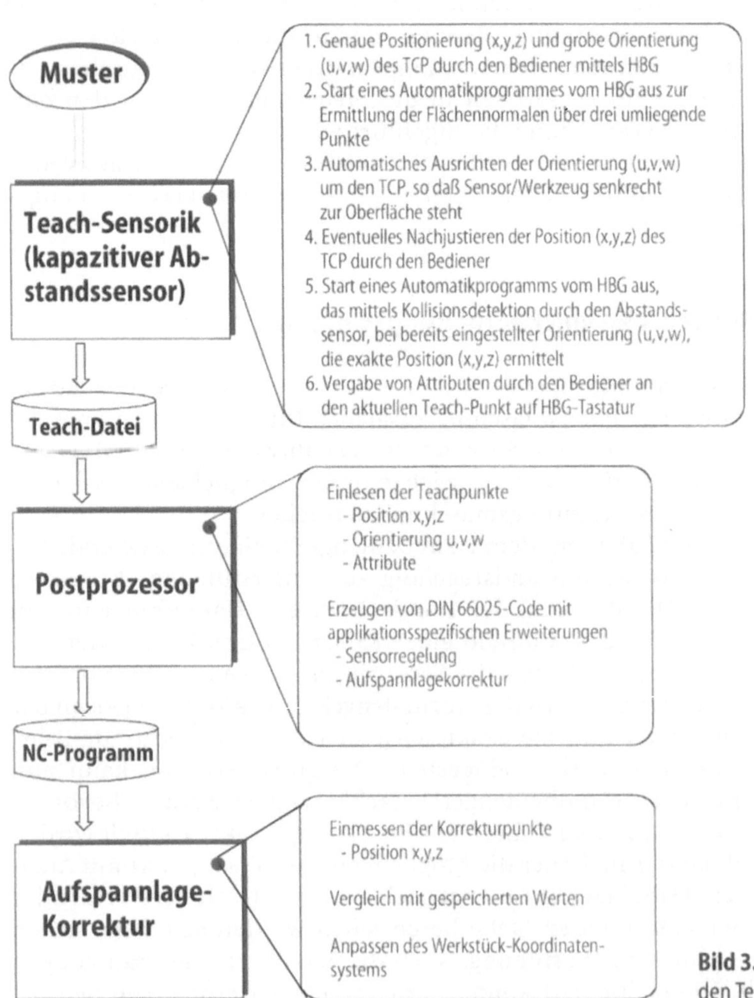

Bild 3. Überblick über den Teach-Vorgang

der Steuerung übernommen werden. Aus der vorhandenen Information werden anschließend Verschiebung, Verdrehung und Verkippung gegenüber dem geteachten Werkstück errechnet und das Bewegungsprogramm entsprechend angepaßt.

Der notwendige zusätzliche Funktionsumfang wurde wiederum im NC-Kern eingebracht. Die Programmierung des Handbediengeräts erfolgt an der PLC-Schnittstelle (Bild 3).

5
Zusammenfassung und Ausblick

Für eine fünfachsige Laserschneidanlage wurde eine industrielle Standardsteuerung spezifisch erweitert, um eine zusätzliche Sensorik sowohl für eine echtzeitkritische als auch für eine echtzeitunkritische Anwendung zu integrieren. Dabei konnte gezeigt werden, daß eine flexible Steuerungsplattform dem Anwender den Freiraum für innovative Entwicklungen bietet.

Hochleistungsdiodenlaser – Werkzeug für die laserintegrierte Fertigung

M. Haag, T. Rudlaff

1 Einleitung

Hochleistungsdiodenlaser (HDL) zeichnen sich durch einen hohen Wirkungsgrad und kompakte Bauweise aus. Neueste Entwicklungen gehen in Richtung höherwertiger Strahlquellen, die sich aufgrund stark verbesserter Strahlqualität und höherer Ausgangsleistungen auch für einen direkten Einsatz in der Materialbearbeitung eignen [1, 2]. Zwar können mit diesen Lasern derzeit noch nicht alle Laserbearbeitungsverfahren sinnvoll erschlossen werden, für einige Anwendungen im niedrigen bis mittleren Intensitätsbereich bieten sich jedoch jetzt schon interessante, wirtschaftliche Möglichkeiten. Vor allem aber auch durch die kompakte Bauform und die „einfachen" Versorgungsmedien (Wasser und Niederspannung) eignen sie sich als zusätzliche Werkzeuge in Bearbeitungsmaschinen. Der Vorteil einer solchen laserintegrierten Fertigung liegt in der vollständigen Bearbeitung eines Werkstücks in einer Aufspannung, was eine Steigerung der Genauigkeit und eine Verkürzung der Bearbeitungszeit zur Folge hat. Weiterhin ist es möglich, das Bearbeitungsspektrum herkömmlicher Werkzeugmaschinen deutlich zu erweitern. Erste industrielle Anwendungen mit Festkörperlasern, die in spanende Dreh-, Fräs- und Honmaschinen sowie spanlos arbeitende Stanzen integriert wurden, sind bereits durchgeführt worden.

2 Eigenschaften von HDL

Im Gegensatz zu anderen Laserquellen, bei denen im laseraktiven Medium ein einziger Strahl mit hoher Leistung erzeugt wird, basieren HDL-Systeme auf der Kombination vieler einzelner Strahlbündel. Die eigentlichen Strahlquellen sind dabei Halbleiterdioden, die in einer Linie zu einem sog. Barren zusammengefaßt werden. HDL-Barren sind derzeit kommerziell mit einer mittleren Ausgangsleistung von ungefähr 25 W verfügbar. Mit Hilfe hocheffizienter Kühltechniken kann die Ausgangsleistung auf über 70 W gesteigert werden. Je nach Anwendung müssen die Strahlbündel mehrerer Diodenbarren optisch überlagert werden, um bei möglichst gleichbleibender Strahlqualität eine Leistungsskalierung nach oben zu erreichen. Dafür sind unter-

Tabelle 1. Leistungsdaten von zwei kommerziell erhältlichen Systemen (Stand 5/1997)

Kommerziell erhältliches System	Stackanordnung Konzept (a)	Einzelemitterüberlagerung Konzept (b)
Maximale Ausgangsleistung (cw)	70–1500 W	20/50/100 W
Wellenlänge	940/808 nm	808 nm
Erreichbarer Fokusdurchmesser (50 mm Fokussier-Optik)	1,6×3,9 mm	0,68×0,29 mm
Strahlparameterprodukt (beide Achsen)	80 mm mrad 85 mm mrad	195 mm mrad 39 mm mrad
Polarisation	linear	gemischt
Gewicht des Laserkopfes	ca. 3,5 kg	ca. 4,0 kg
Größe des Laserkopfes (Gehäuseaußenmaß)	270×220×90 mm	270×205×100 mm

schiedliche Konzepte möglich. Sie reichen von der einfachen Stapelung mehrerer Einzelbarren zu einem Stack mit gemeinsamer Fokussierung über die Kopplung mehrerer Einzeldioden in Glasfaserbündel bis zur räumlichen Anordnung von Barren und der komplexen Überlagerung einzelner Strahlbündel durch Mikro-Optiken. Ein kurzer Vergleich von zwei kommerziell erhältlichen Systemen aus europäischer Produktion ist in Tabelle 1 dargestellt.

Im Vergleich zu Festkörper- oder CO_2-Lasern gleicher Leistung weist der Strahl von Diodenlasern eine deutlich schlechtere Strahlqualität und damit Fokussierbarkeit auf. Grund hierfür ist die fehlende Kohärenz der einzelnen Dioden zueinander sowie die hohe Strahldivergenz des emittierten Lichtes. Die Asymmetrie der einzelnen Strahlbündel überträgt sich auf den Gesamtstrahl des HDL-Systems: in der Fokusebene ist der Strahlfleck elliptisch, die Divergenzwinkel in den beiden Hauptachsen sind verschieden. Eine sehr wichtige, wenngleich bislang wenig untersuchte Eigenschaft von Diodenlasern ist die hohe zeitliche und räumliche Stabilität, mit der die Strahlung emittiert wird. Dies kann einen entscheidenden Einfluß auf die Prozeßstabilität haben, insbesondere bei Verfahren im schmelzflüssigen Bereich von Werkstoffen (Schweißen, Umschmelzen).

3 Materialbearbeitung mit Diodenlasern

Aus den im vorigen Abschnitt beschriebenen Strahleigenschaften lassen sich geeignete Materialbearbeitungsverfahren für derzeit verfügbare HDL-Systeme ableiten. Als gravierendste Einschränkung ist dabei die relativ geringe erreichbare Intensität auf der Werkstückoberfläche zu berücksichtigen. Verfahren, die eine sehr hohe Intensität erfordern, wie das Tiefschweißen oder das Abtragen, lassen sich augenblicklich noch nicht bewerkstelligen. Dennoch ist das Spektrum geeigneter Verfahren im Bereich niederer bis mittlerer Intensitäten groß. Dies beinhaltet sowohl Oberflächenveredelungsverfahren, wie Härten und Umschmelzen, als auch fügende Verfahren, wie Wärmeleitungsschweißen und Löten. Bei nichtmetallischen Werkstoffen eröffnen sich zusätzlich noch Verfahren wie Beschriften und Markieren sowie das Schneiden und Schweißen von Kunststoffen. Im folgenden soll zu jedem der beiden obengenannten Systeme ein Bearbeitungsbeispiel vorgestellt werden.

Laserkonzept

a) Härten von Steuerwellen

Das Laserhärten basiert auf lokal begrenztem Erhitzen über die Austenitisierungstemperatur und anschließender Selbstabschreckung zur Ausbildung eines martensitischen Gefüges. Als praxisnahe Anwendung wurden Härteversuche an den Führungsflächen einer Steuerwelle (d=10 mm) aus 100Cr6 durchgeführt (Bild 1). Im Querschliff ist ersichtlich, daß ein gut ausgebildetes Härteprofil ohne Oberflächenanschmelzung erzielt werden konnte. Die vom Anwender für die Funktion des Bauteils geforderten Härtewerte und die Einhärtetiefe konnten erreicht werden.

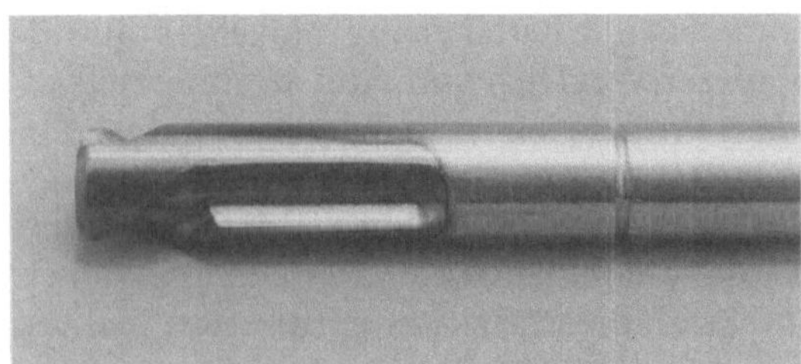

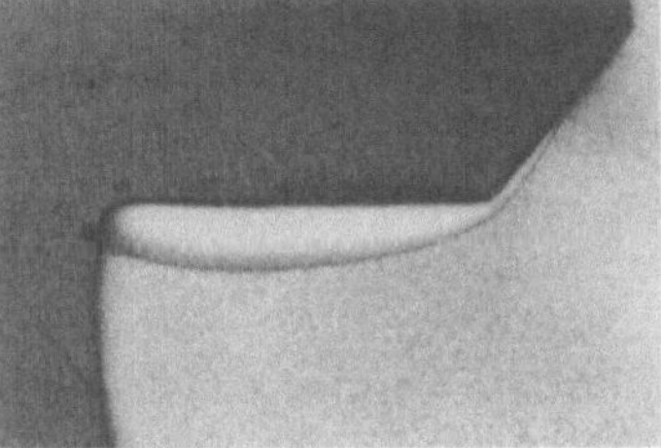

Bild 1. Lasergehärtete Steuerwelle (links); Querschliff durch Härtezone (rechts)

b) Löten von Kupferlitzen

Im Vergleich zu anderen Lötverfahren zeichnet sich das Laserlöten durch lokale und damit geringe Energiebelastung des Bauteils sowie durch schnelle Regelbarkeit der Prozeßtemperatur aus. Haupteinsatzgebiet ist dabei das Löten von Elektronikkomponenten. Insbesondere in der SMD-Technologie bietet sich dieses Verfahren an, da die empfindlichen Bauteile in der Regel keinen hohen Wärmebelastungen ausgesetzt werden dürfen. Doch auch größere Lötstellen an isolierten Bauteilen lassen sich bewerkstelligen. Bild 2 zeigt die Lötung einer Kupferlitze ($A = 1{,}0\ mm^2$) an eine 1 mm breite Lötfahne. Die Bestrahldauer betrug mit defokussiertem Strahl ca. 1 s.

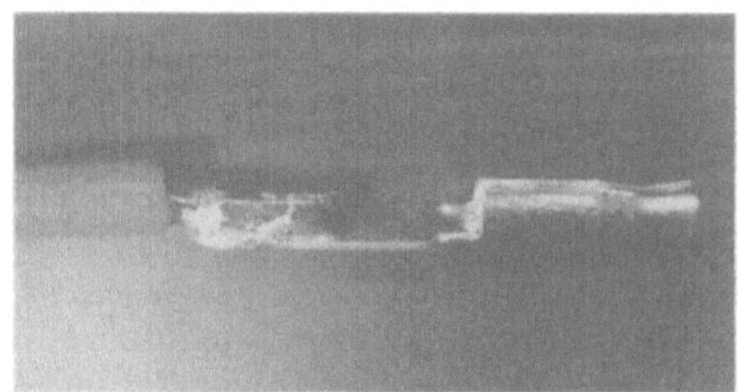

Bild 2. Lasergelötete Kupferlitze

4
Möglichkeiten der Integration von Lasern in Werkzeugmaschinen

Ziel der Laserintegration ist es, durch die Kombination von konventionellen spanenden (Dreh-, Fräs- und Bohrbearbeitung oder Schleifen) oder spanlosen Technologien (Stanzen, Prägen oder Umformen) mit den durch den Laser gegebenen Bearbeitungstechnologien in einer Maschine eine effizientere Fertigung zu erreichen [3].

Mit der Laserbearbeitung oder auch durch die Komplettfertigung in einer Aufspannung ist eine Erhöhung der Bearbeitungsqualität möglich. Vor allem komplexe oder sehr feine Strukturen können mit dem Laser teilweise präziser gefertigt werden als mit konventionellen Werkzeugen. Durch die Fertigung in einer Aufspannung werden Lagefehler weitgehend vermieden. Dieser Umstand wird besonders dann vorteilhaft, wenn z.B. bei einer Fügeoperation die Fügestellen von mindestens einem der beiden Fügepartner auf der Bearbeitungsmaschine in der gleichen Aufspannung vorgearbeitet werden. Weiterhin führen die unterstützenden Laserverfahren wie Warmzerspanung und Spanbruch zu reduzierten Bearbeitungskräften und daher höherer Teilequalität bzw. Bearbeitungsgeschwindigkeit.

Eine Verkürzung der Bearbeitungs- oder Durchlaufzeit ist ebenfalls durch die Verwendung von Lasertechnologien, vor allem aber durch die Reduzierung des Materialflusses und damit der Liegezeiten zwischen verschiedenen Bearbeitungsmaschinen möglich. Die Fertigung auf einer Maschine reduziert den Logistikaufwand bzw. die Aufwendungen für die Fertigungssteuerung. Dies führt besonders bei kleinen und mittleren Losgrößen zu sehr großen Einsparungen, was in der Wirtschaftlichkeitsrechnung entsprechend berücksichtigt werden kann.

Ein weiterer Vorteil von Laserprozessen, z.B. in einer spanenden Maschine, ist auch darin zu sehen, daß ggf. erforderliche Nachbearbeitungen direkt nach der Laserbehandlung in einer Aufspannung erfolgen können. Einige der Laserverfahren, wie Bohren, Härten, Abtragen und Beschriften, könnten auch hauptzeitparallel zu einer Zerspanung angewendet werden.

Literatur

1. Giesen, A.: Diodenlasersysteme für die Materialbearbeitung. Laser in der Materialbearbeitung, 10 Jahre IFSW, Stuttgart 1996, S. 56–57
2. Albers, P.: Von der Röhre zum Transistor. Laser-Praxis, Juni 1995, S. LS 6
3. Rudlaff, T.; Krastel, K.; Drechsel, J.: Integration of laser processing in machine tools and their economy. In: Proceedings of European Conference on Laser Treatment (ECLAT), Bremen, 26.-27.9.1994, DVS-Berichte 163. Düsseldorf: DVS 1994, S. 414ff

Untersuchung und Verbesserung der Genauigkeit beim Mikro-Umformen

A. Hess

1
Einleitung

Der Miniaturisierungstrend in vielen Branchen ist nach wie vor ungebrochen. Dieser Miniaturisierung unterworfen sind Komponenten und Bauteile, die in unzähliger Formenvielfalt und teilweise in enorm hohen Stückzahlen beim Aufbau elektronischer, feinmechanischer und mikromechanischer (Mikrosystemtechnik) Komponenten benötigt werden.

Obwohl z.B. die spanende Mikrofertigung (Schleifen, Bohren, Fräsen [1]) oder das Mikro-Ätzen als lithographisches Verfahren [2] erfolgreich zur hochgenauen Fertigung kleiner, mittlerer und großer Losgrößen dienen, fehlt nach wie vor eine Technik, die bei großen bis sehr großen Stückzahlen noch eine Genauigkeit im µm-Bereich bei gleichzeitiger Wirtschaftlichkeit und Flexibilität gewährleistet. Die *Mikro-Umformtechnik* eröffnet hier neue Möglichkeiten, da mit ihr hohe Genauigkeit und Wirtschaftlichkeit bei gleichzeitiger Flexibilität erreicht werden.

Die Anwendung der bei makroskopischen Umformprozessen gültigen Regeln auf mikroskopische Umformprozesse ist hier aber nicht mehr allgemein gültig [3], da man in die Dimensionen der Kristallite vorstößt (Bild 1).

2
Mikro-Umformtechnik

2.1
Heutige Grenzen des Verfahrens am Beispiel der Stanztechnik

Heute ist man in der Lage, durch das Umformverfahren Stanzen, Teile mit Strukturabmessungen im Hundertstel-Millimeterbereich zu fertigen. Die erreichbaren Genauigkeiten und Toleranzen liegen bei konkurrierenden Ferti-

Bild 1. Gestanztes Band mit Gefüge (schematisch)

gungsverfahren in ähnlichen Bereichen. Allerdings stoßen diese Verfahren schnell an ihre Grenzen, wenn es um die präzise und wirtschaftliche Fertigung sehr großer Stückzahlen geht.

Die geometrischen Grenzen werden beim Stanzen hauptsächlich von der Genauigkeit des Werkzeugs bestimmt, was im Falle der Stanztechnik durch den Stempel und die Matrize gegeben ist. Die Fertigung solcher Werkzeuge erfolgt in der Regel durch Drahterodieren, dessen Möglichkeiten hier vollkommen ausgeschöpft werden. Es sind neue Methoden gefragt, die es ermöglichen, Aktivelemente (Stempel und Matrize) mit einer Genauigkeit im µm-Bereich zu fertigen.

2.2
Neue Möglichkeiten bei der Werkzeugherstellung

Im Rahmen des Projekts „Produktion 2000" vom Bundesministerium für Bildung, Wissenschaft, Forschung und Technologie (BMBF) werden am Zentrum Fertigungstechnik Stuttgart die Umformverfahren Prägen, Biegen und Schneiden untersucht. Ziel ist es, die Genauigkeit bei der Fertigung von Teilen mit Kleinststrukturen zu untersuchen und ggf. durch geeignete Maßnahmen zu verbessern. Es werden systematische Untersuchungen der Fertigungseinrichtungen (Presse und Werkzeug) sowie des Halbzeuges (Blechstreifen) vorgenommen. Dabei werden u.a. die erreichbaren Genauigkeiten in Abhängigkeit der Werkstoffkennwerte, der Geometrie und der Tribologie ermittelt.

Ein weiteres Ziel ist die Entwicklung einer Laserbearbeitungsmaschine (Bild 2), die in der Lage sein wird, aktive Elemente, z.B. Mikro-Schneidstempel, welche durch Drahterodieren nicht mehr gefertigt werden können, mit Genauigkeiten im µm-Bereich herzustellen.

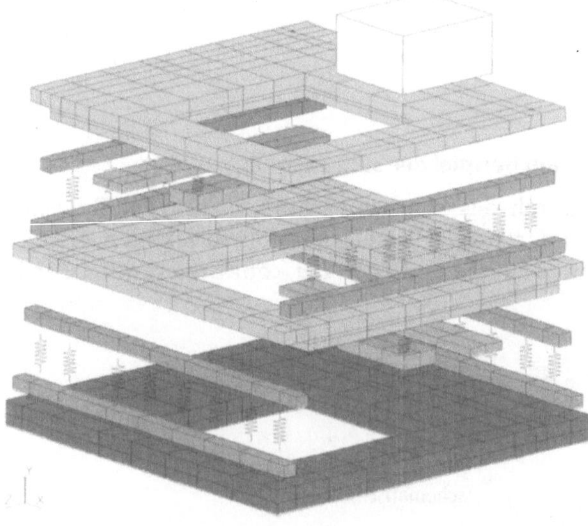

Bild 2. FE-Modell des Kreuztisches der Lasermaschine (Quelle: J. Berkemer, Zentrum Fertigungstechnik Stuttgart)

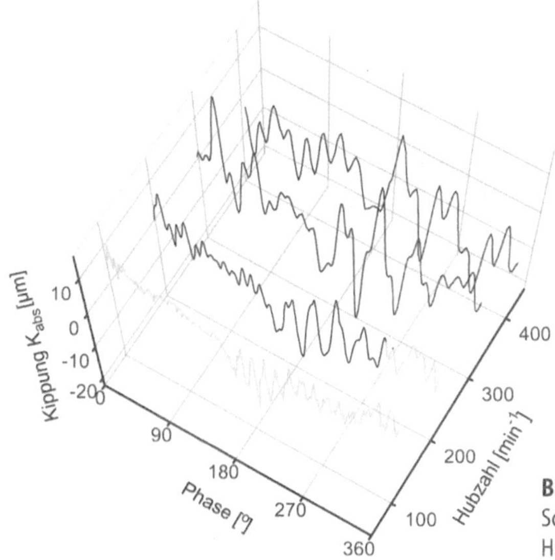

Bild 3. Kippungsmessung an einer Schnellläuferpresse bei unterschiedlichen Hubzahlen

2.3 Genauigkeit der Presse

Die Genauigkeit der Presse, die zur Fertigung der Komponenten verwendet wird, wird in der Regel als sehr gut angenommen und deshalb nicht näher untersucht. Die Maschine - in der Regel eine Schnellläuferpresse, die mit Hubzahlen bis zu 2000 min^{-1} arbeitet - verfügt über sehr hohe Steifigkeiten und ein minimales Spiel in den Führungen. Allerdings werden heute Werkzeuge in diesen Maschinen eingesetzt, die ein Gewicht von mehreren hundert Kilogramm aufweisen können und bei einer horizontalen Belastung zumindest ein elastisches Durchbiegen der Führungen und ein „Schlagen" (Kippung, horizontaler Versatz) innerhalb des eventuell vorhandenen Spiels in den Maschinenkomponenten beim Umformprozeß zeigen.

Erste Untersuchungen an einer Schnellläuferpresse (Bruderer BSTA 18) zeigen, daß ein „Schlagen" - hier als absolute Kippung K_{abs} (Bild 3) dargestellt - des Pressenstößels von ca. ±10 µm zu erkennen ist. Bei höheren Hubzahlen (ab ca. 300 min^{-1}) findet eine Kippung bei allen Winkellagen des Exzenterantriebs statt.

3 Zusammenfassung und Ausblick

Die Mikro-Umformtechnik ist ein Fertigungsverfahren mit großem Potential in bezug auf die Fertigung von Klein- und Kleinstteilen mit sehr geringen Abmessungen. Allerdings gibt es zusätzliche Einflüsse auf das Umformverfahren, z.B. den Größeneffekt, die bis heute noch nicht ausreichend erforscht sind und deshalb weiter untersucht werden müssen.

Die Nutzung hochpräziser Mikrobearbeitungsmaschinen wird neue Möglichkeiten zur Fertigung von Werkzeugen eröffnen und den Vorstoß in die mikroskopischen Dimensionen weiter vorantreiben. Vor der späteren Verwendung solcher Werkzeuge sind aber noch weitere Kenntnisse über das Verhalten der verwendeten Pressen notwendig.

Literatur

1. Westkämper, E.; Hoffmeister, H.-W.; Gäbler, J.: Spanende Mikrofertigung. F&M 104 (1996) 7–8, S. 525
2. Prospekt der Fa. Metafot: Mikro-Mechanik 1997
3. Meßner, A.; Engel, U.: Das Werkstoffverhalten beim Umformen von Kleinstteilen. Draht (1997) 1, S. 30

Integrierte Simulation von Strukturmechanik und Regelkreis an direktangetriebenen Bearbeitungszentren

J. Berkemer, M. Knorr

1
Begrenzung der Antriebsdynamik durch strukturmechanische Resonanzstellen

An moderne Bearbeitungszentren werden heute hohe Anforderungen bezüglich deren Steifigkeit, Beschleunigungsvermögen und Genauigkeiten gestellt, die sich letztlich in den Forderungen nach hohen Reglerparametern (K_v und K_p-Faktoren) niederschlagen.

Die Einstellung hoher Reglerparameter wird durch mechanische Resonanzstellen in der Regelstrecke begrenzt. Unter anderem aufgrund des Fehlens mechanischer Zwischenglieder bietet der lineare Direktantrieb ein hohes dynamisches Potential.

Die verbleibenden Resonanzen finden ihre Ursache in der Elastizität und Massenverteilung der Maschinenkonstruktion. Ist eine konstruktive Beeinflussung der reglerbegrenzenden Resonanzstellen nicht möglich, so bieten der Einsatz von Filtern (Bandsperre), Ruckbegrenzung und ggf. eine niedrigere Parametrierung des Reglers eine gewisse Abhilfe.

Das Ziel einer integrierten Simulation ist das Erkennen regelungstechnisch relevanter, strukturmechanischer Schwachstellen und eine entsprechende Optimierung der Maschinenkonstruktion bereits in der Entwicklungsphase. Im Vordergrund der Analyse stehen dabei die Vorhersage der Rückwirkung der Strukturschwingungen auf die Regeldynamik und damit auf die Bearbeitungsgenauigkeit.

2
Möglichkeiten und Grenzen herkömmlicher Methoden zur Erkennung regelungstechnisch relevanter Strukturschwingungen

Zur Berechnung mechanischer Strukturen stehen heutzutage verschiedenste Softwarepakete zur Verfügung, die sich meist der Finite-Elemente-Methode (FEM) bedienen oder auf Mehrkörpersystemen (MKS) basieren.

Die Ergebnisse von Berechnungen nach der Finite-Elemente-Methode sind für reine Schalen- und Volumenstrukturen auch unter Anwendung der modalen Dämpfung als bequemster Option hinreichend genau. Besonderes Augenmerk muß auf die Modellierung von Steifigkeiten und diskret wirken-

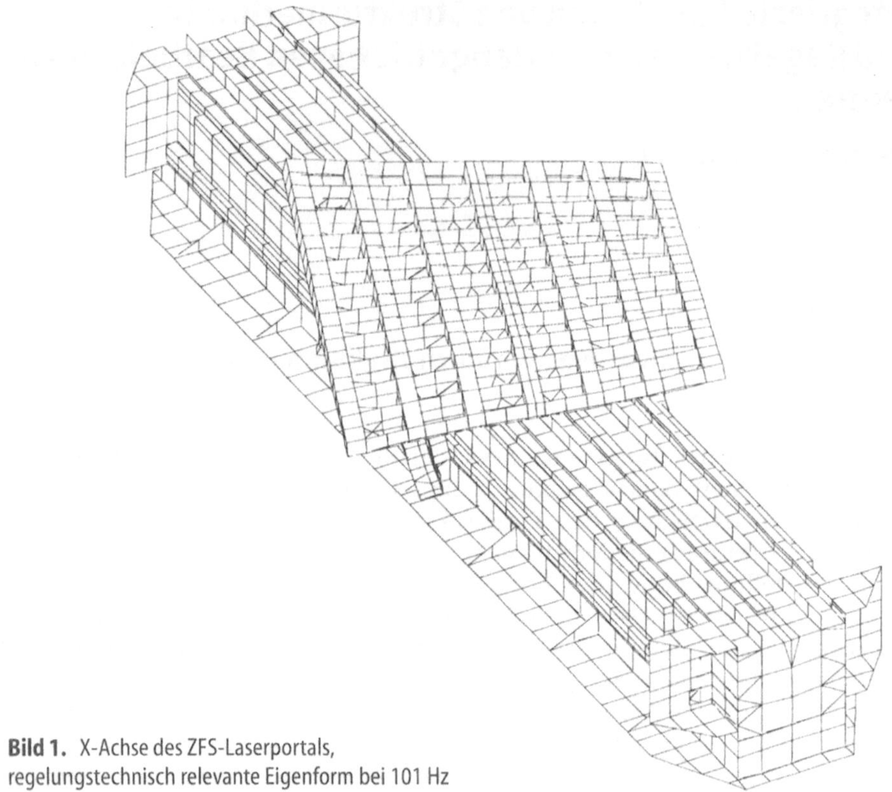

Bild 1. X-Achse des ZFS-Laserportals, regelungstechnisch relevante Eigenform bei 101 Hz

der Dämpfung von Schnittstellen, wie Führungen, Lager und Aufstellelemente, gelegt werden. Antriebe selbst werden meist unzureichend als Feder-Dämpfer-Elemente modelliert.

Zur Beurteilung des dynamischen Verhaltens von Maschinen werden zunächst Eigenformen und -frequenzen (Moden) berechnet, die jedoch untereinander gleichwertig erscheinen und daher auf ihren Einfluß auf Regelstrecke und Bearbeitungsergebnis interpretiert werden müssen; dies gilt im übrigen auch für die experimentelle Modalanalyse, sofern die kritischen Moden nicht durch andere Messungen belegt werden können.

Um die berechneten Moden besser einordnen zu können, ist somit eine Frequenzgang- oder Zeitreihenanalyse obligatorisch.

Programme zur regelungstechnischen Simulation sind dazu geeignet, Reglerkonzepte detailliert zu modellieren und erreichbare Regelparameter abschätzen zu können. Das dynamische Verhalten der Maschinenstruktur wird jedoch allenfalls ansatzweise durch wenige diskrete Federn, Massen und Dämpfer wiedergegeben, so daß eine Erkennung regelungstechnisch relevanter Maschinenschwingungen ausgeschlossen ist.

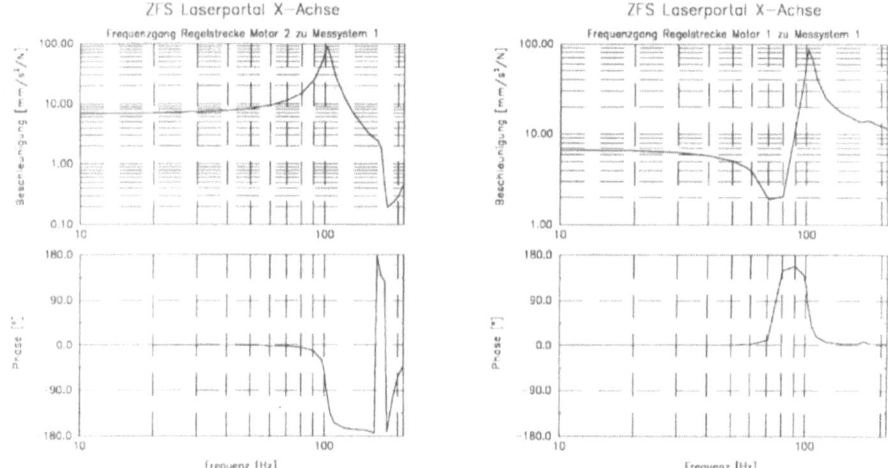

Bild 2. Das linke Diagramm zeigt den stabilitätskritischen Frequenzgang bei ungünstiger Meßsystemanordnung. Durch motorseitige Meßsystemanordnung wirkt die Strukturresonanz unkritisch, da zunächst ein Phasenanstieg auftritt (rechtes Diagramm)

Die Möglichkeiten der herkömmlichen Berechnungswelten können dennoch genutzt werden. Durch FEM-Berechnung des Frequenzgangs einer Regelstrecke ohne Antriebseinfluß können die regelungstechnisch relevanten Schwingformen identifiziert werden (Bild 1). Der rechnerisch ermittelte Frequenzgang (Bild 2) enthält die volle strukturmechanische Information für die betrachtete Achsposition und kann in der regelungstechnischen Simulation weiterverarbeitet werden. Die so ermittelten Regelparameter können in dynamische Steifigkeiten und Dämpfungswerte umgerechnet werden, um zumindest das Störverhalten der Konstruktion durch FEM-Berechnungen bewerten zu können.

3 Integrierte Simulation mit der Finite-Elemente-Methode

FEM-Pakete bieten seit kurzem die Möglichkeit frei programmierbarer Regelelemente, die für eine integrierte Simulation genutzt werden können, wobei direkte oder modale Zeitintegrationsverfahren angewendet werden. Es ist jedoch zu beachten, daß die FEM auf der Berechnung kleiner Verschiebungen basiert und endliche Rotationen mit der entsprechenden Drehimpulserhaltung nicht erfaßt werden. Große Verschiebungen können durch Abspaltung von Starrkörpermoden in die Berechnung einbezogen werden. Da die Eigenfrequenzen bei Zweiachs- und Dreiachseinheiten jedoch von der Achsposition abhängen, sollten die Berechnungen auf kleine Verschiebungen beschränkt bleiben.

Durch die integrierte Simulation mit FEM kann der komplette Regelkreis simuliert werden und damit die Parametrierung, deren Auswirkung auf das Störverhalten, Stabilitätsgrenzen und Einflüsse der Meßsystemanordnung simuliert werden. Der Einfluß konstruktiver Optimierungsmaßnahmen auf das regelungtechnische Verhalten kann erfaßt und damit die geeignetste Konstruktion ausgewählt werden.

Wird der Abhängigkeit der Steifigkeits- und Massenmatrix der Struktur von der Achsposition Rechnung getragen, so können auch Bahnfahrten und deren Resultat an der Bearbeitungsstelle simuliert werden.

4 Integrierte Simulation mit Mehrkörpersystemen

Klassische Mehrkörpersysteme berücksichtigen starre Körper und flexible Verbindungen und sind zur Simulation auch großer Verschiebungen und Rotationen geeignet. In letzter Zeit wurden kommerzielle Softwarepakete für Mehrkörpersysteme um die Möglichkeit flexibler Elemente auf Basis der FEM sowie um die Funktionalitäten von Reglerelementen erweitert, so daß auch hier die Möglichkeit zur integrierten Simulation besteht.

Bei Maschinen mit kartesischer Achsanordnung wird von kleinen Rotationen ausgegangen. Hingegen weisen Stab-Gelenk-Kinematiken endliche Rotationen mit entsprechenden Trägheitsmomenten auf, so daß sich für diese Konstruktionen die Mehrkörpersimulation anbietet. Wie bereits angesprochen, ist für eine integrierte Simulation des Regelkreises und die Auswirkung auf die Bearbeitungsstelle die Berücksichtigung flexibler Elemente notwendig.

5 Zusammenfassung

Mit Hilfe der Berechnung des Frequenzgangs der mechanischen Regelstrecke ist die Identifikation regelungstechnisch relevanter Schwingformen einer Maschinenkonstruktion und die Auslegung des Reglers auch mit herkömmlichen Methoden möglich.

Für die weitergehende Optimierung und insbesondere die Berechnung von Bahnfahrten und deren Resultat an der Bearbeitungsstelle ist eine integrierte Simulation von Struktur und Regler notwendig, die durch eine erweiterte Finite-Elemente-Simulation oder eine flexible Mehrkörpersimulation vorgenommen wird.

Das dynamische Potential linearer Direktantriebe kann durch Anwendung der integrierten Simulation und deren Umsetzung in konstruktive Optimierung besser genutzt werden.

Springer und Umwelt

Als internationaler wissenschaftlicher Verlag sind wir uns unserer besonderen Verpflichtung der Umwelt gegenüber bewußt und beziehen umweltorientierte Grundsätze in Unternehmensentscheidungen mit ein. Von unseren Geschäftspartnern (Druckereien, Papierfabriken, Verpackungsherstellern usw.) verlangen wir, daß sie sowohl beim Herstellungsprozess selbst als auch beim Einsatz der zur Verwendung kommenden Materialien ökologische Gesichtspunkte berücksichtigen.
Das für dieses Buch verwendete Papier ist aus chlorfrei bzw. chlorarm hergestelltem Zellstoff gefertigt und im pH-Wert neutral.